Die Turbinen

für Wasserkraftbetrieb.

Ihre Theorie und Konstruktion.

Von

A. Pfarr,

Geh. Baurat, Professor des Maschinen-Ingenieurwesens
an der Großherzoglichen Technischen Hochschule zu Darmstadt.

Mit 496 Textfiguren und einem Atlas von 46 lithographierten Tafeln.

Springer-Verlag Berlin Heidelberg GmbH
1907.

ISBN 978-3-662-36013-2   ISBN 978-3-662-36843-5 (eBook)
DOI 10.1007/978-3-662-36843-5
Softcover reprint of the hardcover 1st edition 1907

Vorwort.

Das vorliegende Buch entspricht im allgemeinen dem Inhalt meiner Vorträge über Turbinen. In erster Linie habe ich beabsichtigt, die Verhältnisse für den Lernenden auseinanderzusetzen, also Anschauung zu wecken, besonders auch nach der Richtung, wie die arbeitenden Kräfte des strömenden Wassers entstehen, und wie sie dazu gelangen, Arbeit zu verrichten. Ich weiß aus eigener Erfahrung, wie schwer es ist, gleich zu Beginn der Beschäftigung mit dem Gegenstande das Geschwindigkeitsparallelogramm des Eintrittes als bestehend anzuerkennen, ohne zu wissen, durch welche Umstände eigentlich die Fortschreitegeschwindigkeit und die Arbeitsabgabe bei dieser Geschwindigkeit bewirkt werden.

Aus diesen Gründen sind die ersten Kapitel, und manche andere auch, ausführlicher gehalten, als es vielleicht für die rein wissenschaftliche Bearbeitung nötig gewesen wäre, und als es dem schon in der Praxis stehenden Turbinen-Ingenieur erforderlich scheinen mag.

Die gleichen Rücksichten haben mich auch veranlaßt, in den theoretischen Betrachtungen über Reaktionsturbinen von der Anschauung auszugehen, daß die Ein- und Austrittsquerschnitte sich als Gefäßquerschnitte darstellen, die vom Wasser mit annähernd gleich verteilter Geschwindigkeit durchflossen werden. Ich bin mir wohl bewußt, daß diese Auffassung nicht absolut genau der Wirklichkeit entspricht, daß vielmehr die Geschwindigkeiten über den betreffenden Querschnitt hin nicht ganz gleichmäßig auftreten werden, aber der Charakter der Zellenräume als Gefäße wird doch immer als führender Gedanke festzuhalten sein; die Schaufeln dürfen nicht als nur in den Flüssigkeitsstrom hineingestellte Wände gelten, die engsten Querschnitte verlangen Berücksichtigung.

So wenig wir der mathematischen Behandlung des Gegenstandes entraten können, so sehr muß vor einer nur analytischen Erörterung der Vorgänge gewarnt werden, die hie und da geradezu das freie Erkennen der sachlichen Umstände beeinträchtigt. Wir haben es beim Durchströmen der Schaufelgefäße immer mit körperlichen, physikalischen Vorgängen zu tun, die direkt oder indirekt beobachtet sein wollen, bei denen die rein logische Schlußfolgerung häufig versagen muß, weil wir weitaus noch nicht alle „Entscheidungsgründe" kennen. Es braucht nur an das Beharrungsvermögen des einzelnen Wassertropfens und an dessen gleichzeitig vorhandene ungemein leichte Beweglichkeit gegenüber seiner Umgebung erinnert zu werden. Diese Eigenschaften bewirken, daß sich die von außen veranlaßten Verzögerungsvorgänge in der Wasserbewegung kaum jemals so abspielen werden, als wir notgedrungen in der Rechnung voraussetzen müssen. Die dabei auftretenden Wirbelungen machen jede wirklich eingehende Rech-

*

nung für die Aufklärung der Verhältnisse nicht gerade illusorisch, aber doch einigermaßen unzuverlässig.

Nichtsdestoweniger wollen wir die rechnerischen Betrachtungen nicht entbehren, weil sie uns wenigstens Schlaglichter in den vielfach noch ganz dunkeln Bereich der eigentlichen Bewegungsvorgänge des strömenden Wassers werfen können, so z. B. die Erörterungen über das vorübergehende Mithelfen des Atmosphärendruckes zur Erzeugung örtlicher Geschwindigkeitssteigerungen oder diejenigen über „kreisendes Wasser". Aber selbst diese an sich einfach begründeten Rechnungen bedürfen noch der ausgiebigen Kontrolle durch den Versuch, und je mehr wir Versuche über solche Dinge anstellen, um so vorsichtiger werden wir mit der scharfen Anwendung mathematisch an sich einwandfreier Rechnungsweisen vorgehen.

Noch ein weiterer Punkt ist hier zu erwähnen. Die für viele Zwecke recht erwünschten Formelsammlungen bieten, besonders für den Anfänger, eine gewisse Gefahr; kritiklos werden sie häufig als Rezepte für die Ausführung von Berechnungen benützt, und dadurch verliert der Rechnende fast immer jegliche Übersicht darüber, welche Ursachen und Einwirkungen das Endergebnis überhaupt herbeiführen. Mag es sich um Turbinen oder um irgendwelche Maschinen sonst handeln, nie werden wir rationelle Konstruktionen durch die Anwendung schablonenhafter Rechnung erhalten, sondern nur durch das Eindringen in die einzelnen Abschnitte des Aufbaues und der Entwicklung einer Anordnung. Ich habe absichtlich vermieden, Rechnungsschemata aufzustellen, dagegen versucht, an Beispielen zu zeigen, wie das Rechnen, schrittweise durch Zeichnen begleitet, zu übersichtlichen Ergebnissen führen kann. Nur auf solche oder ähnliche Art wird der Ingenieur sein Wissen immer lebendig und seine Arbeiten in steter Entwicklung zum Besseren erhalten können; die Schablone, die Routine bringt keine Fortschritte.

Bei der Behandlung der hydraulischen Regulatoren war der Übersicht wegen das Aufstellen teilweise schematischer Rechnungen nicht wohl zu umgehen.

Es war anfangs meine Absicht, auch die nicht unmittelbar zur Turbine selbst gehörigen Verhältnisse der Kanal- und Wehranlagen in dem vorliegenden Buche mit zu behandeln; um aber dessen Umfang nicht noch mehr zu vergrößern, wurde schließlich davon abgesehen.

Eine angenehme Pflicht ist es mir, den Vorständen der verschiedenen Firmen, die mich durch freundliche Überlassung von Zeichnungen unterstützt, in erster Linie meinem verehrten früheren Chef, Herrn Geh. Kommerzienrat Dr.-Ing. Voith, mit dem mich über zwanzig Jahre gemeinschaftlicher Arbeit verbinden, besten Dank hiefür zu sagen. Nicht unerwähnt soll auch die Beihilfe bleiben, die mir meine Assistenten in der Ausführung umständlicher Rechnungen sowohl, als auch bei der Anfertigung der Zeichnungen und Tafeln geleistet; in bezug auf letztere verdient Herr Dipl.-Ing. H. Jaeger ganz besondere Anerkennung.

Die Fachgenossen bitte ich um freundliche Aufnahme des Buches. Möge der aufstrebende junge Ingenieur Förderung finden im Verständnis des Turbinenbaues und seiner großen Vielseitigkeit, dann ist der hauptsächlichste Zweck meiner Arbeit erreicht.

Darmstadt, Oktober 1906.

Pfarr.

Inhaltsverzeichnis.

**

Berichtigungen.

Es ist zu lesen:

Seite 23, Tabelle, Kolonne der u zweite Zeile: 0,578 w_1.

„ 41, Zeile 18: zwischen.

„ 57, Gleichung 171: v_1' statt v_1.

„ 59, Tabelle: $X + k_S \cdot S \sin \beta_1 + k_v \cdot V \cos \beta_1$. Die Kolonnen der X' und $A' = X' \cdot u'$ enthalten die Summe der $X + k_S \cdot S \sin \beta_1$ (ausgezogene Kurve, Fig. 44). Statt dieser Werte zu setzen (— · — · — Kurve, Fig. 44):

X'	$A' = X' \cdot u'$
1,5766 $q \cdot \gamma$	0,000 $q \cdot \gamma$
1,6131 „	1,758 „
1,5369 „	3,351 „
1,3719 „	4,486 „
1,1005 „	4,798 „
0,7040 „	3,837 „
0,0884 $q \cdot \gamma$	0,588 $q \cdot \gamma$
— 0,0421 „	— 0,288 „

„ 65, Gleichung 191, rechts: $\sqrt{(H - h) \dfrac{\sin^2 \delta_1}{\sin^2 \beta_1} + h}$.

„ 98, Zeile 23 von unten: $(a_1 + s_1)\, b_1 \cos \beta_1 \,(h_1 - h_2)\, \gamma$.

„ 107, Fußnote: Herrmann.

„ 126, Gleichung 330, links (zuzufügen): $\dfrac{v_{(2)}^2}{2g}$.

„ 127, Zeile 8: zu richtigem Lauf.

„ 128, „ 6: $\omega' = \dfrac{u_1'}{r_1}$.

„ 128, Gleichung 340, links (zu streichen): $2g$.

„ 143, Zeile 1 von unten: bleibt.

„ 148, Gleichung 370: $A = M\omega$ usw.

„ 165, „ 398: f_w.

„ 176, „ 415: D_s^2 statt D_s.

„ 187, „ 430: e statt ε.

„ 212, Zeile 2: b_1 statt b_2.

„ 264, „ 25 von unten: I statt VI.

„ 347, „ 7: $\beta_1 > 90^\circ$.

„ 420, Gleichung (576): $\dfrac{2\pi}{8} \cdot \dfrac{1}{\pi}$.

„ 608, Zeile 4 von unten: von rechteckigem.

„ 639, Überschrift: w_0.

„ 776, Gleichung 906: $+$ statt $-$.

Einleitung.

Arbeitsvermögen, Austrittsverlust, Nutzeffekt.

1. Ein Wasserteilchen, Volumen q, Gewicht $G = q \cdot \gamma$ ($\gamma =$ Gewicht der Volumeinheit) befindet sich im Punkt O, Fig. 1, in vollständiger Ruhe, Horizontalkräfte sind nicht vorhanden.

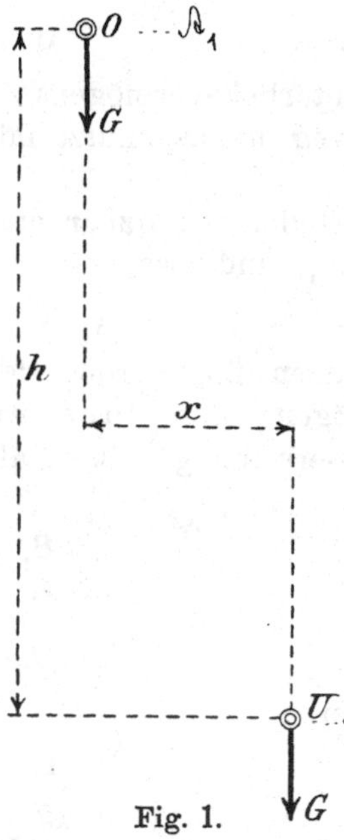

U ist ein um den Höhenunterschied h tiefer gelegener Punkt im Raume, in beliebiger Horizontalentfernung, x, von O aus befindlich.

Kann sich das Wasserteilchen von O nach U in irgend einer Bahn bewegen, so besitzt es für diesen Weg das Arbeitsvermögen:

$$A_1 = G \cdot h = q \cdot \gamma \cdot h \quad \ldots \quad \textbf{1.}$$

Für die Betrachtung ist vorausgesetzt, daß der Arbeitsweg $O\,U$ so beschaffen sei, daß Richtungs- und Geschwindigkeitsübergänge ganz allmählich und stoßfrei erfolgen, sowie daß ein Verlust an Arbeit durch Wasserreibung, Wirbel und dergl. nicht eintrete.

Hat das Wasserteilchen G auf dem Weg $O\,U$ keine äußere Arbeit geleistet, so kommt es in U mit einem Arbeitsvermögen A_2 an, das dem vollen, der durchlaufenen Vertikalstrecke h entsprechenden, Arbeitsvermögen A_1 gleich ist, und welches alsdann in der Form von sog. lebendiger Kraft dem Teilchen innewohnt. Es besitzt eine Geschwindigkeit w_2 entsprechend

$$\frac{w_2{}^2}{2g} = h$$

und es ist

$$A_2 = q\,\gamma\,\frac{w_2{}^2}{2g} = A_1 = q\,\gamma\,h \quad \ldots \ldots \quad \textbf{2.}$$

woraus auch

$$w_2 = \sqrt{2g\frac{A_2}{q\gamma}} \quad \ldots \ldots \ldots \quad \textbf{3.}$$

Die Richtung von w_2 im Raume ist dabei gleichgiltig.

Fand andererseits unterwegs eine Abgabe von Arbeit nach außen

Fig. 1.

statt, im Betrage A, so kann das Wasserteilchen am Ende seiner Bahn nur noch ein Arbeitsvermögen

$$A_2 = A_1 - A \quad . \quad . \quad . \quad . \quad . \quad . \quad . \quad \textbf{4.}$$

besitzen, so daß es in diesem Falle mit einem entsprechend kleineren Wert von w_2 den Arbeitsweg verlassen wird. Es ist dann

$$w_2 = \sqrt{2g\frac{A_2}{q\gamma}} = \sqrt{2g\frac{A_1 - A}{q\gamma}} \quad . \quad . \quad . \quad . \quad \textbf{5.}$$

Je größer A, um so kleiner w_2, und wenn dem Teilchen unterwegs die volle verfügbare Arbeitsfähigkeit $A_1 = q \cdot \gamma \cdot h$ entzogen wird, so folgt $w_2 = 0$, d. h. im letzteren Falle kommt dasselbe in U wieder vollständig zur Ruhe.

Die Größe von w_2, bzw. von $\frac{w_2^2}{2g}$ ist der Maßstab für das dem Wasserteilchen am Ende des Weges übriggebliebene (nicht ausgenützte) Arbeitsvermögen A_2, also indirekt auch für die erreichte Größe der Ausnutzung des gesamten verfügbar gewesenen Arbeitsvermögens A_1.

A_2 läßt sich als bestimmter Bruchteil des Gesamtarbeitsvermögens A_1 schreiben, derart daß

$$A_2 = \alpha \cdot A_1 \quad . \quad . \quad . \quad . \quad . \quad . \quad . \quad \textbf{6.}$$

Der Faktor α gibt dabei an, welchen Teil des Gesamtarbeitsvermögens A_1 das Wasserteilchen beim Austreten aus dem Arbeitsweg unausgenützt mit fortnimmt, den **Austrittsverlust**.

Andererseits kann A, das unterwegs dem Wasserteilchen nutzbar entzogene Arbeitsvermögen, ebenfalls als Bruchteil von A_1, und zwar als

$$A = \eta \cdot A_1 \quad . \quad . \quad . \quad . \quad . \quad . \quad . \quad \textbf{7.}$$

geschrieben werden. Der Faktor η zeigt die verhältnismäßige Größe der nutzbar gemachten Arbeit zum Gesamtarbeitsvermögen, den **ideellen Nutzeffekt**, ideell, weil innere Verluste durch Wasserreibung u. s. w. als nicht vorhanden angenommen wurden.

Es ist
$$A + A_2 = A_1 \quad . \quad . \quad . \quad . \quad . \quad . \quad \textbf{8.}$$

oder
$$\eta A_1 + \alpha A_1 = A_1 \quad . \quad . \quad . \quad . \quad . \quad \textbf{9.}$$

$$\eta + \alpha = 1 \quad . \quad . \quad . \quad . \quad . \quad . \quad \textbf{10.}$$

Da $A_1 = q \cdot \gamma \cdot h$, so kann auch geschrieben werden:

$$A = q\gamma \cdot \eta h \quad . \quad . \quad . \quad . \quad . \quad \textbf{11.}$$

ebenso
$$A_2 = q\gamma \cdot \alpha h \quad . \quad . \quad . \quad . \quad . \quad \textbf{12.}$$

Die Arbeitshöhen ηh und αh geben, da Wasserverluste nicht vorhanden, ein Bild des ausgenützten und des verlorengehenden Teiles des Gesamtarbeitsvermögens, siehe Fig. 2.

---

2. Ein Wasserteilchen, $G = q \cdot \gamma$, hat, wenn im Punkte O, Fig. 3, befindlich, eine irgendwie gerichtete Geschwindigkeit w_1.

In beliebiger, der Voraussetzung unter „1" entsprechender Bahn nach U gelangt, besitzt es dort die nach irgend welcher Richtung gehende Geschwindigkeit w_2.

Im Punkt O betrachtet, hat das Teilchen das Arbeitsvermögen $q \cdot \gamma \cdot \frac{w_1^2}{2g}$;

für die zu durchlaufende Strecke OU, senkrecht gemessen h, steht eine weitere Arbeitsfähigkeit im Betrage von $q \cdot \gamma \cdot h$ zur Verfügung, so daß, mit

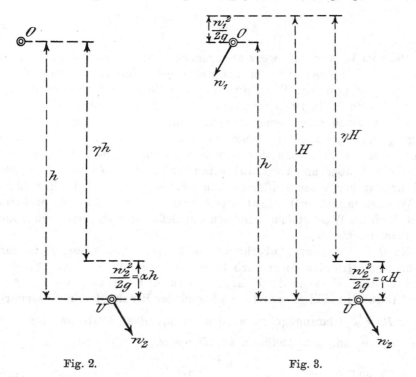

Fig. 2.   Fig. 3.

Rücksicht auf den Weg OU das Gesamtarbeitsvermögen beim Verlassen von O beträgt:

$$A_1 = q\gamma \left(\frac{w_1^2}{2g} + h \right) = q\gamma \cdot H \quad . \quad . \quad . \quad . \quad \textbf{13.}$$

worin H, siehe Fig. 3, den Gesamtarbeitsweg, das Gesamtgefälle, darstellt.

In U angekommen, besteht eine Arbeitsfähigkeit von allgemein

$$A_2 = q\gamma \cdot \frac{w_2^2}{2g} \quad . \quad . \quad . \quad . \quad . \quad . \quad \textbf{14.}$$

Fand unterwegs keine Arbeitsabgabe nach außen statt, so ist

$$A_2 = A_1$$

oder

$$q\gamma \frac{w_2^2}{2g} = q\gamma \left(\frac{w_1^2}{2g} + h \right) = q\gamma H \quad . \quad . \quad . \quad . \quad \textbf{15.}$$

woraus

$$w_2 = \sqrt{2gH} \quad . \quad . \quad . \quad . \quad . \quad . \quad \textbf{16.}$$

Hat aber das Wasserteilchen unterwegs die Arbeit A (etwa an eine Wasserradschaufel) abgegeben, so besitzt es beim Austritt aus dem Arbeitsweg in U nur noch das Arbeitsvermögen

$$A_2 = q\gamma \cdot \frac{w_2^2}{2g} = q\gamma \cdot \alpha H \quad . \quad . \quad . \quad . \quad . \quad \textbf{17.}$$

mit kleinerem Wert von w_2 als vorher. Die geleistete Arbeit A findet sich hieraus zu

$$A = A_1 - A_2 = q\gamma \left(\frac{w_1^2}{2g} + h - \frac{w_2^2}{2g} \right) = q\gamma \left(H - \frac{w_2^2}{2g} \right) \quad . \quad . \quad . \quad \textbf{18.}$$

1*

oder $$A = q\gamma(1 - \alpha)H = q\gamma \cdot \eta H \quad . \quad . \quad . \quad . \quad . \quad \textbf{19.}$$

Ist $h = 0$, so folgt im besonderen

$$A = q\gamma\left(\frac{w_1^2}{2g} - \frac{w_2^2}{2g}\right) \quad . \quad . \quad . \quad . \quad . \quad . \quad \textbf{20.}$$

Die vom Wasser unterwegs abgegebene Arbeit A wird um so größer gewesen sein, je kleiner sich der übrig bleibende Wert von w_2 erweist, und ist unabhängig von der Richtung von w_2; sie ist ein Maximum für $w_2 = 0$, d. h. in diesem Falle ist $A_2 = 0$, $\alpha = 0$; $\eta = 1$ wie natürlich.

Es ist ausführbar, einer räumlich und zeitlich abgegrenzten Wasser·menge q das gesamte ihr innewohnende Arbeitsvermögen zu entziehen, indem man sie am Ende des Arbeitsweges mit $w_2 = 0$ ankommen läßt; sowie es sich aber um kontinuierlich strömende Wassermengen handelt (und das ist bei Wasserkraftmaschinen stets der Fall), so ist das Entlassen des Wassers mit $w_2 = 0$ nicht mehr tunlich, weil die fortwährend in U anlangenden Wasserteilchen müssen wegfließen können, um neuankommenden Platz zu machen.

Ist OU der ganze, überhaupt verfügbare Arbeitsweg, d. h. kann G aus örtlichen Gründen nicht noch tiefer als U sinken, so muß für Dauerbetrieb dem Wasser in U stets noch ein passendes w_2 für das Wegfließen gelassen werden; es muß der Bruchteil der Gesamtarbeitshöhe $\alpha H = \dfrac{w_2^2}{2g}$ darangegeben werden, damit das Betriebswasser das erforderliche w_2 für das Abfließen aus U besitzt.

Auch hier stellt $\qquad \dfrac{w_2^2}{2g} = \alpha H \quad . \quad . \quad . \quad . \quad . \quad . \quad . \quad \textbf{21.}$

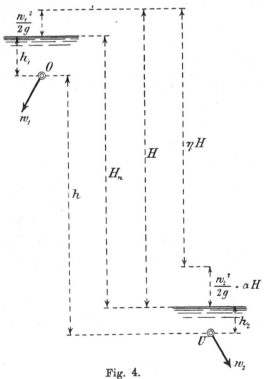

Fig. 4.

unabhängig von der Richtung von w_2 die verlorengehende Arbeitshöhe, α den Austrittsverlust dar.

3. Ein Wasserteilchen, $G = q \cdot \gamma$, besitzt im Punkt O, Fig. 4, eine beliebig gerichtete Geschwindigkeit w_1 und befindet sich außerdem noch unter dem Druck einer Wassersäule von der Höhe h_1 (Oberwasserspiegel).

Bei der Ankunft in U auf reibungslosem Wege mit allmählichen Übergängen von Geschwindigkeit und Druckhöhe hat das Teilchen die irgendwie gerichtete Geschwindigkeit w_2 und ist unter den Druck einer Wassersäule h_2 (Unterwasserspiegel) gelangt.

Vermöge der in O auf G wirkenden Druckhöhe könnte das Teilchen frei um die Höhe h_1

senkrecht aufsteigen; es folgt hieraus eine Arbeitsfähigkeit von $G \cdot h_1 = q \cdot \gamma \cdot h_1$. Das gesamte Arbeitsvermögen von G für den Weg $O\,U$ ist somit

$$A_1 = q\,\gamma\left(\frac{w_1^2}{2\,g} + h_1 + h\right) \quad \cdot \quad \cdot \quad \cdot \quad \cdot \quad \textbf{22.}$$

Am Ende des Weges, in U, besteht eine Arbeitsfähigkeit im Betrage

$$A_2 = q\,\gamma\left(\frac{w_2^2}{2\,g} + h_2\right) \quad \cdot \quad \cdot \quad \cdot \quad \cdot \quad \textbf{23.}$$

Wurde unterwegs keine äußere Arbeit abgegeben, so ist wieder

$$A_2 = A_1$$

oder

$$q\,\gamma\left(\frac{w_2^2}{2\,g} + h_2\right) = q\,\gamma\left(\frac{w_1^2}{2\,g} + h_1 + h\right) \quad \cdot \quad \cdot \quad \cdot \quad \textbf{24.}$$

woraus

$$\frac{w_2^2}{2\,g} = \frac{w_1^2}{2\,g} + h_1 + h - h_2 \quad \cdot \quad \cdot \quad \cdot \quad \cdot \quad \textbf{25.}$$

Nun ist nach Fig. 4 $\qquad h_1 + h - h_2 = H_n$

d. h. gleich dem Höhenunterschiede der beiden Wasserspiegel an der Arbeitsstelle, der als Nettogefälle bezeichnet wird, so daß auch

$$\frac{w_2^2}{2\,g} = \frac{w_1^2}{2\,g} + H_n \quad \cdot \quad \cdot \quad \cdot \quad \cdot \quad \cdot \quad \cdot \quad \textbf{26.}$$

oder

$$w_2 = \sqrt{2\,g\left(\frac{w_1^2}{2\,g} + H_n\right)} \quad \cdot \quad \cdot \quad \cdot \quad \cdot \quad \cdot \quad \textbf{27.}$$

Hat aber unterwegs Abgabe einer bestimmten Arbeitsgröße A (etwa an eine Turbinenschaufel) stattgefunden, so gilt $A = A_1 - A_2$ und es rechnet sich bei entsprechend kleinerem Werte von w_2

$$A = q\,\gamma\left[\frac{w_1^2}{2\,g} + h_1 + h - \left(\frac{w_2^2}{2\,g} + h_2\right)\right]$$

$$A = q\,\gamma\left(\frac{w_1^2}{2\,g} + H_n - \frac{w_2^2}{2\,g}\right) = q\,\gamma\left(H - \frac{w_2^2}{2\,g}\right) \cdot \quad \cdot \quad \cdot \quad \textbf{28.}$$

was auch wie vorher geschrieben werden kann

$$A = q\,\gamma\,(1 - \alpha)\,H = q\,\gamma \cdot \eta \cdot H \quad \cdot \quad \cdot \quad \cdot \quad \cdot \quad \textbf{29.}$$

Auch hier wird der größte Wert von A erreicht wenn $w_2 = 0$, unter gleichen Erwägungen wie unter „2".

In gleicher Weise wie vorher ist $q \cdot \gamma \cdot \frac{w_2^2}{2\,g} = A_2$ unabhängig von der Richtung von w_2 die tatsächlich verlorene Arbeit; $q \cdot \gamma \cdot h_2$ bleibt außer Betracht, da das Teilchen, um unter die Druckhöhe h_2 zu kommen, die h_2 entsprechende Arbeit hatte aus A_1 aufwenden müssen.

Die Betrachtung lehrt ferner: Während bei „1" und „2" der Höhenunterschied h zwischen Anfangs- und Endpunkt des Arbeitsweges neben den Geschwindigkeiten w_1 und w_2 für die Ermittlung der unterwegs geleisteten Arbeit in Betracht kommt, tritt hier an Stelle von h der Höhenunterschied H_n der beiden Wasserspiegel, welche der Anfangsdruckhöhe in O und der Enddruckhöhe in U entsprechen. Das heißt: für das Arbeitsvermögen von unter Druck stehenden Wasserteilchen ist, abgesehen von den Größen der Zu- und Abflußgeschwindigkeiten, nicht die von denselben auf dem Arbeitsweg tatsächlich durchlaufene Höhendifferenz h zwischen

Anfangs- und Endlage maßgebend, sondern das Nettogefälle H_n zwischen Ober- und Unterwasserspiegel; es ist gleichgiltig, von welchem Punkte aus der Arbeitsweg begonnen wird und wo er endigt, wenn nur O bezw. U unter dem Druck von Ober- bezw. Unterwasserspiegel stehen.

Hieraus ergibt sich ohne weiteres, daß das Arbeitsvermögen sämtlicher durch ein Gerinne zu- und abfließender Wasserteilchen (abgesehen von den etwa verschiedenen Größen von w_1 und w_2) nur durch H_n bedingt, also für jedes beliebige Teilchen gleich groß ist, einerlei welche Höhenlage ein solches zuerst im Ober- und später im Unterwasser einnimmt.

In vielen Fällen sind w_1 und w_2 einander gleich, dann wird $\eta H = H_n$.

Kann w_1 etwa nicht für die Arbeitsleistung herangezogen werden, so verkleinert sich H auf H_n und es tritt ηH_n und αH_n an die Stelle von ηH und αH, vergl. Fig. 4.

Hydraulischer Nutzeffekt.

Da sich die Wasserteilchen untereinander und an den Wandflächen der Wasserkraftmaschinen beim Betriebe unter Arbeitsaufwand reiben, so vollzieht sich die Bewegung von O nach U in den vorher betrachteten Fällen nicht ohne innere Einbuße an Arbeitsvermögen, welches größtenteils in Wärme umgesetzt wird. So geht für die äußere Arbeitsleistung in der

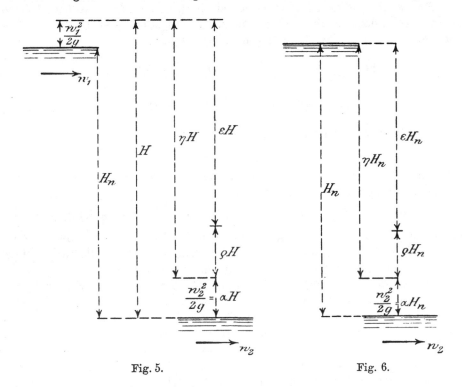

Fig. 5.   Fig. 6.

Wirklichkeit von der Gesamtarbeitshöhe H außer αH noch ein weiterer Bruchteil für die Überwindung der Wasserreibungsarbeit, im Betrage ϱH, verloren und es bleibt als tatsächlich ausgenützte Arbeitshöhe nur noch übrig

$$H - \alpha H - \varrho H = (1 - \alpha - \varrho)\, H = \varepsilon H \quad . \quad . \quad . \quad \mathbf{30.}$$

Weil bei gleichbleibender Wassermenge q der Ausdruck $q \cdot \gamma \cdot \varepsilon \cdot H$ die tatsächlich nach außen geleistete Arbeit darstellt, so kann der Faktor ε als tatsächlicher hydraulischer Nutzeffekt, schlechtweg als **hydraulischer Nutzeffekt** bezeichnet werden; die Verhältnisse werden durch Fig. 5 erläutert.

Kann w_1 nicht für die Arbeitsleistung mit in Frage kommen, so ermäßigt sich H auf H_n, die einfache Differenz der Wasserspiegel, mit entsprechenden Werten von α, ϱ und ε, siehe Fig. 6.

1. Kraftäuſserung und Arbeit strömenden Wassers.

Für den ganzen Abschnitt gilt, sofern nicht ausdrücklich anderes ausgesprochen wird, daß Arbeitsverluste durch Wasserreibung, Wirbel u. s. w. als nicht vorhanden vorausgesetzt sind.

A. Freier Strahl an Ablenkungsflächen.

Aus einer wagrecht liegenden Mündung tritt ein kontinuierlicher Wasserstrahl mit bestimmter Geschwindigkeit frei in die Atmosphäre aus; er wird, wenn er keine Hindernisse findet, der Erdanziehung folgen und eine nach abwärts gerichtete, in senkrechter Ebene liegende, parabolische Bahn einschlagen. Denkt man sich für den in Betracht kommenden Arbeitsweg die Anziehung der Erde als nicht vorhanden, oder den Strahl durch eine wagrechte Ebene gestützt, so gehen die Wasserteilchen infolge ihres Beharrungsvermögens nach Verlassen der Mündung einfach wagrecht und geradlinig weiter. Im folgenden handelt es sich um die Bestimmung der Massendrucke, welche ein derartiger Strahl auf Flächen ausübt, die ihn von der geradlinigen Bahn ablenken.

---

1. **Freier gerader Wasserstrahl** von rechteckigem Querschnitt, Dicke a, Breite b, Geschwindigkeit w_1. Derselbe fährt nach Verlassen der Mündung eine beliebige Strecke seitlich entlang einer ruhenden senkrechten Ebene ef in der als Grundriß anzusehenden Fig. 7. Da die Richtung von w_1 parallel zu ef, so wird der Strahl auf ef keinerlei Druckwirkung ausüben können.

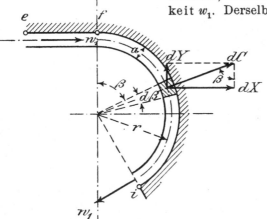

Fig. 7.

Vom Punkte f ab geht die Ebene in eine feststehende, senkrechte Cylinderfläche fi von gleichmäßiger Krümmung über und zwingt den Strahl, dieser Krümmung zu folgen. Ist die Strahldicke a klein im Verhältnis zum Krümmungshalbmesser der Cylinderfläche, so wird der Strahl, unter Beibehaltung seiner Geschwindigkeit w_1 in geordneter Weise den kreisförmigen Weg $f\,i$ durchlaufen und am Ende der Krümmung, in i, geradlinig weitergehen.*)

Da der Strahl unterwegs keine Arbeit abgegeben hat, auch nach Voraussetzung keine Reibungsverluste vorhanden sind, so ist die Geschwindigkeit, mit welcher er die Ablenkungsfläche verläßt, gleich der Anfangsgeschwindigkeit w_1.

Die von der geraden in die kreisförmige Bahn übergeführten Wasserteilchen entwickeln Zentrifugalkräfte, welche gegen die Fläche $f\,i$ drücken. Betrachtet man ein beliebiges, augenblicklich um den Winkel β vom Krümmungsanfang f abgelegenes Wasserteilchen von der Dicke a, Breite b und der mittleren Länge $r \cdot d\beta$ (r ist mittlerer Krümmungshalbmesser des Strahls), so ist dessen Masse

$$dm = \frac{a \cdot b \cdot r\,d\beta \cdot \gamma}{g}$$

also dessen Zentrifugalkraft

$$dC = \frac{dm \cdot w_1{}^2}{r} = \frac{ab\gamma}{g} \cdot w_1{}^2 d\beta$$

unabhängig von r.

In gleicher Weise streben die sämtlichen, aufeinander folgenden, Wasserteilchen mit dC radial nach außen; eine Übersicht der Wirkung aller dieser Einzelkräfte wird durch die Zerlegung in Komponenten dX und dY parallel zur X- und Y-Achse gewonnen.

Für das Teilchen im augenblicklichen Winkelabstand β vom Anfang der Ablenkung ist:

$$dX = dC \sin \beta$$

oder

$$dX = \frac{ab\gamma}{g} \cdot w_1{}^2 \sin \beta\, d\beta$$

woraus sich X, die Summe der Horizontalkomponenten sämtlicher dC, vom Anfang der Ablenkung bis zu der betrachteten Stelle, die „X-Komponente", ergibt zu

$$X = \frac{ab\gamma}{g} w_1{}^2 \int_0^\beta \sin \beta\, d\beta$$

oder

$$X = \frac{ab\gamma}{g} \cdot w_1{}^2 (1 - \cos \beta) \quad . \quad . \quad . \quad . \quad . \quad \mathbf{31.}$$

Nun ist $a \cdot b \cdot w_1 = q$, gleich der an der Ablenkungsfläche entlang eilenden Wassermenge in cbm/sek, sodaß sich auch schreiben läßt:

$$X = \frac{q\gamma}{g} \cdot w_1 (1 - \cos \beta) \quad . \quad . \quad . \quad . \quad . \quad \mathbf{32.}$$

Da dC, mithin auch dX, unabhängig vom Krümmungshalbmesser r, da ferner nur das Produkt der Größen a und b, nicht aber deren Einzel-

---

*) In Wirklichkeit wird die Geschwindigkeit in den verschiedenen cylindrischen Wasserschichten verschiedene, gegen außen abnehmende, Werte besitzen, ein Umstand der später ausführlich behandelt werden soll, jetzt aber aus Gründen besserer Übersichtlichkeit außer acht gelassen wird.

werte rechnungsmäßig in Betracht kommen (im Beharrungszustand ist stets $a \cdot b \cdot w_1 = q$), so ist auch die Größe von X unabhängig vom Halbmesser der Krümmung r, von der jeweiligen Dicke und Breite des Strahles so lange nur w_1 und q konstant sind; X ändert sich also nur mit der Größe des Ablenkungswinkels β.

Die Vertikalkomponente der Zentrifugalkraft für ein beliebiges Wasserteilchen, dY, findet sich zu

$$dY = dC \cdot \cos \beta$$

oder auch

$$dY = \frac{a b \gamma}{g} \cdot w_1{}^2 \cos \beta \, d\beta$$

woraus die Summe sämtlicher Vertikalkomponenten, die „Y-Komponente" sich ergibt zu

$$Y = \frac{a b \gamma}{g} w_1{}^2 \int_0^{\beta} \cos \beta \, d\beta$$

bzw.

$$Y = \frac{q \gamma}{g} \cdot w_1 \sin \beta \quad . \quad . \quad . \quad . \quad . \quad . \quad \textbf{33.}$$

Bezeichnet man jetzt mit β den gesamten Winkelbetrag der Ablenkung von f bis i, so stellen die Ausdrücke für X und Y die Horizontal- bzw. Vertikalkomponente der Resultierenden sämtlicher, durch die Ablenkung erhaltener Zentrifugalkräfte dar, die Resultierende R ist dann, siehe Fig. 8:

$$R = \sqrt{X^2 + Y^2} = \frac{q \gamma}{g} w_1 \sqrt{2 \left(1 - \cos \beta\right)} \quad . \quad . \quad . \quad \textbf{34.}$$

und deren Richtung gegen die X-Achse findet sich zu

$$\operatorname{tg} \delta = \frac{Y}{X} = \frac{\sin \beta}{1 - \cos \beta} \quad . \quad . \quad . \quad . \quad . \quad . \quad \textbf{35.}$$

Es liegt in der Natur der Dinge, daß R den Gesamtablenkungswinkel β halbieren muß, was natürlich auch aus vorstehender Gleichung folgt.

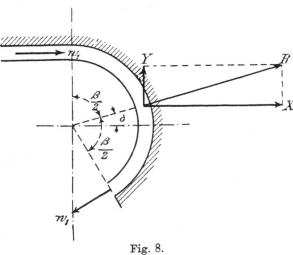

Fig. 8.

Da der Krümmungsradius auf die Entwicklung der X- und Y-Komponente ohne Einfluß ist, so folgt, daß die Rechnungen die gleichen bleiben, wenn auch innerhalb der gekrümmten Strecke $f\,i$ die Größe von r sich ändert. Die Richtung von R wird durch variables r nicht beeinflußt, doch ändert sich für nicht konstante Größe von r der Angriffspunkt der Resultierenden, dieser wird dann nicht mehr durch einfache Halbierung des Ablenkungswinkels β der Lage nach bestimmt sein.

Je nach der Größe von β nehmen X, Y und R verschiedene Werte an, es ergeben sich im einzelnen für

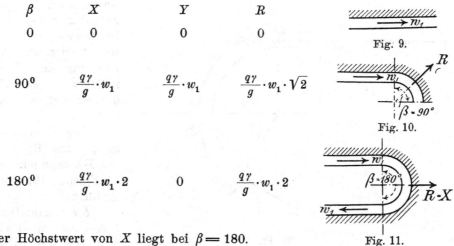

β	X	Y	R
0	0	0	0
90°	$\frac{q\gamma}{g} \cdot w_1$	$\frac{q\gamma}{g} \cdot w_1$	$\frac{q\gamma}{g} \cdot w_1 \cdot \sqrt{2}$
180°	$\frac{q\gamma}{g} \cdot w_1 \cdot 2$	0	$\frac{q\gamma}{g} \cdot w_1 \cdot 2$

Fig. 9.

Fig. 10.

Fig. 11.

Der Höchstwert von X liegt bei $\beta = 180$.

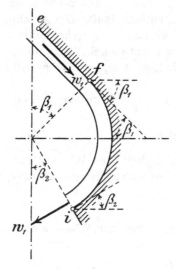

Fig. 12.

2. Die Ablenkungsfläche ist, wie vorher, in Ruhe, aber die Richtung des geraden Anfangsstückes *ef*, bez. von w_1, liegt nicht mehr parallel zur X-Achse, sondern schneidet diese im Winkel β_1, siehe Fig. 12.

Der gleiche Winkel β_1 liegt zwischen der Normalen in *f*, dem Beginn der Ablenkung und der Y-Achse. Die Ausdrücke für X und Y lauten hier, mit Rücksicht auf die geänderten Integrationsgrenzen, von β_1 bis $180 - \beta_2$, wenn mit β_2 der Winkel zwischen Y-Achse und dem Endpunkt *i* der Ablenkung bezeichnet wird:

$$X = \frac{a\,b\,\gamma}{g} w_1{}^2 \left[-\cos\beta \right]_{\beta_1}^{180-\beta_2}$$

oder auch

$$X = \frac{q\,\gamma}{g} \cdot w_1 (\cos\beta_2 + \cos\beta_1) \quad \ldots \quad \mathbf{36.}$$

Für $\beta_1 = \beta_2 = 0$, geht X wieder in den Wert $\frac{q\gamma}{g} \cdot w_1 \cdot 2$ über.

In gleicher Weise folgt:

$$Y = \frac{a\,b\,\gamma}{g} \cdot w_1{}^2 \left[\sin\beta \right]_{\beta_1}^{180-\beta_2}$$

bezw.

$$Y = \frac{q\,\gamma}{g} w_1 (\sin\beta_2 - \sin\beta_1) \quad \ldots \ldots \quad \mathbf{37.}$$

Die Richtung von dY ist, entsprechend Fig. 7 und 8, für positives Vorzeichen gegen aufwärts gerechnet, und so ist auch die Integration gedacht. So lange $\sin\beta_2 > \sin\beta_1$ oder $\beta_2 > \beta_1$, hat Y den positiven, nach aufwärts gerichteten Sinn. Für $\beta_2 = \beta_1$ ist $Y = 0$ und für $\beta_2 < \beta_1$ wird Y negativ sein, d. h. seine Richtung geht dann gegen abwärts.

3. Die Ablenkungsfläche *efi* des Falles „1" ist nicht mehr feststehend, sondern sie kann sich, dem Drucke der Kraft X

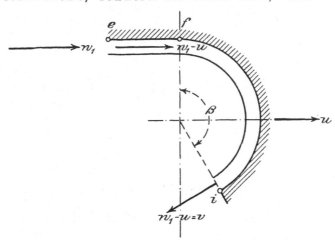

nachgebend, parallel zur X-Achse fortbewegen. Dieses Nachgeben erfolgt mit der gleichmäßigen Geschwindigkeit $u < w_1$ siehe Fig. 13.

Gegen Fortbewegung nach Richtung der Y-Komponente sei die Fläche reibungslos gestützt.

Als unmittelbare Folge des mit u sich vollziehenden Fortschreitens der Ablenkungsfläche ergibt sich, daß der Strahl an dem geraden Stücke *e f* nicht mehr mit der vollen Geschwindigkeit w_1, sondern nur noch mit der Differenz beider Geschwindigkeiten, $w_1 - u$, entlang läuft. Die gleiche Geschwindigkeit $w_1 - u$ findet naturgemäß auch entlang des gekrümmten Teiles *f i* statt, die Zentrifugaldrucke gegen *f i* entwickeln sich demnach nur so, als ob der Strahl mit der Geschwindigkeit $w_1 - u$ eine stillstehende Fläche angetroffen hätte.

Entsprechend Gl. 31 hat dann die X-Komponente der gesamten Zentrifugaldrucke die Größe

$$X = \frac{a b \gamma}{g} (w_1 - u)^2 (1 - \cos \beta) \quad . \quad . \quad . \quad . \quad \textbf{38.}$$

Bezeichnet man mit $v = w_1 - u$ die Geschwindigkeit des Wassers entlang der Ablenkungsfläche in Beziehung auf diese, also dessen relative Geschwindigkeit, so ergibt sich

$$a b (w_1 - u) = a b v = q$$

gleich der in der Zeiteinheit an der Fläche vorbeiströmenden Wassermenge und damit folgt

$$X = \frac{q \gamma}{g} (w_1 - u) (1 - \cos \beta) \quad . \quad . \quad . \quad . \quad \textbf{39.}$$

Es ist gesagt, daß die Geschwindigkeit des Fortschreitens der Fläche, u, konstant sei; daraus folgt, daß der Widerstand derselben gegen die Bewegung in Richtung von u der Größe nach gleich X ist, denn andernfalls würde durch die Einwirkung von X die Geschwindigkeit u, je nachdem, zu- oder abnehmen. Die sogenannte X-Komponente überwindet hier einen Widerstand im Betrage X und zwar mit der Geschwindigkeit u; sie, beziehungsweise der Wasserstrahl, leistet also infolge der Ablenkung in der Zeiteinheit eine äußere Arbeit A im Betrage

$$A = X \cdot u = \frac{q \gamma}{g} (w_1 - u) u (1 - \cos \beta) = \eta \, A_1 \quad . \quad . \quad . \quad \textbf{40.}$$

während insgesamt zur Verfügung ist

$$A_1 = q \cdot \gamma \cdot \frac{w_1^2}{2g} = q \cdot \gamma \cdot H.$$

Ist die Ablenkungsfläche ein Teil einer Wasserkraftmaschine, z. B. einer Turbine, so ist ja allerdings ein unbegrenzt geradliniges Fortschreiten derselben nicht möglich, und im späteren wird dieser Umstand auch entsprechende Berücksichtigung finden; es vereinfacht aber die vorliegenden Betrachtungen und berührt die Ergebnisse derselben nicht, wenn einstweilen die Möglichkeit solch geradliniger Bewegung (Turbinenstange nach v. Reiche) zugegeben wird.

Die Zugehörigkeit der nunmehrigen „Schaufelfläche" zu einem Wassermotor erweckt sofort das Bestreben nachzuforschen, auf welche Weise die Größe $A = \eta\, A_1$ auf ihren Höchstwert, $A_2 = \alpha\, A_1$ auf den Kleinstwert gebracht werden kann.

Für den Betrag von A sind nach Gl. 40 zwei voneinander unabhängige Größen in ihren Funktionen maßgebend, nämlich u und β in den Faktoren $(w_1 - u) \cdot u$ und $1 - \cos\beta$, und die Untersuchung hat sich darauf zu erstrecken, unter welchen Umständen diese beiden Faktoren Höchstwerte erreichen. Der Maximalwert des einen oder anderen Faktors wird einen relativen Höchstwert von A bzw. η hervorbringen, der absolute aber wird eintreten, wenn beide Faktoren gleichzeitig so groß als möglich zur Geltung kommen.

Einfluß der Geschwindigkeit u auf die erzielbare Arbeit.

Der erste Faktor, $(w_1 - u) \cdot u$, hat bei voraussetzungsgemäß konstantem w_1 ein Maximum für

$$\frac{d\,[(w_1 - u)\,u]}{du} = w_1 - u - u = 0$$

woraus folgt
$$u = \frac{w_1}{2}\,. \qquad\qquad\qquad \textbf{41.}$$

d. h. soweit durch Wahl des Widerstandes X, und damit auch der Geschwindigkeit u der zurückweichenden Schaufel ein Einfluß auf die Größe von A, der geleisteten Arbeit, ausgeübt werden kann, wird der relative Höchstwert von A bei beliebig gegebener Größe von β mit $u = \dfrac{w_1}{2}$ erreicht.

Mit dieser Größe von u folgt nach Gl. 40:

$$A_{\max\,(u)} = q\,\gamma \cdot \frac{w_1^2}{2\,g} \cdot \frac{1 - \cos\beta}{2} \qquad\qquad \textbf{42.}$$

und der entsprechende Wert von X:

$$X = \frac{q\,\gamma}{g} \cdot w_1\, \frac{1 - \cos\beta}{2} \qquad\qquad \textbf{43.}$$

Ferner ergeben sich hierfür:

$$\eta_{\max\,(u)} = \frac{A_{\max\,(u)}}{A_1} = \frac{1 - \cos\beta}{2} \qquad\qquad \textbf{44.}$$

und
$$\alpha_{\min\,(u)} = \frac{A_1 - A_{\max\,(u)}}{A_1} = 1 - \eta_{\max\,(u)} = \frac{1 + \cos\beta}{2} \qquad \textbf{45.}$$

Ist u nicht gleich $\dfrac{w_1}{2}$, sondern von beliebig anderer Größe, etwa $u = m \cdot w_1 = m\sqrt{2\,g\,H}$, worin m ein beliebiger Faktor, so geht damit Gl. 40 über in

$$A = q\,\gamma \cdot \frac{w_1^2}{2\,g} \cdot 2\,(1 - m)\,m\,(1 - \cos\beta) \qquad\quad \textbf{46.}$$

und es folgt dabei $\quad X = \dfrac{q\,\gamma}{g}\, w_1\,(1 - m)\,(1 - \cos\beta)\,. \qquad\quad \textbf{47.}$

ferner $\qquad\qquad \eta = \dfrac{A}{A_1} = 2\,(1 - m)\,m\,(1 - \cos\beta) \qquad\quad \textbf{48.}$

endlich $\alpha = \dfrac{A_1 - A}{A_1} = 1 - \eta = 1 - 2\,(1 - m)\,m\,(1 - \cos\beta)$ . . **49.**

Da außer m alle in den Gl. 46 und 47 enthaltenen Größen als konstant anzusehen sind, so läßt sich auch schreiben:

$$A = C_A\,(m - m^2) \qquad\qquad \textbf{50.}$$

und $$X = C_X\,(1 - m) \qquad\qquad \textbf{51.}$$

Betrachtet man die beliebig wählbaren Werte von m als Abszissen, die sich daraus ergebenden Größen von A als Ordinaten, so folgt, daß die Werte von A in Bezug auf m durch eine Parabel mit senkrechter Achse, diejenigen von X durch eine schrägliegende Gerade dargestellt werden, wie dies Fig. 14 in den ausgezogenen Linien, entsprechend einer Größe von $\beta = 150^0$ zeigt.

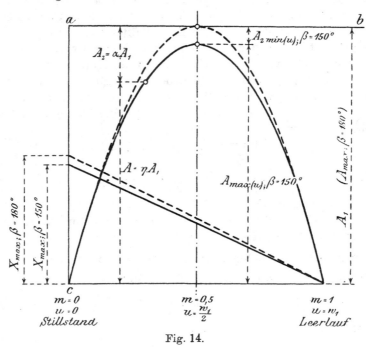

Fig. 14.

Bei festgehaltener Schaufelfläche ist X am größten, entsprechend $m = 0$, und Gl. 47 und 51 mit

$$X_{\max\,(u)} = C_X = \frac{q\,\gamma}{g}\,w_1\,(1 - \cos\beta) \qquad\qquad \textbf{52.}$$

Mit wachsendem m, d. h. mit zunehmender Arbeitsgeschwindigkeit u nimmt X stetig ab und wird für $m = 1$, d. h. bei $u = w_1 = \sqrt{2\,g\,H}$ Null.

Anders liegen die Verhältnisse für die von X geleistete Arbeit A. Stillstehen der Schaufelfläche, $m = 0$, d. h. der größte Wert von X, läßt überhaupt eine Arbeitsleistung nicht zu, es ist $A = 0$. Mit zunehmender Größe von m und u, bei abnehmenden Werten von X, wächst die Arbeitsleistung A so lange, bis mit $m = 0,5$ die Arbeitsgeschwindigkeit $u = \dfrac{w_1}{2}$ und der Scheitel der Parabel erreicht ist. Dem Parabelscheitel entspricht für $\beta = 150^0$

$$A_{\max\,(u)} = C_A \cdot \frac{1}{4} = q\,\gamma \cdot \frac{w_1^2}{2\,g} \cdot 0{,}993$$

Von da nimmt die Größe von A wieder ab, um bei $m=1$, d. h. für $u=w_1$ und $X=0$ abermals Null zu werden, der sogenannte Leerlauf ist eingetreten.

Eine Vergrößerung von m über $m=1$ hinaus, d. h. auf $u>w_1$ ist ohne Zuleitung fremden Arbeitsvermögens an die Ablenkungsfläche unmöglich.

Die Beziehung $A_1=A+A_2$ gestattet, die Fig. 14 noch zu erweitern. Das gesamte Arbeitsvermögen des Wassers ist, unabhängig von m und u,

$$A_1=q\,\gamma\cdot\frac{w_1^{\,2}}{2\,g}$$

und dies kann durch eine in Entfernung A_1 zur Horizontalachse parallele Gerade, $a\,b$, dargestellt werden. Der senkrechte Abstand zwischen dieser Geraden und dem, $A_{\max(u)}$ entsprechenden, Parabelscheitel entspricht deshalb der kleinsten, verloren gehenden Größe von A_2, welcher Betrag wegen $\beta<180^0$ nicht zur Abgabe an die Schaufel gelangen kann. Da aber die vorgenannte Beziehung ganz allgemein für jede Größe von m und u gilt, so folgt, daß der Vertikalabstand zwischen $a\,b$ und der Parabel an jeder beliebigen Stelle der betreffenden Größe von A_2, der verlorenen Arbeit entspricht. Da ferner $A=\eta A_1$ und $A_2=\alpha A_1$, so teilt der Verlauf der Parabel, unter Annahme eines entsprechenden Verhältnismaßstabes ($a\,c=1$) den Vertikalabstand $a\,c$ für jeden Wert von m in die Größen η, den ideellen Nutzeffekt, und α, den jeweils uneinbringlichen Austrittsverlust.

Es ist noch die Übereinstimmung der Beziehungen für A_2 nachzuweisen, wie sie einerseits aus $A_2=q\,\gamma\,\dfrac{w_2^{\,2}}{2\,g}$ und andererseits aus $A_1=A+A_2$ folgen.

Aus Fig. 15 ist ersichtlich, daß das Wasser beim Verlassen der Schaufel gegenüber dieser die Relativgeschwindigkeit w_1-u, dann auch die absolute Geschwindigkeit des Fortschreitens der Schaufelfläche, u, besitzt. Die Wasserteilchen haben deshalb, absolut genommen, eine Austrittsgeschwindigkeit w_2 aus dem Arbeitsweg, gegeben als Resultierende von w_1-u und u.

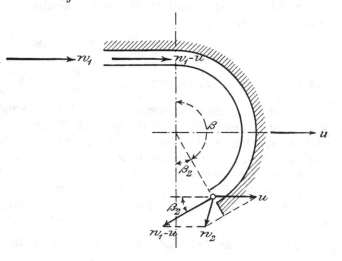

Fig. 15.

Nun ist
$$w_2^{\,2}=(w_1-u)^2+u^2-2\,(w_1-u)\,u\cos\beta_2\ \ .\ \ .\ \ .\ \ \mathbf{53.}$$
oder auch, weil $\beta_2=180^0-\beta$
$$w_2^{\,2}=(w_1-u)^2+u^2+2\,(w_1-u)\,u\cos\beta\ \ .\ \ .\ \ .\ \ \mathbf{54.}$$
und es folgt damit unter Einführung von $u=m\cdot w_1$

$$A_2=q\,\gamma\cdot\frac{w_2^{\,2}}{2\,g}=q\,\gamma\cdot\frac{w_1^{\,2}}{2\,g}\,[(1-m)^2+m^2+2\,(1-m)\,m\cos\beta]\ .\ \ \mathbf{55.}$$

Dieser aus w_2 erhaltene Wert von A_2 befriedigt im Verein mit A nach Gl. 46 die Beziehung $A_1 = A + A_2$ wie natürlich.

Einfluß der Größe des Ablenkungswinkels β auf die erzielbare Arbeit.

Der Faktor in Gl. 40, $1 - \cos\beta$, wächst mit zunehmendem β und hat den größten Wert bei $\beta = 180^0$ mit $1 - \cos\beta = 2$.

Für eine gegebene Größe von $u = m \cdot w_1 = m\sqrt{2gH}$ folgt damit:

$$A_{\max (\beta)} = \frac{q\gamma}{g}(w_1 - u)\, u \cdot 2 = q\gamma \frac{w_1^2}{2g} 4(1-m)\, m \quad . \quad . \quad . \quad \mathbf{56}$$

als relativer Höchstwert von A unter dem Einfluß von β.

Es ergeben sich weiter

$$X_{\max (\beta)} = \frac{q\gamma}{g} \cdot w_1 \cdot 2(1-m) \quad . \quad . \quad . \quad . \quad . \quad \mathbf{57.}$$

$$\eta_{\max (\beta)} = 4(1-m)\, m \quad . \quad . \quad . \quad . \quad . \quad . \quad \mathbf{58.}$$

$$\alpha_{\min (\beta)} = 1 - \eta = 1 - 4(1-m)\, m \quad . \quad . \quad . \quad . \quad \mathbf{59.}$$

Für beliebige Größen von β und u gelten die oben entwickelten Gl. 46, 47, 48 und 49, aus denen, ebenso wie aus Fig. 14 hervorgeht, daß Werte von β die kleiner als 180^0 sind, einfach die Größe von A, den Scheitel der Parabel, entsprechend abwärts drücken, ohne deren Achse zu verschieben. Mag β irgend welche Größe haben, die Geschwindigkeit der besten Leistung bleibt in jedem Falle bei $m = 0{,}5$ oder $u = \frac{w_1}{2}$.

Schließlich wird nach dem Vorhergehenden das absolute Maximum von A erreicht bei

$$u = \frac{w_1}{2} \quad \text{und} \quad \beta = 180^0$$

mit
$$A_{\max} = q\gamma\left(w_1 - \frac{w_1}{2}\right)\frac{w_1}{2} \cdot 2 = q\gamma \frac{w_1^2}{2g} = A_1$$

Letzterer Ausdruck entspricht dem Arbeitsvermögen, welches die sekundliche Wassermenge q vermöge der Zuflußgeschwindigkeit w_1 besitzt, und da der ganze betrachtete Vorgang sich in horizontaler Ebene abspielt, also das Wasser auf seinem Weg entlang der Schaufelfläche keinen Zuwachs an Arbeitsvermögen erfährt (es ist $h = 0$), so folgt, daß es ideell möglich erscheint, einer, natürlich, begrenzten Wassermenge durch stoßfrei verlaufende Ablenkung des frei austretenden Strahles von der Geschwindigkeit
$$w_1 = \sqrt{2gH}$$
die ganze ihr innewohnende Arbeitsfähigkeit im Betrage von

$$A_1 = q\gamma \frac{w_1^2}{2g} = q\gamma\, H$$

zu entziehen. Für Dauerbetrieb ist dies, wie schon gesagt, aus äußeren Gründen nicht möglich, immerhin aber ist α beliebig wählbar, soweit es die Verhältnisse der Ablenkungsfläche selbst betrifft.

In Fig. 14 sind mit punktierten Linien sowohl die $\beta = 180^0$ entsprechende Parabel der A als auch die Gerade der X eingezeichnet.

Die Y-Komponente kann, da nach ihrer Richtung keine Bewegung stattfindet, keine Arbeit leisten.

4. Die gekrümmte Fläche nach „2“ kann mit der konstanten Geschwindigkeit u parallel zur X-Achse ausweichen. Bewegung parallel zur Y-Achse ist durch reibungslose Stützung verhindert, ein kontinuierlicher Wasserstrahl tritt auch während der Fortbewegung der Fläche stets parallel zum Teile ef, diesen berührend, zur Schaufel, und hat in der Richtung ef die Geschwindigkeit v, vergl. Fig. 16. (Für die theoretische Betrachtung darf außer acht gelassen werden, in welcher Weise eine solche Strahlführung möglich gemacht werden kann.)

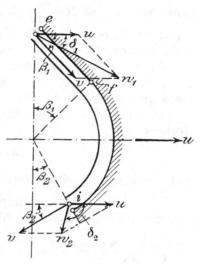

Es folgt aus dem Gesagten in erster Linie, daß die im Strahle aufeinander folgenden Wasserteilchen im Raume, also absolut genommen, gleichzeitig die Geschwindigkeiten u und v, d. h. die Geschwindigkeit w_1 besitzen müssen, die sich als Resultierende der Geschwindigkeit v der Wasserteilchen relativ zur Ablenkungsfläche und der fortschreitenden Geschwindigkeit des Ganzen, u, ergibt.

Die Summe der Zentrifugalkraftkomponenten in Richtung der X-Achse ist hier, entsprechend Gl. 36

Fig. 16.

$$X = \frac{q\gamma}{g}\, v\, (\cos \beta_2 + \cos \beta_1) \ \ . \ \ . \ \ . \ \ . \ \ . \ \ \textbf{60.}$$

wobei einfach v an die Stelle von w_1 tritt. Ebenso folgt aus Gl. 37

$$Y = \frac{q\gamma}{g}\, v\, (\sin \beta_2 - \sin \beta_1) \ \ . \ \ . \ \ . \ \ . \ \ . \ \ \textbf{61.}$$

Auch hier leistet die X-Komponente Arbeit, die Y-Komponente dagegen nicht, da nur in Richtung der X-Achse Bewegung stattfindet. Bei $A_1 = q\gamma \cdot \dfrac{w_1^2}{2g}$ ist die sekundliche Arbeit von X:

$$A = X \cdot u = \frac{q\gamma}{g} \cdot u \cdot v\, (\cos \beta_2 + \cos \beta_1). \ \ . \ \ . \ \ . \ \ \textbf{62.}$$

welcher Ausdruck sich in einfacher Weise umformen läßt. Es ist nach Fig. 16

$$w_2^2 = u^2 + v^2 - 2\,uv \cos \beta_2$$

woraus

$$uv \cos \beta_2 = \frac{u^2 + v^2 - w_2^2}{2}$$

ferner ist

$$w_1^2 = u^2 + v^2 - 2\,uv \cos (180 - \beta_1)$$

woraus

$$uv \cos \beta_1 = \frac{w_1^2 - u^2 - v^2}{2}$$

folgt. Diese Werte in Gl. 62 eingesetzt, ergeben

$$A = \frac{q\gamma}{g} \cdot \frac{u^2 + v^2 - w_2^2 + w_1^2 - u^2 - v^2}{2}$$

oder

$$A = q\gamma \left(\frac{w_1^2}{2g} - \frac{w_2^2}{2g} \right) = A_1\, (1 - \alpha) \ \ . \ \ . \ \ . \ \ . \ \ \textbf{63.}$$

Die Rechnung zeigt natürlich auch hier, entsprechend dem Vorhergegangenen, daß nur die Größen von w_1 und w_2, nicht aber auch deren Richtungen δ_1 und δ_2, Fig. 16, in dem verwertbaren Arbeitsbetrag A in Erscheinung treten.

Auch in diesem Fall ist die Frage zu erörtern, welchen Einfluß bei gegebenem q und $H = \dfrac{w_1^2}{2\,g}$ einerseits die Konstruktionsgrößen, hier β_1 und β_2, andererseits die Ausweichgeschwindigkeit $u = m \cdot w_1$ auf A, bezw. auch auf α äußern und wo A_{max} bezw. $A_{2\,min}$ liegt.

Über die Einwirkung der ersteren gibt Gl. 62 zuerst einigen Aufschluß. Je kleiner β_1 und β_2, d. h. je größer der Betrag der Gesamtablenkung, desto größer wird A werden.

Für $\beta_1 = \beta_2 = 0$ folgt der unter „3" schon ermittelte größte relative Höchstwert

$$A = \frac{q\,\gamma}{g}\,(w_1 - u)\,u \cdot 2$$

und der absolut höchste Wert von A dann bei $u = \dfrac{w_1}{2}$ zu $\dfrac{q\,\gamma}{g} \cdot \dfrac{w_1^2}{2}$.

Auch hier ist es also durch passende Wahl von u, β_1 und β_2 möglich, α jeden beliebigen Wert bis Null zu erteilen.

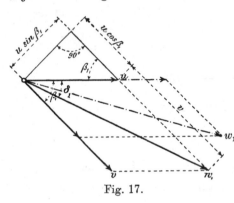

Fig. 17.

Ist dagegen β_1 und β_2 als konstant anzusehen, so wird nach Gl. 62 das $A_{max\,(u)}$ mit $u \cdot v = $ max erreicht werden.

Nun ist v nicht unabhängig von u, sondern, wie Fig. 16 und 17 erkennen läßt, ist bei gleichbleibender Größe von w_1 für jedes andere u auch ein anderes v erforderlich; dabei muß dem wechselnden Werte von u jedesmal auch die Richtung von w_1, der Winkel δ_1, angepaßt werden, damit v tatsächlich in die Richtung β_1 zu liegen kommt.

Aus Fig. 17 ist

$$(v + u \cos \beta_1)^2 + (u \sin \beta_1)^2 = w_1^2,$$

woraus $\qquad v = \sqrt{w_1^2 - u^2 \sin^2 \beta_1} - u \cos \beta_1 \quad . \quad . \quad . \quad . \quad$ **64.**

Für $A_{max\,(u)}$ muß dann, entsprechend Gl. 62, und wenn δ_1 jeweils den u angepaßt wird, sein:

$$\frac{d\,[u\,v]}{d\,u} = \frac{d}{d\,u}\,[\,u\,\sqrt{w_1^2 - u^2 \sin^2 \beta_1} - u^2 \cos \beta_1\,] = 0.$$

Hieraus ergibt sich

$$u^4 - u^2 \cdot \frac{w_1^2}{\sin^2 \beta_1} = -\frac{w_1^4}{4 \sin^2 \beta_1}$$

und schließlich

$$u = \frac{w_1}{\sin \beta_1}\,\sqrt{\frac{1 \pm \cos \beta_1}{2}}$$

Es ist das $-$ Zeichen zu wählen, und damit reduziert sich u für $A_{max\,(u)}$ auf

$$u = w_1 \cdot \frac{1}{2 \cos \frac{\beta_1}{2}} \, {}^{*)}; \quad m = \frac{1}{2 \cos \frac{\beta_1}{2}} \cdot \quad \cdot \quad \cdot \quad \cdot \quad \textbf{65.}$$

Setzt man den erhaltenen Wert von u in Gl. 64 ein, so ergibt sich einfach

$$v = w_1 \cdot \frac{1}{2 \cos \frac{\beta_1}{2}} = u$$

d. h. es ist zur Erzielung von $A_{\max(u)}$ als Bedingung $v = u$ zu nehmen, und daraus folgt die erforderliche Größe von δ_1 zu

$$\delta_1 = \frac{\beta_1}{2} \quad \cdot \quad \cdot \quad \cdot \quad \cdot \quad \cdot \quad \textbf{66.}$$

so daß schließlich für $A_{\max(u)}$ auch die Beziehung besteht

$$v = u = w_1 \cdot \frac{1}{2 \cos \delta_1} = \frac{1}{2 \cos \delta_1} \sqrt{2 g H} \quad \cdot \quad \cdot \quad \cdot \quad \textbf{67.}$$

Ferner findet sich für $v = u$ gemäß Fig. 18

$$\frac{w_2}{2} = u \sin \frac{\beta_2}{2}$$

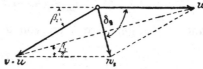

Fig. 18.

oder bei $A_{\max(u)}$ gemäß Gl. 65 $\quad w_2 = w_1 \sqrt{\dfrac{1 - \cos \beta_2}{1 + \cos \beta_1}} \cdot \quad \cdot \quad \cdot \quad \cdot \quad \cdot \quad \textbf{68.}$

also auch $\quad\quad\quad \alpha = \dfrac{w_2{}^2}{2 g} \cdot \dfrac{2 g}{w_1{}^2} = \dfrac{1 - \cos \beta_2}{1 + \cos \beta_1} \cdot \quad \cdot \quad \cdot \quad \cdot \quad \textbf{69.}$

ferner nach Gl. 62 nunmehr

$$A_{\max(u)} = \frac{q \gamma}{g} \cdot \frac{w_1{}^2}{4 \cos^2 \frac{\beta_1}{2}} (\cos \beta_2 + \cos \beta_1)$$

schließlich $\quad A_{\max(u)} = q \gamma \cdot \dfrac{w_1{}^2}{2 g} \dfrac{\cos \beta_2 + \cos \beta_1}{1 + \cos \beta_1} = q \gamma H \dfrac{\cos \beta_2 + \cos \beta_1}{1 + \cos \beta_1} \quad \cdot \quad \textbf{70.}$

Der Einfluß verschiedener Geschwindigkeiten u' statt u auf die äußere Arbeitsleistung A einer gegebenen Schaufelfläche läßt sich in seinen Folgen hier nicht so einfach feststellen, als es unter „3" möglich gewesen; dort hatte eine Änderung von u nur auf die Größe von $v = w_1 - u$ und auf w_2 Einfluß, hier aber müßte, wie schon erwähnt, für stoßfreien Eintritt des Strahles in den Bereich der Ablenkungsfläche mit u sich auch δ_1, die Richtung von w_1, oder β_1, die Richtung von v, ändern.

Sind im Einzelfalle bei veränderlichem u die Richtungen β_1 und δ_1 unveränderlich gegeben, so treten eben bei den, nicht diesen Winkeln entsprechenden Werten, u' statt u, Stöße zwischen freiem Strahl und Schaufelanfang auf, die unvermeidlich Arbeitsverluste mit sich bringen, der Strahl versprüht. Unter Zuhilfenahme gewisser Voraussetzungen und Annahmen könnte man diese Arbeitsverluste rechnerisch bestimmen, allein ein zuverlässiges Bild der Verhältnisse kann dadurch nicht gewonnen

---

*) Das $+$ Zeichen gäbe $u = w_1 \cdot \dfrac{1}{2 \sin \frac{\beta_1}{2}}$ womit, bei $\beta_1 = 0$, $u = \infty$ sein müßte, was unmöglich.

werden, weil die Stöße, auch der weitere, dann jedenfalls wirbelnde, Lauf
des Wassers entlang der Ablenkungsfläche, sich kaum irgendwie gesetzmäßig entwickeln werden und deshalb Rechnungsannahmen ohne sehr
ausgiebige Versuchsunterlagen in der Luft stehen.

Immerhin läßt sich in einfacher Weise ein Bild der Verhältnisse in
der Weise gewinnen, daß man für veränderliches $u = m \cdot w_1$ die Werte von
A ermittelt, wie sie aus feststehenden Größen von β_1 und β_2 und aus der
Annahme folgen, daß δ_1 jeweils den m angepaßt werden könne.

Es seien hierfür Verhältnisse angenommen, die auch ziffermäßig den
Vergleich mit dem Vorhergehenden gestatten: entsprechend dem früheren
$\beta = 150^0$ sei hier $\beta_2 = 30^0$, dazu $\beta_1 = 45^0$.

Nach Gl. 70 folgt dann für diese Winkelgrößen der Betrag

$$A_{\max (u)} = q\gamma \cdot \frac{w_1^2}{2g} \cdot 0{,}922 = 0{,}922\,A_1$$

gegenüber demjenigen bei $\beta = 150^0$, d. h. $\beta = 0$ von

$$A_{\max (u)} = q\gamma \cdot \frac{w_1^2}{2g} \cdot 0{,}933 = 0{,}933\,A_1$$

und der zugehörige Wert von u stellt sich nach Gl. 64 auf

$$u = \frac{w_1}{2} \cdot 1{,}0826 = m \cdot w_1 = m\sqrt{2\,g\,H}$$

woraus für $A_{\max (u)}$ folgt: $m = 0{,}5413$ gegenüber vorher $m = 0{,}5$.

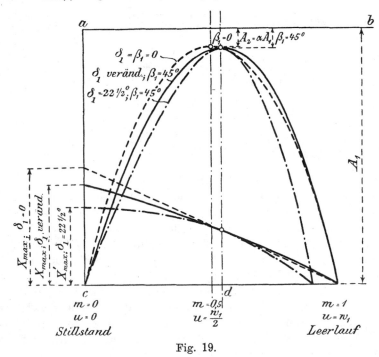

Fig. 19.

Der größte Betrag an entziehbarer Arbeit A ist also, naturgemäß,
für die Fläche „2" kleiner als derjenige der Fläche „1", dagegen ist die
zu $A_{\max}$ gehörige Geschwindigkeit des Fortschreitens, u, für die weniger
leistungsfähige Schaufelfläche „2" größer, sie liegt wegen $m = 0{,}5413$ in
d, Fig. 19, jenseits des punktiert gezeichneten Parabelscheitels, der der
Fläche „1" zugehört.

In der ausgezogenen Kurve der Fig. 19 zeigt sich nun der Verlauf der Werte von A für veränderliches m bzw. u und für jeweils angepaßte Größe von δ_1, festgegebene Winkelgrößen β_1 und β_2 nach obigen Werten.

Die Anpassung von δ_1 geschieht nach der Beziehung (s. Fig. 16 oder 17)

$$\frac{w_1}{\sin \beta_1} = \frac{u}{\sin (\beta_1 - \delta_1)} = \frac{m w_1}{\sin (\beta_1 - \delta_1)}$$

oder $\qquad\qquad \sin (\beta_1 - \delta_1) = m \sin \beta_1$

woraus schließlich

$$\sin \delta_1 = \sin \beta_1 (\sqrt{1 - m^2 \sin^2 \beta_1} - m \cos \beta_1) \quad . \quad . \quad . \quad \textbf{71.}$$

Für $m = 0$ und für $m = 1$ geht auch die A-Kurve der Fläche „2" durch Null, da die Beziehung für A, nach Einsetzen der Werte für u und v, mit Rücksicht auf m und entsprechend Gl. 62 lautet:

$$A = q \gamma \cdot \frac{w_1{}^2}{2g} \cdot 2 (\sqrt{1 - m^2 \sin^2 \beta_1} - m \cos \beta_1) m (\cos \beta_2 + \cos \beta_1) \quad \textbf{72.}$$

sie ist aber nicht mehr symmetrisch gestaltet.

Unter Zuhilfenahme von Gl. 64 und mit $u = m \cdot w_1$ lautet die Gleichung der X-Linie allgemein

$$X = \frac{q \gamma}{g} \cdot w_1 (\sqrt{1 - m^2 \sin^2 \beta_1} - m \cos \beta_1)(\cos \beta_2 + \cos \beta_1) \quad . \quad \textbf{73.}$$

Die Darstellung der X-Komponenten ergibt eine schwach gekrümmte Linie, die in Fig. 19 ebenfalls ausgezogen ist, während zum Vergleich die A-Parabel und die gerade X-Linie der Fläche „1" punktiert eingetragen sind.

Ist nun in Wirklichkeit δ_1 unveränderlich, dabei, entsprechend Gl. 66, für die höchst übertragbare Leistung des Strahles ausgeführt mit $\delta_1 = \frac{\beta_1}{2} = 22^0 \, 30'$, so lassen sich darauf folgende Überlegungen gründen.

Die A-Kurve für festes δ_1 geht zweifellos bei $m = 0,5413$ auch durch den Scheitel der A-Kurve für anschmiegendes δ_1; ebenso wird sie für $u' = 0$ durch Null gehen. Für alle anderen Werte von u' jedoch müssen die Größen von A der Stoßverluste wegen (mit A' bezeichnet) unterhalb der ausgezogenen A-Kurve liegen.

Daraus ergibt sich notwendig, daß bei $\beta_1 > 0$ die festem δ_1 entsprechende Leerlaufgeschwindigkeit, $u' = w_1$, gar nicht mehr erreicht werden kann, sondern daß $A' = 0$, der Leerlauf, schon bei einem Wert von u' eintreten muß, der kleiner als w_1 ist. Deshalb wird bei festem δ_1 die A'-Kurve ungefähr die in Fig. 19 durch $\cdot - \cdot - \cdot -$ angedeutete, ganz innen liegende Form annehmen und die zugehörige X'-Linie den in gleicher Weise bezeichneten Verlauf haben.

_____

In den Berechnungen, die den Fig. 14 und 19 zu Grunde liegen, ist voraussetzungsgemäß der Einfluß der Wasserreibung vernachlässigt, es war $\varrho = 0$ angenommen. Für den tatsächlichen Betrieb von Wassermotoren kann ϱ natürlich nicht außer acht gelassen werden, und so rückt für die Wirklichkeit in den genannten Fig. jeder Punkt der A-Kurven noch um den jeweiligen Betrag von ϱA_1 nach abwärts, bis statt $\eta = 1 - \alpha$ die Größe $\varepsilon = 1 - \alpha - \varrho$ erreicht ist.

Daraus ergibt sich, daß in Wirklichkeit und für alle beliebigen Winkelgrößen, auch für $\beta_1 = 0$ (Schaufel „1"), die A-Kurven die X-Achse früher

schneiden, daß die Leerlaufgeschwindigkeiten infolge der Wasserreibungs-
verluste nicht erst bei $u' = w_1$ u. s. w. eintreten werden, sondern kleiner
bleiben müssen.

Etwaige Lagerreibungsarbeit reduziert dann den nach außen verfüg-
baren Teil von $A = \varepsilon A_1$ noch um ein Entsprechendes, auf $e \cdot A_1$, worin die
Größe e den mechanischen Nutzeffekt darstellt, und setzt die Leerlaufgeschwindigkeit abermals herunter.

4a. Ablenkungsfläche mit gegebenem Austrittsverlust α.

Die Betrachtung unter „4" mußte von den Verhältnissen einer gegebenen Ablenkungsfläche, β_1 und β_2, ausgehen. Für den Turbinenbau ist es wichtig, nunmehr an Hand der aufgestellten Beziehungen
die Bedingungen für die Formgebung der Ablenkungsfläche näher zu
prüfen, wenn außer $w_1 = \sqrt{2\,g\,H}$ eine bestimmte Größe des Austrittsverlustes α und damit auch der zu leistenden Arbeit $A = A_1(1-\alpha)$ einer
Ausführung zu Grunde gelegt werden soll. Daß α frei wählbar ist, geht
aus dem vorher Angeführten hervor.

Da zeigt es sich nach Gl. 69, daß einer gegebenen Größe von α eine
ganze Reihe zusammengehöriger Werte von β_1 und β_2 zu entsprechen vermögen:
Die Winkelgrößen der Fläche „2" sind innerhalb der durch
Gl. 69 gegebenen Beziehung ohne jeden Einfluß auf den Betrag
an erzielbarer Arbeit.

Aus Gl. 69 folgt

$$\cos \beta_2 = 1 - \alpha\,(1 + \cos \beta_1) \quad\ldots\ldots\ldots \textbf{74.}$$

Da β_1 zwischen 0^0 und 180^0 liegen kann, so ergeben sich daraus für
$\cos \beta_2$ die Grenzwerte

$$\cos \beta_2 = 1 - 2\,\alpha \quad \text{und} \quad \cos \beta_2 = 1.$$

Der Austrittsverslust α wird naturgemäß immer als kleiner Bruch
auftreten, und so wird auch β_2 stets ein kleiner Winkel sein.

Für die genannten Grenzwerte von β_1 ergeben sich die zugehörigen
Größen von u gemäß Gl. 65 als

$$u = \frac{w_1}{2} = \frac{1}{2}\sqrt{2\,g\,H} \quad \text{und} \quad u = \infty$$

Es empfiehlt sich deshalb, die Betrachtung der Verhältnisse an der
Hand von Zahlenwerten vorzunehmen und zwar, nach Annahme von α,
auszugehen von stufenweise zunehmenden Größen von $\cos \beta_2$, weil sich der
betreffende Winkel überhaupt nur innerhalb kleiner Grenzen ändern kann.

Die Beziehungen für β_1 und u als Funktionen von α und β_2 lauten
nach Gl. 74 bzw. 65

$$\cos \beta_1 = \frac{1 - \cos \beta_2}{\alpha} - 1 \quad\ldots\ldots\ldots \textbf{75.}$$

und

$$u = w_1 \sqrt{\frac{\alpha}{2\,(1 - \cos \beta_2)}} \quad\ldots\ldots \textbf{76.}$$

Angenommen werde beispielsweise $\alpha = 0{,}04$, also

$$A = (1 - 0{,}04)\,A_1 = 0{,}96\,A_1$$

dann ergeben sich die Grenzwerte für $\cos \beta_2$ nach Gl. 74 u. s. w. zu

$$\cos \beta_2 = 0{,}92 \quad \text{und} \quad \cos \beta_2 = 1$$

d. h. $\qquad \beta_2 = 23^0 0' \quad \text{und} \qquad \beta_2 = 0^0$

und demgemäß stellen sich für Zwischenwerte von $\cos \beta_2$ und gleichbleibenden Austrittsverlust α die bezüglichen Größen wie folgt:

$\cos \beta_2$	β_2	β_1	u
0,92	$23^0 \ 0'$	0^0	$0{,}500 \, w_1$
0,94	$19^0 \, 57'$	60^0	$0{,}378 \, w_1$
0,96	$16^0 \, 16'$	90^0	$0{,}707 \, w_1$
0,98	$11^0 \, 28'$	120^0	$1{,}000 \, w_1$
0,99	$8^0 \ 7'$	$138^0 35'$	$1{,}414 \, w_1$
1,00	0^0	180^0	∞

Den vier ersten Werten von $\cos \beta_2$ entsprechen die Fig. 20 bis 23, aus denen hervorgeht, daß für die Gestaltung der Ablenkungsfläche bei gleichbleibender Arbeitsfähigkeit eine Fülle von Formen, Winkeln und Fortschreitegeschwindigkeiten zu Gebote steht.

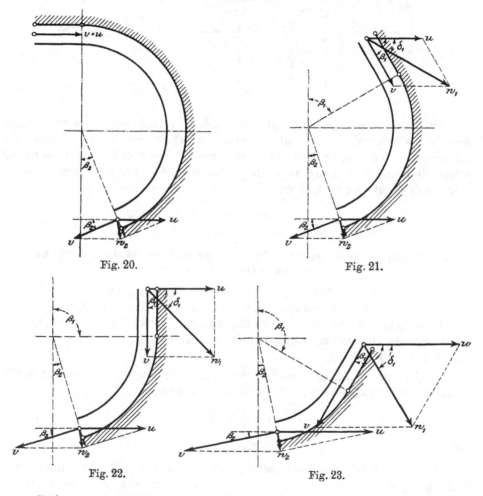

Fig. 20.

Fig. 21.

Fig. 22.

Fig. 23.

Daß man im Turbinenbau nur die Formen zwischen Fig. 20 und 21 zu benutzen pflegt, hat seine Erklärung wohl darin, daß die großen v starke

Reibungsverluste bringen, daß ferner bei zunehmendem β_1 die „Y-Komponente" groß ausfallen und deshalb die Turbinenwelle bzw. den Zapfen in unangenehmer Weise belasten würde, außerdem steigen die Schwierigkeiten für das richtige Aneinanderreihen von Ablenkungsflächen mit abnehmendem Winkel β_2.

Die der Fig. 19 Seite 20 entsprechende Darstellung der Arbeitsgrößen ergibt für die verschiedenen β_1 und β_2 und für reibungslosen Betrieb Kurven von durchweg gleicher Scheitelhöhe, deren Scheitel und rechtsseitige Fußpunkte aber mit zunehmendem β_1 immer mehr nach rechts rücken, vergl. Fig. 24.

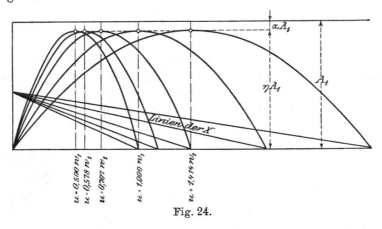

Fig. 24.

Die Wasserreibung wird mit wachsenden Werten von $v = u$ steigen, so daß in Wirklichkeit die tatsächlichen Scheitelhöhen nach rechts hin niederer werden müssen und die dem Leerlauf entsprechenden Fußpunkte schon deshalb, und ganz abgesehen vom Stoß am Eintritt, sich weniger weit nach rechts legen können.

B. Reaktionsgefäfse, drucklos nachgefüllt; Reaktionsdruck und Reaktionsarbeit.

Hier soll, neben den Folgen der Richtungsänderung (Ablenkungsfläche), auch der Einfluß der Erdanziehung, wie er sich durch Änderungen der Geschwindigkeiten betätigt, der Einfluß der verschiedenen Höhenlagen eines Wasserteilchens zu Anfang und zu Ende des Arbeitsweges in Betracht gezogen werden.

Allgemein ist für geradlinige Bewegung die einer Masse m durch die Kraft P in deren Richtung erteilte Beschleunigung i:

$$i = \frac{P}{m} = \frac{dv}{dt}$$

oder
$$P \cdot dt = m \cdot dv.$$

Für eine bestimmte Beobachtungszeit t, von $t = o$ bis $t = t$ gerechnet, bedeute v_0 die zu Beginn dieser Zeit in Richtung von P vorhanden gewesene, v_t die nach Ablauf von t sich ergebende, in gleicher Richtung mit P und v_0 zu messende Geschwindigkeit der Masse m.

Mit diesen Bezeichnungen folgt durch Integration der vorstehenden Gleichung

$$P \cdot t = m \left(v_t - v_0 \right). \quad \ldots \ldots \ldots \quad \textbf{77.}$$

Diese allgemeine Beziehung läßt sich in sinngemäßer Weise auf die Wirkungen des Ausflusses von Wasser aus Gefäßen anwenden.

---

1. Senkrechter Ausfluß, senkrechtes, druckloses Nachfüllen.

Ein Gefäß mit wagrecht liegender Bodenöffnung, Fig. 25, ist mit Wasser bis zur Höhe h_r gefüllt, die freie Wasseroberfläche hat den Inhalt f_1, der Querschnitt der vorläufig geschlossenen Bodenöffnung ist f_2.

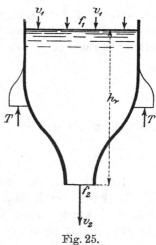

So lange f_2 geschlossen bleibt, äußert sich die Anziehungskraft der Erde durchweg auf das Gefäß und den, ruhenden, Inhalt; es tritt deshalb das volle Gewicht von Gefäß und Inhalt in Erscheinung und legt sich auf die Tragstützen T.

Nun werde f_2 geöffnet und dabei das Gefäß so gleichmäßig nachgefüllt, daß es die Füllungshöhe h_r beibehält. Dieses Nachfüllen vollziehe sich derart, daß das Wasser den gesamten Einfüllquerschnitt f_1 mit der Geschwindigkeit v_1 durchströmt, während es durch die untere Öffnung, Querschnitt f_2, mit der Geschwindigkeit v_2 abfließt. Die Vergrößerung der Geschwindig-

Fig. 25.

keit v_1 auf v_2 ist eine Folge der Arbeit der Erdanziehung auf dem Wege h_r, also ist entsprechend Gl. 15:

$$\frac{v_2^2}{2\,g} = \frac{v_1^2}{2\,g} + h_r \quad \ldots \ldots \ldots \quad \textbf{78.}$$

Nach eingetretenem Beharrungszustand ist die sekundlich die Querschnitte durchfließende Wassermenge

$$q = f_1 \cdot v_1 = f_2 \cdot v_2 \quad \ldots \ldots \ldots \quad \textbf{79.}$$

Nur durch die Maße des Gefäßes ausgedrückt, folgen für v_1, v_2 und q aus Gl. 78 und 79 mit $f_1 = n \cdot f_2$ die Beziehungen

$$v_1 = f_2 \sqrt{\frac{2\,g\,h_r}{f_1^2 - f_2^2}} = \sqrt{\frac{2\,g\,h_r}{n^2 - 1}} \quad \ldots \ldots \quad \textbf{80.}$$

$$v_2 = f_1 \sqrt{\frac{2\,g\,h_r}{f_1^2 - f_2^2}} = n \sqrt{\frac{2\,g\,h_r}{n^2 - 1}} \quad \ldots \ldots \quad \textbf{81.}$$

und

$$q = f_1 f_2 \sqrt{\frac{2\,g\,h_r}{f_1^2 - f_2^2}} = n f_2 \sqrt{\frac{2\,g\,h_r}{n^2 - 1}} \quad \ldots \ldots \quad \textbf{82.}$$

das heißt:

Bei gegebenen Abmessungen des Gefäßes kann nur eine ganz bestimmte Wassermenge das Gefäß durchfließen, eine Steigerung der Nachfüllgeschwindigkeit v_1 wäre nicht im stande, für ein gegebenes Gefäß die durchfließende Wassermenge q unter Beibehaltung drucklosen Eintrittes und gleicher Füllungshöhe h_r zu vergrößern.

Bei geöffnetem Auslauf geht nun die Erdanziehung nicht mehr arbeitslos auf Gefäß und Inhalt, sondern ein Teil Y dieser Kraft wird zur Arbeitsleistung verwendet, indem er das durchfließende Wasser von der Eintrittsgeschwindigkeit v_1 auf die Geschwindigkeit v_2 im Austrittsquerschnitt f_2 beschleunigt. Der Betrag dieses Teiles Y kann auf Grund von Gl. 77 bestimmt werden.

In der Zeiteinheit fließt durch das Gefäß die Wassermenge q, in der Zeit t die Menge $q \cdot t$, welche durchweg von v_1 auf v_2 beschleunigt worden ist und deren Masse m sich berechnet zu

$$m = \frac{q \cdot t \cdot \gamma}{g}$$

(γ = Gewicht der Raumeinheit). Der fragliche Teil der Erdanziehung hat in der Zeit t die Masse m von $v_1 = v_0$ auf $v_2 = v_t$ beschleunigt, mithin gilt entsprechend Gl. 77

$$P \cdot t = \frac{q \cdot t \cdot \gamma}{g} (v_t - v_0)$$

oder

$$P = \frac{q \cdot \gamma}{g} (v_t - v_0) \quad \dots \dots \quad \textbf{83.}$$

schließlich mit den Bezeichnungen des Versuchsgefäßes

$$Y = \frac{q \cdot \gamma}{g} (v_2 - v_1) \quad \dots \dots \quad \textbf{84.}$$

Um diesen, eine äußere Arbeit leistenden, Betrag Y muß demnach die Wirkung der Erdanziehung auf die Tragstützen bei geöffnetem Querschnitt f_2 kleiner sein, als bei geschlossenem Gefäße, und diese Verminderung der Tragstützenbelastung bezeichnet man, eigentlich nicht ganz zutreffend, als Reaktion des ausfließenden Wassers.

Da, wie gezeigt, die Wassermenge nur von den Maßen des Gefäßes abhängig ist, so erübrigt noch, die Größe von Y, in diesen Maßen ausgedrückt, zu entwickeln.

Mit Rücksicht auf Gl. 79 folgt aus Gl. 84

$$Y = \frac{\gamma}{g} (f_2 \cdot v_2{}^2 - f_1 \cdot v_1{}^2)$$

und mit den Gl. 80 und 81 ergibt sich

$$Y = 2 \frac{f_1}{f_1 + f_2} \cdot f_2 \cdot h_r \cdot \gamma = 2 \frac{n}{n+1} \cdot f_2 \cdot h_r \cdot \gamma \quad \dots \dots \quad \textbf{85.}$$

Ist f_2 wesentlich kleiner als f_1, d. h. wird n sehr groß, so nähert sich $\dfrac{n}{n+1} = \dfrac{1}{1 + \dfrac{1}{n}}$ dem Werte 1 und es folgt für diesen Fall

$$Y = 2 f_2 \cdot h_r \cdot \gamma \quad \dots \dots \quad \textbf{86.}$$

d. h. der Betrag der Reaktionskraft ist alsdann gleich dem doppelten Gewicht einer Wassersäule von der Grundfläche f_2 und der Höhe h_r.

----

2. Wagrechter Ausfluß, senkrechtes druckloses Nachfüllen. (Fig. 26.)

Hier liegen die Verhältnisse etwas anders als unter „1“. Das fortwährend mit der senkrechten Geschwindigkeit v_1 nachfüllende Wasser

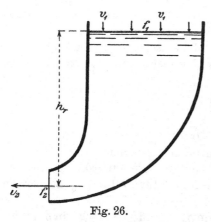

Fig. 26.

besitzt am wagrechten Auslauf f_2 überhaupt keine senkrechte Geschwindigkeit mehr, es ist also in senkrechter Richtung von v_1 auf Null verzögert worden. Die zur Ausführung dieser Verzögerungsarbeit erforderliche Kraft ist entsprechend Gleichung 83

$$Y = \frac{q\,\gamma}{g}(o - v_1) = -\frac{q\,\gamma}{g} \cdot v_1 \ . \ . \ . \ \textbf{87.}$$

d. h. Y ist jetzt gegen abwärts gerichtet, die Tragstützen des Gefäßes erfahren hier keine Verminderung, sondern eine Vermehrung um den Betrag Y nach Gl. 87.

Y ist hier auch nur die senkrechte Komponente der Reaktionskraft, denn da das Wasser beim Verlassen des Gefäßes eine nach links gerichtete wagrechte Geschwindigkeit v_2 besitzt, während es beim Einfüllen in f_1 überhaupt keine wagrechte Geschwindigkeit hatte, so muß eine horizontale Beschleunigungskraft X tätig sein, welche aus

$$X = \frac{q\,\gamma}{g}(v_2 - o) = \frac{q\,\gamma}{g} \cdot v_2 \ . \ . \ . \ . \ . \ . \ \textbf{88.}$$

folgt.

Diese Beschleunigungskraft X wird in letzter Linie auch durch die Anziehungskraft der Erde geleistet, da v_2 aber wagrecht liegt, so wird sich X auch wagrecht und entgegengesetzt zur Beschleunigungsrichtung, d. h. von links nach rechts, äußern müssen und diese Komponente der Gesamtreaktionskraft deshalb bestrebt sein, das Gefäß nach der rechten Seite zu schieben.

Wie es unter „1" mit Y der Fall ist, so lassen sich hier Y und auch X durch die Maße des Gefäßes ausdrücken; die Beziehungen für v_1, v_2 und q bleiben unverändert nach den Gl. 80, 81 und 82, und so folgt

$$Y = -\frac{\gamma}{g} \cdot f_1 \cdot v_1{}^2$$

oder auch
$$Y = -2\frac{f_1{}^2}{f_1{}^2 - f_2{}^2} \cdot f_1 \cdot h_r \cdot \gamma = -2\frac{n^2}{n^2 - 1} \cdot n \cdot f_2 \cdot h_r \cdot \gamma \ . \ . \ . \ \textbf{89.}$$

und ebenso $X = \frac{\gamma}{g} \cdot f_2 \cdot v_2{}^2$

oder
$$X = 2 \cdot \frac{f_1{}^2}{f_1{}^2 - f_2{}^2} \cdot f_2 \cdot h_r \cdot \gamma = 2\frac{n^2}{n^2 - 1} \cdot f_2\,h_r \cdot \gamma \ . \ . \ . \ . \ \textbf{90.}$$

Die Gl. 89 und 90 zeigen, daß ein Reaktionsgefäß von gegebenen Maßen, wenn drucklos nachgefüllt, nur einen ganz bestimmten unveränderlichen Wert von Y und von X aufweisen kann.

Bei sehr kleinem Betrag von f_2 gegenüber f_1 (n sehr groß) nähert sich $\frac{n^2}{n^2 - 1} = \frac{1}{1 - \frac{1}{n^2}}$ dem Werte 1 noch rascher als vorher, und es kann dann geschrieben werden:

$$Y = -2\,f_1 \cdot h_r \cdot \gamma = -2\,n \cdot f_2 \cdot h_r \cdot \gamma \ . \ . \ . \ . \ . \ \textbf{91.}$$
$$X = 2\,f_2 \cdot h_r \cdot \gamma = 2 \cdot f_2 \cdot h_r \cdot \gamma \ . \ . \ . \ . \ . \ \textbf{92.}$$

3. Auslauf und drucklose Nachfüllung gegen die Horizontale geneigt (Fig. 27 Seite 28).

Es erscheint ohne weiteres möglich, dem Gefäß das Nachfüllwasser
in schräger Richtung, unter β_1 gegen die Wagrechte geneigt, zuzuführen.

Auch hier sind mit

$$\frac{v_2{}^2}{2g} = \frac{v_1{}^2}{2g} + h_r$$

und

$$q = f_1 \cdot v_1 = f_2 \cdot v_2$$

u. s. w. die Bedingungen des Beharrungszustandes gegeben.

Zur Bestimmung des senkrechten Teils der Reaktionskraft, der Y-
Komponente, dient die Erwägung, daß in Gl. 83 für v_t bzw. v_0 zu setzen
ist (vergl. Fig. 27):

$$v_t = v_2 \sin \beta_2 \quad \text{und} \quad v_0 = v_1 \sin \beta_1$$

womit sich ergibt:

$$Y = \frac{q\,\gamma}{g}(v_2 \sin \beta_2 - v_1 \sin \beta_1). \quad . \quad \textbf{93.}$$

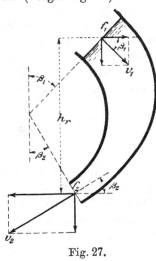

Fig. 27.

Der Klammerwert, und deshalb auch der
Wert von Y, kann je nach den Größen in der
Klammer positiv (Richtung von Y gegen aufwärts), Null oder auch negativ (Y abwärts
gehend) ausfallen.

Als wagrechte Druckäußerung X des strömenden Wassers auf das stetig drucklos nachgefüllte Gefäß ergibt sich, in Anbetracht der
entgegengesetzten Richtungen der Horizontalkomponenten bei Anfangs- und Endgeschwindigkeit, nämlich mit

$$v_t = v_2 \cos \beta_2 \quad \text{und} \quad v_0 = -v_1 \cos \beta_1$$

$$X = \frac{q\,\gamma}{g}(v_2 \cos \beta_2 + v_1 \cos \beta_1) \quad . \quad . \quad . \quad . \quad . \quad \textbf{94.}$$

In den Maßen des Gefäßes ausgedrückt lauten die vorstehenden
Gleichungen unter Zuhilfenahme von Gl. 80, 81 und 82:

$$Y = 2\,\frac{f_1 f_2}{f_1{}^2 - f_2{}^2}(f_1 \sin \beta_2 - f_2 \sin \beta_1) \cdot h_r \cdot \gamma$$

$$\text{oder} \quad Y = 2\,\frac{n}{n^2 - 1}(n \sin \beta_2 - \sin \beta_1)\,f_2\,h_r\,\gamma \quad . \quad . \quad . \quad \textbf{95.}$$

$$\text{bezw.} \quad X = 2\,\frac{f_1 f_2}{f_1{}^2 - f_2{}^2}(f_1 \cos \beta_2 + f_2 \cos \beta_1)\,h_r \cdot \gamma$$

$$\text{oder} \quad X = 2\,\frac{n}{n^2 - 1}(n \cos \beta_2 + \cos \beta_1)\,f_2\,h_r\,\gamma \quad . \quad . \quad . \quad \textbf{96.}$$

Hier, wie vorher für die Ablenkungsflächen, sollen nunmehr auch die
Arbeitsverhältnisse untersucht werden, welche für die X-Komponente des
Reaktionsdruckes beim Fortschreiten des Gefäßes in Betracht kommen.

4. Ein in seinen Abmessungen bekanntes Reaktionsgefäß nach „2" bewegt sich, dem Drucke von X nachgebend, mit gleichbleibender Geschwindigkeit u parallel zur X-Achse und ist in Richtung der Y-Achse reibungslos gestützt.

Es sind die Bedingungen aufzusuchen, unter denen die Arbeitsleistung der X-Komponente des Reaktionsdruckes am größten wird.

Durch die geradlinige, gleichmäßige Fortbewegung des Gefäßes werden die Beziehungen Gl. 78 bis 82 nicht geändert, die v_1 und v_2 sind jetzt nur nicht mehr als absolute, sondern als, gegenüber dem Reaktionsgefäß, relative Geschwindigkeiten anzusehen. Es besteht deshalb auch wie unter „2" für X die Gl. 89

$$X = \frac{q\,\gamma}{g} \cdot v_2$$

und ebenso die Gl. 90.

Die Arbeitsleistung dieser X-Komponente beläuft sich auf

$$A = X \cdot u = \frac{q\,\gamma}{g} \cdot u \cdot v_2 \quad \ldots \ldots \quad \textbf{97.}$$

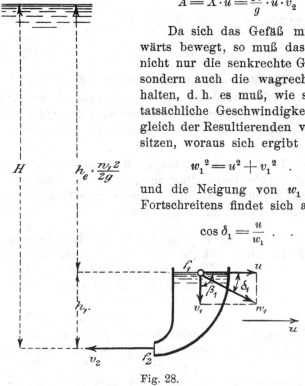

Da sich das Gefäß mit u in der Sekunde vorwärts bewegt, so muß das nachfüllende Wasser hier nicht nur die senkrechte Geschwindigkeit v_1 besitzen, sondern auch die wagrechte Geschwindigkeit u erhalten, d. h. es muß, wie schon früher gezeigt, eine tatsächliche Geschwindigkeit in Größe und Richtung gleich der Resultierenden von beiden, w_1, Fig. 28, besitzen, woraus sich ergibt

$$w_1{}^2 = u^2 + v_1{}^2 \quad \ldots \ldots \ldots \quad \textbf{98.}$$

und die Neigung von w_1 gegen die Richtung des Fortschreitens findet sich aus

$$\cos \delta_1 = \frac{u}{w_1} \quad \ldots \ldots \ldots \quad \textbf{99.}$$

Die Größe von X ist unter den vorliegenden Verhältnissen nicht steigerungsfähig (Gefäß in seinen Abmessungen gegeben), dagegen lehrt Gl. 97, daß A mit u wächst. Da nun wachsendes u nach Gl. 98 eine immer größer werdende Nachfüllgeschwindigkeit w_1 verlangt, wodurch das dem Gefäße zufließende Arbeitsvermögen mit u wachsen würde, so hat das Aufsuchen der Beziehung für A von der Festsetzung eines begrenzten, zur Verfügung stehenden Arbeitsvermögens A_1 auszugehen, welches hier, in Erweiterung gegenüber dem Abschnitt über Ablenkungsflächen, zu setzen ist

$$A_1 = q\,\gamma \left(\frac{w_1{}^2}{2g} + h_r \right) \quad \ldots \ldots \quad \textbf{100.}$$

Bezeichnet man mit
$$h_e = \frac{w_1{}^2}{2g} \quad \ldots \ldots \ldots \quad \textbf{101.}$$

Fig. 28.

die Erzeugungshöhe von w_1, so folgt auch

$$A_1 = q\,\gamma\,(h_e + h_r) = q\,\gamma \cdot H \quad \ldots \ldots \quad \textbf{102.}$$

worin H den gesamten senkrecht gemessenen Arbeitsweg der Wasserteilchen darstellt, der für das gegebene Gefäß in Betracht kommen kann (Fig. 28, auch Fig. 3).

Es kann mit $h_r = \dfrac{v_2^2}{2g} - \dfrac{v_1^2}{2g}$ nach Gl. 78 dann auch geschrieben werden

$$\frac{w_1^2}{2g} - \frac{v_1^2}{2g} + \frac{v_2^2}{2g} = H \quad \ldots \ldots \quad \textbf{103.}$$

Die Frage nach der größtmöglichen Arbeitsleistung von X beantwortet sich hier am einfachsten, indem man die Bedingung für $A_{2\,\text{min}}$ bezw. α_{min} aufsucht.

Es ist $\qquad\qquad A_2 = q\,\gamma\,\dfrac{w_2^2}{2g}$

und da hier $\qquad\qquad w_2 = v_2 - u$

(Fig. 29), so würde ideell mit $w_2 = v_2 - u = 0$, d. h. mit

Fig. 29.

$$u = v_2 = n\sqrt{\frac{2\,g\,h_r}{n^2 - 1}} \quad \ldots \ldots \quad \textbf{104.}$$

$A_{2\,\text{min}} = 0 = \alpha$ und $A_{\text{max}} = A_1$ erreicht werden können.

Das Reaktionsgefäß nach „2" ist also ideell in gleicher Weise wie die Ablenkungsfläche im stande, die volle verfügbare Arbeitsfähigkeit einer beschränkten Wassermenge auszunützen.

Wegen der wagrechten Lage der Ausmündung ist es nicht angängig, eine Folge solcher Reaktionsgefäße unmittelbar aneinander zu reihen, wie es der Turbinenbau verlangt, und so unterbleibt die weitere Betrachtung über den Einfluß wechselnder Geschwindigkeit u' u. s. f.

5. Ein in seinen Abmessungen bekanntes Reaktionsgefäß nach „3" bewegt sich in der bekannten Weise parallel zur X-Achse. (Fig. 30.) Bestimmung der Arbeitsverhältnisse der X-Komponente.

Ist das Gefäß in allen Teilen unabänderlich gegeben, so ist durch f_1, f_2 und h_r vor allem nach Gl. 78 bis 82 die Wassermenge q, die zum Durchfluß gelangen kann, dann aber auch für einen gegebenen Wert von $w_1 = \sqrt{2\,g\,h_e}$ auf Grund der Beziehung

$$w_1^2 = u^2 + v_1^2 + 2\,u\,v_1\cos\beta_1 \quad \textbf{105.}$$

die zur gegebenen Größe β_1 und zur Nachfüllgeschwindigkeit w_1 einzig richtig passende Größe des Fortschreitens als

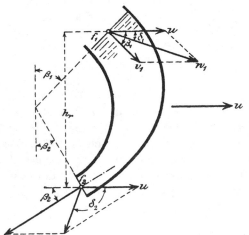

Fig. 30.

$$u = \sqrt{w_1{}^2 - v_1{}^2 \sin^2 \beta_1} - v_1 \cos \beta_1 \quad \ldots \ldots \quad \textbf{106.}$$

bestimmt. Hier kann also, da v_1 gegeben, entgegen den Verhältnissen bei der Ablenkungsfläche, nicht von Hause aus u beliebig groß angenommen werden. Ferner ist durch

$$w_2{}^2 = u^2 + v_2{}^2 - 2\,u\,v_2 \cos \beta_2 \quad \ldots \ldots \quad \textbf{107.}$$

auch die Größe von w_2 bezw. α für das Gefäß, u entsprechend, unabänderlich festgelegt.

Da für X und Y die Gl. 93 bis 96 auch hier gelten, so folgt wie früher auch

$$A = X \cdot u = \frac{q\,\gamma}{g} \cdot u \,(v_2 \cos \beta_2 + v_1 \cos \beta_1) \quad \ldots \ldots \quad \textbf{108.}$$

Durch Einsetzen von u nach Gl. 106 ergibt sich, nachdem v_1 und v_2, auch w_1, durch die Gefäßmaße und die Höhen ersetzt worden

$$A = q\,\gamma \cdot \frac{2}{n^2-1}\,(n \cos \beta_2 + \cos \beta_1)\left(\sqrt{h_e\,h_r\,(n^2-1) - h_r{}^2 \sin^2 \beta_1} - h_r \cos \beta_1\right) \; \textbf{109.}$$

worin besonders $n = \dfrac{f_1}{f_2}$ von Einfluß ist. Ersetzt man noch q durch den Wert aus Gl. 82, so folgt

$$A = f_2\,\gamma \cdot \frac{2\,n}{n^2-1}\sqrt{\frac{2\,g\,h_r}{n^2-1}}\,(n \cos \beta_2 + \cos \beta_1)\left(\sqrt{h_e\,h_r\,(n^2-1) - h_r{}^2 \sin^2 \beta_1} - h_r \cos \beta_1\right)$$

In gleicher Weise ergibt sich dann

$$u = \sqrt{2\,g}\left(\sqrt{h_e - \frac{h_r}{n^2-1}\sin^2 \beta_1} - \cos \beta_1 \sqrt{\frac{h_r}{n^2-1}}\right) \quad \ldots \quad \textbf{110.}$$

An die Gl. 109 knüpfen sich folgende Erwägungen: Für tatsächliche Verhältnisse muß der Wurzelausdruck

$$\sqrt{h_e\,h_r\,(n^2-1) - h_r{}^2 \sin^2 \beta_1}$$

immer reell bleiben, d. h. es muß stets sein

$$h_e\,h_r\,(n^2-1) \gtreqless h_r{}^2 \sin^2 \beta_1$$

woraus die Bedingung folgt $\;n^2 \gtreqless 1 + \dfrac{h_r}{h_e} \cdot \sin^2 \beta_1$

oder auch mit $h_e = H - h_r$: $\quad n^2 \gtreqless \dfrac{H - h_r \cos^2 \beta_1}{H - h_r} \quad \ldots \ldots \ldots \quad \textbf{111.}$

Damit ferner A stets positiv bleibt, es handelt sich ja um **arbeitende** Gefäße, muß sein

$$\sqrt{h_e\,h_r\,(n^2-1) - h_r{}^2 \sin^2 \beta_1} \gtreqless h_r \cos \beta_1$$

woraus sich ergibt $\quad n^2 \gtreqless \dfrac{h_e + h_r}{h_e}$

oder mit $h_e = H - h_r$: $\quad n^2 \gtreqless \dfrac{H}{H - h_r} \quad \ldots \ldots \ldots \quad \textbf{112.}$

Es kann also nicht jeder Betrag von H ohne weiteres auf ein beliebiges Gefäß Anwendung finden, sondern H und n müssen der weitest gehenden Bedingung Gl. 112 genügen.

Die für w_1 erforderliche Richtung δ_1 findet sich aus

$$\frac{w_1}{\sin \beta_1} = \frac{v_1}{\sin \delta_1}$$

zu $\qquad \sin \delta_1 = \sin \beta_1 \frac{v_1}{w_1} = \sin \beta_1 \sqrt{\frac{h_r}{H - h_r} \cdot \frac{1}{n^2 - 1}}$ . . . **113.**

Da $A_1 = q \cdot \gamma \, (h_e + h_r) = q \cdot \gamma \cdot H$ (Fig. 31), so ist durch Gl. 109 und 110 auch $A_2 = A_1 - A$ bestimmt.

Der Einfluß veränderlicher Konstruktionsgrößen $f_1 = n \cdot f_2$, β_1, β_2, auf die erzielbare Arbeit A bei gegebenen Größen von h_e und h_r zeigt sich durch folgende Betrachtungen:

Vor allen Dingen ist q gemäß Gl. 82 von n abhängig in der Weise, daß q mit wachsendem n abnimmt; es kann also bei gegebenem Arbeitsvermögen A für vergleichende Rechnungen, wenn h_r gegeben, nur von gleichbleibendem n ausgegangen werden.

Für die durch Gl. 106 bezw. 110 gegebene Größe von u wird w_2, soweit der Einfluß von β_2 reicht, ein Minimum bei $\beta_2 = 0$. Kann β_1 frei gewählt werden, so wird es im allgemeinen möglich sein, u so zu bemessen, daß w_2 vollends den Wert Null erreicht. Gemäß dem früher Gesagten müßte hierbei $u = v_2$ genommen werden.

Mit diesem Wert von u folgt aus Gl. 105

$$\cos \beta_1 = \frac{w_1{}^2 - v_2{}^2 - v_1{}^2}{2 \, v_1 \, v_2}$$

und nach Einführen von h_e, h_r, n

$$\cos \beta_1 = \frac{h_e \, (n^2 - 1) - h_r \, (n^2 + 1)}{2 \, h_r \, n}$$ . . . . **114.**

Der vorstehende Ausdruck enthält eine neue einschränkende Bedingung für die Größen h_e, h_r und n insofern, als $\cos \beta_1$ innerhalb der Grenzen $+ 1$ und $- 1$ liegen muß. Ausgedrückt wird dies durch die Umformung der Gl. 114 in

$$h_r \, \frac{n - 1}{n + 1} < h_e < h_r \, \frac{n + 1}{n - 1}$$

Da in Wirklichkeit h_e meist viel größer als h_r sein wird (Fig. 31), so ist nur die rechte Seite der Ungleichung in Betracht zu ziehen, die dann geschrieben werden kann

$$n < \frac{h_e + h_r}{h_e - h_r} \text{ oder } n < \frac{H}{H - 2 \, h_r}$$ . . . . . . **115.**

Gemäß Gl. 112 und 115 ist demnach für gegebene Größen von h_e und h_r der Betrag von n wie nachstehend eingeengt:

$$\frac{H}{H - 2 \, h_r} > n > \sqrt{\frac{H}{H - h_r}}$$ . . . . . **116.**

Mit Rücksicht auf Gl. 115 kann also n nur ganz dicht bei 1 liegen, wenn bei relativ kleinen Werten von h_r überhaupt kleine Beträge von w_2 erzielt werden wollen.

Aus dem Vorstehenden geht hervor, daß auch für das drucklos nachgefüllte Reaktionsgefäß $w_2 = \text{Null}$, daß die volle Ausnutzung des vorhandenen Arbeitsvermögens erreichbar ist. Mithin kann auch für diese

Anordnung, wenn auch unter Beachtung gewisser einschränkender Bedingungen, jeder beliebige Wert von w_2 bezw. α einem neuen Entwurf zu Grunde gelegt werden.

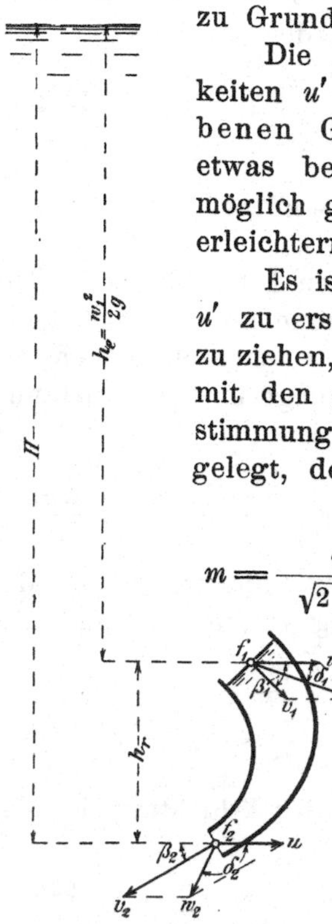

Die Einwirkung verschiedener Fortschreitegeschwindigkeiten $u' \lessgtr u$ auf die jeweils erzielbare Arbeit eines gegebenen Gefäßes läßt sich im vorliegenden Fall immerhin etwas besser verfolgen, als es bei der Ablenkungsfläche möglich gewesen, wenn auch hier für die Rechnung gewisse erleichternde Annahmen gemacht werden müssen.

Es ist nicht angängig, in Gl. 108 ohne weiteres u durch u' zu ersetzen und aus wechselnden Werten von u' Schlüsse zu ziehen, weil eben nur eine ganz bestimmte Größe u und m mit den gegebenen Werten von w_1 und von v_1 in Übereinstimmung sein kann. Diese Größe von u ist in Gl. 110 festgelegt, der entsprechende Wert von m lautet deshalb

$$m = \frac{u}{\sqrt{2gH}} = \frac{\sqrt{h_e - \dfrac{h_r}{n^2-1}\sin^2\beta_1} - \cos\beta_1 \sqrt{\dfrac{h_r}{n^2-1}}}{\sqrt{H}} \qquad \mathbf{117.}$$

Verkleinerung von u auf u'. Annahme $\beta_1 < 90^0$ (Fig. 32). Es zeigt sich, daß, entsprechend der gegebenen Größe und Richtung von w_1, das Nachfüllwasser für u' statt u eine Geschwindigkeit v_1' relativ zu dem Gefäß haben wird, in Größe und Richtung abweichend von v_1.

Nun ist für das Gefäß nur eine tatsächliche Nachfüllrichtung, β_1, möglich, und in dieser Richtung, d. h. parallel zur Gefäßwand, besitzt das Nachfüllwasser die tatsächliche relative Geschwindigkeit (Fig. 32)

Fig. 31.

$$v_{(1)} = v_1 + (u - u')\cos\beta_1 \qquad . \qquad \mathbf{118.}$$

Außerdem ergibt sich aus Fig. 32, daß das Wasser auch noch eine Geschwindigkeit senkrecht gegen die Seitenwand des Gefäßes im Betrage

$$s = (u - u')\sin\beta_1 \quad . \quad . \quad . \quad \mathbf{119.}$$

besitzt.

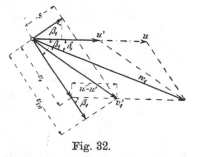

Fig. 32.

$v_{(1)}$ ist größer als v_1, es ist aber nur die Wassermenge q vorhanden, also ist ersichtlich, daß der Eintrittsquerschnitt f_1 bei $u' < u$ durch das Nachfüllwasser gar nicht vollständig in Anspruch genommen werden kann; so ist auch der Austrittsquerschnitt f_2 nur teilweise ausgefüllt, d. h.: für $u' < u$ wird das Wasser in derselben Weise wie bei der Ablenkungsfläche mit dem Gefäfs in Berührung treten, also auch durch einfache Ablenkung die bekannten Zentrifugaldrucke erzeugen. Hier hat die erste, eine Rechnung ermöglichende, Voraussetzung einzutreten: es wird angenommen, der Lauf des Wassers durch das nicht voll ausgefüllte Gefäß vollziehe sich in geregelter Weise, derart, daß die daraus entspringende X-Komponente ähnlich der Betrachtung 2, Seite 11, richtig zur Entwicklung komme. Ein Unterschied gegenüber Seite 11 besteht darin, daß hier $v_{(2)}$ nicht gleich $v_{(1)}$, sondern gemäß Gl. 78 größer ausfällt.

Hiermit stellt sich diese X-Komponente ähnlich der Gl. 94 auf

$$X = \frac{q\,\gamma}{g}\left(v_{(2)} \cos \beta_2 + v_{(1)} \cos \beta_1\right) \quad . \quad . \quad . \quad . \quad \mathbf{120.}$$

oder

$$X = \frac{q\,\gamma}{g}\left[\cos \beta_2 \sqrt{(v_1 + (u-u')\cos \beta_1)^2 + 2\,g\,h_r} + (v_1 + (u-u')\cos \beta_1)\cos \beta_1\right] \; \mathbf{121.}$$

Die Einwirkung der Verkleinerung von u auf den Arbeitsdruck des Gefäßes ist aber mit der Entstehung der Zentrifugaldrucke an sich noch nicht abgeschlossen, denn der mit der Geschwindigkeit s senkrecht gegen die Gefäßwand erfolgende Stoß des Nachfüllwassers erzeugt in dieser Richtung einen Stoßdruck S gegen die Gefäßwand im Betrage

$$S = \frac{q\,\gamma}{g} \cdot s = \frac{q\,\gamma}{g} \cdot (u-u') \sin \beta_1 \quad . \quad . \quad . \quad . \quad \mathbf{122.}$$

und dessen Komponente nach Richtung der X-Achse nimmt, gemäß der jeweiligen Geschwindigkeit u', auch an der Leistung von Arbeit teil. Die betreffende Komponente ergibt sich zu

$$S \sin \beta_1 = \frac{q\,\gamma}{g}\,(u-u') \sin^2 \beta_1 \quad . \quad . \quad . \quad . \quad \mathbf{123.}$$

und die Summe X' der arbeitleistenden Drucke in der X-Richtung ist also schließlich für $u' < u$:

$$X' = X + S \sin \beta_1 \quad . \quad . \quad . \quad . \quad . \quad . \quad \mathbf{124.}$$

Die zur Abgabe gelangende nutzbare Arbeit A' stellt sich auf $A' = X' \cdot u'$. Die zweite, eine Rechnung ermöglichende, Voraussetzung ist nun, dafs trotz des Anprallens des Nachfüllwassers gegen die Gefäfswände doch die ganze Wassermenge q auch wirklich durch das Gefäß fließe, was allerdings nur annähernd zutreffen wird.

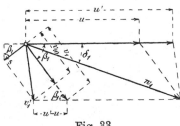

Fig. 33.

Vergrößerung von u' über u hinaus. $\beta_1 < 90^0$. Wird der Bewegungswiderstand in der X-Richtung soweit vermindert, daß das Gefäß schneller als mit u fortschreitet, so bleiben die Gl. 118 und 119 ebenfalls in Gültigkeit, doch wird, wegen $u' > u$, das zweite Glied in Gl. 118 negativ werden und aus diesem Grunde die tatsächliche relative Eintrittsgeschwindigkeit $v_{(1)}$ kleiner als v_1 ausfallen (Fig. 33).

Der Einfluß von $u' > u$ auf Gl. 119 äußert sich dahin, daß die Stoßgeschwindigkeit s zwischen Wasser und Gefäfswand eine gegen vorher entgegengesetzte Richtung erhält, d. h. nunmehr schlägt die Gefäßwand gegen das relativ langsamer fließende Nachfüllwasser an. So kann sich der Stoßdruck S nicht mehr in positivem Sinne an der Verrichtung von Arbeit beteiligen, dessen Komponente in der X-Richtung, $S \cdot \sin \beta_1$, wird hier im Gegenteil als Bewegungswiderstand auftreten und ihrerseits einen Teil der von X an die Gefäßwand abgegebenen Arbeit wieder aufzehren.

Hier sowohl als auch bei $u' < u$ bewirkt die Komponente von S in der Y-Richtung nur eine veränderte Belastung der stützenden Gleitbahn, ohne eine Wirkung auf die Arbeitsleistung.

Nun folgt aus dem Umstande, daß hier die tatsächliche relative Geschwindigkeit $v_{(1)} < v_1$ ausfällt, daß für $u' > u$ überhaupt gar nicht die ganze Wassermenge q, sondern nur der Teil q' in das Gefäß wird eintreten können, weil hier eben $f_1 \cdot v_{(1)} < f_1 \cdot v_1$, und daraus ergibt sich ferner, daß der Betrag der X-Komponente an sich auch schon gegenüber vorher kleiner werden muß. Der Teil des Nachfüllwassers $q - q'$, welcher nicht zum Eintritt durch f_1 gelangen kann, wird seitlich entweichen müssen.

Mit zunehmender Größe von u' wird sich also die tatsächlich zur Arbeitsabgabe kommende Wassermenge vermindern, und auch aus diesem Grunde die Größe des aus der X-Komponente stammenden Betrages von A' immermehr abnehmen; schließlich wird eine Größe von u' eintreten können, bei der $v_{(1)}$ zu Null wird, d. h. bei dieser Geschwindigkeit wäre es überhaupt nicht möglich, daß auch nur ein Tropfen Wasser in das Gefäß eintreten kann. Vorher wird aber schon die Arbeitsleistung des übrig gebliebenen Teiles von q durch den Schlag der Gefäßwand gegen das Nachfüllwasser aufgezehrt worden sein, eine Arbeitsabgabe gegen außen hat damit also auch schon früher aufgehört, der Leerlauf wird eintreten ehe $v_{(1)}$ auf Null heruntergesunken ist.

So ergeben sich für $u' > u$ und $\beta_1 < 90^0$ die Beziehungen in nachstehender Weise:

$$q' = q \cdot \frac{v_{(1)}}{v_1} = q \cdot \frac{v_1 - (u' - u) \cos \beta_1}{v_1} \quad \ldots \ldots \quad \textbf{125.}$$

ebenso

$$X = \frac{q' \gamma}{g} \left(v_{(2)} \cos \beta_2 + v_{(1)} \cos \beta_1 \right)$$

oder auch

$$X = \frac{q \gamma}{g} \cdot \frac{v_1 - (u' - u) \cos \beta_1}{v_1} \left[\cos \beta_2 \sqrt{(v_1 - (u' - u) \cos \beta_1)^2 + 2 g h_r} \right. \\ \left. + (v_1 - (u' - u) \cos \beta_1) \cos \beta_1 \right] \quad \textbf{126.}$$

Ferner

$$S \sin \beta_1 = \frac{q' \gamma}{g} (u' - u) \sin^2 \beta_1 \quad \ldots \ldots \quad \textbf{127.}$$

schließlich

$$X' = X - S \sin \beta_1 \quad \ldots \ldots \ldots \quad \textbf{128.}$$

Der Leerlauf tritt ein, wenn $X' = 0$, wenn $X = S \cdot \sin \beta_1$ geworden ist. Diese letztere Beziehung ist nur auf sehr umständliche Weise in allgemeiner Form nach u' auflösbar.

Zur Erläuterung der entwickelten Beziehungen möge das folgende zahlenmäßige Beispiel dienen. Es seien gegeben:

$$h_r = 0,2 \text{ m}$$
$$h_e = 3,8 \text{ m, mithin}$$
$$H = 4,0 \text{ m, ferner}$$
$$n = 1,1, \text{ sowie die Winkel}$$
$$\beta_1 = 45^0$$
$$\beta_2 = 30^0.$$

Zuerst findet sich gemäß Gl. 80 und 81

$$v_1 = 4,323, \quad \text{sowie} \quad v_2 = 4,755, \quad \text{alsdann}$$
$$w_1 = 8,635, \quad \text{womit}$$

$$u = 5{,}019 \quad \text{und} \quad m = \frac{u}{\sqrt{2\,g\,H}} = 0{,}5665, \text{ ferner}$$

$$\left.\begin{array}{l} X = 0{,}731 \cdot q\,\gamma \\ A = 3{,}671 \cdot q\,\gamma \\ A_2 = 3{,}29\ \cdot q\,\gamma \end{array}\right\} \begin{array}{l}\text{Die Größe von } q \text{ selbst kann füglich außer}\\ \text{Acht bleiben.}\end{array}$$

$$\alpha = 0{,}082$$

Im weiteren ergeben sich bei $u' < u$ aus Gl. 120 bis 124 für

u'	X	$+ S \sin \beta_1$	$= X'$	A'
0,0 u	1,284 $q\,\gamma$	0,256 $q\,\gamma$	1,539 $q\,\gamma$	0,000 $q\,\gamma$
0,2 „	1,171 „	0,205 „	1,376 „	1,381 „
0,4 „	1,061 „	0,154 „	1,215 „	2,439 „
0,6 „	0,950 „	0,102 „	1,052 „	3,167 „
0,8 „	0,840 „	0,051 „	0,891 „	3,576 „
1,0 „	0,731 „	0,000 „	0,731 „	3,671 „ $(= A)$

Diese Werte sind in Fig. 34 eingetragen; die X (punktierte Linien) und die $S \cdot \sin \beta_1$ also auch die X' (ausgezogene Linien) entwickeln sich von $u' = 0$ bis $u' = u = 5{,}019$ in gerader Linie, also die A' in einer Parabel.

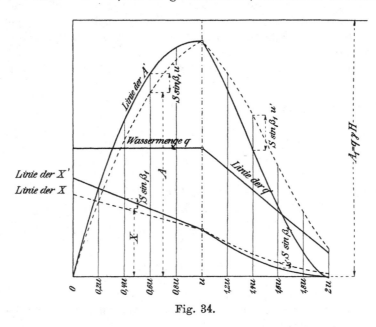

Fig. 34.

Bei $u' > u$ ergeben sich nach den Gl. 125 bis 128 für

u'	X	$- S \sin \beta_1$	$= X'$	A'
1,2 u	0,523 $q\,\gamma$	$-0{,}043\ q\,\gamma$	0,480 $q\,\gamma$	2,890 $q\,\gamma$
1,4 „	0,349 „	$-0{,}069$ „	0,280 „	1,966 „
1,6 „	0,215 „	$-0{,}078$ „	0,137 „	1,100 „
1,8 „	0,112 „	$-0{,}070$ „	0,042 „	0,379 „
2,0 „	0,044 „	$-0{,}046$ „	$-0{,}002$ „	$-0{,}021$ „

Auch diese Beträge sind in Fig. 34 enthalten, die Linien der X' und A' zeigen aber hier einen gegen vorher völlig abweichenden Verlauf. Bei $u' = \sim 2\,u$ werden X' und damit auch A' zu Null.

In Wirklichkeit werden sämtliche Werte, der Reibungsverhältnisse halber, kleiner werden, und auch der Leerlauf wird schon bei kleinerem u'

eintreten; die Leerlaufgeschwindigkeit wird durch Lagerreibungsarbeit dann eine nochmalige Reduktion erfahren.

Wäre der Winkel β_1 größer als 90^0, so ändert das negative Vorzeichen des $\cos \beta_1$ die Zahlenbeträge entsprechend ab, es ergibt sich dann, im Gegensatz zur eben beendeten Rechnung, für $u' < u$ eine Reduktion der durchfließenden Wassermenge auf q', dadurch also eine Verkleinerung von X, während $S \cdot \sin \beta_1$ in seiner entsprechenden Größe und Richtung ungeändert bleibt. Hier gibt es eine Geschwindigkeit $u' < u$, bei der v_1' senkrecht zur Gefäßwand ausfällt, bei der ideell kein Wasser in das Gefäß eintreten könnte, wo also $X = 0$ wird; ein kräftiger Stoß $S \cdot \sin \beta_1$ wird aber allein noch die Leistung von Arbeit bis zu $u' = 0$ übernehmen. Ist für β_1 größer als 90^0 die Geschwindigkeit $u' > u$, so wird alsdann X auch im Gegensatz zu vorher durch volles q geleistet werden, $S \cdot \sin \beta_1$ auch auf volles q zu beziehen sein. Natürlich wäre aber hier ein geordneter Lauf des Wassers durch das Gefäß schlechtweg unmöglich.

―――――――

5a. Drucklos nachgefülltes Reaktionsgefäß mit gegebenem Austrittsverlust α.

Da aus den vorhergehenden Betrachtungen folgt, daß α auch hier frei wählbar ist, sofern in den Gefäßmaßen gewisse Beziehungen beachtet werden, so ist zu untersuchen, wie sich die Verhältnisse gestalten, wenn ein bestimmter Wert von α einer Konstruktion zu grunde gelegt werden soll.

Im Gegensatz zur Ablenkungsfläche ist es hier nicht möglich, den Einfluß von α auf die Abmessungen und die Fortschreitegeschwindigkeit des Gefäßes in einer einfachen Beziehung zum Ausdruck zu bringen, weil hier neben β_1 und β_2 auch noch $f_1 = n \cdot f_2$, ferner h_r bezw. v_1 und v_2 in Betracht kommen müssen.

Für die praktische Ausführung bei gegebenem Gesamtgefälle H wird vor allem aus konstruktiven Gründen h_r in bestimmter Größe anzunehmen sein; dadurch ist alsbald h_e und w_1 festgelegt.

Aus dem, mit Berücksichtigung der Beziehung Gl. 116, angenommenen Werte von n folgen dann v_1 und v_2 gemäß Gl. 80 und 81, während für eine gegebene Wassermenge q der zugehörige Wert von f_2 aus Gl. 82 zu entnehmen ist.

Bei gegebenem Werte von α handelt es sich um Befriedigung der Gl. 107 in der Form

$$w_2{}^2 = 2 g \alpha H = u^2 + v_2{}^2 - 2 u v_2 \cos \beta_2 \quad \dots \quad \textbf{129.}$$

und hieraus folgt $\quad u = v_2 \cos \beta_2 \pm \sqrt{2 g \alpha H - v_2{}^2 \sin^2 \beta_2} \quad \dots \quad \textbf{130.}$

oder auch in den Gefäßabmessungen

$$u = \cos \beta_2 \, n \sqrt{\frac{2 g h_r}{n^2 - 1}} \pm \sqrt{2 g \alpha H - \frac{n^2}{n^2 - 1} \cdot 2 g h_r \sin^2 \beta_2} \quad \textbf{131.}$$

Die vorstehenden Gleichungen zeigen, daß auch hier ein ganzer Bereich von Winkelwerten β_2 zulässig ist und zur Erzielung der entsprechenden Größen von u Verwendung finden kann.

Die Grenze, bis zu welcher dies möglich ist, ergibt sich aus dem Umstande, daß der Betrag unter dem zweiten Wurzelzeichen für reelle Verhältnisse stets positiv bleiben muß, was durch

$$\alpha\,H \gtreqless \frac{n^2}{n^2-1}\,h_r\,\sin^2\beta_2$$

ausgesprochen wird. Hieraus ergibt sich die obere Grenze für β_2 als

$$\sin\beta_2 \lesseqgtr \frac{1}{n}\sqrt{\alpha\cdot\frac{H}{h_r}\,(n^2-1)}\;\;.\;\;.\;\;.\;\;.\;\;.\;\;.\;\;\textbf{132.}$$

während die ideelle untere Grenze natürlich in $\beta_2=0$ liegt, was aber für aneinandergereihte Gefäße praktisch nicht ausführbar ist.

Für die Verhältnisse am Eintritt ist gemäß Gl. 105 bzw. 106 zu rechnen. Letztere enthält ganz ähnlich der Gl. 131 für reelle Verhältnisse die Bedingung

$$w_1{}^2 \gtreqless v_1{}^2\sin^2\beta_1$$

woraus sich ergibt $\sin\beta_1 \lesseqgtr \dfrac{w_1}{v_1}$ oder $\lesseqgtr \sqrt{\dfrac{h_e}{h_r}\,(n^2-1)}\;\;.\;\;.\;\;.\;\;.\;\;\textbf{133.}$

Die Wurzelgröße wird in der Regel einen Wert $\sin\beta_1$ größer als 1 für die zulässige obere Grenze der β_1 ergeben, so daß, was den Wassereintritt betrifft, die β_1 in beliebiger Größe gewählt werden könnten.

Natürlich hat nun die Wahl einer bestimmten Fortschreitegeschwindigkeit u für geradlinige Bewegung so zu geschehen, daß die u am Eintritt und Austritt gleich groß sind, u kann deshalb schließlich nur innerhalb desjenigen Bereiches frei gewählt werden, der den Verhältnissen an beiden Stellen gemeinsam angehört.

Beispiel. Gegeben H, h_r, n, wie vorher auch, dazu $\alpha=0{,}04$.

Zuerst folgt $w_2 = \sqrt{2\,g\cdot 0{,}04\cdot 4} = 1{,}772$.

Austritt. Aus Gl. 132 ergibt sich mit diesen Werten

$$\sin\beta_2 \lesseqgtr 0{,}3727$$

oder als größtzulässiger Wert $\beta_2 = 21^0\,53'$.

Zur Erläuterung mögen Größen von β_2 eingeführt werden, wie sie früher auch schon verwendet wurden, nämlich entsprechend

$\cos\beta_2$	β_2	u_2	u_2
0,94	$19^0\,57'$	5,182 (a) oder	3,758 (a')
0,96	$16^0\,16'$	5,733 (b) „	3,396 (b')
0,98	$11^0\,28'$	6,158 (c) „	3,161 (c')
0,99	$8^0\,7'$	6,347 (d) „	3,068 (d')
1,00	0^0	6,527 (e) „	2,983 (e').

Die zugehörigen Größen von u, nach Gl. 131, nunmehr weil sie den Verhältnissen bei „2" entsprechen als u_2 bezeichnet, sind beigesetzt; (a), (b) u. s. w., sind die dem $+$, (a'), (b') u. s. w., die dem $-$ Vorzeichen der Wurzel entsprechenden Werte, die Geschwindigkeitsparallelogramme finden sich in Fig. 35 eingetragen. Soweit es der angenommene Austrittsverlust gestattet, könnte also u_2 innerhalb der Grenzen 6,527 (e) und 2,983 (e') gewählt werden. Die Grenzwerte entsprechen beidemal $\beta_2=0$.

Eintritt. Hier folgt aus Gl. 133 als obere Grenze für $\sin\beta_1$ der Wert ~ 2, d. h. soweit der Eintritt in Betracht kommt, ist jede Größe von β_1 zwischen 0 und 180^0 zulässig. Der kleinste Wert von u, nunmehr weil auf die Verhältnisse bei „1" bezogen mit u_1 bezeichnet, ist hier mit $\beta_1=0$

$$u_{1\,min} = w_1 - v_1$$

oder in Zahlen nach S. 35

$$u_{1\,min} = 8{,}635 - 4{,}323 = 4{,}312,$$

woraus (Fig. 35 Punkt f) hervorgeht, daß sämtliche Werte von u_2, die unterhalb von 4,312 liegen, von vornherein, des Eintrittes halber, nicht in Betracht kommen können. Andererseits ergibt $\beta_1 = 90^0$ ein u_1 von 7,475, in Fig. 35 mit g bezeichnet, also ist bei diesem Winkelwerte schon die obere Grenze der brauchbaren u_1 mit Rücksicht auf die Verhältnisse am Austritt über-

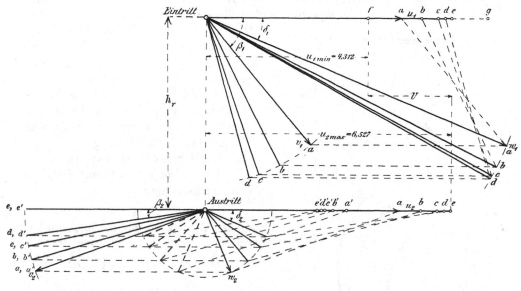

Fig. 35.

schritten. So bleibt schließlich der Bereich U, Fig. 35, innerhalb dessen die u frei gewählt werden können, zwischen den Grenzen $u_{1\,min} = 4,312$ und $u_{2\,max} = 6,527$, der Betrag der m zwischen 0,487 und 0,737. Der größtzulässige Winkel β_1 rechnet sich aus $u_1 = u_{2\,max}$ zu $\beta_1 = 76^0\,24'$, wobei aber β_2 schon Null sein würde. Für den Eintritt sind die Richtungen δ_1 und β_1, wie sie den verschiedenen β_2 und Geschwindigkeiten u entsprechen würden, eingezeichnet und mit gleichlautenden Buchstaben versehen.

Die Betrachtung zeigt auch wieder, daß die Richtungen β_1, β_2, δ_1 und δ_2 von v_1, v_2, w_1 und w_2 auf die Größe von w_2 also auch auf A_2 und A innerhalb weiter Grenzen ohne jeden Einfluß sind.

C. Reaktionsgefäfse, Einströmung und Ausströmung erfolgen unter verschiedenen Druckhöhen; Reaktionsdrucke und Reaktionsarbeit.

1. Einlauf und Auslauf des ruhenden Gefäßes sind gegen die Horizontale geneigt, dabei steht das einströmende Wasser unter der Wasserdruckhöhe h_1, das ausströmende unter der Druckhöhe h_2, (Fig. 36).

Gegenüber dem drucklos nachgefüllten Reaktionsgefäß unter „B" tritt hier in den Beziehungen für die Größen v_1, v_2 und q unter sich und zu den Gefäßmaßen eine grundsätzliche Änderung ein.

Es ist hier, falls das Wasser auf dem Wege von f_1 nach f_2 keine Arbeitsfähigkeit irgend welcher Art einbüßt, zu setzen

$$\frac{v_2^2}{2\,g} + h_2 = \frac{v_1^2}{2\,g} + h_1 + h_r$$

oder gemäß Fig. 36

$$\frac{v_2^2}{2\,g} = \frac{v_1^2}{2\,g} + h_1 + h_r - h_2 = \frac{v_1^2}{2\,g} + h \quad \ldots \quad \textbf{134.}$$

d. h. hier fällt die Gefäßhöhe h_r aus der Rechnung aus und an deren Stelle tritt der Höhenunterschied h der beiden Wasserspiegel, unter deren Drucken das Nachfüllen, bezw. Ausströmen vor sich geht. Vergl. auch Gl. 26.

Die Höhe h_r des Reaktionsgefäßes ist also hier für die Entwickelung der Geschwindigkeiten v_1 und v_2 ganz ohne Belang, ebenso aber auch dessen Höhenlage in Bezug auf die beiden Druckwasserspiegel.

Unter steter Beachtung der Kontinuitätsgleichung

$$q = f_1\,v_1 = f_2\,v_2$$

gehen die Gl. 80 bis 82 hier über in

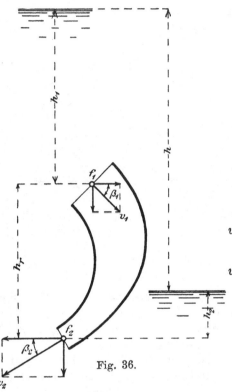

Fig. 36.

$$v_1 = f_2 \sqrt{\frac{2\,g\,h}{f_1^2 - f_2^2}} = \sqrt{\frac{2\,g\,h}{n^2 - 1}} \quad \textbf{135.}$$

$$v_2 = f_1 \sqrt{\frac{2\,g\,h}{f_1^2 - f_2^2}} = n \sqrt{\frac{2\,g\,h}{n^2 - 1}} \quad \textbf{136.}$$

$$q = f_1 f_2 \sqrt{\frac{2\,g\,h}{f_1^2 - f_2^2}} = n f_2 \sqrt{\frac{2\,g\,h}{n^2 - 1}} \quad \textbf{137.}$$

Für die vom strömenden Wasser entwickelten Reaktionsdrucke bleiben dem Buchstaben nach die Gl. 93 und 94 ungeändert als

$$Y = \frac{q\,\gamma}{g}\,(v_2 \sin \beta_2 - v_1 \sin \beta_1)$$

$$X = \frac{q\,\gamma}{g}\,(v_2 \cos \beta_2 + v_1 \cos \beta_1)$$

wogegen sich die Gl. 95 und 96, Y und X durch die Gefäßmaße bestimmt, insofern ändern, als h an die Stelle von h_r tritt, so daß zu schreiben ist:

$$Y = 2 \cdot \frac{n}{n^2 - 1}\,(n \sin \beta_2 - \sin \beta_1)\,f_2 \cdot h \cdot \gamma \quad \ldots \quad \textbf{138.}$$

$$X = 2 \cdot \frac{n}{n^2 - 1}\,(n \cos \beta_2 + \cos \beta_1)\,f_2 \cdot h \cdot \gamma \quad \ldots \quad \textbf{139.}$$

Also auch für die Entwickelung der Reaktionskräfte Y und X ist sowohl die eigene Höhe des Gefäßes, h_r, als auch dessen relative Höhenlage zu den Druckwasserspiegeln ohne jeden Einfluß. Das stillstehende Reaktionsgefäß kann sogar jede beliebige Schräglage im Raum annehmen, ohne daß die Geschwindigkeits- und Reaktionsdruckverhältnisse, abgesehen natürlich von den sich mit ändernden Richtungen X und Y, irgendwie beeinflußt würden. Ein in f_1, f_2, h_r u. s. w. gegebenes Gefäß nach „C" kann also auch im Gegensatz zu den Gefäßen nach „B" unter jeder ganz frei wählbaren Höhendifferenz h in Benutzung genommen werden, ohne daß dadurch die Kontinuität gestört wird.

Wie sich das im Austrittsquerschnitt vorhandene Arbeitsvermögen etwa im Unterwasser betätigen könnte, gehört nicht in den Bereich der vorliegenden Betrachtung.

2. Das Reaktionsgefäß nach „1" kann sich, dem Drucke von X nachgebend, parallel zur X-Achse mit gleichmäßiger Geschwindigkeit u fortbewegen. Reibungslose Stützung in Richtung der Y-Achse. Gegeben $f_1 = n \cdot f_2$, β_1, β_2, h_r, h, u.

Die geradlinige gleichmäßige Fortbewegung des Gefäßes alteriert die unter „1" aufgestellten Beziehungen für X und Y sowie die sonstigen Folgerungen nicht, wenn v_1 und v_2 als relative Geschwindigkeiten aufgefaßt werden.

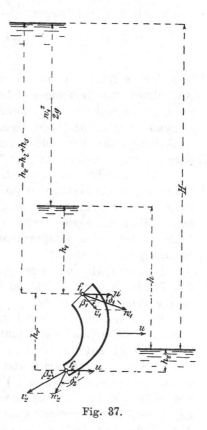

Die Beziehungen zwischen der Fortschreitegeschwindigkeit u und der erforderlichen Nachfüllgeschwindigkeit w_1 (Fig. 37 und 38), mit β_1, β_2, w_2, A bleiben dem Buchstaben nach die gleichen wie in Gl. 105 bis 110, nur ist zu beachten, daß überall h an die Stelle von h_r zu treten hat.

Zur Erzeugung der Nachfüllgeschwindigkeit w_1, Reibungen vernachlässigt, ist die Höhe $\frac{w_1^2}{2g}$ erforderlich; diese kann nicht aus h oder h_1 bestritten werden, da ja der Druckunterschied $h = h_1 + h_r - h_2$ erforderlich ist, um das Wasser durch das Gefäß zu pressen und die X-Komponente zu erzeugen. Die Höhe $\frac{w_1^2}{2g}$ muß deshalb wie vorher auf h_r, so jetzt auf h, beziehungsweise h_1 aufgesetzt werden und ergibt mit

$$\frac{w_1^2}{2g} + h = H \quad \ldots \ldots \quad \mathbf{140.}$$

die Höhenlage des erforderlichen freien Oberwasserspiegels gegenüber der Druckhöhe h_2 (Unterwasserspiegel) (Fig. 37 und auch Fig. 4), wodurch der Gesamtarbeits-

Fig. 37.

weg, das Gesamtgefälle H, wie solches für den Betrieb mit u und für regelrechtes Nachfüllen des Reaktionsgefäßes erforderlich, bestimmt ist. Von diesem Gesamtgefälle hat die Betrachtung auszugehen. $\frac{w_1^2}{2g} = H - h$ hat gegenüber „B" hier in den Rechnungen an die Stelle von h_e zu treten, so daß die Gl. 109 und 110 übergehen in

$$A = q\gamma \cdot \frac{2}{n^2 - 1}(n\cos\beta_2 + \cos\beta_1)(\sqrt{(H-h)h(n^2-1) - h^2\sin^2\beta_1} - h\cos\beta_1) \quad \mathbf{141.}$$

und $\qquad u = \sqrt{2\,g}\left(\sqrt{H - h - \dfrac{h}{n^2 - 1}\sin^2\beta_1} - \cos\beta_1\sqrt{\dfrac{h}{n^2 - 1}}\right)$ . . . **142.**

Die Beziehungen sind unabhängig von den Höhenlagen h_e und h_2, wobei natürlich vorausgesetzt ist, daß die Austrittsstelle f_2 mit dem Unterwasser in richtigem Zusammenhang (Eintauchen oder Saugrohr) steht; also kann ein solches Reaktionsgefäß an ganz beliebiger Stelle der Gefällhöhe in Betrieb genommen werden, ohne daß sich am Wasserverbrauch, an der Arbeitsgeschwindigkeit und der Größe der geleisteten Arbeit Änderungen ergeben würden.

Da nun ein gegebenes Gefäß, wie unter „1" gezeigt, mit beliebigen Größen von h in Betrieb genommen werden kann, so ist die Verwendung desselben auch an kein bestimmtes Gesamtgefälle von H gebunden, sondern es kann jede Größe von H mit demselben in Beziehung gebracht werden.

Auch hier gilt, wegen $\dfrac{v_2^2}{2\,g} - \dfrac{v_1^2}{2\,g} = h_1 + h_r - h_2 = h$

$$\frac{w_1^2}{2\,g} + \frac{v_2^2}{2\,g} - \frac{v_1^2}{2\,g} = H \qquad . . . . . . \textbf{143.}$$

und daraus folgt, daß man beim Entwerfen solcher Reaktionsgefäße in der Aufteilung des beliebigen Gesamtgefälles H nach w_1, v_1 und v_2 an sich ganz uneingeschränkt ist, sofern nur die Geschwindigkeitshöhen die vorstehende Gleichung befriedigen. Es ist also für unter Druck stehende Reaktionsgefäße bei jedem beliebigen Wert von H eine Fülle der verschiedensten Gefäßformen zur Verfügung.

Die Betrachtungen über drucklose Wasserzuführung, nach „A" und „B" konnten geführt werden, ohne daß für die Zuleitung des Wassers und die Erzeugung von w_1 nach Größe und Richtung die Aufstellung besonderer umständlicher Begriffe erforderlich schien; man konnte annehmen, das Wasser trete aus entsprechenden, stillstehenden oder sich bewegenden Mündungen frei aus.

Nunmehr aber ist es nötig, die bei den Turbinen übliche Zuführungsart des Betriebswassers in vollem Umfange mit ins Auge zu fassen und in die Betrachtungen einzuführen:

Ein feststehender, sogenannter Leitapparat (Fig. 38) von aneinandergereihten Leitzellen (Leitschaufeln) läßt das Wasser unter dem Winkel δ_0 kontinuierlich mit der Geschwindigkeit w_0 ausströmen, und der in bestimmter Entfernung (Schaufelspalt) daran vorbeistreichenden Reihe der Reaktionsgefäße (Laufradschaufelräume) wird auf diese Weise in jedem Augenblick das erforderliche Nachfüllwasser in Richtung δ_1 und Geschwindigkeit w_1 zugeleitet. Der Kranzspalt zwischen den vorderen und hinteren Begrenzungsflächen der Leit- und Laufzellenreihe wird einstweilen als dicht abschließend vorausgesetzt.

Die Größe des Austrittsquerschnittes jeder Leitzelle sei mit f_0 bezeichnet, und so erweitert sich die Kontinuitätsgleichung für eine zusammengehörige Zahl von z_0 Leit- und $z_1 = z_2$ Laufzellen (Reaktionsgefäße) auf

$$Q = z_0 \cdot f_0 \cdot w_0 = z_1 \cdot f_1 \cdot v_1 = z_2 \cdot f_2 \cdot v_2 \qquad . . . \textbf{144.}$$

Für die vorliegende Betrachtung soll im Interesse der Einfachheit und Übersichtlichkeit der Einfluß, welchen die Materialstärken der Trennungswände der einzelnen Gefäße, s_0 am Leitapparataustritt, s_1 am Gefäßeintritt, ausüben, einstweilen vernachlässigt werden. In diesem Falle darf für normale Fortschreitegeschwindigkeit u, $w_0 = w_1$ und $\delta_0 = \delta_1$ gesetzt werden,

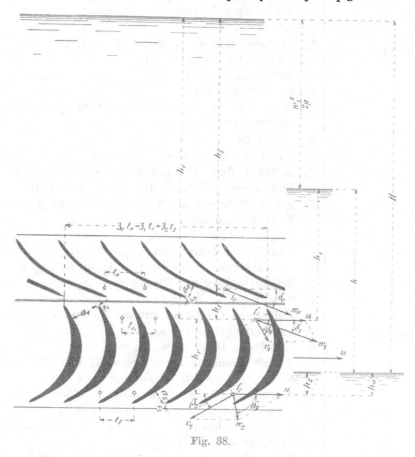

Fig. 38.

während später die Geschwindigkeiten w_0 und w_1, auch die Winkel, scharf auseinander zu halten sind.

Übersicht der einschlägigen Gröfsen.

(Fig. 37 und 38.)

Arbeitsgrößen . .
H Gesamtgefälle
q Wassermenge
$A_1 = q\,\gamma \cdot H$ Gesamtarbeitsvermögen
A geleistete Arbeit
A_2 beim Austritt verlorengehende Arbeit
$\eta = \dfrac{A}{A_1}$ ideeller Nutzeffekt
$\alpha = \dfrac{A_2}{A_1}$ Austrittsverlust
X arbeitende Reaktionskomponente $\}$ für stoßfreies
u Arbeitsgeschwindigkeit $= m\sqrt{2\,g\,H}$ $\}$ Nachfüllen
$u' \lessgtr u$ abweichende Arbeitsgeschwindigkeiten

Zuleitung . . . $\begin{cases}\end{cases}$

w_0 Austrittsgeschwindigkeit aus den Leitschaufelöffnungen

δ_0 Richtung derselben gegenüber u

a_0 Weite einer Leitschaufel

b_0 Breite „ „

f_0 Querschnitt einer Leitschaufel $= a_0 \cdot b_0$

z_0 Anzahl der Leitschaufeln

t_0 Leitschaufelteilung

s_0 Leitschaufelstärke

h_l Höhenlage des Leitschaufelaustritts gegenüber dem Oberwasserspiegel

h_s Spalthöhe

Reaktionsgefäß . $\begin{cases}\end{cases}$

w_1 Nachfüllgeschwindigkeit (absolut)

δ_1 Richtung derselben gegenüber u

v_1 Einfüllgeschwindigkeit (relativ zum Gefäß)

β_1 Richtung derselben und der Zellenwand gegenüber u

a_1 Eintrittsweite eines Reaktionsgefäßes

b_1 „ breite „ „

f_1 Einfüllquerschnitt eines „ $= a_1 \cdot b_1$

z_1 Anzahl der zu z_0 gehörigen Reaktionsgefäße $(z_0 \cdot t_0 = z_1 \cdot t_1)$

t_1 Schaufelteilung am Eintritt

s_1 Schaufelstärke am Eintritt

h_e Höhenlage des Gefäßeintrittes gegenüber dem Oberwasserspiegel $= h_l + h_s$

h_r Gefäßhöhe (Radhöhe)

v_2 Austrittsgeschwindigkeit (relativ) am Gefäßende

β_2 Richtung derselben gegenüber $- u$

a_2 Austrittsweite eines Reaktionsgefäßes

b_2 „ breite „ „

f_2 „ querschnitt „ „ $= a_2 \cdot b_2$

z_2 Zahl der Gefäße $(= z_1)$

t_2 Schaufelteilung am Austritt (für die Turbinenstange $t_2 = t_1$)

s_2 Schaufelstärke am Austritt

h_a Höhenlage des Gefäßaustrittes gegenüber dem Unterwasserspiegel

Druckhöhen . . $\begin{cases}\end{cases}$

h_0 Druckhöhe in der Austrittsstelle „0"

h_1 Druckhöhe in der Einfüllstelle „1"

h_2 „ „ „ Austrittsstelle „2" (vorläufig $= h_a$)

h $= h_1 + h_r - h_2$ Höhenunterschied der Druckwasserspiegel in „1" und „2" (Laufradgefälle)

Ableitung . . . $\begin{cases}\end{cases}$

w_2 Abflußgeschwindigkeit (absolut) beim Verlassen des Arbeitsweges

δ_2 Richtung derselben gegenüber u

An die Gl. 141 knüpfen sich, ähnlich wie es bei Gl. 109 der Fall gewesen, Erwägungen an über die Beziehungen zwischen H, h und n mit Rücksicht darauf, daß A weder imaginär noch negativ werden soll. Einfaches Ersetzen von h_r durch h führt die entsprechenden Gl. 111 und 112 über in

$$n^2 \gtreqless \frac{H - h \cos^2 \beta_1}{H - h} \quad \ldots \ldots \ldots \quad \textbf{145.}$$

und
$$n^2 \gtreqless \frac{H}{H - h} \quad \ldots \ldots \ldots \quad \textbf{146.}$$

welch letztere auch geschrieben werden kann

$$h \lesseqgtr H \frac{n^2 - 1}{n^2} \quad \ldots \ldots \ldots \quad \textbf{147.}$$

Die vorletzte Beziehung, Gl. 146 ist, als die gegenüber Gl. 145 weiter-
gehende, zu beachten. Natürlich gilt auch hier die entsprechende Umformung der Gl. 113 mit h an Stelle von h_r als

$$\sin \delta_1 = \sin \beta_1 \frac{v_1}{w_1} = \sin \beta_1 \sqrt{\frac{h}{H - h} \frac{1}{n^2 - 1}} \quad \ldots \quad \textbf{148.}$$

und ebenso treten die auf Seite 32 angestellten Erwägungen in ähnlicher
Weise auf.

Hier wird aber die Wahl von h, im Gegensatz zu h_r, nicht durch Ausführungsrücksichten bedingt, und so ist es hier im Verein mit $\beta_2 = 0$ sehr
leicht tunlich, durch $u = v_2$ die Größe von w_2 und damit α, den Austrittsverlust, ideell (für ein Gefäß) auf Null zu bringen.

Dabei sind natürlich die Konsequenzen der Gl. 114 nicht außer acht
zu lassen. Die aus derselben sich ergebende Ungleichung lautet hier mit
h statt h_r und $H - h$ statt h_e

$$h \frac{n - 1}{n + 1} < H - h < h \frac{n + 1}{n - 1}$$

und ebenso ändert sich Gl. 116 auf

$$\frac{H}{H - 2h} > n > \sqrt{\frac{H}{H - h}} \quad \ldots \ldots \quad \textbf{149.}$$

Der Unterschied für den vorliegenden Fall gegenüber „B" besteht
nun, wie gesagt, darin, daß die Bemessung von h, wenn H gegeben, nicht
wie bei h_r durch konstruktive Rücksichten beschränkt wird, sondern einzig
in der vorstehenden Gl. 149 ihre Begrenzung findet. So wird auch n einen
weitaus größeren Spielraum haben können, als dies vorher der Fall gewesen;
es wird n für $h = 0$ die Größe 1 als untersten Wert annehmen, während
durch die vorstehende Gl. 149 keine enge Grenze nach oben mehr ausgesprochen wird, da z. B. für $h = \dfrac{H}{2}$

$$\frac{H}{H - H} > n > \sqrt{H \cdot \frac{2}{H}}$$

oder
$$\infty > n > \sqrt{2}$$

ausfällt. Das Vorstehende macht die fernere Rechnung für das unter Druck
nachgefüllte Reaktionsgefäß frei von der steten Rücksichtnahme auf die
Verhältniszahl $n = \dfrac{f_1}{f_2}$ und gestattet die durchgehende Einführung von δ_1
gemäß Gl. 148 in die Rechnungen. Natürlich bleibt die Beziehung für n
aus Gl. 148 mit

$$n = \sqrt{1 + \frac{h}{H - h} \cdot \frac{\sin^2 \beta_1}{\sin^2 \delta_1}} \quad \ldots \ldots \quad \textbf{150.}$$

bestehen.

Alle diese Erwägungen zeigen, daß es für das unter Druck nachgefüllte
Reaktionsgefäß unter allen Umständen möglich ist, ideell $w_2 = A_2 = 0$

zu erzielen, ein Beweis dafür, daß umgekehrt auch hier jeder beliebige Wert von α einem Neuentwurf zu Grunde gelegt werden darf.

Das vorliegende Reaktionsgefäß bietet nun noch weiter zu besprechende Eigentümlichkeiten, die besser ersichtlich werden, wenn man kurz auf die Verhältnisse unter „A", Ablenkungsfläche, „B", drucklos nachgefülltes Reaktionsgefäß, und die Bedingungen zurückgeht, unter welchen das Geschwindigkeitsparallelogramm zu stande kommt.

Wird das Gesamtarbeitsvermögen $A_1 = q \cdot \gamma \cdot H$ als gegeben angenommen, so ist die Größe von H, ohne Rücksicht auf diejenige des Austrittsverlustes α

bei „A" durch $$\frac{w_1{}^2}{2\,g} = H,$$

bei „B" durch $$\frac{w_1{}^2}{2\,g} + h_r = \frac{w_1{}^2}{2\,g} + \frac{v_2{}^2 - v_1{}^2}{2\,g} = H,$$

bei „C" durch $$\frac{w_1{}^2}{2\,g} + h = \frac{w_1{}^2}{2\,g} + \frac{v_2{}^2 - v_1{}^2}{2\,g} = H$$

in ihre Teile zerlegt.

Für eine Ablenkungsfläche „A" konnte die Größe des Fortschreitens, u, innerhalb eines großen Spielraumes ganz beliebig gewählt werden, ohne daß am Eintritt ein Stoß zu gewärtigen war. Von dem halben Geschwindigkeitsparallelogramm, dem Dreieck $w_1 \, u \, v_1$, war bei bekanntem H nur ein Stück, w_1 (Fig. 39 und 40), von Hause aus gegeben, so daß noch zwei

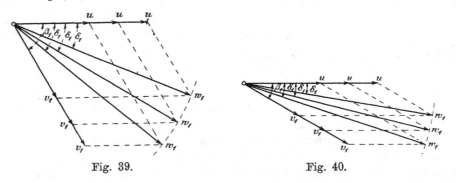

Fig. 39.   Fig. 40.

Wahlgrößen für das Geschwindigkeitsdreieck übrig blieben. Zum Beispiel ergaben sich aus den Wahlgrößen β_1 und verschiedenen Größen von u die Verhältnisse von v_1 und auch δ_1 dann ohne weiteres.

Für das drucklos betriebene Reaktionsgefäß „B" mit bekannten Abmessungen $f_1 = n \cdot f_2$ und h_r sind für bekanntes H in w_1 und v_1 (Gl. 80) zwei Stücke des Geschwindigkeitsdreieckes von Anfang an festgelegt, und es war nur noch die Wahl eines, des dritten Stückes freigestellt, es sei nun u oder β_1 oder auch δ_1, wodurch die anderen Größen ohne weiteres festgelegt waren. (Fig. 30.)

Das unter Druck betriebene, in seinen Abmessungen gegebene Reaktionsgefäß „C" hat demgegenüber ganz andere Bedingungen für die Entwicklung der w_1, u, v_1 u. s. w.:

Dem Geschwindigkeitsparallelogramm zufolge ist für richtiges Nachfüllen zu verlangen

$$w_1{}^2 = u^2 + v_1{}^2 + 2\,u\,v_1 \cos\beta_1 \quad \ldots \ldots \quad \textbf{151.}$$

und $$\frac{w_1}{\sin\beta_1} = \frac{v_1}{\sin\delta_1} \left(= \frac{u}{\sin(\beta_1 - \delta_1)} \right) \cdot \quad \ldots \ldots \quad \textbf{152.}$$

ferner besteht für den Wasserdurchfluß durch das Gefäß die Bedingung

$$v_1 = \sqrt{\frac{2\,g\,h}{n^2 - 1}} \quad \cdots \quad \cdots \quad \textbf{153.}$$

sowie

$$q = n \cdot f_2 \sqrt{\frac{2\,g\,h}{n^2 - 1}} \quad \cdots \quad \cdots \quad \textbf{154.}$$

und schließlich, entsprechend der Aufteilung des Gefälles, ist noch zu beachten

$$w_1 = \sqrt{2\,g\,(H - h)} \quad \cdots \quad \cdots \quad \textbf{155.}$$

Die Druckdifferenz h, das sog. Laufradgefälle, bildet den aus Fig. 37 und 38 ersichtlichen Teil des Gesamtgefälles, und es ist hier in erster Linie festzustellen, wie sich die Aufteilung von H in h und in $\frac{w_1^2}{2\,g}$ im Einzelfalle bei einer angenommenen Größe von β_1 zu vollziehen hat, da h an sich nicht eine von vornherein festliegende und meßbare Größe darstellt.

Die obigen fünf voneinander unabhängigen Gleichungen enthalten außer dem Gesamtgefälle H noch neun Größen, nämlich w_1, u, v_1, β_1, δ_1, n, h, q, f_2, es sind also neben H vier von denselben wählbar, z. B. die drei Dreieckseiten w_1, u, v_1, dazu q, und die fünf anderen haben sich nach diesen Wahlgrößen zu richten, wenn überhaupt auf normale Kontinuität gerechnet werden soll.

Welche Bedingungen für normale Kontinuität bei dem Übergang durch den Spalt einzuhalten sind, erhellt aus der allgemeinen Kontinuitätsgleichung und speziell aus deren Umformung. Es ist für eine zusammengehörige Gruppe von Leit- und Laufzellen (Fig. 38) einzuhalten

$$q = z_0 \cdot f_0 \cdot w_0 = z_1 \cdot f_1 \cdot v_1$$

oder auch

$$q = z_0 \cdot a_0\, b_0\, w_0 = z_1\, a_1\, b_1\, v_1.$$

Ausgesprochen, was bis jetzt stillschweigend vorausgesetzt gewesen, daß natürlich die Breiten b_0 der Leit- und b_1 der Laufzellen einstweilen als gleich groß gelten müssen, so lautet die Beziehung auch

$$z_0\, a_0\, w_0 = z_1\, a_1\, v_1. \quad \cdots \quad \cdots \quad \textbf{156.}$$

Nun ist nach Fig. 38

$$\frac{a_0 + s_0}{t_0} = \sin \delta_0 \quad \text{und} \quad \frac{a_1 + s_1}{t_1} = \sin \beta_1.$$

Werden, wie schon erwähnt, s_0 und s_1 vorläufig gegenüber a_0 und a_1 vernachlässigt, d. h. gleich Null gesetzt, so ergibt sich daraus, weil dann auch $w_0 = w_1$ und $\delta_0 = \delta_1$, einfach

$$a_0 = t_0 \sin \delta_1 \quad \text{und} \quad a_1 = t_1 \sin \beta_1.$$

Dies in Gl. 156 eingesetzt, bringt

$$z_0\, t_0 \sin \delta_1\, w_1 = z_1\, t_1 \sin \beta_1 \cdot v_1$$

und, weil $z_0 \cdot t_0 = z_1 \cdot t_1$ (Fig. 38) so ist auch hiermit

$$\sin \delta_1 \cdot w_1 = \sin \beta_1 \cdot v_1$$

oder auch

$$\frac{w_1}{\sin \beta_1} = \frac{v_1}{\sin \delta_1}$$

genau wie oben Gl. 152 für das in Größe w_1 und Richtung δ_1 erforderliche Nachfüllen verlangt.

Richtiges Nachfüllen, Einhalten des Geschwindigkeitsparallelogramms und Einhalten der normalen Kontinuität sind im Grunde genommen (so lange der Einfluß der Schaufelstärken vernachlässigt wird) ein und dieselbe Bedingung, sie sind deshalb auch stets gleichzeitig vorhanden. Es sei hier auch nochmals auf Gl. 150 hingewiesen, welche, normaler Kontinuität entsprechend, sämtliche hierfür in Betracht kommende Größen in e i n e r Beziehung vereinigt.

Von besonderem Interesse ist es, die Beziehungen zwischen u, β_1, δ_1, h und w_2 zu verfolgen, wenn als Wahlgrößen H, q, f_2, n und δ_1 angenommen werden.

Aus Gl. 152 ergibt sich nach kurzer Umformung

$$u = w_1 \left(\cos \delta_1 - \frac{\sin \delta_1}{\operatorname{tg} \beta_1} \right) \quad \ldots \quad \ldots \quad \textbf{157.}$$

und

$$v_1 = w_1 \frac{\sin \delta_1}{\sin \beta_1}$$

und so kann damit auch aus

$$\frac{v_2}{2\,g} = \frac{v_1{}^2}{2\,g} + h$$

gebildet werden

$$v_2 = \sqrt{w_1{}^2 \frac{\sin^2 \delta_1}{\sin^2 \beta_1} + 2\,g\,h} \quad \ldots \quad \ldots \quad \textbf{158.}$$

Ein in f_2 und n festgelegtes, in β_1 und δ_1 aber vorläufig noch nicht bestimmtes Gefäß kann, weil dadurch für eine angenommene Wassermenge q neben v_1 und v_2 auch die erforderliche Größe von h (Gl. 137) und w_1 (Gl. 155) bedingt ist, mit verschiedenen Größen von u fortschreiten, die bei Anpassen von β_1 und δ_1 richtiges Nachfüllen gewährleisten.

Ist auch δ_1 festgelegt, so sind immer noch zwei Größen von u möglich, denn je nachdem für β_1 ein spitzer Winkel oder dessen Ergänzung

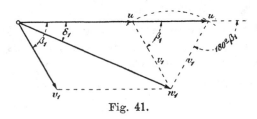

Fig. 41.

zu 180⁰ in Anwendung gebracht ist (Fig. 41), wird das zweite Glied der Gl. 157 negativ bleiben oder positiv sein. Soweit also der Eintritt in Frage kommt, entsprechen jeder Aufteilung des Gesamtgefälles H in h und $\frac{w_1{}^2}{2\,g}$ bei gegebenem δ_1 zwei verschiedene Fortschreitegeschwindigkeiten u und zwei Winkel β_1, ein Umstand, der schließlich auch bei dem Gefäß „B" vorhanden ist. Für $\beta_1 = 90^0$ kommt das zweite Glied der Gl. 157 in Wegfall, und es ergibt sich naturgemäß nur eine Größe von u, nämlich $w_1 \cdot \cos \delta_1$.

Für die praktische Ausführung wird natürlich nur diejenige Größe von u in Frage kommen können, welche im Verein mit v_2 den kleinsten Wert von w_2 liefert.

Aus
$$w_2{}^2 = u^2 + v_2{}^2 - 2\,u\,v_2 \cos \beta_2$$

folgt mit den oben entwickelten Werten von u, Gl. 152, und v_2, Gl. 158, und nachdem in diesen auch noch w_1 durch $\sqrt{2\,g\,(H-h)}$ ersetzt worden ist

$$\frac{w_2{}^2}{2\,g} = \alpha\,H = h + (H-h) \cdot \frac{\sin^2(\beta_1 - \delta_1) + \sin^2 \delta_1}{\sin^2 \beta_1}$$
$$- \frac{2 \sin(\beta_1 - \delta_1)}{\sin \beta_1} \cos \beta_2 \sqrt{(H-h)^2 \frac{\sin^2 \delta_1}{\sin^2 \beta_1} + (H-h)\,h}.$$

Die ziffermäßige Rechnung lehrt hieraus, daß bei kleinem (spitzem)

Winkel β_1 der kleinere Wert von u zu dem erwünschten kleineren Austrittsverlust α führt, wenn dabei durch entsprechende Bemessung von f_1 und f_2 auch h als kleiner Bruchteil von H eingeführt wird.

Legt man dagegen h als ziemlich großen Bruchteil von H der Ausführung zu Grunde, so ergeben große (stumpfe) Winkel β_1, im Verein mit großen Werten von u den gewünschten kleinen Wert von $\alpha H = \dfrac{w_2^{\,2}}{2g}$; der Leitschaufelwinkel $\delta_0 = \delta_1$ kann in beiden Fällen gleiche oder ähnliche Größe besitzen.

Die Folgen verschiedener Größen des Fortschreitens, $u' \lesseqgtr u$ auf die Arbeitsleistung eines gegebenen, unter Druck nachgefüllten, Reaktionsgefäßes müssen aus gegen seither erweiterten Gesichtspunkten betrachtet werden.

Es hatte sich bei den drucklos betriebenen Reaktionsgefäßen gezeigt, daß je nach Größe von u' und β_1 das Nachfüllwasser entweder nur zum Teil in das Gefäß eindringen konnte, oder daß es nicht im stande war, daß Gefäß vollständig auszufüllen. Dort war einerseits die Annahme zulässig, daß das unverbrauchte Wasser seitlich entweichen könne, andererseits konnte der leergebliebene Teil des Gefäßes als von Luft erfüllt betrachtet werden.

Nunmehr liegen die Dinge anders; die seitlichen Begrenzungswände der Gefäßreihe, die Kränze der Turbinen, müssen der Einhaltung der Druckhöhe h wegen hier als gegeneinander dicht abschließend angenommen werden, und hierdurch ist sowohl das Entweichen überschüssigen Wassers als auch das Eintreten von Luft in Gefäßräume mit unzureichender Nachfüllung ideell ausgeschlossen. Beides ist auch in Wirklichkeit so gering, daß es vorläufig ganz außer Betracht bleiben kann. Die Gefäßräume sind also während des Betriebes stets ganz durch Wasser ausgefüllt, und daraus folgt, daß bei den unter Druck arbeitenden Reaktionsgefäßen sich mit wechselndem u' auch die Größe von w_0 und w_1, folglich auch die Wassermenge q ändern wird, die durch Leit- und Laufzellen fließt, einerlei ob u' größer oder kleiner als u ist.

Der Übergang aus seither $w_0 = w_1$ auf $w_{(0)}$ und $w_{(1)}$, entsprechend dem Wechsel von u auf u', bewirkt aber durch die Änderung von $\dfrac{w_0^{\,2}}{2g} = \dfrac{w_1^{\,2}}{2g}$ auf $\dfrac{w_{(0)}^{\,2}}{2g}$ und $\dfrac{w_{(1)}^{\,2}}{2g}$ bei unveränderlichem Gesamtgefälle H, daß an Stelle des seitherigen Laufradgefälles $h = H - \dfrac{w_0^{\,2}}{2g} = H - \dfrac{w_1^{\,2}}{2g}$ ein anderer Bruchteil des Gefälles, $h' = H - \dfrac{w_{(1)}^{\,2}}{2g}$ zur Verfügung ist (Fig. 42), teils um das Wasser durch die Laufzellen zu pressen, teils um in den auch hier unvermeidlichen Stoßverlusten aufgezehrt zu werden, die bei $u' \lesseqgtr u$ ganz ähnlich der früheren Betrachtung an der Einfüllstelle eintreten. Da aber die Verhältnisse sich ganz verschiedenartig gestalten, je nachdem für normale Fortschreitegeschwindigkeit die Gefälleaufteilung vorgenommen war, was sich gemäß Gl. 150 und 158 besonders auch an β_1 bemerklich macht, so soll hier ähnlich dem vorigen Abschnitt die Untersuchung

$\qquad\qquad$ I. für $\beta_1 < 90^0$
$\qquad\qquad$ II. „ $\beta_1 = 90^0$
$\qquad\qquad$ III. „ $\beta_1 > 90^0$

getrennt durchgeführt werden.

Pfarr, Turbinen. $\qquad\qquad\qquad\qquad\qquad\qquad\qquad\qquad\qquad\qquad$ 4

Es ist dabei erforderlich, jede Betrachtung in zwei Teilen vorzunehmen und den Einfluß von $u' < u$, sowie die Verhältnisse wenn $u' > u$ je gesondert ins Auge zu fassen.

Am Schlusse der Betrachtungen wird es sich zeigen, daß die auf den Grundsätzen der Mechanik aufgestellte Rechnung noch bedeutende Abweichungen von den Ergebnissen praktischer Versuche ergibt, verursacht teilweise durch die freie Beweglichkeit der einzelnen Wasserteilchen, teilweise dadurch, daß uns noch zu wenig die tatsächlichen Verhältnisse beim Eintritt von Wasserstößen gegen die Radschaufelanfänge bekannt sind. Immerhin wird die ganze Entwicklung doch manches zur Veranschaulichung der Verhältnisse beitragen können.

I. $\beta_1 < 90^0$

Verkleinerung von u auf u'.

In der nachstehenden Fig. 42 bezeichnet die gekrümmte — · — · — Linie die Bahn des mittleren Wasserfadens für ein Reaktionsgefäß, wie es in den Fig. 36 bis 38 dargestellt ist.

Wenn sich nach Vergrößern des äußeren Widerstandes X auf X' die Geschwindigkeit u auf u' vermindert hat, so mag w_0 (seither $= w_1$) auf $w_{(0)}$ gestiegen sein, deshalb auch q auf q'. So lange in Vernachlässigung der Schaufelstärken $s_0 = s_1 = 0$ gesetzt ist, darf $\delta_0 = \delta_1$ angenommen werden. Das Wasser besitzt dann beim Verlassen der Leitzellen und Herzuströmen gegen das Gefäß, unter Berücksichtigung von $w_{(0)}$ und u', relativ zum Gefäße die als Parallelogrammseite sich ergebende Zutrittsgeschwindigkeit v_0' (Fig. 42), welche aber nicht in der richtigen Einfüllrichtung β_1 liegt. Zerlegt man v_0' in zwei Komponenten, und zwar nach der allein möglichen Einfüllrichtung β_1 und senkrecht dazu, so ergibt sich in Richtung β_1 die relative Wassergeschwindigkeit v_1', außerdem senkrecht gegen die Gefäßwand die Stoßgeschwindigkeit s.

Stellt nun aber $w_{(0)}$ die tatsächlich beobachtete Geschwindigkeit dar, mit der das Wasser die Leitzellenquerschnitte f_0 durchströmt hat, so kann, des Beharrungszustandes wegen, im Einfüllquerschnitte f_1 tatsächlich nur eine, $w_{(0)}$ entsprechende, sich aus

$$\frac{v_{(1)}}{w_{(0)}} = \frac{f_0}{f_1} = \frac{v_1}{w_1} = \frac{\sin \delta_1}{\sin \beta_1} \quad \cdots \cdots \quad \textbf{159.}$$

ergebende und aus Fig. 42 ersichtliche Einfüllgeschwindigkeit $v_{(1)}$ vorhanden sein, welche als die der Diagonale $w_{(0)}$ entsprechende Seite des vergrößerten Geschwindigkeitsparallelogramms der normalen Richtungen β_1 und δ_1 zum Ausdruck kommt. Die Wassermenge q' stellt sich nunmehr auf $q' = q \cdot \dfrac{w_{(0)}}{w_1}$ $= q \cdot \dfrac{v_{(1)}}{v_1}$.

Wie Fig. 42 zeigt, ist $v_{(1)}$ kleiner als v_1', und so prallt das Nachfüllwasser, nachdem es schon durch Stoß gegen die Gefäßwand die Geschwindigkeit s verloren hat, auch noch in der übriggebliebenen, nunmehr richtigen Richtung β_1 mit der zu hohen Geschwindigkeit v_1' auf die unmittelbar vorher eingetretenen Wasserteilchen, welche schon die einzig mögliche, tatsächliche Einfüllgeschwindigkeit $v_{(1)}$ besitzen, um sich nach diesem Anprall auch mit $v_{(1)}$ weiter zu bewegen.

Die Betrachtung zeigt, daß hier zwei Stoßverluste in Erscheinung treten und Einfluß auf die Gefälle-Aufteilung nehmen:

Erstens, Geschwindigkeitsverlust durch Stoß senkrecht gegen die Gefäßwand bezw. senkrecht zur einzig möglichen Einfüllrichtung β_1, im Betrage $\frac{s^2}{2g}$.

Zweitens, Stoßverlust dadurch, daß die nach Eintritt des ersten Stoßverlustes nunmehr in der richtigen Richtung β_1 übrig gebliebene Zutritts-

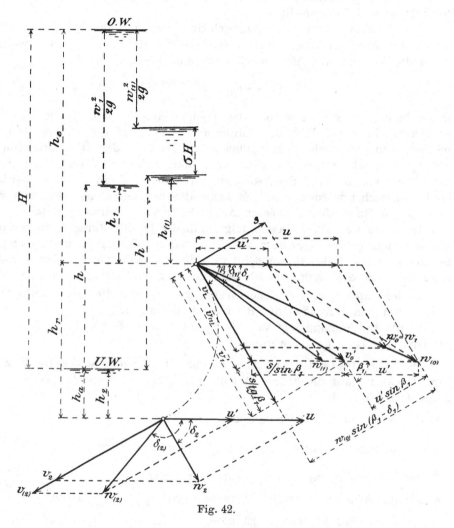

Fig. 42.

geschwindigkeit v_1' noch nicht die richtige Größe $v_{(1)}$ hat, sondern um $v_1' - v_{(1)}$ zu groß ist; diesen Verhältnissen entspricht die Verlusthöhe $\frac{(v_1' - v_{(1)})^2}{2g}$.

Nachdem das Wasser durch diese beiden Stoßverluste in den für richtiges Einfüllen erforderlichen Weg nach Richtung und Größe gewissermaßen eingerenkt worden ist, besitzt es die den augenblicklichen Verhältnissen u', nunmehr entsprechende absolute Nachfüllgeschwindigkeit $w_{(1)}$, die sich als die Resultierende von u' und $v_{(1)}$ aus der Fig. 42 erkennen läßt und deren Richtung $\delta_{(1)}$ von δ_1 abweicht.

4*

Der aus s entstehende Stoßdruck

$$S = \frac{q'\,\gamma}{g} \cdot s$$

wird sich auch hier wieder mit seiner in der X-Richtung gelegenen Komponente

$$S \cdot \sin \beta_1 = \frac{q'\,\gamma}{g} \cdot s \cdot \sin \beta_1 = \frac{q\,\gamma}{g} \cdot \frac{v_{(1)}}{v_1} \cdot s \cdot \sin \beta_1 \quad . \quad . \quad . \ \ \textbf{160.}$$

und der Geschwindigkeit u' zu einem gewissen Bruchteil an der Verrichtung äußerer Arbeit beteiligen.

Die Ermäßigung der Einfüllgeschwindigkeit v_1' auf $v_{(1)}$ ist natürlich durch die Arbeitsleistung einer Verzögerungskraft V erfolgt, für welche, wenn die Verzögerung hätte stoßfrei erfolgen können, der Betrag

$$V = \frac{q'\,\gamma}{g}(v_1' - v_{(1)}) = \frac{q\,\gamma}{g} \cdot \frac{v_{(1)}}{v_1}(v_1' - v_{(1)}) \quad . \quad . \quad . \ \ \textbf{161.}$$

in Rechnung zu stellen wäre. Die Komponente $V \cdot \cos \beta_1$ dieser Verzögerungskraft in der X-Richtung würde dann auch auf die äußere Arbeitsleistung von entsprechendem Einfluß sein. Da aber der Übergang von v_1 auf $v_{(1)}$ plötzlich erfolgt, so wird der größte Teil der Verzögerungsarbeit nicht nach außen bemerkbar, sondern durch innere Wirbel, Wärmeentwicklung, aufgezehrt worden sein. Es kann also nur ein kleiner Bruchteil von $V \cdot \cos \beta_1$ als Zuschuß zur äußeren Arbeitsleistung in Wirkung treten.

Nachdem aus allem diesem folgt, daß die jeweils durch f_0 zufließende Wassermenge q' (im Gegensatz zu „B") von u' abhängig, und in fester Beziehung zu u' steht, so empfiehlt es sich, die Betrachtung der Verhältnisse bei veränderlichem u' auch insofern in zwei Teile zu sondern, daß

    a) der Einfluß verschiedener Werte von u' auf die Gefälleaufteilung
       und den Durchfluß des Betriebswassers an sich,

    b) die Bestimmung der äußeren Leistung $A' = X' \cdot u'$
getrennt ins Auge gefaßt werden.

Ia. Gefälleaufteilung für $u' < u$. Das gegebene Gefälle H wird ohne Rücksicht auf die äußere Arbeitsbetätigung in folgender Weise verbraucht worden sein:

1. durch die Stoßgeschwindigkeit s wurde vernichtet . . . $\dfrac{s^2}{2g}$

2. die plötzliche Verzögerung von v_1' auf $v_{(1)}$ verzehrte . . $\dfrac{(v_1' - v_{(1)})^2}{2g}$

3. für die Erzeugung von $w_{(1)}$ war erforderlich . . . . . $\dfrac{w_{(1)}^2}{2g}$

4. um das Wasser unter Beschleunigung von $v_{(1)}$ auf $v_{(2)}$ durch
    das Gefäß zu pressen, ist nötig . . . . $\dfrac{v_{(2)}^2 - v_{(1)}^2}{2g}$

Also ist $\dfrac{w_{(1)}^2}{2g} + \dfrac{s^2}{2g} + \dfrac{(v_1' - v_{(1)})^2}{2g} + \dfrac{v_{(2)}^2 - v_{(1)}^2}{2g} = H$ . . . . **162.**

Voraussetzungen für die Rechnung sind, daß sowohl $\dfrac{s^2}{2g}$ als auch $\dfrac{(v_1' - v_{(1)})^2}{2g}$ tatsächlich für die Wasserdurchführung verloren sind, d. h. daß die Stauung des Einfüllwassers gegen die Gefäßwand und gegen das schon eingetretene Wasser weder eine vergrößernde, noch eine abschwächende Wirkung auf $v_{(1)}$ bzw. $v_{(2)}$ auszuüben vermöge.

In welchem Grade dies in Wirklichkeit zutrifft, kann nur durch s e h r a u s g i e b i g e, eingehende Versuche ermittelt werden.

Es empfiehlt sich, die einzelnen Summanden durch $v_{(1)}$ und u' auszudrücken, um auf diese Weise eine einheitliche Gleichung zu erhalten.

Aus Fig. 42 ergibt sich zunächst

$$v_1' = v_{(1)} + \frac{s}{\operatorname{tg}\beta_1}$$

also ist

$$\frac{(v_1' - v_{(1)})^2}{2g} = \frac{s^2}{\operatorname{tg}^2\beta_1} \cdot \frac{1}{2g} \quad \ldots \ldots \quad \textbf{163.}$$

Fig. 42 zeigt ferner, daß

$$s = w_{(0)} \sin(\beta_1 - \delta_1) - u' \sin\beta_1$$

und weil (Gl. 159)

$$w_{(0)} = v_{(1)} \frac{f_1}{f_0} = v_{(1)} \frac{\sin\beta_1}{\sin\delta_1}$$

so folgt

$$s = \left(v_{(1)} \frac{\sin(\beta_1 - \delta_1)}{\sin\delta_1} - u'\right)\sin\beta_1 \quad \ldots \ldots \quad \textbf{164.}$$

Ebenso ist $\quad w_{(1)}^2 = u'^2 + v_{(1)}^2 + 2u'v_{(1)}\cos\beta_1 \quad \ldots \ldots \quad \textbf{165.}$

Da weiter $v_{(2)} = n \cdot v_{(1)}$ (worin n gemäß Gl. 150), so folgt nach Einsetzen aller dieser Werte in Gl. 162:

$$v_{(1)}^2 \left[1 + \frac{\sin^2\beta_1}{\sin^2\delta_1} \cdot \frac{h}{H-h} + \frac{\sin^2(\beta_1 - \delta_1)}{\sin^2\delta_1}\right] + 2v_{(1)}u'\left[\cos\beta_1 - \frac{\sin(\beta_1 - \delta_1)}{\sin\delta_1}\right]$$
$$= 2gH - 2u'^2 \cdot \quad \ldots \ldots \ldots \ldots \quad \textbf{166.}$$

woraus $v_{(1)}$, die tatsächliche Einfüllgeschwindigkeit, bestimmt werden kann. Durch $v_{(1)}$ ist dann mit $f_1 v_{(1)} = q'$ die zugehörige Wassermenge ermittelt.

Die Summe beider Stoßverluste kann gemäß Gl. 163 auch geschrieben werden

$$\frac{s^2}{2g}\left(1 + \frac{1}{\operatorname{tg}^2\beta_1}\right) = \frac{s^2}{2g} \cdot \frac{1}{\sin^2\beta_1} = \sigma H \quad \ldots \ldots \quad \textbf{167.}$$

als ein gewisser Bruchteil der Gefällhöhe H. Die Größe $\frac{s}{\sin\beta_1}$ ist aus Fig. 42 ersichtlich und könnte, sofern $w_{(0)}$ durch Beobachtung bestimmt wäre, aus der Figur direkt abgegriffen werden als die Entfernung zwischen den Endpunkten von $w_{(0)}$ und $w_{(1)}$ oder von v_0' und $v_{(1)}$.

Auch hier wird ein Zahlenbeispiel, die Untersuchungen schrittweise begleitend, zur Erläuterung dienlich sein:

Es sei ein Reaktionsgefäß für ein Gesamtgefälle H von 4 m in Betrieb genommen. Der Leitschaufelwinkel δ_0 sei 20^0, und so kann für $s_0 = s_1 = o$ auch $\delta_1 = 20^0$ gesetzt werden. Ferner sei $\beta_1 = 60^0$ angenommen und für normales u ein Austrittsverlust von 0,04 zugelassen. (Betrachtung über die Möglichkeit dieser Einrichtung im nächsten Abschnitt.) Es sind ferner angesetzt, bzw. berechnet

$h = \frac{v_2^2 - v_1^2}{2g}$;	$H - h = \frac{w_1^2}{2g}$	$w_0 = w_1$;	u	v_1	n
1,25 m	2,75 m	7,345 m	5,453 m	2,90 m	1,978

Die Fortschreitegeschwindigkeit u für normales Einfüllen folgte aus Gl. 152, der Betrag von n aus Gl. 150.

Damit der Einfluß verschiedener Größen von u' auf $w_{(0)}$, $v_{(1)}$, q usw. zur Anschauung kommt, ist die Rechnung auch hier wieder für eine Reihe von Zahlenwerten von u', mit $u' = 0,2u$, $0,4u$, usw. durchgeführt worden.

$H = 4 \text{ m}; \quad h = 1,25 \text{ m}; \quad \beta_1 = 60^0.$

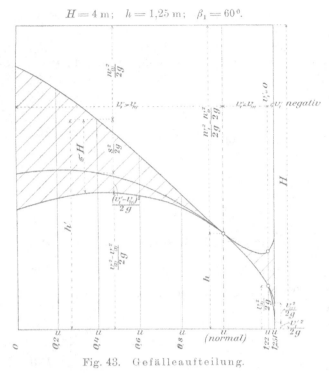

Fig. 43. Gefälleaufteilung.

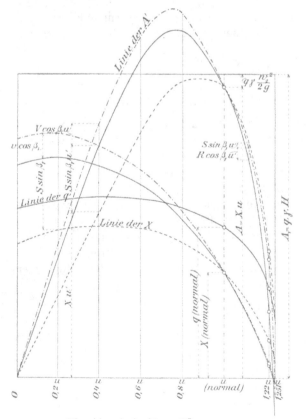

Fig. 44. Arbeitsgrößen.

Die Ergebnisse finden sich zeichnerisch dargestellt in den Fig. 43 und 44, wobei die erstgenannte Figur die Gefälleaufteilung, die zweitgenannte die Arbeitsgrößen veranschaulicht. (Die Figuren enthalten auch die weiter unten zu besprechenden Ergebnisse für den Fall, daß $u' > u$.)

In ihrem Abstande von der Basis stellt die obere Horizontale der Figuren die Größe des Gesamtgefälles H dar. Nachdem die $v_{(1)}$ und $w_{(1)}$ für die betreffende Größe von u' gemäß Gl. 166 und 165 berechnet worden, sind in Fig. 43 die Werte $\frac{w_{(1)}^2}{2g}$ von dieser oberen Linie (Oberwasserspiegel, vgl. auch Fig. 42) aus nach unten zu aufgetragen worden, wodurch sich die Linie der $\frac{w_{(1)}^2}{2g}$ ergab.

Weiter gegen abwärts sind auf den zugehörigen Ordinaten gemäß Gl. 164 zuerst die Werte $\frac{s^2}{2g}$, dann diejenigen von $\frac{(v_1' - v_{(1)})^2}{2g}$ aufgetragen, und so die Linien der entsprechenden Verluste erhalten, welche zusammen jeweils die Größe σH, den durch Stöße verloren gehenden Gefällebruchteil, bilden.

Gegen die Basis (Unterwasserspiegel) hin müssen dann die Werte von $\frac{v_{(2)}^2 - v_{(1)}^2}{2g}$ übrig bleiben.

Mag die Geschwindigkeit u' nun eine Größe haben, welche sie will, stets muß durch die zusammengehörigen Querschnitte $z_0 f_0$, $z_1 f_1$, $z_2 f_2$ nach eingetretenem Beharrungszustande die gleiche, dem betreffenden u' entsprechende Wassermenge fließen. Hieraus folgt, daß, wie schon bemerkt, $w_{(0)}$, $v_{(1)}$ und $v_{(2)}$ sich in genau gleichem Verhältnis ändern müssen.

Die auftretenden Stöße bringen Verluste an Gefälle. Andererseits nimmt die erforderliche Aufwendung an Gefälle zur Erzeugung von $w_{(1)}$ mit kleiner werdendem u' ab, so daß anfänglich sogar ein größerer Betrag h' an Gefälle für die Stoßverluste und die Erzeugung von $\frac{v_{(2)}^2 - v_{(1)}^2}{2g}$ übrig bleibt, als bei normalem u der Fall war. Aus diesem Grunde wird mit kleiner werdendem u' die Geschwindigkeit $v_{(2)}$ und $v_{(1)}$, d. h. auch die Wassermenge des Gefäßes noch zunehmen. Erst wenn die Stoßverluste sehr bedeutend geworden sind, nimmt die verarbeitete Wassermenge wieder ab (Fig. 44). Die schraffierten Flächen zeigen die Stoßverluste in ihren Höhen.

Für das vorliegende Gefäß muß also die Wassermenge in beliebigem Maße zur Verfügung stehen.

Ib. **Arbeitsgrößen für $u' < u$.** Die Fig. 44 enthält die Linie der rechnungsmäßigen q', dann aber auch die Darstellung der Werte von

$$X = \frac{q' \gamma}{g} (v_{(2)} \cos \beta_2 + v_{(1)} \cos \beta_1) = \frac{q \gamma}{g} \cdot \frac{v_{(0)}}{v_1} (v_{(2)} \cos \beta_2 + v_{(1)} \cos \beta_1) \quad \textbf{168.}$$

durch die punktierte Linie bezeichnet.

Zu X tritt als weiterer Arbeitsdruck ein Teil der Größe $S \sin \beta_1$, und zwar $k_S \cdot S \sin \beta_1$, ferner noch ein Teil von $V \cos \beta_1$ im Betrage von $k_V \cdot V \cos \beta_1$.

Wir sind aber heute noch nicht im Stande, die Bruchwerte k_S und k_V auch nur annähernd richtig zu bestimmen. Die Fig. 44 enthält die Linien der vollen $S \sin \beta_1$ und $V \cos \beta_1$, letztere strichpunktiert, dadurch erhalten, daß jeweils die vollständigen Beträge der beiden Drucke zu X hinzugefügt sind, so daß wenigstens ein ungefähres Bild entstehen konnte. Es wird aber, wie manche Erfahrung lehrt, der Gesamtarbeitsdruck

$$X' = X + k_S \cdot S \sin \beta_1 + k_V \cdot V \cos \beta_1 \quad . \quad . \quad . \quad . \quad \textbf{169.}$$

noch unterhalb der $S \sin \beta_1$-Linie liegen.

Den drei Posten, aus denen sich der Arbeitsdruck zusammensetzt, entsprechend, enthält die Fig. 44 auch die Größen der jeweils geleisteten Arbeiten aus $X \cdot u'$, $S \sin \beta_1 \cdot u'$ usw. sich zusammensetzend. Daß die Stoßdrucke nicht im vollen Betrag sich an der Arbeitsleistung beteiligen können, erhellt auch daraus, daß ein idealer Nutzeffekt $\eta > 1$ sich ergeben würde, wollte man z. B. für $u' = 0{,}8 u$ zu $X \cdot u'$ noch den vollen Betrag von $S \cdot \sin \beta_1 \cdot u'$ zurechnen.

Vergrößerung von u auf u'.

Die Fig. 45 läßt erkennen, daß sich gegenüber Fig. 42 nunmehr bei verkleinertem $w_{(0)}$ die Richtung der Stoßgeschwindigkeit s umgekehrt hat, die Schaufeln schlagen gegen das Wasser, $S \sin \beta_1$ bezw. $k_S \cdot S \sin \beta_1$ wird arbeitverzehrend auftreten.

Ehe hier die Umstände rechnungsmäßig verfolgt werden, soll die Entwicklung der relativen Geschwindigkeiten v_0' und v_1' ins Auge gefaßt werden.

Die Fig. 42 hatte für $u' < u$ gezeigt, daß v_0' mit u' einen Winkel, kleiner als β_1, einschloß und in der Einfüllrichtung β_1 eine Komponente v_1' hatte, welche mit der tatsächlichen Einfüllgeschwindigkeit $v_{(1)}$ zwar gleich gerichtet, jedoch **größer** war als diese, so daß der Anprall mit $v_1' - v_{(1)}$ zu dem entsprechenden Stoßverluste führte.

Für $u' > u$ stellt sich v_0' in einen Winkel ein, der größer ist als β_1.

Ist nun u' um einen nicht wesentlichen Betrag größer als u (Fig. 45), so wird v_0' mit v_1' und $v_{(1)}$ einen spitzen Winkel einschließen, aber nunmehr ist v_1' kleiner geworden als das tatsächliche $v_{(1)}$;

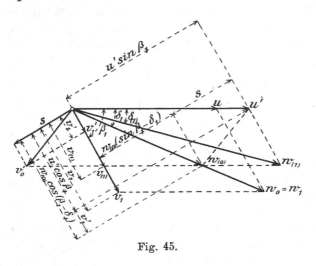

Fig. 45.

es war für die nachfüllenden Wasserteilchen eine Steigerung der Nachfüllgeschwindigkeit v_1' auf $v_{(1)}$ erforderlich, die sich unter Inanspruchnahme eines entsprechenden Gefällbruchteils von der Größe $\dfrac{v_{(1)}^2 - v_1'^2}{2g}$ und ideell ohne direkten Verlust an Arbeitsvermögen vollzogen haben wird.

Je mehr aber u' wächst, um so mehr wird nicht nur $w_{(0)}$ abnehmen, sondern auch der Winkel zwischen v_0' und $v_{(1)}$ zunehmen, um so kleiner wird v_1' ausfallen, bis bei einer gewissen Größe von u' der betr. Winkel 90^0 geworden ist (Fig. 46). In diesem Falle ist $v_1' = 0$ und $v_0' = s$, so daß für den Eintritt des Nachfüllwassers die ganze Höhe $\dfrac{v_{(1)}^2}{2g}$ aus dem übrig gebliebenen Gefälle aufzuwenden war.

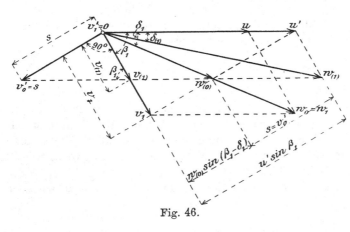

Fig. 46.

Aber auch über diesen Punkt hinaus ist die Zunahme von u' noch möglich. Hier fällt dann der Winkel zwischen v_0' und $v_{(1)}$ stumpf aus (Fig. 47), die Richtung von v_1' hat sich jetzt **gegen** die Einfüllrichtung gewendet, so daß v_1' als negativ anzusehen ist. Das Einfüllwasser muß hier unter Zuhilfenahme eines entsprechenden Gefällebruchteils zuerst von seiner entgegengesetzt gerichteten Geschwindigkeit v_1' auf Null zurückgeführt und dann von Null auf $v_{(1)}$ nach richtiger Richtung beschleunigt werden. Nimmt man an, daß dieses Widerstreben des Nachfüllwassers gegen das Eintreten durch Stöße und Wirbel überwunden wird, derart, daß der ganze Betrag von $\dfrac{v_1'^2}{2g}$ in Wärmeentwicklung verloren geht, so ist die volle Höhe von $\dfrac{v_1'^2}{2g} + \dfrac{v_{(1)}^2}{2g}$ aus dem Gefälle bestritten worden.

Für $u' > u$ treten mithin die ebengenannten Geschwindigkeitshöhen jeweils an die Stelle der Beträge von $\dfrac{(v_1' - v_{(1)})^2}{2g}$, die sich bei $u' < u$ in der Gefällaufteilung ergeben hatten.

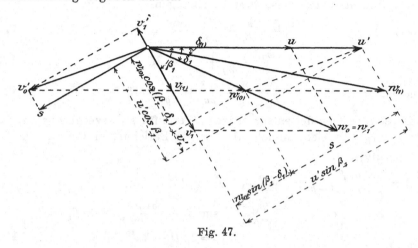

Fig. 47.

Aus dem Umstande, daß bei $u' > u$ das in das Reaktionsgefäß eintretende Wasser von $\pm v_1'$ auf $v_{(1)}$ beschleunigt werden muß, ergibt sich mit Notwendigkeit das Vorhandensein einer, entgegengesetzt der Beschleunigungsrichtung $v_{(1)}$ auf das Gefäß wirkenden Reaktionskraft im Betrage

$$R = \frac{q'\gamma}{g}(v_{(1)} - v_1') = \frac{q\gamma}{g}\frac{v_{(1)}}{v_1}(v_{(1)} - v_1') \quad . \ . \ . \quad \textbf{170.}$$

welche durch ihre in der X-Richtung gelegene Komponente

$$R\cos\beta_1 = \frac{q'\gamma}{g}(v_{(1)} - v_1')\cos\beta_1 = \frac{q\gamma}{g}\cdot\frac{v_{(1)}}{v_1}(v_{(1)} - v_1')\cos\beta_1 \quad . \quad \textbf{171.}$$

einen Widerstand gegen das Fortschreiten bildet. Dieser ist also, neben $S\sin\beta_1$, auch von dem Drucke der X-Komponente in Abzug zu bringen. Ebenso wie bei $u' < u$ der Stoßdruck $S\sin\beta_1$ nicht im vollen Betrag helfend angenommen werden darf, ebensowenig ist es gestattet, hier das volle $S\sin\beta_1$ als entgegengesetzt wirkende Kraft einzusetzen. Auch $R\cos\beta_1$ wird besonders bei großem u' kaum im vollen Betrag zur Wirkung kommen.

Hier wird demnach

$$X' = X - k_S S \cdot \sin\beta_1 - k_R \cdot R\cos\beta_1 \quad . \ . \ . \ . \quad \textbf{172.}$$

und $\qquad A' = X'u' = (X - k_S S\sin\beta_1 - k_R R\cos\beta_1)\,u' \quad . \ . \ . \quad \textbf{173.}$

zu setzen sein.

Ic. Gefälleaufteilung für $u' > u$ (Fig. 43): Die Folgen der Vergrößerung auf u' sind, wie gezeigt, in zwei Abschnitten rechnungsmäßig zu betrachten, welche durch diejenige Größe von u' getrennt sind, bei welcher $v_1' = 0$ geworden ist.

Im ersten dieser Abschnitte (v_1' positiv aber $< v_{(1)}$, Fig. 45) gilt die Summierung der einzelnen Gefällebruchteile als

$$\frac{w_{(1)}^2}{2g} + \frac{s^2}{2g} + \frac{v_{(1)}^2 - v_1'^2}{2g} + \frac{v_{(2)}^2 - v_{(1)}^2}{2g} = H \quad \cdots \quad \textbf{174.}$$

Auf der Trennungslinie ($v_1' = 0$, Fig. 46) ist zu schreiben

$$\frac{w_{(1)}^2}{2g} + \frac{s^2}{2g} + \frac{v_{(1)}^2}{2g} + \frac{v_{(2)}^2 - v_{(1)}^2}{2g} = H \quad \cdots \quad \textbf{175.}$$

Im zweiten Abschnitte (v_1' negativ, Fig. 47) ergibt sich

$$\frac{w_{(1)}^2}{2g} + \frac{s^2}{2g} + \frac{v_1'^2}{2g} + \frac{v_{(1)}^2}{2g} + \frac{v_{(2)}^2 - v_{(1)}^2}{2g} = H \quad \cdots \quad \textbf{176.}$$

Vereinfacht lauten diese drei Gleichungen

(v_1' positiv):
$$\frac{w_{(1)}^2}{2g} + \frac{s^2}{2g} - \frac{v_1'^2}{2g} + \frac{v_{(2)}^2}{2g} = H \quad \cdots \quad \textbf{177.}$$

($v_1' = 0$):
$$\frac{w_{(1)}^2}{2g} + \frac{s^2}{2g} + \frac{v_{(2)}^2}{2g} = H \quad \cdots \quad \textbf{178.}$$

(v_1' negativ):
$$\frac{w_{(1)}^2}{2g} + \frac{s^2}{2g} + \frac{v_1'^2}{2g} + \frac{v_{(2)}^2}{2g} = H \quad \cdots \quad \textbf{179.}$$

Durch Einsetzen der entsprechenden Werte für s, v_1' (vergl. Fig. 45, 46, 47) $v_{(2)}$ usw. ergeben sich ähnlich Gl. 166 die Beziehungen für $v_{(1)}$ wie folgt:

(v_1' positiv):

$$v_{(1)}^2 \left[2 + \frac{\sin^2 \beta_1}{\sin^2 \delta_1} \left(\frac{h}{H-h} + 2 \sin^2 (\beta_1 - \delta_1) - 1 \right) \right]$$
$$+ 2 v_{(1)} u' \left[\cos \beta_1 - \frac{\sin (\beta_1 - \delta_1)}{\sin \delta_1} \cdot \sin^2 \beta_1 + \frac{\cos (\beta_1 - \delta_1)}{\sin \delta_1} \sin \beta_1 \cos \beta_1 \right]$$
$$= 2 g H - 2 u'^2 \sin^2 \beta_1 \quad \cdots \quad \textbf{180.}$$

($v_1' = 0$):

$$v_{(1)}^2 \left[2 + \frac{\sin^2 \beta_1}{\sin^2 \delta_1} \left(\frac{h}{H-h} + \sin^2 (\beta_1 - \delta_1) \right) \right] + 2 v_{(1)} u' \left[\cos \beta_1 - \frac{\sin (\beta_1 - \delta_1)}{\sin \delta_1} \sin^2 \beta_1 \right]$$
$$= 2 g H - u'^2 (1 + \sin^2 \beta_1) \quad \cdots \quad \textbf{181.}$$

(v_1' negativ):

$$v_{(1)}^2 \left[2 + \frac{\sin^2 \beta_1}{\sin^2 \delta_1} \left(\frac{h}{H-h} + 1 \right) \right] - 2 v_{(1)} u' \frac{\sin (\beta_1 - \delta_1)}{\sin \delta_1}$$
$$= 2 g H - 2 u'^2 \quad \cdots \quad \textbf{182.}$$

Diesen Gleichungen entsprechend sind die Größen von $v_{(1)}$ den vorgenannten Winkelwerten usw. gemäß ausgerechnet für verschiedene Größen von u'. Bei $u' = 1,22 u$ wird rechnungsmäßig $v_1' = 0$ erreicht, und die Gl. 182 liefert bei Werten von $u' > 1,251 u$ imaginäre Größen für $v_{(1)}$. Die Tabelle S. 59 und die Fig. 43 und 44 enthalten diese Werte, dazu

Id. **Arbeitsgrößen** für $u' > u$. Die Wassermengen q' nehmen mit wachsendem u' rechnungsmäßig sehr rasch ab. Das Imaginärwerden von $v_{(1)}$ stört für die vorliegenden Annahmen jede weitere Rechnung über $u' = 1,251 u$ hinaus. Die Erfahrung (Bremsergebnisse) zeigt, daß u' noch wesentlich, nahezu bis auf $u' = 2 u$ wachsen kann, ehe die abgegebene Arbeit A' ganz aufhört (Leerlauf), aber mit den gewöhnlichen Mitteln sind wir nach der vorliegenden Betrachtungsweise rechnungsmäßig nicht im Stande, den Vorgängen zu folgen. Unsere Annahmen über die Art und Weise des Stoßes, der Stoßarbeit sind zweifellos noch nicht den tatsächlichen Verhältnissen entsprechend. Die Stoßwirkungen vollziehen sich milder, die Gefälleaufteilung für $u' > u$ wird weniger rapid zum Abschluß kommen. Auch hier können nur eingehende Versuche helfen, Licht zu schaffen.

$H = 4\,m$　　　$A_{(1)} = 4q'\gamma = 4q\gamma\cdot\frac{v_{(1)}}{v_1}$　　　$h = 1{,}25\,m$　　　$\beta_1 = 60^\circ$　　　$\delta_1 = 20^\circ$　　　$u = 5{,}45\,m$

u'	$v_{(1)}$	$\frac{w_{(1)}^2}{2g}$	$h' = H - \frac{w_{(1)}^2}{2g}$	$q' = q\cdot\frac{v_{(1)}}{v_1}$	$\frac{s^2}{2g} +$	$\left(\frac{v_1'-v_{(1)}}{2g}\right)^2$	$= \sigma\cdot H$	X	$+\,k_S\cdot S\cdot\sin\beta_1$	$+\,k_V\cdot V\cdot\cos\beta_1$	$= X'$	$A' = X'u'$
	m	m	m		m	m	m					
0,0 u	3,245	0,537	3,463	1,118 q	1,425	0,474	1,8990	0,8818 qγ	0,5210 qγ	0,1738 qγ	1,4028 qγ	0,000 qγ
0,2 u	3,402	0,839	3,160	1,173 q	1,075	0,360	1,4346	0,9785 "	0,4760 "	0,1586 "	1,4545 "	1,584 "
0,4 u	3,470	1,242	2,758	1,196 q	0,722	0,241	0,9626	1,0075 "	0,3970 "	0,1324 "	1,4045 "	3,060 "
0,6 u	3,434	1,720	2,280	1,184 q	0,387	0,131	0,5182	0,9884 "	0,2884 "	0,0951 "	1,2768 "	4,172 "
0,8 u	3,270	2,240	1,760	1,123 q	0,121	0,041	0,1621	0,8955 "	0,1537 "	0,0513 "	1,0492 "	4,573 "
u	2,902	2,750	1,250	1,000 q	0,000	0,000	0,0000	0,7040 "	0,0000 "	0,0000 "	0,7040 "	3,835 "
—	—	—	—	—		$\frac{v_{(1)}^2}{2g}$	—	$X - k_S\cdot S\cdot\sin\beta_1 - k_R\cdot R\cdot\cos\beta_1 = X'$				—
1,22 u	1,714	2,980	1,020	0,598 q	0,451	0,586	1,0370	0,2540 qγ	0,1553 qγ	0,0103 qγ	0,0885 qγ	0,577 "
1,251 u	1,129	2,822	1,178	0,389 q	0,842	0,253	1,0956	0,1067 "	0,1396 "	0,0092 "	−0,0236 "	−0,136 "

In der Tabelle ist $k_S = k_V = k_R = 1$ angenommen.

II. $\beta_1 = 90$.

Die Verhältnisse verdienen eine entsprechende Erläuterung deswegen, weil durch $\beta_1 = 90^0$ verschiedene Vereinfachungen eintreten, die diesen Winkelbetrag für aufklärende Versuche besonders geeignet erscheinen lassen, wenn auch hier der Rechnung für $u' > u$ bald durch das Imaginärwerden von $v_{(1)}$ eine unerwünschte Grenze gesetzt ist.

Verkleinerung von u auf u'. In Fig. 48 sind die entsprechenden Geschwindigkeiten eingezeichnet. Die Verkleinerung auf u' bringt, in ganz ähnlicher Weise wie vorher auch, die Vermehrung der Wassermenge, die Vergrößerung von $w_0 = w_1$ auf $w_{(0)}$ usw. Aus u' und $w_{(0)}$ ergibt sich die relative Zutrittsgeschwindigkeit v_0' gegen das Gefäß als die zugehörige Parallelogrammseite. Aus der Zerlegung von v_0' in v_1' nach der Einfüllrichtung β_1 und in s senkrecht dazu zeigt sich, daß hier v_1' und $v_{(1)}$ gleich groß ausfallen. Ein besonderer Aufwand an Gefällhöhe für die Umbildung von v_1' in $v_{(1)}$ ist also bei $\beta_1 = 90^0$ nicht erforderlich. Die Größe von s stellt sich gemäß Fig. 48 auf

$$s = w_{(0)} \cos \delta_1 - u',$$

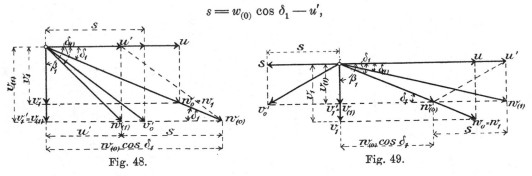

Fig. 48.   Fig. 49.

woraus mit

$$w_{(0)} = \frac{v_{(1)}}{\sin \delta_1} \quad \text{(Fig. 48)}$$

$$s = \frac{v_{(1)}}{\operatorname{tg} \delta_1} - u' \quad . \quad . \quad . \quad . \quad . \quad . \quad \textbf{183.}$$

sich ergibt. Mit

$$w_{(1)}^2 = u'^2 + v_{(1)}^2 \quad . \quad . \quad . \quad . \quad . \quad . \quad \textbf{184.}$$

sind die nötigen Größen bestimmt.

Die Gleichung der Gefälleaufteilung

$$\frac{w_{(1)}^2}{2g} + \frac{s^2}{2g} + \frac{v_{(2)}^2 - v_{(1)}^2}{2g} = H \quad . \quad . \quad . \quad . \quad \textbf{185.}$$

ergibt nach Einsetzen vorstehender Werte, sowie von

$$n = \sqrt{1 + \frac{h}{H-h} \cdot \frac{1}{\sin^2 \delta_1}} \quad \text{für } v_{(1)} \text{ die Beziehung}$$

$$v_{(1)}^2 \left[1 + \frac{h}{H-h} \right] \frac{1}{\sin^2 \delta_1} - 2 v_{(1)} u' \frac{1}{\operatorname{tg} \delta_1} = 2gH - 2u'^2 \quad . \quad \textbf{186.}$$

Vergrößerung von u auf u'. Die Fig. 49 zeigt die entsprechenden Geschwindigkeitsverhältnisse. Es hat sich $w_{(0)}$, also auch q' verringert, dagegen bleiben auch hier v_1' und $v_{(1)}$ gleich groß, so daß Gl. 185 ohne weiteres auch für $u' > u$ die Gefälleaufteilung darstellt.

Hier ist (Fig. 49)

$$s = u' - w_{(0)} \cos \delta_1,$$

$$H = 4 \, \text{m}; \quad h = 1,75 \, \text{m}; \quad \beta_1 = 90^0.$$

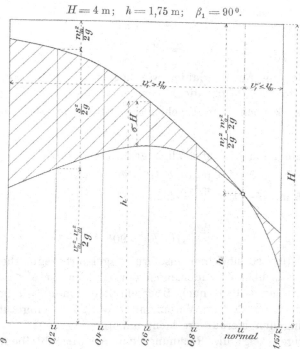

Fig. 50. Gefälleaufteilung.

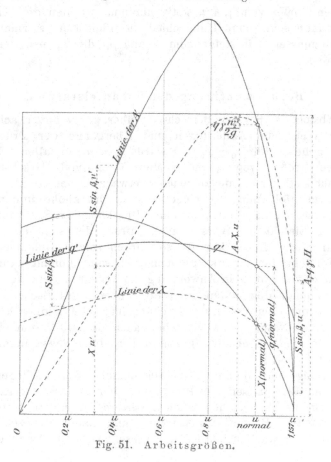

Fig. 51. Arbeitsgrößen.

so daß mit $$w_{(0)} = \frac{v_{(1)}}{\sin \delta_1}$$

sich ergibt $$s = u' - \frac{v_{(1)}}{\operatorname{tg} \delta_1}.$$

Die Beziehung für $w_{(1)}$ lautet wie vorher (Gl. 184), und so bleibt die Gl. 186 auch für $u' > u$ für die Bestimmung von $v_{(1)}$ in Giltigkeit.

Da weder V noch R in Erscheinung tritt, findet sich

$$X' = X \pm k_S \cdot S \qquad \textbf{187.}$$

und demgemäß auch die tatsächlich geleistete Arbeit.

Die Fig. 50 und 51 enthalten Gefälleaufteilung und Arbeitsgrößen gemäß $h = 1{,}75$ m, $H - h = \dfrac{w_0^2}{2g} = 2{,}25$ m für ebenfalls $\alpha = 0{,}04$ und $k_S = 1$.

III. $\beta_1 > 90^0$.

Die Verhältnisse sind hier insofern umgekehrt gegenüber $\beta_1 < 90^0$ als die charakteristischen Veränderungen der v_1' hier für $u' < u$ eintreten, dagegen wird $v_{(1)}$ auch bald nach Überschreiten von $u' > u$ imaginär sofern, beispielsweise, $\beta_1 = 120^0$ im Verein mit $h = 2{,}25$ m eingeführt wird. Ein genaueres Eingehen hierauf erscheint unnötig.

Im übrigen zeigt die Rechnung, daß bei gleichbleibendem Leitzellenquerschnitt f_0 die bei normalem Gange verarbeitete Wassermenge q mit zunehmenden Größen von β_1, h, u stetig abnimmt. Sollen die verschiedenen Gefäße imstande sein, ohne Unterschied die gleiche Wassermenge zu verarbeiten, so müssen mit steigendem u und β_1 die f_0 usw. entsprechend größer werden.

Berücksichtigung der Schaufelstärken.

Mit Absicht ist bei der Betrachtung über $u' \gtrless u$ außer acht gelassen, in welcher Weise die Änderungen und Übergänge der Druckhöhen h_0, h_1 vor sich gehen. Für $s_0 = s_1 = 0$ würde $h_0 = h_1$ ausfallen. Wollte·man für endliche Größen von s_0 und s_1 und für normale Geschwindigkeit u hier versuchen, Unterschiede zu machen etwa zwischen h_0, der Druckhöhe in der Leitschaufelöffnung f_0, einer anderen Druckhöhe unmittelbar nach Verlassen derselben im Spaltraum, einer Druckhöhe im Spaltraum unmittelbar vor dem Eintritt des Wassers ins Laufrad, der sich dann ein h_1 im Laufradeintritt anschließen könnte, so würden solche Annahmen schon für normales Fortschreiten äußerst problematisch sein; kommt dann aber eine Geschwindigkeit u' statt u in Anwendung, so verlieren derartige Rechnungsannahmen vollends den Boden unter den Füßen. Praktische Versuche, die allein Aufklärung über die Druckverteilung im Spalte bringen könnten, sind sehr schwieriger Natur und versprechen auch deshalb kaum einen Erfolg, weil zweifellos jede Beobachtung durch wirbelnde Bewegungen erschwert werden wird.

Die wenig befriedigende Übereinstimmung der vorliegenden Rechnung mit den Ergebnissen der Praxis hat den Verfasser veranlaßt, nach Annahmen zu suchen, welche vielleicht bessere Ergebnisse bieten könnten. Geht man z. B. mit etwas freier Einschätzung der sehr verwirrten Verhältnisse im Spalt hinsichtlich der Umsetzung von Druckhöhen in Ge-

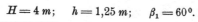

$$H = 4\,m; \quad h = 1{,}25\,m; \quad \beta_1 = 60^{\circ}.$$

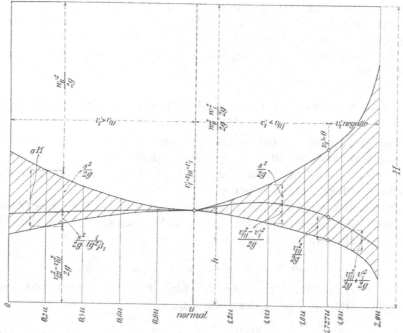

Fig. 52. Gefälleaufteilung.

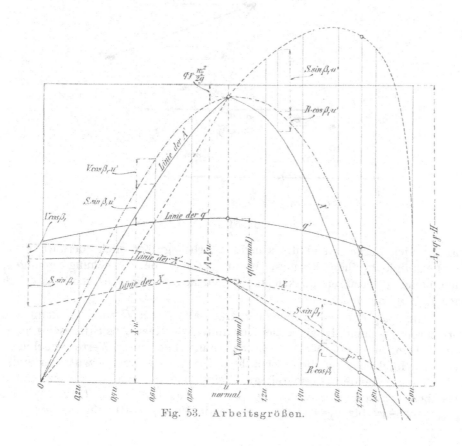

Fig. 53. Arbeitsgrößen.

schwindigkeit und umgekehrt vor, und setzt man an die Stelle von $w_{(1)}$ in den Gleichungen der Gefälleaufteilung (Gl. 162, 177 usw.) $w_{(0)}$ unter Belassung alles übrigen, so entstehen für $\beta_1 = 60^0$ usw. die in Fig. 52 und 53 dargestellten Rechnungsergebnisse, welche sich den Erfahrungen der Praxis nahe anpassen, deren Rechnungsbasis aber, wie gesagt, nicht ganz einwandfrei ist.

2a. Unter Druck betriebenes Reaktionsgefäß mit gegebenem Austrittsverlust α.

Die Betrachtungen haben gezeigt, daß auch für diese Art von Gefäßen die Wahl der Austrittsverlustgröße α freisteht, und es ist im Folgenden zu untersuchen, welche Bedingungen bei gegebenem α einer Konstruktion zu Grunde gelegt werden müssen.

Wir wollen zunächst die Verhältnisse des ideellen Betriebes, Abwesenheit aller Reibungsverluste dazu $s_0 = s_1 = 0$, feststellen, und danach auf den tatsächlichen Betrieb übergehen.

Ideeller Betrieb, dazu $s_0 = s_1 = 0$.

Die Gefälleaufteilung erfolgt im Einzelfalle ohne Rücksicht auf den gewünschten Betrag von α, denn die Gl.

$$\frac{w_1^2}{2g} + \frac{v_2^2 - v_1^2}{2g} = H \quad . \quad . \quad . \quad . \quad . \quad \textbf{188.}$$

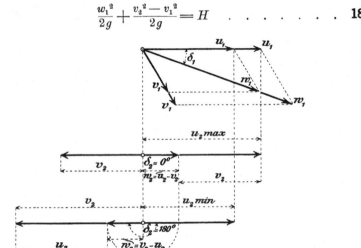

Fig. 54.

wird an sich durch α und die sonstigen Arbeitsgrößen nicht berührt, diese Geschwindigkeitshöhen können, wenn sie nur der Gleichung genügen, nach beliebig sonstigen Rücksichten genommen werden, es muß natürlich aber $v_2 > v_1$ bleiben.

Damit w_2 den gewünschten Betrag als $\sqrt{2g\,\alpha H}$ einhält, kann die Fortschreitegeschwindigkeit u bei bekannter relativer Austrittsgeschwindigkeit v_2 je nach der Größe von δ_2 nur ganz bestimmte Werte annehmen. Diese mit Rücksicht auf die gewünschten Verhältnisse am Austritt, der Stelle „2", sich ergebenden Fortschreitegeschwindigkeiten seien mit u_2 bezeichnet. Dieselben schwanken zwischen $u_{2\,max} = v_2 + w_2$ für $\delta_2 = 0$ (Fig. 54) und $u_{2\,min} = v_2 - w_2$ für $\delta_2 = 180^0$, wobei beide Male $\beta_2 = 0$ sein müßte.

Mithin findet bei gegebenem α für die Wahl der Fortschreitegeschwindigkeit u, soweit der Austritt „2" in Frage kommt, eine Beschränkung statt, ausgedrückt durch

$$v_2 + w_2 \gtreqqless u_2 \gtreqqless v_2 - w_2 \quad \ldots \ldots \quad \textbf{189.}$$

Diese Beziehung zeigt, daß die Größen v_2 und u_2 der Kleinheit von w_2 halber nie wesentlich verschieden ausfallen können, vergl. Fig. 55 bis 58.

Nun ist allgemein

$$v_2 = \sqrt{v_1{}^2 + 2\,g\,h}$$

und bei regelrechtem Nachfüllen

$$v_1 = w_1 \frac{\sin \delta_1}{\sin \beta_1} = \sqrt{2\,g\,(H-h)} \cdot \frac{\sin \delta_1}{\sin \beta_1},$$

so daß mit diesen Werten die obige Ungleichung übergeht in

$$\left. \begin{aligned} \sqrt{2\,g\left[(H-h)\frac{\sin^2 \delta_1}{\sin^2 \beta_1} + h\right]} + \sqrt{2\,g\,\alpha\,H} &\gtreqqless u_2 \\ \text{und} \\ u_2 = \sqrt{2\,g\left[(H-h)\frac{\sin^2 \delta_1}{\sin^2 \beta_1} + h\right]} - \sqrt{2\,g\,\alpha\,H} \end{aligned} \right\} \quad \ldots \quad \textbf{190.}$$

Im bestimmten Fall muß natürlich für geradliniges Fortschreiten $u_1 = u_2$ sein, und weil für richtiges Nachfüllen

$$u_1 = w_1 \frac{\sin(\beta_1 - \delta_1)}{\sin \beta_1} = \sqrt{2\,g\,(H-h)} \cdot \frac{\sin(\beta_1 - \delta_1)}{\sin \beta_1},$$

so kann Gl. 190 unter Wegfall von $\sqrt{2\,g}$ auch geschrieben werden

$$\sqrt{(H-h)\frac{\sin^2 \delta_1}{\sin^2 \beta_1} + h} + \sqrt{\alpha\,H} \gtreqqless \sqrt{(H-h)\frac{\sin(\beta_1 - \delta_1)}{\sin \beta_1}} \gtreqqless \sqrt{(H-h)\frac{\sin^2 \delta_1}{\sin^2 \beta_1} + h} - \sqrt{\alpha\,H}$$

$$\textbf{191.}$$

Hieraus ergeben sich die Beschränkungen für die Annahme von h und β_1, wenn H und δ_1 gegeben sind, und die ziffermäßige Nachrechnung zeigt, wie schon früher erwähnt, daß der gewünschte kleine Betrag von α die gleichzeitige Anwendung großer Werte von h und von β_1, oder die Wahl kleiner Größen von h in Verbindung mit eben solchen von β_1 verlangt.

Für die im vorigen Abschnitt behandelten, unter Druck nachgefüllten Reaktionsgefäße sind die zusammengehörigen Größen von h und β_1 mit $\alpha = 0{,}04$ im Rahmen der Gl. 191 in glatten Zahlen gewählt worden. Die Formen der besprochenen Gefäße, den angenommenen Winkeln usw. entsprechend, dazu noch ein solches für $\beta_1 = 45^0$ und $\beta_1 = 120^0$, sind sämtlich mit gleichem α, w_2 in den Fig. 55 bis 58 dargestellt.

Die Arbeitsgrößen ergeben folgende Beziehungen. Allgemein ist

$$A = X \cdot u = \frac{q\,\gamma}{g}\left(v_2 \cos \beta_2 + v_1 \cos \beta_1\right) u.$$

In dieser Gleichung findet sich die von einem Reaktionsgefäß geleistete Arbeit in den, mit Beziehung auf das Gefäß, inneren Größen v_1, v_2, β_1, β_2 ausgedrückt.

Nun muß für richtiges Nachfüllen, wie bekannt, geschrieben werden

$$w_1{}^2 = u^2 + v_1{}^2 + 2\,u\,v_1 \cos \beta_1,$$

woraus sich ergibt
$$u\,v_1 \cos \beta_1 = \frac{w_1{}^2 - u^2 - v_1{}^2}{2}.$$

Für den Austritt gilt die Beziehung

$$w_2{}^2 = u^2 + v_2{}^2 - 2\,u\,v_2 \cos \beta_2$$

und hieraus folgt

$$u\,v_2 \cos \beta_2 = -\frac{w_2{}^2 - u^2 - v_2{}^2}{2}.$$

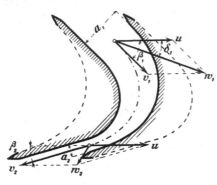

Fig. 55. $\beta_1 = 45^0$.

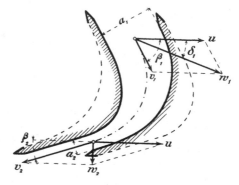

Fig. 56. $\beta_1 = 60^0$.

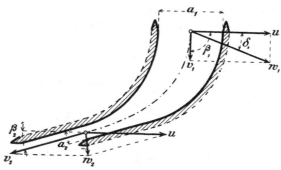

Fig. 57. $\beta_1 = 90^0$.

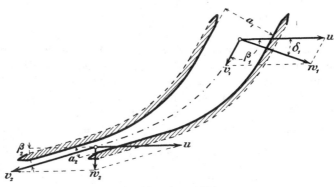

Fig. 58. $\beta_1 = 120^0$.

Setzt man die beiden Ausdrücke in die obige Gleichung für A ein, so folgt

$$A = X \cdot u = q\,\gamma \left(\frac{w_1{}^2}{2g} + \frac{v_2{}^2 - v_1{}^2}{2g} - \frac{w_2{}^2}{2g}\right) \quad \cdots \cdots \quad \textbf{192.}$$

Da nun
$$\frac{w_2{}^2}{2g} = \alpha H$$

ist, so kann mit Rücksicht auf Gl. 188, wie natürlich, auch geschrieben werden

$$A = X \cdot u = q\,\gamma\,(1-\alpha)\,H = q\gamma \cdot \eta\,H \quad . \quad . \quad . \quad . \quad \textbf{193.}$$

Aus Fig. 59 ergibt sich

$$v_1 \cos\beta_1 = w_1 \cos\delta_1 - u$$

und die Figur zeigt auch, daß geschrieben werden kann

$$v_2 \cos\beta_2 = u - w_2 \cos\delta_2$$

Durch Einsetzen dieser beiden Größen in die Gleichung für A findet sich dann

$$A = X \cdot u = \frac{q\gamma}{g}\,(w_1 \cos\delta_1 - w_2 \cos\delta_2)\,u \quad . \quad . \quad . \quad \textbf{194.}$$

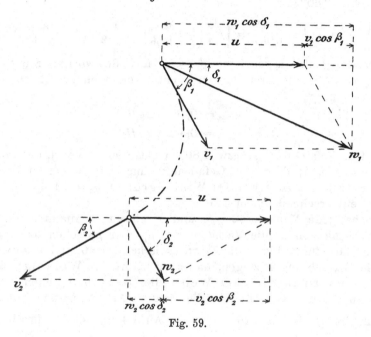

Fig. 59.

worin nunmehr der Arbeitsbetrag in den, mit Bezug auf das Laufrad, äußeren Größen w_1, w_2, δ_1, δ_2 ausgedrückt ist. Hieraus folgt einfach unter Beachtung von Gl. 193 und ohne Rücksicht auf die Wassermenge q, aber für stoßfreies Nachfüllen

$$w_1\,u \cos\delta_1 - w_2\,u \cos\delta_2 = g\,(1-\alpha)\,H = g\,\eta\,H \quad . \quad . \quad . \quad \textbf{195.}$$

als eine Beziehung, welche im späteren stets wiederkehren wird. Allerdings werden bei der sich im Kreise drehenden Turbine an die Stelle der einfachen Fortschreitegeschwindigkeit u die Größen u_1 und u_2 treten.

Nun ist auch

$$w_1 = u\,\frac{\sin\beta_1}{\sin(\beta_1 - \delta_1)}$$

und wenn dies, sowie der Wert von w_2 in die vorstehende Gleichung eingeführt wird, so ergibt sich schließlich für u die allgemeine, nicht gerade einfache Beziehung

$$u = \left[\frac{\cos \delta_2}{2} \sqrt{\alpha} \left(1 - \frac{\operatorname{tg} \delta_1}{\operatorname{tg} \beta_1} \right) + \sqrt{ \frac{\cos^2 \delta_2}{4} \cdot \alpha \left(1 - \frac{\operatorname{tg} \delta_1}{\operatorname{tg} \beta_1} \right)^2 + \frac{1 - \alpha}{2} \left(1 - \frac{\operatorname{tg} \delta_1}{\operatorname{tg} \beta_1} \right) } \right] \sqrt{2gH} \quad \textbf{196.}$$

d. h. mit dieser Geschwindigkeit hat das Gefäß fortzuschreiten, wenn bei gegebenen Winkelgrößen und stoßfreiem Nachfüllen der gewünschte Austrittsverlust α eingehalten werden soll.

Die Gl. 196 läßt sich natürlich ohne weiteres mit den Bedingungen der Gl. 189 in Einklang bringen. Die äußersten Grenzen von u, bei welchen gerade noch der Austrittsverlust α eingehalten werden kann, liegen, wie schon bemerkt (für nur ein Gefäß), bei $\beta_2 = 0$, in $\delta_2 = 0$ und $\delta_2 = 180^0$.

Gl. 196 liefert für $\delta_2 = 0$

$$u_{\max} = \left[\frac{1}{2} \sqrt{\alpha} \left(1 - \frac{\operatorname{tg} \delta_1}{\operatorname{tg} \beta_1} \right) + \sqrt{ \frac{\alpha}{4} \left(1 - \frac{\operatorname{tg} \delta_1}{\operatorname{tg} \beta_1} \right)^2 + \frac{1 - \alpha}{2} \left(1 - \frac{\operatorname{tg} \delta_1}{\operatorname{tg} \beta_1} \right) } \right] \sqrt{2gH} \quad \textbf{197.}$$

und für $\delta_2 = 180^0$

$$u_{\min} = \left[-\frac{1}{2} \sqrt{\alpha} \left(1 - \frac{\operatorname{tg} \delta_1}{\operatorname{tg} \beta_1} \right) + \sqrt{ \frac{\alpha}{4} \left(1 - \frac{\operatorname{tg} \delta_1}{\operatorname{tg} \beta_1} \right)^2 + \frac{1 - \alpha}{2} \left(1 - \frac{\operatorname{tg} \delta_1}{\operatorname{tg} \beta_1} \right) } \right] \sqrt{2gH} \quad \textbf{198.}$$

Für das Reaktionsgefäß mit $\beta_1 = 60^0$ usw. des vorigen Kapitels stellen sich bei $\alpha = 0,04$ die Grenzen von u nach vorstehenden Gleichungen beispielsweise auf

$$u_{\max} = 0,700 \sqrt{2gH}$$
$$u_{\min} = 0,542 \sqrt{2gH}$$

was für 4 m Gefälle 6,202, bezw. 4,800 m entspricht. Vergl. Fig. 56. Natürlich ändert sich h, d. h. die Gefälleaufteilung mit jedem anderen Werte von u trotz gleichbleibender Winkelgrößen β_1 und δ_1, es sind eben f_0, f_1, f_2 entsprechend einzurichten.

So hat jede Winkelgröße, β_1 und δ_1, ihren bestimmten Bereich für die Bemessung von u; die Variation von β_1 aber zwischen den Grenzen 0 und 180^0 läßt für u ideell die Werte zwischen $u = 0$ und $u = \infty$ zu.

Die Betrachtungen zeigen, daß aber nicht die Winkelgrößen β_1 δ_1 allein, sondern in gleicher Weise die Geschwindigkeiten, d. h. die Querschnitte der Gefäße für die richtige Arbeitsleistung von Wichtigkeit sind. Ferner ist ersichtlich, daß die Aufteilung des Gefälles in $\frac{w_0{}^2}{2g} = \frac{w_1{}^2}{2g}$ und in $h = \frac{v_2{}^2 - v_1{}^2}{2g}$ stete Berücksichtigung erheischt.

Tatsächlicher Betrieb, vorläufig aber noch s_0 und s_1 verschwindend klein.

Für die Wirklichkeit kommen die Reibungswiderstände in Betracht, welche das Wasser auf dem Wege durch die Leitzellen, den Spalt und die Laufzellen erleidet. Die Wirkung auf die Arbeitsleistung A ist die, als ob das seither zur Ausnutzung gekommene Gefälle $(1 - \alpha) H$ noch um einen weiteren Bruchteil ϱH vermindert worden wäre, so daß in Wirklichkeit an die Stelle von $(1 - \alpha) H = \eta H$ der Betrag $(1 - \alpha - \varrho) H = \varepsilon H$ für die Berechnungen der hydraulischen Arbeitsgrößen zu treten hat (vergl. Fig. 5 und 6). Diese Reibungswiderstände haben zur Folge, daß auf dem ganzen vom Wasser durchflossenen Arbeitswege die Geschwindigkeiten w_0, w_1, v_1, v_2 gewisse Verminderungen erfahren, die sich aber alle, der ganz gefüllten Schaufelräume wegen, in gleichem Verhältnisse vollziehen müssen, solange überhaupt noch die Betriebsflüssigkeit unter irgend welcher Druckgröße steht. Die Gültigkeit der Gleichung

$$q = z_0 \, f_0 \, w_0 = z_1 \, f_1 \, v_1 \quad \text{usw.}$$

besteht nicht nur so lange, bis an irgend einer Stelle der Wasserführung der positive hydraulische Druck als solcher auf Null gesunken ist, sondern bis der absolute Druck an irgend einer Stelle Null geworden ist, wie im folgenden Kapitel näher erläutert werden soll.

Da der Bruchteil ϱH durch Reibung, Wärmeentwicklung u. s. w. verloren geht, so kann auch für die Gefälleauteilung nicht mehr der volle Betrag H zur Verfügung sein, die Gl. 143 geht deshalb mit entsprechend kleineren Werten von w_1 usw. über in

$$\frac{w_1^2}{2g} + \frac{v_2^2 - v_1^2}{2g} = (1 - \varrho) H \quad . \quad . \quad . \quad . \quad \textbf{199.}$$

und dieser Beziehung muß unter allen Umständen Genüge geleistet sein. Darüber, wie sich die Reibungshöhe ϱH auf die einzelnen Teile des Wasserweges, Leitzellen, Spalt, Laufzellen usw. verteilt, liegen wohl einzelne Versuche vor, aber bei der Fülle der verschiedenen Anordnungen und Umstände ist hier noch ein weites, vorläufig wenig bebautes Feld offen.

Setzt man entsprechend dem Geschwindigkeitsparallelogramm

$$w_1 = v_1 \, \frac{\sin \beta_1}{\sin \delta_1}$$

ferner v_1 und v_2 nach Gl. 135 und 136 ein, so folgt nach entsprechender Vereinfachung

$$n = \sqrt{1 + \frac{h}{(1 - \varrho) H - h} \cdot \frac{\sin^2 \beta_1}{\sin^2 \delta_1}} \quad . \quad . \quad . \quad . \quad \textbf{200.}$$

es ist also in der, die ganze Kontinuität darstellenden Beziehung für n einfach $(1 - \varrho) H$ an die Stelle von H getreten.

In den zwei Gleichungen

$$w_1 \, u \cos \delta_1 - w_2 \, u \cos \delta_2 = g \, (1 - \alpha) H = g \cdot \eta \, H \quad \text{für den ideellen}$$

und $\quad w_1 \, u \cos \delta_1 - w_2 \, u \cos \delta_2 = g \, (1 - \alpha - \varrho) H = g \, \varepsilon \, H \quad . \quad . \quad . \quad \textbf{201.}$

für den tatsächlichen Betrieb haben also w_1 und u verschieden große Werte, weil $\varepsilon < \eta$. Die Beziehung für u lautet mit Benutzung von Gl. 201 und in gleicher Weise wie Gl. 196 hergeleitet, nunmehr:

$$u = \left[\frac{\cos \delta_2}{2} \sqrt{\alpha} \left(1 - \frac{\operatorname{tg} \delta_1}{\operatorname{tg} \beta_1} \right) + \sqrt{\frac{\cos^2 \delta_2}{4} \cdot \alpha \left(1 - \frac{\operatorname{tg} \delta_1}{\operatorname{tg} \beta_1} \right)^2 + \frac{1 - \alpha - \varrho}{2} \left(1 - \frac{\operatorname{tg} \delta_1}{\operatorname{tg} \beta_1} \right)} \right] \sqrt{2 g H} \quad \textbf{202.}$$

so daß also hier $1 - \alpha - \varrho$ an die Stelle von $1 - \alpha$ getreten ist.

Die Gl. 201 ist geeignet, eine irrtümliche Anschauung der Verhältnisse hervorzurufen. Es wird ja stets die Aufgabe der Praxis sein, die Größe von ε nach Tunlichkeit hoch zu bringen, und da entsteht sehr leicht die Täuschung, daß es möglich sei, die rechte Seite der Gleichung also auch ε dadurch größer zu machen, daß man das negative Glied der linken Seite zum Verschwinden bringt. Dieses Glied wird Null für $\delta_2 = 90^0$, und so ist in weiten Kreisen die irrige Ansicht verbreitet, daß die Nutzeffektziffer einer Turbine ihren höchsten Wert erreiche, wenn die Verhältnisse so gewählt werden, daß $\delta_2 = 90^0$ ausfällt. (Senkrechter Austritt.)

Es darf ja auf schon früher Gesagtes verwiesen werden, aus dem

hervorgeht, daß einzig und allein die Größe der absoluten Austrittsgeschwindigkeit, bezw. der Betrag von $\frac{w_2^2}{2g}$, für das dem Wasser beim Verlassen des Arbeitsweges übrig gebliebene Arbeitsvermögen bei sonst
stoßfreiem Nachfüllen in Betracht kommt, und daß die Richtung von
w_2 dabei vollständig gleichgültig ist.   Aber auch die unmittelbare
Betrachtung der Gl. 201 lehrt dies; denn wenn $\varepsilon = 1 - \alpha - \varrho$ als bestimmter Bruchwert fest gegeben ist (α wird angenommen, ϱ hängt von
den Reibungsverhältnissen an den Schaufelflächen, also von rein physikalischen Dingen ab), so ist die rechte Seite der Gleichung dadurch festgelegt; demgemäß kann sich auch die linke Seite nicht mehr
ändern.   Jede Änderung von δ_2 hat eben nach Maßgabe der Gleichung
nur größere oder kleinere Änderungen an den Größen der linken Seite, w_1 und
u, zur Folge, nicht aber Änderungen an der Nutzeffektziffer ε.   Fällt bei einer
Ausführung dann ϱ kleiner aus, als nach sonstiger Erfahrung angenommen
werden durfte, so werden sich die Größen der linken Seite entsprechend
größer ergeben.   Wenn aber z. B. nach Einsetzen von w_1 gemäß Gl. 152 in
die Gl. 201 usw. diese letztere einer Differentiation unterworfen wird, um
$\frac{d\varepsilon}{du} = 0$ zu setzen und damit den Höchstwert von ε zu bestimmen, so ist
dies nach dem Vorhergesagten einfach widersinnig und beruht auf völliger
Verkennung der Umstände.

Es soll gewiß nicht bestritten werden, daß $\delta_2 = 90^0$ sehr angenehme
Rechnungsvereinfachungen mit sich bringt, denn für diesen Fall tritt die
Gl. 201 auf als

$$w_1\, u \cos \delta_1 = g \cdot \varepsilon H \quad . \quad . \quad . \quad . \quad . \quad . \quad \mathbf{203.}$$

ebenso geht dann die Gl. 202 für u in die viel einfachere Beziehung über:

$$u = \sqrt{g\,(1 - \alpha - \varrho)\, H \left(1 - \frac{\operatorname{tg}\delta_1}{\operatorname{tg}\beta_1}\right)} = \sqrt{g\,\varepsilon\, H\left(1 - \frac{\operatorname{tg}\delta_1}{\operatorname{tg}\beta_1}\right)} \quad . \quad \mathbf{204.}$$

Ferner ist zuzugeben, daß die Richtung von w_2 senkrecht zu u ($\delta_2 = 90^0$)
es gestattet, für die Ableitung des Wassers (Saugrohr usw.) den kleinst-
möglichen Querschnitt in Rechnung zu stellen.   Da aber manche sehr zweckmäßige Reguliereinrichtungen je nach Füllung der Turbine doch verschiedene Neigungen von w_2 mit sich bringen, da man ferner von vornherein,
und solange nicht ausgiebige und erschöpfende Versuche über die Größe
der Reibungswiderstände ϱH innerhalb der Turbinen vorliegen, gar nicht
so sicher ist, daß die rechnungsmäßig für den Entwurf angenommene
Größe von $\delta_2 = 90^0$ wirklich auch für die Ausführung genau zutrifft, so
erscheint es müßig, die Richtung von w_2 in irgend welcher Weise besonders scharf zu betonen.   Man wird im Einzelfalle vielleicht zur Erleichterung
der Rechnung und für den ersten Entwurf $\delta_2 = 90^0$ annehmen und später
nach Befinden die Fortschreitegeschwindigkeit u entsprechend zu korrigieren
haben.   Für diesen Fall zeigen die obenstehenden Gleichungen ohne weiteres
die schon früher erwähnte Tatsache, daß kleine Werte von β_1 kleine Umfangsgeschwindigkeiten, daß große Werte von β_1 große Umfangsgeschwindigkeiten bringen (vergl. Fig. 55 bis 58).   Für $\beta_1 = 90^0$ reduziert sich mit
$\delta_2 = 90^0$ die Beziehung für u einfach auf

$$u = \sqrt{g\,(1 - \alpha - \varrho)\, H} = \sqrt{g\,\varepsilon\, H} \quad . \quad . \quad . \quad . \quad \mathbf{205.}$$

im tatsächlichen Betriebe.   Ein größerer Betrag von α hat in diesem Falle eine verhältnismäßig kleine Verringerung der Geschwindigkeit u zur Folge, die aber, wenn es sich um die kreisende Turbine handelt, weitaus aufgehoben wird dadurch, daß der größere Betrag von α, bezw. w_2, der Turbine selbst kleinere Abmessungen erteilt und dadurch die Umdrehungszahl der kreisenden Turbine trotz etwas verringerter Umfangsgeschwindigkeit wesentlich erhöht.

Tatsächlicher Betrieb mit Berücksichtigung der Größen s_0 und s_1.

Ältere Turbinenausführungen zeigen die Enden der Leitschaufeln vielfältig rechtwinklig abgeschnitten (Fig. 60). Diese Form hat zur Folge, daß dem Wasser nach Verlassen von $f_0 = a_0 \cdot b_0$ plötzlich ein größerer Querschnitt $(a_0 + s_0)\, b_0$ freigegeben wird, welchen dasselbe, weil unter Druck befindlich, auch einnimmt. Natürlich geht die Benutzung des Querschnittes $(a_0 + s_0)\, b_0$ nicht plötzlich vor sich, die Wasserteilchen haben

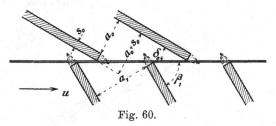

Fig. 60.

genau so, wie feste Körper auch, Masse, Beharrungsvermögen, es wird deshalb eine Strecke weit hinter dem stumpfen Schaufelende ein kräftiger Wirbel stattfinden, wie in Fig. 60 angedeutet. Sind die Trennungswände der Reaktionsgefäße, die Laufschaufeln, ebenfalls stumpf abgeschnitten (Fig. 60), so wird sich vor denselben ein Stauwirbel bilden, ganz wie bei einem Brückenpfeiler, der vorn gerade abgeschnitten ist.

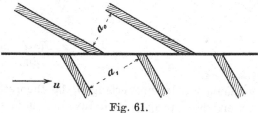

Fig. 61.

Das Abschneiden der Leit- und Laufschaufeln nach der Spaltrichtung (Fig. 61) ist unter Umständen im stande, die Wirbelung etwas zu mildern.

Nach Möglichkeit aufgehoben wird der Arbeitsverlust durch schlankes Zuschärfen der Schaufeln, weil dadurch der Übergang von $a_0 \cdot b_0$ nach $(a_0 + s_0)\, b_0$ mehr allmählich erfolgt und weil die Laufzellen dann den auf sie zutretenden Wasserstrom scharf und mit möglichst geringem Stoße durchschneiden. Ein großer Schaufelspalt trägt das Seinige noch zur Milderung der Verhält-

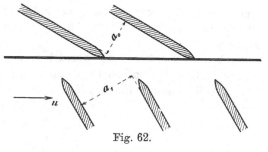

Fig. 62.

nisse bei, da sich dann das Wasser um die einzelnen Hindernisse, die Schaufelkanten, besser herumdrücken kann (Fig. 38 und 62).

Es ist also ersichtlich, daß, sowie die Schaufelstärke s_0 in Wirkung tritt, w_1 kleiner als w_0 ausfallen muß, daß also ungefähr

$$w_1 = \sim w_0 \cdot \frac{a_0}{a_0 + s_0} \quad \ldots \ldots \ldots \quad \textbf{206.}$$

anzusetzen ist. Es ist sehr schwer anzugeben, wie sich unter solchen Verhältnissen der Winkel δ_1 eigentlich gestaltet, man greift deshalb meist zu
dem Ausweg, $\delta_1 = \delta_0$ anzunehmen.

In älteren Entwicklungen über Turbinen ist die Bedingung aufgestellt,
daß die Summe der durch die Schaufeldicken in Beschlag genommenen,
also dem Wasserstrome entzogenen Querschnitte, auf die Spaltebene projiziert, für Leit- und Laufrad gleich groß sein solle. Das heißt, es wird verlangt, daß (Fig. 63)

$$z_0 \cdot \frac{s_0}{\sin \delta_0} = z_1 \frac{s_1}{\sin \beta_1} \quad \cdot \quad \cdot \quad \cdot \quad \cdot \quad \cdot \quad \cdot \quad \textbf{207.}$$

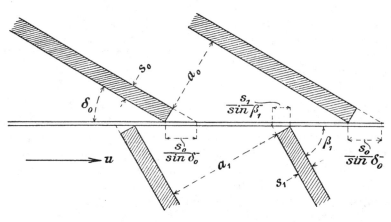

Fig. 63.

gemacht werde, ein Verlangen, das theoretisch und maßstäblich für einen ganz
engen Schaufelspalt und für Schaufeln nach Fig. 60 und 61 unanfechtbar,
aber für Schaufelspalte von einiger Größe und zugeschärfte Schaufeln (Fig. 38
und 62) nahezu gegenstandslos ist, weil diese angeblichen toten Stellen
unter solchen Umständen gar nicht zur Ausbildung kommen werden. Man
hält sich deshalb im neueren Turbinenbau nur ganz allgemein an die Rücksicht, daß die beiden, oben einander gleich gesetzten Beträge nach Tunlichkeit wenig voneinander abweichen sollen, ohne daraus ein Prinzip zu
machen.

Natürlich aber wird der Übergang durch den Spalt, der Änderung
von w_0 auf w_1 entsprechend, einen gewissen Verlust an Gefälle bringen,
der im allgemeinen unter ϱH mit einzubegreifen ist.

D. Druck- und Geschwindigkeitsverhältnisse beim Strömen des Wassers innerhalb der Gefäße.

Wenn auch in den seitherigen Abschnitten die Veränderlichkeit der
Gefäßquerschnitte auf der Strecke zwischen Ein- und Austritt außer Beachtung geblieben war, da dieselbe bei der Annahme wirbelfreien Betriebes
innerhalb sehr weiter Grenzen keinen rechnungsmäßigen Einfluß auf die

Gefälleaufteilung und Arbeitsgrößen auszuüben vermag, so ist es doch erforderlich, im Nachfolgenden jetzt diese Grenzen und die Bedingungen, welche dabei in Frage kommen, zu erörtern. Es handelt sich um zweierlei.

Einmal ist festzustellen, welche größten Geschwindigkeiten sich unter gegebenen Druckverhältnissen in einem seiner Achse nach geradlinig verlaufenden, in den Querschnitten aber stetig wechselnden Gefäß ausbilden können, bis zu welchen ideellen Grenzen das Anpassen an die wechselnden Querschnitte möglich ist.

Andererseits sind auch die Umstände rechnungsmäßig zu verfolgen, die sich zeigen, wenn die Wasserteilchen im Innern eines gekrümmten Gefäßes infolge dieser Krümmung den Zentrifugalkräften unterliegen, die sich dabei entwickeln müssen.

In beiden Fällen handelt es sich um die wechselnde Aufteilung der gesamten Energie in Druckhöhe und in Geschwindigkeitshöhe und das Gesetz dieser Verteilung.

Auch für dieses Kapitel sollen, der Einfachheit der Darstellung halber, Verluste durch Wasserreibung, Wirbel u. dergl., die in Wirklichkeit unvermeidlich sind, als nicht vorhanden vorausgesetzt werden.

———————

1. Gefäße mit geradliniger Achse.

Die Figur 64 stellt ein Gefäß mit geradliniger Hauptachse von beliebig geformten, jedoch stetig ineinander übergehenden Querschnitten dar, welches von Wasser durchströmt wird. Die Indices 1 für den Wassereintritt, 2 für den Austritt, entsprechen den seitherigen Bezeichnungen; für beliebige Stelle zwischen beiden Orten entfällt der Index. Das Maß h_r zeigt den Höhenunterschied zwischen Wassereintritts- und Austrittsstelle, z und y die Höhenlagen des in Betracht zu ziehenden, beliebig gewählten Zwischenquerschnitts f, von der Eintrittsstelle „1", bzw. der Austrittsstelle „2" aus gemessen. Für die Betrachtung ist im weiteren vorausgesetzt, daß das durchströmende Wasser sich ohne Einbuße an Arbeitsvermögen den wechselnden Querschnitten anpasse, derartig, daß die Umbildung von Druckhöhe in Geschwindigkeit und umgekehrt ohne Arbeitsverluste von statten gehe.

Nach eingetretenem Beharrungszustande lautet die Kontinuitätsgleich.

$$q = f_1 v_1 = f v = f_2 v_2,$$

solange überhaupt die Querschnitte ganz von Wasser ausgefüllt sind.

Hierbei ist v_1, v_2, q nach früheren Beziehungen, dem Unterschied H der Wasserspiegel entsprechend rechnungsmäßig bestimmt (vgl. Gl. 80—82) und zwar unabänderlich insofern, als eben zur Erzeugung von v_2 und v_1 keine andere Energiequelle als der schon genannte Niveauunterschied H zur Verfügung ist.

Der Druck der Atmosphäre, welcher auf den Druck-Wasserspiegeln von Ein- und Austritt lastet, bildet nun eine weitere Energiequelle, die wir innerhalb des geschlossenen Wasserweges, d. h. zwischen f_1 und f_2, vorübergehend aber mit der unabweislichen Verpflichtung zur Rückerstattung des Entlehnten für die Erzeugung von Geschwindigkeit in Anspruch nehmen können.

Die folgende Betrachtung soll sich mit der Art und Weise befassen, wie diese Inanspruchnahme des Atmosphärendruckes erfolgt. Es wird zur

Anschaulichkeit beitragen, wenn wir den Druck der Atmosphäre durch denjenigen einer Wassersäule von der Höhe $A = 10{,}3$ m ersetzt denken; die

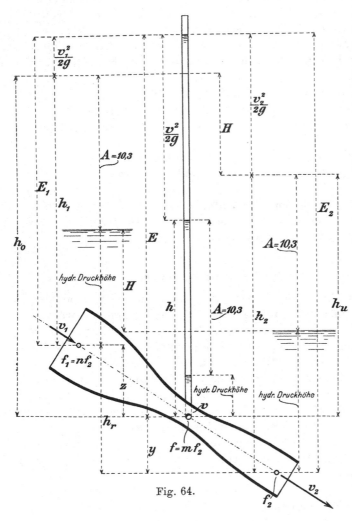

aus der Summe von hydraulischer und atmosphärischer Druckhöhe resultierenden Gesamtdruckhöhen h_1, h usw. sind dann, im Gegensatz zu seither, als absolute Druckhöhen anzusehen.

Ein Bild des Gesamtarbeitsvermögens an jeder Stelle erhält man, indem die den Geschwindigkeiten entsprechenden Höhen noch oberhalb der freien (absoluten) Druckwasserspiegel angetragen werden (siehe Fig. 64). Da voraussetzungsgemäß Reibungsverluste durch Wirbel usw. vernachlässigt sind, so muß für jede Stelle das Arbeitsvermögen in Bezug auf den Austrittsquerschnitt gleich groß sein, d. h. die durch Auftragen von $\dfrac{v_1^2}{2g}$, $\dfrac{v^2}{2g}$, $\dfrac{v_2^2}{2g}$ erhaltenen Gesamthöhen werden in einer Horizontalen liegen. Die Entfernungen E_1, E, E_2 von dieser Horizontalen stellen die Energiehöhen, das

Fig. 64.

gesamte Arbeitsvermögen je für den betreffenden Punkt selbst dar, während gegen abwärts h_r, z, y, die noch zu durchlaufende Strecke, den noch zu erwartenden Zuwachs an Arbeitsvermögen zeigen. Aus diesem Grunde kann geschrieben werden

$$\frac{v_1^2}{2g} + h_1 + h_r = E_1 + h_r = E_2 = \frac{v_2^2}{2g} + h_2 \quad \ldots \quad \textbf{208.}$$

$$\frac{v^2}{2g} + h + y = E + y = E_2 = \frac{v_2^2}{2g} + h_2 \quad \ldots \quad \textbf{209.}$$

Setzt man wie seither $f_1 = n \cdot f_2$, ferner $f = m \cdot f_2$, so geht die Kontinuitätsgleichung über in

$$q = n f_2 v_1 = m f_2 v = f_2 v_2$$

bezw. $v_1 = \dfrac{v_2}{n}$ und $v = \dfrac{v_2}{m}$

und nach Einführen dieser Werte in die vorgenannten Gleichungen ergibt sich:

$$\frac{v_2{}^2}{2g}\left(1 - \frac{1}{n^2}\right) = h_1 + h_r - h_2 = H \quad \ldots \ldots \quad \mathbf{210.}$$

ebenso
$$\frac{v_2{}^2}{2g}\left(1 - \frac{1}{m^2}\right) = h + y - h_2 \quad \ldots \ldots \quad \mathbf{211.}$$

Durch Division beider Gleichungen folgt

$$\frac{1 - \dfrac{1}{m^2}}{1 - \dfrac{1}{n^2}} = \frac{h + y - h_2}{h_1 + h_r - h_2}$$

und daraus $\quad h = h_2 - y - \dfrac{\dfrac{1}{m^2} - 1}{1 - \dfrac{1}{n^2}}(h_1 + h_r - h_2) = h_u - \dfrac{\dfrac{1}{m^2} - 1}{1 - \dfrac{1}{n^2}} \cdot H \quad \mathbf{212.}$

als Größe der absoluten Druckhöhe im Querschnitt f. Durch Einsetzen dieses Wertes in Gl. 209 folgt mit $v_2 = m \cdot v$ die Beziehung für die Geschwindigkeit im Querschnitt f zu

$$v = \frac{n}{m}\sqrt{\frac{2gH}{n^2 - 1}} \quad \ldots \ldots \ldots \quad \mathbf{213.}$$

Für den Anfangspunkt des Gefäßes ergibt sich, vergl. Gl. 80,

$$v_1 = \sqrt{\frac{2gH}{n^2 - 1}}$$

und für den Austritt (Gl. 81) $\quad v_2 = n\sqrt{\dfrac{2gH}{n^2 - 1}}$

ebenso wie seither $\qquad q = n f_2 \sqrt{\dfrac{2gH}{n^2 - 1}}.$

Die Beziehungen für v und h zeigen, daß v umsomehr zunimmt, je kleiner m wird, sowie daß h mit m abnimmt, während v_1 und v_2 vorläufig, wie schon angedeutet, durch die Größe von m nicht berührt werden; es entsteht deshalb die Frage, bis zu welchen Grenzen eine Änderung von m überhaupt möglich ist, bezw. bis zu welcher Kleinheit von m die Kontinuität als nicht gestört angenommen werden darf.

Nun ist die Druckhöhe h eine absolute Druckhöhe, deren Betrag deshalb nie kleiner sein kann als Null. Bei $h = 0$ wird der Zusammenhalt der Wassertropfen, ganz abgesehen von den in das Gebiet der Wärmemechanik fallenden Verdampfungserscheinungen u. dgl., aufhören müssen und damit auch die Kontinuität ihr Ende erreicht haben. Die Verhältnisse, unter denen $h = 0$ zu erwarten ist, ergeben sich aus den vorhergehenden Beziehungen, indem in Gl. 212 einfach $h = 0$ gesetzt wird, zu

$$0 = h_2 - y - \frac{\dfrac{1}{m^2} - 1}{1 - \dfrac{1}{n^2}}(h_1 + h_r - h_2) \quad \ldots \ldots \quad \mathbf{214.}$$

Diese Gleichung enthält sechs Größen; es kann daraus also für fünf frei zu wählende Größen die sechste, entsprechend $h = 0$, berechnet werden.

So folgt beispielsweise der zur Erzielung von $h = 0$ erforderliche Betrag von m in der Beziehung $f = m \cdot f_2$ als

$$m = n\sqrt{\frac{h_1 + h_r - h_2}{n^2(h_1 + h_r - y) - (h_2 - y)}} \quad \ldots \ldots \quad \mathbf{215.}$$

oder nach Fig. 64 $\quad m = n\sqrt{\dfrac{H}{n^2 h_0 - (h_2 - y)}} = n\sqrt{\dfrac{H}{(n^2 - 1)h_0 + H}} \quad \mathbf{215a.}$

Für den Fall, daß m gegeben, findet sich der Betrag von n, welcher $h = 0$ herbeiführen würde, zu

$$n = m \sqrt{\frac{h_2 - y}{m^2 (h_1 + h_r - y) - (h_1 + h_r - h_2)}} = m \sqrt{\frac{h_0 - H}{m^2 h_0 - H}} \qquad \textbf{216.}$$

Dem Vorhergehenden gemäß muß an der Stelle, welche $h = 0$ besitzt, der Höchstwert der Geschwindigkeit eintreten, der unter den gegebenen Verhältnissen (Zuziehen des Atmosphärendruckes) überhaupt möglich ist, und zwar berechnet sich dieses v_{max} gemäß Gl. 213 unter Verwendung des Wertes von m nach Gl. 215 und 215a zu

$$v_{max} = \sqrt{2g\left(h_0 + \frac{H}{n^2 - 1}\right)} = \sqrt{2g\left(h_0 + \frac{v_1{}^2}{2g}\right)} = \sqrt{2gE} \;\; . \;. \;\; \textbf{217.}$$

Der größte Betrag von v zeigt sich also an sich unabhängig von dem Betrage von m, d. h. wenn m auch noch kleiner wird, als nach Gl. 215 für $h = 0$ verlangt, so kann v_{max} doch nicht noch weiter steigen.

Die Wassermenge q, welche für $h = 0$ durch die Leitung strömt, findet sich unter Benutzung von Gl. 215a und 217 zu

$$q = f \cdot v_{max} = m f_2 \cdot v_{max} = n f_2 \sqrt{\frac{2gH}{n^2 - 1}}$$

wie vorher auch, d. h. auch bei dem $h = 0$ entsprechenden Querschnitt strömt für den ideellen Betrieb doch noch genau so viel Wasser durch die Leitung, als wenn f größer geblieben wäre.

Es entscheiden für die Größe von q einfach der Austrittsquerschnitt f_2 und der Höhenunterschied $h_1 + h_r - h_2 = H$, sowie noch das Verhältnis der äußeren Querschnitte n, nicht aber die Maße des verengten Querschnittes $f = m f_2$ in der Mitte, solange dieser gleich oder größer als derjenige bleibt, der $h = 0$ bedingt.

Wird der Querschnitt f aber noch kleiner gemacht, so behält v_{max} seine Größe bei und es muß dann natürlich q abnehmen, auch v_1 und v_2 kleiner werden. Im Querschnitt f_2 sind dann Wirbel unvermeidlich.

Die vorstehenden Betrachtungen ergeben, daß der Begriff der Kontinuität in zwei Unterabteilungen zu zerlegen ist.

Normale Kontinuität findet statt, so lange die, eine geradlinige Wasserführung durchfließende, Wassermenge den Abmessungen und Druckhöhen von Ein- und Austritt (Reibungsverluste einstweilen vernachlässigt) entspricht. (Normale Wassermenge.)

Beschränkte Kontinuität liegt vor, wenn durch Drosselung innerhalb der Wasserführung die durchfließende Wassermenge eine Verringerung gegenüber der normalen erfährt. Sie tritt ein, wenn ein Innenquerschnitt so weit verengt ist, daß zur Erhaltung normaler Wassermenge eine größere Energiehöhe E erforderlich wäre als den Umständen nach für diesen Querschnitt vorhanden ist.

Zahlenbeispiel:

Gegeben ein rundes Gefäß mit wechselnden Querschnitten und senkrechter Achse, die Wasserdruckhöhen, Maße, nach Fig. 65. Wie weit darf $f = m f_2$ bei $y = 0,5$ m reduziert werden, damit unter Einhalten normaler Kontinuität gerade $h = 0$ erreicht wird? $A = 10,3$ m. Annahme $n = 10$.

Es ist $h_1 = 0,5 + 10,3 = 10,8$ m; $h_2 = 0,3 + 10,3 = 10,6$ m

$$v_2 = n \sqrt{\frac{2\,g\,H}{n^2 - 1}} = 4,877 \text{ m}.$$

Für $y = 0,5$ ist

$$h_0 = h_1 + h_r - y = 10,8 + 1 - 0,5 = 11,3 \text{ m}$$

und daraus folgt v_{max} nach Gl. 217

$$v_{max} = \sqrt{2\,g\left(11,3 + \frac{1,2}{99}\right)} = 14,97 \text{ m},$$

und diese größte Durchflußgeschwindigkeit tritt ein für m nach Gl. 215a, also für

$$m = 10 \sqrt{\frac{1,2}{99 \cdot 11,3 + 1,3}} = 0,327.$$

Ist nun der Durchmesser der runden Austrittsöffnung 0,1 m, also

$$f_2 = 0,007854 \text{ qm},$$

so folgt der für $h = 0$ erforderliche Querschnitt f in $y = 0,5$:

$$f = m\,f_2 = 0,327 \cdot 0,007854 = 0,00257 \text{ qm}.$$

Der Durchmesser in f stellt sich auf 0,057 m.

Es folgt schließlich

$$q = f_2\,v_2 = f \cdot v_{max} = 0,0383 \text{ cbm/sek}.$$

Die Rechnung zeigt, daß es gar keiner sehr übertriebenen Verschiebung der Verhältnisse bedarf, um $h = 0$ usw. zu erzielen.

In Wirklichkeit ändern sich die Geschwindigkeiten und Druckhöhen insofern um einiges, als eben Reibungsverluste usw. sich geltend machen.

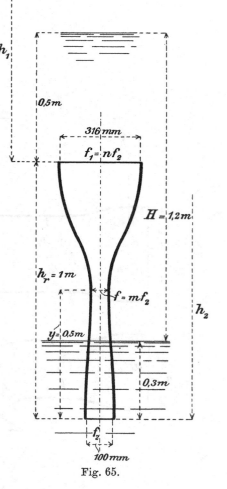

Fig. 65.

2. Gefäße mit gekrümmter Achse. Kreisendes Wasser.

Die Fig. 67 zeigt den Grundriss eines Gefäßes mit teilweise gekrümmter, aber durchweg horizontaler Achse, mit stetig ineinander übergehenden Querschnitten, während Fig. 66 das Gefäß im Aufriß, die Gefäßachse in die Aufrißebene abgewickelt, darstellt.

Das Gefäß beginnt mit einer unter der absoluten Druckhöhe h_0 stehenden, geraden Strecke, Querschnitt $f_0 = n \cdot f_2$ von beliebiger Gestalt, welcher nach einiger Zeit allmählich in eine geradlinige Strecke von rechteckigem Querschnitt $f_1 = a_1 \cdot b_1 = m \cdot f_2$ übergeht. Dann krümmt sich das Gefäß kreisförmig unter Beibehaltung der rechteckigen Querschnittsform und Quer-

schnittsmaße, um nachher wieder in ein geradachsiges Stück gleicher Querschnittsform und Größe überzugehen, das schließlich mit einem kleineren, in

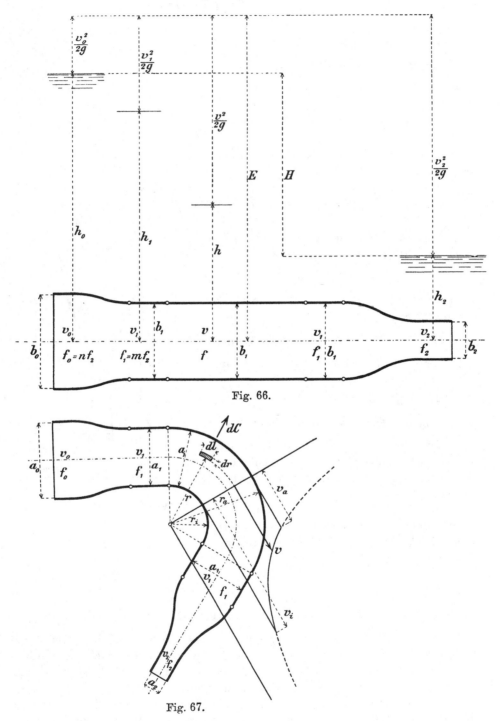

Fig. 66.

Fig. 67.

wirbelfreiem Übergang erreichten Mündungsquerschnitt f_2, absolute äußere
Druckhöhe h_2, aufhört. Die Druckhöhen und Geschwindigkeiten, soweit
es sich um die geraden Strecken handelt, sind aus Figur zu ersehen, die

Buchstaben entsprechen meist den seitherigen Bezeichnungen. Der Index 1 bezieht sich auf die Größen der geraden Strecke $f_1 = a_1 \cdot b_1$, und findet sich auch in der gekrümmten Strecke bei den, beiden Strecken gemeinschaftlichen, Maßen wie a_1 usw. Die Betrachtung hat sich mit der rechnungsmäßigen Feststellung der Geschwindigkeits- und Druckverhältnisse in dem gekrümmten Teile zu beschäftigen, unter der Voraussetzung, daß eine Änderung des Energiebetrages weder nach außen durch Abgabe von Arbeit, noch nach innen durch Wirbel usw. stattfindet. Der Beharrungszustand sei eingetreten.

I. **Geschwindigkeiten und absolute Druckhöhen.** In dem gekrümmten Teile des Rohrstückes werden sich die Geschwindigkeiten v und die Druckhöhen h in verschiedenen Radien nach einstweilen unbekanntem Gesetze ändern.

Ist h die absolute Druckhöhe in Höhe der Gefäßachse für den beliebigen Krümmungsradius r, dabei v die zugehörige Geschwindigkeit an der gleichen Stelle, so kann, da keine Arbeit verloren geht und keine hinzu kommt, geschrieben werden

$$\frac{v_0^2}{2g} + h_0 = \frac{v_1^2}{2g} + h_1 = \frac{v^2}{2g} + h = \frac{v_2^2}{2g} + h_2 = E = \text{Konst.} \quad \textbf{218.}$$

(siehe Fig. 66).

Nun ist, solange der Einfluß der Krümmung sich noch nicht bemerklich machen kann, nach früherem und weil h_r und $y = 0$ angenommen sind (wagrechte Gefäßachse, Fig. 66)

$$v_2 = n \sqrt{\frac{2gH}{n^2 - 1}} = n \sqrt{2g \frac{h_0 - h_2}{n^2 - 1}}$$

oder

$$\frac{v_2^2}{2g} = n^2 \cdot \frac{h_0 - h_2}{n^2 - 1}.$$

Hiermit ergibt sich $E = \dfrac{v_2^2}{2g} + h_2 = \dfrac{n^2 h_0 - h_2}{n^2 - 1}$ . . . . **219.**

d. h. bei gegebenen Größen h_0 und h_2 ist der bei Einhaltung der normalen Kontinuität einzig mögliche Wert von E durch n in vorstehender Gleichung bestimmt. Es folgt aus Gl. 218 dann für den beliebigen Punkt, Radius r,

$$h = E - \frac{v^2}{2g} = \frac{n^2 h_0 - h_2}{n^2 - 1} - \frac{v^2}{2g} \quad \text{. . . . .} \quad \textbf{220.}$$

oder auch

$$v = \sqrt{2g \left(\frac{n^2 h_0 - h_2}{n^2 - 1} - h \right)} \quad \text{. . . . .} \quad \textbf{221.}$$

Da es sich um absolute Drucke handelt, so ist auch hier Null als der kleinstmögliche Wert von h anzusehen, mithin kann v nie über

$$v_{max} = \sqrt{2g \frac{n^2 h_0 - h_2}{n^2 - 1}} = \sqrt{2gE} \quad \text{. . . . .} \quad \textbf{222.}$$

steigen. Gemäß der oben angeführten Gleichung für v_2 folgt auch noch die Geschwindigkeit im geraden Rohrstück wie natürlich

$$v_1 = \frac{n}{m} \sqrt{2g \frac{h_0 - h_2}{n^2 - 1}}. \quad \text{. . . . . .} \quad \textbf{223.}$$

II. **Die Gleichung der normalen Kontinuität.** Diese lautet unter Verwendung der seither schon aufgestellten Werte (Gl. 223) und wegen der veränderlichen Größen von v im gekrümmten Teile

$$q = f_0\, v_0 = f_1\, v_1 = a_1\, b_1 \cdot \frac{n}{m} \sqrt{2\, g \cdot \frac{h_0 - h_2}{n^2 - 1}} = \int_{r_i}^{r_a} b_1 \cdot dr \cdot v \quad .\quad \textbf{224.}$$

Die gekrümmte Strecke hat voraussetzungsgemäß die gleiche Breite b_1 wie die vorhergehende gerade Strecke.

Hieraus kann entnommen werden

$$\int_{r_i}^{r_a} v\, dr = a_1 \cdot \frac{n}{m} \sqrt{2\, g \cdot \frac{h_0 - h_2}{n^2 - 1}} \quad . \quad . \quad . \quad . \quad \textbf{225.}$$

III. Gesetz der Änderung von v und h im gekrümmten Teile. Das gekrümmte Rohr zwingt die Wasserteilchen durch Ablenkung von der geraden Bahn zu einer kreisenden Bewegung um den Mittelpunkt der Krümmung, die jedoch nicht als Rotation mit gleicher Winkelgeschwindigkeit für alle Wasserteilchen aufzufassen ist, wie sich im Nachstehenden ergeben wird.

Solange die Wasserteilchen die kreisförmige Bahn durchlaufen, entwickeln sie Zentrifugalkräfte, welche, gegen die äußeren Wasserschichten drückend, ein stetiges Zunehmen des Druckes von innen nach außen ergeben müssen. Da nun eine Vermehrung des Druckes unter Beibehaltung der früheren Geschwindigkeit gleichbedeutend wäre mit einer Vermehrung des Arbeitsvermögens, da andererseits dieses Arbeitsvermögen keinerlei Zuwachs aus äußeren Quellen erhalten kann, so wird die Zunahme der Druckhöhe bloß zur Folge haben können, daß die Geschwindigkeit an der betreffenden Stelle abnimmt. Gegen außen wird also in den konzentrischen Wasserschichten der Druck zunehmen, die Geschwindigkeit aber entsprechend kleiner werden müssen. (Vergl. die Gl. 218, Fig. 66 und 67.)

Die Zentrifugalkraft dC eines in der Kreisringschicht vom Radius r befindlichen, unendlich kleinen Wasserteilchens, Masse dm, Geschwindigkeit v, ist

$$dC = dm \cdot \frac{v^2}{r}.$$

Nun ist (vergl. Fig. 67)

$$dm = \frac{b_1 \cdot dl \cdot dr \cdot \gamma}{g},$$

also

$$dC = b_1\, \gamma \cdot dl \cdot \frac{v^2}{g} \frac{dr}{r}.$$

Die von dem Wasserteilchen erzeugte Zentrifugalkraft dC drückt gegen außen auf die Fläche $b_1\, dl$, erzeugt also auf die Flächeneinheit die Pressungsvermehrung in Meter Wassersäule vom Betrage

$$dh = \frac{dC}{b_1 \cdot dl} \cdot \frac{1}{\gamma} = \frac{v^2}{g} \cdot \frac{dr}{r} \quad . \quad . \quad . \quad . \quad \textbf{226.}$$

umgeformt ergibt sich

$$g \cdot \frac{dh}{v^2} = \frac{dr}{r} \quad . \quad . \quad . \quad . \quad . \quad \textbf{227.}$$

Nun ist nach Gl. 218

$$v^2 = 2\, g\, (E - h) \quad . \quad . \quad . \quad . \quad . \quad \textbf{228.}$$

und es geht damit Gl. 227 über in

$$\frac{dh}{E - h} = 2 \cdot \frac{dr}{r}$$

woraus nach Integration zwischen den Grenzen h_i und h, bezw. r_i und r folgt

$$ln\,\frac{E-h_i}{E-h} = 2 \cdot ln\,\frac{r}{r_i} \quad \text{oder auch} \quad \frac{E-h_i}{E-h} = \frac{r^2}{r_i{}^2}.$$

Hieraus kann die Größe von h zu

$$h = E - \frac{r_i{}^2}{r^2}\left(E - h_i\right) \quad . \quad . \quad . \quad . \quad . \quad \textbf{229.}$$

bestimmt werden und es ergibt sich dann damit nach Gl. 228

$$v = \frac{r_i}{r}\sqrt{2\,g\,(E-h_i)} \quad . \quad . \quad . \quad . \quad . \quad \textbf{230.}$$

worin aber die Größe h_i noch unbekannt ist.

Führt man diesen Ausdruck für v in die Gl. 225 ein, so folgt

$$\int_{r_i}^{r_a} r_i \sqrt{2\,g\,(E-h_i)} \cdot \frac{dr}{r} = a_1\,\frac{n}{m}\sqrt{2\,g\,\frac{h_0-h_2}{n^2-1}}.$$

Nach Integration findet sich

$$r_i \sqrt{2\,g\,(E-h_i)} \cdot ln\,\frac{r_a}{r_i} = a_1\,\frac{n}{m}\sqrt{2\,g\,\frac{h_0-h_2}{n^2-1}}.$$

Setzt man nun a_1, die Weite des gekrümmten Teiles, gleich einem Vielfachen des inneren Radius, d. h. $a_1 = \mu \cdot r_i$, so folgt

$$r_a = r_i + a_1 = (1+\mu)\,r_i, \quad \text{ferner} \quad \frac{r_a}{r_i} = 1 + \mu$$

und damit geht nach Umformung die vorstehende Gleichung über in

$$(E-h_i)\,ln^2\,(1+\mu) = \mu^2 \cdot \frac{n^2}{m^2} \cdot \frac{h_0-h_2}{n^2-1}.$$

Hieraus findet sich mit E nach Gl. 219

$$h_i = \frac{1}{n^2-1}\left[n^2\,h_0 - h_2 - \left(\frac{\mu}{ln\,(1+\mu)}\right)^2 \cdot \frac{n^2}{m^2}\,(h_0-h_2)\right] \quad . \quad . \quad \textbf{231.}$$

Unter Verwendung dieses Ausdrucks in der Beziehung für h (Gl. 229) folgt allgemein

$$h = \frac{1}{n^2-1}\left[n^2\,h_0 - h_2 - \left(\frac{\mu}{ln\,(1+\mu)}\right)^2 \cdot \frac{n^2}{m^2} \cdot \frac{r_i{}^2}{r^2}\,(h_0-h_2)\right] \quad . \quad \textbf{232.}$$

Der Wert von h_i, in die Gleichung für v eingesetzt, liefert die allgemeine Beziehung für v mit

$$v = \frac{\mu}{ln\,(1+\mu)} \cdot \frac{r_i}{r} \cdot \frac{n}{m}\sqrt{2\,g\,\frac{h_0-h_2}{n^2-1}} \quad . \quad . \quad . \quad . \quad \textbf{233.}$$

Und speziell für die Innenseite der Krümmung, $r = r_i$, ist

$$v_i = \frac{\mu}{ln\,(1+\mu)} \cdot \frac{n}{m} \cdot \sqrt{2\,g\,\frac{h_0-h_2}{n^2-1}} \quad . \quad . \quad . \quad . \quad \textbf{234.}$$

Unter Hinweis auf Gl. 223 kann die Gleichung für v auch geschrieben werden

$$v = \frac{\mu}{ln\,(1+\mu)} \cdot v_1 \cdot \frac{r_i}{r} \quad . \quad . \quad . \quad . \quad . \quad \textbf{235.}$$

oder auch

$$v \cdot r = \frac{\mu}{ln\,(1+\mu)} \cdot v_1 \cdot r_i \quad . \quad . \quad . \quad . \quad . \quad \textbf{236.}$$

Nun ist ja im Einzelfalle μ und r_i, auch v_1 konstant, so daß die Gleichung auch lauten kann

$$v \cdot r = \text{Konst.} \quad . \quad . \quad . \quad . \quad . \quad . \quad \mathbf{237.}$$

d. h. die Größen von v ändern sich umgekehrt proportional den Krümmungsradien. Also gilt allgemein mit Hinweis auf Gl. 223 die Beziehung

$$v \cdot r = \frac{\mu}{ln\,(1+\mu)}\, r_i \frac{n}{m} \sqrt{2\,g\frac{h_0-h_2}{n^2-1}} = \frac{\mu}{ln\,(1+\mu)} \cdot r_i \frac{n}{m} \sqrt{\frac{2\,g\,H}{n^2-1}} = \text{Konst.} \quad \mathbf{238.}$$

d. h. die zeichnerische Darstellung der Geschwindigkeiten in Beziehung auf die jeweiligen Krümmungsradien besteht in einer gleichseitigen Hyperbel, deren Asymptoten durch zwei senkrecht zu einander stehende Radien des Krümmers gebildet werden (Fig. 67 und 70).

Eine besondere Eigentümlichkeit ist noch zu erwähnen. Aus dem Umstande, daß sich die Geschwindigkeiten umgekehrt proportional zum Radius ändern, ergibt eine einfache Erwägung, daß es einen Radius geben muß, in welchem die Geschwindigkeit unverändert so groß sein wird, als im geraden Teil. Gegen innerhalb werden die Geschwindigkeiten größer, gegen außerhalb kleiner sein. Der Radius, in welchem diese Geschwindigkeit v_1 stattfindet, möge als „neutraler Radius", r_1, bezeichnet sein. Derselbe findet sich wegen $v\,r = v_1\,r_1$ aus der Gl. 236, zu

$$r_1 = \frac{\mu}{ln\,(1+\mu)}\,r_i = \frac{a_1}{ln\,(1+\mu)} \quad . \quad . \quad . \quad . \quad \mathbf{239.}$$

An dieser Stelle muß dann auch, wegen

$$\frac{v_1{}^2}{2\,g} + h_1 = \frac{v^2}{2\,g} + h = E$$

die Druckhöhe h_1 vorhanden sein.

Die Rechnung lehrt, daß sich r_1 nicht viel vom mittleren Krümmungsradius $r_m = r_i + \frac{a_1}{2} = r_i\left(1 + \frac{\mu}{2}\right)$ unterscheidet. Es ergibt sich für einige Werte von μ, wie sie für die Praxis in Betracht kommen, folgende Übersicht:

μ	$a_1 = \mu \cdot r_i$	$r_m = r_i\left(1+\dfrac{\mu}{2}\right)$	$r_1 = \dfrac{\mu}{ln\,(1+\mu)}\,r_i$
0,1	$0,1\,r_i$	$1,05\,r_i$	$1,049\,r_i$
0,5	0,5 „	1,25 „	1,233 „
1,0	1,0 „	1,50 „	1,444 „
2,0	2,0 „	2,00 „	1,819 „

Nachdem das Gesetz für die Entwicklung der v gefunden ist, muß die Wassermenge, welche durch das gekrümmte Stück zu fließen vermag, auch rechnungsmäßig kontrolliert werden. Es ist nach Gl. 224

$$q = b_1 \int\limits_{r_i}^{r_a} v\,d\,r$$

und mit v nach Gl. 235 berechnet sich die Wassermenge zwischen r_i und $r_a = r_i\,(1+\mu)$ zu

$$q = b_1 \frac{\mu}{ln\,(1+\mu)} \cdot r_i v_1 \int_{r_i}^{r_a} \frac{dr}{r} = b_1 \mu r_i v_1 \quad \ldots \ldots \quad \textbf{240.}$$

Wegen $\mu r_i = a_1$, folgt wie früher $q = a_1 b_1 v_1$, sodaß die Übereinstimmung mit der durch f_0, f_1 und f_2 fließenden Wassermenge (normale Kontinuität) gewahrt ist.

Der Ausdruck für q läßt sich auch noch etwas anders schreiben. Es ist $v\,r = v_1 r_1 = v_i r_i$ und daraus folgt unter Verwendung von Gl. 239 für r_1

$$v_1 = v_i \frac{ln\,(1+\mu)}{\mu} \quad \ldots \ldots \ldots \quad \textbf{240a.}$$

Dies in Gl. 240 eingesetzt, liefert

$$q = b_1 \, r_i v_i \, ln\,(1+\mu) \quad \ldots \ldots \ldots \quad \textbf{240b.}$$

IV. Die Grenzen der normalen Kontinuität. Auch hier können, ähnlich wie bei der Verengung des geradlinigen Rohres (voriger Abschnitt), Maßverhältnisse vorhanden sein, welche, der gekrümmten Stelle wegen, eine Grenze für die normale Kontinuität bilden. Es ist dabei gar nicht in erster Linie etwa der Umstand ins Auge zu fassen, daß der Querschnitt f an der gekrümmten, kritischen, Stelle des Rohres kleiner sein müsse als der Austrittsquerschnitt f_2.

Rechnet man die Größen von v gemäß Gl. 223 und 238 für verschiedene r eines gegebenen rechteckigen, horizontal liegenden Krümmers aus, so ergibt sich, wie schon bemerkt, die Verteilung der Geschwindigkeiten v als Stück einer gleichseitigen Hyperbel (Asymptoten zwei senkrecht zu einander stehende Radien, Fig. 67). Aus den verschiedenen Größen von $\frac{v^2}{2g}$ folgt die Darstellung der jeweils zur Erzeugung von v verbrauchten Abschnitte von E, wie sie Fig. 68 über dem Krümmerquerschnitt und von der wagrechten Linie der E aus gerechnet, zeigt. Die Beträge von h werden an jeder Stelle durch das betreffende $\frac{v^2}{2g}$ zur Gesamtenergiehöhe E ergänzt.

Gl. 238 enthält rechnungsmäßig und für sich allein betrachtet keine durch r gegebenen Grenzen für v, denn mit abnehmendem r wird v wachsen, bis bei $r = 0$ $v = \infty$ sein müßte.

Bis zu welchem Betrage aber v überhaupt ideell anwachsen kann, ergibt sich aus der Erwägung, daß zur Erzeugung von v und h nur die im Einzelfalle unveränderliche Energiehöhe $E = \frac{v^2}{2g} + h = \frac{n^2 h_0 - h_2}{n^2 - 1}$ zur Verfügung ist. Der Höchstwert von v wird also eintreten, wenn $h = 0$ geworden ist, d. h. es wird sein

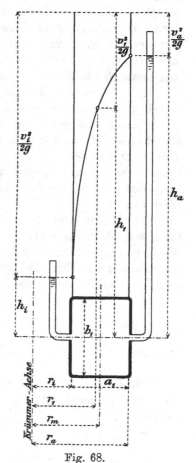

Fig. 68.

6*

$$v_{\max} = \sqrt{2\,g\,E} = \sqrt{2\,g\,\frac{n^2\,h_0 - h_2}{n^2 - 1}} = \sqrt{2\,g\left(h_0 + \frac{v_1{}^2}{2\,g}\right)} \quad . \quad . \quad \textbf{241.}$$

und mit diesem Ausdruck folgt aus Gl. 238, wenn noch der, $v_{\max}$ und $h = 0$ entsprechende, Radius mit r_0 bezeichnet wird

$$v_{\max} \cdot r_0 = \sqrt{2\,g\,\frac{n^2\,h_0 - h_2}{n^2 - 1}} \cdot r_0 = \frac{\mu}{ln\,(1 + \mu)} \cdot r_i\,\frac{n}{m}\,\sqrt{2\,g\,\frac{h_0 - h_2}{n^2 - 1}}$$

oder $\qquad r_0 = \dfrac{\mu}{ln\,(1 + \mu)} \cdot r_i\,\dfrac{n}{m}\,\sqrt{\dfrac{h_0 - h_2}{n^2\,h_0 - h_2}} = \dfrac{a_1}{ln\,(1 + \mu)}\,\dfrac{n}{m}\,\sqrt{\dfrac{h_0 - h_2}{n^2\,h_0 - h_2}} \qquad \textbf{242.}$

d. h. unter gegebenen Verhältnissen liegt jeweils $v_{\max}$, der rechnungsmäßige Anfangspunkt der Geschwindigkeitshyperbel, in ganz bestimmtem Abstande r_0 von der Krümmungsachse. Die Größe von $v_{\max}$ hängt nur von h_0, h_2 und n ab, dagegen haben auf die Lage von $v_{\max}$, auf r_0, nicht nur diese Größen, sondern auch, neben m, die Krümmungsweiten $a_1 = \mu \cdot r_i$, also die Größe des inneren Krümmungsradius und deren Verhältnis zu a, Einfluß. Bei gleichbleibendem Krümmerquerschnitt (in a_1 und b_1) ändert sich r_0, d. h. die Lage von $v_{\max}$ zum Krümmer selbst, mit jedem anderen inneren Krümmungsradius r_i, derart, daß die Hyperbel nicht nur den Ort, sondern auch ihren Parameter ändert, also auch ihre Gestalt sich verschiebt, obgleich sich $v_{\max}$ stets gleich bleibt. (Vergl. Fig. 70 bis 72.)

Es sei hier nochmals ausdrücklich betont, daß das rechnungsmäßige Bestehen von $v_{\max}$ an bestimmter Stelle r_0 durchaus nicht als Beweis dafür gelten kann, daß bei entsprechender Erweiterung von a_1 gegen die Krümmungsachse, bis zum Radius r_0 hin, $v_{\max}$ tatsächlich in dem errechneten r_0 dann eintreffen werde. Die erwähnte Vergrößerung von a_1, oder auch eine Verschiebung von a_1, gegen innen, bringt ja alsbald einen anderen kleineren Wert von r_i, von μ, und damit nach Gl. 242 sofort einen neuen, anderen Wert von r_0.

Die Frage kann aufgeworfen werden, unter welchen Krümmungsverhältnissen, d. h. für welchen Betrag von r_i oder μ, bei etwa gegebenem Werte von a_1, das $v_{\max}$ und $h = 0$ gerade auf den inneren Krümmungsradius r_i treffen werden (Fig. 71). Die Antwort erfolgt, indem man in Gl. 242 $r_i = r_0$ setzt, man erhält dann als Bedingung für $v_i = v_{\max}$ und $h_i = 0$

$$\frac{\mu}{ln\,(\mu + 1)} \cdot \frac{n}{m}\,\sqrt{\frac{h_0 - h_2}{n^2\,h_0 - h_2}} = 1 \quad . \quad . \quad . \quad . \quad \textbf{243.}$$

oder auch $\qquad \dfrac{\mu}{ln\,(1 + \mu)} = \dfrac{m}{n}\,\sqrt{\dfrac{n^2\,h_0 - h_2}{h_0 - h_2}} \quad . \quad . \quad . \quad . \quad \textbf{244.}$

Die Größe μ kann hieraus nur auf indirektem Wege ermittelt werden, wozu die nachstehende, zahlenmäßige und graphische Tabelle (Fig. 69) dienlich ist.

Es ist für:

μ	$\dfrac{\mu}{ln\,(1 + \mu)}$	μ	$\dfrac{\mu}{ln\,(1 + \mu)}$
0,1	1,0493	0,6	1,2766
0,2	1,0971	0,7	1,3193
0,3	1,1433	0,8	1,3610
0,4	1,1887	0,9	1,4021
0,5	1,2331	1,0	1,4428

μ	$\dfrac{\mu}{\ln(1+\mu)}$	μ	$\dfrac{\mu}{\ln(1+\mu)}$
1,5	1,6370	6,0	3,0834
2,0	1,8205	7,0	3,3665
3,0	2,1640	8,0	3,6410
4,0	2,4854	9,0	3,9086
5,0	2,7905	10,0	4,1703

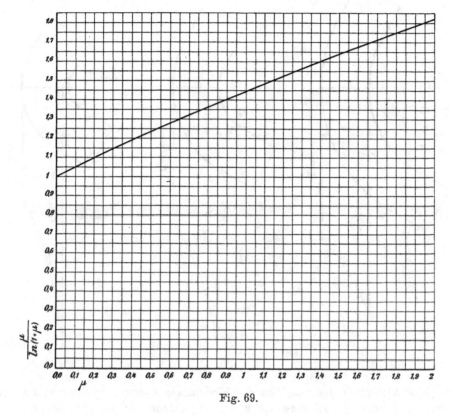

Fig. 69.

Der Betrag von $r_i = r_0$ ergibt sich ja dann aus dem gefundenen Werte von μ zu

$$r_i = \frac{a_1}{\mu} = r_0 \quad \ldots \quad \ldots \quad \mathbf{245.}$$

Die Verteilung der v findet dabei, wie Fig. 71 zeigt, statt.

Ist die Krümmung dem erforderlichen Werte von $r_i = r_0$ entsprechend ausgeführt, so zeigt die weitere Rechnung, daß die allgemeine Gl. 240 auch für $v_i = v_{max}$ und $h = 0$ noch den gleichen Betrag für q liefert, denn nach Einsetzen des Wertes für $r_i = r_0$, $h = 0$ (Gl. 245), folgt aus Gl. 240

$$q = a_1\, b_1\, w_1 = f_1\, w_1$$

wie früher auch (Gl. 224).

Mit $r_i = r_0$ ist aber die Grenze der normalen Kontinuität erreicht. Krümmt man das Gefäß noch schärfer, d. h. wird $r_i < r_0$, bezw. wird (vergl. Gl. 243)

$$\frac{\mu}{\ln(1+\mu)} \cdot \frac{n}{m} \sqrt{\frac{h_0 - h_2}{n^2 h_0 - h_2}} > 1 \quad \ldots \quad \ldots \quad \mathbf{246.}$$

so muß sich das kreisende Wasser von der Innenwand des Krümmers los-
lösen, der Krümmer wird gegen r_i hin absolut leer sein, in dem Raume
zwischen der letzten Wasserschicht und der Innenwand ist eben nur der
Druck Null möglich, und wären anfänglich auch Wasserteilchen da, so
würden sie sich alsbald unter Entwicklung von v_{max} in die Schichte vom
Radius r_0 begeben (Fig. 72).

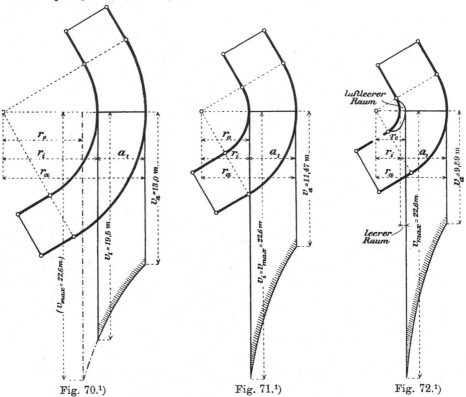

Fig. 70.[1)]   Fig. 71.[1)]   Fig. 72.[1)]

Das Abrücken des v_{max} von der Krümmungsachse weg über r_i hinaus
vermindert die Wassermenge q auf $\varDelta q$, denn die Integrationsgrenzen
(vergl. Gl. 240) sind statt r_i und r_a nunmehr r_0 (Gl. 244) und $r_a = r_i(1 + \mu)$,
es ergibt sich hiermit unter Berücksichtigung, daß

$$v_{max} \cdot r_0 = \sqrt{2g\,\frac{n^2\,h_0 - h_2}{n^2 - 1}} \cdot r_0 = v \cdot r$$

mit
$$v = v_{max} \cdot \frac{r_0}{r} = \frac{r_0}{r}\sqrt{2g\,\frac{n^2\,h_0 - h_2}{n^2 - 1}} \quad . \quad . \quad . \quad . \quad \textbf{247.}$$

[1)] Die Zahlengrößen, welche den Fig. 70, 71 und 72 gemeinschaftlich zu Grunde
liegen, sind:

$h_0 = 15,6$ m Wassersäule $+ A = 15,6 + 10,3 = 25,9$ m
$h_2 = 3,0$ m „ $+ A = 3,0 + 10,3 = 13,3$ m

mithin Druckunterschied zwischen „0" und „2" $= 12,6$ m.

Ferner wurden angenommen:

$$a_1 = 0,05 \text{ m}; \qquad n = 10; \qquad m = 1.$$

Als Radien kommen in Betracht:

Fig. 70 $(r_0 < r_i)$ Fig. 71 $(r_0 = r_i)$ Fig. 72 $(r_0 > r_i)$
$r_i = 0,1$ m $r_i = 0,0516$ m $r_i = 0,025$ m
$r_0 = 0,0864$ m $r_0 = r_i$ $r_0 = 0,0318$ m.

$$\varDelta\,q = \int\limits_{r_0}^{r_a} b_1\,v\,dr = b_1\,r_0\,\sqrt{2\,g\,\frac{n^2\,h_0 - h_2}{n^2 - 1}}\cdot ln\left[\frac{r_i}{r_0}(1 + \mu)\right]\quad.\quad\textbf{248.}$$

oder mit dem allgemeinen Wert von r_0 nach Gl. 242

$$\varDelta\,q = b_1\cdot\frac{\mu}{ln\,(1 + \mu)}\,r_i\,\frac{n}{m}\,\sqrt{2\,g\,\frac{h_0 - h_2}{n^2 - 1}}\cdot ln\left[\frac{1 + \mu}{\mu}\cdot ln\,(1 + \mu)\cdot\frac{m}{n}\,\sqrt{\frac{n^2\,h_0 - h_2}{h_0 - h_2}}\right]\ \textbf{249.}$$

und mit q nach Gl. 224 und teilweisem Ersetzen von a_1 durch $\mu\,r_i$ folgt

$$\frac{\varDelta\,q}{q} = \varDelta = \frac{ln\left[\dfrac{1 + \mu}{\mu}\cdot ln\,(1 + \mu)\cdot\dfrac{m}{n}\cdot\sqrt{\dfrac{n^2\,h_0 - h_2}{h_0 - h_2}}\right]}{ln\,(1 + \mu)}\quad.\ .\quad\textbf{250.}$$

Der Wert von $\varDelta$ nach vorstehender Gleichung geht, sowie die Krümmungsverhältnisse der Gl. 243 entsprechen, in $\varDelta = 1$ über.

Für das Durchströmen stark gekrümmter, unter Druck stehender Turbinenkanäle kann die Grenze für $\varDelta = 1$ je nach Umständen sehr bald in Frage kommen.

Abgesehen von Reibungswiderständen usw., welche teils als Verkleinerung von h_0 anzusehen sind, teils als Vergrößerung von h_2 auftreten, bietet es ein gewisses Interesse, die Grenzen von h_0 für die schon früher angegebenen Größen von $\mu = 0{,}1$ usw. nachzurechnen, Grenzwerte, bei deren Überschreiten die Drosselung des Wasserdurchlaufes infolge kreisenden Wassers eintreten wird.

Damit $r_0 \gtreqless r_i$ bleibt, d. h. damit normale Kontinuität und keine Drosselung stattfindet, muß gemäß Gl. 242, bezw. 243 sein

$$\frac{\mu}{ln\,(1 + \mu)}\cdot\frac{n}{m}\cdot\sqrt{\frac{h_0 - h_2}{n^2\,h_0 - h_2}}\gtreqless 1\quad.\quad.\quad.\quad.\quad.\quad\textbf{251.}$$

was nach h_0 aufgelöst allgemein lautet

$$h_0 \gtreqless h_2\cdot\frac{\left(\dfrac{\mu}{ln\,(1 + \mu)}\right)^2\cdot\dfrac{n^2}{m^2} - 1}{\left(\dfrac{\mu}{ln\,(1 + \mu)}\right)^2\cdot\dfrac{n^2}{m^2} - n^2}\quad.\quad.\quad.\quad.\quad\textbf{252.}$$

Setzt man zur Vereinfachung und in Anlehnung an früheres $n = 10$, außerdem noch $m = 1$, d. h. betrachtet man einen Krümmer, dessen gerade Ausmündung f_2 von gleichem Querschnitt wie der Krümmer selbst ist, so ergibt die Rechnung folgende spezielle Tabelle. Es ist ohne Drosselung zulässig

für $\mu = 0{,}1$	$h_0 \lesseqgtr 10{,}80\cdot h_2$	für $\mu = 0{,}7$	$h_0 \lesseqgtr 2{,}34\cdot h_2$
„ 0,2	„ 5,85 · „	„ 0,8	„ 2,16 · „
„ 0,3	„ 4,22 · „	„ 0,9	„ 2,03 · „
„ 0,4	„ 3,40 · „	„ 1,0	„ 1,92 · „
„ 0,5	„ 2,90 · „	„ 1,5	„ 1,59 · „
„ 0,6	„ 2,57 · „	„ 2,0	„ 1,43 · „

Ein Zahlenbeispiel mag zur Erläuterung der Spezialtabelle dienen.

Bei $\mu = 1{,}0$, d. h. wenn $a_1 = r_i$, darf h_0 laut Tabelle nur höchstens gleich $1{,}92\,h_2$ genommen werden. Ist nun z. B. $h_2 = 11$ m, so darf h_0 nicht mehr als $1{,}92\cdot 11{,}0 = 21{,}12$ m, absolut, betragen, d. h. ein Unterschied der Druckwasserspiegel von $h_0 - h_2 = H = 21{,}12 - 11{,}0 = 10{,}12$ m bildet die Grenze für das Einhalten von q. Schon bei 11 m Druckdifferenz würde ein Krümmer von $a_1 = r_i$ nicht mehr das volle Wasserquantum durchlassen können.

Wäre $a_1 = \dfrac{r_i}{2}$, d. h. wäre $\mu = 0,5$, so würde wegen $h_0 \lessgtr 2,9\,h_2$, und für $h_2 = 11$ m, der Betrag von $h_0 - h_2 = H$ bis auf $31,9 - 11 = 20,9$ m steigen dürfen, ehe Drosselung durch das kreisende Wasser eintritt.

———

Von besonderem Interesse für später sind noch zwei Spezialfälle der Anordnung gekrümmter Wasserführung, die hier besprochen werden sollen.

Krümmer auf der Innenseite angebohrt.

Wird ein unter Druck durchströmter Krümmer auf seiner Innenseite durch Löcher mit der umgebenden Atmosphäre ($A \sim 10,3$ m Wassersäule) in Verbindung gebracht (Fig. 73), so wird sich der Wasserdurchfluß je nach Umständen verschiedenartig gestalten. Drei Fälle werden zu unterscheiden sein

1. Sind die Verhältnisse so beschaffen, daß im nichtangebohrten Krümmer $h_i > A$ war, so wird durch die Löcher Wasser nach außen unter der Druckhöhe $h_i - A$ durchtreten, der Krümmer wird mehr Wasser durch f_0 eintreten lassen als wenn unangebohrt.

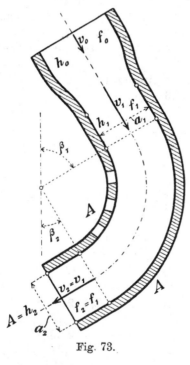

Fig. 73.

2. Ist vor Anbohrung gerade $h_i = A$, so werden die Löcher keine Veränderung in der Wassermenge bringen. Ein Krümmer wird $h_i = A$ besitzen, wenn seine Maße im Verein mit h_0 und h_2 der Gl. 231 mit $h_i = A$ genügen. Durch Umformung geht diese damit über in die Bedingung

$$\frac{\mu}{ln\,(1+\mu)} = \frac{m}{n}\sqrt{\frac{n^2\,(h_0 - A) - (h_2 - A)}{h_0 - h_2}}\qquad \textbf{253.}$$

3. Wenn ein Krümmer mit $h_i < A$ angebohrt wird (Fig. 73), so tritt zwar kein dauerndes Ansaugen von Luft ein, es wird sich aber doch $h_i = A$ einstellen müssen und die geführte Wassermenge erfährt dadurch eine Verminderung.

Der zuletzt genannte Fall ist nur dann einfach zu überblicken, wenn der Krümmer selbst auch in die Atmosphäre ausmündet, d. h. wenn $h_2 = A$ ist. Unter dieser Voraussetzung sowie mit $m = 1$, siehe vorher, geht die Bedingung für normale Kontinuität, ungedrosselten Betrieb bei nichtangebohrtem Krümmer, Gl. 251, über in

$$\frac{\mu}{ln\,(1+\mu)}\,n \cdot \sqrt{\frac{h_0 - A}{n^2\,h_0 - A}} \lessgtr 1 \quad \ldots \ldots \quad \textbf{254.}$$

In einem solchen, gegen innen vorläufig noch abgeschlossenen Krümmer findet nach Umständen ein v_i statt, das größer ist, als $\sqrt{v_0{}^2 + 2\,g\,(h_0 - A)}$ entspricht, dazu $h_i < A$; $h_0 - A$ ist die einfache Wasserdruckhöhe über dem Gefäßeintritt.

Durch das Anbohren aber muß nunmehr $h_i = A$ werden, und dann steht zur Entwicklung von v_i nicht mehr der volle Betrag von E, Gl. 218 und 219, sondern nur noch $E - A$ zu Gebote, welches sich aus

$$E - A = \frac{n^2 h_0 - h_2}{n^2 - 1} - A$$

nur mit $h_2 = A$ zu

$$E - A = \frac{n^2 h_0 - A}{n^2 - 1} = \frac{v_0^2}{2g} + h_0 - A$$

ergibt.

Mithin kann v_i nicht größer werden als

$$v_i = \sqrt{2g(E - A)} = n\sqrt{2g\frac{h_0 - A}{n^2 - 1}} = \sqrt{v_0^2 + 2g(h_0 - A)} \qquad \textbf{256.}$$

und daraus folgt die Geschwindigkeitsgleichung zu

$$v_i \cdot r_i = n\sqrt{2g\frac{h_0 - A}{n^2 - 1}} \cdot r_i = v \cdot r \quad . \quad . \quad . \quad . \quad \textbf{257.}$$

Zur Bestimmung der Wassermengen, sowol im unberührten als auch im angebohrten Krümmer dient hier zweckmäßig die Gl. 240b, wobei zu beachten ist, daß die v_i in beiden Fällen verschieden sind.

Der vollwandige Krümmer hat v_i nach Gl. 234 oder 238, mit $m = 1$ und $h_2 = A$, im Betrage von

$$v_i = \frac{\mu}{ln(1 + \mu)} \cdot n\sqrt{2g\frac{h_0 - A}{n^2 - 1}}$$

also

$$q = b_1 r_i \mu \cdot n\sqrt{2g\frac{h_0 - A}{n^2 - 1}}.$$

Der angebohrte Krümmer erreicht für v_i nur den Betrag der Gl. 256, so daß hierfür die Gl. 240b ergibt:

$$\varDelta q = b_1 r_i \cdot ln(1 + \mu) n\sqrt{2g\frac{h_0 - A}{n^2 - 1}}$$

mithin ist

$$\frac{\varDelta q}{q} = \varDelta = \frac{ln(1 + \mu)}{\mu} \quad . \quad . \quad . \quad . \quad . \quad . \quad \textbf{258.}$$

d. h. die verhältnismäßige Verminderung von q entspricht genau den reziproken Werten der Tabelle S. 84 u. 85 und Fig. 69.

Beispiel: Ein Krümmer von rechtwinkligem Querschnitt und ebensolcher, gleichgroßer Ausmündung, $a_1 = 0,1$ m, $b_1 = 0,05$ m, $r_i = 0,2$ m, also $\mu = \frac{a_1}{r_i} = \frac{0,1}{0,2} = 0,5$, erhält Wasser unter $h_0 = 14,3$ m, absolut, zugeführt. Dabei sei $n = 10$, d. h. der unter h_0 stehende Einlaufquerschnitt f_0 sei zehnmal größer als der in der geradlinigen Strecke liegende Auslaufquerschnitt $f_2 = a_1 b_1 = f_1$. Ferner sei $h_2 = A = 10,3$ m.

Zuerst gibt Gl. 254 darüber Aufschluß, ob für den nicht angebohrten Krümmer schon eine Drosselung vorhanden ist oder nicht. Mit obigen Werten lautet dieselbe, nachdem für $\mu = 0,5$ der Wert $\frac{\mu}{ln(1 + \mu)}$ aus Tabelle S. 84 u. 85 entnommen ist,

$$10 \cdot 1,2331\sqrt{\frac{14,3 - 10,3}{100 \cdot 14,3 - 10,3}} = 0,6544 < 1,$$

d. h. der innen geschlossene Krümmer leitet mit normaler Kontinuität, (ohne Drosselung) die Wassermenge ab, welche sich aus $q = f_2 v_2$ ergibt.

Es ist hier

$$v_2 = n \sqrt{2\,g\,\frac{h_0 - h_2}{n^2 - 1}} = 10 \sqrt{2\,g \cdot \frac{14,3 - 10,3}{100 - 1}} = 8,904\ \text{m} = v_1,$$

also $q = f_2\,v_2 = a_1\,b_1\,v_1 = 0,1 \cdot 0,05 \cdot 8,904 = 0,0445$ cbm/sek. Dabei ist nach Gl. 234 für die vorliegenden Verhältnisse, d. h. für $m = 1$, $n = 10$ usw.

$$v_i = 1,2331 \cdot 10 \sqrt{2\,g\,\frac{14,3 - 10,3}{100 - 1}} = 1,2331\,v_2 = 10,969\ \text{m}.$$

Durch das Anbohren wird die Entwicklung von $v_i > v_2$ unmöglich gemacht, es wird ideell dadurch v_i nur gleich v_2 sein; dadurch erfährt die Wassermenge q die Verminderung auf $\varDelta\,q$, mit

$$\varDelta = \frac{ln\,(1 + \mu)}{\mu} = \frac{1}{1,2331} = 0,811$$

und deshalb fließen nur

$$q = 0,811 \cdot 0,0445 = 0,0361\ \text{cbm/sek}$$

durch die Leitung. Die Verminderung der Wassermenge hat zur Folge, daß der Querschnitt der geraden Auslaufstrecke des Krümmers nicht mehr vollständig mit Wasser ausgefüllt sein wird.

Krümmer von rechteckigem Querschnitt, dessen Innenwand ganz weggenommen ist.

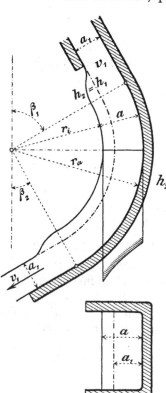

Fig. 74.

Die seitlichen, parallel laufenden Begrenzungswände des gegen innen ganz offenen Krümmers mögen noch ein Stück über a_1 herein gegen den Krümmungsmittelpunkt hin verbreitert sein. Vergl. Querschnitt Fig. 74.

Aus der Annahme, der Krümmer befinde sich in der Atmosphäre, folgt, daß sowohl h_2 als auch h_1 und $h_i = A = 10,3$ m sein müssen.

Die Wasserteilchen finden in dem gegen innen ganz offenen Gefäß keine Drosselung durch erzwungene Querschnitte, wie dies bei der vorhergehenden Betrachtung der Fall gewesen, mithin wird hier für die geraden Strecken $m = 1$ zu setzen sein, und die ganze Wassermenge, welche der Querschnitt f_1 durchlassen kann, wird auch den Krümmer durchfließen müssen. Es wird sich ergeben

$$v_1 = n \sqrt{2\,g\,\frac{h_0 - A}{n^2 - 1}} = v_2 = v_i,$$

also ist nach Gl. 240b

$$q = f_1\,v_1 = a_1\,b_1\,v_1 = b_1\,r_1\,v_i\,ln\,(1 + \mu).$$

Hier ist nun, weil die Innenwand fehlt, eine durch die Gefäßverhältnisse an sich erzwungene Größe von r_i, also auch von μ gar nicht vorhanden; aus der vorstehenden Gleichung aber rechnet sich, wegen $v_i = v_1$, der beim Durchfließen von q sich selbst einstellende innere Krümmungsradius zu

$$r_i = \frac{a_1}{ln\,(1 + \mu)} = r_1 \quad . \quad . \quad . \quad . \quad . \quad \textbf{259.}$$

eine Beziehung, welche auch nur auf indirektem Wege aufgelöst werden kann, weil μ bei unbekanntem r_i selbst noch unbestimmt ist. Soviel ist aber jetzt schon ersichtlich, daß der Betrag von r_i zweifellos kleiner sein wird als die Strecke $r_a - a_1$, denn das vorhergehende Beispiel zeigte ja, daß der volle Betrag von q, wenn $h_i = A$ ist, unmöglich durch die Breite $r_a - a_1$ strömen kann. Der die Krümmung durcheilende, gegen innen ganz freie Strahl hat eine größere Stärke, a, als der Einströmungsquerschnitt a_1 (Fig. 74).

Diese noch unbekannte Strahlstärke $a = r_a - r_i$ wird als $a = \mu \cdot r_i$ für den ganz offenen, entsprechend wie seither $a_1 = \mu \cdot r_i$ für den geschlossenen Krümmer, in die Rechnung eingeführt. Die Gl. 259 geht damit über in

$$r_i = r_1 = \frac{a_1}{ln\,(1 + \mu)} = \frac{a}{\mu} \quad \ldots \ldots \quad \textbf{260.}$$

oder es ist auch
$$a = a_1 \frac{\mu}{ln\,(1 + \mu)} \quad \ldots \ldots \quad \textbf{261.}$$

Für die Praxis handelt es sich meistens darum, bei gegebenem Krümmungsradius der Ablenkungsfläche, also r_a, sowie bei bekannter Strahlstärke im geraden Teile, a_1, die Größen der durch die Krümmung vermehrten, sozusagen angestauten Strahlstärke a zu ermitteln.

Hier kann dann zur Bestimmung von μ usw. folgendermaßen vorgegangen werden.

Es ist beim offenen Krümmer $r_a = r_i + a$, also auch wegen Gl. 260 und 261

$$r_a = \frac{a}{\mu} + a = a\,\frac{1 + \mu}{\mu} = a_1\,\frac{1 + \mu}{ln\,(1 + \mu)} \quad \ldots \ldots \quad \textbf{262.}$$

woraus für offenen Krümmer folgt
$$\frac{1 + \mu}{ln\,(1 + \mu)} = \frac{r_a}{a_1} \quad \ldots \ldots \quad \textbf{263.}$$

eine Form, welche sich nur für graphische Lösung eignet.

Die nachstehende Tabelle enthält für stetig fortschreitende Größen von μ die Beträge von $\dfrac{1 + \mu}{ln\,(1 + \mu)}$ ausgerechnet, die Fig. 75 ist diesen zusammengehörigen Werten entsprechend aufgezeichnet. Ist r_a und a_1 bekannt, also auch der Betrag von $\dfrac{1 + \mu}{ln\,(1 + \mu)} = \dfrac{r_a}{a_1}$, so läßt sich von diesem Wert, der Ordinate, ausgehend, die Größe von μ selbst leicht aus der Fig. 75 als Abszisse ablesen, und dadurch die Gl. 263 nach μ auflösen.

μ	$\dfrac{1 + \mu}{ln\,(1 + \mu)}$	μ	$\dfrac{1 + \mu}{ln\,(1 + \mu)}$
0,0	∞	1,5	2,728
0,1	11,542	1,71828	2,71828
0,2	6,582	2,0	2,730
0,3	4,954	2,5	2,793
0,4	4,160	3,0	2,885
0,5	3,698	3,5	2,991
0,6	3,404	4,0	3,106
0,7	3,203	4,5	3,230
0,8	3,062	5,0	3,350
0,9	2,959	7,5	3,970
1,0	2,885	10,0	4,588

Aus Gl. 262 folgt

$$a = r_a \cdot \frac{\mu}{1+\mu} \quad . \quad . \quad . \quad . \quad . \quad . \quad . \quad \mathbf{264.}$$

schließlich auch

$$r_i = r_1 = r_a - a = \frac{r_a}{1+\mu} \quad . \quad . \quad . \quad . \quad \mathbf{265.}$$

und durch Einsetzen des aus Fig. 75 erhaltenen Wertes von μ in diese Gleichungen sind die Verhältnisse ermittelt.

Es ist aber nicht tunlich, die Größen r_a und a_1 in ganz beliebiger Weise zu kombinieren, wie aus folgendem hervorgeht.

Die Kurve der $\dfrac{1+\mu}{ln\,(1+\mu)} = \dfrac{r_a}{a_1}$ (Fig. 75) besitzt für $\mu = e - 1 = 2,71828 - 1 = 1,71828$ ein Minimum im Betrage von $\dfrac{2,71828}{ln\,e} = 2,71828$.

Für alle Werte von $\dfrac{r_a}{a_1}$, welche kleiner sind als diese Zahl, also für alle Größen von $r_a < 2,71828\,a_1$ sind die Verhältnisse für den Betrieb überhaupt gar nicht verwendbar. Ein gerader Strahl beispielsweise von $a_1 = 0,06$ m Dicke kann sich an einer Ablenkungsfläche von $r_a = 0,15$ m wegen $r_a < 2,71828\,a_1$ nicht mehr richtig durch Anschwellung verstärken; er wird nicht mehr in geordneter Weise der Krümmung entlang gehen können, sondern muß sich in Wirbel auflösen.

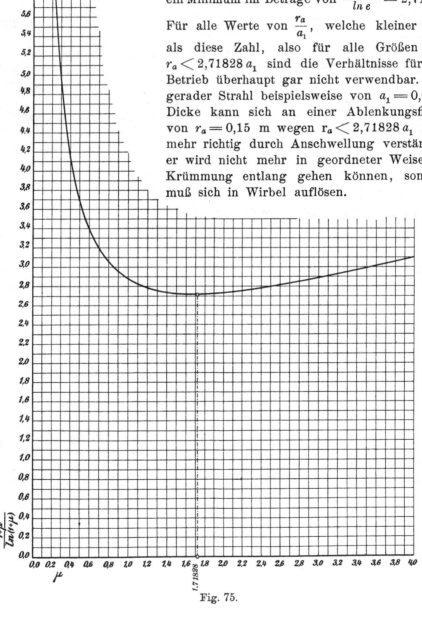

Fig. 75.

Ist in anderem Falle umgekehrt μ in bestimmter Größe festgesetzt, ohne daß einer der Radien r_a und r_i ziffermäßig angegeben ist, so läßt sich ohne weiteres nach Gl. 261 für gegebenes μ der Betrag von a rechnen, wobei die Tabelle S. 84 u. 85 oder Fig. 69 bequem sind, oder es läßt sich auch umgekehrt zu gegebener Krümmungsdicke a die entsprechende Dicke a_1 der geraden Einströmungsstrecke direkt berechnen.

Wie ersichtlich, sind alle diese Verhältnisse ganz unabhängig von den tatsächlichen Geschwindigkeiten v_1 usw.

Zahlenbeispiel 1. Gegeben $r_a = 0,15$ m, $a_1 = 0,05$ m.

Es ist $r_a = 3,0 \cdot a_1$, also größer als $2,71828\,a_1$, mithin ist die Sache ausführbar und es kann die Lösung durch Fig. 75 bewirkt werden. Bei $\dfrac{r_a}{a_1} = \dfrac{1+\mu}{ln(1+\mu)} = 3,0$ ergibt sich aus Fig. 75 die zugehörige Größe von μ zu $\sim 0,86$. Es folgen

(Gl. 264) $$a = r_a \cdot \frac{\mu}{1+\mu} = 0,15 \cdot \frac{0,86}{1,86} = 0,069 \text{ m}$$

(Gl. 265) $$r_i = r_1 = \frac{r_a}{1+\mu} = \frac{0,15}{1,86} = 0,081 \text{ m}.$$

Zahlenbeispiel 2. Soll in $a = \mu \cdot r_i$ ein Wert von μ im Betrage 0,3 zu Grunde gelegt werden, so folgt aus Tabelle S. 84 u. 85 und Fig. 69 $\dfrac{\mu}{ln(1+\mu)} = 1,1433$ und für etwa gegebene Einströmungsdicke a_1 ergibt sich nach Gl. 261

$$a = a_1 \cdot \frac{\mu}{ln(1+\mu)} = 1,1433\,a_1,$$

d. h. der Strahl wird, solange die Krümmung dauert, um etwa $\frac{1}{7}$ stärker sein als auf der geraden Strecke.

Ist a_1 in Zahlen bekannt, z. B. als $a_1 = 0,04$ m, so folgt $a = 1,1433 \cdot 0,04 = 0,046$ m, und nach Gl. 260 folgt der sich einstellende innere Krümmungsradius der Wasserfläche im offenen Krümmer zu

$$r_i = r_1 = \frac{a}{\mu} = \frac{0,046}{0,3} = 0,153 \text{ m},$$

woraus der äußere Krümmungsradius, nach welchem für $\mu = 0,3$ die Ablenkungsfläche zu richten wäre, sich auf

$$r_a = r_i + a = 0,153 + 0,046 = 0,199 \text{ m}$$

stellt. Die Fig. 76 zeigt eine absichtliche Übertreibung dieser Verhältnisse.

Die Größe von v_1 an sich usw. hat, wie gesagt, auf die gezeichneten Verhältnisse keinen Einfluß.

3. Die X- und Y-Komponenten mit Rücksicht auf kreisendes Wasser.

Es erübrigt noch der rechnungsmäßige Nachweis, daß die Beträge von X und Y sowohl bei Ablenkungsflächen als auch in Reaktionsgefäßen durch die in den gekrümmten Strecken verschiedene Verteilung von v und h nicht beeinflußt werden.

Dies soll erst unter Zugrundelegung der Ablenkungsfläche nach Fig. 16 geschehen (vergl. auch die Fußnote S. 9), deren Durchflußverhältnisse dem zuletzt erörterten Spezialfall S. 90—93 und Fig. 74 entsprechen.

An erster Stelle handelt es sich darum, die Wirkung der Zentrifugalkräfte zu bestimmen, welche von den einzelnen Wasserteilchen auf die Ablenkungsfläche ausgeübt werden. Die Teilchen eilen nunmehr, im Gegensatz zu der Annahme S. 8 ff. nicht mehr sämtlich mit v_1 der Krümmung entlang, sondern die v nehmen, wie wir erkannt haben, anfangend innen mit v_1, gegen außen nach dem Gesetz $v \cdot r = v_1 r_1 = $ Konst. ab.

Die Zentrifugalkraft eines einzelnen Wasserteilchens, im Abstand r von der Mitte, Masse dm, (vgl. Fig. 7 u. 67), stellt sich auf

$$dC = dm \cdot \frac{v^2}{r} = \frac{r\,d\beta \cdot dr \cdot b_1\,\gamma}{g} \cdot \frac{v^2}{r}$$

und mit $v = \dfrac{v_1 r_1}{r}$ folgt

$$dC = \frac{b_1\,\gamma}{g} \cdot v_1{}^2 r_1{}^2 \frac{dr}{r^2} \cdot d\beta.$$

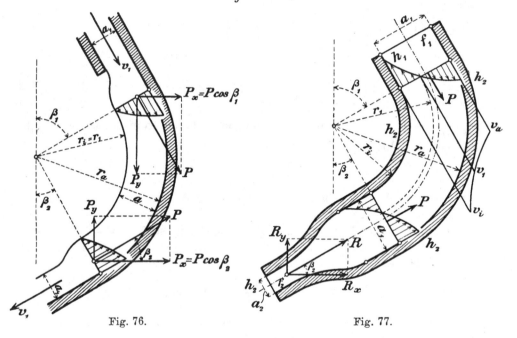

Fig. 76.   Fig. 77.

Als X-Komponente kommt für ein einzelnes Teilchen in Betracht (vgl. Fig. 7)

$$dC \sin \beta = \frac{b_1\,\gamma}{g} \cdot v_1{}^2 r_1{}^2 \frac{dr}{r^2} \cdot \sin \beta \, d\beta$$

und die ganze Ringschichte vom Radius r Dicke dr erzeugt einen Druck in der X-Richtung von

$$\Sigma\,dC \sin \beta = \frac{b_1\,\gamma}{g} v_1{}^2 r_1{}^2 \frac{dr}{r^2} \int\limits_{\beta_1}^{180-\beta_2} \sin \beta \, d\beta = \frac{b_1\,\gamma}{g} v_1{}^2 r_1{}^2 \frac{dr}{r^2} (\cos \beta_2 + \cos \beta_1) \quad \textbf{266.}$$

während für die Summe der unendlich dünnen Ringschichten zu setzen ist

$$X' = \frac{b_1\,\gamma}{g} v_1{}^2 r_1{}^2 (\cos \beta_2 + \cos \beta_1) \int\limits_{r_1}^{r_a} \frac{dr}{r^2} \quad \cdots \quad \textbf{267.}$$

oder

$$X' = \frac{b_1\,\gamma}{g} v_1{}^2 r_1{}^2 \left(\frac{1}{r_1} - \frac{1}{r_a} \right)(\cos \beta_2 + \cos \beta_1).$$

Setzt man nun für r_1 einmal den Wert nach Gl. 259 ein, so folgt mit $r_a = r_1 (1 + \mu)$, es handelt sich um einen offenen Krümmer, nach Vereinfachung

$$X' = \frac{b_1 \gamma}{g} \cdot v_1{}^2 \cdot \frac{a_1}{ln\,(1 + \mu)} \cdot \frac{\mu}{1 + \mu} (\cos \beta_2 + \cos \beta_1)$$

oder, wegen $a_1 b_1 v_1 = q_1$

$$X' = \frac{q \gamma}{g} \cdot v_1 \frac{\mu}{ln\,(1 + \mu)} \cdot \frac{1}{1 + \mu} (\cos \beta_2 + \cos \beta_1) \quad . \quad . \quad . \quad \textbf{268.}$$

Damit ist aber die Entfaltung von Kräften noch nicht erschöpft, wie aus nachstehendem hervorgeht.

Der Übergang der Geschwindigkeiten aus v_1 im geraden Stück nach den verschiedenen, von $v_i = v_1$ an, gegen außen abnehmenden Beträgen von v kann nicht plötzlich im Punkte des Krümmungsanfanges (Fig. 76) geschehen, sondern die Dicke a_1 wird vorher schon in stetiger Weise nach a übergehen derart, daß auch die v sich stetig unter Druckentwicklung aus den v_1 der Einzelteilchen bilden. In Wirklichkeit wird die Rückbildung von h aus $\frac{v_1{}^2}{2\,g} - \frac{v^2}{2\,g}$ nicht ohne Verluste durch Wirbel möglich sein, für den ideellen Betrieb dagegen darf dieser Vorgang als verlustlos betrachtet werden.

Es müssen also die Wasserteilchen in allen Radien mit einziger Ausnahme der allerinnersten, welche ihr $v_i = v_1$ behalten, in vorliegendem Fall verzögert werden, jedes Teilchen wird deswegen in der Einströmrichtung einen ganz bestimmten Verzögerungsdruck ausüben, der sich in letzter Linie gegen die Ablenkungsfläche bemerklich macht.

Bezeichnet $dq = dr\,b_1\,v$ die Teilwassermenge per Sekunde, welche durch eine unendlich dünne Ringschicht, Radius r, fließt, so ist gemäß Gl. 83 der durch diese Teilwassermenge infolge der Verzögerung auf v dauernd ausgeübte Druck in Richtung v_1 bezw. β_1

$$dP = \frac{dq \cdot \gamma}{g} (v_1 - v) = \frac{b_1 \gamma}{g} \cdot v\,(v_1 - v)\,dr \quad . \quad . \quad . \quad . \quad \textbf{269.}$$

Ersetzt man v aus der Beziehung $v \cdot r = v_i \cdot r_i = v_1 \cdot r_1$ wie vorher auch, so folgt

$$dP = \frac{b_1 \gamma}{g} \cdot v_1{}^2 r_1 \left(1 - \frac{r_1}{r}\right) \frac{dr}{r} = \frac{b_1 \gamma}{g} v_1{}^2 r_1 \left(\frac{dr}{r} - r_1 \frac{dr}{r^2}\right)$$

Über die ganze Strahldicke a, von r_1 bis r_a, beläuft sich dann die Summe der Verzögerungsdrucke auf

$$P = \frac{b_1 \gamma}{g} \cdot v_1{}^2 r_1 \int_{r_1}^{r_a} \left(\frac{dr}{r} - r_1 \cdot \frac{dr}{r^2}\right) = \frac{b_1 \gamma}{g} \cdot v_1{}^2 r_1 \left[ln \frac{r_a}{r_1} + r_1 \left(\frac{1}{r_a} - \frac{1}{r_1}\right)\right] \quad \textbf{270.}$$

Nach Einführen von $r_a = r_1 (1 + \mu)$ ergibt sich

$$P = \frac{b_1 \gamma}{g} \cdot v_1{}^2 r_1 \left[ln\,(1 + \mu) - \frac{\mu}{1 + \mu}\right].$$

Mit r_1 nach Gl. 259 folgt, weil hier $v_i = v_1$

$$P = \frac{a_1 b_1 v_1 \gamma}{g} \cdot v_1 \left[1 - \frac{\mu}{ln\,(1 + \mu)} \cdot \frac{1}{1 + \mu}\right]$$

oder auch $\qquad P = \frac{q \gamma}{g} \cdot v_1 \left[1 - \frac{\mu}{ln\,(1 + \mu)} \cdot \frac{1}{1 + \mu}\right] \quad . \quad . \quad . \quad . \quad \textbf{271.}$

In ganz gleicher Weise rechnet sich für den allmählich sich voll-

ziehenden Übergang von der gekrümmten Strecke in die gerade Austrittsrichtung eine Resultierende der Beschleunigungsdrücke, welche in den
einzelnen Schichten wirksam sein müssen, um sämtliche Wasserteilchen
wieder auf volles v_1 zu bringen. Die Reaktionskraft dieser Resultierenden
wird in Richtung β_2 gegen die Strömungsrichtung auf die Ablenkungsfläche
wirken und genau gleichen Betrag mit P, Gl. 271, haben. (Fig. 76.)

Für die X-Richtung kommt die Summe der Komponenten beider
Kräfte P im Betrage

$$P_x = P(\cos \beta_2 + \cos \beta_1) \quad . \quad . \quad . \quad . \quad . \quad \textbf{272.}$$

als zweiter Posten für die X-Komponente in Betracht.

Es folgt dann aus $X = X' + P_x$

$$X = \frac{q\gamma}{g} \cdot v_1 \, (\cos \beta_2 + \cos \beta_1) \left[\frac{\mu}{ln\,(1+\mu)} \cdot \frac{1}{1+\mu} + 1 - \frac{\mu}{ln\,(1+\mu)} \cdot \frac{1}{1+\mu} \right] \textbf{273.}$$

gleich dem bekannten Wert $X = \frac{q\gamma}{g} v_1 \, (\cos \beta_2 + \cos \beta_1)$ wie früher auch. Für Y
gilt die entsprechende Entwicklung.

Für Reaktionsgefäße ist v_2 nicht mehr gleich v_1 und deshalb sind die
Verhältnisse nicht so einfach wie bei der Ablenkungsfläche, immerhin aber
läßt sich auch für diese mit Hilfe der vorhergehenden Entwicklung die
allgemeine Gleichung $X = \frac{q\gamma}{g} (v_1 \cos \beta_1 + v_2 \cos \beta_2)$ (Gl. 94) herstellen.

Es sei ein unter Druck nachgefülltes Reaktionsgefäß nach Fig. 77
gegeben, welches im allgemeinen denjenigen der Fig. 36 bis 38 ähnlich ist,
doch soll das zu betrachtende Gefäß mit einer geraden Strecke $f_1 = a_1 b_1 = m f_2$
beginnen, dann, nachdem die Krümmung mit gleichbleibender Querschnittsform und Größe durchlaufen ist, wieder in ein gerades Stück $a_1 b_1$ übergehen, um dann erst in stetiger Verkleinerung auf den Austrittsquerschnitt $f_2 = a_2 b_2$ überzuleiten, also ein Gefäß ähnlich Fig. 67, aber unter
Wegfall der Einlaufstrecke f_0 und mit einer Austrittsbreite b_2 größer oder
kleiner als b_1. Die Gefäßachse liege in der Horizontalen.

In einem solchen Gefäß wird im allgemeinen der neutrale Radius r_1
noch innerhalb des Wasserkörpers liegen, wie dies Fig. 67, 70 und 77 zeigen,
und so werden im gekrümmten Teile, gegen außen nach r_a hin, die v
kleiner, gegen innen, r_i zu, größer sein als v_1.

Bei der Summierung der Zentrifugaldrucke des kreisenden Wassers
bleibt für den vorliegenden Fall die Gl. 266, welche nur die einzelne Ringschicht für sich umfaßt, unverändert bestehen, dagegen ist die Summierung
der Ringschichtendrucke durch Gl 267 hier nicht mehr von dem sich
selbständig einstellenden $r_i = r_1$ bis r_a, sondern von dem durch die Gefäßform gegebenen r_i bis r_a auszuführen. Hierdurch geht unter Einführen von r_1 nach Gl. 239 die Gl. 267 über in

$$X' = \frac{b_1 \gamma}{g} \cdot v_1{}^2 \frac{\mu^2}{ln^2\,(1+\mu)} \cdot r_i{}^2 \, (\cos \beta_1 + \cos \beta_2) \int\limits_{r_1}^{r_a} \frac{d\,r}{r^2} \quad . \quad . \quad \textbf{274.}$$

und nach ausgeführter Integration und Vereinfachung mit $\mu\,r_i = a_1$ ergibt
sich schließlich

$$X' = \frac{q\gamma}{g} v_1 \frac{\mu^2}{ln^2\,(1+\mu)} \cdot \frac{1}{1+\mu} \, (\cos \beta_1 + \cos \beta_2) \quad . \quad . \quad \textbf{275.}$$

An der Übergangsstelle, zu Beginn der gekrümmten Strecke, werden hier nicht nur die Wirkungen von Verzögerungsdrucken auf das Gefäß bemerkbar werden, sondern innerhalb von r_1, bis nach r_i hin, sind Beschleunigungsdrucke erforderlich, um die v von v_1 an auf größere Werte zu bringen (Fig. 77). Die Gl. 269 bringt dies mit zum Ausdruck, es wird innerhalb von r_1 im Gegensatz zu außen der Betrag $v_1 - v$, also auch dP negativ sein, und zur Bestimmung von P rückt die Integrationsgrenze für die Gl. 270 ebenfalls von dem früher freien $r_i = r_1$ auf den durch die Gefäßform gegebenen Radius r_i herein. Hierdurch und mit $v \cdot r = v_1 r_1 = v_1 r_i \dfrac{\mu}{ln\,(1+\mu)}$ wird Gl. 270 für den vorliegenden Fall geändert in

$$P = \frac{b_1\,\gamma}{g} \cdot v_1{}^2 \frac{\mu\,r_i}{ln\,(1+\mu)} \int_{r_1}^{r_a} \left(\frac{dr}{r} - r_i \frac{\mu}{ln\,(1+\mu)} \cdot \frac{dr}{r^2} \right) \quad \textbf{276.}$$

oder auch $\;\; P = \dfrac{b_1\,\gamma}{g} \cdot v_1{}^2 \dfrac{\mu\,r_i}{ln\,(1+\mu)} \cdot \left[ln\,\dfrac{r_a}{r_i} + r_i \dfrac{\mu}{ln\,(1+\mu)} \left(\dfrac{1}{r_a} - \dfrac{1}{r_i} \right) \right].$

Unter Verwendung von $\mu\,r_i = a_1$ und $r_a = r_i\,(1+\mu)$ ergibt sich schließlich

$$P = \frac{q\,\gamma}{g} \cdot v_1 \left[1 - \frac{\mu^2}{ln^2\,(1+\mu)} \cdot \frac{1}{1+\mu} \right] \quad\cdots\quad \textbf{277.}$$

Der Übergang der Krümmerstrecke in das gerade Stück des Gefäßes gegen die Ausmündung hin bringt die Entwicklung einer gleich großen, der Strömungsrichtung entgegengesetzt wirkenden Kraft (Fig. 77), und die Komponenten dieser beiden Kräfte in der X-Richtung bilden zusammen dem Buchstaben nach P_x wie Gl. 272.

Der geschlossene Krümmer mit verengtem Austritt $f_2 = a_2\,b_2$ bringt aber noch die Entwicklung einer dritten Kraft, die sich bei Bildung der X-Komponente und, sofern sich das Gefäß bewegt, an der Verrichtung von Arbeit beteiligt. Das Wasser muß nämlich nach Verlassen der dem Krümmer folgenden geraden Strecke von f_1, v_1 auf die größere Geschwindigkeit v_2 im Austrittsquerschnitt $f_2 = a_2\,b_2$ beschleunigt werden. Diese Beschleunigung erfolgt unter Verwendung der Druckdifferenz $h_1 - h_2$ und bei gleichzeitiger Erzeugung eines entgegengesetzt zu v_2 gerichteten Reaktionsdruckes R auf das Gefäß, im Betrage (vergl. Gl. 83, 84)

$$R = \frac{q\,\gamma}{g}\,(v_2 - v_1) \quad\cdots\cdots\cdot\quad \textbf{278.}$$

Die Komponente von R in der X-Richtung,

(Fig. 77) $\qquad R_x = \dfrac{q\,\gamma}{g}\,(v_2 - v_1)\cos\beta_2 \quad\cdots\cdots\quad \textbf{279.}$

ist als dritter Posten für die X-Komponente in Rechnung zu stellen und so ergibt sich hier

$$X = X' + P_x + R_x$$

$$X = \frac{q\,\gamma}{g} \cdot v_1\,(\cos\beta_1 + \cos\beta_2) \left[\frac{\mu^2}{ln^2\,(1+\mu)} \cdot \frac{1}{1+\mu} + 1 - \frac{\mu^2}{ln^2\,(1+\mu)} \cdot \frac{1}{1+\mu} \right]$$

$$+ \frac{q\,\gamma}{g}\,(v_2 - v_1)\cos\beta_2 \quad\cdots\cdots\quad \textbf{280.}$$

oder auch $\qquad X = \dfrac{q\,\gamma}{g}\,[v_1\,(\cos\beta_1 + \cos\beta_2) + (v_2 - v_1)\cos\beta_2]$

schließlich $\qquad X = \dfrac{q\,\gamma}{g}\,(v_1\cos\beta_1 + v_2\cos\beta_2) \quad$ wie Gl. 94.

Hierdurch ist der Beweis erbracht, daß die Form der Reaktionsgefäße zwischen Ein- und Austritt, solange nur normale Kontinuität vorhanden ist, keinen Einfluß auf die Entwicklung der X-Komponente und demgemäß auch auf die zu leistende Arbeit besitzt. Der Übergang von $f_1 = a_1 b_1$ auf $f_2 = a_2 b_2$ kann deshalb ideell in ganz beliebiger Weise durchgeführt werden. In Wirklichkeit wird sich der Konstrukteur bestreben, die Krümmung mit möglichst großem Radius, die Querschnittsübergänge stetig auszuführen, um die Verluste durch Wirbel, Reibung etc. so nieder als möglich zu halten. Dabei wird zweckmäßig die Überleitung von f_1 auf f_2 zugleich mit derjenigen von β_1 nach β_2 auf die ganze Länge des Gefäßes verteilt.

In gekrümmten Wasserführungen von anderem als rechteckigem, beispielsweise kreisförmigem, Querschnitt, bleibt das Gesetz der $v \cdot r = v_1 \cdot r_1$ natürlich gerade so bestehen als vorher. Die Untersuchungen über normale oder beschränkte Kontinuität haben dann aber natürlich das Gesetz der Änderung der Schichtenbreite b mit zu berücksichtigen.

Es kann noch die Frage aufgeworfen werden, ob denn nicht die gegen $f_1 = a_1 b_1$, dazu $s_1 b_1$, vorhandene Druckhöhe h_1 gegenüber der im übrigen das Reaktionsgefäß umgebenden Druckhöhe h_2 eine Kraftäußerung im Sinne der X- und Y-Komponente bewirke.

Für ein einzelnes Gefäß nach Fig. 77 ist dies für beide Richtungen zu bejahen; es wäre (Fig. 78) in der X-Richtung $(a_1 + s_1) b_1 \sin \beta_1 (h_1 - h_2) \gamma$ in Rechnung zu stellen. Sowie aber, und dies ist ja in der Praxis stets der Fall, die Gefäße aneinandergereiht auftreten (Fig. 38 und 78), ändern sich die Verhältnisse. Hier heben sich dann die aus $h_1 - h_2$ folgenden Druckkräfte in der X-Richtung auf, denn der nach rechts mit $h_1 - h_2$ gedrückten Fläche $(a_1 + s_1) b_1 \cos \beta_1$ steht nunmehr die gleich große, mit $h_1 - h_2$ gegen links gedrückte Projektion des geraden Übergangsstückes zur Nachbarschaufel (Fig. 78) gegenüber. Für die Y-Richtung dagegen kommt zu der Druckfläche $(a_1 + s_1) b_1 \sin \beta_1$ noch die Projektion des Anfangsstückes der Nachbarschaufel mit hinzu, so daß für diese Richtung einfach pro Schaufel ein Druck im Betrage $t_1 b_1 (h_1 - h_2) \gamma$ in Rechnung zu stellen ist, der im Betriebe von der Stützung der Gefäße (Spurzapfen) aufgenommen werden muß.

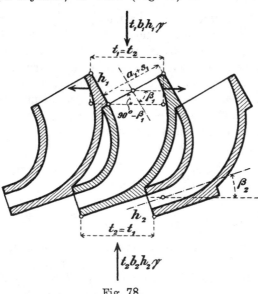

Fig. 78.

---

2. Die verschiedenen Arten der Turbinen.

Nachdem die in Betracht kommenden Vorgänge für das geradlinige Fortschreiten von aneinandergereihten Ablenkungsflächen und Reaktionsgefäßen rechnungsmäßig beleuchtet worden sind, wenden wir uns zu den Anordnungen dieser Flächen oder Gefäße im Kreise um eine feste Drehachse, zu den Turbinen, und werden hier in gleicher Weise die Bewegungs- und Arbeitsvorgänge zuerst im allgemeinen zu verfolgen haben.

Vorher aber sind einige neue Bezeichnungen und Begriffe einzuführen.

Das „Laufrad" einer Turbine wird durch die im Kreise angeordneten Flächen oder Gefäße selbst gebildet. Die dicht aufeinander folgenden Ablenkungsflächen, die Schaufeln, lassen zwischen sich Schaufelräume oder Zellen, ganz ähnlich den Reaktionsgefäßen, welch erstere aber selten ganz von Wasser erfüllt sind. Die jeweils gemeinschaftlichen Trennungswände der einzelnen Reaktionsgefäße führen ebenfalls den Namen Schaufeln.

Die meist auch im vollständigen Kreise gruppierten Leitzellen bilden das „Leitrad".

Die Indices „1" und „2" und „0" beziehen sich nunmehr im allgemeinen auf die Mitten der Ein- und Austrittsstellen, bei Ablenkungsflächen (Strahlturbinen), also auf die Mitten des Strahles, bei Reaktionsgefäßen (Reaktionsturbinen) auf die Mitten der Einfüll- und Ausströmungsöffnung.

Den Bezeichnungen der S. 43 sind dann noch anzufügen:

D_0 Leitraddurchmesser in Mitte der Leitschaufelöffnung,

D_1 Laufraddurchmesser in Eintrittsmitte,

D_2 desgl. in Austrittsmitte.

Wir setzen $D_2 = \varDelta D_1$, dann ist auch $r_2 = \varDelta r_1$; $u_2 = \varDelta u_1$.

Die Schaufelzahlen z_0, z_1, z_2 beziehen sich jetzt natürlich auf die Gesamtheit der im Kreise vorhandenen Schaufeln; bei Partialturbinen (siehe unten) ist z_0 die Zahl der im vollen Umkreis möglichen Leitschaufeln, welche dabei nicht notwendig eine ganze Zahl sein muß; z_1 und z_2 sind natürlich stets ganze Zahlen.

Es ist also zu setzen

$$z_1 t_1 = D_1 \pi, \qquad z_2 t_2 = D_2 \pi,$$

dagegen wird t_0, die Leitschaufelteilung, aus sachlichen Erwägungen auf dem Kreise $D_1 \pi$ gemessen, derart, daß $z_0 t_0 = D_1 \pi$ zu rechnen ist.

A. Unterscheidung der Turbinen nach Art der Wasserwirkung.

Turbinen, deren Laufrad aus Ablenkungsflächen zusammengesetzt ist, werden als Strahlturbinen bezeichnet, weil das aus den Leitzellen austretende Wasser als freier Strahl den Ablenkungsflächen entlang eilt und dadurch die arbeitenden Drucke gegen die Schaufeln erzeugt. Die relative Geschwindigkeit v, mit der das Wasser der Ablenkungsfläche entlang strömt, wird beeinflußt durch etwaigen Wechsel in der Höhenlage zwischen Ein- und Austrittstelle oder einen solchen in der Entfernung der Teilchen von der Drehachse. Wir haben bei Strahlturbinen kein Mittel, den Einfluß der durch die Anordnung der Turbine an sich gegebenen Lageänderung in beliebige Bahn zu lenken oder auszuschalten.

Die arbeitenden Drucke entstehen also bei den Strahlturbinen in erster Linie aus den Zentrifugalkräften der Ablenkung an der Schaufelfläche, in zweiter durch Verzögerungen der v und auch der u infolge Lageänderung der Wasserteilchen.

Im tatsächlichen Betriebe werden die v auf dem Wege durch das Laufrad nach und nach infolge Reibung der Wasserteilchen an Schaufeln und Kränzen, durch Krümmungswiderstände der Strahlen usw. abnehmen müssen.

Reaktionsturbinen sind nach Art von Fig. 78 aus aneinandergereihten Reaktionsgefäßen gebildet. Hier ist die jeweilige Größe der relativen Geschwindigkeit v durch die wählbaren Gefäßquerschnitte, unabhängig von Lageänderungen, erzwungen.

In der Reaktionsturbine beteiligen sich die Zentrifugalkräfte der Ablenkung ebenfalls an der Bildung der Arbeitsdrucke und des Drehmomentes, aber es kommen hier noch die Wirkungen der Reaktionskräfte in Betracht die durch den Übergang von v_1 auf v_2 verursacht sind, wie er in den Gefäßquerschnitten begründet ist. Es gibt Reaktionsgefäße bei denen fast gar keine Ablenkung vorhanden ist. Außerdem leisten oder empfangen die Wasserteilchen noch Druckkräfte je nachdem sie von größerer Umfangsgeschwindigkeit u_1 auf eine kleinere u_2 übergehen müssen oder umgekehrt.

Im tatsächlichen Betriebe verursachen die Reibungswiderstände bei den Reaktionsturbinen ebenfalls eine Verlangsamung der v. Diese hat aber eine andere Wirkung als bei der Strahlturbine. Weil nämlich bei der Reaktionsturbine alle Querschnitte der Zellen stets vollständig mit Wasser angefüllt sind, so bleibt die Verlangsamung nicht nur auf v_1 und v_2 beschränkt, sondern sie erstreckt sich auch auf w_0 bzw. w_1, also auf sämtliche, durch die Abmessungen der Gefäßquerschnitte gegenseitig in ein festes Verhältnis gesetzten Geschwindigkeiten, unter Einhaltung dieses Verhältnisses.

Der Reibungswiderstand einer Teilstrecke des Arbeitsweges beeinflußt hier die gesamten Durchflußverhältnisse, er zeigt sich als Differenz zwischen der für den Betrieb der betreffenden Strecke tatsächlich und der ideell erforderlichen Druckhöhe.

Die Reibungswiderstände des Laufrades bleiben also bei den Strahlturbinen ohne Einfluß auf die verbrauchte Wassermenge, während sie bei den Reaktionsturbinen die durchfließende Wassermenge verringern.

Die Bedingung für richtiges Arbeiten ist bei Reaktionsturbinen der sichere Zusammenhang mit dem Unterwasser (Tauchen oder Saugrohr), während die Strahlturbinen ihrer eigenen Natur nach mit dem Unterwasser nicht in direkte Berührung kommen dürfen.

———————

B. Einteilung der Turbinen nach Art der Wasserzuführung.

Einerlei ob Ablenkungsflächen oder Reaktionsgefäße in Anwendung sind, unterscheidet man die Turbinen auch nach Art der Wasserzuführung zum Laufrad, der Beaufschlagungsweise. Es wird hierbei nur die Richtung des zuströmenden, arbeitsfähigen Wassers und zwar nur diejenige senkrecht zur Trennungsfläche zwischen Leit- und Laufrad, senkrecht zur Spaltfläche, für die Charakterisierung herangezogen, d. h. nach früherem gibt nur die Lage der betreffenden Kómponente von w_1, also $w_1 \sin \delta_1$, der Turbine Name und Art.

Liegt die Spaltfläche in einem Cylindermantel, Cylinderspalt, so strömt das Wasser senkrecht ($w_1 \sin \delta_1$) zu dieser Fläche, also radial gegen das Laufrad, und es liegt eine Radialturbine vor; findet dabei die Beaufschlagung von außen statt, so sprechen wir von äußerer (Fig. 79), findet sie von innen statt, von innerer Radialturbine (Fig. 80).

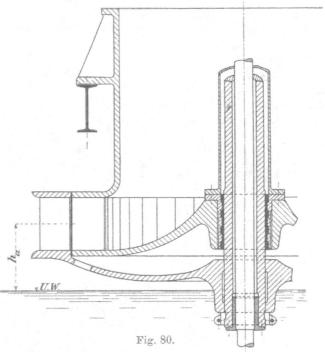

Fig. 79.   Fig. 80.

Ist die Spaltfläche als ebene Kreisringfläche senkrecht zur Drehachse ausgebildet, Ringspalt, strömt also das Wasser mit $w_1 \sin \delta_1$ parallel zur Achse, achsial, in das Laufrad, so nennen wir die Anordnung Achsialturbine. Bei Achsialturbinen ist eine Untertrennung in „obere" Achsialturbinen (Fig. 81) Wasserzuführung von oben und „untere" von entgegengesetzter Wasserleitung möglich. Da aber letztere Anordnung kaum jemals benutzt worden ist, so wird die „obere" Achsialturbine schlechtweg als Achsialturbine bezeichnet.

Ob das Ausströmen des Wassers von der Turbine weg in radialer oder

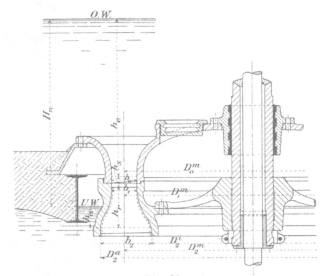

Fig. 81.

achsialer Richtung erfolgt, ist heute für die Benennung der Turbinen ohne Belang; nur die Richtung des arbeitsfähigen Wassers ist wie gesagt maßgebend, wenn ja auch natürlich mit Bezug auf $w_2 \sin \delta_2$ von radialem, achsialem oder auch zwischenliegendem Austritt die Rede sein kann.

Ein Mittelding zwischen Radial- und Achsialturbinen ist die Kegelturbine mit kegelförmiger Spaltfläche, die als äußere Kegelturbine (Fig. 82) oder auch als innere gedacht werden kann. Ihre Anwendung hat fast ganz aufgehört.

Turbinen, deren Leitschaufeln nicht in geschlossener Reihe rundum sitzen, sondern nur einen Teil des Laufradumfanges, der Spaltfläche, bedecken, werden als Partialturbinen bezeichnet im Gegensatz zu den rundum mit Leitschaufeln besetzten Vollturbinen.

Regulierturbinen sind alle diejenigen Turbinen, welche Einrichtungen besitzen, mittels deren die Wassermenge in rationeller Weise, d. h. unter Schonung der

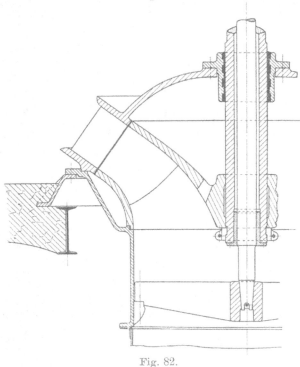

Fig. 82.

Nutzeffektziffer, den jeweiligen Verhältnissen entsprechend reguliert werden kann. Es können also sowohl Voll- wie auch Partialturbinen als Regulierturbinen ausgebildet sein. Absperrvorrichtungen im Zu- oder Ablauf, Einlaßschützen, Drosselklappen u. dergl. sind keine Reguliereinrichtungen.

Unregulierbare Turbinen werden heute kaum mehr gebaut.

3. Kraftäußerung und Arbeit des Wassers beim Durchströmen von Turbinen.

In unmittelbarem Anschluß an die Entwickelungen des ersten Kapitels sollen die von den nunmehrigen Arbeitsdrücken der einzelnen Ablenkungsflächen oder Reaktionsgefäße erzeugten Drehmomente an der Turbinenwelle betrachtet und die von jenen geleisteten Arbeitsbeträge rechnungsmäßig ermittelt werden. Auch hier gelten einstweilen, wenn nicht ausdrücklich anders erwähnt, die Voraussetzungen des ideellen Betriebes, Reibungslosigkeit usw. Die Druckhöhen h_0, h_1 usw. sind, wenn nicht anders bemerkt, wieder als hydraulische anzusehen.

A. Strahlturbinen.

1. Äußere radiale Strahlturbine mit stehender Welle, in Ruhe.

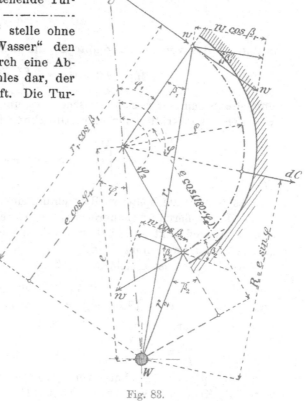

In Fig. 83 sei in W die stehende Turbinenwelle angedeutet, die —·—·—·— Kurve zwischen „1" und „2" stelle ohne Rücksicht auf „kreisendes Wasser" den mittleren Wasserfaden des durch eine Ablenkungsfläche geführten Strahles dar, der in der Horizontalebene verläuft. Die Turbine sei fest gehalten, d. h. in Ruhe.

Die absolute Geschwindigkeit w, mit welcher der Strahl an der Ablenkungsfläche entlang eilt, sei bekannt, und es soll das durch den Strahl auf die Drehachse ausgeübte Moment bestimmt werden. Zur Vereinfachung der Darstellung sei angenommen, daß der Krümmungsradius ϱ der Ablenkungskurve konstant sei.

Die Indices „1" und „2" entsprechen wie seither Ein- und Austritt des Wassers aus dem Bereich der Ablenkungsfläche, und so ist der

Fig. 83.

Eintrittsradius r_1, derjenige des Austritts r_2, von Turbinenmitte aus gerechnet.

Bei der kreisförmigen Anordnung der Ablenkungsflächen ist die Aufgabe nunmehr die, den Einfluß der vom abgelenkten Strahle ausgeübten
Zentrifugaldrucke festzustellen, wie er sich als Drehmoment an der stillstehenden Turbinenwelle äußert. Es ist hierbei für die Summation der
Druckwirkung der einzelnen Wasserteilchen nicht erforderlich, die dC wie
früher (vgl. Fig. 7) in rechtwinklige Komponenten zu zerlegen, sondern
es können hier ohne weiteres die von den einzelnen dC ausgeübten Drehmomente addiert werden. Diese berechnen sich wie folgt.

Die Zentrifugalkraft dC steht senkrecht zum Kreisumfang der Ablenkungsfläche, geht also in ihrer Rückwärtsverlängerung durch den Krümmungsmittelpunkt der Fläche und verläuft in einem Abstande R, senkrecht
von der Welle W aus gemessen (Fig. 83). Zieht man die Zentrale WU von
der Wellmitte durch den Krümmungsmittelpunkt der Fläche und bezeichnet
φ den Winkel zwischen WU und der augenblicklichen Richtung dC, so findet
sich der Momentradius R von dC zu

$$R = e \sin(180 - \varphi) = e \sin\varphi,$$

wenn e die Entfernung des Schaufelzentrums von der Wellmitte ist.

Nun ist wie früher entwickelt (S. 9)

$$dC = dm \cdot \frac{w^2}{\varrho} = \frac{ab\gamma}{g} w^2 d\varphi$$

mit dem Unterschiede, daß jetzt φ an die Stelle von β getreten ist. Wegen
$abw = q$ kann dann auch geschrieben werden

$$dC = \frac{q\gamma}{g} \cdot w \, d\varphi,$$

mithin ist das von dC ausgeübte Drehmoment

$$dM_C = dC \cdot e \cdot \sin\varphi = \frac{q\gamma}{g} \cdot w \cdot e \cdot \sin\varphi \, d\varphi \quad \ldots \quad \textbf{281.}$$

und die Summe der sich zwischen φ_1 und φ_2 ergebenden Drehmomente
von Zentrifugalkräften für eine Ablenkungsfläche (Schaufel)

$$M_C = \frac{q\gamma}{g} w \cdot e \int_{\varphi_1}^{\varphi_2} \sin\varphi \, d\varphi = \frac{q\gamma}{g} \cdot we(\cos\varphi_1 - \cos\varphi_2) \quad \ldots \quad \textbf{282.}$$

Es ist für die späteren Betrachtungen von Interesse, das Drehmoment
durch den äußeren und inneren Radius, r_1 und r_2, sowie durch die Winkel β_1
und β_2 ausgedrückt zu erhalten, welche die Ablenkungsfläche in „1" und
„2" mit dem Radumfang bildet.

Aus Fig. 83 ist ersichtlich, daß

$$e \cos\varphi_1 = r_1 \cos\beta_1 - \varrho$$

und　　　　　$$e \cos(180 - \varphi_2) = -e \cos\varphi_2 = r_2 \cos\beta_2 + \varrho.$$

Diese Werte formen die Gl. 282 um in

$$M_C = \frac{q\gamma}{g} \cdot w(r_1 \cos\beta_1 + r_2 \cos\beta_2) = \frac{q\gamma}{g}(r_1 w \cos\beta_1 + r_2 w \cos\beta_2) \quad \textbf{283.}$$

Ganz das gleiche Ergebnis würde sich zeigen, wie leicht nachzuweisen,
wenn die Krümmungsradien zwischen „1" und „2" wechseln. Ein Vergleich

von Gl. 283 mit Gl. 36 S. 11 zeigt die Ähnlichkeit in der Zusammensetzung der beiden Beziehungen, es ist gegenüber Gl. 36 nur noch zu jedem der beiden Teile, aus denen sich der Klammerwert für die X-Komponente zusammensetzte, der entsprechende Radius r_1 und r_2 gekommen, um das Moment zu bilden.

Die Gl. 283 kann ja dem Buchstaben nach so aufgefaßt werden, als ob sich das Moment aus demjenigen einer Kraft $\frac{q\gamma}{g}\,w\cos\beta_1$ am Radius r_1, und einer anderen $\frac{q\gamma}{g}\cdot w\cos\beta_2$ am Radius r_2 zusammensetze, oder auch als ob eine Kraft $\frac{q\gamma}{g}\cdot w$ (vgl. Fig. 10, S. 11) am Schaufelanfang mit dem Radius $r_1\cos\beta_1$ (Fig. 83) sowie beim Verlassen der Schaufel mit dem Radius $r_2\cos\beta_2$ je ein Teilmoment bilde. Wir haben aber gesehen, daß die Gl. 283 nichts darstellt als die Summe aller Drehmomente, welche durch sämtliche Zentrifugalkräfte der Ablenkungsfläche entlang erzeugt werden, daß also solche Einzelkräfte nur in der Rechnung, nicht aber in Wirklichkeit, vorhanden sind.

Man kann schließlich von einer Resultierenden aller Zentrifugalkräfte reden, deren Moment durch Gl. 283 gegeben ist, und die, weil w ideell überall gleich groß ist, in der Winkelhalbierenden von Ein- und Austrittsrichtung liegen muß, also in $\frac{\varphi_2 - \varphi_1}{2}$ (Fig. 83). Es erscheint aber zu weitgehend, wollte man ihre Größe, auch den Momentarm für sich noch bestimmen, es genügt, daß das resultierende Moment bekannt ist.

2. Äußere radiale Strahlturbine mit stehender Welle, in Bewegung.

Die Drehung des Laufrades vollziehe sich ganz gleichmäßig, woraus folgt, daß der Turbine ein der Drehung widerstrebendes Moment M entgegenwirkt, genau gleich dem von dem strömenden Wasser durch Vermittelung der Ablenkungsflächen ausgeübten Drehmomente, und es handelt sich um die Berechnung des letzteren.

Die Geschwindigkeit v, mit welcher das Wasser der Ablenkungsfläche entlang eilt (Fig. 84), ist nunmehr als relativ zu dieser, d. h. zum Laufrade, anzusehen. Das Wasser besitzt außer dieser relativen Geschwindigkeit auch noch die jeweils zugehörige Geschwindigkeit des kreisförmigen Fortschreitens der Fläche selbst, $u = r\omega$, wobei r die jeweilige Entfernung des betreffenden Wasserteilchens von der Welle W, ω die gleichmäßige Winkelgeschwindigkeit der Turbine bedeutet.

Für den Beginn der Ablenkungsfläche, die Stelle „1", muß demnach das Wasser mit der Resultierenden von v und u, hier v_1 und u_1, also mit der absoluten Geschwindigkeit w_1 zur Fläche zutreten.

Auch hier vollziehe sich der Vorgang derart, daß die einzelnen Wasserteilchen ihre Bahnen in horizontalen Ebenen zurücklegen; die Geschwindigkeitshöhe $\frac{w_1^2}{2g} = H$ entspricht dann dem ganzen verfügbaren Arbeitsvermögen, es ist $A_1 = q\gamma \cdot \frac{w_1^2}{2g} = q\gamma \cdot H$.

Die geradlinig fortschreitende Ablenkungsfläche besaß (für wagrechte Bahn der Wasserteilchen und abgesehen von den Erscheinungen des kreisenden Wassers an der Fläche selbst) ideell eine durchweg gleichbleibende relative Geschwindigkeit v des arbeitenden Wassers. Für die um eine senkrechte Welle rotierende Fläche ist dies nicht mehr zutreffend, hier wird v_2 von v_1 verschieden sein und es ist zuerst das Gesetz der Änderung der v zu erörtern.

Dieses Gesetz mag an erster Stelle in rein kinematischer Betrachtung entwickelt werden.

Ein Körper, welcher sich in der Geraden AB, Fig. 85, mit der gleichmäßigen absoluten Geschwindigkeit w_1 bewegt und zugleich reibungslos und ohne Arbeit abzugeben über eine mit gleichmäßiger Winkelgeschwindigkeit ω rotierende glatte Scheibe (ohne Ablenkungsflächen oder dgl.)

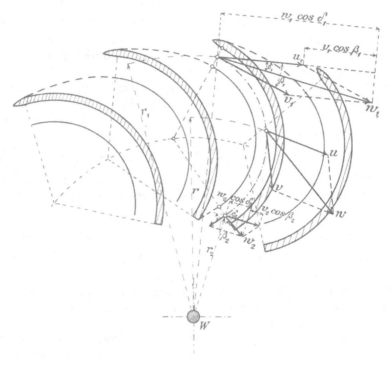

Fig. 84.

hingleitet, besitzt wenn im Kreise vom Radius r_1 angekommen die als Parallelogrammseite aus w_1 und $u_1 = r_1 \omega$ folgende Geschwindigkeit v_1 relativ zur Scheibe; im Kreise vom Radius r ergibt sich aus w_1 und $u = r\omega$ die relative Geschwindigkeit v. Bezeichnet man mit δ_1 bezw. δ die Winkel zwischen der Richtung von w_1 und u_1, der jeweiligen Tangente an den Kreis vom Radius r_1 bezw. r, so folgt:

$$v^2 = w_1{}^2 + u^2 - 2 w_1 u \cos \delta$$
$$v_1{}^2 = w_1{}^2 + u_1{}^2 - 2 w_1 u_1 \cos \delta_1$$

also
$$v^2 - v_1{}^2 = u^2 - u_1{}^2 - 2 w_1 u \cos \delta + 2 w_1 u_1 \cos \delta_1,$$

oder auch
$$v^2 - v_1{}^2 = u^2 - u_1{}^2 - 2 w_1 \omega (r \cos \delta - r_1 \cos \delta_1).$$

Nun ist (Fig. 85) $r \cos \delta = r_1 \cos \delta_1$, mithin zeigt sich, unabhängig von dem gleichbleibenden Betrag von w_1, in rein kinematischer Folge

$$v^2 = v_1{}^2 - u_1{}^2 + u^2 = v_1{}^2 - \omega^2 (r_1{}^2 - r^2) \quad . \quad . \quad . \quad \mathbf{284.}$$

als Gesetz für die tatsächliche Größe der jeweiligen relativen Geschwindigkeit zwischen dem gleichmäßig frei fortschreitenden Körper und der rotierenden Scheibe, also für den Fall, daß gar kein Arbeitsvermögen von dem
Körper auf die Scheibe oder umgekehrt, übergeht.*)

Das gleiche Gesetz besteht aber auch, wenn die Scheibe mit einer Ablenkungsfläche besetzt ist (Fig. 84), und wenn der Körper, das Wasserteilchen, unter Abgabe von Arbeitsvermögen an der Ablenkungsfläche entlang
zu eilen gezwungen ist, wie dies nachstehend entwickelt werden soll.

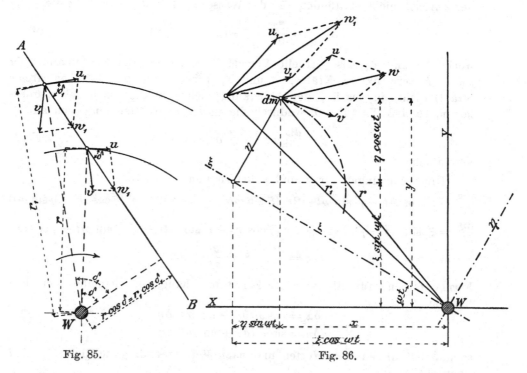

Fig. 85. Fig. 86.

Ganz allgemein stellen sich dann die v entlang der Ablenkungsfläche als
Geschwindigkeiten des ∞ kleinen Wasserteilchens dm relativ zu einem, sich
mit der Fläche in konstanter Winkelgeschindigkeit ω um die Welle W
drehenden Koordinatensystem der ξ und η dar (Fig. 86), dessen Nullpunkt
in der Drehachse W liegt. Die Bahnkurve (Form der Ablenkungsfläche)
kann als durch eine Beziehung ihrer Koordinaten ξ und η gegeben betrachtet werden.

Geht man für die Winkeldrehung des Laufrades von einer Anfangsstellung aus, so kann diese durch das feststehende Koordinatensystem der
x und y, Nullpunkt gleichfalls in Drehachse W, gekennzeichnet sein.

Der Drehstellung des Laufrades nach Verlauf der Zeit t entspricht
dann der Winkel ωt zwischen den beiden Systemen.

Die augenblicklichen relativen Geschwindigkeiten von dm in Richtung ξ
und η, die Komponenten von v, sind ausgedrückt durch

$$\frac{d\xi}{dt} \text{ und } \frac{d\eta}{dt},$$

es folgt mithin einfach

---

*) Siehe Herrmann, Turbinen und Kreiselpumpen.

$$\left(\frac{d\xi}{dt}\right)^2 + \left(\frac{d\eta}{dt}\right)^2 = v^2 \; . \; . \; . \; . \; . \; . \; . \; . \; . \; \textbf{285.}$$

Die Beziehungen zwischen x und y einerseits, ξ und η andererseits ergeben sich aus Fig. 86 als

$$x = \xi \cos \omega t - \eta \sin \omega t$$
$$y = \xi \sin \omega t + \eta \cos \omega t.$$

Das d'Alembertsche Prinzip hat hier, weil eine Bewegung in Richtung der Z-Achse nicht stattfindet, für das Wasserteilchen dm allgemein die Form

$$\left(X - dm \frac{d^2 x}{dt^2}\right) \delta x + \left(Y - dm \frac{d^2 y}{dt^2}\right) \delta y = 0 \quad . \; . \; \textbf{286.}$$

worin δx und δy als virtuelle Verschiebungen von der Zeit unabhängig sind. Äußere aktive Kräfte, X und Y, wirken auf das Teilchen (freier Strahl) nicht ein, es ist, der Ablenkungsfläche entlang, sich selbst überlassen, so daß $X = Y = 0$, wodurch die vorstehende Gleichung sich auf

$$\frac{d^2 x}{dt^2} \delta x + \frac{d^2 y}{dt^2} \cdot \delta y = 0 \quad . \; . \; . \; . \; . \; \textbf{287.}$$

vereinfacht.

Die Beziehungen für x und y liefern nun

$$\frac{d^2 x}{dt^2} = \xi'' \cos \omega t - \eta'' \sin \omega t - 2\omega (\xi' \sin \omega t + \eta' \cos \omega t) - \omega^2 (\xi \cos \omega t - \eta \sin \omega t)$$

$$\frac{d^2 y}{dt^2} = \xi'' \sin \omega t - \eta'' \cos \omega t + 2\omega (\xi' \cos \omega t - \eta' \sin \omega t) - \omega^2 (\xi \sin \omega t + \eta \cos \omega t)$$

worin $\qquad \xi' = \dfrac{d\xi}{dt}; \quad \xi'' = \dfrac{d^2 \xi}{dt^2}$ usw.

Ferner folgen, für die von der Zeit t unabhängigen virtuellen Verschiebungen

$$\delta x = \cos \omega t \, \delta \xi - \sin \omega t \cdot \delta \eta$$
$$\delta y = \sin \omega t \, \delta \xi + \cos \omega t \cdot \delta \eta,$$

so daß mit diesen vier Werten und nach Vereinfachung die Gleichung 287 übergeht in

$$(\xi'' - 2\omega \eta' - \omega^2 \xi) \delta \xi + (\eta'' + 2\omega \xi' - \omega^2 \eta) \delta \eta = 0 \quad . \; . \; \textbf{288.}$$

Nun ist wie schon gesagt $\xi' = \dfrac{d\xi}{dt}$ die augenblickliche Geschwindigkeit des Wassertropfens in Richtung ξ, ebenso $\eta' = \dfrac{d\eta}{dt}$ diejenige in Richtung η. Die virtuellen Verschiebungen sind derart bemessen, daß sie der durch die Ablenkungsfläche erzwungenen tatsächlichen Bewegung des Wasserteilchens entsprechen; d. h. $\delta \xi$ und $\delta \eta$ stehen im selben Verhältnis zu einander, wie die in einer unendlich kleinen Zeit zurückgelegten Wege in Richtung der ξ- und η-Achse. Diese Wege in der Zeit dt sind gleich $d\xi$ und $d\eta$, also muß

$$\frac{\delta \xi}{\delta \eta} = \frac{d\xi}{d\eta} = \frac{\xi'}{\eta'} \; \text{ sein.}$$

Mithin kann Gleichung 288 auch geschrieben werden:

$$(\xi'' - 2\omega \eta' - \omega^2 \xi) \xi' + (\eta'' + 2\omega \xi' - \omega^2 \eta) \eta' = 0$$

oder $\qquad \qquad \xi' \xi'' + \eta' \eta'' - \omega^2 (\xi \xi' + \eta \eta') = 0,$

oder auch

$$2 \left(\frac{d\xi}{dt} \cdot \frac{d^2 \xi}{dt^2}\right) + 2 \left(\frac{d\eta}{dt} \cdot \frac{d^2 \eta}{dt^2}\right) = 2\omega^2 \left(\xi \cdot \frac{d\xi}{dt} + \eta \cdot \frac{d\eta}{dt}\right) \; . \; . \; . \; \textbf{289.}$$

Die linke Seite der Gl. 289 stellt den Differentialquotienten der linken Seite der Gl. 285 dar, sie kann also auch als $\dfrac{d\,(v^2)}{dt}$ geschrieben werden.

Die rechte Seite der Gl. 289 ist der Differentialquotient von $\omega^2\,(\xi^2 + \eta^2)$ $= \omega^2 \cdot r^2$ (Fig. 86), mithin geht Gl. 289 über in

$$\frac{d(v^2)}{dt} = \omega^2 \frac{d\,(r^2)}{dt}$$

oder auch in

$$v^2 = \omega^2 r^2 + \text{Konst} \quad . \quad . \quad . \quad . \quad . \quad \textbf{290.}$$

die Konstante findet sich, wenn auf die Anfangsstellung „1“ zurückgegangen wird, aus

$$v_1{}^2 = \omega^2 r_1{}^2 + \text{Konst.},$$

so daß Gl. 290 dadurch, genau wie Gl. 284, lautet

$$v^2 = v_1{}^2 - \omega^2\,(r_1{}^2 - r^2) = v_1{}^2 - u_1{}^2 + u^2 \quad . \quad . \quad . \quad \textbf{291.}$$

Das Gesetz der v bleibt also gleich, einerlei ob Ablenkung und Arbeitsabgabe seitens der Wasserteilchen stattfindet oder nicht.

Das auf die rotierende Welle ausgeübte Drehmoment setzt sich aus drei Teilen zusammen, und zwar sind diese:

1. M_C, Moment der Zentrifugalkräfte, entstehend als Folge der Ablenkung durch die Schaufelfläche,

2. M_V,   „   der Verzögerungsdrucke, welche die Ablenkungsfläche den Wasserteilchen gegenüber ausübt zur Verkleinerung der v nach Gl. 291,

2. M_u,   „   der Verzögerungsdrucke, welche die Ablenkungsfläche gegen die Teilchen ausübt, um sie von der Umfangsgeschwindigkeit u_1 auf u_2 zu verzögern.

An beliebiger Stelle der Schaufelfläche, Winkelabstand φ (Fig. 87) ist für ein ∞ kleines Wasserteilchen wie vorher entwickelt das Moment des Zentrifugaldruckes dM_C (Folge der Änderung von v der Richtung nach) nach Gl. 281, aber jetzt mit v statt w_1

$$dM_C = \frac{q\gamma}{g} \cdot v \cdot e \sin \varphi \, d\varphi \quad . \quad . \quad . \quad . \quad . \quad \textbf{292.}$$

Das Moment M_V, hervorgerufen durch die Änderung von v der Größe nach, rechnet sich wie folgt. Der Wasserweg geht im vorliegenden Falle von außen nach innen, mithin nehmen die v gemäß Gl. 291 dem Wasserweg entlang ab und es muß entsprechend der durch die Ablenkungsfläche erzwungenen Abnahme der v auf diese Fläche und in der Richtung von v (Fig. 87) ein Druck der Wasserteilchen eintreten, gegeben für die Stelle im Abstand φ durch $\dfrac{q\gamma}{g} \cdot dv$ angreifend am Radius $\varrho + e \cos \varphi$ derart, daß

$$dM_V = \frac{q\gamma}{g}\,(\varrho + e \cos \varphi)\,dv \quad . \quad . \quad . \quad . \quad . \quad \textbf{293.}$$

Nun ist aus Fig. 87 ersichtlich, daß r, also auch v abnimmt, wenn φ wächst, mithin haben die dv und $d\varphi$ entgegengesetzte Vorzeichen und für richtige Summierung ist dann zu setzen

$$dM_C + dM_V = \frac{q\gamma}{g}\,[v \cdot e\,(-\sin \varphi \, d\varphi) + (\varrho + e \cos \varphi)\,dv]$$

was auch, weil ϱ konstant angenommen, geschrieben werden kann

$$dM_C + dM_V = \frac{q\gamma}{g}\left[v \cdot d\left(\varrho + e\cos\varphi\right) + \left(\varrho + e\cos\varphi\right)dv\right] = \frac{q\gamma}{g}\,d\left[v\left(\varrho + e\cos\varphi\right)\right].$$

Nun ist aus Fig. 87

$$\varrho + e\cos\varphi = r\cos\beta$$

also ist auch $\qquad\qquad dM_C + dM_V = \frac{q\gamma}{g} \cdot d\left(v \cdot r \cdot \cos\beta\right)$ . . . . . . **294.**

unabhängig von ϱ usw.

Die Integration zwischen den Grenzen „1" und „2" ergibt dann

$$M_C + M_V = \frac{q\gamma}{g}\left(v_1 r_1 \cos\beta_1 + v_2 r_2 \cos\beta_2\right)\quad . \ . \ .\ \textbf{295.}$$

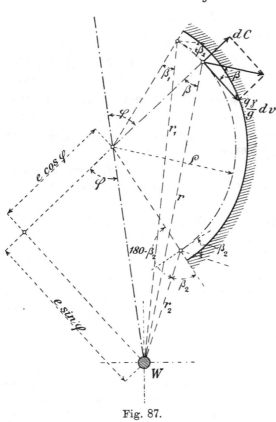

Fig. 87.

weil an der Stelle „2" im Sinne der Integration nicht β_2, sondern $180 - \beta_2$ einzusetzen war.

Der dritte der Summanden, aus denen sich das Drehmoment zusammensetzt, ergibt sich aus der Verzögerung in Richtung der Umdrehung, welcher die Wasserteilchen auch noch auf dem Wege von „1" nach „2" unterworfen sind.

Die Teilchen haben am äußeren Radius r_1, außer der relativen Geschwindigkeit v_1, auch noch die Geschwindigkeit des kreisförmigen Fortschreitens u_1. Würden in irgend einem beliebigen Zeitraum die stetig strömenden Wasserteilchen aus ihrer Umfangsgeschwindigkeit u_1 in die Umfangsgeschwindigkeit Null im Radius r_1 stoßfrei verzögert, so würde dies nach Gl. 83 unter Entwicklung eines Druckes im Betrage $\frac{q\gamma}{g} \cdot u_1$ gegen den Anfang

der Schaufelfläche geschehen, ein Drehmoment $\frac{q\gamma}{g} \cdot u_1 \cdot r_1$ auf die Turbinenwelle wäre die Folge. (Achsialturbinen.)

Nun findet aber keine Verzögerung auf Null statt, sondern nur auf u_2. Geschähe dies im Radius r_1, so würde die Verzögerung ein Drehmoment $\frac{q\gamma}{g} \cdot \left(u_1 - u_2\right)r_1$ hervorrufen. Wenn die Teilchen aber die Umfangsgeschwindigkeit u_2 erreicht haben, liegen sie nicht mehr in r_1, sondern in r_2 von der Welle entfernt. Das durch die Verzögerung auf W ausgeübte Moment lautet deshalb

$$M_u = \frac{q\gamma}{g}\left(u_1 r_1 - u_2 r_2\right)\quad . \ . \ . \ . \ . \ . \ .\ \textbf{296.}$$

Das Abzugsglied $\frac{q\gamma}{g} \cdot u_2 r_2$ stellt das nicht mehr zur Ausübung gekommene Verzögerungsmoment dar.

Die sekundlich an der Ablenkungsfläche vorbeiströmende Wassermenge q leistet also ein gesamtes Drehmoment von

$$M = M_C + M_V + M_u = \frac{q\gamma}{g}\left(v_1 r_1 \cos\beta_1 + v_2 r_2 \cos\beta_2 + u_1 r_1 - u_2 r_2\right) \quad \textbf{297.}$$

oder auch $\qquad M = \frac{q\gamma}{g}\left[r_1\left(v_1 \cos\beta_1 + u_1\right) + r_2\left(v_2 \cos\beta_2 - u_2\right)\right] \quad . \quad . \quad \textbf{298.}$

ausgedrückt in den inneren Größen.

Die Geschwindigkeitsparallelogramme der Fig. 84 lassen erkennen, daß

$$v_1 \cos\beta_1 + u_1 = w_1 \cos\delta_1 \quad \text{und daß} \quad v_2 \cos\beta_2 - u_2 = - w_2 \cos\delta_2$$

und so kann Gl. 298 auch lauten, ausgedrückt durch die äußeren Größen:

$$M = \frac{q\gamma}{g}\left(r_1 w_1 \cos\delta_1 - r_2 w_2 \cos\delta_2\right) \quad . \quad . \quad . \quad . \quad \textbf{299.}$$

Die geleistete Arbeit A findet sich aus $A = M \cdot \omega$ und wegen $u = r \cdot \omega$ nach Gl. 298 zu

$$A = \frac{q\gamma}{g}\left(v_1 u_1 \cos\beta_1 + v_2 u_2 \cos\beta_2 + u_1{}^2 - u_2{}^2\right) \quad . \quad . \quad \textbf{300.}$$

oder auch nach Gl. 299 zu

$$A = \frac{q\gamma}{g}\left(u_1 w_1 \cos\delta_1 - u_2 w_2 \cos\delta_2\right) = A_1 - A_2 = q\gamma\left(1 - \alpha\right)H \quad \textbf{301.}$$

Sind die v_1, v_2, w_1 usw. die tatsächlichen Geschwindigkeiten, so gelten die Gl. 292 bis 301 ohne weiteres auch für den tatsächlichen Betrieb, wobei natürlich $1 - \alpha - \varrho$ an die Stelle von $1 - \alpha$ tritt.

Ganz das gleiche Ergebnis muß sich zeigen, wenn rückwärts der Betrag von A, nunmehr wieder für ideellen Betrieb, aus

$$A = A_1 - A_2 = q\gamma\left(\frac{w_1{}^2}{2g} - \frac{w_2{}^2}{2g}\right) = q\gamma\left(1 - \alpha\right)H = q \cdot \gamma\eta H$$

berechnet wird.

Die w_1 und w_2 ergeben sich als die Resultierenden von u_1 und v_1 bezw. u_2 und v_2, wobei v_2 nach Gl. 291 zu bestimmen ist.

Die Fig. 84 zeigt, daß

$$w_1{}^2 = u_1{}^2 + v_1{}^2 + 2 u_1 v_1 \cos\beta_1,$$
$$w_2{}^2 = u_2{}^2 + v_2{}^2 - 2 u_2 v_2 \cos\beta_2$$

oder auch

$$w_1{}^2 - w_2{}^2 = u_1{}^2 - u_2{}^2 + v_1{}^2 - v_2{}^2 + 2\left(u_1 v_1 \cos\beta_1 + u_2 v_2 \cos\beta_2\right).$$

Nun folgt aus Gl. 291 für die Stelle „2"

$$v_1{}^2 - v_2{}^2 = u_1{}^2 - u_2{}^2 \quad . \quad . \quad . \quad . \quad . \quad \textbf{302.}$$

mithin ergibt sich

$$w_1{}^2 - w_2{}^2 = 2\left(u_1{}^2 - u_2{}^2 + u_1 v_1 \cos\beta_1 + u_2 v_2 \cos\beta_2\right)$$

und dadurch

$$A = q\gamma \cdot \left(\frac{w_1{}^2}{2g} - \frac{w_2{}^2}{2g}\right) = \frac{q\gamma}{g}\left[u_1\left(v_1 \cos\beta_1 + u_1\right) + u_2\left(v_2 \cos\beta_2 - u_2\right)\right]$$

$$= \frac{q\gamma}{g}\left[u_1 v_1 \cos\beta_1 + u_2 v_2 \cos\beta_2 + u_1{}^2 - u_2{}^2\right],$$

wie vorher auch, Gl. 300.

Für die Berechnung von M und A nach den äußeren Größen, Gl. 299 und 301, wäre noch w_2 und δ_2 zu bestimmen. Auf die diesbezügliche Rechnung kann hier unter Hinweis auf früher Gesagtes verzichtet werden.

Unter Weglassen von $q\gamma$ schreibt man die Gl. 301 als

$$u_1 w_1 \cos \delta_1 - u_2 w_2 \cos \delta_2 = g(1-\alpha)H = g \eta H \quad . \quad \textbf{303.}$$

für den ideellen, und als eine der Grundgleichungen für den tatsächlichen Betrieb (vergl. Gl. 201)

$$u_1 w_1 \cos \delta_1 - u_2 w_2 \cos \delta_2 = g(1-\alpha-\varrho)H = g \varepsilon H \quad . \quad \textbf{304.}$$

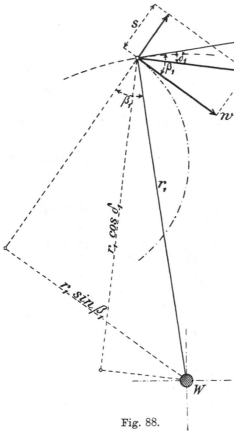

Fig. 88.

Die Größen w_1, u_1 usw. sind natürlich in den zwei Gleichungen verschieden.

Nachdem bei den geradlinig fortschreitenden Ablenkungsflächen gezeigt worden ist, daß jede beliebige Größe von w_2, also auch von αH erzielt werden kann, ist es nicht nötig, die gleichen Untersuchungen hier nochmals anzustellen.

Auch auf die Betrachtung der Folgen rascherer oder langsamerer Drehung der Strahlturbinen darf mit Rücksicht auf die entsprechenden Betrachtungen bei der geradlinig fortschreitenden Ablenkungsfläche verzichtet werden. Die Umdrehungszahl, bezw. die Winkelgeschwindigkeit ω wird sich dem widerstehenden Drehmoment anpassen, so lange dies kleiner ist, als der stillstehenden Turbine entspricht.

Das Drehmoment M_f der festgehaltenen Turbine, wenn das Wasser, im Gegensatz zur vorhergehenden Betrachtung, unter δ_1 zugeführt ist, setzt sich ideell aus zwei Posten zusammen, nämlich aus dem unter „1“ entwickelten (Gl. 283) zuzüglich des Stoßdruckes, der daraus entsteht, daß w_1 eben nicht in der Richtung β_1, sondern in δ_1 liegt (Fig. 88). Die Geschwindigkeit w unterscheidet sich deshalb auch von w_1.

Zerlegt man für die festgehaltene Ablenkungsfläche die im Winkel δ_1 liegende Zuführgeschwindigkeit w_1 des Wassers in Komponenten w parallel und s senkrecht zum Schaufelanfang, so ergeben sich deren Größen zu $w = w_1 \cos(\beta_1 - \delta_1)$ und $s = w_1 \sin(\beta_1 - \delta_1)$. Der Stoßdruck stellt sich auf $S = \dfrac{q\gamma}{g} \cdot s = \dfrac{q\gamma}{g} \cdot w_1 \sin(\beta_1 - \delta_1)$, dessen Momentarm ist, nach Fig. 88, $r_1 \sin \beta_1$. Es ist also, nach früherem mit k_S,

$$k_S M_S = \frac{q\gamma}{g} k_S r_1 w_1 \sin(\beta_1 - \delta_1) \sin \beta_1.$$

Dies kommt zu dem aus den Zentrifugalkräften folgenden Drehmoment M_C nach Gl. 283, so daß sich ergibt

$$M_f = M_C + k_S \cdot M_S = \frac{q\gamma}{g} \left[r_1 w \cos\beta_1 + r_2 w \cos\beta_2 + k_S \cdot r_1 w_1 \sin(\beta_1 - \delta_1) \sin\beta_1 \right].$$

Mit w nach obiger Bestimmung und $k_S = 1$ stellt sich dann M_f, nach Vereinfachung, auf

$$M_f = \frac{q\gamma}{g} w_1 \left[r_1 \cos\delta_1 + r_2 \cos(\beta_1 - \delta_1) \cos\beta_2 \right] \quad . \quad . \quad . \quad \textbf{305.}$$

Ein Zahlenbeispiel mag den Unterschied zwischen den Drehmomenten zeigen, die bei normaler Drehgeschwindigkeit und bei festgehaltener Turbine zu erwarten sind.

Die Fig. 84 hatte, der Deutlichkeit der Darstellung wegen, stark übertriebene radiale Ausdehnung der Schaufelflächen. Legt man diese Verhältnisse trotzdem der Rechnung zu Grunde, so ergibt sich mit $\beta_1 = 22^0 30'$, $\delta_1 = 11^0$, $\beta_2 = 52^0$, $r_1 = 1\,m$, $r_2 = 0,4\,m$, dazu mit $w_1 = 8,86\,m$, ideell einem Gefälle von $4\,m$ entsprechend:

$$u_1 = w_1 \cdot \frac{\sin(\beta_1 - \delta_1)}{\sin\beta_1} = 4,62\,m$$

$$v_1 = w_1 \cdot \frac{\sin\delta_1}{\sin\beta_1} = 4,42\,m$$

$$u_2 = u_1 \cdot \frac{r_2}{r_1} = 1,85\,m$$

$$v_2 = \sqrt{v_1{}^2 - u_1{}^2 + u_2{}^2} = 1,28\,m.$$

Aus v_2, u_2 und β_2 folgt gemäß Fig. 84

$$w_2 = 1,47\,m.$$

Die Turbine hat also ideell für $H = 4\,m$ einen Austrittsverlust von $\frac{w_2{}^2}{2g} \cdot \frac{1}{H} = \alpha = 0,0265$.

Das Moment der sich drehenden, ohne Stoß am Schaufelanfang arbeitenden Turbine folgt unter Einsetzung dieser Größen in Gl. 297 oder 298 zu

$$M = 0,844 \cdot q\gamma \text{ in } mkg,$$

während dasjenige der festgehaltenen Turbine sich nach Gl. 305 auf

$$M_f = 1,097\,q\gamma \text{ in } mkg$$

stellt. M_f ist hier nur wenig größer als M.

Vergrößert man den recht kleinen Radius r_2 auf mehr ausführungsgemäße Verhältnisse, beispielsweise auf $r_2 = 0,8\,m$, so ergeben sich für gleichbleibendes u_1 die Größen von

$$u_2 = 3,70\,m; \qquad v_2 = 3,44\,m.$$

Behält man, des schärferen Vergleiches wegen, den vorher berechneten Austrittsverlust $\alpha = 0,0265$ auch bei, so rechnet sich der hierfür im neuen, größeren Austrittsradius erforderliche Winkel β_2 des Schaufelendes gemäß des Parallelogramms der Fig. 84 zu $\beta_2 = 23^0 20'$, gegenüber vorher 52^0, und die Momente folgen nach den gleichen Beziehungen wie früher, jetzt zu

$$M = 0,844\,q\gamma \text{ in } mkg$$

natürlich wie vorher auch, dagegen findet sich

$$M_f = 1,527\,q\gamma \text{ in } mkg$$

Das Stillstandsmoment hat sich ganz wesentlich vergrößert, weil sich eben die gesamte Ablenkung in größerer Entfernung von der Welle vollzieht.

Die Zahlenbeispiele zeigen, wie sehr die Abmessungen einer Strahlturbine bei gleichbleibendem Betriebs-Drehmoment M von Einfluß sind auf
die Größe des Stillstandsmomentes M_f, daß also die Anschauung, als ob das
Stillstandsmoment stets doppelt so groß ausfalle als das Betriebsmoment,
nicht gerechtfertigt ist.

2 a. Äußere radiale Strahlturbine mit gegebenem Austritts-
verlust α.

Um bei gegebener Geschwindigkeitshöhe $\frac{w_1^2}{2g} = H$ einen bestimmten Austrittsverlust αH zu erzielen, ist hier, nach Annahme der Durchmesser „1"
und „2" unter Rücksichtnahme auf das Gesetz der v (Gl. 291 und 302),
vorzugehen.

Da bei kleinen Werten von α, also auch von w_2, die Größen von v_2
und u_2 nicht sehr voneinander verschieden sein dürfen, so werden wegen
Gl. 291 auch v_1 und u_1 nicht
viel voneinander abweichen;
ist beispielsweise $v_2 = u_2$, so
muß für ideellen Betrieb auch
$v_1 = u_1$ ausfallen. Hieraus folgt
nach Fig. 89 $\beta_1 = 2\delta_1$ und
$u_1 \cos \delta_1 = \frac{w_1}{2}$, also

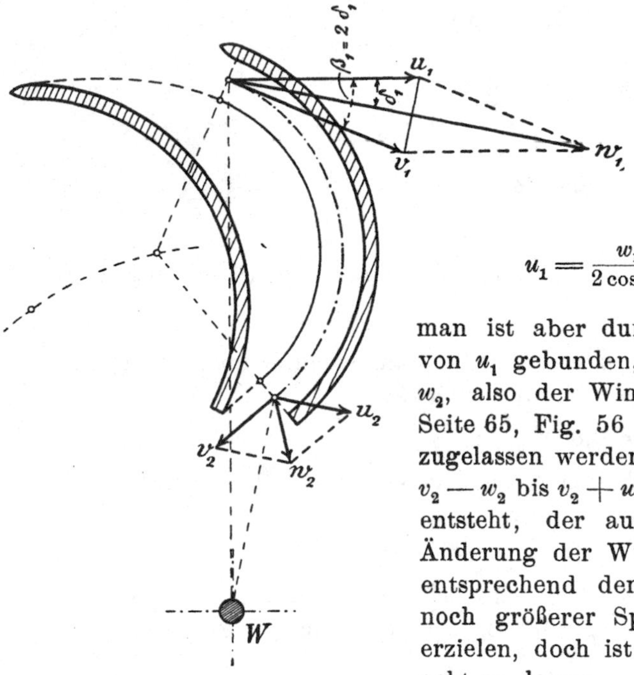

Fig. 89.

$$u_1 = \frac{w_1}{2 \cos \delta_1} = \frac{1}{2 \cos \delta_1} \sqrt{2gH} \ . \ . \ \textbf{306.}$$

man ist aber durchaus nicht an diese Größen
von u_1 gebunden, denn es kann die Lage von
w_2, also der Winkel δ_2 auch wieder, wie auf
Seite 65, Fig. 56 gezeigt, ideell von 0 bis 180⁰
zugelassen werden, wodurch für die u_2 zwischen
$v_2 - w_2$ bis $v_2 + w_2$ ein entsprechender Spielraum
entsteht, der auch auf u_1 übergeht. Durch
Änderung der Winkel β_1 und δ_1 läßt sich dann
entsprechend den Erörterungen S. 22 u. f. ein
noch größerer Spielraum für die Wahl der u
erzielen, doch ist die Gl. 291 dabei nicht außer
acht zu lassen.

Der tatsächliche Betrieb bringt, wie schon
gesagt, Reibungswiderstände zwischen Wasser und Ablenkungsfläche, sowie
solche zwischen den einzelnen Wasserteilchen in den verschiedenen konzentrischen Schichten des durch die Ablenkungsfläche gekrümmten, den
Erscheinungen des kreisenden Wassers (S. 77 u. f.) unterworfenen Strahles.
Die frei strömenden Wasserteilchen erleiden hierdurch Verluste an Arbeitsvermögen, die sich als stetig zunehmende Verringerung der v entlang der
Schaufelfläche gegenüber den ideellen Werten bemerkbar machen.   Es
handelt sich um Arbeitsverluste, durch die relative Bewegung hervorgerufen,
die sich aber natürlich auch als Arbeitsverluste in absoluter Beziehung
darstellen.

Die Wasserteilchen kommen mit entsprechend vermindertem v in „2" an. Über die Beträge dieser Verminderung siehe spätere Angaben, es fehlen uns aber auch hierüber noch ausgiebige Versuchsziffern.

Daß auch hier die Radschaufelanfänge zugeschärft auszuführen sind, ist einleuchtend.

Von Interesse ist noch die Bestimmung des tatsächlich, absolut, von dem Wasserteilchen zurückgelegten Weges zwischen „1" und „2". Da aber die äußere radiale Strahlturbine in der früher üblichen Form heute kaum mehr in Betracht kommt, so soll diese Bestimmung hier unterbleiben und bei Betrachtung der inneren radialen Strahlturbine zur Erledigung kommen.

3. Innere radiale Strahlturbine mit stehender Welle, in Ruhe.

Auch hier sei die Wasserbewegung nur in der Horizontalebene gedacht.

Das Drehmoment, welches von dem der Ablenkungsfläche mit w entlangströmenden Wasser auf die Turbinenwelle ausgeübt wird, berechnet sich genau wie unter 1 für die äußere radiale Strahlturbine entwickelt, nur ist natürlich der Eintrittsradius r_1 hier kleiner als r_2 usw.

4. Innere radiale Strahlturbine mit stehender Welle, in gleichförmiger Bewegung.

Daß das Gesetz der v hier ebenso gilt als unter 2, bedarf keines weiteren Beweises, nur wird, den Umständen entsprechend, v_2 größer als v_1 ausfallen müssen. Diese Vergrößerung auf v_2 kann, obschon sie nach Gl. 291 rechnungsmäßig mit u^2 zusammenhängt, nicht als eine Wirkung von Zentrifugalkräften aufgefaßt werden, denn es ist, weil die Strahlen nur an der Konkavseite der Ablenkungsfläche anliegen und im übrigen frei sind, eine Einwirkung durch Zentrifugalbeschleunigung seitens des Laufrades ausgeschlossen.

Für die Berechnung des Drehmomentes sowie der abgegebenen Arbeit A gelten die Entwickelungen und Gleichungen 292 bis 301 ganz wie unter 2, doch ist dabei zu erwähnen, daß M_u nach Gl. 296 wegen $u_2 r_2 > u_1 r_1$ nicht als Vermehrung sondern als Verminderung des Gesamtmomentes auftritt. Die Wirkung der M_C und M_V wird dadurch abgeschwächt, daß die Schaufel nach außen zu immer schneller ausweicht.

Ein Umstand ist bei der inneren radialen Strahlturbine nicht außer acht zu lassen, nämlich der Zusammenhang zwischen der Form der Ablenkungsfläche und dem Weg, den ein Wasserteilchen relativ zum Laufrade zurücklegen würde, wenn es, ähnlich demjenigen der Fig. 85 aber hier natürlich von innen gegen außen, mit gleichbleibender Geschwindigkeit w_1, also ohne Arbeitsabgabe, geradlinig fortschreitet.

Das Wasserteilchen bewege sich, absolut genommen, in der Geraden AB, Fig. 90, und wir denken uns wie vorher eine mit der gleichförmigen Winkelgeschwindigkeit ω um W rotierende ringförmige glatte Scheibe an Stelle des Laufrades.

Die Bahn des Wasserteilchens gegenüber der Scheibe wird auf einfache Weise erhalten, wenn man die Punkte der Scheibe ermittelt, die nach Ablauf gewisser Zeiträume mit dem Teilchen zusammentreffen. Nimmt man die Stelle „1" zum Ausgang, so hat sich nach einem bestimmten kleinen

Zeitraume t das Teilchen um $w_1 \cdot t$ in der Geraden nach a' vorwärts bewegt, es befindet sich jetzt auf einem Kreise von dem durch die Lage von a' bestimmten Radius r_a. Der Punkt der sich mit ω gleichmäßig drehenden Scheibe, welcher jetzt mit dem Teilchen zusammenfällt, lag, als dieses noch in „1" war, natürlich schon im Radius r_a, aber der Winkeldrehung nach noch um $r_a\,\omega\,t = u_a \cdot t = u_1\,\dfrac{r_a}{r_1} \cdot t$ gegen rückwärts in a. Nach Ablauf von $2t$ ist das Teilchen um $2\,w_1\,t$, von „1" an gerechnet, fortgeschritten, befindet sich in b', auf einem Kreise vom Radius r_b. Der hier mit ihm zusammenfallende Punkt der Scheibe saß vor der Zeit $2t$ noch um $2\,u_b\,t$ rückwärts in b usw. Die durch „1", a, b, usw. gezogene Kurve ist die Bahn, welche das

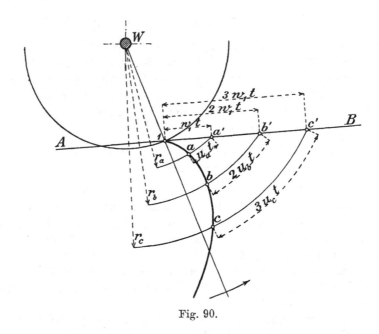

Fig. 90.

geradlinig und gleichmäßig, also ohne Arbeitsabgabe, fortschreitende Wasserteilchen auf der Scheibe beschreibt, und eine Ablenkungsfläche, die nach dieser Kurve gekrümmt ist, würde dem Wasserteilchen bei der betreffenden Winkelgeschwindigkeit ω überhaupt kein Arbeitsvermögen entziehen können, es würde $w_2 = w_1$ ausfallen. („Neutrale" Kurve nach Herrmann.)

So muß die Ablenkungsfläche, wie leicht einzusehen, in einer Form ausgeführt werden, deren Krümmung innerhalb dieser sog. neutralen Kurve liegt, denn sonst entwickeln sich ja gar keine Zentrifugaldrucke aus v gegenüber der Ablenkungsfläche.

Die Wirkungslosigkeit der anscheinenden Ablenkung für den Fall, daß die Schaufelform mit der neutralen Kurve zusammenfällt, läßt sich in der Weise erklären, daß die Schaufel den Wasserteilchen eben mit derselben Geschwindigkeit ausweicht, mit der diese die Fläche zu erreichen suchen.

Die Gleichung der neutralen Kurve ist nicht schwierig zu ermitteln, ihre Anwendung gestaltet sich aber bei der Untersuchung einer etwa schon gewählten Schaufelform so wesentlich umständlicher gegenüber dem zeichnerischen Verfahren wie es in Fig. 90 angegeben ist, daß hier auf die analytische Behandlung nicht weiter eingegangen werden soll. Nur ein Umstand sei noch erwähnt. Die Schaufel nach der neutralen Kurve besitzt das Drehmoment Null für die betreffende der neutralen Kurve zu Grunde liegende Winkelgeschwindigkeit. Es muß sich deshalb bei der betreffenden Schaufel die Größe M nach Gl. 297 bis 299 als Null ergeben. Da nun Gl. 297 nur Daten von Anfang und Ende der Ablenkungsfläche enthält, so folgt daraus, daß der innere Verlauf der Ablenkungsfläche in letzter Linie ohne Einfluß auf die Bildung des Drehmomentes bleibt, daß also eine Ablenkungsfläche, selbst wenn sie nur in ihrem Anfangs- und Endpunkte mit der neutralen Kurve gleichgerichtet ist, kein Drehmoment erzielen wird. Hätte eine solche Fläche in ihrem Verlauf zwischen hinein aktive Strecken, so werden deren Teilmomente ideell dadurch aufgezehrt werden, daß dafür an anderen Stellen die zurückbleibenden Wasserteilchen durch Anschlag an den Rücken der Nachbarschaufel beschleunigt werden müssen.

Von Interesse ist besonders auch Gl. 299. Ist das Moment, also auch die Arbeitsabgabe, Null, so ist $w_2 = w_1$ und so folgt auch aus Gl. 299 für die neutrale Kurve

$$r_1 \cos \delta_1 = r_2 \cos \delta_2 \quad \ldots \ldots \ldots \quad \textbf{307.}$$

wie dies früher aus Fig. 85 zur Entwickelung von Gl. 284 zu entnehmen war.

Diese Bedingung zeigt, daß für äußere radiale Strahlturbinen keine Gefahr vorliegt, daß deren Schaufelkrümmungen sich der neutralen Kurve nähern könnten, da hierbei r_2 stets kleiner als r_1 ist, und die neutrale Kurve deshalb gegen innen eines Winkels $\delta_2 < \delta_1$ bedürfte, was der ganzen Anordnung gemäß gar nicht ausführbar ist. Die innere radiale Strahlturbine dagegen kann sehr leicht, der wachsenden r wegen, dahin kommen, daß sich $r_2 \cos \delta_2$ dem Werte $r_1 \cos \delta_1$ nähert, darum ist Vorsicht beim Entwerfen der inneren radialen Strahlschaufeln geboten.

4a. Innere radiale Strahlturbine mit gegebenem Austrittsverlust α.

Hier gilt das auf S. 114 von der äußeren radialen Strahlturbine Gesagte in entsprechender Weise und es braucht nur noch der dort erwähnte sog. absolute Wasserweg seine Erwähnung zu finden.

Der neutralen Kurve, Fig. 90, liegt ein geradliniger absoluter Weg AB der Wasserteilchen zu Grunde und die Teilchen behalten auf diesem auch ihre Geschwindigkeit w_1 unverändert bei.

Die innerhalb der neutralen Kurve liegende Ablenkungsfläche, die Radschaufel, Fig. 91, zwingt die Wasserteilchen von der geraden Bahn abzugehen und, weil die $u = r\omega$ an sich, auch die v nach Gl. 291 für jeden Punkt festgelegt sind, so erzwingt die Ablenkung hier auch eine Änderung der w als der Resultierenden von u und v, von w_1 nach w_2, die eben der nach und nach erfolgenden Arbeitsabgabe entspricht.

Für das Aufzeichnen des absoluten Wasserweges für ideelle Verhältnisse kann man, ohne wesentlich ungenau zu sein, wie folgt verfahren.

Gegeben w_1, dazu u_1, die Schaufelform, u_2, w_2. Fig 91. Aus w_1 und u_1 folgt v_1; für eine sehr kleine Zeit t, beispielsweise 1/500 Sek., ist das Wasserteilchen auf seinem Wege entlang der Schaufel von der Stelle „1" weg-

gerückt nach a' in den Kreis vom Radius r_a. Auf dieser sehr kleinen
Strecke darf v als konstant, noch gleich v_1, angesehen werden, so daß der
entlang der Schaufelkrümmung zurückgelegte Weg gleich $v_1 \cdot t$ zu setzen ist.

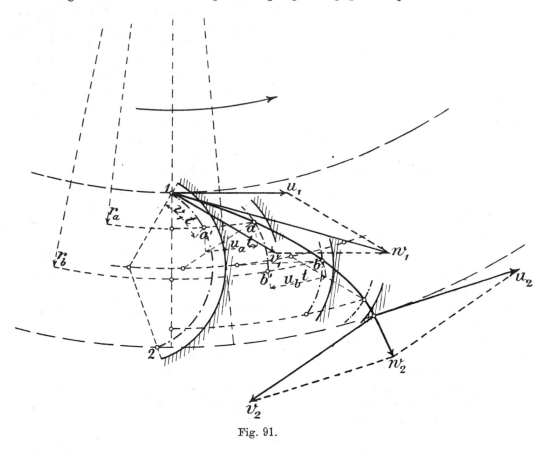

Fig. 91.

Mittlerweile hat sich aber die Turbine um ωt gedreht, d. h. die Schaufel
und mit ihr der Punkt a' ist um $r_a \omega t = u_a t$ fortgeschritten nach a, also befindet sich das zuerst in „1" ge-
wesene Wasserteilchen nunmehr
ebenfalls in a.

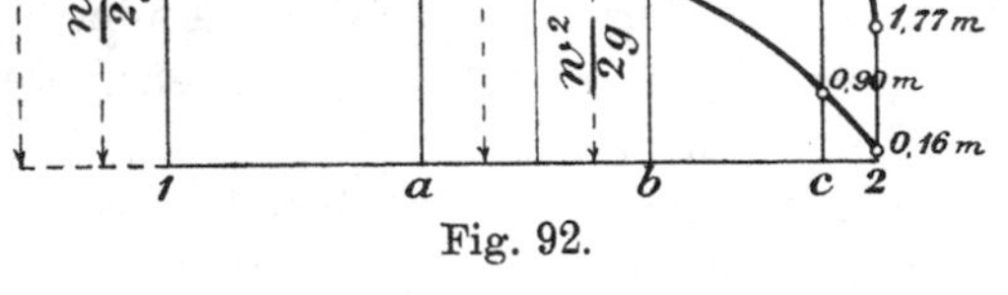

Für den nächstfolgenden
kleinen Zeitabschnitt t besitzt
das Teilchen die relative Geschwindigkeit v_a, die aus Gl. 291
mit r_a rechnungsmäßig ist. Das
Teilchen legt in dem zweiten
kleinen Zeitabschnitt t den Weg
von a bis b' entlang der Schaufel mit der relativen Geschwindigkeit v_a zurück, also eine
Strecke im Betrage von $v_a t$,
zugleich dreht sich die Turbine wieder um ωt, d. h. der Punkt b' rückt
um $r_b \omega t = u_b \cdot t$ vorwärts und das Wasserteilchen befindet sich nach Ablauf von insgesamt $2 t$ in b.

Fig. 92.

Durch Fortsetzen dieser Rechnung und Aufzeichnung erhält man den ganzen, vom Wasserteilchen durchlaufenen absoluten Weg, eine Kurve, die mit w_1 als Tangente beginnt und die in der Richtung von w_2 endigen muß. In welcher Weise w_1 allmählig der Größe nach in w_2 übergeht, zeigt die obere Kurve der Fig. 92, bei welcher, für ideellen Betrieb, $\frac{w_1{}^2}{2g} = 4m$ und $\alpha = 0{,}04$, also $\frac{w_2{}^2}{2g} = 0{,}16\,m$ und $w_2 = 1{,}77\,m$ sowie die Kreis-Schaufelform und die Verhältnisse der Fig. 91 zu Grunde gelegt sind; die untere zeigt den Übergang des Arbeitsvermögens.

5. Äußere und innere radiale Strahlturbinen mit liegender Welle.

Sowie die Bewegung der Wasserteilchen nicht mehr in der Horizontalen erfolgt, muß der Einfluß der Erdanziehung auf das Teilchen mit in Erscheinung treten.

Diese äußert sich je nach der Richtung der Bewegung beschleunigend oder verzögernd in bezug auf die w und die Entwickelung der v.

Es wird die relative Geschwindigkeit v, bei Abwärtsbewegung des Teilches um eine Höhe h, den Betrag haben, der aus Gl. 291 folgt, vermehrt um die Wirkung der Fallhöhe, d. h. es wird ideell sein

$$v = \sqrt{v_1{}^2 - u_1{}^2 + u^2 + 2gh} \quad \ldots \ldots \quad \textbf{308.}$$

Für den durchlaufenen vollen Höhenunterschied h_r zwischen Ein- und Austrittsstelle Fig. 93 folgt

$$v_2 = \sqrt{v_1{}^2 - u_1{}^2 + u_2{}^2 + 2gh_r} \quad \ldots \ldots \quad \textbf{309.}$$

Für Aufwärtsbewegung käme $-2gh$ usw. in Anrechnung. Die sich so ergebenden Größen von v_2 können in den Gleichungen 298 und 300 Verwendung finden, während die Gleichungen 299 und 301 dem Buchstaben nach unverändert bleiben. Allerdings wird ja w_2 bei etwa gleichbleibender Schaufel durch die Veränderung von v_2 auch einen anderen Betrag haben.

Ist der Austrittsverlust α gegeben, so ist wie bei den Radialturbinen mit stehender Welle von ungefähr $u_1 = \frac{w_1}{2\cos\delta_1}$ für das Entwerfen auszugehen. Hiermit folgt mit den angenommenen Radien r_1 und r_2 die Größe von u_2 und auch v_2. Es ist dann u_2 und v_2 so zu kombi-

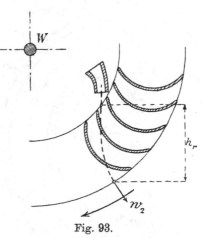

Fig. 93.

nieren, daß w_2 entsprechend α ausfällt, was besonders durch Änderung von β_2, auch von u_2 bezw. r_2 erreicht werden kann.

Man wird im allgemeinen diese Turbinen nur als Partialturbinen ausführen und dann dafür sorgen, daß das Ende des absoluten Wasserweges, die Austrittsstelle „2" am tiefsten Punkte des Laufrades liegt, damit das Gefälle möglichst vollständig ausgenützt wird.

6. Achsiale Strahlturbinen mit senkrechter Welle.

Derartige Turbinen kommen im neueren Turbinenbau kaum mehr vor. Handelt es sich um größere Wassermengen, so werden Reaktionsturbinen

verwendet, kleinere Wassermengen werden dagegen zweckmäßig durch
äußere oder innere radiale Strahlturbinen ausgenützt.

Es dürfte deshalb die Besprechung der achsialen Strahlturbinen, an
dieser Stelle wenigstens, überflüssig sein.

B. Äußere radiale Reaktionsturbinen mit radialem Austritt.

Es ist S. 40 nachgewiesen worden, daß die Höhenlagen der Ein- und
Austrittsquerschnitte von Reaktionsgefäßen, sowie auch die Lage des Reaktionsgefäßes selbst gegenüber Ober- und Unterwasser für die Entwicklung
der sog. X- und Y-Komponenten nicht in Betracht kommen, sofern nur der
Zusammenhang des Durchflusses zwischen Ober- und Unterwasser gewahrt
bleibt. Das Gleiche gilt für die Drehmomente.

Aus diesem Grunde ist es unnötig, die folgenden Untersuchungen für
senkrechte oder wagrechte Welle getrennt durchzuführen, das Nachstehende
gilt für jede beliebige Lage der Turbinenwelle, auch für Schräglage.

Infolge der kreisförmigen Anordnung und des Rotierens der Reaktionsgefäße um die Drehachse ist gegenüber dem geradlinigen Fortschreiten je
nachdem eine andere Aufteilung des Gefälles ins Auge zu fassen, veranlaßt
durch den Einfluß zentrifugaler Kräfte auf die das Gefäß erfüllende Wassermenge. Vorläufig ist angenommen, daß die Ein- und Austrittsquerschnitte
in Ebenen, bezw. Zylinderflächen, parallel zur Drehachse liegen.

1. Äußere radiale Reaktionsturbine in Ruhe.

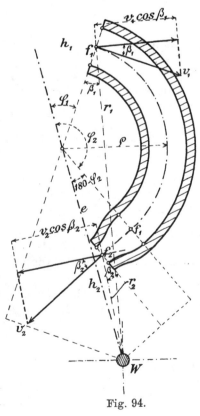

Fig. 94.

Gegeben sei ein Reaktionsgefäß in
seinen Abmessungen und seiner Lage zur
Rotationsachse W. Es seien also (Fig. 94)
bekannt f_1, f_2, β_1, β_2, letztere gemessen
als Winkel zwischen der Achse des Ein-
bezw. Austrittsquerschnittes und der Tangente an den Kreisen vom Halbmesser r_1
bezw. r_2. Ferner sei der Unterschied h
zwischen den über Eintritt und Austritt
stehenden hydraulischen Druckhöhen h_1
und h_2 bekannt (vgl. auch Fig. 36). Die
Gefäßform ist vorläufig so gewählt, daß
sich an einen gleichmäßig im Halbmesser ϱ
gekrümmten Teil von gleichbleibendem
Querschnitt f_1 ein geradachsiger Teil anschließt, dessen Querschnitte von f_1 nach
f_2 stetig überleiten.

Für die Wassermenge q, welche das
ruhende Gefäß durchströmt, für v_1 und v_2
kommen die Gl. 135 bis 137 S. 40 in Betracht, statt der Berechnung der X- und Y-
Komponente handelt es sich hier, wie bei den
Strahlturbinen, um die Bestimmung des Drehmomentes, welches durch das strömende
Wasser auf die Welle W ausgeübt wird.

Das Gefäß nach Fig. 94 wird infolge des durchströmenden Wassers zweierlei Drehmomente entstehen lassen. Im gekrümmten überall gleichweiten Teil wird für das resultierende Moment M_C der Zentrifugalkräfte die Gleichung 282 zu benutzen sein, nur sei hier v_1 statt w gesetzt.

Die Beschleunigung des Betriebswassers von v_1 auf v_2 im geraden Gefäßteil hat zur Folge, daß eine Reaktionskraft R im Betrage $\frac{q\gamma}{g}(v_2 - v_1)$ der Wasserbewegung entgegengesetzt auf das Gefäß frei wird (vergl. Fig. 77) und, an dem Hebelarm $e \cdot \cos(180 - \varphi_2) - \varrho$ angreifend, ein Moment M_R erzeugt, welches zu M_C helfend hinzukommt. Es ist also das Gesamtmoment bei stillstehender Turbine, und wenn das Reaktionsgefäß in Richtung von v_1 unter Druck nachgefüllt wird

$$M = M_C + M_R = \frac{q\gamma}{g}[v_1 \cdot e(\cos\varphi_1 - \cos\varphi_2) + (v_2 - v_1)(e\cos(180 - \varphi_2) - \varrho)] \quad \textbf{310.}$$

Nach Fig. 94 ist

$$e\cos\varphi_1 = r_1 \cos\beta_1 - \varrho, \text{ ferner } e\cos(180 - \varphi_2) - \varrho = r_2 \cos\beta_2.$$

Unter Benutzung dieser Werte ergiebt sich dann

$$M = \frac{q\gamma}{g}(v_1 r_1 \cos\beta_1 + v_2 r_2 \cos\beta_2) \quad . \quad . \quad . \quad . \quad \textbf{311.}$$

wie bei den Strahlturbinen auch, unabhängig von ϱ usw.

2. Äußere radiale Reaktionsturbine in gleichförmiger Bewegung.

Gegeben das Reaktionsgefäß nach seinen Abmessungen, Lage und Druckhöhen, also $f_1 = n \cdot f_2, \beta_1, \beta_2, r_1, r_2, h_1, h_2, h_r$, also auch die Druckhöhendifferenz $h = h_1 + h_r - h_2$, Fig. 95.

Die kreisförmig fortschreitende Bewegung des Gefäßes bedingt, wie schon erwähnt, eine andere Gefälleaufteilung gegenüber der auf S. 40 u. f. für das geradlinige Fortschreiten entwickelten; die Druckhöhendifferenz h wird in anderer Weise Verwendung finden müssen.

Zur Erläuterung diene folgendes:

Das Reaktionsgefäß, dessen Ein- und Austrittsmitte vorübergehend als in gleicher Höhe liegend angenommen sein mag (in Fig. 95 punktiert), sei an der Eintrittsstelle „1" zuerst durch eine Wand abgeschlossen und rotiere einfach in Wasser eingetaucht, d. h. die Druckhöhen h_1 und h_2 seien vorläufig, im Gegensatze zur Fig. 95, gleich groß. In diesem Falle kann natürlich die Rotation überhaupt nur durch äußere Triebkräfte bewirkt sein. Infolge der Zentrifugalkräfte des Wasserinhaltes entsteht ein Druck nach außen gegen die Abschlußwand, der in der Eintrittsmitte, im Radius r_1, durch die Druckhöhe $\frac{u_1^2 - u_2^2}{2g} = C$ gemessen wird. Wäre die Abschlußwand mit einer kleinen Öffnung versehen, so würde unter der genannten Druckhöhe Wasser gegen außen austreten, das Gefäß würde Wasser nach außen durchströmen lassen. Wollte man trotz der erwähnten Öffnung das Wasser innerhalb des Gefäßes und relativ zu diesem in Ruhe halten, so müßte für gleiche Höhenlage beider Querschnitte die äußere Druckhöhe h_1 um den Betrag $\frac{u_1^2 - u_2^2}{2g} = C$ größer gemacht werden als h_2. Liegen nun die Querschnitte „1" und „2" nicht in gleicher Höhe, sondern nach Fig. 95 um h_r verschieden hoch, so müßte eben h_1 um den genannten Betrag größer sein als $h_2 - h_r$, so daß allgemein für relativ zum rotierenden Gefäße **ruhendes** Wasser die Gleichung gilt

$$h_1 = h_2 - h_r + \frac{u_1{}^2 - u_2{}^2}{2g}$$

oder auch

$$\frac{u_1{}^2 - u_2{}^2}{2g} = C = h_1 + h_r - h_2 \quad \ldots \ldots \quad \textbf{312.}$$

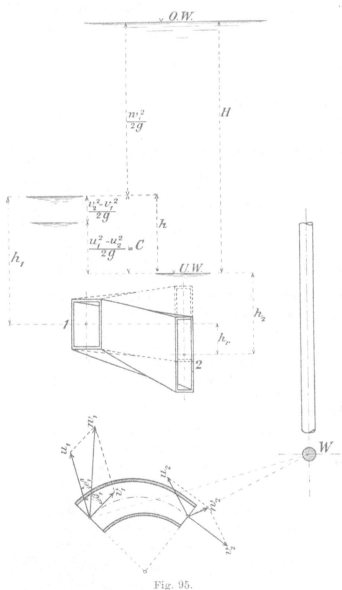

Fig. 95.

d. h. lediglich um die Wirkung der Zentrifugalkraft aufzuheben muß die Druckhöhendifferenz C vorhanden sein, und erst wenn $h_1 + h_r - h_2$ größer wird als C kann eine nach einwärts gerichtete Bewegung des Wassers durch das Reaktionsgefäß hindurch eintreten.

Soll alsdann bei völlig freigegebener Eintrittsstelle „1" das Wasser den Austrittsquerschnitt f_2 mit v_2 verlassen, während es mit v_1 in das Gefäß eingetreten ist, so bedarf es hierzu ideell einer weiteren Druckdifferenz im Betrage $\frac{v_2{}^2 - v_1{}^2}{2g}$ zwischen „1" und „2".

Der gegebene Höhenunterschied h zwischen den Druckwasserspiegeln von Ein- und Austritt des Versuchsgefäßes (Fig. 95, vergl. auch Fig. 36), kann hier also nur zum Teil für die Beschleunigung von v_1 auf v_2 aufgewendet werden, ein anderer Teil muß der Zentrifugalwirkung das Gleichgewicht halten. Die Beziehung, welche dies ausdrückt, lautet deshalb (vergl. Gl. 134)

$$\frac{u_1{}^2 - u_2{}^2}{2g} + \frac{v_2{}^2 - v_1{}^2}{2g} = h$$

$$\textbf{313.}$$

Zur Bestimmung von v_1, v_2, q dienen hier nicht mehr die Gl. 135 bis 137, sondern es ergeben sich aus Gl. 313 mit $f_1 = n \cdot f_2$ und für gegebene Druckhöhendifferenz h

$$v_1 = \sqrt{\frac{2gh - (u_1{}^2 - u_2{}^2)}{n^2 - 1}} = \sqrt{2g \cdot \frac{h - C}{n^2 - 1}} \quad \ldots \quad \textbf{314.}$$

$$v_2 = n \sqrt{\frac{2gh - (u_1{}^2 - u_2{}^2)}{n^2 - 1}} = n \sqrt{2g \cdot \frac{h - C}{n^2 - 1}} \quad . \quad . \quad . \quad \textbf{315.}$$

$$q = nf_2 \sqrt{\frac{2gh - (u_1{}^2 - u_2{}^2)}{n^2 - 1}} = nf_2 \sqrt{2g \cdot \frac{h - C}{n^2 - 1}} \quad . \quad . \quad . \quad \textbf{316.}$$

Die Geschwindigkeit v_2 wird hier also nicht nach Art der Strahlturbinen durch dynamische Einflüsse aus v_1 bestimmt, sondern wie schon gesagt, durch die Gefäßquerschnitte $f_1 = n \cdot f_2$ als $v_2 = n \cdot v_1$ unter Zuhilfenahme des betreffenden Teils von h nach Gl. 313 erzwungen.

Nach früher gegebener Bezeichnung ist $u_1{}^2 - u_2{}^2 = u_1{}^2(1 - \varDelta^2)$, also $C = \frac{u_1{}^2}{2g}(1 - \varDelta^2)$.

Für die äußere Radialturbine ist $\varDelta < 1$, für die innere wird $\varDelta > 1$, C hat also für die innere Radialturbine negativen Wert.

Damit das Nachfüllwasser den Querschnitt f_1 nach Richtung und Größe der Einfüllgeschwindigkeit v_1 richtig erreicht, muß es wie früher auch eine Geschwindigkeit w_1 gleich der Resultierenden von v_1 und u_1, besitzen, welche sich aus

$$w_1{}^2 = u_1{}^2 + v_1{}^2 + 2u_1 v_1 \cos \beta_1 \quad . \quad . \quad . \quad . \quad \textbf{317.}$$

ergibt. Für die Erzeugung dieser Nachfüllgeschwindigkeit w_1 ist ideell die Höhe $\frac{w_1{}^2}{2g}$ aufzuwenden, die auch hier nicht aus h bestritten werden kann, sondern die, auf h aufgesetzt, mit diesem das Gesamtgefälle H darstellt, welches für den stoßfreien Betrieb des gegebenen Gefäßes mit bestimmten $u_1 = r_1 \omega$ erforderlich ist (Fig. 95, vergl. dagegen Fig. 37).

Mithin gilt gegenüber Gl. 143 jetzt die Beziehung der Gefälleaufteilung

$$\frac{w_1{}^2}{2g} + h = \frac{w_1{}^2}{2g} + \frac{u_1{}^2 - u_2{}^2}{2g} + \frac{v_2{}^2 - v_1{}^2}{2g} = H \quad . \quad . \quad . \quad \textbf{318.}$$

Die für stoßfreien Betrieb erforderliche Richtung δ_1 der Nachfüllgeschwindigkeit w_1 findet sich aus dem Parallelogramm der Geschwindigkeiten wie früher auch zu

$$\sin \delta_1 = \sin \beta_1 \cdot \frac{v_1}{w_1} \quad . \quad . \quad . \quad . \quad . \quad . \quad \textbf{319.}$$

worin v_1 nach Gl. 314, w_1 nach Gl. 317 einzusetzen sind. Es findet sich nach Vereinfachung dann schließlich

$$\frac{1}{\sin^2 \delta_1} = 1 + \frac{1}{\sin^2 \beta_1} \left(\cos \beta_1 + \sqrt{\frac{u_1{}^2}{2g} \cdot \frac{n^2 - 1}{h - C}} \right)^2 \quad . \quad . \quad . \quad \textbf{320.}$$

und mit den gleichen Werten von v_1 und w_1 ergibt sich

$$H = \frac{hn^2 - C}{n^2 - 1} + 2\cos \beta_1 \sqrt{\frac{u_1{}^2}{2g} \cdot \frac{h - C}{n^2 - 1}} + \frac{u_1{}^2}{2g} \quad . \quad . \quad . \quad \textbf{321.}$$

Ausdrücklich sei hier schon darauf hingewiesen, daß die Gleichung 318, welche die Gefälleaufteilung für normales Einfüllen darstellt, ganz unabhängig von der Größe des Austrittsverlustes $\alpha H = \frac{w_2{}^2}{2g}$ ist.

Daß jeder beliebige Austrittsverlust α durch entsprechende Wahl der einschlägigen Größen u_2, v_2, β_2 erzielt werden kann, bedarf unter Bezugnahme auf Früheres hier auch keines besonderen Nachweises mehr. Die für die Praxis in Betracht kommenden kleinen Beträge von w_2 werden stets durch Verhältnisse erzielt, deren Grundlage in nicht sehr voneinander verschiedenen Werten von u_2 und v_2 zu suchen ist, dabei entsprechen sich auch wieder große Werte von β_1, h, u_1, und umgekehrt.

Das von dem Gefäß ausgeübte Drehmoment berechnet sich folgendermaßen:

Aus v_1 und v_2 folgen, wie unter „1" gezeigt, zwei Drehmomente $M_C + M_R = M$ nach Gl. 310 und 311. Dazu kommt, wie bei der Ablenkungsfläche (Strahlturbine) auch das aus der Verzögerung von u_1 im Radius r_1 auf u_2 im Radius r_2 folgende Drehmoment M_u nach Gl. 296, so daß das Gesamtmoment sich dem Buchstaben nach genau so zusammensetzt, wie dasjenige der sich drehenden Strahlturbine nach Gl. 297 mit dem einzigen Unterschiede, daß auf der linken Seite der Gl. M_R an die Stelle von M_V getreten ist. Da auch $A = M \cdot \omega$ bleibt, so haben die Gleichungen 298 bis 301 auch für radiale (wie überhaupt für alle) Reaktionsturbinen volle Gültigkeit, d. h. es ist trotz der ganz anderen Gesetze der v

$$M = \frac{q\gamma}{g}\left[r_1\left(v_1 \cos\beta_1 + u_1\right) + r_2\left(v_2 \cos\beta_2 - u_2\right)\right] \quad . \quad . \quad \textbf{(298)}.$$

oder auch

$$M = \frac{q\gamma}{g}\left(r_1 w_1 \cos\delta_1 - r_2 w_2 \cos\delta_2\right) \quad . \quad . \quad . \quad . \quad \textbf{(299)}.$$

ebenso

$$A = \frac{q\gamma}{g}\left(v_1 u_1 \cos\beta_1 + v_2 u_2 \cos\beta_2 + u_1{}^2 - u_2{}^2\right) \quad . \quad . \quad \textbf{(300)}.$$

oder

$$A = \frac{q\gamma}{g}\left(u_1 w_1 \cos\delta_1 - u_2 w_2 \cos\delta_2\right) \quad . \quad . \quad . \quad . \quad \textbf{(301)}.$$

ferner

$$u_1 w_1 \cos\delta_1 - u_2 w_2 \cos\delta_2 = g(1 - \alpha)H = g \cdot \eta \cdot H \quad . \quad . \quad \textbf{(303)}.$$

und schließlich, mit anderen Werten von u_1, u_2 und w_1 für den tatsächlichen Betrieb,

$$u_1 w_1 \cos\delta_1 - u_2 w_2 \cos\delta_2 = g(1 - \alpha - \varrho)H = g \cdot \varepsilon \cdot H \quad . \quad \textbf{(304)}.$$

Ist nun andererseits H gegeben, dazu die Turbine, d. h. die Maße und Lage der Reaktionsgefäße, so kann die Frage gestellt werden, wie sich für angenommene Größe von u_1, also auch von C, die Gefälleaufteilung in h und $\frac{w_1{}^2}{2g}$ vollzieht. Antwort hierauf kann Gl. 321 geben, welche aber nach h aufgelöst einen wenig übersichtlichen Ausdruck für h liefert.

Dagegen läßt sich durch Betrachtung der Beziehung zwischen h und δ_1 ein Überblick gewinnen. An sich wäre h ja anscheinend unabhängig von δ_1, vergl. Gl. 321, aber δ_1 wird für gegebenes β_1 usw. nach Gl. 320 durch h bestimmt.

Da jetzt H als gegeben angenommen ist, so kann in Gl. 319 $w_1 = \sqrt{2g(H-h)}$, dazu v_1 nach Gl. 314 eingesetzt werden, um die Beziehungen zwischen h und δ_1 einfacher zu erhalten.
Dies liefert

$$\sin\delta_1 = \sin\beta_1 \sqrt{\frac{h - C}{H - h} \cdot \frac{1}{n^2 - 1}} \quad . \quad . \quad . \quad . \quad \textbf{322}.$$

oder auch

$$h = \frac{H\dfrac{\sin^2\delta_1}{\sin^2\beta_1} + \dfrac{C}{n^2 - 1}}{\dfrac{\sin^2\delta_1}{\sin^2\beta_1} + \dfrac{1}{n^2 - 1}} \quad . \quad . \quad . \quad . \quad . \quad \textbf{323}.$$

So kann also auch die Größe von h durch beliebige Wahl von δ_1 mit bestimmt werden, wobei n in weiten Grenzen frei wählbar ist. Die dritte Form der vorstehenden Gleichung lautet (vergl. dazu Gl. 150)

$$n = \sqrt{1 + \frac{h-C}{H-h} \cdot \frac{\sin^2\beta_1}{\sin^2\delta_1}} \quad \ldots \ldots \quad \textbf{324.}$$

Diese Gleichung liefert am besten die Grenzen. innerhalb deren die Größe von h liegen muß. Der Betrag von n kann nicht imaginär werden, also muß sein

$$1 + \frac{h-C}{H-h} \cdot \frac{\sin^2\beta_1}{\sin^2\delta_1} > 0,$$

woraus folgt, als Bedingung für einen angenommenen Wert von C und δ_1

$$h > \frac{C\sin^2\beta_1 - H\sin^2\delta_1}{\sin^2\beta_1 - \sin^2\delta_1} \quad \ldots \ldots \quad \textbf{325.}$$

Weiter ergibt sich aus Gl. 324, daß n für die äußere Radialturbine gleich oder größer als 1 ausfallen muß, denn es kann hier $h - C$ so wenig als $H - h$ je negativ sein, also ist der Wert unter dem Wurzelzeichen, mithin auch n, für äußere Radialturbinen gleich oder größer als 1.

3. Äußere radiale Reaktionsturbine in veränderlicher Bewegung.

Die Gleichung 318 stellt gewissermaßen die allgemeine Gleichgewichts- und Betriebsbedingung dar. Sie zeigt, wenn der Ausdruck gestattet ist, den Eingriff zwischen Betriebswasser und Turbine für die Drehgeschwindigkeit des stoßfreien Nachfüllens und für gegebenes Gesamtgefälle H. Dieser Eingriff bewirkt, daß gerade eine ganz bestimmte Wassermenge q, nicht größer, nicht kleiner, bei der Drehgeschwindigkeit $u_1 = r_1\omega$ durch die gegebenen Querschnitte fließen kann, trotzdem jeder der Querschnitte f_0, f_1, f_2 größer ist als etwa einer Geschwindigkeit im Betrag $\sqrt{2gH}$ entsprechen würde.

Setzt man der Turbine ein größeres widerstehendes Drehmoment entgegen, als sie nach Gl. 298 u. f. bei stoßfreiem Einfüllen zu leisten vermag, so wird die Drehung verlangsamt. Die entsprechenden Betrachtungen beim geradlinig fortschreitenden Reaktionsgefäß ließen dies schon erkennen.

Änderung von u_1 bringt aber für die äußere radiale Reaktionsturbine auch Änderung von C, also ganz abgesehen von den Stoßverlusten am Eintritt eine Änderung von h derart, daß infolge kleinerer Umdrehungszahl die zur Überwindung der Zentrifugalkräfte erforderliche Druckhöhe C abnimmt; also wird schon aus diesem Grunde die verlangsamte Turbine mehr Wasser, die rascher als normal laufende weniger Wasser durchströmen lassen.

Wir wollen auch hier die Verhältnisse, soweit dies analytisch möglich ist, untersuchen.

$$\text{I.} \quad \beta_1 < 90^\circ; \quad u_1' < u_1 < u_1'.$$

Für veränderliche Geschwindigkeit einer gegebenen Turbine treten an der Eintrittsstelle ganz dieselben Stoßerscheinungen auf, wie sie früher schon in den Fig. 42, 45, 46, 47, dargestellt wurden, also können die zugehörigen Gleichungen auch hier sinngemäße Anwendung finden.

Ia. $\beta_1 < 90°$; Gefälleaufteilung. Bei der Summation der Gefälleaufteilung, einerlei ob es sich um $u_1' < u_1$ oder $u_1' > u_1$ handelt, tritt hier,
für beliebige Winkelwerte von β_1, zu den in den Gl. 162, 174, 175 und
176 (geradlinig fortschreitendes Reaktionsgefäß) enthaltenen Einzelposten
noch ein weiterer hinzu, nämlich

$$\frac{u_1'^2 - u_2'^2}{2g} = C' = \frac{u_1'^2}{2g}(1 - \Delta^2).$$

Die Gleichung der Gefälleaufteilung (162) lautet also hier

$$\frac{w_{(1)}^2}{2g} + \frac{s^2}{2g} + \frac{(v_1' - v_{(1)})^2}{2g} + \frac{v_{(2)}^2 - v_{(1)}^2}{2g} + \frac{u_1'^2 - u_2'^2}{2g} = H \quad . \quad \textbf{326.}$$

und mit $w_{(1)}$ nach Gl. 165, s nach Gl. 164, usw. dazu mit n nach Gl. 324
ergibt sich hieraus, im Gegensatze zu Gl. 166, für $u_1' < u_1$

$$v_{(1)}^2\left[1 + \frac{\sin^2\beta_1}{\sin^2\delta_1} \cdot \frac{h - C}{H - h} + \frac{\sin^2(\beta_1 - \delta_1)}{\sin^2\delta_1}\right] + 2v_{(1)}u_1'\left[\cos\beta_1 - \frac{\sin(\beta_1 - \delta_1)}{\sin\delta_1}\right]$$
$$= 2gH - 2u_1'^2 - u_1'^2(1 - \Delta^2) \quad . \quad . \quad \textbf{327.}$$

Für $u_1' > u_1$ folgen in entsprechender Weise (vergl. Gl. 177, 178, 179)
(v_1' positiv):

$$\frac{w_{(1)}^2}{2g} + \frac{s^2}{2g} - \frac{v_1'^2}{2g} + \frac{v_{(2)}^2}{2g} + \frac{u_1'^2 - u_2'^2}{2g} = H \quad . \quad . \quad \textbf{328.}$$

($v_1' = 0$):

$$\frac{w_{(1)}^2}{2g} + \frac{s^2}{2g} + \frac{v_{(2)}^2}{2g} + \frac{u_1'^2 - u_2'^2}{2g} = H \quad . \quad . \quad . \quad . \quad \textbf{329.}$$

(v_1' negativ):

$$\frac{w_{(1)}^2}{2g} + \frac{s^2}{2g} + \frac{v_1'^2}{2g} + \frac{u_1'^2 - u_2'^2}{2g} = H \quad . \quad . \quad . \quad . \quad \textbf{330.}$$

Durch Einsetzen der betreffenden Werte aus Fig. 45, 46, 47, d. h. von

$$s = u_1'\sin\beta_1 - w_{(0)}\sin(\beta_1 - \delta_1) = u_1'\sin\beta_1 - v_{(1)}\frac{\sin\beta_1}{\sin\delta_1}\cdot\sin(\beta_1 - \delta_1) \quad \textbf{331.}$$

$$v_1' = w_{(0)}\cos(\beta_1 - \delta_1) - u_1'\cos\beta_1 = v_{(1)}\frac{\sin\beta_1}{\sin\delta_1}\cdot\cos(\beta_1 - \delta_1) - u_1'\cos\beta_1 \quad \textbf{332.}$$

und mit n nach Gl. 324 ergeben sich, ähnlich Gl. 327, für die Berechnung
von $v_{(1)}$

(v_1' positiv, vergl. Gl. 180):

$$v_{(1)}^2\left[2 + \frac{\sin^2\beta_1}{\sin^2\delta_1}\left(\frac{h - C}{H - h} + 2\sin^2(\beta_1 - \delta_1) - 1\right)\right]$$
$$+ 2v_{(1)}u_1'\left[\cos\beta_1 - \frac{\sin(\beta_1 - \delta_1)}{\sin\delta_1}\sin^2\beta_1 + \frac{\cos(\beta_1 - \delta_1)}{\sin\delta_1}\sin\beta_1\cos\beta_1\right]$$
$$= 2gH - 2u_1'^2\sin^2\beta_1 - u_1'^2(1 - \Delta^2) \quad . \quad . \quad . \quad . \quad \textbf{333.}$$

($v_1' = 0$, vergl. Gl. 181):

$$v_{(1)}^2\left[2 + \frac{\sin^2\beta_1}{\sin^2\delta_1}\left(\frac{h - C}{H - h} + \sin^2(\beta_1 - \delta_1)\right)\right] + 2v_{(1)}u_1'\left[\cos\beta_1 - \frac{\sin(\beta_1 - \delta_1)}{\sin\delta_1}\cdot\sin^2\beta_1\right]$$
$$= 2gH - u_1'^2(1 + \sin^2\beta_1) - u_1'^2(1 - \Delta^2) \quad . \quad . \quad \textbf{334.}$$

(v_1' negativ, vergl. Gl. 182):

$$v_{(1)}^2\left[2 + \frac{\sin^2\beta_1}{\sin^2\delta_1}\left(\frac{h - C}{H - h} + 1\right)\right] - 2v_{(1)}u_1'\frac{\sin(\beta_1 - \delta_1)}{\sin\delta_1}$$
$$= 2gH - 2u_1'^2 - u_1'^2(1 - \Delta^2) \quad . \quad . \quad . \quad . \quad \textbf{335.}$$

Aus den $v_{(1)}$ ergibt sich dann mit $f_1 v_{(1)} = q'$ die Einzelwassermenge jeder Schaufel, während die Gesamtwassermenge der Turbine

$$Q' = z_1 q' = z_0 f_0 w_{(0)} = z_1 f_1 v_{(1)} = z_2 f_2 v_{(2)}$$

beträgt.

Ib. $\beta_1 < 90^0$; Arbeitsgrößen. Für die Berechnung der ausgeübten Drehmomente gilt folgendes: Das Betriebswasser, welches beim Eintreten in die Reaktionsgefäße durch die Kräfte S, V oder R schließlich zum richtigem Lauf durch die Gefäße gebracht worden ist, wird in diesem rich-

$$H = 4 \text{ m}; \quad h = 1,25 \text{ m}; \quad \beta_1 = 60^0.$$

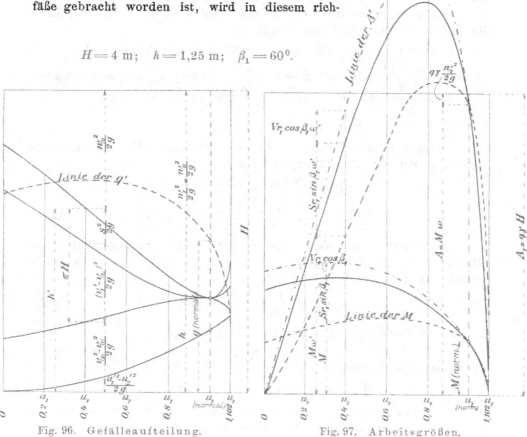

Fig. 96. Gefälleaufteilung.   Fig. 97. Arbeitsgrößen.

tigen Lauf ein Drehmoment nach Gl. 298 ausüben, welches hier aber natürlich lautet:

$$M = \frac{q' \gamma}{g} \left[r_1 (v_{(1)} \cos \beta_1 + u_1') + r_2 (v_{(2)} \cos \beta_2 - u_2') \right]$$

und das mit $q' = q \cdot \dfrac{v_{(1)}}{v_1}$ zu schreiben ist

$$M = \frac{q \gamma}{g} \cdot \frac{v_{(1)}}{v_1} \left[r_1 (v_{(1)} \cos \beta_1 + u_1') + r_2 (v_{(2)} \cos \beta_2 - u_2') \right] \quad . \quad \textbf{336.}$$

Zu diesem Momente addieren sich für $u_1' < u_1$ diejenigen der Stoßkraft $S = \dfrac{q' \gamma}{g} \cdot s$ und der Verzögerungskraft $V = \dfrac{q' \gamma}{g} (v_1' - v_{(1)})$, deren Momentarme sich unschwer aus Fig. 94 erkennen lassen als $r_1 \sin \beta_1$ und $r_1 \cos \beta_1$. Für $u_1' > u_1$ ergibt S ein widerstehendes Moment, die Reaktionskraft R ebenfalls, die Hebelarme wie vorher, so daß mit Rücksicht auf früher Gesagtes zu schreiben ist

für $u_1' < u_1$ $\qquad M' = M + k_S S \cdot r_1 \sin \beta_1 + k_V V \cdot r_1 \cos \beta_1$ . . . . **337.**

für $u_1' > u_1$ $\qquad M' = M - k_S S \cdot r_1 \sin \beta_1 - k_R \cdot R \cdot r_1 \cos \beta_1$ . . . **338.**

In beiden Fällen ist die geleistete Arbeit

$$A' = M' \omega', \quad \text{wobei} \quad \omega' = \frac{u_1'}{r_1}.$$

Das Drehmoment M_f der festgehaltenen Turbine ergibt sich aus Gl. 336 mit u_1' und $u_2' = 0$ zuzüglich der Leistung von S und V.

Die Fig. 96 und 97 (Seite 127) zeigen anschließend an das Vorhergehende die Gefälleaufteilung und Arbeitsgrößen für

$$H = 4\,\text{m}; \quad \beta_1 = 60^0; \quad \delta_0 = \delta_1 = 20^0; \quad \varDelta = \frac{2}{3}; \quad k_S \text{ usw.} = 1;$$

$$h = C + \frac{v_2{}^2 - v_1{}^2}{2g} = 1,25\,\text{m}; \quad H - h = \frac{w_1{}^2}{2g} = 2,75\,\text{m}; \quad w_0 = w_1 = 7,345\,\text{m/sek}.$$

$$u_1 = 5,45\,\text{m/sek.}; \quad \text{hierbei } \alpha = 0,04; \quad v_1 = 2,90\,\text{m/sek.}; \quad n = 1,392.$$

II. $\beta_1 = 90^0; \quad u_1' < u_1 < u_1'$.

IIa. Gefälleaufteilung. An Stelle der Gleichung 185 für die Gefälleaufteilung tritt mit Hinzufügung des Gliedes

$$C' = \frac{u_1'^2 - u_2'^2}{2g} = \frac{u_1'^2}{2g}(1 - \varDelta^2)$$

$$\frac{w_{(1)}{}^2}{2g} + \frac{s^2}{2g} + \frac{v_{(2)}{}^2 - v_{(1)}{}^2}{2g} + \frac{u_1'^2 - u_2'^2}{2g} = H \quad \text{. . . } \textbf{339.}$$

Mit Benutzung des Wertes für $w_{(1)}$ aus Gl. 184 und der Beziehungen für s nach Gl. 183 bezw. nach S. 62 oben, folgt, weil die Fig. 48 und 49 auch hier gelten, die Beziehung für $v_{(1)}$:

$$\frac{v_{(1)}{}^2}{2g}\left(1 + \frac{h - C}{H - h}\right)\frac{1}{\sin^2 \delta_1} - 2 v_{(1)} u_1' \cdot \frac{1}{\operatorname{tg} \delta_1} = 2gH - 2 u_1'^2 - u_1'^2 (1 - \varDelta^2) \quad \textbf{340.}$$

Die Wassermengen der Einzelzellen sind

$$q' = f_1 v_{(1)},$$

die Gesamtwassermenge ist

$$Q' = z_1 q' = z_1 f_1 v_{(1)} = z_0 f_0 w_{(0)} = z_2 f_2 v_{(2)}.$$

IIb. Arbeitsgrößen. Das Drehmoment M' setzt sich hier nur aus den beiden Posten M und $k_S \cdot S r_1$ zusammen ($\sin \beta_1 = 1$), derart, daß

$$M' = \frac{q'\gamma}{g}\left[r_1\left(v_{(1)} \cos \beta_1 + u_1'\right) + r_2\left(v_{(2)} \cos \beta_2 - u_2'\right)\right] \pm k_S \cdot S \cdot r_1$$

$$= \frac{q\gamma}{g} \cdot \frac{v_{(1)}}{v_1}\left[r_1\left(v_{(1)} \cos \beta_1 + u_1'\right) + r_2\left(v_{(2)} \cos \beta_2 - u_2'\right)\right] \pm k_S \cdot S \cdot r_1 \quad \textbf{341.}$$

ist, wobei das $+$ Zeichen für $u_1' < u_1$ und das $-$ Zeichen für $u_1' > u_1$ gilt.

Die geleistete Arbeit ist $A' = M' \cdot \omega'$, wo $\omega' = \frac{u_1'}{r_1}$.

Die Fig. 98 und 99 enthalten Gefälleaufteilung und Arbeitsgrößen gemäß

$$H = 4\,\text{m}; \quad \beta_1 = 90^0; \quad \delta_0 = \delta_1 = 20^0; \quad \varDelta = \frac{2}{3}; \quad k_S \text{ usw.} = 1$$

$$h = C + \frac{v_2{}^2 - v_1{}^2}{2g} = 1,75\,\text{m}: \quad H - h = \frac{w_1{}^2}{2g} = 2,25\,\text{m}; \quad w_0 = w_1 = 6,64\,\text{m/sek}.$$

$$u_1 = 6,24\,\text{m/sek.}; \quad \text{hierbei } \alpha = 0,04; \quad v_1 = 2,26\,\text{m/sek.}; \quad n = 1,86.$$

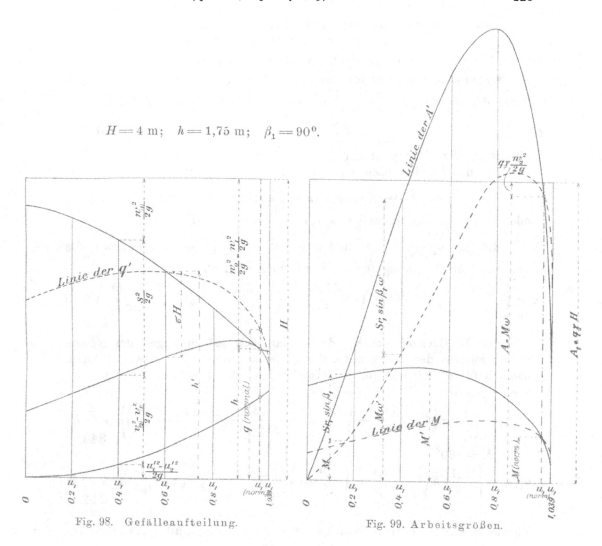

Fig. 98. Gefälleaufteilung.   Fig. 99. Arbeitsgrößen.

III. $\beta_1 > 90^0$.

Auch hier gilt bezüglich der Gefälleaufteilung das für geradliniges Fortschreiten Gesagte unter Berücksichtigung des den Einfluß der Rotation enthaltenden Gliedes C'.

Die Arbeitsgrößen finden sich ähnlich wie bei $\beta_1 < 90^0$ mit sinngemäßer Einsetzung der Vorzeichen für die Momente der Stoß- und Verzögerungskräfte.

Es ist aus Fig. 97 und 99 ersichtlich, daß ebenso wie früher ein Wert k_S usw. $= 1$ unmöglich ist, weil die Beträge der A' dadurch viel zu groß ausfallen würden. Dazu macht auch hier das Imaginärwerden von $v_{(1)}$ nach geringer Überschreitung von u_1 der Rechnung ein rasches Ende. Leerlaufversuche zeigen u_1 im Maximum ungefähr $2 u_1$, meist um $1,8 u_1$. Dem Verfasser ist eine Rechnungsmethode hierfür aber nicht bekannt.

3a. Äußere radiale Reaktionsturbine mit radialem Austritt und gegebenem Austrittsverlust α.

Ideeller Betrieb, dazu $s_0 = s_1 = 0$.

Entsprechend Gl. 188 für geradliniges Fortschreiten gilt hier mit Hinzufügen des Gliedes $C = \dfrac{u_1{}^2 - u_2{}^2}{2g}$ die Gleichung der Gefälleaufteilung

$$\frac{w_1{}^2}{2g} + \frac{u_1{}^2 - u_2{}^2}{2g} + \frac{v_2{}^2 - v_1{}^2}{2g} = H \quad \ldots \quad (318).$$

gleichfalls ohne Rücksicht auf α.

Für die Arbeitsgrößen war nach Gl. 301 u. f. gefunden:

$$A = \frac{q\gamma}{g}\left(u_1 w_1 \cos\delta_1 - u_2 w_2 \cos\delta_2\right) = q\gamma\,(1-\alpha)\,H$$

oder $u_1 w_1 \cos\delta_1 - u_2 w_2 \cos\delta_2 = g\,(1-\alpha)\,H.$

Mit $w_1 = u_1 \dfrac{\sin\beta_1}{\sin(\beta_1 - \delta_1)}$ und $w_2 = \sqrt{2g\alpha H}$ folgt nach Umformen die umfangreiche Beziehung für u_1 (vergl. auch Gl. 196)

$$u_1 = \left\{\frac{\varDelta\cos\delta_2}{2}\sqrt{\alpha}\left(1 - \frac{\operatorname{tg}\delta_1}{\operatorname{tg}\beta_1}\right) + \sqrt{\frac{\varDelta^2\cos^2\delta_2}{4}\cdot\alpha\cdot\left(1 - \frac{\operatorname{tg}\delta_1}{\operatorname{tg}\beta_1}\right)^2 + \frac{1-\alpha}{2}\left(1 - \frac{\operatorname{tg}\delta_1}{\operatorname{tg}\beta_1}\right)}\right\}\cdot\sqrt{2gH}$$
342.

Für die Grenzen von u_1, denen man sich jedoch wegen des Nebeneinandersitzens der Zellen nur nähern, die man aber nicht erreichen kann, nämlich für $\delta_2 = 0$ und für $\delta_2 = 180^0$ bei jeweils $\beta_2 = 0$ ergibt sich:

für $\delta_2 = 0$:

$$u_{1\,max} = \left\{\frac{\varDelta}{2}\sqrt{\alpha}\left(1 - \frac{\operatorname{tg}\delta_1}{\operatorname{tg}\beta_1}\right) + \sqrt{\frac{\varDelta^2}{4}\cdot\alpha\left(1 - \frac{\operatorname{tg}\delta_1}{\operatorname{tg}\beta_1}\right)^2 + \frac{1-\alpha}{2}\left(1 - \frac{\operatorname{tg}\delta_1}{\operatorname{tg}\beta_1}\right)}\right\}\cdot\sqrt{2gH}$$
343.

für $\delta_2 = 180^0$:

$$u_{1\,min} = \left\{-\frac{\varDelta}{2}\sqrt{\alpha}\left(1 - \frac{\operatorname{tg}\delta_1}{\operatorname{tg}\beta_1}\right) + \sqrt{\frac{\varDelta^2}{4}\cdot\alpha\left(1 - \frac{\operatorname{tg}\delta_1}{\operatorname{tg}\beta_1}\right)^2 + \frac{1-\alpha}{2}\left(1 - \frac{\operatorname{tg}\delta_1}{\operatorname{tg}\beta_1}\right)}\right\}\cdot\sqrt{2gH}$$
344.

Tatsächlicher Betrieb, vorläufig aber noch s_0 und s_1 verschwindend klein.

Infolge der Reibungswiderstände auf dem Wege des Wassers kommt für die Gefälleaufteilung nur der Betrag $(1 - \varrho)\,H$ zur Wirkung, also gilt für tatsächlichen Betrieb:

$$\frac{w_1{}^2}{2g} + \frac{u_1{}^2 - u_2{}^2}{2g} + \frac{v_2{}^2 - v_1{}^2}{2g} = (1-\varrho)\,H \quad \ldots \quad \textbf{345.}$$

Die Gl. 324 geht hierdurch über in

$$n = \sqrt{1 + \frac{h - C}{(1-\varrho)\,H - h}\cdot\frac{\sin^2\beta_1}{\sin^2\delta_1}} \quad \ldots \ldots \quad \textbf{346.}$$

Außerdem gilt, wie schon vorher auseinandergesetzt,

$$u_1 w_1 \cos\delta_1 - u_2 w_2 \cos\delta_2 = g\,(1-\alpha-\varrho)\,H = g\,\varepsilon\,H \quad . \quad (304.)$$

Für u_1 erhält man statt Gl. 342 nunmehr infolge der Reibungsverluste

$$u_1 = \left\{\frac{\varDelta\cos\delta_2}{2}\sqrt{\alpha}\left(1 - \frac{\operatorname{tg}\delta_1}{\operatorname{tg}\beta_1}\right) + \sqrt{\frac{\varDelta^2\cos^2\delta_2}{4}\cdot\alpha\left(1 - \frac{\operatorname{tg}\delta_1}{\operatorname{tg}\beta_1}\right)^2 + \frac{1-\alpha-\varrho}{2}\left(1 - \frac{\operatorname{tg}\delta_1}{\operatorname{tg}\beta_1}\right)}\right\}\cdot\sqrt{2gH}$$
347.

(vergl. auch Gl. 202).

Für die rotierende Turbine gilt alles, was über die Wahl von $\delta_2 = 90^0$ S. 69 unten u. f. für geradliniges Fortschreiten gesagt ist.

Setzt man auch hier in die Gl. (304) und 347 $\delta_2 = 90^0$ ein, so ergeben sich die einfacheren Beziehungen (vergl. Gl. 203, 204, 205):

$$u_1 w_1 \cos \delta_1 = g \varepsilon H \quad \ldots \ldots \ldots \quad \textbf{348.}$$

und $\quad u_1 = \sqrt{g(1 - a - \varrho) H \left(1 - \frac{\operatorname{tg} \delta_1}{\operatorname{tg} \beta_1}\right)} = \sqrt{g \varepsilon H \left(1 - \frac{\operatorname{tg} \delta_1}{\operatorname{tg} \beta_1}\right)} \quad \ldots \quad \textbf{349.}$

Aus Gl. 348 und 349 folgt auch

$$w_1 = \frac{g \varepsilon H}{u_1 \cos \delta_1} = \frac{1}{\cos \delta_1} \sqrt{\frac{g \varepsilon H}{1 - \frac{\operatorname{tg} \delta_1}{\operatorname{tg} \beta_1}}} \quad \ldots \ldots \quad \textbf{350.}$$

Im besonderen folgt für $\beta_1 = 90^0$ bei $\delta_2 = 90^0$:

$$u_1 = \sqrt{g(1 - \alpha - \varrho) H} = \sqrt{g \varepsilon H} \quad \ldots \ldots \quad \textbf{349a.}$$

$$w_1 = \frac{u_1}{\cos \delta_1} = \frac{1}{\cos \delta_1} \sqrt{g \varepsilon H} \quad \ldots \ldots \quad \textbf{350a.}$$

Berücksichtigung der Größen s_0 und s_1.

Es kann hier auf die Ausführungen S. 71 und 72 verwiesen werden, die sowohl für geradliniges Fortschreiten der Schaufelzellen wie für die rotierende Turbine Gültigkeit haben. Die rechnungsmäßige Berücksichtigung der Schaufelstärken mit Rücksicht auf den Wasserdurchfluß siehe später.

4. Das Aneinanderreihen der Reaktionsgefäße mit radialem Austritt bei der äußeren Radialturbine.

Für geradliniges Fortschreiten konnte das Aneinanderreihen der Gefäße lückenlos dadurch bewerkstelligt werden, daß (vergl. Fig. 78) die äußere Gefäßwand auf der vorderen Seite in den Richtungen β_1 geradlinig bis zum nächsten Einfüllquerschnitt verlängert bezw. vom Austrittsquerschnitt des Nachbargefäßes an in Richtung von β_2 weitergeführt wurde.

Der lückenlose Anschluß der im Kreise sitzenden Gefäße erfordert ebenfalls derartige Verlängerungen, doch sind diese den anderen Umständen nach anders auszuführen.

Wir betrachten hier den einfachsten Fall, in dem, wie Fig. 95 zeigt, nicht nur die Ebene des Eintrittsquerschnittes f_1, sondern auch diejenige des Austrittsquerschnittes f_2 parallel zur Drehachse W verläuft, wo also radialer Ein- und Austritt vorliegt.

Die Fig. 100 gibt ein Bild der Verhältnisse. Wir haben beim Austritt zunächst ein Interesse daran, daß die Wasserteilchen an jedem beliebigen Punkte der Austrittsweite a_2 von dem Querschnitt f_2 mit der Geschwindigkeit v_2 ungehindert, d. h. auch ohne weiteren Gefälleverbrauch wegfließen können, damit die Resultierende w_2 in gewünschter Größe zu stande kommt. Dies wird ermöglicht, wenn nach Verlassen des Schaufelraumes der Querschnitt des strömenden Wassers keine wesentliche Veränderung der Größe nach erleidet und wenn auch die Richtung des Wasserstromes nur ganz allmählich abgelenkt wird.

Die kreisförmige Anordnung mit radialem Austritt gestattet nun nicht, daß die Wasserteilchen nach dem Verlassen von f_2 relativ zum Gefäß geradlinig weiterfließen, wie man sich leicht auf zeichnerischem Wege über-

zeugen kann, sondern es ist unumgänglich nötig, den aus f_2 austretenden
Strom in geringer Krümmung gegen innen hin allmählich soweit abzulenken,
daß er an der Wandung des nachfolgenden Gefäßes ohne anzuprallen vorbei findet (siehe Fig. 100). Die Größe von v_2 kann dagegen, abgesehen vom
Einfluß der Schaufelstärke s_2, ohne Mühe eingehalten werden, weil es möglich ist, durch Wahl der geeigneten Ablenkungskurve das Maß a_2 und damit
den Querschnitt f_2 dem Rücken der Nachbarschaufel entlang in gleicher
Größe einzuhalten. Jedenfalls wird der Krümmungsmittelpunkt für den
Beginn dieser Kurve in einer senkrecht zu v_2 liegenden Geraden, also in
der Richtung von a_2 oder einer Parallelen dazu, zu suchen sein (Fig. 100).

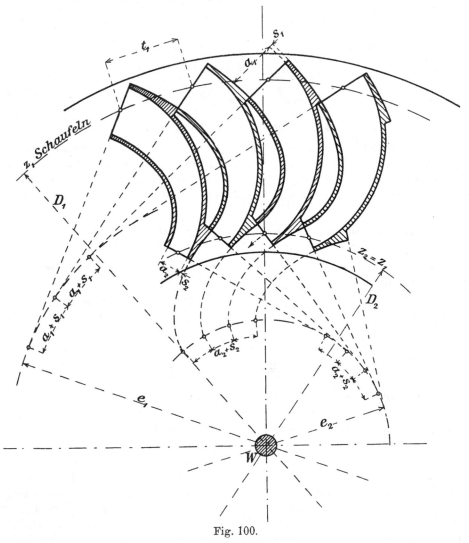

Fig. 100.

Diese Ablenkungskurve kann, der erwünschten gleichbleibenden Abmessung a_2 wegen, nur eine gewöhnliche Kreisevolvente sein, denn diese
hat die Eigenschaft, daß zwei benachbarte Kurven gleichen Grundkreises in
gleichbleibender gegenseitiger Entfernung, also parallel, verlaufen. Krümmen
wir demnach das Übergangsstück zwischen den Wänden der Nachbargefäße am
Austritt nach einer entsprechend bemessenen Kreisevolvente, so ist vermieden,

daß die Nachbarwand in störender Weise den Austritt aus dem Gefäße durch Erweiterung oder Verengung des Raumes außerhalb von f_2 beeinflußt.

Der Mittelpunkt des Grundkreises dieser Evolvente fällt natürlich mit der Wellmitte W zusammen und der Durchmesser e_2 desselben ist für alle Schaufelenden der gleiche. Er wird auf folgende Weise gefunden.

Die Strecken (Fig. 100), um die die einzelnen Evolventen auf der Erzeugenden von einander entfernt liegen, haben je die Größe $a_2 + s_2$. Es ist klar, daß diese Stücke im Betrage von jeweils $a_2 + s_2$ sich auch als abgewickelte Strecken auf dem Umfang des Grundkreises wieder finden müssen. So viele Reaktionsgefäße in dem Laufrad vorhanden sind, so oft muß dies $a_2 + s_2$ auf dem Grundkreis enthalten sein, also ist für den ganzen Radumfang, für z_2 Gefäße oder Schaufeln ohne weiteres

$$z_2 (a_2 + s_2) = e_2 \cdot \pi$$

oder
$$e_2 = \frac{z_2 (a_2 + s_2)}{\pi} \qquad \ldots \ldots \quad \textbf{351.}$$

Der Anschluß der einzelnen Gefäße an der Einfüllstelle wird in ganz gleicher Weise durch Evolventen eines Grundkreises vom Durchmesser

$$e_1 = \frac{z_1 (a_1 + s_1)}{\pi} \qquad \ldots \ldots \quad \textbf{352.}$$

vermittelt.

Das Parallelsein der Evolventenstücke, die den verschiedenen Schaufelanfängen und -enden angesetzt sind, verbürgt eben auch, daß die Wasserteilchen auf dem ganzen Radumfang, also auch in den Öffnungsmitten, in gleichen Winkeln zu diesem und ohne Kontraktionserscheinungen eintreten und das Rad verlassen, was wegen des gleichmäßigen Innehaltens von w_1, δ_1 und von w_2 für alle Wasserteilchen wichtig ist.

Da der Schnittwinkel zwischen dem Kreise vom Durchmesser (beispielsweise) D_2 und der zugehörigen Evolvente den Winkel β_2 darstellt, Fig. 101, so ist zu untersuchen, wie dieser sich rechnungsmäßig bestimmen läßt.

Der Winkel β_2 findet sich auch als Winkel zwischen $r_2 = \dfrac{D_2}{2}$ und der Erzeugenden der Evolvente oder auch der Richtung a_2, da diese ja senkrecht zu den Tangenten von Evolvente und Kreisumfang am Schnittpunkt stehen. Deshalb kann gesetzt werden (Fig. 101)

$$\sin \beta_2 = \frac{e_2}{2} \cdot \frac{2}{D_2} = \frac{e_2}{D_2} = \frac{z_2 (a_2 + s_2)}{z_2 \cdot t_2} = \frac{a_2 + s_2}{t_2} \qquad . \quad \textbf{353.}$$

und natürlich ebenso

$$\sin \beta_1 = \frac{e_1}{D_1} = \frac{a_1 + s_1}{t_1} \qquad \ldots \ldots \quad \textbf{354.}$$

Da die Leitschaufeln aus gleichen Erwägungen ebenfalls in Evolventen auszuführen sind, so gilt auch

$$e_0 = \frac{z_0 (a_0 + s_0)}{\pi} \quad . \quad \textbf{355.} \quad \text{und} \quad \sin \delta_1 = \frac{e_0}{D_1} = \frac{a_0 + s_0}{t_0} \quad . \quad \textbf{356.}$$

Zwei Dinge sind hier noch zu erwähnen:

1. Die gleichzeitig den Querschnitt f_1 betretenden Wasserteilchen befinden sich in verschiedenen Abständen von der Drehachse, sie haben sich also, genau betrachtet, nach Umfangsgeschwindigkeiten zu richten, die von u_1 etwas abweichen, und so gelten die Geschwindigkeitsdiagramme streng genommen nur für die die Querschnittsmitten passierenden Teilchen. Dies bezieht sich sinngemäß auch auf den Austritt „2".

2. Die Evolventenkrümmung bei Ein- und Austritt veranlaßt entlang derselben die Erscheinungen des kreisenden Wassers, so daß aus diesem Grunde auch von ganz gleichmäßiger Relativgeschwindigkeit genau genommen nicht gesprochen werden kann.

Beide Umstände werden in der Praxis einstweilen vernachlässigt und sollen auch hier nicht weiter berücksichtigt werden.

Die Erscheinungen des kreisenden Wassers finden auch im Innern der Reaktionsgefäße statt mit der Wirkung, daß die gleichzeitig durch f_1 eintretenden Wasserteilchen nicht auch gleichzeitig zum Austritt durch f_2 kommen. Die Teilchen an der Innenwand des Gefäßes haben größere relative

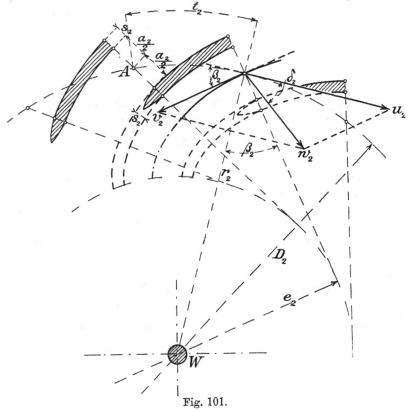

Fig. 101.

Geschwindigkeit (v_i) gegenüber denjenigen außen (v_a), dazu auch die kürzere Wegstrecke, sie werden also aus doppeltem Grunde die Austrittsstelle „2" viel eher erreichen als die Teilchen an der Außenwand; im Gefäßinnern werden sich demnach die einzelnen Schichten gleicher Geschwindigkeiten stetig übereinander wegschieben müssen, ein Umstand, der für stark gekrümmte Schaufelräume, wie für jeden sogenannten Krümmer, die Ursache von besonderen Reibungsverlusten ist und der uns deshalb veranlassen soll, nicht allein scharfe Krümmungen zu vermeiden, sondern stets möglichst große Krümmungsradien zur Anwendung zu bringen.

C. Die Austrittsfläche.

Für die Turbine, die kreisförmige Anordnung der Ablenkungsflächen oder Reaktionsgefäße, läßt sich die Kontinuitätsgleichung

$$Q = z_1 q = z_0 f_0 w_0 = z_1 f_1 v_1 = z_2 f_2 v_2$$

noch um einen wichtigen Begriff erweitern, der dann überhaupt beim Entwerfen der Turbinen die Grundlage für deren Größenbemessung gibt.

Entgegen der seitherigen Reihenfolge soll hier zuerst die Reaktionsturbine, nicht die Strahlturbine, betrachtet werden.

Die Ebene des Endquerschnittes f_2 eines Reaktionsgefäßes, wie es in Fig. 95 dargestellt ist (vergl. auch Fig. 103), steht parallel zur Drehachse der Turbine, der Austritt ($w_2 \sin \delta_2$) ist hier auch radial.

Die parallel zur Achse gehenden Mittellinien der f_2 liegen im Kreise vom Durchmesser D_2 und beschreiben in ihrer achsialen Erstreckung b_2 eine Zylinderfläche vom Inhalte $D_2 \pi \cdot b_2$ (Fig. 103). Das austretende Wasser

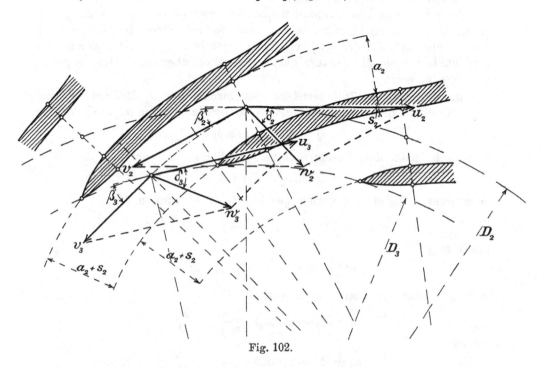

Fig. 102.

durchströmt, sofern die Stärke s_2 vorübergehend vernachlässigt wird, diese Rotationsfläche radial mit der entsprechenden Komponente der Austrittsgeschwindigkeit, $w_2 \sin \delta_2 = v_2 \sin \beta_2$ (Fig. 101), so daß für unendlich kleines s_2 gesetzt werden könnte:

$$Q = D_2 \pi \cdot b_2 \cdot w_2 \sin \delta_2 .$$

In Wirklichkeit kann aber s_2 nicht außer acht gelassen werden und der Einfluß dieser Wandstärke zeigt sich wie folgt (Fig. 102):

Das Wasser verläßt den Querschnitt $f_2 = a_2 \cdot b_2$ mit v_2. Außerhalb f_2 findet das Wasser nach geringer Ablenkung aus der Richtung von v_2 durch die Evolvente der Nachbarschaufel den Querschnitt $a_2 \cdot b_2$ auf $(a_2 + s_2) b_2$ erweitert, sofern vorausgesetzt wird, daß die Kränze die Lichthöhe b_2 unmittelbar bei f_2 noch beibehalten haben, was für die Praxis meist zutrifft. Dieser Übergang auf den erweiterten Querschnitt sollte zur Vermeidung von Wirbelverlusten nicht plötzlich, sondern nach Möglichkeit allmählich erfolgen, und dies wird erreicht, wenn man die Schaufelenden nach Art der Fig. 62 schlank zuschärft. Dann wird sich v_2 am Ende der Zuschärfung auf

$$v_3 = v_2 \frac{a_2 b_2}{(a_2 + s_2)\, b_2} = v_2 \frac{a_2}{a_2 + s_2} \quad \ldots \ldots \quad \textbf{357.}$$

ermäßigt haben. Ob bei dieser Ermäßigung aber eine Rückgewinnung der Gefällhöhe $\dfrac{v_2{}^2 - v_3{}^2}{2\,g}$ stattgefunden, ist mehr als fraglich, weil die Verzögerungsstrecke trotz der Zuschärfung der Schaufelenden nur sehr kurz sein kann. Es steht deshalb zu vermuten, daß die Verzögerungshöhe $\dfrac{v_2{}^2 - v_3{}^2}{2\,g}$ fast ganz verloren ist, zweifellos aber gibt die Zuschärfung wenigstens eher die Möglichkeit einer Rückgewinnung und der Vermeidung von schädlichen Wirbeln als das stumpfe Abschneiden.

Wenn also das Geschwindigkeitsparallelogramm im Querschnitt f_2 sich aus u_2, v_2, w_2 zusammensetzte, so hat dasselbe im Umkreis der Zuschärfung, für die Stelle „3", die Form u_3, v_3, w_3 angenommen. (Fig. 102, welche der Deutlichkeit wegen die Schaufelstärke wesentlich übertrieben im Vergleich zur Weite a_2 zeigt.)

Für die durch die Zylinderfläche vom Durchmesser D_3 fließende Wassermenge lautet nunmehr die Beziehung, weil keine Schaufelwandungen vorhanden

$$Q = D_3 \pi b_2 w_3 \sin \delta_3 .$$

Nun ist nach dem Geschwindigkeitsparallelogramm der Fig. 102

$$w_3 \sin \delta_3 = v_3 \sin \beta_3 .$$

Die Evolvente bietet, wie vorher gezeigt, die Beziehungen

$$\sin \beta_3 = \frac{a_2 + s_2}{t_3} \quad \text{und} \quad \sin \beta_2 = \frac{a_2 + s_2}{t_2} ,$$

woraus folgt:

$$\sin \beta_3 = \sin \beta_2 \cdot \frac{t_2}{t_3} = \sin \beta_2 \cdot \frac{D_2}{D_3} .$$

Mithin ist unter Einsetzen von v_3 nach Gl. 357

$$w_3 \sin \delta_3 = v_2 \sin \beta_2 \cdot \frac{a_2}{a_2 + s_2} \cdot \frac{D_2}{D_3}$$

oder auch

$$w_3 \sin \delta_3 = w_2 \sin \delta_2 \cdot \frac{a_2}{a_2 + s_2} \cdot \frac{D_2}{D_3}$$

und hierdurch geht die obige Gleichung über in

$$Q = D_3 \pi b_2 \cdot w_2 \sin \delta_2 \frac{a_2}{a_2 + s_2} \cdot \frac{D_2}{D_3}$$

oder auch

$$Q = D_2 \pi b_2 \frac{a_2}{a_2 + s_2} w_2 \sin \delta_2 \quad \ldots \ldots \quad \textbf{358.}$$

Bei Berücksichtigung von s_2 sind die Verhältnisse also derart aufzufassen, als ob der Zylindermantel vom Durchmesser D_2 vom Wasser mit der Geschwindigkeit $w_2 \sin \delta_2$ nicht in voller Ausdehnung, sondern nur in dem Bruchteil $\dfrac{a_2}{a_2 + s_2}$ benutzt würde, oder als ob dicht an der Stelle „2" durch die Erweiterung auf $a_2 + s_2$ die Radialkomponente $w_2 \sin \delta_2$ eine Verkleinerung auf $w_2 \sin \delta_2 \cdot \dfrac{a_2}{a_2 + s_2}$ erlitten hätte.

Der Zylindermantel $D_2 \pi b_2 = F_2$ heißt die „Austrittsfläche" des Laufrades und dieser Begriff kehrt bei allen Turbinen, seien es Reaktions- oder Strahlturbinen, wieder, mag es sich dabei um Radial- oder Achsialturbinen handeln. In welcher Weise für schräg radialen oder achsialen Austritt dann das Maß D_2 aufzufassen ist, soll später erläutert werden. Soviel ist aber jetzt schon ersichtlich, daß für einen angenommenen Austrittsverlust α, also für ein gegebenes w_2, für angenommene Ausführungsmaße von a_2 und s_2 die Größe der Austrittsfläche für eine gegebene Wassermenge einen ganz bestimmten Betrag in qm darstellt, der nur noch durch $\sin \delta_2$, d. h. durch die Neigung der resultierenden absoluten Austrittsgeschwindigkeit w_2 gegen die Umfangsgeschwindigkeit u_2, mitbedingt wird.

Es ist klar, daß für $\delta_2 = 90^0$ der Inhalt von F_2 ein Minimum wird, daß es also kaufmännisch richtig erscheint, zur Erzielung eines möglichst kleinen Durchmessers D_2 den Winkel $\delta_2 = 90^0$ auszuführen. Daß die Größe

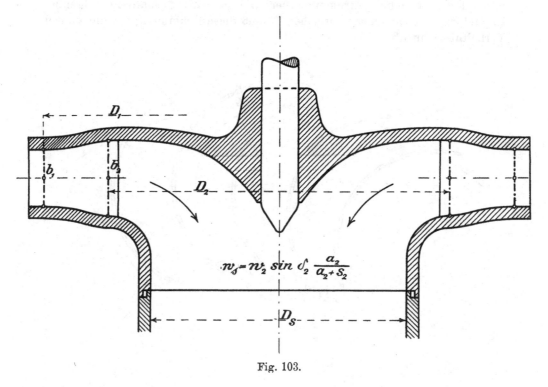

Fig. 103.

von δ_2, entgegen der vielfach aufgestellten falschen Behauptung des Gegenteils, auf die Leistung und den Nutzeffekt der Turbine ohne Einfluß ist, wurde schon früher auseinandergesetzt, Abweichungen von $\delta_2 = 90^0$ sind deshalb aus sonst berechtigten Erwägungen jederzeit zulässig.

Die äußere Radialturbine führt das austretende Wasser gegen die Turbinenwelle hin zusammen und da liegt es nahe, für die weitere Fortleitung des Wassers ein Rohr anzuwenden, in dem natürlich die Wassergeschwindigkeit nach Richtung und Größe nur ganz stetiger Änderung unterworfen werden darf, weil jede rasche Änderung zu ihrer Ausführung einen Aufwand an Gefällhöhe bei h_2 (Fig. 95) bedarf, also durch Mehrbedarf an h_2 d. h. durch Verringerung von H sich bemerkbar machen müßte.

Der freie Rohrquerschnitt muß also, wenigstens in der Nähe der Turbine, gleich $F_2 = D_2 \pi b_2$ gehalten sein, damit er auch mit der Komponente w_s $= w_2 \sin \delta_2 \cdot \dfrac{a_2}{a_2 + s_2}$ durchströmt werden kann (Fig. 103).

Weil die Umleitung des Wassers von dem radialen Austritt aus f_2 in
das natürlich achsialliegende Rohr einen gewissen Mehrbetrag von D_2
gegenüber dem Rohrdurchmesser D_s erfordert (Fig. 103), weil andererseits
die Turbine mit kleinerem Durchmesser nicht nur an sich billiger herzustellen ist, sondern auch durch kleineres D_1 größere Umdrehungszahlen und
dadurch Transmissionen bekommt, die leichter in der Anschaffung und
billiger im Betrieb sind, so hat man im neueren Turbinenbau für äußere
Radialturbinen den rein radialen Austritt vollständig verlassen und die Umlenkung aus der radialen Eintrittsrichtung in die achsiale Abflußrichtung
teilweise oder auch schon ganz in die Reaktionsgefäße selbst verlegt. Die
Achse des Austrittsquerschnittes, Länge b_2, geht dabei meist aus der geraden Form in eine gekrümmte über und es wird deshalb im folgenden
Kapitel zu untersuchen sein, welchen Einfluß diese Krümmung auf die ganzen
Verhältnisse ausübt.

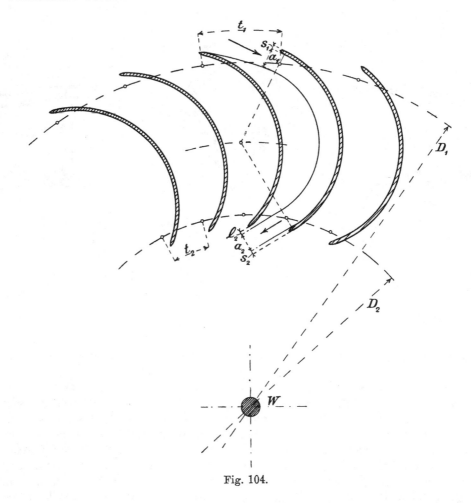

Fig. 104.

Hier ist noch die „Austrittsfläche" der Strahlturbine festzustellen.
Man könnte die Ablenkungsflächen so dicht aufeinander folgen lassen, daß
der in „2" die Fläche verlassende Strahl die hintere Seite der Nachbarfläche
gerade berührt (Fig. 84 und 89). Evolventenstücke sind dabei unnötig, weil
die Stärke a_2 für freie Strahlen nicht durch Schaufelwände zu erzwingen

ist, sondern aus v_2 und b_2 folgt. Bei solcher Anordnung ist die Austritts-fläche genau so anzusehen, als bei der Reaktionsturbine auch. Es wird hier sogar der Bruchteil $D_2 \pi b_2 \cdot \dfrac{a_2}{a_2 + s_2}$ tatsächlich mit $w_2 \sin \delta_2$ durchflossen, ohne daß wir zu erläuternden Annahmen greifen müßten.

Fast immer läßt man aber zwischen der Strahlstärke a_2 und der Rück-wand der Nachbarschaufel noch einige Millimeter Spielraum, teils als Reserve wegen der geringen Sicherheit, die der Reibungsverhältnisse wegen in der rechnungsmäßigen Bestimmung von a_2 bei freien Strahlen liegt, teils um der vom Strahl mitgerissenen Luft den Raum zum Austreten aus den Zellen zu geben.

Bezeichnen wir diesen Luftspielraum an der Stelle „2" mit l_2, so ergibt sich ohne weiteres (Fig. 104), daß dann als tatsächlich mit $w_2 \sin \delta_2$ durch-strömte Austrittsfläche nur $D_2 \pi b_2 \cdot \dfrac{a_2}{a_2 + l_2 + s_2}$ anzusehen ist, so daß für Strahlturbinen im allgemeinen gilt:

$$Q = D_2 \pi b_2 \cdot \frac{a_2}{a_2 + l_2 + s_2} \cdot w_2 \sin \delta_2 \quad \ldots \ldots \quad \textbf{359.}$$

D. Äußere Radialturbine von gegebenem α mit Austritt in einer Rotationsfläche von beliebiger Krümmung der Erzeugenden b_2.

Für den Wasserdurchfluß an verschiedenen Punkten des Reaktions-gefäßes sind vor allem die folgenden Überlegungen anzustellen (Fig. 105).

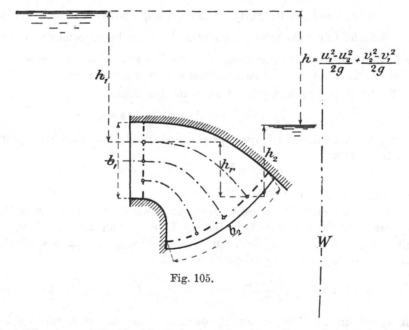

$$h = \frac{u_1^2 - u_2^2}{2g} + \frac{v_2^2 - v_1^2}{2g}$$

Fig. 105.

Das Wasser wird die Reaktionsgefäße im allgemeinen mit stetigen Richtungs- und Geschwindigkeitsübergängen in Schichten durchströmen, von denen einige in der Fig. 105 durch —·—·—· Linien angedeutet sind. Die Form dieser Schichtlinien bzw. Schichtflächen wird, ebenfalls stetig, von dem Profil des einen Radkranzes in das des anderen übergehen müssen; die genauen Formen der Übergänge aber kennen wir noch nicht, es wird eben die erleichternde Annahme gemacht, daß diese in guten stetig verlaufenden Kurven liegen werden.

An der Eintrittsstelle „1" müssen wir wünschen daß, der überall gleichen Umfangsgeschwindigkeit u_1 und der durchweg gleich großen Winkel β_1 und δ_1 wegen, auch über die ganze Breite b_1 die gleichen Geschwindigkeiten w_1 und v_1 (Geschwindigkeitsparallelogramm) vorhanden sind. Nun ist ja bei einer gegebenen Turbine die Druckhöhendifferenz ideell (Fig. 105)

$$h_1 + h_r - h_2 = h = \frac{u_1{}^2 - u_2{}^2}{2g} + \frac{v_2{}^2 - v_1{}^2}{2g} \quad \ldots \quad (313).$$

allen Schichten gemeinschaftlich, h ist für jede beliebige Schicht gleich groß. Wenn also v_1 über die ganze Breite b_1 konstant sein soll, so muß in der Formgebung der Reaktionsgefäße so vorgegangen werden, daß

$$h - \frac{u_1{}^2}{2g} + \frac{v_1{}^2}{2g} = \frac{v_2{}^2 - u_2{}^2}{2g} \quad \ldots \ldots \quad \mathbf{360.}$$

für jede Schicht konstant bleibt. Das heißt: die einzelnen in verschiedenen $D_2 = \varDelta D_1$ liegenden Teile des Austrittsquerschnittes müssen so bemessen sein, daß an jeder Stelle der Austrittslinie b_2, also in jeder Schicht, $v_2{}^2 - u_2{}^2$ konstant ist. Diese für den Austritt zu beachtende Bedingung ist also des geordneten Eintritts wegen (richtiges Nachfüllen der Reaktionsgefäße über die ganze Breite b_1) unerläßlich.

Die Gleichung (313) kann mit $u_2 = \varDelta u_1$ auch geschrieben werden:

$$v_2 = \sqrt{2gh + v_1{}^2 - u_1{}^2(1 - \varDelta^2)} \quad \ldots \quad \mathbf{360\,a.}$$

Da andererseits selbstverständlich verlangt wird, daß das Wasser aus jeder Schicht nur das Arbeitsvermögen $\frac{w_2{}^2}{2g}$ mitnehme, so ist zu untersuchen, wie sich die beiden Bedingungen, $v_2{}^2 - u_2{}^2 =$ konstant, und $w_2 =$ konstant, in der Formgebung der Austrittsöffnung vereinigen lassen.

Es ist (Fig. 101 u. a.) für jede beliebige Schicht

$$v_2{}^2 = u_2{}^2 + w_2{}^2 - 2 u_2 w_2 \cos \delta_2 \,,$$

woraus, nach dem oben Entwickelten, ersichtlich ist, daß des geordneten Eintritts wegen

$$v_2{}^2 - u_2{}^2 = w_2{}^2 - 2 u_2 w_2 \cos \delta_2$$

durchweg den gleichen Wert besitzen soll.

Da w_2 überall gleich groß gewünscht wird, so muß auch $u_2 \cos \delta_2$ in jeder Schicht den gleichen Betrag haben; nun ist $u_2 = \varDelta u_1$, mithin ergibt sich schließlich als Bedingung für durchweg richtiges Nachfüllen der Gefäße und für durchweg gleiches u_1 und w_2

$$\cos \delta_2 = \frac{w_2{}^2 - (v_2{}^2 - u_2{}^2)}{2 u_2 w_2} = \frac{w_2{}^2 - (v_2{}^2 - u_2{}^2)}{2 u_1 w_2} \cdot \frac{1}{\varDelta} = \text{Konst} \cdot \frac{1}{\varDelta} \quad \ldots \quad \mathbf{361.}$$

d h. es ist am Austritte so zu disponieren, daß die $\cos \delta_2$ mit wachsendem D_2 abnehmen, daß die δ_2 mit wachsendem D_2, also mit wachsendem u_2, zunehmen.

Nun bietet δ_2 an sich keinen unmittelbaren Anhalt für die Formgebung der Schaufel am Austritt, da dieser Winkel gewissermaßen nur das Betriebsergebnis von v_2, u_2 und β_2 ist. Die Bedingung ist also sinngemäß auf β_2 zu übertragen.

Aus Fig. 101 ergibt sich

$$\frac{u_2}{\sin(\beta_2+\delta_2)}=\frac{w_3}{\sin\beta_2},$$

was umgeformt auch lautet

$$\operatorname{tg}\beta_2=\frac{\sin\delta_2}{\dfrac{u_2}{w_2}-\cos\delta_2}.$$

Ersetzt man u_2 durch $\varDelta u_1$, $\cos\delta_2$ nach Gl. 361 durch $\dfrac{\text{Konst}}{\varDelta}$ und $\sin\delta_2$ durch

$\sqrt{1-\dfrac{\text{Konst}^2}{\varDelta^2}}$, so folgt

$$\operatorname{tg}\beta_2=\frac{\sqrt{\varDelta^2-\text{Konst}^2}}{\varDelta^2\dfrac{u_1}{w_2}-\text{Konst}}\qquad\ldots\ldots\quad \textbf{362.}$$

worin Konstante nach Gl. 361. Diese Gleichung spricht aus, daß β_2 mit zunehmendem $\varDelta$, zunehmendem Durchmesser, abnehmen muß, wenn überall gleiches w_2 erzielt werden soll. Da β_2 durch

$$\sin\beta_2=\frac{a_2+s_2}{t_2}=\frac{z_2(a_2+s_2)}{D_2\pi}=\frac{z_2(a_2+s_2)}{\varDelta D_1\pi},$$

also durch die Schaufelweite a_2 bestimmt ist, so hat man es durch passende Wahl der Größe a_2+s_2 in der Hand, den nach Gl. 362 erforderlichen Wert von $\operatorname{tg}\beta_2$ zu erzielen. Die eingehende rechnerische Behandlung führt auf sehr umständliche Beziehungen für a_2+s_2, während man für jeden Durchmesser D_2, also für

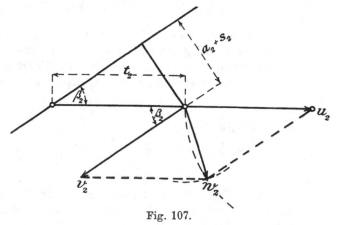

Fig. 106.

jedes $\varDelta$, auf graphischem Wege sehr leicht aus u_2,w_2 und der aus Gl. 360a zu berechnenden Größe von v_2 das Geschwindigkeitsparallelogramm und durch dasselbe a_2+s_2 mit ausreichender Genauigkeit zu bestimmen vermag. Aus diesem Grunde unterbleibt die allgemein rechnerische Entwicklung und es sollen nur noch zwei Spezialfälle analytisch beleuchtet werden.

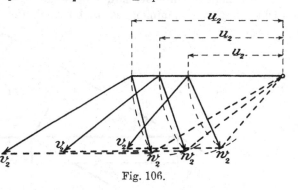

Fig. 107.

1. Spezialfall, $v_2=u_2$.

Hat man an einer Stelle der Austrittsbreite b_2, also für eine bestimmte Schicht, so disponiert, daß $v_2=u_2$ ausfällt, so ist nach Gl. 360 für die ganze Breite $v_2{}^2-u_2{}^2=0$ auszuführen, d. h. es muß dann für überall gleich guten Eintritt und gleichbleibendes w_2 durch alle Schichten $v_2=u_2$ bleiben und demnach sind die Schaufelweiten zu wählen. Mit wechselndem $\varDelta$ werden sich die Geschwindigkeitsparallelogramme nach Fig. 106 auszubilden haben.

An der Hand dieser Parallelogramme ist dann unter Zuhilfenahme von t_2 sehr leicht durch eine Parallele zu v_2 die Gesamtgröße $a_2 + s_2$ graphisch bestimmbar, wie dies Fig. 107 für eine Schichtlinie zeigt. Daß die Teilstrecke t_2 in der Ausführung nach $\dfrac{D_2}{2}$ gekrümmt ist, ändert nichts an der Richtigkeit der Konstruktion, sofern nur beim Aufzeichnen der Schaufelformen dann a_2 in der Evolventenerzeugenden von dem Teilpunkt A als $\dfrac{a_2}{2}$ nach beiden Seiten aufgetragen wird, wie Fig. 101 zeigt.

Über die eigentlichen Einzelheiten des Aufzeichnens siehe später; soviel sei aber hier schon gesagt, daß gleich große Werte von w_2 kleine Unterschiede in a_2 bedingen und umgekehrt, daß gleichmäßiges Einhalten von a_2 und s_2 über die ganze Breite b_2 geringe Unterschiede in den w_2 mit sich bringen muß, die häufig jedoch vernachlässigt werden können.

2. Spezialfall, $w_2 \perp u_2$.

Hat man in einer bestimmten Schicht $\delta_2 = 90^0$ (Fig. 108), d. h. w_2 senkrecht zu u_2 angenommen, so ist hiernach für alle Schichten $v_2{}^2 - u_2{}^2 = w_2{}^2$

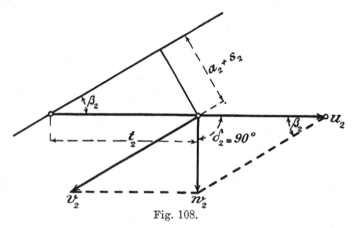

Fig. 108.

in konstantem Betrag auszuführen, d. h. hier folgt ohne weiteres aus der Bedingung für richtiges Nachfüllen an der Eintrittsstelle, daß w_2 konstant und überall senkrecht zu u_2 einzuhalten ist. Die Konstante der Gl. 361 wird hier Null.

Für die Bestimmung von β_2 ergibt sich dann aus Fig. 108

$$\operatorname{tg}\beta_2 = \frac{w_2}{u_2} = \frac{w_2}{\varDelta u_1} \quad\ldots\ldots\ldots\quad \textbf{363.}$$

und es wird daraus

$$a_2 + s_2 = t_2 \sin\beta_2 = \frac{\varDelta D_1 \pi}{z_2} \cdot \frac{w_2}{\sqrt{\varDelta^2 u_1{}^2 + w_2{}^2}} = \frac{D_1 \pi}{z_2} \cdot \frac{w_1}{\sqrt{u_1{}^2 + \dfrac{w_2{}^2}{\varDelta^2}}} \quad \textbf{364.}$$

Auch die letztere Gleichung ist für die Berechnung von $a_2 + s_2$ umständlich, zum Ziele wird auch hier der zeichnerische Weg am einfachsten führen. Vergl. Fig. 108.

Schließlich sei für den tatsächlichen Betrieb folgendes bemerkt:

Der Gesamtverlust ϱH an verfügbarem Gefälle, der durch Wasserreibung, Wirbel und dgl. verursacht und der Hauptsache nach zur Erzeugung von Wärme verbraucht wird, zerfällt mit Hinblick auf den ganzen Arbeitsweg in mehrere Posten. Sie seien, obgleich sie zum Teil erst später betrachtet werden, hier angeführt:

$\varrho_0 H$ für die Strecke vom Oberwasser bis zum Austritt aus den Leitschaufelöffnungen, (Übergang auf w_0, in der Hauptsache Reibungsverluste).

$\varrho_1 H$ für den Weg durch den Spalt, (Übergang von w_0 auf w_1, meist Wirbelverluste).

$\varrho_2 H$ Weg durch das Reaktionsgefäß, (Überführung von v_1 auf v_2, hauptsächlich Reibungsverluste).

$\varrho_3 H$ Austritt ins Saugrohr, (Übergang von w_2 auf w_3, zum größten Teil Wirbelverluste).

$\varrho_4 H$ Weg durch das Saugrohr bis znm freien Unterwasser. Beim Saugrohr von gleichbleibendem Querschnitt nur Reibungsverluste, beim erweiterten Saugrohr (Übergang von w_3 auf w_4) auch noch größere oder kleinere Wirbelverluste.

Es kann also geschrieben werden:

$$\varrho = \varrho_0 + \varrho_1 + \varrho_2 + \varrho_3 + \varrho_4.$$

Für jede Schichtlinie darf der Betrag von $\varrho_2 H$ ohne zu großen Fehler als gleich groß angenommen werden.

Gl. 313 geht damit für den tatsächlichen Betrieb über in

$$\frac{u_1^2 - u_2^2}{2g} + \frac{v_2^2 - v_1^2}{2g} + \varrho_2 H = h_1 + h_r - h_2 = h \quad . \quad \textbf{365.}$$

oder es muß konstant sein

$$h - \frac{u_1^2}{2g} + \frac{v_1^2}{2g} - \varrho_2 H = \frac{v_2^2 - u_2^2}{2g} \quad . \quad . \quad . \quad \textbf{366.}$$

und mit $u_2 = \varDelta u_1$ folgt (vergl. Gl. 360a)

$$v_2 = \sqrt{2g(h - \varrho_2 H) + v_1^2 - u_1^2(1 - \varDelta^2)} \quad . \quad . \quad . \quad \textbf{366a.}$$

Zu beachten ist dabei aber, daß h in diesen Gleichungen für den tatsächlichen Betrieb auch nicht mehr den vollen Betrag haben wird, weil für die Erzeugung des tatsächlichen w_1 mehr $(\varrho_0 H + \varrho_1 H)$ aufgewendet werden mußte als ideell erforderlich, weil also h_1 kleiner ist, ferner ist aber auch h_2 größer, weil die Reibungswiderstände $(\varrho_3 H + \varrho_4 H)$ bis zum Eintritt in das Unterwasser als Gegendruckhöhe auftreten.

Für das Entwerfen der Turbine ist natürlich die erforderliche Größe b_2 der gekrümmten Austrittslinie von Interesse.

Der Inhalt der gekrümmten Austrittsfläche berechnet sich hier ebenfalls zu $F_2 = D_2 \pi b_2$ sofern D_2 dann als Durchmesser des Kreises aufgefaßt wird, in dem der Schwerpunkt der gekrümmten Austrittslinie b_2 liegt.

Steht nun w_2 über die ganze Breite b_2 senkrecht zu u_2, so ist klar, daß dann ohne weiteres auch hier $Q = D_2 \pi b_2 w_2 \cdot \dfrac{a_2}{a_2 + s_2}$ gesetzt werden darf.

Steht w_2 nicht senkrecht zu u_2, so gilt die Beziehung

$$Q = D_2 \pi b_2 w_2 \sin \delta_2 \frac{a_2}{a_2 + s_2}$$

in der nicht ganz zutreffenden Voraussetzung, daß $w_2 \sin \delta_2 \dfrac{a_2}{a_2 + s_2}$, über die ganze Breite b_2 fast genau gleich groß bleiben.

Auf die Umdrehungszahl des richtigen Nachfüllens ist, abgesehen von der Gefälleaufteilung und den Winkeln bei „0" und „1", die Größe des Eintrittsdurchmessers D_1 von besonderem Einfluß.

Wenn nun auch der Saugrohrdurchmesser D_s (Fig. 103) wegen

$$D_s^2 \frac{\pi}{4} \cdot w_2 \sin \delta_2 \frac{a_2}{a_2 + s_2} = Q$$

für einen angenommenen Austrittsverlust, für ein gegebenes Gefälle, Wassermenge usw. genau festgelegt ist, so steht für die Bemessung von D_1 ein weiter Bereich offen und man wählt D_1 den sonstigen äußeren Anforderungen gemäß, also in erster Linie mit Rücksicht auf die Umdrehungszahl.

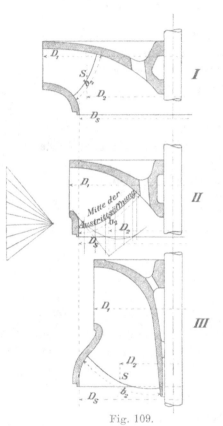

Fig. 109.

Je nachdem geringere oder größere Umdrehungszahlen im Einzelfalle erwünscht sind, nimmt dann, der Größe von D_1 entsprechend, das Laufradprofil die Formen der Fig. 103, 105 oder der Fig. 109 an, wobei jedesmal die Austrittsfläche inhaltgleich mit dem freien Saugrohrquerschnitt bleibt.

Für den Fall, daß D_1 kleiner genommen wird als D_s, Form III der Fig. 109, so kommt für die am äußeren Kranz entlang strömenden Wasserteilchen der Umstand in Betracht, daß dort $D_2 > D_1$ also auch $u_2 > u_1$ ist, daß dort das Glied $\frac{u_1^2 - u_2^2}{2g}$ der Gl. 345 negativ ausfällt, und daß deshalb dort die Gefälleaufteilung sich anders vollziehen muß als seither. Fig. 110 gibt ein Bild der Verhältnisse für den tatsächlichen Betrieb. Für $u_2 < u_1$ teilt sich das nach Abzug der Reibungsverluste für die Arbeitsleistung zur Verfügung stehende Gefälle $(1-\varrho)H$ nach Art der Linie I; für die Stelle an der $D_2 = D_1$, $u_2 = u_1$ ist, Linie II, fällt die Zentrifugaldruckhöhe zu Null aus, das Gefälle hat nur drei Summanden, und für $D_2 > D_1$, $u_2 > u_1$ geht die Aufteilung nach III vor sich; es muß hier für die Erzeugung der erforderlichen Größe von v_2 aus v_1 eine Druckhöhe aufgewendet werden, größer als der Betrag, der aus $H - \frac{w_1^2}{2g} - \varrho H$ zur Verfügung steht. Das überschießende Stück wird durch die beschleunigende Wirkung der Zentrifugaldruckhöhen, durch $- \frac{u_1^2 - u_2^2}{2g}$ geleistet; die vorher durch $M_C + M_R$ der betreffenden Schichten auf das Laufrad abgegebene Arbeit wird demselben zur Beschleunigung der Wasserteilchen von u_1 auf u_2 für die gleichen Schichten wieder entzogen, $M_u = \frac{q\gamma}{g}(r_1 u_1 - r_2 u_2)$ ist für diese Schichten eben negativ geworden, ohne daß das resultierende ideelle Moment dadurch kleiner geworden wäre, als dem angenommenen Werte von w_2 entspricht.

Für den tatsächlichen Betrieb ist zu bedenken, daß das Herüber- und Hinüberwechseln des Arbeitsvermögens vom Wasser ans Laufrad, dann wieder vom Laufrad ans Wasser, sich kaum ohne Arbeitseinbuße vollziehen wird, außerdem werden in den Schichten mit großem v_2 und u_2 die Reibungswiderstände mehr ins Gewicht fallen als bei kleinerem v_2 und u_2 derart, daß $\varrho_2 H$ in den äußeren Schichten größer ausfallen wird als in den inneren.

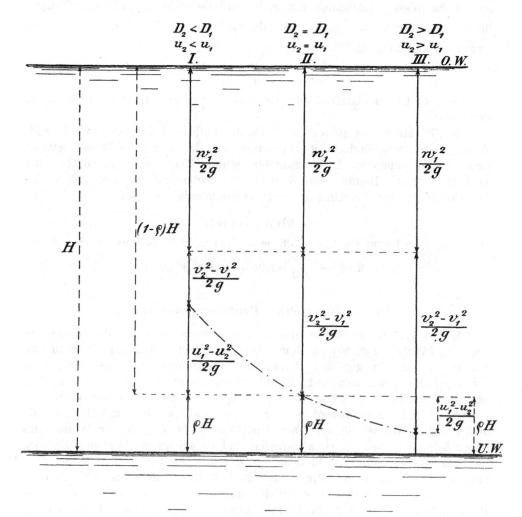

Fig. 110.

Solche Erwägungen haben ganz besonders vom Bau der inneren radialen Reaktionsturbinen abgeführt und man sollte sich diese Umstände stets vor Augen halten. Die heute vielfach übertriebene Sucht nach Schnellläufern, d. h. nach äußeren Radialturbinen mit möglichst kleinem D_1 gegenüber D_s läßt die Nachteile der Anordnung von $u_2 > u_1$ häufig außer acht.

3. Achsialdruck, hervorgerufen durch das arbeitende Wasser.

Einerlei ob bei der Radialturbine die Ablenkung in die achsiale Richtung (Saugrohr) erst außerhalb der Schaufelzellen beginnt (Fig. 103) oder ob sie schon beim Verlassen der Zellen beendigt ist (Fig. 109, III), so wird der Ablenkung halber das Wasser gegen den Radboden, also in achsialer

Richtung eine Kraft äußern, die sich einfach aus den Betrachtungen über Reaktion S. 26 ff. herleiten läßt.

Beim Eintritt in die Radialturbine besitzt das Wasser die achsiale Geschwindigkeit Null; beim Verlassen derselben, Übergang ins Saugrohr, strömt das Wasser schließlich mit w_s in achsialer Richtung. Die Ablenkungsfläche, hier der Radboden, hat deshalb nach Gl. 84, $P = \frac{q\gamma}{g}(v_2 - v_1)$ einen Druck auszuhalten im Betrage von

$$Z = \frac{Q\gamma}{g} \cdot w_s \quad \ldots \ldots \ldots \quad \textbf{367.}$$

der bestrebt ist, das Laufrad der Stromrichtung entgegengesetzt, achsial, zu verschieben.

Bei Turbinen mit stehender Welle dient diese Z-Komponente als willkommene teilweise Entlastung des Spurzapfens, bei liegender Welle betätigt sich die Z-Komponente in horizontalem Sinne. Da aber w_s stets klein ist, so sind auch die Beträge von Z nicht sehr bedeutend, derart, daß sie in der Praxis für die Berechnung meist vernachlässigt werden.

Zahlenbeispiel:

$$H = 4\,\text{m}, \quad Q = 1\,\text{cbm/sek}, \quad \alpha = 0{,}06, \quad w_2 = 2{,}17\,\text{m}, \quad w_s = \sim 0{,}9\,w_2 = \sim 1{,}95\,\text{m},$$

$$Z = \sim \frac{1 \cdot 1000}{9{,}81} \cdot 1{,}95 = \sim 198{,}5\,\text{kg}.$$

E. Innere radiale Reaktionsturbinen.

Es ist auf S. 144 schon darauf hingewiesen worden, daß diese Anordnung (ähnlich Fig. 80) an dem Übelstande leidet, daß zur Überführung von v_1 nach v_2 ein gewisser Betrag an Arbeitsvermögen, aus der Arbeit von $M_C + M_R$ genommen und alsbald wieder geopfert werden muß, um die erforderliche Beschleunigung von u_1 und v_1 auf u_2 und v_2 zu bewirken.

Aus Fig. 80 geht außerdem klar hervor, daß es kaum möglich ist, die austretenden Wasserteilchen über Unterwasser in geschickter Weise und unter Schonung von w_3 so abzufassen und zusammenzuschließen, wie dies bei der äußeren Radialturbine durch das in der Turbinenmitte liegende Saugrohr erreicht wird. Die innere Radialturbine muß deshalb entweder unter Unterwasser, also unzugänglich, aufgestellt werden, oder es geht eine Höhe h_a (Fig. 80) für sog. Freihängen direkt verloren. Außerdem erzwingt die innere Zuleitung im allgemeinen eher größere Beträge von D_1, als bei der äußeren Radialturbine möglich sind.

Aus all diesen Gründen hat man für neuzeitliche Anlagen von der Verwendung innerer Radialturbinen vollständig abgesehen, und es erscheint deshalb unnötig, hier noch näher auf dieselben einzugehen; außerdem sind die Beziehungen fast genau die gleichen wie bei der äußeren Radialturbine. Als Austrittsfläche gilt hier natürlich die äußere Begrenzungsfläche des Laufrades.

F. Achsiale Reaktionsturbinen mit gegebenem Austrittsverlust α.

Wenn auch der Verwendungsbereich der Achsialturbinen so sehr zusammengeschrumpft ist, daß heutzutage keine namhafte Turbinenbauanstalt mehr solche Reaktionsturbinen anwendet, so mögen doch die Verhältnisse derselben hier durchgegangen werden, teils des historischen Interesses halber, teils weil die eigenartigen Umstände, hervorgerufen durch die über die Eintrittsbreite b_1 hin verschiedenen Größen von u_1, einen lehrreichen Einblick in das Wesen der Wasserführung durch Turbinen überhaupt zu geben geeignet sind.

Die Austrittsfläche zeigt sich hier als Ringfläche vom mittleren Durchmesser $D_2{}^m$ (Fig. 81), der Breite b_2 und dem Inhalt $D_2{}^m \pi b_2$. Das über w_2, über δ_2 Gesagte gilt auch hier unverändert.

Die Bedeutung der Indices a (außen), m (Mitte), i (innen) ist auch aus Fig. 81 deutlich zu erkennen, sie überträgt sich gleicherweise auf die Winkel $\delta_1{}^a$, $\delta_1{}^m$, $\delta_1{}^i$ usw. wie auf Schaufelweiten $a_0{}^a$, $a_0{}^m$, $a_0{}^i$, auf Geschwindigkeiten, z. B. $u_1{}^a$, $u_1{}^m$, $u_1{}^i$ und dergl.

Die Achsialturbine hat allemal $D_0{}^m = D_1{}^m$; auch darf $\delta_0 = \delta_1$ gesetzt werden. Vielfach ist in $D_2{}^m = \varDelta D_1{}^m$ der Faktor $\varDelta = 1$, d. h. $D_2{}^m = D_1{}^m$, $u_2{}^m = u_1{}^m$ (symmetrischer Kranzquerschnitt).

1. Achsiale Reaktionsturbine in Ruhe.

Bei der Radialturbine mit radialem Austritt entwickelten sich die aus der Ablenkung und Beschleunigung folgenden Kräfte in Radialebenen, bei der Achsialturbine mit $D_2{}^m = D_1{}^m$ kann man sich diese Kräfte vorstellen, als ob sie den Kreis vom Durchmesser $D_1{}^m$ berühren. Die momentbildende, d. h. arbeitleistende Kraft ist genau das, was wir früher als sog. X-Komponente kennen gelernt, das Moment derselben ist, für Einführung des Wassers nach Größe und Richtung von v_1, gegeben durch

$$M = X \cdot r_1{}^m,$$

oder nach Gl. 94 mit $Q = z_1 q$

$$M = \frac{Q \gamma}{g} (v_2 \cos \beta_2 + v_1 \cos \beta_1) r_1{}^m \quad \ldots \quad \textbf{368.}$$

2. Achsiale Reaktionsturbine in gleichförmiger Bewegung.

$D_2{}^m = D_1{}^m$ (symmetrischer Kranzquerschnitt).

Solange $D_2{}^m = D_1{}^m$ ist, d. h. solange die mittleren Wasserteilchen ihre Entfernung von der Drehachse nicht ändern, hat man bei der sich drehenden Achsialturbine für die repräsentierenden mittleren Wasserfäden nicht die durch $C = \frac{u_1{}^2 - u_2{}^2}{2g}$ (S. 121) bedingte Gefälleaufteilung, sondern hier ist dann einfach (vergl. Gl. 143) wie beim geradlinig fortschreitenden Reaktionsgefäß ideell zu rechnen

$$\frac{w_1{}^{m2}}{2g} + \frac{v_2{}^{m2} - v_1{}^{m2}}{2g} = H.$$

Für die Berechnung von $w_1{}^m$, $v_1{}^m$, $v_2{}^m$ usw. sind die dort entwickelten Beziehungen ohne weiteres maßgebend.

Für das Moment der sich drehenden Turbine ($D_2{}^m = D_1{}^m$) ist hier kein Zusatzmoment M_u (Gl. 296) zu erwarten, weil eben durch $u_2{}^m = u_1{}^m$ dieses Moment nicht zur Entwicklung kommt.

So gilt für die Berechnung des Drehmomentes einfach die vorstehende Gl. 368, sofern nur jetzt $v_1{}^m$ und $v_2{}^m$ als relative Geschwindigkeiten angesehen werden.

Mit $v_1{}^m \cos \beta_1{}^m + u_1{}^m = w_1{}^m \cos \delta_1{}^m$ und $v_2{}^m \cos \beta_2{}^m - u_2{}^m = w_2 \cos \delta_2{}^m$ (Fig. 59 u. a.) ergibt sich dann für z_1 Schaufeln mit $Q = z_1 q$

$$M = \frac{Q\gamma}{g}\left(w_1{}^m \cos \delta_1{}^m - w_2 \cos \delta_2{}^m\right) \cdot r_1{}^m \quad . \quad . \quad . \quad . \quad \textbf{369.}$$

ferner (vergl. Gl. 108)

$$A = M \cdot w = \frac{Q\gamma}{g}\left(v_2{}^m \cos \beta_2{}^m + v_1{}^m \cos \beta_1{}^m\right) u_1{}^m \quad . \quad . \quad . \quad \textbf{370.}$$

oder auch (vergl. Gl. 194)

$$A = \frac{Q\gamma}{g}\left(w_1{}^m \cos \delta_1{}^m - w_2 \cos \delta_2{}^m\right) \cdot u_1{}^m \quad . \quad . \quad . \quad . \quad \textbf{371.}$$

was schließlich, ähnlich wie früher auch (vergl. Gl. 195) übergeht in

$$u_1{}^m w_1{}^m \cos \delta_1{}^m - u_1{}^m w_2 \cos \delta_2{}^m = g\left(1 - \alpha\right)H = g \cdot \eta H \quad . \quad \textbf{372.}$$

Der tatsächliche Betrieb bringt dann, mit kleineren Werten von $u_1{}^m$ und $w_1{}^m$

$$u_1{}^m w_1{}^m \cos \delta_1{}^m - u_1{}^m w_2 \cos \delta_2{}^m = g\left(1 - \alpha - \varrho\right)H = g\varepsilon H. \quad \textbf{373.}$$

Sowie aber $D_2{}^m$ nicht gleich $D_1{}^m$ ist, treten die allgemein gültigen Gl. 298 bis 304 an die Stelle von Gl. 368 bis 373.

Unter Hinweis auf die S. 49 und folgende gegebenen Untersuchungen über den Einfluß verschiedener Größen des geradlinigen Fortschreitens kann hier auf die Betrachtungen über verschiedene Drehgeschwindigkeit verzichtet werden.

Dagegen ist es erforderlich, den Einfluß festzustellen, den die über die Ein- und Auslaufbreiten b_1 und b_2 wechselnden Umfangsgeschwindigkeiten u_1 und u_2 auf die Gefälleaufteilung und die Winkelverhältnisse ausüben.

Es ist allgemein, für jeden Durchmesser D_1 bei $\delta_2 = 90$, bekannt:

$$u_1 = \sqrt{g\,\varepsilon\,H\left(1 - \frac{\operatorname{tg} \delta_1}{\operatorname{tg} \beta_1}\right)}$$

Diese Gleichung lautet nach $\operatorname{tg} \beta_1$ aufgelöst

$$\operatorname{tg} \beta_1 = \frac{\operatorname{tg} \delta_1}{1 - \dfrac{u_1{}^2}{g \cdot \varepsilon H}} \quad . \quad . \quad . \quad . \quad . \quad . \quad \textbf{374.}$$

und sie läßt ohne weiteres erkennen, daß $\operatorname{tg} \beta_1$ mit den in verschiedenen D_1 verschiedenen u_1 variiert, daß also für eine gegebene Turbine der dem richtigen Nachfüllen entsprechende Winkel β_1 mit u_1, also mit dem Durchmesser D_1 zunehmen muß (vergl. auch S. 49). Hier, bei achsialer Wasserzuführung, ist also im Gegensatz zur Radialturbine keine Möglichkeit dafür vorhanden, daß das gleiche Geschwindigkeitsparallelogramm über die ganze Eintrittsbreite b_1 unverändert bestehen könnte, und es sind die weiteren Umstände darzulegen, die dabei in Betracht kommen.

Sehen wir uns zuerst die w_1 an. Die Fig. 38 entspricht einem zylindrischen, in die Vertikalebene abgewickelten Schnitt durch Leit- und Laufrad einer Achsialturbine.

Die im Grundriß runde Form der Radkränze bringt es mit sich (Fig. 111), daß die Wasserteilchen beim Durchströmen der Leitschaufeln nicht von oben her in senkrechten achsialen Ebenen der Schaufelkrümmung entsprechend schräg abwärts fließen, wie dies Fig. 38 schließen lassen könnte, sondern die Krümmung bewirkt, daß dies in Zylinderflächen, in konzentrischen

Schichten, erfolgt. Die Bewegung der Wasserteilchen muß also, was deren Horizontalgeschwindigkeit angeht, nach dem Gesetz des kreisenden Wassers verlaufen, wie es S. 77 ff. entwickelt worden ist, d. h. es muß für sämtliche Wasserteilchen im Querschnitt f_0 gelten entsprechend Gl. 237

$$w_0 \cos \delta_0 \cdot r_0 = \text{Konst.}$$

und auch

$$w_1 \cos \delta_1 \cdot r_1 = \text{Konst.}$$

sein, wodurch die Horizontalkomponenten der Nachfüll-geschwindigkeiten für jeden Punkt der Breite b_1 durch die Anordnung an sich festgelegt sind, sofern für einen belie-bigen Punkt der Breite, etwa für $D_1{}^m$, die Größe $w_1 \cos \delta_1$ angenommen ist.

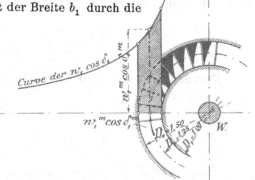

Fig. 111.

Die w_1 sind also, da deren Horizontalkomponenten umge-kehrt dem Durchmesser pro-portional sind, von wechselnder Größe, gegeben durch die Be-ziehung

$$w_1 \cos \delta_1 \, D_1 = w_1{}^m \cos \delta_1{}^m D_1{}^m \quad \textbf{375.}$$

Ohne weiteres folgt dies auch aus Gl. 348, denn es muß sein allgemein an jeder Stelle

$$u_1 w_1 \cos \delta_1 = g \varepsilon H = u_1{}^m w_1{}^m \cos \delta_1{}^m$$

und da die u_1 sich verhalten wie die D_1, so geht vorstehendes einfach in Gl. 375 über.

Wenn jetzt erkannt ist, daß u_1, β_1, w_1 mit wechselndem Durchmesser sich ändern, so müssen sich auch für δ_1 wechselnde Werte ergeben, zuerst aber ist die Größe der Vertikalkomponente von w_1, der $w_1 \sin \delta_1$ zu betrachten.

Da bei senkrechter Welle für alle Punkte der wagrecht liegenden Breite b_1 die Eintrittshöhe h_e bis zum Oberwasserspiegel gleich groß ist, so gilt für jeden Durchmesser ideell

$$h_1 + \frac{w_1{}^2}{2g} = h_1{}^m + \frac{w_1{}^{m2}}{2g} = h_e,$$

oder auch

$$h_1 - h_1{}^m = \frac{w_1{}^{m2}}{2g} - \frac{w_1{}^2}{2g}.$$

Wenn aber die $w_1 \cos \delta_1$ nach dem „kreisenden Wasser" entwickelt sind (Gl. 375), so ist damit gesagt, daß auch (Gl. 218 u. a.)

$$h_1 - h_1{}^m = \frac{w_1{}^{m2} \cos^2 \delta_1{}^m}{2g} - \frac{w_1{}^2 \cos^2 \delta_1}{2g}$$

sein muß. Durch Subtraktion beider Gleichungen folgt

$$0 = \frac{w_1{}^{m2} \sin^2 \delta_1{}^m}{2g} - \frac{w_1{}^2 \sin^2 \delta_1}{2g},$$

oder auch

$$w_1 \sin \delta_1 = w_1{}^m \sin \delta_1{}^m \quad \cdots \cdots \quad \textbf{376.}$$

Das heißt die Vertikalkomponente der w_1 sind unabhängig von D_1 und überall gleich groß.

Aus den Gleichungen 375 und 376 folgt nunmehr durch Division einfach

$$\operatorname{tg}\delta_1 = \operatorname{tg}\delta_1{}^m \cdot \frac{D_1}{D_1{}^m} \quad\quad\quad\quad \textbf{377.}$$

als Gesetz der δ_1 für die verschiedenen Durchmesser.

Die Beziehung für die Variation der β_1, den Durchmessern D_1 entsprechend, erhält man durch Einführen von

$$u_1 = u_1{}^m \frac{D_1}{D_1{}^m} = \frac{D_1}{D_1{}^m} \sqrt{g\,\varepsilon\,H\left(1 - \frac{\operatorname{tg}\delta_1{}^m}{\operatorname{tg}\beta_1{}^m}\right)}$$

und von $\operatorname{tg}\delta_1$ nach Gl. 377 in die Gl. 374. Es ergibt sich schließlich

$$\operatorname{tg}\beta_1 = \frac{\operatorname{tg}\delta_1{}^m}{\dfrac{D_1{}^m}{D_1} - \dfrac{D_1}{D_1{}^m}\left(1 - \dfrac{\operatorname{tg}\delta_1{}^m}{\operatorname{tg}\beta_1{}^m}\right)} \quad\quad\quad \textbf{378.}$$

Für den Fall $\beta_1{}^m = 90^0$ vereinfacht sich Gl. 378 auf

$$\operatorname{tg}\beta_1 = \frac{\operatorname{tg}\delta_1{}^m}{\dfrac{D_1{}^m}{D_1} - \dfrac{D_1}{D_1{}^m}} \quad\quad\quad\quad 379.$$

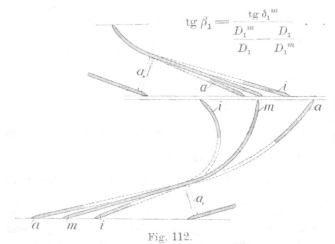

Die Fig. 112 zeigt die Entwicklung der zueinander gehörigen Winkel δ_1, β_1 für „außen", „Mitte", „innen". Die Schaufelform am Laufradeintritt zeigt sich als windschiefe Fläche.

Die Austrittsfläche

Fig. 112.

soll natürlich, wie schon mehrfach erwähnt, über die ganze Breite b_2 den gleich großen Betrag von w_2 aufweisen. Dies wird, soweit β_2 in Betracht kommt, und bei $\delta_2 = 90^0$ erreicht, sofern die Radschaufel-

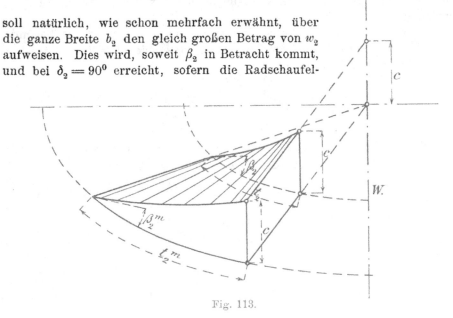

Fig. 113.

enden als zylindrische Schraubenflächen ausgeführt werden. Eine Eigenschaft solcher Flächen ist nämlich, daß die Steigung c (Fig. 113) in allen Entfernungen von der Achse gleich groß ist, daß also

$$c = t_2 \operatorname{tg} \beta_2 = t_2{}^m \operatorname{tg} \beta_2{}^m = \text{Konst.}$$

oder auch

$$D_2 \operatorname{tg} \beta_2 = D_2{}^m \operatorname{tg} \beta_2{}^m = \text{Konst.} \quad \ldots \quad \textbf{380.}$$

Andererseits zeigt Fig. 114, daß für $\delta_2 = 90^0$ an jedem Austrittspunkte für konstantes w_2 verlangt werden muß

$$u_2 \operatorname{tg} \beta_2 = w_2 = u_2{}^m \operatorname{tg} \beta_2{}^m = \text{Konst.} \quad \ldots \quad \textbf{381.}$$

Die letztere Gleichung deckt sich mit der Gl. 380, so daß für konstantes w_2 das Gesetz der β_2 in dieser niedergelegt ist.

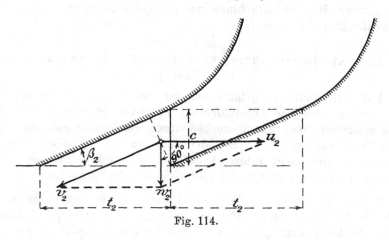

Fig. 114.

Die Schraubenfläche befriedigt also die Bedingung durchweg gleicher Größe von w_2. Eine Veranlassung, die Schaufelenden in der Richtung von v_2 zu krümmen, wie es bei radialem Austritt der Fall ist, liegt hier nicht vor.

Die Gl. 380 läßt sich auch schreiben

$$\operatorname{tg} \beta_2 = \operatorname{tg} \beta_2{}^m \cdot \frac{D_2{}^m}{D_2} \quad \ldots \quad , \quad \ldots \quad \textbf{382.}$$

Sie läßt in dieser Form deutlich den Gegensatz erkennen zwischen dem Gesetz der δ_1 (Gl. 377), Zunehmen von $\operatorname{tg} \delta_1$ mit zunehmendem Durchmesser, und dem der Schraubenflächen, Abnehmen der $\operatorname{tg} \beta_2$ mit zunehmendem Durchmesser. Die erforderlichen Variationen der δ_1 und der β_2 verlaufen also gerade entgegengesetzt zueinander.

Beim tatsächlichen Betrieb, s_0, s_1 und s_2 von endlicher Größe, finden natürlich die gleichen Erwägungen und Berechnungen wie seither statt. Die Rechnung ergibt folgendes:

Es muß die Wassermenge, die (abgesehen vom Verlust durch den Spalt) durch die Ringfläche bei „1" zutritt, gleich sein der Wassermenge, die bei „2" aus dem Laufrade ausströmt. Dies drückt sich mit Rücksicht auf Gl. 376 und früheres aus durch:

$$Q = D_1{}^m \pi b_1 w_1 \sin \delta_1 \frac{a_0}{a_0 + s_0} = D_2{}^m \pi b_2 \cdot w_2 \frac{a_2}{a_2 + s_2} \quad \ldots \quad \textbf{383.}$$

worin angenommen ist, daß das Verhältnis $\dfrac{a_0}{a_0 + s_0}$, ebenso $\dfrac{a_2}{a_2 + s_2}$ über die

ganze Breite b_1, bezw. b_2 gleich groß sei, was allerdings nur für „2" annähernd zutrifft. Es ist aber nicht sehr unrichtig, wenn hier vorübergehend
zur Vereinfachung der Gleichung 383 gesetzt wird

$$\frac{a_0}{a_0 + s_0} = \frac{a_2}{a_2 + s_2},$$

und dadurch geht für symmetrischen Kranzquerschnitt, $D_2{}^m = D_1{}^m$ die
Gl. 383 über in

$$b_1 w_1 \sin \delta_1 = b_2 w_2 = b_1 w_1{}^m \sin \delta_1{}^m \ . \ . \ . \ . \ \textbf{384.}$$

Diese Beziehung sagt, daß, wenn $b_2 = b_1$ ausgeführt wird, die Vertikal-
komponenten von w_1, die $w_1 \sin \delta_1$, ohne weiteres gleich w_2 sein müssen.
Man ist deshalb beim Entwerfen mit $b_2 = b_1$ nicht mehr ganz frei in der
Wahl der einschlägigen Größen und hat aus diesem Grunde und anderen
Erwägungen die Achsialturbinen mit parallelen Kränzen, $b_2 = b_1$ längst als
unzweckmäßig verlassen.

3. Achsiale Druckkräfte, hervorgerufen durch das arbeitende Wasser.

Die Achsialturbine erfährt infolge des Wasserdurchganges zweierlei
nach außen wirksame Achsialdrücke, und zwar einen solchen als Folge der
Y-Komponenten und einen solchen durch die Wasserpressung, die in der
Spalt-Ringfläche auftritt. (Bei der Radialturbine tritt die Wirkung der
einzelnen Y-Komponenten deren kreisförmiger Anordnung halber ebensowenig
als eine Außenkraft zutage als diejenige der Spaltpressung.)

I. Die Y-Komponenten berechnen sich für jede einzelne Schaufel
nach Gl. 93 und deren Summe belastet, mit $Q = z_1 q$, allgemein die
Welle als Achsialdruck, in den inneren Größen ausgedrückt zu

$$Y = \frac{Q\gamma}{g}\left(v_2 \sin \beta_2 - v_1 \sin \beta_1\right) \ . \ . \ . \ . \ . \ \textbf{385.}$$

und zwar nach früherem, bei positivem Klammerwert, entgegengesetzt der Richtung des Wasserdurchganges. Wegen $v_2 \sin \beta_2 = w_2 \sin \delta_2$ usw. kann auch
entsprechend Gl. 369 allgemein mit den äußeren Größen geschrieben werden

$$Y = \frac{Q\gamma}{g}\left(w_2 \sin \delta_2 - w_1 \sin \delta_1\right) \ . \ . \ . \ . \ . \ \textbf{386.}$$

Hierdurch ist auch bewiesen, daß der Klammerwert der Gl. 385 über
die ganze Turbinenbreite gleich groß sein muß, sofern δ_2 überall gleich
groß ist. ($w_1 \sin \delta_1$ ist konstant.)

Für $\delta_2 = 90^0$ geht Gl. 386 über in

$$Y = \frac{Q\gamma}{g}\left(w_2 - w_1 \sin \delta_1\right) \ . \ . \ . \ . \ . \ . \ \textbf{387.}$$

Da aber die schmale Eintritts-Ringfläche, b_1, mit der großen Geschwindigkeit $w_1 \sin \delta_1$ durchflossen wird, die sich in b_2 auf den kleineren Betrag w_2
verzögert findet, so fällt der Klammerwert in Gl. 387 für erweiterte Kränze
negativ aus, d. h. die Y-Komponente ist hier mit dem Klammerwert
$w_1 \sin \delta_1 - w_2$ als Verzögerungsdruck gegen abwärts tätig.

Für $b_2 = b_1$ wäre $w_1 \sin \delta_1 = w_2$, also in diesem Falle $Y = 0$.

II. Achsialdruck durch die Pressung h_1 in der Spalt-Ringfläche.
Es ist im Vorhergehenden geschildert worden, daß für $D_2{}^m = D_1{}^m$ eine ideelle
Druckhöhe im Betrage $h = \frac{v_2{}^2 - v_1{}^2}{2g} = H - \frac{w_1{}^2}{2g}$ (Gl. 143) erforderlich ist, um

das Wasser von der Geschwindigkeit v_1 auf v_2 zu bringen und es setzt sich h (siehe Fig. 37) aus $h_1 + h_r - h_2$ zusammen. Es sind also eigentlich zwei Druckhöhen, h_1 sowohl als h_2 zu beachten. Die Druckhöhe h_2 ist nicht durch arbeitendes Wasser erzeugt, sie ist zweifellos über die ganze Austrittsfläche gleich groß und verursacht deshalb bei positivem Wert von h_2 eine gegen die Stromrichtung gewendete Druckkraft, die später in dem Abschnitt über Gesamtbelastung der Turbinenwellen in Rechnung gestellt werden wird. Hier handelt es sich nur um die Bestimmung der über die Breite b_1 wechselnden Druckhöhen h_1 und deren Folgen.

Zur Entwicklung von ideell

$$h_1 = h_e - \frac{w_1^{\,2}}{2g}$$

ist das Gesetz der w_1 erforderlich. Es findet sich unter Beachtung von Gl. 376 und 375 aus

$$w_1^{\,2} = w_1^{\,2}\left(\sin^2\delta_1 + \cos^2\delta_1\right)$$

zu

$$w_1^{\,2} = w_1^{\,m2}\left(\sin^2\delta_1^{\,m} + \frac{D_1^{\,m2}}{D_1^{\,2}}\cos^2\delta_1^{\,m}\right) \quad . \quad . \quad . \quad \textbf{388.}$$

und demnach wird ideell

$$h_1 = h_e - \frac{w_1^{\,m2}}{2g}\sin^2\delta_1^{\,m} - \frac{w_1^{\,m2}}{2g}\cos^2\delta_1^{\,m}\cdot D_1^{\,m2}\cdot\frac{1}{D_1^{\,2}} \quad . \quad . \quad \textbf{389.}$$

was auch geschrieben werden kann

$$h_1 = A - B\cdot\frac{1}{D_1^{\,2}} \quad . \quad . \quad . \quad . \quad . \quad . \quad \textbf{390.}$$

da die ersten beiden Glieder konstant sind und das dritte nur D_1 als veränderliche Größe besitzt.

Zahlenbeispiel:

Nachrechnen der h_1 für (S. 62)

$$H = 4\,\text{m}; \quad w_0^{\,m} = w_1^{\,m} = 6{,}645\,\text{m}; \quad \beta_1^{\,m} = 90^0; \quad u_1^{\,m} = 6{,}24\,\text{m};$$

$$h_e = 3{,}5\,\text{m}; \quad h_1^{\,m} = 3{,}5 - \frac{w_1^{\,m2}}{2g} = 3{,}5 - 2{,}25\,\text{m} = 1{,}25\,\text{m}$$

$$\delta_1^{\,m} = 20^0, \quad \text{dazu} \quad D_1^{\,m} = 1{,}25\,\text{m angenommen.}$$

Es findet sich nach Gl. 390 allgemein dann

$$h_1 = 3{,}237 - 3{,}100\cdot\frac{1}{D_1^{\,2}}\cdot$$

Die Kurve der positiven Werte von h_1 (Fig. 115) hört auf mit $h_1 = 0$ (= Atm. Druck) für

$$3{,}237 = 3{,}100\cdot\frac{1}{D_1^{\,2}},$$

also für $D_1 = 0{,}979\,\text{m}$.

Ein kleinerer Durchmesser als $0{,}979\,\text{m}$ würde also, wie die angenommenen Verhältnisse $w_1^{\,m}$, $\beta_1^{\,m}$, $u_1^{\,m}$, $D_1^{\,m}$ einmal liegen, d. h. bei der angenommenen Gefälleaufteilung und Höhenlage h_e eine Pressung h_1 geringer als der Atmosphärendruck für diesen kleineren Durchmesser bringen.

Für $D_1 = 1{,}000\,\text{m}$ ergäbe sich andererseits

$$h_1 = 3{,}237 - 3{,}100 = 0{,}137\,\text{m},$$

für $D_1 = 1{,}5\,\text{m}$ schließlich

$$h_1 = 3{,}237 - 1{,}378 = 1{,}859\,\text{m}.$$

Die Fig. 115 (vgl. auch Fig. 68 und 111) zeigt die Kurve der h_1, die Darstellung der sich stetig ändernden Gefälleaufteilung, den vorgenannten Verhältnissen entsprechend, die Kurve nähert sich asymptotisch dem Werte

$$h_1 = h_e - \frac{w_1^2 \sin^2 \delta_1}{2g} = 0,5 - 0,2625 = 3,2375 \text{ m}.$$

Es ist klar, auch aus Fig. 115 ersichtlich, daß, mit tieferer Lage des Leitapparates, h_1 um das Maß der Tieferlegung zunimmt, derart, daß für

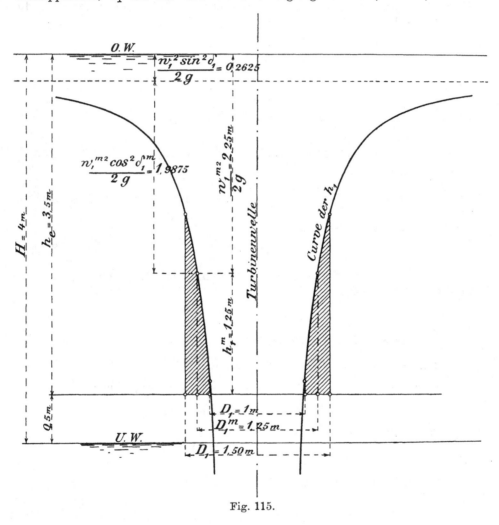

Fig. 115.

$h_1 = 4$ m der Durchmesser in dem $h_1 = 0$ werden müßte von 0,979 m auf $\sqrt{\dfrac{3,100}{3,737}} = 0,911$ m zurückgeht.

Ein noch kleinerer Durchmesser D_1 wird einen Wert von h_1 erfordern kleiner als der Atmosphärendruck (= 10,3 m Wassersäule) aber immer noch ideell im Bereiche der Möglichkeit. Erst wenn der absolute Druck $h_1 =$ Null werden müßte, ist, bei $h_e = H$ die Grenze des kleinsten Durchmessers erreicht. Dieser kleinste Durchmesser würde sich aus

$$0 = h_e + 10,3 - \frac{w_1^{m2} \sin^2 \delta_1^{m}}{2g} - \frac{w_1^{m2}}{2g} \cdot D_1^{m2} \cos^2 \delta_1^{m} \cdot \frac{1}{D_1^2}$$

für die betreffenden Zahlenwerte auf $\sim 0,542$ m stellen. Natürlich sollte aber beim tatsächlichen Betrieb von einer Unterschreitung von $h_1 = 0$ (hydraulisch) nicht wohl die Rede sein, da die unabweisliche Rückerstattung des unter Beihilfe des Atmosphärendruckes zuviel entwickelten Arbeitsvermögens an diesen mit wesentlichen Verlusten verknüpft wäre.

Es mag noch ausdrücklich hervorgehoben sein, daß die im Beispiele betrachteten Ziffern nur durch die willkürlich gewählte Größe der Gefälleaufteilung h_1 oder auch von $w_1{}^m$ und $\delta_1{}^m$, sowie $D_1{}^m$ bedingt sind.

Bei dem tatsächlichen Betrieb ist statt $h_1 = h_e - \dfrac{w_1{}^2}{2g}$ zu schreiben

$$h_1 = h_e - \frac{w_1{}^2}{2g} - (\varrho_0 + \varrho_1) H.$$

Das Abzugsglied tritt also auch in Gl. 390 usw. mit hinzu. Der Betrag von $\varrho_0 H$ ist auf $0,1 \dfrac{w_1{}^2}{2g}$ zu schätzen; derjenige von $\varrho_1 H$ dürfte sich auf etwa 0,01 bis 0,02 H belaufen.

———

Die nach außen wachsenden Winkel δ_1 bringen ziemlich rasch wachsende Werte für $a_0 + s_0$, was auf den ersten Blick befremdend erscheint. Wenn man aber bedenkt, daß früher schon (S. 37) nachgewiesen wurde, daß richtige Geschwindigkeitsparallelogramme der normalen Kontinuität entsprechen, so ist auch hier diese letztere gewahrt; je weiter die Leitschaufeln gegen außen hin werden, um so kleiner fällt eben das richtige w_1, um so größer h_1 aus (Fig. 115).

So stellt sich also die Ringspaltfläche der Achsialturbine dar, belastet durch nach außen hin wachsende Druckhöhen h_1, und es erübrigt nur noch, innerhalb der als bekannt vorausgesetzten Durchmesser $D_1{}^a$ und $D_1{}^i$ die Summe der daraus resultierenden Druckkräfte zu ziehen, um die achsial ausgeübte Kraft zu finden.

Auf einer unendlich schmalen Ringfläche, deren Durchmesser D_1, Breite $db_1 = d\left(\dfrac{D_1}{2}\right)$, Inhalt $D_1 \pi\, db_1 = \dfrac{D_1 \pi}{2} \cdot dD_1$ ruht der Druck h_1; er erzeugt also eine Druckkraft abwärts von der Größe

$$dG_1 = \frac{D_1 \pi}{2} \cdot dD_1 \cdot h_1 \gamma$$

oder nach Gl. 390 von

$$dG_1 = \frac{D_1 \pi}{2} \cdot dD_1 \cdot \left(A - B \cdot \frac{1}{D_1{}^2}\right)\gamma = \frac{\pi\gamma}{2}\left(A D_1 - \frac{B}{D_1}\right) dD_1.$$

Die Summe der in der Ringspaltfläche „1" tätigen Druckkräfte, G_1, ist dann

$$G_1 = \frac{\pi\gamma}{2}\int\limits_{D_1{}^i}^{D_1{}^a}\left(A D_1 - \frac{B}{D_1}\right) dD_1 \quad\cdots\cdots\quad \textbf{391.}$$

oder auch

$$G_1 = A\left(D_1{}^{a2} - D_1{}^{i2}\right)\frac{\pi}{4}\cdot\gamma - \frac{B\pi}{2}\gamma\cdot\ln\frac{D_1{}^a}{D_1{}^i} \quad\cdots\quad \textbf{392.}$$

Das heißt: Auf die Ringspaltfläche drückt ideell eine Kraft vom Gewicht eines Wasser-Hohlzylinders, dessen Basis gleich ist der Ringspaltfläche

$$\left(D_1{}^{a2} - D_1{}^{i2}\right)\frac{\pi}{4},$$

dessen Höhe A (Gl. 390) gleich ist h_e weniger der Geschwindigkeitshöhe von $w_1 \sin\delta_1$; dieses Gewicht aber ist vermindert um den durch die Verhältnisse des kreisenden Wassers bedingten Betrag.

———

Es erübrigt jetzt noch, den Austrittsverlust α in die Rechnungen einzuführen, da dessen Einfluß auf das Verhältnis zwischen b_1 und b_2 von Interesse ist.

Wir greifen zurück auf Gl. 383, in welcher wir $\dfrac{a_0}{a_0 + s_0} = \dfrac{a_2}{a_2 + s_2}$ vorübergehend als annähernd richtig annehmen, die Korrektur dem Aufzeichnen der Schaufeln vorbehaltend. Es ergibt sich dann

$$D_1{}^m b_1 w_1{}^m \sin \delta_1{}^m = D_2{}^m b_2 w_2 \quad . \quad . \quad . \quad . \quad \textbf{393.}$$

worin $w_1{}^m$ und w_2 noch als Funktionen des Gefälles auszudrücken sind.

Wir nehmen nach Gl. 350

$$w_1{}^m = \frac{1}{\cos \delta_1{}^m} \sqrt{\frac{g \cdot \varepsilon H}{1 - \dfrac{\operatorname{tg} \delta_1{}^m}{\operatorname{tg} \beta_1{}^m}}}.$$

Ferner ist: $w_2 = \sqrt{2 g \alpha H}$ und diese Werte ändern Gl. 393 in

$$D_1{}^m b_1 \operatorname{tg} \delta_1{}^m = D_2{}^m b_2 \sqrt{\frac{2 \alpha}{\varepsilon} \left(1 - \frac{\operatorname{tg} \delta_1{}^m}{\operatorname{tg} \beta_1{}^m} \right)}. \quad . \quad . \quad . \quad \textbf{394.}$$

als Beziehung der für die erste Bemessung der Turbine maßgebenden Größen. Setzen wir hier, früherem entsprechend, $D_2 = \varDelta D_1$, so ergibt sich

$$b_1 = b_2 \frac{\varDelta}{\operatorname{tg} \delta_1{}^m} \sqrt{\frac{2 \alpha}{\varepsilon} \left(1 - \frac{\operatorname{tg} \delta_1{}^m}{\operatorname{tg} \beta_1{}^m} \right)} \quad . \quad . \quad . \quad . \quad \textbf{395.}$$

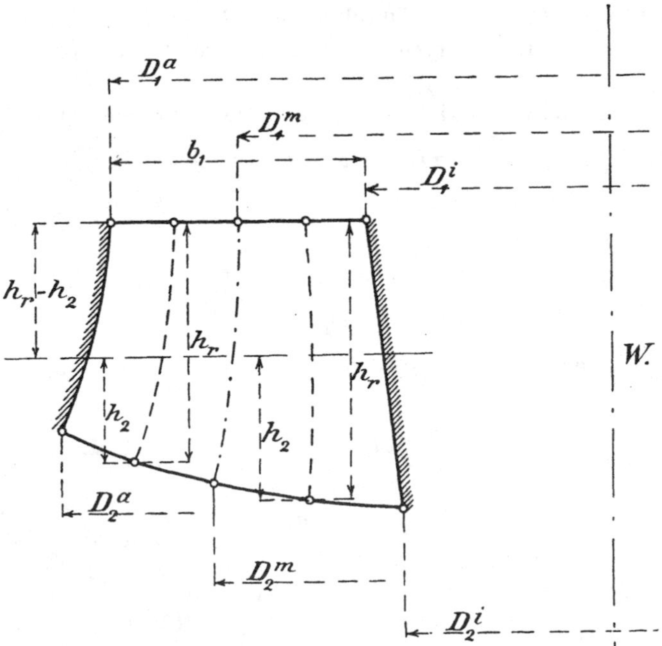

was sich für symmetrischen Kranzquerschnitt, $\varDelta = 1$, noch entsprechend vereinfacht.

Für den Fall, daß $\beta_1{}^m = 90^0$ ist, ergibt sich einfach

$$b_1 = b_2 \frac{\varDelta}{\operatorname{tg} \delta_1{}^m} \sqrt{\frac{2 \alpha}{\varepsilon}} \quad \textbf{395 a.}$$

Noch ist zu erörtern, wie bei $b_2 > b_1$, wobei naturgemäß viele Wasserteilchen beim Weg durch das Laufrad ihre Entfernung von der Wellmitte ändern müssen (Fig. 81 und 116) die Verhältnisse, abgesehen von β_2, einzurichten sind, damit über die ganze Breite b_2 die richtige Größe von v_2 und dadurch das richtige w_2

Fig. 116.

zustande kommt. — Für diese Teilchen gilt Gl. 360 natürlich auch, doch ist zu beachten, daß für jede Ringschichte die Gefälleaufteilung, der Wert von h, wechseln wird, weil h_1 wechselt, wie seither auseinandergesetzt.

Die frühere Betrachtung kehren wir jetzt um; für $\delta_2 = 90^0$ ist immer $w_2{}^2 = v_2{}^2 - u_2{}^2$. Da w_2 konstant sein soll, so folgt mit $h = h_1 + h_r - h_2$ und weil, solange die Eintrittsmitten in der Horizontalebene liegen, $h_r - h_2$ nicht nur bei geradlinigem b_2, sondern auch bei gekrümmtem Austritt für sämtliche Ringschichten (Fig. 116) konstant bleibt, als Bedingung für durchweg gleiches w_2 nach Gl. 360:

$$h_1 - \frac{u_1{}^2}{2g} + \frac{v_1{}^2}{2g} = \text{konstant.}$$

Nun ist ja für jede Ringschicht ideell $h_1 = h_e - \frac{w_1{}^2}{2g}$; also, da h_e konstant ist, lautet die Bedingung für die Erzielung richtiger Größen von w_2 auch

$$- w_1{}^2 - u_1{}^2 + v_1{}^2 = \text{konstant.}$$

Es ist ferner aus dem mit jedem neuen D_1 wechselnden Geschwindigkeitsparallelogramm bekannt, daß

$$v_1{}^2 = u_1{}^2 + w_1{}^2 - 2\,u_1 w_1 \cos\delta_1,$$

so daß die Bedingung hiernach auch übergeht in die altbekannte Beziehung

$$u_1 w_1 \cos\delta_1 = \text{konstant} \,(= g\,\varepsilon H) \quad . \quad . \quad . \quad \textbf{(348.)}$$

Da nun u_1 proportional D_1 ist, so läßt sich die vorstehende Bedingung auch ausdrücken: es muß $D_1 w_1 \cos\delta_1$ für alle Schichten konstant sein, was gemäß Gl. 375 der Fall ist.

Mit anderen Worten: Es liegt in den ganzen, geordneten Verhältnissen einer Achsialturbine dynamisch begründet, daß wir für jede Lage von Eintritts- und Austrittsstelle einer Schicht das dem u_2 zugehörige, für die Erzielung von w_2 erforderliche v_2 erhalten können und wir werden diese Werte erzielen, wenn wir die Querschnitte der Rechnung entsprechend ausführen. Eine übertriebene Vergrößerung von $D_2{}^a$ gegenüber $D_1{}^a$ werden wir vermeiden, da sonst der Arbeitsaufwand für die Größe $\frac{u_2{}^2 - u_1{}^2}{2g}$ zu sehr an Bedeutung gewinnt.

Die Kegelturbine (Fig. 82) ergibt die kompliziertesten Verhältnisse für die Betrachtung über Kraftäußerung und Arbeitsabgabe. Sie können an Hand des bis jetzt Gesagten entwickelt und überschaut werden, angesichts aber des Umstandes, daß Kegelturbinen kaum mehr gebaut werden, erscheint deren ausführliche Behandlung hier überflüssig.

4. Das Turbinensaugrohr.

Wir haben gesehen, daß bei gegebenem Gefälle die Höhenlage der Reaktionsturbine zu Ober- und Unterwasser für die Arbeitsleistung gleichgültig ist, sofern nur der Zusammenhang beider Wasserspiegel durch die Turbine hierdurch gewahrt bleibt. Dieser Zusammenhang kann durch Eintauchen der Turbine ins Unterwasser oder durch ein Saugrohr hergestellt sein.

Der Konstrukteur hat also die Möglichkeit, sich die Höhenlage der Reaktionsturbine frei wählen zu können, so weit es noch zu besprechende Umstände zulassen. Es kann mit Sauggefälle gearbeitet werden, denn das in der Saugsäule vorhandene Arbeitsvermögen ist ebenso tätig als das durch positiven Wasserdruck gegebene.

Wir haben alle Veranlassung, die Turbinen oberhalb des Unterwassers aufzustellen. Die allererste Forderung in bezug auf Betriebssicherheit einer Turbine ist Zugänglichkeit. Turbinen, die im Unterwasser liegen, sind entweder ganz unzugänglich oder sie können im besten Falle nur unter Aufwendung von Zeit und mit besonderen Veranstaltungen, Abdämmen, Auspumpen des Unterwassers usw. zugänglich gemacht werden

Die Anwendung des Saugrohres gestattet, die Turbine nicht nur über dem gewöhnlichen Unterwasserstand, sondern häufig auch über Hochwasser zu montieren und dadurch deren dauernde Zugänglichkeit zu wahren. Stehende Turbinenwellen fallen infolge dieser Anordnung wesentlich kürzer aus.

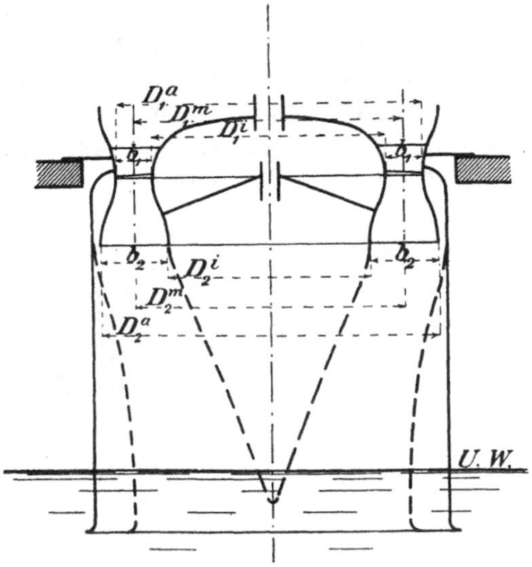

Die Verwendung von Saugrohren ermöglicht aber auch die Anordnung der Reaktionsturbinen mit liegender Welle, denn ohne Sauggefälle käme die liegende Welle unter Unterwasser.

Turbinensaugrohre datieren nicht aus der neueren Zeit, aber ihre allgemeine Anwendung beginnt doch erst mit der wachsenden Verbreitung der äußeren Radialturbine.

Die alten Achsialturbinen hatten auch schon Saugrohre, etwa wie Fig. 117 zeigt, mit einem lichten Durchmesser, der größer war als D_2^a. Ein derartig weites Saugrohr machte häufig Schwierigkeiten beim Anlassen oder auch während des Betriebes; nur aus der Austrittsringfläche b_2

Fig. 117.

strömt Wasser, das imstande ist, die Luft mitzureißen. Es konnte deshalb unter Umständen längere Zeit vergehen, bis die Luft aus dem inneren Teile des weiten Saugrohres ganz entfernt war, bis das Sauggefälle richtig zum Mitarbeiten gelangte; auch war ein Zurückgehen der Saugsäule leichter möglich. Das Einsetzen eines mittleren Verdrängungskörpers, dazu noch das Zusammenziehen des Saugrohres auf einen Querschnitt gleich der Austrittsfläche, wie in Fig. 117 punktiert, zeigte sich als unpraktisch und teuer in der Anlage.

Diese Turbinen waren deshalb meistens, wenn das Saugrohr nicht von unten her zum Zwecke vorherigen Anfüllens geschlossen werden konnte, unsicher im Anlaufen, auch sonst nicht recht betriebssicher und üble Erfahrungen bewirkten jahrzehntelang eine Abneigung gegen die Anwendung von Sauggefälle überhaupt, man legte die Turbinen dicht auf oder in das Unterwasser.

Kankelwitz war einer der ersten, der in ausgiebiger Weise für äußere Radialturbinen das Saugrohr verwandte, in allererster Linie, um zugängliche Turbinen zu schaffen. Die Anordnung der äußeren Radialturbinen eignet sich hierfür auch besonders gut, weil, wie früher schon bemerkt, das die Reaktionsgefäße verlassende Wasser gegen innen hin in ein geschlossenes Rohr zusammengefaßt werden kann und auf diese Weise ein rasches Entfernen der Luft aus dem Saugrohr, ein sicheres Mitwirken des Sauggefälles, gewährleistet wird. Aus diesem Grunde ist auch bei äußeren Radialturbinen für das Anfüllen des Saugrohres an dessen Ende kein Verschluß erforderlich.

A. Das Saugrohr mit gleichbleibendem Querschnitt.

Wie im früheren (S. 135 Fig. 102) gezeigt, besitzt das Wasser beim Eintritt in das Saugrohr die absolute Geschwindigkeit w_3, entstanden aus w_2 (Verlassen der Schaufeln). Von der Geschwindigkeit w_3 kommt nach Umlenken des Wasserstromes in die (achsiale) Saugrohrrichtung nur die achsiale Komponente von w_3, nämlich (Gl. 358)

$$w_s = w_3 \sin \delta_3 = w_2 \sin \delta_2 \frac{a_2}{a_2 + s_2}$$

für die Fortleitung des Wassers in Betracht, die vorhandene tangentiale Komponente, $w_3 \cos \delta_3$, trägt nicht zum Fortfließen des Wassers bei, sie erzeugt ein Kreisen des Wassers im Saugrohr derart, daß das Saugrohr gegen abwärts in mehr oder weniger steilen Schraubenlinien durchflossen wird.

Die Betrachtung dieses Umstandes hat in neuerer Zeit auch wieder mit einem Schein von Recht die Ansicht unterstützt, als ob der Austritt in senkrechter Richtung zu u_2, d. h. mit $\delta_2 = 90^0$ der „vorteilhafteste" sei.[1] Es ist nicht zu bestreiten, daß in $w_3 \cos \delta_3$ ein Arbeitsvermögen enthalten ist, welches, ohne den Abfluß des Wassers zu hemmen, noch hätte dem Wasser entzogen werden können; wenn der Konstrukteur einer Turbine aber mit voller Überlegung 0,03 oder 0,04 oder 0,06 des Gefälles für α preisgibt,

---

[1] Der Verfasser hält die Bezeichnung „vorteilhaft" für eine sehr unglückliche. Meist ist eine als „vorteilhaft" hingestellte Anordnung nur unter ganz bestimmten, oft umständlichen Voraussetzungen wirklich empfehlenswert. Der Lernende aber fürchtet bei jeder Abweichung vom „Vorteilhaften" sofort einer Anzahl großer unbekannter Nachteile gegenüber zu stehen. Es gibt nichts absolut Vorteilhaftes.

so ist es doch für diesen Gefällebruchteil ganz einerlei, ob er zur Erzeugung
rein radial liegender Austrittsgeschwindigkeit oder einer schrägliegenden
preisgegeben ist. Das freie Erkennen dieses Umstandes wird uns aber
natürlich nicht hindern, da, wo es zur Erzielung kleinster Saugrohrquerschnitte erforderlich ist, $w_2 \perp u_2$ anzuordnen.

Im tatsächlichen Betrieb besitzt das Saugrohr einen gewissen Reibungswiderstand gegen das Durchströmen des Wassers. Man wird deshalb gut
tun, die Innenflächen der Saugrohre so glatt als möglich, versenkte Nieten,
geschliffener Zement usw. auszuführen.

Die Reibung im Saugrohr wirkt natürlich auch der kreisenden Bewegung
entgegen und vermindert oder vernichtet sie, was — wenn allmählich erfol-
gend — ohne Schaden für das Wegfließen des Wassers geschehen kann.

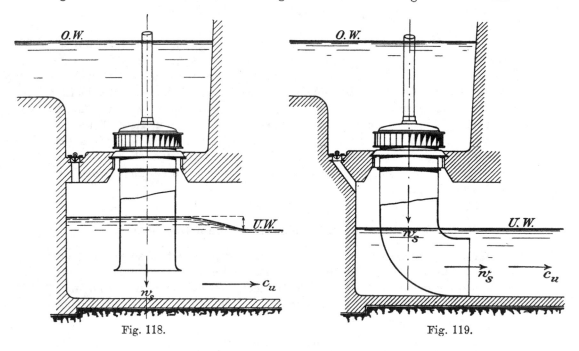

Fig. 118.   Fig. 119.

Soll das Wasser im Untergraben die Geschwindigkeit c_U besitzen, so
muß diese irgendwie erzeugt werden unter Verwendung, ideell, einer
Höhe $\dfrac{c_U{}^2}{2g}$. Diese Höhe muß aus dem nutzbaren Gefälle der Anlage bestritten
werden, wenn w_s nicht dafür in Verwendung kommen kann (Fig. 118).

Es liegt nahe, das Saugrohr am unteren Ende in die Grabenrichtung
umzuleiten (Fig. 119), damit das Wasser mit w_s dem Graben zufließt.

Die Umlenkung von w_s in die Grabenrichtung durch Umbiegen des
Saugrohres bringt also eine Ersparnis an nutzbarem Gefälle; das wirklich
arbeitende, maßstäbliche Gefälle fällt dabei größer aus als wenn das Wasser
mit w_s senkrecht zu c_u in den Untergraben tritt, denn im letzteren Falle
wird sich w_s gar nicht oder nur teilweise für die Bildung von c_u nutzbar
machen lassen.

Das Verdienst für die Einführung dieses sog. Saugrohrkrümmers gebührt
der Firma Th. Bell & Co., Kriens bei Luzern, welche im Jahre 1888/89
denselben für die Turbinen des Wasserwerkes der Stadt Bern erstmals in
Anwendung brachte.

B. Das erweiterte Saugrohr.

Die äußere Radialturbine erhält fast immer ein gegen den Ausfluß (Stelle „4") hin erweitertes, geradliniges oder gekrümmtes Saugrohr derart, daß w_s (Fig. 103) bei der Ausmündung in das Unterwasser des größeren Querschnittes wegen auf den Betrag w_4 verkleinert erscheint (Fig. 120). Der Einfluß dieser Erweiterung soll hier betrachtet werden.

1. Das geradachsige erweiterte Saugrohr.

Die Verhältnisse sind in ähnlicher Weise wie S. 40 u.f. zu behandeln. Im ideellen Betriebe strömt das Wasser ohne Reibungsverluste von der Stelle, Durchmesser D_s, Achsialgeschwindigkeit w_s nach dem Saugrohrende (Fig. 120).

Wenn nun angenommen wird, daß die Wasserteilchen am erweiterten Saugrohrende die irgendwie gerichtete Geschwindigkeit w_4 besitzen, so muß, wenn unterwegs kein äußeres Arbeitsvermögen entzogen oder in Wirbel umgesetzt wurde, und wenn auch im Durchmesser D_s keine kreisende Bewegung vorhanden war ($\delta_2 = 90^0$), ideell sein:

$$\frac{w_4^2}{2g} + h_4 = \frac{w_s^2}{2g} + h_s + L_s.$$

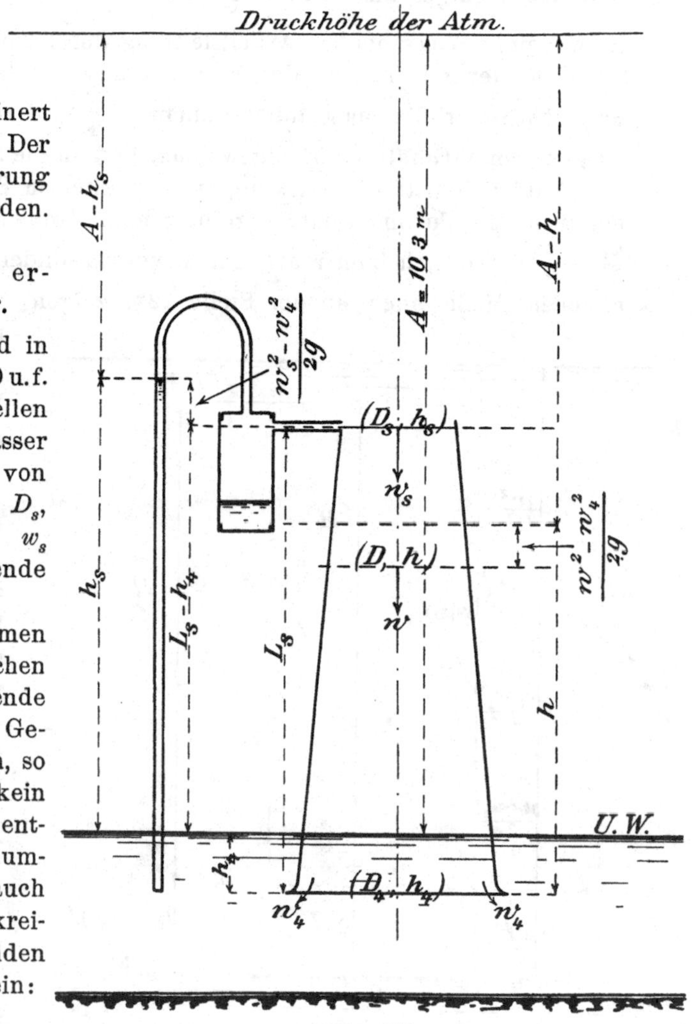

Es folgt daraus:

$$h_s = -\left[L_s - h_4 + \frac{w_s^2}{2g} - \frac{w_4^2}{2g}\right] \quad \ldots \ldots \mathbf{396.}$$

Fig. 120.

d. h. h_s stellt sich ein als die maßstäbliche Saughöhe $L_s - h_4$, vermehrt um den Unterschied der beiden Geschwindigkeitshöhen. Bringt man, wie in Fig. 120 angedeutet, ein Standrohr mit Luftbehälter seitlich mit der Stelle „s" verbunden an, so wird sich in diesem Standrohr der angesogene Wasserspiegel entsprechend hoch stellen, die tatsächliche Saughöhe an der Stelle D_s ist um den betreffenden Betrag erhöht worden.

Saugrohre von gleichbleibendem Querschnitt entlassen das Wasser aus dem Arbeitsweg mit $w_4 = w_s$ (dem w_2 der Fig. 4 bis 6 entsprechend) und so stellt für solche Saugrohre $Q\gamma \frac{w_s^2}{2g}$ das mit dem Austritt aus dem Saugrohr verloren gehende Arbeitsvermögen für $\delta_2 = 90^0$ dar.

Das erweiterte Saugrohr entläßt das Wasser mit $w_4 < w_s$, vermindert also gegenüber dem Saugrohr gleichbleibenden Querschnittes das mit dem Austritt aus dem Saugrohr verloren gehende Arbeitsvermögen auf $Q\gamma \dfrac{w_4{}^2}{2g}$ und das Weniger an Verlust im Betrage von $Q\gamma \left[\dfrac{w_s{}^2}{2g} - \dfrac{w_4{}^2}{2g}\right]$ muß sich in irgend einer Weise bei der Arbeitsleistung der Turbine als Gewinn einstellen.

Der Gewinn liegt in der Vergrößerung der tatsächlichen, arbeitenden Saughöhe über die maßstäbliche hinaus, es wird einTeil des vorher für $\dfrac{w_s{}^2}{2g}$ ausgegebenen Gefälles zurückgewonnen und an die Saugsäule mit angehängt.

Natürlich tritt die Wirkung des erweiterten Saugrohres genau ebenso ein, wenn die Turbine samt Saugrohr ganz im Unterwasser liegt; die Differenz $\dfrac{w_s{}^2}{2g} - \dfrac{w_4{}^2}{2g}$ wird sich immer als eine Druckverminderung an der Stelle „s", in gleichem Maße auch an der Stelle „2", zeigen und dem arbeitenden Gefälle zugute kommen.

Der Austrittsverlust wäre dann eigentlich statt mit $\alpha_2 H = \dfrac{w_2{}^2}{2g}$ (von jetzt ab α_2, als auf die Stelle „2" bezogen) nunmehr mit $\alpha_4 H = \dfrac{w_4{}^2}{2g}$ zu berechnen, sofern das Wasser außer w_4 keine seitliche Geschwindigkeitskomponente hat, d. h. sofern nicht auch, von $w_2 \cos \delta_2$ herrührend, noch eine kreisende Bewegung im Saugrohre stattfindet.

Im tatsächlichen Betrieb geht auf dem Weg durch das Saugrohr durch Reibung, sowie infolge der mit Verlust stattfindenden Umsetzung von w_s auf w_4 die Höhe $\varrho_4 H$ verloren, die Gl. 396 lautet alsdann

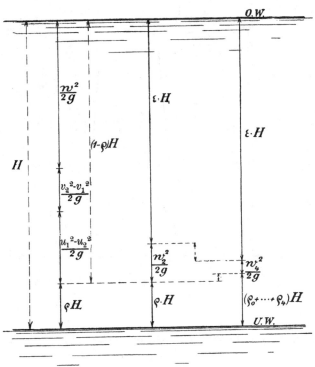

Fig 120a.

$$h_s = -\left[L_s - h_4 - \varrho_4 H + \frac{w_s{}^2}{2g} - \frac{w_4{}^2}{2g}\right] \quad \ldots \quad \textbf{397.}$$

Die Nutzeffektsziffer ε geht, sofern die Umsetzung w_s nach w_4 sich tatsächlich vollzieht, von

$$\varepsilon = 1 - \alpha_2 - \varrho$$

über auf

$$\varepsilon = 1 - \alpha_4 - \varrho,$$

wobei allerdings $\varrho = (\varrho_0 + \cdots + \varrho_4)$ im zweiten Falle ein wenig größer als beim zylindrischen Saugrohr anzusetzen ist wegen des Verlustes beim Übergang von w_2 über w_3 auf w_4, wie dies in Fig. 120a zusätzlich angedeutet ist, doch ist der Wert von ε größer geworden.

Nach dem Vorhergesagten liegt die Frage nahe, warum man denn nicht die Turbine am Austritt aus dem Laufrade von Hause aus mit dem geringeren Betrag von w_4 statt mit w_2 entwirft, man hätte ja dann von Anfang an mit Bestimmtheit nur den geringen Verlust $\alpha_4 H$, statt der immerhin etwas unsicheren Anwartschaft auf w_4 durch das erweiterte Saugrohr.

Zur Antwort diene folgendes:

Je kleiner α_2, also w_2, desto größer die erforderliche Austrittsfläche $D_2 \pi b_2$, desto größer auch D_1, um so kleiner die Umdrehungszahl der Turbine, um so teurer Turbine und Getriebe in den Anlagekosten.

Durch größere Werte von α_2 erhält man kleinere Turbinen, also größere Umdrehungszahl, billigere Anlage, aber geringeren Nutzeffekt.

Das erweiterte Saugrohr erhöht den Nutzeffekt der mit kleinem Austrittsverlust, also gut arbeitenden Turbinen noch mehr, ohne deren Umdrehungszahl herunterzudrücken, es gestattet aber auch in gewissen Grenzen die Anwendung höherer Austrittsverluste α_2 zur Steigerung der Umdrehungszahl, was ohne Rückgewinnung von $\dfrac{w_s^2}{2g} - \dfrac{w_4^2}{2g}$ wirtschaftlich nicht zu verantworten wäre.

2. Das erweiterte Saugrohr mit Krümmer.

Diese Anordnung (Fig. 121) gestattet die vollkommenste Ausnützung des Arbeitsvermögens. Es kann hier w_s in Größe und Richtung nach c_U übergeleitet werden und dadurch ist eine besondere Aufwendung an Gefälle zur Erzeugung von c_U oder eines Teils desselben vollständig vermieden. Man wird hier einfach $w_4 = c_U$ anzustreben haben, was in den meisten Fällen auch erreichbar ist.

Das bedingt aber, daß F_4 auch der Form nach in den Grabenquerschnitt überzuleiten hat, d. h. daß der anfänglich runde Saugrohrquerschnitt sich stetig dem meist rechteckigen Grabenquerschnitt nähern muß, stetig in bezug auf die Übergänge der einzelnen Querschnittsgrößen und Querschnittsformen (Tafeln 18, 19, 24, 25).

Als Material kommt für diese Übergangsstelle natürlich fast ausnahmslos nur das Baumaterial des Wasserbaues, Beton, in Betracht.

Die Überlenkung von w_s in c_U der Größe und Richtung nach ist für kleine Gefälle, 1 bis 2 m, von ganz besonderer Wichtigkeit. Eine Untergrabengeschwindigkeit c_U von 1 m kann, wenn auch etwas hoch, selten bei kleinem Gefälle und großer Wassermenge vermieden werden. Der Größe $c_U = 1$ m entsprechen $\dfrac{c_U^2}{2g} = \sim 0,05$ m, d. h. wenn kein Saugrohrkrümmer vorhanden ist, so muß für einen sehr beträchtlichen Teil des Betriebswassers ein Stück Gefälle im Betrage von $\sim 0,05$ m aufgewendet werden, um die Abflußgeschwindigkeit im Untergraben zu erzeugen. Das macht bei 1 m Gefälle fünf Prozent des arbeitenden Gefälles aus, die, wenn kein Saugrohrkrümmer, neben dem Austrittsverlust als weitere Einbuße an nutzbarem Gefälle zu rechnen sind (siehe Fig. 118).

Selbstverständlich bietet eine gekrümmte Wasserführung dem Wasser gewisse Widerstände, also eine, wenn auch geringe, Vermehrung von $\varrho_4 H$ gegenüber dem geraden Rohre, die, wie gesagt, durch gute, glatte Ausführung der Wandungen nach Möglichkeit zu mildern ist. Auf alle Fälle ist dabei zu beachten, daß der Krümmerwiderstand geringer ausfällt, wenn die Krümmungsradien im Verhältnis zur Dicke der gekrümmten Schichten groß gemacht werden, man wird also stets die rechteckigen Krümmer über die Breitseite biegen und nie über Hochkant (vergl. Fig. 121, auch Tafeln 17, 18, 23, 24 usw.).

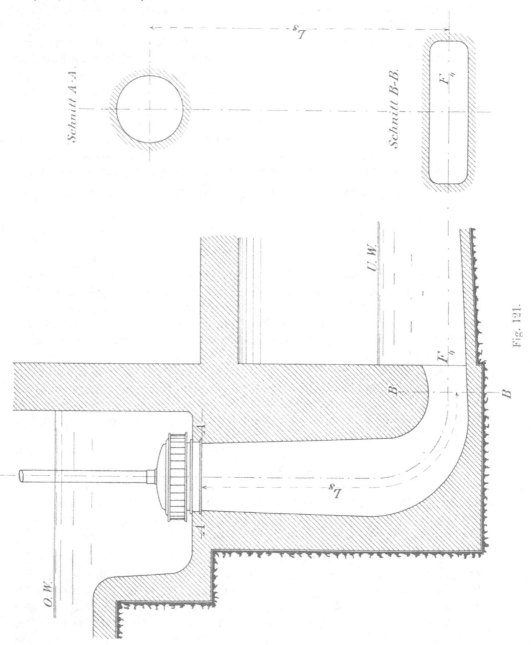

Fig. 121.

C. Die Saugrohr-Einbauten.

Einerlei, ob $w_2 \perp u_2$ steht oder nicht, so wird das Wasser am besten durch das Saugrohr abfließen und keinen Gegendruck erfahren, wenn dessen Querschnitt ganz frei von irgend welchen Einbauten ist, die Wirbel, Rückstau oder dergleichen erzeugen könnten.

Mit anderen Worten, es sollte, wenn möglich, weder die Turbinenwelle, noch sollten sonstige Konstruktionsteile in den freien Saugrohrquerschnitt, sei es dicht bei der Turbine, sei es sonstwo, hereinragen.

Dies ist aber häufig nicht zu vermeiden.

Stehende Welle. Man kann bei stehender Welle nicht immer das Gewicht der rotierenden Teile an einem oberen Ringzapfen aufhängen, wie dies bei Fig. 103 angenommen ist (vergl. auch Taf. 7 links und rechts), sondern es ergibt sich häufig die Notwendigkeit, den Spurzapfen auf einer sog. Tragstange zu stützen (vergl. Fig. 79 bis 82, ferner Taf. 5, 7 Mitte usw.), und diese Tragstange muß dann irgendwie im Saugrohr ihre Auflage finden. Meist erfolgt dies in einem Tragkreuz, fast immer dreiarmig (Fig. 79, 82, auch Taf. 5), die Tragarme von flachem, beidseitig zugeschärftem Querschnitt, unmittelbar unter der Turbine angeordnet. Die Arme des Tragkreuzes, deren Tragkonsolen usw. bilden eine Verengung des Saugrohrquerschnittes; es muß in solchem Falle der Saugrohrdurchmesser D_s entsprechend vergrößert werden, damit nach Abzug der Verengungen der übrigbleibende freie Saugrohrquerschnitt noch mindestens gleich der Austrittsfläche F_2 ist (Fig. 79, auch Taf. 5).

In diesem Falle verlegt erstens in der Nähe des Laufrades die Welle oder die Tragstange einen gewissen Teil des Saugrohrquerschnittes, der mit f_w bezeichnet sein mag und so gilt für die Stelle vom Durchmesser D_3 (Fig. 79) die Bedingung

$$D_3{}^2 \frac{\pi}{4} = F_2 + fw \quad \ldots \ldots \quad \textbf{398.}$$

Weiter gegen abwärts, Stelle „s", kommt dann die Platzversperrung durch das Armkreuz, im Betrage f_a in Betracht, so daß für diese Stelle gilt

$$D_s{}^2 \frac{\pi}{4} = F_2 + f_a \quad \ldots \ldots \quad \textbf{399.}$$

Ein Wiederzusammenziehen des freien Saugrohres auf F_2, hinter dem Tragkreuz hat keinen Sinn, da man ja doch bestrebt ist, die Geschwindigkeit w_s auf w_4 überzuleiten.

Nach diesen beiden Gleichungen kann der Verlauf der Saugrohrabmessungen im allgemeinen festgelegt werden, die Inhalte der Saugrohrquerschnitte sind dadurch den Verhältnissen angepaßt, die Saugrohrform gibt aber durch den Einbau des Armkreuzes natürlich Gelegenheit zu Wirbelungen, die Gefälle verzehren müssen.

Hat das Wasser infolge von $w_2 \cos \delta_2$ eine kreisende Bewegung, so wird diese durch das Hereinragen der Welle, Gl. 398, nicht berührt, dagegen unterbrechen die Seitenflächen der Tragarme plötzlich die kreisende Bewegung derart, daß daraus notwendig ein innerer Widerstand, eine Gegendruckhöhe entsteht, die dem Abfluß des Wassers hinderlich ist und deshalb das arbeitende Gefälle vermindert. Man könnte die Tragarme in Schraubenflächen, der Wasserbewegung entsprechend, ausführen. Für Regulierturbinen wechselt aber, wie später ersichtlich, die Richtung von w_2 für jede andere Wassermenge, so daß man, als Mittelweg, Tragarme mit senkrechtem Querschnitt beibehalten muß.

Für die vorher schon besprochenen kleinen Gefälle, 1—2 m, sollten Saugrohreinbauten ganz vermieden werden.

Liegende Welle. Hier bringt es die Anordnung mit sich, daß das Einbauen eines Tragkreuzes gar nicht in Frage kommt (vergl. Tafeln 15 usw.).

Das Gewicht der rotierenden Teile wird, nachdem die Welle durch Stopfbüchsen gegangen ist, von Außenlagern aufgenommen.

Dagegen tritt hier fast immer die Welle selbst als Bewegungshindernis
auf, weil sie aus Gründen guter sonstiger Disposition und Lagerung meist
durch den oberen Saugrohrkrümmer durchgeführt werden muß, wie dies
die angeführten Tafeln erkennen lassen. Die Anordnung Tafel 22 links
bildet eine seltene Ausnahme.

Unmittelbar beim Laufrade kommt hier auch Gl. 398 in Betracht, f_w

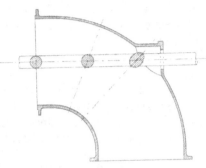

Fig. 122.

der tatsächliche Wellenquerschnitt (Kreis).
Verfolgt man aber den Weg des Wassers
weiter, so treten in den einzelnen radialstehenden Krümmerquerschnitten immer
größer werdende, elliptische Wellen-
querschnitte als Verengungen auf (vergl.
Fig. 122), die entsprechend in Rechnung
zu stellen sind. Man wird den Krümmer
von Anfang an eben etwas reichlich
weit im lichten Durchmesser halten, um
diese zunehmenden Querschnittsvereng-
ungen von vornherein zu berücksichtigen.

In gleichen Verhältnissen sind die mehrfachen Turbinen mit stehenden
oder auch liegenden Wellen (vergl. Tafeln 8, 12, 13, 14 usw.).

D. Die ideelle Form der Saugrohrerweiterung.

Nachdem der Nutzen der Saugrohrerweiterung erkannt ist, wäre es

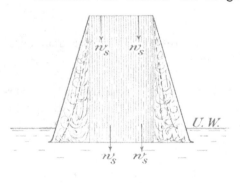

Fig. 123.

nötig, zu untersuchen, innerhalb welcher Grenzen die Verkleinerung von w_s
auf w_4 mit Rücksicht darauf ausführbar erscheint, daß ein Anpassen der
Wassergeschwindigkeiten an den sich
erweiternden Saugrohrdurchmesser
noch mit einiger Sicherheit angenommen werden darf.

Es ist wünschenswert zu wissen,
wie die Saugrohrform beschaffen sein
muß, nach welchen Gesetzen die
Saugrohrdurchmesser zunehmen dürfen. Durch das zu rasch erweiterte
Saugrohr würde ein mittlerer Wasser-

kern mit kaum vermindertem w_s durchschießen, umgeben von äußeren
Wirbelschichten (Fig. 123).

Im ideellen Betriebe strömt das Wasser ohne Reibungsverluste von der
Stelle „s" nach dem Saugrohrende „4". Es darf aber selbst für den ideellen
Betrieb nicht ohne weiteres angenommen werden, daß die Wassergeschwin-
digkeiten sich den beliebig wachsenden Querschnitten tatsächlich anpassen.
Welche Verhältnisse dabei eintreten, erhellt aus folgendem:

Jedes Wasserteilchen, welches ein sich erweiterndes Saugrohr durchfließt, muß bei im übrigen wirbelloser Bewegung (δ_2 sei $= 90^0$) zweierlei

Geschwindigkeiten besitzen. Die Bewegung parallel zur Saugrohrachse, die in „s" vorhandene, rein achsiale Geschwindigkeit w_s, soll sich auf dem Wege gegen abwärts stetig verkleinern bis auf eine irgendwie gerichtete Geschwindigkeit w_4 am Saugrohrende; das ist ja der Zweck der Saugrohrerweiterung. Aber eben diese Erweiterung verlangt gleichzeitig auch für jedes Wasserteilchen eine Bewegung in horizontalem Sinne, die radial gegen außen gerichtet sein muß und die an verschiedenen Stellen des Saugrohres verschieden groß sein wird. Ohne diese Radialgeschwindigkeiten ist das Sichaus-breiten der Wasserschichten, das Anpassen an den zunehmenden Saugrohrquerschnitt gar nicht denkbar. In einem erweiterten Saugrohr werden sich also die Wasserteil-chen bei wirbelfreier, rotationsloser Bewe-gung ideell in Linienzügen (Stromkurven) bewegen, die in Fig. 105 angedeuteten Schichtlinien fortsetzend, der Form der Saugrohrerweiterung sich anschließend und mit stetig sich ändernder Totalgeschwindig-keit w. Bei allseitig gleichfreiem Austritt aus dem Saugrohrende ist, aus Symmetrie-gründen schon, anzunehmen, daß die Wasser-teilchen einer Horizontalschicht, welche in gleichem Umkreise, Radius r, um die senk-rechte Saugrohrachse liegen, gleich große Geschwindigkeit w besitzen, die allseitig auch die gleiche Schräglage δ gegen die Hori-zontalschicht (Fig. 124) aufweisen wird. In dieser ∞ schmalen Ringschichte, Durchmes-ser d, hat demnach jedes Wasserteilchen in

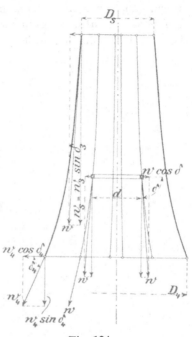

Fig. 124.

achsialer Richtung die Geschwindigkeit $w \sin \delta$; die Geschwindigkeit der radialen Ausbreitung in diesem Durchmesser ist als $w \cos \delta$ anzusetzen.

Die Verhältnisse, unter denen das Wasser die Schichtflächen des Laufrades durcheilt, sind aber von denen völlig verschieden, die in den Stromkurven des erweiterten Saugrohres herrschen. In den Zellen des Lauf-rades handelte es sich um Erzeugung von Geschwindigkeitszuwachs, relativ von v_1 auf v_2 unter Aufwand von aus der Gefälleaufteilung entsprechend zur Verfügung stehender Druckhöhe, während das erweiterte Saugrohr die Aufgabe hat, die Geschwindigkeit w_s unter Vermeidung von Wirbeln zu vermindern auf w_4, damit eben $\frac{w_s^2}{2g} - \frac{w_4^2}{2g}$ zurückgewonnen werde. Daß letzterer Vorgang ganz wesentlich unsicherer in der Durchführung ist als der erstere, lehrt vielfältige Erfahrung und so ist es wünschenswert, die Form der Saugrohr-erweiterung, welche den wirbelfreien Übergang von w_s auf w_4 zu gewähr-leisten imstande ist, analytisch festzustellen. Es handelt sich in letzter Linie um die Ermittelung der Gleichung für die wirbelfreien Stromkurven bei ge-gebener Saugrohrerweiterung; die äußerste, von D_s nach D_4 verlaufende Stromkurve wird als Begrenzungskurve des Saugrohrraumes selbst dienen.

Auf Grund geschickter Aufstellung und Interpretation der hydraulischen Fundamentalgleichungen hat Prof. Prášil-Zürich die Gleichung wirbelfreier

Stromkurven für das geradachsige erweiterte Saugrohr und für ideellen Betrieb entwickelt (Schweiz. Bauzeitung 1903).

Es erscheint zu weitgehend, hier die ganze Prášil'sche Entwickelung wiederzugeben. Das für unsere Zwecke wertvolle Ergebnis derselben besteht in der Differentialgleichung

$$\frac{dr}{dz} = \frac{(v)}{(w)} = -\frac{r}{2z} \quad \cdots \cdots \quad \textbf{400.}$$

worin (w) der Achsialkomponente, also unserem $w \sin \delta$, (v) der Radialkomponente, also unserem $w \cos \delta$ entspricht. Die Bedeutung von r und z ist aus Fig. 125 ersichtlich; r ist die radiale Entfernung des beliebigen

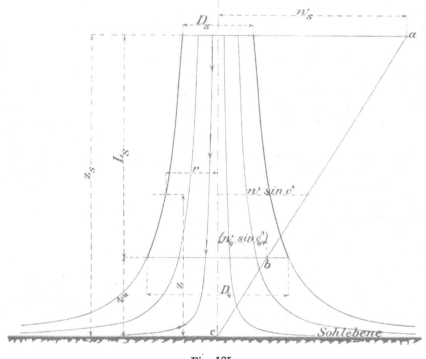

Fig. 125.

Punktes einer Stromkurve von der Saugrohrachse, z der senkrechte Abstand dieses Punktes von einer bestimmten, unterhalb der Saugrohrmündung liegenden Horizontalebene (wir wollen sie Sohlebene nennen), $r = \frac{d}{2}$ und z sind also im allgemeinen die Koordinaten der Stromkurven und im speziellen auch die der Begrenzungskurve für das richtig erweiterte Saugrohr, welches vom Wasser ohne wirbelnde Bewegung durchflossen wird. Das negative Vorzeichen ist bei den Prášilschen Rechnungen darin begründet, daß die (w) von oben nach unten gerichtet sind, während die z von unten gegen oben zählen. Vorerst möge unerörtet bleiben, woher am Saugrohranfang das Wasser neben w_s überhaupt noch eine Radialgeschwindigkeit (v) besitzt.

Die Integration der Gl. 400 führt auf die zweite wichtige Beziehung, die Gleichung der Stromkurven selbst:

$$r^2 z = \text{Konst.} \quad \cdots \cdots \cdots \quad \textbf{401.}$$

Diese Stromkurven sind hyperbelähnliche Kurven 3. Grades, asymtotisch die Saugrohrachse und die Sohlebene berührend. Die Sohlebene ist also die in richtigem Abstand von „4" angeordnete Ebene der Grabensohle unter dem Saugrohr, an der entlang die Wasserteilchen aus der Nähe der Saugrohrachse ihren Weg nach außen zurücklegen (Fig. 125); dicht an der Sohlebene muß dabei $w \sin \delta$ notwendig Null sein.

Wir benutzen diese Gleichungen nun für unsere Zwecke.

Von besonderer Wichtigkeit für die Praxis ist die Bestimmung der äußeren Stromkurve (Saugrohrbegrenzung) und der erforderlichen Entfernung z_4 der Sohlebene vom Saugrohrende, wenn der obere Saugrohrdurchmesser D_s, ferner w_s, dann die beabsichtigte Länge des Saugrohres L_s gegeben sind, und wenn ein bestimmter unterer Austrittsverlust α_4 eingehalten werden soll.

Diese äußere Begrenzung findet sich sehr leicht, denn mit Rücksicht auf unsere Bezeichnungen kann Gl. 401 auch geschrieben werden (Fig. 125):

$$D^2 z = D_4{}^2 z_4 = D_s{}^2 z_s = D_s{}^2 (L_s + z_4) = \text{Konst.} \quad . \quad . \quad \textbf{402.}$$

oder auch allgemein

$$D^2 \frac{\pi}{4} \cdot z = \text{Konst.} \quad . \quad . \quad . \quad . \quad . \quad \textbf{403.}$$

und dies besagt: Die kreisförmigen Saugrohrquerschnitte, deren Durchmesser D gemäß der Gleichung wirbelfreier Stromkurven bestimmt sind, bilden je mit der zugehörigen Entfernung z bis zur Sohlebene Zylinderräume gleichbleibenden Inhaltes. Sowie also die Lage der Sohlebene, d. h. irgend ein Maß z, z. B. z_4 bekannt ist, ist das Aufzeichnen der Saugrohrbegrenzung überaus einfach. Der Gang der Rechnung muß deshalb auf die Bestimmung von z_4 gerichtet werden. Dies geschieht durch weitere Untersuchung über die Verhältnisse von $w \sin \delta$.

Die Präsilsche Rechnung legt dar, daß die $w \sin \delta$ den Größen von z direkt proportional sind, dazu unabhängig von $r = \dfrac{d}{2}$, so daß die $w \sin \delta$ über den gleichen Querschnitt des Saugrohres durchweg gleich groß sind.

In diesem Sinn kann deshalb die Kontinuitätsgleichung für die verschiedenen Kreisquerschnitte des richtig erweiterten Saugrohres (vereinfacht) geschrieben werden:

$$D^2 w \sin \delta = D_4{}^2 w_4 \sin \delta_4 = D_s{}^2 w_s = \text{Konst.} \quad . \quad . \quad . \quad \textbf{404.}$$

Es darf also bei einzuhaltender Größe von $\alpha_4 H = \dfrac{w_4{}^2}{2g}$ nicht der Austrittsquerschnitt $D_4{}^2 \dfrac{\pi}{4}$ als mit w_4 durchflossen in Rechnung gestellt werden, sondern es steht nur $w_4 \sin \delta_4$ (Fig. 124) als zugehörige Geschwindigkeit zur Verfügung.

Die Gleichungen 402 und 404 entsprechen sich. Durch Division derselben ergibt sich

$$\frac{w \sin \delta}{z} = \frac{w_4 \sin \delta_4}{z_4} = \frac{w_s}{z_s} = \frac{w_s}{L_s + z_4} \quad . \quad . \quad . \quad . \quad \textbf{405.}$$

und daraus folgt

$$z_4 = L_s \cdot \frac{w_4 \sin \delta_4}{w_s - w_4 \sin \delta_4} \quad . \quad . \quad . \quad . \quad . \quad \textbf{406.}$$

wodurch bei gegebener Saugrohrlänge L_s, bei gegebenen Geschwindigkeiten w_s und w_4 die Entfernung z_4 bis Sohlebene gerechnet werden könnte, sofern δ_4 bekannt wäre.

Zur Vermeidung umständlicher Rechnungen (Gleichungen 3. Grades) ist es nun zweckmäßig, beim Entwerfen die Größe von w_4 sowohl als von δ_4 vorläufig außer acht zu lassen, und statt w_4 den Betrag von dessen Vertikalkomponente $[w_4 \sin \delta_4]$ anzunehmen. Die Totalgeschwindigkeit w_4 ergibt sich dann später sehr einfach und wenn deren Größe nicht befriedigen sollte, so macht eine Abänderung wenig Mühe.

Aus Gl. 406 läßt sich dann, nach Annahme von $[w_4 \sin \delta_4]$ die Entfernung z_4 leicht berechnen.

Bequem ist auch die graphische Bestimmung von z_4. Trägt man nämlich die Werte der vertikalen Geschwindigkeiten w_s und $[w_4 \sin \delta_4]$ in den zugehörigen Höhen, aber von der Saugrohrachse ab horizontal, an (Fig. 125), so ist nach Gl. 405 ohne weiteres klar, daß die Sohlebene durch den Schnittpunkt c der Saugrohrachse mit der Verbindungsgeraden a—b der Endpunkte von w_s und $[w_4 \sin \delta_4]$ gehen muß. Die Gerade a—b bildet überhaupt die graphische Darstellung der Größen von $w \sin \delta$ über die ganze Saugrohrlänge hin. Will man umgekehrt vom Saugrohrende ab eine gewisse Entfernung z_4 einhalten, so ist aus der Konstruktion Fig. 125 alsbald auch das Bild zu gewinnen darüber, welche Größe von $w_4 \sin \delta_4$ für das ideelle Saugrohr eingehalten werden muß, d. h. welcher Durchmesser D_4 daraus folgt; der rechnerische Weg führt für die Lösung dieser letzteren Frage ebenfalls auf eine Gleichung 3. Grades.

Die Bestimmung der radialen Geschwindigkeiten, der $w \cos \delta$, ergibt sich aus folgendem:

Es ist nach Gl. 405

$$w \sin \delta = \frac{[w_4 \sin \delta_4]}{z_4} \cdot z = (w) \quad \ldots \ldots \quad \textbf{407.}$$

also folgt auch wegen

$$\frac{(v)}{(w)} = \frac{r}{2z} = \frac{d}{4z} \quad \ldots \ldots \ldots \quad \textbf{408.}$$

wobei das —Zeichen außer acht bleiben darf,

$$(v) = w \cos \delta = (w) \frac{d}{4z} = \frac{[w_4 \sin \delta_4]}{4 z_4} \cdot d = \text{Konst.} \frac{d}{2} \quad . \quad \textbf{409.}$$

d. h. die Horizontalkomponenten der w sind der Entfernung $\frac{d}{2}$ von der Saugrohrachse proportional und unabhängig von der Höhenlage z des einzelnen Querschnittes.

Die Größe von w selbst ergibt sich dann aus

$$(w \sin \delta)^2 + (w \cos \delta)^2 = w^2 = \frac{[w_4 \sin \delta_4]^2}{z_4{}^2}\left(z^2 + \frac{d^2}{16}\right)$$

oder allgemein

$$w = \frac{[w_4 \sin \delta_4]}{4 z_4} \sqrt{16 z^2 + d^2} \quad \ldots \ldots \quad \textbf{410.}$$

Diese Gleichung läßt erkennen, daß die w von innen gegen außen langsam an Größe zunehmen. Man geht also, sofern ein bestimmter Betrag von $\alpha_4 H$, d. h. von w_4 eingehalten werden soll, immer sicher, wenn man in der Rechnung die Größe w_4 als am äußeren Rande des Saugrohrendes eintretend zugrunde legt, also wenn außen $w_4 = \sqrt{2 g \alpha_4 H}$ angenommen wird.

Zur Bestimmung von w_4 folgt dann unter Einsetzen von z_4 und D_4 unter dem Wurzelzeichen:

$$w_4 = [w_4 \sin \delta_4] \sqrt{1 + \left(\frac{D_4}{4 z_4}\right)^2} \quad \ldots \ldots \quad \textbf{411.}$$

Die Richtung δ_4 findet sich entweder, indem man durch Division mit dem gefundenen Wert von w_4 in den angenommenen von $[w_4 \sin \delta_4]$ den $\sin \delta_4$ bestimmt, oder unter Verwendung von Gl. 400. Denn es ist auch

$$\frac{dr}{dz} = \frac{1}{\operatorname{tg}\delta} = \frac{r}{2z} = \frac{d}{4z},$$

und für die Stelle „4" also

$$\operatorname{tg}\delta_4 = \frac{4z_4}{D_4} \quad \cdots \cdots \cdots \quad \textbf{412.}$$

Zahlenbeispiel. Es ist die Form des ideellen Saugrohres zu bestimmen für folgende Verhältnisse: Gefälle 7,5 m, Wassermenge 3,1 cbm/sek. Erwünschte Saugrohrlänge 3,5 m. Die Turbine habe $\alpha_2 = 0{,}08$, also

$$w_2 = \sqrt{2g \cdot 0{,}08 \cdot 7{,}5} = 3{,}43 \text{ m.}$$

Die Größe von w_s schätzen wir zu $w_s = 0{,}9\, w_2 = 3{,}0$ m rund; damit ist, Abwesenheit von Saugrohreinbauten vorausgesetzt,

$$D_s{}^2 \frac{\pi}{4} = \frac{Q}{w_s} = \frac{3{,}1}{3} = 1{,}033 \text{ qm;} \quad D_s = 1{,}15 \text{ m, rund.}$$

Hiernach läßt sich die graphische Aufzeichnung beginnen. Fig. 126 zeigt am oberen Ende der Saugrohrlänge $w_s = 3$ m angetragen.

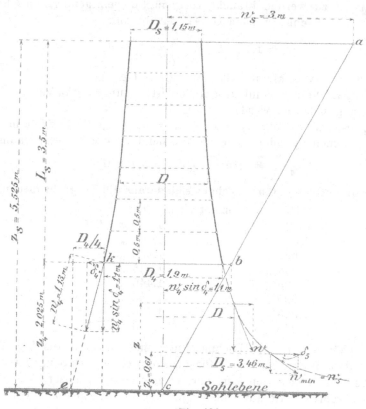

Fig. 126.

Annahme I. Erwünscht wäre eine Reduzierung von $\alpha_2 = 0{,}08$ auf etwa $\alpha_4 = 0{,}01$. Dem entspricht $w_4 = \sqrt{2g \cdot 0{,}01 \cdot 7{,}5} = 1{,}2$ m. Nimmt man als erste Annäherung $[w_4 \sin \delta_4] = 0{,}9\, w_4$ an, hier rund 1,1 m, so folgt

$$D_4{}^2 \frac{\pi}{4} = \frac{3,1}{1,1} = 2,82 \text{ qm}; \; D_4 = 1,9 \text{ m, rund.}$$

Durch Eintragen von $[w_4 \sin \delta_4] = 1,1$ m in die Zeichnung (Fig. 126) findet sich die Entfernung z_4 der Sohlebene von Saugrohrunterkante zu rund 2,0 m. Die Rechnung nach Gl. 406 ergibt

$$z_4 = 3,5 \cdot \frac{1,1}{3-1,1} = 2,025 \text{ m.}$$

Die Größe der tatsächlichen Austrittsgeschwindigkeit w_4 läßt sich graphisch sehr einfach bestimmen, wenn auf Gl. 412 Bezug genommen wird. Nach dieser ist nämlich

$$\operatorname{tg} \delta_4 = \frac{z_4}{D_4/4} \qquad \cdot \quad \cdot \quad \cdot \quad \cdot \quad \cdot \quad \cdot \quad \textbf{413.}$$

wonach die Richtung von w_4 einfach aufgezeichnet werden kann. Der richtig eingezeichnete Durchmesser D_4 (Fig. 126) wird um die Größe $\frac{D_4}{4}$ gegen außen verlängert und von da aus eine Senkrechte auf die Sohlebene gezogen. Die Verbindungsgerade $e - k$ (Fußpunkt dieser Senkrechten, e, bis Ende Durchmesser D, k) ist die Richtung von w_4, also auch die Tangente an das Ende der Saugrohrkurve. Die Größe von w_4 findet sich als Abschnitt auf $e - k$, dem senkrechten Maß $[w_4 \sin \delta_4]$ entsprechend. Da die Größe w_4 nicht sehr genau bestimmt zu werden braucht, so genügt der einfache graphische Weg vollkommen, die Rechnung nach Gl. 411 ergibt hier

$$w_4 = 1,1 \sqrt{1 + \left(\frac{1,9}{8,1}\right)^2} = 1,13 \text{ m,}$$

w_4 ist also noch etwas kleiner als $\alpha_4 = 0,01$ entspricht.

Nachdem w_4 befriedigend ausgefallen ist, kann zur Aufzeichnung der Saugrohrform geschritten werden.

Aus $z_4 = 2,025$ m folgt $z_s = L_s + z_4 = 3,5 + 2,025 = 5,525$ m. Dem Gesetz der gleichen Zylinderräume entsprechend ist dann dieser Rauminhalt

$$D_s{}^2 \frac{\pi}{4} \cdot z_s = 1,15^2 \frac{\pi}{4} \cdot 5,525 = 5,739 \text{ cbm.}$$

In Abständen von je 0,5 m rechnen sich daraus die Saugrohrdurchmesser:

für z	ergibt sich D
5,525 m (z_s)	1,150 m (D_s)
5,025 „	1,205 „
4,525 „	1,270 „
4,025 „	1,345 „
3,525 „	1,440 „
3,025 „	1,555 „
2,525 „	1,700 „
2,025 „ (z_4)	1,900 „ (D_4)

Die zugehörigen, linear abnehmenden $w \sin \delta$ könnten aus Fig. 126 abgegriffen werden, interessieren aber für das Aufzeichnen des Saugrohres nicht.

Die aus den errechneten Saugrohrdurchmessern für unsere Verhältnisse erhaltene Saugrohrform ist auf eine lange Strecke, ca. 2,5—3 m, fast geradlinig, kegelförmig, und erst in letzten Viertel der Länge tritt die Erweiterung stärker auf. Die Form könnte von einem geschickten Kesselschmiede sogar noch in Blech ausgeführt werden.

Für die Praxis kommt aber jetzt folgender Umstand in Betracht. Die errechnete Tiefe $z_4 = 2,025$ m von Saugrohrunterkante bis Sohlebene ist sehr beträchtlich, man wird kleinerer Baukosten halber gezwungen sein, eine Verminderung von z_4 anzustreben.

Was dies für Folgen hat, lehrt die graphische Behandlung alsbald.

Annahme II. Wir rücken mit der Sohlebene versuchsweise herauf auf $z_4 = 1,25$ m Abstand von Saugrohrunterkante, Fig. 127.

Die Gerade vom Ende a von w_s aus zum Schnittpunkt der Rohrachse mit der gehobenen Sohlebene schneidet in der Höhe von D_4 im Punkt b die zulässige Achsialgeschwindigkeit $[w_4 \sin \delta_4]$ gegenüber seither 1,1 m nunmehr im Betrage von rund 0,8 m ab und darauf folgt der entsprechende Wert von D_4 aus

$$D_4{}^2 \frac{\pi}{4} = \frac{3,1}{0,8} = 3,875 \text{ qm}; \quad D_4 = \sim 2,22 \text{ m}.$$

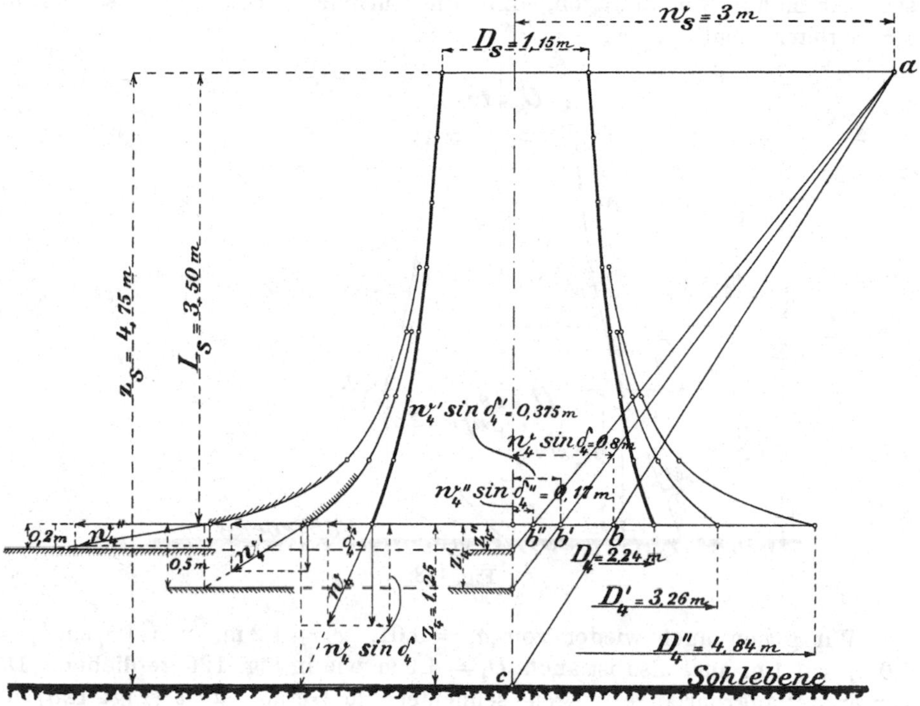

Fig. 127.

also ergibt sich jetzt eine erforderliche Vergrößerung des Durchmessers D_s auf D_4 von fast 1 : 2. Nach dem vorher beschriebenen zeichnerischen Verfahren wird δ_4 bestimmt und damit folgt graphisch $w_4 = \sim 1,0$ m.

Die gleichen Zylinderräume haben nunmehr den Inhalt

$$D_s{}^2 \frac{\pi}{4} \cdot z_s = 1,15^2 \frac{\pi}{4} (3,5 + 1,25) = 4,934 \text{ cbm}$$

und es folgen, in Abständen von je 0,5 m

für z	die Durchmesser D
4,75 m (z_s)	1,150 m (D_s)
4,25 „	1,215 „
3,75 „	1,295 „
3,25 „	1,390 „
2,75 „	1,510 „
2,25 „	1,670 „
1,75 „	1,895 „
1,25 „ (z_4)	2,240 „ (D_4)

Das Höherrücken der Sohlebene hat also eine weitere Verkleinerung von w_4 veranlaßt, die nur erwünscht sein wird. Die Saugrohrform hat sich gegen D_4 hin stärker verbreitert (gegenüber Fig. 126), ist aber in ihrem oberen Verlaufe derjenigen der Annahme I fast gleich geblieben.

Die Fig. 127 zeigt noch zwei weitere Saugrohrformen, der auf $z_4' = 0,5$ und $z_4'' = 0,2$ m heraufgenommenen Sohlebene entsprechend, mit Durchmessern $D_4' = 3,26$ m und $D_4'' = 4,84$ m. Zwischen den beiden Höhenlagen geht die Größe von w_4 durch einen Kleinstwert, wie aus Fig. 127 zu ersehen ist. Man kann also durch die Lage der Sohlebene Einfluß auf die Austrittsverhältnisse ausüben.

Annahme III. Es soll unter sonst gleichen Daten die Saugrohrlänge L_s statt 3,5 m nur 2 m betragen, d. h. die Turbine werde gegen seither um 1,5 m tiefer montiert.

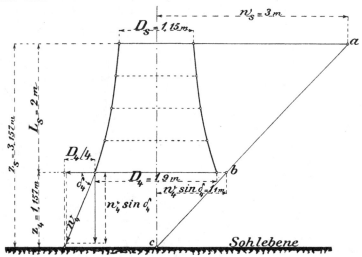

Fig. 128.

Wir gehen auch wieder von $\alpha_4 = 0,01$, $w_4 = 1,2$ m, von $[w_4 \sin \delta_4] = 0,9\, w_4 = 1,1$ m aus, also ist auch $D_4 = 1,9$ m wie in Fig. 126 geblieben. Der kürzeren Saugrohrlänge wegen schneidet die Gerade a-b-c (Fig. 128) die Saugrohrachse wesentlich früher als bei Annahme I, es ergibt sich graphisch $z_4 = \sim 1,16$ m. Rechnungsmäßig ist

$$z_4 = 2 \cdot \frac{1,1}{3 - 1,1} = 1,157 \text{ m}.$$

Durch Antragen von $\dfrac{D_4}{4}$ usw. findet sich die Richtung von w_4 und daraus dessen Größe graphisch zu 1,19 m. Ferner ergibt sich der Zylinderraum gleichbleibenden Inhalts, wenn z_4 zu 1,16 m rund angesetzt wird, zu

$$D_s^2 \frac{\pi}{4} \cdot z_s = 1,15^2 \frac{\pi}{4} (2 + 1,16) = 3,282 \text{ cbm}.$$

und hiermit folgen

für z die Durchmesser D

3,16 m (z_s)	1,15 m (D_s)
2,66 „	1,253 „
2,16 „	1,392 „
1,66 „	1,586 „
1,16 „ (z_4)	1,900 „ (D_4)

Die Saugrohrform ist in Fig. 128 eingezeichnet. Für noch größere Hebung der Sohlebene können die gleichen Untersuchungen wie in Fig. 127 angestellt werden, und wie sie in Fig. 129 enthalten sind. Des besseren

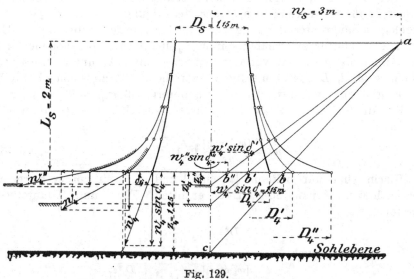

Fig. 129.

Vergleiches wegen ist in Fig. 129 von den gleichen Größen von z_4, wie in Fig. 127 ausgegangen, also von

$$z_4 = 1,25 \text{ m}$$
$$z_4' = 0,5 \text{ „}$$
$$z_4'' = 0,2 \text{ „}$$

Auch hier zeigt sich das Vorhandensein eines Kleinstwertes für w_4.

Über die Ermittelung von w_{min}.

Die Wasserteilchen, welche ideell den Stromkurven folgen, werden durch die Saugrohrerweiterung in ihrer Geschwindigkeit verzögert; aber diese Verzögerung kann im allgemeinen nicht bis auf beliebige Werte heruntergezogen werden, sondern es besteht, wie schon die Rechnungsbeispiele zeigten, eine unterste, je nach den gegebenen oder angenommenen Verhältnissen der Stromkurven bedingte, Grenze für die Verkleinerung der w im Saugrohr, jenseits deren w wieder wächst.

Die analytische Untersuchung dieser Grenze gestaltet sich umständlich, wenn der Weg gegangen werden soll, der in den Zahlenbeispielen vorliegt, nämlich wenn unter Belassung der Saugrohrlänge L_s die Sohlebene gehoben oder gesenkt wird, weil dadurch immer neue Scharen von Stromkurven entstehen müssen.

Viel einfacher kommen wir zum Ziele, wenn wir die Lage der Sohlebene zum Saugrohranfang, also z_s, belassen und wenn wir die Saugrohrmündung auf- oder abwärts verschieben, d. h. die Länge L_s verändern, wobei natürlich auch z_4 variieren muß. Die Stromkurven bleiben hier ungeändert, also auch deren Gleichung 403 und ebenso die Gleichung der w, 410. Aus der Verschiebung der Mündung gegen abwärts ergibt sich dann für

die Saugrohrbegrenzung auch nur eine Verlängerung der betreffenden Stromkurve nach der unverändert gebliebenen Beziehung der gleichen Zylinder-
inhalte, die $w \sin \delta$ liegen in der Linie *a-b-c* begrenzt usw.

Hier ist für die weitere Untersuchung nur der eine Vorbehalt zu
machen, daß bei Verlängerung oder Verkürzung des einmal von vorher
festgelegten Saugrohres der Index „4" auch an fester Stelle bleibt, d. h. an
dem zuerst hierfür ziffermäßig durch $[w_4 \sin \delta_4]$ usw. angenommenen Platz.
Wir können dann in dem verlängerten Saugrohrstück, unterhalb „4" wieder
einfach w, δ, d, D usw. ohne Index schreiben. Die zu suchende Stelle von
w_{min} mag dann den Index „5" erhalten, derart daß $w_{min} = w_5$ usw. zu setzen
ist. Für die Größe von w am Saugrohrrande in Höhe z lautet dann Gl. 410
allgemein

$$w = \frac{[w_4 \sin \delta_4]}{4 z_4} \sqrt{16 z^2 + D^2} \quad \ldots \ldots \quad \textbf{414.}$$

Hierin sind nur bekannt $[w_4 \sin \delta_4]$ und z_4, weil vorher angenommen
bzw. nach Fig. 126 usw. oder Gl. 406 ermittelt. Für z und D lautet Gl. 402
umgeformt

$$D^2 = D_s^2 \cdot \frac{z_s}{z},$$

womit Gl. 414 übergeht in

$$w = \frac{[w_4 \sin \delta_4]}{4 z_4} \sqrt{16 z^2 + \frac{D_s^2 z_s}{z}}$$

oder nach Gl. 405 in

$$w = \frac{w_s}{4 z_s} \sqrt{16 z^2 + \frac{D_s^2 z_s}{z}} \quad \ldots \ldots \quad \textbf{415.}$$

Der zur Erzielung von $w_{min} = w_5$ erforderliche Betrag von z, also z_5, findet
sich aus

$$\frac{dw}{dz} = 0 = 32 z_5 - D_s^2 z_s \frac{1}{z_5^2}$$

zu

$$z_5 = \sqrt[3]{\frac{D_s^2 z_s}{32}} = \frac{1}{2} \sqrt[3]{\frac{D_s^2 z_s}{4}}. \quad \ldots \ldots \quad \textbf{416.}$$

und $w_{min} = w_5$ selbst nach Einsetzen von z_5 in Gl. 415

$$w_5 = \frac{w_s}{4} \sqrt{3} \sqrt[3]{2 \left(\frac{D_s}{z_s}\right)^2} \quad \ldots \ldots \ldots \quad \textbf{417.}$$

Von Interesse ist dabei folgendes. Für die Stelle „5" ist nach Gl. 412

$$\mathrm{tg}\, \delta_5 = \frac{4 z_5}{D_5} \quad \ldots \ldots \ldots \quad \textbf{418.}$$

Setzt man hierin zuerst D_5 aus $D_5^2 = \frac{D_s^2 z_s}{z_5}$, dann noch z_5 nach Gl. 416
ein, so ergibt sich für $w_{min} = w_5$ einfach

$$\mathrm{tg}\, \delta_5 = \frac{1}{\sqrt{2}} = 0{,}707; \quad \delta_5 = \sim 35^0 15,$$

d. h. der Winkel δ_5 unter dem w_{min} gegen die Horizontale, also gegen die
Sohlebene oder die Saugrohrmündung geneigt ist, ist ganz unabhängig von
irgend welchen Konstruktionsannahmen, also unter allen beliebigen Ver-
hältnissen gleich groß. Ist aber $\mathrm{tg}\, \delta_5$ konstant, so gilt, daß bei allen ideellen
Saugrohren und in jeder beliebigen Stromkurve das $w_{min} = w_5$ immer dann

eintritt, wenn die Stromlinie unter $\operatorname{tg} \delta_5 = \dfrac{1}{\sqrt{2}}$ gegen die Horizontale, d. h. gegen den Saugrohrrand geneigt ist.

Dies läßt sich noch in anderer Weise ausdrücken. Gl. 418 lautet mit dem ermittelten Zahlenwert

$$\operatorname{tg} \delta_5 = \frac{1}{\sqrt{2}} = \frac{4 z_5}{D_5},$$

woraus sich ergibt

$$D_5 = 4\sqrt{2} \cdot z_5 = \sim 5{,}6\, z_5 \ \ . \ . \ . \ . \ . \quad \textbf{419.}$$

d. h. der Minimalwert von w in jeder Stromkurve tritt ein, wenn D etwa 5,6 mal so groß als z ist, also erst bei sehr flacher Ausmündung, die für die Praxis kaum je in Betracht kommen kann. Vergl. auch Fig. 126 rechts).

Nachdem die Bedingung für das Eintreten von w_{min} für festliegende Sohlebene erkannt ist, läßt sie sich, wie auch schon oben angedeutet, ohne weiteres auf die Verhältnisse der Fig. 127 und 129 übertragen: mag die Sohlebene liegen wie es nur beliebt, stets wird w_{min} bei $D_5 = \sim 5{,}6\, z_5$ eintreten.

Es hat hier auch schließlich genau so wenig Sinn, ausgiebig dem w_{min} nachzustreben, als es keinen Zweck hatte, am Austritt aus dem Laufrade w_2 senkrecht erzwingen zu wollen, sofern man eben hier auch von einem freiwillig angenommenen Austrittsverlust α_4 ausgeht.

Nachdem jetzt die Formgebung des ideellen Saugrohrs behandelt ist, sind noch einige darauf bezügliche Punkte zu erörtern.

a) Es war früher darauf hingewiesen worden, daß das Wasser für das richtige Durchströmen durch das ideelle Saugrohr von vornherein außer der Achsialgeschwindigkeit w_s beim Betreten der Saugrohrerweiterung auch schon eine radiale Geschwindigkeit besitzen müsse. Daß diese nur sehr klein ist, ist schon aus der verhältnismäßig geringen Neigung der Saugrohrwandung gegen die Achse an der Stelle „s" zu ersehen. (Vergl. auch Fig. 124.) Kommt das Wasser tatsächlich nur mit axialer Geschwindigkeit w_s nach „s", so werden kleine Wirbel unvermeidlich sein.

Fast immer aber hat das Wasser außer $w_s = w_3 \sin \delta_3$ auch noch eine Rotationsgeschwindigkeit $w_3 \cos \delta_3$ und diese wird durch Erregen von Zentrifugaldrucken ohne weiteres die auswärts radiale Bewegung der $w \cos \delta$ einleiten.

b) Ein anderer Punkt ist folgender. Die Form eines für bestimmte Wassermenge, w_s usw., entworfenen ideellen Saugrohres behält ihre Gültigkeit, auch wenn eine kleinere oder größere Wassermenge durchgeleitet wird, abgesehen natürlich davon, daß sich die Größen von w_s und w_4 entsprechend ändern. Eine Verminderung der Wassermenge beispielsweise hat für ein bestimmtes Saugrohr zur Folge, daß w_s und $[w_4 \sin \delta_4]$ im Verhältnis zur Wassermenge gleichmäßig zurückgehen, der Schnittpunkt c, die Zylinderräume gleichen Inhalts ändern sich aber nicht, die $\operatorname{tg} \delta_4$ bleibt konstant $\dfrac{4 z_4}{D_4}$, also ändert sich schließlich w_4 proportional $[w_4 \sin \delta_4]$, d. h. der Wassermenge, und α proportional dem Quadrat derselben.

c) Weiter ist zu sagen, daß beim tatsächlichen Betrieb die Form des ideellen Saugrohres zweifellos unverändert angewandt werden kann. Die Reibungsverluste $\varrho_4 H$ werden, weil eben Wirbel nach Tunlichkeit vermieden sind, klein bleiben und deshalb das Ergebnis nur wenig oder gar nicht beeinflussen. Man wird auf richtige Lage der Sohlebene zu sehen haben und lieber z_4 in großen Werten halten als den w_{min} mit kleinen z_4 nachstreben.

Es ist ja klar, daß die aus kleinem z_4 folgenden großen Horizontalgeschwindigkeiten (Fig. 127 und 129) in dem Unterwasser einen verhältnismäßig sehr weiten freien Bereich um das Saugrohrende herum beanspruchen. Unsere ganze Bestimmung der ideellen Saugrohrlinie ruht ja auf der Annahme, daß das Wasser nach Verlassen des Saugrohres unbeschränkt gegen außen wegfließen könne. In Wirklichkeit aber handelt es sich fast ohne Ausnahme um ein Wegfließen nach nur einer Richtung (Untergraben), so daß die Vorgänge im Saugrohr fast nie so glatt verlaufen können als die Theorie annehmen mußte. Immerhin bieten dabei die großen z_4 eher noch die besseren Verhältnisse.

d) Für das erweiterte Saugrohr mit Krümmer lassen wir uns hinsichtlich der Zunahme der Querschnitte das dienen, was das ideelle geradachsige Saugrohr zeigte, obgleich hier wegen Abwesenheit einer vertikalen „Sohlebene" die Verhältnisse anders liegen werden:

Die Achsialgeschwindigkeiten sollen in linearer Weise abnehmen, im übrigen aber die Übergänge in Querschnittsform und Krümmung möglichst allmählig verlaufen.

E. Die zulässigen Saughöhen.

Der auf unserer Erdoberfläche lastende Druck der Atmosphäre entspricht rund 10,3 m Wassersäule, ideell wäre also diese Saughöhe möglich. In Wirklichkeit aber haben wir bei Bemessung der für Turbinenbetrieb zulässigen Saughöhen folgendes zu beachten.

Da die Turbinen natürlich vom Stande des Barometers unabhängig sein müssen, so darf schon aus diesem Grunde nicht zu nahe an 10,3 m Saughöhe gegangen werden. Der Hauptgrund aber dafür, daß Saughöhen von 5 bis 6 m als groß, daß solche von 7 bis $7^1/_2$ m als gewagt gelten, liegt teils in dem natürlichen Luftgehalt, den jedes fließende Wasser besitzt, teils in der durch die wachsende Saughöhe bewirkten Steigerung der Gefahr des Zutretens von äußerer Luft durch mangelhaft gedichtete Stellen bzw. in der durch beide Umstände veranlaßten Beeinträchtigung der Wirkung für die Saugsäule überhaupt.

Es ist auch fast nie nötig, mit der Saughöhe auf unsichere Größen zu gehen, denn die Gründe für die Anwendung von Sauggefälle überhaupt zwingen nicht dazu. Die Zugänglichkeit ist bei 2 bis 4 m Saughöhe für normale Unterwasserstände immer gewahrt, und Hochwässer über 4 m höher als Normalwasser sind schon sehr selten. Es kann nur bei gewissen Anordnungen einmal aus Dispositionsgründen eine beträchtliche Saughöhe nicht zu vermeiden sein.

Der nachteilige Einfluß der den Weg durch das Saugrohr mitmachenden Luft, komme dieselbe aus dem Wasser selbst oder durch undichte Stellen von außen her, besteht hauptsächlich in der Verminderung des Gewichts γ für die Volumeinheit des Betriebswassers. Ein Kubikmeter stark mit Luftblasen durchsetzten Wassers wiegt eben keine 1000 kg mehr, es wird deshalb die Saugsäule bei Anwesenheit von reichlich Luft in derselben nicht so intensiv mitarbeiten, als wenn das Wasser, ganz in sich zusammenhängend, ohne Durchlöcherung mit Luftblasen das Saugrohr passiert.

Im Luftpumpenbau der Dampfmaschinen rechnet man vorsichtig mit etwa 7 Raumprozenten Luftgehalt des Wassers bei atmosphärischem Druck und mittlerer Temperatur. Ein solcher Luftgehalt gäbe dem aus dem Saugrohr austretenden Wasser statt 1000 nur 930 kg pro cbm und bei etwa 5 m Saughöhe würde der Kubikmeter in das Saugrohr eintretenden Wassers nur etwa 860 kg wiegen, weil die Luft dort nur der halben Pressung unterworfen ist, also etwa 14 Raumprozente einnehmen würde. Dem Verfasser sind genaue Angaben über den tatsächlichen Luftgehalt strömenden Wassers nicht bekannt.

Daß das Betriebswasser beim Durchgang durch Turbinen stark entlüftet wird, lehrt der Augenschein vielfältig.

Die Reibungsverluste, die ϱH, denen das Wasser auf dem Arbeitswege ausgesetzt ist, werden zum allergrößten Teil in Wärme umgewandelt, wenn auch die Temperatursteigerung angesichts der relativ großen sekundlichen Wassermengen gar nicht beobachtet werden kann. Diese Wärmeentwickelung befördert die Ausscheidung der im Wasser gelösten Luft. Beim Durchgang durch den Schaufelspalt, am Austritt bei „2" usw. wird durch die nicht ganz vermeidlichen Wirbelungen das Wasser manchmal kräftig durcheinander gequirlt werden und so erklärt sich das Auftreten reichlicher Luftblasen am Saugrohraustritt schon hieraus ganz zwanglos.

Die Möglichkeit des Eintretens von Außenluft in den Bereich des Saugrohres kann durch sorgfältige Ausführung der Turbinen auf die Stellen beschränkt werden, an denen die Turbinenwelle vom Saugraum in den Betriebsraum übergeht. Hier sind dann meist Stopfbüchsen angeordnet, die die relativ geringe Druckdifferenz abzuhalten haben und bei denen eigentlich nie ein Herauspressen der Packung zu fürchten ist, im Gegenteil, die Packung wird durch den äußeren Überdruck der Atmosphäre selbsttätig in die Grundbüchsen und gegen die Wellen gepreßt und bei großem Sauggefälle derart gegen das Innere eingesogen, daß eher eine Entlastung der Packung als ein Einpressen durch Schrauben wünschenswert erscheint.

Diese Saugrohr-Stopfbüchsen (siehe Tafeln 27, 28) für inneren Minderdruck haben ganz anderen Betriebsbedingungen zu genügen als die sonstigen Stopfbüchsen beispielsweise von Dampfmaschinen, Pumpen usw., die meist gegen inneren Überdruck zu halten haben oder gegen eine zwischen Über- und Minderdruck stetig wechselnde Pressung dicht halten sollen.

Ein Hauptunterschied für den Betrieb liegt auch noch darin, daß die Turbinenstopfbüchsen keine sich achsial verschiebende Stange, sondern eine sich drehende Welle abzudichten haben. Große Rücksicht ist darauf zu nehmen, daß die sich drehende Welle nicht durch die Packung oder die Stopfbüchse selbst geklemmt wird, weil sonst starke Arbeitsverluste durch Stopfbüchsenreibung eintreten, und im schlimmsten Fall wird, Anfressens halber, die Packung samt Stopfbüchse versuchen, die Rotation mitzumachen.

Bei der Konstruktion der Turbinenstopfbüchse sind deshalb zwei Dinge besonders zu beachten: einmal muß sie gut zentrisch angezogen werden können, dann aber muß hier, wie überall eigentlich, vermieden sein, daß man der Stopfbüchse zumutet, dicht zu halten und gleichzeitig als Traglager für die Welle Dienst zu tun. Unmittelbar bei der Stopfbüchse, so nahe als es deren Bedienung gestattet, hat ein Wellen-Traglager zu sitzen, eine lange, sog. Grundbüchse ist alsdann nur vom Übel.

Je zuverlässiger die Abdichtung, desto größer die zulässige Saughöhe. Einzelheiten der Stopfbüchsen usw. siehe später.

F. Das Strahlturbinen-Saugrohr.

Strahlturbinen kommen nur noch für hohe Gefälle in Betracht, sind uns aber dort manchmal sehr willkommen, weil sie als Partialturbinen die überaus hohen Umdrehungszahlen vermeiden können, die sich für rundum beaufschlagte Reaktions-(Voll-) turbinen ergeben würden; sie werden dann meist, der bequemeren Anordnung halber, mit wagrechter Welle versehen und liegen um das Gefälle gut auszunützen, möglichst dicht auf dem Unterwasser.

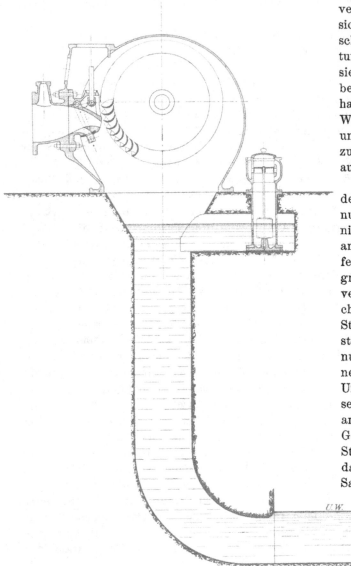

Fig. 130.

Bei hohen Gefällen, in den Alpen usw. können nun hie und da Verhältnisse obwalten, die auch an kleinen Wasserläufen rasch vorübergehende große Hochwasserstände verursachen und an solchen Stellen müßten die Strahlturbinen, des ungestörten Betriebes, der Schonung der Dynamomaschinen halber, wesentlich über Unterwasser aufgestellt sein. Dies bedingt Einbuße an dem sonst nutzbaren Gefälle und führt auch für Strahlturbinen hie und da zur Anwendung von Saugrohren.

Für die Strahlturbinensaugrohre kommen teilweise andere Dinge in Betracht als bei den Reaktionsturbinen zu beachten waren.

Der Austritt des Wassers von der Strahlturbinenschaufel, der Ablenkungsfläche, aus geschieht in den Luftraum, der das Laufrad umgibt. Bei hohen Gefällen ist w_2 an sich, auch für kleine Beträge des Austrittsttrittsverlustes α_2, immerhin noch recht beträchtlich. Umgibt man das Laufrad mit einer luftdichten Haube, welche an ein Saugrohr anschließt (Fig. 130), so zeigt es sich, daß von den Sprühstrahlen des austretenden Wassers Luft durch das Saugrohr mitgerissen wird derart, daß sich nach und nach eine Saugsäule im Rohr erhebt, aus Wasser und mitgerissener Luft bestehend. Es zeigt sich weiter, daß das Mitreißen der Luft in manchen Ausführungen so weit geht, daß eine völlige Entlüftung des Saugraumes (Rohr, Haube) so weit stattfindet, daß der angesaugte Wasserspiegel schließlich das Laufrad der Strahlturbine erreicht. Die Turbinenleistung erfährt dann eine Einbuße, teils weil sich durch das Eintauchen die Strahlen an den Ablenkungsflächen nicht mehr frei entwickeln können, teils infolge direkten Widerstandes, den das Turbinenrad in seiner Umdrehung durch das Stauwasser erhält. So stellte sich bei Verwendung der Saugrohre für Strahlturbinen bald das Bedürfnis nach Luftzuführung ein, um das Ansteigen des Saugwasserspiegels über das gewünschte Maximum hinaus zu verhindern. Es sind das durch Schwimmer betätigte Lufteinlaßventile, die erst öffnen, wenn der im Saugraum sitzende Schwimmer durch das hochsteigende Saugwasser angehoben wird.

Die Strahlturbinensaugrohre sind demnach fast immer angefüllt mit einem künstlich hergestellten Gemenge von Wasser und Luft, dessen Volumeneinheit ein geringeres Gewicht als 1000 kg besitzt. Auf das Strahlturbinensaugrohr passen also die auf S. 178 u. f. angestellten Erwägungen hinsichtlich der Wirksamkeit der Saugsäule in noch höherem Maße, denn dort hatte man sich Mühe gegeben, die Außenluft nach aller Möglichkeit fern zu halten; hier wird noch absichtlich in manchen Fällen Luft besonders eingeführt.

Das Strahlturbinensaugrohr ist trotzdem nicht ohne Wert. Ohne Saugrohr müßte die Strahlturbine bei hohem Gefälle vielleicht beträchtlich, 1 bis 2 m über Unterwasser im Bache zu sitzen kommen. Wenn ein Saugrohr von 5 m Höhe ja nur die Wirkung von 4 m tatsächlicher Saughöhe aufweisen würde, so wäre damit schon eine bessere Ausnutzung des Gefälles erzielt als bei $1^{1}/_{2}$ m Freihängen; dazu kommt aber der große Vorzug, darin bestehend, daß die ganze maschinelle Einrichtung frei über dem Unterwasser gut zugänglich montiert werden kann.

G. Die Unterwasserverhältnisse in Beziehung zu der Art der Saugrohranordnung.

Die verschiedenen Arten für die Ausführung der Saugrohre sollen in ihren Wirkungen auf die Gefälleausnutzung im Nachstehenden kurz zusammengefaßt und genauer betrachtet werden.

Es handelt sich um Saugrohre mit gleichbleibendem und mit sich erweiterndem Querschnitt, jede Art entweder senkrecht nach unten ausgießend oder mit Krümmer versehen. Von Interesse ist dann die Höhenlage des Unterwasserspiegels unmittelbar bei der Turbine im Vergleich zum Wasserspiegel im Unterkanal selbst.

1. Geradachsiges Saugrohr von gleichbleibendem Querschnitt $w_s \perp c_U$ (Fig. 131).

Hier steht die achsiale Komponente der Wassergeschwindigkeit, $w_s = w_3 \sin \delta_3$, senkrecht zur Abflußrichtung, es wird sich also nur ein kleiner Teil, $k \cdot w_s$, von w_s für den Abfluß des Wassers in der Grabenrichtung nutzbar machen lassen. Beträgt die Abflußgeschwindigkeit im Untergraben c_U, so muß für deren Erzeugung der etwa 1,1 fache Wert des ideellen Bedarfes

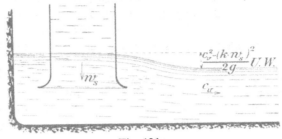

Fig. 131.

aufgewendet werden, also $1{,}1\left[\dfrac{c_U^2}{2g} - \dfrac{(k \cdot w_s)^2}{2g}\right]$ und dieser Aufwand an Höhe wird unter Anstauung des Wassers beim Saugrohrende dem verfügbaren Gefälle entzogen (Fig. 131).

2. **Saugrohr von gleichbleibendem Querschnitt, aber mit Umleitung des Wassers durch einen Krümmer.** w_s **dabei größer als** c_U. (Fig. 132.)

Es wird sich, wie Fig. 132 zeigt, eine Wasserschwelle bilden von der ungefähren Höhe $\dfrac{w_s^2}{2g} - \dfrac{c_U^2}{2g}$, sei es in ausgesprochener Weise oder mehr in

Fig. 132.

Form von ansteigender Unterwasserlinie vom Krümmer an bis in den eigentlichen Unterwasserspiegel.

3. **Erweitertes geradachsiges Saugrohr, also** $w_4 < w_s$.

Die Verhältnisse sind ähnlich wie unter 1, also ähnlich Fig. 131, nur daß wegen $w_4 < w_s$ die Höhe $1{,}1\left[\dfrac{c_U^2}{2g} - \dfrac{(k \cdot w_4)^2}{2g}\right]$ noch beträchtlicher ausfallen kann. Andererseits gestattet die konische Saugrohrform, besonders mit einseitig nach der Abflußrichtung stark ausgebörtelter Abrundung (Taf. 6) das Nutzbarmachen eines größeren Teiles von w_4 für die Erzeugung von c_U.

4. **Erweitertes Saugrohr mit Krümmer, dabei aber** $w_4 > c_U$.

Ähnlich wie bei 2, also auch ähnlich Fig. 132, wird hier eine Wasserschwelle von der ungefähren Höhe $\dfrac{w_4^2}{2g} - \dfrac{c_U^2}{2g}$ sich einstellen.

5. **Erweitertes Saugrohr** mit Krümmer, derart, daß $w_4 = c_U$ (Fig. 133).

Hier wird das Wasser ohne Höhenunterschied zum Unterwasser ausfließen.

Es kann die Frage aufgeworfen werden, wo eigentlich für die verschiedenen Anordnungen der Wasserspiegel zu suchen ist, bis zu dem das Gefälle der Turbine vom Oberwasser aus zählt. Bei Anlagen mit mittleren und hohen Gefällen kommt diese Frage kaum in Betracht, aber für kleine Gefälle kann sie für die Bestimmung der Nutzeffektziffer von wesentlicher Bedeutung werden. Die Fig. 131, 132, 133 enthalten, mit U. W. diejenige Wasserhöhe bezeichnet, welche als Unterwasserspiegel der Turbine anzusehen ist, es ist jedesmal der am tiefsten gelegene Wasserspiegel. Warum die höheren, einerlei ob Anstauung (Fig. 131) oder Wasserschwelle (Fig. 132), nicht für die Gefälleberechnung in Betracht kommen, erhellt aus folgendem:

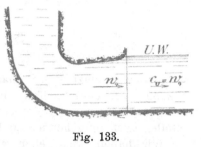

Fig. 133.

Die Anordnung nach Fig. 133, w_s in $w_4 = c_U$ nach Größe und Richtung übergeleitet, entspricht der vollen normalen Gefälleausnutzung. Geradachsige, senkrechte Saugrohre (Fig. 131) werden, wenn nicht große z_4 (S. 173) von mindestens $0{,}6\ D_4$ vorhanden sind, ziemlich beträchtliche Anstauungen bringen und es wäre verfehlt, wollte man das Gefälle nur bis zu diesem rückgestauten Wasserspiegel nehmen, der doch nur durch fehlerhafte Disposition des Saugrohres hervorgerufen wurde. Der gut disponierten Turbine steht das Gefälle bis Unterkanalwasserspiegel zur Verfügung.

Nicht ohne weiteres ist einzusehen, warum der vorstehende Satz nicht auch für die Ausführungen nach Fig. 132 Anwendung finden kann; da aber liegen die Verhältnisse doch anders. In den beiden Fällen, bei denen das Wasser mit großen w_4 gegen das mit c_U fließende Wasser prallt, hat es dieses w_4 aus einem Teil der Gefällshöhe erhalten, die von U. W. ab aufwärts gerechnet werden muß. Daß sich die Differenz von $\sim \dfrac{w_4{}^2}{2g} - \dfrac{c_U{}^2}{2g}$ wieder als meßbare Höhe im Unterkanal zeigt, berechtigt nicht dazu, den aus äußeren Gründen (Kanalabmessungen) höher liegenden Kanalwasserspiegel für die Gefällgröße in Rechnung zu stellen und dadurch der Turbine einen relativ zu hohen Nutzeffekt zuzuschreiben. Die Turbine hatte sich in diesem Falle gewissermaßen das übergroße Gefälle bis U. W. infolge mangelhafter Disposition angeeignet, sie hat dafür in ihrer Leistung auch aufzukommen.

5. Das Gefälle.

Nachdem jetzt die Verhältnisse betrachtet sind, welche für die Ausnutzung der im Einzelfall vorhandenen Gefällhöhe von wesentlicher Bedeutung erscheinen, ist es erforderlich, den Begriff und die Bildung des Gefälles noch eingehender zu besprechen.

Wir haben auszugehen von den in der Praxis vorhandenen Verhältnissen und — nach Erläuterung der unvermeidlichen Einbußen — dasjenige festzustellen, was schließlich für die Berechnung der Turbinenschaufelung als Gefälle übrig bleibt; daran mag sich, anschließend an die Betrachtungen S. 181 bis 183, die Erläuterung über die Begriffe von Nutzeffekt der Turbine und Gesamtnutzeffekt der Wasserkraftanlage überhaupt anreihen.

A. Brutto- und Nettogefälle.

Im Wassermotorenbau verstehen wir unter Gefälle in erster Linie den Höhenunterschied zweier Wasserspiegel ohne Beziehung zur wagrechten Entfernung derselben voneinander. In diesem Sinne gilt als Bruttogefälle H_b einer Wasserkraftanlage der Höhenunterschied zwischen dem Wasserspiegel zu Anfang der Kanalführung (Wehrteich) und demjenigen am Ende derselben, an der Einmündung des Untergrabens in den freien Fluß oder den Wehrteich des Unterliegers. (Fig. 134.)

Als Nettogefälle H_n haben wir schon S. 4 u. f. den Höhenunterschied von Ober- und Unterwasserspiegel an der Arbeitsstelle, also unmittelbar bei der Turbine, kennen gelernt.

Das zum Arbeiten kommende Wasser besitzt natürlich außer dem in Brutto- bezw. Nettogefälle gegebenen potentiellen Arbeitsvermögen auch noch kinetisches, dargestellt durch die Zuflußgeschwindigkeit vor der Turbine und wir müssen, da das Wasser nach vollbrachter Arbeit auch wieder weiter fließen muß, ihm eine Abflußgeschwindigkeit, also einen Betrag an kinetischer Energie belassen.

Im allgemeinen kann angenommen werden, daß die Geschwindigkeit, mit der das Wasser den Bereich des Bruttogefälles betritt, derjenigen gleich ist, mit welcher es diesen Bereich bei der Rückkehr in den freien Fluß wieder verläßt, so daß für das Bruttoarbeitsvermögen der Wasserkraftanlage überhaupt nur das Bruttogefälle H_b im Verein mit der sekundlichen Wasserführung Q in Betracht kommt. D. h. es ist

$$A_w = Q \cdot \gamma \cdot H_b \text{ in mkg} \quad \ldots \ldots \quad \textbf{420.}$$

Bezeichnet c_O die Zuflußgeschwindigkeit des Wassers im Oberkanal zunächst der Turbine, c_U diejenige des Abflusses im Unterkanal (vergl. S. 182), so ist das verfügbare Arbeitsvermögen bei der Turbine gegeben durch

$$A = Q \cdot \gamma \left[\frac{c_O^2}{2g} + H_n - \frac{c_U^2}{2g} \right] = Q \cdot \gamma \cdot \eta H \quad \ldots \quad \textbf{421.}$$

Der Klammerwert findet hie und da die Bezeichnung des Effektiv-gefälles (vergl. Fig. 4 und 5).

Da auch hier vielfach c_O und c_U einander gleich sind, so ist es fast allgemein üblich, das Arbeitsvermögen, wie es dem Wassermotor zur Ver-fügung steht, nur als

$$A = Q \cdot \gamma \cdot H_n \quad . \quad . \quad . \quad . \quad . \quad . \quad \textbf{422.}$$

in Rechnung zu stellen. Die Werte von A nach Gl. 421 oder auch 422 werden als sogen. absolutes Arbeitsvermögen des Motors bezeichnet. In Pferdestärken ausgedrückt also als

$$N_a = \frac{Q \cdot \gamma \cdot \eta H}{75} \quad . \quad . \quad . \quad . \quad . \quad . \quad \textbf{421a.}$$

oder

$$N_a = \frac{Q \cdot \gamma \cdot H_n}{75} \quad . \quad . \quad . \quad . \quad . \quad . \quad \textbf{422a.}$$

In den weitaus zahlreichsten Fällen aber liegen die Dinge so, daß c_O für die Turbine kaum in Betracht kommen kann, für deren Arbeitsvermögen also verloren ist, und daß andererseits der Aufwand für die Erzeugung von c_U aus dem Nettogefälle H_n bestritten werden muß, wie dies die Fig. 4 und 6 (dortige Bezeichnung w_1 und w_2), aber auch die Fig. 131 zeigen.

Wenn bisher also schlechtweg von H die Rede war, so ist dieses stets als H_n aufzufassen gewesen und es soll auch für den weiteren Verlauf unserer Betrachtungen der Einfachheit halber H statt der an sich ja schär-feren Bezeichnung H_n gebraucht werden. Sollte je einmal $\frac{c_O^2}{2g}$ für die Tur-binenleistung in Rechnung zu ziehen sein, so müßte dies ausdrücklich ver-merkt werden.

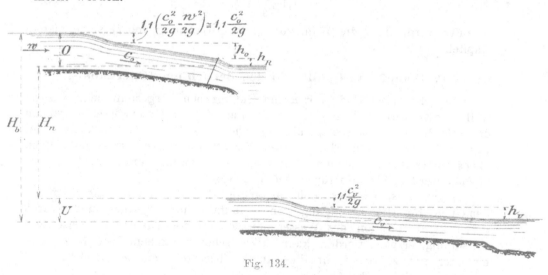

Fig. 134.

In welcher Weise H_n oder H aus dem Bruttogefälle H_b entsteht, zeigt die Fig. 134 in absichtlich verzerrtem Höhenmaßstab.

B. Aufwendung an Gefälle für den Betrieb des Oberkanals.

Bezeichnet w die meist sehr kleine Geschwindigkeit des Wassers in der durch das Wehr hervorgerufenen Anstauung (Wehrteich), so ist zur

Erzeugung der Obergrabengeschwindigkeit c_O eine tatsächliche Gefällhöhe von etwa $1{,}1\left[\dfrac{c_o^2}{2g}-\dfrac{w^2}{2g}\right]$ aufzuwenden, in der Voraussetzung, daß der Übergang von w in c_O nach Größe und Richtung recht allmählich eingerichtet ist, großer Grabenquerschnitt im Anfang, gut gerundete Ecken und Übergänge. Unter weniger guten Verhältnissen steigt 1,1 bis auf etwa 1,5.

Um einen solchen Betrag muß also von Hause aus der Wasserspiegel beim Obergrabenanfang tiefer abgesenkt werden, als derjenige des Wehrteichs liegt.

Nachdem das Wasser die gewünschte Geschwindigkeit c_O erhalten hat, verlangt der Reibungswiderstand für das Durchfließen des Oberkanals das Drangeben eines Höhenunterschiedes h_O für den Wasserspiegel zu Anfang und zu Ende des Oberkanals (Transportgefälle). Für den Betrieb des Obergrabens sind also $1{,}1\left[\dfrac{c_o^2}{2g}-\dfrac{w^2}{2g}\right]+h_O$, oder, da w meist vernachlässigt werden kann

$$1{,}1\,\frac{c_o^2}{2g}+h_O$$

vom Bruttogefälle abzurechnen, bezw. um diesen Betrag ist der O. W. beim Turbinenhaus von Wehrkrone ab tieferliegend anzunehmen.

Vielfach kommt dann hier noch eine weitere Einbuße an Gefälle durch den Rechen, der jeder Turbine vorgesetzt werden muß. Dieser Verlust h_R ist mit 2 bis 10 cm, oft leider infolge ungeschickter Anordnung der Rechen noch höher anzuschlagen, so daß der Gesamtabzug am Bruttogefälle, soweit es den Obergraben betrifft, sich auf

$$O=1{,}1\,\frac{c_o^2}{2g}+h_O+h_R \quad . \quad . \quad . \quad . \quad . \quad \mathbf{423.}$$

belaufen wird. Über die Wahl von c_O die Berechnung von h_O siehe spätere Kapitel.

C. Einbuße an Gefälle für den Betrieb des Unterkanals.

Mag die Geschwindigkeit c_U im Untergraben hergestellt sein, wie sie wolle, stets wird sich gegen die Turbine hin der Unterwasserspiegel um das erforderliche Transportgefälle h_U höher einstellen, als am Auslauf des Kanals in den freien Fluß. Dieser Verlust an nutzbarem Gefälle kann ebensowenig durch besondere Disposition der Turbine vermindert oder vermieden werden, als dies für h_O möglich war.

Dagegen ist es sehr wohl angängig, daß die Höhe, welche im allgemeinen für die Erzeugung von c_U aufgewendet werden muß, durch geschickte Disposition des Wasserabflusses aus der Turbine teilweise oder vollständig erspart werden kann. Wie schon vorstehend auf S. 183 auseinander gesetzt, geschieht dies durch Überleiten von w_4 in Größe und Richtung nach c_U (Fig. 133).

Nach dem Vorstehenden beträgt also der Verlust an nutzbarem Gefälle für den Unterkanal allgemein

$$U=1{,}1\,\frac{c_U^2}{2g}+h_U \quad \text{(Fig. 134.)} \quad . \quad . \quad . \quad \mathbf{424.}$$

und für den Fall geschickter Anordnung des Saugrohres (Fig. 133) nur

$$U=h_U \quad . \quad . \quad . \quad . \quad . \quad . \quad . \quad . \quad \mathbf{425.}$$

So stellt sich schließlich dar

$$H_n = H_b - O - U = H_b - 1,1 \left(\frac{c_o{}^2}{2g} + \frac{c_v{}^2}{2g} \right) - (h_O + h_U) \quad \textbf{426.}$$

sofern w vernachlässigt werden kann. Für zweckmäßige Saugrohranordnung folgt dann als größter Wert von H_n

$$H_n = H_b - \left[1,1 \frac{c_o{}^2}{2g} + h_O + h_U \right] \quad \ldots \ldots \quad \textbf{427.}$$

Nach dieser Feststellung ergibt sich folgendes: Für die Güte der Ausnutzung einer Wasserkraft ist es erforderlich, daß nicht nur bei der Turbine, sondern schon bei der Kanalanlage so vorgegangen wird, daß von dem verfügbaren Bruttogefälle H_b möglichst viel tatsächlich zur Arbeit herangezogen wird.

Für die Zweckmäßigkeit der Anlage in bezug auf Arbeitsleistung wird deshalb das Verhältnis der tatsächlich zur Abgabe und Leistung kommenden Arbeit zu dem insgesamt vorhandenen Arbeitsvermögen A_i den Maßstab bilden.

Die in der Turbine zur Entwickelung kommende Arbeit des Wassers beläuft sich in P. S. auf

$$N_\varepsilon = \varepsilon N_a = \varepsilon \cdot \frac{Q \cdot \gamma \cdot H_n}{75} \quad \ldots \ldots \ldots \quad \textbf{428.}$$

worin nach früherem $\varepsilon = 1 - \alpha - \varrho$.

Von dieser Arbeit tritt nur der Betrag $N_e = e N_a = e \cdot \dfrac{Q \cdot \gamma \cdot H_n}{75}$ in äußere Erscheinung, der nach Leistung der mechanischen Reibungswiderstände an Lagern, Zapfen der Turbine selbst usw. übrig bleibt. Bei gut ausgeführten Turbinen belaufen sich diese mechanischen Reibungswiderstände auf ganz wenige Prozente, derart, daß e nur weniges kleiner ist als ε.

Wir bezeichnen

$$\frac{N_\varepsilon}{N_a} = \varepsilon \cdot \frac{Q \cdot \gamma \cdot H_n}{75} \cdot \frac{75}{Q \cdot \gamma \cdot H_n} = \varepsilon \quad \ldots \ldots \quad \textbf{429.}$$

als hydraulischen Nutzeffekt (vergl. S. 7). Ferner

$$\frac{N_e}{N_a} = \boldsymbol{e} \cdot \frac{Q \cdot \gamma \cdot H_n}{75} \cdot \frac{75}{Q \cdot \gamma \cdot H_n} = e \quad \ldots \ldots \quad \textbf{430.}$$

als mechanischen Nutzeffekt und schließlich zeigt sich

$$\frac{N_e \, 75}{A_i} = e \cdot \frac{Q \cdot \gamma \cdot H_n}{Q \cdot \gamma \cdot H_b} = e \cdot \frac{H_n}{H_b} \quad \ldots \ldots \quad \textbf{431.}$$

als Gesamtnutzeffekt der Anlage.

Die Gleichung 431 lehrt, daß die wirtschaftliche Güte einer Anlage nicht nur vom mechanischen Nutzeffekte e der Turbinen, sondern ebenso von der Zweckmäßigkeit der Kanalanlage abhängt, was ja an sich selbstverständlich ist, aber doch immer wieder ausgesprochen werden muß, weil hierin noch vielfältig gesündigt wird.

Besonders finden sich in älteren Anlagen noch vielfach sehr schlechte Verhältnisse für die Transportgefälle in Ober- und Untergraben, und es ist Pflicht jedes Turbineningenieurs, bei der Auswechselung alter Motoren gegen neue auch diesen Verhältnissen die eingehendste Würdigung zu schenken und nichts außer acht zu lassen, was den Gesamtnutzeffekt der Anlage zu erhöhen imstande ist.

6. Die Berechnung der äußeren Radialturbinen.

Das Wesen der Turbine bringt es mit sich, daß Berechnen der Turbine und Aufzeichnen der Schaufeln Hand in Hand gehen müssen. Aus diesem Grunde wird im Nachfolgenden das Aufzeichnen alsbald mitbesprochen werden und zwar ohne weiteres an Hand eines Zahlenbeispiels.

Es ist für den, der die Sache einmal kennt, sehr einfach, die zeichnerische Darstellung der Schaufeln, die sog. Schaufelschnitte, durchzuführen, doch bietet das Eindringen in den Darstellungsstoff manche anscheinende Schwierigkeit. Der Verfasser zieht es deshalb vor, das Berechnen und Aufzeichnen der verschiedenen Anordnungen nicht etwa nach der Reihe der Häufigkeit in der Anwendung der betreffenden Turbinenformen vorzunehmen, sondern es soll nach und nach von der einfachen selten oder nicht mehr angewendeten Form zu der umständlicheren, wenn auch häufiger benutzten Turbinenschaufelung übergegangen werden, schließlich wird noch die eine und andere kompliziertere Ausnahmekonstruktion Besprechung finden.

Der Endzweck der Berechnung und Aufzeichnung ist allemal die zeichnerische Festlegung der Schaufelformen, d. h. der räumlichen Gestaltung für die Reaktionsgefäße. Wir müssen meistens dem Modellschreiner in parallel laufenden Schnitten (Bretterstärke) die Krümmungen und den ganzen Verlauf der Schaufelflächen mit ihrem Anschluß an die Laufradkränze so vorlegen, daß dieser, sofern Blech als Schaufelmaterial zu dienen hat, imstande ist, die Modelle für die Schaufel-Preßklötze genau anzufertigen, oder daß er die Kernkästen usw. für Ausführung der Schaufeln in Gußeisen oder Bronze richtig durchführen kann.

Aus diesem Grunde sind in der Praxis die Schaufelschnittzeichnungen in natürlicher Größe, aber nicht nach normalem Metermaß, sondern nach Schwindmaß, 0,7—1 $^0/_0$ größer als Normalmaß, anzufertigen; denn Kurven können nicht einfach von Normalgröße in Schwindmaß umgerechnet werden.

Es ist ferner zu bedenken, daß die Zeichnung in allererster Linie nicht die Form der Schaufelflächen, sondern die der Reaktionsgefäßräume festzulegen hat. Es kommt also auf die Form der letzteren an, viel weniger auf die der Schaufeln. Aus diesem Grunde darf nie nur eine einzige Schaufel gezeichnet werden, denn diese gibt kein Bild über den Verlauf der Gefäßform und der Gefäßquerschnitte. Als Minimum in der Darstellung ist zu betrachten, daß durch Aufzeichnen von drei Gefäßwänden zwei vollständige, benachbarte Reaktionsgefäße zur Anschauung gebracht werden müssen, sonst ist ein Urteil über die Zweckmäßigkeit der Gefäßform ($\varrho_2 H$ usw.) von vornherein ausgeschlossen.

Da das Aufzeichnen anders vorzunehmen ist, je nachdem Blechschaufeln oder gegossene Schaufeln zur Verwendung kommen sollen, so ist hier schon anzugeben, wann die eine und wann die andere Ausführung eintreten wird.

Einfachere Herstellung, glatte Wandungen, leichteres Gewicht, größere Widerstandskraft gegen Fremdkörper bei kleinerem s_1 und s_2 sprechen für die Verwendung von Blechschaufeln (meist Flußstahlblech) gegenüber gegossenen Schaufeln. Wir wenden daher in den Laufrädern überall und so lange Blechschaufeln an, als dies mit der Gefäßform verträglich ist, d. h. so-lange die überall gleich große Blechstärke $s_1 = s_2$ der Trennungswände der einzelnen Gefäße einen guten Verlauf der Gefäßform nicht beeinträchtigt (Fig. 79). Dies wird ohne Ausnahme zutreffen, solange der Eintrittswinkel β_1 größer, gleich oder nicht sehr wesentlich kleiner ist als 90^0. Von β_1 etwa gleich oder kleiner als 90^0 an können Gefäßformen auftreten, welche bei gleich-bleibender Wandstärke sackartige Krümmungen oder gar Erweiterungen zeigen würden, die der stetigen Entwickelung von v_2 aus v_1 hinderlich sind, die also Anlaß geben können, daß die Widerstandshöhe $\varrho_2 H$ unerwünscht groß ausfällt. (Vergl. Fig. 162 und 170.)

Für solche Verhältnisse liegt die Abhilfe meist nur in einer oft recht beträchtlichen Verdickung der gemeinschaftlichen Scheidewände der einzelnen Reaktionsgefäße, also in der Ausführung in gegossenem Material, wie dies schon die Fig. 38, 78, 100 haben erkennen lassen.

Für die nachstehend behandelten, teilweise sehr verschiedenen Beispiele von Ausführungsarten des Radialturbinenlaufrades sind des gegenseitigen Vergleiches wegen durchgehends die gleichen Zahlengrößen von Gefälle und Wassermenge der Rechnung zugrunde gelegt, trotzdem man beispiels-weise kaum je in die Lage kommen wird, die Ausführungen nach A oder B heute noch für das betreffende Gefälle in Anwendung zu bringen. Es wird andererseits aber ein leichtes sein, nach den gegebenen Anlei-tungen diese Formen für Verhältnisse, in denen sie erforderlich werden können (Groß- und Hochgefälle), zweckentsprechend auszuführen.

Die den sämtlichen Laufradkonstruktionen zugrunde zu legenden Daten sind folgende:

Unregulierbare Turbine. (Die Rücksicht auf Regulierbarkeit wird später behandelt werden, sie ändert wenig oder nichts an den Laufradformen.)

Gefälle $H = 4$ m (Nettogefälle).

Wassermenge $Q = 1,75$ cbm/sek. (Der Spalt zwischen Leit- und Laufrad-kranz (Fig. 79) läßt Betriebswasser unter Umgehung des Weges durch das Laufrad entweichen. Die Größe dieses sogen. Spalt-verlustes, der sehr nieder gehalten werden kann, wird einstweilen vernachlässigt.)

Austrittsverlust: angenommen $\alpha_2 = 0,06$.

$$\text{Mithin } w_2 = \sqrt{2g \cdot \alpha H} = \sqrt{2 \cdot g \cdot 0,06 \cdot 4} = 2,17 \text{ m.}$$

Reibungsverluste: geschätzt $\varrho = 0,12.$[1]

$$\text{Also } \varrho H = 0,12 \cdot 4 = 0,48 \text{ m.}$$

Hydraulicher Nutzeffekt: $\varepsilon = 1 - \alpha - \varrho = 1 - 0,06 - 0,12 = 0,82$.

Die Ziffer des mechanischen Nutzeffektes, e, kommt hier nicht in Betracht. Saugrohrerweiterung ist außer Berechnung gelassen.

---

[1] Dieser Betrag stellt einen mittleren Wert dar, welcher bei guten Ausführungen noch unterschritten werden kann.

Austrittswinkel: angenommen $\delta_2 = 90^0$.

Austrittsmaße: angenommen im Durchschnitt vorläufig

$$a_2' = 60 \text{ mm}; \quad s_2 = 7 \text{ mm}.$$

Demgemäß ist zu setzen:

$$w_3 = w_2 \cdot \frac{a_2'}{a_2' + s_2} = 2,17 \cdot \frac{60}{67} = 1,94 \text{ m}$$

und demnach die Austrittsfläche

$$F_2 = D_2 \pi b_2 = \frac{Q}{w_3} = \frac{1,75}{1,94} = 0,902 \text{ qm}.$$

Saugrohreinbauten. Unmittelbar nach dem Verlassen des Laufrades sei eine Versperrung des Saugrohrquerschnittes durch Welle und Nabe, die Größe f_w der Gl. 398, von 0,05 F_2 vorhanden. Mithin gilt:

$$D_s^2 \frac{\pi}{4} = 1,05 \, F_2 = 0,947 \text{ qm},$$

woraus $D_3 =$ rund 1,1 m $= D_s$, da weitere Einbauten für das Rechnungsbeispiel nicht angenommen werden, und die Gl. 399 deshalb hier nicht in Betracht kommt.

A. Turbine mit geradlinigem Austritt ähnlich Fig. 103.

Annahme $\beta_1 = 90^0$.

1. Allgemeines.

Für die Umleitung des Wassers aus der radialen Austrittsrichtung $w_3 (\delta_2 = 90^0)$ in die achsiale w_s wird am Saugrohrdurchmesser von 1,1 m beiderseits eine Abrundung von 100 mm zugegeben (Fig. 136) derart, daß $D_2 = 1,1 + 2 \cdot 0,1 = 1,3$ m festgesetzt ist.

Aus $F_2 = D_2 \pi b_2 = 0,902$ qm ergibt sich für $D_2 = 1,3$ m und unter der Voraussetzung, daß $a_2' = 60$ mm eingehalten werde, vorläufig:

$$b_2 = \frac{F_2}{D_2 \cdot \pi} = \frac{0,902}{1,3 \cdot \pi} = 0,221 \text{ m}.$$

Mit Rücksicht auf gute Krümmungsradien der Schaufelbleche wird eine radiale Erstreckung des Laufrades von beiderseitig je 250 mm ins Auge gefaßt, so daß

$$D_1 = D_2 + 2 \cdot 0,25 = 1,3 + 0,5 = 1,8 \text{ m}.$$

Die Gl. 349a, S. 131, liefert

$$u_1 = \sqrt{g \varepsilon H} = \sqrt{9,81 \cdot 0,82 \cdot 4} = 5,67 \text{ m},$$

wodurch die minutliche Umdrehungszahl mit

$$n = \frac{60 \, n_1}{D_1 \pi} = \sim 60$$

festgelegt ist. Es ergibt sich ferner

$$u_2 = u_1 \cdot \frac{D_2}{D_1} = 5,67 \cdot \frac{1,3}{1,8} = 4,095 \text{ m}.$$

2. Laufrad-Austritt.

Da $\delta_2 = 90^0$, so folgt graphisch (Fig. 135) aus

$$v_2^2 = u_2^2 + w_2^2 \qquad v_2 = 4,635 \text{ m}$$

und dessen erforderliche Richtung. Ähnlich der Fig. 108 ergibt sich durch eine Parallele zur Richtung von v_2, im Abstande $a_2' + s_2 = 60 + 7$ gezogen, die entsprechende, erwünschte Teilung am Radschaufelaustritt $t_2' = 143$ mm. Dieser Teilung entsprechend würden, bei $D_2 = 1300$, $z_2' = \frac{1300 \, \pi}{143} = \sim 28,6$

Radschaufeln erforderlich sein, was untunlich. Wir runden ab auf eine Zahl, welche der Gießerei nicht unnötige Schwierigkeiten macht, wenn keine Teilmaschine zur Verfügung ist, und nehmen definitiv

$$z_2 = 28, \text{ woraus } t_2 = \frac{1300\,\pi}{28} = 146 \text{ mm.}$$

Trägt man dies t_2 in Fig. 135 ein, so ergibt sich, sofern die Größe von w_2, also auch die Richtung von v_2 genau einzuhalten ist, $a_2 + s_2 = 68$ statt 67, also definitiv $a_2 = 68 - 7 = 61$ mm.

Hiermit folgt nun aus

$$Q = z_2 a_2 b_2 v_2 = 1,75 = 28 \cdot 0,061 \cdot b_2 \cdot 4,635$$

definitiv

$$b_2 = \frac{1,75}{1,708 \cdot 4,635} = 0,22 \text{ m.}$$

Würde ein zwingender Grund vorliegen, die zuerst angenommene Weite $a_2' = 60$ mm genau einzuhalten, so könnte man wie folgt verfahren:

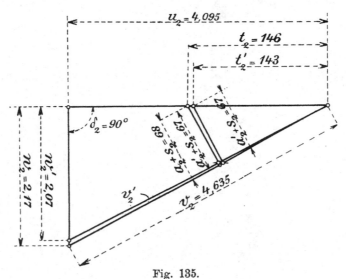

Fig. 135.

Schwenken der Richtung von v_2 nach v_2' auf den Abstand 67 statt 68 (Fig. 135), wodurch w_2 von 2,17 auf $w_2' = 2,07$ m heruntergeht. Dementsprechend würde sich der Austrittsverlust α_2 stellen auf

$$\alpha_2 = \frac{2,072}{2\,g} \cdot \frac{1}{4} = 0,0545$$

gegenüber 0,06. Der kleinere Betrag w_2' würde ein etwas vergrößertes Saugrohr bedingen und wegen $\varepsilon = 1 - \alpha - \varrho$ eine unbedeutende Steigerung von u_1 zur Folge haben.

Der Grundkreisdurchmesser e_2 für die Austrittsevolventen ergibt sich nach Gl. 351 für $z_2 = 28$ und $a_2 = 61$ zu

$$e_2 = \frac{z_2 (a_2 + s_2)}{\pi} = \frac{28 \cdot 68}{\pi} = 606 \text{ mm,}$$

so daß hiernach die Evolventen (Fig. 136 u. 136a) aufgezeichnet werden können. Man geht dabei wie folgt vor: Nach Aufzeichnen der Kreise e_2 und D_2 werden ganz ähnlich Fig. 101 auf dem Umfang des Austrittskreises drei Teilungen t_2 abgetragen und durch die Teilpunkte die erzeugenden Ge-

raden an den Grundkreis e_2 gezogen. Auf diesen Geraden trägt man von
der Austrittsmitte aus nach innen und außen $\frac{a_2}{2}$ und anschließend s_2 ab,
wodurch Beginn und Ende der Evolventenstücke festgelegt ist. Es läßt sich
jetzt durch die innerste Evolventecke ein Kreis vom Durchmesser $D_2{}^i$ ziehen,
auf dem die Erzeugenden die Teilungen $t_2{}^i$ abschneiden, und dieser Kreis
erleichtert das Aufzeichnen der Evolventenstücke selbst ganz wesentlich.

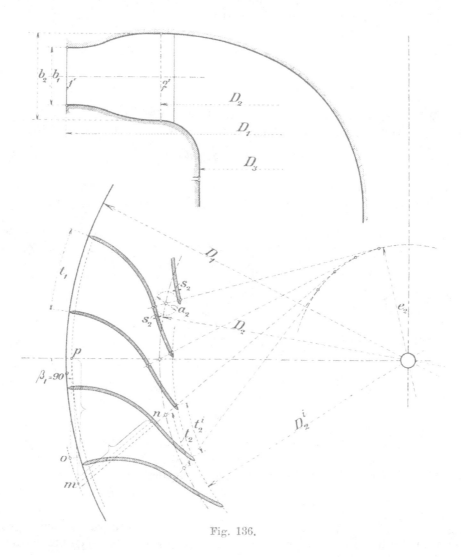

Fig. 136.

Man teilt (Fig. 136a) $t_2{}^i$ in vier gleiche Teile, $a_2 + s_2$ auch und schlägt aus
$\frac{t_2{}^i}{4}$ mit dem Radius $\frac{a_2 + s_2}{4}$, aus $\frac{t_2{}^i}{2}$ mit $\frac{a_2 + s_2}{2}$ usw. Kreise. Die Einhül-
lungskurve dieser kleinen Kreise ist die gesuchte innere Evolvente. Um s_2
weiter gegen außen liegt die zweite, äußere Evolvente.

 Es könnte nunmehr gleich die Überleitung der Evolventenstücke durch
Kreisbögen in die Richtung $\beta_1 = 90^0$ gezeichnet werden, vorher aber ist
es zweckmäßig, $b_0 = b_1$ festzulegen.

3. Leitrad-Austritt und Laufrad-Eintritt.

Annahme $a_0 = 80$ mm, $s_0 = 5$ mm.

Für die anzunehmende Leitschaufelzahl liegt ein ganz willkürlicher Anhalt darin, daß die Leitschaufelteilungen t_0 etwa $50 + \frac{D_1}{10}$ bis $200 + \frac{D_1}{10}$, alles in Millimeter verstanden, betragen möchten, wobei der erstere Wert für große, der letztere für kleinere Durchmesser gilt. Meist liegen die t_0 zwischen 200 und 300 mm. Einzelne Ausführungen zeigen auch ausnahmsweise wesentlich mehr. Dies gibt hier, bei $D_1 = 1800$, den vorläufigen Wert t_0' $= \sim 50 + 180 = 230$ mm und daraus vorläufig

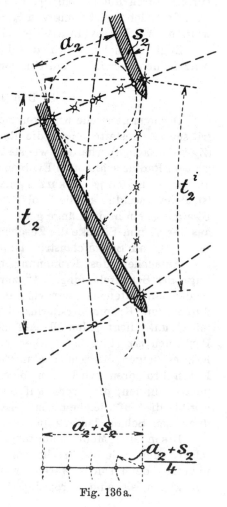

$$z_0' = \frac{1800 \cdot \pi}{230} = 24{,}56.$$

Wir nehmen definitiv $z_0 = 24$, eine gerade Zahl, gut teilbar, der Ausführung wegen.

Es empfiehlt sich, die Schaufelzahlen z_0 und z_1 nicht gleich groß anzunehmen, um nicht gleichzeitig auf dem ganzen Umfang ein Sichüberdecken von Leit- und Laufschaufelstärken hervorzurufen, weil dies zu Stößen in der Wasserführung Anlaß geben könnte. Durch $z_0 = 24$ im Verein mit $z_1 = 28$ ist auch den auf S. 172 in Gl. 207 ausgesprochenen Rücksichten einigermaßen Rechnung getragen.

Es ergibt sich definitiv

$$t_0 = \frac{1800 \cdot \pi}{24} = 235{,}6 \text{ mm},$$

weiter folgt

$$\sin \delta_1 = \frac{a_0 + s_0}{t_0} = \frac{80 + 5}{235{,}6} = 0{,}3608$$

Fig. 136a.

und wir notieren, des $\cos \delta_1$ halber, $\delta_1 = \sim 21^0 9'$ und finden $\cos \delta_1 = 0{,}9326$.

Es findet sich nach Gl. 350a, S. 131

$$w_1 = \frac{u_1}{\cos \delta_1} = \frac{5{,}67}{0{,}9326} = 6{,}08 \text{ m}.$$

Sofern analog zu w_2 und w_3 auch $w_1 = w_0 \cdot \frac{a_0}{a_0 + s_0}$ angenommen wird, wäre ein Betrag von $w_0 = 6{,}08 \cdot \frac{85}{80} = 6{,}46$ m in Rechnung zu stellen und damit würde sich ergeben aus

$$z_0 a_0 b_0 w_0 = Q = 1{,}75 = 24 \cdot 0{,}08 \cdot b_0 \cdot 6{,}46$$

$$b_0 = \frac{1{,}75}{1{,}92 \cdot 6{,}46} = 0{,}1412 \text{ m}.$$

Da sich aber der Übergang von w_0 auf w_1 nicht mit völliger Sicherheit vollzieht, so ist es vielfach üblich, statt w_0 die Größe von w_1 zu setzen. Dadurch erhöht sich b_0 auf

$$b_0 = \frac{1,75}{1,92 \cdot 6,08} = 0,150 \text{ m}$$

für die Ausführung. In gewissem Sinne ist hierdurch auch der Wasserverlust durch die beiden Spalte berücksichtigt.

Nach der Feststellung von $b_0 = b_1$ kann nunmehr das Radprofil entworfen werden, welches symmetrischen Kranzquerschnitt (Fig. 103) erhalten mag.

Zugleich nehmen wir das Fertigzeichnen der Laufschaufeln und das Aufzeichnen der Leitschaufeln vor.

4. Die Laufschaufeln.

Der symmetrische Kranzquerschnitt, der radiale Austritt mit gerader Austrittsmitte, gestattet, daß die Radschaufeln die denkbar einfachste Form (Zylinderflächen) erhalten, wie sie Fig. 136 aufweist; ein Kreis von möglichst großem Radius schließt an Evolvente und Eintrittsumfang ($\beta_1 = 90^0$) an, wobei an beiden Enden je ein kurzes gerades Stück, etwa 10 mm lang, eingeschaltet ist. Beim Anschluß an die Evolvente dient dies Zwischenstück als allmählicher Übergang, ein in die Länge gestreckter Wendepunkt, am Schaufeleintritt wird aus der 10 mm-Strecke die Zuschärfung der Schaufel bestritten. Für die Zuschärfung am Schaufelaustritt ist in der Blechlänge entsprechend zuzugeben.

Aufsuchen des Krümmungsmittelpunktes der Schaufel. Die relative Lage des Schaufelanfangs „1" zur Evolvente bezw. die Größe des zwischen beiden enthaltenen Zentriwinkels ist an sich gleichgültig und wird nur durch den Krümmungsradius der Schaufel bestimmt. Der Krümmungsmittelpunkt liegt jedenfalls auf einer im Abstand 10 mm zu a_2 gezogenen Parallelen mn (Fig. 136), aber er muß auch auf einer Tangente op des Kreises liegen, dessen Umfang 10 mm vom Kreise, $D_1 = 1800$, absteht. Durch Probieren wird man bald die richtige Länge des Krümmungshalbmessers finden, die, wenn auf mn und op aufgetragen, zwei Punkte, m und o gibt, die auf gleichem Umkreise liegen. Der Zirkelschlag von m aus legt dann den Schaufelanfang in Richtung und Lage zum Schaufelende fest.

Besondere „Modellschnitte" d. h. Schnitte durch die Schaufelfläche mittels Ebenen, die senkrecht zur Drehachse der Turbine stehen, sind hier unnötig, denn solche wären, weil die Schaufel eine Zylinderfläche bildet, alle gleich, sie sind durch Fig. 136 schon gegeben.

5. Die Leitschaufeln.

Damit sämtliche Wasserfäden den Eintrittsumfang des Laufrades in gleichen Richtungen δ_1 treffen, sind die Leitschaufeln ebenfalls als Evolventen auszubilden (vgl. S. 134). Der Durchmesser des zugehörigen Grundkreises ist nach Gl. 355

$$e_0 = \frac{z_0 (a_0 + s_0)}{\pi} = \frac{24 \cdot 85}{\pi} = 650 \text{ mm}.$$

Das Aufzeichnen der Leitschaufelevolventen beginnt, von den Kreisen D_1 und e_0 ausgehend, durch Auftragen einiger Teilungen t_0 auf dem Kreise D_1 (Fig. 137) und Ziehen der Erzeugenden durch diese Teilpunkte. Es folgt das Antragen des Maßes für den Schaufelspalt, wir nehmen radial 30 mm, so daß die Leitschaufelevolventen auf einem Kreise von $1800 + 2 \times 30 = 1860$ mm zu beginnen haben. Der Durchmesser dieses Kreises mag mit D_0^i bezeichnet sein, wenn sich dies auch nicht mit dem D_0^i der Achsialturbine deckt. Auf dem Kreise D_0^i schneiden die vorerwähnten Erzeugenden die entsprechenden Teilungen t_0^i ab; auf den Erzeugenden tragen wir bei D_0^i beginnend zuerst s_0, dann a_0, dann nochmals s_0 auf, wodurch die Leitschaufelmündung bestimmt ist, und D_0 in der Mitte von a_0 abgemessen werden kann; die genaue Größe von D_0 ist aber für uns ohne weiteres Interesse. Für die Konstruktion der Leitschaufelevolventen findet das gleiche Verfahren Anwendung, wie es Seite 193 für die Radschaufelenden geschildert wurde, die Strecke $a_0 + s_0$ wird in (meist vier) gleiche Teile geteilt, ebenso die Teilung t_0^i auf D_0^i und die entsprechenden Kreise gezogen, um die einhüllende Evolvente zu bestimmen. Für Blechschaufeln folgt auch die konvexe äußere Schaufelseite auf den Kreisradien $\frac{a_0 + s_0}{4} + s_0$, $\frac{a_0 + s_0}{2} + s_0$ usw., während für gegossene Schaufeln die Außenseite sich rasch von der Innenevolvente entfernt, um der Leitschaufel, guten Gießens halber, größere Stärke zu geben, wo diese für den Austritt $a_0 + s_0$ nicht mehr schädlich ist (Fig. 175 u. a.).

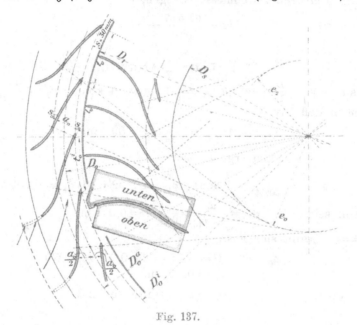

Fig. 137.

Gegen außen werden die Evolventen durch ein flach kreisförmig gekrümmtes Stück verlängert (Fig. 137). Früher führte man den Kreis bis zur radialen Richtung fort (in Fig. 137 punktiert), aber dieser radiale Beginn der Leitschaufeln behindert das freie Herzuströmen des Wassers, das sich schon außerhalb der Leitschaufeln ungefähr in der Pfeilrichtung zu bewegen trachtet.

Die Fig. 137 zeigt auch zu beiden Seiten einer Schaufel die Form des Preßklotzes für die Radschaufel angedeutet.

B. Langsamläufer für Großgefälle. (*H* etwa 10 bis 50 m.) Hierzu Taf. 1.

Die unter *A* geschilderte Form war nur vorgenommen worden, um als Einführung in das Wesen der Schaufelschnittzeichnungen zu dienen, sie ist im übrigen längst verlassen, ihrer übergroßen Durchmesser wegen. (Vergl. auch S. 138.)

Die nunmehr zu beschreibende Anordnung mit etwas kleinerem Durchmesser D_1 kommt hie und da in Betracht, wenn man Veranlassung hat, die Umdrehungszahlen klein zu halten. Hier beginnt die Umlenkung des Wassers nach der achsialen Richtung in mäßigem Grade schon im Laufrade selbst, woraus die S. 139 uf. behandelte gekrümmte Austrittslinie b_2 resultiert. Da das Entwerfen von b_2 usw. aber nur dann einen Sinn hat, wenn D_1 und b_1 schon festliegen, so ist mit diesen Größen zu beginnen.

Wir übernehmen aus dem Eingang des Abschnittes $D_s = 1100$ mm, setzen voraus, daß der Schwerpunkt der gekrümmten Austrittslinie b_2 ungefähr in die Flucht der Saugrohrwand komme, d. h. daß $D_2 = \sim 1100$ ausfallen werde und addieren hierzu, wie unter A, $2 \cdot 250 = 500$ mm, so daß $D_1 = 1600$ mm in Aussicht zu nehmen ist.

Da wir $\beta_1 = 90^0$, $\delta_2 = 90^0$, $\varepsilon = 0,82$ usw. beibehalten, so bleibt auch $u_1 = 5,67$ m bestehen, aber die Umdrehungszahl des richtigen Arbeitens steigt, des kleineren Durchmessers wegen, auf

$$n = \frac{60 \cdot 5,67}{1,6 \cdot \pi} = \sim 67,7.$$

1. Leitrad-Austritt.

Aus $t_0 = 50 + \frac{D_1}{10}$ folgt hier $t_0' = 210$ mm. Es kommt $z_0' = \frac{1600 \cdot \pi}{210} = 23,9$, wir nehmen definitiv

$$z_0 = 24; \quad t_0 = \frac{1600 \cdot \pi}{24} = 209,4 \text{ mm}.$$

Aus $a_0 = 70$, $s_0 = 5$ mm ergeben sich

$$\sin \delta_1 = \frac{70 + 5}{209,4} = 0,3581; \quad \delta_1 = 20^0 \, 59'; \quad \cos \delta_1 = 0,9337.$$

Mithin soll sein $\qquad w_1 = \frac{u_1}{\cos \delta_1} = \frac{5,67}{0,9337} = 6,075$ m.

Für $w_0 = w_1$ ergibt sich aus

$$z_0 a_0 b_0 w_0 = Q = 1,75 = 24 \cdot 0,07 \cdot b_0 \cdot 6,075$$
$$b_0 = 0,171 \text{ m},$$

was wir auf $\qquad b_0 = b_1 = 0,175$ aufrunden.

2. Laufrad-Austritt.

Um einen ersten Anhalt für die Länge von b_2 zu bekommen, haben wir auf F_2 (S. 190) zurückzugreifen. Da $F_2 = D_2 \pi b_2 = 0,902$ qm, so kann hier auch geschrieben werden $D_2 b_2 = \frac{0,902}{\pi} = 0,287$ m² und so ergibt sich, bei Schwerpunktsdurchmesser $D_2 = 1,1$ m, die erforderliche Länge der gekrümmten Austrittslinie annähernd als $b_2' = \frac{2,89}{1,1} = \sim 0,26$ m gegenüber vorher 0,22 m. Die Austrittskurve b_2' ist dabei als in einer Radialebene liegend vorausgesetzt.

Nach diesen Daten kann nunmehr der erste annähernde Entwurf des Laufradprofils gemacht werden, wonach selbstverständlich b_2 noch genauer bestimmt werden muß.

Es wird (Fig. 138) nachdem D_1 und b_1 angetragen nach Gutdünken zuerst einmal die Linie des oberen Laufradkranzes mit seiner Überleitung zur Nabenscheibe und bis zur Welle (f_w), der sog. Radboden, entworfen, und dann D_2 und das gekrümmte b_2' nach obigen Maßen, senkrecht an den oberen Kranz anschließend frei gezogen. Senkrecht zum unteren Ende von b_2' setzt der untere Radkranz in gerader Linie an, schließt in guter Krümmung an das untere Ende von b_1 an und leitet über das untere Ende von b_2' schließlich in guter Abrundung nach der Saugrohrwand, $D_s = 1100$, über. Der untere Kranz bildet also am Austritt „2" eine Kegelfläche.

Der Verlauf der beiden Radkränze soll nach dem Aufhören der Radschaufeln so beschaffen sein, daß das Wasser von $D_2 \pi b_2$ ab in gleichbleibendem Querschnitt nach dem Saugrohr fließt. Wir haben zur Prüfung dieses Umstandes nur den Weg der Empirie, Einzeichnen von Übergangs-

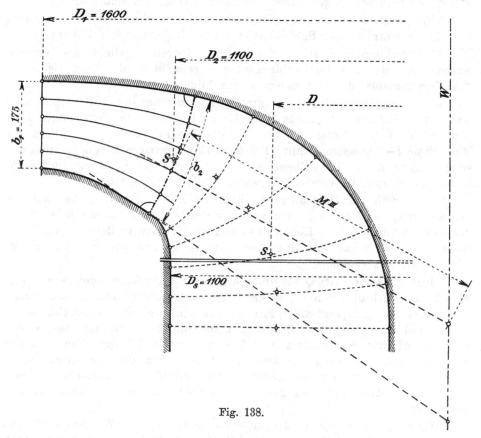

Fig. 138.

kurven zwischen b_2 und D_s wie in Fig. 138 geschehen, Bestimmung von deren Längen b, Schwerpunktsdurchmessern D, Berechnung von $D \pi b$, was gleich $D_2 \pi b_2$ gerichtet werden muß. Diese Prüfung wird aber erst vorgenommen, wenn b_2 festliegt.

Zur genauen Bestimmung der Länge und Form von b_2 bedarf es nunmehr des Hilfsmittels der Schichtlinien, die auch für die Feststellung der Schaufelflächen selbst von wesentlicher Bedeutung sind.

3. Die Schichtlinien und Schichtflächen. (Taf. 1.)

Wir teilen b_1 in m gleiche Teile (hier $m = 5$) und denken uns durch jeden Teilpunkt, ähnlich wie in Fig. 105, eine Schichtlinie gezogen.

Die von den Schichtlinien beschriebenen Drehflächen, die Schichtflächen, zerlegen das Laufrad gewissermaßen in eine Anzahl kleinerer, übereinander-liegender Teilturbinen, deren jede, der gleichen Eintrittsbreite $\frac{b_1}{m}$ $\left(\text{hier } \frac{b_1}{5}\right)$ wegen, die Wassermenge $\frac{Q}{m}$ $\left(\text{hier } \frac{Q}{5}\right)$ zu verarbeiten hat. Es handelt sich jetzt um die Ermittelung des für jede Teilturbine verschieden großen Bruch-teils von b_2, mit λb_2 bezeichnet, denn gleich groß können diese Stücke nicht sein.

Die relativen Austrittsgeschwindigkeiten v_2 sollen (S. 140—143) mit kleinerem Durchmesser abnehmen, mithin müssen die $f_2 = a_2 \cdot \lambda b_2$ der ein-zelnen Teilturbinen gegen innen zunehmen. (Fig. 138 und Taf. 1.)

Wir gehen von der Linie des unteren Laufradkranzes aus, also sind nur die Verhältnisse der Schichtfläche I uns bis jetzt sicher bekannt.

Wir verlängern (Taf. 1) die gerade Begrenzungslinie des unteren Kranzes, bis sie in I die Turbinenachse W schneidet, hier liegt die Spitze des Kegelmantels, den der untere Kranz bildet.

Das Geschwindigkeitsparallelogramm des Austrittes für die Schichtfläche I wird aufzuzeichnen sein als in einer Ebene liegend, die die obengenannte Kegelfläche in der Mantellinie berührt, die also in Tafel 1 Fig. A mit der Mantellinie I—I zusammenfällt. Die untere Anfangsstrecke von b_2 steht all-seitig senkrecht zu dieser Ebene, also steht dieses Anfangsstück auch senk-recht zu den drei Geschwindigkeiten $u_2{}^I$, $v_2{}^I$, w_2, an dieser Stelle.

Was für die eine Schichtfläche I sich als gegeben erwies, das muß für die anderen, II, III usw., auch verlangt werden, es sollte an jeder Stelle der Austrittskurve b_2 die Ebene des Geschwindigkeitsparallelogramms senk-recht stehen zu dieser Austrittskurve. Nur so können wir auf sichere Aus-trittsverhältnisse rechnen.

Liegt die Ebene des Geschwindigkeitsparallelogramms irgendwie schief-winklig zur Richtung von b_2, so entstehen dort nicht unrichtige Rechnungs-verhältnisse, die entsprechenden Projektionen von v_2, a_2 usw. lassen sich immer finden und einsetzen, aber wir haben keine Gewähr dafür, daß das Wasser so fließt, wie wir es voraussetzen, daß es die betreffenden Querschnitte in der gewollten Schrägrichtung durchströmt. Würde sich der Wasserlauf unter solchen Umständen doch senkrecht zu den betreffenden Querschnitten ent-wickeln, so wären diese zu groß, die ganze Rechnung fiele damit in sich zusammen.

Wir müssen immer so zu disponieren suchen, daß das Wasser senkrecht zu f_2, senkrecht zu den tachsächlich vorhandenen Austrittsquer-schnitten durchfließt, daß es gar keine Möglichkeit hat, sich irgendwie einen größeren Austrittsquerschnitt dadurch zu verschaffen, daß es seine Richtung ändert. Mit anderen Worten, wir sollten die Schichtlinien am Austritt so disponieren, zeichnen und durch Berechnung so festlegen, daß die Austrittskurve b_2 von den Schichtlinien überall senkrecht geschnitten wird. Jede Schichtfläche läuft schließlich in einen Kegelmantel aus und wenn die in einer Radialebene liegende Kurve b_2 senkrecht zu den Mantel-linien steht, so steht sie auch senkrecht zu den Ebenen der Geschwindig-keitsparallelogramme und wir haben klare Verhältnisse So bilden die Schichtflächen für uns das Mittel zur zweckmäßigen Formgebung des mitt-leren Teiles der Schaufelflächen.

Wie schon erwähnt, sollen die Teilquerschnitte $f_2 = a_2 \cdot \lambda b_2$ der abnehmenden v_2 wegen gegen innen hin zunehmen. Das zwischen Schichtlinie I und II (Taf. 1) gelegene Stück λb_2 wird deshalb etwas kleiner, das zwischen V und VI gelegene etwas größer sein als $\dfrac{b_2'}{5}$.

Für die unterste Teilturbine zwischen I und II, kurz Schicht I—II benannt, nehmen wir also λb_2 vorläufig etwas kleiner an als $\dfrac{b_2'}{5}$, also etwas kleiner als $\dfrac{260}{5} = 52$ mm, z. B. 48 mm.

Für diese Teilturbine muß dann, entsprechend der ganzen Turbine, ebenfalls die Gleichung bestehen

$$z_2\, \dot{a}_2\, \lambda b_2 \cdot v_2 = \frac{Q}{m} = \frac{Q}{5}.$$

In der Gleichung ist a_2 und v_2 dazu z_2 zu bestimmen, ehe λb_2 gerechnet werden kann. Die beiden ersteren Größen sind durch u_2 und w_2 festgelegt, denn da wir die Turbine so einrichten wollen, daß durchweg $\delta_2 = 90^0$ ausfällt, so gilt die S. 142 gefundene Beziehung $v_2{}^2 - u_2{}^2 = w_2{}^2$, wie sie auch in Fig. 108 zum Ausdruck gebracht ist.

Wir haben ganz wie dort v_2 sowie $a_2 + s_2$ graphisch aus u_2 und w_2 zu ermitteln und da dies nach und nach für alle Schichtflächen I bis VI durchgeführt werden muß, so empfiehlt es sich, für alle diese Vornahmen gemeinsam zeichnerisch vorzugehen (Taf. 1).

Senkrecht zum Radius $\dfrac{D_1}{2} = \dfrac{1600}{2} = 800$ mm tragen wir (Fig. C), die Größe u_1 mit 5,67 m an nach beliebigem, aber glattem Maßstab, wir nehmen hier, für das Aufzeichnen in Naturgröße, $^1/_{20}$.

Die Verbindungsgerade vom Ende u_1 zur Wellmitte W zeigt dann für jeden beliebigen Durchmesser oder Radius an der entsprechenden Stelle die Größe von u in der Senkrechten. Für den Radius $\dfrac{D_2{}^I}{2}$ z. B. folgt in Fig. C die Größe $u_2{}^I$ zu 4,385 m usw. Am Fußpunkte dieser Senkrechten wird nun w_2, ebenfalls in $^1/_{20}$, horizontal, d. h. parallel zu $\dfrac{D_1{}^I}{2}$ angetragen, und so ergibt sich ohne weiteres für die Schichtfläche I in der Hypotenuse die Größe von $v_2{}^I$ 4,895 m und seine Richtung gegen $u_2{}^I$, wie sie für guten Eintritt als erforderlich erkannt ist. Das Antragen von w_2 erfolgt am einfachsten einmal senkrecht zu $u_2{}^I$, dann noch an beliebiger Stelle gegen W hin. Die Verbindungsgerade der zwei Endpunkte schneidet von den später zu ziehenden Horizontalen immer die Strecke w_2 ab.

Nachdem jetzt das Dreieck $u_2{}^I$, w_2, $v_2{}^I$ festliegt, kann der genaue, w_2 entsprechende Wert von $a_2 + s_2$ für die Schichtfläche I ermittelt werden, ebenso die Radschaufelzahl $z_1 = z_2$, wodurch auch die Schaufelteilung bekannt ist.

Wir hatten zu Anfang angenommen, daß a_2' durchschnittlich 60 mm sein solle, dazu $s_2 = 7$ mm. Ziehen wir in dem Dreieck $u_2{}^I$, w_2, $v_2{}^I$ (Fig. 139) im Abstande $60 + 7 = 67$ mm eine Parallele zu $v_2{}^I$, so schneidet diese auf der Richtung $u_2{}^I$ den Betrag t_2' als zugehörige Schaufelteilung ab, wie sich dies unschwer aus dem Vergleich mit Fig. 108 erkennen läßt. Es ergibt sich hier $t_2' = \sim 151$ mm und mit $D_2{}^I = 1234$ mm, abgemessen aus dem Profilentwurf, würde folgen

$$z_2' = \frac{D_2{}^I \pi}{t_2'} = 25{,}7.$$

Wir runden z_2' ab auf eine gut teilbare Zahl und nehmen definitiv $z_2 = 27$, woraus definitiv folgt

$$t_2 = \frac{1234\,\pi}{27} = 143,5 \text{ mm}.$$

Es ergibt sich auch $t_1 = \dfrac{1600\,\pi}{27} = 186,1$ mm und dies letztere Maß tragen wir in Fig. C auf der Linie von u_1 in natürlicher Größe an. Die Gerade vom Ende von t_1 nach W schneidet dann auf allen Vertikalen die

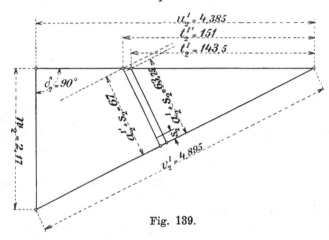

zugehörigen Teilungen ab, $t_2{}^I = 143,5$ wird sich in $\dfrac{D_2{}^I}{2}$ vorfinden und der für die Schichtfläche I erforderliche Betrag von $a_2 + s_2$ ergibt sich als der senkrechte Abstand des Teilpunktes von der Richtung $v_2{}^I$ im Betrage von abgemessen 63,75 mm. Mit $s_2 = 7$ erhalten wir also in Schichtfläche I $a_2 = 56,75$ mm.

Fig. 139.

Es war oben angegeben, daß für die Schicht I—II die Breite λb_2 zu 48 mm geschätzt wurde und wir sind nunmehr auf Grund des Diagramms Fig. C imstande, den mittleren Wert von v_2 und von a_2 für die Schicht I—II fast genau zu bestimmen.

Angesichts der kurzen Erstreckung von λb_2 darf der Wert von v_2 und a_2, wie er für die Mitte von λb_2 bestimmt werden kann, auch als Durchschnittswert für die ganze leicht gekrümmte Strecke λb_2 angesehen und der Berechnung von λb_2 zugrunde gelegt werden.

Wir tragen in Taf. 1, Fig. A $\dfrac{\lambda b_2}{2} = 24$ mm auf b_2', von I aus gegen aufwärts an, tragen den mittleren Austrittsdurchmesser $D_2{}^{I-II}$ aus dem Radprofilentwurf ins Diagramm hinunter, ziehen die Senkrechte für $u_2{}^{I-II}$ die Wagrechte für w_2 und erhalten die Richtung und Größe von $v_2{}^{I-II}$ in gleicher Weise, wie vorher für I, und zwar $v_2{}^{I-II} = 4{,}79$ m.[1] Es findet sich zwischen I und II als mittlerer Wert $a_2 + s_2 = 63{,}5$ mm, also $a_2{}^{I-II} = 56{,}5$ mm.

Wir rechnen dann

$$\lambda b_2{}^{I-II} = \frac{Q}{5} \cdot \frac{1}{z_2\, a_2{}^{I-II}\, v_2{}^{I-II}} = \frac{1,75}{5} \cdot \frac{1}{27 \cdot 0,0565 \cdot 4,79} = 0,0479 \text{ m},$$

also 0,1 mm kürzer als geschätzt und wir haben dadurch den inneren Endpunkt der Schichtlinie II, den Durchmesser $D_2{}^{II}$ definitiv gefunden. Nunmehr kann die Schichtlinie II, da deren beide Endpunkte bekannt sind, nach Gutdünken einmal gezogen werden. Dabei ist zu bedenken, daß Schichtlinie II senkrecht zur Kurve b_2 auslaufen soll (denn nur so gilt die Rechnung für $\lambda b_2{}^{I-II}$) und daß anderseits auch das Maß $\dfrac{b_1}{5}$ stetig nach $\lambda b_2{}^{I-II}$ übergeleitet werden muß.

Wir können uns das Ende der Schichtfläche II ebenso als Kegelmantel

---

[1]) Dies ist der Deutlichkeit der Darstellung wegen in Fig. C nicht eingezeichnet.

denken, wie dies bei Fläche I der Fall war. Die verlängerte, senkrecht zu b_2 stehende Mantellinie (Fig. A) trifft die Wellmitte W in II, wo die zugehörige Kegelspitze liegt.

Ganz wie bei I berührt die Ebene des Geschwindigkeitsparallelogramms den Kegel II in dessen Mantellinie. Wir wiederholen alles, wie es bei I gewesen: Heruntertragen von $D_2{}^{II}$, Ziehen von $u_2{}^{II}$ senkrecht, von w_2 wagrecht, dann $v_2{}^{II}$ als Hypotenuse. Die Entfernung des Teilpunktes von der Richtung $v_2{}^{II}$, $a_2{}^{II} + s_2$ beträgt hier 63,2, also ist $a_2{}^{II} = 56,2$. Der Mittelwert $\dfrac{a_2{}^I + a_2{}^{II}}{2} = \dfrac{56,75 + 56,2}{2} = 56,475$ weicht nur sehr wenig von der vorher bestimmten Größe $a_2{}^{I-II} = 56,5$ in der Schichtmitte ab.

In ganz gleicher Weise wird das Verfahren zur definitiven Bestimmung von λb_2 für die Schichte $II-III$ angewendet; nachdem $\lambda b_2{}^{II-III}$ festliegt, wird die Schichtlinie III gezogen und so fort, bis zur Schichtlinie VI, die den Radboden bildet und b_2 in seiner Erstreckung definitiv abschließt.

Auf guten, stetigen Verlauf der Schichtlinien und auf senkrechten Anschluß an b_2 ist besonderer Wert zu legen. Die stückweise erhaltene definitive Länge von b_2 wird etwas von der zuerst errechneten $b_2{}'$ abweichen, was ganz natürlich ist, denn $b_2{}'$ beruhte auf einer angenommenen mittleren Schaufelweite $a_2{}' = 60$ mm, die in Wirklichkeit dann nicht zur Ausführung kam. Die Größen von $a_2{}^I$, $a_2{}^{II}$ usw. finden sich neben anderen Ergebnissen auf Tafel 1 in einer Zahlentabelle vereinigt.

Nachdem jetzt die Abmessungen der Öffnungen am Laufrad-Austritt festgesetzt sind, muß an die Formgebung der Gefäße am Austritt gedacht werden.

4. Kegelevolventen.

Bei dem Laufrad unter „A" lagen die Bahnen sämtlicher Wasserteilchen am Austritt in Ebenen, die senkrecht zur Turbinenachse standen. Die Austrittsfläche war eine Zylinderfläche. Bei dem vorliegenden Laufrad „B" findet der Austritt senkrecht zu der durch die Krümmung von b_2 gegebenen Drehfläche statt. Will man die Verhältnisse richtig erkennen, so wird man anzunehmen haben, daß die Wasserteilchen der Schichtflächen in den Kegelflächen austreten, die sie später, durch den Radboden umgelenkt, wieder verlassen werden. Die Geschwindigkeitsparallelogramme liegen hier nicht mehr in jenen senkrecht zur Turbinenachse stehenden Ebenen, sondern, wie schon erwähnt, in den Berührungsebenen an die Kegelflächen, die durch die vorbeschriebene Verlängerung der Schichtlinien gebildet sind. Die Krümmung der Radschaufelenden hat nunmehr auf der Kegelfläche in evolventenähnlichen Kurven zu geschehen, die sich wie folgt bestimmen lassen.

Wir denken uns, beispielsweise, die von der Verlängerung der Schichtlinie III beschriebene Kegelfläche in die Ebene abgewickelt, sie wird (Fig. 140) einen Kreissektor mit dem Radius, gleich der Mantellänge M^{III} des betreffenden Kegels (Fig. 138 und Tafel 1 Fig. A) bilden und dieser wird einen Teilumfang von einer Länge gleich $D_2{}^{III} \cdot \pi$ aufweisen (Fig. 140).

In dieser Abwickelungsebene liegt auch das Geschwindigkeitsparallelogramm und wir werden die Schaufelenden in richtiger Weise behandeln, wenn wir in der Abwickelungsebene ihre Krümmung ganz in der früher geschilderten Weise nach Kreisevolventen durchführen und die so erhaltenen Kurven dann wieder samt dem ganzen Kreissektor zur Kegelfläche aufrollen, was zeichnerisch in sehr einfacher Weise zu bewerkstelligen ist.

Zum Aufzeichnen dieser Evolventen in der Abwickelungsebene ist deren Grundkreis nötig. Wir finden seinen Durchmesser e_2^{III} durch folgende Erwägung:

Auf dem Teilumfang des abgewickelten Kegelmantels (Fig. 140), Länge $D_2^{III} \cdot \pi$, liegen z_2 Schaufelteilungen, also ist $D_2^{III} \cdot \pi = z_2 \cdot t_2^{III}$. Der Teil-

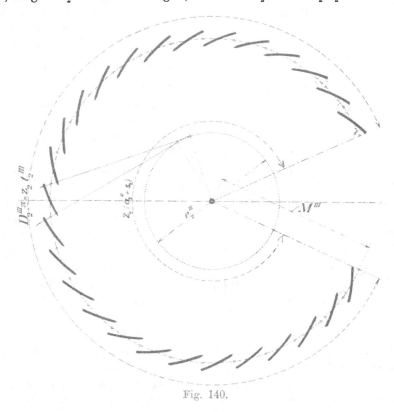

Fig. 140.

umfang eines Grundkreises für z_2 Evolventen, die je um $a_2^{III} + s_2$ voneinander entfernt verlaufen, ist $z_2 (a_2^{III} + s_2)$ und umschließt natürlich den gleichen Zentriwinkel wie $D_2^{III} \cdot \pi$ (Fig. 140). Demgemäß verhalten sich

$$\frac{\frac{e_2^{III}}{2}}{M^{III}} = \frac{z_2 (a_2^{III} + s_2)}{D_2^{III} \cdot \pi} = \frac{z_2 (a_2^{III} + s_2)}{z_2 \cdot t_2^{III}}$$

woraus

$$\frac{e_2^{III}}{2} = M^{III} \cdot \frac{a_2^{III} + s_2}{t_2^{III}} \quad \ldots \ldots \quad \mathbf{432.}$$

Der Radius $\frac{e_2^{III}}{2}$ wird sich in dem wieder aufgerollten Kegelmantel als Mantellinie zeigen, wie in Tafel 1 Fig. A eingeschrieben.

In der geschilderten Weise werden die Evolventen für sämtliche Schichtflächen (die Kegelflächen in die Ebene abgewickelt) ermittelt, wie dies in Taf. 1, Fig. D aufgezeichnet ist.[1])

Für das dann folgende Wiederaufrollen der Kegelflächen, also für das Aufzeichnen der aus ebenen Kreisevolventen zu Kegelevolventen gewordenen Schaufelenden in Grund- und Aufriß ist zu bemerken:

---

[1]) Der besseren Darstellung wegen sind die Spitzen der abgewickelten Kegelflächenstücke nicht in einem Punkte vereinigt, sondern versetzt gezeichnet.

Jede Kegelmantellinie, welche in ·die Aufrißebene fällt, tritt in dieser unverkürzt, dagegen im Grundriß in entsprechender Projektion in Erscheinung. Jeder in der abgewickelten Fläche enthaltene Teilumfang, sei es $D_2{}^{III}\cdot\pi$ oder der Teilumfang des Erzeugungskreises oder irgend ein anderer, tritt im Grundriß unverkürzt, aber in anderer Krümmung auf; ganz kurze Strecken werden von der Änderung der Krümmungsverhältnisse so wenig berührt, daß die Sehnen der kurzen Bogenstücke für das Herübernehmen aus der Abwickelung zum Grundriß beidemale gleichgroß angenommen und mit dem Spitzzirkel ohne weiteres übertragen werden dürfen.

Die wieder aufgewickelten Kegelflächen werden für die Bildung der Schaufelflächen zweckmäßig so zueinander gestellt, daß die Mitten der einzelnen Austrittsweiten a_2 in einer Radialebene liegen (Fig. *B*). Diese Radialebene denken wir uns mit der Aufrißebene der Zeichnung zusammenfallend.

Wir tragen im Grundriß (Fig. *B*) von der entsprechenden Austritts-Radiallinie auf dem Kreise $D_2{}^I$ nach den Seiten eine oder zwei Teilungen $t_2{}^I$ auf, um im ganzen drei Schaufelwände, also 2 ganze Reaktionsgefäße zeichnerisch darzustellen. Auf den zugehörigen Radialen liegt jeweils die Horizontalprojektion von b_2 und es können die Austrittsmitten der verschiedenen Schichtflächen alsbald in den Grundriß übertragen werden. Für diese sich noch sehr häufig wiederholenden Übertragungen ist das Projizieren mit Schiene und Winkel unzuverlässig. Man geht am besten von einem sorgfältig gezogenen zylindrischen Schnitt, z. B. dem ziemlich in der Mitte von b_2 gelegenen Zylindermantel vom Durchmesser $D_2{}^{III}$ aus (in Fig. *A*, Aufriß, als etwas stärkere Linie qr, im Grundriß als verstärkter Kreis st kenntlich) und überträgt die Punkte von dieser Basis aus durch Abstechen gegen innen und gegen außen. Durch die so erhaltenen Austrittsmitten im Grundriß werden Kreise $D_2{}^I$ usw. und im Aufriß Senkrechte gezogen, die zusammen auch wieder zylindrische Schnittflächen darstellen, von denen aus auch wieder gut abgestochen werden kann.

Um den Verlauf der Kegelevolvente im Grundriß mit genügender Annäherung zeichnen zu können, bedarf es der Übertragung von mindestens drei Punkten der Kreisevolvente. Wir legen die Punkte in der Abwickelung dadurch fest, daß wir Radialen durch passende Punkte ziehen, die dann beim Aufwickeln als Kegelmantellinien erscheinen und deren Entfernung von der nächstliegenden Austrittsmitte im Grundriß, gemessen auf dem zugehörigen Kreise, z. B. auf $D_2{}^{III}$, von jener Mitte her übertragen wird. Geeignet sind hierzu die Anfangs- und Endpunkte der Kreisevolventen, die in der Abwickelung in den Erzeugenden liegen, dann noch der jeweilige Schnittpunkt der betreffenden Evolvente mit dem zugehörigen D_2, siehe die Punkte und Maße x, y, z Tafel 1, Schichtfläche III usw.

Die Verbindungslinie jedes Anfangspunkts der einen inneren und des Endpunktes der benachbarten äußeren Evolvente im Grundriß stellt die zugehörige Weite a_2 in Horizontalprojektion nach Größe und Lage dar; nach innen und außen schließen die Projektionen von s_2 die Reihe der für jede Schichtfläche charakteristischen 5 Punkte des Grundrisses (Taf. 1, Fig. *B* u. *D*).

5. Schaufelflächen.

Nachdem so die Schaufelenden der verschiedenen Schichtflächen im Grundriß festgelegt sind, muß, wie früher auch, der Anschluß der Schaufelwand gegen außen ($\beta_1 = 90^0$) aufgesucht werden. Der Augenschein lehrt, daß der Anschluß der untersten Schichtfläche I im Grundriß den kleinsten Krümmungshalbmesser für die Schaufelfläche verlangt und so wird dieser für die Schichtfläche I ganz in der unter „A" (Fig. 136) geschilderten Weise gesucht (Taf. 1, Fig. B) und darnach die Lage des Schaufelendes außen gegenüber den Kegelevolventen festgelegt. Die Anschlüsse an die Evolventen der Schichtflächen II, III usw. ergeben sich dann im Grundriß als Kreise, die den geradlinigen radialen Schaufelanfang, Stelle „1", wenn auch erst ein Stück weiter gegen einwärts, berühren und nach bestem Ermessen in die Wendepunktsstrecken der Kegelevolventen überzuleiten haben.

Es sei gleich bemerkt, daß nicht notwendig Kreisbögen hier angewendet werden müssen, denn diese Schichtlinien sind räumliche Kurven, Schnitte zwischen Schichtfläche und Schaufelfläche. Wir müssen wünschen, daß die räumlichen Krümmungsradien möglichst groß ausfallen und wir haben, solange die Schichtlinien nicht sehr weit von der Wagrechten abweichen, im verbindenden Kreisbogen einen gewissen Maßstab und Gewähr für die Größe der räumlichen Radien, die selber ja immer größer sein müssen als ihre Horizontalprojektion, der gewählte Kreisradius, dies zeigt.

Wir ziehen diese Schichtlinien auf zwei benachbarten Schaufelflächen, wie aus Fig. B zu ersehen ist. Die dritte Schaufelfläche erhält nur die begrenzenden Schichtlinien I und VI. Für alle drei Flächen ist die Blechstärke entsprechend anzutragen (Fig. B).

Es ist wichtig, die Form des so gebildeten Gefäßraumes genau zu prüfen, damit das Gefäß keine sackartigen Wandungen und keine Gestalt aufweist, die den Übergang von v_1 auf v_2 in seiner Stetigkeit nach Größe und Richtung beeinträchtigen würden. Hülfsmittel gegen sackartige, ungute Gefäßformen sind: Wenn angängig, Einwärtsrücken mit $D_2{}^I$, also dem untersten Schichtflächenende, dann auch noch Verkleinerung der Schaufelteilung, d. h. Vermehrung der Schaufeln.

Hiermit wäre mathematisch die Darstellung der Gefäßwände, der Schaufelfläche im vorliegenden Fall, beendet.

6. Modellschnitte.

Für die Herstellung in der Modellschreinerei sind jetzt noch die sog. Modellschnitte zu bestimmen, die am besten als Schnitte der Schaufelflächen durch Ebenen dargestellt werden, die senkrecht zur Turbinenachse stehen. Man führt diese Modellschnitte je nach der Schaufelhöhe b_1 in Entfernungen von 25 bis gegen 75 mm und legt vor allem durch jeden Teilpunkt von b_1, d. h. durch den Anfang jeder Schichtlinie (Fig. A) einen solchen Modellschnitt. Da der Radboden (Schichtlinie VI) von einer solchen Ebene nur berührt würde, bleibt diese weg und es beginnen die Modellschnitte mit Ebene a auf Anfang der Schichtlinie V (Fig. A), b auf IV usw. Die Form der Schaufelflächen bringt es mit sich, daß unterhalb Schichtlinie I meist ein Bedürfnis nach näher beieinander liegenden Modellschnitten eintritt und so beträgt die Entfernung der Schnitte unterhalb e, bis Schnitt l nur noch $\frac{1}{2} \cdot \frac{b}{m} \left(\text{hier } \frac{b}{10}\right)$. Die auf halber Teilung liegenden Schnittebenen f, h, k sind der Deutlichkeit halber punktiert gezeichnet.

Die sich im Aufriß ergebenden Schnitte der Modellschnittebenen f bis l mit dem unteren Radkranz, d. h. mit der Schichtfläche I können alsbald aus dem Aufriß in den Grundriß (Fig. *B*) übertragen werden, wo sie als Kreise sichtbar sind und die unterste Schaufellinie *I* in den Punkten *f*, *g*, *h* usw. schneiden.

Die Modellschnittebene *f* schneidet, wie im Aufriß ersichtlich, auch noch die Schichtflächen *II* und *III*, man könnte also im Grundriß außer dem Punkt *f* noch zwei andere Punkte der Modellschnittkurve erhalten. Das ist aber zu wenig für die genaue Anfertigung und so geht es bei fast allen Modellschnittebenen, sie treffen zu wenig Punkte der Schichtflächen. Ein gutes Abhülfsmittel ist hier die Anwendung von Radialschnitten als Zwischenstufe.

Solche Radialebenen legen wir (Ebene 1) zweckmäßig durch den hier radial verlaufenden Schaufelanfang im Grundriß, dann durch die in den Grundriß (Fig. *B*) übertragenen vorbenannten Schnittpunkte *f* bis *l*; die mit 1, 2 bis 7 bezeichneten Ebenen treten im Grundriß natürlich als gerade Linien auf. Die Schnitte zwischen diesen fächerförmig stehenden Radialebenen und der durch die Schaufellinien festgelegten Schaufelfläche würden, bei einfacher Projektion nach oben im Aufriß verkürzt erscheinen, was zu Ungenauigkeiten führen kann. Wir haben wenig Interesse daran, diese Radialschnitte in ihrer gegenseitigen Lage und radial verschoben zu sehen, viel wichtiger ist uns die tatsächliche Gestalt der einzelnen Schnittkurve und deshalb denken wir uns die sämtlichen Radialschnitte für den Aufriß in die Bildebene gedreht und gleich so aufgezeichnet. Dies sind die mit 1 bis 7 bezeichneten Kurven der Fig. *A*, die natürlich alle zwischen dem gleichen Kranzprofil liegen.

Die in Fig. *A* einwärts vom Radialschnitt 7 gezeichneten, ausgezogenen, bezw. punktierten Kurven sind keine Radialschnitte; sie stellen die von den beiden Kanten der Schaufelbleche (ohne Zuschärfungsbeigabe) beschriebenen Drehflächen dar. Die Blechkanten selbst liegen nicht genau in einer Radialebene.

Wie hier die Verhältnisse liegen ($\beta_1 = 90^0$) bezeichnet der Radialschnitt *I* des Aufrisses die Begrenzungskurve des radial gehenden, also ebenen, Teiles im Anfang der Schaufelfläche.

Aus dem Aufriß finden sich die Schnittpunkte zwischen der betreffenden Modellschnittebene und den sämtlichen Radialschnitten. Nach Heruntertragen der einzelnen Punktfolgen eines Modellschnittes in die seither noch frei gewesene dritte Schaufelfläche bildet die Verbindungslinie einer solchen Punktreihe einen Modellschnitt. Das Hinauftragen der Radialschnittpunkte und das Heruntertragen der Modellschnittpunkte erfolgt zweckmäßig wieder mit Hülfe des Spitzzirkels in Anlehnung an die Kreiszylinder *qr* bzw. *st* usw.

Die im Grundriß punktierten Modellschnitte *f*, *h* und *k* entsprechen den auf halber Teilung liegenden, punktierten Schnittebenen des Aufrisses.

Zur Anfertigung des Schaufelklotzmodelles sind dann die Modellschnitte auch in ihrer gegenseitigen Lage im Grundriß durch Maßeinschreiben für die Werkstätte festzulegen. Wir ziehen nach Gutdünken im Grundriß die Gerade *mn* und betrachten diese als Horizontalprojektion der unteren, bei der Anfertigung des Klotzmodells auf der Richtplatte liegenden Begrenzungsebene des Modelles. Demgemäß ist die Entfernung der Geraden *mn* von den Schnittkurven je nach Klotzgröße zweckmäßig etwa 20—60 mm anzunehmen.

Senkrechte von den Kurvenanfängen und -enden auf diese Gerade gezogen, legen die Modellschnitte gegenseitig nach Höhe und Breite fest, während die Entfernung der Modellschnittebenen durch die $\frac{b_1}{m}$ usw. ent-

sprechende Holzstärke der einzelnen Modellbretter gegeben ist. Die Höhen-
und Breitenmaße sind dem Schreiner besonders einzuschreiben, wie dies
für den einen und anderen Modellschnitt in Fig. *B* angedeutet ist.

Für das Pressen der Schaufelbleche bedarf man der Nachbildung beider
Seiten der Schaufel; diese sind nicht kongruent, aber sie stehen überall
gleichweit (Blechstärke) voneinander ab.

Die Modellschnitte der bis jetzt besprochenen vorderen Schaufelseite,
welche der Hauptsache nach ein konvexes Klotzmodell erfordert, können
also nicht ohne weiteres für die Rückseite der Schaufel verwendet werden.
Es ist aber nicht nötig, für die Rückseite neue Schnitte zu zeichnen. Der
einfachste Weg zur Herstellung des Klotzmodells für die Rückseite besteht
darin, daß man auf das fertige Modell der Vorderseite die Blechstärke auf-
trägt: Aufnageln einzelner Holzstückchen von der Dicke $s_1 = s_2$ und Zwischen-
streichen von Modellkitt. Dann wird ein Gipsabguß von dieser die rückwärtige Schaufelseite tatsächlich darstellenden Fläche das Modell für den
rückwärtigen Preßklotz liefern.

Bequem ist es, das Holzmodell derjenigen Blechseite anzufertigen, das
der Hauptsache nach konvex ist, weil hier das Überraspeln usw. leichter ist.

Für die Anwendung der Modellschnitte gibt es mehrere Werkstatt-
verfahren.

An einem Orte benutzt man Zinkblechschablonen *A* (Fig. 141, vergl.
Modellschnitt *b*, Tafel 1, Fig. *B*), um sie einfach zwischen die Modellbretter

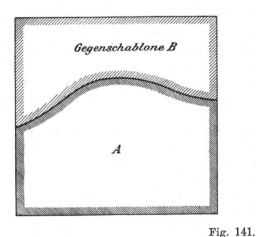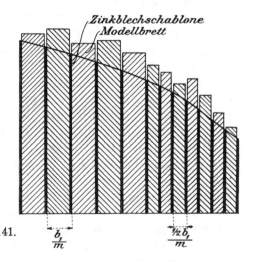

Fig. 141.

zu setzen und so lange an den reichlich vorgeschnittenen Hölzern herunter
zu raspeln, bis die Schablonenkanten überall eben erreicht sind. Natürlich
sind hier die Bretterstärken um die Blechdicke kleiner, und die Blech-
schablonen bleiben im Modell.

An anderen Orten zieht man vor, die Gegenschablone *B* (Fig. 141)
zu benutzen, um an den Langseiten der noch unverleimten Modellbretter
die Form anzureißen. Jedes Brett hat auf diese Weise beiderseits eine
genau angegebene Form zu erhalten und der Schreiner arbeitet die einzelnen
Bretter beidseitig an die Kanten anschließend, aber mit zwischenliegender
konvexer Fläche, wie Fig. 142 punktiert zeigt, ab. Über sämtliche, mit
Schraubzwinge oder dergl. zusammengehaltenen Bretter wird dann mit der

Raspel so ausgeglichen, wie dies Fig. 142 ausgezogen sehen läßt, wobei die Gegenschablonen nach *B* als stete Kontrolle dienen.

Auf jeden Fall hat der kon-
struierende Ingenieur sein genauestes
Augenmerk auf die Modellherstellung
zu richten. Es ist einer der anscheinend in unserer Natur liegenden Fehler, daß wir nur zu leicht geneigt sind,
das, was auf dem Papier mit viel
Mühe festgelegt ist, auch als in Wirklichkeit ebenso peinlich ausgeführt
vorauszusetzen.

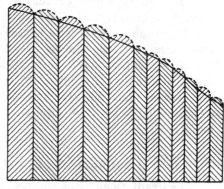

Fig. 142.

Die Ausführung darf nie unsere
Voraussetzungen und Rechnungsunter-
lagen in Frage stellen.

7. Die Begrenzung des Schaufelbleches im Vergleich zur freien Schaufelfläche.

In den ausgezogenen Linien der Taf. 1 Fig. *A* u. *B* ist die Begrenzung der eigentlichen, freien Schaufelfläche gegeben. An diese schließen sich auf drei Seiten punktiert gezeichnete Fortsetzungen an, und zwar gegen die Radkränze hin die Zugaben für das Eingießen, an der Austrittskante die Verlängerung der Evolventen, aus der die Zuschärfung des Schaufelendes
herzustellen ist. Die Zuschärfung am Eintritt wird aus der
Schaufelfläche selbst bestritten.

Das Eingießen der Blech-
schaufeln verlangt bestimmte
Abmessungen der Kränze.

Je nach Turbinengröße
ist es erforderlich, die Schaufelbleche in den unteren Gußkranz hineintreten zu lassen,
meist 15—20 mm. Der von
den Schaufelblechen durch-
drungene Kranzquerschnitt ist
für den Zusammenhang des
Laufrades wertlos, es kann also
erst außerhalb der Schaufelkanten der Teil des Quer-
schnittes beginnen, der das
Ganze zusammenhält. Wir nehmen hierfür je nach Turbinengröße 18 bis 30 mm. Auf diese

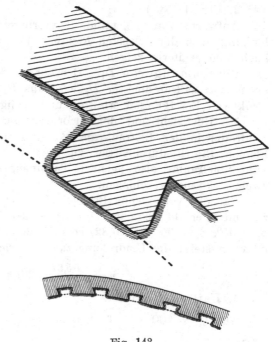

Fig. 143.

Weise ergeben sich für den unteren Kranz, der nicht zur Kraftübertragung, sondern nur zum Zusammenhalten der Konstruktion und als Wasserführung (Schichtfläche *I*) dient, Dicken von 33 bis 50 mm.

Für den oberen Gußkranz, der die Wirkung der *X*-Komponenten auf die Turbinenwelle zu übertragen hat, ist eine noch größere Stärke in Aussicht zu nehmen, die sich aus Eingießrand der Schaufeln, 20 bis 25 mm, zusätzlicher Gußstärke 20 bis 35 mm, zu 40 bis 60 mm ergibt.

Die einzugießenden Blechkanten werden zweckmäßig schwalbenschwanzförmig ausgestanzt, wie dies Fig. 143 in natürlicher Größe und in $^1/_5$ zeigt. Die Ausrundung der Schwalbenschwanzecke dient zur Schonung der Stanze und vermindert die Gefahr des Einreißens beim Blechmaterial.

Die Ausstanzungen sind absichtlich breit, damit das Eisen innerhalb der Aussparung beim Guß nicht zu rasch abkühlt. Auf diese Weise gewinnt der Kranz auch an Zusammenhang, weil die eingegossenen Blechränder unterbrochen sind, weil also an manchen Stellen die volle Kranzstärke vorhanden ist.

C. Normalläufer für Mittel- und Niedergefälle. Hierzu Taf. 2.

Laufradformen, wie sie bei „B" geschildert worden sind, können für die meist vorkommenden Mittel- und Niedergefälle, bis gegen 10 m hin, ungeeignet werden, weil die Umdrehungszahlen für unsere heutigen Betriebsverhältnisse zu klein ausfallen.

Die Umdrehungszahlen wachsen mit abnehmendem Eintrittsdurchmesser D_1 und so kommen wir beim Verkleinern von D_1, ohne das Radprofil zu verzerren, auf einen Durchmesser, der nur noch wenig größer ist, als D_s; wir leiten dabei die Schichtlinie I vom radial gehenden Eintritt vollständig um bis zu rein achsialem Austritt (Fig. 144, 145, 146, 147, auch Taf. 2, Fig. A usw.).

Aufwärts von Schichtlinie I verringert sich dann der Grad der Ablenkung nach der achsialen Richtung hin, wie dies die genannten Figuren auch ohne weiteres zeigen.

Bestimmung von D_1. Der äußere Schaufelkranz- und bei $\beta_1 = 90^0$, auch Eintritts-Durchmesser D_1 wird aus D_3 bzw. D_s einfach nur nach konstruktiven Erwägungen ermittelt und sachgemäß abgerundet.

Mit Rücksicht auf den erforderlichen Spielraum beim Einfahren der Laufräder in den Leitradkranz usw. müssen wir, um auf den gewünschten kleinen Eintrittsdurchmesser zu kommen, zu D_3 die Minimal-Gußstärken samt Spielraum, also je nach Turbinengröße zweimal 40 bis schließlich zweimal 75 mm zuschlagen.

Für das vorliegende Beispiel, $D_3 = D_s = 1,1$ m, rechnen wir $2 \cdot 50$ mm zu und es ergibt sich dann $D_1 = 1,1 + 2 \cdot 0,05 = 1,20$ m. Wie seither bleiben $\beta_1 = 90^0$, $\delta_2 = 90^0$, $\varepsilon = 0,82$, so daß auch $u_1 = 5,67$ m seinen Wert behält, dagegen steigt die Umdrehungszahl des richtigen Arbeitens auf

$$n = \frac{60 \cdot 5,67}{1,2 \cdot \pi} = 90,3 = \sim 90.$$

1. Leitrad-Austritt.

Aus $t_0{}' = 100 + \dfrac{D}{10}$ folgt vorläufig $t_0{}' = 220$ mm und daraus $z_0{}' = \dfrac{1200\,\pi}{220} = \sim 17$.

Bei $\beta_1 = 90^0$ lautet die auf S. 72 aufgestellte Gl. 207

$$z_0 \cdot \frac{s_0}{\sin \delta_0} = z_1 s_1.$$

Da nun $\dfrac{s_0}{\sin \delta_0}$ wesentlich größer als s_1 sein wird, so ist es für Winkel um $\beta_1 = 90^0$ herum zu empfehlen, daß z_0 nach Möglichkeit klein gehalten wird.

Aus dieser Erwägung nehmen wir hier definitiv $z_0 = 16$ und erhalten
$$t_0 = \frac{1200 \cdot \pi}{16} = 235,6 \text{ mm.}$$

Wir nehmen $a_0 = 80$, $s_0 = 5$ und so gelten hier die Werte
$$\sin \delta_1 = \frac{80 + 5}{235,6} = 0,3608; \quad \delta_1 = 21^0 9', \quad \cos \delta_1 = 0,9326,$$
$$w_1 = \frac{u_1}{\cos \delta_1} = \frac{5,67}{0,9326} = 6,08 \text{ m.}$$

Entsprechend der schon vorher erläuterten Ansicht ergibt sich mit w_1 statt w_0
$$b_0 = \frac{1,75}{16 \cdot 0,08 \cdot 6,08} = 0,225 \text{ m,}$$

was ohne wesentlichen Fehler auf 0,230 m aufgerundet werden darf. Hierin liegt eine Reserve, teils für Spaltverluste, teils für den Fall, daß die Reibungsverlusthöhe ϱH sich in der Ausführung etwas höher ergeben würde, als vorher geschätzt. Solche Aufrundungen, besonders am Leitapparat, sind für die Praxis durchaus statthaft. Der Abnehmer wird durch eine um einige Prozent höhere Schluckfähigkeit der Turbine nicht benachteiligt, während ein wenn auch kleines Unterschreiten des vorgeschriebenen Wasserverbrauches viel übler vermerkt zu werden pflegt.

Auf die Größe von b_0 sind, wie ja die Gleichungen zeigen, z_0, a_0 und w_0 bezw. w_1 von Einfluß. Bei $\beta_1 = 90^0$ ist δ_1 auf die Größe von $u_1 = \sqrt{g \varepsilon H}$ ohne Einwirkung, dagegen hängt die nötige Größe der Geschwindigkeit w_1 auch bei $\beta_1 = 90^0$ von δ_1 ab, also ist dies auch für b_0 der Fall.

Der Winkel δ_1 hat als Winkelgröße für den Konstrukteur wenig Interesse, solange dieser sich nicht durch vorheriges Annehmen von b_1 oder dergl. selber Hindernisse in den Weg legt; δ_1 folgt aus $a_0 + s_0$ und t_0, d. h. auch aus z_0, und so hat man es durch die Wahl von a_0 und z_0 in weitem Maße in der Hand, die Größe b_0 zu variieren. Im vorliegenden Falle würde sich z. B. mit ganz gleichem Recht aus $z_0 = 22$ statt 16, dazu mit $a_0 + s_0 = 70 + 5$ die Größe von b_0 auf nur $\sim$ 180 mm statt der vorigen 230 mm berechnen lassen.

Die Gründe für die Wahl einer bestimmten Größe von b_0 liegen in Erwägungen über die passendste Form des Radprofiles überhaupt. Sie werden am besten unter Anlehnung an bestimmte Verhältnisse, hier an die des Zahlenbeispiels, erörtert.

2. Laufrad-Austritt, Schichtlinien und Schichtflächen.

Anschließend an die betrachteten Formen A und B wäre die Gestalt von b_2 für die vorliegenden Verhältnisse nach Fig. 144 die nächstliegende. Wenn man aber an das Einzeichnen der zugehörigen Schichtlinien geht, so zeigt es sich, daß es geradezu unmöglich ist, die Schichtlinien überall zu befriedigend senkrechtem Schnitt mit der angenommenen Art der b_2-Kurve zu bringen. Die Schichtlinien legen sich, wie Fig. 144 zeigt, und man ist gezwungen, für die jeweilige Austrittsbreite einer Schicht statt λb_2 die Projektion davon, in ungefähr mittlerer Richtung der Schicht gegen λb_2 in die Rechnung einzuführen. Diese Projektion ist ziemlich genau durch den Durchmesser d eines Kreises gegeben, der die beiden Schichtlinien berührt und seinen Mittelpunkt annähernd im Zug der b_2-Kurve hat.

Hier läge also der schon vorher (S. 198) erwähnte Fall vor: Wir haben eine tatsächliche Austrittsbreite λb_2 für die betreffende Schicht und sollten mathematisch damit rechnen, daß nur deren Projektion für den Austritt in

Frage käme; aber wir haben keine sichere Gewähr dafür, daß das Wasser
nicht infolge eigener Richtungsänderung die unverkürzte Strecke λb_2 doch
benutzt, und wir stellen damit v_2, also die Geschwindigkeitsparallelogramme
des Austritts, völlig in die Luft.

Es ist gar nicht zu streiten, daß manche Turbinen mit Radprofil nach
Fig. 144 mit guten Leistungen arbeiten, daß man hier und da glücklich
gegriffen hat in der Bemessung der λb_2, aber eine Sicherheit bietet die
Konstruktion nicht.

Wir müssen klare Verhältnisse haben und die Form von b_2 nach Fig. 144
gibt diese nicht. Wir müssen dem Wasser Querschnitte bieten, die es nicht
willkürlich, durch Änderung seiner Richtung, vergrößern kann, es handelt

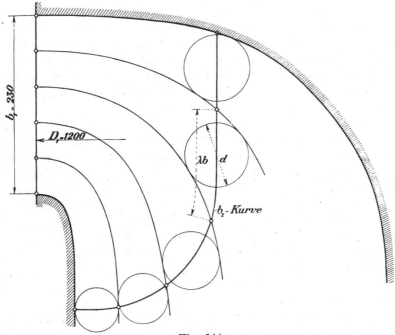

Fig. 144.

sich um unanfechtbare Querschnittsgrößen und die sind nur dann zuverlässig vorhanden, wenn sie nicht als Projektion einer größeren Öffnung,
sondern auch materiell in der gewünschten Fließrichtung genau begrenzt sind.

Trotzdem die b_2-Kurve nach Fig. 144 einen gewissen Vorzug durch
ihre verhältnismäßig kurzen Schaufelflächen gegenüber anderen Konstruktionen bietet, kann sich der Verf., der eben erwähnten Unsicherheit in der
ganzen Wasserführung halber, nicht mit derselben befreunden.

Analytische Untersuchungen über die Flüssigkeitsbewegung durch Zellen,
welche in Rotationshohlräumen, unseren Turbinen entsprechend, gesetzmäßig
gruppiert sind, existieren verschiedentlich,[1] wobei man sich mit besonderem
Erfolge zylindrischer Koordinaten bedient hat.

Mathematisch sind auf diese Weise die Schichtlinien als Strombahnen
der kleinsten Wasserteilchen unanfechtbar festgelegt. Ob aber das Wasser
tatsächlich diese Bahnen einschlagen wird, das hängt in letzter Linie eben
doch immer wieder von der ganzen Gestaltung der Gefäßräume, den kleinsten

---

[1] Hier sei besonders auf die wertvollen Präsilschen Arbeiten, Schweiz. Bauzeitung,
verwiesen.

Querschnitten ab, die sich ihm im Innern einer Zelle bieten. Diese aber durch die Hülfsmittel der darstellenden Geometrie mit jenen absoluten Stromlinien in Zusammenhang zu bringen, ist ein zeitraubendes Unternehmen, an das sich wohl kein technisches Bureau einer Turbinenfabrik ohne weiteres heranmachen wird, weil eben der hydraulische Nutzeffekt für die Maschine vielleicht gar nicht, vielleicht nur um ein Geringes dadurch verbessert werden kann.

Unsere Rechnungen geraten ins Unsichere, wenn wir Querschnittsprojektionen als Durchflußquerschnitte einführen. Und so geht unser Streben dahin, b_2-Kurven aufzusuchen, die möglichst senkrechte Schnitte mit den Schichtlinien ermöglichen, Kurven, wie sie in den Fig. 145, 146 und 147, und auf Taf. 2 ersichtlich sind. Kleine unvermeidliche Abweichungen vom senkrechten Schnitte müssen und dürfen wir tolerieren.

In der Praxis wird deshalb die Entscheidung über die endgültige Disponierung der Schichtlinien nur durch Anschauung vermittelt, wobei wie wir schon unter B gesehen haben, lediglich Anfangs- und Endpunkt jeder Schichtlinie rechnungsmäßig festliegen.

Die Bestimmung der Radschaufelzahl vollzieht sich auch hier nach Maßgabe der zu Grunde zulegenden Radschaufelweite a_2.

Wir haben hier, wo die Unterschiede in den Austrittsdurchmessern beträchtlicher sind als unter „B“, außen mit einem Werte von a_2 zu beginnen, der um einiges größer ist als die verlangten, durchschnittlichen 60 mm. Wir nehmen $a_2{}^I = 68$ mm, also $a_2{}^I + s_2 = 68 + 7 = 75$ mm, erhalten, ganz in der Weise der Seite 199 $t_2{}'$, dann $z_2{}'$ etwas kleiner als 18, und bestimmen darnach aus definitivem $z_2 = 18$ nach Taf. 2 Fig. C abwechselnd die a_2 und die λb_2, wie sie die Tabelle in Taf. 2 enthält.

Aus dem Durchschnitt sämtlicher Werte von $\dfrac{a_2 + s_2}{a_2}$ mit 1,092 ergibt sich der durchschnittliche Betrag von w_3 zu $\dfrac{2,17}{1,092} = 1,98$ m gegenüber dem angenommenen Wert (S. 190) von 1,94 m.

Das Saugrohr wäre also um ein Geringes zu groß, der Fehler ist aber unbedeutend und kann vernachlässigt werden.

Wir gehen auch hier wieder von der untersten Schichtfläche I, dem unteren Radkranze aus, von dem senkrecht auslaufend die b_2-Kurve sich, in gewissem Sinne stetig, gegen aufwärts zu krümmen haben wird. Senkrecht zu dem beabsichtigten Verlauf der b_2-Kurve bauen sich dann die Schichtflächen auf bis zu der obersten, dem Radboden. Der Weg von unten gegen aufwärts bietet eine bessere Übersicht über die Anlage der einzelnen Schichtlinien und ermöglicht eher ein Anpassen hinsichtlich der senkrechten Schnitte mit der b_2-Kurve, als wenn von einer angenommenen Radbodenform aus gegen abwärts gearbeitet wird. Im letzteren Falle kommen nicht selten die unteren Schichtlinien recht mangelhaft zur Entwickelung, und die Abhülfe ist dann, weil der achsiale Anschluß an den Saugrohrdurchmesser vorgeschrieben ist, viel umständlicher.

Zur besseren Erläuterung des Gesagten, und weil wir es hier mit der meistbenutzten Radprofilform zu tun haben, sollen die Verhältnisse eingehender besprochen werden. Wir nehmen hierzu die Fig. 145, 146 und 147, die alle für die gleichen Daten des Rechnungsbeispiels entworfen sind.

Natürlich ist die Austrittsfläche in allen Figuren von gleicher Größe, auch der Saugrohrdurchmesser. Fig. 145 und 146 enthalten ausgezogen die Schichtlinien für $b_2 = 230$ mm, gestrichelt für $b_2 = 180$, ihr Unterschied liegt in der achsialen Erstreckung des unteren Radkranzes, der in Fig. 145 mit 150 mm, in 146 mit 100 mm für die achsial gemessene Länge der Schichtlinie I (Kranzhöhe) gezeichnet ist. Es ist also b_2 in Gestalt, Größe und Länge zur Turbinenachse in beiden Figuren völlig gleich, nur liegt die b_2-Kurve in Fig. 146 gegenüber dem unteren Ende der b_1 um 50 mm höher als in Fig. 145. Die b_2-Kurve ist dabei als Parabel ausgeführt, deren Scheitel S im äußeren Radkranz, deren Achse parallel zur Turbinenachse liegt, als Parabel deshalb, weil sich die Richtung der Parabel-Normalen als Anschluß an eine Schichtlinie in jedem beliebigen Kurvenpunkt mit Hülfe der konstanten Subnormalen p sehr leicht bestimmen läßt.

Nach Festlegung des Scheitels auf dem äußeren Radkranz ist durch die Annahme eines einzelnen Parabelpunktes alles Weitere bestimmt; denn aus der Scheitelgleichung folgt dann auch die Größe der Subnormalen (dem Parameter gleich) zu $p = \dfrac{y^2}{2x}$. Selbstverständlich ist der Parabel dabei nicht etwa irgend eine hydraulische Bedeutung beigelegt. Sie hat hier nur den Sinn der konstruktiven Erleichterung und es soll damit auch nicht gesagt sein, daß sie in allen Fällen unserem Zwecke entspricht. Häufig leistet auch der Kreis' oder eine aus Kreisbogen verschiedener Krümmung zusammengesetzte Kurve gute Dienste.

Figur 145, Kranzhöhe 150, $b_1 = 180$; Schichtlinien gestrichelt. Die Figur läßt erkennen, daß die Schichtlinien unserer Anforderung „senkrechter Schnitt mit der b_2-Kurve“ praktisch genügen, so daß auch mit ausreichender Genauigkeit das λb_2 der Teilturbinen als wirkliche Austrittsbreite (kleinster Querschnitt an der Austrittsstelle) in Rechnung gesetzt werden darf.

Figur 145, Kranzhöhe 150; $b_1 = 230$, Schichtlinien ausgezogen. Für die Schichtlinien der höheren Eintrittsbreite, $b_1 = 230$, liegen die Verhältnisse ungünstiger. Der Radboden muß für senkrechten Schnitt mit der b_2-Kurve gegen die Turbinenachse hin wesentlich anders ausfallen, so daß sich der Übergang zur Radnabe (innere Begrenzung des Saugrohres) in einem einzigen Kreisbogen nicht mehr gut bewerkstelligen läßt. Auch verlangt bei der angenommenen Kranzhöhe von 150 mm der gute Verlauf der Schichtflächen ein Auswärtsrücken mit der Krümmung der Schichtfläche *I* zwischen ihren festliegenden Endpunkten derart, daß dort ein rechteckiger Schnitt mit b_2 und auch b_1 oft kaum mehr möglich wird.

Die Verhältnisse werden sich im vorliegenden Falle bei der angenommenen Form und Lage von b_2 um so ungünstiger gestalten, je mehr b_1 (bei fester Kranzhöhe 150 mm und festgelegter Austrittslinie b_2) über 180 mm hinaus anwächst. Wie weit man damit im äußersten Falle gehen könnte, darüber kann in letzter Linie nur der zeichnerische Entwurf selbst entscheiden. Das Kriterium ist durch die Gestalt des äußeren Radkranzes gegeben, dessen wagrechter Anschluß an die Stelle „1“ mit wachsendem b_1 immer schwieriger wird. Dabei sind auch die inneren Schichtlinien wohl im Auge zu behalten; ihre Schnitte mit der gegebenen b_2-Kurve weichen mit wachsendem b_1 mehr und mehr von 90^0 ab, so zwar, daß diese Abweichung für die Schichtlinie *II* zunächst dem äußeren Radkranz noch wenig zu bedeuten hat, nach oben und innen hin aber doch schon erheblich zunimmt.

Das Bestreben, den Weg, längs dessen das Wasser sein Arbeitsvermögen abgibt, so kurz als möglich zu halten, führt auf die folgende Figur.

Figur 146, Kranzhöhe 100 mm, $b_1 = 180$ mm; Schichtlinien punktiert. In Fig. 146 ist die achsiale Abmessung des äußeren Radkranzes von 150 auf 100 mm verkleinert. Die Austrittskurve b_2 ist dieselbe geblieben, wie in Fig. 145, sie ist aber parallel zu sich selbst in achsialer Richtung um 50 mm gegen aufwärts verschoben worden. Hier zeigt sich nun, daß bei der geringeren Eintrittsbreite, $b_1 = 180$ gegenüber 230, der rationelle Aufbau der Schichtflächen schwieriger wird, denn dieselben sollen an beiden Stellen, „1“ und „2“, senkrecht auftreffen und dazwischen unter stetig zunehmenden Größen von λb aus $\dfrac{b_1}{m}$ nach λb_2 überleiten.

Es ergeben sich aber noch keine besonderen Schwierigkeiten, solange man eben den schiefen Schnitt am Innenende von b_2 (VI) in Kauf nehmen will.

Sucht man den schiefen Schnitt zu verbessern, d. h. stellt man bei $b_1 = 180$ den Radboden an der Stelle VI steiler, so kann der Fall eintreten, daß der Radboden nur mit einer Ausbuchtung (Fig. 146, —·—·—·) an das obere Ende von $b_1 = 180$ angeschlossen werden kann. Dies hätte zur Folge, daß sich die Ausbuchtung durch alle Schichtlinien, wenn auch abnehmend, fortpflanzt, und daß schließlich sogar Schichtfläche *I* noch eine Ausbuchtung gegen innen (im Gegensatz zu Fig. 145, $b_1 = 230$) erfahren müßte.

Fig. 146, Kranzhöhe 100 mm, $b_1 = 230$ mm; Schichtlinien ausgezogen. Die verkleinerte Achsialhöhe der Schichte *I* (Kranzhöhe 100 mm
statt vorher 150) hat hier zur Folge, daß die größere Eintrittsbreite, $b_1 = 230$,
die besseren Verhältnisse bringt.

Während vorher ($b_1 = 180$) die Schnitte zwischen Schichtlinien und
b_2-Kurve sämtlich spitzwinklig nach außen geneigt waren, finden wir hier
die Schnitte teils recht-, teils spitz-, teils stumpfwinklig, also im Durchschnitt
normaler. Durch Drücken an der Form des Radbodens, Schichtfläche *VI*,
sind hier die gröberen Unzulänglichkeiten auszugleichen.

Gegenüber der Profilform der Fig. 144 haben diejenigen von Fig. 145
und 146 den Nachteil größerer Schaufellänge, besonders in Schichtfläche *VI*,
abnehmend gegen *I* hin. Diejenige Form der letztgenannten Figuren wird
die beste sein, bei der gut verlaufende Schichtlinien mit kleinster Länge
der Schichtlinie *VI* zusammenfallen. Das ist für Fig. 146 mit $b_2 = 230$ der
Fall, also für große Eintrittsbreite b_1 im Verein mit kleiner achsialer Erstreckung der Schichte *I* (Kranzhöhe). Wo die Grenze für
die Verkleinerung der Kranzhöhe liegt, wird gelegentlich der Besprechung
der Tafel 2, erörtert werden.

Nachdem einmal das Vorstehende erkannt ist, mag die Frage aufgeworfen werden, ob unter den Verhältnissen unseres Beispiels die Form und
Lage der b_2-Kurve, wie sie der Fig. 146 mit großem b_2 entspricht noch verbessert werden könne in der Richtung, daß man die Schichtfläche *VI* (Radboden) noch etwas verkürzt (Fig. 147).

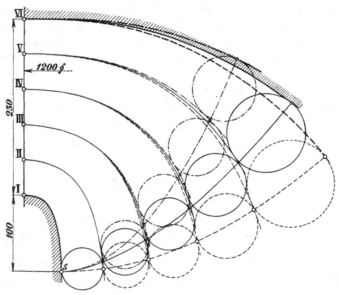

Fig. 147.

Die genannte Figur zeigt drei Anordnungen der b_2-Kurve mit zugehörigem Radboden usw. Die unterste entspricht mit ihren Schichtlinien
(ganz gestrichelt) der Fig. 146, mit $b_1 = 230$. Es sind auch die S. 273
erwähnten Berührungskreise eingezeichnet, welche in ihrem Durchmesser
die Projektion der λb_2 in der mittleren Fließrichtung darstellen. Wie ersichtlich, weichen diese Durchmesser für die gestrichelten Kreise noch fast
gar nicht von den tatsächlichen Längen der λb_2 ab.

Die Figur enthält dann eine etwas steiler geführte, ausgezogene b_2-Kurve mit ebensolchen Schichtlinien und Berührungskreisen, schließlich eine noch steilere (— · — · — · —)-Kurve mit Zubehör. Die beiden letztgenannten b_2-Kurven sind ebenfalls Parabeln, von S ausgehend, mit der Achse parallel zur Turbinenwelle.

Der Berührungskreis, Durchmesser d, ist jeweils rechnungsmäßig aus

$$\frac{Q}{m} = z_2\, a_2\, d \cdot v_2$$

für die betreffende Schicht gerechnet. Nach Feststellung des erforderlichen Durchmessers wurde der Kreis gezogen, die nächstobere, diesen berührende, Schichtlinie eingezeichnet, die dann wieder vom nächsten, nunmehr in seinem Durchmesser festzulegenden Kreise zu berühren ist.

Die Figur zeigt deutlich, um welche Strecken die tatsächliche Länge von b_2 größer wird als die Summe der d und ebenso, daß mit zunehmender Steilheit der b_2-Kurve die zwischen den Berührungskreisen liegenden leeren Teile von b_2 immer mehr anwachsen, und daß uns die Sicherheit, über die tatsächliche Austrittsrichtung des Wassers aus den Radzellen zu verfügen, mehr und mehr aus der Hand genommen wird. Es empfiehlt sich daher in dieser Richtung nicht zu weit zu gehen, so gerne man an sich geneigt sein mag, auch die Schichtlinie VI nach Möglichkeit in ihrer Länge zu beschneiden und damit den Reibungsbetrag $\varrho_2 H$ für diese Schichten kleiner zu halten. Wir werden auch hier schließlich dazu kommen, einen gewissen guten Mittelweg einzuhalten, der uns gestattet, die beiderseitigen Vorteile nach Möglichkeit zu vereinigen, ohne mit dem einen oder anderen Nachteil zu sehr ins Extreme zu kommen. So wird man sich auch im vorliegenden Falle etwa für die mittlere der drei Austrittslinien entscheiden, welche uns die Querschnittverhältnisse noch ziemlich zuverlässig in die Hand gibt und auch den Reibungsweg des Wassers in der Zelle gegenüber den Fig. 145 und 146 erheblich verringert. Dieses Profil ist denn auch dem Normalläufer in Taf. 2 zugrunde gelegt. In der Praxis freilich scheut man sich vielfach nicht, auch einmal, wie z. B. bei der sog. Herkulesturbine zu außergewöhnlichen Verhältnissen zu greifen.

Die Fortsetzung der Schichtflächen in das Saugrohr hinein gibt an sich einen gewissen Anhalt für eine richtige Disponierung der Austrittsquerschnitte, der aber erfahrungsgemäß nur zu leicht den Konstrukteur im Stiche läßt, wenn er sich von rein geometrischen Annahmen und Verhältnissen leiten läßt, statt durch die allgemein physikalische Anschauung von der Bewegung in den einzelnen Schichten.

3. Die Austrittsenden der Radschaufeln und das Aufzeichnen derselben (Taf. 2).

Das Laufrad B, Taf. 1, hatte in allen seinen Schichtflächen schon eine wenn auch kleine Ablenkung nach der achsialen Richtung (Saugrohr) hin.

Das in Taf. 2 dargestellte Laufrad C zeigt für seine Schichtfläche I vollständige Ablenkung aus der radialen in die achsiale Richtung.

Das Geschwindigkeitsparallelogramm liegt für den Austritt aus dieser Schichtfläche in einer Berührungsebene des Zylinders vom Durchmesser $D_2{}^I$ oder auch D_3, die Schaufelenden dieser Schichtfläche sind deshalb, wie bei einer Achsialturbine, als Gerade auszuführen; Fig. D zeigt dies, die Zylinderfläche vom Durchmesser $D_2{}^I = D_3$ in die Ebene abgewickelt.

An die geradlinigen Schaufelenden hat sich eine Übergangskurve anzuschließen, welche zu dem radialstehenden ($\beta_1 = 90^0$) Schaufelanfang überzuleiten hat. Dieses Überleiten muß sich entlang der Krümmung der Kranzoberfläche von „2“ bis nach „1“ (Fig. D) vollziehen und der Kranz behält
zweckmäßig bis über die Höhe des oberen Endes von $a_2{}^I$ die zylindrische Form
bei, damit die Austrittsöffnung in richtig rechteckigem Querschnitt beginnt.
Die für die Überleitung erforderliche, abgewickelte Länge l^I (Fig. D) der
Schichtlinie I bestimmt die schon früher besprochene, erforderliche kleinstzulässige Kranzhöhe.

Allgemein gesprochen könnte man diese Länge l^I beliebig wählen.
Fig. 148 zeigt drei verschiedene Längen l^I zugleich mit den zugehörigen
Schaufel-Überleitungen eingezeichnet.

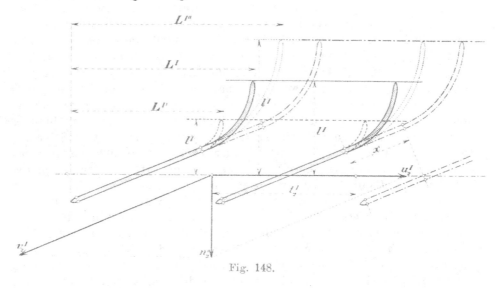

Fig. 148.

Nehmen wir l^I zu klein (unterste gestrichelte Linie), so fällt der Übergang vom geraden Ende zum Eintrittsdurchmesser, schon mit Rücksicht auf
die gegebene Gußwandstärke viel zu kurz aus.

Wählen wir l^I sehr groß, (—·—·—)-Linien, so hat dies zweierlei Nachteile. Der erste besteht darin, daß die Strecke, auf der die Geschwindigkeit des Wassers nahezu schon der Austrittsgeschwindigkeit $v_2{}^I$ gleich ist,
sehr lang ausfällt; hierdurch wird $\varrho_2 H$ für diese Schichtfläche wesentlich
vergrößert, weil die ganze Strecke x schon fast mit dem großen $v_2{}^I$ durchflossen wird im Gegensatz zur mittleren, ausgezogenen Form. Diesem Übelstand ließe sich durch größere Krümmung der Übergangskurve (leicht punktiert) schließlich entgegenwirken, es bleibt aber dadurch der zweite Nachteil
doch nicht ganz vermieden und dieser ist bei zu großem l^I die übergroße
Länge $L^{I''}$ der Schichtlinie I in den Horizontalen gemessen (Fig. 148).

Es muß immer im Auge behalten werden, daß die Reibungswiderstände
von Flüssigkeiten der Größe der reibenden Flächen proportional sind, daß
wir also an sich alle Veranlassung haben, wenig Schaufeln und diese kurz
auszuführen.

Aus dieser Erwägung heraus ist die mittlere abgewickelte Länge l^I gewählt, die der früher schon erwähnten Kranzhöhe von 100 mm entspricht, wie
sie auch in Fig. 146 und 147 enthalten ist und wie sie Taf. 2, Fig. D, aufweist.

So erfolgt also beim Entwerfen einer solchen Turbine die Bemessung der Kranzhöhe mit Rücksicht auf guten Übergang in der Schichtfläche *I* und daran anschließend kann mit dem Aufzeichnen der b_2-Kurve, Bestimmen der λb_2, Einzeichnen der Schichtlinien und Bestimmen der Schichtkegel fortgefahren werden, wie dies bei Laufrad *B* eingehend erläutert worden ist.

Die Schichtkegelspitzen *II, III* usw. liegen sehr weit nach außen, meist außerhalb der Zeichnung. Man kann die zur Berechnung von $\frac{e^{II}}{2}$ usw. erforderlichen Mantellängen M^{II} usw. hier einfach durch Proportionalrechnung bestimmen, wie dies beispielsweise beim Schichtkegel *IV*, Taf. 2, Fig. *A*, angedeutet ist. Wir ziehen die beliebige Wagrechte *a*, die ebenso beliebige Senkrechte *b*, die dann auf der Kegelmantellinie die Strecke *c* abschneiden. Das Dreieck *abc* ist dem Dreieck ähnlich, das aus $\frac{D_2{}^{IV}}{2}$, M^{IV} und dem Abschnitte auf der Turbinenachse besteht, und es rechnet sich

$$M^{IV} = \frac{c}{a} \cdot \frac{D_2{}^{IV}}{2} \quad \ldots \ldots \ldots \quad \textbf{433.}$$

wodurch die Benutzung der Gl. 432 ermöglicht ist.

Sehr genau werden die Größen M^{II} usw. nicht ausfallen, aber wir dürfen bedenken, daß kleinere Fehler angesichts der doch immer recht rohen Ausführung unserer Räder in der Gießerei nicht von großem Belang sein werden. Für Längen von M^{II} usw., bei denen auch der Stangenzirkel für Fig. *E* unzureichend wird, kann man sich durch Anwendung von Kreisabsteckungstabellen Abhülfe schaffen. In solchem Falle kann aus dem Diagramm Fig. *C* die Differenz zwischen beispielsweise $D_2{}^V$ und $D_2{}^{VI}$ ohne merkbaren Fehler abgegriffen werden, wodurch das Aufzeichnen der Evolventen nach dem Kreisbogenverfahren (S. 193) ermöglicht ist. Das Übertragen der Kegelevolventen in den Grundriß (Fig. *B*), geschieht ebenfalls wie vorher unter „B“ geschildert.

In dem Radius, der die Austrittsmitten verbindet, liegt außen in $D_2{}^I$ auch die Austrittsmitte der Schichtfläche *I* (Fig. *D*), und es bietet keine Schwierigkeit, das gerade Schaufelende aus Fig. *D* in Fig. *B* einzutragen.

All dies erfolgt auch hier wieder für drei Austrittsmitten, zwei Gefäßen entsprechend.

Wir kommen nunmehr zur Übertragung der in der zylindrischen Abwicklung Fig. *D* gezeichneten Übergangskurve (meist Kreis) auf die gekrümmte Drehfläche, Schichtfläche *I*. Die Fig. *D* zeigt den Schaufelanfang entsprechend der Teilung $t_2{}^I$ gezeichnet, während derselbe nach vollzogener Übertragung in den Eintrittskreis Durchmesser D_1, die Teilung t_1 aufweisen muß. Die Übertragung geschieht durch Radialprojektion nach außen unter Zurückkrümmen der Längen *l* in die Schichtfläche. Wir bezeichnen auf der Übergangskurve (Fig. *D*) einen beliebigen Punkt, wickeln seine senkrechte Entfernung *l* von der Austrittsmitte auf dem Kranzprofil ab und tragen seine wagrechte Entfernung *m* von der Austrittsmitte (Fig. *D*) im Kreise $D_2{}^I$, (Fig. *B*) an, ziehen radial gegen außen und tragen die Radialentfernung *n* zwischen $D_2{}^I = D_3$ und dem durch die Abwickelung erhaltenen Punkte (Fig. *D*) in den Grundriß (Fig. *B*). Durch Wiederholen für andere beliebige Punkte erhalten wir den Grundriß der Schaufellinie *I*, den Schnitt zwischen der Drehfläche des Kranzes (Schichtfläche *I*) und der Schaufelfläche.

Es empfiehlt sich, wie gezeichnet, die zu übertragenden Punkte gegen die Schaufelspitze hin näher beieinander anzunehmen.

Wollte man nun, entsprechend Taf. 1, durch den Beginn der Schaufellinie *I* im Grundriß die Radialebene legen, an welche die Schaufellinien *II*, *III* usw. von den Kegelevolventen her tangierend anschließen sollten, so wird man fast immer auf sehr scharfe Übergangskrümmungen kommen, die sackartige Schaufelformen ergeben. Wir haben hiergegen zwei Mittel.

Das erste ist in Taf. 2, Fig. *B*, angewendet: von Schichte zu Schichte nach aufwärts fortschreitend rücken wir den radialliegenden Anfang der Schaufellinie um ein entsprechendes Stück im Kreise vorwärts im Sinne der Drehrichtung.

Dadurch ergeben sich gute Übergänge mit großen Krümmungsradien. Die Schaufelkante des Eintrittes liegt dann, genau genommen, nicht mehr in einer Geraden, sondern sie bildet einen Teil einer angenäherten Ellipse. Der Schaufelanfang ist keine Ebene mehr, sondern die gleichmäßig versetzten Schaufelanfänge liegen in einer steilen Schraubenfläche, die aber gegen einwärts alsbald einen anderen Charakter annimmt.

Das zweite Mittel liegt darin, daß man die Austrittsmitten nicht in einer Radialebene beläßt, sondern sie nach Taf. 4, Fig. *BB* verschiebt.

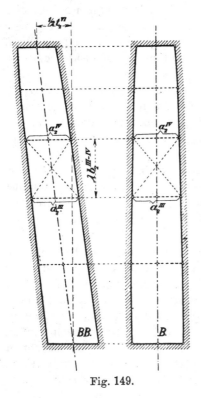

Fig. 149.

Die Horizontalprojektion der Schaufellinie *I* ist aus Taf. 2, Fig. *D* bzw. *B* bekannt und bleibt dabei unverändert. Man dreht nun die Austrittsmitte der obersten Schichtfläche *VI* so viel nach rückwärts, als eben für einen guten Übergang von der Radialrichtung des Schaufelanfanges zur Kegelevolvente wünschenswert erscheint, und legt die zwischenliegenden Austrittsmitten *II* bis *V* in die Verbindungsgerade der Mitten *I* und *VI*. Durch diese Umbildung werden die Austrittsquerschnitte der einzelnen Schichten nur der Form, nicht aber der Größe nach geändert, sie gehen über aus der Form *B*, Fig. 149 gleichseitiges Trapez (angenähert), in diejenige *BB*, verschobenes Trapez, wobei die Verschiebung zu $\frac{1}{2} t_2{}^{VI}$ angenommen ist; weil die Austrittsdurchmesser D_2, auch die Winkel β_2 durch diese Verdrehung keine Änderung erfahren, so bleiben die ganzen Betriebsverhältnisse am Austritt unverändert.

Beide Arten der Schaufelform kommen vor, sie können auch miteinander kombiniert werden, wenn z. B. der gute Übergang eine übermäßig große Schrägstellung der Eintrittskante verlangen sollte.

D. Schnelläufer für Mittel- und Niedergefälle $\beta_1 = 90^\circ$. Hierzu Taf. 3.

Häufig haben wir Veranlassung, gegenüber den durch die Form „C" erreichbaren Umdrehungszahlen, noch auf weitere Steigerung der Geschwindigkeit hinzuarbeiten, und wir wenden da das seither benutzte Mittel, Kleinermachen des Eintrittsdurchmessers, in noch weiterem Grade an dadurch, daß wir D_1 sogar kleiner ausführen, als $D_3 = D_s$, kleiner also hier als 1,1 m. (Vergl. Fig. 109 III.)

Wir nehmen für den vorliegenden Schnelläufer im Anschluß an die unveränderten Hauptdaten an:

$$D_1 = 0,9 \text{ m}; \quad \beta_1 = 90^0, \text{ also auch } u_1 = 5,67 \text{ m};$$

mithin ergibt sich die Umdrehungszahl für die Form „D"

$$n = \frac{60 \cdot 5,67}{0,9 \cdot \pi} = 120,4, \text{ rund } 120 \text{ i. d. Min.}$$

1. Leitrad-Austritt.

Die Turbine „C" hatte bei $D_1 = 1,2$ m die Schaufelzahlen $z_0 = 16$ und $z_1 = 18$. Für den neuen Durchmesser würden bei gleichen Teilungen $z_0 = \frac{16 \cdot 0,9}{1,2} = 12$ und $z_1 = \frac{18 \cdot 0,9}{1,2} = 13,5$ Schaufeln erforderlich sein. Das Zusammendrängen der Radschaufeln macht es wünschenswert, z_1 eher noch weiter zu reduzieren und so nehmen wir $z_1 = 12$ in Aussicht und müssen deshalb mit z_0 auf 10 zurückgehen und a_0 kräftig vergrößern.

Wir erhalten $t_0 = \frac{900 \pi}{10} = 282,5$ mm, und bei Annahme von $a_0 = 100$ mm und $s_0 = 5$ mm ergibt sich

$$\sin \delta_1 = \frac{105}{282,5} = 0,3717; \quad \delta_1 = 21^0 49'; \quad \cos \delta_1 = 0,9284;$$

$$w_1 = \frac{u_1}{\cos \delta_1} = \frac{5,67}{0,9284} = 6,11 \text{ m}.$$

Mit w_1 statt w_0 erhalten wir

$$b_0 = \frac{1,75}{10 \cdot 0,1 \cdot 6,11} = 0,287 \text{ m},$$

was wir auf 0,300 m aufrunden.

Will uns 300 mm als Eintrittsbreite beim Aufzeichnen der Schichtlinien irgendwie unbequem erscheinen, so könnte z. B. durch Vermehren von z_0 und unter Beibehalten von a_0 und s_0 die Größe von b_0 ermäßigt werden, nachdem aus dem neuen t_0 der geänderte Winkel δ_1 und dadurch der geänderte Wert von w_1 sich ergeben haben und umgekehrt.

2. Laufrad-Austritt, Schichtlinien und Schichtflächen.

An erster Stelle kommt hier, anders als vorher, der Anschluß von b_2 an die oberste Schichtfläche *VI*, den Radboden, in Betracht. Dieser leitet zweckmäßig durch einen Kreisbogen von möglichst großem Radius über an den durch Welle und Nabe beanspruchten Zylinderraum, Querschnitt f_w. (Gl. 398.)

Andererseits handelt es sich um die unterste Schichtfläche *I* und hier sind die Verhältnisse ganz eigenartig beschaffen.

Die Schichtlinie *I* muß bei „1" wagrecht beginnen (Fig. *A*) und über die achsiale Richtung hinausgehend in einer Wendung von weit mehr als 90^0 schräg gegen außen hin endigen; vom Endpunkt derselben leitet der äußere Kranz mit einem Wendepunkt in guter Krümmung zum Saugrohrumfang über.

Die Schichtfläche I bildet an der Austrittsstelle „2" das Stück einer Kegelfläche, wie unter „B" auch, aber nunmehr liegt die Spitze dieser Kegelfläche nicht mehr saugrohrabwärts in der Turbinenachse, sondern sie ist gegen aufwärts, in I, Fig. A zu suchen.

Natürlich haben wir hier wie seither auch die b_2-Kurve so zu führen, daß sie nach Möglichkeit senkrecht zu den Schichtlinien verläuft, und da führt uns die einfache Anschauung auf Formen, ähnlich wie eine solche in Fig. A gezeichnet ist. Die b_2-Kurve wird senkrecht zum schräg verlaufenden Außenkranz, Schichtfläche I, beginnen und sie wird gegen einwärts ziemlich senkrecht zur Turbinenachse, Schichtfläche VI, auslaufen müssen.

Diese Form bringt ungemein lange Strecken für die inneren oberen Schichten, weshalb häufig die b_2-Kurve gegen die Turbinenachse hin stark hochgezogen ausgeführt wird. Vor übermäßigem Hochziehen muß aber auch hier entschieden gewarnt werden, aus den vorher schon erörterten Gründen (Fig. 144).

Selbstverständlich muß die gekrümmte Austrittsfläche $D_2 \pi b_2$ wie seither auch inhaltgleich mit dem Querschnitt des Saugrohranfangs sein.

Die Schichtfläche I bewirkt mit ihrer anfänglichen Wendung gegen innen eine Einschnürung des allgemeinen Wasserweges auf den Durchmesser D_E, so daß in der Ebene dieser Einschnürung der Wasserquerschnitt für den achsialen Durchfluß wesentlich kleiner ist als z. B. der Saugrohrquerschnitt. Die freie Durchtrittsfläche F_E hat hier folgenden Inhalt für den Wasserdurchgang:

Es ist $D_E = 0,8$ m, also beträgt $D_E{}^2 \frac{\pi}{4} = 0,5035$ qm, wovon f_w abzurechnen ist, ebenso die Raumverdrängung durch die Schaufelstärken s_1. Die Größe f_w beträgt laut Annahme 0,05 von F_2, d. h. 0,045 qm, entsprechend einem Durchmesser von rund 0,24 m; für 12 Radschaufeln von $s_1 = 7$ mm und $0,4 - 0,12 = 0,28$ m radialer Erstreckung sind zu rechnen $12 \cdot 0,007 \cdot 0,28 = 0,0235$ qm, sofern angenommen wird, daß die Schaufelflächen im Kreise D_E achsial stehen, was zutrifft, wie wir sehen werden.

So stellt sich dann die freie Durchtrittsfläche im Höchstwert auf

$$F_E = 0,5035 - 0,045 - 0,0235 = 0,435 \text{ qm}$$

und die durchschnittliche Geschwindigkeit v_E, mit der das Wasser in achsialer Richtung den Querschnitt F_E durcheilen müßte, beträgt

$$v_E = \frac{1,75}{0,435} = 4,02 \text{ m}.$$

Es entsteht die Frage, ob diese Geschwindigkeit v_E nicht schon allenfalls sehr nahe an den Werten der verschiedenen v_2 liegt oder sie gar übersteigt.

Wir wollen dem Gang der Rechnung vorgreifen und aus dem Diagramm Fig. 151 ersehen, daß die Größen von v_2 in Schichtfläche VI mit 2,66 m beginnen und in Schichtfläche I mit 6,96 m aufhören. Da in Schichtfläche V schon v_2 zu 4,04 m eintritt, so ist es, angesichts der gegen I hin stark wachsenden Austrittsquerschnitte $a_2 \cdot \lambda b_2$, dynamisch kaum von Bedeutung, daß v_2 in Schichtfläche VI kleiner erscheint als v_E.

Ein anderer Umstand trägt dazu bei, die Verhältnisse noch weiter auszugleichen. Die Ablenkung des Wassers aus der radialen in die achsiale Richtung durch den Radboden erzeugt in den fächerartig stehenden oberen

Schaufelräumen (Fig. *A* und *B*) die Erscheinungen des kreisenden Wassers
derart, daß die anfänglich, über die ganze Breite b_1, gleichgroße Eintrittsgeschwindigkeit v_1 gegen einwärts zweifellos nur in einer mittleren (neutralen) Schicht bestehen bleibt, daß die Geschwindigkeit in der Schichtfläche *I* wesentlich größer, in Schichtfläche *VI* dagegen wesentlich kleiner
ausfallen wird. Man kann also genau betrachtet gar nicht von einer tatsächlich gleichmäßigen Geschwindigkeit v_E reden.

Doch sind auch die Verhältnisse im Schaufelraum nicht ausschließlich
durch das kreisende Wasser allein bedingt. Die Wasserteilchen werden auf
ihrem Weg durch den Gefäßraum oberhalb der Einschnürung sämtlich aus

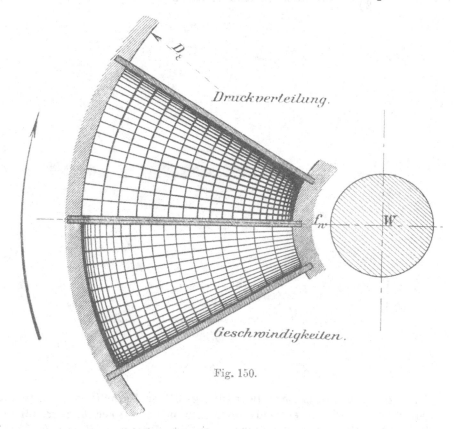

Fig. 150.

der anfänglichen Umfangsgeschwindigkeit u_1 auf kleinere Umfangsgeschwindigkeiten verzögert, Schichtfläche *VI* weist in der Einschnürung schon $u_2{}^{VI}$ auf,
Schichtfläche *I* hat u_E ebenfalls kleiner als u_1. Wenn auch in letzterer
Fläche auf dem Weg nach abwärts wieder Beschleunigung von u_E auf $u_2{}^{I}$
einzutreten hat, so ist dies in der Einschnürung noch ohne Belang. Die
sämtlichen Wasserteilchen werden also in der oberen Gefäßhälfte hauptsächlich mit der Entwicklung des Drehmomentes M_u (Gl. 296) beschäftigt
sein, derart, daß in jedem Gefäßraum die der Drehrichtung nach vordere
Radialwand die momentbildenden Verzögerungsdrucke aufzunehmen hat.

So ergibt sich die Druckverteilung aus den beiden Wirkungen des
kreisenden Wassers und der Verzögerung der u in einer Art, wie sie in
Fig. 150 für den Schnitt durch die Einschnürungsstelle darzustellen versucht ist; die im Schaufelraum nach innen enger gegeneinander gestellten

Kreislinien deuten die Druckzunahme gegen innen infolge kreisenden Wassers
an, die gegen vorwärts enger gedrängten Radien das Anwachsen des Druckes
durch Verzögerung der Umfangsgeschwindigkeiten. Die innere, gegen vorwärts gelegene Ecke des Querschnitts weist in der engsten Schraffierung
durch die erwähnten Linien den stärksten Druck auf. Der andere Schaufelraum enthält die Darstellung der ungefähren Verteilung der tatsächlichen
Durchflußgeschwindigkeiten. Die Stelle der größten Geschwindigkeit fällt
naturgemäß mit derjenigen des kleinsten Druckes zusammen und umgekehrt.
Absichtlich außer acht gelassen sind dabei die aus der Rotation an sich
hinsichtlich $\dfrac{u_1{}^2 - u^2}{2g}$ folgenden Druckdifferenzen.

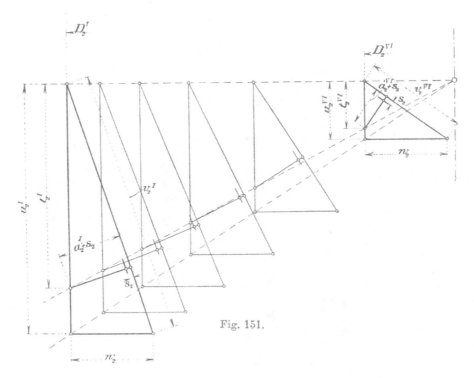

Fig. 151.

Die streng mathematische Behandlung dieser Verhältnisse würde hier
zu weit führen und sie entbehrt auch der sicheren Rechnungsgrundlagen
in ziemlichem Umfange. Versuche über die Druckverteilung in Gefäßräumen dieser Art dürften auch ungemein schwierig auszuführen sein.

Es ist noch zu begründen, warum die Schaufeln in der oberen Rad-
hälfte durchaus radial geführt, warum sie in Radialebenen entwickelt sind.

Die Einschnürung stellt sich als eine Querschnittsverminderung gegenüber der Summe der f_1 dar, wenn sie auch im Inhalt noch größer ist als
die gesamten f_2. Für das vorliegende Beispiel lauten die Werte

$$12 f_1 = 0{,}846 \text{ qm}; \qquad F_E = 0{,}435 \text{ qm}; \qquad 12 f_2 = 0{,}377 \text{ qm}.$$

Wenn also auch F_E noch größer ist als die $12 f_2$, so nähert sich der
Betrag dem letzteren doch schon ziemlich. Aus der gleichen Erwägung,
die uns die Strecke x, Fig. 148, mit der durchweg hohen Geschwindigkeit
als unerwünscht erscheinen läßt, müssen wir uns hier bemühen, die Verkleinerung auf f_2 möglichst lange hintanzuhalten, d. h. F_E so groß als nur

tunlich auszuführen. Andererseits müssen wir eine überscharfe Krümmung an der Einschnürung, der zu raschen Ablenkung halber, vermeiden, d. h. an sich ist uns ein relativ kleiner Wert von D_E gegenüber D_1 erwünscht; um so mehr ist darauf zu sehen, daß F_E vom Wasser möglichst voll ausgenutzt werde. Dies geschieht, wenn die v_E senkrecht zu F_E, also achsial gerichtet sind, denn andernfalls käme nur die entsprechende Projektion von F_E in der Richtung der v_E in Berechnung. Die radiale Stellung der Schaufelwände, im Gegensatz zu mehr exzentrischer, bringt die geringste Platzversperrung, denn so ist ihre Länge im Beispiel wie oben berechnet 0,28 m, während jede andere als die radiale Lage dieses Maß vermehren wird, kleinere Abweichungen sind natürlich noch von geringem Belang, schwachgekrümmte Kurven oft erwünscht.

An der Austrittsstelle „2" spielt sich die Berechnung und zeichnerische Feststellung der a_2, v_2 und λb_2 genau so ab, wie bei den vorhergehenden Laufradformen, nur daß eben hier von innen (VI) gegen außen (I) gearbeitet wird. Das zugehörige Diagramm ist in Fig. 151 beigefügt. Die Schichtlinien sind in üblicher Weise senkrecht zur b_2-Kurve anzulegen und müssen nach Gutfinden in die Teilpunkte von $\dfrac{b_1}{m}$ überleiten. Man wird gut tun darauf zu sehen, daß die einzelnen Kegelspitzen I, II usw., Taf. 3, Fig. A stetig nach aufwärts rücken, d. h. daß sie der Nummernfolge entsprechend zu liegen kommen, daß nicht Spitze III beispielsweise zwischen I und II fällt.

3. Die Austrittsenden der Radschaufeln und das Aufzeichnen derselben.

Wir haben hier gegenüber Laufrad „C" ein Ablenken in die Achsialrichtung bei der Innenschichtfläche, eine Ablenkung über die Achsialrichtung hinaus bei allen anderen Schichtflächen.

Dies äußert sich wie schon gezeigt in der Lage der Kegelspitzen und deshalb auch in der Art des Anschlusses der Schaufellinien an die Evolventen-Enden.

Wir zeichnen uns die geradlinig verlaufenden Schaufelenden mit ihrem Anschluß an den mittleren, radial und achsial verlaufenden Teil der Schaufel in Schichtfläche VI Fig. C auf, die Zylinderfläche in die Ebene abgewickelt, ebenso die Evolventen mit Abwicklung der Kegelflächen in die Ebene nach früherer Auseinandersetzung und erhalten danach ebenso die Projektionen der Austrittsmitten, Austrittsweiten a_2 und s_2 der Kegelevolventen in Fig. B. Hier ist zu bemerken, daß Fig. B im Gegensatz zu den Taf. 1 und 2 die Unteransicht der rechtslaufenden Turbine zeigt, im Interesse klarer Darstellung. Die Austrittsmitten sind in einer Radialebene angeordnet. Hier prägt sich auch deutlich aus, daß die Maße a_2 genau genommen gar nicht durch Gerade dargestellt werden, sondern daß es gekrümmte Strecken sind.

Der Anschluß von den Evolventen-Enden ab nach der Radialebene des Schaufel-Oberteils wird hier einfach nach den Krümmungsverhältnissen des Übergangsteils für sämtliche Schaufellinien eingerichtet. Es muß in Fig. B sowohl die willkürlich zu wählende Krümmung des Übergangs von der Kegelevolvente I als die von V befriedigend ausfallen, wobei im Bedarfsfalle natürlich auch die auf S. 218 und Taf. 4, Fig. BB geschilderte Verschiebung der a_2-Mitten zulässig ist. Die geraden Austrittsenden der Schichtfläche *VI* lassen sich meist, weil sehr steil stehend, ganz mühelos in die Radialebene überführen.

Zu bemerken ist, daß hier, bei Kegelspitzen gegen oberhalb, kein Wendepunkt zwischen Evolvente und Übergangskrümmung liegt, wie dies bei Kegelspitzen saugrohrabwärts, Taf. 1 und 2, der Fall gewesen, sondern die Krümmungsmittelpunkte von Evolventen und inneren Schaufelflächen liegen (Taf. 3, Fig. *D*) auf gleicher Seite des Kurvenzuges.

Die Modellschnitte werden hier zweckmäßig nicht durch Ebenen senkrecht zur Turbinenachse erzeugt, weil solche Ebenen durch den sehr kleinen Schnittwinkel mit der Schaufelfläche in der Nähe der b_2-Kurve unzweckmäßig ausfallen. Wir legen die Modellschnittebene hier parallel zur Turbinenwelle *W* und senkrecht zu den oberen Radialflächen der Schaufeln selbst. Vergl. Fig. *A* und *B*, wo sie den anderen Tafeln entsprechend mit *a*, *b* usw. bezeichnet sind.

Um die Modellschnitte mit befriedigend vielen Punkten aufstellen zu können, ist auch hier das Hilfsmittel der Radialschnitte willkommen. Diese sind (Fig. *B*), wie vorher auch, mit 1, 2 usw. bezeichnet und hier, ohne Anlehnung an bestimmte sonstige Punkte, einfach nach Bedürfnis gelegt. In dem steiler ansteigenden Teil der Schaufelfläche (Übergang zwischen Evolventen und Radialfläche) liegen dieselben dicht beieinander, 6, 7, 8 usw., während im Gebiet der Evolventen selbst einige entfernter liegende Schnitte, 1, 2, 3, genügen. Diese Radialschnitte sind in Fig. *A*, links, wie vorher, in die Bildebene gedreht.

Aufgezeichnet sind die Modellschnitte in Fig. *A*, Mitte, für eine Stellung des Laufrades derart, daß die Radialfläche der betreffenden Schaufel gerade senkrecht zur Bildebene steht, wodurch die Modellschnitte *a*, *b*, *c* usw. unverkürzt in Erscheinung treten, Ansicht von außen her Fig. *B*; sie sind hier, im Gegensatz zu Taf. 1 und 2 für die konvexe Schaufelfläche durchgearbeitet. Rechts und links davon sind die Nachbarschaufelflächen mit Schaufellinien und Radialschnitten in der entsprechenden Drehstellung mit projiziert, um die Entwicklung der a_2, besonders rechts unten, auch im Aufriß zu zeigen. Im Interesse der deutlicheren Darstellung sind hier nur die freien Schaufelflächen gezeichnet und die Zugaben für das Eingießen der Schaufelbleche weggelassen, dagegen findet sich an der mittleren Schaufel die Verlängerung des Schaufelbleches für die Zuschärfung am Ende punktiert, wie vorher auch, eingezeichnet.

Außer den schon erwähnten Methoden für die Herstellung des Preßklotz-Modells findet man auch da und dort, daß die einzelnen Schichten plastisch herausgearbeitet und auf den Schichtflächen direkt die betreffenden Schaufellinien aufgezeichnet werden. Die so bearbeiteten Schichtklötze werden dann wieder zum Modellklotz vereinigt, ein Verfahren, welches die Prüfung der Gefäßform natürlich ganz ungemein erleichtert.

E. Schnelläufer für Mittel- und Niedergefälle, $\beta_1 > 90^0$.

Der Zweck der Anordnung unter „D", Erhöhung der Umdrehungszahl auf 120 in der Minute gegenüber 90 bei „C" läßt sich unter Beibehalten des unter „C" festgesetzten äußeren Durchmessers von 1,2 m auch noch in anderer Weise erreichen.

Die Gl. 349, S. 131,

$$u_1 = \sqrt{g \varepsilon H \left(1 - \frac{\operatorname{tg} \delta_1}{\operatorname{tg} \beta_1}\right)} \quad \ldots \ldots \ldots \text{(349.)}$$

gibt hierzu das Mittel an, das auch schon früher erwähnt worden ist.

Wird β_1 über 90^0 vergrößert, so wird $\operatorname{tg} \beta_1$ negativ; die Gl. 349 kann auch geschrieben werden

$$u_1 = \sqrt{g \varepsilon H \left(1 + \frac{\operatorname{tg} \delta_1}{\operatorname{tg}(180 - \beta_1)}\right)} \quad \ldots \ldots \textbf{434.}$$

und zeigt so, daß u_1 durch Vergrößerung von β_1 sowohl als auch von δ_1 einer Vermehrung fähig ist.

Nun beziehen wir D_1, u_1 usw. immer auf die Mitten der betreffenden Querschnitte (vergl. S. 120 u. f.). Solange $\beta_1 = 90^0$ war, durfte der Eintrittskreis vom Durchmesser D_1 als mit den Radschaufelspitzen und dem äußeren Raddurchmesser zusammenfallend angenommen werden. Mit dem Abgehen von $\beta_1 = 90^0$ ändert sich dies, vergl. Fig. 78, 94, 100, und es sind dann, wie schon S. 133 u. f. auseinandergesetzt, auch die Schaufelanfänge in Evolventen zu führen.

Es ist sehr einfach, an Hand des Grundkreises der Eintrittsevolventen, Gl. 352 und 354, aus einem angenommenen Eintrittsdurchmesser D_1 den Außendurchmesser $D_1{}^a$ und den Innendurchmesser $D_1{}^i$ zeichnerisch zu bestimmen, dagegen ist der umgekehrte Weg, Ermittlung von D_1, wenn $D_1{}^a$ gegeben ist, zeichnerisch nicht wohl gangbar. Im vorliegenden Fall wollen wir vom äußeren Kranzdurchmesser, 1,2 m, der ungefähr $D_1{}^a$ entspricht, ausgehen, wie dies auch in der Praxis häufig vorkommt.

Will man die Rechnung für D_1 auf $D_1{}^a$ aufbauen, so wird sie sehr umständlich; sie vereinfacht sich aber bedeutend, wenn man statt des Durchmessers $D_1{}^a$ der äußeren Schaufelkante den Durchmesser $d_1{}^a$ (Fig. 152 und 153) einführt, der der Schaufelblechmitte am äußeren Ende entspricht. Der Durchmesser $D_1{}^a$ wird sich in der Ausführung ohne großen Fehler als $d_{1a} + s_1$ ansetzen lassen.

1. Beziehung zwischen D_1, β_1, z_1 und $d_1{}^a$ bzw. $d_1{}^i$.

Da die gleichen Umstände auch für $\beta_1 < 90^0$ eine rechnungsmäßige Erledigung verlangen, und weil für β_1 als spitzen Winkel die Verhältnisse übersichtlicher sind, so soll die Beziehung zuerst für diesen Fall aufgestellt werden. Zur Durchführung der Rechnung muß jedesmal außer β_1 auch natürlich z_1, die Schaufelzahl, bekannt sein.

$\beta_1 < 90^0$. Fig. 152.

Am Eintritt ist nicht wie am Austritt die Schaufelweite a, sondern der Winkel β_1 der Ausgangspunkt für die Rechnung. Wir bestimmen deshalb aus Gl. 354

$$a_1 + s_1 = t_1 \sin \beta_1 = \frac{D_1 \pi}{z_1} \sin \beta_1 \quad \ldots \ldots \textbf{435.}$$

und finden $a_1 + s_1$ in Fig. 152 wieder als Basis des schiefen Dreiecks mit $\frac{d_1{}^a}{2}$ und $\frac{d_1{}^i}{2}$.

Diese Basis liegt in der Erzeugenden der Eintrittsevolventen und wir erhalten ohne weiteres nach Gl. 354 den Grundkreisdurchmesser

$$e_1 = D_1 \sin \beta_1 \quad \ldots \ldots \ldots \textbf{436.}$$

Nun ist nach Fig. 152

$$\left(\frac{d_1{}^a}{2}\right)^2 = \left(\frac{D_1}{2}\cos\beta_1 + \frac{a_1}{2} + \frac{s_1}{2}\right)^2 + \left(\frac{e_1}{2}\right)^2$$

und dies geht mit den Werten nach Gl. 435 und 436 über in

$$d_1{}^a = D_1\sqrt{1 + 2\cos\beta_1\cdot\frac{\pi}{z_1}\sin\beta_1 + \left(\frac{\pi}{z_1}\sin\beta_1\right)^2} \quad . \quad . \quad . \quad \mathbf{437.}$$

woraus D_1 ohne weiteres berechnet werden kann.

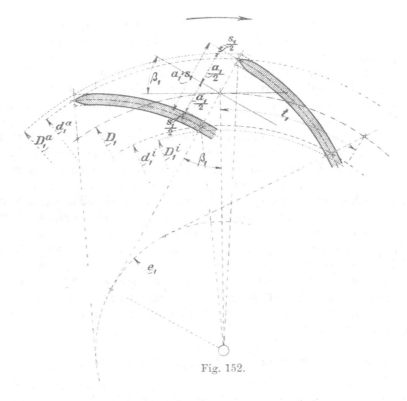

Fig. 152.

In gleicher Weise ergibt sich

$$d_1{}^i = D_1\sqrt{1 - 2\cos\beta_1\cdot\frac{\pi}{z_1}\sin\beta_1 + \left(\frac{\pi}{z_1}\sin\beta_1\right)^2} \quad . \quad . \quad . \quad \mathbf{438.}$$

$$\beta_1 > 90^0. \quad \text{Fig. 153.}$$

Im ganz gleichen Gang der Rechnung ergibt sich hier

$$d_1{}^a = D_1\sqrt{1 - 2\cos\beta_1\cdot\frac{\pi}{z_1}\sin\beta_1 + \left(\frac{\pi}{z_1}\sin\beta_1\right)^2} \quad . \quad . \quad . \quad \mathbf{439.}$$

und

$$d_1{}^i = D_1\sqrt{1 + 2\cos\beta_1\cdot\frac{\pi}{z_1}\sin\beta_1 + \left(\frac{\pi}{z_1}\sin\beta_1\right)^2} \quad . \quad . \quad . \quad \mathbf{440.}$$

Hier ist eine Bemerkung zu machen. Die seitherigen Darstellungen von Schaufel-Eintritten oder -Austritten, z. B. Fig. 84, 89, 101, 102 usw., zeigen sämtlich a und D gemessen an der Stelle der vollen Schaufelstärke s, während die Fig. 152 und 153 diese Maße auf die Stelle der Schaufelspitzen beziehen. Dies hängt damit zusammen, daß man aus Ausführungsgründen am Eintritt für die Zuschärfung nicht ein besonderes Stück vorsetzt, sondern wie S. 207 für Taf. 1 schon erwähnt, die Zuschärfung aus der eigentlichen Schaufelwand beschafft.

Wollen wir das Radprofil beibehalten, wie es unter „C" entworfen wurde, so bedeutet dies, daß $d_1{}^a = 1200$ mm angenommen sein soll. Wir greifen einmal $\beta_1 = 135^0$ heraus und nehmen hier, um nicht zu enge a_1 zu bekommen, $z_1 = 15$ an, statt seither 18 bei $D_1 = 1,2$ m und $\beta_1 = 90^0$.

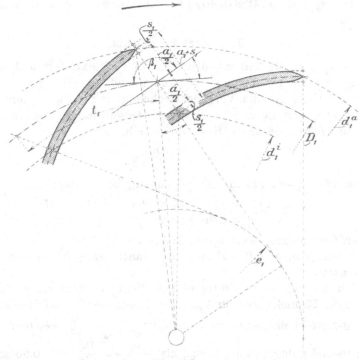

Fig. 153.

Mit diesen Größen liefert Gl. 439

$$D_1 = \frac{1,200}{\sqrt{1 - 2(-0,707) \cdot \frac{\pi}{15} \cdot 0,707 + \left(\frac{\pi}{15} \cdot 0,707\right)^2}} = 1,082 \text{ m}.$$

Auf diesen Durchmesser bezieht sich der der Gl. 434 entsprechende Wert von u_1. Wir erhalten, sofern δ_1 den bei „C" aufgestellten Wert $21^0\,9'$, wie er aus $a_0 = 80$ mm, $s_0 = 5$ mm und $z_0 = 16$ folgte, auch hier beibehielte,

$$u_1 = \sqrt{9,81 \cdot 0,82 \cdot 4\left(1 + \frac{0,3869}{1}\right)} = 6,678 \text{ m}$$

und mit $D_1 = 1,082$ m ergäbe sich

$$n = \frac{60 \cdot 6,68}{1,082 \cdot \pi} = \sim 118 \text{ Umdr.}$$

Um die Umdrehungszahl des Laufrades „D", nämlich $n = 120$, zu erhalten, ist es dann nötig, entweder β_1 oder auch δ_1 noch etwas zu vergrößern. Wir drücken, um nicht für D_1 neu rechnen zu müssen, an δ_1, indem wir den für 120 Umdr. erforderlichen Wert von u_1 im Betrage von

15*

$$u_1 = \frac{120 \cdot 1{,}082\,\pi}{60} = 6\overset{.}{,}794 \text{ m}$$

in die Gl. 434 einsetzen und nach tg δ_1 auflösen. Es ergibt sich

$$\text{tg}\,\delta_1 = 0{,}4364; \qquad \delta_1 = \sim 23^0\,35; \qquad \sin\delta_1 = 0{,}4000; \qquad \cos\delta_1 = 0{,}9167.$$

Nun gäbe $z_0 = 16$ ein $t_0' = \frac{1082\,\pi}{16} = 212{,}5$ mm, also $a_0' + s_0 = t_0'\sin\delta_1$ $= 212{,}5 \cdot 0{,}4000 = \sim 85$ mm, was wegen $s_0 = 5$ ein a_0' von 80 mm liefern würde. Wir versuchen, um etwas Größeres a_0 zu erhalten, $z_0 = 14$, erhalten $t_0 = 242{,}8$, $a_0 + s_0 = 242{,}8 \cdot 0{,}40 = 97{,}1$ mm und runden ab auf $a_0 = 92$, $s_0 = 5$ mm.

2. Leitrad-Austritt.

Es ist w_1 nach Gl. 350 mit den bestimmten Winkelwerten δ_1 und β_1 zu berechnen; wir erhalten damit $w_1 = 5{,}164$ m und $b_0 = 0{,}263$ m.

Von Interesse ist die Vergleichsrechnung mit v_1 und dem Laufrad-Eintritt $a_1 \times b_1$ pro Schaufel. Aus dem Geschwindigkeitsparallelogramm des Eintritts folgt, wie schon S. 46 aufgestellt,

$$v_1 = u_1\,\frac{\sin\delta_1}{\sin(\beta_1 - \delta_1)} \quad \cdots \cdots \quad (152).$$

und damit hier $v_1 = 2{,}921$ m. Die Rechnung liefert dann aus

$$z_1 \cdot a_1 \cdot b_1 \cdot v_1 = 15 \cdot 0{,}153 \cdot b_1 \cdot 2{,}921 = Q = 1{,}75$$
$$b_1 = 0{,}261 \text{ m aus } v_1$$

gegenüber dem obigen Wert $b_0 = 0{,}263$ m aus w_1.

Die Größe von a_1 mit 153 mm folgte nach Gl. 435 aus den betreffenden Zahlenwerten.

Der Grund für diese Unstimmigkeit liegt in dem an beiden Stellen verschiedenen Einfluß von a und s. Wir haben der Schaufelstärken halber die Leitrad-Austrittsfläche nur im Verhältnis $\frac{a_0}{a_0 + s_0} = \frac{92}{97} = \sim 0{,}95$, die Laufrad-Eintrittsfläche dagegen im Verhältnis $\frac{a_1}{a_1 + s_1} = \frac{153}{160} = \sim 0{,}96$ ausgenutzt und dies muß in Erscheinung treten.

Wir runden die Breiten auf, auf $b_0 = b_1 = 270$ mm, aus früher schon erwähnten Gründen.

3. Laufrad-Eintritt und -Austritt.

Seither, bei $\beta_1 = 90^0$, waren die Verhältnisse an dieser Stelle ziemlich einfach zu übersehen, denn die Ablenkung des in Ebenen senkrecht zur Welle und völlig radial ins Laufrad eintretenden Wassers nach der achsialen Richtung hin bot entlang den Ebenen der Schaufelflächen keine besondere Schwierigkeit; die Wasserteilchen hatten am Schaufelanfang einfache ebene Bahnen einzuschlagen, in jenen Radialebenen beginnend, und die seitliche räumliche Ablenkung ließ sich gut nach und nach aus diesen heraus entwickeln.

Nunmehr sind bei $\beta_1 > 90^0$ vom Betreten des Laufrades an die Bahnen auch in der Umfangsrichtung gekrümmt.

Wir übersehen die Verhältnisse besser, wenn wir zuerst einmal vorübergehend die Überleitung aus β_1 und v_1 nach β_2 und v_2 als in einer Ebene vor sich gehend annehmen, die senkrecht zur Turbinenachse steht, also wenn wir die Schaufelung ohne achsiale Ablenkung aufzeichnen für ein Laufrad nach Art der Fig. 103, S. 137.

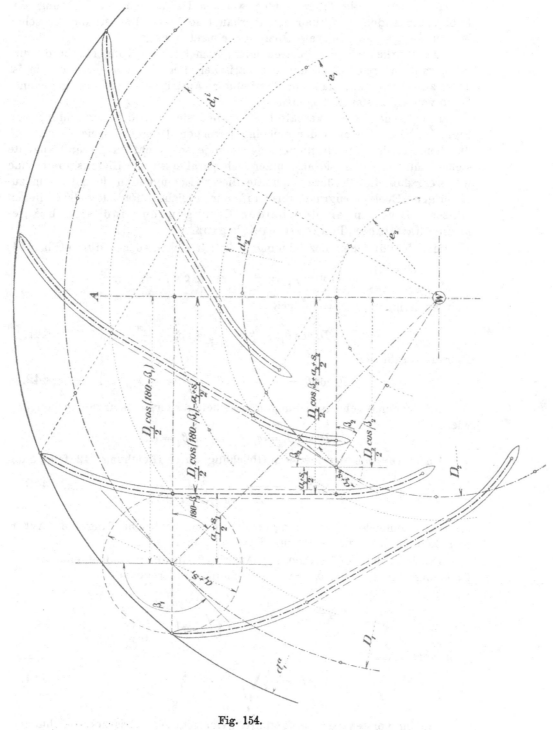

Fig. 154.

Hier wie seither ist es wünschenswert, daß der Übergang zwischen Ein- und Austritt nach Möglichkeit im großen Bogen erfolge und hier kann sogar als Verbindung der beiden Evolventen die gerade Linie in Betracht kommen, wie dies Fig. 154 zeigt.

Es entsteht die Frage, unter welchen Umständen die Richtung der Evolventen-Enden in $d_1{}^i$ und $d_2{}^a$ überhaupt so beschaffen ist, daß zwischen beiden die gerade Linie als Übergang eintreten kann.

Die Möglichkeit der überleitenden, gemeinsamen Tangente in $d_1{}^i$ und $d_2{}^a$ beruht in erster Linie auf geometrischen Verhältnissen. Mit diesen ist aber zu vereinigen, daß ein bestimmter Austrittsverlust, ein gegebener Wert von w_2 zustande kommen soll.

Die geometrischen Verhältnisse ergeben sich aus der Betrachtung von Fig. 154. Das Bestehen der gemeinschaftlichen Tangente spricht aus, daß die beiderseitigen Evolventenerzeugenden je senkrecht zu dieser Tangente stehen müssen, daß sie also unter sich parallel sind. Hieraus folgt ohne weiteres, daß die Berührungspunkte dieser Erzeugenden je mit dem zugehörigen Evolventengrundkreis auf der gleichen Radialen WA liegen müssen. Die Längen der beiden Erzeugenden sind also bei gemeinschaftlicher Tangente gleich groß.

Mit den üblichen Bezeichnungen drückt sich dies aus durch (Fig. 154)

$$\frac{D_1}{2}\cos(180-\beta_1) - \frac{a_1+s_1}{2} = \frac{D_2}{2}\cos\beta_2 + \frac{a_2+s_2}{2}$$

oder auch mit $a_1 + s_1 = \frac{e_1\pi}{z_1}$ usw.

$$-D_1\cos\beta_1 - \frac{e_1\pi}{z_1} = D_2\cos\beta_2 + \frac{e_2\pi}{z_1} \quad \ldots \quad \textbf{441.}$$

Hieraus ergibt sich

$$D_2\cos\beta_2 = -D_1\cos\beta_1 - \frac{\pi}{z_1}(e_1+e_2) \quad \ldots \quad \textbf{442.}$$

Als geometrische Beziehungen bestehen ferner, wie früher schon entwickelt:

$$D_1\sin\beta_1 = e_1; \quad D_2\sin\beta_2 = e_2.$$

Durch Division der letzteren Gleichung durch Gleichung 442 folgt dann

$$\operatorname{tg}\beta_2 = -\frac{e_2}{D_1\cos\beta_1 + \frac{\pi}{z_1}(e_1+e_2)} \quad \ldots \quad \textbf{443.}$$

als rein geometrische Bedingung für die gemeinschaftliche Tangente. Außerdem kommt noch die Gleichung $D_2 = \varDelta D_1$ in Betracht.

Die Rücksicht auf bestimmten Austrittsverlust α_2 veranlaßt eine weitere Gleichung für β_2. Bei $\delta_2 = 90^0$ ist nämlich andererseits

$$\operatorname{tg}\beta_2 = \frac{w_2}{u_2} = \frac{w_2}{\varDelta u_1} = \frac{\sqrt{2g\alpha_2 H}}{\varDelta\sqrt{g\varepsilon H\left(1-\frac{\operatorname{tg}\delta_1}{\operatorname{tg}\beta_1}\right)}}$$

oder vereinfacht

$$\operatorname{tg}\beta_2 = \frac{1}{\varDelta}\sqrt{\frac{2\alpha_2}{\varepsilon}\cdot\frac{1}{1-\frac{\operatorname{tg}\delta_1}{\operatorname{tg}\beta_1}}} \quad \ldots \quad \textbf{444.}$$

Die im vorstehenden aufgeführten vier rein geometrischen Gleichungen, dazu die Gl. 444, enthalten 11 Größen

$$\alpha_2, \; \varepsilon, \; \delta_1, \; \beta_1, \; \beta_2, \; z_1, \; D_1, \; D_2, \; \varDelta, \; e_1, \; e_2.$$

Hiervon sind also 6 Größen wählbar. In der Natur der Dinge liegt es, daß der Konstrukteur ausgeht von α_2, ε, δ_1, β_1, ferner von z_1, weil dies eine ganze Zahl sein muß, dazu kommt der Umdrehungszahl halber noch D_1.

Aus dem Gleichsetzen beider tg β_2 ergibt sich die Vereinigung der geometrischen und der Betriebsbedingungen. Es folgt einfach

$$- D_1 \cos \beta_1 - \frac{\pi}{z_1}(e_1 + e_2) = e_2 \, \varDelta \sqrt{\frac{\varepsilon}{2\alpha_2}\left(1 - \frac{\mathrm{tg}\,\delta_1}{\mathrm{tg}\,\beta_1}\right)} \quad . \quad . \quad \textbf{445.}$$

Nun ersetzen wir e_1 durch $D_1 \sin \beta_1$ und e_2 durch

$$e_2 = D_2 \sin \beta_2 = D_2 \frac{w_2}{v_2} = D_2 \frac{w_2}{\sqrt{w_2{}^2 + u_2{}^2}} = \frac{\varDelta D_1}{\sqrt{1 + \dfrac{\varDelta^2 \varepsilon}{2\alpha_2}\left(1 - \dfrac{\mathrm{tg}\,\delta_1}{\mathrm{tg}\,\beta_1}\right)}}$$

und erhalten dadurch eine Gleichung, in der nur noch die Unbekannte $\varDelta$ enthalten ist. Diese Gleichung ist umfangreich, sie lautet schließlich

$$\varDelta^2 \left[\left(\varDelta \sqrt{\frac{\varepsilon}{2\alpha_2}\left(1 - \frac{\mathrm{tg}\,\delta_1}{\mathrm{tg}\,\beta_1}\right)} + \frac{\pi}{z_1} \right)^2 - \frac{\varepsilon}{2\alpha_2}\left(1 - \frac{\mathrm{tg}\,\delta_1}{\mathrm{tg}\,\beta_1}\right)\left(\cos \beta_1 + \frac{\pi}{z_1}\sin \beta_1\right)^2 \right]$$

$$= \left(\cos \beta_1 + \frac{\pi}{z_1}\sin \beta_1\right)^2 \quad . \quad . \quad . \quad . \quad . \quad \textbf{446.}$$

Die Faktoren der einzelnen Glieder sind aus den gegebenen Größen rechnungsmäßig als Zahlen bestimmt und so erhält man im Einzelfalle eine verhältnismäßig einfache Gleichung vierten Grades, die am besten durch Probieren gelöst wird; der Bereich der Größen von $\varDelta$, die für unseren Zweck in Betracht kommen kann, ist ja bekannt. Es muß $\varDelta$ kleiner als 1 sein, kann aber nur selten unter 0,5 betragen.

Für unser Beispiel mit $\delta_1 = 23^0 35$, $\beta_1 = 135^0$ usw. lautet die Gleichung für $\varDelta$:

$$\varDelta^2 \left[(3{,}134\,\varDelta + 0{,}2093)^2 - 3{,}065\right] = 0{,}3125$$

und hieraus findet sich durch Probieren, am besten mit graphischer Kontrolle, als Bedingung für die gemeinschaftliche Tangente für unseren Fall

$$\varDelta = 0{,}572.$$

Nach diesem Werte und mit $D = 1{,}082$ ist die Fig. 154 gezeichnet, jedoch der Deutlichkeit halber mit übertriebenen $s_1 = s_2$ und mit nur zwölf Schaufeln.

Nach Annahme von D_1 oder Rechnung von D_1 aus etwa gegebenem $d_1{}^a$ nach Gl. 439 ist der Innendurchmesser D_2 durch den gefundenen Wert von $\varDelta$ bestimmt, ebenso tg β_2 nach Gl. 444 und dadurch ist sin β_2, also auch $e_2 = D_2 \sin \beta_2$, gefunden. Eine Kontrolle für $a_2 + s_2$ liegt dann im Aufzeichnen des Austrittsdiagramms, wie früher geschildert (Fig. 139 usw.).

Sollte sich nach Gl. 446 ein Wert von $\varDelta$ ergeben, der in die konstruktiven Verhältnisse nicht gut paßt, so läßt sich durch Drücken an δ_1 und allenfalls auch an β_1 Abhilfe schaffen. Man löst Gl. 446 für den gewünschten Wert von $\varDelta$ nach $\frac{\varepsilon}{2\alpha}\left(1 - \frac{\mathrm{tg}\,\delta_1}{\mathrm{tg}\,\beta_1}\right)$ auf und hat damit bald den Überblick gewonnen.

Nun können die Verhältnisse aber auch so liegen, daß die geradlinige Verbindung der Evolventen unmöglich ist. Dann sind Übergänge auszuführen, die entweder im großen Bogen ohne Wendepunkt oder mit zwei Wendepunkten verlaufen. Die Gefäßräume sind im letzteren Falle flaschenartig gebildet, der Augenschein lehrt aber fast immer, daß trotz der zwei Wendepunkte der Verlauf der Gefäßform an sich noch zu keinem Bedenken Anlaß geben kann.

Für die Turbine unseres Rechnungsbeispiels nun kommt die Ablenkung des Wassers nach der achsialen Richtung mit in Betracht. Aus den gewöhnlichen Kreisevolventen der Fig. 152 und 153 werden räumliche Kurven. Am Austritt können wir wieder mit Kegelevolventen vorgehen, dagegen bietet der Eintritt, wie einmal die Dinge liegen, Drehflächen (Schichtflächen) mit gekrümmten Erzeugenden, die nicht abwickelbar sind. Die a_1 sind wesentlich größer als die a_2, so daß wir nur annähernd damit durchkommen, daß wir Berührungskegelflächen an die Schichtlinien in Durchmesser D_1 (Fig. 155)

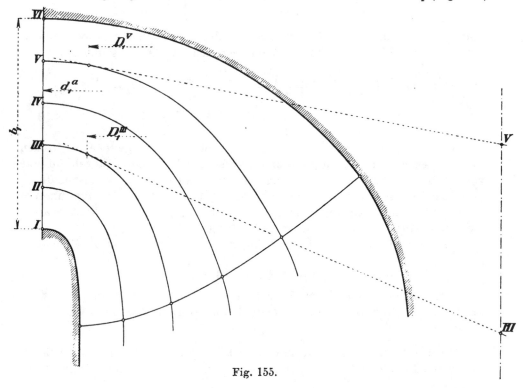

Fig. 155.

legen und darauf die Eintrittsevolventen aufzeichnen. Am besten wird die entsprechende Schaufelform erzielt, wenn wir den rein zeichnerischen Weg, wie schon früher bemerkt, verlassen, die einzelnen Schichten plastisch herausarbeiten und dann die Eintrittsevolventen vorgenannter Berührungs-Kegelflächen auf die Schichtflächen frei durch abgewickelte Papierstreifen übertragen, überleitend in die genau übertragbaren Kegelevolventen des Austritts.

Wir dürfen uns ja nur vor Augen halten, welche Anforderungen zu stellen sind:

Passende Schaufelrichtung am Eintritt, damit die Reaktionsgefäße richtig nachgefüllt werden, gute Überleitung in Form und Größe von f_1 nach f_2, besonders derart, daß im Gefäßraum Querschnitte vermieden werden, die größer sein würden als f_1, während wir andererseits alle Veranlassung haben, die v möglichst lange klein, d. h. annähernd gleich v_1 zu erhalten und uns erst gegen den Austritt hin v_2 zu nähern.

In welchem Falle die Form „E" mit $\beta_1 > 90^0$ oder die Form „D" mit $\beta_1 = 90^0$ und Einschnürung vorzuziehen ist, das ist noch unentschieden.

Jede der beiden hat ihre Vorzüge und Nachteile.

Für „D" spricht, wegen $\beta_1 = 90^0$, die bequemere Ausführung des Laufrades, während ein gewisser Nachteil in konstruktiver Beziehung darin liegt, daß D_1 kleiner ist als D_s, daß deshalb für das Herausnehmen und Hineinbringen des Laufrades der Leitapparat wegnehmbar sein sollte.

Die Ausführung „E" vermeidet dies vollständig, sie bietet bei einigermaßen größeren Winkeln β_1 aber dann einige Schwierigkeiten in der Schaufelausführung, die jedoch nicht sehr erheblich sind.

Nur eine größere Reihe vergleichender Bremsversuche von auf gleicher Basis ausgeführten Rädern kann entscheiden, welche Form die geringsten Beträge von $\varrho_2 H$ bringt, welche also für den Betrieb am besten ist. Über den Einfluß der Wasserverluste durch die Kranzspalte siehe weiter unten S. 258 u. f.

F. Schnelläufer für Mittel- und Niedergefälle, Vereinigung von „D" und „E"; $d_1{}^a = 0.9$ m. (Hierzu Tafel 4, Fig. AA.)

Durch gleichzeitige Anwendung von $D_1 < D_s$ und $\beta_1 > 90^0$ läßt sich natürlich eine nochmalige Steigerung der Umdrehungszahlen gegenüber diesen beiden Ausführungen erzielen.

Aus „D" ergibt sich, daß wir auch hier die Mittelpartien der Schaufeln annähernd oder tatsächlich als Radialebenen ausführen werden, und daß für die Austrittsstelle Formen ins Auge zu fassen sind, ganz ähnlich den unter „D" für die Stelle „2" angewandten; die Schaufelenden liegen hier, der größeren Werte von u_2 und, bei gleichem w_2, auch der größeren v_2 wegen noch flacher als unter „D".

1. Eintrittsevolventen und Radialebenen.

Von der Ausführung „E" nehmen wir die Eintrittsevolventen herüber und müssen uns nun über die Art des Anschlusses zwischen diesen und den Radialebenen der Mittelpartie klar werden.

Wir werden verhältnismäßig sehr einfache Formen erhalten, wenn wir den Schaufelanfang bis zum Übergang in die Radialfläche als achsiale Zylinderfläche mit der Eintrittsevolvente als Leitkurve ausbilden. Dies ist aber genau genommen nur tunlich, wenn der Übergang zur Radialfläche außerhalb des Einschnürungsdurchmessers D_E, im Grenzfall im Durchmesser D_E selbst, vollendet ist. Für Schaufelflächen mit dem Ende des Überganges innerhalb D_E ergeben sich für die Überführung von der Eintritts- in die Austrittsevolvente aus der zylindrischen Form gewisse Schwierigkeiten in der Formgebung, besonders in der Schichtfläche I anfangend.

Zwischen Eintrittsevolvente und Radialebene muß allemal noch ein Stück Übergangskurve (Kreis od. dgl.) liegen, sofern nicht die Evolvente selbst in die radiale Richtung übergeht. Letzteres ist nur dann der Fall, wenn ihr Erzeugungskreis, Durchmesser $e_1 (= d_1{}^i)$, gleich oder größer ist als D_E, was nicht ohne weiteres zutrifft.

Wir wollen nun die schon erwähnten Schwierigkeiten in der Schichte I vorübergehend aus dem Auge lassen und das Stück Übergangskurve zwi-

schen Evolvente und Radialebene als innerhalb des Kreises D_E liegend annehmen, so daß die Evolvente gerade in D_E aufhört. In diesem Fall liegen
die Verhältnisse so, daß einfach in Fig. 153 zu setzen ist $d_1{}^i = D_E$ und es
ist dann so zu disponieren, daß die gewünschte Anzahl z_1 Evolventen die
Ringfläche zwischen $d_1{}^a$ und $d_1{}^i = D_E$ gerade ausfüllt. Daß hierfür nur eine
ganz bestimmte Evolvente, also nur ein bestimmter Erzeugungskreis e_1 möglich ist (e_1 gleich oder kleiner als D_E), ist ohne weiteres klar, ebenso auch,
daß hier durch die drei Größen $d_1{}^a$, $d_1{}^i = D_E$ und z_1, der Winkel β_1 und
der vorläufig auch noch unbekannte Eintrittsdurchmesser D_1, also auch e_1,
gegeben sind.

Die Gl. 439 und 440 geben uns die rechnerische Basis für diese
Größen.

Durch Division der Gleichungen folgt

$$d_1{}^i = D_E = d_1{}^a \sqrt{\dfrac{1 + 2\cos\beta_1 \dfrac{\pi}{z_1}\sin\beta_1 + \left(\dfrac{\pi}{z_1}\sin\beta_1\right)^2}{1 - 2\cos\beta_1 \dfrac{\pi}{z_1}\sin\beta_1 + \left(\dfrac{\pi}{z_1}\sin\beta_1\right)^2}} \qquad \textbf{447.}$$

und es wird am besten durch Probieren, durch Einsetzen verschiedener
Werte für β_1 bei angenommener Schaufelzahl z_1, die Größe von β_1 bestimmt,
die den angenommenen Wert $D_E = d_1{}^i$ befriedigt. Die algebraische Auf-
lösung der Gl. 447 nach β_1 ist umständlich.

Mit dem so gefundenen Wert von β_1 ergibt sich aus Gl. 439 oder 440
der Betrag von D_1 und dann der Grundkreisdurchmesser für die Evolvente zu

$$e_1 = D_1 \sin\beta_1 \quad \ldots \ldots \ldots \quad \textbf{(354.)}$$

Wir erhalten dann mit anzunehmendem Wert von δ_1 die Umfangsgeschwindigkeit u_1 nach bekannter Beziehung und dadurch auch die Umdrehungszahl n.

Nehmen wir in Anlehnung an früheres

$$d_1{}^a = 900 \,\text{mm}, \qquad D_E = d_1{}^i = 770 \qquad z_1 = 15,$$

so ergibt sich aus Gl. 447

$$\beta_1 = \sim 115^0,$$

ferner dadurch

$$D_1 = 823 \,\text{mm}, \qquad e_1 = 746 \,\text{mm}, \qquad u_1 = 6{,}18 \,\text{m}, \qquad n = 143{,}5.$$

Wenn wir die Schaufel nach diesen Daten ausführen wollen, so muß
entweder das letzte Evolventenstück gegen $d_1{}^i = D_E$ hin durch einen Kreisbogen nach der Radialen hin ersetzt werden (Fig. 156, *I*), oder es muß die
Radiale etwas zurückgedreht werden (Fig. 156, *II*), damit der Übergangs-
kreis ins Innere von D_E fällt.

Im ersteren Fall wird eine kleine Erweiterung gegenüber dem wünschenswerten a_1 eintreten, aber die Schichtfläche *I* noch kontinuierlich verlaufen, im zweiten Fall entwickelt sich eine jenachdem kleine oder größere
Unregelmäßigkeit im Verlauf der Schaufelfläche in der Schichtfläche *I*,
die auch noch auf Schichtfläche *II* usw. übergreifen kann. Ob dieselbe einfach nach Gutdünken ausgeglichen werden kann, das hängt einzig von dem
Einfluß ab, den sie auf die Größe von a_2 in der Schichtfläche *I* ausübt.
Häufig darf man sich auf die eine oder die andere Weise helfen.

In vielen Fällen kann man dadurch vermitteln, daß die innere Schaufelfläche nicht streng radial, sondern als Tangente an das Evolventenende beginnt und im Bogen erst gegen einwärts in die radiale Richtung übergeht.

2. Das Aufzeichnen der Schaufeln.

Dieses schließt sich eng an Taf. 3 an. Die Schaufelenden sind am Austritt in ganz gleicher Art ausgebildet und die Schaufelanfänge, Stelle „1“, entstehen aus der Radialfläche der Schaufeln, die einfach als Zylinderflächen den Anfangsevolventen gemäß, gegen außen gekrümmt sind (Taf. 4, Fig. AA). Es ist hier nur der Grundriß von Interesse, weil eben Taf. 3 die anderen Elemente der Darstellung aufweist.

Wäre im speziellen Fall eine Umdrehungszahl kleiner als 143,5, aber doch noch größer als 120 erwünscht gewesen, so würde dann eben nicht $d_1{}^i = D_E$ zu sein brauchen, sondern dann ließe sich durch Probieren aus β_1, u_1 usw. nach Art von „E“ der Durchmesser $d_1{}^i$ bestimmen und wir hätten zwischen $d_1{}^i$ und D_E den Raum für den Übergangsbogen zur Verfügung.

Es sei hier auch bemerkt, daß man in der Praxis natürlich solch relativ kleiner Änderungen wegen nicht jedesmal Neukonstruktionen vornehmen wird, wir dürfen ja mit der Umdrehungszahl fast immer um einige Prozent variieren, ohne der Leistung und dem Nutzeffekt erheblich Eintrag zu tun, es ist aber doch am Platze, hier solche Dinge auch rechnungsmäßig einmal klarzulegen.

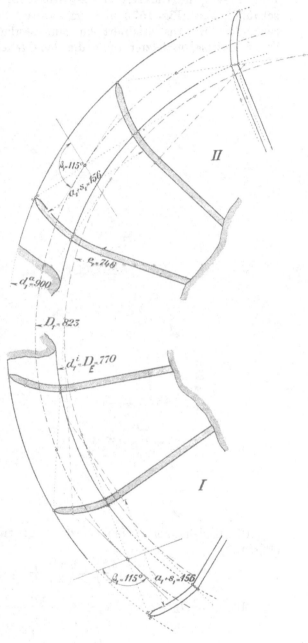

Fig. 156.

3. $D_E = e_1$.

Wenn die Eintrittsevolvente genau im Durchmesser D_E in die Radialebene übergehen soll, so heißt dies, daß der Einschnürungskreis

gleichzeitig der Grundkreis für die Eintrittsevolventen ist, d. h. hier ist
dann $D_E = e_1 = d_1{}^i$. Und daraus ergibt sich ohne weiteres das Verhältnis
zwischen D_E und der Schaufelzahl z_1, denn es muß in diesem Falle die
Linie $a_1 + s_1$ im Umkreis von D_E senkrecht zur Radialfläche der Nachbarschaufel stehen (Fig. 157), und am äußeren Ende, Umkreis $d_1{}^a$, diesen Kreis
schneiden. Hieraus resultiert ein ganz bestimmter Abstand bis zur Nachbar-
Schaufelspitze, in letzter Linie die Schaufelteilung und die Schaufelzahl

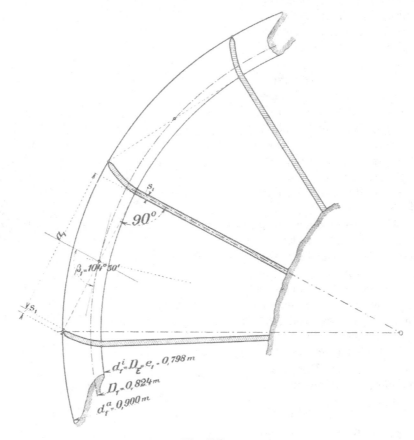

Fig. 157.

Die Beziehungen kommen wie folgt zustande. Es ist hier allgemein
(Fig. 157)

$$\left(\frac{d_1{}^a}{2}\right)^2 = \left(\frac{d_1{}^i}{2}\right)^2 + (a_1 + s_1)^2.$$

Mit $d_1{}^i = D_E = e_1$ und $a_1 + s_1 = \dfrac{e_1 \pi}{z_1} = \dfrac{\pi \cdot D_E}{z_1}$ folgt hieraus einfach

$$D_E = \frac{d_1{}^a}{\sqrt{1 + \left(\dfrac{2\pi}{z_1}\right)^2}} \qquad \ldots \ldots \quad \textbf{448.}$$

d. h. wir sind, weil z_1 notwendig eine ganze Zahl sein muß, an ein bestimmtes, durch z_1 gegebenes Verhältnis zwischen $D_E = e_1 = d_1{}^i$ und $d_1{}^a$
gebunden, die beiden Durchmesser können, sobald die Evolvente senkrecht
auf dem Kreise D_E endigen soll, nicht mehr unabhängig voneinander ge-

wählt werden, ein bestimmter Außendurchmesser $d_1{}^a$ verlangt eine bestimmte Einschnürung und umgekehrt.

Natürlich ist dann auch D_1 und β_1 durch z_1 und D_E oder $d_1{}^a$ festgelegt. Aus Gl. 354 haben wir mit $e_1 = D_E = d_1{}^i$ die Beziehung $\dfrac{d_1{}^i}{D_1} = \sin \beta_1$, und dies ergibt mit geänderter Schreibung von Gl. 440

$$\frac{d_1{}^i}{D_1} = \sin \beta_1 = \sqrt{1 + 2 \cos \beta_1 \frac{\pi}{z_1} \sin \beta_1 + \left(\frac{\pi}{z_1} \sin \beta_1\right)^2}$$

Nach $\sin \beta_1$ aufgelöst lautet die Beziehung einfach

$$\sin \beta_1 = \frac{1}{\sqrt{1 + \left(\frac{\pi}{z_1}\right)^2}} \quad \dots \dots \quad \textbf{449.}$$

und aus vorstehendem folgt dann auch

$$D_1 = \frac{d_1{}^i}{\sin \beta_1} = D_E \sqrt{1 + \left(\frac{\pi}{z_1}\right)^2} \quad \dots \dots \quad \textbf{450.}$$

Für unser Beispiel mit $d_1{}^a = 0{,}900$, $z_1 = 12$ ergib sich dann bei $D_E = d_1{}^i = e_1$ nach Gl. 448

$$D_E = \frac{0{,}9}{\sqrt{1 + \left(\frac{2\pi}{12}\right)^2}} = 0{,}797 \,\mathrm{m}.$$

Es folgt ferner nach Gl. 449

$$\sin \beta_1 = \frac{1}{\sqrt{1 + \left(\frac{\pi}{12}\right)^2}} = \frac{1}{1{,}0337} = \sim 0{,}968; \quad \beta_1 = 180 - 75^0\,30' = 104^0\,30'.$$

Weiter nach Gl. 450

$$D_1 = D_E \cdot 1{,}0337 = 0{,}824 \,\mathrm{m}.$$

Mit $a_0 = 100$, $s_0 = 5$, $z_0 = 10$ folgt

$$\delta_1 = 23^0\,55', \quad u_1 = \sqrt{32{,}18\left(1 + \frac{0{,}444}{3{,}867}\right)} = 5{,}99 \,\mathrm{m},$$

$$n = \frac{60\,u_1}{D_1\pi} = 138{,}8.$$

Für größere Winkel als der oben berechnete $\beta_1 = 104^0\,30'$ gestalten sich dann die Schaufelformen wieder umständlicher, wir erhalten dann Verhältnisse, die auch am besten zeichnerisch nur vorbereitet werden, die man, wie schon erwähnt, besser in natürlicher Größe plastisch in Schichten herausarbeitet.

Zum Schlusse sei noch bemerkt, daß die vorstehend entwickelten Gleichungen selbstverständlich auch auf das unter „C" besprochene Laufrad Anwendung finden können, sofern dieses mit etwas über 90^0 vergrößerten Winkeln ausgeführt werden soll. Dort wird dann einfach $d_1{}^i = e_1 = D_2{}^{VI} = D_s$ einzuführen sein.

In vielen Turbinenfabriken findet man die Ausführung mit $\beta_1 > 90^0$ derart, daß auf die Entwicklung der a_1 gar keine Rücksicht genommen ist. Dort ist kurzweg D_1 und β_1 an der Außenkante der Schaufeln gerechnet.

Ein Teil der Mißerfolge mit großen β_1 mag auf diese sehr freie Behandlung zurückzuführen sein.

Unter Hinweis auf die Ausführungen S. 40 u. f. sowie unter B. S. 120 sei hier der Vollständigkeit halber bemerkt, daß die Berechnungen der Reaktionsturbinen selbstverständlich für jede Lage der Turbinenwelle, senkrecht, wagrecht, Schräglage, gelten.

G. Äußere Radialturbinen mit erweitertem Saugrohr.

Wir haben Seite 161 u. f. die Umstände des erweiterten Saugrohres betrachtet, es ist jetzt noch anzugeben, in welcher Weise die Turbinen durch derartige Saugrohre in ihren Abmessungen beeinflußt werden.

Wir sehen dies am besten durch den Vergleich mit den Verhältnissen des nicht erweiterten Saugrohres. Bei letzterem war eine bestimmte Druckhöhendifferenz

$$h = h_1 + h_r - h_2 = \frac{u_1{}^2 - u_2{}^2}{2g} + \frac{v_2{}^2 - v_1{}^2}{2g} + \varrho_2 H$$

erforderlich, um die gegebene Wassermenge durch das Laufrad zu pressen. Nehmen wir nun statt des nicht erweiterten Saugrohres für das in allem ganz gleiche Laufrad ($\delta_2 = 90^0$) ein erweitertes Saugrohr, aus dem das Wasser ohne Rotation mit durchschnittlich w_4 ausströmt, so wird die Gegendruckhöhe h_2 (Reibungs- und Wirbelverluste durch das konische Saugrohr und auch durch $a_2 + s_2$ vernachlässigt) durch die Verzögerung von w_2 auf w_4 um den Betrag von ungefähr $\frac{w_2{}^2 - w_4{}^2}{2g}$ vermindert sein, es wird für h ein größerer Betrag zur Verfügung stehen und die Folge ist, daß vor allem v_2 und deshalb auch v_1 zunehmen muß. Infolgedessen wird h_1 um etwas abnehmen und w_1 und w_0 werden deshalb wachsen können, wie es den vergrößerten v_2 und v_1 wegen der Kontinuität entspricht, die Turbine verarbeitet infolge der Saugrohrerweiterung mehr Wasser als vorher. Da aber w_1 und v_1 nicht anders als im gleichen Verhältnis wachsen können, so muß, sofern stoßfreies Nachfüllen eingehalten werden soll, die Belastung der Turbine derart geändert werden, daß auch u_1 im gleichen Verhältnis wächst, damit das Geschwindigkeitsparallelogramm des Eintrittes in seiner Form, wenn auch etwas vergrößert, erhalten bleibt.

Das Maß dieser Vergrößerung ergibt sich, wie schon Seite 162 angedeutet, dadurch, daß für das erweiterte Saugrohr

$$\varepsilon_4 = 1 - \alpha_4 - \varrho$$

statt seither für das nicht erweiterte Saugrohr

$$\varepsilon_2 = 1 - \alpha_2 - \varrho$$

gesetzt wird. Die Geschwindigkeiten u_1, w_1, v_1, v_2 gehen dann für $\delta_2 = 90^0$, der Gleichungen 348 u. f. Seite 131 halber, sämtlich im Verhältnis $\sqrt{\dfrac{\varepsilon_4}{\varepsilon_2}}$ in die Höhe.

Das für ε_2 konstruiert gewesene Laufrad paßt nun aber nicht mehr ganz genau für das erweiterte Saugrohr mit ε_4: es läuft etwas schneller

als seither und verarbeitet mehr Wasser. Daß sich w_2 durch die Vergrößerung von u_2 und v_2 auch etwas vergrößert hat, ist nicht sehr wesentlich.

So muß genau genommen für das erweiterte Saugrohr, für ε_4, ein
anderes Leit- und Laufrad berechnet werden als für ε_2, trotzdem α_2 natürlich beide Male gleich ausgeführt werden soll, und wenn dies auch nicht
sehr viel ausmacht, wenn insbesondere die Praxis keine Rücksicht darauf
nimmt, ob gleichbleibender oder erweiterter Saugrohrquerschnitt angewendet
wird, so ist es doch hier am Platze, die Unterschiede zu verfolgen.

Der Kürze halber wollen wir die Verhältnisse der Turbine „A“, S. 190,
dem Vergleiche zugrunde legen und dabei, um den Unterschied kräftig
hervorzuheben, das Saugrohr derart erweitert annehmen, daß es von
$\alpha_2 = 0,06$ auf $\alpha_4 = 0,01$ überleitet. Wir haben dann bei gleichem Leitrad-
winkel $\delta_1 = 21^0\ 9'$:

Gleichbleibendes Saugrohr:

$$\alpha_2 = 0,06$$
$$\varepsilon_2 = 1 - 0,06 - 0,12 = 0,82$$
$$u_1 = \sqrt{9,81 \cdot 0,82 \cdot 4} = 5,67\ \text{m/sek}$$
$$w_1 = 6,08\quad\text{„}$$
$$v_1 = 2,195\quad\text{„}$$
$$u_2 = 4,095\quad\text{„}$$

Erweitertes Saugrohr:

$$\alpha_2 = 0,06 \text{ zugleich mit } \alpha_4 = 0,01$$
$$\varepsilon_4 = 1 - 0,01 - 0,12 = 0,87$$
$$u_1 = \sqrt{9,81 \cdot 0,87 \cdot 4} = 5,843\ \text{m/sek}$$
$$w_1 = 6,265\quad\text{„}$$
$$v_1 = 2,249\quad\text{„}$$
$$u_2 = 4,220\quad\text{„}$$

Ferner, weil in beiden Ausführungen $w_2 = 2,17$ m und $\delta_2 = 90^0$ ist:

$$v_2 = \sqrt{u_2{}^2 + w_2{}^2} = 4,634\ \text{m/sek};\qquad v_2 = \sqrt{u_2{}^2 + w_2{}^2} = 4,745\ \text{m/sek}.$$

Der Winkel β_2, die Schaufelweite a_2 werden also in beiden Ausführungen
etwas verschieden sein.

Die Erweiterung des Saugrohres erniedrigt h_2; es entsteht, sofern die
Turbine, wie fast allemal, mit Sauggefälle arbeitet, an der Stelle „2“, „s“ usw.
eine tatsächliche manometrische Saughöhe, größer als die maßstäbliche
(siehe Fig. 120). Diese Saughöhevergrößerung stellt sich dar als eine von
jedem Wasserteilchen durcheilte örtliche Vermehrung des tatsächlich verfügbaren Gefälles. Nun ist aber, der Reibungshöhe ϱH wegen, vom Gefälle selbst unter keinen Umständen mehr als $(1 - \varrho)\,H$ zur Verfügung, die
Saughöhevergrößerung muß deshalb auch wieder als eine Anleihe aus dem
Druck der Atmosphäre angesehen werden, die beim Verlassen des Saugrohrs eben durch die Verzögerung von w_2 auf w_4 wieder zurückgegeben
werden muß.

Daß wir beim erweiterten Saugrohr vorübergehend mit fremder Beihilfe arbeiten, zeigt auch der Vergleich der Gefälleaufteilungen ohne und
mit Saugrohrerweiterung.

Es gilt für beidemal gleichen Wert von ϱ (vergl. dagegen S. 162)

Gleichbleibendes Saugrohr:

$$(1 - \varrho)\,H = (1 - 0,12) \cdot 4 = \mathbf{3,52\ m}$$
$$\frac{w_1{}^2}{2g} = \frac{6,08^2}{2g} = 1,888\ \text{m}$$
$$\frac{u_1{}^2 - u_2{}^2}{2g} = \frac{5,67^2 - 4,095^2}{2g} = 0,784\ \text{m}$$
$$\frac{v_2{}^2 - v_1{}^2}{2g} = \frac{4,634^2 - 2,195^2}{2g} = 0,849\ \text{m}$$

Zusammen 3,521 m

wie oben auch.

Erweitertes Saugrohr:

$$(1 - \varrho)\,H = (1 - 0,12) \cdot 4 = \mathbf{3,52\ m}$$
$$\frac{w_1{}^2}{2g} = \frac{6,265^2}{2g} = 2,000\ \text{m}$$
$$\frac{u_1{}^2 - u_2{}^2}{2g} = \frac{5,843^2 - 4,220^2}{2g} = 0,832\ \text{m}$$
$$\frac{v_2{}^2 - v_1{}^2}{2g} = \frac{4,745^2 - 2,249^2}{2g} = 0,890\ \text{m}$$

Zusammen 3,722 m

Differenz gegen oben 0,202 m

Die Summe der Gefälleteile, die beim erweiterten Saugrohr zur Erzeugung der Geschwindigkeiten des stoßfreien Nachfüllens usw. erforderlich sind, ist größer als das rein zur Verfügung stehende Gefälle $(1 - \varrho)\,H$. Der Mehrbedarf wird gedeckt durch vorübergehende Entlehnung aus der Atmosphäre im Betrage

$$\frac{w_2{}^2 - w_4{}^2}{2g} = \alpha_2\,H - \alpha_4\,H = (\alpha_2 - \alpha_4)\,H,$$

hier in Zahlen: $(0{,}06 - 0{,}01) \cdot 4 = 0{,}200$ m;

wir erhalten: $(1 - \varrho)\,H + (\alpha_2 - \alpha_4)\,H = 3{,}52 + 0{,}2 = 3{,}72$ m,

wie die betreffende Gefälleaufteilung auch zeigt.

Hätten wir α_2 beispielsweise zu 0,04 angesetzt, so würde die Gefälleaufteilung des erweiterten Saugrohres mit einem Mehrbedarf von

$$(0{,}04 - 0{,}01) \cdot 4 = 0{,}120 \text{ m}$$

abschließen.

––––––––

Aus dem vorstehenden ergibt sich also: Bei nicht erweitertem Saugrohr ist die Größe von w_2 ohne Einfluß auf die Gefälleaufteilung; das erweiterte Saugrohr vergrößert örtlich das für die Erzeugung der Geschwindigkeiten verfügbare Reingefälle $(1 - \varrho)\,H$ (Nettogefälle abzüglich der Reibungshöhen) in angegebener Weise, ohne natürlich der Arbeitsleistung der Turbine mehr zufügen zu können, als was dem Entlassen des verarbeiteten Wassers aus dem Arbeitsweg mit w_4 statt mit w_2 entspricht. Dies ist aber an sich und aus den S. 163 erörterten Gründen vielfach wünschenswert.

––––––––

Vergleichen wir die Wirkung von δ_2 größer als 90^0 auf u_1 (siehe spätere S. 321 u. f.) mit derjenigen des erweiterten Saugrohres auf dieselbe Umfangsgeschwindigkeit, so zeigt sich, daß die schiefe Lage von w_2, wie auf S. 322 geschildert, u_1 im Verhältnis $\dfrac{5{,}48}{5{,}67}$ vermindert, daß das erweiterte Saugrohr u_1 im Verhältnis $\dfrac{5{,}84}{5{,}67}$ vermehrt.

Eine Turbine mit $\delta_2 > 90^0$ und erweitertem Saugrohr hat demnach gegenüber einer solchen mit $\delta_2 = 90^0$ und nicht erweitertem Saugrohr eine Änderung der Geschwindigkeiten im Verhältnis

$$\sim \frac{5{,}48}{5{,}67} \cdot \frac{5{,}84}{5{,}67} = \sim 0{,}9955,$$

das heißt, die beiden Einwirkungen werden sich fast ganz aufheben und die u_1 usw. bleiben für die Rechnung der Praxis im allgemeinen bestehen, als ob kein $\delta_2 > 90^0$ und kein erweitertes Saugrohr da wäre.

Schlußbemerkung.

Unsere Schätzung der Reibungshöhe $\varrho\,H$ ist immer etwas unsicher. Die Gießerei bringt unvermeidliche Ausführungsfehler in den Querschnitten. Deshalb ist es in der Praxis feststehender Gebrauch geworden, nicht diejenige Wassermenge, die tatsächlich verbraucht werden soll, der Rechnung zu Grunde zu legen, sondern als Reserve das 1,05 bis 1,15fache. Dies ist deshalb nicht ungerechtfertigt, weil dem Empfänger der Turbine $1\,^0/_0$ Minderverbrauch meist, wie schon erwähnt, viel weniger angenehm ist, als $10\,^0/_0$ Mehrverbrauch bei entsprechender Leistung.

––––––––

7. Die Berechnung der achsialen Reaktionsturbine.

Ebenso wie Seite 146 u. f. des allgemeinen Interesses halber die Verhältnisse der Achsialturbine kurz erörtert wurden, so soll hier für die Annahme des Rechnungsbeispieles auch die achsiale Reaktionsturbine zum Vergleiche rasch durchgerechnet werden.

1. Laufrad-Austritt.

Auch hier gehen wir von α_2 aus und finden unter gleichen Voraussetzungen für $\dfrac{a_2}{a_2 + s_2}$ usw. wie auf S. 189 u. f.

$$F_2 = D_2{}^m \pi \, b_2 = 0{,}902 \text{ qm}.$$

Saugrohreinbauten kommen hier nicht in Betracht. Wir nehmen vorläufig $b_2 = 0{,}2\, D_2$ an als eine Beziehung, die erfahrungsgemäß brauchbare Abmessungen ergibt, aber ohne aus dieser Zahl eine Regel zu machen, wir erhalten daraus

$$D_2{}^m = \sqrt{\dfrac{0{,}902}{0{,}2\,\pi}} = \sqrt{1{,}436} = \sim 1{,}2 \text{ m}$$

und nehmen definitiv $D_2{}^m = 1{,}2$ m an.

Für symmetrischen Kranzquerschnitt ($\varDelta = 1$, Fig. 81) ist dann auch $D_1{}^m = 1{,}2$ m. Die Bestimmung des genauen Wertes von b_2 erfolgt später ähnlich wie bei den Radialturbinen auch, ungefähr stellt sich b_2 auf $\dfrac{0{,}902}{1{,}2\,\pi} = 0{,}240$ m.

2. Leitrad-Austritt und Laufrad-Eintritt in der Mittel-Schichtfläche.

Für die Verhältnisse am Eintritt sind unter der einstweiligen Voraussetzung, daß $\dfrac{a_0}{a_0 + s_0} = \dfrac{a_2}{a_2 + s_2}$ die Gl. 395 und 395a zu beachten. In Anbetracht dessen, daß wir keine zu sehr verwundenen Radschaufelflächen zu bekommen wünschen, nehmen wir $\beta_1{}^m = 90^0$ an, wodurch vor allem $u_1{}^m$ nach Gl. 349 bestimmt ist. Wir finden den früher schon gerechneten Wert $u_1{}^m = 5{,}67$, hier auch $= u_2{}^m$ der symmetrischen Kränze halber.

Nun zur Bestimmung von $\delta_1{}^m$. Wenn wir z. B. aussprechen, daß uns b_1 zu etwa $0{,}5\, b_2$ erwünscht ist, so ist dies zwar nur ein ungefährer Anhalt, wir erklären aber damit, wegen Gl. 395a, daß $\delta_1{}^m$ einen ganz bestimmten Wert haben soll. Das Zusammenziehen in der Breite verkleinert den Durchtrittsdurchmesser $d_s{}^a$ des äußeren Spaltes in guter Weise. Aus Gl. 395a finden wir dann mit $b_1 = 0{,}5\, b_2$ und $\varDelta = 1$

$$\operatorname{tg} \delta_1{}^m = \dfrac{1}{0{,}5} \sqrt{\dfrac{2 \cdot 0{,}06}{0{,}82}} = 0{,}7651$$

also rund $\delta_1{}^m = 37^0\,25'$, was wir beibehalten. Mit 250 mm als $t_0{}'$ findet sich $z_0{}' = \dfrac{1200\,\pi}{250} = \sim 15{,}1$, wir nehmen einmal $z_0{}' = 16$ und erhalten aus $t_0{}^m = \dfrac{1200\,\pi}{16} = 235{,}5$ mm und mit $\sin \delta_1{}^m = 0{,}6077$

$$a_0{}^m + s_0 = t_0{}^m \sin \delta_1{}^m = 235{,}5 \cdot 0{,}6077 = \sim 143 \text{ mm}.$$

Da dies für die kleine Turbine recht viel ist, zumal wir gegen außen noch eine Vergrößerung von $a_0 + s_0$ zu gewärtigen haben, so gehen wir entsprechend ungefähr $a_0{}^m + s_0 = 100$ mm auf $z_0 = 16 \cdot \frac{143}{100} = 24$ Schaufeln definitiv über und erhalten dadurch $t_0{}^m = \frac{1200\,\pi}{24} = 157$ mm,

dazu $\qquad\qquad a_0{}^m + s_0 = 157 \cdot 0{,}6077 = 95{,}4$ mm,

woraus mit $s_0 = 7$ sich rund $a_0{}^m = 88$ mm ergibt.

Wir erhalten ferner wegen $\beta_1{}^m = 90^0$

$$w_1{}^m = \frac{u_1{}^m}{\cos \delta_1{}^m} = \frac{5{,}67}{0{,}7942} = 7{,}14\ \text{m}$$

und notieren uns die nach Gl. 376 über die ganze Breite b_1 gleichbleibende Achsialkomponente

$$w_1{}^m \sin \delta_1{}^m = 7{,}14 \cdot 0{,}6077 = 4{,}33\ \text{m} = w_1 \sin \delta_1 = \text{Konst.},$$

deren Kenntnis im Verein mit $w_1 \cos \delta_1\, D_1 = \text{Konst.}$ (Gl. 375) das Aufzeichnen der Schaufeleintritte sehr vereinfacht.

3. Desgl. für die anderen Schichtflächen.

Wir erhalten $w_1 \cos \delta_1 \cdot D_1$ wegen $\beta_1{}^m = 90^0$ aus

$$w_1{}^m \cos \delta_1{}^m\, D_1{}^m = u_1{}^m\, D_1{}^m = 5{,}67 \cdot 1{,}20 = w_1 \cos \delta_1\, D_1 = \text{Konst.}$$

und schließlich

$$w_1 \cos \delta_1 = \frac{6{,}804}{D_1} \quad \cdots \cdots \quad \textbf{(375)}.$$

Da wir $b_1 = 0{,}5\, b_2 = $ ungefähr 120 mm zu erwarten haben, werden wir die Eintrittsbreite zweckmäßig in vier Schichten zu etwa 30 mm teilen, deren Breiten λb_1 oder deren Wassermengen aber je besonders berechnet werden müssen, denn diese sind durchaus nicht gleich groß, wie das bei den Radialturbinen der Fall war.

In Übereinstimmung mit den Schaufelzeichnungen der Radialturbinen führen wir für die Schichtflächen die Bezeichnungen I, II, III usw. an einer Seite beginnend, ein, Fig. 158, dann entspricht hier der Index m der Schichtfläche III.

Wir nehmen die Eintrittsbreite λb_1 der Schichte III—IV mit 30 mm einmal fest an, dann ist ohne weiteres aus $D_1{}^{IV} = 1200 + 2 \cdot 30 = 1260$ bekannt:

$$\operatorname{tg} \delta_1{}^{IV} = 0{,}7651 \cdot \frac{1260}{1200} = 0{,}800 \quad \cdots \cdots \quad \textbf{(377)}.$$

$$\delta_1{}^{IV} = 38^0\, 40'$$

$$\operatorname{tg} \beta_1{}^{IV} = \frac{0{,}7651}{\dfrac{1200}{1260} - \dfrac{1260}{1200}} = -7{,}885 \quad \cdots \cdots \quad \textbf{(379)}.$$

$$\beta_1{}^{IV} = 180^0 - 82^0\, 46 = 97^0\, 14'.$$

Graphisch können wir $\delta_1{}^{IV}$ und $\beta_1{}^{IV}$ sehr viel einfacher erhalten und da es ja doch schließlich gar nicht weiter auf Grad und Minuten, sondern auf das Aufzeichnen ankommt, so gehen wir besser so vor:

In allgemeiner Anlehnung an die entsprechenden Diagramme der Radialturbinen tragen wir (Fig. 158 oben) senkrecht zur Grundlinie, dem Durchmesser $D_1{}^m$, hier $D_1{}^{III}$, die Größe von $u_1{}^m$ im Maßstab 1/20, aber hier gegen aufwärts, an. Eine Radiale durch das Ende von $u_1{}^m$ gibt dann ohne weiteres die anderen u_1 als die Senkrechten in den betreffenden Durchmesserabschnitten. Auf diesen Senkrechten tragen wir die aus $w_1 \cos \delta_1 = \dfrac{6{,}804}{D_1}$

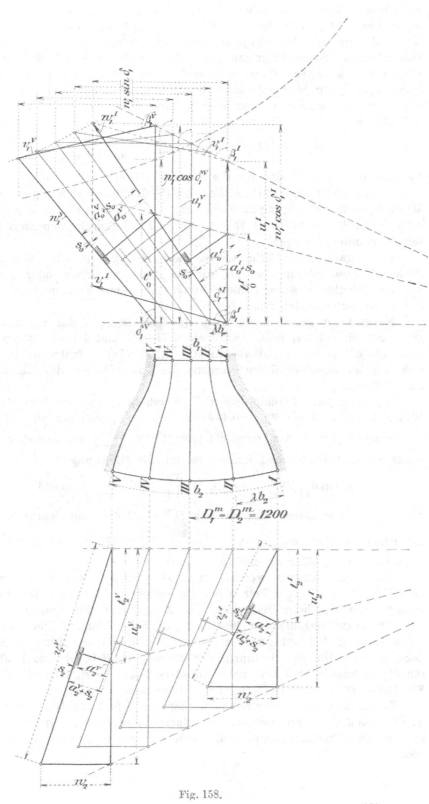

Fig. 158.

errechneten Werte an. Gegen außen (links), jedesmal um den Betrag $w_1 \sin \delta_1 = 4,33$ m von der betreffenden Eintrittsstelle aus gemessen, liegt das Ende von w_1, der Eckpunkt des dem betreffenden D_1 zugehörigen Geschwindigkeitsparallelogrammes für den Eintritt, wodurch β_1 und δ_1 für diese Stelle zeichnerisch gegeben sind. Aus t_0 kann dann in bekannter Weise $a_0 + s_0$ für jede Schichtfläche abgegriffen werden und dann können wir, von dem Mittelwert von $a_0 + s_0$ einer Schichte, z. B. III—IV, ausgehend, deren Wasserführung aus

$$w_1 \sin \delta_1 \left[(D_1{}^{IV})^2 \frac{\pi}{4} - (D_1{}^{III})^2 \frac{\pi}{4} \right] \cdot \frac{a_0{}^{III-IV}}{a_0{}^{III-IV} + s_0}$$

berechnen. Sie stellt sich für die Schichte III—IV auf 0,466 cbm.

Mit ebenfalls $\lambda b_1 = 30$ mm, Schichte II—III, findet sich in ganz gleicher Weise deren Wasserführung zu 0,441 cbm. Von 1,75 cbm sind also jetzt noch $1,75 - (0,466 + 0,441) = 1,75 - 0,907 = 0,843$ cbm in den zwei Außenschichten unterzubringen.

Es ist ganz gleichgültig, wie wir diesen Betrag verteilen, ob auf beide Außenschichten gleich oder ob wir ihn ganz der einen oder ganz der anderen Schichte zuweisen; diese Verteilung ändert an den Verhältnissen der schon festliegenden Schichten nichts.

Nehmen wir gegen einwärts für die Schichte I—II das Stück λb_1 nur zu 28 mm einmal an, weil die Schichten II—III und III—IV schon etwas mehr als die Hälfte der Wassermenge (0,907 cbm) aufnehmen, so ergibt sich in ganz derselben Weise gerechnet die Wasserführung der Schicht I—II zu 0,399 cbm.

Um den Außendurchmesser $D_1{}^V$ zu erhalten, wie er dem Rest der Wassermenge $1,75 - 1,306 = 0,444$ cbm entspricht, schätzen wir auf Grund des Verlaufes der a_0 den Durchschnittswert von $\frac{a_0}{a_0 + s_0}$ für die etwa 30 mm breite Schichte IV—V und können hiermit die Gleichung

$$w_1 \sin \delta_1 \left[(D_1{}^V)^2 \frac{\pi}{4} - (D_1{}^{IV})^2 \frac{\pi}{4} \right] \cdot \frac{a_0{}^{IV-V}}{a_0{}^{IV-V} + s_0} = 0,444$$

nach $(D_1{}^V)^2 \frac{\pi}{4}$ auflösen. Es findet sich $D_1{}^V = 1,314$ m und demnach die erforderliche Schichtbreite λb_1 zu $\frac{1314-1260}{2} = \frac{54}{2} = 27$ mm, so daß die beiden Endschichten ungefähr gleiche λb_1 erhalten.

Die λb_2 am Austritt werden ganz wie bei den Radialturbinen aber natürlich jeweils für die betr. Schichtwassermenge bestimmt. Die Fig. 158 enthält unten das betr. Diagramm. Die Anwendung einer gekrümmten b_2-Linie bringt gut verlaufende Schichtlinien, die Schaufelenden sind dann allerdings nicht in Schraubenflächen, sondern in Kegelevolventen zu suchen, deren Kegelspitzen für die Innen-Schichtflächen des Beispieles nach abwärts, für die Außenschichtflächen nach aufwärts liegen (vgl. Schichtfl. I und V Fig. 158). Die Schichtfläche III hat gerade Schaufelenden.

Wollte man keine der Schichtflächen als Zylinderfläche anordnen, so ist dies nach dem Vorstehenden sehr einfach auszuführen. Im übrigen sei hiermit die Berechnung und Aufzeichnung der achsialen Reaktionsturbine beendet.

8. Der Einfluß der Winkelgröße β_1 und des Durchmesserfaktors $\varDelta$ auf die Gefälleaufteilung der äußeren radialen Reaktionsturbinen.

A. Die allgemeinen Verhältnisse.

Wir haben schon S. 48 u. f. gesehen, daß für die erwünschten kleinen Werte von α, durch Vergrößerung von β_1 die Geschwindigkeit des richtigen Nachfüllens für geradlinig fortschreitende Reaktionsgefäße beliebig gesteigert werden kann, ideell für $\beta_1 = 180^0$ auf $u_1 = \infty$, daß eine Verringerung von β_1 die betreffende Fortschreitegeschwindigkeit verkleinert.

Für die im Kreise angeordneten Reaktionsgefäße trifft dies ebenfalls zu, wie auch schon gezeigt.

Von wesentlichem Interesse für die tatsächlichen Ausführungen erscheint es nun, den Einfluß von β_1 und von $\varDelta$ in $D_2 = \varDelta D_1$, bzw. in $u_2 = \varDelta u_1$, auf die Gefälleaufteilung, wie diese durch die Größenbemessung der Querschnitte f_0, f_1, f_2 herbeizuführen ist, eingehender zu verfolgen.

Die Gleichung der Gefälleaufteilung für rotierende Gefäße bei stoßfreiem Nachfüllen findet sich auf S. 123 als

$$\frac{w_1{}^2}{2g} + \frac{u_1{}^2 - u_2{}^2}{2g} + \frac{v_2{}^2 - v_1{}^2}{2g} = H. \quad \ldots \quad \text{(318.)}$$

für den ideellen, und auf S. 130 als

$$\frac{w_1{}^2}{2g} + \frac{u_1{}^2 - u_2{}^2}{2g} + \frac{v_2{}^2 - v_1{}^2}{2g} = (1 - \varrho)H \quad \ldots \quad \text{(345.)}$$

für den tatsächlichen Betrieb.

Da u_1 mit β_1 wächst, so muß der Posten $\dfrac{u_1{}^2 - u_2{}^2}{2g} = C = \dfrac{u_1{}^2}{2g}(1 - \varDelta^2)$ bei gegebenem Gefälle H in der Gefälleaufteilung einen mit wachsendem β_1 steigenden Anteil von H beanspruchen, wogegen $\varDelta$ auf diesen Anteil einen entgegengesetzten Einfluß ausübt; je größer $\varDelta$, je mehr sich D_2 dem D_1 nähert, um so mehr verringert sich der Anteil von C bei der Gefälleaufteilung. Die beiden Größen β_1 und $\varDelta$ haben demnach bei ihrem Zunehmen entgegengesetzte Einwirkung auf die Gefälleaufteilung.

Es fragt sich nun, wie sich die Einwirkung von β_1 und $\varDelta$ auf die beiden anderen Aufteilungsposten, auf $\dfrac{w_1{}^2}{2g}$ und auf $\dfrac{v_2{}^2 - v_1{}^2}{2g}$, gestaltet.

1. Die Höhe $\dfrac{w_1{}^2}{2g}$.

Auf $\dfrac{w_1{}^2}{2g}$ hat lediglich β_1 eine Einwirkung, wie dies die Gleichung

$$w_1 = \frac{1}{\cos \delta_1} \sqrt{\frac{g\, \varepsilon\, H}{1 - \dfrac{\operatorname{tg} \delta_1}{\operatorname{tg} \beta_1}}} \quad \ldots \ldots \quad \text{(350.)}$$

deutlich ersehen läßt und wie dies auch die verschiedenen Ausführungsformen des Rechnungsbeispieles zeigen. Mit wachsender Größe von β_1 wird
w_1, also auch $\frac{w_1{}^2}{2g}$ abnehmen und umgekehrt. Ersichtlich ist dies auch aus

$$w_1 u_1 \cos \delta_1 = g \varepsilon H \ \ldots \ldots \ldots \ (348.)$$

denn da u_1 mit β_1 wächst, muß w_1 dadurch abnehmen, und da $u_2 = \varDelta u_1$
in diesen Beziehungen nicht auftritt, so ist ein Einfluß von $\varDelta$ auf w_1 nicht
vorhanden.

Wenn wir deshalb eine zeichnerische Aufstellung der Gefälleaufteilung
für veränderliche Werte von β_1 ausführen, so muß $\frac{w_1{}^2}{2g}$ darin nur von β_1
und, nach Gl. 350, außerdem von δ_1 abhängig auftreten. Wir nehmen aber
zu diesem Zwecke δ_1 konstant für alle möglichen Werte von β_1 an und,
um glatte Rechnung zu haben, sei $\delta_1 = 30^0$. Es mag ferner das aufzuteilende Gefälle 4 m wie in den Rechnungsbeispielen sein, dazu wie dort
$\varrho = 0,12.$[1]) Der Austrittsverlust α_2 hat bekanntlich auf die Gefälleaufteilung
überhaupt keinen Einfluß.

In der Aufteilungszeichnung Fig. 159 sind in der Höhenentfernung
$H = 4$ m die beiden Wasserspiegel $O.W.$ und $U.W.$, in $\varrho H = 0,48$ m ist die
Reibungsverlusthöhe (ϱ-Linie) vom $U.W.$ her angetragen (Maßstab etwa 1/30).
Wir nehmen die Linie des $U.W.$ als Achse und tragen nach beliebigem Verhältnismaßstab auf dieser die veränderlichen Größen von β_1 als Abszissen
auf, um in den Ordinaten jeweils die Summe der Aufteilungsgrößen
$\frac{w_1{}^2}{2g}$ usw. zwischen dem $O.W.$ und der ϱ-Linie zu erhalten.

Auf diese Weise entsteht zuerst einmal die von $\varDelta$ unabhängige —·—·—-Kurve
der $\frac{w_1{}^2}{2g}$, deren Ordinaten von oben, von $O.W.$ her angetragen sind. Die
Kurve hat für $\beta_1 = 180^0$ die Höhe $\frac{w_1{}^2}{2g} = 0$, d. h. sie schneidet dort die
$O.W.$-Linie. Dies gilt wegen tg $180^0 = 0$ für alle Werte von δ_1, nicht nur
für $\delta_1 = 30^0$. Sie hat ferner in der Senkrechten, die dem Wert $\beta_1 = \delta_1$
entspricht, eine Asymptote, weil hier der Nenner in Gl. 350 Null, also $w_1 = \infty$
wird. Ein Wendepunkt liegt in $\beta_1 = 90^0 + \delta_1$, d. h. hier in $\beta_1 = 120^0$.

2. Die Höhe $\frac{u_1{}^2 - u_2{}^2}{2g}$.

Das unterhalb der $\frac{w_1{}^2}{2g}$-Kurve liegende, bis an die ϱ-Linie reichende
Gefällestück wird unter die Größen $C = \frac{u_1{}^2 - u_2{}^2}{2g}$ und $\frac{v_2{}^2 - v_1{}^2}{2g}$ zu teilen
sein, und hier macht sich naturgemäß der Einfluß von $\varDelta$ geltend.

Zur Berechnung der Teilgröße C haben wir nach Gl. 349 einfach

$$\frac{u_1{}^2 - u_2{}^2}{2g} = \frac{u_1{}^2}{2g}(1 - \varDelta^2) = \frac{1 - \varDelta^2}{2} \cdot \varepsilon H \left(1 - \frac{\text{tg } \delta_1}{\text{tg } \beta_1}\right) \ \ . \ . \ \ \textbf{451.}$$

Der dritte Aufteilungsposten aber, im Betrage $\frac{v_2{}^2 - v_1{}^2}{2g}$, gibt zu einer
größeren Erörterung über den Einfluß von β_1 Anlaß.

---

[1]) Genau genommen wird ϱ für verschiedene β_1, also für verschiedene Schaufelformen, nicht gleich groß sein können, wir wollen dies aber einstweilen der Einfachheit halber außer acht lassen.

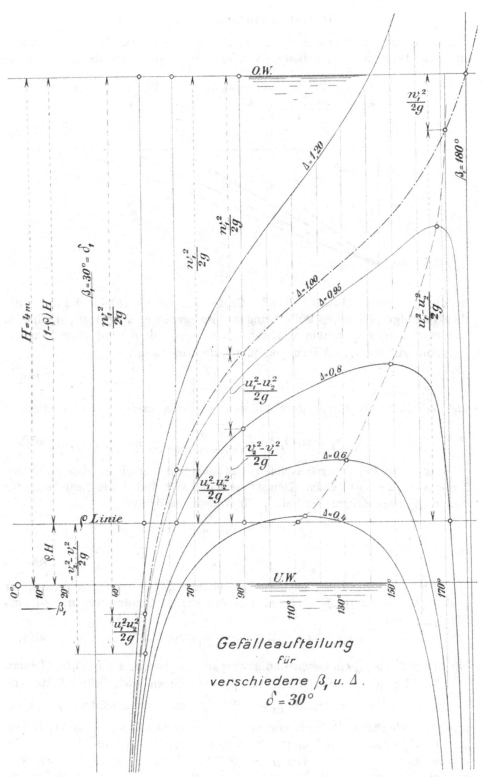

Fig. 159.

3. Die Geschwindigkeiten v_2 und v_1.

Nehmen wir zuerst v_2 allein vor. Wir wissen, daß bei $\delta_2 = 90^0$ und gleichbleibendem w_2 der Betrag von v_2 immer größer ist als u_2; es ist ja

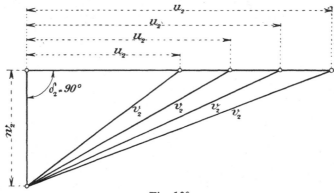

Fig. 160.

in diesem Falle $v_2{}^2 = w_2{}^2 + u_2{}^2$. Große u_2 (bei gleichbleibendem $\varDelta$ die direkte Folge von $\beta_1 \gtreqless 90^0$) bringen also große v_2 (Fig. 160), kleine u_2 bewirken kleine v_2, mithin wachsen die v_2 auch mit β_1 und umgekehrt.

Nun zu den v_1. Wir haben S. 46 die Gleichung

$$v_1 = u_1 \frac{\sin \delta_1}{\sin (\beta_1 - \delta_1)} \quad \cdots \cdots \cdots \quad (152.)$$

und erhalten aus dieser durch Einsetzen von u_1 nach Gl. 349 schließlich

$$v_1 = \sin \delta_1 \sqrt{\frac{g \varepsilon H}{\sin (\beta_1 - \delta_1) \sin \beta_1 \cos \delta_1}} \quad \cdots \cdots \quad \textbf{452.}$$

Aus den Rechnungsbeispielen läßt sich leicht ersehen, daß v_1 in der Nähe von $\beta_1 = 90^0$ einen Kleinstwert hat. Wir finden die Beziehung für den $v_{1\,min}$ zugehörigen Winkel β_1 für konstantes δ_1 aus

$$\frac{d}{d \beta_1} \left[\sin (\beta_1 - \delta_1) \sin \beta_1 \right] = 0$$

zu

$$\operatorname{tg} 2 \beta_1 = \operatorname{tg} \delta_1 \quad \cdots \cdots \cdots \quad \textbf{453.}$$

Der Natur der Dinge nach ist die Deutung $2 \beta_1 = \delta_1$ ausgeschlossen, der positive Wert von $\operatorname{tg} 2 \beta_1$ weist also in den dritten Quadranten und so muß für $v_{1\,min}$ sein

$$2 \beta_1 = 180^0 + \delta_1 \quad \text{oder} \quad \beta_1 = 90^0 + \frac{\delta_1}{2} \quad \cdots \cdots \quad \textbf{454.}$$

wir haben für $v_{1\,min}$ ein Geschwindigkeitsparallelogramm, wie es Fig. 161 zeigt.

Von dem gefundenen Winkelwert β_1 aus nehmen nach beiden Seiten die v_1 zu, so daß wir unterhalb $\beta_1 = 90^0 + \frac{\delta_1}{2}$ mit abnehmendem β_1 wachsende v_1, oberhalb aber mit zunehmendem β_1 ebenfalls wachsende v_1 haben.

Da δ_1 zwischen 20^0 und 30^0 zu liegen pflegt, so tritt also $v_{1\,min}$ im allgemeinen in der Nähe von $\beta_1 = 100^0$ bis 105^0 ein. So kommt es, daß Schnelläufer mit $\beta_1 > 90^0$ Werte von v_1 aufweisen, die nahe dem Kleinstwert liegen, daß Langsamläufer ($\beta_1 < 90^0$) stets große Werte von v_1 zeigen.

Es ist von Wichtigkeit, zu betonen, daß kleine v_1 die Größe $\varrho_2 H$ in erwünschter Weise beeinflussen, weil eben in jeder Wasserführung kleine

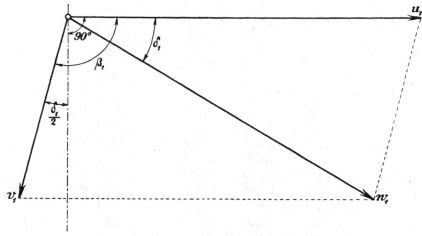

Fig. 161.

Fließgeschwindigkeiten auch kleine Reibungsverluste bringen, sie nehmen ab ungefähr mit $v_1{}^3$ (siehe die spätere Gl. 751), und so sind die Beträge von $\beta_1 = \sim 100^0$, was das Kleinhalten von $\varrho_2 H$ betrifft, denen von $\beta_1 \lesseqgtr 90^0$ überlegen.

4. Die Höhe $\dfrac{v_2{}^2 - v_1{}^2}{2\,g}$.

Wir bilden uns diese Differenz aus

$$\frac{v_2{}^2}{2\,g} = \frac{w_2{}^2 + u_2{}^2}{2\,g} = \alpha_2 H + \varDelta^2 \frac{u_1{}^2}{2\,g}$$

und aus der vorher angeführten Gl. 152 zu schließlich

$$\frac{v_2{}^2 - v_1{}^2}{2\,g} = \alpha_2 H + \frac{u_1{}^2}{2\,g}\left[\varDelta^2 - \frac{\sin^2\beta_1}{\sin^2(\beta_1 - \delta_1)}\right] \quad \ldots \quad \textbf{455.}$$

Für die Berechnung ist es bequemer, die Größe u_1 nach Gl. 349 hierin nicht einzuführen.

5. Die $\varDelta$-Kurven und die Höhe $\dfrac{v_2{}^2 - v_1{}^2}{2\,g}$.

Die Gl. 455 zeigt den Einfluß von $\varDelta$ auf $\dfrac{v_2{}^2 - v_1{}^2}{2\,g}$. Um diesen in der Fig. 159 richtig zeigen zu können, ist es am besten, die Teilung des Gefällrestes in $\dfrac{u_1{}^2 - u_2{}^2}{2\,g}$ und $\dfrac{v_2{}^2 - v_1{}^2}{2\,g}$ in der Weise durchzuführen, daß wir für beliebig anzunehmende konstante Größen von $\varDelta$ jeweils die β_1 variieren lassen. Wir tragen dann, von der $\dfrac{w_1{}^2}{2\,g}$-Kurve ausgehend, gegen abwärts die Werte von $\dfrac{u_1{}^2 - u_2{}^2}{2\,g}$ auf. Auf diese Art erhalten wir die $\varDelta$-Kurven, welche in ihrem ganzen Verlauf über sich bis zur $\dfrac{w_1{}^2}{2\,g}$-Kurve die Strecke $\dfrac{u_1{}^2 - u_2{}^2}{2\,g}$ lassen und von denen abwärts bis zur ϱ-Linie die $\dfrac{v_2{}^2 - v_1{}^2}{2\,g}$ zählen.

Da es von Interesse ist, die Berechnung der $\varDelta$-Kurven näher zu verfolgen, so sei hier beispielsweise die Tabelle für die Kurve $\varDelta = 0,8$, in den

Daten der Fig. 159 beigegeben. Zu bemerken ist nur noch daß, ebenfalls wie in den Zahlenbeispielen, $\alpha_2 = 0{,}06$ in Gl. 455 angesetzt worden ist.

β_1	$\dfrac{w_1{}^2}{2g}$	$\dfrac{u_1{}^2 - u_2{}^2}{2g}$	$\dfrac{v_2{}^2 - v_1{}^2}{2g}$	
40^0	7,010	0,183	$-3{,}673$	
50^0	4,240	0,307	$-1{,}027$	
60^0	3,280	0,393	$-0{,}153$	
70^0	2,770	0,466	0,284	
80^0	2,435	0,529	0,556	
90^0	2,185	0,590	0,745	
100^0	1,984	0,649	0,887	
110^0	1,804	0,718	0,998	
120^0	1,637	0,788	1,095	
130^0	1,470	0,877	1,173	
140^0	1,283	0,987	1,250	
150^0	1,093	1,183	1,244	
160^0	0,846	1,526	1,148	
170^0	0,511	2,522	0,487	

Quersumme jedesmal $(1 - \varrho) H = 0{,}88 \cdot 4 = 3{,}52$ m

Die Fig. 159 enthält die $\varDelta$-Kurven für Werte von $\varDelta = 0{,}4$, $0{,}6$ usw. bis $1{,}2$. Die Kurve für $\varDelta = 1$ muß notwendig mit der $\dfrac{w_1{}^2}{2g}$-Kurve zusammenfallen.

In der Nähe des Wertes $\beta_1 = 90^0$ bleibt zwischen der betreffenden $\varDelta$-Kurve und der ϱ-Linie, wie ohne weiteres ersichtlich, die positiv zählende Höhe $\dfrac{v_2{}^2 - v_1{}^2}{2g}$ übrig. Mit ab- oder zunehmenden β_1 aber wird sich die $\varDelta$-Kurve, je nach der Größe von $\varDelta$, früher oder später der ϱ-Linie nähern, diese schneiden und noch unterhalb derselben weiter laufen. Solche Verhältnisse liegen durchaus im Bereiche der Möglichkeit.

Für die Kurven unterhalb $\varDelta = 1$ finden zwei Schnitte mit der ϱ-Linie statt, vergl. die Kurve für $\varDelta = 0{,}95$ (Fig. 159), bei größeren Werten von $\varDelta$ nur einer, vergl. die Kurve für $\varDelta = 1{,}2$.

Die Bedeutung der Schnittpunkte erhellt aus folgendem: Da die $\dfrac{u_1{}^2 - u_2{}^2}{2g}$ abwärts von $\dfrac{w_1{}^2}{2g}$ aufgetragen sind und da die positiven Werte von $\dfrac{v_2{}^2 - v_1{}^2}{2g}$ wieder abwärts von der $\varDelta$-Kurve, vom Ende der $\dfrac{u_1{}^2 - u_2{}^2}{2g}$ bis zur ϱ-Linie zählen, so ist klar, daß dem Schnittpunkt einer $\varDelta$-Kurve mit der ϱ-Linie der Wert $\dfrac{v_2{}^2 - v_1{}^2}{2g} = \text{Null}$ angehört. Dies spricht aus, daß für den dem Schnittpunkt entsprechenden Winkel β_1 und für den betreffenden Wert von $\varDelta$ die relativen Geschwindigkeiten v_2 und v_1 einander gleich sein müssen. Es ist an dieser Stelle die ganze Höhe $(1 - \varrho) H$ für $\dfrac{w_1{}^2}{2g}$ und $\dfrac{u_1{}^2 - u_2{}^2}{2g}$ verbraucht worden.

Für Punkte einer $\varDelta$-Kurve, die unterhalb der ϱ-Linie liegen, sind dann die Verhältnisse so beschaffen, daß für $\dfrac{w_1{}^2}{2g} + \dfrac{u_1{}^2 - u_2{}^2}{2g}$ mehr als $(1 - \varrho) H$ erforderlich ist, und daß dieser Mehrverbrauch an Druckhöhe gedeckt werden muß dadurch, daß andererseits v_1 auf v_2 verzögert wird, d. h. daß v_2 kleiner ausfallen muß als v_1, die Höhe $\dfrac{v_2{}^2 - v_1{}^2}{2g}$ wird negativ (Tabelle β_1

$= 40^0$ bis 60^0), sie zählt deshalb von der $\varDelta$-Kurve gegen aufwärts bis zur ϱ-Linie.

Nun haben wir früher gesehen, daß das tätige Drehmoment sich für Reaktionsturbinen im allgemeinen aus drei Summanden zusammensetzt, aus $M_C + M_R + M_u$.

Je nach dem Grade der Schaufelkrümmung wird M_C mehr oder weniger von Bedeutung sein.

M_R wird sich nur dann im mithelfenden Sinne entwickeln können, wenn durch die Vergrößerung der Geschwindigkeit v_1 auf v_2 eine Reaktionskraft im Sinne der Drehrichtung zustande kommt. Wenn nun $v_2 = v_1$ ist, so bleibt M_R aus, und wenn gar v_2 kleiner wird als v_1, so entsteht ein $- M_R$, ein Moment der umgekehrt gerichteten Reaktionskräfte, das also nicht treibend, sondern hemmend wirkt. Das ist nun natürlich nicht so zu verstehen, als ob dadurch die ideelle Außenleistung der Turbine geringer würde, denn in diesem Fall treten M_C und besonders M_u durch größere Beträge in die Lücke ein, aber es ist für den tatsächlichen Betrieb unter solchen Verhältnissen eben auch wieder die Verzögerung von v_1 auf v_2 zu fürchten, die der Wirbelbildungen halber ganz ungemein gefälleverbrauchend auftreten muß.

Die M_u sind bei der äußeren Radialturbine für alle diejenigen Schichten positiv, die $\varDelta < 1$ besitzen; daß aber trotzdem sogar für diese der Gefällebedarf für $\dfrac{w_1{}^2}{2g} + \dfrac{u_1{}^2 - u_2{}^2}{2g}$ höher anwachsen kann, als das gesamte Gefälle beträgt, zeigt ein Blick auf die Fig. 159 oder in die Tabelle S. 250, es ist für sämtliche β_1 und $\varDelta$ der Fall, die eben $\dfrac{v_2{}^2 - v_1{}^2}{2g}$ negativ besitzen.

Solche Betriebsverhältnisse, die mathematisch unanfechtbar richtig sind, sind für die Praxis verfehlt aus den eben angegebenen Gründen und es kann nicht ernstlich genug darauf hingewiesen werden, daß bei sonst anscheinend durchaus geordneten Verhältnissen die Möglichkeit von $v_2 < v_1$ vorliegen kann und beseitigt werden sollte (vergl. S. 278 u. f.).

Daß die großen Werte von $\varDelta$ hier weniger bedenklich sind als die kleinen, daß also Laufräder mit großen D_2, aber immer noch kleiner als D_1, der gefährlichen Grenze ferner liegen, ist aus Fig. 159 deutlich zu ersehen. Die Kurve für $\varDelta = 0{,}4$ dagegen erhebt sich überhaupt kaum über die ϱ-Linie. Die Kurve mit $\varDelta = 1$ entspricht auch der Mittelschichte einer Achsialturbine.

Von Interesse ist noch die Winkelgröße β_1, bei der $\dfrac{v_2{}^2 - v_1{}^2}{2g}$ einen Höchstwert erreicht, und der Betrag dieses Höchstwertes.

Wir setzen in Gl. 455 noch die Beziehung für u_1 nach Gl. 349 ein und erhalten damit

$$\frac{v_2{}^2 - v_1{}^2}{2g} = \alpha_2 H + \frac{\varepsilon H}{2}\left(1 - \frac{\operatorname{tg}\delta_1}{\operatorname{tg}\beta_1}\right)\left(\varDelta^2 - \frac{\sin^2\beta_1}{\sin^2(\beta_1 - \delta_1)}\right) \quad \cdot \quad \cdot \quad \mathbf{456.}$$

Es wird zweckmäßig dann $\left(1 - \dfrac{\operatorname{tg}\delta_1}{\operatorname{tg}\beta_1}\right)$ durch den gleichwertigen Ausdruck $\dfrac{\sin(\beta_1 - \delta_1)}{\sin\beta_1 \cos\delta_1}$ ersetzt, und nach Differentiation erhalten wir aus

$$\frac{d}{d\beta_1}\left(\frac{v_2{}^2 - v_1{}^2}{2g}\right) = 0$$

schließlich

$$\operatorname{tg}\beta_1 = \frac{\sin\delta_1}{\cos\delta_1 - \dfrac{1}{\sqrt{1-\mathit{\Delta}^2}}} \quad \ldots \ldots \quad \textbf{457.}$$

zur Bestimmung der Winkelgröße β_1 bei gegebenen $\mathit{\Delta}$ und δ_1, bei welcher $\dfrac{v_2{}^2 - v_1{}^2}{2g}$ den Höchstwert erreicht.

Der Höchstwert selber findet sich durch Einsetzen von $\operatorname{tg}\beta_1$ nach Gl. 457 in Gl. 456 zu

$$\left(\frac{v_2{}^2 - v_1{}^2}{2g}\right)_{max} = H\left[1 - \varrho - \frac{\varepsilon}{\cos\delta_1}\sqrt{1-\mathit{\Delta}^2}\right] \quad \ldots \quad \textbf{458.}$$

Für die Kurve mit $\mathit{\Delta} = 0{,}8$ ergibt sich aus diesen Gleichungen

$$\left(\frac{v_2{}^2 - v_1{}^2}{2g}\right)_{max} = 1{,}248 \text{ m}$$

und der zugehörige Winkel $\beta_1 = 148^0$ (vergl. Fig. 159).

Die Höchstwerte steigen mit zunehmendem $\mathit{\Delta}$ und rücken immer mehr gegen $\beta_1 = 180^0$ hin, wie dies die Fig. 159 erkennen läßt, in welcher die Höchstwerte durch eine ———-Kurve verbunden sind.

Nach Diesem sind nunmehr als besonders wichtig die Verhältnisse zu besprechen, die durch die Schnittpunkte einer $\mathit{\Delta}$-Kurve mit der ϱ-Linie charakterisiert sind, sowie auch diejenigen des Schnittpunktes der $\dfrac{w_1{}^2}{2g}$-Kurve mit der ϱ-Linie.

6. Die Schnittpunkte der $\mathit{\Delta}$-Kurven mit der ϱ-Linie.

Im Schnittpunkt ist zweifellos $\dfrac{v_2{}^2 - v_1{}^2}{2g} = 0$, also $v_2 = v_1$.

Disponieren wir also durch die Wahl von β_1 und $\mathit{\Delta}$ bei angenommenem δ_1 so, daß der Schnitt eintritt, so haben wir dadurch auf eine Änderung der v verzichtet, es wird $M_R = 0$ sein und die Momentbildung durch M_C und M_u allein erfolgen.

Aus der Gefälleaufteilung im Schnittpunkt sehen wir daß einfach, wie schon erwähnt, beim tatsächlichen Betrieb sein muß

$$\frac{w_1{}^2}{2g} + \frac{u_1{}^2 - u_2{}^2}{2g} = \frac{w_1{}^2}{2g} + \frac{u_1{}^2}{2g}(1-\mathit{\Delta}^2) = (1-\varrho)H \quad \ldots \quad \textbf{459.}$$

und hieraus folgt

$$w_1 = \sqrt{2g(1-\varrho)H - (u_1{}^2 - u_2{}^2)} = \sqrt{2g(1-\varrho)H - u_1{}^2(1-\mathit{\Delta}^2)} \quad \textbf{460.}$$

Für bestimmte Werte von $\mathit{\Delta}$ und δ_1 ergibt sich die Lage des Schnittpunktes, d. h. also die zugehörige Größe von β_1, indem wir einfach in Gl. 459 die allgemeinen Ausdrücke für w_1 und u_1 nach den Gl. 350 und 349 einsetzen und nach $\operatorname{tg}\beta_1$ auflösen. Aus

$$\frac{1}{2g}\left[\frac{1}{\cos^2\delta_1}\cdot\frac{g\varepsilon H}{1-\dfrac{\operatorname{tg}\delta_1}{\operatorname{tg}\beta_1}} + g\varepsilon H\left(1 - \frac{\operatorname{tg}\delta_1}{\operatorname{tg}\beta_1}\right)(1-\mathit{\Delta}^2)\right] = (1-\varrho)H$$

folgt zuerst einmal

$$1 - \frac{\operatorname{tg}\delta_1}{\operatorname{tg}\beta_1} = \frac{1-\varrho}{\varepsilon(1-\mathit{\Delta}^2)} \pm \sqrt{\frac{(1-\varrho)^2}{\varepsilon^2(1-\mathit{\Delta}^2)^2} - \frac{1}{\cos^2\delta_1(1-\mathit{\Delta}^2)}} \quad \cdot \quad \textbf{461.}$$

und daraus schließlich, unabhängig von H,

$$\operatorname{tg}\beta_1 = \frac{\sin\delta_1 \cdot \varepsilon(1-\mathit{\Delta}^2)}{-\cos\delta_1 \cdot (\alpha_2 + \mathit{\Delta}^2\varepsilon) \pm \sqrt{(1-\varrho)^2\cos^2\delta_1 - \varepsilon^2(1-\mathit{\Delta}^2)}} \quad \cdot \quad \textbf{462.}$$

Die Beziehung vereinfacht sich natürlich bei Einsetzen der Zahlenwerte α_2, ϱ, ε, $\varDelta$ sofort ganz wesentlich.

Für $\varDelta = 0,8$ bei $\alpha_2 = 0,06$ und $\varrho = 0,12$ ergeben sich die Werte $\operatorname{tg} \beta_1 = 1,9575$ und $-0,1355$, dementsprechend die Winkel selbst zu $\beta_1 = 62^0\,55'$ und $\beta_1 = 172^0\,20'$ (vergl. die Schnittpunkte Fig. 159).

Sämtliche $\varDelta$-Kurven mit Werten unter $\varDelta = 1$ haben, wie schon erwähnt, je zwei Schnittpunkte mit der ϱ-Linie, die Verhältnisse $v_2 = v_1$ können also bei gleichen Werten von α_2, ϱ und $\varDelta$ je für einen spitzen und für einen stumpfen Winkel β_1 auftreten. Daß ϱ und deshalb auch ε in beiden Fällen nicht ganz gleich ausfallen wird, liegt auf der Hand, denn die Widerstände der Reaktionsgefäße, $\varrho_2 H$, werden in beiden Fällen nicht dieselben sein. In diesem Sinne ist die frühere Bemerkung von den gleichen Werten von $\varrho_2 H$ aufzufassen.

Da für $v_2 = v_1$ noch eine Druckhöhe $\frac{u_1{}^2 - u_2{}^2}{2g}$ zwischen Ein- und Austritt des Laufrades besteht (Fig. 159), so werden die Wasserteilchen an den Wänden der Reaktionsgefäße, obgleich keine Reaktionskraft mehr entwickelt wird, doch noch hydraulischen „Schluß" haben.

7. Der Schnitt der $\frac{w_1{}^2}{2g}$-Kurve mit der ϱ-Linie.

Eine Turbine kann derart entworfen sein, daß das ganze Gefälle $(1 - \varrho) H$ für w_1 in Anspruch genommen werden soll und daß dabei $\varDelta < 1$ genommen ist. Dies bedeutet, daß unter solchen Umständen

$$\frac{u_1{}^2 - u_2{}^2}{2g} + \frac{v_2{}^2 - v_1{}^2}{2g} = 0 \quad \ldots \ldots \quad \textbf{463.}$$

ist, d. h. hier muß $\frac{v_2{}^2 - v_1{}^2}{2g}$ negativ sein, es wird $v_2 < v_1$ ausfallen müssen.

Der Winkel β_1, unter dem dies für gegebenen Wert von δ_1, ϱ und ε zu erwarten ist, findet sich ohne weiteres mit Hilfe von Gl. 350 aus

$$\frac{w_1{}^2}{2g} = (1 - \varrho) H = \frac{1}{2g} \cdot \frac{1}{\cos^2 \delta_1} \cdot \frac{g \varepsilon H}{1 - \dfrac{\operatorname{tg} \delta_1}{\operatorname{tg} \beta_1}} \quad \ldots \quad \textbf{464.}$$

zu

$$\operatorname{tg} \beta_1 = \frac{(1 - \varrho) \sin \delta_1 \cos \delta_1}{(1 - \varrho) \cos \delta_1 - \dfrac{\varepsilon}{2}} \quad \ldots \ldots \quad \textbf{465.}$$

natürlich unabhängig von $\varDelta$.

(Für sehr kleine Größen von α_2 geht dies über in $\operatorname{tg} \beta_1 = 2 \operatorname{tg} \delta_1$ oder auch in $\beta_1 = 2 \delta_1$.)

Führen wir β_1 nach vorstehendem aus, so haben wir an der Stelle „1" keinen Drucküberschuß mehr zu erwarten, genau genommen allerdings noch den Druck, der als Teil von ϱH durch $(\varrho_2 + \varrho_3 + \varrho_4) H$ erst durch die Reibungswiderstände auf dem Wege bis zum Unterwasser vollends vernichtet wird. Hier wird das Wasser im Übrigen nach Art der Strahlturbinen arbeiten, es ist M_C tätig, M_u, auch M_V, wie bei den Strahlturbinen, denn es muß hier v_1 nach Maßgabe des Hereinrückens auf kleinere Durchmesser schließlich auf v_2 verzögert werden.

Solange hierbei Reaktionsgefäße in Verwendung sind, so lange wird der Druck der Atmosphäre sich bemerkbar machen; er wird in gewissem

Bereich unabhängig von der Höhenlage der Turbine zu $O.W.$ und $U.W.$ das Wasser zwingen wollen, die gegebenen Gefäßquerschnitte ganz auszufüllen, während dieses andererseits eigentlich sich selbst überlassen sein sollte, damit sich die v entsprechend der alsdann maßgebenden Gl. 291 (S. 109) ausbilden können, da keine hydraulische Druckhöhe mehr zur Erzwingung der v vorhanden ist.

Aus diesem Widerstreit müssen sich notwendig Unregelmäßigkeiten in der Wasserströmung durch die Reaktionsgefäße ergeben, denn es ist schwierig, deren Querschnitte so einzurichten, daß tatsächlich überall der Gl. 291, die mit Gl. 463 identisch ist, Genüge geleistet wird, ohne daß an der einen oder anderen Stelle des Gefäßes zwischenhinein die verlustreiche Umsetzung von Geschwindigkeit in Druckhöhe und umgekehrt sich einstellt.

Man wird deshalb, sofern überhaupt ein Bedürfnis nach kleinen u_1, d. h. nach spitzen β_1 vorliegt, gut tun, die Verzögerung nicht bis zum Schnittpunkt der $\frac{w_1^2}{2g}$-Kurve mit der ϱ-Linie zu treiben, sondern beim Schnitt der $\varDelta$-Kurve mit der ϱ-Linie Halt zu machen, um den „Schluß" zwischen Wasser und Gefäßwand nicht nur der Atmosphäre überlassen zu müssen.

B. Die sogenannten Grenzturbinen.

Der Name und Begriff kommt aus dem Achsialturbinenbau, er soll zuerst für die Achsialturbine festgestellt werden und ist im späteren für die Radialturbinen entsprechend auszulegen.

1. Die achsiale Grenzturbine.

Die Achsialturbine mit symmetrischem Kranzquerschnitt, $D_2{}^m = D_1{}^m$, hat für die Mittelschichtfläche $\varDelta = 1$, und deren Gefälleaufteilung ist, den verschiedenen Größen von β_1 entsprechend für $\delta_1 = 30^0$, ohne weiteres durch die $\frac{w_1^2}{2g}$-Kurve der Fig. 159 gegeben, wie schon oben bemerkt. Für diese Mittelschicht der Achsialturbine mit stehender Welle (Saugrohr oder Eintauchen ins $U.W.$) gibt es deshalb eine scharfe Grenze, bei der die Reaktionswirkung aufhört: den Schnittpunkt der $\frac{w_1^2}{2g}$-Kurve mit der ϱ-Linie; es gilt dabei

$$\frac{w_1^2}{2g} = (1 - \varrho) H \quad . \quad . \quad . \quad . \quad . \quad . \quad \textbf{(464.)}$$

Hier wird, weil für $\varDelta = 1$ die Höhe $\frac{u_1^2 - u_2^2}{2g} = 0$ ist, auch $\frac{v_2^2 - v_1^2}{2g} = 0$, d. h. $v_2 = v_1$, die Momentbildung erfolgt hier rein nur durch die Zentrifugalkräfte der Ablenkung; M_C ist allein tätig, M_R und M_u sind Null, Reaktionskräfte sind nicht vorhanden.

Bei kleineren Gefällen wird die Radhöhe h_r im allgemeinen größer sein als die Widerstandshöhe des Laufrades, $\varrho_2 H$.

Legen wir nun die eben geschilderte Achsialturbine für $\frac{w_1^2}{2g} = (1 - \varrho) H$ mit stehender Welle in der Höhenlage so, daß die Laufradunterkante gerade das Unterwasser berührt (Fig. 162 links), so bedarf es keines Saugrohres, die Räume der einzelnen Reaktionsgefäße vermitteln, ihrerseits als Saugrohre wirkend, die Verbindung zwischen Ober- und Unterwasser und es würden

die v ohne Änderung der Größe von v_1 nach v_2 übergehen, sofern die Gefäßquerschnitte des Laufrades durchweg gleichgroß aufgeführt sind und
der Kranzspalt dicht ist, was beides ideell ja zugegeben werden kann.
Das ganze Gefälle, abzüglich der Reibungsverluste, also $(1 - \varrho)\,H$, ist
zur Bildung von w_1 verwendet, wir sind auf der Grenze der Reaktionstätig-
keit angelangt und dürfen deshalb von „Grenzturbine" sprechen.

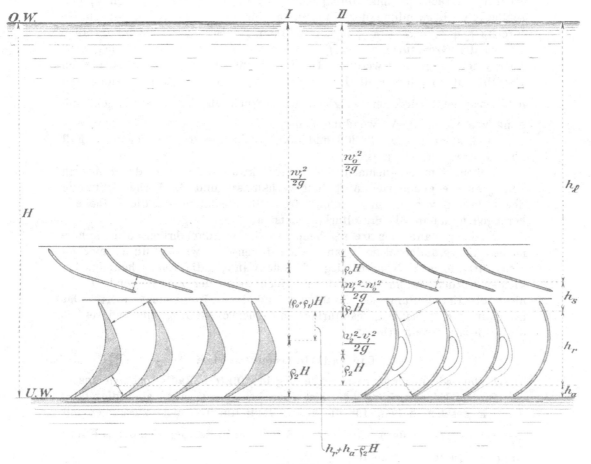

Fig. 162.

Der Übergang zur eigentlichen Strahlturbine vollzieht sich dann allerdings doch noch mittelst eines kleines Sprunges.

Die achsiale Strahlturbine entsteht aus dieser Grenzturbine nicht nur
dadurch, daß man nun einfach nur die Schaufelrücken wegnimmt (Fig. 162
rechts) und der Atmosphäre den Zutritt zu den Zellen freigibt.

Die Umstände liegen für die Grenzturbine wie folgt: Die Gefällaufteilung ist durch

$$H = \frac{w_1^2}{2g} + (\varrho_0 + \varrho_1)\,H + \varrho_2 H = \frac{w_1^2}{2g} + \varrho H$$

gegeben, wie dies in Fig. 162 unter I eingezeichnet ist. Jeder Laufradkanal
wirkt wie ein Saugrohr und deshalb wird aus der für den Laufradbetrieb
nicht benötigten Strecke $h_r + h_a - \varrho_2 H$ der zu $(\varrho_0 + \varrho_1)\,H$ fehlende Teil
gedeckt.

Nun leiten wir den Gefäßräumen Luft zu und nehmen die Schaufelrücken weg. Der Fortfall der Schaufelrücken vermindert die Größe von
$\varrho_2 H$, denn es ist weniger reibende Fläche da als vorher, aber die Nutzbar-
machung der verfügbaren freien Strecke $h_r + h_a - \varrho_2 H$ zur Leistung eines
Teiles von $(\varrho_0 + \varrho_1) H$ ist jetzt unmöglich geworden, da die Zellen nicht
mehr als Saugrohre arbeiten, und weil h_a überhaupt für die Turbine nicht
mehr in Betracht kommt. Infolgedessen ist für die Erzeugung von w_1 einschließlich Überwindung der Widerstände bis zur Stelle „1" nur noch die
Strecke $h_l + h_s = H - (h_r + h_a)$ zur Verfügung, also muß w_1 kleiner ausfallen
als bei der Grenzturbine. Die $f_0 = a_0 b_0$ müssen für die Strahlturbine gegenüber jener vergrößert werden. Die Gefälleaufteilung vollzieht sich nach
Fig. 162 unter II, indem die Höhe h_r, die nur zum Teil für den Widerstand
$\varrho_2 H$ verbraucht wird, im übrigbleibenden Stück als $\dfrac{v_2{}^2 - v_1{}^2}{2g}$ zur Beschleunigung von v_1 auf v_2 Verwendung findet.

(Vgl. auch S. 119, Gl. 308 und 309, worin für den vorliegenden Fall
aber $u_1 = u_2$ zu setzen ist.)

Neben dem Wegnehmen der Gefäßrückwände hat also das Anpassen
von f_0 an die geänderten Aufteilungsverhältnisse und die Berücksichtigung
der Änderung von v_1 auf v_2 infolge freien Herabsinkens um die Radhöhe h_r
herzugehen, damit die Strahlturbine entsteht.

Nachher kann der freigegebene Strahl der nunmehrigen Ablenkungsfläche mit veränderlichem v auf seiner Innenseite wieder durch eine an
diese Strahlform sich anschmiegende Rückwand, „die Rückschaufel", be-
kleidet werden, damit bei etwaigem Hochwasser der hochsteigende *U. W.*
nicht die Entwicklung der Strahlform und der *X*-Komponente stört. Das
ist dann die achsiale „Strahlturbine mit Rückschaufeln", ein anderes als
die „achsiale Grenzturbine".

2. Die radiale Grenzturbine.

Bilden wir uns nun ebenso die Begriffe für die Radialturbinen aus.

Die Reaktionswirkung hört hier auch bei $v_2 = v_1$ auf, aber dies fällt,
wie wir gesehen haben, für die äußere Radialturbine nicht zusammen mit
$\dfrac{w_1{}^2}{2g} = (1 - \varrho) H$, sondern tritt schon im Schnittpunkt der betreffenden $\varDelta$-Kurve
mit der ϱ-Linie ein, also für

$$\frac{w_1{}^2}{2g} + \frac{u_1{}^2 - u_2{}^2}{2g} = (1 - \varrho) H \quad \ldots \ldots \quad \textbf{(459.)}$$

Hier liegt die „radiale Grenzturbine", wenn wie vorher auch die Grenze
durch das Aufhören der Reaktionskräfte im Schaufelgefäß bezeichnet
werden will.

Ein Winkelwert β_1 kleiner als dem Schnitt der $\varDelta$-Kurve, der radialen
Grenzturbine entspricht, aber immer noch größer als der, bei dem die
$\dfrac{w_1{}^2}{2g}$-Kurve die ϱ-Linie schneidet, bringt folgende Verhältnisse der Gefälle-
aufteilung: Es ist noch ein Teilbetrag an Druckhöhe für die Überwindung
von $\dfrac{u_1{}^2 - u_2{}^2}{2g}$ vorhanden, aber nicht mehr der volle Betrag, wie dies am
Schnittpunkt der $\varDelta$-Kurve noch der Fall gewesen. Infolgedessen wird zur
Überwindung der Zentrifugaldifferenz noch die Verzögerung von v_1 auf v_2
mit herangezogen, die für das fehlende Stück aufzukommen hat. Hier tritt

M_V auf, aber doch noch nicht in dem vollen Betrage, wie er dem Strahl an der Ablenkungsfläche zukäme. Wir haben keine Reaktionsturbine mehr, sofern wir arbeitende Reaktionskräfte des strömenden Wassers hierzu als nötig ansehen, und doch noch keine Turbine mit freier Strahlentwicklung.

Erst im Schnitt der $\frac{w_1^2}{2g}$-Kurve mit der ϱ-Linie hat der Überschuß an Druckhöhe für die Stelle „1" ganz aufgehört, die Gegenwirkung gegen $\frac{u_1^2 - u_2^2}{2g}$ wird vollständig aus der Verzögerung von v_1 auf v_2 bestritten, M_V ist voll entwickelt, die Strahlturbine ist da. Jetzt könnten sogar die Schaufelrücken wegbleiben, sofern eine Gewähr dafür bestände, daß die Schaufelräume mit Luft erfüllt sind.

Die Strahlturbine ohne oder mit Rückschaufeln ist für radiale Anordnung mit stehender Welle und zylindrischen Radschaufelflächen (Fig. 103) nicht recht ausführbar insofern, als für die verschiedenen Schichten von $b_0 = b_1$ verschiedene Druckhöhen zur Verfügung stehen, die w_1 werden sich in den oberen Schichten kleiner zeigen, als in den unteren. Wir haben also streng genommen die β_1 zwischen oben und unten zu variieren, was aber meist vernachlässigt werden darf, weil die radiale Strahlturbine nur noch für hohe Gefälle in Betracht kommt, bei denen der Unterschied zwischen den w_1 oben und unten, der verhältnismäßig geringen Höhe von b_1 wegen, ganz verschwindet. Wie schon früher gesagt, werden zudem nur noch innere radiale Strahlturbinen gebaut und zu Rückschaufeln ist bei hohen Gefällen ohnedem kein Anlaß.

Betrachten wir die Schaufelformen der Laufräder mit spitzen β_1, so fällt uns gegenüber denjenigen mit rechten oder stumpfen Winkeln die überaus scharfe Krümmung der Gefäßräume auf. Wir haben weiter gesehen, daß die v_1 mit abnehmendem β_1 wachsen. Dies sind zwei Umstände, die die Widerstandshöhe der Gefäßräume, die $\varrho_2 H$, sehr steigern gegenüber den Formen mit $\beta_1 \gtrless 90^0$. Nehmen wir dazu, daß die mit kleinerem β_1 wachsenden w_0 und w_1 in den Leitschaufeln auch größere Verluste bedingen, so ist es begreiflich, daß man von der Verwendung kleiner β_1 fast ganz abgekommen ist und davon nur noch gewissermaßen im Notfalle Gebrauch macht, wenn eben bei hohen Gefällen das Bedürfnis nach Ermäßigung der Umfangsgeschwindigkeit unabweisbar wird. Aber auch dann sollte über

$$w_1 = \sqrt{2g(1 - \varrho)H - u_1^2(1 - \Delta^2)} \quad \ldots \quad \textbf{(460.)}$$

nicht hinausgegangen werden.

Ein besonderer Umstand ist noch zu erwähnen. Die kreisförmig gekrümmten Gefäße haben die Erscheinungen des kreisenden Wassers mit $v \cdot r =$ Konst. usw., wobei eben r der jeweilige Krümmungsradius des Wasserfadens in der Schaufelzelle ist. Ist die Krümmung stark, so wächst, wie in jedem anderen Krümmer auch, die Widerstandshöhe rapid, dazu kommt aber noch die Gefahr des Eintretens beschränkter Kontinuität (S. 86 u. f., Fig. 72), nachdem vorher in den r_i-Radien vielleicht schon die disponible hydraulische Druckhöhe zur Erzeugung der v_i längst aufgebraucht war.

Wenn also die Formgebung für $\beta_1 < 90^0$ in Taf. 4 dennoch besprochen werden wird, so geschieht dies der Vollständigkeit halber und weil da und dort noch einmal das Bedürfnis danach eintreten wird, nicht aber weil diese Form hinsichtlich Leistungsfähigkeit den Winkeln $\beta_1 \gtrless 90^0$ an die Seite gestellt werden könnte.

Wir haben für $\beta_1 < 90^0$ mit Werten von ϱ bis 0,2 und mehr zu rechnen.

Zu alledem kommt noch der unliebsame Umstand, daß die stark gekrümmten Gefäßräume sich durch Zweige, kleine Holzstücke und dergl., wie sie eben das Betriebswasser mit sich führt, leicht verstopfen und dadurch zu Minderleistung der Turbine, Betriebsstörungen usw. Anlaß geben.

C. Der Reaktionsgrad.

Vielfach findet sich in der rechnerischen Behandlung von Turbinenverhältnissen die Bezeichnung „Reaktionsgrad".

Als solcher gilt das Verhältnis der nach Erzeugung von w_1 noch übrigen Gefällstrecke zum ganzen Gefälle, nach unserer Bezeichnung also der Bruch $\dfrac{H - \dfrac{w_1^2}{2g}}{H}$, besser wohl

$$\frac{(1-\varrho)\,H - \dfrac{w_1^2}{2g}}{(1-\varrho)\,H} = 1 - \frac{w_1^2}{2g} \cdot \frac{1}{(1-\varrho)\,H} \quad \cdots \quad \textbf{466.}$$

Es wird von Abwesenheit der Reaktion, Reaktionsgrad Null, gesprochen, wenn der Ausdruck Null ist.

Wir haben gesehen, daß die Entwicklung arbeitender Reaktionskräfte bei den radialen Grenzturbinen schon früher als bei $\dfrac{w_1^2}{2g} = (1-\varrho)\,H$ aufgehört hat, die wegen $(1-\varrho)\,H = \dfrac{w_1^2}{2g} + \dfrac{u_1^2 - u_2^2}{2g}$ immer noch einen sogenannten Reaktionsgrad $\dfrac{u_1^2 - u_2^2}{2g} \cdot \dfrac{1}{(1-\varrho)\,H}$ aufweisen, also nicht allenfalls den Reaktionsgrad Null besitzen.

Es lassen sich außerdem nach Fig. 159 für die verschiedenen Werte von $\varDelta$ in den Schnittpunkten der $\varDelta$-Kurven mit der ϱ-Linie eine ganze Reihe von β_1-Größen direkt ablesen, die sämtlich ohne arbeitende Reaktionskräfte auftreten und trotzdem sogar ganz verschiedene Verhältnisse von $\dfrac{u_1^2 - u_2^2}{2g}$, also ganz verschiedene sogenannte Reaktionsgrade, bei gleichzeitiger Abwesenheit von Reaktion im üblichen Sinne aufweisen.

Die Bezeichnung Reaktionsgrad für radiale Reaktionsturbinen erscheint aus diesem Grunde irreführend. Der Verf. besitzt wenig Sympathie für alle derartigen „Grad"-Bezeichnungen, für solch absolute Zahlen, mit denen direkt anschauliche, greifbare Vorstellungen über die dadurch berührten technischen Verhältnisse gar nicht, oder nur schwer in Verbindung gebracht werden können. Aus diesen Gründen ist die Einführung des „Reaktionsgrades" in die vorstehenden Betrachtungen ganz unterblieben, besonders auch, weil die „Gefälleaufteilung" dafür mehr als nur einen Ersatz bieten dürfte.

D. Die Wasserverluste durch den Kranzspalt.

Das Arbeitsvermögen des Betriebswassers wird durch Q und H, also durch zwei selbständige Faktoren bedingt. Nachdem wir bis jetzt nur die Verluste ϱH betrachtet haben, welche an dem einen Faktor H, dem Gefälle, eintreten, teilweise schon, ehe nur eine tatsächliche äußere Arbeitsleistung zustande kommt, ist es nunmehr am Platze, auf Grund der vorhergehenden Betrachtungen die Einbuße kennen zu lernen, welche der andere Faktor, Q, erleiden kann.

Die sorgfältigste Ausführung in der Praxis kann nicht hindern, daß zwischen dem feststehenden Leitradkranz und dem sich drehenden Laufradkranz ein kleiner Zwischenraum, der Kranzspalt, bleibt, durch den je nach der Gefälleaufteilung ein Teil des Wassers unter größerem oder kleinerem Druckunterschied nach außen entweicht, d. h. den vorgeschriebenen Arbeitsweg durch das Laufrad umgeht und direkt dem Unterwasser zufließt.

Je nach Anordnung kann dieser Wasserverlust, meist einfach Spaltverlust genannt, der natürlich ebenso wie ϱH eine Einbuße an Arbeitsvermögen bedeutet, größer oder kleiner ausfallen. Aus diesem Grunde betrachten wir die Verhältnisse am besten in Anlehnung an bestimmte Turbinenarten.

1. Äußere radiale Reaktionsturbine.

Laufrad und Saugrohr sind durch einen Deckel, der auf dem Leitrad ruht, gegen oben abgeschlossen (Fig. 163). Der Schaufelring des Laufrades wird durch ein Armkreuz getragen, welches das vom Wasser ausgeübte Drehmoment auf die Welle überträgt, und das sich in seiner Form dem „Radboden" der Tafel I usw. anschmiegt. Es liegt in der Natur der Dinge, daß man den Saugrohranfang mit dem unteren Kranz des Leitrades konstruktiv zu einem Stück vereinigt.

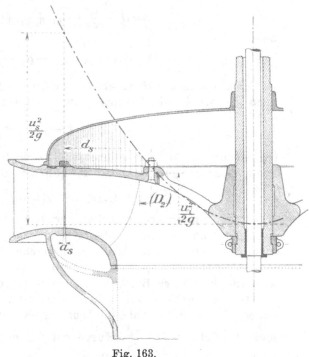

Der Raum unter dem Deckel steht durch die großen Öffnungen des Armkreuzes mit dem Saugrohr in unmittelbarster Verbindung, zählt also auch zum Saugraum.

Die Turbine nach Fig. 163 hat zwei Kranzspalte, einen oberen, den Deckelspalt, und einen unteren, Saugrohrspalt, die beide in gleicher oder ähnlicher Weise Wasser verlieren werden. Über die Druckdifferenz, unter welcher das Wasser durch die Spalte in den Saugraum tritt, sind wir durch die Gl. 365 S. 143 ohne weiteres unterrichtet. Es wurde dort auseinandergesetzt, daß, wenn $\varrho_2 H$ und w_2 für alle Schichten gleich groß angenommen wird, in jeder Schichte ganz unabhängig von der Höhenlage der Turbine selbst, ein Druckhöhenunterschied

$$h = \frac{u_1{}^2 - u_2{}^2}{2g} + \frac{v_2{}^2 - v_1{}^2}{2g} + \varrho_2 H \quad \ldots \ldots \text{(365)}.$$

Fig. 163.

17*

vorhanden sein muß, wie er eben zur Überwindung der Zentrifugal-Druck-
differenz, zur Überführung von v_1 nach v_2 und schließlich für die Bestreitung
des Reibungswiderstandes $\varrho_2 H$ im Reaktionsgefäß nötig ist. Diesem Druckhöhenunterschied entsprechend wird sich die Geschwindigkeit entwickeln,
mit der das Wasser durch den engen Kranzspalt aus der Gegend „1" in
die Umgebung von „2" entweicht, denn der Kranzspalt bildet neben den
Reaktionsgefäßen eine zweite Verbindung zwischen der Stelle „1" und dem
Saugraum.

Bezeichnen wir mit

d_s den Durchmesser des Spaltes,

a_s die Weite des Spaltes,

μ den Durchflußkoeffizienten,

so ist der Verlust q_s eines der beiden Spalte, sofern die Turbine nach
Fig. 163 (ausgezogene Form) ausgeführt ist, vorläufig auf

$$q_s = d_s \pi a_s \cdot \mu \sqrt{2gh} \quad \ldots \ldots \quad \textbf{467.}$$

anzusetzen.

Etwas übersichtlicher in bezug auf das Verhältnis von h zu H gestaltet
sich die Beziehung, wenn wir aus der Gefälleaufteilung ersehen, daß

$$h = H - \frac{w_1^2}{2g} - (\varrho_0 + \varrho_1 + \varrho_3 + \varrho_4) H$$

oder daß

$$h = (1 - \varrho_0 - \varrho_1 - \varrho_3 - \varrho_4) H - \frac{w_1^2}{2g}$$

ist. Wir begehen keinen großen Fehler, wenn wir der Einfachheit halber
auch ϱ_2 noch in die Klammer mit hereinsetzen und dann schreiben

$$h = (1 - \varrho) H - \frac{w_1^2}{2g} \quad \ldots \ldots \quad \textbf{468.}$$

(vgl. auch Fig. 159). Hierdurch stellt sich die Beziehung für q_s, und zwar
ganz unabhängig von der Höhenlage der Turbine auf vorläufig

$$q_s = d_s \pi a_s \mu \sqrt{2g(1 - \varrho) H - w_1^2} \quad \ldots \ldots \quad \textbf{469.}$$

Da q_s ein verlorenes Arbeitsvermögen bedeutet, so hat sich der Konstrukteur Mühe zu geben, den Betrag von q_s nach aller Tunlichkeit einzuschränken. In welcher Weise dies geschehen kann, zeigt die Gl. 469.

Wir haben d_s, a_s und μ so nieder als möglich zu halten, w_1 dagegen
wird durch größere Beträge den erwünschten Einfluß bringen.

Gegen die Verhältnisse der Grenzturbine hin nimmt w_1 stetig zu, wir
finden also in deren Nähe die Wurzelgröße sehr klein (Fig. 159) und treffen
sogar im Schnitt der $\frac{w_1^2}{2g}$-Kurve mit der ϱ-Linie die Wurzel mit dem Wert
Null an. Ideell haben allerdings die Strahlturbinen auch keinen Spaltverlust.

Es hat den Anschein, als ob mit wachsendem β_1 der Spaltverlust sehr
wesentlich zunehme; das ist auch aus dem Bisherigen an sich rechnungsmäßig richtig, aber es kommt noch ein anderer Umstand dazu, welcher
dem Einfluß großer Werte von β_1 entgegenarbeitet; dieser soll alsbald besprochen werden.

Wir erhalten nämlich aus der Anordnung der äußeren Radialturbine
an sich noch eine gewisse Unterstützung im Bestreben q_s niedrig zu
halten.

Das den oberen Spalt verlassende Wasser muß natürlich über die obere Seite des Laufradkranzes herabfließen, um ins Saugrohr zu gelangen. Der Kranz dreht sich aber und wird das Spaltwasser durch Reibung veranlassen, die Drehung mitzumachen. Dies Mitdrehen wird noch unterstützt werden dadurch, daß das Wasser im Spalt selbst schon eine Geschwindigkeit in der Drehrichtung besitzt, herrührend aus einem Teil von $w_0 \cos \delta_0$, unterstützt im Spalt selbst schon durch die Mitnehmreibung des laufenden Rades.[*)] Infolge dieser Drehung werden die Wasserteilchen überhaupt keine Tendenz zeigen, nach einwärts zu fließen, sie stehen unter dem Einfluß von Zentrifugalkräften, streben also gegen außen.

Erst wenn der Raum zwischen Deckel und oberem Radkranz mit ausgetretenem Spaltwasser entsprechend gefüllt ist (Fig. 163 senkrecht schraffiert), wird ein regelmäßiges Durchfließen zum Saugrohr eingetreten sein.

Da es sich in den allermeisten Fällen um eine verhältnismäßig geringe Wassermenge handelt, so sind diese Fließgeschwindigkeiten sehr klein und deshalb wird der auf dem Radkranz sitzende Wasserwulst die Erscheinung des Rotationsparaboloids zeigen (eingehend auf S. 455 behandelt). Kreisendes Wasser kommt hier nicht in Betracht. Wenn die Umfangsgeschwindigkeit des Wasserringes im Spaltdurchmesser mit u_s, die an der Innenkante des Laufradkranzes mit u_i bezeichnet wird, so folgt daraus in d_s ein Mehr an Druck gegenüber der Innenkante im Betrage $\dfrac{u_s{}^2 - u_i{}^2}{2g}$. Diese Druckdifferenz stellt sich dem Durchfließen des Spaltwassers entgegen, sie vermindert den Spaltverlust und ist deshalb noch in Gl. 469 nachzutragen derart, daß diese nunmehr lautet:

$$q_s = d_s \pi \cdot a_s \mu \cdot \sqrt{2g(1 - \varrho)H - w_1{}^2 - (u_s{}^2 - u_i{}^2)} \quad . \quad . \quad \textbf{470.}$$

Die Geschwindigkeit, mit welcher der Wasserwulst rotiert, ist zweifellos nicht gleich derjenigen des Laufrades; der Laufradkranz sucht das Wasser mitzunehmen, die stillstehende Unterseite des Deckels wird dasselbe ungefähr mit gleicher Kraft von der Rotation zurückzuhalten suchen; als annäherndes Ergebnis dürfen wir deshalb vielleicht annehmen, daß der Wasserwulst sich halb so schnell drehen wird als das Laufrad.

In den meisten Fällen kann zu vorläufiger Schätzung angenommen werden, daß $d_s = D_1$, was für $\beta_1 = 90^0$ ja genau zutrifft. Nehmen wir dazu den Durchmesser der Innenkante des Laufradkranzes der Einfachheit halber gleich dem D_2 der nächstgelegenen, hier der obersten Schichte an, obgleich dies zu reichlich ist, so wird jedenfalls $u_1{}^2 - u_2{}^2$ kleiner ausfallen als $u_s{}^2 - u_i{}^2$ und wir erhalten durch diese Änderungen einen eher etwas zu großen Betrag für q_s. Wir setzen also nunmehr mit $u_s = \dfrac{u_1}{2}$ und mit $u_i = \dfrac{u_2}{2} = \varDelta \dfrac{u_1}{2}$ den Verlust durch einen Spalt:

$$q_s = d_s \pi a_s \mu \sqrt{2g(1 - \varrho)H - w_1{}^2 - \frac{u_1{}^2}{4}(1 - \varDelta^2)} \quad . \quad . \quad \textbf{471.}$$

Die vorstehende Gleichung zeigt, daß, abgesehen von dem vorhin erwähnten Einfluß der Umdrehungszahl auf die Wirkung von $w_0 \cos \delta_0$, stei-

---

[*)] Versuche, welche Verf. mit dem Betrieb von Laufrädern ohne Deckel, mit geschlossener Wasserzuführung anstellte, zeigen, daß die Wirkung von $w_0 \cos \delta_0$ durch Langsamgehen der Turbine gehemmt, durch Raschgehen gefördert wird.

gende Werte von u_1 eine Verminderung von q_s bringen, und dieser äußere
Einfluß hebt die Wirkung der größeren β_1 zu einem Teil wieder auf: Was
w_1 durch größeren Winkel β_1 und größeres u_1 kleiner wird, das holt hier
der rotierende Wasserwulst durch größere Umdrehungszahl, teilweise wenigstens wieder, ein.

Wir übersehen die Verhältnisse sehr einfach, wenn wir die Gefälleauf-
teilungszeichnung (Fig. 159) zu Hilfe nehmen. Das, was als wirksame
Druckhöhe für den Durchtritt
des Wassers im oberen Spalt
tatsächlich tätig ist, stellt sich
in der, der Fig. 159 für $\varDelta = 0,8$
entnommenen, entsprechend verkleinerten Fig. 164 als der Abstand zwischen der ϱ-Linie und
einer Kurve dar, die im Ab-
stande von jeweils $\dfrac{1}{4}\,\dfrac{u_1{}^2 - u_2{}^2}{2g}$
unterhalb der $\dfrac{w_1{}^2}{2g}$-Kurve eingetragen ist, die flacher ver-
läuft, als die Abstände zwischen
der ϱ-Linie und der $\dfrac{w_1{}^2}{2g}$-Kurve,
welche bei Vernachlässigung des
Rotationsparaboloids (Gl. 469)
in Betracht käme.

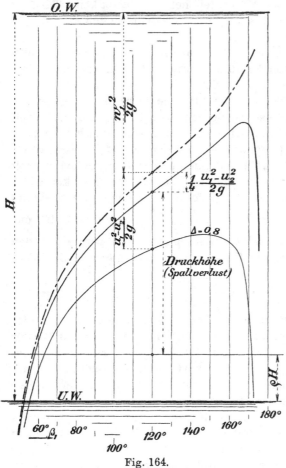

Fig. 164.

Damit der Spaltdurch-
messer d_s klein bleibt, wird
d_s mit $d_1{}^a$ zusammenfallend ausgeführt, was für $\beta_1 = 90^0$ auch
$d_s = D_1$ ergibt. Daß D_1 nach
Tunlichkeit klein gehalten wird,
ist schon früher besprochen.

Wie weit mit der Kranz-
spaltweite a_s herunter gegangen werden kann, das liegt
zum größten Teil in der Güte
der Ausführung. Ein in der
Nabe schlecht ausgebohrtes, schief auf der Welle sitzendes Rad bedarf eines
reichlichen Spielraumes im Kranzspalt, seines unrunden Laufes halber. Sorgfältig arbeitende Fabriken werden nicht nur dem Aufpassen der Laufräder
auf die Wellen alle Aufmerksamkeit zuwenden, sondern die Laufräder besonders auch bei Turbinen für höhere Gefälle im aufgekeilten Zustande,
die Welle in Lagern (Lünette) laufend überdrehen lassen, um a_s recht klein
ausführen zu können. Auf diese Weise kann a_s statt dem sonst meist
üblichen Werte von 1 mm häufig mit $^1/_2$ mm und weniger ausgeführt werden.
Eine vorzügliche Lagerung und Führung der Turbinenwelle ist dabei unerläßlich.

Ein wesentliches Mittel, q_s zu erniedrigen, besteht noch darin, daß der
Ausflußkoeffizient μ durch konstruktive Maßnahmen kräftig herunter-
gedrückt wird. So sehr wir uns sonst bemühen müssen, dem Wasser alle

Durchflußverhältnisse so glatt einzurichten als nur immer tunlich, hier ist das gerade Gegenteil geboten, und wir ziehen Kontraktion, Wirbelbildung und all dergleichen Dinge mit zur Beihilfe heran, die wir sonst sorgfältig zu vermeiden suchen.

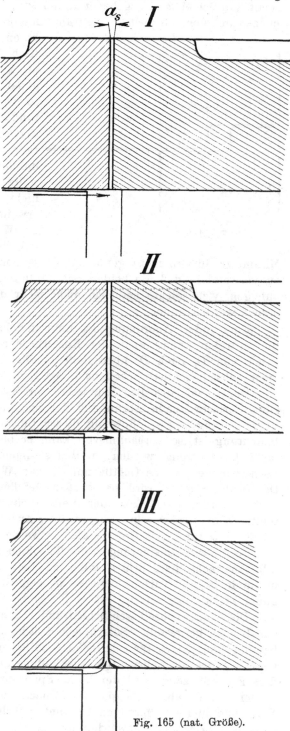

Fig. 165 (nat. Größe).

Wir werden die Spaltkanten scharf absetzen (Fig. 165 unter I); eine Abrundung des Laufradkranzes nach II wird noch verhältnismäßig wenig schaden, denn das Beharrungsvermögen der mit $w_1 \sin \delta_1$ radial vorübereilenden Wasserteilchen wird sie hindern, um die scharfe Leitkranzecke nach a_s hinein kurz abzubiegen. Dagegen würde die beidseitige Abrundung nach III dem Ausfluß durch Verminderung der Kontraktion wesentlich Vorschub leisten.

Ein gutes Mittel, μ und dadurch q_s zu vermindern, ist auch noch die Überdeckung von a_s durch das Laufrad selbst (Fig. 163 punktiert), sofern dieses leicht achsial verstellt werden kann und die Ausführung so sorgfältig ist, daß man sich auf gutes Rundlaufen des abdeckenden Randes, des sog. Schleifrandes, verlassen kann. Bei senkrechter Welle bietet uns der Spurzapfen durch seine Einstellbarkeit eine gute Einrichtung hierzu. Wenn ja auch der Schleifrand noch nicht „kratzen“ darf, so beeinträchtigt das dichte Anstellen der Schleifflächen an Leit- und Laufkranz doch den Durchfluß ganz erheblich, so daß wir μ etwa mit 0,6 ansetzen dürfen für neue Turbinen. Auch der untere Kranzspalt wird zweckmäßig durch einen Schleifrand in seinem Wasserverlust eingeschränkt dadurch, daß wir den unteren Laufradkranz, wie in Fig. 163

punktiert, mit dem Saugrohranfang zu einer guten Wasserführung vereinigen. Hier ist dann der rotierende Wasserwulst natürlich nur in dem zwischen Spalt und Schleifrand gegebenen Raum tätig. Sorgfältige Ausführung ist hier ebenso geboten, als beim Schleifrand des oberen Kranzspaltes. Nun ist es

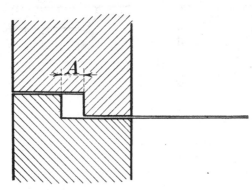

Fig. 166.

besonders bei großen Laufrädern praktisch nicht ganz leicht, das Laufrad an zwei Stellen, oben und unten genau rundlaufend herzustellen und so wird häufig der untere Schleifrand nach Fig. 166 ausgeführt, in der Absicht, ein Schwanken des Laufrades in radialer Richtung dadurch unschädlich zu machen. Zu weit sollte aber die Ausdrehung A doch nicht sein, damit sie nicht als eine erweiterte, also für das Entweichen des Wassers besser geeignete Strecke sich bemerkbar machen kann. Fünf Millimeter dürften meist genügen. Große Sorgfalt ist dann natürlich darauf zu verwenden, daß die beiden Schleifränder, oben und unten, gleichzeitig anliegen, weil solches natürlich nicht mehr durch nachträgliches Einstellen erzielt werden kann.

Eine andere Anordnung des unteren Schleifrandes findet sich auf Taf. 5, die auftreten kann, wenn der Konstrukteur Wert darauf legt, möglichst rasch von D_3 nach D_s überzuleiten. Die Schichte I verläuft hier nicht mehr achsial, sondern schon nach Art Schichte VI, der Taf. 3.

Der Gehalt des Betriebswassers an Sand und dergl. veranlaßt eine stetig fortschreitende Abrundung der Spaltkanten und auch eine langsame Vergrößerung von a_s. Sowenig dieser Umstand bei kleineren Gefällen von Bedeutung ist, so verhängnisvoll kann er bei höheren Gefällen für die tatsächliche Leistung werden, weil fast immer kleine Gefälle mit großen Wassermengen, große Gefälle mit kleinen Wassermengen vereint auftreten. Der Spaltverlust q_s wird bei großen Gefällen (Gl. 469) an sich genommen größer werden, und dazu der meist kleineren Werte von Q wegen auch relativ bedeutender sein. Ein gewisser Ausgleich liegt darin, daß die d_s bei gleichem Q für hohes Gefälle kleiner werden als bei niederem Gefälle.

Sorgfältige Ausführungen der Turbinen zeigen deshalb für höhere Gefälle auswechselbare Schleifränder an Leit- und Laufkränzen, damit man imstande ist, die Turbine ohne zu großen Aufenthalt und Kosten wieder in guten Zustand zu setzen.

Diese auswechselbaren Schleifränder nach Fig. 167 werden zweckmäßig aus Bronze hergestellt. Sofern, wie fast immer, drehbare Leitschaufeln vorhanden sind, ist es für sehr hohe Gefälle empfehlenswert, den Schleifrand des Leitrades als vollständige Auskleidung des Leitkranzes auszubilden, wie dies Fig. 168 zeigt, weil der kleine Spielraum, den die drehbaren Schaufeln in der Breite haben, ebenfalls leicht nach und nach ausgefressen wird. Dem Verf. sind hier Ausführungen bekannt, bei denen aus $^1/_2$ mm Spielraum nach einigen Jahren 5 mm geworden waren.

Die im ganzen durch die Spalte verlorene Wassermenge $Q_s = \Sigma q_s$ fehlt im Laufrade. Dieses ist also streng genommen nur für $Q - Q_s$ zu berechnen.

Am Laufradaustritt „2" würden dadurch keine besonderen Schwierigkeiten entstehen, es wäre nur zu beachten, daß dann eben $D_2 \pi b_2$ kleiner ist als

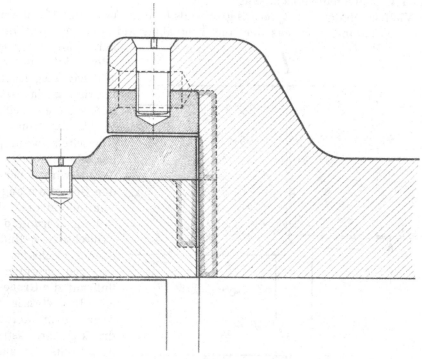

Fig. 167 (nat. Größe).

$D_s^2 \frac{\pi}{4} - f_w$ usw., weil an letzterem Platze die Q_s wieder mit dabei sind. Am Laufradeintritt müßte man dagegen konsequenterweise die Breite b_1 gegenüber b_0 verkleinern und zwar auf

$$b_1 = b_0 \cdot \frac{Q - Q_s}{Q} \quad \ldots \quad \ldots \quad \mathbf{472.}$$

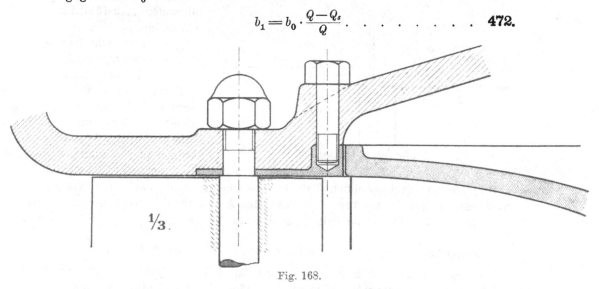

Fig. 168.

Was dies aber auf die Durchflußverhältnisse des Spaltes für eine Einwirkung haben würde, das zeigt Fig. 169 unter I: Wir würden der äußersten

Wasserschichte aus der Breite b_0 geradezu behilflich sein, ja sie eigentlich zwingen, in den Spalt einzuschwenken; und so wird meist der Spaltverlust in den Rechnungen vernachlässigt.

Vielfach findet sich b_1 etwas größer als b_0 ausgeführt (Fig. 169 unter II). Diese Einrichtung rührt aus der Rücksichtnahme auf ungenaue Ausführung her. Man will vermeiden, daß ein etwa schlecht ausgerichteter Laufkranz in seinem tiefstehenden Teil die Verhältnisse von I, das Überleiten zum Spalt, herstellen könnte. Dadurch wird aber für den Gesamtumfang des Laufradeintrittes eine Vergrößerung der Durchtritts-Zylinderfläche geschaffen, die von keinem guten Einfluß auf die Größe $\varrho_1 H$ ist. Das Wasser muß dann, wenn der Ausdruck gestattet ist, von der Breite b_0 auf b_1 expandieren; Wirbel, Gefällverluste sind die Folge. Nach Ansicht des Verf. wird Fig. 165 unter II die befriedigendste Ausführung darstellen.

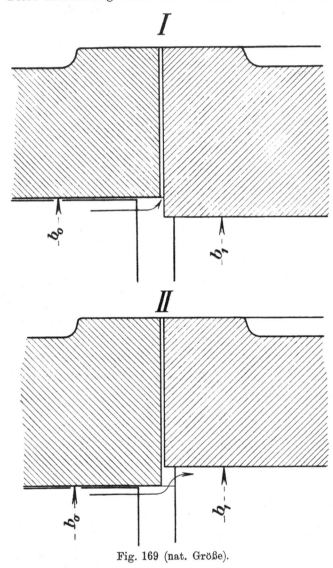

Fig. 169 (nat. Größe).

Zur Übersicht über die gesamten Ergebnisse der seitherigen Berechnungen auf Grund der angenommenen Größen von H, Q usw. sind die betreffenden Werte, auch die Spaltverluste ($a_s = 1$ mm, $\mu = 0,6$), in der nachfolgenden Tabelle zusammengestellt, nach den Konstruktionsarten geordnet. Auch die Daten der Achsialturbine nach den Berechnungen S. 241 und S. 268 sind am Schlusse beigesetzt.

2. Achsiale Reaktionsturbine (vergl. Fig. 81 und 117).

Die Verhältnisse sind hier an sich und für den einzelnen Spalt grundsätzlich ganz gleich anzusehen, wie bei der äußeren Radialturbine. Zwischen den Punkten „1" und „2" ist eine Druckdifferenz h vorhanden, die wie dort auch der allgemeinen Gl.

	β_1	δ_1	u_1 m/sek	D_1 mm	n	w_1 m/sek	b_1 mm	$z_1=z_2$	a_2 mm	o mm	s_0 mm	z_0	t_0 mm	Spaltwasserverluste Deckel-spalt	Saugrohr-spalt	$=Q_s$ lit.	Spalt-verlust in %
A. Geradliniger Austritt. S. 190.	90°	21°9'	5,67	1800	60,1	6,08	150 (141)	28	61,0	80	5	24	235,6	18	18	36	2,06
B. Langsamläufer für Großgefälle. S. 195.	90°	20°59'	5,67	1600	67,7	6,075	175 (171)	27	54,5 bis 56,75	70	5	24	209,4	16	16	32	1,83
C. Normalläufer für Mittel- und Niedergefälle. S. 208.	90°	21°9'	5,67	1200	90,3	6,08	230 (225)	18	50,0 bis 67,0	80	5	16	235,6	11	13	24	1,37
D. Schnelläufer für dgl. mit Einschnürung. S. 218.	90°	21°49'	5,67	900	120,4	6,11	300 (287)	12	43,5 bis 77,0	100	5	10	282,5	8	10	18	1,03
E. Schnelläufer für dgl. große β_1. S. 224.	135°	23°35'	6,79	1082	120	5,16	270 (263)	15	45,0 bis 61,0	92	5	14	242,8	13	14	27	1,54
F. Vereinigung von D. und E. S. 233.	104°30'	23°55'	5,99	824	138,8	5,88	310 (301)	12	40,0 bis 65,0	100	5	10	258,9	9	11	20	1,14
Langsamläufer für Hochgefälle. S. 274.	47°18'	21°47'	4,51	1750	49	7,69	120 (118)	35	55,5 bis 57,0	80	5	21	229,1	9	9	18	1,03
Achsialturbine. S. 241.	74°40' bis 103°0'	34°14' bis 39°50'	5,12 bis 6,20	1084 bis 1314	90,3	7,64 bis 6,76	115	25	44,0 bis 48,0	73,0 bis 103,0	7	24	141,9 bis 172,0	Aussen-spalt 12	+ Innen-spalt 7	Q_s 19	1,09

$\beta_1{}^m = 90°$ $\delta_1{}^m = 37°25'$ $u_1{}^m = 5,67$ $D_1{}^m = 1200$ $w_1{}^m = 7,14$ $a_2{}^m = 47,0$ $a_0{}^m = 88$ $t_0{}^m = 157,0$

$$h = \frac{u_1{}^2 - u_2{}^2}{2g} + \frac{v_2{}^2 - v_1{}^2}{2g} + \varrho_2 H \quad \cdots \quad (365).$$

zu entsprechen hat, und die Wasserteilchen entweichen auch hier unter dieser Druckdifferenz.

Bei der Achsialturbine wechselt aber, wie früher schon auseinandergesetzt, mit den wechselnden u_1 auch die Größe von v_1 und w_1; für $b_2 > b_1$ ist auch das Verhältnis von u_1 zu u_2 die Größe $\varDelta$, in jeder Schichte wieder verschieden, und so hat die Druckhöhe h für jede Schichte einen anderen Wert, der Spaltverlust wird für $D_1{}^i$ ein anderer sein als für $D_1{}^a$.

Wir können für eine mit Saugrohr versehene Achsialturbine (Fig. 117) mit der gleichen Annäherung (Hinzunehmen von $\varrho_2 H$) wie bei der äußeren Radialturbine schreiben

$$h = (1 - \varrho) H - \frac{w_1{}^2}{2g} \quad \cdots \quad (468).$$

und ebenso, doch gleich mit $D_1{}^a$ für den äußeren, $D_1{}^i$ für den inneren Spalt

$$q_s{}^a = D_1{}^a \pi a_s \mu \sqrt{2g\,h^a} = D_1{}^a \pi a_s \mu \sqrt{2g\,(1-\varrho)\,H - w_1{}^{a2}} \quad . \quad \textbf{473.}$$

sowie

$$q_s{}^i = D_1{}^i \pi a_s \mu \sqrt{2g\,h^i} = D_1{}^i \pi a_s \mu \sqrt{2g\,(1-\varrho)\,H - w_1{}^{i2}} \quad . \quad \textbf{474.}$$

Da wir von früher, S. 149 u. f., wissen, daß $w_1{}^a$ wesentlich kleiner als $w_1{}^i$ zu rechnen ist, so kann aus den Gl. 468, 473 und 474 ohne weiteres entnommen werden, daß $q_s{}^i$ sowohl des kleineren Durchmessers als besonders auch der kleineren Raddruckhöhe h wegen kleiner ausfallen muß als $q_s{}^a$.

Wie sehr die Druckhöhen h^a und h^i verschieden sind, ist leicht einzusehen. Ist die Turbine mit einem Saugrohr nach Art der Fig. 117 S. 158 versehen, so stehen beide Spalte unter der gleichen äußeren Saughöhe, die sich, weil negativ wirkend, zu dem Werte von $h_1{}^a$ bezw. $h_1{}^i$ addiert und die vollen Beträge von h^a und h^i herstellt, wie dies ja auch durch die verschiedenen Werte von $w_1{}^a$ und $w_1{}^i$ ausgesprochen ist.

Da bei wechselnder Höhenlage der Turbine der Zuwachs an h_1 immer durch die Abnahme der Saughöhe und umgekehrt ausgeglichen wird, so ist wie natürlich die Höhenlage der Turbine auch hier ohne Einfluß auf den Spaltverlust.

Eine Ausnahme hiervon würde die Aufstellung der Achsialturbine nach Fig. 81, S. 102, bilden, bei der das Saugrohr weggeblieben ist, wo also die Mithilfe der kleinen Saughöhe vom Spalt bis U. W. für das Entweichen des Spaltwassers wegfällt.

Die Größen der Druckhöhen $h_1{}^a$ und $h_1{}^i$ können nach der Gl. 389 bezw. 390 für den ideellen Betrieb gerechnet werden, für den tatsächlichen Betrieb ist zu schreiben

$$h_1 = A - B \cdot \frac{1}{D_1{}^2} - (\varrho_0 + \varrho_1) H \quad \cdots \quad \textbf{475.}$$

Für die Berechnung im Einzelfalle ist es aber bequemer, entweder unter Benutzung der schon gemäß Gl. 377, 378 oder 379 errechneten Größen von $\delta_1{}^a$, $\delta_1{}^i$, $\beta_1{}^a$ und $\beta_1{}^i$ die $w_1{}^a$ und $w_1{}^i$ nach Gl. 350 zu bestimmen oder zeichnerisch vorzugehen und die q_s dann ohne weiteres nach Gl. 473 und 474 zu ermitteln.

Eine Wirkung von Zentrifugalkräften, die wie bei der Radialturbine den Spaltverlust verkleinern würde, ist hier nicht vorhanden. Allerdings wird das Wasser des Innenspaltes durch die Zentrifugalkraft etwas zurückgehalten, aber zur Bildung eines kräftigen Wasserwulstes kann es, der Kranzgestalt wegen, nicht kommen. Am Außenspalt wird sich eher eine Beförderung des Ausflusses durch Zentrifugalkräfte erkennen lassen, doch soll diese außer Berechnung bleiben, weil die Unterlagen dazu sehr wenig greifbar sind.

Am Außenspalt empfiehlt sich eine Überdeckung, wie in Fig. 81 gezeichnet, die aber allerdings nur bei sehr sorgfältiger Ausführung von Nutzen sein wird.

Dem Rechnungsbeispiel entsprechend stellen sich, beiderseits mit $\mu = 0,6$ und $a_s = 1$ mm, die q_s wie in der Tabelle S. 267 angegeben.

9. Maßnahmen zur Erzielung besonders hoher oder besonders niederer Umdrehungszahlen bei äußeren radialen Reaktionsturbinen.

A. Die Größe von D_1 und der Austrittsverlust α_2.

Die Umdrehungszahl ist bei gegebener Umfangsgeschwindigkeit u_1 dem Eintrittsdurchmesser D_1 umgekehrt proportional.

Die D_1 stehen, der ganzen Erstreckung der Reaktionsgefäße wegen, wie ja auch die Beispiele gezeigt, in Beziehungen zu den D_2 und letztere sind, von D_s ausgehend, in Abhängigkeit von w_2, das heißt vom Austrittsverlust α_2.

Nehmen wir w_2, also α_2, größer, so wird D_s kleiner ausfallen, D_2 und D_1 können verkleinert werden, die Umdrehungszahl wird steigen; es ist aber nicht außer acht zu lassen, daß die größeren Beträge von α_2 an sich die Größe des Nutzeffektes ε beeinträchtigen und daß auch, was schon früher, wie S. 70 u. a. erwähnt worden, u_1 mit wachsendem α_2 wegen Abnehmen von ε auch etwas abnimmt. Es darf auch hier auf die Bemerkungen S. 163 verwiesen werden, welche sich mit dem Einfluß von α_2 auf die Umdrehungszahl usw. beschäftigen und wir fassen diese Dinge nochmals kurz zusammen.

Große Werte von α_2 erlauben kleine D_1, also trotz etwas verringerter Umfangsgeschwindigkeit u_1 vergrößerte Umdrehungszahlen.

Kleine Werte von α_2 führen zu großen Abmessungen in den Durchmessern und verkleinern trotz Zunehmen der u_1 die Umdrehungszahlen.

Dazu kommen die Einwirkungen der Winkelgrößen auf u_1. Verwendet der Konstrukteur große Austrittsverluste, so hat er die Verpflichtung, diese vielleicht durch die Betriebsverhältnisse gebotene, aber an sich unwirtschaftliche Anordnung durch gut ausgeführte Saugrohrerweiterung zu verbessern.

Große Austrittsverluste, die nicht zurückgewonnen werden, sind eine dauernde Verschwendung wertvollen Arbeitsvermögens.

Es ist ja nicht zu vergessen, daß wir auch andere dauernde Verluste an Arbeitsvermögen haben, z. B. wenn die Umdrehungszahl der Transmission oder Dynamomaschine von der Turbine mit niederem Austrittsverlust nicht erreicht wird derart, daß eine Zahnrad- oder Riemenübertragung erforderlich wäre. Die Verluste in solchen Übertragungen stellen sich auf etwa 3 bis 5 $^0/_0$ und wenn in solchem Falle der Turbinenkonstrukteur durch Drangeben von weiteren 3 bis 5 $^0/_0$ am Austrittsverlust in den Stand gesetzt wird, die Zahnradübertragung ganz vermeiden zu können, so muß er dies tun im Interesse einfacherer Anordnung, einfacheren also gesicherteren

Betriebes. Zudem wären die Arbeitsverluste durch Zahnräder uneinbring-lich, der übergroße Austrittsverlust aber kann teilweise oder ganz zurück-gewonnen werden, wenn auch, wie schon gesagt, auf diese Rückgewinnung noch nicht in jedem Falle ganz sicher zu rechnen ist.

Die übertriebene Sucht, Schnelläufer von möglichst hoher Umdrehungs-zahl herzustellen, führt vielfach auf den Abweg der Anwendung viel zu hoher Austrittsverluste. Im kaufmännischen, besser im volkswirtschaftlichen Interesse liegt es also, daß sich der Besteller von Turbinen für rationelle Ausnützung einer Wasserkraft nicht auf Austrittsverluste von zehn und mehr Prozent einläßt, wenn er keine Gewähr für Rückgewinnung derselben hat. Die Wasserkräfte sind ein ganz gewaltiger Teil des Volksvermögens und werden in ihrem Werte noch immer mehr zur Geltung kommen, wenn die Erschöpfung der Kohlenlager beginnt bemerkbarer zu werden.

Solange eine Wasserkraft erst teilweise ausgenutzt wird, solange Wasser- oder Gefälle-Überfluß herrscht, so lange sind für diese Verhält-nisse natürlich Turbinen mit hohem Austrittsverlust zulässig, vielleicht sogar manchmal geboten, eben der erwünschten hohen Umdrehungszahl wegen, aber man verschone unsere oft bis auf den letzten Tropfen aus-genützten besseren und auch die kleineren Anlagen mit derartigen Ver-schwendern des Arbeitsvermögens.

Der kleine Austrittsverlust findet sich meist bei hohen Gefällen und ist an sich zum Erzielen großer D_1 nicht nötig. Wir könnten die Turbinen, deren Umdrehungszahl ermäßigt werden soll, einfach mit großem D_1 und kleinem D_s bauen, während im Gegensatze hierzu für gesteigerte Umdrehungszahlen D_s mit D_1 abnehmen sollte, sofern nicht Ausführungen mit Einschnürung, nach Taf. 3, in Frage kommen.

Nun entsprechen den meist üblichen Größen von α_2 mit 0,04 bis gegen 0,08 bei hohen Gefällen schon recht beträchtliche Geschwindigkeiten an sich, beispielsweise ist bei $\alpha_2 = 0,04$ und $H = 36$ m schon

$$w_2 = \sqrt{2g \cdot 0,04 \cdot 36} = \sim 5,3 \,\mathrm{m}$$

und wir müssen uns, unserer Unterkanalwandungen wegen, sehr wohl hüten, das Wasser mit derart hohen Geschwindigkeiten in den unausgekleideten Untergraben zu führen.

So ist uns für hohe Gefälle der kleine Austrittsverlust, bis herunter auf 0,01 und schließlich noch weniger, willkommen oder nötig

1. weil er dem Konstrukteur ermöglicht, die Wasserführung von D_1 nach D_s rationeller zu gestalten als wenn D_s gegenüber D_1 sehr viel kleiner wäre;

2. damit nicht der Untergraben durch zu große Austrittsgeschwindig-keiten ernstlich gefährdet werden kann;

schließlich wird dadurch eine ausgiebigere Ausnutzung des Arbeits-vermögens erzielt.

Die sehr kleinen Austrittsverluste haben eine manchmal unangenehme Seite: Das Dreieck aus u_2, w_2 und v_2 wird sehr schlank, der Winkel β_2 sehr klein. So wenig uns Winkelabmessungen ihrer Größe oder ihrer Klein-heit wegen an sich von Wichtigkeit sein können, so ist doch mit kleinen β_2 notwendig ein kleiner Wert von a_2 verknüpft und das gibt leicht zu unbequemen Gefäßformen Veranlassung, es wird dann auch, wenn a_2 gegenüber s_2 kleiner und kleiner wird, der Übergang von v_2 nach v_3 immer wirbelvoller werden.

Die engen a_2 sind dem Verstopfen durch Fremdkörper leichter ausgesetzt, so daß hier verhältnismäßig enge Rechen anzuwenden sind.

B. Mehrfache Turbinen zur Erhöhung der Umdrehungszahl (Parallelschaltung).

Bei gegebenem oder angenommenem Austrittsverlust a_2 ist der Saugrohrdurchmesser D_s durch die sekundliche Wassermenge bedingt, durch diesen auch der Eintrittsdurchmesser D_1, also in letzter Linie auch die Umdrehungszahl.

1. Umdrehungszahl.

Für einen bestimmten Konstruktionstypus können wir allgemein zur Orientierung einige schematische Gleichungen schreiben, indem wir in den Faktoren k_1, k_2 usw. alles für den betr. Fall Konstante, also auch die Einflüsse von β_1, δ_2, $\frac{a_2}{a_2+s_2}$ usw. einbegreifen. Es ist:

$$Q = D_s{}^2 \frac{\pi}{4} \cdot k_1 w_2 = k_2 D_s{}^2 \sqrt{a_2 H} \quad . \quad . \quad . \quad . \quad \textbf{476.}$$

ferner

$$n = \frac{60\,u_1}{D_1 \pi} = k_3 \frac{\sqrt{H}}{D_1} \quad \text{oder auch} \quad D_1 = k_3 \frac{\sqrt{H}}{n} \quad . \quad . \quad . \quad \textbf{477.}$$

Die Annahme, daß D_s und D_1 für einen bestimmten Typus in ziemlich unverändertem Verhältnis stehen, ist zwar für Normalläufer nach Taf. 2 nicht in weitem Bereich, sondern nur in engeren Grenzen zutreffend, aber mit diesem Vorbehalt können wir doch unter vorübergehendem Nichtbeachten des Spaltverlustes die beiden Gleichungen kombinieren und D_s durch D_1 ersetzen. Wir erhalten:

$$Q = k_4 \frac{H \sqrt{a_2 H}}{n^2}$$

oder auch

$$Q \cdot n^2 = k_4 \sqrt{a_2} \sqrt{H^3} \quad . \quad . \quad . \quad . \quad . \quad \textbf{478.}$$

als Übersichtsbeziehung für die Art und Weise wie sich die Verhältnisse zwischen Gefälle, Wassermenge, Austrittsverlust und Umdrehungszahl für verschiedene Turbinengrößen und bei Einhalten des gleichmäßigen im übrigen natürlich ganz beliebigen Typs stellen. Es ist daraus auch

$$n = \frac{k_5}{\sqrt{Q}} \sqrt[4]{a_2 H^3} \quad . \quad . \quad . \quad . \quad . \quad \textbf{479.}$$

Wir sehen also, unter Bezugnahme auf das unter A S. 270 u. f. aufgeführte, daß ein doppelt so großer Austrittsverlust a_2 sich in der Umdrehungszahl erst mit $\sqrt[4]{2} = \sim 1,2$, d. h. durch Vermehrung von n auf das 1,2-fache bemerkbar macht, daß die Vergrößerung des Austrittsverlustes also ein nicht sehr ausgiebiges und deswegen erst recht ein verschwenderisches Mittel ist.

Da im Einzelfalle H gegeben ist, so gehört H eigentlich auch noch zu den Konstanten und es ist zu schreiben schließlich

$$n = k_6 \frac{\sqrt[4]{\alpha_2}}{\sqrt{Q}} = k_6 \sqrt[4]{\frac{\alpha_2}{Q^2}} \quad \ldots \ldots \quad \textbf{480.}$$

Die Verkleinerung von Q macht sich also in viel rascherer Weise hinsichtlich der erwünschten Vermehrung von n, mit $\dfrac{1}{\sqrt{Q}}$, bemerkbar, als die Vergrößerung von α_2, und so liegt der von der Praxis schon längst gezogene Schluß sehr nahe, die gegebene Wassermenge auf 2, 3 oder mehr gekuppelte Turbinen zu verteilen, ein Verfahren, was wohl berechtigt ist, weil es keine oder fast keine besonderen Arbeitsverluste mit sich bringt.

Je nach der Verteilung von Q auf 2, 3, 4, m Teilturbinen, die alle dem gleichen Gefälle unterstellt (parallel geschaltet) sind, ergibt sich, wenn für eine der Teilturbinen statt Q nunmehr $\dfrac{Q}{m}$ usw. eingeführt wird aus Gl. 480 die Umdrehungszahl der Teilturbinen zu

$$n_t = k_6 \sqrt[4]{\alpha_2} \sqrt{\frac{m}{Q}} = k_6 \frac{\sqrt[4]{\alpha_2}}{\sqrt{Q}} \sqrt{m} \quad \ldots \ldots \quad \textbf{481.}$$

worin natürlich Q nach wie vor die gesamte Betriebswassermenge des ganzen Turbinensatzes darstellt.

Gegenüber einer einzigen Turbine für die gesamte Wassermenge zeigt sich demnach eine Vermehrung der Umdrehungszahlen durch die Wasserteilung und zwar für

$$m = 2 \text{ auf } n_t = n\sqrt{2} = 1{,}414\,n$$
$$m = 3 \quad \text{,,} \quad \text{,,} = n\sqrt{3} = 1{,}732\,n$$
$$m = 4 \quad \text{,,} \quad \text{,,} = n\sqrt{4} = 2{,}000\,n$$

Hier sind also greifbare Möglichkeiten zu größerer Steigerung der Umdrehungszahlen gegeben und so sehen wir eine Fülle von Ausführungen parallelgeschalteter, sog. mehrfacher Turbinen, trotzdem diese Anlagen verhältnismäßig viel umständlicher sind als die einfachen Turbinen. Die hohen Anschaffungspreise der langsam laufenden Dynamomaschinen sind es besonders, die große Umdrehungszahlen gebieterisch verlangen.

2. Spaltverluste.

Ein bestimmter Übelstand haftet der Anordnung im allgemeinen an, wir haben bei mehrfachen Turbinen meist größere Spaltverluste zu gewärtigen als bei einfachen. Das ist leicht einzusehen, sowie wir Gl. 471 richtig interpretieren.

An Stelle von d_s dürfen wir dort D_1 und dafür schließlich D_s einführen, der Wurzelausdruck bleibt für denselben Gefäßtypus gleich und wir erhalten daraus bei einer einfachen Turbine für die gesamte Spaltwassermenge

$$Q_s = \Sigma q_s = k_7 \cdot D_s \cdot a_s \quad \ldots \ldots \quad \textbf{482.}$$

Nach Gl. 476 können wir D_s allgemein durch ein vielfaches von $\sqrt{Q}$ ersetzen und erhalten damit aus Gl. 482 für eine einfache Turbine (ungeteiltes Q)

$$\Sigma q_s = k_8 \cdot a_s \sqrt{Q} \quad \ldots \ldots \ldots \quad \textbf{483.}$$

Verteilen wir das Wasser auf m Turbinen, so hat jede dieser Teilturbinen ihrerseits ein Σq_s als Spaltverlust, wobei in Gl. 483 statt Q zu setzen
ist $\dfrac{Q}{m}$, also ist für jede Teilturbine

$$\Sigma q_s = k_8\, a_s \sqrt{\frac{Q}{m}} \quad \cdots \cdots \quad \textbf{484.}$$

Der Spaltverlust des ganzen Turbinensatzes ist natürlich m-fach größer:

$$Q_s = m \cdot \Sigma q_s = m \cdot k_8\, a_s \sqrt{\frac{Q}{m}} = k_8 \cdot a_s \sqrt{Q}\, \sqrt{m} \quad \cdots \quad \textbf{485.}$$

d. h. für m-fache Turbinen ist der $\sqrt{m}$-fache Spaltverlust der einfachen
Turbine zu gewärtigen, sofern die allgemeine Konstruktion und die Spaltweite a_s die gleiche ist als bei der einfachen Turbine, was im allgemeinen
zutreffen wird. Die Spaltverluste steigen mit $\sqrt{m}$, also genau wie die Umdrehungszahlen (Gl. 481), mehrfache Turbinen bedürfen deshalb größerer
Sorgfalt in der Ausbildung des Spaltverschlusses als einfache.

In dem Kapitel über Belastung der Turbinenwellen wird noch manches
über die Mehrfachturbinen zu sagen sein.

C. Langsamläufer (verzögert) für Hochgefälle, $\beta_1 < 90^0$.
Hierzu Taf. 4.

Für sehr hohe Gefälle und verhältnismäßig große Wassermengen (große
Einheiten in elektrischen Zentralen) kann aus Gründen betriebssicherer
Anordnung der Wunsch auftreten, daß die sich aus der Anordnung „B"
Taf. 1 ergebende Umdrehungzahl noch weiter ermäßigt werden möchte.
Man wird unter solchen Umständen entweder unter Einhalten von $\beta_1 = 90^0$
nach Anordnung „A" verfahren können, d. h. durch sehr starkes Vergrößern
von D_1 die Ermäßigung anstreben, wobei aber die Profilform „B" mit teil-
weiser achsialer Ablenkung in Frage kommt; wir können aber auch unter
Beibehalten des Durchmessers D_1, wie er „B" entspricht, die Umfangsgeschwindigkeit u_1 zu erniedrigen suchen und schließlich die beiden Wege,
Vergrößerung des Durchmessers und Erniedrigung der Umfangsgeschwindigkeit vereinigen. Letzteres soll hier noch besprochen werden.

1. Die Winkel β_1 und δ_1.

Die Gleichung 349, S. 131, lautet

$$u_1 = \sqrt{g\,\varepsilon\,H \left(1 - \frac{\operatorname{tg}\delta_1}{\operatorname{tg}\beta_1}\right)} \quad \cdots \cdots \quad \textbf{(349.)}$$

und aus dieser ist ohne weiteres ersichtlich, daß u_1 mit abnehmender
Größe von β_1 auch abnimmt, daß aber andererseits, solange β_1 kleiner als
90^0 in Rechnung gestellt wird, eine Verkleinerung von u_1 auch durch Vergrößerung von δ_1 zu erzielen ist.

Während also unter „E" ($\beta_1 > 90^0$) die Vergrößerung von u_1 durch
Zunehmen beider Winkel, β_1 und δ_1, erreicht wird, liegen hier ungleiche,
d. h. entgegengesetzte Einwirkungen beider Winkel vor, große δ_1 ermäßigen
die u_1.

Wird β_1 statt mit 90^0 mit nur beispielsweise 60^0 in Rechnung gestellt, so ermäßigt bei gleichem δ_1 (20^0 $59'$) diese Verkleinerung den Betrag von u_1 gegenüber „B" von $5{,}67$ m auf

$$u_1 = \sqrt{9{,}81 \cdot 0{,}82 \cdot 4 \left(1 - \frac{0{,}3839}{1{,}732}\right)} = 5{,}00 \text{ m}$$

und demgemäß würde bei gleichem Durchmesser $D_1 = 1{,}6$ m die Umdrehungszahl des normalen Betriebes auf $n = 59{,}6$ gegenüber $67{,}7$ zurückgehen.

Durch das Abgehen von $\beta_1 = 90^0$ tritt aber auch hier, genau wie unter „E" der Durchmesser D_1 gegen den äußeren Raddurchmesser zurück (Taf. 4, Fig. C) und es kommen die Verhältnisse der Fig. 152, S. 226 und der Gl. 437 und 438 in Betracht.

Nehmen wir deshalb, sofern das Radprofil unter „B" beibehalten werden sollte, nunmehr den Außendurchmesser $d_1{}^a$ zu $1{,}6$ m an, so ergibt sich aus Gl. 437 für $\beta_1 = 60^0$, im Verein mit $z_1 = 30$ ein verkleinerter Eintrittsdurchmesser von $D_1 = 1{,}52$ m und demgemäß eine etwas gesteigerte Umdrehungszahl von $n = 62{,}8$.

Es findet sich nach Gl. 350 die Größe w_1 und daraus schließlich $b_0 = b_1$. Die Größen a_1 und e_1 sind aus Gl. 435 und 436 erhältlich.

Man sieht, daß durch die doch nicht gerade unwesentliche Verkleinerung des Winkels β_1 von 90^0 auf 60^0 bei gleichbleibendem Außendurchmesser keine sehr bedeutende Ermäßigung zustande kommt, weil die Verkleinerung des D_1 der Verkleinerung von u_1 entgegenwirkt. Ist im Einzelfall die zu erzielende Umdrehungszahl gegeben, so wird man natürlich durch Annehmen der Größe von D_1 die Werte u_1, β_1 usw. zu bestimmen suchen, wobei die Schaufelzahl z_1 ja vorläufig gar nicht in Betracht kommt, weil bei Neuentwürfen der Außendurchmesser $d_1{}^a$ an sich ohne wesentliches Interesse sein wird. In diesem Falle findet sich die Schaufelzahl z_1 nachträglich aus a_2 usw. wie früher geschildert, oder nach anderen Erwägungen die weiter unten besprochen werden.

2. Die Form der Laufradschaufeln.

Wir haben am Ein- und Austritt mit Evolventen zu rechnen und die Gefäßwände müssen den guten Übergang zwischen beiden gewährleisten. Sehen wir uns die Verhältnisse genauer an, so zeigt sich, daß am Austritt (Fig. 170) die Evolventenkrümmung nur auf der dem Wasserlauf nach rechten Schaufelseite nötig ist, wo das aus f_2 austretende Wasser der Nachbarschaufel wegen etwas abzulenken ist, wie dies S. 132 und Fig. 100 schon besprochen worden, während gar kein Grund vorliegt, das linke Wandende als Evolvente auszuführen und dadurch den inneren Gefäßraum gegen a_2 hin zu beengen.

Diese Erwägung hätte schon unter „A", „B" usw. angestellt werden können; sie unterblieb dort, weil die sonstigen Verhältnisse des Reaktionsgefäßes die Verwendung von Blech für die Wandungen gestatteten und weil eben die überall gleich große Blechstärke nichts anderes als gleich starke Schaufelwände zuläßt.

Hier gehen wir von der Verwendung gewalzten Materials ab und zur Herstellung gegossener Schaufeln über, teils der besseren Form des Reaktionsgefäßes in der Gegend „2" wegen, besonders aber weil der mittlere

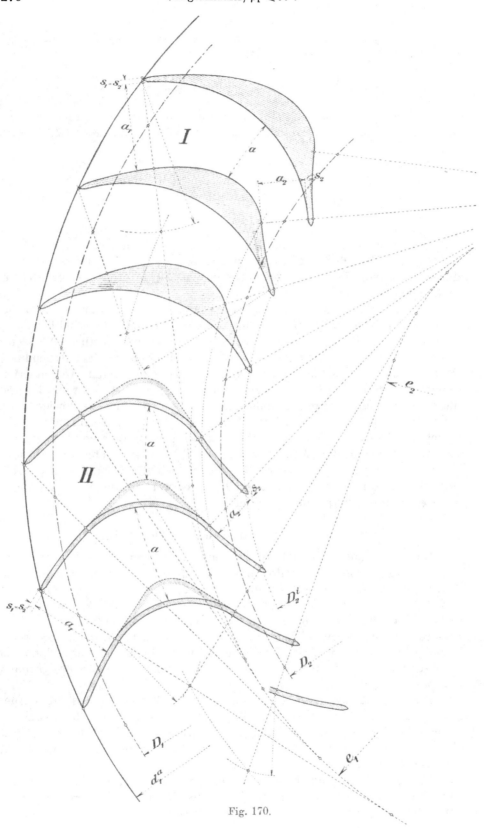

Fig. 170.

Teil des Reaktionsgefäßes eine Änderung in der Gefäßwandstärke dringend erheischt.

Dies wird am besten ersichtlich, wenn wir die Gefäßform I der Fig. 170, gegossene Schaufeln, mit derjenigen II, Schaufeln aus Blech, beide für $\beta_1 = 60°$, vergleichen. Letztere zeigen zwischen a_1 und a_2 eine Erweiterung der Entfernung a beider Gefäßwände. Wachsen gleichzeitig, wie meist üblich, die b stetig von b_1 bis b_2, so ist klar, daß bei Verwendung von einfachen Blechschaufeln nach II das Reaktionsgefäß zwischen f_1 und f_2 eine unerwünschte Querschnittserweiterung erfahren müßte, d. h. das Wasser würde nicht stetig von v_1 auf v_2 übergeleitet, und dies würde sich durch Vermehrung von $\varrho_2 H$ unliebsam bemerkbar machen, die Rückbildung auf kleinere Geschwindigkeit ist eben verlustreich. Der guten Wasserführung wegen sollten wir also die Schaufel wie punktiert verdicken, und wenn aus diesem Grunde schon einmal von der sonst üblichen einfachen Blechschaufel abgegangen werden muß, so machen wir uns dies zu nutze, indem wir auch die Evolvente auf der linken Gefäßseite weglassen und dadurch dem Reaktionsgefäß durch die Form I wesentlich größere Krümmungsradien, also kleineres $\varrho_2 H$ verschaffen.

Die Fig. 170 enthält beide Formen für gleiche β_1, a_1, a_2 und w_2 nebeneinander gezeichnet.

Wir sehen, daß bei Form I die konkave linke Gefäßseite als einfacher Kreisbogen die Richtungen β_1 und β_2 verbinden darf, während die konvexe rechte Gefäßwand zwischen Eintritts- und Austrittsevolvente zu vermitteln hat unter genauer Kontrolle der Querschnittsübergänge, was deren Inhalt betrifft.

Die orientierenden Rechnungen der Seite 275 haben gezeigt, daß eine erhebliche Ermäßigung der Umdrehungszahl nur durch kleine Winkel β_1 und große D_1 zu erzielen ist. Hier ist dann, wie folgt, vorzugehen.

Aus den Betrachtungen über den Einfluß von β_1 auf die Gefälleaufteilung (S. 245 u. f.) haben wir ersehen, daß für die Höhe

$$\frac{u_1^2 - u_2^2}{2g} + \frac{v_2^2 - v_1^2}{2g} = \frac{u_1^2}{2g}(1 - \Delta^2) + \frac{v_2^2 - v_1^2}{2g}$$

mit abnehmendem β_1 und wachsendem w_1 immer weniger vom Gefälle übrigbleibt, und wir haben daraus auch die Erkenntnis gewonnen, daß es, des guten „Schlusses" zwischen Wasser und Gefäßraum halber, wünschenswert erscheint, mit β_1 höchstens soweit herunterzugehen, daß bei gegebenem Δ der Fall $v_2 = v_1$ eintritt, daß also β_1 dem Schnittpunkt der betr. Δ Kurve mit der ϱ-Linie entsprechen möchte. Für diese Verhältnisse gilt

$$w_1 = \sqrt{2g(1 - \varrho)H - u_1^2(1 - \Delta^2)}. \quad \ldots \quad \textbf{(460)}.$$

Bei gekrümmter Austrittslinie b_2 ist hierin die Größe Δ auf den kleinst vorkommenden Durchmesser D_2 zu beziehen. Wollten wir Δ einem der größeren D_2 entsprechend einsetzen, so würde sich in der Schichtfläche des kleinsten D_2 aus v_1 eine Verzögerung auf v_2 einstellen, weil dann in dieser Schichtfläche die Zentrifugaldifferenz $\dfrac{u_1^2 - u_2^2}{2g} = \dfrac{u_1^2}{2g}(1 - \Delta^2)$ größer wäre als der zur Überwindung derselben verfügbare Betrag von $(1 - \varrho)H - \dfrac{w_1^2}{2g}$, wie dies den Punkten unterhalb der ϱ-Linie entspricht.

Aus α_2 bzw. w_2 usw. ist der Saugrohrdurchmesser bekannt und da für die vorliegenden stark gekrümmten Gefäßräume radiale Erstreckungen von 200 bis 250 mm erwünscht sind, so läßt sich der Durchmesserfaktor $\varDelta$ im konkreten Falle aus den anzunehmenden Größen von D_1 und dem kleinsten D_2 bestimmen. Mittelst dieses Wertes von $\varDelta$ ergibt sich dann nach Annahme von δ_1 die tg β_1 für $\dfrac{v_2{}^2 - v_1{}^2}{2g} = 0$ d. h. für $v_2 = v_1$ aus Gl. 462. Hierdurch ist u_1 nach Gl. 349 bestimmt, dazu die Umdrehungszahl n aus D_1. Befriedigt diese noch nicht, so ist nach Befinden an δ_1 oder $\varDelta$ event. gleichzeitig an D_1 und dem kleinsten D_2 zu ändern.

Alle nach auswärts gelegenen Punkte der b_2-Kurve haben größere Werte von $\varDelta$ und besitzen deshalb positive Werte von $\dfrac{v_2{}^2 - v_1{}^2}{2g}$; in all diesen Schichten ist dann $v_2 > v_1$, die Verzögerung ist vermieden. Diese Punkte gehören eben $\varDelta$-Kurven an, die in Fig. 159 höher gelegen sind als die dem kleinsten D_2 angehörende.

Gehen wir jetzt zur Ausführung der Taf. 4, Fig. A bis D über. Wir nehmen, im Anschluß an die Daten des früheren Rechnungsbeispieles, hinsichtlich Gefälle usw. an:

$$\alpha_2 = 0{,}06; \qquad \varrho = 0{,}12;^{*)} \qquad \varepsilon = 0{,}82$$
$$D_1 = 1{,}75 \text{ m}; \text{ kleinster } D_2 = 1{,}75 - 2 \cdot 0{,}25 = 1{,}25 \text{ m}.$$

Es folgt daraus $\varDelta = \dfrac{1{,}25}{1{,}75} = \dfrac{5}{7} = 0{,}7143$; $\varDelta^2 = 0{,}510$; $1 - \varDelta^2 = 0{,}490$.

Für die Leitschaufeln nehmen wir wie unter „A":

$$a_0 = 80 \text{ mm}; \qquad s_0 = 5 \text{ mm}; \qquad z_0 = 24$$

und erhalten dadurch einen neuen Wert für δ_1 aus

$$t_0 = \frac{1750\,\pi}{24} = 229{,}1; \qquad \sin \delta_1 = \frac{85}{229{,}1} = 0{,}3711; \qquad \delta_1 = 21^0 47';$$

wir notieren $\cos \delta_1 = 0{,}9286$; $\cos^2 \delta_1 = 0{,}8623$; tg $\delta_1 = 0{,}3996$.

Gemäß Gl. 462 findet sich dann mit all diesen Werten

$$\text{tg } \beta_1 = \frac{0{,}3711 \cdot 0{,}82 \cdot 0{,}49}{-0{,}9286\,(0{,}06 + 0{,}51 \cdot 0{,}82) + \sqrt{0{,}7744 \cdot 0{,}8623 - 0{,}6724 \cdot 0{,}49}}$$

$$\text{tg } \beta_1 = 1{,}084; \qquad \beta_1 = 47^0 18';$$

wir notieren $\cos \beta_1 = 0{,}6782$; $\sin \beta_1 = 0{,}7349$.

Es folgt nach Gl. 349

$$u_1 = \sqrt{9{,}81 \cdot 0{,}82 \cdot 4 \left(1 - \frac{0{,}3996}{1{,}084}\right)} = 4{,}51 \text{ m}$$

und mit obigem D_1 auch

$$n = \frac{60 \cdot 4{,}51}{1{,}75\,\pi} = \sim 49.$$

Wir finden ferner nach Gl. 350 $w_1 = 7{,}69$ m und schließlich in bekannter Weise $b_0 = b_1 = 118{,}6$ mm, was wir auf 120 mm aufrunden, auch $v_1 = 3{,}88$ m/sek.

Die Radschaufelzahl z_1 ist bis jetzt noch nicht bestimmt. Wir müssen durch Probieren mit einigen Zahlen die passendste ermitteln, denn hier bestehen zwei widerstreitende Rücksichten.

---

*) ϱ ist nur des Vergleiches wegen hier mit 0,12 angesetzt; wir würden in Wirklichkeit etwa 0,20 zu nehmen haben.

Einmal ist zu beachten: Je weniger Schaufeln, je weniger Gefäßwände, desto weniger Reibungsflächen für das Betriebswasser, desto kleiner $\varrho_2 H$, was die Flächenreibungswiderstände an sich angeht.

Die zweite Erwägung ist: Je weniger Schaufeln, desto größere Weiten a der gekrümmten Gefäßräume, desto schärfer relativ die Krümmung derselben, desto mehr Krümmerwiderstand in den Gefäßen. Dazu noch ein desto ausgesprocheneres Hervortreten der Verhältnisse des kreisenden Wassers innerhalb jeden Gefäßraumes.

Es ist natürlich sehr schwierig, den Krümmerwiderstand eines solchen Gefäßraumes auf Grund der bekannten Koeffizienten rechnungsmäßig zu beurteilen, weil das Verhältnis zwischen dem mittleren Krümmungsradius und der Lichtweite a des Krümmers bei dem Übergang von großem a_1 zu kleinem a_2 sich stetig ändert — hier könnten nur Versuche nach.und nach Licht in die Sache bringen.

Die Berechnung des Flächen-Reibungswiderstandes an sich ist ja einfach, zumal, wenn im ganzen Gefäße die v ungefähr gleich bleiben ($v_2 = v_1$), denn die reibenden Oberflächen könnten aus einem Entwurf für verschiedene z_1 ohne weiteres entnommen werden.

Die unerwünschte Erscheinung des kreisenden Wassers bringt es aber mit sich, daß die v nur ungefähr in der Mittelachse des Gefäßes tatsächlich gleich bleiben, daß an der linken konkaven Gefäßwand zwischen Ein- und Austritt kleinere v_a auftreten, daß auf der die beiden Evolventen verbindenden rechtsseitigen, rückwärtigen Strecke die v_i im Gefäßinnern wesentlich größer sein werden, wie dies früher schon geschildert wurde. Und hier liegt die Gefahr nahe, daß zur Erzeugung der großen v_i nicht genug absolute Druckhöhe vorhanden ist,. daß beschränkte Kontinuität nach Art der Verhältnisse von Fig. 71 und 72, S. 86, eintreten kann, denn da der vorhandene Gefällebruchteil zur Überwindung von $\dfrac{u_1^2 - u_2^2}{2g}$ für die Schichtfläche I unseren Annahmen gemäß gerade ausreichen wird, so kann zur Erzeugung von v_i aus v_1 ($= v_2$) nur der Druck der Atmosphäre vorübergehend zu Hilfe genommen werden. (Siehe Weiteres unter „3".)

Nehmen wir einmal $z_1 = 35$ an, so ergibt sich für die rein radiale Schichtfläche aus $e_1 = D_1 \sin \beta_1 = 1286{,}8$ schließlich $a_1 + s_1 = 115{,}5$ mm, sodaß wir mit 7 mm für s_1 rund $a_1 = 109$ mm erhalten. Wir finden graphisch $d_1{}^a$. Es ergibt sich aus dem Geschwindigkeitsdreieck von u_2, w_2 die Richtung und zur Kontrolle mit v_1 auch die Größe von v_2, dazu aus t_2 die Weite a_2 in bekannter Weise und nunmehr kann auch in Anlehnung an Fig. 170 die Schaufelform für die ebene Schichtfläche I aufgezeichnet werden.

Wir bilden die b_2-Kurve von I anfangend als Parabel gegen auswärts aus, nachdem wir als ersten Anhalt für die Länge von b_2 überhaupt einfach $D_2{}^I \pi b_2$ als Austrittsfläche gesetzt und daraus b_2 etwas zu reichlich erhalten hatten, denn da die anderen D_2 größer werden als $D_2{}^I$, muß die tatsächliche Länge von b_2 kleiner ausfallen. Die Berechnung der λb_2 usw. geht nach bekanntem Verfahren und so entsteht der in Taf. 4, Fig. B enthaltene Grundriß der Schaufellinien in üblicher Weise. In jeder Schichtfläche hat ein möglichst großer Kreis die beiden Evolventen bzw. die Richtungen β_1 und β_2 zu verbinden. Hierbei bleibt meist auf der Konkavfläche ein kurzes geradliniges Stück zwischen Kreisbogen und Schaufelende

übrig, was dem Übergang der v_a und v_i in durchweg v_2 für den Austritt
nur förderlich sein kann. Die Austrittsmitten sind hier, ohne daraus eine
Regel zu machen, in Radialebenen angenommen.

Als Hilfsmittel zur Gewinnung der Modellschnitte sind hier Radialschnitte nicht recht geeignet, weil sie die Schaufellinien sehr spitzwinklig
treffen. Deshalb verwenden wir hier Schnittebenen parallel zum Schaufelanfang, also parallel der Richtung β_1, wie sie in Anlehnung an früheres
in Taf. 4 mit 1, 2 usw. bezeichnet sind. Diese Schnittebenen führen wir
auch wieder zweckmäßig durch die Schnittpunkte der Modellschnittebenen
mit der untersten Schaufellinie VI.

Es ist nun recht umständlich, wenn wir diese Hilfsschnitte im Aufriß
unverkürzt, d. h. senkrecht zur $\beta_1 \cdot$Richtung gesehen aufzeichnen, weil wir
aus solchen Ansichten die Radialabstände nicht geschickt entnehmen können.
Da uns die Schnittpunkte von Hilfsschnittebenen und Schaufellinien aber
nur bezüglich ihrer Höhenlage und ihrer radialen Abstände von der Wellenmitte interessieren, so verfahren wir folgendermaßen.

Wir denken jeden solcher Schnittpunkte für sich in die Bildfläche
hereingedreht, wo wir ja im Aufriß die zugehörige Schichtlinie vor uns
haben; d. h. wir tragen die Radialmaße sämtlicher Schnittpunkte in die
zugehörigen Schichtlinien des Aufrisses ein und erhalten dadurch Kurven,
wie sie Fig. A für die Konkavseite, Fig. D für den Schaufelrücken aufweisen. Wenn wir diese Kurven in den Aufrissen durch die Modellschnitte
schneiden, und die so gefundenen Schnittpunkte im gleichen Radius im
Grundriß auf die entsprechende Hilfsschnittlinie übertragen, so kommen
dort die richtigen Modellschnitte zum Vorschein.

Es ist natürlich, daß die Vorder- und Rückwand des Reaktionsgefäßes
je in besonderen Modellschnitten ausgearbeitet werden. Ganz besonders
aber ist darauf zu achten, daß die Gefäßquerschnitte auch unterwegs überall
stetig verlaufen. In Schichtfläche I haben wir $v_2 = v_1$, in den anderen
wird v_2 größer sein als v_1 und zwar mit wachsendem D_2 in höherem Maße,
wie dies ja schon früher ausgiebig erörtert.

3. Die Erscheinungen des kreisenden Wassers.

Bei dem Gefälle des allgemeinen Rechnungsbeispiels wird sich noch
gar nicht viel Besonderes zeigen, wenn auch hier schon die Atmosphäre zur
Bildung von v_i mithelfen muß. Setzen wir aber das Rad nachher unter ein
höheres Gefälle, ein solches, wofür überhaupt die Konstruktion nur noch
etwa praktisch in Frage kommen könnte, so werden wir sehen, daß dann
ganz andere, bedenklichere Verhältnisse eintreten.

Wir beziehen unsere Vergleichsrechnungen auf die Stelle „1", denn
da ist das Krümmungsverhältnis des großen Maßes a_1 wegen am schärfsten.
Wir entnehmen der Schaufelzeichnung Taf. 4 die Maße $a_1 = 109$ mm
und am Schaufelanfang $r_i = 131$ mm. Dies liefert uns den Wert von μ
(S. 81) mit $\mu = \dfrac{a_1}{r_i} = \dfrac{109}{131} = 0,8321$ und nach Gl. 239, S. 82 erhalten wir die
Größe des neutralen Radius

$$r_1 = \frac{a_1}{ln\,(1+\mu)} = \frac{109}{ln\,1,8321} = 180,05 \text{ mm}.$$

Da $r_m = r_i + \dfrac{a_1}{2} = 131 + 54^1/_2 = 185^1/_2$, so zeigt sich, daß die Stelle
an der bei 4 m Gefälle tatsächlich $v_1 = 3,88$ m vorhanden ist, um ca. 6 mm

einwärts von $\frac{a_1}{2}$ liegt, was wir für das Geschwindigkeitsparallelogramm vernachlässigen dürfen.

Wir erhalten dann gemäß Gl. 237 für 4 m Gefälle

$$v \cdot r = v_1 r_1 = 3{,}88 \cdot 0{,}180 = v_i \cdot 0{,}131,$$

woraus folgt

$$v_i = 3{,}88 \cdot \frac{0{,}180}{0{,}131} = 5{,}33 \text{ m/sek.}$$

Nun liegt, wie gesagt, die Schichtfläche I eben, und es ist gerade eine Druckdifferenz zwischen Ein- und Austritt übriggelassen, die $\frac{u_1{}^2 - u_2{}^2}{2\,g}$ entspricht; die Aufwendung für die Vergrößerung von v_1 auf v_i mußte also aus dem Druck der Atmosphäre leihweise bestritten werden. Welcher Druckhöhe in Meter Wassersäule diese Anleihe aus dem Atmosphärendruck entspricht, findet sich für 4 m Gefälle ideell zu

$$\frac{v_i{}^2 - v_1{}^2}{2\,g} = \frac{5{,}33^2 - 3{,}88^2}{2\,g} = \sim 0{,}68 \text{ m.}$$

Tatsächlich wird am Schaufelrücken also, abgesehen von der durch die Höhenlage der Turbine etwa vorhandenen Saugrohrwirkung, ein Minderdruck von etwa $1{,}1 \cdot 0{,}68 = \sim 0{,}75$ m vorhanden sein (Verlust ohne weiteres einmal 0,07 m) und dieser Minderdruck muß als Anleihe aus dem Atmosphärendruck für die Wasserteilchen des innersten Umkreises gegen „2" hin wieder der Atmosphärenpressung gemäß durch Verzögerung auf v_2 zurückverwandelt werden, was nur unter nochmaliger Einbuße an Arbeitsvermögen geschehen kann.

Für 4 m Gefälle ist diese Minderdruckhöhe immerhin noch weit entfernt vom absoluten Druck Null.

Nun wollen wir das gleiche Rad unter 36 m Gefälle bringen. Da sämtliche Geschwindigkeiten mit $\sqrt{H}$ proportional sind, so wird das Rad unter 36 m Gefälle $\sqrt{\dfrac{36}{4}} = 9 = 3$ mal soviel Wasser nehmen (5,25 cbm statt 1,75), dreimal so große Umdrehungszahl haben (147 statt 49) und bei 75 % Nutzeffekt ungefähr 1900 statt ca. 70 PS. leisten.

Es sei hier gleich bemerkt, daß ein Nutzeffekt von 75 % für das hohe Gefälle vielleicht noch zu hoch ist, daß eben $\varrho_2 H$ wie schon früher bemerkt, sehr ins Gewicht fallen wird.

Wir erhalten dann, weil v_i sowohl als v_1 verdreifacht werden, v_i zu $3 \cdot 5{,}33 = 15{,}99$ m gegenüber v_1 mit $3 \cdot 3{,}88 = 11{,}64$ m, und so stellt sich bei 36 m Gefälle der tatsächliche Anleihebetrag aus der Atmosphäre auf

$$\frac{v_i{}^2 - v_1{}^2}{2\,g} = \sim 9 \cdot 0{,}75 = \sim 6{,}75 \text{ m!}$$

so daß nur noch ca. 3,4 m Wassersäule als absoluter Druck vorhanden sind. Ist die Turbine mit 5 m Saughöhe aufgestellt, so sind aus dem Atmosphärendruck nur $10{,}3 - 5 = 5{,}3$ m überhaupt zur Verfügung, es kann unter solchen Verhältnissen also gar nicht zur Entwicklung der v_i kommen, die Turbine muß eine Einschränkung des Wasserverbrauches erfahren und, weil dann auch das Geschwindigkeitsparallelogramm am Eintritt gestört ist, eine Verminderung des Nutzeffekts.

Wenn wir noch bedenken, in welch kurzer Zeit die Umsetzung von v_1 in der Eintrittsbreite nach v_i und am Ausgang wieder rückwärts vor sich gehen muß (der Weg von Mitte f_1 bis Mitte f_2 beträgt ca. 0,31 m, wird also schon bei 4 m Gefälle mit $v_1 = 3{,}88$ m in $\frac{0{,}31}{3{,}88} = 0{,}08$ Sek., bei 36 m Gefälle und $v_1 = 11{,}64$ in weniger als 0,003 Sek. zurückgelegt), so ist klar, daß hier verlustbringende Wirbel unvermeidlich sind, trotzdem die Kanäle dem äußeren Ansehen nach gewiß nicht zu den überscharf gekrümmten gerechnet werden können.

Es muß deshalb von der Verwendung solcher Schaufelung, wenn nicht ganz dringende sonstige Gründe vorliegen, des zu erwartenden schlechten Nutzeffektes wegen im allgemeinen abgeraten werden. Wenn trotzdem das Aufzeichnen usw. eingehend besprochen worden, so hielt Verf. dies der Vollständigkeit und der Aufklärung der Verhältnisse wegen als erforderlich.

D. Verbundturbinen.
(Hintereinander geschaltete Turbinen auf gleicher Welle.)

1. Umdrehungszahl, Austrittsverlust.

Nachdem wir erkannt haben, daß die Verlangsamung der Umdrehungszahlen für Hochgefälle durch $\beta_1 < 90^0$ einen sehr verlustreichen Betrieb bringt, der nur in vereinzelten Fällen der Einfachheit der Anwendung und Ausführung halber eine bedingte Berechtigung haben mag, ist noch der zweite gangbare Weg zu besprechen, der zu einer Ermäßigung der Umdrehungszahlen führt, nämlich die Teilung des Gefälles in m gleiche Stufen, von denen jede dann mit einer Turbine für die volle Wassermenge ausgestattet wird, wobei die Turbinen gekuppelt sind und nacheinander vom Betriebswasser durchflossen werden (Serienschaltung).*) Die Umdrehungszahl dieser hintereinander geschalteten Turbinen ist dann dem m-ten Teil des Gefälles entsprechend; wir erhalten dann einfach statt n Umdrehungen nunmehr $n_v = \dfrac{n}{\sqrt{m}}$ in der Minute, wenn vorausgesetzt ist, daß die Laufräder der Teilgefälle den gleichen Durchmesser D_1 haben wie das Laufrad der einzigen Turbine des ganzen Gefälles.

Die Verhältnisse des Austrittsverlustes sind hier zu erläutern.

Wir hätten im gegebenen Falle die einfache, zu verlangsamende Turbine mit einem Austrittsverlust α_2, dem Gefällebruchteil $\alpha_2 H$ entsprechend auszuführen und α_2 dabei zweifellos niedrig anzunehmen.

Für die Verbundturbine ist es nun ideell ganz gleichgültig, mit welchem Austrittsverlust das Wasser von einer Gefällstufe zur anderen tritt, denn was dem Wasser in dem Austrittsverlust aus einer Zwischenstufe an kinetischem Arbeitsvermögen noch innewohnt, das stellt ohne weiteres ein für die nächste Gefällstufe noch verfügbares Arbeitsvermögen dar. Nur die letzte Stufe macht eine Ausnahme, der Betrag von $\dfrac{w_2{}^2}{2g} = \alpha_2 H$, mit dem das Wasser die letzte Turbine der Reihe verläßt, ist, abgesehen natürlich von Saugrohrerweiterung, uneinbringlich. Nun können wir Gl. 479, S. 272 schreiben

$$n = k_5 \sqrt[4]{\alpha_2 H} \, \sqrt{\frac{H}{Q}} \quad \cdot \quad \cdot \quad \cdot \quad \cdot \quad \cdot \quad \cdot \quad \textbf{486.}$$

---

*) Die erste Verbundturbine für Großbetrieb (2400 PSe) ist nach Angaben des Verf. in jüngster Zeit aufgestellt worden und in Betrieb gekommen.

worin dann $\alpha_2 H$ die Austrittsverlusthöhe der hintersten Turbine darstellt. Es ist ersichtlich, daß α_2 auch hier keinen großen Einfluß auf n hat, und wenn wir nunmehr mit festgelegtem $\alpha_2 H$ jetzt $\dfrac{H}{m}$ statt H unter der Quadratwurzel einführen ($\sqrt[4]{\alpha_2 H}$ und Q sind dann konstant), so ergibt sich natürlich

$$n_v = \frac{\text{konst.}}{\sqrt{m}} \quad \cdots \cdots \cdots \quad \textbf{487.}$$

wie oben schon erwähnt.

Eine Zweiteilung des Gefälles reduziert also die Umdrehungszahl ohne weiteres auf das 0,7-fache usw.

2. Spaltverluste.

Im allgemeinen ist über die Spaltverluste folgendes zu sagen: Die Gl. auf S. 261

$$q_s = d_s \pi a_s \mu \sqrt{2g(1-\varrho)H - w_1{}^2 - \frac{u_1{}^2}{4}(1 - \varDelta^2)} \quad . \quad \textbf{(471).}$$

gilt natürlich allgemein für jeden Spalt; auch für den einer Zwischenstufe, sofern an Stelle von H, w_1, u_1, die der Zwischenstufe zugehörigen Größen gesetzt werden. Wir bezeichnen diese als $H_v = \dfrac{H}{m}$, w_{1v}, u_{1v} usw. und schreiben

somit $\qquad q_{sv} = d_{sv} \pi a_s \mu \sqrt{2g(1-\varrho)\dfrac{H}{m} - w_{1v}{}^2 - \dfrac{u_{1v}{}^2}{4}(1 - \varDelta^2)} \quad . \quad \textbf{488.}$

Es darf ohne weiteres angenommen werden, daß a_s für volles Gefälle und für Teilgefälle gleich groß ist, ebenso $\varDelta$.

Ist das Gefälle in m gleichgroße Stufen geteilt, wie natürlich, so wiederholt sich der Wasserverlust q_{sv} durch den Spalt für jede Stufe und für das dieser Stufe entsprechende Teilgefälle, und das Spaltwasser wird sich jedesmal direkt hinter dem Laufrad wieder mit der allgemeinen Wasserführung vereinigen. Die Wassermenge q_{sv} umgeht also die sämtlichen Gefällstufen und deshalb ist der Arbeitsverlust einfach proportional dem gesamten Spaltverlust einer Stufe $Q_{sv} = \Sigma q_{sv}$ wie er bei einfachen Turbinen proportional $Q_s = \Sigma q_s$ ist.

Von Interesse ist zuerst der Vergleich dieses Arbeitsverlustes mit demjenigen einer einzigen Turbine für ganzes Gefälle entsprechend Gl. 471.

Hierzu dient uns der Umstand, daß allgemein die w und u den $\sqrt{H}$ proportional sind, so daß wir also schreiben können

$$w_{1v} = w_1 \sqrt{\frac{H}{m} \cdot \frac{1}{H}} = \frac{w_1}{\sqrt{m}} \quad \cdots \cdots \quad \textbf{489.}$$

und $\qquad\qquad u_{1v} = \dfrac{u_1}{\sqrt{m}} \quad \cdots \cdots \cdots \quad \textbf{490.}$

Da sowohl Q_s der einfachen Turbine als auch Q_{sv} der Verbundturbine für das gesamte Gefälle verloren sind, so finden wir den Vergleich der beiden Arbeitsverluste in dem Vergleich der verlorenen Wassermengen und wir erhalten nach Einsetzen der Werte für w_{1v} und u_{1v} durch Division von Gl. 471 und Gl. 488 einfach schließlich zu

$$q_{sv} = \frac{q_s}{\sqrt{m}} \cdot \frac{d_{sv}}{d_s} \quad \cdots \cdots \cdots \quad \textbf{491.}$$

Aus dem früheren ist bekannt, daß der Saugrohrdurchmesser D_s für beide Ausführungen gleich groß sein wird und so kann es Anordnungen geben, bei denen dann auch d_{sv} und d_s ohne weiteres gleich sein können; dann ist einfach

$$q_{sv} = \frac{q_s}{\sqrt{m}} \qquad \ldots \ldots \ldots \quad \textbf{492.}$$

d. h. in solchen Fällen ist der Spalt- und auch der Arbeitsverlust für beispielsweise 2 Stufen, $m = 2$, nur das $\frac{1}{1,414} = 0,7$-fache von dem Spaltverlust der Turbine für ganzes Gefälle.

Die Verhältnisse können sich aber zugunsten der Verbundturbine in noch höherem Maße aussprechen, wenn die Verbundturbine z. B. für folgende Umstände in Frage kommt.

Die erwünschte kleine Umdrehungszahl kann durch großes D_1 einer Turbine für das ganze Gefälle noch mit $\beta_1 = 90$, also ohne großes $\varrho_2 H$ und nach Art der Ausführung A und B, S. 190 u. f., erreicht werden. Diese Ausführung hat aber sehr großen Spaltdurchmesser d_s und infolge dieses Umstandes großen Spaltverlust q_s und wir ordnen hier, unter Einhaltung der erwünschten und schon erreichten kleinen Umdrehungszahl, eine Verbundturbine an.

Unter solchen Umständen haben wir mit den seitherigen Bezeichnungen einfach

$$n = \frac{60\,u_1}{D_1\,\pi} = \frac{60\,u_{1v}}{D_{1v}\,\pi} = n_v$$

woraus folgt

$$D_{1v} = \frac{D_1}{\sqrt{m}} \qquad \ldots \ldots \ldots \quad \textbf{493.}$$

so daß wir auch berechtigt sind zu setzen

$$d_{sv} = \frac{d_s}{\sqrt{m}} \qquad \ldots \ldots \ldots \quad \textbf{494.}$$

Hierdurch geht für diesen Fall die Gl. 491 über in

$$q_{sv} = \frac{q_s}{m} \qquad \ldots \ldots \ldots \quad \textbf{495.}$$

d. h. für gleiche Umdrehungszahl, gleiche β_1, ist der Spaltverlust der Verbundturbine nur der m-te Teil desjenigen der Turbine für ganzes Gefälle, also für $m = 2$ nur die Hälfte.

Wenn wir bedenken, wie sehr die Abrundung der scharfen Spaltkanten durch große Druckdifferenzen beschleunigt wird, wie rasch sich dadurch der Ausflußkoeffizient μ und deshalb auch q_s vergrößert, so spricht dies bei Hochgefällen auch noch ganz besonders für die Verwendung von Verbundturbinen, denn bei diesen sind die Druckdifferenzen eben bloß $\frac{1}{m}$ von denen des ungeteilten Gefälles.

Der Turbinenbau hat seither von dieser Einrichtung keinen Gebrauch gemacht, wenigstens ist dem Verfasser keine Ausführung bekannt. Es ist aber gar nicht einzusehen, warum sich nicht, wo die Verhältnisse danach liegen, die Vorteile der Unterteilung der arbeitenden Druckdifferenzen gerade so nutzbringend erweisen sollten, wie sie es im Dampfmotorenbau aus anderen Gründen schon längst gewesen ist.

E. Die Koeffizienten ε_Q und ε_H.

Wir müssen jetzt eigentlich den „Nutzeffekt" ε_T einer Turbine als aus zwei Faktoren zusammengesetzt ansehen. $\varepsilon_Q \cdot Q$ ist die tatsächlich zum Arbeiten gelangende Wassermenge, $\varepsilon_H \cdot H$ das tatsächlich für die Arbeitsabgabe tätige Gefälle, und so würde

$$\varepsilon_Q \cdot Q \cdot \gamma \cdot \varepsilon_H \cdot H = \varepsilon_Q \cdot \varepsilon_H \cdot Q \cdot \gamma \cdot H = \varepsilon_T \cdot Q \cdot \gamma \cdot H \quad . \quad . \quad . \quad \textbf{496.}$$

als die richtige Bezeichnung für die tatsächliche Leistung in mkg anzusetzen sein.

Es wird wohl bei sämtlichen, für den Betrieb gebauten Turbinen unmöglich sein, in den Wassermessungen bei Bremsversuchen die Spaltwassermenge Q_s und die eigentliche Arbeitswassermenge $Q - Q_s$ auseinander zu halten und so ist es stillschweigend Brauch geworden, daß die Nutzeffektziffer einer Turbine $\varepsilon_Q \cdot \varepsilon_H = \varepsilon_T$, als nur auf H bezogen, einfach mit ε in den Rechnungen berücksichtigt wird, während eigentlich nur ε_H in allen Gleichungen für u_1 usw. zu führen wäre. Der Fehler ist an sich nicht sehr groß, wie die Tabelle S. 267 zeigt, und er verliert vollends unter gewöhnlichen Verhältnissen an Bedeutung, weil die ϱH an sich auf einige Prozent unsicher sind.

Es wird Sache der Laboratorien für Wasserkraftmaschinen sein, durch Versuche mit geeigneten Laufrad-Einrichtungen das bis jetzt nur theoretisch bearbeitete Kapitel der Spaltverluste in bessere Beziehungen zur Wirklichkeit zu bringen.

10. Die Wasserregulierung der Reaktionsturbinen. Allgemeines.

Die Wassermenge, die ein Flußlauf oder Kanal in der Zeiteinheit bringt, wechselt ständig. Ist nun die Turbine für eine Wassermenge Q cbm/sek gebaut, die größer ist, als dem Mindestmaß der wechselnden Wasserzuführung entspricht, so sind die Querschnitte f_0, f_1, f_2 von Leit- und Laufrad für alle Wassermengen, die kleiner sind als Q, zu groß, es sollten deshalb und weil bei Reaktionsturbinen die Querschnitte und Gefäßräume ganz ausgefüllt sind, die Geschwindigkeiten w_0, v_1, v_2 ermäßigt, oder es muß eine Verkleinerung der Querschnitte herbeigeführt werden, sofern das ausgenutzte Gefälle tatsächlich ganz gleich bleiben soll.

Die Gleichung der Gefälleaufteilung zeigt, mit welchen Verhältnissen wir zu rechnen haben:

$$\frac{w_1^2}{2g} + \frac{u_1^2 - u_2^2}{2g} + \frac{v_2^2 - v_1^2}{2g} = (1 - \varrho) H \quad . \quad . \quad . \quad (345).$$

Diese Gleichung besteht für normales Nachfüllen der Reaktionsgefäße; wenn zu wenig Wasser nachkommt, werden die Querschnitte f_0, f_1, f_2 mehr Wasser abfließen lassen als zuströmt, die Folge ist ein Leererwerden des Obergrabens, eine Verminderung des Gefälles H. Greift keine äußere „Regulierung" ein, so entwickeln sich folgende Verhältnisse:

Der Betrieb verlangt gleichbleibende Umdrehungszahlen, also ist $\frac{u_1^2 - u_2^2}{2g}$ in der Gl. 345 als konstant anzusehen, sofern die Belastung der Turbine der abnehmenden Leistungsfähigkeit angepaßt wird. Dagegen werden mit nach und nach auf H' abnehmendem H die w_1, v_1, v_2 auf w_1', v_1', v_2' abnehmen und zwar in ziemlich gleichem Verhältnis. Da aber die u_1 und u_2 nicht abnehmen, so stimmen die Geschwindigkeitsparallelogramme am Eintritt nicht mehr, das richtige Einfüllen ist gestört, es treten Stoßverluste beim Eintritt in das Laufrad auf und das Wasser wird von f_1 nach f_2 in teilweise wirbelnder Bewegung fließen; auch w_2 das Betriebsergebnis von u_2 und v_2 wird sich ändern müssen.

Die Gefälleaufteilung vollzieht sich dann wie folgt:

$$\frac{w_1'^2}{2g} + \frac{u_1^2 - u_2^2}{2g} + \frac{v_2'^2 - v_1'^2}{2g} = (1 - \varrho) H' - \sigma H' = (1 - \varrho - \sigma) H' \quad \textbf{497.}$$

worin $\sigma H'$, wie früher schon, den Gefällebruchteil bedeutet, der durch Stöße aufgezehrt wird.

Das Absinken des Oberwassers, die Verminderung des Gefälles, wird solange weitergehen, bis die vorstehende Gleichung befriedigt ist, und in dieser Weise spielen sich tatsächlich die unbedeutenderen Schwankungen in der Wassermenge ab. Derartige Verhältnisse sind aber bei größeren Schwankungen und für richtige Ausnutzung einer Wasserkraft unstatthaft und deshalb muß eine „Wasserregulierung", auch schlechtweg Regulierung genannt, eingreifen derart, daß auch die durch äußere, unabänderliche Einflüsse von Q auf φQ verkleinerte Wassermenge mit vollem Gefälle H ausgenützt wird. Die Abnahme der Wassermenge darf nicht auch noch eine Verminderung des zweiten Arbeitsfaktors, des Gefälles, nach sich ziehen.

Auf Grund dieser Erwägung sind alle Einrichtungen, welche der Verringerung der Wassermenge durch Beeinträchtigung des Gefälles Rechnung tragen, nicht als Wasser-Reguliereinrichtungen anzusehen. Das teilweise Schließen der Einlaßschützen, einer Drosselklappe im Saugrohr, einer Ringschütze am Saugrohrende usw. ist von üblem Einfluß; all diese Anordnungen zählen nicht zu den Wasser-Reguliereinrichtungen.

Eine zweite aus Betriebsgründen ungemein wichtige Anforderung an gute Reguliereinrichtungen geht dahin, daß wir imstande sein sollen, die Regulierung durch Drehen eines Handrades, Schwenken eines Hebels, kurz durch ein einfaches Triebwerk während des Betriebes zu verstellen und zwar von beliebig zu bestimmender Stelle aus.

Das Anpassen der Turbine an wechselnden Wasserstand muß leicht und ohne Betriebsstörung erfolgen können.

Schließlich ist von konstruktiv gut durchgeführten Reguliereinrichtungen zu verlangen, daß die Regulierungsteile das Nachsehen der Leit- und Laufschaufeln (Verstopfungen) nicht beeinträchtigen. Dieses Nachsehen soll bei vollständig montiertem Reguliergetriebe erfolgen können, damit man sich gerade bei dieser Gelegenheit auch vom richtigen Funktionieren der Regulierung überzeugen kann.

11. Die Zellenregulierungen.

Die nächstliegende Einrichtung zum Anpassen der Turbine an die verminderte Wassermenge φQ ist das vollständige Abschließen eines entsprechenden Teils der gesamten Leitkanäle oder Leitzellen, die „Zellenregulierung", wie sie für Achsialturbinen meist üblich war.

Auf diese Weise wird die Summe der f_0 der verminderten Wassermenge entsprechend eingestellt, die w_0 und w_1 bleiben in den nicht geschlossenen Leitzellen ganz gleich wie für volle Wassermenge, der Oberwasserspiegel behält seine Höhenlage bei und auch in den Reaktionsgefäßen, die sich gerade vor den offen gebliebenen Leitzellen befinden, sind die v_1 und v_2 richtig vorhanden.

Die Reaktionsgefäße, welche sich vor geschlossenen Leitzellen befinden (Fig. 171), erhalten kein Nachfüllwasser und wenn die geschlossenen Leitzellen nicht mit der äußeren Luft in Verbindung gebracht sind, so werden diese Reaktionsgefäße nicht leerlaufen können, ihr Wasserinhalt, von der letzten offenen Leitzelle herstammend, muß unter der geschlossenen Zelle seine Bewegung einstellen und wird erst im Bereich der nächsten offenen Leitzelle wieder in Fluß kommen. Dieser Wechsel zwischen Anhalten und Fließen verlangt die Aufbietung von Kräften, und die Verzögerung des im Arbeiten begriffenen Wassers geschieht nicht ohne Arbeitseinbuße durch innere Wirbel. Für die Wiederingangsetzung des Gefäßinhaltes dient zum Teil der Stoß des mit w_0 aus der nächsten offenen Leitstelle austretenden Wassers und dies geht auch nicht ohne Verlust vor sich.

Auf Grund dieser Erwägung pflegt man das Schließen der Leitzellen derart vorzunehmen, daß die geschlossenen Zellen aneinandergereiht auftreten, weil dadurch der Verlust des Wechsels zwischen Anhalten und Fließen sich nur einmal, zu Anfang bezw. zu Ende der geschlossenen Strecke einstellt.

Diese Verluste könnten gemildert werden, wenn man die geschlossenen Leitzellenräume mit der äußeren Luft in Verbindung bringt, weil dann das Reaktionsgefäß zu Beginn der toten Strecke ohne Stoß leerlaufen und sich an deren Ende ebenso wieder anfüllen wird, eine Einrichtung, die natürlich nur dann zulässig ist, wenn die Turbine ohne Saugwirkung arbeitet. Heutzutage ist dies aber kaum irgendwo mehr der Fall.

Einerlei, ob Luftzuführung in die Leitzelle vorhanden ist oder nicht, die letzte der offenen Leitschaufeln (Fig. 171) wird andere Größen von w_0 und w_1 aufweisen müssen als die Leitschaufeln, die mitten in der Reihe der offenen Zellen sitzen. Selbst wenn die Leitschaufeln bis dicht an die Laufradschaufelkanten hingeführt sind (sehr kleiner Schaufelspalt), so ver-

hindert dies nicht, daß das Fehlen
des Nachfüllens aus der benachbarten ersten toten Zelle auf die
Druckverhältnisse der letzten offenen Leitzelle Einfluß übt. Solange
der Wasserinhalt des Reaktionsgefäßes ruht, so lange wird keine
Druckhöhe $\dfrac{v_2{}^2 - v_1{}^2}{2g}$ erfordert, also
ist in der toten Strecke den Leit-
schaufelmündungen gegenüber ein
geringerer Gegendruck vorhanden
und dieser kann nicht plötzlich
mit der Schaufelkante k beginnen,
sondern er wird allmählich aus
dem normalen Gegendruck durch
Verminderung entstehen; die
Druckverminderung greift, besonders wenn ein Reaktionsgefäß teilweise vor dem offenen, teilweise
vor dem geschlossenen Leitkanal
steht, nach dem Austritt der letzten
offenen Leitschaufel über, w_0 und
w_1 müssen in dieser größer ausfallen als normal.

Das gleiche gilt für die erste
offene Leitschaufel nach dem Passieren der geschlossenen Strecke.
Auch hier werden w_0 und w_1
größer sein als normal, da um
die Leitschaufelkante l herum sich
schon der Einfluß des mit niederem Gegendruck ankommenden
Reaktionsgefäßes voll stillstehenden Wassers bemerklich machen
wird. Wir haben deshalb zu Anfang und Ende der toten Strecke
die schon erwähnten Stöße für
das Nachfüllen zu gewärtigen.

Diese Stoßverluste sind aber
nicht so bedeutend, daß dem
reihenweisen Abdecken von Leit-
kanälen die Eigenschaft der „Reguliereinrichtung" abgesprochen
werden darf. Jahrzehnte hindurch
war dieses Abdecken die fast ausschließlich angewandte Regulie-
rungsweise, die in den Zeiten an-
spruchsloser Betriebe durch einfaches, von Hand auszuführendes

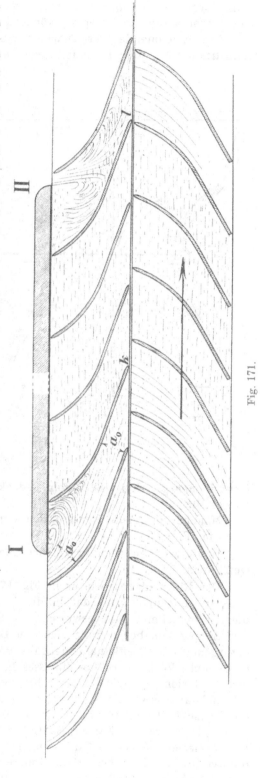

Fig. 171.

Auflegen einzelner Deckel geübt wurde. Wenn das Gefälle zu weit herunter-
ging oder wenn wieder reichlicher Wasser kam, stellte man eben ab, um
den Turbinenraum betreten zu können.

Die zunehmende Wertschätzung der Wasserkraftbetriebe in größeren
industriellen Anlagen, besonders auch in solchen, die die ganze Woche hindurch Tag und Nacht ar-
beiten (Holzschleifereien,
Papierfabriken, große Müh-
lenwerke usw.), deren Fa-
brikationsgang ein auch
nur vorübergehendes Ab-
stellen sehr schlecht ver-
trägt, brachte bald mechanischen Betrieb für das
Abdecken der Laufkanäle.
Es waren teils Einrich-
tungen, bei denen in An-
lehnung an die früheren
Handdeckel Einzelklappen
der Reihe nach betätigt
wurden, teils sog. Rund-
schieber, die als volle in
einem Stück ausgeführte
ringförmige Abschlußplat-
ten über die Leitkanäle
vorgeschoben wurden (s.
Fig. 171 und 172), wobei
die eine Hälfte der Leit-
kanalanfänge natürlich zur
Seite geführt sein mußte,
damit die Abschlußplatte

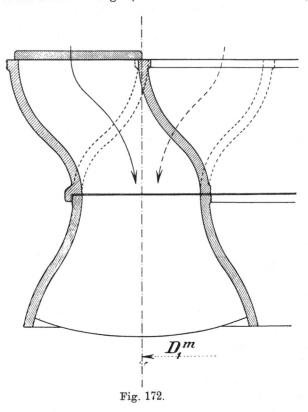

Fig. 172.

nicht immer gleichviel Schaufeln bedeckt hielt. (Schematisch in Fig. 172
dargestellt.)

Manche sinnreiche Konstruktion entstand dabei, doch ist fast keine
mehr im Betriebe.

Heute wenden wir Ringschieber nur noch bei Strahlturbinen mit hohem
Gefälle an.

Der Ringschieber, wie er in Fig. 171 eingezeichnet ist, kann natürlich
auch so eingestellt sein, daß er die betr. Zelle nur teilweise schließt, und
dies ist manchmal ganz erwünscht, doch ist dabei folgendes zu beachten.
Der Absperrschieber befinde sich am Beginne der Leitkanäle und dort ist
naturgemäß der Leitkanalquerschnitt noch wesentlich größer als f_0. Das
tatsächliche Verkleinern des Zuflusses in der betr. Schaufel beginnt deshalb
erst in derjenigen Schieberlage, bei der zwischen Absperrkante und Leit-
schaufelwand etwa die Weite a_0 vorhanden ist, parallele Leitkränze über
die ganze Leitraderstreckung vorausgesetzt. Ist das Leitrad gegen den
Anfang hin erweitert (Fig. 81, S. 102), so beginnt das eigentliche Vermindern
der Wassermenge erst bei der Schieberstellung, in welcher der Durchtritts-
querschnitt an der Absperrkante ungefähr gleich $a_0 b_0 = f_0$ geworden ist.
Ehe der Absperrschieber diese Stellung erreicht hat, bildet er nur ein

Bewegungshindernis für das Wasser, eine Wirbelstelle, durch die Gefäll-verluste verursacht werden, wodurch ja allerdings auch eine Beeinträchti-gung des Wasserdurchgangs, der Wassermenge entsteht. Der Rundschieber hat aus diesen Gründen mit jeder neuen Leitschaufel neu anfangend ein Stück toten Ganges, das für die Wasserregulierung nicht sehr von Bedeutung ist, das aber bei der Geschwindigkeitsregulierung, wie wir später sehen werden, von einschneidendem Einfluß werden kann.

Abgesehen davon, ist noch die Richtung von Wichtigkeit, aus der der Absperrschieber über die Leitschaufelanfänge hingeschoben wird.

Die Stellung der Absperrkante nach I Fig. 171 leitet das durchtretende Wasser gegen die Konkavseite der Leitschaufel und veranlaßt dadurch wenigstens ein geordnetes Durchfließen gegen das Laufrad hin, der Strahl führt sich an der Schaufelfläche.

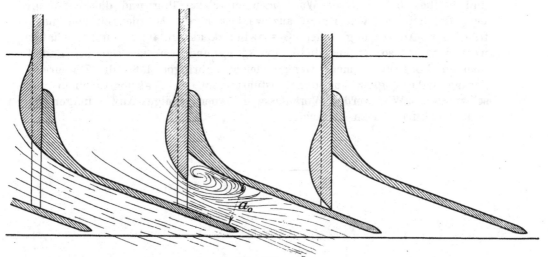

Fig. 173.

Liegt die Absperrkante nach II, Fig. 171, so ist in der betr. Leit-schaufel ein Durchwirbeln der verringerten Wassermenge bis ins Laufrad hinein unvermeidlich.

Der Absperrschieber sollte für „Schließen" deshalb stets gegen die Drehrichtung des Laufrades vorgeschoben werden.

Die Rundschieber hatten infolge ihrer Anordnung fast durchgängig die Eigentümlichkeit, daß sie mit zunehmender Schließung der Turbine schwerer gingen, weil der äußere den Schieber belastende Wasserdruck mit jeder weiteren abgesperrten Zelle wächst. Dieser Umstand, sowie besonders auch der tote Gang und die Schwerfälligkeit des Ganzen bei einigermaßen größeren Wassermengen machen den Rundschieber für die Geschwindig-keitsregulierung bei Turbinen mit kleineren Gefällen (große Wassermenge) unbrauchbar.

Rundschiebervorrichtungen, bei denen der Wasserdruck durch zwei diametral gegenüber angeordnete Absperrkanten und entsprechende zylin-drische Gleitflächen ausgeglichen ist, kommen nur für Hochgefälle noch hier und da in Betracht. Doch ist gerade bei den ausgeglichenen Schiebern die Möglichkeit von verhältnismäßig großen Wasserverlusten durch die unbelasteten nach und nach sich ausfressenden Gleitflächenspalte sehr im Auge zu behalten.

Solche Wasserverluste treten in doppelter Weise als Verlustbeträge auf. Nicht nur, daß das durchrinnende Wasser sich dem Arbeitsweg entzieht, sondern durch die abgesperrten leeren Leitschaufeln gelangt es mit ganz geringer Geschwindigkeit vor die Laufradschaufeln, die es dann plötzlich durch Schlag auf die Umfangsgeschwindigkeit u_1 beschleunigen müssen, was auch recht beträchtliche Arbeitsmengen verbrauchen kann.

Die Fig. 173 zeigt eine Schieberkonstruktion, wie sie auch vielfach üblich war. Diese beläßt dem Wasser bei Teilöffnung die Führung an der Schaufelfläche, hat aber den Übelstand, daß der Abschluß an sich recht mangelhaft war, so daß viel Wasser durch die geschlossenen Schieber entweichen konnte und im Laufrad den Beschleunigungsschlag erhalten mußte.

Wie schon gesagt, alle diese Einrichtungen für Zellenregulierung sind und bleiben bei größeren Wassermengen schwerfällig und da heutzutage bei jeder Turbine von Hause aus wenigstens die Möglichkeit der nachträglichen Anbringung eines Geschwindigkeitsregulators offen gehalten werden sollte, so ist aus dieser Erwägung und weil sie sich bei Radialturbinen konstruktiv meist weniger leicht anbringen läßt, die Zellenregulierung nahezu ganz aus den Ausführungen der Reaktionsturbinen verschwunden. Wir werden Veranlassung haben, einige Anwendungen bei den Strahlturbinen zu betrachten.

12. Die Zeidler'sche Reguliervorrichtung.

Das Abschließen einzelner Leitkanäle bringt die vorher erörterten Störungen im Durchfluß des Wassers durch die Reaktionsgefäße.

Vollständig vermieden sind diese durch die von Zeidler angegebene Reguliereinrichtung, die auch seinerzeit in einigen Ausführungen im Betrieb war. Zeidler baute äußere Radialturbinen mit parallelen Kränzen, d. h.

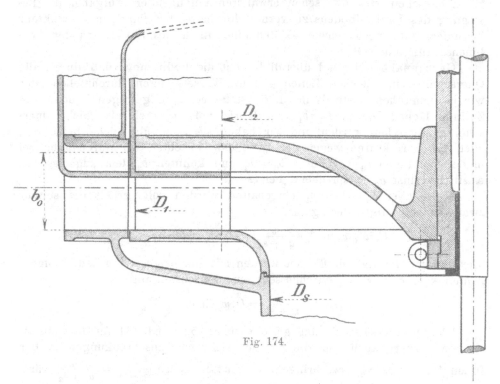

Fig. 174.

mit $b_1 = b_2$ und richtete die Turbine so ein, daß die Breiten $b_0 = b_1 = b_2$ gleichzeitig durch Verschieben zweier Zwischenböden je mit Ringschütze, einer im Leitrad, einer im Laufrad, um gleichviel geändert werden konnten, wie dies Fig. 174 schematisch zeigt. Dies ist eine Einrichtung, die theoretisch überhaupt die einzig richtige Lösung der Regulierungsfrage darstellt, denn bei derselben bleibt das gegenseitige Verhältnis der Querschnitte in Leit- und Laufrad unverändert, die Winkel ebenso, so daß vom Standpunkte der Theorie und Berechnung im allgemeinen nicht der geringste Einwand gerechtfertigt erschien.

Die Praxis hat die Konstruktion aber aus Betriebsgründen abgelehnt und schließlich kam doch auch vom konstruktiven Standpunkte ein berechtigter Einwand zur Geltung, so daß heute Neuausführungen wohl völlig ausgeschlossen sind.

Der sichere Betrieb einer solchen Regulierungseinrichtung war nahezu unmöglich. Die Zwischenböden müssen notwendig Schlitze für die Leit- und die Radschaufeln haben. Diese Schlitze konnten der ganzen Natur der Ausführung nach nicht eng passend an den Schaufelflächen anschließen. Hierdurch war Gelegenheit gegeben, daß sich alle die kleinen Gegenstände, die das Betriebswasser mit sich führt, Laub, Gras, kleine Zweige u. dergl. in den Schlitzen ansetzten und die Beweglichkeit der Zwischenböden in kurzer Zeit erschwerten oder ganz illusorisch machten. Außerdem war die Einrichtung für das Auf- und Abbewegen des Laufradzwischenbodens ziemlich umständlich, weil dieser sich mit dem Laufrad drehen mußte.

Die Klemmungen der Böden haben, wo nicht ganz reines Betriebswasser vorhanden war, dem Regulierbetrieb überall ein rasches Ende gesetzt.

Abgesehen von der schon erwähnten unlohnenden Aufgabe, die Bewegung des Laufradbodens zu vermitteln, hatte der Turbinenkonstrukteur besonders auch noch Schwierigkeiten hinsichtlich des Entwerfens der Turbinenschaufelung selbst.

Ganz unabhängig und überall besteht die Bedingung, daß durch alle Querschnitte in gleichen Zeiten gleiche Wassermengen durchfließen, der wir ja auch schon, erstmals in Gl. 79, stets Rechnung getragen haben. Die Zylinderflächen $D_1 \pi b_0$, $D_1 \pi b_1$ und $D_2 \pi b_2$ müssen auch als solche Querschnitte angesehen werden und wir haben sie auch als solche behandelt, auch die Korrekturen wegen der s_0, s_1 usw. beachtet, wir waren aber frei in der Wahl von b_2 gegenüber $b_0 = b_1$ und konnten b_2 dem zugelassenen Austrittsverlust α_2 entsprechend bemessen.

Sowie aber $b_0 = b_1 = b_2$ eingehalten werden soll, erhält die seither zwanglos befriedigte Bedingung

$$D_1 \pi b_0 w_0 \sin \delta_0 \cdot \frac{a_0}{a_0 + s_0} = D_2 \pi b_2 w_2 \sin \delta_2 \frac{a_2}{a_2 + s_2}$$

(die betreffenden Zylinderflächen werden mit den beigesetzten Radialkomponenten von w_0 bzw. w_2 durchflossen) eine Einschränkung auf

$$D_1 w_0 \sin \delta_0 \cdot \frac{a_0}{a_0 + s_0} = D_2 w_2 \sin \delta_2 \cdot \frac{a_2}{a_2 + s_2}.$$

Hieraus ist ersichtlich, daß gerade wie S. 152 in Gl. 384 für die Achsialturbine erörtert, auch hier die parallelen Kränze Einschränkungen in der freien Wahl von w_2 usw. bringen, es müßte, sofern $\frac{a_0}{a_0 + s_0} = \frac{a_2}{a_2 + s_2}$ wäre,

$$w_0 \sin \delta_0 = \Delta w_2 \sin \delta_2$$

eingehalten werden, was oft recht viel Mühe machen würde.

Zu dem können diese Turbinen nur mit großem Laufraddurchmesser gebaut werden, da die Ablenkung des Wassers aus der radialen in die achsiale Richtung erst nach dem Verlassen des Laufrades beginnen kann, sie sind also Langsamläufer.

Aus all diesen Gründen hat die Ausführung der an sich trefflichen Idee keinen Erfolg haben können.

13. Die Spaltdruckregulierungen. Allgemeines.

Unter dieser Bezeichnung verstehen wir Reguliereinrichtungen, welche das Anpassen an den verminderten Wasserzufluß durch rundum gleichförmiges Verkleinern der sämtlichen Leitschaufelquerschnitte bewirken. Die Folge dieser rundum gleichförmigen Verkleinerung ist eine Änderung der Druckverhältnisse im Spalt und daher die gewählte Bezeichnung.

Die Druckhöhendifferenz zwischen der Stelle „1" und derjenigen „2" ist wie bekannt für alle Schichten gleich

$$h = h_1 + h_r - h_2 = \frac{u_1{}^2 - u_2{}^2}{2g} + \frac{v_2{}^2 - v_1{}^2}{2g} + \varrho_2 H \quad . \quad . \quad \textbf{(365.)}$$

Setzen wir im Anschluß an Früheres (S. 25 u. a.) $f_1 = nf_2$, so kann geschrieben werden

$$h = h_1 + h_r - h_2 = \frac{u_1{}^2}{2g}(1 - \varDelta^2) + \frac{v_2{}^2}{2g}\left(1 - \frac{1}{n^2}\right) + \varrho_2 H \quad . \quad \textbf{498.}$$

und hieraus ist deutlich zu ersehen, daß der Bedarf an Raddruckhöhe h mit abnehmender Wassermenge d. h. mit kleiner werdendem v_2 rasch sinkt, denn auch $\varrho_2 H$ wird ungefähr mit dem Quadrat der Geschwindigkeiten abnehmen, sofern bei der verkleinerten Wassermenge keine Wirbel auftreten.

Wird der Bedarf an h kleiner, so muß sich dies als Abnahme des Druckes h_1 an der Stelle „1" zeigen, denn derjenige in „2" ist (Fig. 95, 105) als h_2 allemal durch die Aufstellung der Turbine im großen und ganzen bestimmt, abgesehen von der Veränderung der Widerstandshöhen im Saugrohr, wie sie die wechselnde Wassermenge mit sich bringen wird, die aber ohne wesentlichen Einfluß auf die Gesamtaufteilung der Druckhöhen bleibt.

Aus der Gefällaufteilung für ideellen Betrieb

$$\frac{w_1{}^2}{2g} + h = \frac{w_1{}^2}{2g} + \frac{u_1{}^2}{2g}(1 - \varDelta^2) + \frac{v_2{}^2}{2g}\left(1 - \frac{1}{n^2}\right) = H \quad . \quad . \quad . \quad \textbf{(318.)}$$

und aus derjenigen des tatsächlichen Betriebes

$$\frac{w_1{}^2}{2g} + \frac{u_1{}^2}{2g}(1 - \varDelta^2) + \frac{v_2{}^2}{2g}\left(1 - \frac{1}{n^2}\right) = (1 - \varrho) H \quad \textbf{(345.)}$$

ist ersichtlich, daß die Abnahme der verarbeiteten Wassermenge, d. h. die Abnahme von v_2, einen größeren Betrag für $\frac{w_1{}^2}{2g}$ übrigläßt, daß also bei der Spaltdruckregulierung mit verkleinerten f_0 die w_0 und die w_1 wachsen müssen und umgekehrt. Es liegt in der Natur der Verhältnisse, daß die Vermehrung von w_0 weitaus überholt wird durch die Verminderung der f_0 und daß deshalb doch die Verkleinerung der Leitschaufelquerschnitte die gewünschte Verringerung der durchfließenden Wassermenge bewerkstelligt.

14. Die Fink'sche Drehschaufelregulierung.

Fink, ehedem Professor an der Techn. Hochschule Berlin, hat das unbestreitbare Verdienst, die erste und zugleich dem Prinzip nach vollkommenste Spaltdruckregulierung für äußere Radialturbinen ausgeführt zu haben, indem er die Leitschaufeln ähnlich wie Drosselklappen drehbar anordnete. Die Drehachsen stehen parallel zur Turbinenachse.

Die Fink'sche Regulierung fand zuerst in Deutschland wenig Anklang, Fink selbst führte einige wenige Turbinen mit derselben aus; seit Mitte der siebziger Jahre vorigen Jahrhunderts wurde die Konstruktion von der Firma J. M. Voith, Heidenheim a. Br., aufgenommen und trotz des zuerst allgemein herrschenden Mißtrauens gegen die Anordnung an sich und gegen die äußeren Radialturbinen überhaupt, insbesondere auch gegen die Anwendung von Saugwirkung, schließlich mit durchschlagendem Erfolg zur Geltung gebracht. Der Wendepunkt in dieser Entwicklung wird durch die Veröffentlichung der Bremsergebnisse an der Turbine des Kgl. württ. Hüttenwerkes Königsbronn, Z, d. V. D. I. 1892, S. 797, bezeichnet. Amerikanische Turbinenkonstrukteure hatten sich auch schon vorher mit der Ausbildung der Konstruktion befaßt, ohne damit bei uns große Erfolge zu erzielen. Heute gibt es fast keine Turbinen-Anlage für niedere, mittlere und große Gefälle ohne Fink'sche Drehschaufeln oder ähnliche Anordnungen, und unregulierbare Turbinen bilden nur noch eine ungemein seltene Ausnahme.

So verschieden die Einrichtung der drehbaren Leitschaufeln in konstruktiver Beziehung ausgebildet worden ist, so stimmt das Wesen der Anordnung in all diesen Ausführungen doch im Prinzip völlig überein derart, daß unsere rechnungsmäßige Behandlung der Sache die sämtlichen Ausführungen drehbarer Leitschaufeln gleichmäßig umfassen darf.

Wir haben es fast immer mit gußeisernen Leitschaufeln zu tun, die, nach innen zu in s_0 auslaufend, gegen rückwärts verdickt sind, um Raum für die Drehachse im Innern zu schaffen, wie dies Fig. 175, 211, auch Taf. 5 usw. ersehen lassen. Zum Anpassen an veränderte Wassermengen werden sämtliche Schaufeln rundum gleichzeitig gedreht, sie sind irgendwie zwangläufig mit einem Ringe, dem Regulierring, verbunden, der sie bewegt und festhält. Durch die Drehung ändern sich die Winkel δ_0 rundum in gleicher Weise, ebenso die Lichtweiten a_0.

A. Der Einfluß der Änderung von δ_0 auf die ideelle Wassermenge und Leistung einer äußeren Radialturbine einfachster Art (Fig. 136).

Es soll versucht werden, das Wesen dieses Einflusses darzustellen für verschiedene Größen des Winkels δ_0, für Werte von $\beta_1 < 90^0$, $\beta_1 = 90^0$, $\beta_1 > 90^0$.

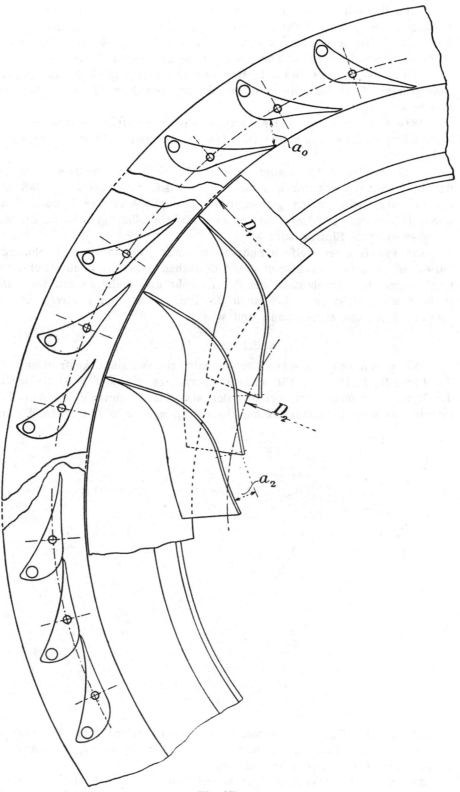

Fig. 175.

Eine Betrachtung über variable u_1 unterbleibt hier im Hinweis auf Früheres, der geordnete Betrieb verlangt gleichmäßige Umfangsgeschwindigkeit. Im übrigen ist vorausgesetzt, daß die Belastung der Turbine jeweils dem gerade vorhandenen Arbeitsvermögen angepaßt werde.

Die Betrachtungen finden in Manchem engen Anschluß an die früheren Erörterungen über variable u, während wir eben hier δ_0 als veränderlich ansehen.

Wie früher auch, sollen zuerst die Verhältnisse des ideellen Betriebes mit verschwindend kleinen Schaufelstärken zugrunde gelegt sein.

Dabei wollen wir uns aber darüber klar sein, daß die Annahmen über den Stoß der Wasserteilchen zwar mathematisch plausibel sind, daß aber bei der ungemein großen gegenseitigen Beweglichkeit der Wasserteilchen deren Beharrungsvermögen fast immer zu Wirbelbildungen führt, die dem Arbeitsvermögen Eintrag tun.

Die Praxis zeigt vielfach andere Ergebnisse, als hier die Rechnungen aufweisen, und es muß immer unser Bestreben sein, die theoretischen Betrachtungen den Ergebnissen der Praxis mehr und mehr anzupassen. Dies schließt aber nicht aus, daß auch die Praxis aus den theoretischen Erwägungen Nutzen ziehen kann und wird.

1. β_1 kleiner als 90^0.

Wir gehen aus von einer Turbine mit rein radialem Austritt nach Art der Fig. 136, S. 192, die für volle Wassermenge ein stoßfreies Nachfüllen der Reaktionsgefäße zeigt, bei der sich also das Geschwindigkeitsparallelogramm aus den rechnungsmäßigen Größen u_1, $w_0 = w_1$ und v_1, den Winkeln

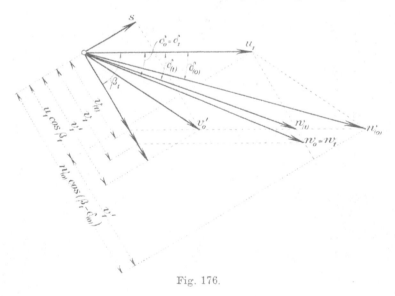

Fig. 176.

β_1 und $\delta_0 = \delta_1$ (Fig. 176) zusammensetzt. Es ist erforderlich, daß wir die Folgen der Verkleinerung und die der Vergrößerung von δ_0 bei sonst unveränderten Abmessungen betrachten.

1a. **Gefälleaufteilung für verkleinerte Leitschaufelweite** $a_{(0)}$, **für** $\delta_{(0)} < \delta_1$. Schwenken wir die Leitschaufeln derart, daß sich der normale Winkel δ_0 auf $\delta_{(0)}$ verkleinert, so sind die a_0 auf $a_{(0)}$ zurückgegangen und infolge dieser Verengung der Leitradquerschnitte wird nur noch ein Bruchteil φ der normalen Wassermenge Q durchfließen. Wir sprechen von einer verminderten Füllung der Turbine und bezeichnen die zugehörige Wassermenge im Gegensatze zu voller Füllung mit φQ. Die Geschwindigkeiten, Winkel usw., welche diesen Teilfüllungen entsprechen, sollen wie vorstehend mit eingeklammertem Index, als $w_{(0)}$, $\delta_{(0)}$, $a_{(0)}$ usw. bezeichnet werden.

Fließt aber weniger Wasser dem Laufrade zu, so bedarf es selbstverständlich auch geringerer Druckhöhe zum Durchpressen des Wassers durch die Reaktionsgefäße, wie schon oben erwähnt, die hierzu erforderliche Höhe $h = h_1 + h_r - h_2$ wird kleiner (Gl. 498). Für die Erzeugung der absoluten Nachfüllgeschwindigkeit, seither w_1, nunmehr $w_{(1)}$, also auch von $w_{(0)}$, bleibt ein größerer Gefällebruchteil zur Verfügung, die neue, dem geänderten $\delta_{(0)}$ entsprechende tatsächliche Durchflußgeschwindigkeit $w_{(0)}$ der verkleinerten Füllung im verengten Querschnitt $z_0 f_{(0)} = z_0 a_{(0)} b_0$ muß deshalb größer ausfallen, als w_0 bei voller Füllung gewesen ist, wie dies Fig. 176 zeigt.

Das Wasser tritt mit $w_{(0)}$ und in der Richtung $\delta_{(0)}$ gegen das Laufrad; es besitzt deshalb unmittelbar vor dem Eintritt in die Reaktionsgefäße relativ zu diesen eine Geschwindigkeit v_0', die sich als Parallelogrammseite v_0' aus u_1 und $w_{(0)}$ ergibt.

Der Einfüllrichtung β_1 gemäß kann der Eintritt des Nachfüllwassers aber nur in dieser Richtung erfolgen, wir zerlegen deshalb v_0' in Komponenten parallel und senkrecht zu der Richtung β_1 und erhalten diese Komponenten als v_1' in der Einfüllrichtung und als s senkrecht dazu, senkrecht zur Gefäßwand.

Mit der Geschwindigkeit s prallt das Wasser gegen die Schaufelfläche und übt einen Druck gegen sie aus, der bei der Aufstellung der Arbeitsgrößen zu berücksichtigen sein wird; für die Wasserdurchführung durch das Reaktionsgefäß jedoch ist die Geschwindigkeitshöhe $\frac{s^2}{2g}$ als verloren anzusehen.

Die Geschwindigkeit v_1' in der Einfüllrichtung wird noch nicht den tatsächlichen Durchfluß-Verhältnissen entsprechen. Dies erhellt aus folgendem:

Wir haben Querschnitte, die in ihren Abmessungen bekannt sind, und zwar den verringerten Leitradquerschnitt von insgesamt

$$z_0 f_{(0)} = z_0 a_{(0)} b_0 \quad \ldots \ldots \quad \textbf{499.}$$

der mit $w_{(0)}$ durchflossen wird und die Summe der Einfüllquerschnitte des Laufrades, die ungeändert geblieben ist, zu

$$z_1 f_1 = z_1 a_1 b_1 \quad \ldots \ldots \quad \textbf{500.}$$

Da bei der Reaktionsturbine die Querschnitte ganz von strömendem Wasser angefüllt sind, so wird für die verminderte Wassermenge zu schreiben sein

$$\varphi Q = z_0 a_{(0)} b_0 w_{(0)} = z_1 a_1 b_1 v_{(1)} \quad \ldots \ldots \quad \textbf{501.}$$

worin $v_{(1)}$ die tatsächlich stattfindende Einfüllgeschwindigkeit, also nicht v_1', darstellt. Aus dieser Gl. finden wir mit $b_0 = b_1$

$$v_{(1)} = w_{(0)} \frac{z_0 a_{(0)}}{z_1 a_1} \quad \ldots \ldots \quad \textbf{502.}$$

Nun darf für verschwindend kleine Schaufelstärken ($s_0 = s_1 = 0$) ohne großen Fehler gesetzt werden

$$a_{(0)} = t_0 \sin \delta_{(0)} = \frac{D_1 \pi}{z_0} \sin \delta_{(0)}$$

und

$$a_1 = t_1 \sin \beta_1 = \frac{D_1 \pi}{z_1} \sin \beta_1.$$

Nach Einsetzen vorstehender Werte in Gl. 502 geht diese über in

$$v_{(1)} = w_{(0)} \frac{\sin \delta_{(0)}}{\sin \beta_1}$$

oder

$$v_{(1)} \sin \beta_1 = w_{(0)} \sin \delta_{(0)} \quad \ldots \ldots \quad \mathbf{503.}$$

Aus Fig. 176 ist ersichtlich, daß die Gl. 503 besagt, daß die Enden von $w_{(0)}$ und $v_{(1)}$, also auch das Ende von v_0', in der gleichen Parallele zu u_1 liegen. Die Figur zeigt deutlich, daß diese aus der Größe des Einfüllquerschnittes notwendig folgende tatsächliche Einfüllgeschwindigkeit $v_{(1)}$ in dem vorliegenden Falle von v_1' der Komponente von v_0' abweichen wird. Das Wasser muß, nachdem es durch den Stoß mit s aus v_0' in die richtige Richtung β_1 eingelenkt worden, nun mit der zu großen Geschwindigkeit v_1' auf die unmittelbar vorher eingetretenen Wasserteilchen, die schon die einzig mögliche Geschwindigkeit $v_{(1)}$ besitzen, aufprallen und ein Druckhöhen- bezw. Gefällverlust im Betrag von $\frac{(v_1' - v_{(1)})^2}{2g}$ wird die Folge sein (vergl. S. 51 u. f.).

Würde sich in einem anderen Falle ergeben, daß v_1' kleiner wäre als $v_{(1)}$, so würde für die Beschleunigung von v_1' auf $v_{(1)}$ ein Gefällebruchteil von $\frac{v_{(1)}^2 - v_1'^2}{2g}$ in Rechnung zu stellen sein (vergl. S. 56).

Nachdem das Nachfüllwasser durch die geschilderten Einflüsse die erforderliche Geschwindigkeit im Reaktionsgefäße selbst nach Größe und Richtung erhalten hat, besitzt es, absolut genommen, eine Geschwindigkeit $w_{(1)}$, die sich einfach als Resultierende der schließlich tatsächlichen Einfüllgeschwindigkeit $v_{(1)}$ und der Umfangsgeschwindigkeit u_1 ergibt, wie dies Fig. 176 erkennen läßt, deren Endpunkt demgemäß auch auf der Parallelen zu u_1 liegt, und die mit u_1 den Winkel $\delta_{(1)}$ einschließt. Aus diesem Grunde kann auch geschrieben werden (Gl. 503)

$$w_{(1)} \sin \delta_{(1)} = v_{(1)} \sin \beta_1 \quad \ldots \ldots \quad \mathbf{504.}$$

Der Vergleich mit Fig. 42, S. 51 lehrt, daß dort wie in Fig. 176 die Endpunkte von $w_{(0)}$, $v_{(1)}$, v_0' und auch $w_{(1)}$ in der gleichen Parallelen zur Umfangsgeschwindigkeit u_1 liegen, und da auch der Winkel $\delta_{(1)}$ in beiden Figuren die gleiche Bedeutung hat, so können die geometrischen Beziehungen zwischen den verschiedenen Geschwindigkeiten hier wie dort angeschrieben werden mit dem Unterschiede, daß an Stelle der früheren variablen Geschwindigkeit u' jetzt die konstante Geschwindigkeit u_1 und daß statt des früheren feststehenden Winkels $\delta_0 = \delta_1$ nunmehr der veränderliche Winkel $\delta_{(0)}$ zu treten hat. Diese Beziehungen lauten demnach hier

$$\frac{(v_1' - v_{(1)})^2}{2g} = \frac{s^2}{tg^2 \beta_1} \cdot \frac{1}{2g} \quad \ldots \ldots \quad (163.)$$

die Gl. 164 geht über in

$$s = \left(v_{(1)} \frac{\sin (\beta_1 - \delta_{(0)})}{\sin \delta_{(0)}} - u_1 \right) \sin \beta_1 \quad \ldots \ldots \quad \mathbf{505.}$$

Aus Gl. 165 wird

$$w_{(1)}{}^2 = u_1{}^2 + v_{(1)}{}^2 + 2\,u_1\,v_{(1)}\cos\beta_1 \quad \ldots \ldots \quad \textbf{506.}$$

Die vorher geschilderten Umstände bringen die gleichen Gefällverluste: $\dfrac{s^2}{2g}$ durch Schaufelstoß und dazu $\dfrac{(v_1' - v_{(1)})^2}{2g}$ im Einfüllquerschnitt, wie sie in der Gefälleaufteilung S. 52 in Rechnung gestellt und in Gl. 162 enthalten sind. Da wir es aber hier mit der gleichförmig rotierenden Turbine zu tun haben, so kommt statt Gl. 162 die Gl. 326, S. 126 mit u_1 und u_2 statt u_1' und u_2' als

$$\frac{w_{(1)}{}^2}{2g} + \frac{s^2}{2g} + \frac{(v_1' - v_{(1)})^2}{2g} + \frac{v_{(2)}{}^2 - v_{(1)}{}^2}{2g} + \frac{u_1{}^2 - u_2{}^2}{2g} = H . \quad . \quad \textbf{507.}$$

für die Gefälleaufteilung in Betracht, in der dann die Werte nach Gl. 505 und 506 einzuführen sind. Ferner ist $v_{(2)} = n\,v_{(1)}$ zu setzen. Wir lassen hier der Übersichtlichkeit halber im Gegensatz zu Gl. 327 die Größe n in der Rechnung stehen, sie ist nach Gl. 324 bestimmt als Ergebnis der für normales Q geltenden konstanten Größen h und δ_1. Indem wir wie dort auch nach $v_{(1)}$ auflösen (vergl. Gl. 327), folgt

$$v_{(1)}{}^2 \left[n^2 + \frac{\sin^2(\beta_1 - \delta_{(0)})}{\sin^2\delta_{(0)}} \right] + 2\,v_{(1)}\,u_1 \left[\cos\beta_1 - \frac{\sin(\beta_1 - \delta_{(0)})}{\sin\delta_{(0)}} \right]$$
$$= 2\,g\,H - 2\,u_1{}^2 - u_1{}^2(1 - \varDelta^2) \quad \ldots \ldots \quad \textbf{508.}$$

Hierdurch ist, weil f_1 als bekannt anzusehen ist, die dem verkleinerten Winkel $\delta_{(0)}$, der verkleinerten Leitschaufelweite $a_{(0)}$ entsprechende reduzierte Wassermenge φQ (Teilfüllung) rechnungsmäßig bekannt als

$$\varphi Q = z_1\,a_1\,b_1\,v_{(1)} \quad \ldots \ldots \ldots \quad \textbf{(501.)}$$

Von Interesse ist dann noch die Größe von $w_{(0)}$, die aus Gl. 502 oder Gl. 503 hervorgeht, während $a_{(0)} = t_0 \sin\delta_{(0)}$ ohne großen Fehler gerechnet werden darf.

1 b. **Arbeitsgrößen für $\delta_{(0)} < \delta_1$.** Aus dem Wert von φQ lassen sich, wie früher aus q', die Arbeitsgrößen, das vom Gefäß ausgeübte Drehmoment $M_G = M_C + M_B + M_u$ (Gl. 310, 311, 296), die mitdrehenden Momente der Stoßkräfte S, V, rechnungsmäßig bestimmen, wobei sämtliche auf S. 127 u. f. angeführte Ermittelungen und Beziehungen (Gl. 336 und 337) sinngemäß anzuwenden sind, es ist eben durchweg statt u_1 nunmehr $\delta_{(0)}$ veränderlich. Auch hier gilt das über k_S, k_V usw. früher Gesagte, nur werden diese Faktoren hier in Wirklichkeit noch kleinere Werte als früher annehmen müssen.

1 c. **Gefälleaufteilung für $\delta_{(0)} > \delta_1$.** Man kann auch die Frage aufwerfen, wie sich wohl die Verhältnisse gestalten würden, sofern wir die Leitschaufeln weiter aufmachen, als für das stoßfreie Nachfüllen der normalen Wassermenge Q erforderlich ist. Die Frage könnte, auf den ersten Blick wenigstens, für Hochwasserszeiten praktische Bedeutung haben.

Mit welchen Verhältnissen dann zu rechnen ist, zeigt Fig. 177 (S. 302).

Wie die Verkleinerung von a_0 eine Verkleinerung von h (Gl. 498) und eine Vergrößerung von w_0 mit sich brachte, ebenso wird die Erweiterung der a_0 einen größeren Bedarf an h bringen und deshalb die Durchflußgeschwindigkeit w_0 verkleinern. Wir erhalten in Fig. 177 die Leitschaufelgeschwindigkeit $w_{(0)}$ für den vergrößerten Winkel $\delta_{(0)}$, und mit u_1 die nunmehr gegen rückwärts liegende Parallelogrammseite v_0', die jetzt nach links außerhalb des Winkels β_1 fällt und die wir wieder in die Komponenten s

senkrecht zum Schaufelanfang und in v_1' in der Schaufelrichtung zerlegen. Da hier natürlich die Betrachtung, die auf die Gl. 502 und 503 führte, ebenfalls gültig ist, so müssen auch hier die Endpunkte der $w_{(0)}$, v_0', $v_{(1)}$

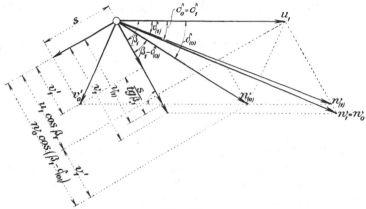

Fig. 177.

und $w_{(1)}$ in der gleichen Parallelen zu u_1 liegen und so zeigt sich, daß hier v_1' kleiner sein wird als $v_{(1)}$; zur Erzeugung von $v_{(1)}$ ist deshalb, wie schon erwähnt, der Gefällebruchteil $\dfrac{v_{(1)}^2 - v_1'^2}{2g}$ aufzuwenden gewesen.

Öffnen wir die Leitschaufeln noch weiter, so wird sich v_0' immer mehr einer Lage senkrecht zum Schaufelanfang (β_1) nähern und schließlich diese Lage erreichen (Fig. 178), Verhältnisse ganz ähnlich denen der Fig. 46.

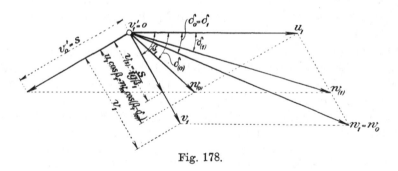

Fig. 178.

Hier ist einfach $v_0' = s$ geworden; eine Komponente von v_0', die das Wasser in das Reaktionsgefäß hineinführt, ist nicht vorhanden. Es muß die ganze Druckhöhe von ideell $\dfrac{v_{(1)}^2}{2g}$ zur Erzeugung von $v_{(1)}$ aufgewendet werden.

Wir können $\delta_{(0)}$ noch weiter vergrößern und erhalten dann (Fig. 179) eine Lage von v_0', die mit dem Schaufelanfang einen Winkel größer als 90^0 einschließt, eine Komponente v_1', die gegen außen, der Bewegungsrichtung des Wassers entgegengesetzt, (negativ) gerichtet ist, ähnlich Fig. 47.

Damit das Wasser die schließlich doch vorhandene positiv gerichtete Geschwindigkeit $v_{(1)}$ erhalten kann, sind aus der Gefälleaufteilung für diese Winkelgröße von $\delta_{(0)}$ die Druckhöhen $\dfrac{v_1'^2}{2g} + \dfrac{v_{(1)}^2}{2g}$ in Anspruch zu nehmen, wie dies für Fig. 47 auch der Fall war.

Die Stoßgeschwindigkeiten s sind bei $\delta_{(0)} > \delta_1$ der Bewegungsrichtung des Laufrades entgegengesetzt gerichtet, ihre Komponenten in Richtung u_1 werden hier nicht arbeitleistend, sondern arbeitverzehrend auftreten.

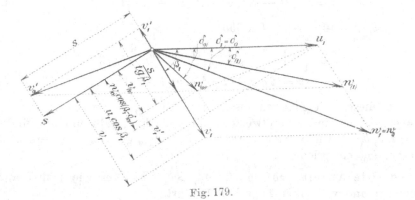

Fig. 179.

So zeigt es sich, daß für $\delta_{(0)} > \delta_1$ die Verhältnisse, wie früher für $u' > u$, zwei Gebiete umfassen: v_1' positiv und v_1' negativ, getrennt durch $v_1' = 0$ und wir übernehmen die Gl. 328, 329 und 330 S. 126 von der Turbine mit variablem u für den jetzigen Fall mit variablem δ_0 für den ideellen Betrieb als

(v_1' positiv)
$$\frac{w_{(1)}^2}{2g} + \frac{s^2}{2g} - \frac{v_1'^2}{2g} + \frac{v_{(2)}^2}{2g} + \frac{u_1^2 - u_2^2}{2g} = H \quad \ldots \quad \mathbf{509.}$$

($v_1' = 0$)
$$\frac{w_{(1)}^2}{2g} + \frac{s^2}{2g} + \frac{v_{(2)}^2}{2g} + \frac{u_1^2 - u_2^2}{2g} = H \quad \ldots \ldots \quad \mathbf{510.}$$

(v_1' negativ)
$$\frac{w_{(1)}^2}{2g} + \frac{s^2}{2g} + \frac{v_1'^2}{2g} + \frac{v_{(2)}^2}{2g} + \frac{u_1^2 - u_2^2}{2g} = H \quad \ldots \quad \mathbf{511.}$$

Mit den entsprechenden Werten
$$w_{(1)}^2 = u_1^2 + v_{(1)}^2 + 2\,u_1\,v_{(1)}\cos\beta_1$$
sowie mit $\qquad s = u_1 \sin\beta_1 - w_{(0)} \sin(\beta_1 - \delta_{(0)})$
oder nach Gl. 503
$$s = u_1 \sin\beta_1 - v_{(1)} \frac{\sin\beta_1}{\sin\delta_{(0)}} \sin(\beta_1 - \delta_{(0)}) \quad \ldots \ldots \quad \mathbf{512.}$$

und
$$v_1' = w_{(0)} \cos(\beta_1 - \delta_{(0)}) - u_1 \cos\beta_1 = v_{(1)} \frac{\sin\beta_1}{\sin\delta_{(0)}} \cos(\beta_1 - \delta_{(0)}) - u_1 \cos\beta_1 \quad \mathbf{513.}$$

ferner mit $v_{(2)} = n \cdot v_{(1)}$, wobei wir wieder n in den Gleichungen der Übersichtlichkeit der Berechnung (Gl. 324 für festes $\delta_0 = \delta_1$ usw.) wegen stehen lassen, findet sich schließlich:

(v_1' positiv, vergl. Gl. 333)
$$v_{(1)}^2 \left[1 + n^2 - \frac{\sin^2\beta_1}{\sin^2\delta_{(0)}} \cos 2(\beta_1 - \delta_{(0)}) \right]$$
$$+ 2\,v_{(1)}\,u_1 \left[\cos\beta_1 - \frac{\sin(\beta_1 - \delta_{(0)})}{\sin\delta_{(0)}} \cdot \sin^2\beta_1 + \frac{\cos(\beta_1 - \delta_{(0)})}{\sin\delta_{(0)}} \sin\beta_1 \cos\beta_1 \right]$$
$$= 2\,g\,H - 2\,u_1^2 \sin^2\beta_1 - u_1^2 (1 - \varDelta^2) \quad \ldots \ldots \quad \mathbf{514.}$$

$(v_1' = 0,$ vergl. Gl. 334)

$$v_{(1)}^2 \left[1 + n^2 + \frac{\sin^2 \beta_1}{\sin^2 \delta_{(0)}} \sin^2 (\beta_1 - \delta_{(0)}) \right] + 2 v_{(1)} u_1 \left[\cos \beta_1 - \frac{\sin (\beta_1 - \delta_{(0)})}{\sin \delta_{(0)}} \sin^2 \beta_1 \right]$$

$$= 2 g H - u_1^2 (1 + \sin^2 \beta_1) - u_1^2 (1 - \varDelta^2) \quad . \quad . \quad . \quad \textbf{515}.$$

$(v_1'$ negativ, vergl. Gl. 335)

$$v_{(1)}^2 \left[1 + n^2 + \frac{\sin^2 \beta_1}{\sin^2 \delta_{(0)}} \right] - 2 v_{(1)} u_1 \frac{\sin (\beta_1 - \delta_{(0)})}{\sin \delta_{(0)}}$$

$$= 2 g H - 2 u_1^2 - u_1^2 (1 - \varDelta^2) \quad . \quad . \quad . \quad . \quad \textbf{516}.$$

Aus diesen Gleichungen lassen sich die $v_{(1)}$ berechnen, was bei gegebenen Zahlen- und Winkelwerten sehr einfach ausfällt und wir finden mit $\varphi Q = z_1 a_1 b_1 v_{(1)}$ wie vorher auch die Wassermenge, die den verschiedenen Winkeln $\delta_{(0)}$ entspricht.

1 d. **Die Arbeitsgrößen für $\delta_{(0)} > \delta_1$** sind hier wie früher auch zu berechnen und wie unter I b schon berührt.

Beim Überschreiten von $\delta_0 = \delta_1$ wird sich, ganz wie früher auch (S. 57, S. 127), durch die Beschleunigung des Einfüllwassers von v_1' auf $v_{(1)}$ am Gefäßeintritt eine Reaktionskraft einstellen (Gl. 170), die ein der Bewegung entgegengesetztes Moment ausübt. Diese Reaktionskraft war früher mit R bezeichnet. Da wir bei der genaueren Verfolgung der vom Reaktionsgefäß ausgeübten Kräfte aber die im Gefäßinnern durch die Beschleunigung von v_1 nach v_2 entstehende Reaktionskraft schon mit R bezeichnet haben (S. 121), so sei sie, die jetzt am Gefäßeintritt zustande kommt, hier statt mit R nunmehr mit P, und der zugehörige Koeffizient mit k_P bezeichnet.

2. β_1 gleich 90^0.

Hier liegen die Verhältnisse, ähnlich wie früher auch, wesentlich einfacher, denn die Fig. 180 und 181 lassen erkennen, daß auch hier (wie in Fig. 48 und 49) $v_1' = v_{(1)}$ ausfällt, einerlei ob $\delta_{(0)}$ kleiner oder größer als δ_1 gemacht wird.

Verkleinerung von δ_0 und a_0. Die Fig. 180 erläutert die Verhältnisse. Das normale Geschwindigkeitsrechteck ist in v_1, $w_0 = w_1$, $\delta_0 = \delta_1$ usw. gegeben. Der verkleinerte Winkel δ_0 bringt $w_{(0)}$ größer als w_0, woraus

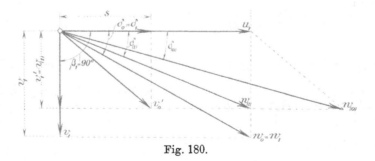

Fig. 180.

mit u_1 die Größe und Richtung von v_0' folgt, und woran sich die Zerlegung von v_0' in s und v_1' anschließt. Da die Gl. 503, $v_{(1)} \sin \beta_1 = w_{(0)} \sin \delta_{(0)}$ auch hier gültig ist, so ist hier notwendig $v_{(1)} = v_1'$, und $w_{(0)}$ bestimmt sich als die Diagonale des neuen, weniger hohen Rechtecks.

Wir finden

$$s = w_{(0)} \cos \delta_{(0)} - u_1$$

oder mit Zuhilfenahme von Gl. 503 mit $\beta_1 = 90^0$ als $w_{(0)} = \dfrac{v_{(1)}}{\sin \delta_{(0)}}$ (Fig. 180)

$$s = \frac{v_{(1)}}{\operatorname{tg} \delta_{(0)}} - u_1 \quad \cdots \cdots \cdots \quad \textbf{517.}$$

außerdem ist nach Fig. 180

$$w_{(1)}{}^2 = u_1{}^2 + v_{(1)}{}^2$$

Für die Gefälleaufteilung kommt hier in Betracht (vergl. Gl. 339, S. 128)

$$\frac{w_{(1)}{}^2}{2g} + \frac{s^2}{2g} + \frac{v_{(2)}{}^2 - v_{(1)}{}^2}{2g} + \frac{u_1{}^2 - u_2{}^2}{2g} = H \quad \cdots \quad \textbf{518.}$$

und nach Einsetzen der vorstehenden Werte für s und $w_{(1)}$ finden wir (vergl. Gl. 340) für die Berechnung von $v_{(1)}$ mit $v_{(2)} = n\, v_{(1)}$, wobei n nach Gl. 324 für festes $\delta_0 = \delta_1$

$$v_{(1)}{}^2 \left[n^2 + \frac{1}{\operatorname{tg}^2 \delta_{(0)}} \right] - 2\, v_{(1)}\, u_1\, \frac{1}{\operatorname{tg} \delta_{(0)}} = 2gH - 2\, u_1{}^2 - u_1{}^2 (1 - \varDelta^2) \quad \textbf{519.}$$

Vergrößerung von δ_0 und a_0. In der Fig. 181 sind die Umstände geschildert; auch hier, bei verkleinertem $w_{(0)}$, bleibt $v_1{}' = v_{(1)}$ und so ist die Gl. 518 für die Gefälleaufteilung, die Gl. 519 für $v_{(1)}$ auch hier maßgebend.

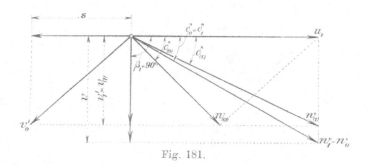

Fig. 181.

Die Wassermenge findet sich wie vorher auch aus $\varphi Q = z_1\, a_1\, b_1\, v_{(1)}$ und die Arbeitsgrößen, Momente usw. ganz entsprechend den rechnungsmäßigen Beziehungen der S. 128.

3. β_1 größer als 90^0.

Hier drehen sich in gewissem Sinne die Verhältnisse von „1" um. Bei Verkleinerung der $\delta_{(0)}$ unter den Winkel δ_0 des normalen Einfüllens zeigen sich die drei Fälle mit $v_1{}'$ positiv, Null, negativ, während für Weiteröffnen über $\delta_0 = \delta_1$ hinaus die einfache Beziehung eintritt.

Unter Bezugnahme auf die Figuren 182, 183, 184 für die Winkel $\delta_0 < \delta_1$, und auf Fig. 185 für Überöffnen der Leitschaufeln erhalten wir für die Gefälleaufteilung:

$$
\left.
\begin{array}{l}
v_1{}' \text{ positiv (Fig. 182) die Gl. 509} \\
v_1{}' = \text{Null (Fig. 183) die Gl. 510} \\
v_1{}' \text{ negativ (Fig. 184) die Gl. 511}
\end{array}
\right\} \text{ für } \delta_{(0)} < \delta_1
$$

und es folgen daraus für $v_{(1)}$ die gleichen, auf S. 303 und 304 abgedruckten Gl. 514, 515 und 516 für die verschiedenen Bereiche.

Pfarr, Turbinen.

20

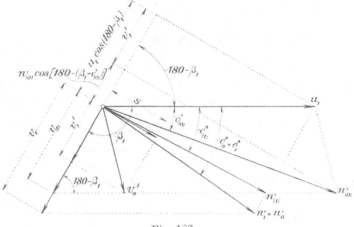

Fig. 182.

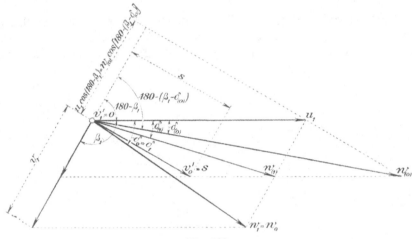

Fig. 183.

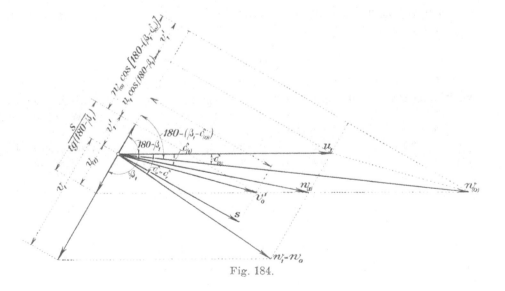

Fig. 184.

Wo die Grenze für die Anwendung der einen oder der anderen Gleichung liegt, läßt sich in einfacher Weise graphisch finden, indem wir die

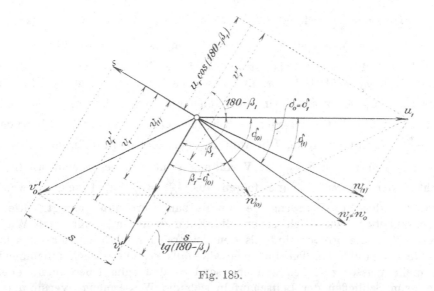

Fig. 185.

Kurven der $v_{(1)}$ nach Gl. 509 und 511 berechnen. Der Schnittpunkt beider Kurven liefert den Winkelwert $\delta_{(0)}$, der $v_1' = 0$ entspricht.

Nachstehend wollen wir nun die für ideellen Betrieb entwickelten Be-Beziehungen zuerst auf die Verhältnisse anwenden, die den Beispielen auf S. 128 u. f. entsprechen. Die Größe n wird natürlich durch veränderliche $\delta_{(0)}$ nicht berührt.

Später gehen wir dann auf Ausführungsformen über, wie sie in der Behandlung des Zahlenbeispiels S. 189 u. f. zu den Schaufelformen der Tafeln I usw. geführt haben.

B. Anwendung auf ein Zahlenbeispiel; Laufrad mit radialem Austritt, ähnlich Fig. 103. Ideeller Betrieb.

Im nachstehenden sind die Ergebnisse aus den bis jetzt entwickelten Gleichungen enthalten für ein Rechnungsbeispiel von gleichen Annahmen, wie sie den früheren Berechnungen mit festen Leitschaufelwinkeln und veränderlichen Umfangsgeschwindigkeiten zugrunde lagen (vergl. S. 127 u. f.).

Für die drei Arten der Winkelgrößen: $\beta_1 < 90^0$, $\beta_1 = 90^0$ und $\beta_1 > 90^0$ ist für den ideellen Betrieb gemeinsam angenommen:

Gefälle $H = 4$ m; $\delta_0 = \delta_1 = 20^0$; $\delta_2 = 90^0$; $\varDelta = \frac{2}{3}$; $\alpha = 0,04$; die volle Wassermenge sei Q cbm/sek; eine bestimmte Zahl braucht hier für Q nicht genannt zu werden. Die Schaufelstärken $s_0 = s_1 = s_2$ seien verschwindend klein, die sonstigen Abmessungen wie D_1, D_2, auch die ziffermäßige Größe der Umdrehungszahl usw. bleiben hier wie früher außer Betracht.

Den Einzelarten von β_1 entsprechen dann folgende Annahmen und Ergebnisse:

1. β_1 kleiner als 90^0.

Annahmen: $\beta_1 = 60^0$; $h = \dfrac{u_1^2}{2g}(1 - \varDelta^2) + \dfrac{v_2^2 - v_1^2}{2g} = 1{,}25$ m

$$H - h = \frac{w_1^2}{2g} = 4 - 1{,}25 = 2{,}75 \text{ m};\qquad w_0 = w_1 = 7{,}345 \text{ m/sek};$$

$$u_1 = 5{,}45 \text{ m/sek};\qquad v_1 = 2{,}902 \text{ m/sek};\qquad n = 1{,}392.$$

Das Rechnungsergebnis ist in Tabelle S. 309 zusammengestellt. Für Werte von $\delta_{(0)} = 5^0$, 10^0 usw. finden wir zunächst $v_{(1)}$. Aus Gl. 506 ergibt sich $w_{(1)}^2$ und so erhalten wir die Zahlen der dritten Kolonne $\dfrac{w_{(1)}^2}{2g}$, abzüglich deren die Werte der vierten Kolonne zeigen, welcher Gefällebruchteil $H - \dfrac{w_{(1)}^2}{2g}$ für Stoßverluste, Überwindung der Zentrifugaldifferenz und Überführung von $v_{(1)}$ nach $v_{(2)}$ zur Verfügung steht und verbraucht wird. Die Zahlen der fünften Kolonne folgen aus $\dfrac{\varphi Q}{Q} = \dfrac{v_{(1)}}{v_1}$ und zeigen, welcher Bruchteil der Voll-Wassermenge jeweils zum Durchfluß gelangt. Hier ist hervorzuheben, wie auch schon die Kolonne der $v_{(1)}$ zeigt, daß Winkelgrößen $\delta_{(0)}$, die größer sind als dem stoßfreien Nachfüllen der Reaktionsgefäße entspricht, der Turbine nicht allenfalls wegen der noch zunehmenden $a_{(0)}$ mehr Wasser zuführen können, sondern daß beim Überöffnen, ebenso wie beim Schließen der Leitschaufeln sich die Wassermenge vermindert.

Es zeigt sich, daß eine bedeutende Vergrößerung von $\delta_{(0)}$ über $\delta_{(1)}$, hinaus ideell möglich wäre, ehe wir auf imaginäre Werte für $v_{(1)}$ stoßen. Eine absichtliche Vergrößerung von $\delta_{(0)}$ über $\delta_{(1)}$, hinaus ist aber, wie schon gezeigt, sinnlos, weil die Wassermenge dann wieder abnimmt.

Von Interesse ist die Größe von $w_{(0)}$, den verschiedenen Winkelwerten entsprechend, die wir ja aus Gl. 503 S. 300, oder auch bei bekannter Wassermenge aus

$$\varphi Q = z_0\, a_{(0)}\, b_0\, w_{(0)}$$

berechnen können. Da zeigt es sich, daß mit abnehmendem δ_0 schließlich Werte für $w_{(0)}$ folgen, die nicht nur $\sqrt{2gH} = \sqrt{2g \cdot 4} = 8{,}86$ m/sek erreichen, sondern sogar wesentlich überschreiten. Hier ist der Fall des Entlehnens aus der Atmosphäre, wie er auf den S. 73 u. f. vorgeführt wurde, eingetreten. Die Wirbel, die die Zurückerstattung der zuviel verbrauchten Druckhöhe an die Atmosphäre mit sich bringt, sind im tatsächlichen Betrieb mit eine Ursache für das jähe Abfallen der Nutzeffekte bei kleineren Füllungen.

Über die Berechnung von $\dfrac{s^2}{2g}$ usw. ist Besonderes nicht zu sagen.

Nun zu den Momenten, wie sie in der Tabelle enthalten sind. Das Wasser wird (ideell darf dies angenommen werden), nachdem es vorher durch Stöße und Wirbelungen in die richtige Einfüllrichtung β_1 und Einfüllgeschwindigkeit $v_{(1)}$ gebracht worden, alsdann die Reaktionsgefäße selbst in geordneter Weise durchfließen.

Aus diesem Grunde dürfen wir hier, wie früher auch, annehmen, daß das gegen außen an der Turbinenwelle wirksame Drehmoment M' sich zusammensetzt aus folgenden drei Posten:

a. Moment M_G infolge geordneten Durchflusses durch die Reaktionsgefäße. Dieses besteht aus dem Teile $M_C + M_R$ nach Gl. 310 bezw. 311, wozu noch das Moment M_u infolge der Verzögerung in der Umfangs-

$H = 4$ m; $h = 1{,}25$ m. $\beta_1 = 60^0$, ideeller Betrieb. $\delta_0 = \delta_1 = 20^0$. $(Q = 1 \text{ cbm/sek.})$

$\delta_{(\omega)}$	$v_{(1)}$ m/sek	$\dfrac{w_{(1)}^2}{2g}$ m	$H - \dfrac{w_{(1)}^2}{2g}$ m	$\varphi = \dfrac{v_{(1)}}{v_1}$	$w_{(0)}$ m/sek	$\dfrac{s^2}{2g}$ m	$+\dfrac{(v_1'-v_{(1)})^2}{2g}$ m	$= \sigma H$ m	M_G mkg	$k_S \cdot M_S$ mkg	$k_V \cdot M_V$ mkg	$\varepsilon_G = \dfrac{M_G}{\varphi M}$
5^0	1,101	1,881	2,119	0,380	10,940	0,914	0,305	1,219	$174\,r_1$	$k_S \cdot 142\,r_1$	$k_V \cdot 47\,r_1$	0,625
10^0	2,051	2,297	1,703	0,708	10,229	0,494	0,165	0,659	$416\,r_1$	$k_S \cdot 194\,r_1$	$k_V \cdot 65\,r_1$	0,800
15^0	2,688	2,628	1,372	0,927	8,994	0,137	0,046	0,183	$626\,r_1$	$k_S \cdot 134\,r_1$	$k_V \cdot 45\,r_1$	0,920
20^0	**2,902**	**2,750**	**1,250**	**1,000**	**7,345**	**0,000**	**0,000**	**0,000**	**$704\,r_1$**	**0**	**0**	**0,960**

$\delta_{(\omega)}$	$v_{(1)}$	$\dfrac{w_{(1)}^2}{2g}$	$H - \dfrac{w_{(1)}^2}{2g}$	$\varphi = \dfrac{v_{(1)}}{v_1}$	$w_{(0)}$	$\dfrac{s^2}{2g}$	$+\dfrac{v_{(1)}^2 - v_1'^2}{2g}$	$= \sigma H$	M_G	$k_S \cdot M_S$	$k_P \cdot M_P$	
25^0	2,435	2,491	1,509	0,840	4,990	0,176	0,208	0,384	$538\,r_1$	$-k_S \cdot 138\,r_1$	$-k_P \cdot 46\,r_1$	
30^0	2,073	2,308	1,692	0,715	3,590	0,436	0,212	0,648	$423\,r_1$	$-k_S \cdot 185\,r_1$	$-k_P \cdot 62\,r_1$	

$\delta_{(\omega)}$	$v_{(1)}$	$\dfrac{w_{(1)}^2}{2g}$	$H - \dfrac{w_{(1)}^2}{2g}$	$\varphi = \dfrac{v_{(1)}}{v_1}$	$w_{(0)}$	$\dfrac{s^2}{2g}$	$+\dfrac{v_{(1)}^2}{2g}$	$= \sigma H$	M_G	$k_S \cdot M_S$	$k_P \cdot M_P$	
$32^0 53'$	1,918	2,233	1,767	0,662	3,059	0,564	0,188	0,752	$377\,r_1$	$-k_S \cdot 194\,r_1$	$-k_P \cdot 65\,r_1$	

$\delta_{(\omega)}$	$v_{(1)}$	$\dfrac{w_{(1)}^2}{2g}$	$H - \dfrac{w_{(1)}^2}{2g}$	$\varphi = \dfrac{v_{(1)}}{v_1}$	$w_{(0)}$	$\dfrac{s^2}{2g}$	$+\dfrac{v_{(1)}^2 + v_1'^2}{2g}$	$= \sigma H$	M_G	$k_S \cdot M_S$	$k_P \cdot M_P$	
35^0	1,812	2,183	1,817	0,625	2,735	0,647	0,171	0,818	$347\,r_1$	$-k_S \cdot 197\,r_1$	$-k_P \cdot 66\,r_1$	
40^0	1,567	2,073	1,927	0,541	2,111	0,815	0,153	0,968	$285\,r_1$	$-k_S \cdot 191\,r_1$	$-k_P \cdot 64\,r_1$	
60^0	0,810	1,771	2,229	0,279	0,810	1,135	0,220	1,355	$117\,r_1$	$-k_S \cdot 116\,r_1$	$-k_P \cdot 39\,r_1$	

geschwindigkeit tritt, welche die Wasserteilchen durch das Hereinrücken von r_1 nach $r_2 = \varDelta r_1$ erleiden. Dies ist durch Gl. 296 gegeben. Wir schreiben deshalb:

$$M_G = M_C + M_R + M_u = \frac{\varphi Q \gamma}{g}\left(v_{(1)} r_1 \cos\beta_1 + v_{(2)} r_2 \cos\beta_2\right) + \frac{\varphi Q \gamma}{g}\left(u_1 r_1 - u_2 r_2\right)$$

520.

oder auch für das Ausrechnen einfacher

$$M_G = \frac{\varphi}{g}\left[v_{(1)}\cos\beta_1 + v_{(2)}\varDelta\cos\beta_2 + u_1\left(1 - \triangle^2\right)\right]\cdot Q\cdot\gamma\cdot r_1 \quad . \quad \textbf{521.}$$

Dementsprechend sind die Werte von M_G mit $Q = 1$ und $\gamma = 1000$ als Vielfaches von r_1 in die Tabelle eingetragen, da es hier noch nicht auf absolute Größen derselben ankommt, sondern nur auf die gegenseitigen Größenverhältnisse bei wechselndem $\delta_{(0)}$.

b. Moment M_S der Stoßkraft. Die Stoßkraft $S = \dfrac{\varphi Q \gamma}{g}\cdot s$ wird mit dem Momentarm $r_1\sin\beta_1$ bestrebt sein, ein Drehmoment M_S auszuüben, von dem nur der Bruchteil $k_S\cdot M_S$ tatsächlich in Wirkung treten wird. Wir schreiben deshalb

$$k_S\cdot M_S = k_S\cdot S\cdot r_1\sin\beta_1 = k_S\cdot\frac{\varphi Q \gamma}{g}\cdot s\cdot r_1\sin\beta_1 = \frac{\varphi s\cdot\sin\beta_1}{g}\cdot Q\cdot\gamma\cdot r_1\cdot k_S \quad \textbf{522.}$$

c. Moment M_V usw. als Folge von Verzögerungs- oder Beschleunigungsvorgängen im Querschnitt f_1. Für $\delta_{(0)} < \delta_0$ ist zu schreiben

$$k_V M_V = k_V\cdot V\cdot r_1\cos\beta_1 = \frac{\varphi\left(v_1' - v_{(1)}\right)}{g}\cdot Q\gamma r_1\cdot k_V \quad . \quad . \quad \textbf{523.}$$

Schließlich erhalten wir das Gesamt-Moment:

$$M' = M_G + k_S M_S + k_V M_V \quad . \quad . \quad . \quad . \quad . \quad \textbf{524.}$$

wie es in der Tabelle in den Größen der drei Summanden für $Q = 1$ enthalten ist.

Die Kanten der Leitschaufeln entfernen sich beim Schließen der letzteren mehr und mehr vom Laufrade (vergl. Fig. 175); im Verhältnis zu den $a_{(0)}$ wird der Schaufelspalt sehr rasch ganz bedeutend größer und dieser Umstand beeinträchtigt die Entwickelung der arbeitleistenden Wirkung von S jedenfalls in hohem Maße. Das Wasser wird in dem weiten Schaufelspalt in Rotation geraten und die Gefäße eben in etwas freierer Art und Weise nachfüllen; k_S wird mit abnehmenden Größen von $\delta_{(0)}$ immer kleinere Werte aufweisen und auch die Verzögerungsvorgänge mit $v_1' - v_{(1)}$ werden mehr und mehr zurücktreten, was die Arbeitsfähigkeit von V anbelangt.

Aus diesen Gründen ist die letzte Kolonne, der (ideelle) Nutzeffekt ε_G, nur aus dem relativ sicheren Drehmoment M_G gerechnet, wie es der Gl. 520 entspricht.

Für Werte von $\delta_{(0)}$ größer als normal durfte die Nutzeffektsberechnung ganz unterbleiben.

Die Fig. 186 und 187 zeigen die Tabellenwerte graphisch aufgetragen nach $\delta_{(0)}$ geordnet. Es sei besonders auf den Verlauf der Kurve der φQ hingewiesen.

Die Kurve der M_G nach Gl. 520 ist, weil allein halbwege zuverlässig bestimmbar, hier wie auch später besonders stark ausgezogen, ebenso die zugehörige Kurve der Arbeitsleistungen.

Im übrigen mag wegen der Verwendung von Winkeln kleiner als 90°
auf früher Gesagtes verwiesen sein; wir verfolgen deshalb diese kleinen
Winkel β_1 hier auch nicht weiter, ihre Behandlung gehörte aber zur Vollständigkeit.

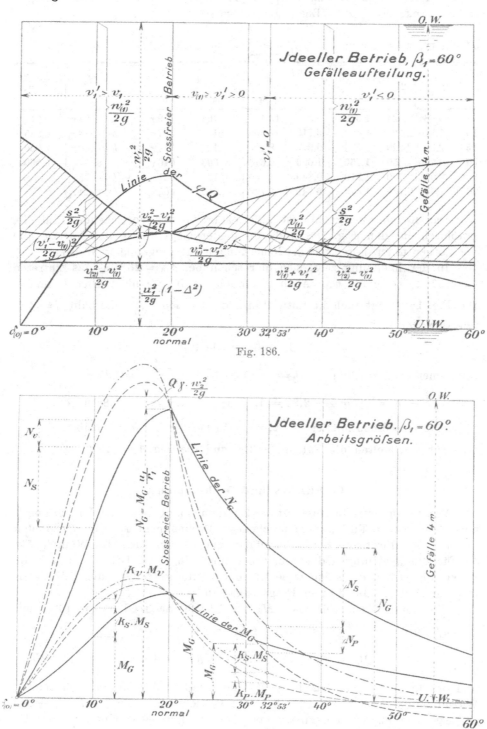

Fig. 186.

Fig. 187.

2. β_1 gleich 90^0.

Annahmen: $\beta_1 = 90^0$; $h = \dfrac{u_1^2}{2g}(1 - \varDelta^2) + \dfrac{v_2^2 - v_1^2}{2g} = 1,75$ m; $H - h = \dfrac{w_1^2}{2g}$

$= 4 - 1,75 = 2,25$ m; $w_0 = w_1 = 6,64$ m/sek; $u_1 = 6,24$ m/sek; $v_1 = 2,260$ m/sek; $n = 1,86$. Dazu $Q = 1$ cbm/sek.

$H = 4$ m; $h = 1,75$ m. $\underline{\beta_1 = 90^0}$, ideeller Betrieb. $\delta_0 = \delta_1 = 20^0$.

$\delta_{(0)}$	$v_{(1)}$	$\dfrac{w_{(1)}^2}{2g}$	$H - \dfrac{w_{(1)}^2}{2g}$	$\varphi = \dfrac{v_{(1)}}{v_1}$	$w_{(0)}$	$\dfrac{s^2}{2g} = \delta H$	M_G	$k_S \cdot M_S$	$\varepsilon_G = \dfrac{M_G}{\varphi M_1}$
	m|sek	m	m		m|sek	m	mkg	mkg	
5^0	0,884	2,024	1,976	0,391	10,143	0,764	$179\,r_1$	$k_S \cdot 154\,r_1$	0,714
10^0	1,616	2,120	1,880	0,716	9,306	0,438	$387\,r_1$	$k_S \cdot 214\,r_1$	0,845
15^0	2,097	2,220	1,780	0,928	8,102	0,128	$554\,r_1$	$k_S \cdot 150\,r_1$	0,930
20^0	**2,260**	**2,250**	**1,750**	**1,000**	**6,640**	**0,000**	**$616\,r_1$**	**0**	**0,960**
25^0	2,008	2,190	1,810	0,889	4,750	0,191	$521\,r_2$	$-k_S \cdot 175\,r_1$	
$26^08'$	1,670	2,127	1,873	0,740	3,792	0,410	$405\,r_1$	$-k_S \cdot 214\,r_1$	

Das Rechnungsergebnis ist ziffermäßig in der vorstehenden Tabelle, graphisch in den Fig. 188 und 189 niedergelegt, es gelten hierzu alle die vorher unter I gemachten Bemerkungen in sinngemäßer Weise.

In der Rechnung zeigt sich hier schon bei $\delta_{(0)} = 26^0\,08'$ das Eintreten imaginärer Werte für $v_{(1)}$. Auch hier wächst φ in φQ nicht über 1 hinaus. Die Fig. 188 zeigt auch die Entwicklung der Größen $\dfrac{w_{(0)}^2}{2g}$, die bald $H = 4$ m überschreitet.

3. β_1 größer als 90^0.

Annahmen: $\beta_1 = 120^0$; $h = \dfrac{u_1^2}{2g}(1 - \varDelta^2) + \dfrac{v_2^2 - v_1^2}{2g} = 2,25$ m

$H - h = \dfrac{w_1^2}{2g} = 4 - 2,25 = 1,75$ m; $w_0 = w_1 = 5,86$ m/sek.

$u_1 = 6,665$ m/sek; $v_1 = 2,314$ m/sek; $u = 2,153$.

Für hier gelten die Tabelle S. 314 und die Fig. 190, 191.

C. Füllung und Drehmoment.

Von besonderem Interesse ist der Zusammenhang zwischen der Füllung φ und dem dieser Füllung entsprechenden Drehmoment M_G des geordneten Durchflusses durch die Reaktionsgefäße; denn wenn auch die Winkelgröße $\delta_{(0)}$ für die Rechnungen das zuerst bestimmende Glied ist, so hat für die Praxis die Größe $\delta_{(0)}$ keine wesentliche Bedeutung weiter, die Teilwassermengen sind es, die dort in Frage kommen.

Wir können den Teil $M_C + M_R$ der Gl. 520 nach Gl. 310 und 311 mit $f_1 = n f_2$ und $v_{(1)} = \dfrac{\varphi Q}{z_1 f_1}$ usw. auch schreiben:

$$M_C + M_R = \varphi^2 \cdot \frac{Q^2 \gamma r_1}{g \cdot z_1 f_1}(\cos \beta_1 + n \varDelta \cos \beta_2) \quad . \quad . \quad \textbf{525.}$$

und erkennen hieraus, daß $M_C + M_R$ dem Quadrat der jeweils zufließenden Wassermenge proportional ist. Die zeichnerische Darstellung von $M_C + M_R$ in Beziehung auf φ ist demnach eine Parabel mit senkrechter Achse, die ihren Scheitel in $\varphi = 0$ hat und mit $\varphi = 1$ endigt.

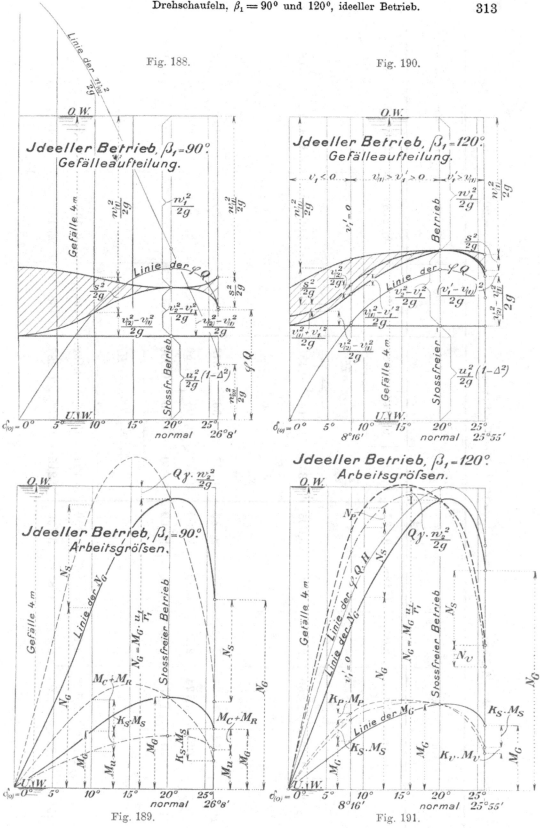

Fig. 188.

Fig. 190.

Fig. 189.

Fig. 191.

$H = 4$ m; $h = 2{,}25$ m. $\beta_1 = 120°$, ideeller Betrieb. $\delta_0 = \delta_1 = 20°$.   ($Q = 1$ cbm/sek.)

$\delta_{(0)}$	$v_{(1)}$ m/sek	$\dfrac{w_{(1)}^2}{2g}$ m	$H - \dfrac{w_{(1)}^2}{2g}$ m	$\varphi = \dfrac{v_{(1)}}{v_1}$	$w_{(0)}$ m/sek	$\dfrac{s^2}{2g}$ m	(mittlerer Term) m	$= \sigma H$ m	M_G	$k_S \cdot M_S$	$k_P \cdot M_P$	$\varepsilon_G = \dfrac{M_G}{\varphi M_1}$
$5°$	$0{,}990$	$1{,}976$	$2{,}024$	$0{,}428$	$9{,}837$	$0{,}502$	$0{,}084$	$0{,}586$	$198\,r_1$	$k_S\,118\,r_1$	$k_P\,34\,r_1$	$0{,}770$
						column header: $\dfrac{s^2}{2g} + \dfrac{v_{(1)}^2 + v_1'^2}{2g} = \sigma H$						
$8°16'$	$1{,}495$	$1{,}869$	$2{,}131$	$0{,}646$	$9{,}005$	$0{,}342$	$0{,}114$	$0{,}456$	$327\,r_1$	$k_S\,148\,r_1$	$k_P\,43\,r_1$	$0{,}843$
						column header: $\dfrac{s_2}{2g} + \dfrac{v_{(1)}^2}{2g} = \sigma H$						
$10°$	$1{,}691$	$1{,}834$	$2{,}166$	$0{,}731$	$8{,}433$	$0{,}237$	$0{,}136$	$0{,}373$	$384\,r_1$	$k_S\,139\,r_1$	$k_P\,40\,r_1$	$0{,}876$
$15°$	$2{,}093$	$1{,}774$	$2{,}226$	$0{,}904$	$7{,}000$	$0{,}050$	$0{,}106$	$0{,}156$	$504\,r_1$	$k_S\,79\,r_1$	$k_P\,23\,r_1$	$0{,}929$
$\mathbf{20°}$	$\mathbf{2{,}314}$	$\mathbf{1{,}750}$	$\mathbf{2{,}250}$	$\mathbf{1{,}000}$	$\mathbf{5{,}860}$	$\mathbf{0{,}000}$	$\mathbf{0{,}000}$	$\mathbf{0{,}000}$	$\mathbf{576\,r_1}$	$\mathbf{0}$	$\mathbf{0}$	$\mathbf{0{,}960}$
						column header: $\dfrac{s^2}{2g} + \dfrac{v_{(1)}^2 - v_1'^2}{2g} = \sigma H$						
$25°$	$2{,}127$	$1{,}772$	$2{,}228$	$0{,}918$	$4{,}359$	$0{,}104$	$0{,}035$	$0{,}139$	$514\,r_1$	$k_S\,115\,r_1$	$k_V\,33\,r_1$	
$25°55'$	$1{,}883$	$1{,}806$	$2{,}194$	$0{,}813$	$3{,}730$	$0{,}215$	$0{,}072$	$0{,}287$	$438\,r_1$	$k_S\,147\,r_1$	$k_V\,43\,r_1$	

Column header for the last group (rows $25°$, $25°55'$): $\dfrac{s^2}{2g} + \dfrac{(v_1' - v_{(1)})^2}{2g} = \sigma H$

Für die beiden unteren Zeilen steht in der Spalte $k_P \cdot M_P$ die Bezeichnung $k_V \cdot M_V$.

Die Fig. 192 zeigt die Parabel der $M_C + M_R$ für den Fall II, $\beta_1 = 90^\circ$ aufgetragen. Die Ordinaten entsprechen einfach den betreffenden Teilgrößen der Zahlenwerte der Tabelle S. 312, $179 r_1$ bis $616 r_1$, wobei r_1 als konstant außer Betracht bleibt. Die Eigenschaft der Momentenkurve als Parabel gestattet das Aufzeichnen ohne weitere Berechnung, sofern nur $M_C + M_R$ für volle Füllung, $\varphi = 1$, bekannt ist und diese Größe ist ja sehr einfach nach irgend einer der Gleichungen zu ermitteln. Wir sind hierdurch in den Stand gesetzt, die $M_C + M_R$ nach beliebig gewählten Bruchteilen der Wassermenge, für jede Größe von φ, sofort abgreifen zu können.

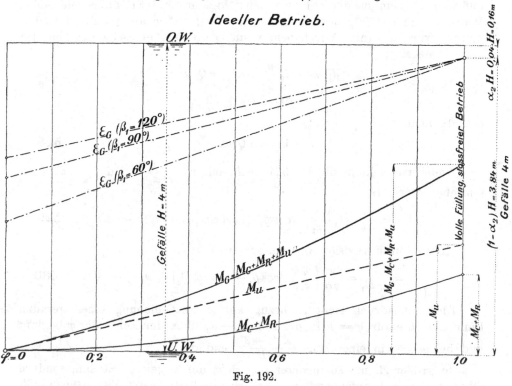

Fig. 192.

Der andere Teil der Gl. 520, M_u, läßt sich auch schreiben:

$$M_u = \varphi \cdot \frac{Q \gamma \cdot r_1}{g} u_1 (1 - \varDelta^2) \ \ldots \ \ldots \ \mathbf{526.}$$

woraus ersichtlich ist, daß M_u einfach proportional φ zu- und abnimmt.

Die Darstellung der M_u in bezug auf φ ist für konstantes $\varDelta$ demnach eine Gerade (Fig. 192), die durch Null geht.

Das Moment M_G nach Gl. 520 setzt sich demnach für jeden Wert von φ zusammen aus der zugehörigen Parabelordinate der $M_C + M_R$, die als $a \varphi^2$ geschrieben und derjenigen der Geraden der M_u, die als $b \cdot \varphi$ angesehen werden kann. Die Größen a und b sind die Faktoren von φ^2, bezw. φ in den Gl. 524 und 525.

So kann die Beziehung für M_G aufgestellt werden als

$$M_G = a \varphi^2 + b \varphi \ \ldots \ \ldots \ \ldots \ \mathbf{527.}$$

Dies ist ebenfalls eine Parabel mit senkrechter Achse, deren Scheitel aber nicht mit $\varphi = 0$ zusammenfällt, sondern um die Strecke $\dfrac{b}{2a}$ weiter gegen links und um $\dfrac{b^2}{4a}$ tiefer liegt. Die Parabel der M_G ist derjenigen von $M_C + M_R$ kongruent, sie liegt um die angegebenen Maße schräg abwärts verschoben. Es erscheint aber nicht zweckmäßig, noch weiter auf das Aufzeichnen der zweiten Parabel einzugehen, die Addition der zwei Ordinaten, $M_C + M_R$, dazu M_u, genügt.

In der Fig. 192 ist außer den Momentkurven auch noch die Linie eingezeichnet, welche den Größen von ε_G entspricht. Es ist leicht einzusehen, daß ε_G, das Verhältnis des geleisteten Momentes M_G für geregelten Durchfluß zu φM_1, dem aus der vollen Arbeitsfähigkeit der jeweils durchfließenden Wassermenge φQ folgenden Momente, in bezug auf φ als gerade Linie dargestellt werden kann. Wir haben, wenn ω die Winkelgeschwindigkeit, für volle Wassermenge:

$$M_1 \omega = M_1 \frac{u_1}{r_1} = A_1 = Q \cdot \gamma \cdot H,$$

also

$$M_1 = Q \gamma H \cdot \frac{r_1}{u_1}$$

deshalb auch

$$\varphi M_1 = \varphi Q \gamma H \cdot \frac{r_1}{u_1} \quad \ldots \ldots \quad \mathbf{528.}$$

Andererseits kann die Gl. 521 auch, mit $v_{(1)} = \dfrac{\varphi Q}{z_1 f_1}$ und $v_{(2)} = n v_{(1)}$ geschrieben werden:

$$M_G = \frac{\varphi Q \gamma}{g} \cdot r_1 \left[\frac{\varphi Q}{z_1 f_1} (\cos \beta_1 + n \varDelta \cos \beta_2) + u_1 (1 - \varDelta^2) \right] \quad . \quad \mathbf{529.}$$

Mithin durch Division von Gl. 528 in 529:

$$\varepsilon_G = \frac{M_G}{\varphi M_1} = \frac{u_1}{gH} \left[\frac{\varphi Q}{z_1 f_1} (\cos \beta_1 + n \varDelta \cos \beta_2) + u_1 (1 - \varDelta^2) \right] . \quad \mathbf{530.}$$

Dieser Ausdruck stellt in bezug auf φ die Gleichung einer geraden Linie dar, die für $\varphi = 1$ in der Höhe $1 - \alpha_2$ über der Achse der φ beginnt und bei $\varphi = 0$ in einer Höhe $\dfrac{u_1^2 (1 - \varDelta^2)}{gH}$ endigt.

Je größer $\varDelta$, um so niederer ε_G, nicht nur gegen $\varphi = 0$ hin, sondern schon von $\varphi = 1$ anfangend, wie das Abzugsglied der Gl. 530 ersehen läßt.

Die Fig. 192 enthält außer der ε_G-Linie für $\beta_1 = 90^0$ auch diejenige der beiden anderen Fälle, $\beta_1 = 60^0$ und $\beta_1 = 120^0$ für gleiches $\varDelta$. Es ist ersichtlich, daß die Nutzeffekte für spitzen Winkel schlechter, diejenigen für stumpfen Winkel besser verlaufen als bei $\beta_1 = 90^0$.

D. Die Verhältnisse beim Austritt aus dem Laufrade.

Wir gehen nun von ideellen wieder zu tatsächlichen Verhältnissen über.

1. Die Lagen und Größen der $w_{(2)}$ für $\delta_2 = 90^0$.

Solange nur von unregulierbaren Turbinen die Rede war, hatten wir den Winkel δ_2 zur Vereinfachung der Gleichung

$$w_1 u_1 \cos \delta_1 - w_2 u_2 \cos \delta_2 = g \varepsilon H \quad \ldots \ldots \quad \mathbf{(304.)}$$

in

$$w_1 u_1 \cos \delta_1 = g \varepsilon H \quad \ldots \ldots \quad \mathbf{(348.)}$$

mit 90^0 annehmen können.

Auch bei Anwendung der Zellenregulierungen konnte der Winkel δ_2 seine Größe mit 90^0 unverändert beibehalten, denn die richtig und voll gespeisten Reaktionsgefäße ändern ihr Geschwindigkeitsparallelogramm am Austritt nicht.

Anders ist dies für die Spaltdruckregulierungen.

Die Austrittsquerschnitte sind natürlich auch bei verminderter Wassermenge vollständig von strömendem Wasser erfüllt, die verminderten Geschwindigkeiten $v_{(2)}$, mit welchen die f_2 durchströmt werden, müssen deshalb den Wassermengen φQ proportional sein.

Also kann geschrieben werden:

$$v_{(2)} = \varphi\, v_2 \qquad \ldots \ldots \ldots \quad \mathbf{531.}$$

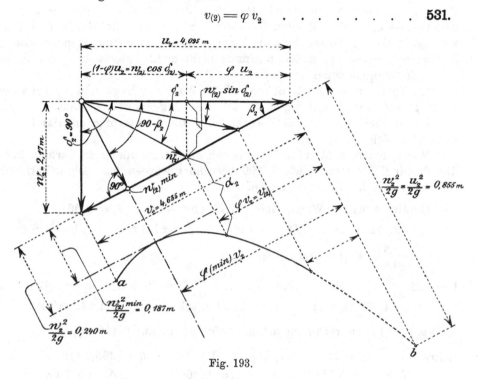

Fig. 193.

Es ist schon mehrfach erwähnt worden, daß wir hier u_1 als konstant annehmen, und so erscheinen die Verhältnisse am Austritt aus dem Laufrade für Teil-Wassermengen wie Fig. 193 zeigt. Für $\varphi = 1$, volle Füllung, ist w_2 senkrecht zu u_2. Jede Abnahme von φ zeigt sich als Abnahme von $v_{(2)} = \varphi v_2$, und die zugehörige absolute Austrittsgeschwindigkeit, nunmehr $w_{(2)}$, wird sich als Betriebsergebnis von $v_{(2)}$ und u_2 schräg legen, $\delta_{(2)}$ wird kleiner als 90^0. Die Figur zeigt die Lagen und Größen der $w_{(2)}$ für abnehmende Wassermengen. Hier ist sofort ersichtlich, daß die $w_{(2)}$ von voller Füllung an zuerst kleiner werden, daß $w_{(2)}$, wenn senkrecht zu $v_{(2)}$ stehend, also bei $\delta_{(2)} = 90^0 - \beta_2$, einen Kleinstwert $w_{(2)\,min}$ hat und daß für noch kleinere Wassermengen die $w_{(2)}$ wieder anwachsen. Mit weiter abnehmenden Werten von $v_{(2)}$, also von φ, nähert sich $w_{(2)}$, immer mehr der Größe und Richtung von u_2, um für $\varphi = 0$ damit zusammenzufallen.

Der Austrittswinkel $\delta_{(2)}$ weicht also für Teilfüllungen von $\delta_2 = 90^0$ ab. Auf den ersten Blick könnte es deshalb scheinen, als ob für diese Teilfüllungen eine andere Umfangsgeschwindigkeit u_1 einzutreten hätte derart, daß u_1 nach Gl. 347, die den Winkel δ_2 berücksichtigt, zu rechnen wäre, und als ob für jede Teilfüllung eine andere Umfangsgeschwindigkeit anzustreben wäre.

Die Verhältnisse liegen aber doch anders. Der Konstrukteur hat für volle Wassermenge freie Wahl in bezug auf δ_2; hat er beispielsweise hierfür $\delta_2 = 90^0$ bestimmt, so fällt u_1 ganz gleich aus nach Gl. 347 oder 349, denn letztere Gleichung ist ja nur die für $\delta_2 = 90^0$ vereinfachte Gl. 347.

Die auf solche Weise festgelegte Umfangsgeschwindigkeit u_1 muß für den Betrieb eingehalten werden, auch bei Teilfüllungen der Turbine, einerlei ob sich dabei schlechtere oder bessere Ergebnisse in der Leistung einstellen. Wir müssen eben darauf verzichten, daß der für $\varphi = 1$ zugelassene Austrittsverlust α_2 auch bei allen Teilfüllungen eintritt, die Größe und Lage von $w_{(2)}$ ist als Betriebsergebnis aus der unveränderlichen Umfangsgeschwindigkeit u_2 und $v_{(2)} = \varphi v_2$ unserem Einfluß nicht mehr unterstellt, sowie δ_2 für $\varphi = 1$ fest angenommen ist.

Im Späteren soll noch näher auf die Wahl der Lage von w_2 bei voller Füllung und die einschlägigen Verhältnisse eingegangen werden.

Es erscheint auch hier zweckmäßig, die Erörterung an Hand eines Zahlenbeispiels zu führen.

Wir nehmen dafür eine Turbine mit den allereinfachsten Verhältnissen, die Turbine, die unter „A", S. 190 berechnet worden ist. Diese hat, kurz zusammengestellt, folgende Daten:

Gefälle 4 m;   Wassermenge 1,75 cbm/sek; $\alpha_2 = 0,06$;

$w_2 = 2,17$ m/sek; $D_s = 1,1$ m; $D_2 = 1,3$ m; $D_1 = 1,8$ m;

also $\varDelta = \dfrac{1,3}{1,8} = 0,722$, ferner ist $\alpha_2 H = \dfrac{w_2^2}{2g} = 0,24$ m.

Laufrad: $z_1 = 28$; $s_1 = 7$ mm; $\beta_1 = 90^0$; $u_1 = 5,67$ m/sek;

$u_2 = 4,095$ m/sek; $v_1 = 2,193$ m/sek; $v_2 = 4,635$ m/sek;

$b_0 = b_1 = 0,141$ m rechnungsmäßig (aufgerundet auf 0,150 m);

Leitrad: $z_0 = 24$; $a_0 + s_0 = 80 + 5$; $t_0 = 235,6$ mm

$\delta_0 = \delta_1 = 21^0 \, 09'$; $\sin \delta_0 = 0,3608$; $\mathrm{tg}\, \delta_0 = 0,3868$

Die Fig. 193 entspricht diesen Verhältnissen.

Es wäre an sich nicht erforderlich, zur Ermittelung der Größen der $w_{(2)}$ bei verschiedenen Werten von φ eine analytische Beziehung aufzustellen; die graphische Bestimmung ist mühelos, genügend genau, und der Winkel $\delta_{(2)}$ interessiert an sich nicht näher. Aus der Fig. 193, welche für die volle Wassermenge $Q = 1,75$ cbm/sek den senkrechten Austritt mit $w_2 = 2,17$ m entsprechend $\alpha_2 = 0,06$ zeigt, kann beispielsweise entnommen werden, daß sich die $w_{(2)}$ für $\varphi = 0,5$ auf $\sim 2,3$ m und für $\varphi = 0,25$ auf $\sim 3,1$ m stellen.

Wir tragen je an den betreffenden Endpunkten von $v_{(2)} = \varphi v_2$ die Größe von $\dfrac{w_{(2)}^2}{2g} = \alpha_{(2)} H$ senkrecht zur Richtung der $v_{(2)}$ auf, wie dies Fig. 193 zeigt, und erhalten in der Kurve $a\,b$ die zeichnerische Darstellung des Verlaufes, den die Austrittsverluste $\alpha_{(2)}$ für wechselnde Wassermengen nehmen.

Für die allgemeine Übersicht empfiehlt es sich aber doch, die rechnerische Beziehung zwischen φ und $w_{(2)}$ aufzustellen.

Gegeben ist uns hier:

$$\delta_2 = 90^0; \qquad v_2{}^2 = u_2{}^2 + w_2{}^2 = \Delta^2 u_1{}^2 + w_2{}^2; \qquad \sin\beta_2 = \frac{w_2}{v_2}$$

Aus der Fig. 193 ist ersichtlich, daß allgemein

$$\frac{w_{(2)} \sin\delta_{(2)}}{\varphi\, v_2} = \frac{w_2}{v_2},$$

woraus folgt

$$w_{(2)} \sin\delta_{(2)} = \varphi\, w_2 \quad \ldots \quad \ldots \quad \textbf{532.}$$

Aus ähnlichen Dreiecken der Fig. 193 ist ersichtlich, daß die Länge u_2 durch die Vertikale $w_{(2)} \sin\delta_{(2)}$ entsprechend φv_2 in zwei Teile, φu_2 und $(1 - \varphi)\, u_2$, geteilt wird, und deshalb kann geschrieben werden:

$$w_{(2)} \cos\delta_{(2)} = (1 - \varphi)\, u_2 \quad \ldots \quad \ldots \quad \textbf{533.}$$

Aus der Vereinigung beider Gleichungen folgt

$$w_{(2)}{}^2 = \varphi^2\, w_2{}^2 + (1 - \varphi)^2\, u_2{}^2 = \varphi^2\, w_2{}^2 + (1 - \varphi)^2\, \Delta^2 u_1{}^2 \quad . \quad \textbf{534.}$$

als Beziehung zwischen φ und $w_{(2)}$. Die Kurve der $w_{(2)}{}^2$, also auch der $\frac{w_{(2)}{}^2}{2g}$ ist eine Parabel, deren Achse mit der Richtung des Kleinstwertes von $w_{(2)}$ zusammenfällt, der Parabelscheitel liegt in $\frac{w_{(2)}{}^2\,min}{2g}$ von der Linie der $v_{(2)}$ ab. Am einfachsten läßt sich die Parabel aus letzterem Werte und aus $\frac{u_2{}^2}{2g}$ am Beginn der $v_{(2)}$-Linie aufzeichnen.

Bestimmung von $w_{(2)\,min}$. Dieser Betrag stellt sich ein bei einer Füllung, die wir mit $\varphi_{(min)}$ bezeichnen wollen, die sich aus ähnlichen Dreiecken der Fig. 193 ergibt. Es ist:

$$\frac{\varphi_{(min)}\, v_2}{u_2} = \frac{u_2}{v_2},$$

woraus

$$\varphi_{(min)} = \frac{u_2{}^2}{v_2{}^2} = \frac{u_2{}^2}{u_2{}^2 + w_2{}^2} = \frac{u_1{}^2}{u_1{}^2 + \dfrac{w_2{}^2}{\Delta^2}} \quad \ldots \quad \textbf{535.}$$

Für $w_{(2)\,min}$ selbst erhalten wir aus ähnlichen Dreiecken der Fig. 193

$$\frac{w_{(2)\,min}}{u_2} = \frac{w_2}{v_2} = \frac{w_2}{\sqrt{u_2{}^2 + w_2{}^2}} \quad \text{und hieraus}$$

$$\frac{w_{(2)}{}^2\,min}{2g} = \frac{w_2{}^2}{2g} \cdot \frac{u_2{}^2}{u_2{}^2 + w_2{}^2} = \frac{w_2{}^2}{2g} \cdot \frac{u_1{}^2}{u_1{}^2 + \dfrac{w_2{}^2}{\Delta^2}} \quad \ldots \quad \textbf{536.}$$

was nach Gl. 535 gleichbedeutend ist mit

$$\frac{w_{(2)}{}^2\,min}{2g} = \alpha_{(2)\,min}\, H = \frac{w_2{}^2}{2g}\, \varphi_{(min)} = \cdot \alpha_2 H\, \varphi_{(min)} \quad \ldots \quad \textbf{537.}$$

Die Gl. 536 läßt erkennen, daß bei gegebener Größe von $\frac{w_2{}^2}{2g} = \alpha_2 H$ der Betrag von $w_{(2)\,min}$ mit Δ wächst und abnimmt.

Führen wir in die Gleichung für $\varphi_{(min)}$ und $w_{(2)\,min}$ noch $w_2{}^2 = 2g\, \alpha_2 H$, sowie u_1 nach Gl. 349 ein, so ergeben sich für $\delta_2 = 90^0$

$$\varphi_{(min)} = \frac{\dfrac{\Delta^2\, \varepsilon}{2\alpha_2}\left(1 - \dfrac{\operatorname{tg}\delta_1}{\operatorname{tg}\beta_1}\right)}{1 + \dfrac{\Delta^2\, \varepsilon}{2\alpha_2}\left(1 - \dfrac{\operatorname{tg}\delta_1}{\operatorname{tg}\beta_1}\right)} \quad \ldots \quad \ldots \quad \textbf{538.}$$

sowie

$$\frac{w_{(2)}{}^2{}_{min}}{2g} = \alpha_{(2)\,min} \cdot H = \alpha_2\,H \cdot \varphi_{(min)} = \alpha_2\,H \cdot \frac{\dfrac{\varDelta^2\,\varepsilon}{2\alpha_2}\left(1 - \dfrac{\mathrm{tg}\,\delta_1}{\mathrm{tg}\,\beta_1}\right)}{1 + \dfrac{\varDelta^2\,\varepsilon}{2\alpha_2}\left(1 - \dfrac{\mathrm{tg}\,\delta_1}{\mathrm{tg}\,\beta_1}\right)} \quad . \quad \textbf{539.}$$

Ist der Eintrittswinkel $\beta_1 = 90^0$, so vereinfachen sich die vorstehenden Gleichungen auf:

$$\varphi_{(min)} = \frac{1}{1 + \dfrac{2\alpha_2}{\varDelta^2\,\varepsilon}} \quad \cdots \cdots \quad \textbf{540.}$$

und

$$\frac{w_{(s)}{}^2{}_{min}}{2g} = \alpha_2\,H\,\varphi_{(min)} = \alpha_2\,H \cdot \frac{1}{1 + \dfrac{2\alpha_2}{\varDelta^2\,\varepsilon}} \quad \cdots \quad \textbf{541.}$$

Für das Laufrad nach den Daten „A" ergeben sich demgemäß

$$\varphi_{(min)} = \frac{1}{1 + \dfrac{2 \cdot 0{,}06}{0{,}722^2 \cdot 0{,}82}} = 0{,}781$$

$$\frac{w_{(2)}{}^2{}_{min}}{2g} = 0{,}06 \cdot 4 \cdot 0{,}781 = 0{,}187 \text{ m (Fig. 193)}$$

$$\alpha_{(2)\,min} = \frac{0{,}187}{4} = \sim 0{,}047$$

2. Wechselnde Wassermenge und konstanter Saugrohrquerschnitt.

Auf den ersten Blick erscheint ein Bedenken gerechtfertigt, ob wohl der Durchfluß der verschieden großen Wassermengen im Saugrohr nicht zu Unzuträglichkeiten führen wird. Dies ist nicht der Fall, wie aus dem Nachstehenden hervorgeht.

Wir haben auf S. 135 u. f. gesehen, in welcher Weise die Austrittsfläche mit w_2 zusammenhängt und da der freie Saugrohrquerschnitt in der Nähe der Turbine gleich der Austrittsfläche gehalten wird, so haben wir gemäß Gl. 358 und unter Hinweis auf Gl. 398 und 399 nur zu untersuchen, wie sich die Komponenten $w_{(2)} \sin \delta_{(2)}$ für die Teilfüllungen ergeben. Die Gl. 532 gibt hierüber ohne weiteres Auskunft

$$w_{(2)} \sin \delta_{(2)} = \varphi w_2 = \varphi \, v_2 \sin \beta_2 \quad \cdots \cdots \quad \textbf{(532.)}$$

Hieraus und aus Fig. 193 ist ersichtlich, daß die Komponenten der jeweiligen $w_{(2)}$ in Richtung des Saugrohres, d. h. in Richtung senkrecht zu u_2, der Größe φ proportional sind.

Ist also ein Saugrohrquerschnitt für eine beliebige Füllungsgröße φ entsprechend der dabei vorhandenen Komponente $w_{(2)} \sin \delta_{(2)}$ bemessen worden, so entspricht dieser Querschnitt auch allen anderen Größen von φ zwischen 1 und 0. Die Saugrohrgeschwindigkeiten

$$w_{(s)} = \varphi w_s = w_{(2)} \sin \delta_{(2)} \frac{a_2}{a_2 + s_2} \quad \cdots \cdots \quad \textbf{542.}$$

fallen also auch den Füllungsgrößen proportional aus.

Die Bemerkung unter „b" Seite 177 zeigt im Verein mit dem Vorstehenden, daß unsere erweiterten Saugrohre, wenn für irgend eine Teilwassermenge, oder für volle Wassermengen, richtig dimensioniert, auch für jede andere Füllung richtig arbeiten werden.

Daß die Komponente $w_{(2)} \cos \delta_{(2)}$ in der Drehrichtung des Laufrades Fig. 193 dem abfließenden Wasser eine schraubenförmige Bewegung durch das Saugrohr erteilen muß, war früher schon besprochen.

Durch diese drehende Bewegung werden im Saugrohr Erscheinungen ähnlich denen des kreisenden Wassers eingeleitet werden. Wir erhalten ganz verschiedene tatsächliche manometrische Saughöhen, je nachdem wir das Proberöhrchen zwischen Saugrohr und Luftbehälter der Fig. 120, Seite 161 an der Außenkante des Saugrohres endigen lassen, wie es die genannte Figur zeigt, oder wenn wir dieses bis gegen die Mitte des Saugrohres hineinführen.

Die tatsächliche Saughöhe ist infolge des kreisenden Wassers in der Nähe der Saugrohrachse höher, und gegen die Außenwand hin niederer als der Durchschnitt. Hier kommen unter Umständen Unterschiede von einem Meter und mehr schon bei kleineren Gefällen vor.

3. Der Austrittsverlust $\alpha_{(2)}$ für kleine Teil-Wassermengen.

$$\delta_2 > 90^0.$$

Aus der Fig. 193 war ersichtlich, daß sich die Austrittsverlusthöhen für kleine Werte von φ ganz wesentlich steigern.

Wir haben nun ein Interesse daran, daß sich die $\alpha_{(2)}$ für etwa häufig vorkommende Kleinwasserstände doch nicht zu weit von dem für Vollwasser zugelassenen α_2 entfernen.

Je nach der Verwendung der Turbine können dabei verschiedene Gesichtspunkte auftreten.

In großen Kraftzentralen, in denen die Turbinen in mehreren Exemplaren, oft ja reihenweise nebeneinander vorhanden sind, wird es gleichgültig sein, wenn die kleineren Wassermengen einer Turbine mit großen $w_{(2)}$ abfließen. In solchen Anlagen vollzieht sich das Anpassen an die wechselnde Wassermenge ja doch stets dadurch, daß ganz geöffnete Turbinen zu- oder abgeschaltet werden, und daß nur eine Turbine auf den kleinen Rest des übrigen Wassers einreguliert wird. In solchen Fällen würde deshalb nur ein verschwindender Bruchteil des gesamten Betriebswassers für den hohen Austrittsverlust in Frage kommen.

Kleine Wasserkräfte dagegen stellen andere Bedingungen. Ist überhaupt nur eine Turbine vorhanden, so muß diese den vollen Wasserschwankungen gerecht werden und hier ist es häufig unangenehm, wenn zu der vielleicht starken Verringerung auf kleines φ auch noch eine weniger befriedigende Ausnutzung von H hinzukommt, wegen des großen $w_{(2)}$ für kleine Wassermengen.

Die Rücksicht auf diese Kleinbetriebe führt nun dazu, daß wir die φv_2, die den kleineren Wassermengen angehören, mehr gegen die Stelle von $w_{(2)min}$, gegen den Parabelscheitel, hinüberschieben.

Es steht uns frei, für volle Wassermenge die Geschwindigkeit w_2 nicht mehr unter 90^0 gegen u_2 zu disponieren, sondern unter einem Winkel δ_2 größer als 90^0, wie dies Fig. 194 zeigt. Dadurch rücken die zu den kleineren Füllungen gehörigen $w_{(2)}$ näher gegen die Parabelachse und die $\frac{w_{(2)}^2}{2g}$ fallen dann auch kleiner aus.

Sehr vieles kann in den meisten Fällen nicht gewonnen werden, wie der Vergleich von Fig. 193 und 194 zeigt, doch ist es vielfach üblich, so vorzugehen. Geboten erscheint eine Besprechung der Verhältnisse.

Die Berechnungen für wechselnde $\delta_{(0)}$ bei ideellem Betrieb haben schon

Pfarr, Turbinen. 21

gezeigt, daß die Turbine stets für volle Wassermenge entworfen
werden sollte.

Wir müssen deshalb auch die u_1 mit Rücksicht auf die volle Wassermenge bestimmen und wenn dann δ_2 nicht mehr gleich 90^0 ist, so
ist die Verwendung der Gl. 348 bis 350a, genau genommen, nicht
mehr tunlich, und wir müssen alsdann auf die Gl. 304 und 347 S. 130
zurückgehen.

Besonders letztere Beziehung ist recht umständlich, doch kann für
genauere Berechnung davon nicht abgesehen werden, wie die folgenden
Zahlen zeigen.

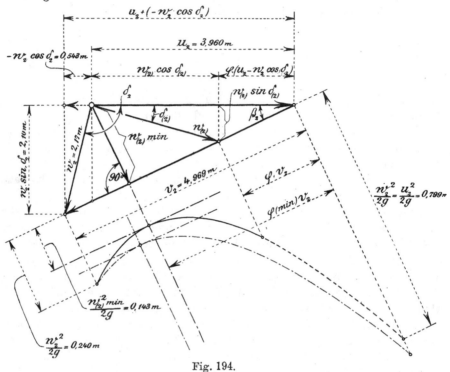

Fig. 194.

Wir nehmen die allgemeinen Verhältnisse der Turbine „A", d. h. Ge-
fälle, Wassermenge, β_1 und δ_1, α_2 usw. legen aber die Austrittsgeschwindigkeit w_2 so, daß δ_2 größer als 90^0 ist. Wir wollen rund $\cos \delta_2 = -\frac{1}{4} =$
$-0,25$ annehmen, was einem δ_2 von $\sim 90^0 + 14^0 30' = \sim 104^0 30'$ entspricht, also noch keine sehr wesentliche Abweichung darstellt. Die Gl. 347
liefert uns hierfür $u_1 = 5,48$ m, während u_1 nach Gl. 349a sich auf 5,67 m
stellen wird. Das heißt:

Wenn in beiden Ausführungen der Austrittsverlust α_2, also auch w_2,
gleich groß sein soll, so darf für rückwärtsliegendes w_2 (δ_2 größer als 90^0)
nach obiger Annahme die Regulierturbine nur $\frac{5,48}{5,67} = 0,9665$ von der
Umdrehungszahl der gleich großen mit senkrechtem w_2 erhalten (58 Umdr.
statt 60). Die Differenz von $3\frac{1}{2}\,^0/_0$ ist ja an sich nicht groß, für vorläufigen Entwurf wird uns deshalb stets die Gl. 349 bezw. 349a dienen können,
aber in der definitiven Rechnung sollte doch die ganz allgemeine Gl. 347
zu ihrem Rechte kommen.

Diese Notwendigkeit wird besonders ersichtlich, wenn wir die Verhältnisse an der Stelle „2" am Austritt der Regulierturbine mit $\delta_2 > 90$ denjenigen mit $\delta_2 = 90^0$ gegenüberstellen.

Zu diesem Zweck wollen wir die Hauptdaten beider Anordnungen nachstehend anführen.

Es ist zu bemerken, daß das Schrägstellen von w_2 nur die Komponente $w_2 \sin \delta_2$ für den Abfluß zur Verwendung kommen läßt, daß deswegen im allgemeinen für schräggestelltes w_2 etwas größere Saugrohrdurchmesser folgen, daß aber der Unterschied nicht sehr bedeutend ist. Bei $\alpha_2 = 0{,}06$ ist für den Abfluß in der Saugrohrrichtung vorhanden:

$$\text{bei } \delta_2 = 90^0 \qquad\qquad w_2 = 2{,}17 \text{ m/sek}$$
$$„ \;\; \delta_2 = 104^0 30' \qquad w_2 \sin \delta_2 = 2{,}10 \quad „$$

Der freie Saugrohrquerschnitt, auch b_2, müssen also für die angenommene Schräglage von w_2 auf das $\frac{2{,}17}{2{,}10} = 1{,}03$ fache gegenüber früher vergrößert, D_s also etwa auf das $1{,}015$ fache gebracht werden.

Die schräge Richtung von w_2 bringt es mit sich, daß für volle Füllung der Turbine die Rotation des Wassers im Saugrohr den entgegengesetzten Drehsinn hat als für wesentlich kleinere Füllungen, daß ein bestimmtes $w_{(2)}$ mit einem $\delta_{(2)} = 90^0$ ohne Rotation arbeitet (Fig. 194). Die Schrägrichtung von w_2 ändert aber nichts an der Brauchbarkeit des Saugrohres für alle Füllungen, wenn eben $w_2 \sin \delta_2$ und nicht w_2 für den Saugrohrquerschnitt von Anfang an in Rechnung gestellt wird.

Natürlich haben sich bei dieser Verschiebung außer v_2 auch der Winkel β_2 und die Schaufelweite a_2 entsprechend geändert. Die Proportionalität der Komponenten $w_{(2)} \sin \delta_{(2)}$ in der Abflußrichtung aber (Saugrohrachse) bleibt unberührt.

Aus Fig. 194 ist die neue Parabel der $\frac{w_{(2)}^2}{2g}$ ersichtlich, deren Scheitel mit $w_{(2)\,\min}$ hier bei einem gegen vorher (Fig. 193) ziemlich kleineren Werte von φ liegt, die $\frac{w_{(2)}^2}{2g}$ der kleinen Wassermengen sind gegen vorher vermindert. — Die zeichnerische Ermittelung von $\varphi_{(\min)}$ und $w_{(2)\,\min}$ macht auch hier keine Schwierigkeiten. Der Vollständigkeit wegen soll aber doch auch die analytische Bestimmung kurz angegeben sein.

Hier ist

$$v_2{}^2 = u_2{}^2 + w_2{}^2 - 2\,u_2 w_2 \cos \delta_2.$$

Wir finden aus ähnlichen Dreiecken der Fig. 194

$$\frac{w_{(2)} \sin \delta_{(2)}}{\varphi\, v_2} = \frac{w_2 \sin \delta_2}{v_2},$$

woraus

$$w_{(2)} \sin \delta_{(2)} = \varphi\, w_2 \sin \delta_2 \quad\ldots\ldots \textbf{543.}$$

Ferner ist aus Fig. 194

$$w_{(2)} \cos \delta_{(2)} = u_2 - \varphi\,(u_2 - w_2 \cos \delta_2) = (1 - \varphi)\,u_2 + \varphi\, w_2 \cos \delta_2 \quad \textbf{544.}$$

Aus beiden Gl. ergibt sich als allgemeine Beziehung

$$w_{(2)}{}^2 = \varphi^2 w_2{}^2 + (1 - \varphi)^2 u_2{}^2 + 2\,(1 - \varphi)\,\varphi\, u_2 w_2 \cos \delta_2 \quad . \;\textbf{545.}$$

Die Füllung $\varphi_{(\min)}$ folgt (Fig. 194) aus

$$\frac{\varphi_{(min)}\, v_2}{u_2} = \frac{u_2 - w_2 \cos \delta_2}{v_2}$$

oder
$$\varphi_{(min)} = \frac{u_2 (u_2 - w_2 \cos \delta_2)}{v_2{}^2} = \frac{u_2{}^2 - u_2 w_2 \cos \delta_2}{u_2{}^2 + w_2{}^2 - 2 u_2 w_2 \cos \delta_2} \qquad \textbf{546.}$$

Dann ist weiter, nach Fig. 194

$$\frac{w_{(2)\,min}}{u_2} = \frac{w_2 \sin \delta_2}{v_2} = \frac{w_2 \sin \delta_2}{\sqrt{u_2{}^2 + w_2{}^2 - 2 u_2 w_2 \cos \delta_2}}$$

und hieraus
$$\frac{w_{(2)}{}^2{}_{min}}{2g} = \frac{w_2{}^2 \cdot \sin^2 \delta_2}{2g} \cdot \frac{u_2{}^2}{u_2{}^2 + w_2{}^2 - 2 u_2 w_2 \cos \delta_2} \qquad \cdots \textbf{547.}$$

oder auch
$$\frac{w_{(2)}{}^2{}_{min}}{2g} = \frac{w_2{}^2 \sin^2 \delta_2}{2g}\, \varphi_{(min)} \cdot \frac{u_2}{u_2 - w_2 \cos \delta_2} \qquad \cdots \textbf{548.}$$

Für $\delta_2 = 90^0$ gehen die Gleichungen in die vorher (S. 319) entwickelten über.

Zu besserer Übersicht folgen hier die durch die schräge Austrittsrichtung beeinflußten Größen der Turbine „A" für beide Winkel δ_2 und beidemal gleiche Schaufelzahlen und -Stärken: $z_0 = 24$; $z_1 = 28$; $a_0 + s_0 = 80 + 5$.

Die Unterschiede sind nicht sehr groß, aber sie sind vorhanden. Zur besseren Übersicht enthält die Fig. 194 als —·—·—Kurve die Parabel der Fig. 193 nach entsprechend reduzierten φv_2 eingezeichnet.

Die Berechnung der Stoßverluste am Eintritt ist, wie schon hervorgehoben, nicht absolut sicher, die Feststellung der Entwicklung für die Austrittsverluste dagegen beruht auf konkreten Verhältnissen und gibt für diese ein zuverlässiges Bild. Das Streben nach hohen Nutzeffekten bei Teilwassermengen wird deshalb stets die Entwicklung der Austrittsverluste im Auge behalten müssen.

$\delta_2 = 90^0$	$\delta_2 = 104^0\,30'$
	$(\cos \delta_2 = -0{,}25)$
$u_1 = 5{,}67$ m/sek	$u_1 = 5{,}48$ m/sek
Umdr.-Zahl $= 60$	Umdr.-Zahl $= 58$
$w_2 = 2{,}17$ m/sek	$w_2 \sin \delta_2 = 2{,}10$ m/sek
$D_s = 1{,}1$ m	$D_s = 1{,}12$ m
$u_2 = 4{,}095$ m/sek	$u_2 = 3{,}96$ m/sek
$v_2 = 4{,}635$ „	$v_2 = 4{,}969$ „
$a_2 = 61$ mm	$a_2 = 58{,}2$ mm
$b_2 = 220$ „	$b_2 = 242$ „
$w_1 = 6{,}08$ m/sek	$w_1 = 5{,}88$ m/sek
$w_0 = 6{,}46$ m/sek	$w_0 = 6{,}245$ m/sek
$b_0 = 141$ mm	$b_0 = 146$ mm
$\varphi_{(min)} = 0{,}781$	$\varphi_{(min)} = 0{,}722$
$\dfrac{w_{(2)}{}^2{}_{min}}{2g} = 0{,}187$ m	$\dfrac{w_{(2)}{}^2{}_{min}}{2g} = 0{,}143$ m
$w_{(2)min} = 1{,}917$ m/sek	$w_{(2)min} = 1{,}674$ m/sek

für $\varphi = \frac{1}{4}$ ist:

$w_{(2)} = 3{,}12$ m/sek	$w_{(2)} = 2{,}883$ m/sek
$\dfrac{w_{(2)}{}^2}{2g} = 0{,}496$ m	$\dfrac{w_{(2)}{}^2}{2g} = 0{,}424$ m
$\alpha_{(2)} = 0{,}124$	$\alpha_{(2)} = 0{,}106$

Differenz der $\alpha_{(2)} = 0{,}124 - 0{,}106 = 0{,}018$.

E. Leitschaufelweite, Wassermenge, Nutzeffekt für Turbinen mit wenig veränderlichem $\varDelta$, Turbine „B", tatsächlicher Betrieb.

Für die Praxis interessiert das gegenseitige Verhältnis der vorstehenden Größen. Wir dürfen uns nicht verhehlen, daß die zu diesem Zweck seither aufgestellten Rechnungen nicht absolut sicher sind, weil wir, wie schon früher gesagt, über die Art wie sich die Stoßwirkungen tatsächlich abspielen noch sehr wenig bestimmten Anhalt haben. Durchweg einwandfreie Rechnungen stehen uns also nicht zu Gebote, auf jeden Fall dürften die nachstehenden Betrachtungen aber doch mit zur Klärung der Sachlage beitragen. Es ist zweckmäßig, die Verhältnisse zuerst an einer Turbine mit fast gleichbleibendem $\varDelta$ zu untersuchen, später sollen dann die Umstände bei stark wechselndem $\varDelta$ in Betracht gezogen werden.

1. Turbine „B", tatsächlicher Betrieb, nicht erweitertes Saugrohr.

Die Turbine „B", Taf. I, S. 195 u. f. bietet eine Ausführungsart, wie sie in der Praxis vorkommt, und so wollen wir die Verhältnisse an dieser klarzustellen suchen. Die Unterschiede der $\varDelta$ entlang der Austrittsbreite b_2 dürfen wir hier noch vernachlässigen, ohne daß zu große Fehler begangen werden.

Es ist nicht nötig, die sämtlichen Daten der Turbine „B" hier nochmals zu wiederholen, wir gehen wie früher von $a_2 = 0{,}06$ und $\delta_2 = 90^0$ aus, als Durchschnittswert für $\varDelta$ gilt $\dfrac{1{,}1}{1{,}6} = 0{,}6875$.

Wir können die rechnerischen und zeichnerischen Ermittelungen für nicht erweitertes Saugrohr wegen $\beta_1 = 90^0$ ohne weiteres mit Benutzung der Gl. 519 durchführen, sofern wir, des nunmehrigen tatsächlichen Betriebes wegen und einfacherer Fassung halber, schreiben:

$$ v_{(1)}{}^2 \left[n^2 + \frac{1}{\operatorname{tg}^2 \delta_{(0)}} \right] - 2\, v_{(1)}\, u_1\, \frac{1}{\operatorname{tg} \delta_{(0)}} = 2\,g\,(1-\varrho)\,H - u_1{}^2\,(3 - \varDelta^2) \qquad \textbf{549.} $$

Die verschiedenen Werte von $\delta_{(0)}$ ergeben dann rechnungsmäßig die zugehörigen Größen von $v_{(1)}$, d. h. von $\varphi\,Q$.

Nun ist nicht die Größe von $\delta_{(0)}$ das, was uns in der Praxis ohne weiteres meßbar zur Hand ist, sondern die zugehörige Leitschaufelweite $a_{(0)}$.

Hier ist eine Erläuterung zu geben. Der Evolventenform entsprechend ist a_0 aus den Gl. 355 und 356 mit $\delta_0 = \delta_1$ für volle Wassermenge, $\varphi = 1$, bestimmt. Die Evolvente der Leitschaufeln würde also für volle Wassermenge gelten. Genau genommen sollte nun für jede neue, kleinere Schaufelweite $a_{(0)}$ eine neue Leitschaufelevolvente, mit dem neuen Grundkreisdurchmesser $e_{(0)} = \dfrac{z_0\,(a_{(0)} + s_0)}{\pi}$ vorhanden sein, was ja unmöglich ist. Diese, dem jeweiligen $a_{(0)}$ entsprechenden an sich erwünschten Evolventen würden kleinere Erzeugungskreise haben, als dem vollen a_0 entspricht, sie würden deshalb im Durchmesser D_1 und D_0 mit größeren Krümmungsradien auftreten als diejenigen für volles a_0.

Versuche aus der Praxis scheinen darzutun, daß Schaufelwandungen, die flacher gekrümmt sind, als a_0 bei voller Wassermenge entsprechen würde, für $\varphi = 1$ noch fast keinen Schaden bringen, für Teilwassermengen dagegen, weil sie der dann erforderlichen Krümmung mehr entsprechen, besser arbeiten.

Für unsere Rechnung bleibt uns kaum etwas anderes übrig, als eben gemäß den alten Beziehungen vorzugehen und zu schreiben

$$\sin \delta_{(0)} = \frac{a_{(0)} + s_0}{t_0} \quad \ldots \quad \ldots \quad \ldots \quad \textbf{550.}$$

als ob die Evolvente jedem beligen $a_{(0)}$ gleich angepaßt wäre.

Aus der vorstehenden Gleichung ergibt sich dann im Verein mit Gl. 549 die Beziehung, die gestattet, das Verhältnis zwischen Leitschaufelweite $a_{(0)}$ und der zugehörigen Teilwassermenge φQ zu verfolgen.

Wir können schreiben

$$\frac{1}{\text{tg}^2 \delta_{(0)}} = \left(\frac{t_0}{a_{(0)} + s_0} \right)^2 - 1 \quad \ldots \quad \ldots \quad \textbf{551.}$$

und dadurch die Gl. 549 überführen in

$$v_{(1)}{}^2 \left[n^2 + \left(\frac{t_0}{a_{(0)} + s_0} \right)^2 - 1 \right] - 2 v_{(1)} u_1 \sqrt{\left(\frac{t_0}{a_{(0)} + s_0} \right)^2 - 1}$$
$$= 2g(1 - \varrho) H - u_1{}^2 (3 - \varDelta^2) \quad \ldots \quad \ldots \quad \textbf{552.}$$

Zur Bestimmung von n bezw. n^2, wie sie sich aus den bei der Berechnung von Turbine „B" gefundenen Größen ergibt, gelangen wir am einfachsten, wenn wir bedenken, daß

$$h = (1 - \varrho) H - \frac{w_1{}^2}{2g}$$

und wenn wir diesen Ausdruck, dazu $C = \frac{u_1{}^2}{2g}(1 - \varDelta^2)$ in die Gl. 346 S. 130 einsetzen. Wir erhalten dadurch allgemein

$$n^2 = 1 + \frac{2g(1 - \varrho) H - w_1{}^2 - u_1{}^2 (1 - \varDelta^2)}{w_1{}^2} \cdot \frac{\sin^2 \beta_1}{\sin^2 \delta_1} \quad \ldots \quad \textbf{553.}$$

und weil in unserem Falle $\beta_1 = 90^0$ ist, vereinfacht sich die Gleichung auf

$$n^2 = 1 + \frac{2g(1 - \varrho) H - w_1{}^2 - u_1{}^2 (1 - \varDelta^2)}{w_1{}^2 \sin^2 \delta_1} \quad \ldots \quad \textbf{554.}$$

Mit den Größen der Turbine „B" ergibt sich dann durchschnittlich

$$n^2 = 1 + \frac{2g \cdot 0,88 \cdot 4 - 6,075^2 - 5,67^2 (1 - 0,6875^2)}{6,075^2 \cdot 0,3581^2}$$
$$n^2 = 4,2085; \quad n = 2,051$$

d. h. in den vorliegenden Verhältnissen ist $v_2 = 2,051 \, v_1$ und n^2 ist als 4,2085 in die Gl. 552 einzuführen.

Die Bestimmungen von n aus den Abmessungen der aufgezeichneten Turbinenkanäle erscheint auf den ersten Blick als das einfachere. Nun enthält aber die Gl. 346 das Glied $C = \frac{u_1{}^2}{2g}(1 - \varDelta^2)$ welches mit $\varDelta^2$ wechselt. Sowie also die b_2-Linie von der achsialen Lage (Fig. 136) abweicht, sind die einzelnen Teile von f_2 nicht mehr gleichwertig, sie können dann nicht mehr einfach addiert werden. In Gl. 346 ist dann der resultierende, mittlere Wert von $\varDelta$ einzuführen.

Nun ist die Turbine für $\varphi = 1$ mit $a_0 = 70$ mm berechnet (S. 196) und wir berechnen uns jetzt nach Gl. 552 die Werte, wie sie den Weiten $a_{(0)} = 10$ mm, 20 mm, usw. entsprechen und wie sie in der Tabelle S. 327 vereinigt sind. Auch hier steigen die $w_{(0)}$ rechnungsmäßig über $\sqrt{2gH}$ hinaus. Die Tabelle enthält auch die Größen der $\frac{w_{(2)}{}^2}{2g}$, wie sie gemäß den Größen von φ zeichnerisch oder rechnerisch bestimmt werden können.

Turbine B (Langsamläufer, $\beta_1 = 90^0$).

(Siehe auch Tafel 1.)

Gefälle $H = 4$ m; Wassermenge $Q = 1{,}75$ cbm/sek; $\alpha_2 = 0{,}06$; $\varrho = 0{,}12$; $\delta_2 = 90^0$; $u_1 = 5{,}67$ m; minutl. Umdr. 67,7;

$z_0 = 24$; $a_0 = 70$ mm; $s_0 = 5$ mm; $z_1 = z_2 = 27$; $s_1 = s_2 = 7$ mm;

$$\Delta = \frac{D_2}{D_1} = 0{,}6875; \quad n = \frac{v_2}{v_1} = 2{,}051.$$

$a_{(0)}$ mm	δ_0	$\frac{w_{(1)}^2}{2g}$ m	$(1-\varrho)H - \frac{w_{(1)}^2}{2g}$ m	φ	φQ cbm/sek	$w_{(0)}$*) m/sek	$\frac{w_{(2)}^2}{2g}$ m	$\frac{s^2}{2g}$ m	$Mc+M_R$ mkg	$+M_u$ mkg	$=M$ mkg	$Nc+N_R$ PS$_e$	$+N_u$ PS$_e$	$=N_G$ PS$_e$	ε_G
10	$4^0\,7'$	1,666	1,854	0,326	0,570	13,58 (13,90)	0,378	0,902	40,7	139,2	179,9	3,85	13,16	17,01	0,559
20	$6^0\,51'$	1,706	1,814	0,523	0,915	10,88 (11,14)	0,242	0,734	104,6	223,2	327,9	9,89	21,12	31,01	0,636
30	$9^0\,38$	1,756	1,764	0,694	1,214	9,64 (9,87)	0,188	0,530	184,1	296,3	480,4	17,41	28,02	45,43	0,695
40	$12^0\,24$	1,804	1,716	0,826	1,445	8,61 (8,81)	0,187	0,315	260,9	352,5	613,4	24,68	33,35	58,03	0,753
50	$15^0\,13'$	1,845	1,675	0,923	1,615	7,70 (7,88)	0,209	0,149	326,0	394,0	720,0	30,85	37,25	68,10	0,791
60	$18^0\,5'$	1,872	1,648	0,981	1,716	6,81 (6,97)	0,231	0,038	368,5	418,5	787,0	34,85	39,60	74,45	0,813
70	$20^0\,58'$	1,881	1,639	1,000	1,750	5,94 (6,075)	0,240	0,000	382,6	426,9	809,5	36,20	40,40	76,60	0,820

*) Die eingeklammerten Zahlen sind das rechnungsmäßige Resultat, die anderen entsprechen den tatsächlichen Verhältnissen (aufgerundetes b_0, vergl. Tabelle S. 267), dazu die Beziehung $a_{(0)} \cdot b_0 \cdot z_0 \cdot w_{(0)} = \varphi\,Q$.

Die Größe M_G ist auch hier wieder nur als die Summe der mit einiger Sicherheit vom Reaktionsgefäß selbst zu erwartenden Momente aufgefaßt, die Stoßmomente sind für die Berechnung der Nutzeffekte außer acht gelassen, da sie, wie früher gezeigt, nur als unsicher zu bestimmende Beihilfen auftreten werden.

Die N finden sich jeweils aus der bekannten Beziehung

$$M = 716{,}20 \cdot \frac{N}{n} \quad . \quad . \quad . \quad . \quad . \quad . \quad . \quad \textbf{555.}$$

worin natürlich n die minutliche Umdrehungszahl und nicht das Querschnittsverhältnis bedeutet, zu

$$N = \frac{M \cdot n}{716{,}20}$$

hier also, wegen $n = 67{,}7$

$$N = \frac{M \cdot 67{,}7}{716{,}20} = 0{,}09453 \cdot M$$

Die Fig. 195 enthält einige Werte der Tabelle nach $a_{(0)}$ geordnet zeichnerisch aufgetragen. Vor allem ist die Kurve der φ zu beachten, die zeigt, daß die Wassermengen beim Verkleinern der Leitschaufelweite zuerst langsam und dann schneller abnehmen.

Weiter zeigt die Figur 195 die Kurve der $N_C + N_R$, d. h. die von den Drehmomenten mit gleichem Index, von $M_C + M_R$ herrührenden Arbeitsleistungen, die Kurve der N_u, von den M_u herrührend, schließlich die Kurve der Summe beider, als N_G bezeichnet.

Im Interesse der Übersichtlichkeit ist der Maßstab der N_G so gewählt, daß die Leistung bei voller Füllung, $\varphi = 1$, stoßfreier Eintritt, gerade dem ausgenützten Gefällebruchteil εH entspricht. Die Höhe des Rechteckes gilt als Gesamtgefälle, 4 m, von dem oben zuerst $\varrho H = 0{,}12 \cdot 4 = 0{,}48$ m abgezogen sind, danach noch $a_2 H = 0{,}06 \cdot 4 = 0{,}24$ m für den Austrittsverlust bei voller Füllung. Der übrigbleibende Gefällebruchteil mit

$$(1 - a_2 - \varrho) H = (1 - 0{,}06 - 0{,}12) 4 = 0{,}82 \cdot 4 = 3{,}28 \text{ m}$$

stellt dann die bei voller Füllung vorhandene Leistung in PS. dar, die mit abnehmendem φ sich rasch vermindert. Die Linie der $\delta_{(0)}$ verläuft fast gerade.

In der Fig. 196 sind, nach φ geordnet, die $a_{(0)}$, die $M_C + M_R$, die M_u und deren Summe, die M_G aufgetragen, welch letztere hier als Parabel auftritt, wie S. 312 erläutert.

Sowohl Fig. 195 als auch 196 enthalten ferner die zugehörigen Größen von $\frac{w_{(2)}^2}{2g} = a_{(2)} H$, von der Linie ϱH abwärts angetragen.

Hier ist ein Vorbehalt zu erläutern, betreffend den für alle $a_{(0)}$ und φ gleich groß angenommenen Wert von ϱ.

Wir wissen noch nicht annähernd, wie groß sich die ϱ unter den verschiedenen Umständen einstellen werden. Wir dürfen annehmen, daß ϱ_2, ϱ_3 und ϱ_4 mit abnehmender Wassermenge kleiner werden; den sonst üblichen Voraussetzungen gemäß würden diese Faktoren proportional den Quadraten der betr. Geschwindigkeiten verlaufen, das heißt auch proportional φ^2, weil die Querschnitte durchweg mit Wasser angefüllt sind. So würden also die Summanden von ϱ von der Stelle „1" ab mit φ^2 kleiner ausfallen. Die Größe ϱ_1 wird bei abnehmender Wassermenge, ganz abgesehen von den Stoßverlusten σH am Eintritt ins Laufrad, wachsen, weil bei abnehmenden $a_{(0)}$ der Einfluß der Schaufelstärke s_0 sich mehr und mehr bemerklich machen wird. Auch ϱ_0 wird mit kleinerer Füllung zunehmen, denn wir haben ja gesehen, daß die $w_{(0)}$ mit abnehmender Wassermenge rasch anwachsen.

So sehr im einzelnen die Art der Änderung der ϱ_0, ϱ_1, ϱ_2 usw. plausibel ist, so wenig wissen wir noch über die Größen der einzelnen Änderungen und aus diesem Grunde nehmen wir für unsere Berechnung mangels besserer Daten an, daß die Zunahme von ϱ_0 und ϱ_1 aufgewogen werde durch die Abnahme von $\varrho_2 + \varrho_3 + \varrho_4$, daß ϱ für alle Wassermengen gleich groß bleibe. Hier hat eine Reihe recht schwieriger Versuche in den Maschinenbaulaboratorien einzusetzen, damit die nötige Aufklärung geschaffen werde.

Es war vorher entwickelt worden, daß die Nutzeffektsziffern aus der Arbeitsleistung der Gefäße allein, ε_G d. h. diejenigen ohne zusätzliche Stoßwirkung, in ihrer Abhängigkeit von φ oder φQ zeichnerisch durch eine gerade Linie dargestellt werden (S. 316). Dies gilt auch für die aus φQ und H folgenden absoluten Leistungen N_a. Dementsprechend zeigt Fig. 196 diese Gerade mit der Bezeichnung ε_G. Da die $a_{(0)}$ und φ nicht einfach proportional zueinander verlaufen (Fig. 195 und 196), so kann die ε_G Linie wenn auf $a_{(0)}$ bezogen keine Gerade mehr sein, sie zeigt sich in Fig. 195 als Kurve. Nun ist der Maßstab für ε_G in beiden Figuren so gewählt, daß ε für volle Füllung mit εH zusammenfällt, daß also für $\varphi = 1$ die Linie der ε_G mit derjenigen der N_G im gleichen Punkte beginnt. Während nun die N_G mit abnehmendem φ zuerst langsam, dann schneller kleiner werden, nehmen die ε_G noch längere Zeit ziemlich gleichmäßig ab.

In dem schraffierten Raum zwischen der Kurve der ε_G in Fig. 195, der Geraden der ε_G in Fig. 196 einerseits, und der Kurve der $\alpha_{(2)}$ andererseits muß die Kurve der tatsächlichen hydraulischen Nutzeffekte ε verlaufen, denn die Kurve der $\alpha_{(2)}$ ist die unüberschreitbare obere Grenze für die ε überhaupt. Rechnungsmäßig bestimmen können wir die ε noch nicht, hier haben die Ergebnisse der Praxis, die Bremsversuche uns Aufklärung zu geben. Diese zeigen nun die bekannte Gestalt wie sie in Fig. 196 eingezeichnet ist und wir müssen uns hierbei eine kurze Zeit verweilen.

Aus Bremsversuchen ergibt sich nicht der hydraulische Nutzeffekt ε, sondern der mechanische e (vergl. auch S. 22), der der Lager- oder Zapfenreibungen halber um einiges kleiner ist als der hydraulische, wie dies Fig. 196 auch im Höhenunterschied $(\varepsilon - e) H$ für $\varphi = 1$ erkennen läßt. Da sich die Lagerreibungswiderstände für abnehmende Wassermengen im allgemeinen nicht ändern, so muß deren Arbeitsverbrauch mit abnehmendem φ einen wachsenden Einfluß auf e gewinnen, und es ist deshalb ganz erklärlich, wenn die Kurve der e sich mit abnehmender Füllung immer weiter von derjenigen der $\alpha_{(2)}$ entfernt; doch ist dies nicht der einzige Umstaud, der die Entfernung von der $\alpha_{(2)}$-Kurve vergrößert, sondern hier kommen dann auch die nach und nach steigenden Verluste durch Stöße und Wirbel beim Laufradeintritt, besonders aber auch die Verluste durch die Rückbildung der großen $w_{(0)}$ in Betracht, deren Gesamteinfluß verursacht, daß die e-Kurve gegen $\varphi = 0$ hin rapid abfällt und sogar (Fig. 196) unter die ε_G-Linie tritt.

Für die Ordinate $\varphi = 0$ kann ja genau genommen überhaupt von $\alpha_{(2)}$, von ε_G und dergl. gar nicht die Rede sein, denn wo kein Betriebswasser mehr da ist, gibt es auch keinen Austrittsverlust usw. Die Punkte der $\alpha_{(2)}$ usw. in $\varphi = 0$ sind eben nur die mathematische Folge der aufgestellten Beziehungen.

Können wir unter diesem Vorbehalte von einem ε_G für $\varphi = 0$ reden, so ist es mit dem mechanischen Nutzeffekt eine ganz andere Sache. Die Zapfen- und Lagerreibung bedarf einer bestimmten Arbeitsleistung zu ihrer

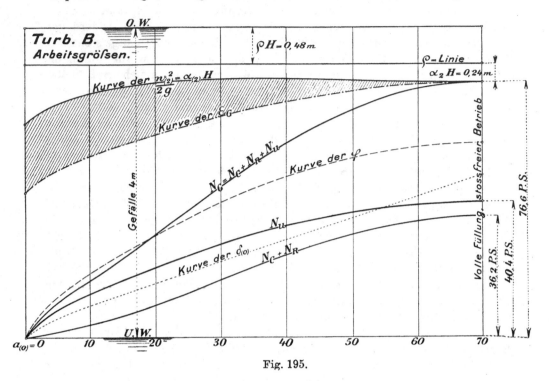

Fig. 195.

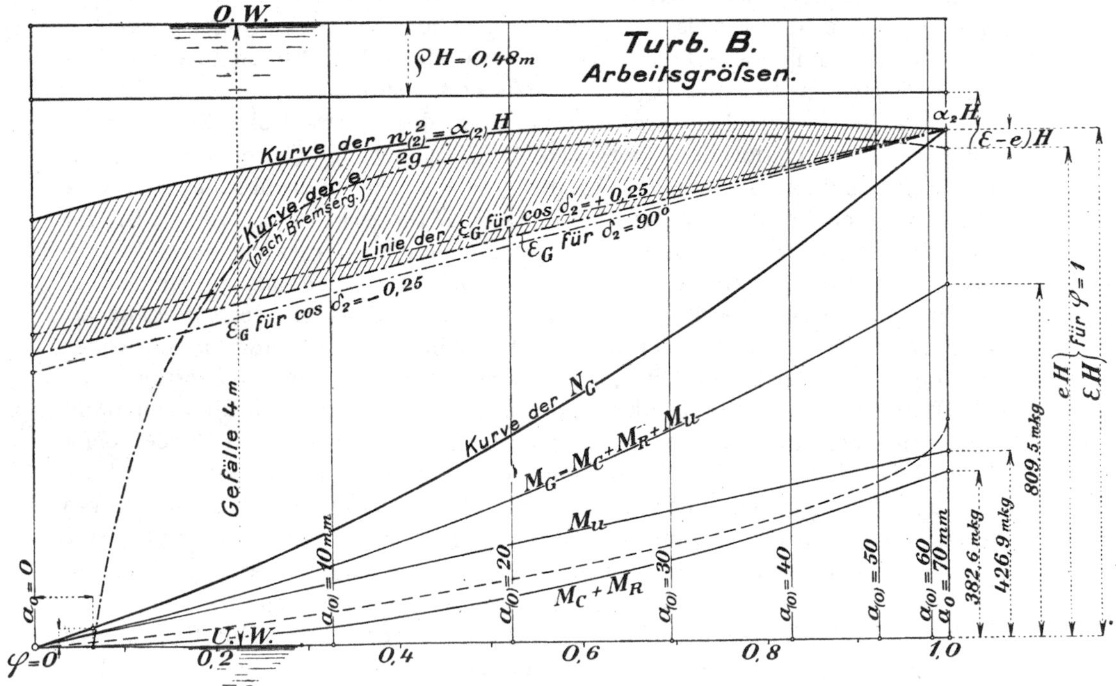

Fig. 196.

Überwindung und wenn die Schaufelweite $a_{(0)}$ so eingestellt ist, daß die
Turbine gerade so viel Arbeit leistet als für diese Überwindung bei normaler
Umdrehungszahl erforderlich ist, so hat die Turbine keine äußere mechanisch

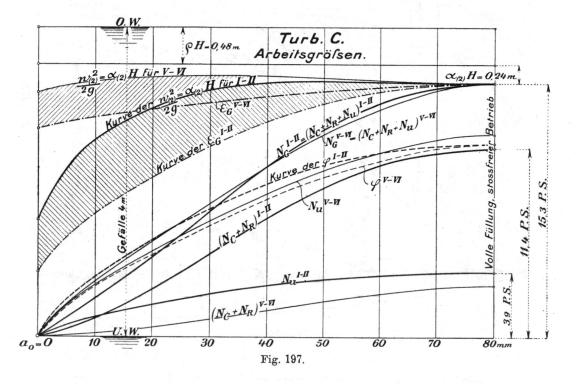

Fig. 197.

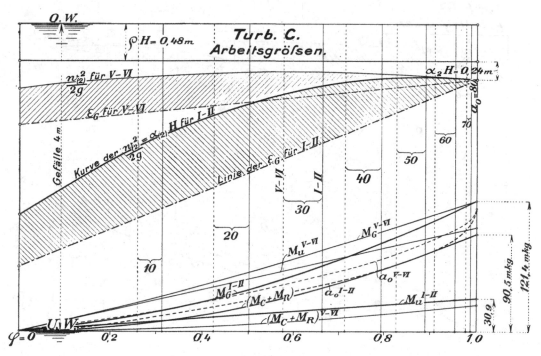

Fig. 198.

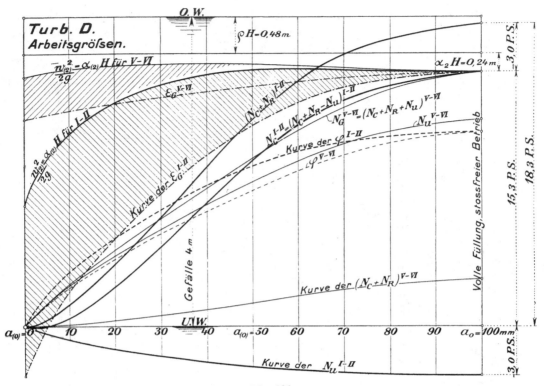

Fig. 199.

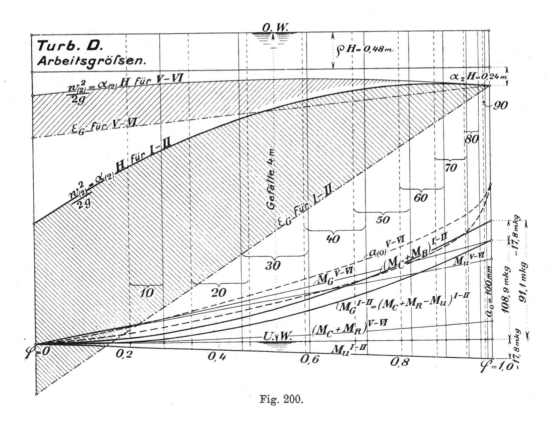

Fig. 200.

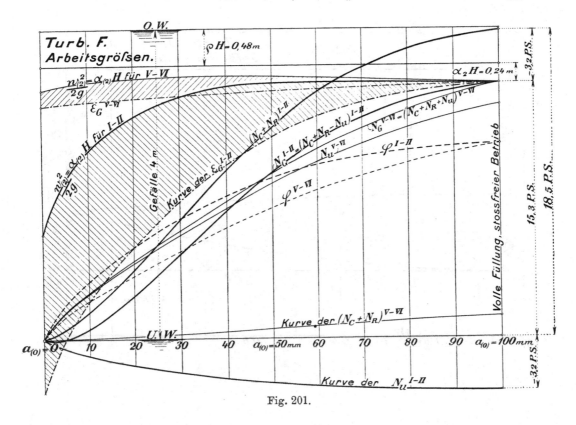

Fig. 201.

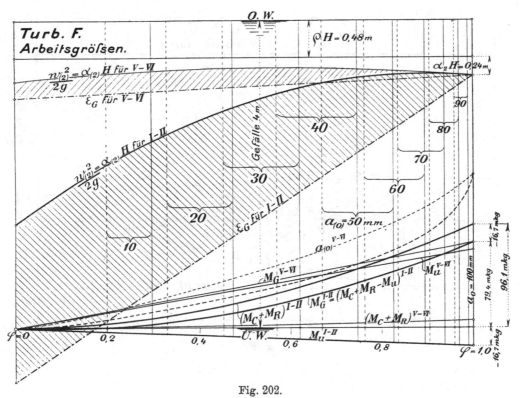

Fig. 202.

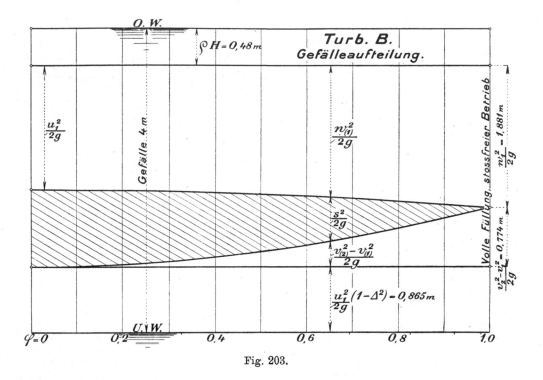

Fig. 203.

Fig. 204.

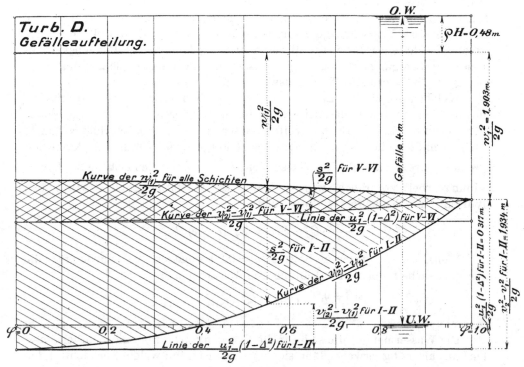

Fig. 205.

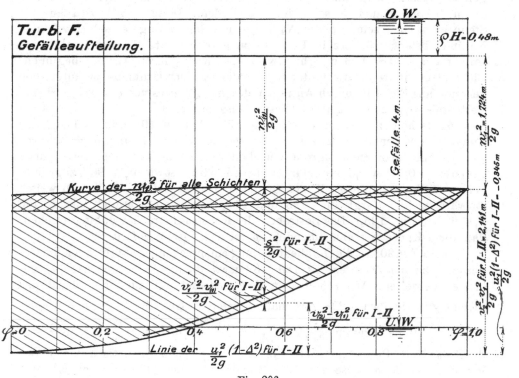

Fig. 206.

nutzbare Arbeit zur Verfügung, hier ist $e = 0$. Die e-Kurve trifft also die Nullinie schon bei einer gewissen Wassermenge, und nicht erst bei $\varphi = 0$. Diese kleinere Wassermenge dient nur für den Leergang der Turbine, sie ist aber nicht etwa für jede Füllung gleich groß, denn die Betriebsverhältnisse des Leergangs mit kleinen $a_{(0)}$ sind ja die denkbar schlechtesten in bezug auf Stoßverluste, Wirbel usw.

Welchen Anteil die Leergangsarbeit an dem entwickelten Arbeitsvermögen überhaupt hat, das zeigt sich aus der Differenz $(\varepsilon - e) H$ für $\varphi = 1$. Für den Leergang wird bei vollbelasteter Turbine (Spaltverlust vernachlässigt) einfach die Arbeit $Q \gamma \cdot (\varepsilon - e) H$ aufgewendet und dies kann angesehen werden, als ob die Wassermenge $\dfrac{\varepsilon - e}{\varepsilon} \cdot Q$ für die Leistung der Lagerreibungsarbeit verbraucht würde, denn diese Wassermenge leistet mit dem hydraulischen Nutzeffekt ε die Arbeit

$$\frac{\varepsilon - e}{\varepsilon} \cdot Q \cdot \gamma \cdot \varepsilon H = Q \gamma \cdot (\varepsilon - e) H$$

Wenn wir in unserem Beispiel $e = 0{,}80$ schätzen, so würde für die Leergangsarbeit bei voller Füllung die Wassermenge

$$\frac{0{,}82 - 0{,}80}{0{,}82} \cdot 1{,}75 = \sim 0{,}040 \ \text{cbm/sek}$$

zu rechnen sein.

Die Wassermenge, die sich für die Leergangsarbeit bei ganz unbelasteter Turbine als nötig erweist, läßt sich nur unter irgend welcher erleichternden Voraussetzung berechnen. Wenn wir vorübergehend annehmen, daß der Leerlauf mit normaler Umdrehungszahl nur durch die Arbeit der Reaktionsgefäße geleistet wird, also durch N_G, so läßt sich der zugehörige Wert von φ am besten graphisch aus Fig. 196 finden. Diese Größe wird an der Stelle zu suchen sein, wo die N_G-Kurve um den Betrag $(\varepsilon - e) H$ von der Nullinie absteht, wie dies in Fig. 196 zu erkennen ist. Diesem Punkte entspricht ein $\varphi = \sim 0{,}06$ und hier wird die e-Kurve ihren Anstieg beginnen. Die Leitschaufelweite $a_{(0)}$ findet sich in der gleichen Ordinate, sie folgt aber genauer aus Fig. 195 durch Antragen des betr. Wertes von φ, weil dort das Verhältnis zwischen φ und $a_{(0)}$ besser ausgeprägt ist.

Wiederholt zu bemerken ist, daß die Figuren 195 und 196 auf der Annahme des senkrechten Wasseraustrittes bei voller Füllung $\delta_2 = 90^0$, sowie gleichbleibendem Saugrohrquerschnitt beruhen, daß sich die e-Kurve gegen $\varphi = 0{,}7$ bis $0{,}8$ hin stärker heben wird, sowie $\delta_2 > 90^0$ zugrunde gelegt wird, weil die $\alpha_{(2)}$-Kurve in dieser Gegend bei $\delta_2 > 90^0$ sich weiter aufwärts zieht. Vergl. Fig. 193 und 194, sowie die Geraden der ε_G für $\delta_2 \lessgtr 90^0$ in Fig. 196. Das Bestreben des Konstrukteurs hat dahin zu gehen, daß die e-Kurve bei abnehmendem φ recht langsam abfällt.

In der Fig. 203 ist die Gefälleaufteilung entsprechend φ aufgetragen, im Gegensatze zu den früheren Fig. 186, 188 usw., die die Aufteilung nach $\delta_{(0)}$ geordnet aufweisen. Wir sehen oben die Gerade der ϱH, für die natürlich das gleiche gilt wie oben S. 328 vorbehalten, unten die Gerade der $\dfrac{u_1{}^2}{2g} (1 - \varDelta^2)$, dazwischen die Beträge für $\dfrac{w_{(1)}{}^2}{2g}$, für $\dfrac{s^2}{2g}$, $\dfrac{v_{(2)}{}^2 - v_{(1)}{}^2}{2g}$. Die Höhe $\dfrac{s^2}{2g}$ hat für $\varphi = 1$ die Größe Null. Sie wächst stetig, bis $w_{(1)}$ für $\varphi = 0$ mathematisch den Betrag u_1 erreicht, denn diese absolute Zutrittsgeschwindigkeit $w_{(1)}$ nähert sich (vergl. Fig. 180) mit zunehmendem Schließen der Schaufeln mehr und mehr der Umfangsgeschwindigkeit u_1, um bei $\delta_{(0)} = 0$ damit zusammenzufallen. Gleichzeitig ist $v_{(2)}$ und $v_{(1)}$ Null.

Die Berechnung der Wassermengen von ausgeführten Turbinen nach Gl. 549 usw. zeigt eine leidlich gute Übereinstimmung mit den Ergebnissen der Praxis, mit den bei Bremsversuchen gefundenen Wassermengen.

Die Schwierigkeiten, welche der sicheren Vorherberechnung der Teilwassermengen für bestimmte $a_{(0)}$ entgegenstehen, beruhen wie schon erwähnt darin, daß wir über die Stoßvorgänge noch zu wenig orientiert sind. Außerdem fehlen uns sichere Anhalte über den Wechsel der ϱ bei den verschiedenen Schaufelöffnungen.

Angenähert kann die φQ-Kurve von der Vollfüllung abwärts durch eine Parabel ersetzt werden, die durch den Punkt $a_{(0)} = 0$ hindurchgeht und deren Scheitel dem stoßfreien Betrieb entspricht. Ihre Gleichung lautet:

$$\varphi = 2\,\frac{a_{(0)}}{a_0} - \left(\frac{a_{(0)}}{a_0}\right)^2 \quad \cdot \quad \cdot \quad \cdot \quad \cdot \quad \cdot \quad \textbf{556.}$$

Größere Abweichungen dieser Parabel von der φQ-Kurve zeigen sich nur in der Nähe von $a_{(0)} = 0$. (Siehe Fig. 195.)

2. Der Einfluß von β_1 auf die Stoßverluste am Eintritt.

Ein anderer Hinweis ist hier noch am Platze, der durch die Fig. 207 und 208 erläutert wird.

Die Fig. 207 zeigt außer dem Geschwindigkeitsparallelogramm der vollen Füllung (Turbine „B", $a_0 = 70$ mm $\beta_1 = 90^0$) auch noch nach Lage und Größe die Geschwindigkeiten $w_{(0)} \cdot \dfrac{a_{(0)}}{a_{(0)} + s_0}$ mit denen das Wasser bei

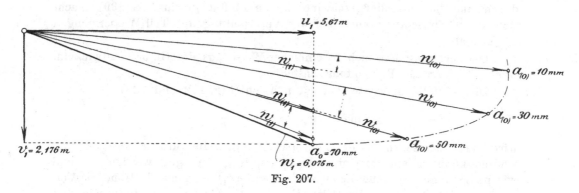

Fig. 207.

Teilfüllung vor dem Laufrade ankommt. Die Endpunkte dieser Geschwindigkeiten sind durch eine Kurve verbunden, die Geschwindigkeiten selbst, entsprechend $a_{(0)} = 10$, 30, 50 mm aus den Werten von φQ (Tabelle S. 327) gerechnet. Außerdem finden sich in der Fig. 207 auch noch die zu den gleichen Schaufelweiten gehörigen Größen von $w_{(1)}$ eingetragen, die natürlich mit ihren Endpunkten sämtlich in der relativen Eintrittsrichtung, $\beta_1 = 90^0$ liegen. Die zueinander gehörigen $w_{(0)} \cdot \dfrac{a_{(0)}}{a_{(0)} + s_0}$ und $w_{(1)}$ sind jeweils durch eine Bogenmaßlinie verbunden. Es ist ersichtlich, wie sehr die ersteren von der wünschenswerten Größe $w_{(1)}$ entfernt sind, und welche Verluste besonders bei kleineren Wassermengen hier auftreten müssen.

Ganz die gleichen Umstände sind in der Fig. 208 für die Innenschichte
der Turbine „F", S. 237 mit $\beta_1 = 104^0\,30$, von $a_0 = 100$ mm abwärts für
die Weiten $a_{(0)} = 70$, 40 und 10 mm dargestellt. Der Augenschein lehrt,

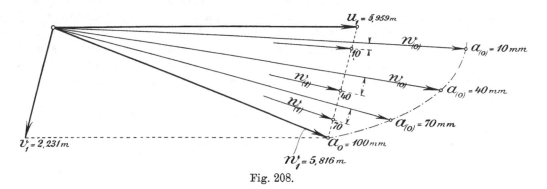

Fig. 208.

daß der stumpfe Winkel β_1 veranlaßt, daß sich die $w_{(0)} \dfrac{a_{(0)}}{a_{(0)} + s_0}$ nach Größe
und Richtung den $w_{(1)}$ ganz bedeutend genähert haben, daß also die stumpfen
Eintrittswinkel des Laufrades ganz wesentlich bessere Verhältnisse für
Teilwassermengen ergeben sollten als die Anwendung des Winkels $\beta_1 = 90^0$.

3. Der Einfluß der Saugrohrerweiterung auf die Wassermenge usw. bei Teilfüllung.

In der gleichen Weise wie das erweiterte Saugrohr das Gefälle für die
Durchführung der Voll-Wassermenge vorübergehend örtlich erhöht und dadurch auf die Durchflußgeschwindigkeiten Einfluß gewinnt (S. 239), macht
sich diese Einrichtung auch bei der Verarbeitung der Teil-Wassermengen
bemerkbar.

Die Rechnung läßt sich in einfacher Weise aus der Gl. 549 entwickeln,
wenn wir folgende Betrachtung anstellen:

Die Radialkomponente von w_3, nämlich (Fig. 102 und 103)

$$w_3 \sin \delta_3 = w_s = w_2 \sin \delta_2 \frac{a_2}{a_2 + s_2}$$

wird, ganz abgesehen von Rotationserscheinungen, die durch $w_3 \cos \delta_3$ erzeugt
werden könnten, am Saugrohrende auf $w_4 \sin \delta_4$ verzögert worden sein und
wir nehmen nun an, daß die aus $w_s{}^2 - (w_4 \sin \delta_4)^2$ stammende Höhe die Vermehrung der Saughöhe darstellt, die sich zu $(1 - \varrho)H$ addiert, wie dies
S. 161 u. f. ausführlich geschildert worden.

Infolgedessen geht die Gl. 549, nach der wir die $v_{(1)}$ der Teilwassermengen beim gleichbleibenden Saugrohr zu rechnen hatten, einfach für
erweitertes Saugrohr über in

$$v_{(1)}{}^2 \left[n^2 + \frac{1}{\mathrm{tg}^2 \delta_{(0)}} \right] - 2\,v_{(1)}\,u_1 \frac{1}{\mathrm{tg}\,\delta_{(0)}} = 2\,g\,(1 - \varrho)H + w_s{}^2 - (w_4 \sin \delta_4)^2$$
$$- u_1{}^2 (3 - \varDelta^2) \quad \ldots \ldots \quad \mathbf{557.}$$

Nun können wir der Kontinuität halber schreiben

$$\varphi\,Q = F_s \cdot w_s = F_4 \cdot w_4 \sin \delta_4 = z_1\,f_1\,v_{(1)}$$

und erhalten daraus mit $z_1 \cdot f_1 = F_1$

$$w_s = v_{(1)} \frac{F_1}{F_s} \quad \text{und} \quad w_4 \sin \delta_4 = v_{(1)} \frac{F_1}{F_4}$$

Dies in Gl. 557 eingesetzt, liefert nach kleiner Umformung die Beziehung für die Berechnung von $v_{(1)}$, also auch von φQ für erweitertes Saugrohr:

$$v_{(1)}^2 \left[n^2 + \frac{1}{\text{tg}^2 \delta_{(0)}} \right] - F_1^2 \left(\frac{1}{F_s^2} - \frac{1}{F_4^2} \right) - 2 v_{(1)} u_1 \cdot \frac{1}{\text{tg} \delta_{(0)}}$$
$$= 2g(1 - \varrho)H - u_1^2(3 - \varDelta^2) \quad \ldots \quad \textbf{558.}$$

F. Regulierturbinen mit stark gekrümmter b_2-Kurve, d. h. mit stark veränderlichem $\varDelta$ (Turb. „C" usw.).

Das Laufrad „A" mit seiner b_2-Linie parallel zur Turbinenachse ($\varDelta$ konstant), mit radialem Eintritt, muß natürlich über die ganze Austrittsbreite b_2 ganz gleiche Verhältnisse zeigen. Auch bei wechselnder Wassermenge werden die Änderungen der $w_{(2)}$ nach Größe und Richtung für jeden Punkt der Austrittslinie ganz gleich verlaufen.

Für die sehr schwach gekrümmte b_2-Kurve des Laufrades „B" durften wir, der geringen Änderung von $\varDelta$ wegen, auch noch annähernd gleiche Verhältnisse für die ganze Erstreckung der b_2-Kurve annehmen. Sowie aber die Austrittslinie stärker gekrümmt auftritt oder in starken Unterschieden von $\varDelta$ verläuft (annähernd achsialer Austritt), so ändert dies die Verhältnisse. Wir werden finden, daß der Grundsatz „gleiche Teile von b_1 lassen gleiche Wassermengen durchtreten" (Schichtenteilung), nur für volle Wassermenge, nicht aber für $\varphi < 1$ gilt.

1. Turbine „C" (Taf. 2).

Das Laufrad nach „C" soll zuerst vorgenommen werden, wie dasselbe mit $\delta_2 = 90^0$ in Taf. 2 und S. 208 u. f. behandelt worden ist.

Dort ist für die Schicht I—II die Größe $\varDelta = \frac{1{,}036}{1{,}2} = 0{,}8633$, und für die Schicht V—VI findet sich $\varDelta = \frac{0{,}542}{1{,}2} = 0{,}4517$.

Aus den allgemeinen Gl. 535 und 538 ist nun ersichtlich, daß die Füllung $\varphi_{(min)}$ bei der der Kleinstwert von $w_{(2)}$ eintritt, neben anderem auch durch $\varDelta^2$ bedingt wird, und so erhalten wir im vorliegenden Fall wegen $\beta_1 = 90^0$ nach der speziellen Gl. 540 für die Schichte I—II

$$\varphi_{(min)} = \frac{1}{1 + \dfrac{2 \cdot 0{,}06}{0{,}8633^2 \cdot 0{,}82}} = 0{,}8359$$

Dagegen für die Schichte V—VI

$$\varphi_{(min)} = \frac{1}{1 + \dfrac{2 \cdot 0{,}06}{0{,}4517^2 \cdot 0{,}82}} = 0{,}5823$$

und die $\dfrac{w_{(2)}^2 \, min}{2g}$ selbst ergeben sich nach Gl. 541 für

$$\begin{array}{llll}
\text{Schichte} & \text{I—II} & 0{,}06 \cdot 4 \cdot 0{,}8359 = 0{,}201 \text{ m} \\
\text{„} & \text{V—VI} & 0{,}06 \cdot 4 \cdot 0{,}5823 = 0{,}140 \text{ „}
\end{array}$$

Andererseits nähern sich die $\dfrac{w_{(2)}^2}{2g}$ für den Grenzfall $\varphi = 0$ den Beträgen

$$\text{Schichte I—II} \quad \frac{u_2^2}{2g} = 1{,}222 \text{ m}, \qquad \text{Schichte V—VI} \quad \frac{u_2^2}{2g} = 0{,}335 \text{ m}.$$

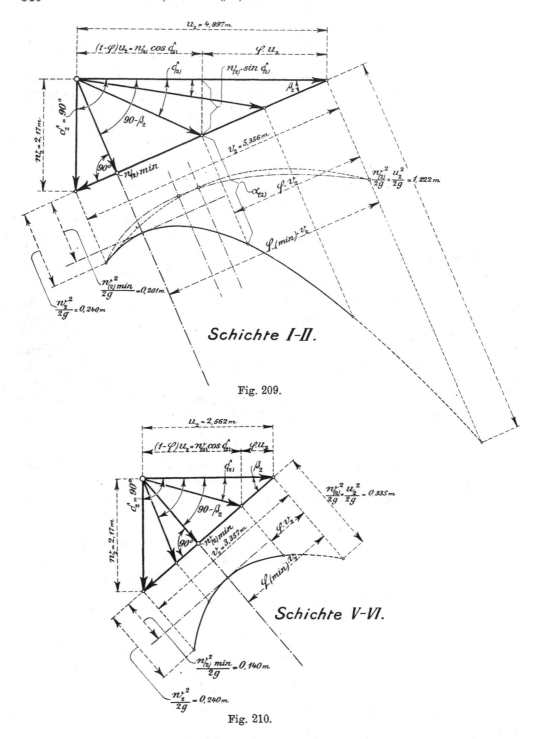

Fig. 209.

Fig. 210.

Aus diesen Zahlen, besonders aber aus den zugehörigen Darstellungen, Fig. 209 und 210, ist ersichtlich, daß die Innenschichte V—VI (Fig. 210), der wesentlich kleineren u_2 wegen, den Verlauf der $w_{(2)}$ und der $\frac{w_{(2)}^2}{2g}$ in wesentlich engeren Grenzen aufweist als die Außenschichte I—II (Fig. 209) mit großem $\varDelta$ und großem u_2; daß die Außenschichte für die kleinen Teilwassermengen ganz wesentlich größere Austrittsverluste bietet, daß sie also, soweit es die Austrittsverluste angeht, bei kleineren Teilwassermengen weit weniger wirtschaftlich arbeitet als die Innenschichte. (Siehe auch die Kurven der $\frac{w_2{}^2}{2\,g}$ in Fig. 197 u. 198.)

Für kleine Wasserkräfte, bei denen es auf gute Ausnutzung kleinerer Wassermengen auch noch ankommt (S. 321), sind also Laufräder mit kleinem $\varDelta$, d. h. mit größerer radialer Erstreckung, wirtschaftlicher.

Nun zeigt sich aber auch aus Rechnung und Zeichnung, daß die $\varphi_{(min)}$ für die beiden Schichten ganz wesentlich differieren, daß die Parabelscheitel der $\frac{w_{(2)}{}^2\,min}{2\,g}$ in den beiden Schichten bei ganz verschiedener Füllung liegen, und schließlich erkennen wir aus der Gleichung

$$w_{(2)}{}^2 = \varphi^2\,w_2{}^2 + (1 - \varphi)^2\,\varDelta^2\,u_1{}^2 \quad . \quad . \quad . \quad . \; \textbf{(534)}$$

daß überhaupt, trotz gleich groß ausgeführtem w_2 für volle Füllung, jede Teilfüllung in den verschiedenen Schichten, der wechselnden $\varDelta$ wegen, ganz verschiedene $w_{(2)}$ herbeiführt. In Fig. 209 ist durch die — — — — — Linie, zum besseren Vergleich, der Verlauf der $\alpha_{(2)}$-Kurve für die Schichte V—VI für jeweils in beiden Schichten gleiches φ angedeutet.

Hiermit ist aber die Aufzählung der Unterschiede, welche den Schichten durch die verschiedenen Beträge von $\varDelta$ zugewiesen werden, noch nicht beendet. Es zeigt sich nämlich, daß bei Teilfüllung nicht mehr durch jede Schichte der gleiche Teilbetrag an Wasser strömen kann, daß also, wenn beispielsweise durch die Schichte I—II die Hälfte der ihr zugewiesenen Schichtwassermenge fließt, dies nicht auch gleichzeitig für die Schichte V—VI zutrifft, trotzdem natürlich $a_{(0)}$ über die ganze Breite b_0 gleich groß ist. Dies erhellt aus folgendem:

Sämtliche Gleichungen zur Ermittelung von $v_{(1)}$, seien es nun Gl. 549 mit $\delta_{(0)}$ oder Gl. 552 mit $a_{(0)}$ als maßgebender Größe oder irgend andere, haben ein Glied mit $\varDelta^2$. Bei verschiedener Größe von $\varDelta$ macht sich dies Glied in seinem Einfluß auf $v_{(1)}$ bemerklich, $v_{(1)}$ wächst mit $\varDelta$, und so erhalten wir bei gleichem $\delta_{(0)}$ oder $a_{(0)}$ für jede andere Schichte einen anderen Wert von $v_{(1)}$, einen anderen Betrag von φ bei Teilbeaufschlagung.

Wir sehen dies auch aus den Tabellen S. 342 für Schichte I—II und S. 343 für Schichte V—VI. Ebenso auch aus den zeichnerischen Darstellungen Fig. 197 nach $a_{(0)}$, Fig. 198 nach φ geordnet (siehe rückwärts S. 331). Beispielsweise läßt die Schichte I—II bei $a_{(0)} = 20$ mm 0,501 ihrer vollen Schichtwassermenge durchfließen, die Schichte V—VI dagegen nur 0,424.

Der Verlauf der φ-Kurven in Fig. 197 zeigt dies auch deutlich. Bei der Innenschichte V—VI fällt φ beim Schließen viel rascher als bei der Außenschichte I—II. Dieser Umstand gleicht zu einem Teile den Schaden der großen $\frac{w_{(2)}{}^2}{2\,g}$ bei der Außenschicht aus, denn dort bleiben die großen Beträge von φ länger in Anwendung als innen.

Wir kommen also bei stark wechselnden Größen von $\varDelta$ dazu, daß wir jede Schichte einer Turbine auch wieder als eine für sich bestehende Teilturbine betrachten müssen, derart, daß bei $a_{(0)}$ kleiner als a_0 in jeder Schichte, genau genommen sogar in jeder einzelnen Wasserbahn andere Verhältnisse herrschen.

Turbine C (Normalläufer, $\beta_1 = 90°$). Schichte I—II.

(Siehe auch Tafel 2.)

Gefälle $H = 4$ m; Wassermenge $Q = 1,75$ cbm/sek und pro Schicht $\frac{Q}{5} = 0,350$ cbm/sek; $a_2 = 0,06$; $\varrho = 0,12$; $\delta_2 = 90°$;

$u_1 = 5,67$ m; minutl. Umdr. 90; $z_0 = 16$; $a_0 = 80$ mm; $s_0 = 5$ mm; $z_1 = z_2 = 18$; $s_1 = s_2 = 7$ mm;

$\Delta = \frac{D_2}{D_1} = 0,8633$; $n = \frac{v_2}{v_1} = 2,4408$.

a_0 mm	δ_0	$\frac{w_{(1)}^2}{2g}$ m	$(1-\varrho)H - \frac{w_{(1)}^2}{2g}$ m	φ	$\varphi \cdot \frac{Q}{5}$ cbm/sek	$w_{(0)}{}^*)$ m/sek	$\frac{w_{(2)}^2}{2g}$ m	$\frac{s^2}{2g}$ m	$M_C + M_R$ mkg	$+ M_u$ mkg	$= M$ mkg	$N_C + N_R$ PS$_e$	$+ N_u$ PS$_e$	$= N_G$ PS$_e$	ε_G
10	3°39'	1,667	1,853	0,313	0,110	14,95 (15,28)	0,601	1,320	8,9	9,7	18,6	1,12	1,22	2,34	0,400
20	6°6'	1,701	1,819	0,501	0,175	11,95 (12,15)	0,365	1,092	22,7	15,5	38,2	2,86	1,95	4,81	0,516
30	8°33'	1,748	1,772	0,663	0,232	10,5 (10,74)	0,244	0,818	39,6	20,5	60,1	4,99	2,58	7,57	0,615
40	11°1'	1,794	1,726	0,793	0,278	9,45 (9,66)	0,212	0,544	56,9	24,5	81,4	7,17	3,09	10,26	0,694
50	13°31'	1,833	1,687	0,889	0,311	8,45 (8,64)	0,205	0,306	71,4	27,5	98,9	9,00	3,46	12,46	0,753
60	16°2'	1,863	1,657	0,953	0,334	7,57 (7,74)	0,221	0,132	81,7	29,5	111,2	10,29	3,72	14,01	0,791
70	18°35'	1,879	1,641	0,987	0,345	6,7 (6,85)	0,234	0,030	88,1	30,5	118,6	11,10	3,84	14,94	0,813
80	21°9'	1,886	1,634	1,000	0,350	5,95 (6,082)	0,240	0,000	90,5	30,9	121,4	11,41	3,89	15,30	0,820

*) Die eingeklammerten Werte $w_{(0)}$ entsprechen dem rechnungsmäßigen Betrag $b_0 = 0,225$ m, die darüberstehenden dem aufgerundeten Werte $b_0 = 0,230$ m (siehe S. 209). Sie stammen aus $a_{(0)} \cdot \frac{b_0}{5} \cdot z_0 \cdot w_{(0)} = \varphi \cdot \frac{Q}{5}$.

Turbine C (Normalläufer, $\beta_1 = 90°$). Schichte V—VI.

(Siehe auch Tafel 2.)

Gefälle $H = 4$ m; Wassermenge $Q = 1,75$ cbm/sek und pro Schicht $\frac{Q}{5} = 0,350$ cbm/sek; $\alpha_2 = 0,06$; $\varrho = 0,12$; $\delta_2 = 90°$;

$u_1 = 5,67$ m; minutl. Umdr. 90; $z_0 = 16$; $a_0 = 80$ mm; $s_0 = 5$ mm; $z_1 = z_2 = 18$; $s_1 = s_2 = 7$ mm;

$\Delta = \frac{D_2}{D_1} = 0,4517$; $n = \frac{v_2}{v_1} = 1,5300$.

$a_{(0)}$ mm	δ_0	$\frac{w_{(1)}^2}{2g}$ m	$(1-\varrho)H - \frac{w_{(1)}^2}{2g}$ m	φ	$\varphi \cdot \frac{Q}{5}$ cbm/sek	$w_{(0)}$ m/sek	$\frac{w_{(2)}^2}{2g}$ m	$\frac{s^2}{2g}$ m	$M_C + M_R$ mkg.	$+M_u$ mkg	$=M$ mkg	$N_C + N_R$ PS_e	$+N_u$ PS_e	$=N_G$ PS_e	ε_G
10	3° 39'	1,656	1,864	0,259	0,091	12,37 (12,65)	0,199	0,538	1,7	25,0	26,7	0,21	3,15	3,36	0,712
20	6° 6'	1,684	1,836	0,424	0,148	10,06 (10,28)	0,154	0,471	4,4	40,9	45,3	0,55	5,15	5,70	0,736
30	8° 33'	1,721	1,799	0,576	0,202	9,16 (9,36)	0,140	0,382	8,2	55,7	63,9	1,03	7,02	8,05	0,758
40	11° 1'	1,766	1,754	0,712	0,250	8,49 (8,68)	0,149	0,284	12,6	68,8	81,4	1,59	8,67	10,26	0,778
50	13° 31'	1,807	1,713	0,826	0,289	7,86 (8,03)	0,174	0,178	16,9	79,8	96,7	2,13	10,05	12,18	0,795
60	16° 2'	1,843	1,677	0,909	0,318	7,2 (7,36)	0,201	0,082	20,5	87,8	108,3	2,58	11,06	13,64	0,807
70	18° 35'	1,874	1,646	0,976	0,342	6,64 (6,79)	0,229	0,025	23,6	94,3	117,9	2,97	11,88	14,85	0,816
80	21° 9'	1,886	1,634	1,000	0,350	5,95 (6,082)	0,240	0,000	24,7	96,7	121,4	3,11	12,19	15,30	0,820

Die Fig. 197 enthält ganz der Fig. 195 entsprechend, nach $a_{(o)}$ geordnet die Arbeitsgrößen, aber nunmehr für zwei Schichten, für die Schichten I—II und V—VI.

Die sämtlichen nachstehend beschriebenen Figuren zeigen des Unterschiedes wegen die Kurven der einen Schichte I—II stärker, die der anderen, V—VI, schwächer gezeichnet und zwar einerlei ob ganz ausgezogen, punktiert oder sonstwie.

Der Einheitlichkeit wegen sind die Strecken der $a_{(o)}$ von ·„zu" bis „auf" sämtlich gleich lang gezeichnet, gleichgültig, ob $a_{(o)} = 70$ mm (Turb. B, Fig. 195), 80 mm (Turb. C, Fig. 197) oder 100 mm (Turb. D und F, Fig. 199 und 201) beträgt; die Abszissen haben also in den verschiedenen Figuren verschiedenerlei Maßstab, was aber für die Erörterungen nicht in Betracht kommt.

Für I—II sind in Fig. 197 für volle Füllung, $a_{(o)} = 80$, die Größen von $N_C + N_R$, von N_u, von $N_G = N_C + N_R + N_u$ mit $N_G = 11,4 + 3,9 = 15,3$ PS eingetragen. Der Maßstab für die PS ist auch hier so gewählt, daß die volle Leistung jeder Schichte mit der Höhe $(1 - \alpha_2 - \varrho)\, H = \varepsilon H$ zusammenfällt. Diese volle Leistung ist für beide betrachtete Schichten, auch für die zwischenliegenden, II—III usw., gleich groß, sie setzt sich aber für jede Schicht aus ganz verschiedenen Beträgen von $N_C + N_R$ und N_u zusammen.

In der Schicht I—II, welche nur geringe Unterschiede zwischen Ein- und Austrittsdurchmesser besitzt ($\varDelta = 0,8633$), bildet naturgemäß N_u den kleineren, $N_C + N_R$ den größeren Teil der Leistung, während bei der Schichte V—VI das umgekehrte zutrifft; hier findet eine ganz wesentliche Verzögerung der Wasserteilchen von u_1 auf u_2 statt ($\varDelta = 0,4517$), während sich v_2 in dieser Schichte verhältnismäßig viel weniger von v_1 unterscheidet, als dies in Schichte I—II der Fall war. Mit abnehmender Leitschaufelweite entwickeln sich die Teilwassermengen der beiden Schichten verschieden, wie dies die punktierten Kurven der φ erkennen lassen.

Auch hier sind nur die Leistungen N_G in Kurven dargestellt, also nur die, welche aus den Reaktionsgefäßen selbst folgen, nicht aber die Leistungen der Stoßkräfte. Diese N_G-Kurven, ebenso die ε_G-Kurven sind unter Beachtung des Zusammenhanges zwischen $a_{(o)}$ und φ aus denjenigen der Fig. 198 heraufgenommen, in der die Momente M_G usw. nach φ geordnet aufgetragen sind, und wo die ε_G wie früher schon gezeigt, eine Gerade bilden. Deutlich zeigt sich der große Unterschied in dem (schraffierten) Bereich für die tatsächlichen Nutzeffektskurven bei der Schichte I—II und V—VI in den beiden Figuren 197 und 198. Die Schicht V—VI hat viel länger wenigstens die Möglichkeit höherer Nutzeffektsziffern als die Schicht I—II, bei der die $\dfrac{w_{(2)}^2}{2g}$ für abnehmende Wassermengen rapid wachsen.

In Fig. 198 sind die Leitschaufelweiten $a_{(o)}$ nach φ geordnet punktiert eingetragen; sie zeigen, daß von voller Schaufelweite anfangend, die Verkleinerung der Wassermenge zuerst einer kräftigen Verminderung von $a_{(o)}$ bedarf, während später die $a_{(o)}$ und φ fast proportional verlaufen. Die Ordinaten gleicher Leitschaufelweiten sind in Fig. 198 je durch Klammern verbunden; deutlicher als in Fig. 197 die beiden φ-Kurven zeigt dies, wie weit sich die Teilwassermengen der beiden Schichten für gleiches $a_{(o)}$ von einander entfernen.

Die $v_{(1)}$ nehmen also vom unteren Teile von b_1, Schichtfläche I, gegen oben zu, Schichtfläche VI, stetig ab.

Aus der Fig. 197 kann entnommen werden, welcher Wert von φ jeweils einer bestimmten Schaufelweite $a_{(0)}$ in der einen und der anderen Schichte entspricht. Diesen hieraus ermittelten Werten von φ gemäß ist in Fig. 209 die —·—·—·— Kurve der $\frac{w_{(2)}^2}{2g}$, wie sie der Schicht V—VI angehört, eingetragen, sie ist der punktierten gegenüber nicht sehr verschoben.

Wir kommen zu Fig. 204 (S. 334), zu der Gefälleaufteilung, wie sie sich in den beiden Schichten entwickeln wird. Sie ist nach φ geordnet aufgetragen.

Bei voller Füllung sind die Größen der Gefällebruchteile für die Schichte I—II in Zahlen beigesetzt, diejenigen von V—VI aber weggelassen. Wir finden die für die beiden Schichten verschiedenen Größen von $\frac{u_1^2}{2g}(1 - \varDelta^2)$, natürlich für alle Wassermengen gleich groß, durch eine stark und eine schwach ausgezogene Parallele zur Horizontalen ($U.\,W$) angegeben. Die Größe $\frac{w_1^2}{2g}$ ist allen Schichten gemeinsam, die Höhen $\frac{v_2^2 - v_1^2}{2g}$ ergänzen die Summe der anderen Gefällebruchteile zu $(1 - \varrho)H$.

Auch für Teilwassermengen ist $\frac{w_{(1)}^2}{2g}$ für alle Schichten von gleichem Betrage, es durfte also mit Bezug auf φ der Verlauf dieser Werte in einer gemeinschaftlichen Kurve dargestellt werden, nur ist dabei nicht zu vergessen, daß ein bestimmter Wert von φ und von $w_{(1)}$ nicht gleichzeitig in allen Schichten eintritt, in V—VI wird derselbe erst bei einer engeren Schaufelstellung erreicht als die war, bei der er in I—II vorhanden gewesen.

Der (schraffierte) Stoßbereich, der Betrag von $\frac{s^2}{2g}$, zeigt sich für die Schichte V—VI ganz wesentlich geringer, als für die Schichte I—II, was ja auch aus den entsprechenden Flächen der Fig. 197 und 198 hervorging. Die ganzen Ermittelungen zeigen, daß eine stärkere radiale Erstreckung der Reaktionsgefäße (kleine $\varDelta$) die Leistung bei Teilbeaufschlagungen auf größerer Höhe hält, als es bei Schichten von großem $\varDelta$ der Fall ist. Die stark zusammengedrückten Schaufelformen ähnlich Fig. 144, S. 210 werden für Teilbeaufschlagungen im Zweifelsfalle schlechter arbeiten als die Form der Fig. 147.

Der Grund liegt ja offen da: Das Arbeitsvermögen, welches durch eine starke Verzögerung in der Umfangsgeschwindigkeit gewonnen wird (Schichte V—VI), erleidet durch die Stöße an der Einfüllstelle der Reaktionsgefäße keine Beeinträchtigung. In Schichten mit starker radialer Erstreckung ist dieser sicher wirkende Gefällebruchteil von großem Betrage, die beiden anderen Summanden, $\frac{w_1^2}{2g} + \frac{v_2^2 - v_1^2}{2g}$, aus welchen die Stoßverluste bestritten werden müssen, sind relativ klein, die Möglichkeit der Verluste also auch. Es ist eben ein bestimmter Gefällebruchteil durch C, bzw. M_u vorweggenommen, gewissermaßen sicher angelegt für die Ablieferung an das Laufrad.

2. Turbine „D“ (Taf. 3).

Die hier vorliegenden Verhältnisse werden durch die Fig. 199, 200 (S. 332) und 205 (S. 335) erläutert, die sich in der Art der Darstellung den Fig. 197, 198 und 204 eng anschließen.

Der äußerliche Unterschied, die Lage der Kurven der $N_u^{I—II}$ und der $M_u^{I—II}$ unterhalb der Nullinie ($U.\,W.$) rührt davon her, daß die Turbine D in der Schicht I—II einen größeren Wert von D_2, also auch von u_2 besitzt, als D_1 bzw. u_1 ($\varDelta$ größer als 1). Hier ist, wie schon früher besprochen, das Glied C der Gefälleaufteilung negativ, deshalb auch die demselben entsprechenden Momente und deren Leistung; das Wasser muß von u_1 nach u_2 beschleunigt werden. Für die Schicht I—II liegt deshalb, im Gegensatz zu Turbine „C" und auch zu der Schicht V—VI der vorliegenden Turbine die Kurve der $M_C + M_R$ in Fig. 200 höher als die Kurve der nach außen wirksamen Momente M_G des Gefäßes, und M_G wird hier gebildet aus $M_C + M_R — M_u$, ebenso ist $N_G = N_C + N_R — N_u$ anzusetzen. Bei voller Füllung ist $N_C + N_R$ in Fig. 199 sogar größer als dem reinen Gefälle, als $(1 — \varrho)\,H$ entspricht.

Die Folgen von $\varDelta > 1$ zeigen sich besonders auch in dem gegenüber Turbine „C" wesentlich vergrößerten Bereich zwischen $\dfrac{w_{(2)}^2}{2g}$ und ε_G für I—II, verursacht durch das viel raschere Absinken der ε_G gegenüber der Turbine „C". Der tatsächliche Nutzeffekt der Schichte I—II wird bei abnehmender Wassermenge schließlich nicht nur Null werden, sondern ins Negative hinüberwandern. Die Fig. 199 zeigt, daß der Nutzeffekt ε_G, der aus dem Durchströmen durch das Reaktionsgefäß folgt, bei ~ 5 mm Schaufelweite durch Null geht, die Fig. 200 läßt erkennen, daß der Wert $\varepsilon_G = 0$ in der Schichte I—II bei etwa 0,15 der Wassermenge eintritt. Bei noch weiterem Schließen der Turbine stellt sich ε_G negativ ein, die Schicht I—II wirkt dann als Zentrifugalpumpe, d. h. sie beschleunigt, ohne selbst Arbeit zu leisten, Wasser auf dem Wege vom $O.\,W.$ zum $U.\,W.$, indem sie für diese Wasserbeförderung und zur Überwindung der Eintrittsstöße Teile des Arbeitsvermögens der Schichten mit kleinerem $\varDelta$ in Anspruch nimmt.

In Fig. 200 zeigt sich, daß die Teilwassermengen der einzelnen Schichten übereinandergreifen in der Weise, daß beispielsweise die Schicht I—II bei $a_{(o)} = 40$ mm mehr Wasser konsumiert als die Schicht V—VI bei $a_{(o)} = 50$ mm usw. Die Stoßverhältnisse am Eintritt sind deshalb noch verwickelter als bei Turbine „C" und da natürlich das Wasser nicht schichtenweise geordnet durch die Gefäße fließen wird, wenn schon beim Eintritt die Verhältnisse über die Breite b_1 durch der Höhe nach verschieden starke Stöße unklar gemacht sind, so wird sich dies in der äußeren Leistung auch fühlbar machen müssen.

Die Gefälleaufteilung der Fig. 205 (S. 335) zeigt das entsprechende Bild. Für die Schichte I—II ist $\dfrac{u_1^2}{2g}(1 — \varDelta^2)$ negativ wie früher schon besprochen, während für V—VI der betreffende Betrag gegenüber Turbine „C" ganz wesentlich zugenommen hat, $\varDelta$ ist eben hier für V—VI noch kleiner als bei „C".

Der große Stoßbereich von I—II ist gegenüber V—VI hier noch gewachsen.

3. Turbine „F".

Aus den Fig. 201, 202 (S. 333) u. 206 (S. 335) ist ersichtlich, daß die Verhältnisse von Turbine „F" denjenigen von Turbine „D" sehr ähnlich sind, doch sind die Umstände wegen $\beta_1 > 90^0$ noch mehr ausgeprägt.

Die Abweichung der Stoßbereiche zwischen I—II und V—VI ist noch größer, weil hier eben $\frac{v_1{}^2 - v_{(1)}{}^2}{2\,g}$ für die Stöße mit in Betracht kommt.

Das Übereinandergreifen der Wassermengen gleicher Schaufelweite ist auch gegenüber vorher vermehrt.

Allerdings sind die negativen Momente und Leistungen gegenüber Turbine „D“ absolut genommen kleiner geworden, aber das ist nur eine Folge der durch $\beta_1 < 90^0$ gesteigerten Umfangsgeschwindigkeit, die bei gleich großem Durchmesser verursacht, daß die sämtlichen Momente kleiner ausfallen, wie dies auch deutlich aus dem Vergleich der Fig. 196, 198, 200 u. 202 hervorgeht, in denen die Momente alle nach dem gleichen Maßstab gezeichnet sind. Denn von den vier in Vergleich gezogenen Turbinen besitzt jede nachfolgende mehr Umdrehungen als die vorhergehende (vgl. Tabelle S. 267).

Relativ zu dem gegen außen nutzbaren Drehmoment und zu der äußeren Leistung in PS haben M_u und N_u für I—II hier zugenommen, wie dies der Vergleich von Fig. 201 mit Fig. 199 ebenfalls zeigt.

In der Gefälleaufteilung, Fig. 206, treten an der Stelle, wo die Fig. 205 nur je eine Kurve, die $\frac{v_{(2)}{}^2 - v_{(1)}{}^2}{2\,g}$ betreffend, zeigte, je zwei ungefähr parallel laufende Kurven auf, von denen die untere den $\frac{v_{(2)}{}^2 - v_{(1)}{}^2}{2\,g}$ entspricht, während die dicht darüber liegende in ihrem Abstand von der unteren die Stoßverlusthöhe $\frac{v_1{}'^2 - v_{(1)}{}^2}{2\,g}$ zum Ausdruck bringt. Diese Höhe war bei $\beta_1 = 90^0$ wegen $v_1{}' = v_{(1)}$ nicht aufzuwenden gewesen.

Im Interesse der Deutlichkeit sind nur die stark gezeichneten Kurven der Schichte I—II in Fig. 206 mit Buchstaben usw. bezeichnet, die schwächer gezogenen Kurven der Schichte V—VI werden in ihrer Bedeutung leicht zu erkennen sein, besonders im Vergleich mit denjenigen der Fig. 205.

Die vorstehend durchgeführten Vergleiche der verschiedenen Radial-Turbinensorten in ihrem Verhalten gegenüber der Fink'schen Regulierung sind aufgebaut auf der Voraussetzung, daß ϱ für alle diese Arten durchweg gleich groß sei. Nur die Praxis kann uns über die Größen von ϱ genaueren Aufschluß geben, wozu aber eine sehr große Menge sorgfältigster Versuche erforderlich ist. Es müßten ganze Reihen von Teilturbinen, jeweils nur die einzelne Schicht enthaltend, ausgiebigeren Bremsversuchen unterworfen werden, damit festgestellt werden könnte, inwieweit die für den Stoßeintritt aufgestellten Gleichungen sich in der Praxis tatsächlich als gültig erweisen, schließlich könnten weitere Anhaltspunkte durch den Vergleich zwischen den Teilturbinen und der zugehörigen ganzen Turbine gewonnen werden.

Es ist sonst eigentlich nicht die Aufgabe eines Lehrbuches, Rechnungen aufzubauen auf noch ungelöste Probleme. Wo wir aber in der Zwangslage sind, noch gar nichts Sicheres über diese Dinge aus der Praxis her zu wissen, ist es Pflicht, auf die Umstände hinzuweisen, die der Kontrolle durch die Praxis bedürfen und die doch nicht einfach übergangen werden konnten.

Die Praxis bestätigt, was die vorhergehenden Rechnungen gezeigt, nämlich daß die Teilwassermengen langsamer abnehmen als die Leitschaufelweiten $a_{(0)}$. Halbe Füllung der Turbine ist also nicht gleichbedeutend mit halber Schaufelweite $\left(\dfrac{a_0}{2}\right)$, sondern die halbe Füllung tritt erst ein bei weniger als $\dfrac{a_0}{2}$, ein Umstand, der vielfach übersehen wird. Hier sind klare Bezeichnungen, entweder Füllung oder Schaufelweite, nicht aber „Beaufschlagung", für die Praxis sehr am Platze.

G. Druckkräfte und Drehmomente an den Fink'schen Schaufeln, hervorgerufen durch das strömende Wasser.

Wir führen das Betriebswasser unter der Druckhöhe h_e (Fig. 79 S. 101) dem Leitapparat (Mitte) zu; ein bestimmter Teil dieser Druckhöhe wird zur Erzeugung von w_0 in der Leitschaufelmündung verwendet, h_0 bleibt als Druckhöhe an dieser Stelle übrig. Die Leitkanäle beginnen fast immer mit verhältnismäßig großen Querschnitten, bezw. Weiten a, siehe z. B. Fig. 175 und Taf. 5, um nach und nach auf $a_0 \cdot b_0$ überzuleiten. Die Geschwindigkeit w_0 entsteht also nicht plötzlich und ebensowenig sinkt der Druck plötzlich von h_e auf h_0. So sehen wir, daß die einzelne Leitschaufel auf ihrem Umfang von ganz verschiedenen Druckhöhen eingeschlossen sein muß und folgern daraus, wie auch die Erfahrung lehrt, daß eine Leitschaufel je nach Form, nach Lage des Drehpunktes und je nach der gerade eingestellten Schaufelöffnung bestimmten Druckkräften und Drehmomenten unterliegt, hervorgerufen durch diese entlang der Schaufelfläche wechselnden Wasserdruckhöhen.

Außerdem kommen noch Kräfte mit hinzu, welche unmittelbar aus den dynamischen Vorgängen resultieren.

Das Reguliergetriebe hat im Verein mit den Drehbolzen der Schaufeln diese Kraftäußerungen abzufangen und zu überwinden, sie sollten also auch durch Rechnung festgestellt werden.

1. Kräfte und Drehmomente bei ganz geöffneter Schaufel.

Die ganz genaue Berechnung der erwähnten Druckhöhen und Kräfte ist recht umständlich und dabei wegen der ungemein komplizierten Vorgänge beim Herzuströmen nach der Leitzellenmündung doch unsicher; die annähernde teils rechnungsmäßige, teils zeichnerische Bestimmung bietet dagegen keine Schwierigkeit, obgleich sie auch noch ziemlich viel Zeitaufwand verlangt.

Wir nehmen zuerst die Druckhöhen und die daraus folgenden Kräfte vor. Aus unseren Rechnungen kennen wir w_1 (Gl. 350) und berechnen uns nach früherem unter Berücksichtigung der Schaufelstärke s_0 die Geschwindigkeit

$$w_0 = w_1 \cdot \frac{a_0 + s_0}{a_0} \quad \cdots \cdots \quad \mathbf{559.}$$

Der Verbrauch an Druckhöhe zur Erzeugung von w_0 ist nur in allgemeinen Grenzen bestimmbar, weil die Reibungsverhältnisse an den Leitschaufelwandungen je nach Ausführung usw. wechseln werden; ein-

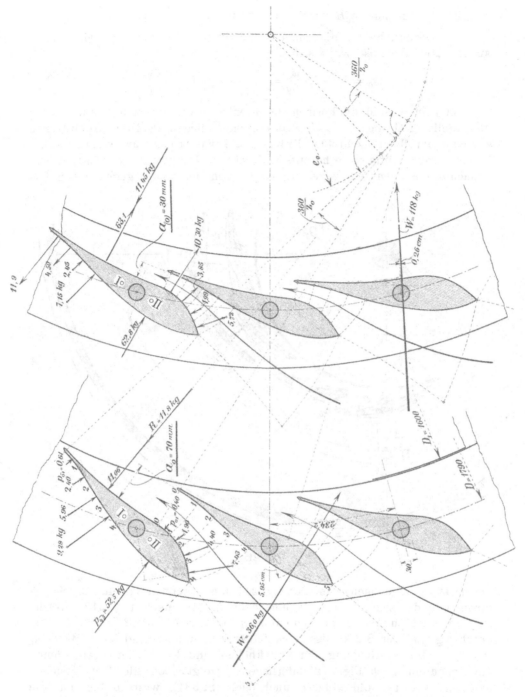

Fig. 211.

gehende genaue Versuchsdaten liegen noch nicht vor. Unter der Annahme eines Geschwindigkeitskoeffizienten von 0,95 ergibt sich der für die Erzeugung von w_0 insgesamt erforderliche Gefällebruchteil zu rund

$$\frac{1}{0,95^2} \cdot \frac{w_0^2}{2g} = 1,1 \frac{w_0^2}{2g} = 1,1 \frac{w_1^2}{2g} \left(\frac{a_0 + s_0}{a_0}\right)^2$$

Die Verlusthöhe $\varrho_0 H$ würde also zu $0{,}1\,\dfrac{w_0^2}{2g}$ anzusetzen sein.

Die Druckhöhe h_0, die von der Eintrittshöhe h_e noch im Leitschaufel-austritt „0" übrig ist, stellt sich auf

$$h_0 = h_e - 1{,}1\,\frac{w_0^2}{2g} = h_e - 1{,}1\,\frac{w_1^2}{2g}\left(\frac{a_0 + s_0}{a_0}\right)^2 \quad . \quad . \quad . \; \textbf{560.}$$

Im Prinzip sind die Formen der drehbaren Leitschaufeln fast durchweg von ähnlicher Gestalt, die Leitschaufeln selbst liegen der Drehbarkeit wegen zwischen parallelen, gedrehten Kränzen, die Wasserquerschnitte sind deshalb in ihren gegenseitigen Verhältnissen durch die Lichtweiten a zwischen den benachbarten Schaufeln gegeben, welche von innen, a_0, gegen außen fast

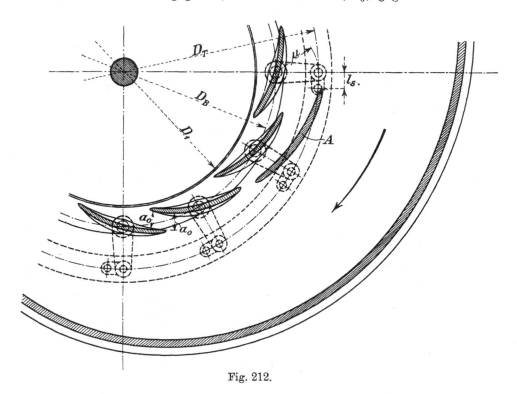

Fig. 212.

immer stetig zunehmen, wie dies Fig. 211 u. a. erkennen lassen. Bei Spiral-turbinen findet sich hie und da eine Schaufelform nach Fig. 212, welche im Gegensatz zu den mehr keulenförmigen Umrissen der Fig. 211 in fast durchweg gleicher Stärke des Schaufelkörpers und auch gleicher Weite a_0 verläuft. Die Bestimmung der Druckhöhen und Kraftäußerungen, denen die Schaufeln nach Fig. 212 unterliegen, erfolgt nach gleichen Gesichts-punkten, wie für die anderen auch (siehe S. 381), weshalb hier nur die nach Fig. 211 besprochen werden sollen. Diese Ermittlungen schließen sich, der Natur der Verhältnisse entsprechend, eng an die Form des Leitschaufel-körpers und die Querschnittsänderung der Leitkanäle an.

Wir zeichnen uns, von der Weite a_0 ausgehend, nach Gefühl und Gut-dünken in dem gegebenen Schaufelraum Schichten gleicher Geschwindigkeit, die, mit der Geraden a_0 anfangend, sich mehr und mehr krümmen werden, nach beiden Schaufelwandungen ungefähr senkrecht verlaufend, wie sie mit den Bezeichnungen 1, 2, 3 und 4 in Fig. 211 zu sehen sind. Die Abstände der einzelnen Schichten mögen ungefähr gleich groß sein.

Da das herzufließende Wasser auch schon außerhalb der Leitschaufelspitzen gewisse Geschwindigkeiten hat, so nehmen wir in etwas freier Weise auch noch die Schichte 5, Fig. 211, als eine solche von gleicher Wassergeschwindigkeit an. Die Fließrichtung wird ja ungefähr senkrecht dazu liegen.

Aus dem Verhältnis der gestreckten Weite einer solchen Schicht, beispielsweise an der Leitschaufelstelle 3, sie sei mit a_{03} bezeichnet, zu a_0 ergibt sich (der überall gleichen Breite b_0 wegen) die zugehörige Wassergeschwindigkeit

$$w_{03} = w_0 \cdot \frac{a_0}{a_{03}}$$

Da die Gl. 560 sinngemäß für jeden beliebigen Wasserquerschnitt gilt, so kann für die Stelle 3 geschrieben werden:

$$h_{03} = h_e - 1{,}1\, \frac{w_{03}^2}{2g} = h_e - 1{,}1\, \frac{w_1^2}{2g} \left(\frac{a_0 + s_0}{a_{03}} \right)^2 \quad . \quad . \quad . \quad \textbf{561.}$$

Auf diese Weise sind die Druckhöhen in den Schichtpunkten der Schaufeloberfläche mit einiger Sicherheit festgelegt, also von der Mündung a_0 nach rückwärts, links bis zur Schaufelspitze 4 und darüber hinaus noch ins freie Wasser, rechts bis dahin, wo die äußerste Einlaufschichte 5 ansetzt.

In Spiralgehäusen sind die Verhältnisse zwischen 4 und 5 schärfer ausgesprochen.

Die Wasserdruckhöhe entlang dem Evolventenstück der Leitschaufel wird ziemlich gleichmäßig zu $h_1 = h_e - 1{,}1\, \frac{w_1^2}{2g}$, gleich der im Schaufelspalt herrschenden Druckhöhe, anzusetzen sein, wobei der Einfachheit halber der Wirbelverlust durch die Rückbildung von w_0 auf w_1 außer acht gelassen sein mag.

Hiermit wären die eigentlichen Druckhöhen rund um die Schaufel für unsere Zwecke hinreichend genau festgelegt, derart, daß wir aus den Druckhöhen die Druckkräfte, wie sie auf dem Schaufelkörper tätig sind, zu bestimmen vermögen.

Wir begehen bei der Ermittelung der einzelnen Druckkraft keinen wesentlichen Fehler, wenn wir die durchschnittliche Druckhöhe beispielsweise auf der Strecke 0—1 (Fig. 211) als das arithmetische Mittel zwischen h_0 und h_{01} annehmen und diese durchschnittliche Druckhöhe als gleichmäßig verteilt ansehen.

Gegen das Schaufelstück, Sehnenlänge $\overgroup{0—1}$, Breite b_0 wirkt dann eine senkrecht zur mittleren Flächenrichtung (einfach Sehne statt Tangente) stehende Druckkraft von

$$p_{0-1} = \overgroup{0-1} \cdot b_0 \cdot \frac{h_0 + h_{01}}{2} \cdot \gamma \quad . \quad . \quad . \quad . \quad \textbf{562.}$$

Diese Druckkraft greift in der Mitte der Strecke $\overgroup{0-1}$ an und hat die schon bezeichnete Richtung. Die Strecken $\overgroup{0-1}$ zur linken und rechten Seite des Wasserstromes durch die Schaufel sind nicht gleich groß, auch nicht gleich gerichtet, wir können aber beide Kräfte aus der Schaufelform nach Lage und Größe feststellen und zeichnen sie, an der gleichen Schaufel angreifend, ein, wie in Fig. 211 geschehen. Die Momentarme in bezug auf den Drehzapfen können dann gleich aus der Zeichnung abgemessen werden.

In gleicher Weise bestimmen sich die Kräfte p_{1-2} usw. je für links und rechts verschieden. Wir setzen außen noch die Druckkraft p_{4-5} des freien Schaufelstückes an, ebenso an der Evolvente in deren Mitte die aus h_1 folgende Druckkraft, deren Richtung einfach den Evolventen-Grundkreis, Durchmesser e_0, tangiert. Die Druckfläche war wie vorher auch gleich dem Produkt aus Sehnenlänge mal b_0 zu setzen.

Nun zu den aus dynamischen Verhältnissen stammenden Kräften. Das Wasser wird im Schaufelkanal von der kleinen Zuflußgeschwindigkeit in der Schichte 4 bis auf w_0 beschleunigt und wenn wir in erlaubter Annäherung den Schaufelraum von 4 bis „0" als geradlinig annehmen, so könnten wir von einer Reaktionskraft im Betrag $\frac{q\gamma}{g}(w_0 - w_{04})$ (Gl. 83) reden, die ungefähr senkrecht zu a_0 auf beide Wände des Schaufelraumes, also auf je zwei benachbarte Schaufelkörper, rückwärts wirkend tätig ist. Jede Schaufel erhält von links und von rechts her den entsprechenden Teilbetrag. Der Einfachheit halber wäre die Summe der beiden Teilbeträge (statt ihrer Resultierenden) in der Größe, wie schon angegeben, $\frac{q\gamma}{g}(w_0 - w_{04})$, und in der Mittellinie des Schaufelkörpers liegend anzunehmen.

Die Reaktionskraft, die aus der Überführung von w_0 nach w_1 folgt, beträgt $-\frac{q\gamma}{g}(w_0 - w_1)$, so daß als Gesamtreaktionskraft in der Mittellinie des Schaufelkörpers folgen würde:

$$P_m = \frac{q\gamma}{g}(w_1 - w_{04}).$$

Diese Reaktionskraft ist aber durch die Ermittelung der verminderten Druckhöhen h_{0-1} usw. und durch die Bestimmung der aus h_{0-1} usw. folgenden Kräfte p_{0-1} usw. schon vollständig berücksichtigt.

Eine andere Kraftentwickelung finden wir an dem Evolventenstück. Der aus f_0 ausgetretene Strahl eilt mit w_1 der Evolvente entlang, er wird aus der geraden Richtung abgelenkt und muß der Ablenkungsfläche entlang Zentrifugalkräfte entwickeln, wie dies schon in Fig. 8, S. 10 dargestellt ist. Der dort mit β bezeichnete Winkel stellt sich hier einfach dar im Betrage $\frac{360^0}{z_0}$ (Fig. 211), und so können wir die Resultierende der Zentrifugalkräfte, die der Strahl durch Ablenkung gegen die Schaufelzunge entwickelt, nach Gl. 34 einfach anschreiben als

$$R = \frac{q\gamma}{g} \cdot w_1 \sqrt{2\left(1 - \cos\frac{360^0}{z_0}\right)} \quad \ldots \quad \textbf{563.}$$

Diese Resultierende geht durch die Mitte des Evolventenbogens und steht senkrecht dazu; die Rückwärtsverlängerung berührt auch hier den Kreis e_0.

Wir finden demnach den Leitschaufelkörper rundum von Wasserdruckkräften wechselnder Größe besetzt, dazu noch die Ablenkungskraft R nach Gl. 563 auf ihn wirkend. Aus den Momentarmen, wie sie die Zeichnung für die einzelnen Kräfte ergibt, stellen wir uns dann die algebraische Summe der sämtlichen Momente, auf den angenommenen Drehpunkt bezogen, zusammen.

Andererseits findet sich aus der Zusammensetzung aller dieser Einzelkräfte zu einem Kräftepolygon die Größe und Richtung der gemeinschaftlichen Resultierenden W. Die genaue Lage derselben zum Leitschaufelkörper ergibt sich daraus, daß deren Momentarm in bezug auf den angenommenen Drehpunkt durch Division von W in die Momentensumme erhältlich ist. Die so gefundene Lage und Größe von W bleibt unverändert, auch wenn wir etwa den Schaufeldrehpunkt verlegen würden. Dadurch bietet sich die Möglichkeit, das äußere resultierende Drehmoment nach Wunsch mehr oder weniger auszugestalten. Solange durch eine Verlegung des Drehpunktes die äußere Gestalt der Schaufel nicht beeinflußt wird, bleibt W unverändert in Größe und Lage zur Schaufel, das resultierende Drehmoment ergibt sich dann durch einfaches Abgreifen des Momentarmes von W gegenüber dem neugewählten Drehpunkt.

Die Reibungswiderstände am Drehzapfen usw. sind dann noch besonders zu berücksichtigen.

Auch hier wird ein Zahlenbeispiel zum besseren Verständnis dienlich sein.

Wir nehmen die Schaufel, wie sie der Turbine „B" angehört und ermitteln uns die Kräfte; die Fig. 211 entspricht diesen Verhältnissen.

Bei 24 Schaufeln ist q, die Wassermenge einer Schaufel, gleich $\dfrac{1,75}{24}$ $= 0,073$ cbm/sek. Wir fanden w_1 zu 6,075 m (S. 196), hierdurch ergibt sich alsbald die durch Ablenkung am Evolventenstück entstehende Kraft nach Gl. 563, mit $\dfrac{360^0}{z_0} = \dfrac{360^0}{24} = 15^0$

$$R = \frac{0,073 \cdot 1000}{9,81} \cdot 6,075 \sqrt{2\,(1 - 0,9659)} = 11,8 \text{ kg.}$$

Zur Berechnung der vom Wasserdruck herrührenden Kräfte p_{0-1} usw. wäre eine Annahme über die Größe von h_e erforderlich. Wenn dies auch für die Berechnung der Einzelkräfte p_{0-1} usw. nötig ist, so wird doch das Endergebnis der Rechnung, nämlich die Zusammensetzung der Drehmomente usw. ganz gleich ausfallen, unabhängig von der Größe h_e, also von der Höhenlage zu Unter- und Oberwasserspiegel, was leicht einzusehen ist.

Natürlich sind aber die gesamten Kräfte vom Gefälle H abhängig. Sie ändern sich proportional H, weil sich die jeweils zusammengehörigen Faktoren q und w_1 je mit $\sqrt{H}$ ändern (vergl. S. 131 u. a.).

Wir wählen die Größe h_e, abgesehen von der Beschränkung, die uns durch die Saughöhen gegeben ist, im allgemeinen nach folgenden Erwägungen.

Stehende Wellen werden kürzer, wenn h_e klein gehalten wird. Bei kleinen Gefällen wird es uns mit Rücksicht auf Hochwasser erwünscht sein, die Turbine möglichst hoch zu setzen, damit sie auch bei kleineren Hochwasserständen noch zugänglich bleibt. Dies die Gründe für kleine Werte von h_e.

Für eine bestimmte Größe von h_e spricht Nachstehendes. Beim Anlassen der Turbine ist der Saugraum mit Luft gefüllt; es ist wünschenswert, daß diese Luft alsbald vollständig abgeführt werde, damit das volle Gefälle möglichst rasch zur Wirkung kommt und die normale Geschwindigkeit eintreten kann. Ist h_e so groß ausgeführt, daß h_e allein, ohne Saugwirkung, für die Entwicklung von w_0 oder w_1 ausreicht, so wird gleich vom Anlassen an die volle Wassermenge zu dem noch stillstehenden Laufrad zutreten können und das Herauswerfen der Luft nach unten durch die Saugrohrmündung vollzieht sich rasch und sicher. Ist h_e wesentlich kleiner als für w_0 oder w_1 erforderlich wäre, so dauert die Entleerung des Saugraumes länger, was für Betriebe, die empfindlich in bezug auf Geschwindigkeits-regulierung sind, unter Umständen recht unangenehm sein kann.

In unserem Beispiel ist $w_1 = 6,075$ m. Hieraus folgt mit $a_0 = 70$ mm und $s_0 = 5$ mm die Größe $w_0 = 6,075 \cdot \dfrac{75}{70}$ und der Bedarf an Gefälle zur Erzeugung von w_0 stellt sich auf

$$1,1 \cdot \frac{6,075^2}{2g} \left(\frac{75}{70}\right)^2 = 2,38 \text{ m.}$$

Wir wählen der Einfachheit halber, damit wir rechnungsmäßig den Druck in Mitte Höhe der Öffnung „0" gleich Null setzen können, dieses Maß 2,38 m für h_e und erhalten dann nach Maßgabe der Gl. 561 usw. und der Schaufelform nach Fig. 211 folgende Ergebnisse für die Wirkung der Wasserdruckhöhen bei ganz geöffneter Schaufel, $a_0 = 70$ mm.

Schichte	Druckhöhe	Mittlere Druckhöhe	Druckfläche links	rechts	Druckkräfte p links	rechts	Drehmomente links	rechts
	m	m	qcm		kg		cmkg	
0	0,000						(auf)	(auf)
		0,095	42,5	64,6	0,40	0,61	1,54	10,17
1	0,190							
		0,373	51,0	64,6	1,90	2,40	11,02	29,95
2	0,555							
		0,835	52,7	71,4	4,40	5,96	32,55	50,65
3	1,115							
		1,363	54,4	68,0	7,43	9,28	68,30	41,75
4	1,610							(zu)
		1,915	—	279,0	—	52,5	—	273,00
5	2,220							
schließlich							(zu)	
h_1	0,310	0,310	357,0	—	11,06	—	90,70	—

Summe der Momente aus Wasserdruckhöhen: (zu) 117,77 cmkg

Das Moment der Ablenkungskraft R stellt sich auf: (zu) 96,70 „ „

Mithin resultierendes Drehmoment: (zu) 214,47 cmkg

Die Bezeichnung (auf) bedeutet, daß das betr. Moment bestrebt ist, die Schaufel zu öffnen, dem Vorzeichen (zu) entspricht das Bestreben, die Schaufel zu schließen.

Demnach erteilt die in Fig. 211 gezeichnete Lage des Drehpunktes den Kräften die Tendenz, die ganz geöffneten Schaufeln mehr zu schließen.

Vereinigen wir nun die sämtlichen Kräfte p, dazu R zu der Resul-tierenden W (Kräftepolygon), so finden wir $W = 36,0$ kg. Die Lage dieser Resultierenden bestimmt sich rechnungsmäßig aus dem bekannten auf Zapfen-mitte bezogenen resultierenden Drehmoment; wir erhalten als Momentarm derselben einfach $\dfrac{214,47}{36,0} = 5,95$ cm und können die Resultierende W nunmehr genau einzeichnen, wie dies Fig. 211 zeigt.

Wenn wir einstweilen außer Betracht lassen, wie das resultierende Drehmoment von außen her abgefangen wird, so gilt 36,0 kg auch als einstweilige Belastung des Drehzapfens. Je nach Lage der dem Drehmoment entgegenwirkenden äußeren Kraft vereinigt sich diese letztere zum schließ-lichen resultierenden Bolzendruck, wie dies weiter unten erörtert werden wird.

2. Kräfte und Drehmomente bei ganz geschlossener Schaufel.

Hier sind ganz andere Umstände eingetreten als vorher. Die geschlossenen Schaufeln (Fig. 213)
lassen, ideell wenigstens, kein
Wasser durchtreten, es sind also
hier keinerlei Druckunterschiede
an den äußeren Schaufelflächen
von der Schlußstelle $a_{(0)} = 0$ ab
gegen außen vorhanden. Von
außen ist die unverminderte
Druckhöhe h_e zu rechnen und
diese erzeugt für den Umfangs-
teil n (Fig. 213) ein linksdrehendes, für m ein rechtsdrehendes
Moment, dazu eine Belastung
des Zapfens gegen einwärts,
der Druckfläche $(m + n) b_0$ entsprechend.

Im Innern des geschlosse-
nen Leitschaufelringes
herrscht die volle, nicht
durch Reibungswider-
stände beeinträchtigte Saughöhe
$H - h_e$, aber vermindert, solange die Turbine noch umläuft,
um eine Gegendruckhöhe, die bei
voller Umdrehungszahl zu rund
$\dfrac{u_1{}^2 - u_2{}^2}{2g}$ anzusetzen ist. Die resultierende innere Druckhöhe be-
tätigt sich ganz ebenso wie die
äußere auf die Flächenteile m
und n.

Als resultierende Druck-
höhendifferenz zwischen innen
und außen gilt demnach bei eben
geschlossenen Schaufeln und bei
noch voller Umdrehungszahl

$$h_e - \left[-(H - h_e) + \frac{u_1{}^2 - u_2{}^2}{2g} \right]$$
$$= H - \frac{u_1{}^2 - u_2{}^2}{2g}.$$

Bei Stillstand der Turbine
wächst diese Differenz natürlich
auf H, die volle Gefällhöhe.

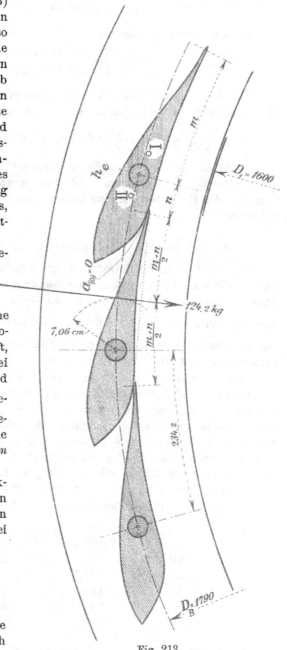

Fig. 213.

Für die Schaufel der Turbine „B“ ergeben sich hierbei (Fig. 213) bei
voller Umdrehungszahl:

$$H - \frac{u_1{}^2 - u_2{}^2}{2g} = 4 - \frac{5{,}67^2 - 3{,}90^2}{2g} = 3{,}135 \text{ m}.$$

23*

Drehmoment der Strecke m, Richtung „auf"

$$m \cdot b_0 \cdot 3{,}135 \cdot 1000 \cdot \frac{m}{2} \qquad \text{(auf)} \quad 933 \quad \text{cmkg}$$

Drehmoment der Strecke n, Richtung „zu"

$$n \cdot b_0 \cdot 3{,}135 \cdot 1000 \cdot \frac{n}{2} \qquad \text{(zu)} \quad 56{,}4 \quad \text{„}$$

| Resultierendes Drehmoment | (auf) | 876,6 cmkg |

Resultierende Zapfenlast aus Wasserdruck

$$(m + n) \cdot b_0 \cdot 3{,}135 \cdot 1000 \qquad\qquad 124{,}2 \text{ kg}$$

Für den Stillstand der Turbine, natürlich bei gefülltem Wasserzulauf und Saugrohr, erhöhen sich diese Zahlen im Verhältnis

$$\frac{4}{3{,}135} = \sim 1{,}275 \text{ auf (auf) } 1119 \text{ cmkg und } 158{,}5 \text{ kg.}$$

Während die ganz geöffnete Schaufel ein Drehmoment für „zu" aufwies, also die Tendenz zum Schließen besaß, zeigt die ganz geschlossene Schaufel das Bestreben sich zu öffnen, dazu eine wesentlich größere Zapfenbelastung.

3. Kräfte und Drehmomente in Zwischenstellungen.

Für diese gilt grundsätzlich die gleiche Berechnungsart, wie sie für ganz geöffnete Leitschaufeln auseinandergesetzt worden ist. Worauf es dabei besonders ankommt, das ist die Größe der Geschwindigkeit $w_{(0)}$ bezw. der im Verhältnis $\dfrac{a_0}{a_0 + s_0}$ reduzierten Geschwindigkeit, welche an die Stelle der bei voller Öffnung in Betracht kommenden w_1 zu treten hat (nicht zu verwechseln mit $w_{(1)}$).

Wir kennen aus den Rechnungen der S. 325 u. f. die Werte von φ für die Turbine „B" halbwege zuverlässig, können aus der Tabelle S. 327 die Größen von $w_{(0)}$ für die verschiedenen Schaufelöffnungen entnehmen und durch Anwendung des für die ganz offene Schaufel geschilderten Verfahrens das zu jeder Schaufelweite gehörige Drehmoment einer Schaufel und deren Bolzenbelastung finden. (In der Fig. 211 ist die Stellung für $a_{(0)} = 30$ mm auch als Nebenabbildung mit eingetragen, die Druckkräfte an der Schaufelwand gegen die Stelle „0" hin haben hier ihre Richtung geändert.)

Als Ergebnis dieser Bestimmungen erhalten wir für

a_0	Resultierende der Wasserdrucke W	Drehmoment dieser Resultierenden	
70 mm	36,0 kg	(zu)	214,5 cmkg
50 „	65,5 „	(zu)	139,5 „
30 „	118 „	(zu)	30,5 „
10 „	171 „	(auf)	107,1 „
0 „	158,5 „	(auf)	1119,0 „ (Stillstand.)

Dieses Ergebnis ist in Fig. 214 zeichnerisch niedergelegt, nach $a_{(0)}$ geordnet.

Die — · — · — Kurve stellt die ermittelten resultierenden Drehmomente dar, wie sie sich aus den seither betrachteten Kräften ergeben; bei voller Leitschaufelweite von 70 mm mit — 214,5 cmkg beginnend und für $a_{(0)} = 0$ mit + 876,6 bezw. + 1119 cmkg endigend. Zwischen 20 und 30 mm

Schaufelöffnung geht die Drehmomentkurve durch Null, an diesem Punkte halten sich die Momente das Gleichgewicht, die Schaufel „schwimmt". Erst kurz vor der Schlußstellung beginnt ein rapides Ansteigen auf das zum völligen Schließen erforderliche große Drehmoment. Die Praxis zeigt häufig einen ähnlichen Verlauf der Momente.

Einen eigentümlichen Verlauf besitzt die Entwickelung der Zapfenlasten (in Fig. 214 als „resultierender Zapfendruck" aufgeführt). Mit 36,0 kg bei 70 mm Schaufelweite anfangend, zeigt sich bei abnehmender Schaufelweite ein ziemlich beträchtliches Anwachsen bis über 170 kg hinaus, beschlossen durch ca. 124 kg bei $a_{(0)} = 0$,

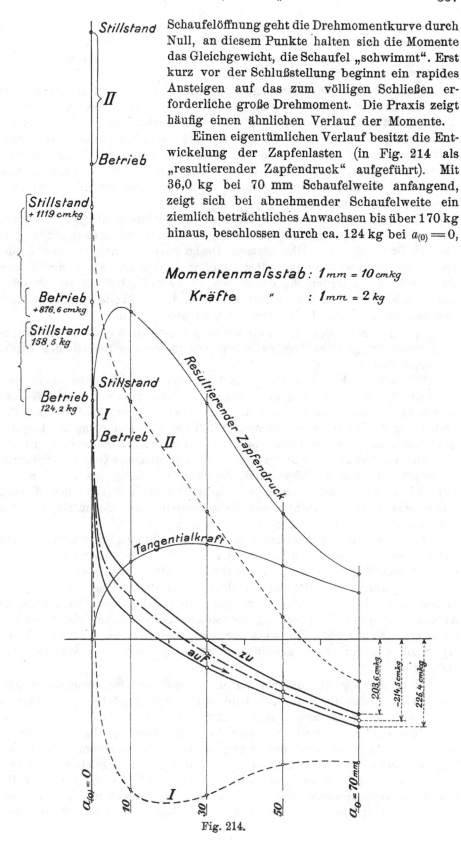

Fig. 214.

mit voller Umdrehungszahl, und 158,5 kg bei Stillstand. — Wir tragen die sämtlichen ermittelten Zapfenreibungsmomente an der — · — · — · — Kurve der Drehmomente je gegen abwärts und aufwärts an und erhalten dadurch die zwei ausgezogenen Kurven.

Die obere gibt in. ihrer Lage zur Nulllinie den Bedarf an Drehmoment, wie er für die Schlußbewegung teils $+$, teils — erforderlich ist. Bis gegen 30 mm hin kommt das auf Schließen gerichtete, von der Schaufel selbst ausgeübte Drehmoment zur Geltung, vermindert um das Zapfenreibungsmoment, während von ca. 30 mm ab durch das Reguliergetriebe eine äußere Arbeit einzuleiten ist, damit die Schaufel weiter zugeht, veranlaßt durch die Summe von nunmehr widerstehendem Schaufeldrehmoment und Zapfenreibungsmoment.

Die untere der beiden Kurven zeigt die Drehmomente für das Öffnen der Schaufeln. Von $a_{(0)} = 0$ an bis gegen etwa 18 mm Schaufelöffnung hin ist die Schaufel durch ihr eigenes Drehmoment (abzüglich des Zapfenreibungsmomentes) bestrebt, selbst zu öffnen. Von hier ab ist die Wirkung äußerer Kräfte erforderlich, damit sich die Schaufel bis auf 70 mm öffnen kann. Die äußeren Kräfte haben von etwa 18 mm Weite an das Schaufeldrehmoment und das Reibungsmoment zu überwinden.

In unserem Beispiel bleibt die Schaufel zwischen 18 und 30 mm Öffnung, auch wenn freigegeben, unbeweglich, weil in diesem Bereich das Zapfenreibungsmoment überwiegt.

Wir sehen also, daß der Bedarf an von außen zu leistendem Drehmoment für die Einstellung der Leitschaufeln nicht nur in weiten Grenzen schwankt, sondern daß er auch das Vorzeichen ändert, daß für das Festhalten der Schaufeln in bestimmten Stellungen eine Hemmung des Reguliergetriebes bald nach der einen, bald nach der anderen Seite nötig ist.

Für Handregulierung ist deshalb ein selbsthemmendes Getriebe, Schraube, zu empfehlen, weil die Eigenschaft der Selbsthemmung uns von der Sorgfalt der Handhabung unabhängig macht; Nachlässigkeit in der Wartung kann hierbei kein nachträgliches Selbstverstellen der Schaufelweiten veranlassen.

Auch für alle sog. mechanischen Geschwindigkeitsregulatoren bedürfen wir der Selbsthemmung im Reguliergetriebe, weil diese Regulatoren in der Gleichgewichtslage das Reguliergetriebe sich selbst überlassen.

Bei hydraulischen Regulatoren dagegen ist die Anwendung der Selbsthemmung im Reguliergetriebe untunlich, hier fällt dem Steuerorgan die Aufgabe zu, durch Überdeckung der Steuerkanäle den Antriebskolben festzustellen. Wenn keine Überdeckung vorhanden ist, so muß das Steuerorgan die erforderliche Druckdifferenz zu beiden Seiten des Arbeitskolbens einhalten.

Da in der Fig. 214 die von außen her nötigen Drehmomente je nach der Bewegungsrichtung, bald über bald unter der Nulllinie liegen, so zeigt die Fig. 215 diese Verhältnisse anders gruppiert; der Bedarf an von außen zuzuleitendem Drehmoment liegt hier als positiv über der Nulllinie, das von der Schaufel aus im Sinne der Bewegung tätige Drehmoment, als für das Reguliergetriebe negativ, unterhalb. Auf der mit x bezeichneten Strecke (18 bis 30 mm Schaufelöffnung) bedarf es nur der Überwindung von Teilen des Zapfenreibungsmomentes, wie vorher schon erläutert. Der gesamte Vorgang des vollständigen Schließens und Wiederöffnens zerfällt demnach in vier Abschnitte von ganz verschiedener Art der Arbeitsleistung im Reguliergetriebe. Im ersten Abschnitt hilft das Schaufeldrehmoment beim Schließen mit und es ist nur wenig äußere Arbeit zuzuführen; im zweiten muß das Schaufeldrehmoment mit überwunden werden, damit ganz geschlossen werden kann. Im dritten Abschnitt ist das Moment zum Öffnen behülflich, setzt sich aber dann im vierten Abschnitt dem weiteren Öffnen in entsprechendem Betrag entgegen.

Von Interesse ist die Änderung in den Größen der Schaufeldrehmomente, und dadurch in der Verteilung der Regulierarbeit, die durch eine Verlegung der Schaufeldrehachse eintritt. Die Fig. 214 enthält, mit I bezeichnet, die Kurve der Schaufeldrehmomente für den Fall, daß die Drehachse um 30 mm einwärts gegen „0" hin verschoben wird; der betr. Punkt ist in Fig. 211 auch mit I bezeichnet.

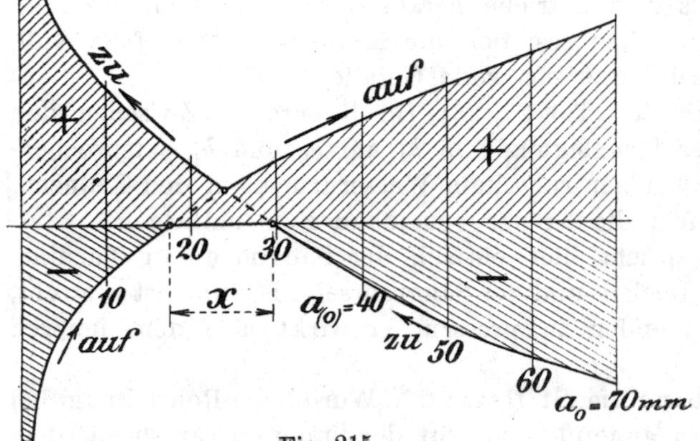

Fig. 215.

Die Kurve II zeigt die Momente für die Verschiebung der Drehachse um 30 mm gegen auswärts, Punkt II der Fig. 211.

Nach Lage I (kürzere Schaufelspitze) hat die Schaufel bis fast nach $a_{(0)} = 0$ hin die ziemlich kräftige Tendenz von selber zu schließen, um dann plötzlich dem eigentlichen Abschließen einen immerhin auch beträchtlichen Widerstand entgegenzusetzen, während bei der Stellung nach II schon von $a_{(0)} = 55$ mm ab dem Schließen ein immer stärker werdender Widerstand entgegentritt, der sich schließlich zu ganz bedeutender Höhe entwickelt. Wie sich diese Widerstände an dem äußeren Regulierhandrad zeigen, das hängt natürlich ganz von der Art der Übertragung des Drehmomentes auf den Regulierring usw. ab. Wir werden dies weiter unten zu verfolgen haben.

4. Wasserdrucke gegen die Seitenwände (Kränze) der Leiträder (Leitradkränze).

Je nach Anordnung der Turbinen werden die Leitradkränze Drucken von ganz verschiedener Größe und Richtung ausgesetzt sein.

Wir greifen der späteren Erläuterung der Aufstellungsarten von Turbinen vor und besprechen der Reihe nach:

Offene Turbine im Betriebe. Von außen her lastet auf den Kränzen eine Wasserdruckhöhe bis zum Oberwasserspiegel (Fig. 79). Zwischen den Kränzen werden die Druckhöhen, dem Abfall von h_e auf h_0 und h_1 entsprechend, gegen innen abnehmen wie unter 1. (S. 351) geschildert. Es bleibt ein resultierender äußerer Wasserdruck übrig, der die Kränze gegeneinanderpreßt.

Hierzu kommt noch die Belastung des Laufraddeckels durch Wasserdruck von oben (O. W.), durch Saughöhe von unten her (Aussparungen des

Radbodens, U.W.), so daß der Deckel mit dem vollen Gefälle belastet ist. Die belastete Fläche ist mit dem Durchmesser $d_1{}^a$ in Rechnung zu stellen.

Diese beiden Druckbelastungen, Kranzdruck und Deckeldruck, stellen sich gerade so ein, wenn nur ein Leitradkranz von außen her mit Wasser bespült ist (Taf. 15 und 16), denn hier lastet das ganze Gefälle ebenso auf dem Krümmer oder auf der Deckelseite.

Offene Turbine im Stillstand. Wird der Turbinenschacht bei geschlossenen Leitschaufeln angefüllt, so ist der resultierende Kranzdruck Null und der Deckeldruck entspricht nur der Höhe bis zum O.W.

Wird die Turbine aus dem Betriebe heraus durch Schließen der Leitschaufeln abgestellt, so wird der resultierende Kranzdruck ebenfalls Null, aber der Deckeldruck wird durch das volle Gefälle geleistet.

Geschlossene Turbine (Taf. 27, 28) im Betrieb. Zwischen den Kränzen herrschen die der Ermäßigung von h_e auf h_0 und h_1 entsprechenden Druckhöhen. Von außen her ruht kein Wasserdruck auf den Kränzen, der innere Kranzdruck sucht die Kränze voneinander zu entfernen.

Der Deckeldruck entspricht hier einfach der Saughöhe der Turbine, wirkt gleichgroß von der Deckel- und der Saugrohrseite her und ist bestrebt, die Leitradkränze gegeneinander zu pressen, er wirkt also dem inneren Kranzdruck entgegen.

Geschlossene Turbine im Stillstand. Wurde die Rohrleitung bei geschlossenen Leitschaufeln angefüllt, so tritt der innere Kranzdruck dem völlen h_e entsprechend auf, der Deckeldruck ist Null, hier also sind die Schaufelbolzen am meisten angestrengt.

Wenn die Turbine aus dem Betrieb heraus durch Schließen der Leitschaufeln abgestellt wird, so erreicht der innere Kranzdruck die Höhe h_e und der Deckeldruck entspricht der Saughöhe, die beiden Druckkräfte gleichen sich teilweise aus. Je nach den Druck- und Durchmesserverhältnissen werden die Leitradkränze gegen- oder auseinander gepreßt.

15. Die Reguliergetriebe der Fink'schen Drehschaufeln.

————

Wie schon angedeutet, werden dem Wesen der Drehschaufelregulierung entsprechend alle Leitschaufeln rundum gleichmäßig bewegt. Dieses Drehen geschieht ausnahmslos unter Verwendung eines irgendwie zentrisch zur Turbinenachse gelagerten Ringes, des sogen. Regulierringes, mit dem die einzelnen Schaufeln durch Kurbelschleife, Lenkstange oder ähnliche Konstruktionselemente in Verbindung stehen. Je nach dieser Verbindung und der übrigen Anordnung erhalten die Leitschaufeln selbst entsprechende Formen.

An allererster Stelle steht hier die Forderung der größtmöglichen Betriebssicherheit der Regulierung.

Die Verbindung zwischen Leitschaufel und Regulierring kann an sich auf sehr verschiedene Art erfolgen. Am einen oder anderen der beiden Teile ist ein Mitnehmzapfen erforderlich, gegen den sich der zweite Teil stützt und weil naturgemäß Regulierring und Leitschaufel verschiedene Drehpunkte haben, so ist ein nachgebendes Konstruktionselement, Gleitstein oder Lenkstange, als Zwischenglied erforderlich.

Mögen diese Verbindungen hergestellt sein, wie sie wollen, immer ist dabei zu bedenken, daß wir es mit unreinem Wasser zu tun haben, das außer Schlamm und Sand auch Gras, Blätter, kleine Zweige, schließlich aber auch Holzstückchen, Teile von Faßreifen, kurz alles das mit sich in die Turbine führt, was eben den Rechen zu passieren vermag. So sehr wenig der Turbinenbau anfangs davon erbaut war, als im Interesse der Fischzucht enge Schutzrechen von 20—15 mm Lichtweite zwischen den Stäben von den Behörden vorgeschrieben wurden, so sehr lag dies ungewollt im eigenen Interesse der Turbinenbesitzer: Die früher häufigen Verstopfungen der Laufräder durch Fremdkörper haben fast vollständig aufgehört. Wir wären auch mit den früher gewohnt gewesenen Rechenweiten von 50—80 mm ganz außerstande, einen geordneten Betrieb mit Geschwindigkeitsregulatoren zu führen, Schaufel- und Getriebebrüche würden kein Ende nehmen.

Der enge Rechen schützt uns wohl vor den größeren, nicht aber vor den kleineren Schwimmkörpern, auch nicht vor den ausschleifenden Wirkungen von Sand und Schlamm. Wir haben deshalb alle Ursache, die gelenkige Verbindung zwischen Schaufel und Ring so sehr als nur möglich vor dem Eindringen kleiner Fremdkörper zu schützen und dabei für ausreichende, gute Auflageflächen, wenn irgend möglich auch für Schmierung zu sorgen.

Meist aber ist eine Schmierung der unter Wasser liegenden Teile außer bei völligem Auseinandernehmen ausgeschlossen; auch dieser Umstand mahnt

zur Sorgfalt in Anordnung und Ausführung, zumal bei den Turbinen die
für Regulatorbetrieb gebaut werden, bei denen das Auf- und Zumachen,
ein Hin und Her, nur zu selten ganz ruht.

So finden wir immer mehr das Bestreben, offen liegende gerade Gleitflächen zu vermeiden und lieber bei runden geschlossenen Drehflächen größere
Mitnehmdrucke zuzulassen; die Lenkstange mit ihren beiden geschlossenen
Zapfendrehflächen zeigt sich der Kurbelschleife überlegen, weil diese nur
eine geschlossene Drehfläche, dazu eine offene Gleitfläche besitzt.

Das Bestreben, die beweglichen Teile der Regulierung so viel als nur
möglich den Einflüssen des unreinen Betriebswassers zu entziehen, findet
seinen Ausdruck in verschiedener Weise. Wir finden Anordnungen, bei
denen die bewegten Getriebeteile zwar noch im Wasser liegen, dabei aber
soviel als möglich verdeckt, eingeschlossen sind, so daß wenigstens die
kleinen Schwimmkörper, Gras, Blätter usw., sich nicht anzusetzen vermögen.
Vergl. Taf. 5 usw.

Schließlich entstehen Konstruktionen bei geschlossener Wasserführung
(Spiralgehäuse), bei denen die Leitschaufeln mit ihren Drehbolzen fest verbunden sind. Jeder Drehbolzen ist durch eine Liderung aus dem Gehäuse
nach außen hin verlängert, so daß die Getriebeteile selbständig für sich
im Trocknen neben der Turbine angeordnet werden können, Taf. 33, 34, 35
Niagara-Turbinen, Voith; die Schmierung und Wartung ist dadurch ganz
ungemein vervollkommnet, siehe auch Taf. 38.

Wir müssen uns immer mehr die Anschauung zu eigen machen,
daß die Regulierorgane einer Turbine für bessere Ausführungen
mit derselben Sorgfalt in Konstruktion und Wartung behandelt
werden müssen, wie wir es bei der Dampfmaschine von jeher
gewohnt sind.

A. Der Regulierring und seine Verbindung mit den Drehschaufeln.

Daß für den vorliegenden Zweck die Lenkstange, lang oder kurz, der
Kurbelschleife im allgemeinen vorzuziehen sein wird, wurde schon gesagt.
Da aber für billige Ausführungen (kleine Gefälle) auch heute noch die
letztere, als Gleitstein im Schlitze, Anwendung findet, so soll diese zuerst
betrachtet werden, an sie anschließend dann die anderen Konstruktionen.

1. Schaufel um feststehenden Bolzen drehbar, Mitnehmstift an der Schaufel, Schlitz im Regulierring. (Fig. 216 usw.)

Wir vermeiden ganz allgemein im Maschinenbau gerne die Anordnung feststehender Drehbolzen im Verein mit einem lose darauf sitzenden,
sich drehenden Teil (leerlaufende Räder und dergl.) und ziehen die Lagerungen vor, bei denen sich der Bolzen, an zwei Stellen in Lagern gefaßt,
mitdreht. Hier müssen wir aus bestimmten Gründen fast immer von der
letztgenannten Lagerungsweise Abstand nehmen und die Schaufeln sich
leer um feststehende Bolzen drehen lassen.

Wir bedürfen zuverlässiger Konstruktionsteile, die uns die Lichtweite
b_0 zwischen den gedrehten Leitkränzen sicher gewährleisten, damit sich die
Leitschaufeln mit minimalem Spielraum ($\frac{1}{2}$ mm) dazwischen durch frei
drehen können (siehe auch unten S. 394 u. a.). Dazu sind die Schaufel-

drehbolzen vorzüglich geeignet, weil sie in keiner der verschiedenen Schaufelstellungen den Wasserquerschnitt beengen; die Drehfläche zwischen Schaufel und Bolzen ist vor Sand und Schmutz gut geschützt und kann vielfach sogar einigermaßen in Schmiere gehalten werden.

Die Schaufelbolzen können nicht wohl über bestimmte Stärken hinaus vergrößert werden, 15 mm bei kleinen Turbinen bis schließlich 40—50 mm für sehr große Ausführungen, weil sonst die Schaufelkörper zu breit und massig, auch für die Wasserführung nicht mehr zweck-
mäßig ausfallen würden.

In manchen Fällen aber sind die Drehbolzen allein nicht aus-
reichend für die ge-
genseitige Stützung der Leitradkränze und es haben dann andere Stützungen zwischen beiden Kränzen mit einzutreten.

Diese gegenseitigen Stützungen beider Leitradkränze unter sich sollten stets in Querschnittsformen gehalten sein, die dem zufließenden Wasser möglichst wenig Widerstand entgegensetzen, sie müssen senkrecht zur Fließ-
richtung schmal sein, schlank zulaufend, und in der Fließrichtung selbst lang gestreckt, dazu gekrümmt, wenn

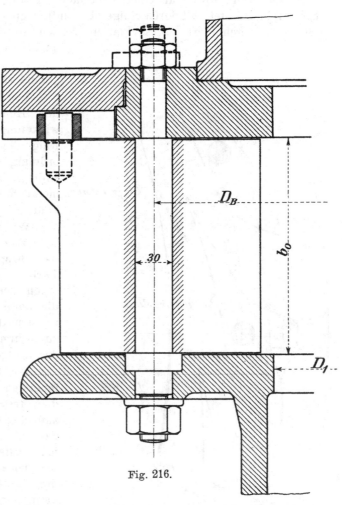

Fig. 216.

das Wasser gekrümmte Bahnen zurückzulegen hat; siehe Fig. 212 bei A, auch Taf. 29, 34. Diese „Stützschaufeln" werden meist gleich in einem Gußstück mit den zu verbindenden Kränzen ausgeführt, was besonders für die Zusammenstellung der Maschine sehr angenehm ist, weil beide Kränze von Hause aus gegenseitig festgehalten und zentriert sind.

Manchmal überläßt der Konstrukteur jenen äußeren Abstützungen der Leitkränze die Einhaltung der Lichtweite vollständig, um die Schaufeln mit den Drehbolzen fest verbinden zu können. Siehe Taf. 34.

Wir werden uns natürlich auch hier schon immer von der Rücksicht leiten lassen, daß den Schmutzteilchen im Getriebe möglichst wenig strom-
lose stille Ecken dargeboten werden dürfen, in denen sie sich ansammeln können, und daß Teilchen, die sich dennoch absetzen, wenigstens die Ge-

legenheit behalten, bei Bewegungen im Reguliergetriebe sich loszulösen und sich durch ihre eigene Schwere wieder aus den Reibflächen zu entfernen. Der Schlitz für den Gleitstein im Regulierring muß deshalb bei stehender Turbinenwelle gegen unten zu offen sein, der Regulierring hat im oberen Kranz zu liegen. Fig. 216. Der Regulierring im unteren Kranz würde in seinen Schlitzen geradezu Sandfänge besitzen.

Der Ring wird auf einer Gleitfläche getragen, damit er nicht die Schaufeln belastet und durch einige oben aufgelegte Platten an unerwünschtem Hochgehen gehindert. Diese Platten werden zweckmäßig je von zwei benachbarten Schaufelbolzen gehalten, weil sie dadurch an Drehung gehindert sind.

Von besonderem Interesse für den Konstrukteur ist die Entwickelung der Regulierkräfte am Ring, die für die vorliegende Anordnung wie auch später für die anderen an Hand der Schaufelmomente leicht verfolgt werden kann.

Wir nehmen für die weitere Grundlage unserer Betrachtungen das Beispiel der Schaufeln der Turbine „B", deren Momente wir schon kennen, und haben zuerst die Lage des Mitnehmstiftes den konstruktiven Umständen gemäß zu bestimmen. Hierfür ist folgendes maßgebend.

Der Gleitstein darf in seiner innersten Stellung, d. h. wenn er dem festen Teil des Leitkranzes zunächst steht, an diesen nicht anstoßen. Ist die Stärke des Mitnehmstifts einmal angenommen, beispielsweise 22 mm, die Breite des Gleitsteines auch, 36 mm, so kann der kleinst zulässige Durchmesser im Leitrad annähernd bestimmt werden auf dem der Mit-

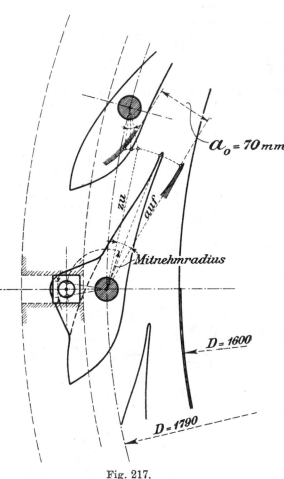

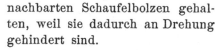

Fig. 217.

nehmstift bei der Stellung „zu" für die Schaufel stehen darf. Solche Erwägungen sind an sich selbstverständlich, sie zu erwähnen wäre unnötig, wenn nicht eben durch sie der Ort des Mitnehmstiftes und dadurch die Kräfteentwicklung mitbedingt würde.

Die Schräglage der Schlitze im Regulierring kann verschieden angenommen werden. Hierbei kommt ein Umstand in Betracht, der nicht übersehen werden darf.

Wir selbst wollen die Öffnung $a_{(0)}$ nach Möglichkeit genau einstellen oder durch den Regulator genau einstellen lassen und dafür ist uns ein möglichst großer Weg des Regulierringes erwünscht, weil bei einem solchen die Ungenauigkeiten, die durch toten Gang u. dergl. verursacht werden, viel weniger in Betracht kommen.

Wenn wir die Verbindungslinie zwischen Mitte Schaufeldrehbolzen und Mitte Mitnehmstift kurzweg als „Mitnehmradius“ bezeichnen, so würde ein radial stehender Schlitz im Verein mit einem Mitnehmradius, der bei mittlerer Schaufelöffnung radial gegen die Turbinenachse gerichtet ist, Fig. 217, den kürzesten Weg für den Regulierring bringen, dazu auch den geringsten Reibungsweg an Zapfen und Gleitstein. Wir sehen aber, wie gesagt, auf großen Weg des Ringes, den wir in seiner ganzen Erstreckung von „auf“ bis „zu“ als „Schlußweg“ bezeichnen, eine Bezeichnung, die für alle Teile des Reguliergetriebes wiederkehren wird. Die erwähnte Stellung des Mitnehmradius verlangt fast allemal einen konstruktiv recht wenig passenden Anschluß zwischen Mitnehmstift und Schaufelkörper. Diese Übelstände vermeiden wir dadurch, daß der Mitnehmradius nach Möglichkeit nach der Längsachse des Schaufelkörpers hin gedreht wird und auch der Schlitz im Regulierring folgt dieser Drehung. Wir suchen wenigstens annähernd so zu disponieren, daß sich die Schlitzmitte bei Schlußstellung der Schaufel mit dem Mitnehmradius deckt. Bei den Schaufeln der Turbine „B“, wie sie in Fig. 218 und 220 dargestellt sind, ist dies der Fall.

Nachdem aus solchen Erwägungen heraus die Lage von Mitnehmradius und Schlitz festgestellt ist, kann zur Bestimmung der Kräfte übergegangen werden, die am Mitnehmstift tätig sind, woraus sich zuletzt die am Regulierring erforderliche Tangentialkraft ergeben wird. Wie schon erwähnt, beeinflußt die am Mitnehmstift tätige Kraft ihrerseits die Belastungs- und Reibungsverhältnisse des Schaufelbolzens. Eine ganz genaue Feststellung aller dieser Kräfte und Verhältnisse würde sehr umständlich ausfallen und deshalb für die Praxis zwecklos sein. Wir schlagen aus diesem Grunde das nachstehend geschilderte Annäherungsverfahren ein.

Aus den Betrachtungen S. 351 u. f. sind die in Fig. 214 bezw. 215 eingetragenen Gesamtmomente erhalten worden, wie sie der Wasserdruck an der Schaufel selbst entwickelt.

Sowie der Mitnehmradius und die Schlitzrichtung festliegt, kann der ideelle Stützdruck P_i, den die Seitenfläche des Schlitzes, wenn Gleichgewicht, gegen den Gleitstein und den Mitnehmstift auszuüben hat, ohne weiteres bestimmt werden, sofern reibungsloser Betrieb vorhanden wäre.

Für beispielsweise $a_{(0)} = 50$ mm beträgt das resultierende Drehmoment am Schaufelkörper (zu) 139,5 cmkg, die Zeichnung Fig. 218 liefert den Momentradius des senkrecht zur Schlitzwand stehenden Stützdruckes P_i mit 8,4 cm und hieraus ergibt sich der ideelle Stützdruck P_i selber im Betrage von (zu) $\frac{139,5}{8,4} =$ (zu) 16,6 kg für die betr. Schaufel. Die Richtung und Lage dieser 16,6 kg ist aus Fig. 218 ersichtlich.

Die reibungerzeugende Belastung des Schaufeldrehzapfens ergibt sich aus zwei Kräften, nämlich aus der am Schaufeldrehzapfen auftretenden Gegenkraft von 16,6 kg und aus der Gegenkraft der Resultierenden W sämtlicher Wasserdruckkräfte für die betreffende Schaufelöffnung, die hier 65,5 kg beträgt und die die in Fig. 218 ebenfalls eingezeichnete Lage und Richtung besitzt.

Die tatsächlich für das Drehen der Regulierschaufel aufzuwendende Kraft am Mitnehmstift setzt sich dann zusammen gemäß dem gesamten

Wasserdruckmoment von (zu) 139,5 cmkg zuzüglich des zwischen Schaufelkörper und Schaufelbolzen auftretenden Reibungsmomentes.

Schaufelbolzenbelastung.

Liegt der Regulierring in der Mitte von b_0, wie dies aus konstruktiven
Rücksichten beispielsweise bei sehr hohen Schaufeln einmal kommen kann
(vergl. Taf. 39), so wird die Bolzenbelastung einfach als Resultierende aus
der Wasserdruckresultierenden W und der in der Mitte von b_0 gelegenen

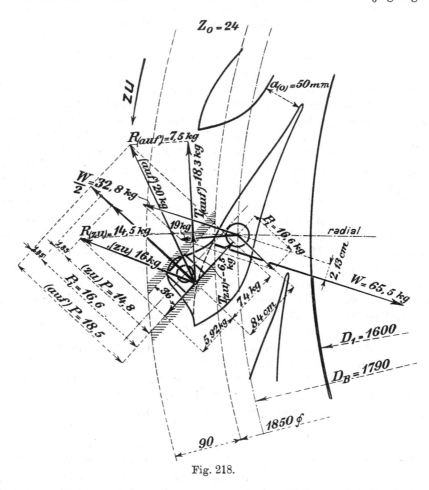

Fig. 218.

Kraft P_i am Mitnehmstift bestimmt sein. Je nach Lage der Kräfte kann
diese resultierende Bolzenlast kleiner oder auch größer ausfallen als die
Wasserdruckresultierende allein.

In unserem Fall haben wir, wie fast immer, die einseitige Lage des
Regulierringes, also einseitigen Angriff der Kraft am Mitnehmstift in Rechnung
zu ziehen, wodurch sich die Verteilung der reibungerzeugenden Drucke am
Schaufelbolzen anders gestaltet. Wir sind alsdann nicht berechtigt, als
Belastung des Schaufelbolzens ohne weiteres die Resultierende aus beispielsweise $P_i = 16,6$ kg und 65,5 kg zu nehmen; nicht weit vom Richtigen
aber werden wir sein, wenn wir am einen (oberen) Schaufelende die Resultierende aus dem halben Wasserdruck, $\frac{65,5}{2} = 32,8$ kg, und dem ideellen

Mitnehmdruck P_i (16,6 kg) als vorhanden und als reibungerzeugend annehmen, während am unteren Schaufelende einfach $\frac{65,5}{2} = 32,8$ kg reibungerzeugend tätig sind. Die Schaufel wird eben auf ihrem Drehbolzen ecken. Die Resultierende von 16,6 und 32,8 kg bestimmt sich zeichnerisch (Fig. 218) zu 19 kg. Wir haben also am Schaufelzapfen von 30 mm Durchmesser ein der Bewegung widerstehendes Reibungsmoment, mit 0,2 Reibungskoeffizient, von insgesamt

$$19 \cdot 0,2 \cdot 1,5 + 32,8 \cdot 0,2 \cdot 1,5 = 15,5 \text{ cmkg}$$

zu überwinden, und zwar einerlei ob die Schaufel von 50 mm Weite aus geschlossen oder geöffnet werden soll. Von hier ab ist aber in der Rechnung zu beachten, ob es sich um Schließen oder Öffnen handelt.

Schließen von 50 mm aus.

Die Schaufel selbst besitzt ein Gesamtmoment aus Wasserdrücken von (zu) 139,5 cmkg, sie würde sich, sofern kein Widerstand da wäre, überhaupt von selbst bis auf eine bestimmte Strecke schließen. Das Zapfenreibungsmoment widersteht dieser Bewegung, mithin hat die Schaufel gegen außen nur noch frei ein Moment von rund

$$(\text{zu}) \ 139,5 - 15,5 = (\text{zu}) \ 124,0 \text{ cmkg}$$

und dadurch ergibt sich am Mitnehmstift als erforderlich nur noch eine tatsächliche Stützkraft P von (zu) $\frac{124,0}{8,4} = \sim 14,8$ kg gegenüber $P_i = 16,6$ kg, um die Schließbewegung zu hindern. Der Einfluß dieser Verminderung auf die Reibungsverhältnisse am Schaufelbolzen selbst soll nicht weiter beachtet werden.

Einen weiteren Widerstand finden wir in der Reibung zwischen Mitnehmstift und Gleitsteinbohrung und dann zwischen Gleitsteinaußenseite und Schlitzfläche des Regulierringes. Der Einfachheit halber schätzen wir beide Beträge gleich groß, obgleich dies in Wirklichkeit nicht zutrifft; jeder sei mit Reibungskoeffizient 0,2 zu $14,8 \cdot 0,2 = 2,96$ kg angesetzt und dazu sei der Einfachheit halber angenommen, daß beide Widerstände an der Schlitzfläche des Regulierringes auftreten, was an sich ja nicht richtig ist. Aus $P = 14,8$ kg (Mitnehmdruck des Stiftes) und $2 \cdot 2,96 = 5,92$ kg Reibungswiderstand (dessen Einfluß auf die Bolzenreibung von uns auch vernachlässigt wird), erhalten wir graphisch eine Resultierende im Betrage von rund (zu) 16 kg.[1]) Diese Resultierende von 16 kg ist nach Lage und Größe vom Regulierring aufzunehmen und zwar bei jeder einzelnen Schaufel natürlich aufs neue. Wir zerlegen diese 16 kg in eine radiale Komponente, R, und eine tangentiale, T, und erhalten $R = (\text{zu}) \sim 14,5$ kg und $T = (\text{zu}) \sim -6,5$ kg, d. h. wir bedürfen einer äußeren Tangentialkraft von 6,5 kg pro Schaufel, um das selbsttätige Schließen zu verhindern.

Öffnen von 50 mm aus.

Das Wasserdruckmoment von (zu) 139,5 cmkg ist bestrebt zu schließen. Für das Öffnen ist demgemäß nicht nur dieses Moment durch eine von außen zugeleitete Kraft zu überwinden, sondern auch das der Schaufelbolzen-

---

[1]) Dieses Parallelogramm ist der Deutlichkeit halber gegenüber dem Zapfen-Parallelogramm in wesentlich größerem Kräftemaßstab gezeichnet.

reibung mit 15,5 cmkg, also sind insgesamt $139,5 + 15,5 = 155$ cmkg zu leisten, woraus sich ein Mitnehmdruck P von (auf) $\frac{155}{8,4} = 18,5$ kg (gegenüber 14,8 kg für Schließen) ergibt. (Fig. 218.)

Dieser Druck wird, wie vorher auch, eine Gleitsteinreibung erzeugen, hier im Betrage von $18,5 \cdot 0,2 = 3,7$ kg, und wir nehmen von der Zapfenreibung des Mitnehmstiftes auch wieder an, als ob sie von gleichem Betrage in gleicher Richtung tätig wäre, also wird ein Gesamt-Gleitwiderstand von $\sim 7,4$ kg im Schlitze anzusetzen sein.

Der Gleitwiderstand, im Verein mit dem Mitnehmerdruck von 18,5 kg ergibt als Resultierende die vom Regulierring zu leistende Kraft von (auf) 20 kg in der ebenfalls aus Fig. 218 ersichtlichen Lage und Richtung.

Die Radialkomponente beträgt diesmal $R = $ (auf) $\sim 7,5$ kg, und die Tangentialkomponente $T = $ (auf) $\sim 18,3$ kg.

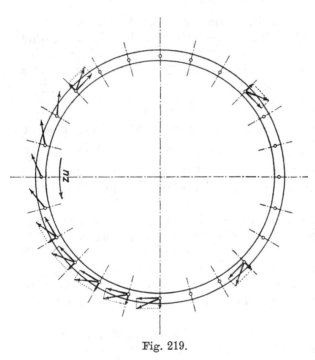

Fig. 219.

Die Radialkomponenten kommen für die Regulierbewegung nicht weiter in Betracht, sie beanspruchen den Regulierring je nach Richtung auf Druck oder Zug usw. heben sich aber, weil rundum gleichmäßig verteilt, auf (Fig. 219), geben also bei genügend widerstandsfähigem Regulierring auch keine Gelegenheit zum Auftreten weiterer Reibungswiderstände.

Die Tangentialkomponenten aber addieren sich in ihren Drehmomenten, vergl. Fig. 219, und beanspruchen zur Herbeiführung des Gleichgewichts, bezw. zum Festhalten des Regulierringes, ein an diesem dem Selbstschließen entgegenwirkendes Drehmoment von ziemlichem Betrage.

Da 24 Schaufeln vorhanden sind, so ist bei 50 mm Schaufelöffnung dem Streben der Schaufeln, sich zu schließen, am Regulierring eine Umfangskraft von insgesamt $z_0 \cdot T = 24 \cdot 6,5 = 156$ kg entgegenzusetzen, für das Öffnen aber sind am Regulierring $24 \cdot 18,3 = 439$ kg aufzuwenden.

Für jede andere Öffnung $a_{(0)}$ kann in ganz gleicher Weise mit der Bestimmung der Kräfte vorgegangen werden. Die Fig. 220 zeigt die Verhältnisse für $a_{(0)} = 10$ mm. Hier hat sich die Richtung des resultierenden Wasserdruckes W zwar nicht geändert, aber er liegt auf der anderen Seite des Schaufelbolzens und erteilt deshalb der Schaufel in dieser Stellung das Bestreben sich zu öffnen, wodurch der Gleitstein auf der anderen Seite des Schlitzes zum Anliegen kommt. Die Richtung der Kraft P, die auf den Mitnehmstift wirkt, hat sich dadurch, gegenüber $a_{(0)} = 50$ mm, umgedreht. Im übrigen verläuft die Ermittelung der auf den Regulierring wirkenden Kräfte ganz in der vorher geschilderten Weise und wir erhalten als Schlußergebnis:

Schließen von 10 mm aus.

Radialkraft $R = 8{,}4$ kg, gegen außen wirkend, Tangentialkraft $T = 18{,}5$ kg, von außen her zu leisten.

Öffnen von 10 mm aus.

Radialkraft $R = 6{,}25$ gegen außen, Tangentialkraft $T = -2{,}5$ kg gegen außen tätig, d. h. um das selbsttätige Öffnen über 10 mm hinaus zu vermeiden, muß eine von außen her wirkende Kraft von 2,5 kg pro Schaufel am Regulierring widerstehend vorhanden sein.

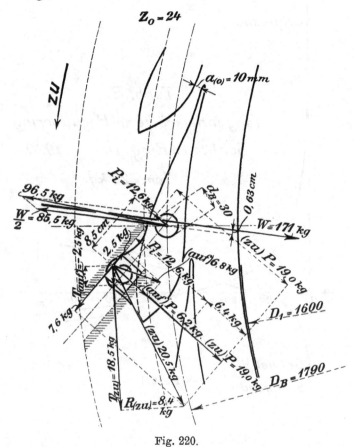

Fig. 220.

Für alle 24 Schaufeln handelt es sich also um Tangentialkräfte von $z_0 T = 24 \cdot 18{,}5 = 444$ kg (Schließen), bezw. $24 \cdot 2{,}5 = 60$ kg (Verhindern des Öffnens).

Führt man in gleicher Weise die Bestimmungen auch für andere Schaufelöffnungen durch, so lassen sich die Ergebnisse schließlich zeichnerisch zusammenfassen, wie dies Fig. 221 nach den $a_{(0)}$ geordnet für eine Schaufel zeigt. Auch hier sind, wie bei Fig. 215, die von außen her auf den Regulierring zu leistenden Tangentialkräfte T als $+$, die vom Regulierring gegen außen tätigen, vom Reguliergetriebe abzufangenden Tangentialkräfte als $-$ aufgetragen.

Für die Beurteilung der Verhältnisse des Reguliergetriebes aber ist die Darstellung nach Fig. 221 nicht geeignet, denn bei diesem ist nicht die Schaufelweite, sondern der Regulierweg des Ringes für die Übersetzungen in erster Stelle von Bedeutung, der Weg, den der Regulierring von einer Schaufelstellung bis zu einer anderen Stellung zurückzulegen hat. Der Regulierweg von „auf" bis „zu" heißt, wie früher schon angegeben, Schlußweg.

Wir können uns aus dem Mechanismus der Gleitsteinverbindung die Regulierwege, die der Ring zwischen den einzelnen Schaufelstellungen zurücklegen wird, ermitteln und so auch den Schlußweg des Ringes bestimmen.

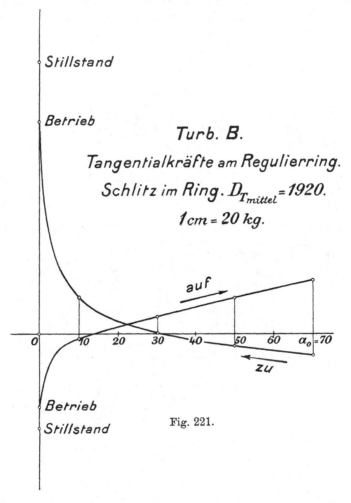

Fig. 221.

Wir tragen dann die Tangentialkräfte T nach Regulierwegen geordnet an und erhalten dadurch die Darstellung Fig. 222, aus der wir für jede Stellung des Regulierringes die gerade erforderliche von außen zuzuleitende (positive) oder gegen außen tätige (negative) Tangentialkraft ersehen können. Die —·—·—·—-Kurve zeigt die Schaufelweiten, wie sie den einzelnen Stellungen des Regulierringes entsprechen.

Da die Ordinaten der Fig. 222 die Kräfte, die Abszissen die Wege darstellen, so haben wir in den Flächen zwischen der Abszissenachse und der betr. Kurve die Darstellung der beim Bewegen der Schaufeln zu leistenden Regulierarbeit, die je nach Umständen positiv oder negativ sein wird.

Wenn hier von Regulierwegen die Rede ist, so müssen diese für den

Regulierring auf einen bestimmten gleichbleibenden Durchmesser bezogen werden. Durch die Verschiebung des Steins im Schlitze wechselt aber der Durchmesser, in dem wir die Tangentialkraft angreifen sehen, mit jeder neuen Schaufelstellung. Wir nehmen für die zeichnerische Darstellung den Mittelwert dieses Durchmessers an, der hier zu 1,92 m geschätzt wird, und haben demnach die Tangentialkräfte durchweg als an dem Momentradius 96 cm am Regulierring angreifend anzusehen. Der Fehler, der dadurch entsteht, daß in den Endstellungen Momentradien von ∼ 97 cm für ganz offen und ∼ 95 cm für ganz zu auftreten, liegt innerhalb der Ungenauigkeiten, die durch die Unzuverlässigkeit der Reibungskoeffizienten usw. ohnedem bedingt werden.

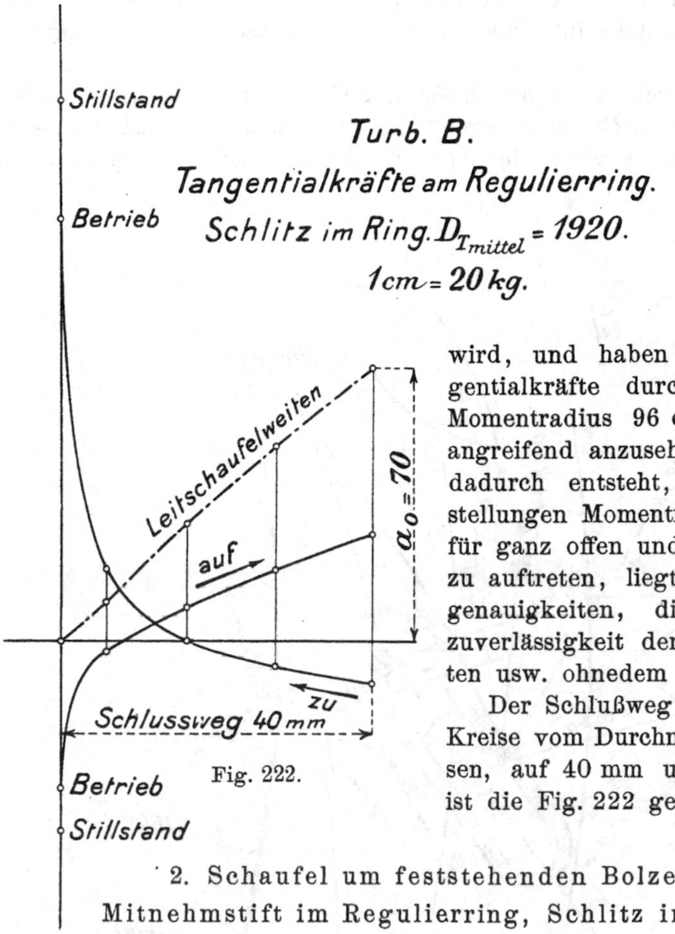

Der Schlußweg stellt sich, auf dem Kreise vom Durchmesser 1,92 m gemessen, auf 40 mm und dementsprechend ist die Fig. 222 gezeichnet.

Fig. 222.

2. Schaufel um feststehenden Bolzen drehbar, Mitnehmstift im Regulierring, Schlitz in der Schaufel.

Die Rücksicht auf das Vermeiden von Sandablagerungen verlangt hier, daß bei stehender Turbinenwelle der Schlitz am unteren Schaufelende angebracht wird, daß also der Regulierring ein Teil des unteren Leitradkranzes sein muß, wie dies u. a. Taf. 5 zeigt. Ein weiterer Schutz gegen das Eindringen von Fremdkörpern in die Schlitze liegt darin, daß diese Schlitze überhaupt gegen oben und seitlich ganz geschlossen ausgeführt werden, so daß der Schlitzraum nur nach abwärts durch die enge Spalte zwischen Schaufelkörper und Leitradkranz bezw. Regulierring mit der äußeren Umgebung in Verbindung steht. Für die Schlitzrichtung ist hier bestimmend, daß wir wünschen müssen, daß seine Umkleidung möglichst wenig aus dem Schaufelkörper heraustritt.

An sich hätten wir den Schlitz im Regulierring vom vorhergehenden Fall auch gegen innen und außen geschlossen annehmen können, die Ausführung solch geschlossener Schlitze macht aber bei dem großen Regulierring viel mehr Umstände, als bei den nunmehr vorliegenden Schlitzen der einzelnen Schaufeln, die viel leichter auf den Werkzeugmaschinen behandelt werden können.

Für die Bestimmung der erforderlichen Tangentialkräfte T am Regulier-

ring schlagen wir das gleiche Annäherungsverfahren wie vorher ein und
finden in Fig. 223 und 224 die Kräfte für 50 und 10 mm Schaufelöffnung
entwickelt. Wir erhalten schließlich in Fig. 225 die Darstellung der Tangentialkräfte nach Schaufelweiten und in Fig. 226 dieselbe nach Regulierwegen geordnet.

Hier ist der Durchmesser des Kreises, auf dem der Regulierweg gemessen wird, auf den sich die Tangentialkräfte beziehen, konstant, es ist
der Durchmesser des Kreises, in dem die Mitnehmstifte sitzen und wir

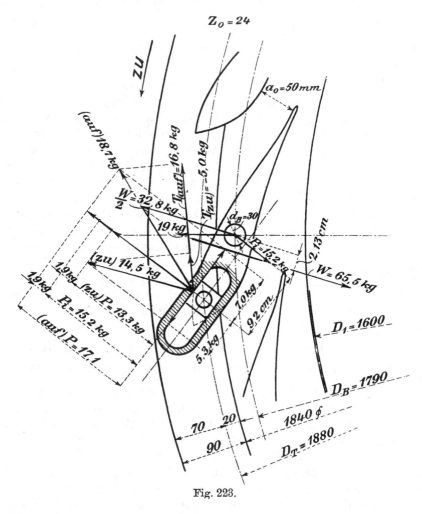

Fig. 223.

bedürfen hier keiner annähernden Annahmen. Der betreffende Kreis hat
1,88 m Durchmesser, der Schlußweg stellt sich hier auf 54 mm.

Der Vergleich von Fig. 225 mit 221, ebenso von Fig. 226 mit 222 zeigt,
daß, wie natürlich, der größere Schlußweg kleinere Tangentialkräfte bringt.
Hervorgerufen ist der größere Schlußweg dadurch, daß der Schlitz in
der Schaufel mehr der Tangente zugeneigt ist als der Schlitz im Regulierring. Schließlich wäre der Anwendung der mehr tangentiellen Schlitzrichtung bei der Anordnung nach „1" (Schlitz im Ring) prinzipiell auch
nichts im Wege gestanden, aber die Bearbeitung der Ringschlitze wird mit
zunehmender Schräglage immer schwieriger.

Die Ausbauchung, die am unteren Ende des Schaufelkörpers durch das Anbringen der geschlossenen Schlitzführung erforderlich wird, ändert natürlich auch in einigem Maße die Verteilung der Geschwindigkeiten an dieser Stelle und deshalb auch der Drucke am unteren Anfang des Schaufelraumes. Doch kann dies für kleinere Gefälle und geringes Heraustreten der Ausbauchung aus dem Schaufelkörper schon vernachlässigt werden. Auf jeden Fall aber sollte die Form der Ausbauchung derart sein, daß störende Wirbelungen der Wasserfäden um dieselbe herum nach Möglichkeit vermieden werden.

Bei hohen Gefällen sind die Geschwindigkeiten an der Eintrittsstelle 5 (Fig. 211) schon so bedeutend, daß dort jegliche Störung der Wasserfäden durch solche Hervorragungen nicht nur Effektverluste mit sich bringt, sondern daß dadurch dem Wasser eine drehende Bewegung (Drall) gegeben wird derart, daß oft in kurzer Zeit Korrosionen an Leit- und Laufrad auftreten können, die zu baldiger Zerstörung der betreffenden Teile führen.

Bei hohen Gefällen (Spiralturbinen) sollten deshalb überhaupt keine einseitigen Hervorragungen an den Leitschaufelkörpern vorhanden sein, der Angriff des Regulierringes hat sich in Aussparungen des Schaufelkörpers oder des Regulierringes zu betätigen, die vom Leitradkranz und Regulierring

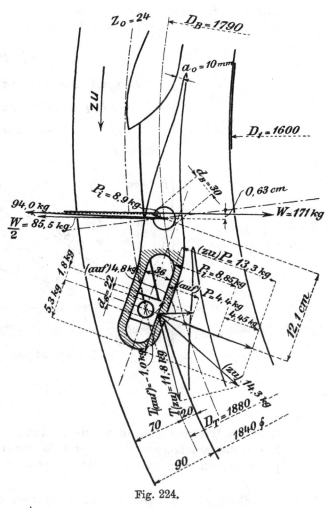

Fig. 224.

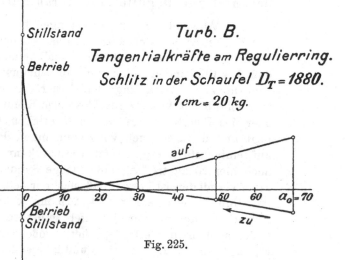

Turb. B.
Tangentialkräfte am Regulierring.
Schlitz in der Schaufel $D_T = 1880$.
1 cm = 20 kg.

Fig. 225.

oder vom Schaufelkörper abgedeckt werden. — Jede Unregelmäßigkeit in
der Wasserführung bildet bei hohen Gefällen Wirbelungen, deren aus-

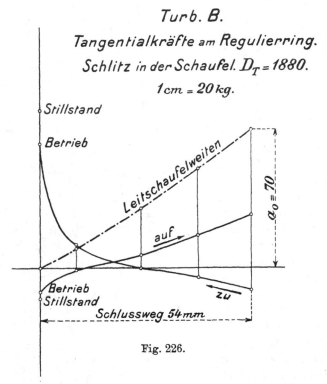

Fig. 226.

fressende Wirkung erst an ziemlich entfernter Stelle zum Ausdruck kommt.
Die Leitschaufelkörper sollten deshalb für hohe Gefälle immer eine rein
prismatische Gestalt und Oberfläche besitzen.

**3. Schaufel um feststehenden Bolzen drehbar, Verbindung von
Schaufel und Regulierring durch kurze Lenkstange (Strecklage).**

Die Anwendung von Lenkstangen hat, wie schon erwähnt, gegenüber
der Kurbelschleife den Vorzug, daß die beiden Reibungsstellen sich vollständig umschließen, daß sie deshalb eine etwaige Schmiere besser halten,
daß das Eindringen von Sand und Schlamm fast vollständig vermieden ist.
Die kurze Lenkstange hat ferner die angenehme Eigenschaft, daß sie
sich sehr leicht in ganz geschlossenem Raume, einer Aussparung der Schaufel
oder des Regulierringes usw. unterbringen läßt, so daß sie ganz verdeckt
liegt und dadurch auch vor Klemmungen durch Blätter, kleine Zweige usw.
auf einfachste Art geschützt werden kann. Die Anordnung ist natürlich
auch hier so zu treffen, daß etwaige Sandablagerung in dem Lenkstangen-
raum vermieden ist, bezw. daß sich der letztere stets gegen abwärts öffnet.
Nun zeigen die Fig. 214, 215 mit kleiner werdenden $a_{(0)}$ ein starkes
Anwachsen der an der Schaufel selbst zu leistenden Drehmomente. Dies
findet auch in der erforderlichen Größe der Tangentialkräfte, wie sie aus
Fig. 221 und 222, sowie 225 und 226 ersichtlich sind, entsprechenden Ausdruck. Auch eine Verlegung des Schaufeldrehpunktes etwa nach I oder II
der Fig. 211 oder 213 würde, wie Fig. 214 erkennen läßt, noch immer für

die Schlußstellung keine andere Kraftrichtung, bei II sogar noch eine
wesentliche Vermehrung des Momentes verlangen, das den Schluß der
Schaufel zu erzwingen hätte. Hier kommt die kurze Lenkstange sehr gelegen, denn diese Anordnung hat die Eigenschaft, daß sich die Übersetzung
zwischen Mitnehmstift und Regulierring bei der Schlußbewegung in wesentlich höherem Maße ändert, als dies bei der Kurbelschleife der Fall ist, und
wir haben das Maß dieser Änderung in gewissen Grenzen zu unserer freien
Verfügung.

Wir können überall im Maschinenbau sozusagen zwei verschiedene
Anwendungen des Kurbel- und Lenkstangengetriebes nachweisen. Ein Beispiel wird dies am einfachsten erläutern.

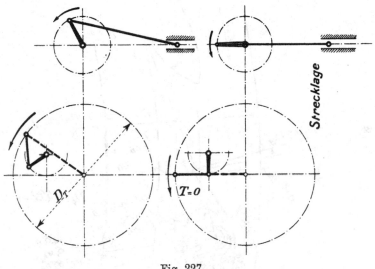

Fig. 227.

Bei der Dampfmaschine können wir von treibender Lenkstange und
getriebener Kurbel reden, die Strecklage bildet zwei Totpunkte und die
Bewegung muß im Betrieb in beiden Totpunkten durch Schwungmassen,
also durch außerhalb des Getriebes liegende Kraftwirkungen unterstützt
werden.

Bei der Kolbenpumpe, Lochstanze usw. finden wir die treibende Kurbel
und die getriebene Lenkstange mit Kreuzkopf. Die Strecklagen sind hier
absolut beweglich, denn in beiden Strecklagen der treibenden Kurbel ist,
von Reibung usw. abgesehen, ein äußeres Drehmoment Null erforderlich,
um die Maschine in diesen Punkten in Bewegung zu erhalten, Schwungmassen sind des Getriebes wegen entbehrlich, sie finden sich aber meist
als notwendige Kraftspeicher für den von der Maschine auszuführenden
Arbeitsprozeß, und nicht aus Gründen der Beweglichkeit in den Strecklagen.

Diese treibende Kurbel mit getriebener Lenkstange ist die Anordnung,
wie sie für unsere Zwecke vielfältig von Wert ist. Freilich sind die Abmessungen etwas verschoben, wie Fig. 227 erkennen läßt. In dieser ist
oben links die gewöhnliche treibende Kurbel in einer Zwischenstellung,
rechts in Strecklage gezeichnet. Bei unseren Regulierungsgetrieben, Fig. 227
unten, bildet der Kreis, in dem die Mitnehmstifte des Regulierringes sitzen,
den Kurbelkreis, die Lenkstange geht zum Mitnehmradius und der an der

Schaufel sitzende Mitnehmstift bewegt sich nicht in einer geraden Linie (Kreuzkopf), sondern in dem durch den Mitnehmradius gegebenen Kreisbogen.

Beide Male aber bringt die Strecklage den Bedarf an äußerem Drehmoment, an äußerer Tangentialkraft T im Werte Null.

Wenn wir also derart disponieren, daß die Lenkstange in einer Endlage der Schaufel, sei es „auf" oder „zu", radial steht, so ist dadurch die Strecklage gegeben und für diese Schaufelstellung benötigen wir am Regulierring ideell die Tangentialkraft Null.

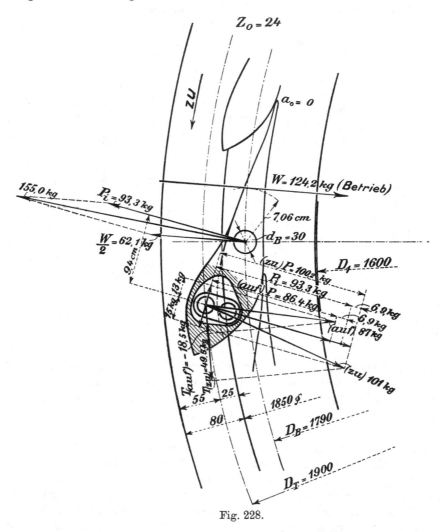

Fig. 228.

Solange der Regulierring als Teil des Leitkranzes ausgebildet ist, liegt es in der Natur der Dinge, daß die Strecklage des Lenkstängchens nur mit der Stellung „zu" in Verbindung gebracht werden kann.

Die Fig. 228 zeigt die Anordnung derart, daß die Strecklage bei „zu" noch nicht ganz erreicht ist und demgemäß ist die Ermittelung der erforderlichen Tangentialkräfte am Ring durchgeführt. Man kommt zu dieser Ausführung hie und da durch Rücksichtnahme auf etwaige Ausführungsfehler; solange die Strecklage noch nicht erreicht ist, hat man in dem Weg bis zu dieser hin noch eine gewisse Reserve.

In der Nähe der Strecklage nehmen natürlich die vom Regulierring aufzunehmenden Radialkomponenten R ganz wesentlich an Größe zu.

Durch die Annäherung an die Strecklage für $a_{(0)} = 0$ werden die Spitzen der Tangentialkraft-Kurven, wie sie in den Fig. 221, 222 und 226 bei $a_{(0)} = 0$ auftreten, mehr zurückgezogen, bei Verwendung der Strecklage selbst gehen die Tangentialkurven, abgesehen von Reibungswiderständen, durch Null. Auf jeden Fall gibt uns die Nähe der Strecklage bei $a_{(0)} = 0$ das Mittel an die Hand, mit dem wir die sehr hohen Beanspruchungen des Reguliergetriebes für völliges Schließen der Turbine bedeutend zu ermäßigen in der Lage sind.

Die Bestimmung der Mitnehmdrucke in den Lenkstängchen sowie der Tangentialdrucke am Regulierring vollzieht sich dann wie folgt.

Schließen von 50 mm aus.

Die Schaufel strebt mit einem Gesamtmoment aus Wasserdrücken von (zu) 139,5 cmkg sich selbst zu schließen, wie oben entwickelt. Die Lenkstange liegt (siehe Fig. 229) bei der angenommenen Anordnung so, daß sie, wenn keine Reibung zwischen Schaufel und Drehbolzen vorhanden wäre, dem Moment von 139,5 cmkg mit einem Druck P_i von 19,7 kg (einem Moment-

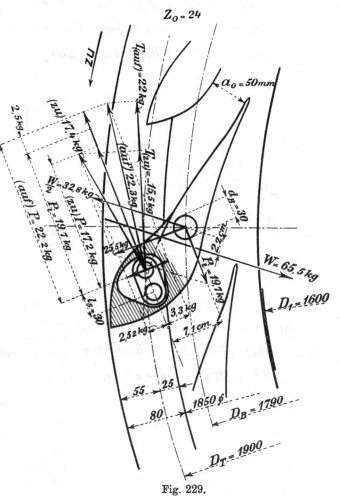

Fig. 229.

radius von 7,1 cm entsprechend) der selbständigen Schließbewegung zu widerstehen hätte. Der Wasserdruck belastet wie früher auch den Bolzen mit 65,5 kg. Auch hier kommt für die Bolzenreibung am einen, hier oberen Schaufelende $\frac{65,5}{2} = 32,8$ kg, am unteren Ende dagegen die Resultierende aus 32,8 und 19,7 mit 25,5 kg als reibungerzeugend in Betracht. Das Reibungsmoment stellt sich demnach hier auf

$$25,5 \cdot 0,2 \cdot 1,5 + 32,8 \cdot 0,2 \cdot 1,5 = 17,5 \text{ cmkg}$$

Dieses Moment kommt hier auch in Abzug, so daß der tatsächliche Druck P in der Lenkstange sich auf

$$P = \frac{139,5 - 17,5}{7,1} = \sim 17,2 \text{ kg}$$

stellt.

Wir kommen zur Berücksichtigung der Reibungswiderstände in beiden Stiften, die durch die Lenkstange verbunden sind. Der Lenkstangendruck P erzeugt an jedem der beiden Stifte eine Reibungskraft im Betrag $P \cdot \mu$. Bei der Drehung bilden diese ein widerstehendes Reibungsmoment von je $P \cdot \mu \cdot \frac{d_s}{2}$, wenn d_s hier den Stiftdurchmesser bezeichnet. Die Drehung muß erzwungen werden durch eine Kraftäußerung des Mitnehmstiftes, welche sich bei einer Länge l_s des Stängchens auf

$$2 \cdot P \cdot \mu \cdot \frac{d_s}{2} \cdot \frac{1}{l_s} = P \cdot \mu \cdot \frac{d_s}{l_s}$$

berechnet und im Stiftmittelpunkt, senkrecht zu l_s, angreifen wird. Die durch diese Kraft verursachte Zapfenreibung zweiter Ordnung lassen wir unbeachtet.

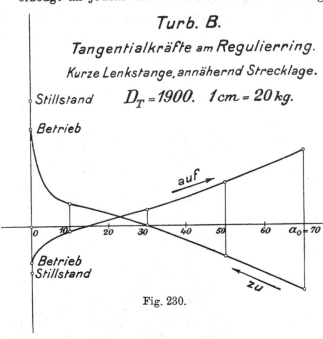

Turb. B.

Tangentialkräfte am Regulierring.

Kurze Lenkstange, annähernd Strecklage.

$D_T = 1900.$ $1 \text{ cm} = 20 \text{ kg.}$

Fig. 230.

Wir erhalten diese den Reibungswiderständen entsprechende Kraft in unserem Fall, bei $d_s = 22$ mm und $l_s = 30$ mm zu

$$17,2 \cdot 0,2 \cdot \frac{22}{30} = 2,52 \text{ kg.}$$

Aus dieser und aus P bildet sich die Resultierende, die durch den Mitnehmstift des Regulierringes zu leisten ist, im zeichnerisch ermittelten Betrag von 17,4 kg und wir zerlegen diese wieder in eine im Regulierring abzufangende Radialkomponente $R = 8,0$ kg und eine Tangentialkomponente $T = 15,5$ kg.

Öffnen von 50 mm aus.

Auf dem gleichen Wege erhalten wir schließlich eine Komponente $R = 3,9$ kg und eine von außen her zu leistende Tangentialkomponente im Betrage von $T = 22,0$ kg.

Nach diesem Vorgang sind die

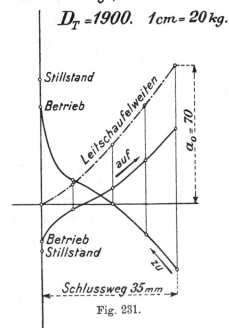

Turb. B.

Tangentialkräfte am Regulierring.

Kurze Lenkstange, annähernd Strecklage.

$D_T = 1900.$ $1 \text{ cm} = 20 \text{ kg.}$

Fig. 231.

in Fig. 230 nach $a_{(0)}$ aufgetragenen Tangentialkräfte T ermittelt (vergl. Fig. 221 und 225). Der Schlußweg beläuft sich hier auf 35 mm und die Darstellung der Tangentialkräfte in Beziehung auf den Regulierweg, sowie das Verhältnis zwischen diesem und den Schaufelweiten ist in Fig. 231 gegeben. Wenn die Strecklage tatsächlich für $a_{(0)} = 0$ eingerichtet wird, so wird diese Anordnung erst unmittelbar in $a_{(0)} = 0$ die erwünschte Ermäßigung sicher veranlassen, bei ganz kleinen Schaufelweiten aber werden immer noch ziemlich große Kräfte erforderlich bleiben, daß es also nur wenig Sinn hat, die vollständige Strecklage zu sehr zu betonen.

Ein selbsttätiger Regulator muß imstande sein, den größtvorkommenden Regulierwiderstand zu überwinden. Seine Arbeitsfähigkeit wird deshalb diesem größten Widerstande zu entsprechen haben, trotzdem dieselbe in allen anderen Regulierstellungen nicht völlig ausgenützt wird.

Die Regulierarbeit, der größten Tangentialkraft von 38 kg ($a_0 = 70$ mm Öffnen) entsprechend, stellt sich bei 35 mm Schlußweg auf $38 \cdot 3{,}5 = 133$ cmkg für eine Schaufel, also auf $24 \cdot 133 = 3200$ cmkg für den ganzen Leitapparat.

4. Schaufel um feststehenden Bolzen drehbar, lange Lenkstange.

Wir finden diese Anordnungen in manchen deutschen Ausführungen (siehe Taf. 8 und 9), während sie bei amerikanischen Konstruktionen häufig sind. Das ganze Lenkstangengetriebe sitzt dann naturgemäß auf der Deckelseite des Laufrades und ist durch eine besondere Abdeckung gegen Fremdkörper geschützt. Der Regulierring ist im Durchmesser wesentlich verkleinert und dreht sich um die gegen innen verlängerte Nabe des Laufraddeckels.

Die Annehmlichkeiten dieser Anordnung bestehen darin, daß das Zusammenpassen der Leitschaufeln auf richtige Weite und gleichmäßigen Abschluß durch die langen, event. etwas gebogenen Lenkstangen sehr erleichtert wird, daß auch der Antrieb des Regulierringes durch nur eine Welle sehr gut ausgeführt werden kann, auch ist man in der Formgebung für den Leitschaufelkörper freier.

Weniger angenehm wäre, wenn sämtliche Lenkstangen erst entfernt werden müßten, wenn das Laufrad zur Untersuchung herausgenommen werden soll, doch kommt derartiges hier nicht in Frage. Die Taf. 8 usw. abgebildete Einrichtung ist nämlich derart getroffen, daß jede einzelne Leitschaufel unabhängig von den anderen sehr leicht herausgenommen werden kann. Auf diese Weise kann das Nachsehen des Laufrades durch die Lücke geschehen, die beim Herausnehmen einer oder mehrerer Leitschaufeln entsteht; die Stangen, welche die Leitkränze versteifen, bleiben dabei unberührt am Platze. Ist außerdem, wie in Taf. 8 und 9 die Einrichtung so getroffen, daß die Lenkstangen leicht und rasch entfernt und eingeführt werden können und daß auch bei herausgenommenem Laufrad das ganze Reguliergetriebe rasch wieder zur Kontrolle zusammengesteckt werden kann, so ist die Anordnung auch vom Standpunkt des Betriebes aus gerechtfertigt. Für das Herausnehmen des Laufrades bleibt es aber doch am bequemsten, wenn an der Regulierung überhaupt nichts demontiert werden muß.

Die Bestimmung der Regulierkräfte geht ganz in der Weise vor sich, wie unter „3" geschildert. Eine Ausnützung der Strecklage zwischen Lenkstange und Kurbel ist hier, weil der Mitnehmstift der Schaufel stets am

äußeren Teile des Schaufelkörpers angebracht sein wird, nur für die Stellung
„auf" zu erreichen. Weil aber die Stellung „zu" die größeren Tangentialkräfte bringt, kommt die Strecklage hier nicht ernstlich in Betracht.

5. Schaufel mit dem Drehbolzen fest verbunden, äußere Kurbel
mit Lenkstange (Strecklage oder tangential).

Diese Anordnung findet sich bei Spiralturbinen in allen den Fällen,
wo der Konstrukteur Wert darauf legt, daß das ganze Reguliergetriebe
sich außerhalb des Wassers befinden soll, weil dies die Schmierung und
gute Wartung während des Betriebes ermöglicht. Vergl. Taf. 34, 35, 36,
auch Taf. 39.

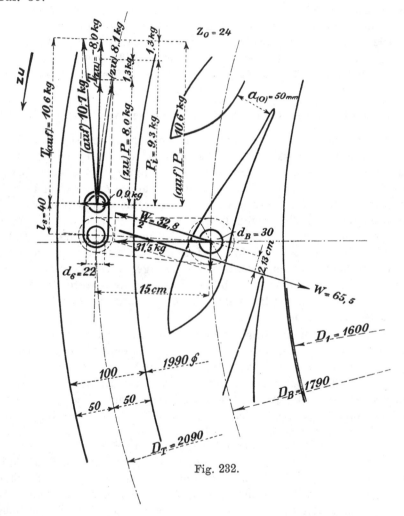

Fig. 232.

Die Ausführung der Leitschaufel in einem Stück mit dem Schaufelbolzen (Stahlguß) hat manches für sich. Wir sind in der Formgebung der
Schaufel freier als sonst, können den Drehpunkt auch allenfalls aus der
Mittelrichtung des Schaufelkörpers ohne Bedenken herausrücken, wenn erforderlich. Dagegen erwächst die Aufgabe, die beiden Leitradkränze wirksam
anderweitig gegenseitig zu versteifen, weil dies hier von den Schaufelbolzen
nicht mehr geleistet werden kann. (Taf. 35, auch Taf. 28 und 29.)

Jeder Schaufelbolzen muß wenigstens auf einer Seite durch eine Liderung gegen außen treten, um hier die Kurbel aufgesteckt zu erhalten. Die Lagerstellen des Schaufelbolzens können gut in Schmiere (Stauffer) gehalten werden, ebenso auch die Führungen des Regulierringes und dessen Antrieb.

a) Strecklage, angenähert oder vollständig. Die Bestimmung der Regulierkräfte ist wie bei „3" auszuführen. Ein Vorzug der Anordnung gegenüber „3" ist darin begründet, daß die Länge der Kurbel in viel weiteren Grenzen frei wählbar ist. Große Kurbelhalbmesser ergeben kleinere Tangentialkräfte und größeren Schlußweg, was nur erwünscht ist.

b) Lenkstangen tangential. Die Fig. 232 zeigt die Verhältnisse für $a_{(0)} = 50$ mm, welche hinsichtlich der Berücksichtigung der Reibungsverhältnisse ganz wie unter „3" durchgeführt sind. Da hier der Kurbelarm meist so aufgesteckt wird, daß er um die radiale Stellung gleichweit nach beiden Seiten ausschlägt, so existiert hier keine variable Übersetzung zwischen Schaufel und Regulierring und es kommt das an der Schaufel erforderliche Drehmoment fast ohne Änderung in den Größenverhältnissen der Tangentialkräfte zur Erscheinung. — (Fig. 233 nach $a_{(0)}$, Fig. 234 nach dem Regulierweg geordnet.)

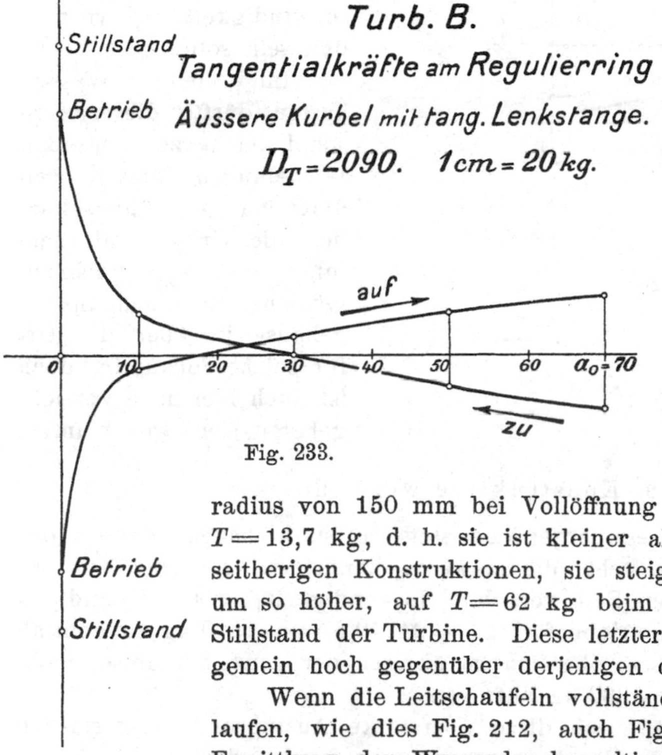

Turb. B.

Tangentialkräfte am Regulierring

Äussere Kurbel mit tang. Lenkstange.

$D_T = 2090.$ 1 cm = 20 kg.

Fig. 233.

Infolgedessen ist, wegen des angenommenen großen Mitnehmkurbelradius von 150 mm bei Vollöffnung die Tangentialkraft nur $T = 13,7$ kg, d. h. sie ist kleiner als bei irgend einer der seitherigen Konstruktionen, sie steigt aber für $a_0 = 0$ dafür um so höher, auf $T = 62$ kg beim Betrieb und 79,5 kg im Stillstand der Turbine. Diese letzteren Zahlen sind ganz ungemein hoch gegenüber derjenigen der vollen Öffnung.

Wenn die Leitschaufeln vollständig nach Evolventen verlaufen, wie dies Fig. 212, auch Fig. 245b zeigt, so ist die Ermittlung der Wasserdruckresultierenden W und ihres Momentes sehr einfach. Die gleichweiten Schaufelzellen haben vom Beginn an schon die Wassergeschwindigkeit w_0, sie weisen also keine Differenzen in den Wasserdruckhöhen auf, soweit der Leitkanal reicht. Außerhalb derselben muß auch schon fast genau w_0 vorhanden sein; gegen das Rad zu strömt das Wasser mit w_1, der Druckunterschied ist auch hier nicht bedeutend gegenüber der Stelle „0". Wir sehen also, daß die Wasserdruckhöhen rundum fast gleich groß sind, daß also die Schaufel keiner, irgend beträchtlichen, nach außen wirksamen, resultierenden Wasserdruckkraft ausgesetzt ist. Was die Ablenkungskraft R nach Gl. 24 anbelangt, so ist sie natürlich auch hier vorhanden. Ist aber, wie in Fig. 212 und 245b der Drehpunkt in die Mitte der Schaufellänge gelegt, so ist das Moment von R Null und die Leitschaufel befindet sich in jeder Lage in ungefährem Gleichgewicht.

Die Frage ist berechtigt, warum diese für die Bewegung so sehr geeignete Schaufelform verhältnismäßig weniger Eingang im Turbinenbau gefunden hat, als die Keulenform. Der Grund liegt in der Eigenschaft, daß eben schon v o r dem Beginn des Schaufelkanales die Geschwindigkeit w_0 vorhanden sein sollte.

Im offenen Wasserkasten dürfte dieser Umstand leicht zu störenden Wirbelungen führen, weil die freien Wasserfäden plötzlich die Größe und Richtung von w_0 annehmen müssen. In einem Spiralgehäuse ist eher der Ort für solche Schaufeln, doch ist auch hier noch Vorsicht geboten, siehe weiter unten.

Turb. B.

Tangentialkräfte am Regulierring.

Äussere Kurbel mit tang. Lenkstange.

Stillstand $D_T = 2090$. $1\,cm = 20\,kg$.

Betrieb

Leitschaufelweiten

auf

$a_0 = 70$

zu

Schlussweg 48,7 mm

Betrieb   Fig. 234.

Stillstand

6. Konstruktive Notizen.

Wir müssen das Reguliergetriebe stets so stark bauen, daß es der größten Spannung widersteht, die eintreten kann, und so sehen wir uns beispielsweise im letzten Fall vor der Notwendigkeit, des vollständigen Schließens halber das Getriebe für $z_0 T = 24 \cdot 79,5 = \sim 1910$ kg Tangentialkraft einrichten zu müssen, obgleich im übrigen der ganze Schlußweg nicht über $z_0 T = 24 \cdot 13,7 = \sim 330$ kg aufweist.

In vielen Fällen läßt sich diese überstarke Ausführung einigermaßen vermeiden, weil folgende Überlegung angestellt werden darf.

Gegen $a_{(0)} = 10$ mm hin sinkt die Leistung der Turbine sehr rasch und in vielen Fällen, besonders wenn große Lagerreibungen (durch lange Transmissionen oder schwere Dynamos, Schwungmassen u. dergl.) vorhanden sind, hat die Turbine bei etwa 3—5 mm Schaufelöffnung überhaupt kein freies Arbeitsvermögen mehr aufzuweisen, die Leistung genügt vielleicht gerade, um das Ganze leer auf der normalen Umdrehungszahl im Betriebe zu halten. In solchen Fällen besteht eigentlich kaum ein Bedürfnis, die Leitschaufeln ganz zu schließen, denn zum dauernden Stillsetzen der Turbine dienen Einlaßschütze, Einlaßschieber u. dergl. Unter solchen Umständen kann häufig auf das Einstellen von Schaufelweiten verzichtet werden, die enger sind, als für den Leerlauf mit normaler Geschwindigkeit nötig ist, und dann fallen die übergroßen Anstrengungen für das vollständige Schließen fort.

Werden die Schaufeln nicht vollständig geschlossen, so ist auch die Gefahr verringert, die denselben durch das Einklemmen kleiner Fremdkörper während des Schließvorganges droht: die Rechenweite 20 mm schützt das Gebiet der $a_{(0)}$ unter 20 mm nicht mehr vor der Möglichkeit von Verstopfungen und eine solche kann, sofern es sich um harte Fremdkörper handelt, zu einem Bruch im Reguliergetriebe oder an der Leitschaufelspitze führen, wenn die von außen her eingeleitete Regulierkraft groß genug ist.

Eine gewisse allgemeine Vorsicht liegt in der Anbringung von Anschlägen, die die Bewegung des Regulierringes nach beiden Richtungen, „zu" sowohl als „auf" mit absoluter Sicherheit begrenzen müssen, die also am Regulierring selbst, nicht etwa irgendwo im Reguliergetriebe angebracht sein sollen.

Der Anschlag bei „zu" gibt die Sicherheit, daß z. B. bei geschlossener Turbine nicht die Schaufelzungen selbst als Anschlag zu dienen haben, was bedenklich ist, denn genau besehen liegt in diesem Falle doch von allen Schaufelzungen kaum mehr als eine einzige fest an der Nachbarschaufel an, und diese eine Schaufelzunge hätte dann den für z_0 Schaufeln verfügbaren von außen kommenden Druck ganz allein auszuhalten. Es würde ein Bruch, sei es an der Schaufelspitze, sei es an dem einen überlasteten Mitnehmstift oder sonstwie, kaum zu vermeiden sein.

Der Anschlag gegen „auf" hin verhütet ein Überöffnen der Schaufeln, das — abgesehen von der Wertlosigkeit hinsichtlich der Leistung der Turbine — für die Leit- und Laufradschaufeln gefährlich werden kann da, wo der Schaufelspalt Null geworden ist. Wenn nur eine Leitschaufelspitze in die Bahn der Radschaufeln getreten ist, so beginnt ein richtiges Abschleifen der zugeschärften Radschaufelkanten im Verein mit einem Losschlagen dieser einen Leitschaufel in ihrem Drehbolzenlager. Beispielsweise: die Turbine „B" macht 67,7 Umdrehungen normal und hat 27 Radschaufeln; die eine zu weit vorragende Leitschaufel würde also pro Minute $27 \cdot 67,7 = \sim 1800$ Schläge erhalten. Treten aber statt der einen, etwa ungenau gerichtet gewesenen Leitschaufel wegen mangelnden Anschlages sämtliche Leitschaufeln in den Bereich der Radschaufeln, so teilt jede Radschaufel, wegen 24 Leitschaufeln, $24 \cdot 67,7 = \sim 1600$ Schläge in der Minute aus. Es darf nicht wundernehmen, wenn die eingegossenen Radschaufeln (die nie eingeschweißt sind) unter solchen Umständen in ihren Gußkränzen rasch locker werden.

Die Schaufelbolzen (feststehend).

In Fig. 235 ist eine Bolzenkonstruktion angegeben, wie sie meist für stehende Turbinenwellen zur Anwendung kommt (vergl. Taf. 5). Der eingelassene Bund trägt den Leitschaufelkörper und verhilft ihm durch ganz geringes Vortreten über den gedrehten Leitkranz zu leichter Beweglichkeit. Die obere Andrehung des Bolzens schafft die Anlagefläche für den oberen Leitradkranz, von dem der Schaufelkörper, wie vom unteren, um einen halben Millimeter (meist) absteht. Der Bund dient auch zur Vermehrung der Standfestigkeit des Bolzens. Bei besseren Ausführungen finden sich Messingmuttern für die Befestigung des oberen Kranzes, damit sie bei etwaigem Ersatz einer beschädigten Leitschaufel leicht gelöst werden können. Manchmal werden geschlossene Muttern angewendet, besonders wenn das Betriebswasser starken Kalkansatz bildet oder die Rostbildung sehr befördert, damit die oberen freien Gewindegänge sauber erhalten werden. Diese geschlossene Mutter kann im Verein mit entsprechender Durchbohrung des Bolzens zum Einpressen von Staufferfett in die Drehfläche zwischen Bolzen und Schaufel verwendet werden.

Eine besondere Art der Bolzenausführung zeigt Fig. 236. Sie gestattet in anderer Weise als in Taf. 8 und 9 angegeben das Herausnehmen jedes einzelnen Bolzens, ohne daß der Leit-

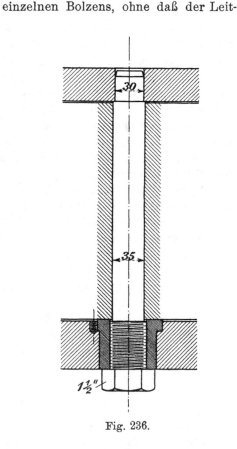

Fig. 235.   Fig. 236.

radkranz entfernt werden muß. Wenn dann auch die Verbindung zwischen Schaufelkörper und Regulierring geschickt angeordnet wird, so kann jede einzelne Schaufel, ohne die Nachbarschaufeln mit zu demontieren, aus dem Leitapparat genommen werden.

Bei Turbinen mit liegender Welle ist der Bund der Fig. 235 weniger nötig, weil das Eigengewicht der Schaufel diese nicht mehr nach dem einen Leitradkranz hindrücken wird. Es kommen dann Bolzen ohne Bund vor (Taf. 15, 22, 27, 28), aber vereinzelt auch solche mit Bund (Taf. 16).

Für die Biegungsbeanspruchung des Schaufelbolzens ist folgendes maßgebend.

Die Bolzen stecken an beiden Enden in den Leitradkränzen, die aus Ausführungsrücksichten ziemlich kräftige Wandstärken usw. haben.

Die durch die Schaufel auf den Bolzen übertragenen Kräfte sind genau diejenigen, welche oben schon für die Bolzenreibung bestimmt worden sind. Je nach Angriff des Mitnehmers wirkt am oberen freien Bolzenende (Deckelseite) beispielsweise für die Schaufeln „B" bei 50 mm Weite der halbe Druck $\frac{65,5}{2} = 32,8$ kg oder die Mittelkraft zwischen der anderen Druckhälfte und der Gegenkraft des ideellen Mitnehmdruckes P_i. Die am unteren, festgehaltenen Ende des Bolzens wirkende Kraft (Saugrohrseite) dürfen wir vernachlässigen. Die am oberen freien Ende (Deckelseite) tätige Kraft läßt sich in eine radiale und eine tangentiale Komponente zerlegen; die Radialkomponenten, wie sie den sämtlichen Schaufeln rundum zugehören, werden, weil allseitig symmetrisch sitzend, durch den oberen, auf den Bolzen ruhenden Leitradkranz in sich abgestützt (Taf. 5 usw.), die Tangentialkomponenten aber beanspruchen die Schaufelbolzen auf Biegung mit der Bruchstelle da, wo sie im festen Leitradkranz eingesteckt sind, Momentarm $= b_0$. Wollen wir für Unvorhergesehenes, für Klemmungen u. dergl. eine Reserve einführen, so mag der Schaufelbolzen einfach mit der größt vorkommenden Tangentialkraft T (Regulierring) auf Biegung gerechnet werden.

Eine weitere unter Umständen nicht geringe Beanspruchung erfahren die Bolzen, wie schon früher erwähnt, aus der auf dem Leitraddeckel liegenden, dem vollen Gefälle entsprechenden Wasserlast und zwar auf Druck, event. Knickung.

Die Mitnehmstifte.

Bei den älteren Ausführungen, Schlitz im Ring, war der Mitnehmstift einfach an die Schaufel angegossen, kräftig im Durchmesser, 30, 40 mm dazu niedrig, der Biegungsfestigkeit wegen.

Sitzen die Mitnehmstifte im Regulierring, so werden sie aus Schmiedeeisen oder Flußstahl gefertigt und einfach in etwas engere Bohrungen des Ringes eingepreßt. Dies ist ohne Vernietung oder sonstige Sicherung angängig, weil die Stifte nur kurz, einige Zentimeter höchstens, vor der Ringfläche vorstehen, die Biegungsbeanspruchungen nicht groß sind und den gut eingepreßten Stift trotz Richtungswechsel der Kräfte (Fig. 228 und 229) nicht zu lockern vermögen.

Auch das Einsetzen mit Gewinde ist zu verwerfen, weil es viel mühsamer ist und weil die Stifte, wenn das Gewinde von Hand in den Ring geschnitten wird, nie zuverlässig gerade zu sitzen kommen.

Solch ein einzupressender Stift hat die Form nach Fig. 237. Die schräge Eindrehung legt sich an die versenkte Fläche an, die Versenkung ist wünschenswert, damit der Stift gut in das Loch einschlupft und damit etwaige kleine Wulste, die durch das Auseinandertreiben des Ringmaterials an der Einpreßstelle entstehen, nicht die Ebene des Ringes stören, sondern in der reichlich großen Versenkung bleiben.

Die Belastungen der Auflageflächen in den einzelnen Stiften und Gleitflächen fallen von selber sehr klein aus. Wir werden hier gerne die Drücke
pro qcm in den niedrigsten Gren-
zen halten, denn die Schmierung
ist mangelhaft. Drücke von 20
bis 30 kg/qcm werden schon als
hoch zu gelten haben.

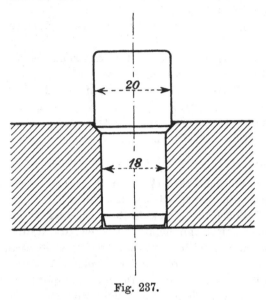

Fig. 237.

Der Regulierring.

Im allgemeinen wird der Ring
als selbständiger freiliegender Teil
des Leitkranzes ausgeführt und ist
in diesem Falle aus Gußeisen mit
entsprechend widerstandsfähigem
Querschnitt gefertigt. Taf. 5, 13,
14, 16, 22.

Es ist zu bedenken, daß die
Mitnehmkräfte der Schaufeln fast
immer in Ebenen außerhalb des
Ringquerschnittes angreifen, daß
der Ring deshalb neben Biegungs-
auch Torsionsbeanspruchungen ausgesetzt ist; wir haben also Veranlassung,
den Ringquerschnitt nach beiden Richtungen gut zu entwickeln. Dies läßt
sich auch beim freiliegenden Regulierring ganz leicht einrichten; siehe die
obgenannten Tafeln.

Wir kommen aber auch in die Lage, daß wir den Regulierring nicht
freiliegend anwenden können, wir müssen ihn hier und da in den Leitkranz einlassen, siehe Taf. 15, 27, 28. Dies ist allemal nötig, wenn der
Leitkranz zugleich für die Befestigung der Turbine an der Fundation dient,
Taf. 15, besonders aber ist der eingelassene Regulierring bei geschlossener
Wasserführung (Spiralgehäuse) zweckmäßig, weil er sich auf solche Weise
der ganzen Anordnung gut einfügt. Auch sobald wir Veranlassung haben,
die beiden Leitkränze aus Festigkeitsrücksichten von Hause aus zusammenhängend als ein Stück anzufertigen (Stützschaufeln), oder sie sonstwie fest
miteinander zu verbinden, wird der eingelassene Regulierring fast immer
willkommen sein. In diesem Falle wird häufig Schmiedeeisen als Material
verwendet, weil dies geringere Abmessungen gestattet und der Ring deshalb leichter unterzubringen ist. Aber auch bei diesem Material muß auf
gute Dimensionierung gesehen werden, denn schon die zu große Verdehnung
ist für den Betrieb der Regulierung unzulässig, weil dadurch sehr rasch
unangenehme Klemmungen und sonstige Widerstände entstehen (S. 399 u. f.).

Regulierring seitlich außerhalb des Leitradkranzes.
(Siehe Taf. 8, 9, 12, 13, 14, 20, 33, 34, 35, 38.)

Wir finden für Aufstellung der Turbine im offenen Wasserraum auch
den Regulierring von kleinem Durchmesser sich um die Deckelnabe drehend,
dazu lange Lenkstangen, welche an Mitnehmstiften angreifen, die in den
einzelnen Schaufeln festsitzen, Taf. 8, 9, Ausführung Briegleb, Hansen
& Cie. Die kreisförmigen Schlitze, die für den Weg dieser Stifte im Leit-

kranz ausgespart werden müssen, sind durch den entsprechend gestalteten Lenkstangenkopf abgedeckt.

Eine einfache präzise Rechnung für die Feststellung der Querschnittsmaße des Regulierringes ist selten ausführbar, einen Fingerzeig finden wir weiter unten, wo das Reguliergetriebe besprochen ist, denn die Art, wie dies am Ringe angreift, ist dabei von Einfluß.

Einen Anhalt haben wir auch darin, daß die Ringe in sich doch mindestens so viel Steifigkeit besitzen müssen, daß sie eine richtige Anfertigung (Drehbank) gestatten. Wegen der Abmessungen sei auf die Tafeln verwiesen.

Immer ist dabei im Auge zu behalten, daß die sämtlichen Kräfte wenn irgend tunlich in einer Ebene liegen sollten, daß es aber immer noch besser ist, etwaige vielleicht unvermeidliche Kippmomente dem Ring zuzumuten und diesen entsprechend stark zu halten, als solche Kippmomente den Lenkstängchen oder dergl. aufzubürden, wie dies beispielsweise eine Ausführung der letzteren mit festverbundenen Mitnehmstiften nach Fig. 238 tut, die sich hie und da findet.

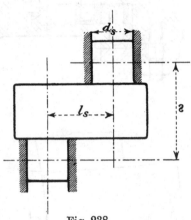

Fig. 238.

Der seitwärts ganz freiliegende Ring gibt erwünschte Gelegenheit zum Anordnen der Kräfte in der Mittelebene des Ringes, Taf. 34. Hier wie überall sollte der Konstrukteur auf Vermeidung von Kippmomenten die größte Sorgfalt verwenden, wenn er sicher und dauernd gut arbeitende Maschinen liefern will. Der Regulierring hat eine Kleinigkeit Spielraum gegenüber seiner Führung, etwa 1 mm im Durchmesser. Feiner Sand kann sich im Laufe der Zeit in dieser Fuge ablagern und die Beweglichkeit des Ringes ganz bedeutend beeinträchtigen. Hier ist zu bedenken, daß der Ring ideell keiner radial wirkenden äußeren Kraft unterliegt, daß also für seine zentrische Führung ganz wenig Auflage genügt und daß bei großen Ringen schon bei 5 oder 10 mm Höhe der Anlagefläche reichlich Quadratzentimeter vorhanden sind. Auch in achsialer Richtung sind Schübe auf den Ring nicht vorhanden, auch da genügt eine ebenso schmale Auflagefläche. Die Tafeln lassen erkennen, daß die Auflagen nach beiden Richtungen fast immer sehr klein gewählt sind; aus der schmalen Fläche findet ein Sandkorn früher wieder hinaus als aus einer breiten Tragfläche und die Ausdrehungen Taf. 15, 27, 28, auch Fig. 216 sollen Räume freigeben, in die solche Sandkörner ausweichen können, zugleich aber gestattet die Art der Ausdrehung nach Taf. 28 auch die Herstellung einer genauen Ringführung, der Drehstahl kann leicht anfangen und leicht ausschneiden, ohne daß es nötig wäre, für gutes Zusammenpassen die Ecken am Ring stark zu brechen oder die Ecken der Führung mit einem besonderen Spitzstahl auszuarbeiten.

Der Leitschaufelkörper.

Als Material kommt im allgemeinen Gußeisen in Betracht; manchmal, besonders bei hohen Gefällen, wird Bronze genommen; Stahlguß dann, wenn die Schaufel mit dem Bolzen aus einem Stück zu fertigen ist.

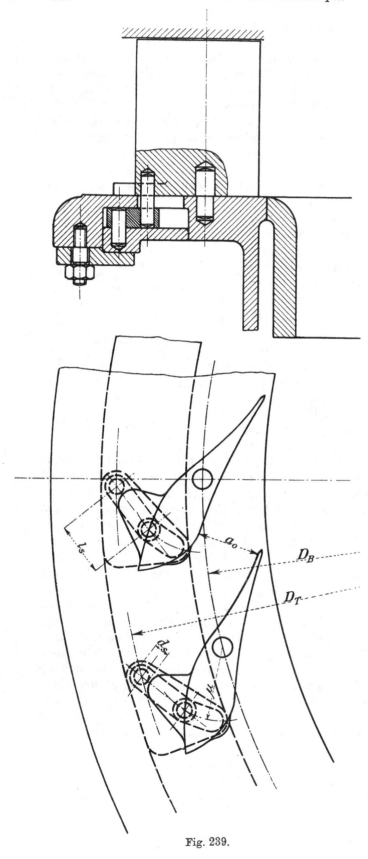

Fig. 239.

Bei besseren Aus-
führungen werden die
Drehbolzenlöcher im
Schaufelkörper an bei-
den Enden mit Messing-
oder Bronzebüchsen
ausgestattet.

Die Hervorragungen
an den Schaufeln, wie
sie zur Aufnahme oder
Überdeckung der Mit-
nehmverbindung erfor-
derlich sind, sollen, wie
schon erwähnt, mög-
lichst wenig Gelegen-
heit zu Wirbelungen
geben; das gleiche gilt
für die Versteifungen
der Leitradkränze, die,
wenn ungeschickt an-
gebracht, dem Wasser
recht bedeutende Be-
wegungshindernisse
bieten können. Die
Versteifungsstangen
der Konstruktion Taf. 8
und 9 werden bei ganz
geöffneter Schaufel von
der entsprechenden
Aussparung im Schau-
felkörper aufgenom-
men. Je mehr die
Schaufel sich schließt,
um so mehr gibt der
Schaufelkörper die
Stange frei. Sie wird
trotzdem der Wasser-
strömung nicht sehr
hinderlich sein, weil
dann kleinere Wasser-
mengen, also auch klei-
nere Zuflußgeschwin-
digkeiten in Frage
kommen.

Der Materialerspar-
nis wegen findet man
vielfach die Leitschau-
feln mit durchgehenden
Kernen gegossen. Diese
Ausführung ist bedenk-

lich für Gegenden, in
denen scharfer Frost
eintreten kann. Hier
werden, trotz des großen
Mehrgewichts, besser
massive Schaufeln ver-
wendet.

7. Patente und aus- geführte Konstruk- tionen.

Bei der Fülle der
Anordnungen dürfte
ein kurzer Überblick
über deren Entwicklung
am Platze sein. Aus-
drücklich sei hier be-
merkt, daß der Ver-
fasser absichtlich bei
Anführung der Patent-
nummern außer acht
läßt, ob die Patente
noch gültig sind oder
nicht.

Die Konstruktionen
nach „1" und „2",
Gleitsteine, waren all-
bekannt und überall
angewendet. Die Kon-
struktion nach „3",
kurze Lenkstange,
wurde zuerst von J. M.
Voith-Heidenheim
in verdeckter Ausspa-
rung des Schaufelkör-
pers angewendet, die
Firma erhielt das D. R. P.
99590, in dem neben
der Unterbringung der
kurzen Lenkstange im
Schaufelkörper auch
diejenige in verdeckter
Aussparung des Regu-
lierringes geschützt ist.
Lenkstangen an sich
waren durch amerika-

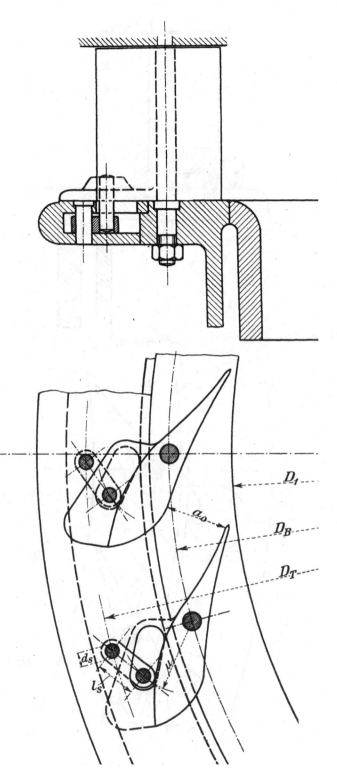

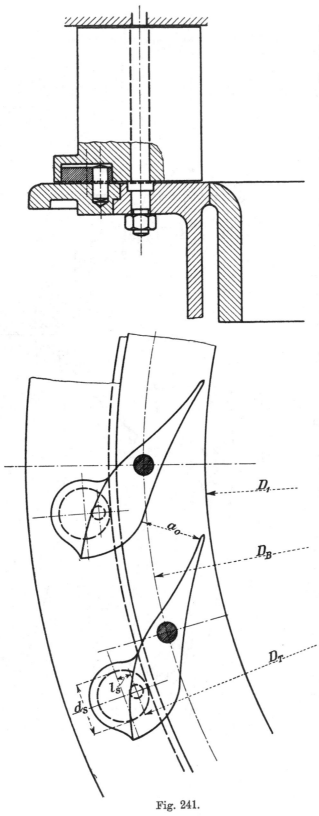

Fig. 241.

Die Annehmlichkeiten der kompendiösen Anordnung mit kurzen verdeckten Lenkstangen führten eine Reihe von Konstrukteuren dazu, Ausführungen zu ersinnen, die nicht unter das genannte Patent fallen.

Wir finden u. a. eine Ausführung von G. Luther-Braunschweig, D. R. P. 128878, bei der das Lenkstängchen in einem Raum zwischen Leitradkranz und dicht seitlich liegendem Regulierring untergebracht ist, Fig. 239. Für die Bahn des Mitnehmstiftes besitzt der Leitkranz einen Schlitz, der durch den Schaufelkörper allein oder durch lappenartige Verbreiterung desselben überdeckt ist.

Eng an diese Konstruktion schließt sich Leffler-Gotha mit D. R. P. 160935 an, Fig. 240. Hier hat der U-förmig gestaltete Regulierring in der Höhlung des U den Raum für die Lenkstängchen; im Regulierring ist ein Schlitz frei gelassen für die Bahn des Mitnehmstiftes relativ zum Ring, denn der Stift muß durch den Ring (analog wie vorher durch den Leitkranz) durchtreten, um von dem Lenkstängchen gefaßt zu werden.

Dem Prinzip nach die schon patentierte

kurze Lenkstange in der Schaufelaussparung zeigt, ein zweites Mal patentiert, die No. 127826, Fig. 241 (S. 390), mit dem einzigen Unterschied, daß hier der Durchmesser d_s des einen Mitnehmstiftes so viel vergrößert ist, daß er wesentlich größer ausfällt, als die Länge l_s des Lenkstängchens. Hier dreht sich der als Scheibe ausgebildete, zugleich das Lenkstängchen darstellende Mitnehmstift im Schaufelkörper. Die schwierigen Reibungsverhältnisse der Anordnung werden wohl keine sehr zahlreichen Ausführungen ermöglicht haben.

Ähnlich, wenn auch etwas besser, liegen die Dinge mit der Anordnung einer verdeckten Kurbelschleife nach D. R. P. 142651, welche von den vorher bekannten Konstruktionen das Prinzip übernommen hat und sich in der Ausführung nur dadurch von jenen unterscheidet, daß statt des kleinen (Reibungs-) Durchmessers eines feststehenden Mitnehmstiftes hier ein recht großer Durchmesser der als Mitnehmstift ausgebildeten drehbaren Kurbelschleife angeordnet ist.

Eine weitere Konstruktion, in der die Schlitze zwischen den bewegten Teilen abge-

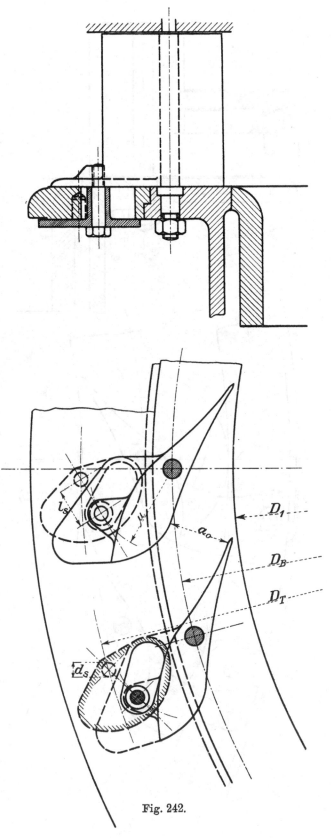

Fig. 242.

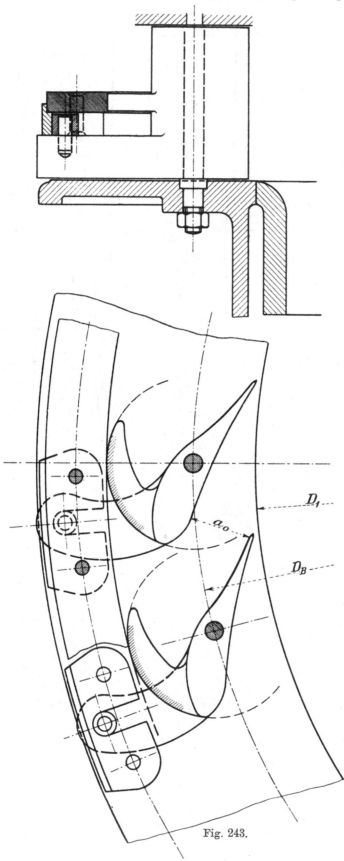

Fig. 243.

deckt sind, ist diejenige von Kolb-Karlsruhe, D.R.P. 150 823, Fig. 242. Hier sind die Lenkstängchen je mit einem massiven und einem hohlen Zapfen aus einem Stück gearbeitet, der hohle Zapfen umschließt den an der Schaufel festsitzenden Mitnehmstift, der massive Zapfen wird vom Regulierring gefaßt und das plattenförmig verbreiterte Lenkstängchen deckt von unten her den Schlitz ab, der im Regulierring für das Spiel des hohlen Zapfens erforderlich ist.

Das Streben nach guter möglichst reibungsfreier Führung oder anderer Gestaltung des Regulierringes äußert sich in folgenden Anordnungen.

Bell & Co., Kriens bei Luzern, führen den Ring ihrer Drehschaufelregulierungen mit Rollkugeln, wie dies aus den Taf. 12, 13, 14 (auch Fig. 283) ersichtlich ist, um einen möglichst leichten Gang zu gewährleisten, eine Anordnung, die sich nach Angabe der Fabrik seit sechs Jahren gut bewährt hat.

Eine andere, weniger einfache Konstruktion ist die unter D.R.P. 103 096 beschriebene, Fig. 243. Hier haben die Schaufeln Ansätze, deren Umfänge als Teile von Rollen betrachtet

werden können, die sich
um den Schaufelbolzen
drehen. Ganze Rollen
sind nicht erforderlich,
weil der Schlußweg nur
eine geringe Drehung
der Schaufelkörper ver-
langt. An diesen Rollen-
ansätzen zentriert sich
der Regulierring, der
allerdings, solange er
in der Mitte von b_0 angebracht ist, dem Was-
ser einiges Hindernis
bei niederem b_0 berei-
ten wird.

Von einer ganz an-
deren Seite faßt Fore-
sti-Mailand die Sache
im D. R. P. 125 186 an,
Fig. 244. Hier ist der
Regulierring durch eine
Anordnung von Lenk-
stangen rund um den
Leitapparat ersetzt.
Jede Leitschaufel hat
zwei Mitnehmstifte, et-
was versetzt zueinan-
der, von denen Lenk-
stangen zu den Nach-
barschaufeln, eine vor-
und eine rückwärts,
gehen. Jede Lenkstange
ist genau so lang als
die Sehne zwischen zwei
Schaufelbolzen und
liegt auch parallel mit
dieser. Auf solche Weise
entstehen z_0 Parallelogramme $abcd$, deren
äußere Eckpunkte je-
weils durch den Ansatz
an der Schaufel ver-
bunden sind, der die
beiden Mitnehmstifte
trägt. Die Drehbewe-
gung wird hierdurch,
wie durch einen Ring,
absolut gleichmäßig
auf alle Leitschaufeln

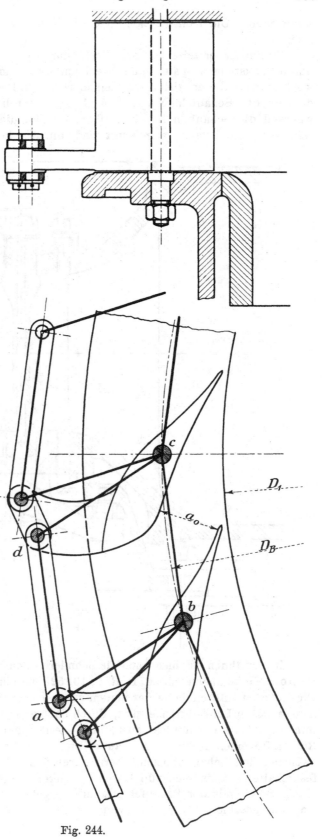

Fig. 244.

übertragen. Die Konstruktion erscheint sehr geschickt und verwendungsfähig.

Wunderlicherweise ist die Verbindung der Leitschaufeln unter sich
durch Lenkstangen später dann einem anderen Anmelder nochmals geschützt
worden, weil dieser gleichzeitig einen richtigen Regulierring anwandte, mit
dem er die Schaufeln No. 1, 3, 5, 7 usw. durch Kurbelschleife bewegt,
während die Schaufeln No. 2, 4, 6, 8 usw. an die No. 1. 3, 5, 7 usw. einzeln durch Lenkstange angehängt sind, die frei in der Breite b_0 liegen.

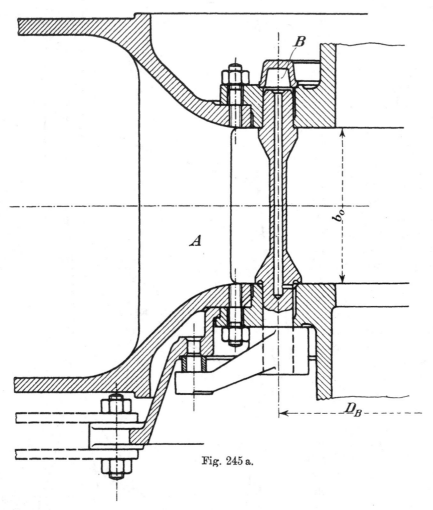

Fig. 245 a.

Zu erwähnen ist hier noch die Schmiereinrichtung für Preßfett, wie sie
Honold-Heidenheim unter D. R. P. 132525 beschreibt, Fig. 245 a und b.
Die äußeren Hälften jedes der beiden aus zwei konzentrischen Ringen zusam-
mengesetzten Leitradkränze sind, durch flachgeformte Stützschaufeln A verbunden, als ein Gußstück ausgeführt. Auf einer Seite trägt die innere
Ringhälfte einen Hohlring B, sauber in einer Eindrehung eingepaßt und
zwischen den Schaufelbolzenlöchern durch hier nicht gezeichnete Schrauben
festgehalten. Entsprechende Durchbohrungen der Drehbolzen (die hier aus
einem Stück mit der Schaufel bestehen) ergeben im Verein mit dem Hohlring ein geschlossenes System von Schmierkanälen, die alle von einem be-

liebigen Punkte aus mit Preßfett gespeist werden können. Ein leichter
Betrieb der Regulierung ist dadurch ermöglicht; bei der Wahl des Schmier-
materials dürfte aber Vorsicht am Platze sein, damit dasselbe nicht etwa
bei Temperaturen um 0^0 herum seine Beweglichkeit verliert und dadurch
eventuell die ganze Regulierung zum Klemmen bringt.

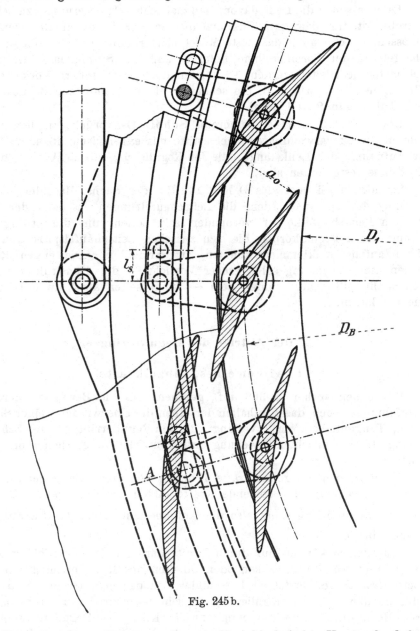

Fig. 245 b.

Besonders bemerkt zu werden verdient hierbei der Umstand, daß das
Preßfett in den Schmiernuten, die um die unteren Enden der Schaufelbolzen
laufen, eine Art Liderung gegen Druckwasser bildet, derart, daß für Gefälle
bis gegen 10 m hin keine Veranlassung besteht, Stopfbüchsen an den Stellen
anzubringen, an denen die Schaufelbolzen gegen außen treten.

Unter D. R. P. 144 524 wird versucht, den Drehpunkt der Schaufeln ziemlich dicht ans Laufrad hin zu verlegen, derart, daß der Schaufelspalt auch für kleine $a_{(0)}$ sich nicht oder kaum vergrößern kann. Es bleibt abzuwarten, ob durch Bremsergebnisse nachgewiesen werden kann, daß die Wasserausnutzung sich für kleine Wassermengen tatsächlich besser stellt, als bei Leitschaufeln mit der seitherigen Lage des Drehpunktes.

Es war schon die Rede davon, daß man sich Erleichterungen zu schaffen bestrebt ist für das gute Zusammenpassen der Leitschaufeln, wenn geschlossen. Wenn auch das beste Mittel hierfür darin besteht, daß die Leitschaufeln in der Formmaschine geformt und mit Spezialmaschinen genau gleichartig bearbeitet werden, so können doch auch andere Vorkehrungen willkommen sein, wie z. B. die schon erwähnten gebogenen Schubstangen nach Taf. 8 und 9 und dergl.

Unter D. R. P. 148140 beschreibt Scholz-Osnabrück zu dem vorgenannten Zweck verwendbare Mitnehmstifte mit exzentrisch sitzenden Zapfen zur Aufnahme der Lenkstange, die im Regulierring durch Anziehschraube mit Konus festgehalten sind.

Schließlich sei noch des D. R. P. 148611 der Sächs. Maschinen-Fabrik-Chemnitz gedacht, nach dem die Leitschaufelzungen in federnder Weise mit dem Leitschaufelkörper verbunden sein sollen, um die etwaige Zerstörung durch Fremdkörper, die sich zwischen Leitschaufelspitze und Radschaufelanfang einklemmen könnten, zu vermeiden. Die engen Rechen werden die Anwendung solch großer Vorsicht — die Konstruktion dürfte auch nicht billig auszuführen sein — wohl selten als Notwendigkeit erscheinen lassen.

B. Der Antrieb des Regulierringes.

1. Allgemeines, Einzelkräfte.

Wir haben vorher, S. 368 u. f., gesehen, daß die Bewegung der Leitschaufeln und auch das Festhalten derselben die Überwindung einer Summe von z_0 Tangentialkräften T verlangt, die am Regulierring je nach Schaufelstellung der gewünschten Bewegung entgegenwirken oder sie hervorzurufen suchen.

Die einzelnen Tangentialkräfte T liegen sich diametral gegenüber und je zwei entgegengesetzt stehende Kräfte bilden ein Kräftepaar. Der Antrieb des Regulierringes hat also die Aufgabe, eine Anzahl $\left(\dfrac{z_0}{2}\right)$ Kräftepaare zu überwinden.

Kräftepaare können nur durch Kräftepaare im Gleichgewicht gehalten werden, und wenn zum Drehen oder Anhalten des Regulierringes nur eine äußere Kraft P verwendet wird, so bildet sich das erforderliche Kräftepaar dadurch, daß sich der Regulierring an seiner zentrischen Führung anlegt, deren Reaktion P dann die nötige zweite Kraft des Regulierkräftepaares liefert, Fig. 246. Durch das Anpressen des Regulierringes mit P an seine zentrische Führung vom Durchmesser D_f entsteht dort ein Reibungswiderstand $P \cdot \mu$, der der Drehbewegung entgegenwirkt und deshalb einen vergrößerten Aufwand an äußerer Antriebskraft P verursacht.

Die sich einstellende Gegenkraft $P \cdot \mu$, die in der Nähe des Angriffspunktes von P auch wieder durch die zentrische Führung geleistet werden muß, erzeugt ihrerseits wieder einen neuen, der Drehung des Ringes widerstehenden Reibungswiderstand im Betrage $P \cdot \mu^2$, den wir vernachlässigen dürfen.

Wären keine Reibungswiderstände am Regulierring vorhanden, so würde sich die am Momentarm l (Fig. 246) angreifende Kraft aus den tatsächlich nötigen T berechnen zu ideell

$$P_0 = z_0 \cdot T \cdot \frac{D_T}{2l} = z_0 T \cdot \frac{r}{l} \quad . \ . \ \textbf{564.}$$

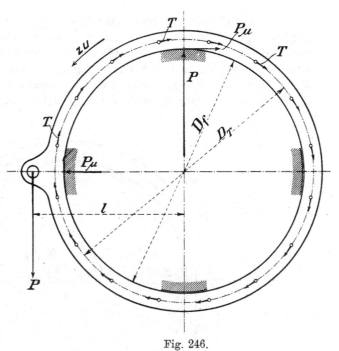

Fig. 246.

wenn wir mit $r = \dfrac{D_T}{2}$ den Halbmesser des Kreises bezeichnen, in dem die Tangentialkräfte angreifen.

Unter Berücksichtigung der besprochenen Reibungswiderstände aber gilt die Momentgleichung auf Ringmitte (Fig. 246)

woraus folgt

$$P \cdot l = z_0 T \cdot \frac{D_T}{2} + P \cdot \mu \cdot \frac{D_f}{2},$$

$$P = z_0 T \cdot \frac{D_T}{2l - \mu D_f} \quad . \ . \ . \ . \ . \ . \ \textbf{565.}$$

Der Nutzeffekt des Regulierringes (als Getriebe) stellt sich demnach auf

$$\frac{P_0}{P} = \frac{2l - \mu D_f}{2l} = 1 - \frac{\mu D_f}{2l} \quad . \ . \ . \ . \ \textbf{566.}$$

D_T, der Durchmesser, an dem die Tangentialkräfte T angreifen, kommt hierbei gar nicht in Betracht.

Nun ist wegen der sehr mangelhaften, häufig gar nicht vorhandenen Schmierung der Reibungskoeffizient μ meist sehr hoch anzusetzen, etwa 0,3. Es liegt bei Anwendung von Gleitsteinen oder kurzen Lenkstängchen in der Anordnung begründet, daß D_f sich der Größe $2l$ ziemlich nähert.

Für solche Verhältnisse, wo D_f vielleicht 0,8 von $2l$ ist, ergibt sich dann ein Nutzeffekt von $1 - 0,3 \cdot 0,8 = 0,76$, d. h. die tatsächlich aufzuwendende Kraft P ist das $\dfrac{1}{0,76} = \sim 1,3$ fache der ideell aus den Tangentialkräften T sich ergebenden Regulierkraft.

Ein weiterer Umstand ist zu beachten, der recht unliebsame Steigerungen für die aufzuwendende eine Regulierkraft P bei großem Führungsdurchmesser D_f verursachen kann, nämlich die Durchbiegung des Regulierringes derart, daß er sich wie ein elastisches Band um seine zentrische

Führung legt. Der Fall tritt ein, wenn der Ring nur mit sehr geringem
Spielraum über die zentrische Führung geschoben ist und wenn der Ringquerschnitt den Tangentialkräften gegenüber nicht genügende Steifigkeit
besitzt.

Die Verhältnisse können dann wie folgt beurteilt werden. Die Fig. 247
zeigt einige Mitnehmstifte, numeriert, dazu den Regulierring, auf einer
Stelle dicht hinter dem Angriff von P, durchgeschnitten. Unter diesen
Umständen würde sich die Kraft P gemäß einer Summe von Kräften P_1,
P_2, P_3 usw. zusammensetzen, die den einzelnen Tangentialkräften T entsprechen und im Durchmesser D_T angreifen. Unter der Annahme, daß der

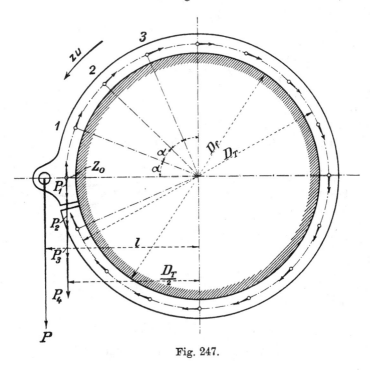

Fig. 247.

Regulierring als elastisches Band rundum satt am Führungsdurchmesser D_f
anliege, ist die Kraft P_1, die zur Bewegung der Schaufel No. 1 im Durchmesser D_T erforderlich ist,

$$P_1 = T \cdot e^{\mu a}$$

worin a den Zentriwinkel bedeutet, der einer Leitschaufelteilung entspricht;
also ist $a = \dfrac{2\pi}{z_0}$ zu setzen.

Die Kraft P_2, welche in der Richtung von P liegend, im Durchmesser
D_T für die Bewegung der Schaufel No. 2 aufgewendet werden muß, ist dann

$$P_2 = T \cdot e^{2\mu a}$$

für die Schaufel No. 3 ist nötig

$$P_3 = T \cdot e^{3\mu a} \text{ und so fort.}$$

Die Kraft P wird unter den vorliegenden Verhältnissen demnach zu
rechnen sein als

$$P = T \cdot \frac{r}{l} [1 + e^{\mu a} + e^{2\mu a} + \dots + e^{(z_0 - 1)\mu a}]. \quad . \quad . \quad \textbf{567.}$$

wobei die letzte Leitschaufel mit dem Index z_0 nur als 1 in der Klammer mitrechnet, weil ihr Mitnehmstift unmittelbar neben P liegt, also keinen Umschlingungsbogen aufzuweisen hat.

Für 24 Leitschaufeln (Turbine „B") würde sich mit $\alpha = \frac{2\pi}{24}$ und $\mu = 0,3$ der Klammerwert zu $\sim 68,5$ ergeben, während der reibungslose Betrieb gemäß Gl. 564 als Faktor von $T \cdot \frac{r}{l}$ nur 24 besitzt. Der aufgeschnittene, als Bremsband wirkende Regulierring würde also nahezu das Dreifache der ideellen Regulierkraft bedingen.

Nun ist aber natürlich der Ring nicht aufgeschnitten, so daß die Verhältnisse in Wirklichkeit anders liegen müssen. Wollten wir annehmen, daß nur der halbe Umfang des Regulierringes

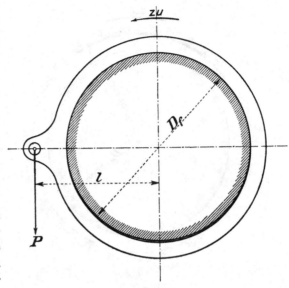

Fig. 248.

entsprechend den Schaufeln No. 24, 1, 2, 3 .... bis 11 durch Zugkräfte zur Anlage an die zentrische Führung gelangt, während die andere Ringhälfte frei gegen außerhalb treten kann, Fig. 248, so stellt sich der Klammerwert nur auf

$$[1 + e^{\mu a} + e^{2\mu a} + \dots + e^{11\mu a}] = \sim 19,2$$

und die Gesamtregulierkraft auf ungefähr

$$P = T \cdot \frac{r}{l} \cdot 19,2 + \frac{z_0}{2} \cdot T \cdot \frac{D_T}{2l - \mu D_f}$$

oder mit $D_f = 0,8$ von $2l$ und $\mu = 0,3$ und für 24 Schaufeln.

$$P = 35\, T \cdot \frac{r}{l}$$

gegenüber ideell $P_0 = 24 \cdot T \cdot \frac{r}{l}$.

Hat aber der Regulierring innere und äußere zentrische, satte Führung, so wird er sich annähernd so auf seine Führungen stützen, wie dies Fig. 249 übertrieben zeigt. Dann stellt sich die Regulierkraft bei 24 Schaufeln auf

$$P = 2T \cdot \frac{r}{l}[1 + e^{\mu a} + e^{2\mu a} + \dots + e^{11\mu a}] = \sim 38,4 \cdot T \cdot \frac{r}{l}.$$

Die Bell'sche Führung des Regulierringes mittels Rollkugeln (Taf. 12, 13, 14, 36, 37) beschränkt die Reibungswiderstände ganz wesentlich. Solange die Kugeln nicht durch Sand und Schlamm in ihrer Beweglichkeit gehindert sind, darf der Reibungskoeffizient μ fast zu Null angenommen werden, wodurch P nahezu auf die ideelle Größe P_0 heruntergehen würde.

Die Anwendung langer Lenkstängchen gestattet (vergl. Taf. 8 und 9) einen wesentlich kleineren Führungsdurchmesser D. für den Ring im

Verhältnis zum Momentarm l. In Tafel 9 ist D_f etwa gleich $\frac{l}{3}$, dazu ist die Schmierung durch Preßfett ermöglicht. Wenn wir hier $\mu = 0{,}15$ annehmen, was

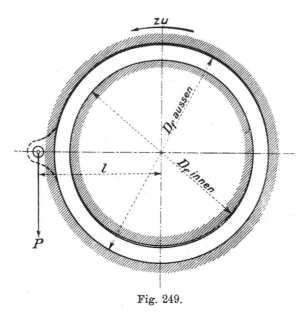

noch reichlich gerechnet sein dürfte, so steigt dadurch der Nutzeffekt des Regulierringes auf $1 - \dfrac{0{,}15}{6} = 0{,}975$ und wir haben nur noch das $\dfrac{1}{0{,}975} = 1{,}025$ fache der ideellen Kraft aufzuwenden.

Wir erkennen daraus, daß nur ein kleiner Führungsdurchmesser D_F für den Regulierring uns sichere Gewähr dafür bietet, daß die Regulier-Einzelkraft P durch Ringreibung keine wesentliche Steigerung erfährt.

In allen Fällen der Anwendung großer Regulierringe aber, und diese sind

Fig. 249.

weitaus die häufigsten, müssen wir danach streben, der Summe der kleinen, aus den Tangentialkräften T herrührenden Kräftepaare nicht eine äußere Einzelkraft, sondern ein äußeres Kräftepaar für die Drehung des Ringes entgegenzustellen.

2. Kräftepaar am Regulierring, Ausgleicher.

Durch die Anwendung eines Kräftepaares für die Drehung des Regulierringes fallen ideell die Gegenkräfte der zentrischen Führung ganz weg, die letztere hat nur noch den Ring gegen unvermutete kleinere Seitenkräfte zu stützen, die sich unter anderem daraus ergeben werden, daß die Druckverhältnisse nicht an sämtlichen Leitschaufelkörpern ganz genau gleich sind, daß also auch die Tangentialkräfte T nicht rundum ganz gleich sein werden. Ein anderer Grund für nicht rundum gleiche T liegt in etwaigen ungleichen Reibungsverhältnissen der einzelnen Schaufeln auf ihren Bolzen und im Mitnehmgetriebe. Das Einklemmen eines Fremdkörpers in einer Leitschaufel oder eines solchen beim Durchgang zwischen Leitschaufel und Leitschaufelspitze würde auf den gar nicht zentrisch geführten Ring ebenfalls nicht sehr angenehme Einwirkung haben.

Aus diesem Grunde bleibt der Ordnung halber auch der von einem Kräftepaar betätigte Regulierring mit einer zentrischen Führung (Spielraum) ausgestattet.

Die Aufgabe für den Konstrukteur besteht nun darin, dem Regulierring das erforderliche Kräftepaar tatsächlich oder wenigstens in angenäherter Weise zur Verfügung zu stellen, d. h. das Reguliergetriebe so zu disponieren, daß statt der einseitig am Hebelarm l angreifenden Kraft P womöglich ein Kräftepaar vom Momentarm $2\,l$ also mit Kräften im Betrage je $\dfrac{P_0}{2}$, nach

Fig. 250, den Regulierbetrieb übernimmt. Die Kräfte $\frac{P_0}{2}$ können als ideelle Kräfte aufgefaßt werden, insofern als sie im Gegensatze zu P genau und ohne weiteren Zuschlag die Kräfte darstellen, die zur Überwindung der Schaufeldrehmomente aus Wasserdrücken einschließlich der Bolzenreibungen am Regulierring erforderlich sind. Weiter nach außen gegen das Regulierhandrad hin treten dann natürlich noch neue Zuschläge für die Reibungswiderstände des äußeren Reguliergetriebes mit hinzu. Diesem ideellen Betrieb entspricht die Momentgleichung

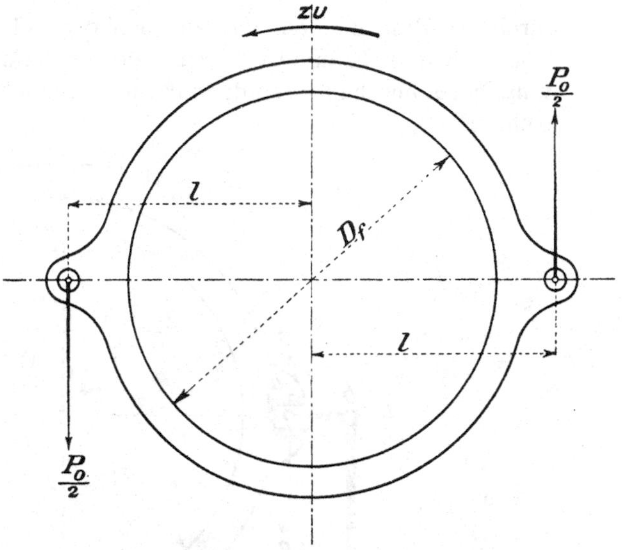

$$\frac{P_0}{2} \cdot 2\,l = z_0\,T \cdot \frac{D_T}{2},$$

woraus

Fig. 250.

$$\frac{P_0}{2} = \frac{z_0}{2}\,T \cdot \frac{D_T}{2l} = \frac{z_0}{2}\,T \cdot \frac{r}{l} \quad \cdots \cdots \quad \mathbf{568.}$$

Es liegt in den allgemeinen Verhältnissen begründet, daß wir von außen her fast immer nur Einzelkräfte zur Verfügung haben (Druck der Hand an der Regulierkurbel, Druck des hydraulischen Kolbens auf seine Kolbenstange usw.). Wir müssen aus diesem Grunde Mechanismen zwischen die Außenkraft und das Kräftepaar einschieben, die ihrerseits zur Bildung des Kräftepaares geeignet sind und, das ist mit eine Hauptsache, die ihrerseits möglichst wenig Zapfenreibung bei der Entwickelung des Kräftepaares verursachen.

Wir haben uns beim Antrieb des Regulierringes von grossem D_f stets vor Augen zu halten, daß der Regulierweg des Ringes klein ist, es handelt sich meist um weniger als 10 cm. Aus diesem Grunde kann für den Antrieb des Ringes selber stets an erster Stelle eine treibende Kurbel verwendet werden. Die Benutzung von Zahngetrieben ist unnötig und nicht anzuraten, denn diese haben Spielraum, dazu berühren sich die Zahnflanken nur in Linien, während das Kurbelgetriebe ohne Spielraum arbeiten kann und dazu Berührungsflächen für die Übertragung der Kräfte aufweist.

Die ersten Ringantriebe, für ein Kräftepaar gerichtet, hatten die Anordnung nach dem Schema der Fig. 251. Die treibenden Kurbeln $a\,b$ packen den Regulierring mittels Kurbelschleife oder kurzer Lenkstange, während die beiden Kurbelachsen durch zwei parallel stehende Hebel $b\,c$ und gemeinschaftliche Lenkstange verbunden sind.

Die Anordnung ist ideell unanfechtbar, der Antrieb des Ringes würde bei gleichen Hebel- und Kurbel-Längen, auch gleichen Momentarmen l, sicher durch zwei gleich große Kräfte von je $\frac{P_0}{2}$ erfolgen. Zum Teil wird dies illusorisch gemacht durch Ausführungsfehler in den Hebellängen usw., mehr

aber wohl durch unvermeidliche Ungenauigkeiten in den gegenseitigen
Winkel-Stellungen der Hebel und Kurbeln. Die Angriffspunkte der Kräfte
$\frac{P_0}{2}$ sind eben auf zwei Wegen durch Konstruktionsteile verbunden, einmal
durch den Ring an sich, das zweite Mal durch die Kurbeln, Hebel und Lenkstange; in der Praxis ist es ein seltener Zufall, wenn diese beiden Verbindungen so beschaffen sind, daß sie sich nicht gegenseitig stören oder be-
nachteiligen.

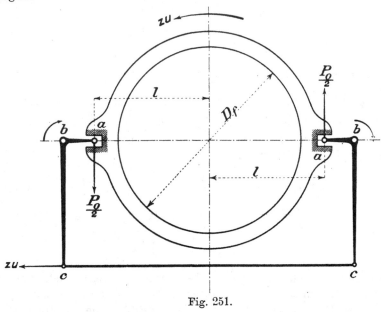

Fig. 251.

Der Fall ist ohne weiteres denkbar, daß z. B. durch eine um ein ganz
Geringes zu lang ausgeführte Lenkstange cc (Hebelverbindung) nur die linksseitige Kurbel bei „zu" wirklich auf den Regulierring drückt, während die
rechtsseitige Kurbel sich leer hinterdrein bewegt; sofort ist der Zustand da,
als ob die zweite rechtsseitige Kurbel überhaupt gar nicht vorhanden wäre,
und die Konstruktion hätte ihren Zweck, Antrieb durch ein Kräftepaar,
verfehlt. In kleinem Maße hilft über einen derartigen Mangel der Spielraum weg, den der Regulierring gegenüber seiner zentrischen Führung hat.
Wenn aber Störungen durch Fremdkörper oder irgendwelche Klemmungen
auftreten, so versagt der Antrieb sehr leicht.

Von solchen fast unvermeidlichen Ausführungsfehlern usw. können wir
uns freimachen, wenn wir den Antrieb des Ringes in bestimmter Weise
nachgiebig machen, nachgiebig in bezug auf zurückzulegende Wege, aber
nicht in bezug auf Kräfte.

Diese nachgiebigen Getriebeteile nennen wir Ausgleicher, weil sie
die Antriebskräfte $\frac{P_0}{2}$ des Regulierringes ideell ganz, in Wirklichkeit für
unsere Zwecke genügend genau, gleich groß entstehen lassen.

Der einfachste Ausgleicher wäre ein um eine Achse drehbarer gleich-
armiger Hebel, Fig. 252, Länge $2l$, dessen Achse in der Richtung der $\frac{P_0}{2}$
frei verschiebbar ist und von außen her die Drehung empfängt. Die Anordnung wird selten verwendbar sein, weil sie bei halbwegs großen Tur-

binen schon schwerfällig ist; die Winkeldrehung der Hebelachse (gleich der
des Ringes) ist sehr klein, so daß bis zum Regulierhandrad noch weitere
große Übersetzungen un-
umgänglich erforderlich
wären.

Der Ausgleicher, wie
er zuerst entstand und wie
er heute in Hunderten von
Ausführungen im Betriebe
ist, besteht auch in der
Anwendung eines gleich-
armigen Hebels *A* mit zwei
Lenkstangen, der aber
nicht mehr gedreht, son-
dern dessen Drehpunkt
parallel zu den Lenk-
stangen verschoben wird.
Fig. 253, auch Taf. 15,
27, 29.

Die beiden Regulier-
kurbeln *ab* mit Achsen *b*
und Hebeln *bc*, Fig. 251
und 253, haben immer
gleichen Drehsinn, es handelt sich also bei gleichen

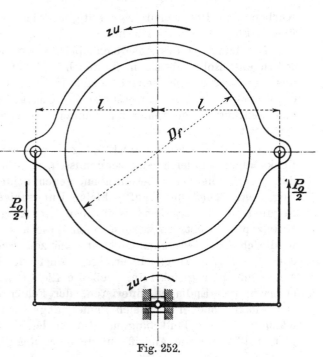

Fig. 252.

Längen *ab* bezw. *bc* nur darum, die Hebel *bc* so zu fassen, daß tatsächlich
die an denselben in *c* angreifenden Kräfte gleich groß sein müssen, was

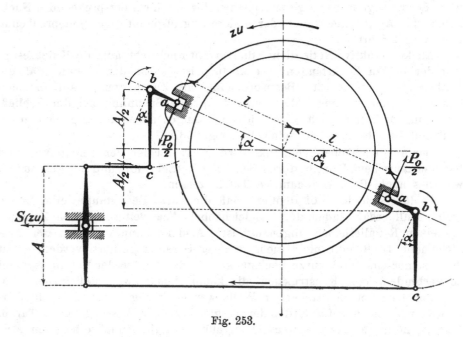

Fig. 253.

eben durch die Anordnung nach Fig. 253 ohne weiteres erreicht wird. Der
Durchmesser in dem die Kurbelmitten sitzen, ist gegenüber der Schubrich-

26*

tung des Ausgleichers entsprechend der anzunehmenden Länge A verdreht. Die Kurbeldrehpunkte b liegen um $\pm\frac{A}{2}$ von der Horizontalen ab. Die Kurbeln und Hebel sind gegenseitig um den betreffenden Winkel α, gegenüber seither 90^0, zu verdrehen.

Die Länge A des Ausgleichhebels spielt bei der Einrichtung nur insofern eine Rolle, als sie nicht gleich Null gemacht werden darf, weil dann das unausgeglichene Getriebe nach Fig. 251 entstehen würde. Der Konstrukteur wird diese Abmessung den Umständen nach kurz wählen, um eine gedrängte Anordnung zu erhalten, die aber natürlich immer noch alle Teile gut zugänglich läßt.

Die Fig. 253 stellt die Mittellage der Anordnung dar. Da die beiden Lenkstangen ungleich lang sein müssen, so würden sich wegen des Bogens, den die Hebelenden c beschreiben, gegen beide Endstellungen im Regulierweg, gegen „zu" und „auf", kleine Unterschiede in den Drehwinkeln der Regulierkurbeln ergeben; weil aber der Ausgleichhebel sich um seinen Mittelzapfen dreht, so werden auch diese ausgeglichen. Der Regulierring wird sich irgendwie ganz leicht an seine zentrische Führung angelegt haben, ehe dieser Weg-Ausgleich erfolgt. Auch die Kräfte werden nicht ganz genau einander gleich sein, weil die Richtungen der beiden Lenkstangen etwas in den Endlagen differieren, der Fehler ist aber ganz unbedeutend. Der Ausgleichhebel wird sich immer, abgesehen von Zapfenreibung, gleichmäßig auf beide Lenkstangen, also in letzter Linie auch sehr annähernd gleichmäßig auf die Angriffspunkte a im Regulierring, aufstützen.

Etwaiger toter Gang in den Bolzen, Lagern usw. wird stets, ehe die Bewegung des Ringes beginnt, durchlaufen werden, denn der eine durch den Schub S des Ausgleichers etwa zuerst belastete Angriffspunkt a am Ring wird der Bewegung so lange widerstehen, bis durch ein entsprechendes Nachgeben des Ausgleichers auch der andere Angriffspunkt seine entsprechende Belastung erfährt.

Als konstruktive Notiz diene, daß es mit Rücksicht auf die Knickfestigkeit der beiden Lenkstangen zweckmäßig ist, so zu disponieren, daß die Lenkstangen ihre größte Beanspruchung als Zugspannung aufzunehmen haben. In den meisten Fällen wird die größte Spannung bei der Schließbewegung auftreten, d. h. also, die Lenkstangen sollen im allgemeinen bei „zu" auf Zug beansprucht sein. (Vgl. Fig. 253.)

Der Ausgleichhebel-Drehpunkt wird meist in einer Geraden geführt und bei mechanischem Betrieb durch Schraubengetriebe hin und her geschoben, wie dies auch die obengenannten Tafeln zeigen.

Es läßt sich der Fall denken, daß die kurze Lenkstange eine Länge gleich Null erhält, indem der Ausgleichhebel ohne weiteres an dem Zapfen c des einen Regulierhebels angehängt ist. Alsdann kann natürlich der Ausgleichhebel-Drehpunkt nicht mehr in einer Geraden geführt werden, er ist dann seinerseits durch kurze Lenkstange mit der Mutter der Regulierspindel zu verbinden, eine Konstruktion, die kaum einmal zweckmäßig sein wird.

Bei Turbinen mit stehender Welle werden häufig beide stehende Kurbelwellen so hoch geführt, daß der Ausgleicher über Wasser kommt, Taf. 6. Dies ist nötig, sofern das Regulierschraubengetriebe unmittelbar den Ausgleicher fassen soll. Wenn der Ausgleicher aber selbst wieder durch Hebel gehalten ist, so ist das Herausnehmen desselben über O. W. nicht unbedingt nötig, er sollte aber doch mindestens so weit über dem Laufraddeckel liegen, daß dieser für das Nachsehen der Turbine genügend hoch gehoben werden kann. Die Aufhängung eines solchen Ausgleichers an einem Hebel statt an einer Geradführung zeigt Taf. 6 in kleinem und Fig. 254 a und b in größerem Maßstab.

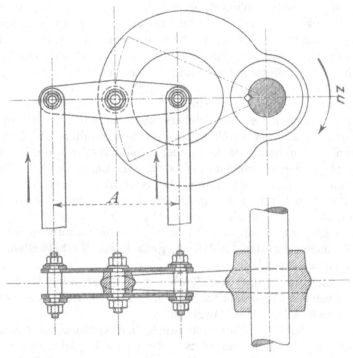

Fig. 254a.

Der am Hebel aufgehängte Ausgleicher wird zweckmäßig aus zwei gleichen Stücken gefertigt, wovon eines oberhalb, das andere unterhalb des Traghebels liegt und auch die Lenkstangen bestehen aus oben und unten

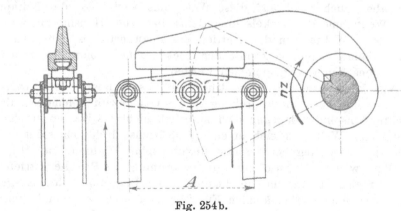

Fig. 254b.

liegenden Schienen. Auf diese Weise bleiben sämtliche Kräfte in einer Ebene, der Mittelebene des Traghebels vereinigt, Kippmomente sind vermieden. Der eine Endzapfen des Ausgleichers geht durch die Aussparung des Traghebels frei hindurch (Fig. 254 a).

Für den Regulatorbetrieb ist es nötig, daß der Schlußweg des Regulierringes zu dem Hub der Tachometermuffe in fester Beziehung steht. Der Ringstellung „offen" hat die tiefste, der Ringstellung „zu" die höchste Muffenstellung zu entsprechen, ohne daß damit gesagt ist, daß die Größe der einen Strecke an sich in irgend einem bestimmten Verhältnis zur Größe der anderen stehen solle. Wünschenswert ist dabei, daß sich im Reguliergеtriebe irgendwo eine Stelle befindet, an der, ohne Auswechselung oder Umänderung eines Getriebeteils, nach vollendeter Montierung das Verhältnis der beiden Strecken nachträglich etwas geändert werden kann. Ungenauigkeiten in der Ausführung oder dergl. lassen dies manchmal nötig erscheinen. Diesem Bedürfnis entspricht u. a. die in Fig. 254 b gezeichnete Form eines Traghebels mit verstellbarem Hub.

Der Drehzapfen des Ausgleichers sitzt hier in einem verschiebbaren Lager, welches einfach durch zwei Schrauben gehalten ist. Besondere Stellschrauben sind unnötig, da nur einmal, beim Justieren des Regulators, verstellt wird, dagegen empfiehlt es sich, das Lager etwas eingehobelt zu führen, damit dieses beim Lösen der Schrauben nicht abwärts rutschen kann. Der Hebel erhält die gekröpfte Form, damit der Drehzapfen des Ausgleichers in einer Radialen verschoben wird.

Die einfachen Turbinen mit liegender Welle im offenen Schacht zeigen, wenn „Krümmer im Haus", Taf. 15, ganz kurze Kurbelwellen, ebenso die Spiralturbinen (Taf. 27, 28).

Die Anordnung einfacher Turbinen mit liegender Welle im offenen Schacht, aber mit „Krümmer im Schacht", Taf. 16, stellt eine neue Aufgabe für die Konstruktion eines Ausgleichers.

Es war ziemlich selbstverständlich, aus Gründen der Zugänglichkeit usw., daß bei „Krümmer im Haus" das ganze Reguliergetriebe einschließlich des Ausgleichers auch im „Hause", also auf der Krümmerseite untergebracht wurde. Die ganze Anordnung drängt ja förmlich darauf hin. Anders ist dies bei der Anordnung „Krümmer im Schacht". Der Regulierring liegt hier auch zweckmäßig auf der Krümmerseite, einmal, weil der Krümmer gute Stützpunkte für die Lagerung des Regulierbetriebes bietet, dann aber auch, weil auf diese Weise das Nachsehen des Leitapparates durch Wegnahme des Deckels über demselben vom Hausinnern aus ermöglicht wird. Wollte man den Antrieb des Regulierringes nebst Ausgleicher ins Hausinnere legen, so könnte der Deckel ohne Demontierung des Reguliergetriebes kaum weggenommen werden.

Nun kann wohl der Ausgleicher im Wasser liegen, weil es sich für denselben nur um geringe Drehung in den Gelenkzapfen handelt, die Regulierschraubenspindel dagegen darf natürlich nicht ins Wasser kommen, und so muß eine Welle, die sich in einer Stopfbüchse dreht, eines der Zwischenglieder zwischen Regulierring und Regulierspindel bilden (Taf. 16).

Ohne weiteres könnte dabei die Anordnung des Reguliergetriebes nach Taf. 15 rechts in Anwendung kommen, der Drehpunkt des Ausgleichers wäre durch eine Kurbel ähnlich Fig. 254 zu führen, die, in Mittelstellung senkrecht, den Ausgleicher in gewünschter Weise horizontal betätigt. Vielfach wird aber hier eine andere Anordnung ausgeführt, mit oder ohne Ausgleicher (Taf. 16).

Die Anordnung ohne Ausgleicher, wie sie sich aus derjenigen nach Fig. 251 entwickelte, ist in Fig. 255 schematisch dargestellt.

Die Welle d, welche durch eine Stopfbüchse ins Hausinnere führt, liegt natürlich parallel zur Turbinenwelle. Die mit Kurbelschleife (oder kurzer Lenkstange) den Ring fassenden Kurbeln $a\,b$ werden wie in Fig. 251 durch Hebel $b\,c$ bewegt. Zwei Lenkstangen führen von einem auf der oberen Welle sitzenden Winkelhebel nach den, in Mittelstellung senkrecht zu diesen Lenkstangen stehenden Hebeln $b\,c$. Meist liegen alle diese Teile in einer Ebene und die Kurbeln $a\,b$ und Hebel $b\,c$ bilden je ein Stück Winkelhebel, der sich lose auf seinem Zapfen b dreht. Diese Anordnung ist ihrer Wirkung nach genau so zu beurteilen, wie diejenige nach Fig. 251.

Eine Vereinfachung der Anordnung entsteht, wenn wir beide Kurbeln $a\,b$ und Hebel $b\,c$ weglassen und nach Fig. 256 die Lenkstangen unmittelbar mit dem Regulierring verbinden, wodurch natürlich die Möglichkeit der Übersetzung zwischen Regulierring und Welle d, die seither durch das Längenverhältnis von $a\,b$ und $b\,c$ gegeben war, in Wegfall kommt. Die Verhältnisse der Fig. 256 in bezug auf das am Regulierring eintretende Drehmoment liegen wie folgt.

Vorausgesetzt, daß sonst keine einseitigen Klemmungen vorhanden sind, werden die Lenkstangen annähernd gleiche Spannungen L aufweisen. Für „zu" mag die in Fig. 256 links liegende Stange Druck, die rechts liegende Zugspannung besitzen.

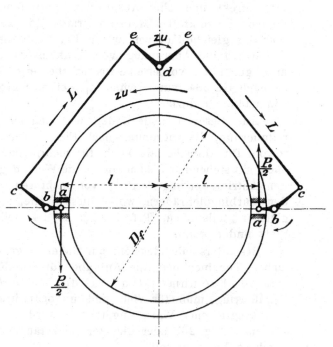

Fig. 255.

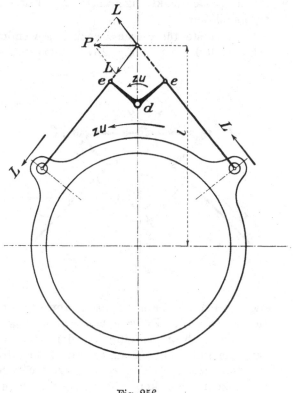

Fig. 256.

Auf den Regulierring werden diese zwei Kräfte die gleiche Wirkung äußern, wie deren Resultierende P, Fig. 256, d. h. der Ring wird durch die zwei direkt und ohne Ausgleicher angreifenden Lenkstangen bewegt, als ob eine Einzelkraft P am Hebelarme l (Fig. 256) den Ring faßte, also liegt hier der gleiche Fall vor, wie in Fig. 246 dargestellt, mit dem Unterschiede, daß durch die Anordnung von Winkelhebel und Lenkstangen der Hebelarm l gegenüber vorher eine wesentliche Vergrößerung erfahren hat. Letzteres ist nach Gl. 564 nur erwünscht, weil der große Hebelarm l die Reibungswiderstände reduziert.

Aus diesem Grunde finden wir ziemlich häufig, besonders für Handregulierung, die Anordnung nach Fig. 256, auch 255, angewendet und zwar sowohl für einfache als auch für mehrfache Turbinen mit liegenden und auch mit stehenden Wellen, denn die Welle d gestattet in bequemster Weise den Antrieb der Regulierringe von mehreren auf der gleichen Welle sitzenden Turbinenleiträdern, wobei diese Welle, einerlei ob mit oder ohne Ausgleicher, teils oben, Taf. 18, 22, 23, 24, teils neben, Taf. 17, 21, ihren Platz finden kann.

Besonders mit Rücksicht auf die eben genannten Verhältnisse bei mehrfachen Turbinen liegt die Aufgabe für den Konstrukteur hier darin, den Ausgleicher unmittelbar auf der Welle d unterzubringen, denn jeder Regulierring muß für sich und unabhängig von dem benachbarten Ring in ausgeglichener Weise angetrieben werden. Dies gilt, einerlei ob Hebel $a\,b\,c$ nach Fig. 255 oder direkter Lenkstangenangriff nach Fig. 256 zur Anwendung kommen soll.

Die Hebelanordnung nach Fig. 255 verlangt, wie leicht ersichtlich, gleich große Lenkstangenkräfte L. Der Ausgleicher hat dies also zu bewerkstelligen.

Die erste für diesen Zweck angewendete Konstruktion, Voith, Heidenheim, D. R. P., ist in Fig. 257 schematisch angegeben. Statt der Lenkstangen ist auf jeden Bolzen f des Winkelhebels ein Zwischen-(Winkel-)Hebel $e\,f\,g$ geschoben, an dessen kürzerem Ende e die betr. Lenkstange angreift. Haben nun beispielsweise die auszugleichenden Lenkstangenkräfte L die in Fig. 257 gezeichneten Richtungen gegenüber den Winkelhebelarmen ef, so wird der Arm fg des linken Zwischenhebels das Streben haben, eine Drehung gegen aufwärts auszuführen, der Arm fg des rechtsseitigen Hebels dagegen wird die Drehung nach abwärts einschlagen wollen. Da sich aber die Enden g der Zwischenhebel gabelartig gegeneinander stützen, so hindern sie sich gegenseitig an der beabsichtigten Drehung. Angenommen nun, die linksseitige Stangenkraft L erweise sich infolge einseitiger Klemmungen größer als die rechtsseitige, so wird beim Drehen der Welle d nach rechts zuerst gar keine Bewegung des Regulierringes eintreten, sondern der

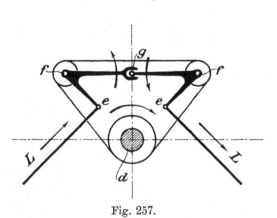

Fig. 257.

Zug der linksseitigen Stangenkraft bewegt die beiden Zwischenhebel so weit aus der Mittellage, bis die rechtsseitige Stangenkraft so weit angewachsen ist, daß sie, abgesehen von den Reibungswiderständen der Drehbolzen des Ausgleichers, der linksseitigen gleich ist. Dabei ist es, wie auch bei dem einfachen Hebelausgleicher nach Fig. 253 gar nicht erforderlich, daß die Stangenkräfte sehr nahe gleich groß sind, um die Bewegung des

Regulierringes mit geringem äußeren Kraftaufwand zu ermöglichen; die Ausgleicher haben praktisch genommen eigentlich der Hauptsache nach die Aufgabe, den Klemmungen, wie sie in Fig. 248 und 249 übertrieben dargestellt sind, entgegenzuwirken. Dies wird für einfach geführte, nicht auf Rollkugeln laufende Regulierringe aber dauernd und sicher nur durch wirklich bewegliche Ausgleicher, nie aber durch Einstellvorrichtungen, wie Schraubenschlösser in den Lenkstangen oder dergl. erreicht.

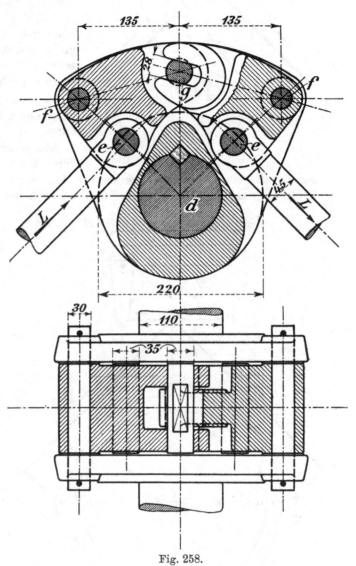

Fig. 258.

Die in Fig. 257 schematisch dargestellte Konstruktion sieht in der Praxis so aus, wie dies Fig. 258 zeigt. Aus dem Winkelhebel fdf auf der Welle d ist eine Doppelplatte geworden, in der die Bolzen der Drehpunkte f soliden Halt finden; das Ganze ist kompendiös zusammengedrängt, so daß die Hebelarme ef und fg zu einem Stück vereinigt sind. Die Bolzen e und g bedürfen keiner besonderen Sicherung, sie sind mit ihren Stirnenden zwischen den Außenplatten geführt, die den ganzen Ausgleicher schützend umhüllen.

Da die Relativbewegungen im Ausgleicher nur sehr gering sind, so konnte ohne großes Bedenken im Interesse gedrängter Anordnung die Lage der Hebelarme fg in einer Geraden verlassen werden; die Aussparung der

Nabe dient dem gleichen Zweck, sie ist unbedenklich, weil die Außenplatten der geschwächten Stelle wieder aufhelfen. Der Gabeleingriff bei *g*

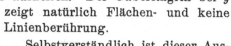

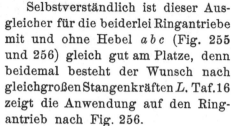

zeigt natürlich Flächen- und keine
Linienberührung.

    Selbstverständlich ist dieser Aus-
gleicher für die beiderlei Ringantriebe
mit und ohne Hebel *a b c* (Fig. 255
und 256) gleich gut am Platze, denn
beidemal besteht der Wunsch nach
gleichgroßen Stangenkräften *L*. Taf. 16
zeigt die Anwendung auf den Ring-
antrieb nach Fig. 256.

    Eine andere, an gleicher Stelle
verwendete Anordnung ist in Fig. 259
dargestellt.

    Ein Winkelhebel *efe* ist bei *f* auf
dem Kurbelhebel *df* drehbar ge-

Fig. 259.

lagert, an seinen Enden *e* greifen die Lenkstangen an. Die linksseitige
Lenkstangenkraft *L* ist bestrebt, den Winkelhebel nach rechts zu drehen,

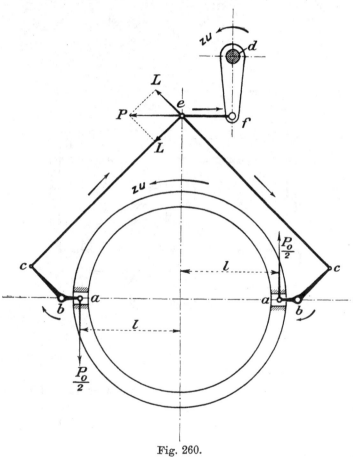

die rechtsseitige will
ihn zur Linksdrehung
zwingen. Die Abstütz-
ung beider Wirkungen
findet also einfach im
Winkelhebel selbst bzw.
unter Zuhilfenahme des
Drehpunktes *f* statt.

    Die Fig. 260 zeigt
eine Ausgleicherkon-
struktion, die ungemein
einfach ist (Honold,
D. R. P.). Man könnte
sie gewissermaßen als
eine Modifikation von
Fig. 259 ansehen, wo-
bei die Armlängen *ef*
des Winkelhebels zu
Null geworden sind,
doch ist sie selbständig
entstanden. Es sind ein-
fach die Lenkstangen
durch einen gemein-
samen Bolzen *e* verei-
nigt. Die symmetrische
Mittellage ergibt ideell
genau gleiche Lenk-
stangen- und Mitnehm-
kräfte an den Kurbeln

Fig. 260.

a b und die Änderungen in dem Betrage der Kräfte bei ungefähr horizontaler Verschiebung des Punktes *e* sind verschwindend klein, weil eben

auch der Punkt e noch einen sehr kleinen Regulierweg besitzt. Die Kurbel *df*
oder auch bei Spiralturbinen die Regulierschraubenspindel kann den Punkt *e*
direkt fassen und verschieben. Dabei ist aber zu bedenken, daß die Bahn
von *e* genau gegeben ist, daß sie zwar im allgemeinen horizontal verläuft,
aber nicht in absolut gerader Linie. Aus diesem Grunde muß entweder
zwischen dem Punkt *e* und Hebel *df*, bezw.
der Mutter der Regulierspindel eine kurze
Lenkstange *ef* eingeschaltet sein, wie Fig. 260
zeigt, oder es ist nach Fig. 261 die Lagerung der Regulierspindel so anzuordnen,
daß diese eine kleine Schwenkung auszuführen vermag. Die letztere Anordnung
würde auch für den S. 406 besprochenen
Fall passen, wo der Ausgleicher unmittelbar
am einen Hebel *c* angreift.

Wenn die Lenkstangen an den Enden *e*
vereinigt, mit den anderen Enden unmittelbar den Regulierring, unter Wegfall der
Kurbelhebel *abc* fassen, so ist dies selbstverständlich keine Aus-
gleicherkonstruktion
mehr, sondern nur noch
ein aus zwei Streben,
den Lenkstangen, ge-
bildeter versteifter und
entsprechend großer
Momentarm *l*.

3. Ausgleicher für
ganze und mehr-
fache Umdrehung.

Die seither geschil-
derten Ausgleicher sind
sämtlich nur für kleine
Teildrehungen brauch-
bar, wie sie eben bei
den Regulierringen der
äußeren Radialturbinen
auch nur nötig sind.

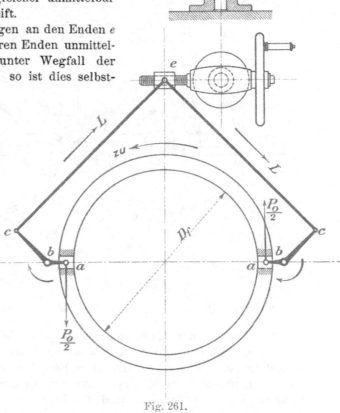

Fig. 261.

Für das Drehen
von Rundschiebern und dergl. sind, sofern dies ebenfalls durch Kräftepaare
bewerkstelligt werden soll, andere Ausgleicher nötig, die für ganze und
eventuell mehrfache Umdrehungen der auszugleichenden Wellen dienstfähig
sein müssen. Sie seien hier im Zusammenhang mit dem seitherigen noch
kurz geschildert.

In Fig. 262 ist ein von Kankelwitz wohl anfangs der 80er Jahre
des vorigen Jahrhunderts ausgeführter Ausgleicher für unbeschränkte Umdrehungszahl schematisch dargestellt. Die Wellen mit Trieben *a a* betreiben
in zweiseitigem Eingriff, wie · —— · —— · andeutet, den Zahnkranz eines Rund-

schiebers und sollen immer genau gleiches Drehmoment abgeben. Ideell
haben die beiden Triebe $a\,a$ genau gleiche Regulierwege, in Wirklichkeit
aber bringen Teilungsfehler in den Verzahnungen, einseitige Widerstände
u. dergl. mit sich, daß ein Trieb a vorübergehend das volle Drehmoment
leisten sollte, während die Zähne des anderen Triebes a leer, vielleicht sogar mit Spielraum hinterherkommen.

Der Ausgleicher ist dadurch gegeben, daß die Wellen a an anderer
Stelle die Räder $b\,b$ tragen, die von einem Rade c gleichzeitig angetrieben
sind und dessen Welle d in der Richtung der Zahndrücke P frei beweglich
ist. Hierdurch wird ein auf Welle d eingeleitetes Drehmoment genau gleiche
Zahndrücke P erzeugen, das Wellenlager d gibt soviel nach, als wegen der
Ungleichheiten der Teilungen usw. nötig wird.

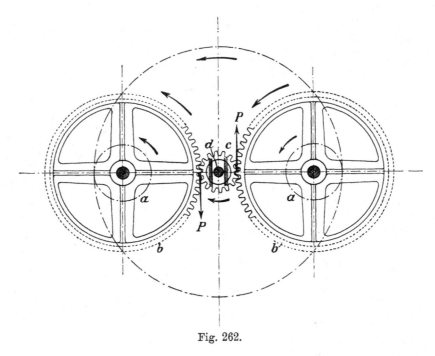

Fig. 262.

Bequemer in der Anordnung ist ein Ende der 70 er Jahre vorigen Jahrhunderts entstandener anderer Rotationsausgleicher, der in Fig. 263 schematisch
dargestellt ist. Die auch wieder einen Ringschieber antreibenden Wellen $a\,a$
sind mit gleichem Moment und in gleicher Drehrichtung zu betreiben. Eine
derselben trägt ein Schneckenrad für beispielsweise rechte Schnecke, die
andere, links, ist durch zwei gleich große Stirnräder mit einem Schneckenrad für anders laufende (also hier linksgängige) Schnecke verbunden, das
sich im übrigen lose auf oder mit einer Hülfswelle a' dreht und mit dem zugehörigen Stirnrad gekuppelt ist. Die beiden Schnecken, rechts und links,
sitzen fest auf gemeinschaftlicher Welle und dadurch unter sich gegen achsiale
Verschiebung gesichert; im übrigen ist die Schneckenwelle in Lagern
gehalten, aber samt den auf ihr befestigten Schnecken achsial frei beweglich.

Aus den Pfeilrichtungen der Fig. 263 geht hervor, daß die Schneckenwelle für die gezeichnete Drehrichtung der Wellen $a\,a$ durch den widerstehenden Zahndruck der Schneckenräder auf Druck beansprucht wird, ein

nach außen frei tätiger Achsialschub der Schneckenwelle ist ideell nicht vorhanden. Sowie eine der Wellen *a* etwa leer ginge, würde der Spielraum augenblicklich durch eine entsprechende achsiale Verschiebung der Schneckenwelle selbsttätig aufgezehrt und diese Verschiebung ginge so lange weiter, bis die beiden Schneckenzahndrücke sich, abgesehen von der

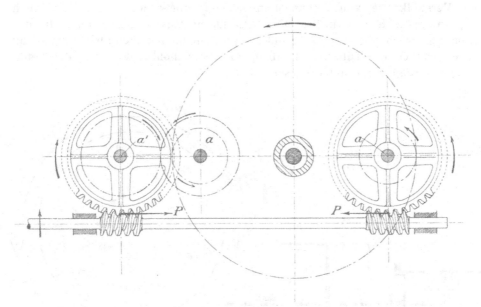

Fig. 263.

achsialen Lagerreibung der Schneckenwelle, wieder das Gleichgewicht halten. Bei den damaligen Ausführungen der Einrichtung ließ man Stirn- und Schneckenrad auf der Hülfswelle *a'* als ein Stück ausführen, und zwar als Stirnrad mit schräggestellten, im übrigen geradlinigen Zähnen, wie ja häufig solche Räder für Schneckenbetrieb (langsam laufend) gefertigt werden. Das Rad auf der linksseitigen Welle *a* bedarf dann nur der entgegengesetzten Zahnschräge, um mit dem geradzahnigen Schneckenrad der Hülfswelle als Stirnrad mit schräger Verzahnung Eingriff zu finden.[1]

4. Hydraulische Ausgleicher.

Der Betrieb der Regulierung mittels hydraulischen Druckes, sei er durch Pumpen künstlich erzeugt (Preßöl), oder sei er bei hohen Gefällen natürlich vorhanden, kommt für ganz präzise Geschwindigkeitsregulierung der Turbinen fast nur noch in Betracht. Der hydraulische Betrieb bietet keine Kraftabgabe durch rotierende Teile, sondern er stellt Schubkräfte an der Kolbenstange des Arbeitszylinders zur Verfügung.

Wir können uns den Kolbendruck eines hydraulischen Zylinders angreifend denken, beispielsweise an dem Drehzapfen des mechanischen Ausgleichers Fig. 253, wie dies in Fig. 264 schematisch dargestellt ist, eine

---

[1] Die ganz gleiche Vorrichtung findet jetzt mit Vereinigung der beiden Wellen *a* zu einer einzigen im Kranbau Anwendung, hier zu dem Zwecke, den nach außen gehenden Achsialschub aufzuheben, der entsteht, wenn nur eine Schnecke verwendet wird, und um zwei Schnecken von nur je halber Belastung zu erhalten.

Anordnung, die sich vielfach in der Praxis findet und die fast in allen Be-
schreibungen größerer Spiralturbinenanlagen wiederkehrt.[1])

Einen hydraulischen Ausgleicher aber erhalten wir in sehr einfacher
Weise nach der Voithschen Anordnung von Doppelkolben im gleichen
Zylinder, Fig. 265; der Druck nach beiden Seiten ist immer gleich groß und
die Verstellkräfte, von Reibungsunterschieden abgesehen, auch. Natürlich
ist, wenn die Regulierkräfte nicht nur im Betrage, sondern auch in der
Richtung wechseln, auf Kraftäußerung nach beiden Schubrichtungen zu
sehen, daher die Differentialkolben, in deren hohlen Stangen die Lenkstangen kompendiös untergebracht sind.

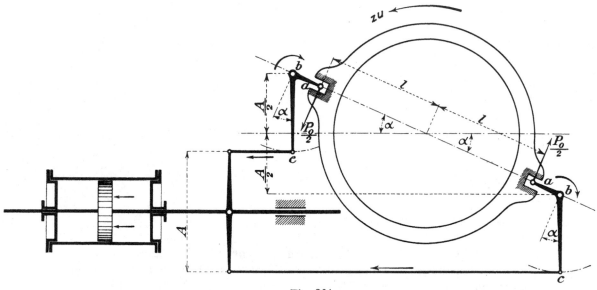

Fig. 264.

Da die Kolbenwege beiderseits entgegengesetzt sind, und da auch die
Angriffspunkte am Regulierring entgegengesetzte Bewegungsrichtung aufweisen, so sitzen die von den Lenkstangen der Kolben betätigten Kurbelhebel beim hydraulischen Ausgleicher nicht symmetrisch, sondern in gleicher
Richtung, Fig. 265.

5. Doppelausgleicher.

Es kann der Fall eintreten, daß bei sehr großen Regulierkräften (Spiralturbinen mit sehr hohem Gefälle) ein vierfacher Antrieb auf den Regulierring wünschenswert erscheint. Um diese vier Kräfte unter sich auszugleichen, dient die Anordnung Fig. 266 (Seite 416), die nach dem seitherigen ohne weiteres verständlich ist.

6. Die Beanspruchungen des Regulierringes.

Im Anschluß an schon vorher S. 362 u. f. Gesagtes ist hier noch der
Einfluß zu erörtern, den der Antrieb des Regulierringes durch ein Kräftepaar nach Fig. 250 auf die Festigkeit desselben ausübt.

---

[1]) Zeitschrift des V. D. Ing., Jahrgang 1900, Seite 358 u. a. O.

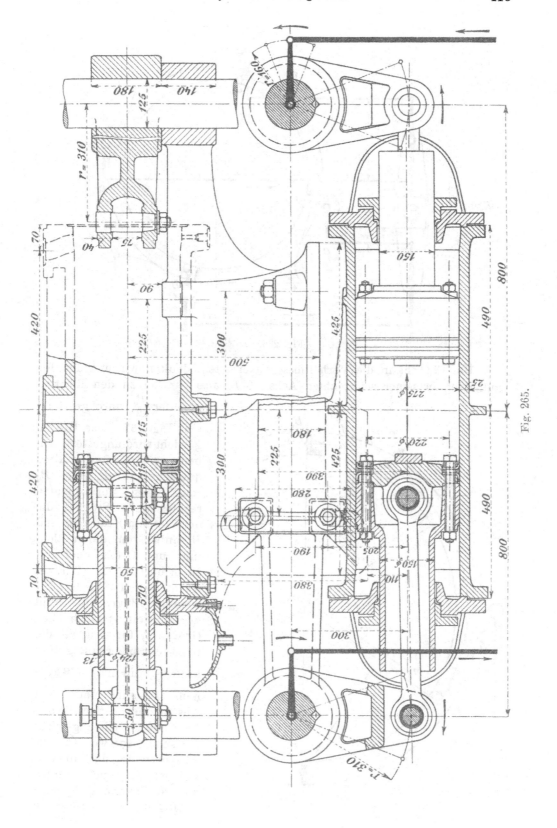

Fig. 265.

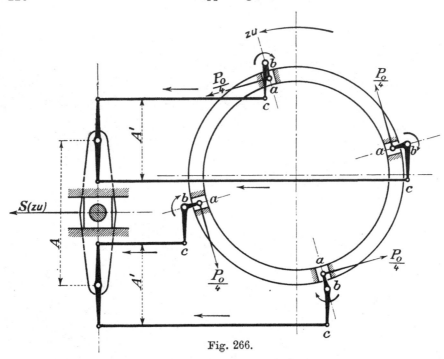

Fig. 266.

Um Einsicht in die Verhältnisse zu erhalten, denken wir uns den Regulierring in seiner senkrechten Achse $B_1 B_2$ also parallel zu den Richtun-

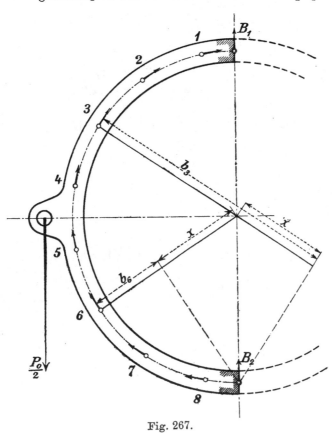

Fig. 267.

gen der $\frac{P_0}{2}$ durchgeschnitten, Fig. 267. Das Gleichgewicht wird ungestört bleiben, wenn wir in den Ring-
querschnitten B_1 und B_2
statt des fortfallenden
rechtsseitigen Stückes die
dort tätigen Kräfte B_1 und
B_2 anbringen, deren Richtung und Größe aber erst
zu ermitteln ist. Wir be-
trachten den ideellen Be-
trieb des Ringes, auf Grund
der ermittelten tatsächlichen
Größen T, für den wir die
Größe der äußeren Regulier-
kräfte $\frac{P_0}{2}$ durch Gl. 568 kennen. Da auch nach dem
Abschneiden der einen
Ringhälfte Gleichgewicht
herrscht, so werden wir
beispielsweise das Moment,
welches die noch unbe-
kannte Spannung B_1 auszuüben hat, finden gleich

der Summe der rechtsdrehenden Momente der Tangentialkräfte T am halben Ringe abzüglich des linksdrehenden Momentes der einen Kraft $\frac{P_0}{2}$, wenn wir diese Momente auf den Punkt B_2 beziehen. Als Erleichterung bei der Aufstellung der Momentsumme für die Tangentialkräfte dient, daß nach Fig. 267 je zwei symmetrisch zur Horizontalen gelegene Kräfte T, beispielsweise die an den Stiften No. 3 und 6 angreifenden, zusammen den Momentarm $b_3 + b_6 = D_T = 2r$ aufweisen. Es ist nämlich der Momentarm b_3 um das gleiche Stück x größer als r, um welches das Maß b_6 kleiner ist, wie aus der Figur ohne weiteres hervorgeht.

Die Summe der Momente in bezug auf B_2 ist also für die Tangentialkräfte des halben Ringes gegeben durch

$$\frac{1}{2} \cdot \frac{z_0}{2} \cdot T \cdot 2r = \frac{z_0}{2} \cdot T \cdot r$$

rechtsdrehend.

Das Moment von $\frac{P_0}{2}$ in bezug auf B_2 beträgt gemäß Gl. 568

$$\frac{P_0}{2} \cdot l = \frac{z_0}{2} \cdot T \cdot \frac{r}{l} \cdot l,$$

also ebenfalls $\frac{z_0}{2} T \cdot r$ aber linksdrehend.

Die Differenz der Momente aller Außenkräfte in bezug auf B_2 ist also Null, das heißt die in B_1 tätige Spannung muß in der Richtung $B_1 B_2$ liegen; natürlich gilt dies auch für die Spannung in B_2. Wir haben es also in den Querschnitten B_1 und B_2 nur mit Scheerkräften zu tun.

Die Summe $B_1 + B_2$ dieser Scheerkräfte finden wir wie folgt. Wir können uns jede Tangentialkraft T in eine vertikale Komponente parallel zur Linie $B_1 B_2$ und eine solche senkrecht dazu zerlegt denken. Die Differenz zwischen $\frac{P_0}{2}$ und der Summe dieser Vertikalkomponenten ist dann gleich $B_1 + B_2$.

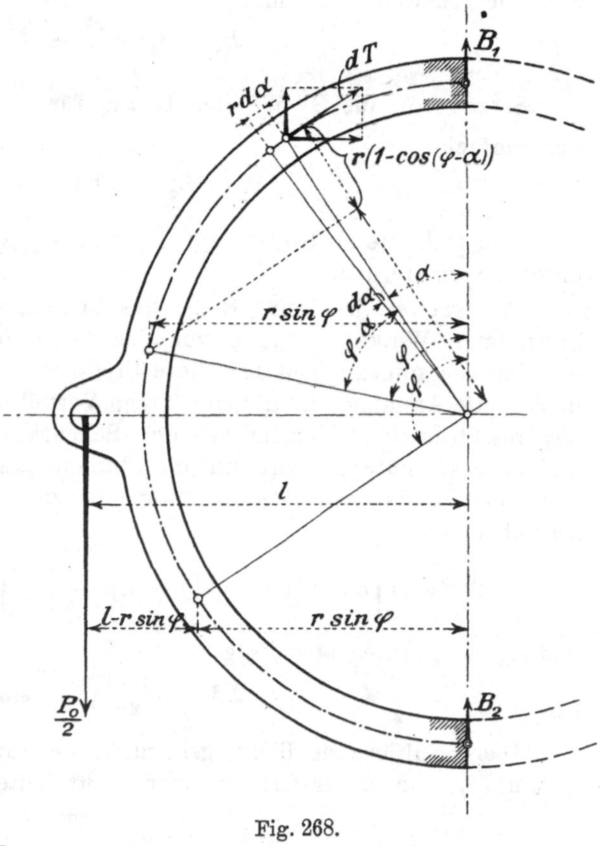

Fig. 268.

Im Einzelfalle wäre das Aufzeichnen und Zerlegen der T in den Stiftpunkten eine leichte, aber doch umständliche Arbeit. Wir kommen ein für allemal rascher durch Rechnung zum Ziele, wenn wir uns folgendes vorhalten. Der Kreis vom Durchmesser $D_T = 2r$ trägt z_0 gleichmäßig verteilte Stifte mit Tangentialkräften T, die fast immer im Verhältnis zu D_T recht

nahe aufeinander folgen. Wir begehen deshalb fast keinen Fehler, wenn
wir die $z_0 T$ nicht als auf z_0 einzelne Punkte verteilt annehmen, sondern
sie auffassen, als in unendlich vielen Punkten auf dem ganzen Kreise rundum gleichmäßig verteilt angreifend. In diesem Fall kommt auf den Umfang $D_T \cdot \pi = 2 r \pi$ die ganze Summe der Tangentialkräfte $z_0 T$ und die
Summe der Tangentialkräfte pro Längeneinheit des Umfanges stellt sich
auf $\frac{z_0 T}{2 r \pi}$.

Auf eine Länge $r\, d\alpha$, Fig. 268 (S. 417), fällt demnach der Betrag an
Tangentialkraft von

$$dT = \frac{z_0 T}{2 r \pi} \cdot r\, d\alpha = \frac{z_0 T}{2 \pi} \cdot d\alpha \quad \ldots \ldots \quad \textbf{569.}$$

Die Summe der Vertikalkomponenten von dT für den halben Ring stellt
sich dann (Fig. 268) auf

$$\int_0^{180} dT \sin\alpha = \frac{z_0 T}{2 \pi} \int_0^{180^0} \sin\alpha\, d\alpha = \frac{z_0 T}{\pi} \text{ aufwärts gerichtet} \quad . \quad \textbf{570.}$$

und wir erhalten demgemäß

$$B_1 + B_2 = \frac{P_0}{2} - \frac{z_0 T}{\pi}.$$

Setzen wir aus Gl. 568 den Betrag für $\frac{P_0}{2}$ ein, so ergibt sich schließlich einfach

$$B_1 + B_2 = z_0 T \left(\frac{r}{2l} - \frac{1}{\pi} \right) \quad \ldots \ldots \quad \textbf{571.}$$

Wie sich dieser Betrag auf B_1 und B_2 zu verteilen hat, wird weiter
unten zu erörtern sein.

Wir greifen jetzt eine Stelle des Regulierringes heraus, die um einen
bestimmten Winkelabstand φ von der Achse $B_1 B_2$ entfernt liegt, Fig. 268,
um das Biegungsmoment für diese Stelle zu bestimmen, und behalten auch
hierfür die Annahme der gleichmäßigen Verteilung der $z_0 T$ bei. Wir finden
ein linksdrehendes Moment aus der Scheerkraft B_1 im Betrage $B_1 r \cdot \sin\varphi$
und diesem entgegenwirkend die Summe ΣM_T der von $\alpha = 0$ bis $\alpha = \varphi$
vorhandenen rechtsdrehenden Momente der einzelnen dT, die wir anschreiben als

$$\Sigma M_T = \int_0^\varphi dT \cdot r \left(1 - \cos[\varphi - \alpha] \right) = \frac{z_0 T r}{2 \pi} \int_0^\varphi \left(1 - \cos[\varphi - \alpha] \right) d\alpha,$$

woraus nach Integration folgt

$$\Sigma M_T = \frac{z_0 T r}{2 \pi} (\varphi - \sin\varphi) \quad \ldots \ldots \quad \textbf{572.}$$

Das resultierende Biegungsmoment der äußeren Kräfte in bezug auf
den um φ von B_1 entfernten Querschnitt lautet also

$$M = B_1 \cdot r \sin\varphi - \frac{z_0 T r}{2 \pi} (\varphi - \sin\varphi) \quad \ldots \ldots \quad \textbf{573.}$$

und diese Gleichung gilt für alle Winkel bis zu $\varphi = 90^0$. Hier kommt eine
Änderung, denn für φ größer als 90^0 tritt die Kraft $\frac{P_0}{2}$ als momentbildend
mit auf. Ihr Moment hat in bezug auf die betr. Ringquerschnitte gleichen
Drehsinn wie das von B_1 und stellt sich (Fig. 268) auf

$$\frac{P_0}{2}(l - r\sin\varphi) = \frac{z_0}{2}T \cdot \frac{r}{l}(l - r\sin\varphi),$$

so daß für den zweiten Quadranten des Ringes, bis nach B_2 hin, das Biegungsmoment beträgt

$$M = B_1 r\sin\varphi + \frac{z_0}{2}T \cdot r\left[1 - \frac{r}{l}\sin\varphi - \frac{\varphi - \sin\varphi}{\pi}\right] \quad . \quad . \quad \textbf{574.}$$

Die Gl. 573 gibt $M = 0$ für $\varphi = 0$, d. h. für den Punkt B_1, und die Gl. 574 zeigt für $\varphi = 180^0$ im Punkt B_2 das gleiche Ergebnis, unabhängig jeweils vom Betrag B_1 und B_2.

Wir müssen aber B_1 und B_2 einander gleich ansetzen aus folgenden Gründen: Die rechtsseitige weggeschnittene Ringhälfte ist der linksseitigen nicht etwa symmetrisch, sondern kongruent und um 180^0 verdreht, mithin stoßen in der Vertikalachse beispielsweise oben am Ringscheitel die Ringhälften zusammen von links mit Schubkraft B_1, aufwärts gerichtet und von rechts her muß die Schubkraft entsprechend $B_1{}'$ vorhanden sein, Fig. 269. Nun muß des Gleichgewichtes halber $B_1 = B_1{}'$ und $B_2 = B_2{}'$ sein und dies besagt, eben der Kongruenz wegen, daß nach Gl. 571

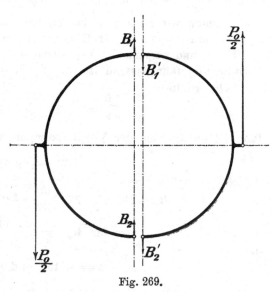

Fig. 269.

$$B_1 = B_2 = \frac{z_0}{2} \cdot T\left(\frac{r}{2l} - \frac{1}{\pi}\right) \quad . \quad . \quad . \quad . \quad \textbf{575.}$$

Wir setzen diesen Wert von B_1 in die Gl. 573 und 574 ein und erhalten

Biegungsmomente im ersten Quadranten:

$$M_{\mathrm{I}} = \frac{z_0}{2} \cdot T \cdot r\left(\frac{r}{2l}\sin\varphi - \frac{\varphi}{\pi}\right) \quad . \quad . \quad . \quad . \quad \textbf{576.}$$

Biegungsmomente im zweiten Quadranten:

$$M_{\mathrm{II}} = \frac{z_0}{2}T \cdot r\left(1 - \frac{r}{2l}\sin\varphi - \frac{\varphi}{\pi}\right) . \quad . \quad . \quad . \quad \textbf{577.}$$

Wir haben ein Interesse daran, zu wissen, wo das größte Biegungsmoment liegt und welchen Betrag dies darstellt.

Aus

$$\frac{dM_{\mathrm{I}}}{d\varphi} = 0 = \frac{r}{2l}\cos\varphi - \frac{1}{\pi}$$

folgt für den Winkel, in dem der Höchstwert von M_{I} eintritt

$$\cos\varphi_{\mathrm{I}} = \frac{2l}{r\pi} \quad . \quad . \quad . \quad . \quad . \quad . \quad . \quad \textbf{578.}$$

Das Moment selbst rechnet sich besser unter Einsetzen der Zahlwerte für $\sin\varphi$ und φ gemäß Gl. 578 in die Gl. 576.

Wir erhalten ferner aus

$$\frac{dM_{II}}{d\varphi} = 0 = -\frac{r}{2l}\cos\varphi - \frac{1}{\pi}$$

$$\cos\varphi_{II} = -\frac{2l}{r\pi} \quad . \quad . \quad . \quad . \quad . \quad . \quad \mathbf{579.}$$

also den gleichen Betrag wie für I, nur negativ, das heißt die Höchst-werte der Momente liegen in Winkeln symmetrisch zu der Achse $B_1 B_2$.

Für den Spezialfall, daß $r = l$ wäre (Spiralturbinen vielfach) wird $\cos\varphi = \pm\frac{2}{\pi} = \pm 0,6366$ und $\varphi = \sim 50^0\,30$ und $180^0 - 50^0\,30 = 129^0\,30$.

Nehmen wir auch hier das Zahlenbeispiel der Turbine „B“. Diese hat $z_0 = 24$ und $T = 22$ kg für Öffnen von 50 mm aus (S. 278), ferner $D_T = 2r = 190$ cm und es mag $l = r + 10$ cm $= 105$ cm sein, was für eine offene Turbine ungefähr passend ist.

Wir erhalten

$$\frac{P_0}{2} = \frac{24}{2}\cdot 22\cdot\frac{95}{105} = 238,9 \text{ kg} \quad . \quad . \quad . \quad . \quad (\mathbf{568.})$$

dann ist die Summe der Vertikalkomponenten der T:

$$\frac{24\cdot 22}{\pi} = 168,0 \text{ kg} \quad . \quad . \quad . \quad . \quad . \quad (\mathbf{570.})$$

$$B_1 = B_2 = \frac{24}{2}\cdot 22\left(\frac{95}{2.105} - 0,3183\right) = 35,5 \text{ kg} \quad . \quad . \quad (\mathbf{575.})$$

$$\cos\varphi \text{ für } M_{max} = \pm\frac{2\cdot 105}{95\cdot\pi} = \pm 0,7036 \quad . \quad . \quad . \quad (\mathbf{578.})$$

also

$$\varphi = \sim 45^0 \text{ und } \sim 135^0$$

und demgemäß ist bei $\varphi = 45^0 = \frac{1}{8}\cdot 2\pi$ der angenäherte Höchstwert fast genau

$$M_{I\,max} = \frac{24}{2}\cdot 22\cdot 95\left(\frac{95}{2.105}\cdot\frac{1}{\sqrt{2}} - \frac{2\pi}{8}\cdot\frac{1}{\pi}\right) \quad . \quad . \quad (\mathbf{576.})$$

$$M_{I\,max} = 1750 \text{ cmkg.}$$

Für $M_{II\,max}$ folgt mit der gleichen Annäherung, d. h. mit $\varphi = 135^0 = \frac{3}{8}\cdot 2\pi = 0,75\,\pi$

$$M_{II\,max} = -1750 \text{ cmkg.}$$

Da der Wert der Biegungsmomente zwischen beiden Höchstwerten das Zeichen wechselt, so muß zwischen beiden mindestens ein Wert $M = 0$ liegen. Der zugehörige Winkel φ rechnet sich nach Gl. 576 aus

$$\frac{r}{2l}\cdot\sin\varphi = \frac{\varphi}{\pi} = \frac{\varphi^0}{180^0}$$

oder

$$\sin\varphi = \varphi^0\cdot\frac{l}{r}\cdot\frac{1}{90} \quad . \quad . \quad . \quad . \quad . \quad . \quad \mathbf{580.}$$

Für die vorliegenden Maße ist

$$\sin\varphi = 0,0123\,\varphi^0,$$

welcher Bedingung etwa $\varphi = 80^0$ entspricht.

Die Gl. 577 ergibt auf gleichem Wege $M_{II} = 0$ für den symmetrisch zu 80^0 liegenden Winkel $\varphi = 100^0$.

In $\varphi = 90^\circ$ springt der Betrag des Biegungsmomentes nach den Gl. 576 und 577 von $M_\mathrm{I} = \dfrac{z_0}{2}\,T\cdot r\left(\dfrac{r}{2l} - \dfrac{1}{2}\right)$ auf $M_\mathrm{II} = -\dfrac{z_0}{2}\,T\cdot r\left(\dfrac{r}{2l} - \dfrac{1}{2}\right)$ im Betrage von je ∓ 1194 cmkg.

Es ist überhaupt gar nicht erforderlich, die M_II noch besonders ziffernmäßig nach Gl. 576 zu berechnen, denn die aus Gl. 577 sich ergebenden Werte von M_II sind für symmetrisch liegende Punkte (wie No. 3 und No. 6, Fig. 267) zahlenmäßig denjenigen für M_I aus Gl. 576 gleich und nur von entgegengesetztem Vorzeichen.

Wenn wir die Biegungsmomente für die Regulierringhälfte der Turbine „B" den betreffenden Winkeln φ gemäß aufzeichnen und zwar als radiale Längen, positiv vom Umfang aus gegen innen, negativ gegen außen, so erhalten wir die Darstellung der Fig. 270, radial schraffiert.

Da die Biegungsmomente wie gesagt durchweg symmetrisch liegen, so darf im allgemeinen auch angenommen werden, daß die elastische Durchbiegung des natürlich überall gleich starken Ringes gleichmäßig erfolgen wird, aber der Quadrant I wird gegen außen, der Quadrant II gegen innen durchgebogen werden, der halbe Ring wird, abgesehen von besonderen Knickungen in der Nähe von $\dfrac{P_0}{2}$, etwa die — — — — Form annehmen.

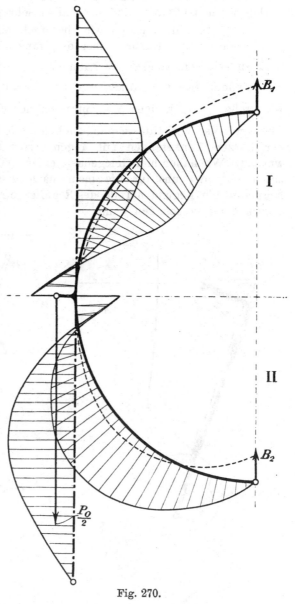

Fig. 270.

Die Fig. 270 enthält auch die Darstellung der Biegungsmomente ausgehend von dem in eine — · — · — · — Gerade abgewickelten Umfang des halben Ringkreises, Durchm. D_T.

7. Konstruktive Notizen.

Die Kurbeln, welche den Regulierring betätigen, sind treibende Kurbeln, vergl. Fig. 227. Für die Bestimmung des anzuwendenden Kurbelradius müssen wir bedenken, daß der Regulierweg, im Kurbelkreise gemessen, ungefähr so groß sein darf als der Kurbelradius selbst. Die Endstellung der Kurbeln schließt alsdann bei gleichmäßigem Ausschlag einen Winkel von etwa 60° ein und die Unterschiede in den Größen der tatsächlichen Antriebs-(Moment-) Radien sind noch nicht sehr groß.

In vielen Fällen haben wir aber nicht einmal ein Interesse daran, den Antriebsradius der Kurbeln über den ganzen Regulierweg hin gleichmäßig groß zu erhalten, sondern es kann uns, dem Wechsel in der Kraft $\frac{P_0}{2}$ für verschiedene Schaufelöffnungen entsprechend, ganz erwünscht sein, wenn wir große $\frac{P_0}{2}$ an kleinen Momentradien der Kurbelwelle abfangen können. Dies sind also Verhältnisse ganz ähnlich denjenigen, wie sie bei Verwendung der kurzen Lenkstangen mit angenäherter Strecklage schon besprochen wurden. Wir haben hier Gelegenheit einen Wechsel in der Übersetzung einzuschalten, der uns für die mehr nach dem Regulierhandrad oder dem Regulator hin liegenden Teile des Reguliergetriebes eine gleichmäßigere Beanspruchung verschaffen kann.

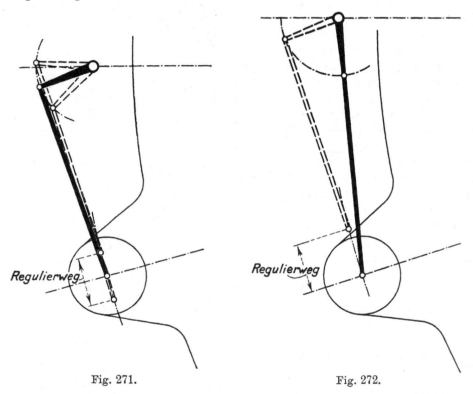

Fig. 271.   Fig. 272.

Die Fig. 271 und 272 zeigen dies. Erstere stellt die Kurbellagen dar, wie man sie für gewöhnlich als entsprechend hält. Der Kurbelradius schlägt für den vorgeschriebenen Regulierweg nach beiden Seiten gleichmäßig aus, die Momente an der Kurbelwelle werden im allgemeinen den verschiedenen Größen der $\frac{P_0}{2}$ des Ringes proportional sein.

Andererseits zeigt Fig. 272, wie sich mit gleichgroßem Kurbelradius, unter Benützung der Strecklage als Endstellung, die Winkeldrehung der

Kurbelwelle gestaltet. Die Momente an der Kurbelwelle erhalten durch die wechselnden Momentradien eine ganz andere Entwicklung als vorher.

Ein Beispiel mag dies erläutern. Wenn wir für das Getriebe nach Fig. 271 die Tangentialkräfte zugrunde legen, wie sie für die Turbine B mit Schlitz in der Schaufel S. 371 u. f. besprochen und in Fig. 226 nach Regulierwegen des Ringes geordnet, enthalten sind, so entstehen Drehmomente an der Regulierkurbel, wie sie die schwach gezogenen Linien der Fig. 273, nach Regulierwegen geordnet, aufweisen.

Nehmen wir dagegen die Anordnung nach Fig. 272, so erhalten wir als Darstellung der Drehmomente die stark ausgezogenen Kurven der Fig. 273, die allerdings für „ganz offen" ein etwas vergrößertes Moment aufweisen, die aber für die Schlußstellung eine erwünschte Ermäßigung bringen. Es ist Sache des Konstrukteurs, die Endstellungen der Kurbel derart anzuordnen, daß etwa die größtvorkommenden Drehmomente bei „offen" und „zu" gleichgroß werden (vergl. Taf. 5, bei der zwar keine Totlage vorhanden ist, bei der sich aber die Kurbel bei ganz geschlossener Schaufel der Totlage sehr nähert).

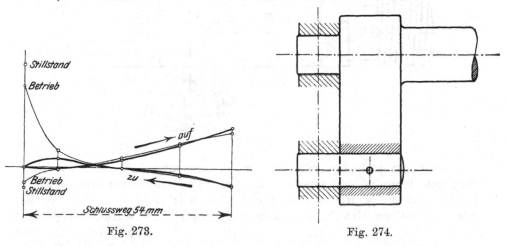

Fig. 273.   Fig. 274.

In allen Fällen haben wir Veranlassung, die treibenden Kurbeln möglichst klein im Radius zu nehmen, denn mit großen Kurbelradien legen wir uns nur große Drehmomente für die Regulierwelle auf und dazu noch kleine Drehungswinkel für die ganze Regulierbewegung; beides läuft unserm Konstruktionsinteresse zuwider.

Die Kurbeln mit kurzen Radien werden zweckmäßig mit der Welle aus einem Stück geschmiedet, vergl. Taf. 5, so daß nur der Kurbelzapfen eingesetzt werden muß. Wenn es in der Disposition begründet ist, daß die Kurbelwelle auf eine große Länge ohne Lagerung bleiben muß, so empfiehlt sich, analog den Hahnsteuerungen bei Dampfmaschinen, die Anwendung kippmomentfreier Kurbelwellen, d. h. von Kurbeln, bei denen die Mitte des Zapfens an der Welle und die des Kurbelzapfens in einer Ebene liegen (Fig. 274). Bei dieser Anordnung wird zwar der Kurbelarm selbst auf Drehung beansprucht, er kann aber entsprechend stark ausgeführt werden, und die Welle ist gegen außen von Biegung frei.

Als Verbindung zwischen Regulierkurbel und Regulierring wird entweder die einfache Kurbelschleife, Gleitstein in einem Schlitz des Regulier-

ringes, verwendet oder es werden kurze Lenkstängchen zwischengeschaltet.
Für diese Lenkstangen, mögen sie nun zwischen Regulierring und Kurbel
oder zwischen Hebel und Ausgleicher sitzen, vielfach auch für die Ausgleichhebel selbst, Fig. 253 u. a., empfiehlt sich häufig die Ausführung aus Paaren
von in Abstand liegenden Flacheisenschienen im Gegensatz zu Lenkstangen,
die etwa rund und einteilig ausgeführt sind. Die zweiteilig aus Flacheisen
ausgeführten Lenkstangen ermöglichen die Anwendung zentrischen Angriffs
zwischen Ring und Regulierkurbel, zwischen Lenkstange und Ausgleicher,
die Kräfte bleiben in einer Ebene. Wir sind durch solch zweiteilige Lenkstangen in der angenehmen Lage, daß wir nirgendwo einseitige festsitzende
Kurbelzapfen anwenden müssen, sondern wir können uns überall mit durch-
gesteckten Bolzen behelfen, vergl. Taf. 5.

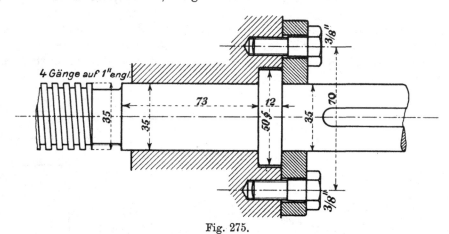

Fig. 275.

Auch der gleichzeitige Angriff zweier Lenkstangen am gleichen Bolzen
läßt sich durch je eine zweifache Lenkstange sehr leicht konstruktiv so ausführen, daß die Kräfte in einer Ebene bleiben (Fig. 254 a und b). Wollten
wir letzteres mit einteiligen Lenkstangen anstreben, so würden teure Gabel-
köpfe an den Schub-
stangenenden erforder-
lich sein. Die zwei-
fachen Flacheisenlenk-
stangen werden zweck-
mäßig in Abständen von
$^1/_2$ bis $^3/_4$ m durch Zwi-
schenbolzen versteift.

Für Handbetrieb wird
in letzter Linie wohl
ohne Ausnahme eine
Schraubenspindel den
Abschluß des Regulier-
getriebes bilden, und
wir haben der achsialen
Führung dieser Schrau-
benspindel unser be-

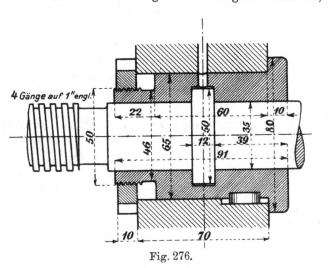

Fig. 276.

sonderes Augenmerk zuzuwenden, weil die Spindelkräfte ihre Richtung
wechseln, entsprechend dem Richtungswechsel der Kräfte am Regulierring.

Es empfiehlt sich, solche Spindeln an einem Bund gegen beide achsiale
Schubrichtungen zu sichern und im Gegensatz zu der üblichen achsialen
Führung von Drehbankleitspindeln nicht etwa den Bund an einem Lager
zu verwenden und eine Mutter auf dem schwachen Spindelschaft am anderen
aufzusetzen. Wir fassen den Bund beispielsweise mit einer einfachen Scheibe
nach Fig. 275, was für Handbetrieb im allgemeinen genügt.

Beim Betriebe mit mechanischem Regulator ist es erwünscht, den Bund
gut in Schmiere zu halten, wir setzen ihn dann in eine zweiteilige Lagerbüchse nach Fig. 276, wie sie auch auf Taf. 15 in kleinem Maßstabe zu
sehen ist. Das andere Ende der Spindel geht dann im Lager achsial frei.

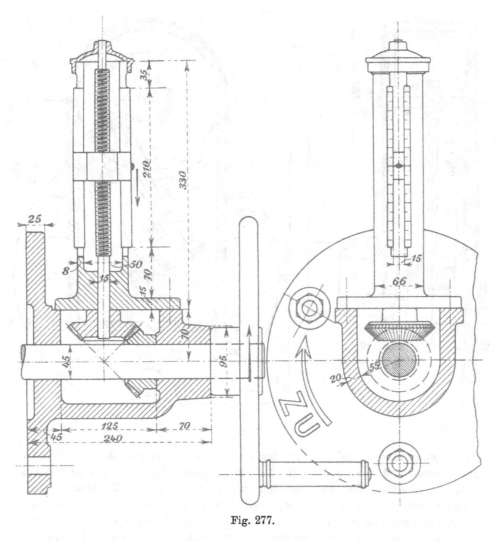

Fig. 277.

An sämtlichen Reguliergetrieben ohne Ausnahme muß eine Skala jeder-
zeit den Betrag der Öffnung erkennen lassen. Zumeist gibt die Skala die
Leitschaufelweite in Millimetern an, der Konstrukteur hat hierfür den passenden
Platz herauszusuchen. Wo eine Spindel verwendet wird, wird in den meisten
Fällen der Weg der Spindelmutter gegenüber der festen Führung für die
Anbringung der Skala dienlich sein, die Mutter erhält den Zeiger und die

Skala kommt an die Führung. Liegt die Spindel an wenig zugänglicher
Stelle oder soll der Handregulierbetrieb von verschiedenen Stellen aus beliebig gehandhabt werden können, so muß an jeder dieser Stellen eine
Skala vorhanden sein. Hier läßt sich auch entweder durch eine besondere
Schraube für die Skala, die mit konischen Rädchen von der Regulierwelle
angetrieben wird, ein Zeigerwerk schaffen, siehe Fig. 277, oder es finden
Zeiger auf runden Zifferblättern Verwendung, angetrieben durch ganz leichte
hyperbolische oder Schneckenrädchen, vergl. Fig. 278. Zu beachten ist dabei, daß der Zeiger eines solchen Zifferblattes höchstens dreiviertel einer

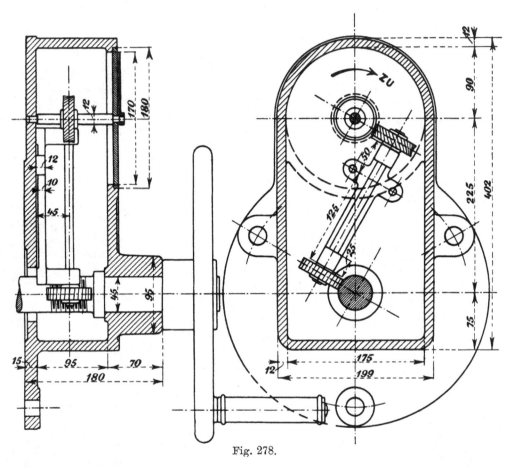

Fig. 278.

Umdrehung machen soll, damit Irrtümer in der Stellung des Zeigers ausgeschlossen sind. Dann aber ist bei Handregulierrädern, wenn irgend tunlich, einzuhalten, daß Rechtsdrehen des Handrades die Turbine schließt,
Linksdrehen die Turbine öffnet, weil uns diese Drehrichtungen von den
Dampfventilen her geläufig sind. Die Drehrichtung des Zeigers auf dem
Zifferblatt muß immer mit derjenigen des Handrades übereinstimmen. Es
empfiehlt sich aber, nur die Drehrichtung „zu" durch Aufschrift und Pfeil
deutlich anzugeben, damit bei Unglücksfällen jeder, auch der Unkundige,
in der Lage ist, die richtige Drehrichtung für das Abstellen sofort zweifellos
erkennen zu können. Die letztgenannten Dinge sind an sich Kleinigkeiten,
sie gehören aber, wie manche andere, auch zur Ordnung und zum gesicherten
Betrieb.

Zwischen dem Regulierhandrad und dem Orte der Regulierspindel macht sich häufig noch die eine oder andere Zwischenwelle erforderlich, meist unter Anwendung von konischen Getrieben. Diese Getriebe können natürlich als Krafträder angesehen werden (Bach), die Durchmesser liegen zwischen etwa 100 und 300 mm und die Teilungen betragen ungefähr 15 bis 20 mm. Als Übersetzungsverhältnisse nehmen wir $\frac{1}{4}$, $\frac{1}{2}$, $\frac{2}{3}$ und dergl. Es ist für den Handregulierbetrieb ziemlich gleichgültig, wie viele Umdrehungen von „auf" bis „zu" erforderlich sind. Vorzuziehen wird die Einrichtung der Übersetzungen in der Weise sein, daß ein geringerer Kurbeldruck am Regulierhandrad im Verein mit einer größeren Anzahl von Umdrehungen für den Schließweg vereint ist.

Wenig Umdrehungen mit hohem Kurbeldruck sind lästig. Kurbeldrucke etwa 2—5 kg höchstens, Kurbelradien 150 bis 250 mm.

Über die Lagerung dieser konischen Getriebe ist noch eine kurze Andeutung zu machen. Vielfach findet sie sich nach Fig. 279 ausgeführt, eine rechteckige Wandplatte trägt das Auge für die durch die Mauer gehende wagrechte Welle, ein Arm, gestützt durch sich kreuzende Rippen, dasjenige für die senkrechte Welle. Das Ganze ist ein häßliches Gußstück; es ist kaum möglich, die Räder solide aufzukeilen, weil der Keil von innen nach außen geschlagen werden muß, und die Montierung ist auch wesentlich erschwert, weil die Räder nicht gut außer Eingriff gebracht werden können. Der Monteur hat deshalb kein rechtes Gefühl dafür, ob etwaiges Klemmen von der Welle in den Lagern oder von den Zähnen der Räder kommt. Lagerdeckel sind dafür ein schlechter und nicht gerade billiger Notbehelf.

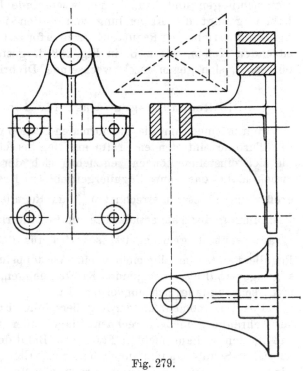

Fig. 279.

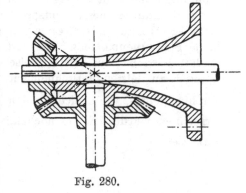

Fig. 280.

Am einfachsten werden die ganzen Umstände, wenn die Lagerung nicht außerhalb der Nabenenden, sondern im Bereich der Kegelspitzen erfolgt, wie dies Fig. 280 zeigt. Ein Böckchen in runder Ständerform, Hohlguß mit Rundflansche nimmt die wagrechte Welle auf, auf der das Rad fliegend sitzt und für die stehende Welle schließt sich ein einfaches Auge an den Rundständer an. Das Gewicht der stehenden Welle kann im unteren Lager abgefangen werden. Auf diese Weise können die Räder in Richtung gegen den Schub der Zähne aufgekeilt werden, also in dauerhafter Weise, die Räder können jederzeit außer Eingriff gebracht werden und das Ganze montiert sich leichter und gefälliger.

Die so überaus ungeschickte handwerksmäßige Lagerung nach Fig. 279 sollte mit Fug und Recht verschwinden, nicht nur bei Turbinenregulierungsgetrieben, sondern auch sonst im Maschinenbau, mag sie nun durch Konstruktionen wie Fig. 280 oder durch bessere ersetzt werden.

Für die Befestigung der Räder, Kurbeln, Hebel usw., welche wechselnde Drehrichtungen und häufig auch wechselnde Drehmomente zu übertragen haben, genügt die Anwendung von Keilen in versenkten Keilnuten nur bei Handbetrieb. Der Regulatorbetrieb erfordert die Anwendung von übereck-sitzenden Keilen, wie z. B. in Fig. 258 dargestellt, welche, wenn sorgfältig eingepaßt, sich gegen rasch wechselnde Drehrichtung gut bewährt haben.

Die Rechnungsgrundlage für das Reguliergetriebe.

Wir können nur die im normalen Betrieb und bei normaler Verfassung der Turbine eintretenden Kräfte am Ring berechnen, die Klemmungen aber, die sich einstellen können, entziehen sich der Rechnung. Es ist deshalb zweckmäßig, das ganze Reguliergetriebe auf Kraftäußerungen zu bauen, die größer sind, als es den errechneten $\frac{P_0}{2}$ am Regulierring entspricht. Wenn die Bestimmung der Tangentialkräfte am Regulierring und demgemäß auch der $\frac{P_0}{2}$ gewissenhaft gemacht ist, so wird für den Zug an der Mutter der Regulierspindel im allgemeinen eine Verdoppelung der aus den Hebelübersetzungsverhältnissen folgenden Kräfte genügen, sofern das Reguliergetriebe nicht sehr umfangreich angeordnet ist.

Das Drehmoment an der Regulierspindel ist den Steigungsverhältnissen der Schraube gemäß zu rechnen, dabei aber nicht außer acht zu lassen, daß in den weitaus meisten Fällen der Bund der Schraubenspindel, der den achsialen Schub S aufzufangen hat, wesentlich größer im Durchmesser sein wird, als der mittlere Gewindedurchmesser $2r$. Deshalb ist zu dem normalen Spindeldrehmoment $S \cdot r \cdot \mathrm{tg}\,(\alpha + \varrho)$ noch ein Zuschlagmoment, dem mittleren Bunddurchmesser entsprechend, in Rechnung zu stellen, welches häufig gleich, vielfach auch größer ausfallen wird, als das eigentliche Schraubenmoment. Dies ist besonders wichtig für mechanischen Regulatorbetrieb. Auf solche Weise stellt sich das am Handrad der Regulierspindel zu leistende Drehmoment meist auf das 4 bis 5 fache des ideellen Drehmomentes, wie es sich aus den $\frac{P_0}{2}$ nach Maßgabe der Hebelübersetzungen errechnen würde. Es sei nochmals auf die Bedeutund von $\frac{P_0}{2}$, S. 401, hingewiesen.

16. Die Spaltdruckregulierungen von Bell und Zodel.

Die Fink'schen Drehschaufeln ändern bei der Verstellung gleichzeitig mit dem Austrittsquerschnitt $a_0 b_0$ auch die Richtung des Wassers gegenüber dem Laufrad und diese folgt im Prinzip wenigstens den Anforderungen des Geschwindigkeitsparallelogramms der Stelle „1".

Wenn nur am Leitrad verstellt werden will, so sollte eine ideale Reguliervorrichtung derart wirken, daß aus dem Geschwindigkeitsparallelogramm der vollen Füllung, Fig. 281 für $\beta_1 = 90^0$, dasjenige der Teilfüllung mit $v_{(1)}$, $w_{(1)}$, $\delta_{(1)}$ entsteht, wie es die gleiche Figur zeigt. Es ist ersichtlich, daß also eine Reduktion von v_1 und von δ_0 und δ_1 erforderlich wäre, sofern am Eintritt die Stöße klein bleiben oder ganz vermieden werden sollen.

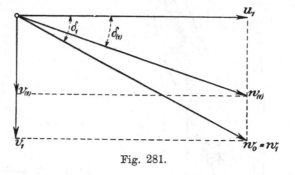

Fig. 281.

Für große Kraftzentralen, bei denen die Teilbeaufschlagung meist nicht unbedingt einen hohen Nutzeffekt aufweisen muß (siehe S. 321 u. f.), finden unter anderem die obengenannten beiden Regulierkonstruktionen Anwendung, bei welch beiden charakteristisch ist, daß δ_0 sich nicht oder nur wenig ändert.

Die Fink'schen Schaufeln haben die Eigenschaft, daß auch bei Teilfüllung immer ein stetiger Übergang von $w_{(0)}$ auf $w_{(0)} \frac{a_{(0)}}{a_{(0)} + s_0}$ äußerlich gegeben ist, daß also abgesehen vom Einfluß der Leitschaufelstärke s_0 keine weiteren Gelegenheiten zu Wirbeln zwischen Leit- und Laufrad geboten sind.

Von einem stetigen Übergang zwischen der Stelle „o" und der Stelle „1" kann aber bei den vorliegenden Konstruktionen nicht gesprochen werden.

Zodel trennt die Leitschaufelkörper durch einen Zylinderschnitt BC, Fig. 282, in zwei Teile, führt den äußeren stärkeren Teil in einem Gußstück mit den beiden Seitenwandungen des Leitapparates aus, faßt die Schaufelspitzen zu einem zylindrischen Gitterschieber zusammen, der über das Laufrad hinweg nach der Turbine zu seine zentrische Führung hat, und ermöglicht auf diese Weise den Antrieb von außen durch Zahnkranz und Getriebe.

Dieser Gitterschieber hält die Richtung δ_0 für alle Füllungen konstant. Dadurch wachsen die zur Überwindung der einen Art der Stoßverluste aufzuwendenden Druckhöhen $\frac{(v_1' - v_{(1)})^2}{2g}$ auf weit größere Beträge an, als bei

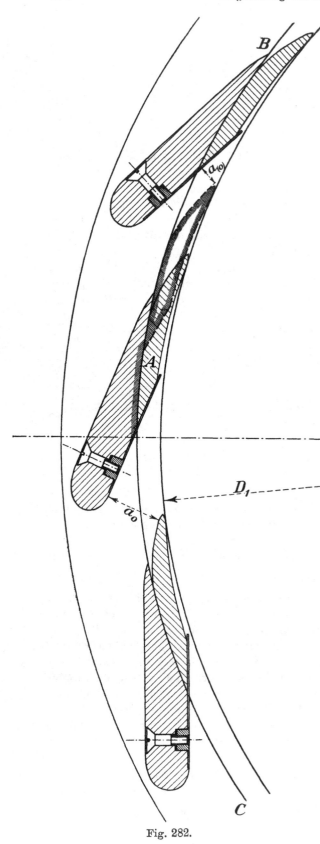

Fig. 282.

Fink'scher Regulierung, während die anderen Verlusthöhen, $\frac{s^2}{2g}$, in beiden Fällen nur wenig differieren. Außerdem gibt die durch den vorgeschobenen Schieber wachsende Unstetigkeit der Gefäßform, der leere Raum A, Fig. 282, mit abnehmender Füllung Veranlassung zu erhöhten Verlusten durch Wirbel und dergl. Die zur Verarbeitung des Wassers nutzbare Druckhöhe ist somit durch den Zodel'schen Gitterschieber gegenüber Fink bei Teilbeaufschlagung vergleichsweise noch mehr reduziert und deshalb wird bei einer Turbine mit Zodel'schem Leitapparat die φQ-Kurve der Fig. 195 tiefer liegen, als wenn dasselbe Laufrad mit einem Leitrad aus Fink'schen Drehschaufeln ausgerüstet ist.

Ein Umstand spricht allerdings zugunsten des Gitterschiebers. Die Füllung folgt den Einwirkungen des Regulators rascher und deshalb wird die Geschwindigkeits-Regulierfähigkeit einer Turbine mit Zodel'schem Gitterschieber schärfer sein als mit Fink'schen Schaufeln. Dem gegenüber steht eine mehr oder weniger beträchtliche Reduktion des Wirkungsgrades für verminderte Füllungen, die in den Kauf genommen werden muß.

Die Bell'schen Drehklappen Fig. 283 entsprechen in der Wasserführung den theoretischen Anforderungen eigentlich noch we-

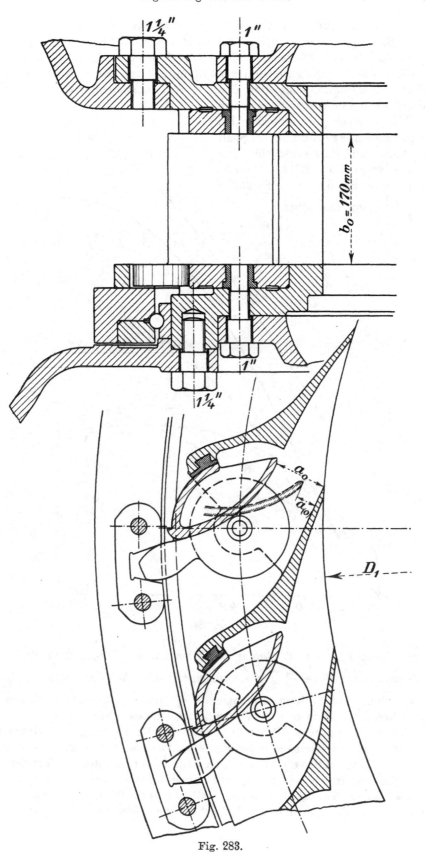

Fig. 283.

niger. Die Stetigkeit des „Leitgefäßes" bleibt freilich gewahrt, aber eine
Parallelführung der Wasserfäden am Austritt aus der Leitzelle ist nicht mehr
vorhanden. Je mehr die Austrittsöffnung geschlossen wird, um so spitziger wird
der Verlauf der Leitzellen nach der Mündung „o" zu. Es wird sich dann eine
mittlere Stromrichtung einstellen, deren $\delta_{(0)}$ bei abnehmender Weite $a_{(0)}$ größer
und größer wird. Die spitzige Form
des Gefäßes aber gibt weiterhin bei
der plötzlichen Erweiterung im Spalt
den Anlaß zu Wirbelerscheinungen
und der vergrößerte Winkel $\delta_{(0)}$ vermehrt den Betrag der Stoßhöhe
$\frac{(v_1' - v_{(1)})^2}{2g}$ ganz wesentlich; $\frac{s^2}{2g}$ wird

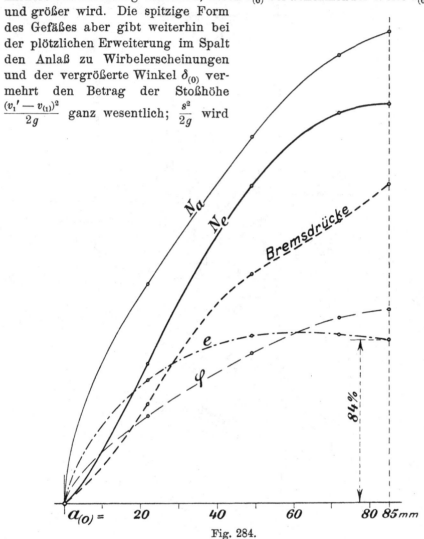

Fig. 284.

dabei zahlenmäßig etwas kleiner ausfallen, aber nicht in dem Maße, daß
die Zunahme der Höhe $\frac{(v_1' - v_{(1)})^2}{2g}$ kompensiert wäre. Während also die Fig. 281
mit abnehmender Füllung abnehmende δ_0 und δ_1 verlangt, bringen die
Bell'schen Drehklappen eine Vergrößerung dieses δ_0 mit sich.

Für eine in bezug auf Nutzeffekt sparsame Regulierung auf kleine Teilwassermengen sind demnach beide Konstruktionen noch weniger befriedigend
als die Fink'schen Schaufeln, dagegen kann dieser Nachteil bei Verwendung
in großen Zentralen in bezug auf präzise Geschwindigkeitsregulierung
geradezu einen Vorzug bedeuten, weil das bei Teilbeaufschlagung sehr
rasche und starke Abfallen von Nutzeffekt und Leistung, und beim Öffnen

ebenso das rasche Ansteigen derselben, die Tätigkeit des Geschwindigkeitsregulators ganz wesentlich unterstützt.

Ein konstruktiver Vorzug beider Anordnungen vor den Fink'schen Schaufeln ist die ausgiebige Versteifung, die die Leitradkränze durch die feststehenden äußeren Leitschaufelhälften erfahren. Besondere Versteifungskonstruktionen, wie sie für Fink'sche Schaufeln manchmal unentbehrlich sind, fallen hier weg.

Kommt dazu noch die leichte Beweglichkeit der Bell'schen Regulierzungen im Verein mit rationeller Führung des Regulierringes (Rollkugelführung), so ist es sehr begreiflich, daß für große Anlagen mit vielen

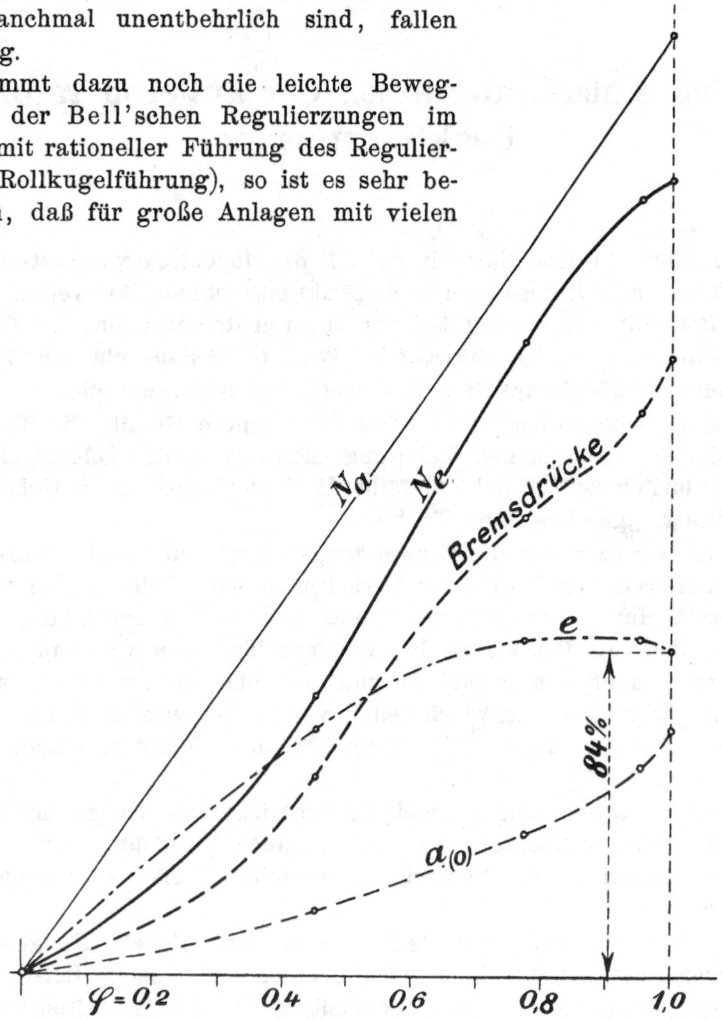

Fig. 285.

Einheiten die Bell'sche Konstruktion gerechtfertigte Verwendung gefunden hat. Siehe Taf. 12, 13, 14, 36, 37.

Die von der Firma Bell & Co. dem Verfasser überlassene Zusammenstellung der Bremsergebnisse aus der Anlage Landquart (Taf. 17) findet sich vorstehend und zwar in Fig. 284 nach Schaufelweiten mit der Kurve der gemessenen Wassermengen, andererseits in Fig. 285 nach Wassermengen geordnet.

17. Die Aufstellungsarten der äußeren radialen Reaktionsturbine.

———

Die Freiheit, welche darin liegt, daß die Höhenlage von Leit- und Laufrad zu Ober- und Unterwasser bei Reaktionsturbinen in weiten Grenzen nicht in Betracht kommt, hat bei der äußeren Radialturbine im Verein mit dem Zusammenfassen des abfließenden Wassers im Saugrohr eine Fülle von verschiedenen Aufstellungsarten und Kombinationen gebracht.

So selbstverständlich es ist, daß für kleinere Gefälle die Turbine im offenen Schacht mit offener Zuleitung montiert wird, „offene" Turbinen, ebenso erklärlich ist für hohe Gefälle die Unterbringung in Gehäusen mit Rohrzuleitung, „geschlossene" Turbinen.

Scharfe Grenzen für die Verwendungsbereiche der beiden Aufstellungsweisen existieren, der Natur der Verhältnisse nach, nicht. Die ungefähre Grenze wird durch die Örtlichkeit und Ausführungsrücksichten gegeben. Im allgemeinen werden wir so lange offene Turbinen verwenden, als die Ausführung des offenen Schachtes und der offenen Zuleitung zu diesem noch keine besonderen Schwierigkeiten verursacht, was etwa bis 10 m Gefälle zutrifft, sofern die Turbine ungefähr in Gefällmitte disponiert wird (vergl. S. 353).

Die offene Aufstellung ist meist zugänglicher als die geschlossene, besonders für rasches Nachsehen geeigneter, auch ist nicht schon in der Zuführung des Wassers zum Leitrad ein besonderer Gefälleverbrauch in Aussicht zu nehmen.

Die offene Turbine wird deshalb erst dann durch die geschlossene ersetzt, wenn die Örtlichkeit oder Rücksichten auf sonstige Betriebsverhältnisse dazu Veranlassung geben, schließlich bei Überschreiten der obengenannten ungefähren Grenze von 10 m Gefälle.

Wenn es hier und da, bei größeren, vielfach bebauten Fabrikgrundstücken im Interesse bequemer Verbindung beider Ufer des Obergrabens, vorkommt, daß wir auch bei 3 und 4 m Gefälle einmal die geschlossene Aufstellung für kleinere Wassermengen wählen und des dadurch geschaffenen freien Bauterrains wegen die geringere Zugänglichkeit in Kauf nehmen, so erscheint es geradezu sinnlos, für solche Gefälle geschlossene Turbinen anzuordnen, wenn keine zwingenden Gründe dafür sprechen.

Die stehende Welle bedarf für Transmissionsantrieb, weil unsere Transmissionen wagrecht liegen, des Zwischenschaltens von konischen Rädern, selbst wenn vielleicht nur eine (kleinere) Übersetzung vonnöten wäre, die bei liegender Welle im Riemen- oder Seilbetrieb erledigt werden könnte.

Die erwähnte Unabhängigkeit von der Höhenlage gestattet dann ohne weiteres die schon mehrfach besprochene Anordnung mit liegender Welle und gekrümmtem Saugrohr, welche vor der stehenden Welle den großen Vorzug besitzt, daß für Transmissionsbetrieb die eben berührte Notwendigkeit der Anwendung von Rädern entfällt; die Transmission kann durch direkte Kupplung oder durch einfache Riemen- oder Seiltriebe betätigt werden.

Für den Antrieb von direkt gekuppelten Dynamos kommen dagegen beiderlei Anordnungen vor (Taf. 10, 11, 12 usw., dann 17, 18 usw.).

Wir übersehen die verschiedenen Aufstellungsarten im einzelnen am besten an der Hand einer schematischen Aufstellung im Verein mit eben solchen Aufstellungsskizzen.

In dem Schema sind absichtlich bei der geschlossenen Turbine die liegenden Wellen zuerst angeführt, weil dort die liegende Welle die Regel, die stehende dagegen die seltene Ausnahme bildet.

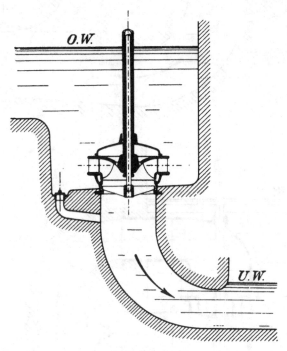

Fig. 286.

Die Anordnungen umfassen:

A. Offene Turbinen.

1. Stehende Welle.

Einfache Turbinen Fig. 286 . . . . . . auch Taf. 5, 6.
Doppelturbinen „ 287, 288, 289, 290 „ „ 8, 9, 10, 11.
Dreifache Turbinen „ 291, 292, 293, 294 „ „ 12.
Vierfache „ „ 295, 296 . . . „ „ 13, 14.

28*

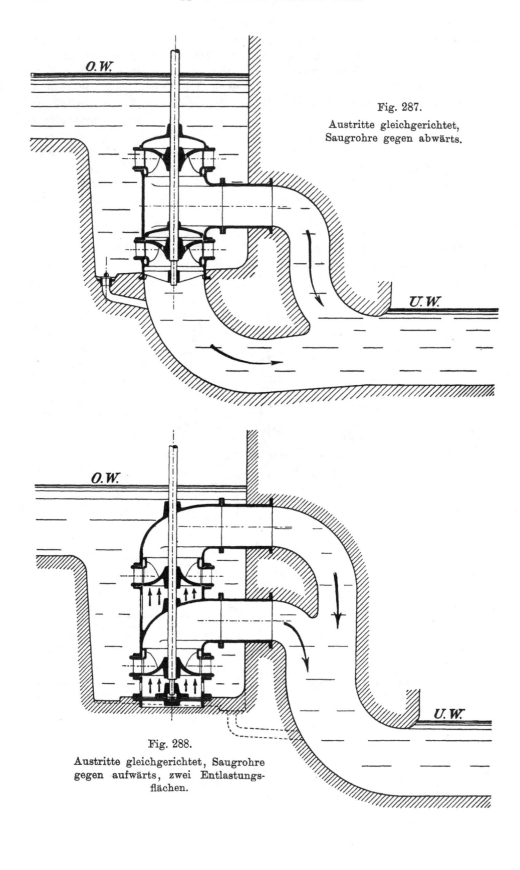

Fig. 287.
Austritte gleichgerichtet,
Saugrohre gegen abwärts.

Fig. 288.
Austritte gleichgerichtet, Saugrohre
gegen aufwärts, zwei Entlastungsflächen.

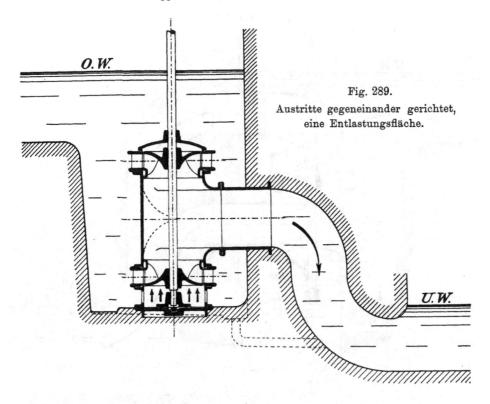

Fig. 289.
Austritte gegeneinander gerichtet,
eine Entlastungsfläche.

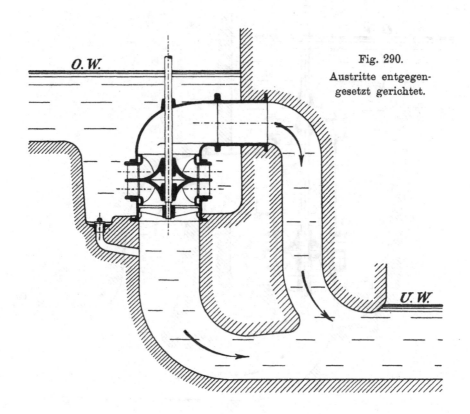

Fig. 290.
Austritte entgegen-
gesetzt gerichtet.

Fig. 291.

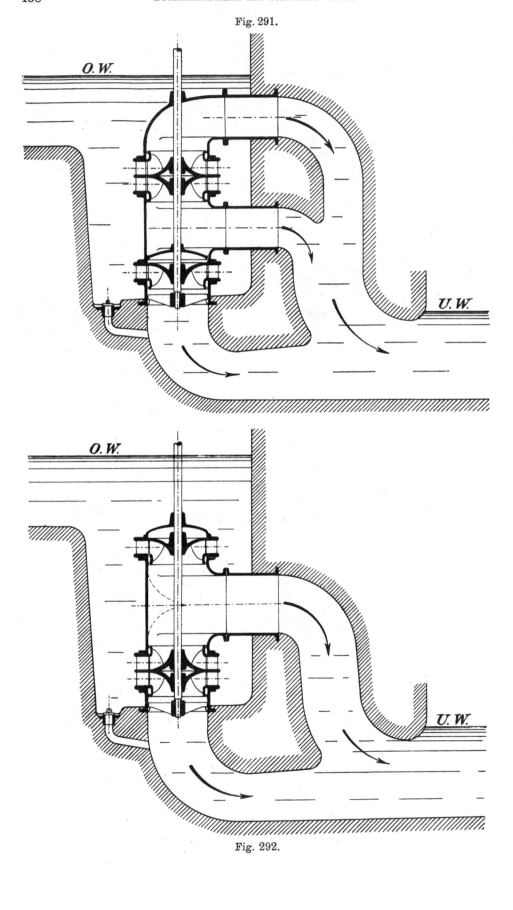

Fig. 292.

Fig. 293.

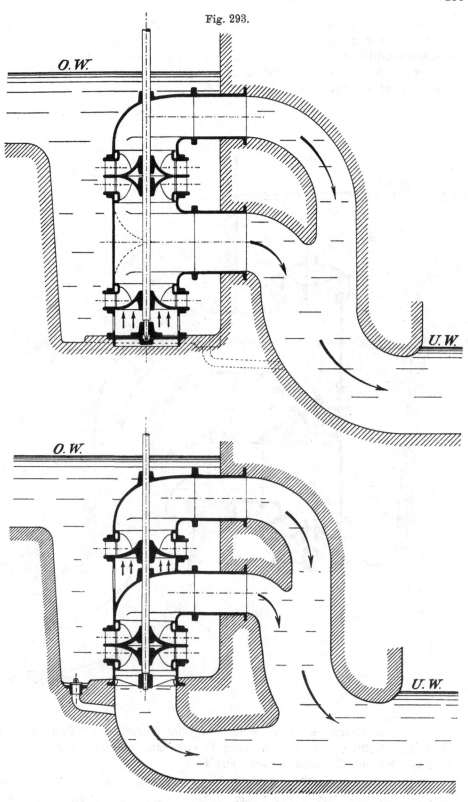

Fig. 294.

Zur Erzielung hoher Umdrehungszahlen sind die Vierfachturbinen natürlich noch mehr geeignet als die dreifachen, wenn sie sich auch naturgemäß
noch umständlicher bauen; sie müssen bei kleinen Gefällen sehr tiefe Kammern
erhalten, damit die oberste Teilturbine überhaupt richtig unter den Oberwasserspiegel kommt.

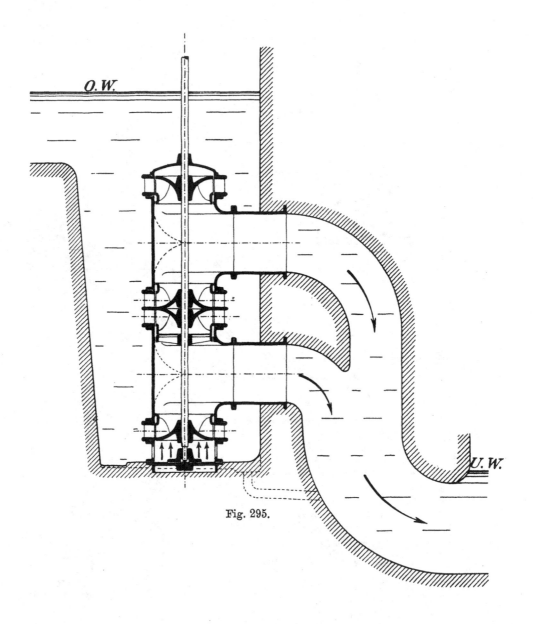

Fig. 295.

Die brauchbaren Kombinationen von vier Turbinen dürften mit den
Fig. 295 und 296 erschöpft sein. Fig. 295 ist eine einfache Verdoppelung
von Fig. 289, die Fig. 296 entsteht aus Fig. 290.

Die schematischen Figuren lassen schon erkennen, daß die Anordnung
Fig. 295 sich mehr für etwas höhere Gefälle eignet und daß Fig. 296 die
geringste Höhenausdehnung verlangt. Die erstere Anordnung gestattet aber

ohne weitere Veranstaltung eine Entlastungsfläche am untersten Laufrad;
eine zweite kann an dem dritten, ebenfalls nach oben ausgießenden Laufrad durch Einbau eines Deckels gewonnen werden, wie dies Taf. 13 zeigt.
Die Anordnung nach Fig. 296 dagegen bedarf für jede Entlastungsfläche
eines besonderen Deckeleinbaues.

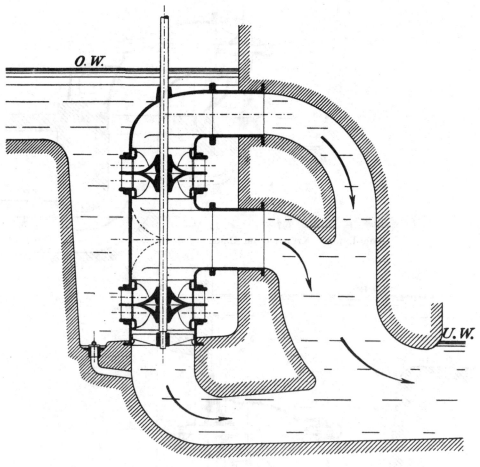

Fig. 296.

2. Offene Turbinen, liegende Welle.

(Folgende Seiten.)

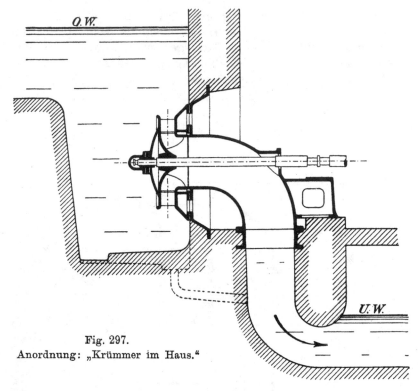

Fig. 297.
Anordnung: „Krümmer im Haus.“

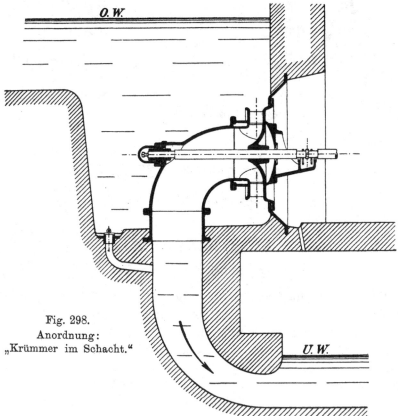

Fig. 298.
Anordnung:
„Krümmer im Schacht.“

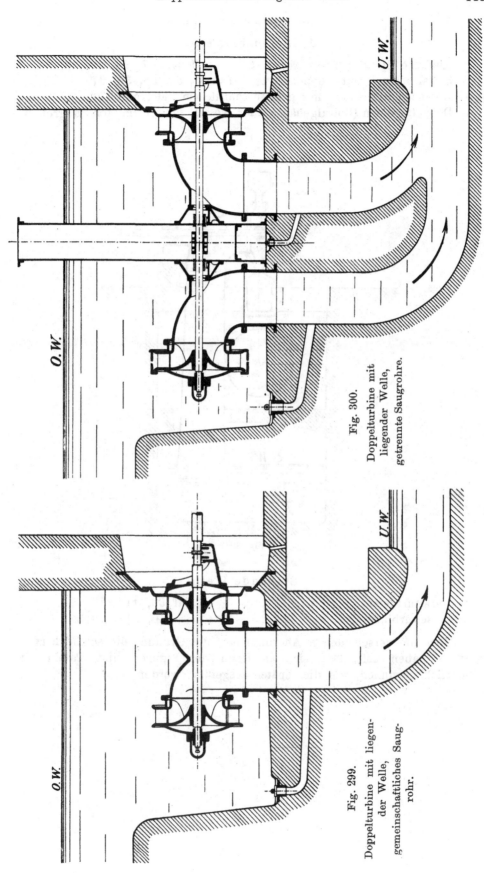

Fig. 300.

Doppelturbine mit liegender Welle, getrennte Saugrohre.

Fig. 299.

Doppelturbine mit liegender Welle, gemeinschaftliches Saugrohr.

B. Geschlossene Turbinen.

1. Liegende Welle.

Einfache Spiralturbinen Fig. 301 . auch Taf. 27, 28, 29, 30, 32.
Spiralturbinen mit Doppelsaugrohr Taf. 33, 34, 35, 36, 37.
Doppelspiralturbinen mit gemeinschaftlichem Saugrohr Taf. 38.
Doppelturbinen (Spiralgehäuse oder Kessel) mit getrennten Saugrohren.

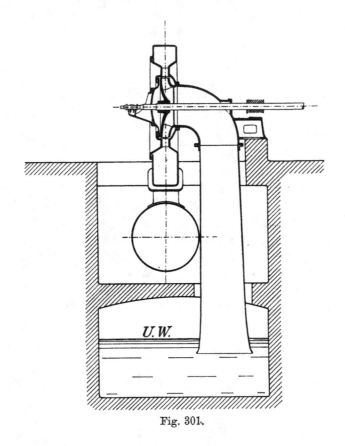

Fig. 301.

2. Stehende Welle.

Spiralturbinen . . . . Taf. 39, 41.
Kesselturbinen . . . . „ 40, 41.

Über die verschiedenen Anordnungen, die Gründe, die solche hervorgerufen haben usf., läßt sich an Hand der Figuren und Tafeln ein
Überblick gewinnen, wie dies später ausgeführt werden wird.

18. Die Wellenbelastung der Reaktionsturbinen.

Je nach Art der Aufstellung werden im allgemeinen die Kräfte, welche die Turbinenwelle aufzunehmen und weiterzugeben oder abzufangen hat, verschieden ausfallen.

Unabhängig aber von der Wellenlage und der Gesamtanordnung, abgesehen natürlich von der Umdrehungszahl, werden die Drehkräfte auftreten.

A. Drehmomente.

1. Allgemeines, Drehmoment und Umdrehungszahl.

Da die Turbinen im Gegensatze zu den Hubmotoren, keine innere Veranlassung zu wechselnder Winkelgeschwindigkeit der Wellen haben, so ist die Berechnung der ausgeübten Drehmomente überaus einfach.

Wie die Drehmomente tatsächlich aus der Kraftäußerung des strömenden Wassers entstehen, haben wir ausführlich im früheren kennen gelernt, und wir könnten schließlich die Drehmomente auf dem früheren, zur Entwicklung der Anschauung gegangenen, Wege auch berechnen.

Dieser Weg ist für die Praxis aber überaus umständlich, und es ist auch im allgemeinen unnötig, ihn für die Berechnung zu benützen.

Haben wir die Verhältnisse der Schaufelung den aufgeführten Bedingungen gemäß entworfen, so ist uns schon ε, die hydraulische Nutzeffektsziffer, bekannt, und wir haben, sofern wir e, den mechanischen Nutzeffekt, um 1 bis 2 °/₀ geringer schätzen, die Gleichung

$$e \cdot Q \cdot \gamma \cdot H = 75 \, N_e \quad \ldots \ldots \ldots \quad \textbf{581.}$$

Da ferner bei bekannter Umdrehungszahl n ganz allgemein das Drehmoment ist:

$$M = \frac{75 \, N_e \cdot 60}{2 \, \pi n} = 716{,}2 \cdot \frac{N_e}{n} \, \text{(mkg)} \quad \ldots \ldots \quad \textbf{582.}$$

auch die zu erzielenden PS_e als N_e bekannt sind, so ist über die Bestimmung von M für die normale Umdrehungszahl weiter nichts mehr zu sagen.

Anders sind die Umstände, wenn die in all ihren Verhältnissen gegebene Turbine zufällig oder absichtlich auf eine andere als die normale Umdrehungszahl kommt.

Es ist früher ausführlich durch Rechnung gezeigt worden, daß die Fortschreitegeschwindigkeit der Reaktionsgefäße, daß die Umfangsgeschwindigkeit der Lauf räder abhängig ist von dem Widerstande, welcher der Bewegung entgegengesetzt wird, daß größere Widerstände die Bewegung verlangsamen und umgekehrt. Wir dürfen also wohl in dem Sinne von einer normalen Umdrehungszahl reden, daß bei dieser das Nachfüllen der Reaktionsgefäße in guter Weise erfolgt und daß der zugelassene Austritts-

verlust eintritt. Wir richten selbstverständlich den Anschluß der Arbeitsmaschinen, was sie auch seien, dieser Umdrehungzahl gemäß ein, aber wir
werden diese normale Umdrehungzahl nur dann vorfinden, wenn wir den
ihr entsprechenden Widerstand der Drehung entgegensetzen. Die Turbine
hat in sich selbst keine Veranlassung, diese „normale" Umdrehungzahl
anzunehmen oder beizubehalten.

Wir haben andererseits gesehen, daß wir, abgesehen von den allereinfachsten Verhältnissen (Ablenkungsfläche S. 13 und 14) bei dem Versuch
der Berechnung der Drehmomente für Geschwindigkeiten, die von der normalen abweichen, auf Schwierigkeiten stoßen. Für u_1 kleiner als normal
sind uns die Werte der k_S usw. nicht zuverlässig bekannt, für Umdrehungszahlen größer als normal geraten wir rasch in imaginäre Beziehungen, und
so bleibt uns im allgemeinen für die Berechnung, besser für die Schätzung
der Drehmomente bei nicht normaler Umdrehungzahl nur der Anschluß
an die Empirie, an die Ergebnisse der Bremsversuche als einziger Ausweg übrig.

Die Bremsversuche geben uns, sofern die Belastung irgendwie durch
einen stillstehenden Widerstand gemessen wird, Drehmomente mit zugehörigen Umdrehungzahlen, mag der stillstehende Widerstand durch den
Wagebalken des Prony'schen Zaums oder denjenigen einer in Schneiden
gelagerten Armatur einer Dynamomaschine gegeben sein. Wir können die
zueinander gehörigen Werte, sofern sie sich alle auf das gleiche Gefälle beziehen, nach
Umdrehungszahlen ge-
ordnet, zeichnerisch auf-
tragen und erhalten da-
durch für den Verlauf
der Drehmomente eine
Folge von Punkten, wie
sie z. B. Fig. 302 und
zwar gleichzeitig für
verschiedene Füllungen
sehen läßt. Diese Punkte
bilden stetig verlaufende
Kurven. In der Nähe
der Normalumdrehungs-
zahl liegen sie eine
Strecke weit fast genau
in einer geraden Linie,
welche nach der Seite
der kleinen Geschwindig-

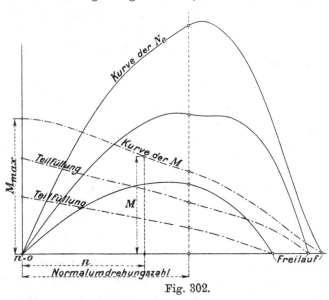

Fig. 302.

keiten sich nach abwärts, für größere Umdrehungzahlen gegen das Ende
relativ gegen aufwärts krümmt, um beim Freilauf der Turbine, $e = 0$, in
der Achse der Umdrehungzahlen zu endigen.

Da es nie ausgeschlossen erscheint, daß der zu überwindende Widerstand zufällig einmal gleich oder größer ist, als dem für $n = 0$ vorhandenen
Drehmoment entspricht, so müssen die Getriebeteile genau genommen für das
größte Drehmoment $(n = 0)$ berechnet werden. Allerdings braucht dies nur
mit Rücksicht auf deren Festigkeit, nicht in bezug auf Abnützung, Dauer-
haftigkeit, zu geschehen. Erfahrungsgemäß wächst das Moment des Still-

standes bei äußeren Radialturbinen selten über das 1,5fache des Momentes der normalen Umdrehungszahl hinaus.

Es ist, wie gesagt, bis jetzt nicht gelungen, eine Rechnung aufzustellen, nach welcher der Verlauf der Drehmomente auch nur präzis motiviert werden könnte, und so müssen wir uns darauf beschränken, die Beziehung für den geradlinig verlaufenden Teil der Momentenkurve aufzustellen, nicht sowohl wegen dessen Verlaufs an sich, denn dieser ist ja für jeden Einzelfall aus dem Bremsergebnis ohne weiteres bekannt, sondern der Umrechnung auf anderes Gefälle wegen.

2. Die Drehmomentgleichung und das Gefälle.

Die verschiedenen Bremsergebnisse, M und n, können natürlich nur dann in Beziehungen untereinander gebracht werden, wenn sie genau gleichem Gefälle entsprechen, was nicht ohne weiteres vorausgesetzt werden kann und auch fast nie zutrifft.

Für die Umrechnung auf einheitliches Gefälle haben wir folgenden Anhalt:

Wir sehen, daß u_1 nach Gl. 349 proportional ist $\sqrt{H}$, ebenso w_1 nach Gl. 350. Für den Betrieb des richtigen Nachfüllens der Reaktionsgefäße einer gegebenen Turbine ist also u_1, d. h. auch die Umdrehungszahl jeweils der Größe $\sqrt{H}$ anzupassen, und weil w_1 dann auch $\sqrt{H}$ entspricht (Gefälleaufteilung), so ist auch Q, die verbrauchte Wassermenge, proportional $\sqrt{H}$. Für andere Umfangsgeschwindigkeiten, also für solche, bei denen Stöße beim Einfüllen auftreten, bleibt doch immer die Gefälleaufteilung, beispielsweise nach Gl. 339 usw., bestehen, also bleibt auch dort die allgemeine Proportionalität der Geschwindigkeiten mit $\sqrt{H}$ aufrecht.

Die Leistung einer Turbine ist, sei nun der mechanische Nutzeffekt wie er wolle, durch Gl. 581 gegeben, sie kann also, weil Q proportional $\sqrt{H}$ ist, geschrieben werden

$$N_e = \text{Konst. } H\sqrt{H} \quad . \quad . \quad . \quad . \quad . \quad \textbf{583.}$$

und so darf auch die Gl. 582 lauten

$$M = \text{Konst. } \frac{H\sqrt{H}}{\sqrt{H}} = \text{Konst. } H \quad . \quad . \quad . \quad . \quad \textbf{584.}$$

natürlich mit einem anderen Wert der Konstanten als in Gl. 583.

Das von der Turbine ausgeübte Drehmoment ist also einfach dem Gefälle H proportional, die Leistung dagegen proportional $H\sqrt{H} = \sqrt{H^3}$.

Aus Versuchen mit der gleichen Turbine und unter den gleichen Einbau- und Zuleitungsverhältnissen sei nun bekannt, daß sie unter einem Gefälle H_a das Drehmoment M_a bei der Umdrehungszahl n_a leistet, daß sie andererseits unter dem Gefälle H_b bei n_b Umdrehungen das Drehmoment M_b hervorbringt. Für die einheitliche Zusammenstellung ist es zuerst am bequemsten, als Basis für den Vergleich der verschiedenen Leistungen das Gefälle von einem Meter zugrunde zu legen.

Nach dem Vorstehenden gilt dann für einen Meter Gefälle, Index „1", und für den Versuch „a":

$$n_a{}^1 = \frac{n_a}{\sqrt{H_a}}; \quad M_a{}^1 = \frac{M_a}{H_a}; \quad N_a{}^1 = \frac{N_a}{\sqrt{H_a{}^3}} \quad . \quad . \quad . \quad \textbf{585.}$$

Ebenso für den Versuch „b":

$$n_b{}^1 = \frac{n_b}{\sqrt{H_b}}; \quad M_b{}^1 = \frac{M_b}{H_b}; \quad N_b{}^1 = \frac{N_b}{\sqrt{H_b{}^3}} \quad . \quad . \quad . \quad \textbf{586.}$$

Angenommen die Versuche a und b liegen noch innerhalb der geraden Strecke der Momentkurve, so läßt sich dann für einen beliebigen Punkt der Geraden, Fig. 303, einfach die Beziehung anschreiben:

$$\frac{M_a{}^1 - M}{n - n_a{}^1} = \frac{M - M_b{}^1}{n_b{}^1 - n}$$

woraus sich das der Umdrehungszahl n zugehörige Moment M ergibt als

$$M = \frac{M_a{}^1 n_b{}^1 - M_b{}^1 n_a{}^1}{n_b{}^1 - n_a{}^1} - \frac{M_a{}^1 - M_b{}^1}{n_b{}^1 - n_a{}^1} \cdot n \quad . \quad . \quad . \quad \textbf{587.}$$

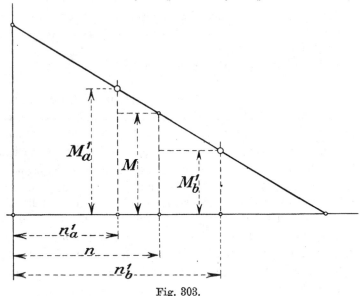

Fig. 303.

Nun sind im Einzelfall ja die $M_a{}^1$, $n_a{}^1$ usw. bekannte, konstante Größen, so.daß Gl. 587 auch geschrieben werden darf

$$M = C_1 - C_2 \cdot n \quad . \quad . \quad . \quad . \quad . \quad . \quad \textbf{588.}$$

worin

$$C_1 = \frac{M_a{}^1 n_b{}^1 - M_b{}^1 n_a{}^1}{n_b{}^1 - n_a{}^1} \quad . \quad . \quad . \quad . \quad . \quad \textbf{589.}$$

$$C_2 = \frac{M_a{}^1 - M_b{}^1}{n_b{}^1 - n_a{}^1} \quad . \quad . \quad . \quad . \quad . \quad . \quad \textbf{590.}$$

die $M_a{}^1$ usw. nach den Beziehungen 585 und 586 gerechnet.

Nach Gl. 582 ist allgemein

$$N = \frac{M \cdot n}{716,2}$$

also hier gemäß Gl. 588

$$N = \frac{C_1}{716,2} \cdot n - \frac{C_2}{716,2} \cdot n^2 = A \cdot n - B \cdot n^2 \quad . \quad . \quad . \quad \textbf{591.}$$

Soll vom Gefälle im Betrag von einem Meter auf das Gefälle H gegangen werden, so ist, weil die $M_a{}^1$, $n_a{}^1$ usw. sich unter dem größeren Gefälle als $n_a{}^1 \sqrt{H}$, $M_a{}^1 \cdot H$ usw. an der Bremse ergeben hätten, zu schreiben:

statt C_1 nunmehr

$$\frac{M_a{}^1 H n_b{}^1 \sqrt{H} - M_b{}^1 H \cdot n_a{}^1 \sqrt{H}}{n_b{}^1 \sqrt{H} - n_a{}^1 \sqrt{H}} = C_1 H$$

und statt C_2 einfach

$$\frac{M_a{}^1 H - M_b{}^1 H}{n_b{}^1 \sqrt{H} - n_a{}^1 \sqrt{H}} = C_2 \sqrt{H}$$

derart, daß sich für die gerade Strecke der Momentkurve ganz allgemein für das Gefälle H ergibt nach Gl. 588

$$M = C_1 \cdot H - C_2 \cdot \sqrt{H} \cdot n \quad \ldots \quad \textbf{592.}$$

und nach Gl. 591

$$N = \frac{C_1}{716,2} \cdot H \cdot n - \frac{C_2}{716,2} \cdot \sqrt{H} \cdot n^2 = A \cdot H \cdot n - B \cdot \sqrt{H} \cdot n^2 \quad \textbf{593.}$$

Diese Gleichung gestattet sowohl bei gegebenem oder angenommenem H die zwischen den Werten M_a und M_b liegenden, zu erwartenden Leistungen gemäß der Umdrehungszahl auszurechnen, oder bei gleichgehaltener Umdrehungszahl die Leistung für verschiedene Gefälle zu bestimmen, und zwar soweit, als eben die gerade Momentlinie reicht.

Sind $M_a{}^1$ und $M_b{}^1$ beispielsweise die Endpunkte der geradlinigen Strecke, so gilt obige Gl. 592 beim Gefälle H innerhalb der Umdrehungszahlen

$$n = n_a{}^1 \sqrt{H} \text{ bis } n_b{}^1 \sqrt{H} \text{ oder auch } n = n_a \sqrt{\frac{H}{H_a}} \text{ bis } n_b \sqrt{\frac{H}{H_b}} . \quad \textbf{594.}$$

Auf Grund der Gleichungen 592 und 593 lassen sich graphisch und auch rechnerisch Tabellen entwerfen, die ein Bild der Leistungsfähigkeit der Turbine im tatsächlichen Betrieb geben. Denn dieser verlangt meist das Einhalten einer bestimmten Umdrehungszahl und dabei finden fast ohne Ausnahme Gefällschwankungen statt.

Als Beispiel der Anwendung dieser Beziehungen möge folgendes dienen: Es sei aus Bremsversuchen bekannt

$$H_a = 6,14 \text{ m}; \quad M_a = 165 \text{ mkg}; \quad n_a = 267$$
$$H_b = 5,82 \text{ m}; \quad M_b = 515 \text{ mkg}; \quad n_b = 133$$

Es stellt sich dann

$$M_a{}^1 = 26,9 \text{ mkg}; \quad n_a{}^1 = 107,8$$
$$M_b{}^1 = 88,5 \text{ mkg}; \quad n_b{}^1 = 55,1$$
$$C_1 = 152,9; \quad\quad C_2 = 1,169$$

mithin

$$M = 152,9 \, H - 1,169 \sqrt{H} \cdot n \quad \ldots \quad \textbf{(592.)}$$

Ferner sind

$$A = \frac{152,9}{716,2} = 0,213; \quad B = \frac{1,169}{716,2} = 0,001\,632$$

also

$$N = 0,213 \cdot H \cdot n - 0,001\,632 \sqrt{H} \cdot n^2 \quad \ldots \quad \textbf{(593.)}$$

Nehmen wir nun H als konstant, etwa $H = 6$ m an, so ergeben sich für beliebig anzunehmende Umdrehungszahlen n die in Fig. 304 mit der betreffenden Zahl bezeichnete Momentenlinie und Kurve der PSe; andere Gefälle, z. B. 5 m und 7 m, ergeben die anderen in der Fig. 304 eingetragenen Linienzüge, und es lassen sich dann für zwischenliegende Gefälle oder Um-

drehungszahlen leicht die betreffenden Momente oder Leistungen in PSe
interpolieren. Die Figur enthält auch die den einzelnen Gefällen entsprechenden Kurven der Wassermengen bei verschiedenen Umdrehungszahlen, wie

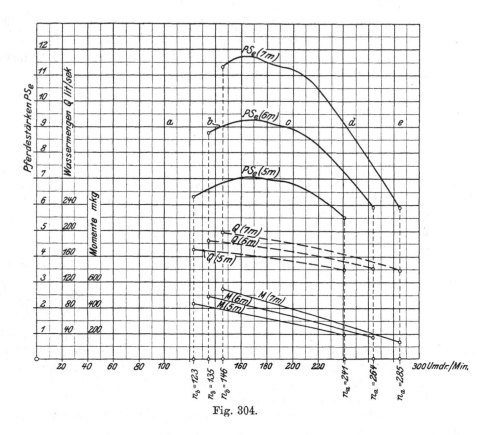

Fig. 304.

sie sich aus Beobachtungen ergaben; die Größen von Q und n sind ja beide
proportional $\sqrt{H}$.

So lehrreich eine derartige Zusammenstellung der Bremsversuche für
den Turbineningenieur ist, so ist doch für den praktischen Betrieb eine
andere Gruppierung der Daten mehr erwünscht.

Der Betrieb verlangt einen raschen Überblick darüber, wie groß die
tatsächliche Leistung der Turbine bei verschiedenen Gefällen und unter
Einhaltung einer bestimmten Umdrehungszahl ist. Wie dieses einzurichten,
zeigt Fig. 304a. In der Fig. 304 waren die Leistungen als Ordinaten aufgetragen (Kurven gleichen Gefälles); eine Horizontale $abcde$ schneidet beispielsweise in einer Höhe entsprechend 9 PSe die Leistungskurve von
6 m Gefälle bei zwei verschiedenen Umdrehungszahlen in b und c, dann
diejenige von 7 m im Punkte d. Wir können uns von der gleichen Basis
der Umdrehungszahlen ausgehend an den betreffenden Ordinaten statt der
PSe das Gefälle der Schnittpunkte bcd auftragen; Fig. 304a enthält diese
drei Punkte mit den gleichen Buchstaben bezeichnet, und können dann diese
durch eine Kurve verbinden (Kurve gleicher Leistung). Verfahren wir mit
anderen Leistungsgrößen in gleicher Weise, so entstehen beispielsweise die
Kurven der 8, 7, 6 PSe, also alles Kurven gleicher Leistungsfähigkeit
bei verschiedenen Umdrehungszahlen und Gefällen.

Für bestimmtes Gefälle und Umdrehungszahl ergibt sich dann aus den Kurven beispielsweise für 5 m Gefälle und 124 Umdr. eine Leistung von 6 PSe, für gleiches Gefälle und 158 Umdr. eine solche von 7 PSe usw. Zwischenliegende Werte können leicht interpoliert werden.

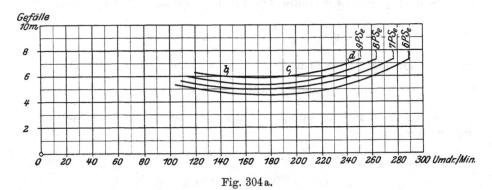

Fig. 304a.

Findet die Bremsbelastung einer Turbine in der Weise statt, daß durch elektrische Widerstände die geleistete Arbeit direkt gemessen wird, so ist der Weg zur Bestimmung der Verhältnisse der gleiche, nur daß zuerst aus den ermittelten Werten N_a und N_b usw. (der Index im Sinne der Gl. 585 und 586) rückwärts die $N_a{}^1$ und $n_a{}^1$, sowie die $N_b{}^1$ und $n_b{}^1$ gerechnet, und aus diesen nach Gl. 582 die $M_a{}^1$ und $M_b{}^1$ bestimmt werden.

Hochwasser verringert das Nettogefälle häufig in hohem Grade, und dementsprechend sinkt die Leistung der Turbine, besonders wenn die Normalumdrehungszahl eingehalten werden muß, sehr rasch.

Es kann die Frage aufgeworfen werden, wie weit gegenüber dem Normalgefälle H einer bestimmten Anlage das Gefälle heruntergehen muß, bis die Turbine mit normaler Umdrehungszahl n eben noch ohne äußere Arbeitsleistung, also frei, läuft. Die Antwort beruht in folgendem: Es ist früher schon erwähnt worden, daß die äußere Radialturbine im Freilauf etwa das 1,8fache der Normalumdrehungszahl annimmt.

Nun ist mit Hinweis auf Vorhergehendes für eine gegebene Turbine die normale Umdrehungszahl $n = \text{Konst.} \sqrt{H}$.

Für das verkleinerte Gefälle h wäre die diesem h entsprechende Normalumdrehungszahl n_h also diejenige des stoßfreien Einfüllens usw. mit dem gleichen Wert der Konstanten: $n_h = \text{Konst.} \sqrt{h}$.

Bei dem reduzierten Gefälle h beträgt dann die Umdrehungszahl des Freilaufs etwa $1,8 \cdot n_h$, und zur Bestimmung von h haben wir deshalb einfach zu schreiben

$$1,8 n_h = n$$

oder

$$. \ 1,8 \cdot \text{Konst.} \sqrt{h} = \text{Konst.} \sqrt{H},$$

woraus folgt

$$h = \frac{H}{1,8^2} = \sim 0,3\,H \quad . \quad . \quad . \quad , \quad . \quad . \quad . \quad \textbf{595.}$$

als ungefährer Betrag des reduzierten Gefälles, bei dem die Turbine die normale Geschwindigkeit n zwar noch besitzt, aber nur, wenn sie unbelastet, frei, ist. Andere Werte statt 1,8 ändern natürlich den Betrag von h.

29*

Wollte man aus der Turbine bei reduziertem Gefälle immer die größtmögliche Leistung noch ziehen, so müßte die Umdrehungszahl jeweils der Wurzel aus dem Gefälle proportional geändert werden, hier auf n_h, was aber nur selten tunlich sein wird.

In diesem Fall würde die Turbine bei $h = 0,3\,H$ mit (Gl. 594)

$$n_h = n \sqrt{\frac{h}{H}} = n \sqrt{0,3} = \sim 0,55\,n$$

zu betreiben sein; sie würde dabei aber nur noch leisten (Gl. 583)

$$N_h = N_e \cdot 0,3 \sqrt{0,3} = \sim 0,165\,N_e.$$

Ist die Freilaufumdrehungszahl geringer als $1,8\,n$, etwa $1,5\,n$, so ergeben sich

$$h = \frac{H}{1,5^2} = \sim 0,45\,H,$$

$$n_h = n \sqrt{0,45} = \sim 0,67\,n,$$

$$N_h = N_e \cdot 0,45 \sqrt{0,45} = \sim 0,3\,N_e.$$

Diese Turbine stellt die Arbeit gegen außen schon bei 0,45 des Normalgefälles, also früher ein als die vorhergehende.

Als eine durch Bremsversuche ziemlich bestätigte Faustregel zur Bestimmung der Turbinenleistung bei vermindertem Gefälle h, aber unter Einhaltung der dem Normalgefälle H entsprechenden Umdrehungszahl n, kann folgendes angegeben werden:

Die Abnahme der Leistung ist verhältnismäßig etwa $1^1/_2$ mal so groß als diejenige des Gefälles. Oder in Zahlen: eine Gefälleabnahme um beispielsweise $\frac{1}{3}$ des Normalgefälles H, zieht einen Leistungsabfall um etwa $1,5 \cdot \frac{1}{3} = 0,5$ der Normalleistung N_e nach sich, sofern die Normalumdrehungszahl n eingehalten wird.

Rechnungsmäßig läßt sich dies ausdrücken durch

$$\frac{N_e - N_h}{N_e} = 1,5 \cdot \frac{H - h}{H} \quad \ldots \ldots \quad \textbf{596.}$$

und hieraus ergibt sich

$$N_h = N_e \left(1 - 1,5\, \frac{H - h}{H} \right) \quad \ldots \ldots \quad \textbf{597.}$$

3. Der Einfluß der Zellenregulierung.

Die konstruktiven Einzelheiten der Wellenführung finden sich weiter unten behandelt; hier ist nur noch ein Punkt zu erwähnen, der die Zellenregulierung betrifft.

Es war auf S. 288 auseinandergesetzt worden, daß die Zellen zweckmäßig in fortlaufender Reihe sollten abgeschlossen werden, damit die Übergangsverluste zwischen arbeitenden und toten Leitzellen nur einmal auftreten. Wird hiernach verfahren, was an sich ganz angängig ist, so ist nicht außer acht zu lassen, daß alsdann das vom arbeitenden Wasser ausgeübte Drehmoment durch einseitig liegende Kräfte entsteht; wie dies z. B. Fig. 305 für eine Achsialturbine zeigt. Die in den arbeitenden Radzellen tätigen X-Komponenten ergeben zusammen kein reines Kräftepaar, sondern

eine mit der Zahl der geschlossenen Zellen wechselnde resultierende Einzelkraft, welche durch sorgfältige Lagerung der Welle abgefangen werden

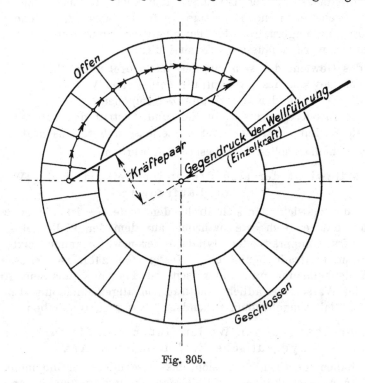

Fig. 305.

muß und die für die Welle deshalb meist auch unerwünschte Biegungsbeanspruchung mit sich bringt.

Abgeholfen kann dadurch werden, daß eben die zu schließenden Leitzellen jeweils einander
gegenüber angeordnet
werden, daß sie also in
zwei symmetrischen Sek-
toren verlaufen, wie
dies Fig. 306 andeutet,
wodurch die Einzelkraft
verschwindet und das
reine Drehmoment erhal-
ten bleibt. Aber dies
wird durch einen zwei-
maligen Übergangsver-
lust erkauft.

All diese Rücksicht-
nahmen entfallen bei
Anwendung der rundum
gleichmäßig einsetzen-
den Spaltdruckregulie-
rungen, ein weiterer
Grund für deren große
Verbreitung.

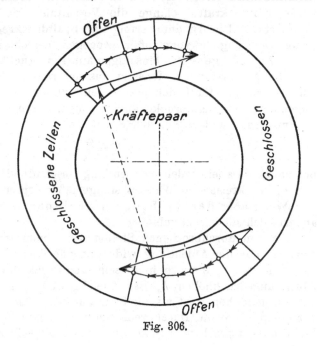

Fig. 306.

B. Kräfte in Richtung der Turbinenwelle und senkrecht dazu.

Für die Belastung der Turbinenwellen kommen außer dem schon behandelten Drehmoment noch sonstige Kräfte in Betracht, welche in letzter Linie durch die Lagerungen der Turbinenwelle, Spurzapfen, Halslager usw. aufgenommen werden müssen. Es sind dies:

das Gewicht der sich auf der Welle drehenden Teile G_T,

das Gewicht des im Laufrade enthaltenen Wassers G_W,

die Wirkung der X-, Y- und Z-Komponenten,

die Druckverhältnisse am Ein- und Austritt des Laufrades,

die Wirkung mitrotierender Wassermassen (Rotationsparaboloid usw.),

und diese Einflüsse sollen hier besprochen werden.

1. Das Gewicht der sich drehenden Teile und des Wassers im Laufrade.

Über das Gewicht der sich drehenden Teile G_T ist nichts weiter zu sagen, als daß es sich wie natürlich aus dem der Welle selbst mit Zubehör, Laufrad, Zahnrad oder Dynamoanker usw. zusammensetzt; das Gewicht des im Laufrade befindlichen Wassers G_W zählt zweifellos als senkrechte Wellenbelastung mit, andererseits ist das Abrechnen eines Auftriebes für das im Wasser befindliche Laufrad im allgemeinen unstatthaft, weil wir es nicht mit umgebendem ruhendem Wasser zu tun haben.

2. Beanspruchungen der Wellen äußerer Radialturbinen durch hydraulische Einflüsse jeder Art.

Wir haben gesehen, daß sich das tatsächliche Drehmoment aus der Wirkung von Ablenkungs- und Beschleunigungskräften zusammensetzt, wozu noch die Kraftwirkung kommt, welche durch die Verzögerung von u_1 auf u_2 entsteht.

Alle diese Kräfte ergeben für die Radialturbine keine äußere resultierende Einzelkraft, solange die Verhältnisse auf dem ganzen Umfang gleich sind. Die rundum erfolgende Spaltdruckregulierung vermag auch keine Änderung hervorzurufen, wogegen bei einseitiger Zellenregulierung die in Fig. 305 gezeigten einseitigen äußeren Druckkräfte zustande kommen.

Die Ablenkung des Wassers aus der radialen in die achsiale Richtung wird durch den Radboden erzwungen; dieser hat die aus der Ablenkung folgenden Zentrifugaldrucke aufzunehmen, deren achsiale Komponente sich bei vollem Radboden nach S. 146 zu

$$Z = \frac{Q \cdot \gamma}{g} \cdot w_s \quad . \quad . \quad . \quad . \quad . \quad . \quad \textbf{(367.)}$$

berechnet. Dabei stellen sich entlang des Radbodens Druckhöhen ein, die den h_a des kreisenden Wassers sinngemäß entsprechen, vergl. auch S. 221.

Wenn aber der Radboden durchbrochen ist, wie fast allemal, so ändern sich die Verhältnisse.

An den durchbrochenen Stellen wird beim Ingangsetzen der Turbine zunächst das der Ablenkung widerstehende Wasser in den Deckelraum austreten, so lange, bis sich in diesem eine Druckhöhe eingestellt hat, die den Ablenkungsdruckhöhen h_a das Gleichgewicht zu halten vermag, die also entsprechend höher ist als die Saugrohrdruckhöhe. Wir können uns dabei vorstellen, daß die Durchbrechungsstellen entweder mit Wasser oder mit Luft von entsprechender Spannung ausgefüllt sein werden. Wenn aber der

Deckelraum, der Durchbrechungsstellen wegen, auch unter der Druckhöhe h_a steht, so bedeutet dies, daß der Radboden von der Saugrohr- und von der Deckelseite her gleichen Druck erhält, daß hier die Z-Komponente auf das Laufrad keine äußerlich fühlbare Wirkung ausüben kann. Hier bildet der Turbinendeckel schließlich den Gegenhalt für die Ablenkungs-Zentrifugaldrucke des arbeitenden Wassers.

Von besonderer Wichtigkeit werden für äußere Radialturbinen die Folgen des Mitrotierens nicht arbeitender Wassermassen.

Wir haben S. 259 u. f. gesehen, in welcher Weise sich oberhalb des Laufrades Wasser ansammeln wird und haben den Gegendruck in Rechnung gestellt, den das austretende Spaltwasser dadurch erfährt. In gleicher Weise übt das mitrotierende Wasser aber auch einen Druck auf den Radboden selbst aus, und dieser Druck kann unter Umständen eine gar nicht geringe Vermehrung der achsialen Kräfte darstellen. Die Erscheinung des Rotationsparaboloids tritt bei senkrechter Welle ein, die Anordnung mit wagrechter Welle hat aber auch mit ähnlichen Umständen zu rechnen.

Das Rotationsparaboloid der senkrechten Welle.

Die Gleichung der Rotationsparabel, Fig. 307, lautet, wenn u die Umfangsgeschwindigkeit, ω die Winkelgeschwindigkeit, n_p die Umdrehungszahl des Wasserkörpers ist, für einen beliebigen Punkt der Oberfläche:

$$h = \frac{u^2}{2g} = \frac{r^2 \omega^2}{2g} = \sim \frac{r^2 n_p^2}{1800} = \sim \frac{d^2 n_p^2}{7200} \quad . \quad . \quad . \quad \textbf{598.}$$

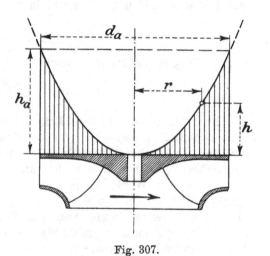

Hätte das Laufrad mit geradlinigem Radboden keinen Deckel, sondern wäre es am äußeren Durchmesser d_a mit einem etwa am Leitapparat befestigten zylindrischen Mantel umgeben, der das Wasser von oben (O.W.) her abhält (Fig. 307), so würde sich das Paraboloid bis zur Höhe h_a frei entwickeln, sofern der Radboden geschlossen wäre und der Parabelscheitel gerade diesen Boden berührte. Es würde sich auf dem Radboden gegen abwärts eine achsiale Belastung ergeben, gleich dem Gewicht des Wassers, welches das Paraboloid bildet.

Fig. 307.

Der Rauminhalt V des Paraboloids (in Fig. 307 senkrecht schraffiert) ist

$$V = \frac{1}{2} d_a^2 \frac{\pi}{4} \cdot h_a$$

und demnach würde sich die Zapfenbelastung durch das auf dem Laufradboden lastende Rotationsparaboloid (d_a in m) stellen auf:

$$P = V \cdot \gamma = \frac{1}{2} d_a^2 \frac{\pi}{4} \cdot h_a \cdot 1000 \text{ (kg)}$$

was mit h_a entsprechend Gl. 598 schließlich lautet

$$P = \frac{\pi \cdot n_p^2}{57,6} \cdot d_a^4 \text{ (kg)} \quad . \quad . \quad . \quad . \quad . \quad \textbf{599.}$$

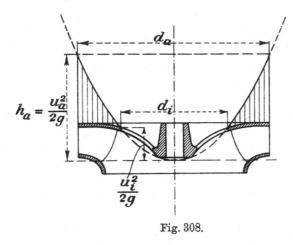

Fig. 308.

Wenn nun, wie fast immer, der Laufradboden durch eine oder mehrere Öffnungen gegen das Saugrohr hin durchbrochen ist, so kann das Paraboloid bei freiem innerem Luftzutritt nicht bis an den Scheitel hin zur Ausbildung kommen, sondern es wird sich, wie in Fig. 308 gezeichnet, nur bis zu dem Durchmesser d_i entwickeln, der durch den äußersten Punkt der Durchbrechungen des Laufradbodens gegeben ist. Für jeden Tropfen Wasser, der dann noch aus dem Spalt tritt, wird ein Entsprechendes über die Öffnungskante in den Saugraum abfließen. Für die Zapfenlast kommt in diesem Falle nur das Gewicht des tatsächlich vorhandenen (schraffierten) Teiles des Paraboloids in Betracht, die äußere Druckhöhe ist dann nur $\frac{u_a{}^2 - u_i{}^2}{2\,g}$ (vergl. S. 259 u. f.) und der Inhalt des Wasserringes berechnet sich auf

$$V = \frac{1}{2}\,d_a{}^2\,\frac{\pi}{4}\cdot\frac{u_a{}^2}{2\,g} - \left[d_a{}^2\,\frac{\pi}{4}\cdot\frac{u_i{}^2}{2\,g} - \frac{1}{2}\,d_i{}^2\,\frac{\pi}{4}\cdot\frac{u_i{}^2}{2\,g}\right] \quad . \quad . \quad \textbf{600.}$$

was mit $u = \frac{d\,\pi\,n_p}{60}$ usw. übergeht in

$$V = \frac{\pi\,n_p{}^2}{57\,600}\,(d_a{}^2 - d_i{}^2)^2 \quad . \quad . \quad . \quad . \quad . \quad \textbf{601.}$$

Für die Zapfenlast käme demnach in Betracht (vergl. Gl. 599)

$$P = V\cdot\gamma = \frac{\pi\cdot n_p{}^2}{57{,}6}\,(d_a{}^2 - d_i{}^2)^2 \quad . \quad . \quad . \quad . \quad \textbf{602.}$$

Nun läßt der auf dem Leitrade aufliegende Deckel der Turbine die volle räumliche Entwicklung des Rotationsparaboloids nicht zu, es wird nur der Teil der Paraboloidfläche sich bilden können, wie er in Fig. 163, S. 259 angegeben ist. Dies ändert aber an den Pressungsverhältnissen innerhalb des rotierenden Wasserringes nichts, das fehlende Gewicht der Spitze des Ringes wird durch den ebenso großen Gegendruck ersetzt, den der Turbinendeckel leisten muß, und die Belastungsverhältnisse des Laufrades bleiben die gleichen, ob mit freiem Paraboloid oder mit einem durch den Turbinendeckel beengten.

Daß die Umdrehungszahl n_p des Paraboloids wohl nie diejenige der Turbine, n, erreicht, wurde früher schon begründet; wir werden mit $n_p = \frac{n}{2}$ wohl nicht sehr weit vom richtigen Werte entfernt sein.

Natürlich kommt durch die Reibung zwischen dem unteren Radkranz und dem Wasser an jener Stelle auch ein Rotieren des Wassers zustande (vergl. S. 264), doch ist die zapfenentlastende Wirkung des Paraboloids an der Saugrohrseite, P_S, meist verschwindend gegenüber dem belastenden Druck der Deckelseite, P_D, sowie es sich um Normalläufer handelt, denn deren d_i ist ja für das untere Paraboloid fast gleich d_a, der Betrag von P_S dafür also fast Null.

Für Langsamläufer nach Taf. 1 dagegen werden sich die Paraboloiddrucke P_D und P_S nahezu ausgleichen.

Die Achsialdrücke der wagrechten Welle infolge mitrotierender Wassermassen.

Auch hier tritt Wasser gegen einwärts durch die Kranzspalte und
dieses wird ebenfalls an der Rotation teilnehmen, sowie die Zentrifugalkraft des betreffenden Wasserteilchens größer ausfällt als sein Eigengewicht G.
Wir können die Zentrifugalkraft allgemein anschreiben als

$$C = m \cdot r \cdot \omega^2$$

was mit $m = \dfrac{G}{g}$ und $\omega = \dfrac{2\pi n}{60}$ übergeht in (fast genau)

$$C = \frac{G \cdot r \cdot n^2}{900} \quad \ldots \ldots \ldots \textbf{603.}$$

Rotiert nun ein gegen innen offener, teilweise mit Wasser gefüllter
Ring um eine wagrechte Achse, Fig. 309, so kann von einem Mitrotieren
dieser teilweisen Wasserfüllung erst dann die Rede sein, wenn

$$C = \frac{G r n^2}{900} \gtrless G$$

oder wenn

$$r \gtrless \frac{900}{n^2} \quad \ldots \ldots \ldots \textbf{604.}$$

ist. Und selbst, wenn diese Bedingung zutrifft (bei einigermaßen größeren
Gefällen tritt dies immer ein), kann strenggenommen von einem rundum
gleichmäßig starken, also auch gleichmäßig Drücke entwickelnden Wasserwulst nicht gesprochen wer-
den. In der Gegend des
oberen Ringscheitels wird der
Wulst, der Gegenwirkung von
G gegen C wegen, schwächer
sein, in den unteren Teilen
des Hohlringes wird die radiale Stärke des Wasserwulstes mehr betragen als oben,
weil hier G und C gleichgerichtet sind.

Da es für unsere Zwecke
nicht auf die Feststellung
der genauen Verteilung der
Drucke ankommt, die der
Wasserwulst auf die Seitenwände des Ringes ausübt,
sondern auf die Bestimmung

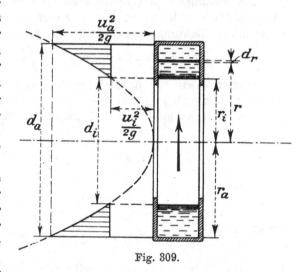

Fig. 309.

des resultierenden Achsialdruckes gegen eine solche Seitenwand, so dürfen
wir die Wirkung von G, von der Erdanziehung, auf die Wulststärke oben
und unten ganz vernachlässigen und brauchen nur den Einfluß der Zentrifugalkräfte zu berücksichtigen.

Der rotierende Ring, lichter Außendurchmesser d_a, sei bis zum Innendurchmesser d_i mit rotierendem Wasser gefüllt. Wir greifen (Fig. 309) ein
Stück einer zylindrischen Ringschichte der Wasserfüllung, Radius r, Dicke dr,

Ringbreite b, Länge im Kreise gemessen λ, heraus und betrachten dessen Verhältnisse.

Die Masse des Ringstückes ist

$$m = \frac{G}{g} = \frac{b \cdot \lambda \cdot dr \cdot \gamma}{g}$$

seine Zentrifugalkraft also

$$C = m\,r\,\omega^2 = \frac{b \cdot \lambda \cdot \omega^2 \gamma}{g} \cdot r\,dr$$

Diese Zentrifugalkraft muß durch die nächst äußere Schichte aufgenommen werden; an der Außenfläche des Ringstückes, im Radius $r + dr$, muß deshalb eine Druckvermehrung dp gegenüber der Innenfläche, Radius r, vorhanden sein, die sich, auf die Flächeneinheit bezogen, darstellt als

$$dp = \frac{C}{b \cdot \lambda} = \frac{\omega^2 \gamma}{g} \cdot r\,dr \quad \ldots \ldots \quad \textbf{605.}$$

Ist im Innendurchmesser d_i, Radius r_i, ein Druck auf die Flächeneinheit im Betrage Null (Atmosphäre), so stellt sich der Einheitsdruck p im Radius r dar als aus der Summe der sämtlichen dp von r_i an zusammengesetzt, also erhalten wir

$$p = \int_{r_i}^{r} dp = \frac{\omega^2 \gamma}{g}\left(\frac{r^2}{2} - \frac{r_i^2}{2}\right) = \gamma \cdot \left(\frac{u^2}{2\,g} - \frac{u_i^2}{2g}\right) \quad \ldots \quad \textbf{606.}$$

Da die Wasserteilchen bei ihrer gemeinsamen Rotation gegenseitig in Ruhe bleiben, so muß in der ganzen Ringschichte vom Radius r, Dicke dr die gleiche Einheitspressung p nach allen Seiten vorhanden sein.

Die Seitenfläche des rotierenden Gefäßes erfährt also durch die in der Ringschichte vom Radius r, Dicke dr herrschende Pressung p einen Druck dP in achsialer Richtung vom Betrage (Gl. 606)

$$dP = 2\,r\,\pi \cdot dr \cdot p = \frac{\pi\,\omega^2 \gamma}{g}(r^3 - r\,r_i^2)\,dr \quad \ldots \quad \textbf{607.}$$

Addieren wir die Achsialdrucke, welche durch die sämtlichen Ringschichten von r_i bis r_a auf die Seitenfläche des rotierenden Gefäßes ausgeübt werden, so stellt sich der gesamte Achsialdruck auf

$$P = \frac{\pi\,\omega^2 \gamma}{g} \int_{r_i}^{r_a} (r^3 - r\,r_i^2)\,dr \quad \ldots \ldots \quad \textbf{608.}$$

oder

$$P = \frac{\pi\,\omega^2 \gamma}{g}\left(\frac{r_a^4 - r_i^4}{4} - r_i^2\,\frac{r_a^2 - r_i^2}{2}\right)$$

woraus folgt

$$P = \frac{\pi\,\omega^2 \gamma}{4\,g}(r_a^2 - r_i^2)^2 = \frac{\pi\,\omega^2 \gamma}{64\,g}(d_a^2 - d_i^2)^2 \quad \ldots \quad \textbf{609.}$$

Mit $\omega = \dfrac{2\,\pi\,n_w}{60}$ und $\gamma = 1000$ ergibt sich

$$P = \frac{\pi\,n_w^2}{57{,}6}(d_a^2 - d_i^2)^2 \quad \ldots \ldots \quad \textbf{610.}$$

also genau der gleiche Betrag, wie er in Gl. 602 für das Rotationsparaboloid gefunden wurde. Hier ist ebenso zwischen der Umdrehungszahl des Wasserwulstes n_w und derjenigen der Turbine, n, zu unterscheiden.

Die Verteilung der Achsialdrücke gemäß Gl. 610 auf die Seitenringfläche der Turbinen mit wagrechter Welle wird durch die gleiche Parabel dargestellt, welche bei der senkrechten Welle die Gestalt des Rotationsparaboloids bezeichnet (Fig. 309 u. 308).

Es ist also, soweit es die Achsialdrücke aus mitrotierenden Wassermassen betrifft, ganz gleichgültig, ob die Turbinenwelle senkrecht, wagrecht oder irgendwie schräg angeordnet ist. Der durch diese Massen hervorgerufene Achsialschub ist für eine gegebene Turbine stets von gleichem Betrage und es gelten deshalb auch die anderen für die senkrechte Welle aufgestellten Betrachtungen für jede Wellenlage.

Zahlenbeispiel.

Die Turbine „C" unseres Beispiels, Normalläufer, hat $Q = 1,75$ cbm/sek, dabei $w_s = w_3 = 1,94$ m; $d_a = D_1 = 1,2$ m und wir schätzen $d_i = 0,4$ m; schließlich ist $n = 90$.

Hiermit ergibt sich für den ganz geschlossenen Radboden

$$Z = \frac{1,75 \cdot 1000}{9,81} \cdot 1,94 = 346 \text{ kg} \quad \ldots \ldots \quad \textbf{(367.)}$$

gegen aufwärts.

Das Paraboloid mag etwa $\frac{90}{2} = 45$ Umdrehungen in der Minute ausführen, dann wird für vollen Radboden mit $d_i = 0$

$$P_D = \frac{\pi \cdot 45^2}{57,6} 1,2^4 = 229 \text{ kg} \quad \ldots \ldots \quad \textbf{(599.)}$$

Mithin ergäbe sich ein anfänglicher resultierender Achsialdruck in der Richtung gegen den Leitraddeckel von

$$Z - P_D = 346 - 229 = 117 \text{ kg.}$$

Ein nennenswerter Gegendruck P_S durch den rotierenden Wasserwulst am Spalt der Saugrohrseite liegt nicht vor, weil für diesen d_a und d_i fast gleich groß sind.

Wollten wir den Radboden tatsächlich undurchbrochen ausführen, so würde es aber mit dem relativ geringen Achsialschube von 117 kg sehr rasch vorbei sein. Es würde sich nämlich in kürzester Zeit die Druckdifferenz

$$h = (1 - \varrho) H - \frac{w_1^2}{2g} \quad \ldots \ldots \quad \textbf{(468.)}$$

im Deckelraume, auf den vollen Laufradboden wirkend, einstellen und Schubkräfte in achsialer Richtung gegen das Saugrohr entwickeln, die wesentlich größer sind als Z.

Für die Größen des Beispiels wäre

$$h = (1 - 0,12) \cdot 4 - \frac{6,08^2}{19,62} = 1,636 \text{ m}$$

und der daraus folgende Druck würde sich (Welle vernachlässigt) auf

$$1,2^2 \frac{\pi}{4} \cdot 1,636 \cdot 1000 = 1850 \text{ kg}$$

belaufen. Da der Wasserinhalt des ganz geschlossenen Deckelraumes sich natürlich auch in Rotation befindet und die Druckhöhe h (Gl. 468) nicht überschritten werden kann, so muß sich gegen die Mitte zu eine Druckermäßigung einstellen, dem Drucke des Vollparaboloids P_D entsprechend derart, daß der schließlich resultierende Achsialschub sich auf

$$(1850 - 229) - 346 = 1275 \text{ kg}$$

stellen müßte.

Beim durchbrochenen Laufradboden kommt einfach nur der Paraboloiddruck auf die Ringfläche mit

$$P_D = \frac{\pi \cdot 45^2}{57,6} (1,2^2 - 0,4^2)^2 = 181 \text{ kg}$$

in Ansatz

Diese Paraboloiddrucke müssen bei der liegenden Welle, wo sie außerhalb der durch Gl. 604 angegebenen Grenze geradeso auftreten, durch besondere Stützflächen, Bunde an der Welle oder dergleichen aufgefangen werden. Daß für das vorliegende Gefälle ein gewisser Achsialschub eintreten wird, folgt aus Gl. 604. Hier ist der Minimalradius, von dem an die Bildung eines rotierenden Wasserwulstes mit Sicherheit zu erwarten ist:

$$r \gtreqless \frac{900}{n^2} = \frac{900}{45^2} = 0,44 \text{ m} \quad \ldots \ldots \quad \textbf{(604.)}$$

Da also erst von $\sim 0,9$ m Durchmesser an auf eine gleichmäßige Rotation des Wasserwulstes zu rechnen ist, so wird das vorliegende Laufrad bei wagrechter Welle und durchbrochenem Boden auch nur mit

$$P_D = \frac{\pi \cdot 45^2}{57,6} (1,2^2 - 0,9^2)^2 = 44 \text{ kg} \quad \ldots \ldots \quad \textbf{(610.)}$$

gegen das Saugrohr hin belastet sein. Bei höheren Gefällen wächst P_D, der höheren Umdrehungszahlen halber, sehr rasch.

Hilfsmittel zur Verminderung oder zum fast vollständigen Aufheben des Paraboloiddruckes auf ein Laufrad ist entweder die Anbringung von radiallaufenden Rippen am Turbinendeckel, die bis dicht an den Laufradboden hinreichen (Voith D. R. P.) oder auch das Anschmiegen des Deckels so nahe an den Laufradboden, daß von dem Mitrotieren eines Wasserwulstes im Sinne der Paraboloidbildung nicht ernstlich gesprochen werden kann.

Die Doppelturbinen, seien sie offen oder geschlossen, haben keinen nach außen wirksamen Achsialschub durch die Z-Komponente oder durch das Paraboloid zu erwarten, wenn die Laufräder symmetrisch angeordnet sind (vergl. Fig. 299 und 300).

3. Die Wellenbeanspruchung der Achsialturbinen durch hydraulische Einflüsse.

Betrachten wir zuerst die rundum, also voll, beaufschlagte Achsialturbine.

Die X-Komponenten ergeben, weil im Umkreise gleich verteilt, keine einseitige Beanspruchung der Welle.

Für die Y-Komponenten gilt folgendes: Ein positiver Wert der rechten Seite der Gleichung 386, S. 152, spricht aus, daß die Y-Komponente aufwärts gerichtet ist.

Ist, wie fast immer, die Austrittsbreite b_2 größer als b_1, so ist auch $w_1 \sin \delta_1$ größer als $w_2 \sin \delta_2$, der Klammerwert der Gl. 386 ist negativ, das heißt, in diesem Falle ist eine Kraft

$$Y = \frac{Q\gamma}{g} (w_1 \sin \delta_1 - w_2 \sin \delta_2)$$

als abwärts gerichtet in Rechnung zu stellen.

Nun ist, sofern vorübergehend $s_0 = s_1 = 0$ angenommen wird

$$Q = D_1{}^m \pi b_1 \cdot w_1{}^m \sin \delta_1{}^m,$$

also kann Y auch wegen $w_1 \sin \delta_1 = w_1{}^m \sin \delta_1{}^m$ (Gl. 376) geschrieben werden

$$Y = D_1{}^m \pi b_1 \gamma \frac{(w_1{}^m \sin \delta_1{}^m)^2}{g} - \frac{Q\gamma}{g} w_2 \sin \delta_2 \quad . \quad . \quad . \quad \textbf{611.}$$

Der achsiale Druck G_1, welcher auf der Ringspaltfläche liegt, ist auf S. 152 u. f. rechnungsmäßig festgestellt worden. Um den Druck G_1 nach Gl. 392, S. 155, mit Y für unsere Rechnungszwecke bequemer zu vereinigen, schreiben wir, weil $(D_1{}^{a^2} - D_1{}^{i^2})\frac{\pi}{4} = D_1{}^m \pi \cdot b_1$

$$G_1 = D_1{}^m \pi b_1 \gamma \left[h_e - \frac{(w_1{}^m \sin \delta_1{}^m)^2}{2g} \right] - \frac{(w_1{}^m \cos \delta_1{}^m D_1{}^m)^2}{2g} \cdot \frac{\pi}{2} \cdot \gamma \cdot \ln \frac{D_1{}^a}{D_1{}^i} \; \textbf{612.}$$

und erhalten, weil Y und G_1 beide abwärts gerichtet sind, als deren Summe:

$$G_1 + Y = D_1{}^m \pi b_1 \gamma \left[h_e + \frac{(w_1{}^m \sin \delta_1{}^m)^2}{2g} \right] - \frac{(w_1{}^m \cos \delta_1{}^m D_1{}^m)^2}{2g} \cdot \frac{\pi}{2} \cdot \gamma \cdot \ln \frac{D_1{}^a}{D_1{}^i}$$

$$- \frac{Q\gamma}{g} \cdot w_2 \sin \delta_2 \quad . \quad . \quad . \quad . \quad . \quad . \quad \textbf{613.}$$

Für die Ermittlung des resultierenden Achsialdruckes ist dann noch zuzurechnen das Gewicht der rotierenden Teile G_T, das Gewicht des im Rade enthaltenen Wassers G_W und die Resultierende der Drucke, welche als h_a, h_2 u. dgl. das Laufrad von außen und nach unten hin umgeben. Je nach der Stellung des Laufrades zum Unterwasserspiegel kommen dabei verschiedene Kräfte zur Anrechnung.

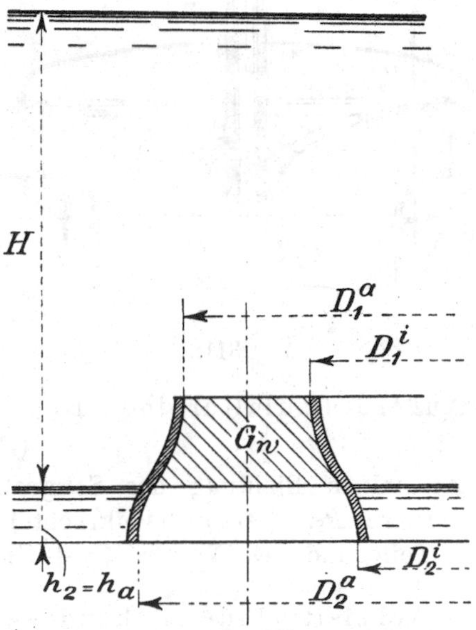

1. Das Laufrad liegt mit der Austrittsstelle „2" gerade in Unterwasserhöhe. In diesem Fall ist $h_2 = 0$, die Austrittsfläche erfährt keinen Druck und wir haben zu den obigen $G_T + G_1 + Y$ einfach noch das Wassergewicht G_W des Laufradinhaltes zu addieren, um die Achsialbelastung zu erhalten.

2. Das Laufrad taucht zu einem Teil, bis Höhe $h_2 = h_a$ unter U. W.

Fig. 310.

(Fig. 310). Hier beträgt der gegen den eingetauchten Laufradteil tätige Auftrieb des Außenwassers (das Außenwasser ist verhältnismäßig in Ruhe) gerade so viel, als (Schaufelstärken vernachlässigt) das Gewicht der im eingetauchten Laufradteil enthaltenen Wassermenge, so daß für die Zapfenbelastung nur das Gewicht des über U. W. befindlichen (schraffierten) Laufradinhaltes in Betracht kommt.

3. Taucht das Laufrad bis zur Eintrittsstelle „1" ins U. W., so kommt des äußeren Auftriebes halber vom Laufradinhalt überhaupt nichts mehr als Zapfenlast in Anrechnung, dann ist auch statt h_e in Gl. 613 das ganze Gefälle H anzusetzen.

Bei der nicht rundum gleichmäßig beaufschlagten Achsialturbine treten neben der gegen die Wellenführung tätigen, aus den X-Komponenten übrigen Kraft der Fig. 305, auch noch andere einseitig wirkende Kräfte auf. Es ist eben dann $G_1 + Y + G_W$ nur für den beaufschlagten Umfang zu rechnen und als in der Schwerpunktslage des beaufschlagten Umfanges wirkend anzusehen. Hierdurch kommen weitere Belastungen für die seitliche Wellenführung im Verein mit Biegungsbeanspruchungen der Welle selbst in Betracht.

Kurz zusammengefaßt erläutern die nachstehenden Figuren die Art der Beanspruchung der Wellenstützungen.

Äußere Radialturbine, stehende Welle, Spaltdruckregulierung (Fig. 311).

Achsial gegen abwärts gerichtet sind: Gewicht der rotierenden Teile G_T, Gewicht des Wasserinhalts G_W, Druck des Rotationsparaboloids P_D. Achsial gegen aufwärts gerichtet: P_S. In radialer Richtung keine Kräfte.

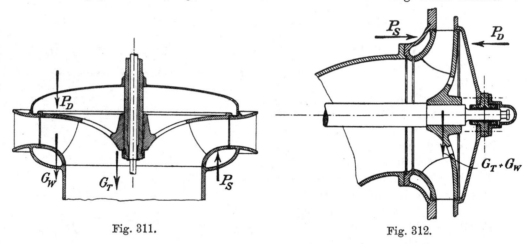

Fig. 311. Fig. 312.

Äußere Radialturbine, liegende Welle, Spaltdruckregulierung (Fig. 312).

Achsial in Richtung des Saugrohres P_D, gegen die Richtung des Saugrohres P_S. Radiale (senkrechte) Lagerbelastung: Gewicht der rotierenden Teile und des Wassers $G_T + G_W$.

Achsialturbine, stehende Welle, voll beaufschlagt (Fig. 313).

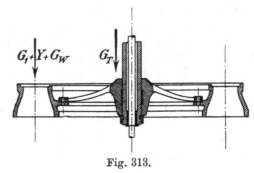

Fig. 313.

Achsial gegen abwärts: Gewicht der rotierenden Teile und Wassergewicht $G_T + G_W$, Belastung durch Spaltdruck und Y-Komponente $G_1 + Y$.

19. Die Stütz-, Trag- und Führungslager der Turbinenwellen.

––––––

Auch heute noch bilden die Stützzapfen der stehenden Turbinenwellen einen der für den Betrieb wichtigsten Teile des ganzen Aufbaues einer Turbine. Durch die erhöhten Ansprüche an die Betriebssicherheit der Wasserkraftanlagen veranlaßt, haben wir die Zapfenkonstruktionen scharf zu beurteilen und sie besser durchzubilden, als dies früher der Fall war. Die Führungslager bei stehenden Wellen haben auch eine nicht unwichtige Rolle, wenn wir bedenken, daß die Kranzspalte von der richtigen seitlichen Führung der Welle mit abhängen.

Schließlich verlangen die Lagerungen der liegenden Turbinenwellen, der Achsialschübe halber, ebenfalls unsere besondere Aufmerksamkeit.

A. Der Turbinenzapfen.

Wir bezeichnen als Vollzapfen solche, deren Tragflächen keine Aushöhlung in der Mitte aufweisen, und als Hohlzapfen diejenigen, welche bis auf einen bestimmten Durchmesser d_i ausgespart sind, so daß nur die zwischen dem Außendurchmesser d_a und dem Innendurchmesser d_i liegende Ringfläche die achsialen Kräfte aufnimmt.

Das, was wir Stirn- und Ringzapfen nennen, sind nur bestimmte Konstruktionsarten von Hohlzapfen.

1. Der noch neue Turbinen-Hohlzapfen.

Im Anfang berührt der Zapfen mit seiner Lauffläche die „Linse", die stillstehende Tragfläche, in durchweg gleicher Weise. Der gesamte Druck P ist auf der ganzen Fläche gleichmäßig verteilt, weil die Laufflächen linealgerade geschliffen von der Maschinenfabrik geliefert werden.

Für den Anfang, bei Inbetriebsetzung, gilt also für den überall gleich großen Druck p_m pro Quadratzentimeter der Lauffläche des neuen Hohlzapfens einfach

$$p_m = \frac{P}{d_a^2 \frac{\pi}{4} - d_i^2 \frac{\pi}{4}} = \frac{P}{d_m \cdot \pi \cdot b} \quad \cdots \cdots \quad 614.$$

worin $d_m = \frac{d_a + d_i}{2}$ der mittlere Durchmesser, $b = \frac{d_a - d_i}{2}$ die Breite der Lauffläche ist.

Das der Drehung widerstehende Moment der Reibung zwischen den beiden Laufflächen findet sich wie folgt:

Wir greifen eine unendlich schmale Kreisringfläche, Durchmesser d,

Radius r, Breite dr heraus (Fig. 314). Für diese gilt als Reibungsmoment einfach

$$dM = 2\,r\pi \cdot dr \cdot p_m \cdot \mu \cdot r = 2\,p_m\mu \cdot \pi \cdot r^2 dr$$

worin μ der betreffende Reibungskoeffizient.

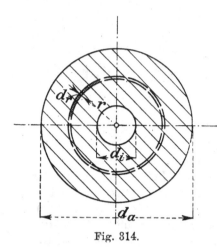

Fig. 314.

Das Gesamtreibungsmoment für die Stützfläche des neuen Zapfens setzt sich aus der Summe der dM zwischen den Radien r_i und r_a zusammen und lautet demnach

$$M = 2\,p_m \cdot \mu \cdot \pi \int_{r_i}^{r_a} r^2 dr = 2\,p_m\,\mu\,\pi \frac{r_a^3 - r_i^3}{3} \qquad \textbf{615.}$$

Hierin kann, um den mittleren Durchmesser einzuführen, $r_a = \dfrac{d_a}{2} = \dfrac{d_m + b}{2}$ und $r_i = \dfrac{d_m - b}{2}$ gesetzt werden, außerdem ersetzen wir p_m durch den Wert nach Gl. 614 und erhalten dadurch für den noch neuen Zapfen als Reibungsmoment

$$M_z = P \cdot \mu \cdot \frac{d_m}{2} + P \cdot \mu \cdot \frac{b^2}{6\,d_m} \quad (\text{cmkg}) \;\; . \;\; . \;\; . \;\; . \;\; \textbf{616.}$$

Die Arbeit, welche pro Sekunde verbraucht wird, um dieses Moment zu überwinden, stellt sich bei n Umdrehungen in der Minute auf

$$A = M_z \cdot 2\,\pi \cdot \frac{n}{60} = P \cdot \mu d_m \pi \frac{n}{60} + P\mu \cdot \frac{b^2}{d_m} \pi \cdot \frac{n}{180}$$

oder auch $\qquad A = P \cdot \mu \cdot d_m \pi \cdot \dfrac{n}{60}\left[1 + \dfrac{1}{3}\left(\dfrac{b}{d_m}\right)^2\right] (\text{cmkg/sek}) \;\; . \;\; . \;\; . \;\; \textbf{617.}$

2. Der eingelaufene Turbinen-Hohlzapfen.

Im Außendurchmesser d_a ist die Gleitgeschwindigkeit zwischen den reibenden Flächen am größten, sie nimmt gegen innen mit dem Durchmesser ab. Unter der anfänglich überall gleich großen Einheitsbelastung p_m des neuen Zapfens (Gl. 614) kann deshalb die Abnützung der Gleitflächen nicht gleichmäßig vor sich gehen. Gegen außen hin muß das Abschleifen der Gleitflächen, von der Inbetriebsetzung ab, schneller erfolgen als gegen innen zu. Die gegen außen hin größere Abnutzung bringt es mit sich, daß dort der spezifische Druck p notwendig mit fortschreitender Abnützung kleiner werden muß, und da sich P natürlich nicht ändert, so werden die gegen innen gelegenen Teile der Lauffläche nach und nach einen stärkeren Einheitsdruck aufzunehmen haben. Materiell erklärlich werden diese Umstände sowie wir die Elastizität des Laufflächenmaterials in Betracht ziehen. Die äußeren Schichten weichen gewissermaßen der Belastung durch das Abgenütztwerden nach und nach aus und so erleiden die inneren Teile der Tragflächen stärkere Belastung, also auch stärkere elastische Zusammendrückung, die Reaktionsdrücke der Linse werden gegen die Mitte zu wachsen.

Zweifellos sind die Abnützungen proportional dem jeweiligen Einheitsdruck p und der Gleitgeschwindigkeit an der betreffenden Stelle, also kann die Abnützung auch dem Durchmesser d proportional gesetzt werden.

Ist der Zapfen einmal, wie man sagt, eingelaufen, d. h. haben sich die Abnützungen über die ganze Laufbreite so eingerichtet, daß bei weiterer Abnützung nicht mehr einzelne (äußere) Ringflächen eine größere, andere (innere) eine weniger starke Abnutzung erfahren, so müssen die Abnützungen in allen Durchmessern gleich groß ausfallen und wir müssen dann für den eingelaufenen Zapfen der gleichen Abnützungen halber schreiben[1])

$$p \cdot d = \text{Konst.} \quad \ldots \ldots \ldots \quad \textbf{618.}$$

Hieraus ergibt sich ohne weiteres, daß die Einheitsdrücke p in der eingelaufenen Tragfläche um-gekehrt proportional dem Durchmesser sind, daß also die zeichnerische Darstel-lung der Einheitsdruckgrößen durch eine gleichseitige Hy-perbel gegeben ist, deren Asymptoten durch die Dreh-achse des Zapfens und die Projektion der Lauffläche ge-bildet werden, Fig. 315.

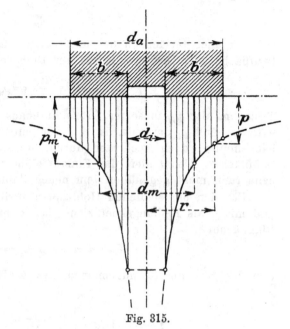

Fig. 315.

Wir bestimmen die Kon-stante der Gl. 618, indem wir die Summe der Trag-kräfte ziehen, welche bei dem eingelaufenen Zapfen in den einzelnen unendlich schmalen Ringflächen der Zapfenstirn geleistet werden. — Diese Summe muß gleich P, der Gesamtlast des Zapfens, sein.

Auf der Ringfläche, Durchmesser d, Breite dr, lastet hier ein Einheitsdruck vom Betrage $p = \dfrac{\text{Konst.}}{d}$ und diese ∞ schmale Ringfläche trägt deswegen eine Belastung dP in Kilogramm von

$$dP = d \cdot \pi \cdot dr \cdot p = d \cdot \pi \cdot dr \cdot \frac{\text{Konst.}}{d} = \pi \cdot \text{Konst.} \cdot dr.$$

Die Hohlzapfenfläche, Durchmesser d_a und d_i, wird demnach aufzunehmen haben:

$$P = \pi \cdot \text{Konst.} \int_{r=\frac{d_i}{2}}^{r=\frac{d_a}{2}} dr = \pi \cdot \text{Konst.} \cdot \frac{d_a - d_i}{2} = \pi \cdot \text{Konst.} \cdot b$$

woraus folgt

$$\text{Konst.} = \frac{P}{b\pi} = p \cdot d \quad \ldots \ldots \ldots \quad \textbf{619.}$$

b ist wieder die radiale Breite der Lauffläche. Mithin erhalten wir für die veränderliche Größe von p beim eingelaufenen Zapfen

$$p = \frac{P}{d \cdot \pi \cdot b} \quad \ldots \ldots \ldots \quad \textbf{620.}$$

---

[1]) Vergl. Bach, Maschinenelemente.

Am äußeren Durchmesser der Tragfläche ergibt sich dann

$$p_a = \frac{P}{d_a \cdot \pi \cdot b} = p_{min} \quad \cdots \cdots \cdots \quad \textbf{621.}$$

und für den Innenkreis der Tragfläche, wo p am größten sein wird

$$p_i = \frac{P}{d_i \cdot \pi \cdot b} = p_{max} \quad \cdots \cdots \cdots \quad \textbf{622.}$$

Der mittlere Durchmesser der Lauffläche $d_m = d_a - b = d_i + b$ weist einen Einheitsdruck

$$p_m = \frac{P}{d_m \pi b} \quad \cdots \cdots \cdots \quad \textbf{623.}$$

auf, der auch tatsächlich der mittlere, durchschnittliche Druck der ganzen Lauffläche ist. Dies erhellt aus der Division

$$\frac{P}{F} = \frac{P}{d_m \cdot \pi \cdot b} = p_m$$

Trotzdem also p_m in seiner Größe durchaus nicht den Mittelwert der Ordinaten p_a und p_i darstellt, ist p_m, der mittlere Einheitsdruck in der Laufflächenmitte, doch auch der durchschnittliche Einheitsdruck der ganzen Lauffläche. Also ändert das Einlaufen im mittleren Durchmesser den Einheitsdruck nicht gegenüber dem neuen Zapfen (Gl. 614).

Für den eingelaufenen Hohlzapfen ergibt sich nun mit p nach Gl. 620 und mit μ als Reibungskoeffizient das Reibungsmoment einer ∞ schmalen Ringfläche:

$$dM_z = d \cdot \pi \cdot dr \cdot p \cdot \mu \cdot r = \frac{P \cdot \mu}{b} \cdot r \, dr$$

und das gesamte Reibungsmoment des Zapfens folgt dadurch zu

$$M_z = \frac{P\mu}{b} \int_{r_i = \frac{d_i}{2}}^{r_a = \frac{d_a}{2}} r \, dr = \frac{P\mu}{b} \frac{d_a^2 - d_i^2}{8} = P\mu \frac{d_m}{2} \text{ (cmkg)} \quad \cdots \quad \textbf{624.}$$

vergl. Gl. 616. Es folgt für den eingelaufenen Zapfen

$$A = M_z \cdot 2\pi \cdot \frac{n}{60} = P\mu d_m \pi \cdot \frac{n}{60} \text{ (cmkg/sek)} \quad \cdots \quad \textbf{625.}$$

als Reibungsarbeit pro Sekunde bei n minutlichen Umdrehungen, vergl. dagegen Gl. 617 für den neuen Zapfen.

Diese Arbeit wird zum weitaus größten Teil in Wärme umgesetzt und zum kleinen Teile auf eine weitere, nunmehr für alle Durchmesser gleich große Abnützung der Reibfläche in achsialer Richtung verwendet.

3. Die Wärmeableitungsfläche.

Die erzeugte Wärme muß sich von der Gleitfläche aus in das Zapfen- und Linsenmaterial und in deren Umgebung zerstreuen können.

In letzter Stelle ist wohl die umgebende Luft als Träger der abziehenden Wärme anzusehen, für die unmittelbare Ableitung der Wärme aber ist das Schmiermaterial von größter Wichtigkeit, und schon aus diesem Grunde ist es unbedingt erforderlich, daß die Laufflächen ganz in Öl untergetaucht sind und daß eine lebhafte Ölzirkulation stattfindet.

Die Wärme entsteht aus der Reibungsarbeit der sich berührenden Laufflächen. Diese haben also in erster Stelle die Wärmemengen aufzunehmen
und weiterzugeben.

Sehen wir uns zuerst an, wie sich die erzeugten Wärmemengen auf
die Laufflächen verteilen.

Wir fanden als Reibungsmoment einer Ringfläche von der Breite dr

$$dM = \frac{P \cdot \mu}{b} r\, dr$$

Die Arbeit pro Umdrehung, welche auf dieser Ringfläche verzehrt und
fast ganz in Wärme umgesetzt wird, beläuft sich auf

$$dA = dM \cdot 2\pi = \frac{P \cdot \mu}{b} \cdot 2\pi \cdot r\, dr$$

Der Inhalt der Ringfläche dF, welche diese Wärme aufnimmt und für
die Ableitung derselben in Betracht kommt, ist

$$dF = 2r\pi \cdot dr$$

Mithin trifft auf die Flächeneinheit des unendlich schmalen Ringes eine
Arbeits- bezw. Wärmemenge von

$$\frac{dA}{dF} = \frac{P \cdot \mu}{b}$$

unabhängig von r und d, d. h. bei dem eingelaufenen Zapfen trifft
auf jede Stelle der Lauffläche ganz die gleiche abzuleitende
Wärmemenge pro Flächeneinheit, einerlei ob die Stelle mehr gegen
außen oder innen liegt.

Aus diesem Grunde sind wir berechtigt, die sich auf die Flächeneinheit
des eingelaufenen Zapfens pro Sekunde ergebende Wärme- bezw. Arbeitsmenge kurzweg, weil überall gleich, zu berechnen als (Gl. 625)[1]

$$\frac{A}{F} = \frac{P \cdot \mu \cdot d_m \pi}{d_m \pi b} \frac{n}{60} = \frac{P\mu}{b} \cdot \frac{n}{60} \text{ (cmkg)} \quad \ldots \quad \textbf{626.}$$

Es gilt im allgemeinen als Anhalt, daß die auf die Einheit der Gleit-
fläche treffende Arbeitsmenge $\frac{A}{F}$ den Betrag von etwa $\frac{2}{3}$ mkg $= \frac{200}{3}$ cmkg
nicht zu weit überschreiten solle.

Mit diesem Wert finden wir aus

$$\frac{A}{F} = \frac{P \cdot \mu}{b} \cdot \frac{n}{60} \lessgtr \frac{200}{3} \text{ (cmkg)}$$

die für die ungehinderte Wärmeableitung erforderliche Breite der Lauffläche

$$b \gtrless \frac{P \cdot \mu \cdot n}{4000} \quad \ldots \ldots \ldots \quad \textbf{627.}$$

ganz unabhängig von den Durchmesserverhältnissen des Zapfens.

---

[1] Beim neuen Zapfen gilt diese Beziehung noch nicht. Dort ist die sekundlich
abzuführende Wärme- bezw. Arbeitsmenge gegen d_a hin wesentlich größer pro Flächeneinheit; es ist im Durchmesser d_a, vergl. S. 464

$$dM = 2p_m \cdot \mu \cdot \pi r_a^2\, dr; \qquad dA = dM \cdot 2\pi = \frac{2P}{d_m \cdot b} \mu r_a^2\, dr \cdot 2\pi$$

$$dF = d_a \pi \cdot dr$$

$$\frac{dA}{dF} = \frac{2P \cdot \mu}{d_m b} \cdot \frac{d_a^2}{4} \frac{dr \cdot 2\pi}{d_a \pi\, dr} = \frac{P\mu \cdot d_a}{d_m b} = \frac{P\mu}{b}\left(1 + \frac{b}{d_m}\right)$$

Daß es für die Wärmeableitung wirklich nur auf die Breite b und nicht auf die Durchmesser ankommt, ist erklärlich: Jede Vergrößerung des mittleren Durchmessers eines Zapfens bringt zwar bei gleichbleibender Laufbreite b eine Vergrößerung der Wärmeableitungsfläche, aber auch in ganz gleichem Maße eine Vergrößerung der die Wärme erzeugenden Reibungsarbeit mit sich (Gl. 625).

Gut eingelaufene Zapfen werden bei gewöhnlicher Schmierung (untergetaucht) etwa $\mu = 0{,}05$ aufweisen, und dieser Reibungskoeffizient ändert die Gl. 627 dann ab in

$$b \geqq \frac{P \cdot n}{80\,000} = \frac{P \cdot n}{k_w} \quad \ldots \quad \ldots \quad \textbf{628.}$$

Sinkt bei ganz vorzüglichem Schmiermaterial μ auf etwa 0,02, so kann, besonders wenn auch sonst die Umstände der Wärmeableitung günstig sind (kräftiger Ölumlauf, kalte, zugige Räume, vorzügliche Wartung), schließlich einmal

$$b \geqq \frac{P \cdot n}{150\,000 \div 250\,000} = \frac{P \cdot n}{k_w} \quad \ldots \quad \ldots \quad \textbf{629.}$$

genommen werden, ein gewisses Wagnis ist aber immer bei solch hoher Zahl bezw. beim Vertrauen auf das Eintreten solch kleiner Reibungskoeffizienten. Erste Voraussetzung ist dann auch noch eine vorzügliche Lagerung, Stützung der Tragflächen, damit die Linse auch wirklich auf ihrer ganzen Fläche gleichmäßig trägt.

Außerdem ist dringend anzuraten, daß der Zapfen seitlich ganz frei läuft. Schon mancher Zapfen ist nicht durch seine achsiale, sondern durch zusätzliche seitliche Reibungsarbeit zum Warmläufer geworden.

Nach diesen Rücksichten ist also die Breite der Laufläche ohne Beziehung zu den Einheitsdrücken in der Laufläche festgelegt.

4. Die obere Grenze des Einheitsdruckes in der Laufläche.

Für jeden Zapfen besteht die unerläßliche Bedingung, daß der Einheitsdruck zwischen den Reibflächen gewisse Werte nicht überschreiten darf, weil sonst das dazwischen befindliche Schmiermaterial herausgepreßt wird und der Zapfen warm gehen muß.

Man ist gewohnt, in Analogie mit den Traglagern wagrechter Wellen, meist die Zapfenlast P als gleichmäßig über die ganze Ringfläche verteilt anzusehen und demgemäß den Zapfen nach Gl. 614 mit gewissen, erfahrungsmäßigen Werten k_m für den mittleren Einheitsdruck p_m zu berechnen. Hier finden sich die Angaben in weiten Grenzen. Es wird gerechnet

$$k_m = 30 \div 50 \div 70 \div 90 \text{ kg/qcm}$$

für Metalle auf Metallen im Gegensatz zu $k_m = 8 \div 10$ kg/qcm für Gußeisen auf Pockholz.

Wir haben aber gesehen, daß es unrichtig ist, anzunehmen, daß die anfänglich gleichmäßige Druckverteilung auch für immer vorhanden sei und wir müssen deshalb unsere Berechnungen nicht für den Anfangs-, sondern für den Dauerzustand einrichten. Letzterer ist durch Gl. 618, Gl. 620 usw. gekennzeichnet, und weil im Innendurchmesser der höchste Flächendruck eintritt, so haben wir durch die Wahl von d_i bei etwa gegebener Größe von b dafür zu sorgen, daß p_i keinen unzulässig großen Wert erreicht, damit nicht der Zapfen von innen heraus, also von den Stellen der kleinen Umfangsgeschwindigkeiten aus, warm gehen kann.

Ein Blick auf Gl. 620 oder 622 zeigt, daß ein Zapfen mit $d_i = 0$ einen Einheitsdruck $p_i = \infty$, allerdings nur in einem Punkt, in der Rotationsachse, erhalten muß; daß aber doch auch in der Nähe der Achse sehr hohe Drücke p sich einstellen werden, lehrt der Verlauf der Hyperbel in Fig. 315.

Ein überlegender Konstrukteur wird deshalb überhaupt nie einen Vollzapfen anwenden, sondern die Gefahr der hohen Einheitsdrücke durch Herausnehmen der inneren Partien der Lauffläche, d. h. durch Schaffen eines Hohlzapfens, fernhalten. Es kann ein warmgehender Vollzapfen unter Umständen durch Ausdrehen in der Mitte betriebsfähig gemacht werden.

Daß mit dem Herausnehmen der inneren Teile der Tragfläche aber doch auch wieder nicht zu weit gegangen werden darf, erhellt aus Gl. 625 über die Reibungsarbeit, welche der Zapfen verbraucht; diese wächst mit zunehmendem mittleren Durchmesser d_m.

Wir übersehen die Verhältnisse durch nachstehende Rechnung:

Aus $p \cdot d = \text{Konst.}$ folgt $p_m d_m = p_i d_i$ oder mit $d_i = d_m - b$ und mit $p_m = \dfrac{P}{d_m \pi b}$ (Gl. 623)

$$p_i = \frac{p_m d_m}{d_i} = \frac{P}{\pi b (d_m - b)}$$

Soll p_i einen bestimmten Wert k_i nicht überschreiten, der im allgemeinen höher sein darf als die vorgenannten Werte von k_m, so gilt

$$p_i = k_i = \frac{P}{\pi b (d_m - b)} \quad \cdots \cdots \cdots \textbf{630.}$$

woraus

$$d_m = b + \frac{P}{\pi b k_i} \quad \cdots \cdots \cdots \textbf{631.}$$

Für die Berechnung eines Zapfens ist also schließlich folgendermaßen vorzugehen:

Die Laufbreite b ist ganz unabhängig von den Einheitsdrücken k_m oder k_i lediglich mit Rücksicht auf die Wärmeableitungsfähigkeit festgelegt durch

$$b \gtreqqless \frac{P \cdot \mu \cdot n}{4000} \quad \cdots \cdots \cdots \textbf{(627.)}$$

beziehungsweise mit $\dfrac{2}{3}$ mkg sekundlicher (Wärme-)Arbeit pro Quadratzentimeter durch

$$b \gtreqqless \frac{P \cdot n}{80\,000} \quad \cdots \cdots \cdots \textbf{(628.)}$$

in welch letzterer Gleichung statt des für gewöhnlich üblichen Wertes von $k_w = 80\,000$ auch einmal $150\,000$ oder bis $250\,000$ unter den angegebenen Voraussetzungen gesetzt werden darf.

Nachdem die Laufbreite b festgelegt ist, verlangt die Rücksicht auf das Einhalten eines bestimmten Einheitsdruckes k_i am Innendurchmesser einen mittleren Laufflächendurchmesser d_m, dessen kleinstzulässiger Betrag nach Gl. 631 zu bestimmen ist.

Dringend anzuraten ist, daß bei der Berechnung nicht mit den beiden maßgebenden Zahlenwerten gleichzeitig hochgegangen werde.

Müssen wir z. B. aus Gründen konstruktiver Anordnung für die Berechnung von b auf wesentlich erhöhte Werte von k_w gehen, etwa nach Gl. 629, so soll unter solchen Umständen k_i nicht auch noch mit hohem Betrag eingestellt werden. Die größere Wärmemenge, die in solchem Falle durch die Laufflächeneinheit abgeleitet werden muß, bildet an sich schon eine gewisse Gefährdung, und diese darf nicht durch bedeutende Einheitsdrücke am Innendurchmesser noch vergrößert werden.

Ein Rechnungsbeispiel mag dies erläutern. Es handle sich in zwei, nur durch zweierlei Umdrehungszahlen voneinander unterschiedenen Fällen, um eine Zapfenbelastung von 7500 kg.

Erste Ausführung, 50 Umdrehungen.

Es ergibt sich aus Gl. 628

$$b \gtrless \frac{7500 \cdot 50}{80\,000} = {\sim}\,4{,}7 \text{ cm.}$$

Für eine Innenbelastung $k_i = 150$ kg/qcm folgt aus Gl. 631

$$d_m = 4{,}7 + \frac{7500}{\pi \cdot 4{,}7 \cdot 150} = 4{,}7 + 3{,}4 = 8{,}1 \text{ cm}$$

$$\left.\begin{array}{l} d_a = 8{,}1 + 4{,}7 = 13 \text{ cm} \\ d_i = 8{,}1 - 4{,}7 = 3{,}5 \text{ cm} \end{array}\right\} \text{ rund.}$$

Zweite Ausführung, 150 Umdrehungen.

Die Gl. 628 liefert

$$b \gtrless \frac{7500 \cdot 150}{80\,000} = {\sim}\,14 \text{ cm.}$$

Es würde noch mit $k_i = 150$ kg/qcm folgen

$$d_m = 14 + \frac{7500}{\pi \cdot 14 \cdot 150} = 14 + 1{,}14 = {\sim}\,15 \text{ cm}$$

$$d_a = 15 + 14 = 29 \text{ cm,}$$

was sowohl der großen Reibungsarbeitsverluste halber als auch aus konstruktiven Gründen untunlich erscheint.

Wenn wir nun von $b = 14$ cm auf $b = 6$ cm zurückgehen, so bedeutet das eine Erhöhung des Warmlaufkoeffizienten auf den Betrag von

$$k_w = 80\,000 \cdot \frac{14}{6} = {\sim}\,187\,000,$$

welche unter den betreffenden Voraussetzungen noch nicht bedenklich erscheint, besonders wenn wir k_i hier nur mit 100 kg/qcm zulassen.

Dieser Wert gibt nach Gl. 631

$$\left[d_m = 6 + \frac{7500}{\pi \cdot 6 \cdot 100} = 6 + 3{,}9 = {\sim}\,10 \text{ cm}\right.$$

$$d_a = 10 + 6 = 16 \text{ cm}$$

$$d_i = 10 - 6 = 4 \text{ cm}$$

und die Zapfenreibungsarbeit ist gegenüber $b = 14$ immerhin auch im Verhältnis der mittleren Durchmesser, im Betrage von $\frac{10}{15} = \frac{2}{3}$ reduziert.

Über die Größen von k_i, k_m und das Maß des Zulässigen in bezug auf den Warmlaufkoeffizienten k_w gibt einigen Anhalt die nachstehende Tabelle von anerkannt gut laufenden Zapfen. Manche dieser Ausführungen stellen allerdings geradezu ein Wagnis dar, sie zeigen Belastungen, denen man sich nur im äußersten Notfall nähern sollte.

Gute, zuverlässige Mittelwerte sind, wie schon gesagt

$$k_w = \frac{P \cdot n}{b} = 80\,000 \text{ bis } 150\,000$$

$$k_m = 50 \text{ bis } 70 \text{ kg/qcm}$$

$$k_i = 100 \text{ „ } 170 \text{ „}$$

Ausgeführte Zapfen.

d_a	d_i	b	d_m	P	n	$n_1 = \frac{80\,000}{P} b$	$k_w = \frac{P \cdot n}{b}$	$k_i = \frac{P}{\pi b\, d_i}$	$k_m = \frac{P}{\pi b\, d_m}$
12,0	4,0	4,0	8,0	6200	32	51,6	49600	122,2	61,1
39,5	28,5	5,5	34,0	9400	40	46,8	68350	191,3	16,3
17,8	6,0	5,9	11,9	12600	47	37,5	100300	113,4	57,2
17,5	5,0	6,25	11,25	17300	46,5	28,9	128700	176,5	78,5
42,0	29,0	6,5	35,5	6000	150	86,7	138500	10,1	8,3
6,0	0,0	3,0	3,0	5150	100	46,6	171600	∞	183,0
15,0	3,0	6,0	9,0	9600	122	50,0	195200	169,8	56,7
16,0	10,5	2,75	13,25	4100	160	53,7	238500	45,3	35,9
10,0	2,0	4,0	6,0	10000	96	32,0	240000	398,0	132,5
14,0	5,0	4,5	9,5	7536	150	47,8	251300	106,7	56,2
24,0	6,0	9,0	15,0	55000	41,5	13,1	253500	324,0	129,5
46,0	31,0	7,5	38,5	6500	300	92,3	260000	8,9	7,2
$D_a = 875$ $d_a = 525$	$D_i = 700$ $d_i = 350$			(32000)	150	(43,8)	(274300)	(16,65)	(9,5)

Der hydraulische Druck von durchschnittlich 9 Atm. beträgt in der Eindrehung

$$\left(70^2 \frac{\pi}{4} - 52,5^2 \frac{\pi}{4}\right) 9 = \sim 15\,000 \text{ kg; mithin kommen auf die beiden Laufringe}$$

$$32\,000 - 15\,000 = \;\; 17\,000 \;\;|\;\; 150 \;\;|\;\; 82,4 \;\;|\;\; 145\,700 \;\;|\;\; 8,85 \;\;|\;\; 5,05$$

(vergl. S. 493)

5. Anforderungen in konstruktiver Hinsicht.

Ein gut disponierter Zapfen zeigt die im nachstehenden eingehender ausgeführten Eigenschaften.

Wir müssen verlangen, daß der Zapfen oder wenigstens seine nächste Umgebung, die mit ihm noch in wärmeübertragender Verbindung steht, während des Betriebes in sicherer Weise zugänglich ist, derart, daß durch Handberührung der umgebenden Teile die Kontrolle über den Wärmezustand des Zapfens jederzeit ausgeübt werden kann. Der früher angewandte Unterwasserzapfen ist deshalb heute für einigermaßen bessere Betriebe unmöglich geworden, auch wenn man ihn in seiner feuchten Tiefe mit Preßöl versorgen wollte.

Der Zapfenträger ist sehr gut zu führen und gegen Drehung zu sichern.

Die beiden Laufflächen müssen leicht und rasch nachgesehen und gegen neue ausgewechselt werden können, ein herausgenommener Teil muß beim Wiedereinsetzen ohne weitere Umstände imstande sein genau die vorige Lage wieder einzunehmen.

Schmieren und Zusetzen von Öl, auch in größerer Menge, muß ohne Betriebsstörung erfolgen können.

Das die Laufflächen umgebende Gefäß soll absolut öldicht sein, damit der Ölinhalt nicht während des Betriebes aussickern kann.

Die Sohle des staubsicher abzudeckenden Ölraums sollte einige Zentimeter tiefer liegen als die Zapfenlaufflächen, damit etwa ins Öl geratene schwere Teile, Sandkörnchen oder auch abgeriebene Teilchen der Laufflächen, sich in stillen Ecken ablagern und nicht aufs neue zwischen die Laufflächen geraten können.

Der Ölbehälter muß leicht, rasch und in sauberer Weise von Öl entleert werden können (Stillstand). Dies hat am tiefsten Punkt zu erfolgen, damit Ablagerungsteile nach Möglichkeit sofort mit abgeführt werden.

Ein Zapfen muß leicht der Höhe nach einstellbar sein (Schleifränder). Die Einstellvorrichtung ist so auszubilden, daß sie zum Heben oder Senken des ganzen Betrages G_T gut geeignet ist, denn selten nur ist dafür ein besonderer Kran zur Verfügung. Dem Zwecke dienen sehr große Schlüssel (Taf. 7), Stirnrad- oder Schneckenbetrieb der Tragmutter und dergl.

Die laufenden Teile ruhen auf dem Zapfen. Soll dieser herausgenommen werden, so müssen jene zuerst irgendwie abgestützt werden können oder sich durch Nachlassen an der Tragschraube des Zapfens von selber irgendwo abstützen. Der früher erwähnte Schleifrand zwischen Lauf- und Leitrad bietet für einfache Turbinen diese erwünschte Auflage beim Zapfenwechsel. Bei mehrfachen Turbinen und sehr hohem Gewicht der rotierenden Teile kommt man aber dazu der massiven Turbinenwelle eine achsiale Auflage für solche Zwecke zu geben. Beispielsweise zeigt Taf. 12 eine einstellbare Tragschraube in besonderem Bock, Taf. 13 eine in die Grundplatte der Turbine eingelegte platte Stützlinse, auf die sich die Welle bei entsprechendem Nachlassen der Zapfentragmutter des oberen Wellenendes einfach aufsetzt.

Bei Turbinen mit konischem Räderbetrieb hat die Einstellvorrichtung vielfach als Ausrückvorrichtung zu dienen, weil bei Obergriff der Räder das Anheben der Turbine, bei Untergriff das Absenken soweit, bis die Zähne außer Eingriff kommen, die beste Art des Ausrückens auf längere Zeit (Wassermangel oder dergl.) darstellt, im Gegensatz zu Klauenkuppelungen, Loskeilen des Triebes oder dergl. Für solche Fälle ist Vorsorge zu treffen, daß das Verstellen, weil längere Zeit in Anspruch nehmend, durch Drehen an einer Kurbel oder an einem Schlüssel, ohne denselben umsetzen zu müssen, erfolgen kann.

Zapfen und Turbinenwelle bilden eine konstruktive Einheit miteinander; es ist deshalb nötig, daß die Zapfenanordnungen in ihren Beziehungen zu den Wellen besprochen werden.

Wir haben massive und hohle Turbinenwellen. Die Verwendung von Hohlwellen ist eine Folge besonderer Zapfenanordnung. Jahrzehntelang kannte man für stehende Turbinenwellen der Hauptsache nach nur zwei Ausführungen, entweder die massive Welle aus Walzmaterial mit Unterwasserzapfen oder die Hohlwelle aus Gußeisen mit den auf fester Tragstange gestützten sog. Fontaine'schen Oberwasserzapfen.

In beiden Fällen verwandte man meist sog. Stirnzapfen, d. h. Zapfen, welche, abgesehen etwa von einem Schmierloch oder kleiner Ausdrehung, in der Mitte aus massivem Material bestehen und die in die ausgedrehte Stirn

einer Welle, eines Zapfenträgers oder dergl. eingesetzt sind. Taf. 7, Mitte;
die Welle, Taf. 5, ist auch für die Aufnahme eines Stirnzapfens eingerichtet.

In neuerer Zeit brachten die Turbinen der großen Elektrizitätswerke
die massive Welle aus Flußstahl usw., weil für die beträchtlichen Drehmomente das Gußeisen nicht verwendbar ist und, als natürliche Folge, den
die massive Welle umschließenden Ringzapfen, Taf. 7 rechts und links,
(auch Rollkugel-Ringzapfen, Taf. 9), dann Taf. 12, 13, 39, 40.

Wir sprechen von Endzapfen, wenn der Zapfen am oberen Wellende
sitzt, von Mittelzapfen, sofern sich der Zapfen zwischen dem Laufrad und
der Stelle befindet (konisches Rad, Dynamoanker), an der das Drehmoment
abgenommen wird, einerlei, ob Stirn- oder Ringzapfen in Verwendung sind
und ob der Zapfen wirklich in der Mitte der Wellenlänge sitzt oder nicht.

6. Der Stirnzapfen mit Hohlwelle (Taf. 7, Mitte).

Bis vor kurzer Zeit war der Stirnzapfen mit Hohlwelle die fast durchweg angewandte Konstruktion. Er konnte als die normale Anordnung des
Turbinenzapfens überhaupt gelten und er wird, wenn sich auch nach und
nach der Ringzapfen mit massiver und der Hängezapfen mit ausgehöhlter
Welle größere Gebiete erwerben, wohl noch auf lange hinaus als eine zweckmäßige Konstruktionsart in Verwendung bleiben.

I. Der Stirn-Endzapfen.

Es gibt eine sehr große Zahl von Ausführungsweisen dieser Zapfen,
deren Beurteilung auf Grund der unter „5" aufgestellten Anforderungen
zu erfolgen hat. Hier sei nur an Hand einer bestimmten Konstruktion gezeigt, wie der Konstrukteur sich mit den Verhältnissen der Anfertigung,
Wartung usw. abzufinden hat.

Taf. 7, Mitte, zeigt den betr. Zapfen. Die Laufflächen stehen in dem
Ölbehälter ganz untergetaucht, der untere, feste Teil, die sog. Linse, liegt
zentrisch gehalten auf dem ausgedrehten Boden des gußeisernen Ölbehälters,
des Topfes. Dieser wird durch die von unten kommende Tragstange (vergl.
Taf. 5) gestützt. Er ist im Inneren vollständig ausgedreht, um von vornherein die etwa noch in der Gußhaut sitzenden Sandkörnchen von dem Öl
fernzuhalten.

Der genauen und guten Stützung der Linse halber ist darauf Bedacht
zu nehmen, daß es für den Dreher überhaupt unmöglich ist, beim „Plan-
drehen" mit dem Stahl in das Zentrum der zu drehenden Fläche zu gelangen. Jede volle „Plan"-Fläche hat in der Mitte eine kleine Erhöhung,
und um diese Erhöhung für das satte Aufliegen unschädlich zu machen,
sind die sämtlichen „Plan"-Flächen in der Mitte irgendwie vertieft bezw.
ausgespart: Das obere Stirnende der Tragstange ist ausgebohrt und enthält Gewinde zum Einschrauben einer Öse beim Montieren, die Sitzfläche
des Spurtopfes ist ausgedreht, die innere Tragfläche, auf welcher die Linse
ruht, ebenfalls.

Für den Dreher ist weiter die Herstellung einer scharfen Konkavecke
unmöglich. In Ansehung dessen sind die entsprechenden Konvexecken
gebrochen (Tragstangenende, Linsenunterfläche), weil nur so ein wirklich
sicheres Aufliegen auf den beabsichtigten Tragflächen zu stande kommt.

Nach ähnlichen Überlegungen ist bei dem Festhalten des Zapfens verfahren. Der Zapfen sitzt eingeschliffen im Zapfenträger aus Schmiede- oder Flußeisen. Die mit Bajonettschluß (siehe Schnitt) eingesetzte Tragmutter zeigt am inneren Führungsdurchmesser ober- und unterhalb der Bajonettknaggen eine Ausdrehung, die der scharfen Ecke an der Wellenbohrung ausweicht und die Knaggen des Bajonetts sind ihrerseits im Durchmesser etwas kleiner gehalten, damit sie nicht in die nicht scharfe Ecke der 35 mm hohen ringförmigen Wellausdrehung hineinreichen. Das etwas abgeschrägte untere Ende des Tragmutterkörpers, so auch des Spurtopfes soll das Einführen durch die scharfen Kanten der Wellbohrung erleichtern. Die Tragmutter ist durch zwei diametral liegende Schrauben mit angedrehtem Gewindekern, in relativ größeren Löchern, gesichert.

Wichtiger als die beiden Mitnehmstifte in Zapfenkörper und Linse, die, wenn es sich einmal ums Anfressen der Laufflächen handelt, doch zu Bruche gehen dürften, ist die Befestigungsschraube in der Linsenmitte. Dieselbe soll die Linse am Hochgehen hindern, wenn der Zapfen ausgehoben wird. Gut eingelaufene Laufflächen mit Ölschicht dazwischen zeigen häufig eine ziemlich kräftige Adhäsion und es ist zu verhindern, daß die Linse, wenn auch nur wenig, mit hochgenommen werden kann. Sie kann nur so lange am Zapfen haften, als die Lauffläche wagrecht liegt, und würde abfallen und sich und die Sitzfläche im Spurtopf beschädigen, sowie der Zapfen freikommt oder eine kleine Erschütterung erleidet. Auf öldichtes Schließen des Schraubenkopfes (Lederbeilage) gegen unten hin ist ganz besonders zu achten.

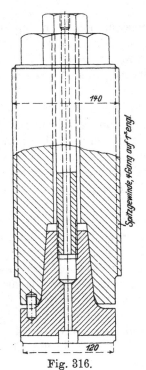
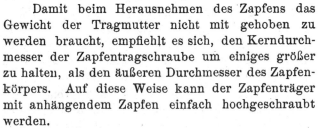

Damit beim Herausnehmen des Zapfens das Gewicht der Tragmutter nicht mit gehoben zu werden braucht, empfiehlt es sich, den Kerndurchmesser der Zapfentragschraube um einiges größer zu halten, als den äußeren Durchmesser des Zapfenkörpers. Auf diese Weise kann der Zapfenträger mit anhängendem Zapfen einfach hochgeschraubt werden.

Nur das Einschleifen der genau nach Lehre zu arbeitenden Zapfen bietet eine Gewähr dafür, daß der Zapfen sicher und fest (wie ein festgeschlagener Hahnreiber) im Träger sitzt, daß er nicht beim Hochschrauben lose wird, auf die Linse stürzt und Schaden anrichtet. Will man absolut vorsichtig sein, so empfiehlt sich das Festhalten des Zapfens in seinem Träger mittelst einer durchgehenden Schraube nach Fig. 316, die dann aber, der Ölzufuhr wegen, der Länge nach durchbohrt sein sollte.

Fig. 316.

Die gebrochenen Kanten der Zapfen- und Linsenkörper an ihren Laufflächen dienen zum Schutze der letzteren. Scharfe Kanten an den Laufflächen sind bei nicht ganz sorgfältiger Behandlung leicht Verletzungen ausgesetzt, die sich unter Umständen auch als kleine Ausbeulungen in die Lauffläche fortsetzen, wie dies Fig. 317 übertrieben zeigt. Solche ganz minimale Anstauchungen bewirken natürlich

sofort eine ganz andere Druckverteilung in den Laufflächen, Anfressen, Heiß-
laufen. Die stark gebrochene Ecke, etwa $2^1/_2$ bis 5 mm beiderseits, vermeidet diese Gefahr fast gänzlich, natürlich aber zählt d_a dann nicht von
ganz außen an.

In bezug auf seitliche Führung besteht die Aufgabe, Zapfen und Linse
gegenseitig zu zentrieren, ohne aber dafür am
Zapfenkörper selbst Anlaufflächen in Anspruch
zu nehmen. Dies geschieht durch die zentrische
Führung des gedrehten Spurtopfes in der ausgedrehten Welle (Schmiernuten) und den zentrisch passenden Sitz der Tragmutter in der
Wellausdrehung. Von Wichtigkeit ist dabei,
daß das Ausdrehen der Welle auf eine mög-

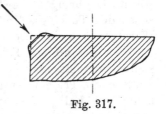

Fig. 317.

lichst kurze Strecke nur zu erfolgen hat, denn der Drehstahl muß ohnedem
weit genug ins Wellinnere hinein frei tragen.

Zapfenachse und Turbinendrehachse. Die wichtigste Fläche der
Wellausdrehung ist aber nicht einmal die zylindrische Ausbohrung, obgleich natürlich auch diese sorgfältigst zu machen ist, sondern die Sitzfläche der Tragmutterknaggen (in Taf. 7, Mitte, um 55 mm achsial gegen
einwärts gelegen), denn von deren guter Beschaffenheit hängt es ab, ob
die Achse des Zapfenträgers, also auch die Drehachse des Zapfens und
der Lauffläche, mit der Mittellinie der Turbinenwelle genau zusammenfällt
oder doch wenigstens parallel zu dieser liegt.

Der Zapfen, dessen Achse mit der Mittellinie der Welle einen wenn
auch noch so kleinen Winkel bildet, Fig. 318 zeigt dies kräftig übertrieben,
wird Wochen brauchen, bis die
schrägliegende Zapfenstirnfläche
sich so weit abgenutzt hat (die
schraffierte Fläche muß ganz verschwunden sein), daß die neue,
zur Drehachse senkrechte Stirnfläche genügend Auflage findet für
Wärmeabgabe usw. Daß dabei die
vielleicht an sich gut gelagerte
Linse auch stark in Mitleidenschaft
gezogen wird, ist sicher, denn die

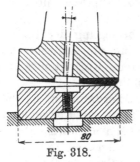

Fig. 318.

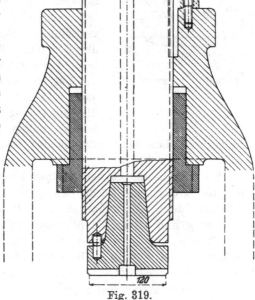

Fig. 319.

einseitig aufsitzende, anfressende Zapfenecke durchläuft bei jeder Umdrehung
den ganzen Linsenumfang.

Der Fehler, der in der geschilderten Schräglage der Zapfenachse liegt, ist gar nicht wieder richtig gutzumachen. Wenn sich die Laufflächen auch vielleicht nach Wochen eingerichtet haben und der Zapfen schließlich kalt geht, so wird jedes Nachstellen des abgenützten Zapfens aufs neue Unordnung bringen, weil das Drehen des Zapfenträgers um den geringsten Betrag schon eine Änderung in der Richtung der eingelaufenen Zapfenstirnfläche bringt, die Zapfenachse steht eben nicht parallel zur Drehachse der Turbine. Und mit jedem neu eingesetzten Zapfen beginnt das Warmgehen auch wieder aufs neue.

Der geschilderte Fehler wäre, soweit es sich um die Folgen des Nachstellens handelt, ohne Belang, wenn beim Nachstellen nicht der Zapfenträger, sondern die Tragmutter gedreht würde, wie dies bei älteren Konstruktionen häufig der Fall war (Fig. 319), weil sich dann die Lage der abgelaufenen Stirnfläche zur Turbinenachse nicht ändert; die Anordnung mit drehbarer Tragmutter baut sich aber viel umständlicher und bietet deshalb in der Ausführung noch mehr Gelegenheit zu Ausführungsfehlern.

Die Stützung in Kugelflächen. Eine gewisse Elimination der Ausführungsfehler wird nun darin gesucht, daß eine der Laufflächen, meist die Linse, in einer Kugelfläche gestützt wird. Hierdurch ist allerdings das Anschmiegen der Laufflächen im allgemeinen gesichert, Ausführungs- und Montierungsfehler, sofern sie die Lage der Linse selbst betreffen, sind zweifellos eliminiert, aber die Ausführungsfehler in der Stellung der Zapfenfläche können dadurch nicht aus der Welt geschafft werden. Vergl. Fig. 320.

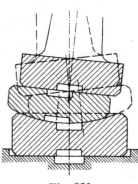

Fig. 320.

Die schrägstehende Zapfenachse beschreibt bei jeder Umdrehung einen Kegel, die Zapfenlauffläche zwingt die Linse, in der Kugelfläche diesen Schwankungen nachzugeben, und so entsteht neben der Drehung des Zapfens auf der Linsenlauffläche noch eine Schwenkbewegung in der Kugelstützfläche. Letztere vermindert allerdings die zu ungleiche Druckverteilung in den Laufflächen, dadurch aber auch die Selbstkorrektur der Zapfenlauffläche. Natürlich ist die Schwenkbewegung nur sehr klein und das hat hier und da zur Folge, daß sich das Öl nach und nach aus der Kugelfläche herausspielt, die Kugelflächen werden trotz des umgebenden Ölbades trocken und greifen unvermutet so fest aufeinander, daß dann plötzlich der Zustand der Fig. 318 mit Warmlaufen eintritt.

Wir ziehen daraus den Schluß: Die Kugelbewegung der Linse ist nur ein Mittel gegen eine falsche Lage der Linse, für die schlechte Lage der Zapfenlauffläche aber gibt es kein konstruktives Korrektionsmittel, hier hilft einzig und allein die peinlichst gute Ausführung.

Für die Kugelbewegung gibt es zweierlei Anordnungen, die beide als bewährt gelten können. Die eine, Fig. 321, zeigt die Konvexkugelfläche nach abwärts gerichtet, die andere, Fig. 322, gegen aufwärts.

Als konstruktive Gesichtspunkte sind zu erwähnen:

In beiden Fällen ist der Zweck, die Linsenlauffläche so zu stützen, daß aus der Stützung und aus der Wirkung der Zapfenreibung keine unguten Folgen für die gleichmäßige Verteilung der Einheitsdrucke in der Lauffläche eintreten, es soll die Zapfenlast nach aller Möglichkeit moment-

frei abgefangen werden. Damit dies geschehen kann, sind einseitig wirkende Kräfte fernzuhalten. Wir müssen wünschen, daß die Linse nicht
etwa mit in Rotation gerät und daß die
Kugelstützfläche nicht etwa zur Lauf-

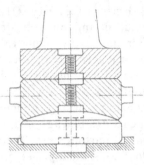

Fig. 322.

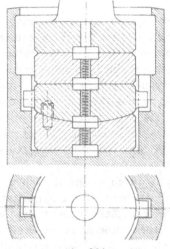

Fig. 321.

fläche wird. Vielfach versucht man, die
Linse durch einen Stift, etwa wie in
Fig. 321 punktiert, an der Drehung zu
verhindern. Das ist verfehlt in Rück-
sicht auf die gleichmäßige Tragfähigkeit der Linse, denn wenn die Drehung
der Linse etwa wegen Rauhlaufens der eigentlichen Gleitflächen beginnen
will, so gibt der eine Stift zwar zuerst den Anschlag, da aber die Linse
durch ein Kräftepaar (in der Zapfenreibung ent-
halten) zu drehen versucht wird, so wird sie um
den Stift eine Schwenkung in horizontalem Sinne
soweit ausführen, bis durch ungleiche Druckverteilung in der Kugel-, also auch in der Lauffläche, die erforderliche Gegenkraft als einseitige
Kugelflächenreibung beschafft ist, die Lauffläche
steht nicht mehr horizontal, sondern nach Fig. 323
einseitig, das Warmlaufen ist sicher zu erwarten.
Hier helfen nur zwei Anschläge, damit ein der
Drehung entgegenwirkendes Kräftepaar zustande
kommt und, damit beide Anschläge auch wirklich zum Anliegen kommen, ist es erforderlich,
daß die Gegenkugelfläche in horizontaler Richtung frei verschiebbar ist.

Letzteres läßt sich sehr leicht ausführen und
kommt eigentlich ungewollt ohne weiteres zustande:
Die Gegenkugelfläche muß sich nämlich aus Her-
stellungsgründen an einem kleineren, besonders
in den Spurtopf einzulegenden Stück befinden
und wenn dieses ohne zentrische Eindrehung auf
der Bodenfläche des Topfes aufruht, so ist die
gewünschte seitliche Verschiebbarkeit vorhanden.

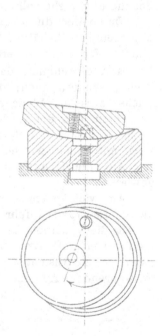

Fig. 323.

Der Kugelradius wird im allgemeinen so
groß anzunehmen sein, daß der Kugelmittelpunkt oberhalb der Lauffläche
liegt, der Stabilität wegen.

Bei ganz vorsichtiger Anordnung liegt auf der kugeligen Linse noch eine scheibenförmige ohne jeden Anschlag (Figur 321), dann stellt sich meist die obere Fläche dieser Scheibenlinse als Lauffläche dar und man hat die Möglichkeit des leichteren Ersetzens der Scheibenlinse statt der schwierigeren Herstellung einer neuen Kugellinse.

Schmierung und Ölumlauf. Im engsten Zusammenhang mit der Linsenanordnung an sich steht die Einrichtung für die Schmierung.

Wir haben gar kein Interesse daran, den Ölinhalt des Spurtopfes sehr oft zu erneuern, denn das Schmiermaterial verliert ja seine Schmierfähigkeit nicht durch häufig wiederholten Gebrauch, sofern sich die losgelösten Metallteilchen absetzen können. Auf was es also ankommt, ist die Zufuhr von nur ganz wenig neuem Öl, soviel, als der Ersatz für irgendwie verloren gehendes beträgt, dazu die Zufuhr des Bedarfes für die Führungsfläche zwischen Spurtopf und Welle. Außerdem aber ist für einen ausgiebigen Ölumlauf im Spurtopf selber zu sorgen.

Die ersteren Zwecke werden ganz gut durch einen einfachen, einstellbaren Tropföler mit sichtbarem Tropfenfall erreicht, der auf ganz minimale Schmierung reguliert wird. Häufig sitzt dieser im Zapfenträger eingeschraubt, was zwar der Staubdichtheit wegen gut, aber unbequem ist, weil der Öler nicht während des Ganges gut zugänglich ist. Aus diesem Grunde findet sich häufig der Tropföler an einem benachbarten Gestell oder Lagerbalken befestigt, während ein Kupferröhrchen von etwa 5 mm Lichtweite in den Zapfenträger ausgießt. Das Röhrchen braucht gar nicht an seiner tiefsten Stelle auszugießen, es ist nur darauf zu sehen, daß ein etwaiger Sack in der Rohrführung von vornherein mit Öl gefüllt wird, damit zuerst die Schmierung nicht ruht.

Durch den durchbohrten Zapfenträger und Zapfen fließt das Öl in den allgemeinen Ölbehälter, der, zum Überlaufen voll, für jeden neu eintretenden Tropfen einen anderen nach außen gegen die Welle zu übertreten läßt. Dieses Aböl schmiert dann nicht nur die Führung zwischen Spurtopf und Welle, sondern auch, der Wellenhöhlung folgend, die untere Führungsbüchse zwischen Welle und Tragstange (Taf. 5). Nebenbei: Es ist darauf zu achten, daß der Wellenkern sehr sauber entfernt wird, damit möglichst wenig Kernsand im Betriebe nach unten gelangen kann, der die Büchse stark mitnehmen würde.

Auf die Ölentleerungsschraube mit Lederbeilage sei nur kurz hingewiesen.

Am wichtigsten ist bei der Schmiereinrichtung ein guter Ölumlauf, weil dieser die Wärmeabfuhr ganz wesentlich fördert. Zur Herbeiführung desselben dient mancherlei. Vor allem sind kräftige Schmiernuten in den Laufflächen am Platze, damit das Öl gut an die Flächen hingeführt werden kann. Nach Ansicht des Verf. beruht die Hauptrolle der Schmiernuten im fortwährenden Annetzen und Kühlen der vorbeistreichenden Gegenfläche

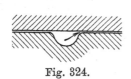

Fig. 324.

selbst, ein seitliches Einschieben von Öl durch gute Abrundung der Nutenränder dürfte kaum stattfinden (Fig. 324), denn der seit Monaten gut eingelaufene Zapfen zeigt an den betreffenden Stellen sehr ausgesprochen schabende Nutenkanten, keine abgerundeten Übergänge mehr und bleibt doch kalt. Der Hauptwert der Nutenabrundung dürte darin liegen, daß durch sie die Annetzfläche des Zapfens vergrößert wird.

Die Nuten sollten nicht unter 5—10 mm Tiefe bei 10—15 mm Breite gehalten werden bei mittleren Zapfendurchmessern (100—150 mm). Diametrale Nuten sind am bequemsten in der Ausführung, aber sie allein schaffen noch nicht den erforderlichen Ölumlauf. Das Öl sollte zweckmäßig durch die Schmiernuten von innen gegen außen strömen, es ist also auch wieder von außen gegen das Innere der Tragflächen hereinzuführen.

Sehr förderlich für den Ölumlauf läßt sich die Drehbewegung des Zapfens selbst verwenden. Der Zapfen des Rechnungsbeispiels der S. 470 unten hat 16 cm äußeren Durchmesser der Laufflächen. Mit der gebrochenen Ecke beläuft sich der Durchmesser d des Zapfenkörpers auf 16,5 cm, während die innere Ausdrehung $d_i = 40$ mm aufweist. In der Schmiernute des Zapfenkörpers quer zur Drehachse wird infolge der Differenz in den Umfangsgeschwindigkeiten im Öl ein Zentrifugaldruck gegen außen entstehen, der das in der Nute befindliche Öl zum Ausfließen bringt. Wir erhalten bei 150 Umdrehungen nämlich

Äußere Umfangsgeschwindigkeit ($d = 16,5$ cm) 1,30 m/sek.

Innere „ ($d_i = 4$ cm) 0,314 „ „

Druckhöhendifferenz $\dfrac{1,30^2 - 0,314^2}{2g} = \sim 0,08$ m.

Das Öl wird also, einem Drucke von etwa 8 cm Ölhöhe entsprechend, durch die Schmiernute gegen außen strömen wollen. Sorgen wir nun dafür, daß es auch wieder von außen gegen innen strömen kann — ein stillstehender Kanal, die Schmiernute der Linse, gestattet dies —, so wird sich je nach den Querschnitten eine mehr oder weniger kräftige Ölzirkulation einstellen.

Das Öl nimmt die entwickelten Wärmemengen auf und gibt sie an die Topfwandungen weiter, von wo sie in den Körper der Welle usw. abfließen.

Unterstützt könnte der Ölumlauf werden durch eine oder mehrere Durchbohrungen des Zapfenkörpers in radialer Richtung, ebenso des Linsenkörpers, doch müßten diese Durchbohrungen nahe den Laufflächen verlaufen, damit das durchfließende Öl die Wärme aus dem Material unmittelbar bei der Lauffläche aufnehmen kann (vgl. Fig. 325).

Bei der genannten hohen Umdrehungszahl ist die Richtung der Schmiernuten verhältnismäßig gleichgültig, man wird sie, wie gesagt, einfach radial verlaufen lassen.

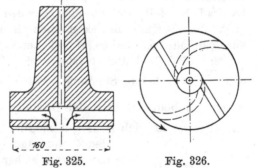

Fig. 325. Fig. 326.

Sind statt beispielsweise 150 nur 50 Umdrehungen, also nur der dritte Teil gegeben, so fällt die Zirkulationsdruckhöhe für den gleichen Zapfen von etwa 8 cm im Verhältnis $\left(\dfrac{50}{150}\right)^2 = \dfrac{1}{9}$, d. h. auf den neunten Teil, also auf nur etwa 9 mm, und der Ölumlauf wird ganz wesentlich langsamer vor sich gehen. In diesem Fall kann dann die Mithilfe geeignet geformter Schmiernuten schon eher erwünscht sein. Gerade Nuten nach Fig. 326, die Innenausdrehung berührend, fördern, den Schaufeln von Zentrifugalpumpen entsprechend, das Öl mit weniger Druckhöhenverlust gegen außen, ebenso die früher viel ausgeführten geschweiften Nuten, Fig. 326 punktiert.

Nach Ansicht des Verf. sind einfach diametral verlaufende, breite Ölnuten fast immer genügend, schließlich helfen diametrale Durchbohrungen wie geschildert auch noch im Notfalle kräftig mit, denn dieser Notfall tritt allemal erst bei hohen Umdrehungszahlen ein, wo die Druckdifferenzen ohnehin schon groß sind.

Die Schmiermittel. Für Turbinenzapfen sollte, der meist hohen Beanspruchungen wegen, das beste Öl gerade gut genug sein. Es werden vegetabilische Öle den Mineralölen vorgezogen, weil sie im allgemeinen zähflüssiger sind und deshalb weniger leicht zwischen den Reibflächen herausgepreßt werden können.

Für nicht überanstrengte Zapfen genügt Olivenöl, für gefährdete aber ist Senföl oder Rizinusöl sehr zu empfehlen. Mancher Zapfen, der mit bestem Olivenöl warm ging, lief mit Senföl oder Rizinusöl ohne weiteres kalt.

Auf absolute Reinlichkeit bei der Ölbehandlung ist zu sehen. Die Verwendung von Öl direkt aus dem Faß ohne Filtration durch Papier oder feines Gewebe ist unstatthaft, ein Sandkörnchen kann einen Zapfen auf Tage und Wochen in Unordnung bringen.

Das Laufflächenmaterial. Am besten bewähren sich Laufflächen aus sandfreiem, fast weißem Gußeisen, ähnlich dem für Dampfzylinder und Schieber verwendeten.

Das Gußeisen hat die schätzenswerte Eigenschaft, daß die abgenützten Teilchen als feines Pulver durch das Schmiermaterial leicht weggeschwemmt werden, während Stahl, Bronze usw. sehr leicht, besonders beim Anfressen geradezu Späne bilden, die die notleidenden Laufflächen noch besonders aufreißen und das Fressen befördern.

Das Nachstellen der Zapfen und das hierfür erforderliche Drehmoment. Wenn es sich um das Einstellen von Schleifrändern am Laufrad handelt, so ist eine gewisse Feinheit im Einstellen erwünscht, auch der Betrieb mit konischen Rädern verlangt dies. Die Gewinde der Zapfenträger haben Ganghöhen von meist etwa 6 bis 10 mm. Der Zapfen, Taf. 7, Mitte, beispielsweise hat vier Gänge pro Zoll englisch, d. h. $\frac{25,4}{4} = 6,35$ mm Steigung. Wenn wir auf etwa $^1/_5$ mm genau einstellen wollen, so bedeutet dies eine Drehung des Zapfenträgers um $\frac{1}{6,35} \cdot \frac{1}{5} = \sim \frac{1}{30}$ und dies ist an sich ganz gut möglich. Es handelt sich aber auch darum,

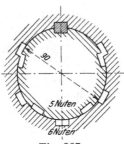

Fig. 327.

den Zapfenträger nach je um $^1/_{30}$ Umdrehung relativ zur Mutter sicher feststellen zu können. Dies kann durch den gezeichneten Steckkeil, der etwa quadratischen Querschnitt besitzt, geschehen im Verein mit ungleichen (geraden und ungeraden) Nutenzahlen im Zapfenträger und in dem Tragmutterstück. Versehen wir beispielsweise den ersteren etwa mit 5, das letztere mit 6 Nuten, so stehen sich immer nach je $\frac{1}{5} \cdot \frac{1}{6} = \frac{1}{30}$ Umdrehung zwei Nuten gegenüber und der Keil kann eingeführt werden, Fig. 327. Der Steckkeil ist etwaigen Stellschrauben vorzuziehen, da er auch durch Erschütterungen (Zahnräderbetrieb) sich nicht leicht lösen wird, weil sein Eigengewicht dem Lösen entgegenwirkt.

Dabei ist noch eines zu bedenken. Drehen wir zum Einstellen den Zapfenträger, so ist nur dessen Gewindereibung einschließlich der Zapfenreibung selbst zu überwinden und letztere ist, weil auf kleinem, mittlerem Durchmesser und in guter Schmierung, nicht übermässig groß. Es müssen aber natürlich beide Reibungswiderstände für das beim Einstellen zu leistende Drehmoment in Rechnung gestellt werden (großer Schlüssel, Taf. 7), sofern es nicht möglich ist, die Turbine selbst am Zahnrad oder dergl. zu drehen, wobei der grosse Schlüssel nur festgehalten wird. In letzterem Falle ist nur die Gewindereibung zu überwinden. Drehen wir aber die Tragmutter der Fig. 319, die meist auch noch ungeschickterweise auf ihrem Bunde aufliegt und nicht am oberen Stirnrande, so kommt zur Gewindereibung die sehr beträchtliche Bundreibung mit großem Durchmesser in Betracht und für das Einstellen ist dadurch ganz ungemein viel mehr Drehmoment aufzuwenden als beim Drehen an der Tragspindel.

Zahlenbeispiel, Drehmoment für das Einstellen. Der Zapfen des vorigen Beispiels sitze in einem Zapfenträger von 18 cm mittlerem Gewindedurchmesser, 4 Gänge pro Zoll engl., also 6,35 mm Gewindesteigung.

Es ist für $\mu = 0,1$ der Reibungswinkel ϱ des Gewindes $= \sim 6^0$, und wir finden den Steigungswinkel des Gewindes aus

$$\operatorname{tg} \alpha = \frac{6,35}{180 \cdot \pi} = 0,01125; \quad \alpha = \sim 0^0 40',$$

also ergibt sich das aufzuwendende Drehmoment an der (flachgängigen) Schraube zu

$$M_S = P \cdot r \cdot \operatorname{tg}(\alpha + \varrho) = 7500 \cdot 9 \cdot \operatorname{tg} 6^0 40' = \sim 7900 \text{ cmkg} \quad . \quad \textbf{632.}$$

Spitzgewinde würde entsprechend mehr verlangen.

Das Zapfenreibungsmoment M_Z stellt sich für den eingelaufenen Zapfen bei $\mu = 0,05$ auf

$$M_Z = 7500 \cdot 0,05 \cdot \frac{10}{2} = 1875 \text{ cmkg},$$

so daß insgesamt ein Moment von $7900 + 1875 = \sim 10000$ cmkg aufzuwenden ist.

Nehmen wir einen Schlüssel von 250 cm gesamter Armlänge (Taf. 7), so kann 230 cm als tatsächlicher Hebelarm angesetzt werden und dann sind an jedem Ende für die Drehung aufzuwenden $\frac{10000}{230} = \sim 43$ kg, d. h. an dem nicht gerade kleinen Schlüssel müssen auf jeder Seite zwei Mann tüchtig angreifen, um die Turbine anzuheben. Die eigentliche Hebearbeit beansprucht dabei nur ein Drehmoment von

$$7500 \cdot 9 \cdot \operatorname{tg} 0^0 40' = \sim 760 \text{ cmkg},$$

d. h. nur $\frac{760}{230} = \sim 3,3$ kg Druck an jeder Seite, alles andere ist der Reibungswiderstände wegen aufzuwenden.

Die Wandstärke der Welle beim Endzapfen. Fast immer umschließt die Nabe des konischen Rades die Welle an der gleichen Stelle, an der sich im Wellinneren der Spurtopf befindet, denn wir haben alle Veranlassung, den Endzapfen so tief als möglich zu setzen, damit die Welle und die Tragstange kurz ausfallen.

Um den Spurtopf herum hat also die Welle noch einen Teil des Turbinendrehmoments, unter Umständen noch fast das ganze Drehmoment zu leisten, dazu eine Beanspruchung auf Zug durch die Zapfenlast P, woraus die Wandstärke rechnungsmäßig folgt. Meist ist dabei für die Wandstärke aber mehr die Rücksicht auf die Verschwächung maßgebend, welche die Keilnute für die Befestigung des Kammrades bringt. Wir müssen bei Außendurchmessern der Gußwelle an dieser Stelle bis etwa 200 mm mindestens 25 mm, bis etwa 300 mm mindestens 40 mm Wandstärke für die Welle in der Keilnute gemessen, übrig haben, damit nicht der eingeschlagene Keil die Wand nach innen durchdrückt und den Spurtopf zum Klemmen bringt. Dies ist jeweils zuverlässig zu kontrollieren.

Die Tragstange. Diese ist am oberen Ende gegen seitliches Ausweichen der Welle gegenüber zu führen, was immer an der Welle selbst erzielt werden kann und auch stets ausgeführt werden sollte (außen überdrehter Spurtopf in der ausgedrehten Welle). Das untere Ende der Tragstange kann stets so gehalten werden, daß es als eingespannt betrachtet werden darf. Dies geschieht meist im Tragkreuz (Taf. 5) durch einen entsprechend konischen Sitz (Schräge der Mantellinie etwa 0,1 der Länge).

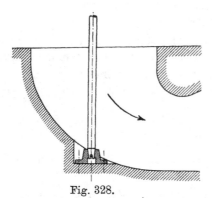

Fig. 328.

Wenn kein Tragkreuz verwendet werden soll, so kann eine konisch ausgebohrte breitbasige Platte, in einer Aussparung des Saugrohrkrümmers untergebracht, dafür genommen werden (Fig. 328).

Die Tragstange ist demnach fast immer auf Knickung (nach Knickfall 3 der üblichen Bezeichnung) zu rechnen, derart, daß mit Bach'scher Bezeichnung

$$P = \frac{2\pi^2}{\mathfrak{S}} \cdot \frac{1}{\alpha} \cdot \frac{\Theta}{l^2} \quad \cdot \quad \cdot \quad \cdot \quad \cdot \quad \cdot \quad \textbf{633.}$$

worin l die freie Länge der Tragstange in Zentimeter zwischen den Endführungen bedeutet. Die übliche Sicherheit ($\mathfrak{S} = 16$) sollte hier der zuverlässigen Stützung wegen nicht unterschritten werden, und so findet sich für die Zapfenlast P mit $\Theta = \frac{\pi}{64} d^4$ und mit dem Dehnungskoeffizienten α $= \frac{1}{2\,150\,000}$ (Flußeisen) der Durchmesser d der unten eingespannten Tragstange als

$$d = \sqrt[4]{\frac{P \cdot l^2}{130\,000}} \quad \cdot \quad \cdot \quad \cdot \quad \cdot \quad \cdot \quad \textbf{634.}$$

während sich für die unten nachgiebig gestützte Tragstange (Knickfall 2)

$$d = \sqrt[4]{\frac{P \cdot l^2}{65\,000}} \quad \cdot \quad \cdot \quad \cdot \quad \cdot \quad \cdot \quad \textbf{635.}$$

ergibt.

Fast immer kann bei Tragstangen von der Einführung des Zapfenreibungsmomentes als besonderer zusätzlicher Drehbeanspruchung Abstand genommen werden, da bei den Werten von d, wie sie aus der Knickbeanspruchung folgen, die besondere Materialanstrengung auf Drehung sehr nieder ausfallen wird.

Zur Erhöhung der Steifigkeit, auch der Arbeitsersparnis halber, werden häufig die mittleren Partien der Tragstange unabgedreht gelassen (Taf. 5).

Für den Innen-(Kern-)Durchmesser der Hohlwelle ist maßgebend, daß ein reichlicher Spielraum erwünscht ist, so groß, daß auch bei etwas seitlich liegendem, gekrümmtem, Kern und nicht ganz gerader, roher Tragstange eine Berührung zwischen Welle und Tragstange mit Sicherheit ausgeschlossen ist. Nachträgliches Nachhelfen ist sehr umständlich. Je nach Länge der Welle werden wir den Kerndurchmesser 30 bis 50 mm größer nehmen als den Durchmesser der rohen Tragstange. Große Unterschiede sind vorzuziehen und wir haben gar keine Veranlassung, am Innendurchmesser der Gußwelle, überhaupt an deren Durchmessergrößen übermäßig sparsam zu sein.

Die Tragstange erhält, wie schon erwähnt, in der oberen Stirnfläche eine Bohrung mit Gewinde zum Einschrauben einer Öse für die Montierung. Außerdem ist oben ein Anhaltestift eingeschlagen (Taf. 7 Schnitt AA), der das Drehen des Spurtopfes zu verhindern hat, falls die Zapfenflächen rauh laufen. Wie ersichtlich, hat der Spurtopf am unteren Ende für den Stift eine rundum laufende Aussparung, die nur durch einen, höchstens zwei, Vorsprünge unterbrochen ist. Die Absicht ist, neben Arbeitsersparnis für sonst nötiges Nuten, ein möglichst ungestörtes Aufsetzen des Spurtopfes auf das Tragstangenende. Wäre eine schmale Nute für den Anhaltestift ausgearbeitet, so könnte der Spurtopf nur in einer einzigen Drehstellung zum richtigen Aufsitzen kommen, während bei der großen Aussparung nur zwei Drehstellungen das Aufsitzen nicht gestatten, alle anderen Drehstellungen bieten kein Hindernis. Am unteren Ende stellt ein im Armkreuz eingebohrter Stift eine Vorsichtsmaßregel dar gegen unerwünschte Drehung der Tragstange selbst, die denselben mit kurzem Schlitz frei umgreift.

Die Hohlwelle aus Gußeisen. Für die Bemessung der Länge kommen zwei Dinge in Betracht. Ausführungsrücksichten und Ersparnisgründe drängen auf möglichst kurze Welle, andererseits verlangt die hochwasserfreie Lage der Getriebe, Dynamos, auch die Höhenlänge der Haupttransmission usw. eine bestimmte Wellenlänge über Oberwasserspiegel (Taf. 6).

In vielen Fällen bringt eine Entfernung von etwa 1 m zwischen dem O.W. und der untersten Zahnspitze die erwünschte Sicherheit gegen Hochwasser. Unter Umständen ist das Umkleiden des konischen Triebes oder der Riemenscheibe mit einem wasserdichten Blechtrog ein weiterer Schutz.

Den erstgenannten Anforderungen tragen wir Rechnung durch Heraufnehmen der Turbine in etwa halbe Gefällhöhe (vergl. S. 354), und wenn dann infolge der zweitgenannten Rücksichten die Wellen über 5 bis $5\frac{1}{2}$ m Länge erhalten müssen, so werden wir sie fast immer aus zwei Teilen anfertigen, weil es für die Gießerei schwierig ist, längere Kerne gut und sicher in die Formen einzulagern.

Solange in diesem Fall die Tragstange noch ausreichend stark beschafft werden kann, so lange wird auch der Endzapfen immer noch seine Verwendung finden.

In geschickter Weise kann dann die Kuppelstelle der Wellhälften durch Einsetzen einer zentrisch gut gehaltenen Halslager-Büchse für die Tragstange (Taf. 5) benützt werden, um diese letztere ungefähr in der Mitte ihrer Länge nochmals zu führen und zu halten. Die Knicklänge l der Tragstange wird dadurch auf die Hälfte ermäßigt; die untere Tragstangenhälfte entspricht dann dem Knickfall 3, Gl. 634, die obere Hälfte dem Knickfall 2,

Gl. 635, worin aber statt l nunmehr $\frac{l}{2}$ zu setzen ist, derart, daß die letztere Gleichung mit l als **ganze Tragstangenlänge** übergeht in

$$d = \sqrt[4]{\frac{P \cdot l^3}{260\,000}} \quad \cdot \quad \cdot \quad \cdot \quad \cdot \quad \cdot \quad \textbf{636.}$$

Die Turbinenwelle ist auf Drehung und Zug beansprucht, im oberen Teile können Biegungsbeanspruchungen mit hinzukommen, die wir auf konstruktivem Wege fast ganz vermeiden können.

Für die Berechnung des äußeren Welldurchmessers ist auszugehen von dem anzunehmenden Kerndurchmesser der Welle und mit Rücksicht auf das S. 483 Gesagte mit dem üblichen k_d zu rechnen.

Schließlich aber finden wir die Minimalwandstärke der Gußwelle durch gießereitechnische Rücksichten gegeben. Wir werden Wellen von etwa 150 Kerndurchmesser in Wandstärken nicht unter 30 bis 40 mm ausführen. Für das Aufsetzen des Laufrades, für die Halslager, für das obere Kammrad sind entsprechende Verstärkungen vorzusehen, die mindestens 10, besser 15 und 20 mm im Durchmesser größer sein sollten, als die rechnungsmäßigen, roh bleibenden Teile der Welle.

Auf die gute Ausführung der Kuppelflanschen bei der zweiteiligen Welle ist ganz besonderer Wert zu legen, denn es handelt sich darum, zwei getrennt hergestellte, fertig gedrehte Wellenhälften so zu vereinigen, daß deren Achsen genau in die gleiche Gerade fallen. Dafür brauchen wir eine gute gegenseitige Zentrierung und ein möglichst breitspuriges Aufeinandersitzen der beiden Kupplungshälften. Die gekuppelte Welle, Taf. 5, auch Fig. 329, zeigt, wie dies erzielt wird. Die Zentrierung erfolgt gegen innen zu (hier mit 350 mm Durchmesser), im übrigen aber liegen die Flanschflächen hohl, um sich nur außen, unter den Kuppelschrauben, zu treffen.

Beide Wellhälften sind konisch ausgebildet, um gut nach einem großen Flanschdurchmesser überzuleiten, die Schrauben überstark, eingerieben und mit Gasgewindemuttern versehen, damit sie sich weniger leicht lockern.

Die untere Wellführung. Am unteren Ende führt sich die Welle mittelst einer zweiteiligen, meist aus Bronze (Weißmetallausguß) hergestellten Büchse an der Tragstange. Diese Büchse hat zweierlei Arten von Seitendruck aufzunehmen, die aber beide nicht sehr bedeutend sind.

Der eine Seitendruck rührt davon her, daß der Schwerpunkt des Laufrades nicht ganz genau in der Rotationsachse liegen wird, so daß ein kleiner Zentrifugaldruck entsteht. Um welche Kräfte es sich dabei handeln kann, lehrt eine kurze Rechnung. Wenn ein Laufrad beispielsweise 1500 kg wiegt und 100 Umdrehungen macht, so wird sich, bei einem Schwerpunktsradius r, die Zentrifugalwirkung auf die Welle äußern als eine seitlich wirkende Kraft im Betrage

$$C = \frac{G \cdot r \cdot n^2}{900} = \frac{1500 \cdot r \cdot 100^2}{900} = 16\,667\,r \quad \cdot \quad \cdot \quad \cdot \quad \textbf{(603.)}$$

Liegt der Schwerpunkt um 1 mm seitwärts der Rotationsachse, ist also $r = 0{,}001$ m, so ist $C = 16{,}7$ kg und mit jedem Millimeter, den der Schwerpunkt weiter nach außen rückt, treten weitere 16,7 kg hinzu. Wir ziehen hieraus die Lehre, daß die Laufräder so gut als nur irgend möglich ausgeglichen werden sollen, denn die Führung an der Tragstange ist keine vollwertige, tragfähige Lagerung, wir werden sie nach aller Möglichkeit zu schonen haben.

Die zweite Art Seitendruck kommt von einem Kippmoment her, welches als Folge der Anordnung von Zahnrädern auf die Welle wirkt, wir wollen dies weiter unten besprechen. Die Büchse wird meist durch vier Deltametall-Kopfschrauben mit ihrer Flansche gegen die Stirnseite der Welle gepreßt, ein dazwischen in jede Flanschhälfte eingeschnittenes Gewindeloch dient zum Losdrücken der Flansche beim Herausnehmen der Büchse.

Der Abschluß der Welle gegen den Saugraum. Die Welle steht mit ihrem oberen Ende in der Atmosphäre und befindet sich mit dem unteren Ende im Saugraum der Turbine. Sie muß deshalb so eingerichtet sein, daß die äußere Luft nicht durch die hohle Welle in das Saugrohr treten kann; hier ist eine der auf S. 179 erwähnten Stellen. Wir erzielen einen für unsere Anforderungen meist genügenden Luftabschluß durch die eben beschriebene Führungsbüchse, der in dem Hohlraum der Welle (Taf. 5) eine Packung aus quadratischen Talkumschnüren oder dergl. vorgelegt wird, die der Luftdruck selbsttätig anzieht, besonders aber dient auch der Spurtopf am oberen Wellende (Taf. 7, Mitte) als sehr wirksamer erster Abschluß, sofern er gut, eben leicht beweglich, in die Wellhöhlung eingepaßt ist. Das aus dem Topf überfließende Öl hilft mit abdichten.

Im übrigen erfährt der Spurzapfen durch die Druckdifferenz an den Wellenden auch noch eine kleine Belastungsvermehrung, die aber wohl selten in Rechnung gestellt worden ist. Um welche Kräfte es sich handelt, zeigt z. B. folgende Rechnung.

Wenn eine Turbinenwelle, hohl oder massiv, Durchmesser an der Übergangsstelle zwischen Oberwasser und Deckelraum 300 mm (Taf. 5) in eine Saughöhe von 3 m eintritt, so ist die Druckdifferenz gleich 3 m Wassersäule und auf dem Wellquerschnitt von $30^2 \frac{\pi}{4} = \sim 700$ qcm, wobei der Tragstangen- bezw. Spurtopfdurchmesser vernachlässigt ist, lasten also $700 \cdot 0{,}3 = 210$ kg gegen abwärts.

II. Der Stirn-Mittelzapfen.

Der Endzapfen ist die zugänglichere Anordnung und wir werden ihn so lange, als tunlich, beibehalten. Schließlich aber werden besondere örtliche Verhältnisse überlange Turbinenwellen verlangen, wenn z. B. die Haupttransmission sehr hoch über dem Oberwasserspiegel liegt, ohne daß wir gezwungen wären, mit dem Spurzapfen so hoch mitzugehen. Sofern hier nicht ohnedem eine massive Welle mit Ringzapfen vorzuziehen wäre, ist dann der Mittelzapfen in der Hohlwelle allenfalls verwendungsfähig.

Für die Einzelheiten des Zapfens selbst kommen sinngemäß all die Dinge in Betracht, wie sie schon beim Endzapfen geschildert worden, nur ergeben sich aus der Lage des Zapfens innerhalb der Wellenlänge noch gewisse Besonderheiten, die hier zu behandeln sind.

Es war oben, S. 475, die Wichtigkeit der guten Ausführung für die Sitzfläche des Bajonettschlusses am Endzapfen besonders betont worden. Dasselbe gilt für den Mittelzapfen natürlich auch und allein schon aus diesem Grunde muß der Mittelzapfen genau so zum oberen Ende des unteren Wellstücks angeordnet werden, wie es der Endzapfen am oberen Ende der ungeteilten Welle gewesen, die Bajonett-Sitzfläche dicht am Ende, damit der Drehstahl möglichst wenig freisteht, die untere Kuppelflansche unmittelbar angeschlossen, wie dies Fig. 329 zeigt.

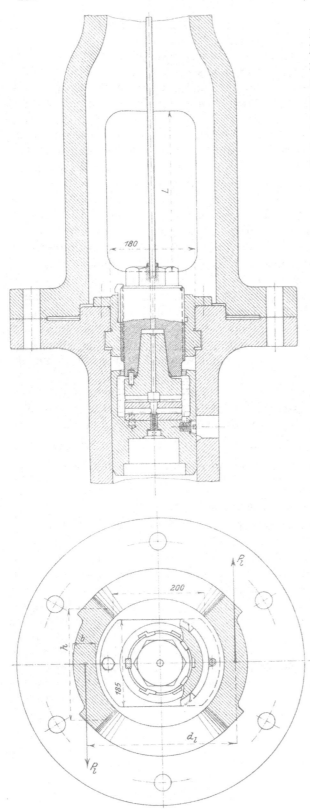

Fig. 329 u. 330.

Die Laterne. Die Zugänglichkeit des Mittelzapfens verlangt Ausschnitte in der oberen Wellhälfte. Da diese Ausschnitte (es sind immer zwei gegenüberliegende nötig, der Helligkeit wegen) die Welle verschwächen, so ist hier der Welldurchmesser entsprechend zu vergrößern, damit das durchbrochene Wellstück die gleiche Drehfestigkeit hat als das undurchbrochene. (Vergl. auch Fig. 330.)

Sind diese Ausschnitte in achsialer Richtung nicht sehr hoch, so wäre für die Festigkeit an der betreffenden Stelle einfach das polare Trägheitsmoment der beiden übrigbleibenden Querschnitte (s. Fig. 330) maßgebend. Fast immer aber ist die lichte Höhe L der Ausschnitte ziemlich groß (Fig. 329), denn durch diese Ausschnitte muß der Zapfenträger mit anhängendem Zapfen bequem ein- und ausgeführt werden können, ebenso die Tragmutter und auch der Spurtopf. Wir werden die Ecken der Ausschnitte sehr stark ausrunden und haben die beiden Seitenwände der Laterne auf Biegung zu rechnen. Diese ist gegeben durch das Drehmoment M an der Turbinenwelle, welches gleichmäßig auf beide Seitenwände wirkt, sich also an jeder Wand mit einer Kraft P_l im Betrage $\frac{M}{d_l}$ äußert, sofern d_l den mittleren Durchmesser der Laterne (Fig. 330) bezeichnet.

Die Seitenwände der Laterne sind als an beiden Enden eingespannt zu betrachten, Fig. 331, Abwicklung des Laternenumfanges, derart, daß wegen des in $\frac{L}{2}$ liegenden Wendepunktes der elastischen Linie das Biegungs-moment an der Einspannstelle (Übergang in den vollen Kreisring-querschnitt) zu

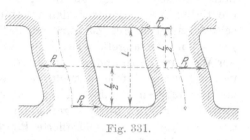

$$P_l \cdot \frac{L}{2} = \frac{M}{d_l} \cdot \frac{L}{2}$$

für jede Seitenwand anzusetzen ist. Das Widerstandsmoment rechnet sich aus b und h (Fig. 330) einfach unter Außerachtlassen der Krüm-

Fig. 331.

mung. Durch die große Ausrundung der Ausschnitte tritt eine wesentliche Verstärkung der etwaigen Bruchstelle ein, die als Ausgleich für die Scheer-beanspruchung angesehen werden mag.

Das Schmieren des Mittelzapfens. Da das Kuppelende der oberen Wellhälfte wegen der Laterne in gießbarem Material ausgeführt werden muß, so wird meist das ganze obere Wellstück mit der Laterne in einem Guß und deshalb auch hohl angefertigt. In diesem Fall bietet das Schmieren des Mittelzapfens durch ein von oben kommendes Röhrchen auch während des Betriebes keine Schwierigkeit, Fig. 329. Hat man aber Veranlas-sung, oberhalb der Laterne noch ein verhältnismäßig langes Wellstück ge-gen aufwärts zu führen, das etwa aus besonderen Rücksichten massiv sein muß, wie dies für die Achsen von Dynamoankern, Holzschleif-steinen usw. kommen kann, oder ist sonst die zentrale Einführung des Öls von oben her aus irgend welchen Gründen nicht gestattet, so muß für die Zapfenschmierung während des Ganges besondere Vorsorge getroffen werden.

Hier handelt es sich dann darum, das Öl von einem seitlich außen in Ruhe befindlichen Schmiergefäß nach der nur auf Umwegen erreichbaren Zapfenmitte zu führen. Die Verhält-nisse liegen wie folgt:

Der Öltropfen muß durch ein mit der Welle rotierendes Ringgefäß auf-gefangen und der Achse zugeleitet werden. Das Öl in diesem Ringgefäß,

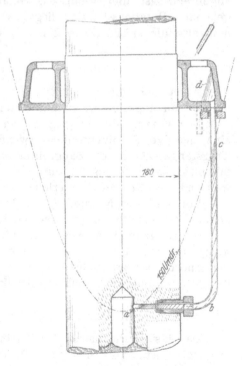

Fig. 332.

Fig. 332, und in dem irgendwie geführten, zur Drehachse hinleitenden Röhrchen abc macht die Umdrehung der Welle mit, es steht also unter den gleichen Einflüssen von Zentrifugalkraft und Eigengewicht, wie jeder andere Inhalt eines rotierenden Gefäßes auch und die freien Oberflächen werden sich nach dem betreffenden Rotationsparaboloid einstellen (Gl. 598, S. 455). Der für

das Röhrchen maßgebende Paraboloidscheitel wird sich in seiner Höhenlage nach der Ausflußstelle in der, etwa durchbohrten, Welle richten. Die
betr. Parabel, in Fig. 332 für 150 Umdrehungen gezeichnet, geht durch
die tiefste Kante a der radialen Zuführung, und es muß zuerst der ganze
schraffierte Teil des Zulaufröhrchens bis zum Schnitt c mit der Rotations-
parabel mit Öl angefüllt sein, ehe der erste Tropfen über die Kante a nach
der Wellenmitte zu abfließen kann; zuerst füllt sich die Ecke b. Die von oben
in das Ringgefäß fallenden Öltropfen werden sofort gegen außen gehen und
an der äußeren Gefäßwand nach abwärts fließen. Säße das Röhrchen abc
etwa in der Mitte des Ringgefäßquerschnittes (Fig. 332 punktiert), so würde
sich erst die ganze, schraffierte Ringecke d mit Öl anfüllen müssen, ehe
der erste Tropfen nach dem Röhrchen hin abfließen könnte, der Ölersatz
würde so lange ruhen.

Wir haben also das Ringgefäß so anzuordnen, daß sich in demselben
auch während der Rotation kein Öl aufhalten kann, weil jedesmal nach
Stillstand erst die betreffenden toten Räume mit Öl vollaufen müssen, ehe
der Zapfen den ersten Tropfen bekommt, und weil beim Stillsetzen jedesmal der ganze Inhalt der toten Räume nutzlos zum Spurtopf und über
dessen Kante dem Unterwasser zu ausfließen würde. Das Ringgefäß wird
sich jederzeit vollständig entleeren, wenn sein Ablauf ganz gegen außen
angebracht ist und wenn das Gefäß oberhalb der durch die Kante a
gehenden Rotations-Parabel liegt, wie leicht einzusehen; das Röhrchen bc
muß also die erforderliche Länge besitzen.

7. Ringzapfen mit massiver Welle.

Auch hier werden wir End- und Mittelzapfen in Anwendung finden und
deshalb auch gesondert zu betrachten haben.

Der Vorzug der Ringzapfen vor den Stirnzapfen besteht darin, daß
eine massive Turbinenwelle verwendet werden kann, so daß, weil keine
Tragstange nötig, die Saugrohreinbauten (Tragkreuz) vielfach ganz wegfallen können. Dann ist auch die Kontrolle des Zapfens und Ölvorrats
während des Ganges sehr erleichtert.

Ein gewisser Nachteil ist in der etwas größeren Zapfenreibungsarbeit
gegenüber dem Stirnzapfen vorhanden, weil der mittlere Durchmesser d_m
für den Ringzapfen notwendig ziemlich größer ausfallen muß. Die Anwendung von Rollkugel-Ringzapfen (Fig. 333 rechts, auch Taf. 9) verleiht aber
der Anordnung zweifellos noch einen Vorzug gegenüber den Stirnzapfen,
denn der Arbeitsverbrauch der Rollkugeln ist fast Null.

I. Der Ring-Endzapfen (Taf. 7 links).

Da das Drehmoment der Turbinenwelle schon vor dem Endzapfen
ausgeleitet ist, so kann der Schaft für diesen so schwach gehalten werden,
als es eben die Zugbeanspruchung durch $G_T + G_W$ und das Drehmoment
der Zapfenreibung bedingt, damit d_m klein wird. Natürlich ist dafür zu
sorgen, daß der Übergang vom starken Welldurchmesser auf den schwachen
Schaft am Wellende gute Ausrundungen der Absätze aufweist, wie dies
auch die Taf. 7 zeigt.

Eine gute, genau achsiale Stellung des Schaftes wird ja durch die Art
der Herstellung an sich gewährleistet. Wenn also der Konstrukteur in

Taf. 7 trotzdem eine Kugelfläche für den Ausgleich zwischen Ringzapfenträger und Laufring zwischengeschaltet hat, so ist dies eine besondere
Vorsicht, genau betrachtet, aber nicht am ganz richtigen Platze. Die Gefahr des Schrägliegens zur Drehachse besteht in viel höherem Maße für die
ruhende Lauffläche, dort wäre die Kugelbewegung eher angezeigt, wie dies
auch die Taf. 9, 12, 13 zeigen, auch Fig. 333, rechts. Die Nachgiebigkeit im

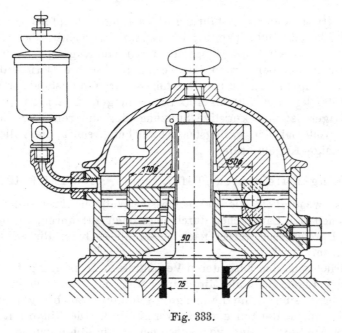

Fig. 333.

laufenden Teil bringt ganz die gleichen Schwingbewegungen für die Kugelfläche, wie sie beim Stirnzapfen schon für die stillstehende, nachgiebige
Lauffläche erwähnt wurden.

Das Einstellen des Zapfens. Der gußeiserne Zapfenträger, Taf. 7,
sitzt mit Gewinde auf dem Schaft, er kann nach Abnehmen der Staubglocke
mittelst eines Hakenschlüssels (Loch links punktiert) vor- oder rückwärts
gedreht werden; für das hierzu erforderliche Drehmoment gelten die früher
erwähnten Gesichtspunkte. Die Sicherung ist doppelt, einmal durch eine
Stellschraube auf einem eingelegten Keil, der in die Gewindegänge mit
hereingreift, andererseits durch eine Sicherheitsplatte, die oben auf dem
Zapfenträger in verschiedenen Drehstellungen (sechs Möglichkeiten) auf-
geschraubt werden kann und die das mit zwei Flächen versehene Ende
des Schaftes in einem passenden Schlitz festhält, das macht insgesamt
12 Stellungen zwischen Zapfenträger und Gewindeschaft, also bei der angegebenen Gewindesteigung eine Einstellfähigkeit von ~ 0,75 mm, was reichlich groß erscheint.

Die Tauchung der Laufflächen wird durch das zentral öldicht eingeschlagene Messingstandrohr gesichert und der Ölumlauf durch Ölnuten
erleichtert, die die untere Sitzfläche des festen Ringes, der Ring-Linse,
durchbrechen.

Für die gegenseitige zentrische Führung der Gleitflächen sorgen die
eingedrehten Sitzflächen der Ring-Linse im Spurtopf und die Eindrehung
des letzteren im Lagerbalken im Verein mit der Halslagerführung der Welle

selbst. Das Halslager erhält auch hier seine Schmierung durch das Aböl, welches über das Standrohr nach innen überfließt.

So bequem sich der Stirn-Endzapfen mit dem Obergriff der konischen Räder zusammenbaut, Taf. 6, so wenig praktisch ist die Vereinigung des Ring-Endzapfens damit, hier ist dann der Untergriff der konischen Räder am Platze, damit die Lager auf dem gleichen Balken vereinigt werden können.

Eine etwas andere Ausführung eines Ring-Endzapfens zeigt die schon erwähnte Fig. 333 links (Voith), in welcher im Schnitt der rechten Seite der Ersatz der Gleitflächen-Ringspur durch ein Kugelspurlager ersichtlich ist (Maschinenbaulaboratorium III, Techn. Hochschule Darmstadt).

Die 21 Kugeln von 22 mm Durchmesser tragen anstandslos Belastungen bis zu 1500 kg und 300 bis 400 Umdrehungen in der Minute. Für das Rollkugellager ist die kugelige Stützung der unteren Kugellaufbahn unerläßlich, weil bei der geringsten Abweichung sonst die volle Zapfenlast auf nur einige Kugeln träfe.

II. Der Ring-Mittelzapfen (Taf. 7, rechts, auch Taf. 9, 12, 13, 39, 40).

Die Notwendigkeit, die starke massive Welle in ihrer vollen Drehfestigkeit zwischen den Laufflächen durch nach oben zu führen, drängt hier den mittleren Durchmesser weiter nach außen als es beim Ring-Endzapfen der Fall gewesen.

Natürlich muß den besonderen Verhältnissen Rechnung getragen werden, die aus der Eigenschaft als Mittelzapfen folgen. Der leichten Auswechselbarkeit wegen sind beide Laufringe zweiteilig, was bei gut ausgeführten Sitzflächen ohne Bedenken gemacht werden darf. Die Ringe mit zusammengehobelten Stoßstellen sind von außen her in Eindrehungen gefaßt, für die Ringhälften sind Verbindungsschrauben alsdann nicht nötig. Die Stoßstellen erhalten stark gebrochene Ecken in der Lauffläche, damit der Gegenring sich nicht fangen kann. Öltopf und Staubglocke sind zweiteilig, ebenso das unter dem Spurtopfboden angeordnete Halslager. Einteilig muß der Spurtopf bleiben, der Solidität des Ganzen wegen, ebenso empfiehlt es sich, den Zapfenträger (Tragmutter) einteilig auszuführen und nur aufzuspalten, um durch Klemmschrauben die eine Gewindesicherung zu schaffen; die Hauptsicherung wird auch hier wieder durch einen Steckkeil gebildet, ausgedrehte Ringnute, damit der Stoßstahl auslaufen kann.

Messingstandrohr und untere Ölnuten wie beim Ring-Endzapfen auch.

Das Kugelspurlager in Taf. 9 entspricht im allgemeinen dem früher schon geschilderten Endspurlager, auch hier ist die untere Lauffläche nachgiebig. Wie die ausführende Fabrik, Briegleb, Hansen & Co., dem Verf. mitteilt, ist ein solches Lager seit über einem Jahre Tag und Nacht ohne Unterbrechung im Betriebe. Das Lager hat 23 Kugeln von $1^1/_4''$ engl. Durchmesser und ist mit 9000 kg bei 175 Umdrehungen in der Minute belastet.

III. Der Ringzapfen mit Preßölentlastung.

Mit wachsender Beanspruchung der Zapfen durch hohe Belastungen und große Umdrehungszahlen wächst, besonders für die Ring-Mittelzapfen, die Reibungsarbeit, also die abzuführende Gesamtwärmemenge ganz bedeutend, des großen mittleren Durchmessers d_m wegen.

Das Bedürfnis, die Wärmeabfuhr durch besondere Veranstaltungen zu unterstützen, stellt sich immer dringender ein. Wir sehen zu diesem Zweck in einer Ausführung von Bell & Co., Kriens, Taf. 13 eine Kühlschlange in den Öltopf gelegt, die von kaltem Wasser durchflossen wird; ein Thermometer im Ölraum selbst oder im Kühlwasserablauf gestattet dann die schärfste Beobachtung eines solchen Zapfens.

Häufig verläßt man sich nicht allein auf den freien Ölumlauf mit künstlicher Kühlung, sondern greift zur Anwendung von Preßöl, das in großen Anlagen ja doch, der hydraulischen Regulatoren wegen, beschafft werden muß, um einen lebhaften Ölumlauf zu erzielen und gleichzeitig die Zapfen zu entlasten. Beides kann gemeinsam erreicht werden, wenn der Zapfen dafür eingerichtet ist.

Die ersten durch Preßöl bedienten Zapfen zeigten eine nur durch Schmiernuten unterbrochene Gleitfläche, Fig. 334. Die Schmiernuten durften natürlich nicht gegen die äußere Umgebung offen sein, des Ölverlustes wegen. Das zwischen die Laufflächen gepreßte Öl tritt in voller, der Druckhöhe entsprechend großer Geschwindigkeit gegen innen und außen

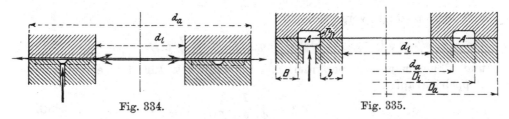

Fig. 334.   Fig. 335.

durch den Spalt zwischen den Laufflächen aus. Mithin kann in diesem ganz ungemein engen Spalt kaum eine beträchtliche Pressung herrschen, die zur Entlastung der Gleitflächen dienen könnte, der Ölumlauf wird allerdings lebhaft sein, die Gleitflächen werden gut gekühlt, sofern das Öl selbst kühl gehalten wird.

Wenn wir von dem Preßöl auch eine sicher eintretende entlastende Wirkung haben wollen, so müssen zwischen den Gleitflächen Ölräume geschaffen werden, in denen das Öl mit kleiner Geschwindigkeit fließt, in denen also die Arbeitsfähigkeit des Preßöls noch als Druckhöhe tatsächlich zur Verfügung ist. Wir haben Laufflächen nach Art der Fig. 335 mit tiefen und breiten Ausdrehungen A, mit reichlich weiter Zuleitung anzuordnen, kurz alles zu tun, daß der von der Preßölpumpe erzeugte Druck in dem Raum A auch noch wirklich vorhanden ist.

Von der Größe der Zapfenlast P, der Höhe der Ölpressung p_0 im Druckraume A und von dessen Durchmesserverhältnissen d_a und D_i, Fig. 335, hängt es dann ab, wie weit die Entlastung durch Preßöl durchführbar ist.

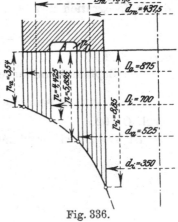

Fig. 336.

Erster Fall: Der Öldruck im Raum A ist nur imstande, einen Teil der Zapfenlast P zu tragen. Bezeichnen wir mit P_Z die bei Tätigkeit des Öldrucks P_0 noch übrigbleibende, von den Laufflächen des Zapfens aufzunehmende Last, so ist

$$P_Z = P - P_O = P - \left(D_i^2 \frac{\pi}{4} - d_a^2 \frac{\pi}{4}\right) p_O \quad . \quad . \quad . \quad \textbf{637.}$$

und der Zapfen ist anzusehen, als ob seine Laufflächen nur dieser Last entsprechend Wärme aufzunehmen haben und sich abnützen, weil die Reibung zwischen Öl und Gußeisen im glattausgedrehten Raum A vernachlässigt werden darf. Für den eingelaufenen Zapfen ist dann, weil die Abnützung überall gleichmäßig fortschreitet, auch wieder

$$p \cdot d = \text{Konst.} \quad . \quad . \quad . \quad . \quad . \quad . \quad \textbf{(618.)}$$

doch erhält die Konst. hier einen anderen Wert. Wir haben nämlich zu schreiben (Fig. 335)

$$P_Z = \pi \cdot \text{Konst.} \left[\int_{r=\frac{d_i}{2}}^{r=\frac{d_a}{2}} dr + \int_{r=\frac{D_i}{2}}^{r=\frac{D_a}{2}} dr \right]$$

oder

$$P_Z = \pi \cdot \text{Konst.} \left[\frac{d_a - d_i}{2} + \frac{D_a - D_i}{2} \right] = \pi \cdot \text{Konst.} \, (b + B)$$

und hieraus folgt (vergl. Gl. 619)

$$\text{Konst.} = \frac{P_Z}{(b+B)\pi} = p \cdot d \quad . \quad . \quad . \quad . \quad . \quad \textbf{638.}$$

und demgemäß der veränderliche Einheitsdruck für den eingelaufenen Doppelringzapfen

$$p = \frac{P_Z}{d\pi(b+B)} \cdot \quad . \quad . \quad . \quad . \quad . \quad . \quad \textbf{639.}$$

Die Darstellung der Verteilung der Einheitsdrücke bleibt auch hier eine gleichseitige Hyperbel, die aber auf die Strecke der ringförmigen Aushöhlung von d_a bis D_i unterbrochen ist (Fig. 336).

Für das Zapfenreibungsmoment der beiden Ringflächen erhalten wir (vergl. S. 466) aus

$$dM_Z = d \cdot \pi \cdot dr \cdot p \cdot \mu \cdot r = \frac{P_Z \cdot \mu}{b+B} \cdot r \, dr$$

durch Integration zwischen den zweifachen Grenzen wie oben:

$$M_Z = \frac{P_Z \cdot \mu}{2} \cdot \frac{d_m b + D_m B}{b+B} \, (\text{cmkg}) \quad . \quad . \quad . \quad . \quad \textbf{640.}$$

vergl. Gl. 624.

Die Zapfenreibungsarbeit pro Sekunde stellt sich auf

$$A = P_Z \cdot \mu \cdot \frac{d_m b + D_m B}{b+B} \cdot \pi \cdot \frac{n}{60} \, (\text{cmkg/sek}) \quad . \quad . \quad . \quad \textbf{641.}$$

vergl. Gl. 625.

Ist $b = B$, wie wohl meist üblich, so wird

$$\text{Konst.} = \frac{1}{2} \cdot \frac{P_Z}{b\pi} \quad . \quad . \quad . \quad . \quad . \quad . \quad \textbf{642.}$$

sowie

$$p = \frac{1}{2} \cdot \frac{z}{d\pi b} \quad . \quad . \quad . \quad . \quad . \quad . \quad \textbf{643.}$$

und der mittlere Einheitsdruck findet sich zu

$$p_m = \frac{P_Z}{F} = \frac{P_Z}{b \cdot \pi} \cdot \frac{1}{d_m + D_m} \cdot \quad . \quad . \quad . \quad . \quad \textbf{644.}$$

Für $b = B$ gehen Reibungsmoment und sekundliche Reibungsarbeit über in

$$M_Z = \frac{P_Z \cdot \mu}{2} \cdot \frac{d_m + D_m}{2} \, (\text{cmkg}) \quad \ldots \quad \textbf{645.}$$

und

$$A = P_Z \cdot \mu \cdot \frac{d_m + D_m}{2} \cdot \pi \cdot \frac{n}{60} \, (\text{cmkg/sek}) \quad \ldots \quad \textbf{646.}$$

Die Verhältnisse liegen dann also so, als ob ein Zapfen vom mittleren Durchmesser $\frac{d_m + D_m}{2}$ und von der Breite $2\,b$ in Anwendung wäre.

Würde der Öldruck vorübergehend versagen, so würde einfach statt P_Z eben die gesamte Last P in die Rechnung eintreten.

Natürlich ist hier wie früher die auf die Lauffflächeneinheit treffende sekundliche Wärmemenge in jedem Durchmesser gleich groß und so finden wir für $b = B$ (vergl. Gl. 626).

$$\frac{A}{F} = \frac{P_Z \cdot \mu}{2\,b} \cdot \frac{n}{60} \cdot \quad \ldots \ldots \quad \textbf{647.}$$

Wir haben eben einen Hohlzapfen mit der Laufbreite $2\,b$, gegenüber früher b, vor uns und demgemäß sind hier die Gleichungen 628 und 629 zu schreiben als

$$2\,b \gtrless \frac{P \cdot n}{80\,000} = \frac{P \cdot n}{k_w} \quad \ldots \ldots \quad \textbf{648.}$$

und

$$2\,b \gtrless \frac{P \cdot n}{150\,000 \div 250\,000} = \frac{P \cdot n}{k_w} \quad \ldots \ldots \quad \textbf{649.}$$

Als Zahlenbeispiel mag der durch Preßöl von $p_0 = 9$ kg/qcm versorgte Doppel-Ringzapfen der Voith'schen Turbine Glommen, Taf. 39 dienen, dessen Durchmesser auch der Fig. 336 zugrunde liegen.

Aus der Tabelle S. 471 sind zwei Betriebszustände, ohne und mit Öldruck, ersichtlich. Die Gesamtlast P beträgt 32 000 kg bei 150 Umdrehungen.

Das Preßöl von $p_0 = 9$ Atm. übt in der Ausdrehung zwischen beiden Laufflächen einen Entlastungsdruck

$$P_0 = \left(70^2 \frac{\pi}{4} - 52{,}5^2 \frac{\pi}{4}\right) \cdot 9 = \sim 15\,000 \, \text{kg}$$

aus, so daß für die Tragflächen des Zapfens übrigbleibt

$$P_Z = P - P_0 = 32\,000 - 15\,000 = 17\,000 \, \text{kg}.$$

Mit dieser Last stellt sich p_i auf nur 8,85 kg/qcm, p_m gar nur auf 5,05 kg/qcm, so daß auf den ersten Blick der Zapfen überreichlich bemessen erscheinen könnte. Der trotz dieser überaus niederen Einheitsdrücke sich ergebende Warmlaufkoeffizient k_w im Betrage von 145 700 erklärt aber ohne weiteres die Anwendung der Breite $2\,b = 2 \cdot 8{,}75 = 17{,}5$ cm.

Für den Fall, daß der Öldruck vorübergehend versagen würde, wachsen p_i auf 16,65, p_m auf 9,5 kg/qcm und die Warmlaufgefahr rückt mit der Zahl 274 300 in sehr greifbare Nähe, um so mehr, als natürlich der Ölumlauf dabei fast ganz aufgehört haben wird.

Interessant ist, welche Reibungsarbeit überhaupt der Zapfen verbraucht, bzw. welche Wärmemenge bei $\mu = 0{,}02$ dieser Zapfen pro Sekunde produzieren wird.

Wir finden nach Gl. 646 für den Normalbetrieb

$$A = 17\,000 \cdot 0{,}02 \cdot \frac{43{,}75 + 78{,}75}{2} \cdot \pi \cdot \frac{150}{60} = \sim 163\,500 \text{ cmkg/sek.}$$

oder auch als gleichwertige Größen

$$1635 \text{ mkg/sek.} = 21{,}8 \text{ PSe.}$$

Diese auch entsprechend

$$\frac{1635}{424} = \sim 4 \text{ Kalorien pro Sekunde.}$$

Der Reibungskoeffizient 0,05 statt 0,02 bringt einen Kraftbedarf von $\sim 54{,}5$ PSe $= \sim 10$ Kal/sek., und wenn der Öldruck aussetzen würde, steigen diese Zahlen sofort auf mindestens

$$54{,}5 \cdot \frac{32\,000}{17\,000} = 102{,}5 \text{ PSe} = 18{,}1 \text{ Kal/sek.}$$

Ganz so glatt nun, als es die angestellte Rechnung scheinen läßt, können sich aber die Druckverhältnisse des betreffenden Zapfens gar nicht einstellen, was sofort einleuchtet, wenn wir die in Fig. 336 eingeschriebenen Größen der Einheitsdrucke, wie sie Gl. 643 liefert, ansehen. In Raum A soll ein Öldruck p_O von 9 kg/qcm herrschen, während die Flächenpressungen des eingelaufenen Zapfens in d_a nur 5,895 kg, in D_i gar nur 4,425 kg betragen würden. Der Öldruck muß sich also in die Gleitflächen hinein fortpflanzen, dort auch noch eine gewisse Wirkung gegen aufwärts äußern und die wärmeerzeugende Flächenreibung herabmindern. Wenn sich zwischen den Gleitflächen nur eine Ölpressung von durchschnittlich p_m, also von 5 kg/qcm einstellt, so würde der Zapfen schon ganz auf Öl laufen und die reine Flüssigkeitsreibung an die Stelle der Reibung geschmierter Flächen getreten sein. Die Reibungsarbeit wäre dadurch auf ein Minimum herabgesunken. Wie weit sich die Verhältnisse den zuletzt geschilderten nähern, ist nicht wohl durch Rechnung kontrollierbar, da können nur Versuche, ähnlich den Tower'schen, Auskunft geben.

Klarer ausgesprochen liegen die Dinge für die folgende Anordnung:

Zweiter Fall: Der Öldruck gegen die Ringfläche des Raumes A kann auf den gesamten Betrag P gesteigert und dauernd gehalten werden.

Sowie $P_O = P$ gemacht werden kann, hat es nicht viel Sinn, die Breiten b größer zu machen als einige Zentimeter, als Auflageflächen für die drucklos stillstehende Turbine (Fig. 337). Hier arbeitet dann der Zapfen ziemlich so, wie ein gut aufgeschliffenes Sicherheitsventil. Steigt p_O im Raum A über den Bedarf für P hinaus, so wird die ganze Turbine dadurch angehoben, die Laufflächen werden wie die Sitzflächen eines Sicherheitsventils fungieren, sie werden sich soweit voneinander abheben, als erforderlich ist, um die von der Pumpe geförderte Ölmenge gegen innen und außen durchtreten zu lassen und wir haben es nur mit der Reibung zwischen der Preßflüssigkeit und den umgebenden festen Wänden zu tun, die ganz minimal ist.

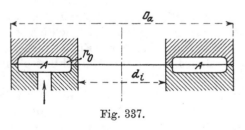

Fig. 337.

Ganz ähnlich ist dies ja auch beim Doppelringzapfen mit breiten Laufflächen, Fig. 335 und 336, zu erwarten, nur werden sich beim Zapfen mit schmalen Sitzflächen die Verhältnisse präziser einstellen, weil die Druckausübung nicht durch die breiten Laufflächen unklar gemacht wird.

Wir finden beide Arten von Zapfenanordnungen in der Praxis vertreten, mit anscheinend gleich gutem Erfolge, natürlich sind aber die schmalen Sitzflächen von dem Vorhandensein des Öldruckes absolut abhängig, während die breiten für langsames Anlaufen wenigstens noch nicht gefährdet erscheinen, sofern die Laufflächen mit Öl versehen sind. Turbinen mit breiten Sitzflächen dürften unter sonst guten Umständen anlaufen, dadurch die Öldruckpumpe in Betrieb und das Preßöl auf Druck bringen; Zapfen der zweiten Art dagegen verlangen für die gefahrlose Ingangsetzung der Turbine den vorherigen, vollen Betrieb der Ölpumpe.

Der Preßölbedarf. Noch ein kurzes Wort hierüber. Es ist nicht möglich, einfach durch Rechnung vorher festzustellen, welche Mindestmenge an Preßöl der betreffende Zapfen wirklich für seinen Betrieb verlangt. Wir können hier nur annähernd und schätzungsweise, wie folgt, vorgehen. Nehmen wir den Zapfen für Glommen.

Die Pressungsverteilung ist unsicher. Wenn wir nun annehmen, daß der Zapfen ganz auf dem Öldruck laufe, so ist hierfür, bei 9 Atm. im Raum A, zwischen den Laufflächen noch ein Druck p_m nach Tabelle rund 5 kg/qcm vorhanden, als Öldruck gleichmäßig über die ganze tatsächliche Lauffläche verteilt. Mithin wären $9 - 5 = 4$ kg/qcm für die Überwindung der Fließwiderstände zwischen den Laufflächen und für die Erzeugung der Fließgeschwindigkeit des Öles zwischen denselben zur Verfügung. Wir nehmen, um sicher zu gehen, die Fließwiderstände zu Null an und finden, indem wir rund 1 kg/qcm = 11 m Öldruckhöhe annehmen, die Fließgeschwindigkeit zwischen den Laufflächen zu

$$\sqrt{2g \cdot 4 \cdot 11} = \sim 29{,}4 \text{ m.}$$

Zwei Austrittsstellen sind vorhanden, die innere mit $d_i \cdot \pi = 0{,}35\,\pi = 1{,}1$ m Umfang, die äußere mit $D_a \cdot \pi = 0{,}875\,\pi = 2{,}75$ m, zusammen 3,85 m Umfang.

Setzen wir nun voraus, daß die Laufflächen durch den Öldruck um 0,1 mm = 0,0001 m voneinander entfernt werden, so würde der Durchflußquerschnitt für das Preßöl sein

$$3{,}85 \cdot 0{,}0001 = 0{,}000385 \text{ qm}$$

und die pro Sekunde entweichende, von der Pumpe zu fördernde Ölmenge wäre

$$0{,}000385 \cdot 29{,}4 = 0{,}0113 \text{ cbm/sek.} = 11{,}3 \text{ lit/sek.}$$

Wollte man den Zapfen im Raum A noch weiter ausdrehen, etwa bis auf $d_a = 400$ mm, $D_i = 825$ mm, so wäre ein Öldruck aufzuwenden in Höhe von

$$\frac{32\,000}{82{,}5^2 \frac{\pi}{4} - 40^2 \frac{\pi}{4}} = \frac{32\,000}{4100} = \sim 7{,}8 \text{ kg/qcm}$$

statt vorher 9 kg/qcm, aber die zu fördernde Preßölmenge würde für 0,1 mm Anheben der Sitzringe betragen

$$0{,}000385 \sqrt{2g \cdot 7{,}8 \cdot 11} = 0{,}0158 \text{ cbm/sek.} = 15{,}8 \text{ lit/sek.}$$

Der Kraftbedarf der Preßpumpe für den Zapfenbetrieb stellt sich ideell dann auf

$$\frac{11,3 \cdot 9}{75} \text{ bis } \frac{15,8 \cdot 7,8}{75} = 1,35 \text{ bis } 1,65 \text{ PSe.}$$

Da die Beschaffung des Preßöls für den Spurzapfen ein Betriebserfordernis ist, so muß der hierfür nötige Kraftverbrauch der Ölpumpe als ein in der Disposition begründeter innerer Arbeitsaufwand angesehen werden.

Für die Berechnung des mechanischen, äußeren Nutzeffektes e darf aus diesem Grunde der Kraftverbrauch der Ölpumpe nicht etwa der erbremsten Leistung noch zugefügt werden, er kommt für den mechanischen Nutzeffekt so wenig zu besonderer Anrechnung, als die für die Zapfenreibung selbst verbrauchte mechanische Arbeit.

Wenn es sich dagegen um den hydraulischen Nutzeffekt ε handelt, ist natürlich der Arbeitsbedarf für die Pumpe und für die Zapfenreibung der Bremsleistung zuzufügen.

8. Der Hängezapfen im ausgehöhlten Wellende.

Wenn wir die Anordnung des Ring-Endzapfens aus Taf. 7 oder aus Fig. 333 auf den Kopf stellen, den Öltopf als obersten Teil der Welle mitrotieren lassen und den Schaft an einem Lagerbalken festhalten, so entsteht der Hängezapfen, Fig. 338, der nach Wissen des Verf. zuerst von Kankelwitz ausgeführt wurde und der sich gegenwärtig mehr und mehr einbürgert.

Hier erscheint die Ringlinse an der Zapfenspindel aufgehängt, und der Zapfen ist mit einem Tragstück verbunden, das mit Bajonettschluß oder Gewinde in das Wellende eingesetzt ist und so die Zapfenspindel umgreift. Das ausgehöhlte Wellende bildet den Ölbehälter.

Fast immer handelt es sich dabei um massive Turbinenwellen, Flußstahl, und natürlich ist das Ausarbeiten der Höhlung am Ende der Welle nicht billig. Die ganze Anordnung ist aber im übrigen sehr einfach und bietet besonders bei Untergriff der konischen Räder derartige Vorzüge durch geringen Raumbedarf im Verein mit zuverlässiger achsialer Stützung (vergl. S. 510), daß die Kosten des Ausarbeitens häufig an anderer Stelle mehr als hereingebracht werden (Wegfall der Tragstange, des Tragkreuzes, also der Saugrohreinbauten). Der mittlere Laufflächendurchmesser d_m entspricht demjenigen des gewöhnlichen Ring-Endzapfens, und so ist auch der Arbeitsverbrauch der Anordnung klein.

Weil der Ölraum durch Ausbohren der Welle auf der Drehbank hergestellt wird, so ist es eigentlich von selber gegeben, daß das Zapfentragstück mit Gewinde in der Welle eingesetzt ist. Die Sicherung desselben kann, wie vorher beim Bajonettschluß, durch eine oder zwei Kopfschrauben mit angedrehtem Gewindekern erfolgen, die Zapfeneinstellung geschieht hier durch Drehen an der Mutter der aufgehängten Spindel.

Die Ringlinse zentriert sich an der Spindel, liegt auf einem Bund derselben oder einem eingedrehten zweiteiligen Ring auf und ist, einteilig, durch zwei Schrauben oder auch durch eine Feder gegen Drehung gesichert. Natürlich ist die Spindel ebenfalls an ihrer Aufhängestelle gegen Drehung gehalten und zwar mittelst zweier von unten an die Tragplatte befestigter Federn. Die Tragplatte umgreift zentrierend das entsprechend angedrehte Halslager der Welle, welches deshalb am Lagerbalken auf einer bearbeiteten

Knaggenleiste aufruht (Fig. 349 weiter hinten). Ausführung von Voith-Heidenheim.

Der Ringzapfen zentriert sich an dem Tragstück, die beiden Lauf-flächen sind durch die Tragplatte gegenseitig geführt. Das Tragstück ist weiter ausgedreht als die Spindelstärke verlangt und die Zufuhr des Ersatz-

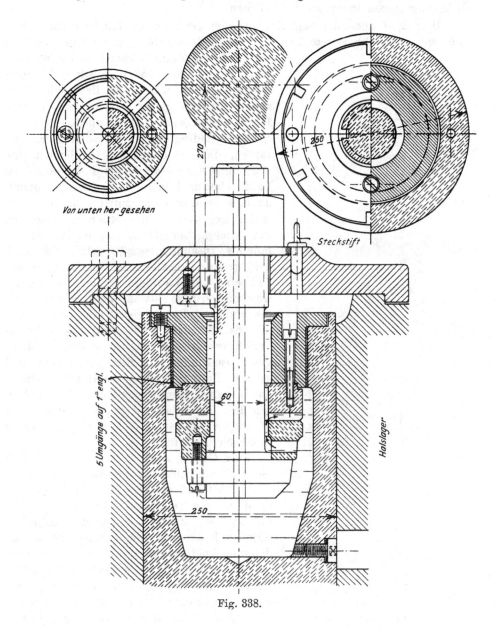

Fig. 338.

öls erfolgt durch Eintropfenlassen in die Ausbohrung der Tragspindel; für den Ölüberlauf zum Schmieren des benachbarten Halslagers dient die Ausdrehung des Tragstückes, durch welche das Aböl hochsteigt und gegen außen abfließen kann, wie die Fig. 338 erkennen läßt. Diese Ausdrehung dient auch beim Anfüllen des Ölraumes dazu, die Luft abzuführen, weshalb sie reichlich im Querschnitt genommen werden sollte.

Für den Ölumlauf innerhalb des Ölraumes ist ähnlich der schon beschriebenen Weise gesorgt. Die Ringlinse hat vier Durchbohrungen von 15 mm Weite und die Ölnuten des Ringzapfens zeigen sehr großen Querschnitt. Erforderlich ist dabei, daß die Ringlinse oberhalb der Durchbohrungen Spielraum gegenüber der Spindel hat, um auf diese Weise die Ölführung gegen innen zu ermöglichen.

Hier mag auch der sog. Kammzapfen erwähnt werden, der früher hier und da für hochbelastete Zapfen angewandt wurde. Man wollte die Last auf viele Quadratzentimeter verteilen und doch keinen so großen mittleren Durchmesser zulassen, wie ihn die Breite einer einzigen, für die ganze Last dimensionierten Lauffläche ergeben haben würde.

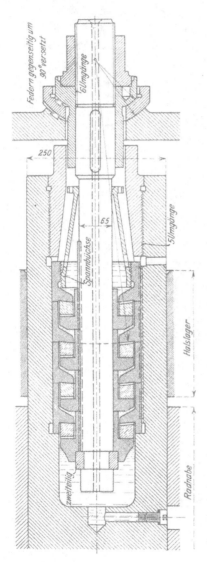

Fig. 339.

Erste Bedingung ist bei solchen Kammzapfen, daß die beabsichtigte gleichmäßige Verteilung der Gesamtlast auf die einzelnen Laufflächen auch in der Tat zustande kommt, denn wenn dies nicht zutrifft, ist der Heißläufer gegeben. Ein solcher Kammzapfen kann richtig berechnet, von der Fabrik aus tadellos zusammengepaßt sein und doch heiß gehen. Vor allem ist der Fall denkbar, daß eine der Laufflächen sich aus irgend welchem Grunde etwas mehr erwärmt als die anderen. Die Folge ist eine, wenn auch minimale achsiale Ausdehnung des betreffenden Ringzapfenkörpers sowie des zugehörigen Linsenringes und diese verursacht, daß gerade die warmgehende Lauffläche durch das Sichausdehnen dieser Teile einen größeren Teil der Belastung auf sich nimmt, als ihr zugewiesen ist, daß sie sich also dadurch noch mehr erhitzt.

Eine Gefahr liegt auch darin, daß sich jeder Kammzapfen naturgemäß etwas lang baut, und daß derselbe in seinem Aufbau nicht in allen Teilen aus dem gleichen Material bestehen kann. Die verschiedenen Materialien haben verschiedenerlei Wärmeausdehnungskoeffizienten und dies verursacht, daß die Laufflächen, die vielleicht bei 20^0 C sämtlich gut tragen, dies nicht mehr tun, wenn der Zapfen durch den Betrieb warm geworden ist. Auch bei durchweg gleichem Material läge immer noch die Möglichkeit vor, daß eine der Laufflächen in der oben beschriebenen Weise Veranlassung zu Störungen gibt. Der Zapfen könnte sich allerdings im Betriebe einlaufen, dann würde er aber bei Wiederingangsetzen nach längerem Stillstand abgekühlt sein und die Druckverteilung wieder anders stattfinden.

Die Anwendung der Radialturbinen statt der achsialen Beaufschlagung

hat die Zahl der schwierigen Zapfenverhältnisse ganz gewaltig vermindert.
Sollte je einmal ein Kammzapfen erforderlich scheinen, so mag man ihn
nach dem Schema der Fig. 339 als Hängezapfen anordnen, also einen
mehrfachen Hängezapfen ausführen, wobei die Temperaturunterschiede der
einzelnen Laufflächen wenigstens untereinander durch den Ölumlauf nach
Möglichkeit ausgeglichen werden können, aber besser ist es, überhaupt keinen
Kammzapfen anzuwenden.

Die mit Spannbüchse bezeichnete kegelförmige Büchse wird vor dem
Einbringen gegen die Andrehung der Spindel hochgeschraubt. Dies hält
die Spurringe beim Einsetzen am richtigen Platze so lange, bis das Tragstück eingesetzt ist. Das Gewinde der Spannbüchse muß der Drehrichtung
entsprechen derart, daß sich die Spannbüchse durch die Umdrehung der
Turbine löst und die Büchse gegen abwärts gehen läßt.

9. Die Halslager.

I. Das Halslager beim Laufrade.

An der Turbine selbst hat ein Halslager beim Laufrade im allgemeinen
keine wesentlichen Belastungen aufzunehmen. Bei Anwendung zentrischer
Regulierung sind rechnungsmäßig überhaupt keine einseitigen Kräfte in
radialer Richtung vorhanden und was durch mangelhaften Gewichtsausgleich
des Laufrades an Zentrifugalkräften entstehen kann, haben wir S. 484 gesehen.

Nichtsdestoweniger werden wir, der Spaltweiten halber, die Welle in
der Nähe des Laufrades mit langen Führungslagern halten, Weißmetallausguß, sei es in der Büchse um die Tragstange, Taf. 5, wie schon beschrieben,
sei es bei massiver Welle in einem Halslager, das im Laufraddeckel als
Nabe eingesetzt ist.

Bei Verwendung der Tragstange liegt der Turbinendeckel einfach frei
auf dem Leitradkranz auf, er zentriert sich beim Auflegen durch die eng
an die Welle sich anschließende Nabenbohrung, siehe Taf. 5. Stopfbüchsen
gegen Wasserverlust werden an dieser Stelle nicht angeordnet, da dieser
durch den engen Spalt von kleinem Durchmesser kaum nennenswert ist und
die Stopfbüchse unter Wasser nur
schwer zu kontrollieren wäre. Immerhin möchte sich für bessere Ausführungen auch hier eine auswechselbare, mit Weißmetallausguß versehene,
Büchse empfehlen.

Das Halslager im Deckel, Fig. 340,
ist zweiteilig, die Hälften vor dem
Drehen gut zusammengehobelt, Länge
ungefähr 1,5 Welldurchmesser. Die
Hälften zentrieren sich an der Bohrung des Deckels, durch die sie auch
zusammengehalten werden. Eine weitere Verbindung der Hälften außer
durch das Aufschrauben auf das Auge

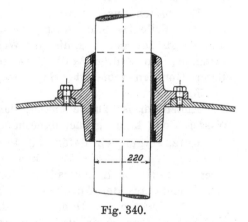

Fig. 340.

am Deckel ist unnötig. Schräges Andrehen am oberen Rande ist in erwünschter Weise dem Wasserdurchfluß hinderlich und vermeidet eher auch

das Eindringen von Sandteilchen in die Lagerfläche, weil diese gegen außen abrutschen. Außerdem ist aber eine Stopfbüchse zum Fernhalten von Unreinigkeiten des Betriebswassers an dieser Stelle zu empfehlen.

Bei Anbringung des Halslagers im Deckel wird natürlich auch der Deckel zentrisch in den Leitradkranz eingedreht und dort mit einigen wenigen, 6—8, Deltametallkopfschrauben gehalten. Das zuverlässige Festhalten des Deckels beim Betriebe besorgt der Wasserdruck im Verein mit der zentrischen Eindrehung, die Schrauben sind mehr zur Sicherheit bei der Montage usw. da.

Die Deckel werden fast nie zweiteilig angefertigt; nur wo es die Zugänglichkeit absolut verlangt, kommen zweiteilige Deckel als seltene Ausnahmen vor.

Von der Nachstellbarkeit dieser unteren Halslager bei einfacher Turbine ist die Praxis abgekommen, weil es eben fast nie eine ausgesprochene Richtung in der Abnutzung, also auch im Nachstellbedürfnis gibt. Die Gelegenheit, von drei oder vier Seiten her die Welle „zentrieren" zu können, verleitet erfahrungsgemäß den Turbinenwärter nur dazu, am unrechten Ende nachzustellen und die gute Lage der Welle zu alterieren. Eine gute, reichlich lange Führung ohne Unterbrechungen (zwischen den Nachstellbacken müssen ja leere Stellen, also Unterbrechungen der Auflagefläche sein) ist nach Ansicht des Verfassers besser als das bestkonstruierte nachstellbare Halslager für das untere Wellende.

II. Mittellager.

Einfache Turbinen bleiben am besten ohne mittlere Halslager, die auch häufig zwecklos sind. Wir können eine senkrechte Welle, die wenig oder gar keinen Biegungsmomenten ausgesetzt ist, auf 3 bis 5 m, nach Umständen noch mehr, frei gehen lassen. Dies gilt besonders für Gußwellen, die, bei größerer Länge zweiteilig, durch die große Kuppelflansche und den konischen Anlauf der beiden Hälften eine bedeutende Steifigkeit besitzen können. Die Wellen sind der ausschließlich verwendeten Oberwasserzapfen wegen auch durchweg auf Zug beansprucht, höchstens, daß bei Mittelzapfen ein oberer Teil Knickungsdrucke erhält, die aber nie gefährlich sein werden.

Wir halten uns dabei auch die alte Erfahrung vor, daß bei drei Lagern an einer Welle fast ohne Ausnahme eines der drei notleidend ist, warm geht oder dergl. Die gerade Linie (die Welle) ist durch zwei Punkte (zwei Lager) bestimmt, ein dritter Punkt (das dritte Lager) kann zufällig richtig in dieser Geraden montiert sein, aber Gewißheit ist nicht so leicht zu beschaffen.

Außerdem ist zu bedenken, daß ein Halslager in Wellmitte, aber im Wasser, doch keine große, dauernde Bedeutung haben kann.

Kurz, sorgen wir dafür, daß keine oder nur ganz geringe Seiten-, d. h. Biegungskräfte, auf die Welle kommen, dann bedürfen wir keiner Zwischenlager zwischen dem Laufradlager und dem oberen Endlager, da wo das Drehmoment aus der Turbinenwelle ausgeleitet wird.

Beim Antrieb von Dynamos sind, besonders bei mehrfachen Turbinen, drei Lager oder mehr gar nicht zu vermeiden, z. B. im Fall der Taf. 9 und 10, wo auf der Turbinenwelle außerdem noch ein großes Schwungrad sitzt. Vergl. auch die Taf. 11, 12, 13 sowie 39, 40.

Auf gute Zugänglichkeit dieser Führungslager ist besonders auch zu sehen, Zugänglichkeit auch in dem Sinne, daß das Wegnehmen des Lagers und etwaiger Ersatz durch ein neues leicht und rasch erfolgen kann.

Die oberen Endlager der Wellen müssen beim nächsten Kapitel besprochen werden, da sie konstruktiv mit der Fortleitung der Kraft aus der Turbine zusammenhängen.

B. Stehende Welle. Kraftübertragung auf die liegende Haupttransmission.

Auch heute noch bedürfen wir bei den meisten Turbinen mit stehender Welle einer Übertragung des Drehmoments auf liegende Wellen, denn unsere Fabriktransmissionen sind wagrecht.

Kleinere Elektrizitätswerke haben häufig die kleinen, billigen, schnelllaufenden Dynamos mit wagrechter Welle. Selten, daß hierfür einmal ein halbgeschränkter Riemen Verwendung finden kann, weil meist eine viel größere Übersetzung zwischen Turbinenwelle und Dynamo ausgeführt werden muß, als sie der einfache Riemenbetrieb zuläßt. Und wenn jetzt auch die Turbine mit liegender Welle in vielen Fällen verwendet wird, in denen noch vor 15 und 20 Jahren die stehende Welle unvermeidlich schien, so bleibt doch noch ein weites Gebiet für die Anwendung konischer Getriebe übrig.

Es ist hier nicht der Ort, vollständig auf alle Einzelheiten der Radkonstruktion usw. einzugehen, nur die Dinge sollen berührt werden, die für den Turbinenbau und -betrieb von Interesse sind.

1. Konische Räder, deren Zähnezahlen, Teilung, Breite, Durchmesser.

Wir haben Veranlassung, alles zu tun, um den Gang der Räder ruhig zu machen und die rasche Abnützung hintanzuhalten.

Der hierzu nötigen Vorbedingungen sind es mancherlei. Die Verwendung von Eisen auf Eisen für die Zähne ist für unsere Zwecke unstatthaft wegen des großen Lärms, den solche Räder nur zu leicht verursachen. Wir haben Holz auf Eisen zu nehmen, dazu nach aller Möglichkeit glatte Übersetzungsverhältnisse, 2 : 1, 3 : 1, 4 : 1 bis schließlich bei kleinen Kräften und kleinen Umdrehungszahlen 5 : 1; in Ausnahmefällen auch 3,5 : 1 usw. wenn nicht anders möglich. Holzzähne stets beim größeren der beiden Räder. Sogenannte relative Primzahlen, z. B. $^{120}/_{41}$ Zähne sind grundsätzlich zu vermeiden. Jeder Eisenzahn modelt die auf ihn treffenden Holzzähne nach und nach seiner eigenen Form entsprechend; wenn ein Holzzahn nur einem Eisenzahn begegnet, so wird er nach einiger Zeit eingearbeitet sein und dann nur noch eine langsam und gleichmäßig fortschreitende Abnützung aufweisen, bei relativen Primzahlen aber kommt jeder Holzzahn mit einer ganzen Anzahl von Eisenzähnen in Berührung, und da diese auch bei noch so sorgfältiger Herstellung kleine Unterschiede aufweisen werden, so sollte jeder Holzzahn sich einer ganzen Reihe von Eisenzahnformen anschmiegen. Das Einlaufen der Holzzahnflanke wird deshalb nicht zum Stillstande kommen, sondern stetig, aber in nicht kleinem Tempo fortschreiten. Dabei ist das Eintreten von rumpelndem Gang sehr leicht zu erwarten.

Es darf nicht außer acht bleiben, daß die Anfertigung von Rädern mit gut teilbaren Zähnezahlen für die Gießerei wesentliche Vorzüge aufweist. Das Einteilen der Zähne an sich ist dabei mehr Nebensache, das würde die Räderformmaschine jederzeit sicher besorgen, aber der Anschluß der Arme an den Radkranz, besonders bei Holzzahnrädern, hat sich nach der Einteilung der Zähne zu richten.

Für konische Räder verwendet die Praxis als kennzeichnende Abmessungen nur die äußeren Teilkreisdurchmesser, die äußere Teilung usw., denn nur diese können mit Sicherheit am Modell oder Abguß festgestellt werden. Der mittlere Durchmesser ist in der Werkstatt nicht zu fassen, der mittlere Teilkreis kann nicht angerissen werden, dagegen liegen die mittleren Abmessungen den Berechnungen zugrunde.

Bei Stirnrädern hat die Maschinenfabrik das berechtigte Interesse, eine gewisse Freizügigkeit in der Verwendung der Modelle zu wahren, also bestimmte einheitliche Normalteilungen einzuhalten, um die Modelle gleicher Teilung beliebig vereinigen zu können (Satzräder, bzw. Modellsätze). Für konische Räder besteht diese Rücksicht nicht, hier sind die Modelle von Hause aus nur paarweise verwendbar, also liegt auch kein Grund vor, irgend eine bestimmte Teilung oder gar eine Folge vorher festgesetzter Teilungen einzuhalten.

Die Räderhobelmaschine teilt auch nicht auf Teilungsgrößen, sondern sie teilt den Zentriwinkel (Zähnezahlen) und so nehmen wir der Einfachheit und Übersichtlichkeit wegen glatte äußere Durchmesser D_a und d_a, die das Übersetzungsverhältnis kurz und klar aussprechen im Verein mit glatten Zähnezahlen, unbekümmert darum, ob die Teilungsgrößen dann auch glatt ausfallen, oder ob sie mit einigen Dezimalstellen noch nicht erschöpft sind.

Die Zahnbreite durfte früher mit 2,5 bis 3 t bei Handbearbeitung der Zähne kaum überschritten werden wenn man noch auf halbwegs zuverlässige Form der Eisenzähne wollte rechnen können. Die Räderhobelmaschine gibt uns hierin volle Freiheit, wir gehen, um kleinere Teilungen t zu erhalten, mit der Zahnbreite bis auf 5 t herauf, weil die kleinere Teilung mehr Bürgschaft für ruhigen Betrieb bietet, haben aber natürlich für entsprechend gute Führung der Räder in Lagerung und Wellstärken zu sorgen, nicht minder aber für reichliche Armzahl, 6 bis 8 bei den großen Holzkammrädern, damit die Durchbiegungen der freien Kranzfelgen in engen Grenzen bleiben.

Als Zahnform kommt eigentlich nur noch die Zykloide in Betracht, die Evolvente mit ihrem großen Achsialschub usw. ist fast durchweg verlassen.

Die Berechnung der Zahnräder geschieht für unsere Zwecke nach verschiedenen Rücksichten.

Als Richtschnur für den ersten Entwurf benützen wir die von Kankelwitz aufgestellte Beziehung

$$P = k \cdot b \cdot t,$$

die streng genommen nur für Stirnräder gilt und die wir hier, mit t_m als Teilung im mittleren Durchmesser D_m und mit

$$P = 71\,620 \cdot \frac{N}{n} \cdot \frac{2}{D_m}$$

zu verwenden haben als

$$P = k_m \cdot b \cdot t_m \quad . \quad . \quad . \quad . \quad . \quad . \quad \textbf{650.}$$

Die Beziehungen zwischen mittleren, äußeren und inneren Durchmessern finden sich, bei gegebener Zahnbreite b, aus Fig. 341 als

$$\text{Konisches Rad}\;\begin{cases} D_m = D_a - \dfrac{b}{\sqrt{1+\left(\dfrac{d_a}{D_a}\right)^2}} = D_a - \dfrac{b}{\sqrt{1+\left(\dfrac{z}{Z}\right)^2}} & \cdot \quad \textbf{651.} \\[3em] D_i = D_a - \dfrac{2b}{\sqrt{1+\left(\dfrac{z}{Z}\right)^2}} & \cdot\cdot\cdot\cdot\cdot\cdot\cdot \textbf{652.} \end{cases}$$

$$\text{Konischer Trieb}\;\begin{cases} d_m = d_a - \dfrac{b}{\sqrt{1+\left(\dfrac{D_a}{d_a}\right)^2}} = d_a - \dfrac{b}{\sqrt{1+\left(\dfrac{Z}{z}\right)^2}} & \cdot\cdot \textbf{653.} \\[3em] d_i = d_a - \dfrac{2b}{\sqrt{1+\left(\dfrac{Z}{z}\right)^2}} & \cdot\cdot\cdot\cdot\cdot\cdot\cdot\cdot \textbf{654.} \end{cases}$$

Bei der Annahme von k_m ist folgendes zu bedenken. Wir haben es durchweg mit Arbeitsrädern zu tun, nicht mit Krafträdern, und deren Lagerung muß schon aus Betriebsgründen so sorgfältig und widerstandsfähig ausgeführt sein, daß ein Anliegen der Zähne nur auf einer Ecke (Eckfestigkeit) überhaupt nicht in Betracht kommen darf.

Die Zahlen, wie sie in der „Hütte" usw. für k genannt werden, bei Verwendung von Holz auf Eisen,

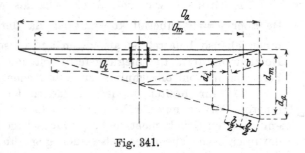

Fig. 341.

werden in der Praxis des Turbinenbaues nicht verwendet. Sie sind für die meisten Fälle viel zu niedrig, ihre Anwendung würde zu große und teure Räder ergeben, deren sperrige Abmessungen auch Schwierigkeiten in bezug auf die Lagerung der Wellen hervorrufen, die doch aus obgenannten und anderen Rücksichten möglichst gedrungen durchgeführt werden sollte.

Wir kommen auf diese Weise zur Anwendung von Werten für k_m in den Grenzen 8 bis 10 bis 12 für die Übertragung der vollen Turbinenleistung.

Der höchste Wert von k_m würde eine verhältnismäßig raschere Abnützung der Holzzähne herbeiführen, wenn er das ganze Jahr über vorhanden wäre. Bei den meisten Anlagen aber ist die volle Kraft naturgemäß nur einen Teil des Jahres zur Verfügung, während sich in der übrigen Zeit die kleineren Werte von k_m von selbst einstellen.

Für die Arbeitsräder ist die Größe der Abnützung der Zähne von besonderer Wichtigkeit und wir haben uns mit diesen Verhältnissen ebenfalls kurz zu befassen.

Ganz allgemein ist die lineare Abnützung zwischen Reibflächen, wie bei den Turbinenzapfen schon erörtert, proportional dem Einheitsdruck p und der Gleitgeschwindigkeit. Da es sich bei den Zahnflanken nur um Linienberührung handelt (daß in Wirklichkeit Druckflächen da sein werden, lassen wir außer acht), so versteht sich der Einheitsdruck p hier als Druckkraft

pro Längeneinheit der Berührungslinie. Die Gleitgeschwindigkeit der Zahnflanken wächst proportional dem Teilkreisdurchmesser d. Wir können aber
hier nicht die frühere Beziehung (Gl. 618) anwenden, denn die lineare Abnützung der Holzzahnflanken ist nicht über die ganze Zahnbreite konstant,
sondern sie muß, weil sie sich stets der unveränderlichen Eisenzahnflanke
anzupassen hat, von innen gegen außen, also proportional d zunehmen.

Mithin haben wir zu schreiben für die Zähne der konischen Räder

$$p \cdot d = \text{Konst. } d$$

oder $\qquad\qquad\qquad\qquad p = \text{Konst.} \qquad \ldots \ldots \ldots$ **655.**

d. h., der Druck p pro Längeneinheit der Berührungslinie ist konstant, der Zahndruck P verteilt sich, ebenso wie bei Stirnrädern gleichmäßig über die Zahnbreite b, wir sind also berechtigt, aus Gl. 650 abzuleiten

$$\frac{P}{b} = p = \text{Konst.} = k_m t_m = k \cdot t \qquad \ldots \ldots$$ **656.**

und ersehen daraus, daß die Größe von k über die Breitenerstreckung der
Zähne notwendig wechseln muß, und zwar im umgekehrten Verhältnis zum
Durchmesser.

Die Größe k war von Kankelwitz als Abnützungskoeffizient gedacht.
Da aber $p = \dfrac{P}{b}$ überall konstant ist, da der Zentimeter Zahnbreite gegen
innen ebenso belastet ist als gegen außen, so ist es rätlich, bei konischen
Holzkammrädern die Biegungsfestigkeit der inneren Partien noch einer
besonderen Kontrollrechnung zu unterziehen.

Bei sehr breiten konischen Rädern kann der Fall eintreten, daß die
inneren Partien mit der kleineren Teilung und Kammenstärke dem auf sie
entfallenden Druck nicht mehr gewachsen sein könnten derart, daß sie sich
darunter mehr ausbiegen, also auch gegenüber den äußeren Partieen in der
Abnützung zurückbleiben und so schließlich zu unruhigem Lauf Veranlassung geben. Dies ist um so weniger außer acht zu lassen, als selbst bei
steifen, tragfähigen Kammen zwar die Abnützung proportional den Teilkreisradien gegen innen abnimmt, der Einfluß dieser Abnützung auf die
Festigkeit der Zahnwurzel aber gegen innen wächst.

Für die Berechnung dieser Verhältnisse sind wir berechtigt anzunehmen,
daß die Räder von Hause aus derart ausgeführt sind, daß mindestens zwei
Zähne anliegen und gleichzeitig die Kraft übertragen. Wir nehmen dann
aber an, daß die Hälfte des arbeitenden Druckes P an der Spitze des einen
Zahnes, gleichmäßig verteilt über die Breite b, als $\dfrac{p}{2} = \dfrac{1}{b} \cdot \dfrac{P}{2}$ angreift; auf
diese Weise ziehen wir den ungünstigsten Fall der Biegungsbeanspruchung
des betreffenden Zahnes in Rechnung.

Ist der Zahn, wie meist üblich, 0,7 der Teilung hoch, bei 0,55 der
Teilung als Stärke an der Zahnwurzel, so haben wir für den innersten Teil
der Zahnflanke, Teilung t_i, Breite, db, zu schreiben

$$dM_b = \frac{p}{2} \cdot db \cdot 0,7 \, t_i = k_b \cdot \frac{db \cdot (0,55 \, t_i)^2}{6}$$

woraus fast genau $\qquad\quad p = \dfrac{k_b}{7} \cdot t_i = \dfrac{P}{b} \cdot \qquad \ldots \ldots$ **657.**

was auch geschrieben werden kann

$$P = \frac{k_b}{7} \cdot b \cdot t_i \qquad \ldots \ldots \ldots$$ **658.**

Bei $k_b = 100 \, \text{kg/qcm}$ (etwa sechsfache Sicherheit für Weißbuche) geht dies über in

$$P = 14,3 \cdot b \cdot t_i . \quad \ldots \ldots \quad \textbf{658 a.}$$

d. h., für sechsfache Sicherheit, $\frac{P}{2}$ gleichmäßig verteilt an der Zahnspitze angreifend, sollte k in $P = kbt$ an der Innenseite des Rades den Betrag von rund 14 nicht überschreiten, besser aber darunter bleiben und es ist im Einzelfalle zu kontrollieren, wie sich die Verhältnisse innen gestalten. Da $\frac{P}{b} = p$ konstant ist, so ist ja k_i bei bekannten Durchmesserverhältnissen ohne weiteres als $k_m \cdot \frac{D_m}{D_i}$ leicht zu rechnen. In den meisten Fällen wird sich k_i der gefährlichen Grenze nicht sehr nähern.

Die fortschreitende Abnützung der Holzzähne vermindert die Zahnstärke dicht an der Wurzel stetig. Es muß also an den innersten Partien der Holzzähne in der Zahnstärke so viel Materialreserve vorhanden sein, daß die Abnützung der Zähne am Innendurchmesser nicht zu rasch deren Lebensdauer in Frage stellt.

Ein anderer Umstand kommt für den Betrieb auch noch in Betracht, nämlich die Möglichkeit des Heißlaufens der Zähne. Die zur Überwindung der Zahnreibung verbrauchte Arbeit wird sich zum größten Teil in Wärme umsetzen, eine gewisse Erwärmung der Zahnflanken ist also immer vorhanden und erklärlich. Diese Erwärmung kann auch erst dann bedenklich sein, wenn dadurch ein starkes Austrocknen der Kammen, ein rascher Verbrauch der Kammenschmiere usw. hervorgerufen wird oder wenn sich die Erwärmung durch Kranz, Arme und Nabe zur Transmissionswelle und in die benachbarten Lager fortpflanzt und dort zu Unannehmlichkeiten führt. Auch dann ist das Warmwerden nicht allenfalls ein Beweis für außergewöhnliche Reibungsverluste in dem Zahngetriebe, sondern dieses ist nur nicht derart beschaffen, daß die entstehende Wärme rasch fortgeleitet werden kann.

Die von Stribeck aufgestellte Beziehung[1])

$$\frac{P \cdot n}{b \cdot i} \lessgtr w \quad \ldots \ldots \ldots \quad \textbf{659.}$$

gibt nach dieser Richtung hin Aufschluß. P ist der Zahndruck, n die Umdrehungszahl des kleineren Rades, dessen Zähne ja öfter gerieben, sich also mehr erwärmen werden als die des großen, b die Zahnbreite, i die durchschnittliche Anzahl der im Eingriff stehenden, also arbeitenden Zähne[2]), w eine Konstante, die hier die gleiche Rolle spielt, wie die Warmlaufkoeffizienten k_w in den Gl. 628 usw. für die Spurzapfen, die aber natürlich hier andere Werte aufweist.

Wir verwenden für die Berechnung der Durchschnittszahl i der arbeitenden Zähne die Stribeck'sche Beziehung

$$i = \beta \sqrt{\frac{z}{1 + \frac{z}{Z}}} = 0{,}45 \sqrt{\frac{z}{1 + \frac{z}{Z}}} \quad \ldots \ldots \quad \textbf{660.}$$

---

[1]) Zeitschrift des V. D. Ing. 1894 S. 1182 u. f.

[2]) Hierfür wird meist die Bezeichnung „Eingriffsdauer" angewendet, die widersinnig ist. Das Wort „Dauer" schließt den Begriff „Zeit" in sich, hier ist aber gar keine Zeitdauer in Frage, sondern es handelt sich um den Quotienten, $\dfrac{\text{Länge des Eingriffsbogens}}{\text{Zahnteilung}}$ = durchschnittliche Zahl der arbeitenden Zähne.

worin z und Z die Zähnezahlen des kleinen und großen Rades bedeuten und wir nehmen für β, da es sich fast immer um Übersetzungen, um $\frac{Z}{z} = 3 : 1$ herum handelt, den Mittelwert 0,45 an. Der Bruch $\frac{z}{Z}$ entspricht dem umgekehrten Übersetzungsverhältnis, derselbe ist also im Einzelfalle unabhängig von den absoluten Größen von Z und z.

$$\text{Beispiel: } Z = 120; \quad z = 40; \quad \frac{z}{Z} = \frac{1}{3}$$

$$i = 0{,}45 \sqrt{\frac{40}{1 + \frac{1}{3}}} = 2{,}46.$$

Nach den Erfahrungen des Verfassers darf w Beträge bis gegen 4000, auch ausnahmsweise einmal 5000 erreichen, ehe ungute Zustände durch Warmlaufen eintreten.

Zeigt die Rechnung beim Entwerfen, daß ein in Aussicht genommenes Räderpaar den Grenzwerten von w naherückt oder sie überschreiten würde, so ist an den linksseitigen Faktoren der Gl. 659 zu ändern.

Diese Gleichung gestattet nun keinen vollen Überblick darüber, wo mit Nutzen geändert werden könnte und sie soll deshalb, auch im Interesse rascherer Orientierung, etwas umgeformt werden.

Fast allemal ist die Umdrehungszahl n des eisernen Triebes (Transmission usw.) gegeben, dazu selbstverständlich die zu übertragende Leistung N in PS. Der im mittleren Durchmesser angreifende Zahndruck P hat deshalb mit $d_m \pi = z \cdot t_m$, Maße Zentimeter, die Größe

$$P = \frac{N \cdot 75 \cdot 60 \cdot 100}{d_m \pi \cdot n} = \frac{450\,000\,N}{z \cdot t_m \cdot n}.$$

Setzen wir dies in Gl. 659 ein, zugleich auch i nach Gl. 660, so ergibt sich

$$\frac{P \cdot n}{b \cdot i} = \frac{450\,000 \cdot N}{z \cdot t_m \cdot n} \cdot \frac{n}{b \cdot 0{,}45 \sqrt{\dfrac{z}{1 + \dfrac{z}{Z}}}} \gtreqless w$$

oder
$$\frac{1\,000\,000 \cdot N \cdot \sqrt{1 + \dfrac{z}{Z}}}{b \cdot t_m \cdot z \sqrt{z}} = \frac{1\,000\,000 \cdot N \cdot \sqrt{1 + \dfrac{z}{Z}}}{b \cdot d_m \cdot \pi \cdot \sqrt{z}} \gtreqless w \quad . \quad . \quad . \quad \textbf{661.}$$

Wir sehen hieraus, daß die Umdrehungszahl n an sich gar nichts mit dem Warmgehen zu tun hat, indirekt äußert sie sich natürlich in den Maßen von b, t_m wegen P usw., daß ferner w proportional den zu übertragenden PS. erscheint, daß das umgekehrte Übersetzungsverhältnis $\frac{z}{Z}$ wenig Einfluß auf w besitzt, daß aber für eine etwa notwendige Verbesserung der Verhältnisse die Vergrößerung von z (d_m) in erster Linie, die von b an zweiter Stelle ins Auge zu fassen ist.

Der Einfluß von $z \sqrt{z}$ läßt sich ganz einfach deuten. Mit wachsender Zähnezahl bei unverändertem t_m und $\frac{z}{Z}$ sowie zunehmendem d_m kommt der einzelne Zahn weniger oft zum Arbeiten, also zum Erwärmtwerden, P nimmt dabei zwar ab, aber im gleichen Verhältnis wachsen die Wege der Zahnreibungswiderstände; die Anzahl i der im Eingriff stehenden Zähne (Gl. 660) wächst mit $\sqrt{z}$, der wärmeerzeugende Druck verteilt sich deshalb im Verhältnis der

$\sqrt{z}$ auf mehr Zähne, also wird die Erwärmung des einzelnen Zahnes dadurch entsprechend verringert.

Durch die Vergrößerung von z mit Beibehalten von t_m oder von b verschieben sich natürlich die Verhältnisse der Gl. 656, denn die Vermehrung von z vergrößert d_m, verkleinert also P. Diese Gleichung kann mit Einsetzen des vorher entwickelten Betrages von P auch geschrieben werden als

$$\frac{450\,000}{b \cdot z} \cdot \frac{N}{n} = k_m t_m{}^2 \quad \dots \dots \dots \textbf{662.}$$

Die der Warmlaufgefahr vorbeugende Vermehrung von z oder b reduziert also bei gleichbleibendem t_m die Größe k_m im gleichen Verhältnis, was für die Ausführung im Bedarfsfalle ohne weiteres zugelassen werden kann.

Der Einfluß von z auf w ist am durchgreifendsten, eine Erhöhung von beispielsweise $z = 40$ auf $z = 50$ bewirkt die Herabminderung von w im Verhältnis von $\frac{40}{50} \sqrt{\frac{40}{50}} = \sim 0{,}7$.

Kann der Durchmesser d_m nicht vergrößert werden, so ist an erster Stelle b zu ändern; die Vergrößerung von z hat hier geringere Wirkung.

Die Vergrößerung von t_m würde, mathematisch genommen, auch dienlich sein, aber der ruhige Gang der Räder wird mit wachsendem t_m und etwa unverändertem z mehr in Frage gestellt.

Trotz gleicher Größe von $p = \frac{P}{b}$ ist die Wärmeentwicklung entlang der Zahnflanke nicht gleichmäßig, weil die Reibungswege gegen außen proportional d wachsen. Die konischen Räder zeigen also die zuerst anscheinend widersprechenden Verhältnisse, daß die Zahnlast pro Breiteneinheit gleich ist, daß innen Bruchgefahr besteht, und daß gegen außen die Zähne eher warmlaufen werden als innen. Beim Feststellen von w sollte also eigentlich die Breite b nicht als überall gleichwertig angesetzt werden.

2. Obergriff, Untergriff und die Zapfenanordnung.

Keine Kraftmaschine ist so wie die Turbine bezüglich ihrer Disposition von der Örtlichkeit abhängig. Die Lage und Richtung der liegenden Hauptwelle zum Oberwasser ist fast bei jeder anderen Anlage wieder anders beschaffen.

Unsere Ansprüche an die Lagerung der konischen Getriebe sind:

Die Wirkungen der Zahndrücke sind, wenn irgend tunlich, als Innenkräfte der Lagerung abzufangen, also nicht nur die Gegenkräfte der arbeitenden Zahndrücke selbst in den Hauptlagern, sondern auch diejenigen der nicht arbeitenden wagrechten und senkrechten Zahndruckkomponenten, soweit sie für die im Winkel stehenden Wellen Achsialschübe veranlassen, denn sonst ist der richtige Zahneingriff gefährdet (siehe S. 515).

Die Lager werden deshalb stets auf einem gemeinschaftlichen in sich geschlossenen Gußstück, dieses ganz oder verschraubt, zu befestigen sein, das in möglichst gedrungener Form gehalten werden sollte.

Die Lagerung ist weiter derart anzuordnen, daß nach aller Möglichkeit kleine Biegungsbeanspruchungen für die Wellen resultieren, wozu auch durch geeignete Form der Radarme beizutragen ist. Das große Holzkammrad gestattet immer die Anwendung der bekannten glockenförmigen Arme derart, daß das Halslager mit seiner Mitte in die Mitte der Zahnbreite, also in den Durchmesser D_m hineinrückt (Fig. 341, 344 usw.), wodurch der arbeitende Zahndruck kein Biegungsmoment auf die senkrechte Turbinenwelle aus-

zuüben vermag, weil dessen Momentarm Null ist. Wenn dies beim eisernen
Triebe meist unmöglich ist, so haben wir doch alle Veranlassung, bei diesem
wenigstens darauf zu sehen, daß das zugehörige Lager dem mittleren Durchmesser d_m tunlichst naherückt (Fig. 344 usw).

Die ganze Lagerung soll viel Masse umfassen, also die umgebenden
Grundmauern usw. mit ergreifen, damit die Erzitterungen des Räderbetriebes
nach aller Möglichkeit gedämpft werden. Wenn angängig, möchten die Lager
in Richtung des resultierenden Lagerdruckes nachstellbar sein oder wenigstens nachgerückt werden können. Die gute Zugänglichkeit der Lager
auch während des Betriebes (Tag- und Nachtbetrieb oft ununterbrochen
Wochen und Monate hindurch), muß durch passende Anordnung und geeignete Schutzmaßregeln gewahrt sein. Vielfach ist das Schutzverdeck für
die Räder auch dazu da, die von den Zahnspitzen abfliegenden Teilchen
der Kammenschmiere aufzufangen.

Es kann nicht der Zweck dieses Abschnittes sein, hier alle Möglichkeiten der Anordnung zu erschöpfen, doch können die charakteristischen
Einzelheiten kurz angeführt und besprochen werden.

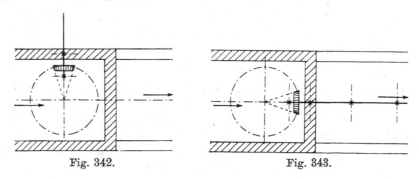

Fig. 342.   Fig. 343.

Wie vorher schon gesagt, haben wir Obergriff oder Untergriff des Holzkammrades gegenüber dem eisernen Triebe zu unterscheiden.

Wir finden eine Turbine für sich allein auf die liegende Hauptwelle trei-

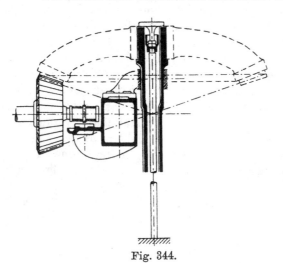

Fig. 344.

bend, Einzelbetrieb; es kommt
aber auch vielfältig vor, daß
zwei und mehr Turbinen in
Zahneingriff auf die gleiche
Welle ihre Kraft abgeben,
Doppel- oder Mehrfachbetrieb.

Die liegende Hauptwelle führt
in den meisten Fällen senkrecht
zum Wasserzulauf in das Fabrik-
gebäude, Fig. 342; seltener findet sie sich auch in Richtung
des Wasserzulaufes, Fig. 343.

Was aber weiter noch von
wesentlichstem Einfluß auf die
Ausgestaltung der Lagerung ist,
das ist die Beschaffenheit der
Umgebung derselben. Die Lage-
rung fällt ganz anders aus, ob ein fester Boden aus massivem Material
(Walzträger ausbetoniert oder Gewölbe) die Lagerung aufnehmen soll oder

ob die liegende Hauptwelle auf besonderem freiliegendem Gebälk ihre Unterstützung findet. — Solange es sich um Einzelbetrieb handelt, ist die Entscheidung, welche der beiden Anordnungen, Obergriff oder Untergriff, im Einzelfalle zu verwenden ist, in ziemlich weitem Maße in das Belieben des Konstrukteurs gestellt. Jede Anordnung weist bestimmte Vorzüge und

Fig. 345.

Nachteile auf, die sich am besten an der Hand von einigen schematischen Abbildungen darlegen lassen, wobei es sich um die Kombination der Räder, Lager und Zapfenart handelt.

Der Obergriff bietet Anordnungen nach Fig. 344, 345, 346, der Untergriff solche gemäß den Fig. 347, 348 u. 349. Aus diesen Abbildungen ergeben sich nun folgende Bemerkungen.

Ober- und Untergriff gestatten Hohlwelle mit Tragstange, Fig. 344 u. 347, oder massive Welle nach Fig. 345, 346, 348, 349. Bei massiver Welle ergibt sich für Obergriff nach Fig. 345 (Ausführung der Maschinenfabrik Augsburg) ein ziemlich großer mittlerer Ringzapfendurchmesser, der sich durch einen Hängezapfen nach Fig. 346 (Kankelwitz) vermeiden ließe, aber dafür eine feste

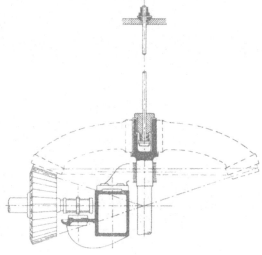

Fig. 346.

Unterstützung des Hängezapfens von der Turbinenhausdecke her verlangt.

In Fig. 345 ist der zweiteilige Ringzapfenträger unmittelbar unterhalb des Halslagers ersichtlich.

Beim Untergriff kommt ein großer Ringzapfen für die massive kurze Welle nicht in Betracht, da diese beim gewöhnlichen Ring-Endzapfen schon drehmoment- und biegungsfrei ist (Fig. 348), also schwach gehalten werden kann, der Hängezapfen nach Fig. 349 aber findet seine Unterstützung auf dem Halslager selbst, indirekt also auf der Lagertraverse.

Ein sehr wichtiger Punkt ist hier zu erwähnen, das ist die gegenseitige achsiale Stützung zwischen der stehenden Welle und der liegenden Hauptwelle.

Die Hohlwelle mit Tragstange ruht durch die Tragstange (Fig. 344, 347) im Tragkreuz des Saugrohres oder auf der Krümmerwand (Fig. 328) und ist dadurch frei von Erzitterungen, fast unveränderlich gestützt, das Holzkammrad ist also der Höhe nach an sich sehr gut geführt. Der eiserne Trieb dagegen wird in den Anordnungen nach Fig. 344 und 347 an erster Stelle durch das Lager gestützt, welches auf dem gemeinschaftlichen Lagerbalken (Fig. 344) oder Lagerrahmen (Fig. 347) befestigt ist. Senkrechte Erzitterungen des Lagergebälkes lassen den Trieb sich mit in senkrechter Richtung auf und ab bewegen, während das Holzkammrad unbeweglich bleibt.

Es ist also bei der Anwendung der hohlen Welle mit Tragstange möglich, daß die Zähne des Triebes in senkrechter Richtung kleine zitternde Relativbewegungen im Eingriff ausführen, was zu vorzeitiger Abnützung und zu rumpelndem Gang führen kann. Ganz das gleiche kann bei der massiven Welle nach Fig. 346 eintreten, aber ebenso auch dann, wenn der Ringzapfen der massiven Welle nicht auf dem gemeinschaftlichen Lagerrahmen säße.

Die massive Welle mit Ring-

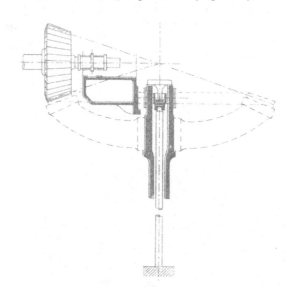

Fig. 347.

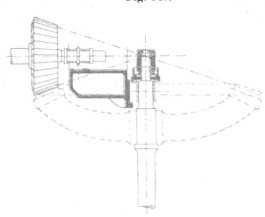

Fig. 348.

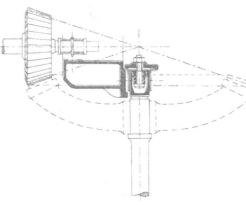

Fig. 349.

oder Hängezapfen, auf dem gemeinschaftlichen Lagerrahmen abgestützt, vermeidet diese Relativbewegungen in der Eingriffstiefe. Wenn hier Erzitterungen der Tragkonstruktion vorkommen, so bewegen sich die beiden Zahnkreise gleichzeitig, der Gang der Räder ist dadurch weit besser gesichert, und dies entspricht dann auch der eingangs aufgestellten Forderung.

Wir ziehen hieraus die Folgerung, daß es, wie vorher erwähnt, am besten ist, wenn nicht allein die Lagerdrücke, sondern auch die beiden Achsialschübe am gleichen Gußstück abgefangen werden (Fig. 345, 348, 349), und daß wir, wenn die Örtlichkeit oder sonstige Rücksichten eine andere Anordnung (Fig. 344 usw.) verlangen, die Aufgabe haben, allfallsigen Vertikalschwingungen des Lagergebälks nach besten Kräften entgegenzuarbeiten.

Schließlich wäre noch anzuführen, daß die Turbinenwelle bei Obergriff ziemlich länger ausfällt als bei Untergriff.

Wenn also trotzdem der Obergriff mit Hohlwelle noch in weitem Maße zur Anwendung kommt, so liegt dies an sonstigen Vorzügen des Obergriffes, die hier und da ausschlaggebend sein können:

Die Turbine samt Welle kann, ohne daß ein Keil oder eine Schraube gelöst werden muß, hochgehoben werden, falls dies zur Untersuchung des Laufrades, Ausräumen von Grundeis und dergleichen erwünscht sein sollte. Der erwünschten einteiligen Ausführung des Holzkammrades steht nichts im Wege, das Aufbringen desselben auf die montierte Welle ist leicht und einfach. (Einteilige Räder mit glockenförmigen Armen sind bis $3\frac{1}{2}$ m Durchmesser ohne Anstand ausgeführt.) Der Achsialschub der Zähne belastet nicht den Spurzapfen.

Demgegenüber verlangt der Untergriff ein zweiteiliges Holzkammrad, bringt eine entsprechende, von der Zahnform abhängige Mehrbelastung des Spurzapfens und die Unmöglichkeit, die Turbine rasch heben zu können. Das Nachsehen der Turbine läßt sich dann häufig dadurch ermöglichen, daß der Leitapparat gehoben wird. Der Ingenieur hat im Einzelfalle diese Möglichkeiten gegenseitig gewissenhaft abzuwägen und seine Anordnung mit der Örtlichkeit und den Betriebserfordernissen in Einklang zu bringen.

Sowie es sich um Doppel- oder Mehrfachbetrieb handelt, kommen noch andere Umstände zur Geltung. Wir benützen zu deren Besprechung die Fig. 350, 351, 352, 353, 354 (s. Seite 512 u. f.).

Sollen beide Turbinen Obergriff bekommen, so sind Anordnungen nach Fig. 350, 351 oder 352 möglich.

Die Anordnung nach Fig. 350 ist die älteste, sie war auch hauptsächlich darin begründet, daß die Umdrehungszahl der Turbinen in früherer Zeit kleiner war als jetzt im gleichen Falle, und daß man sich scheute, größere Übersetzungen in die konischen Räder zu legen. Auf diese Weise waren zwei Räderübersetzungen nötig, also doppelte Arbeitsverluste und größere Anlagekosten. Ein großer Übelstand dabei war auch noch die zwischen beiden Turbinen liegende Welle mit mindestens drei, oft vier Lagern die, ungleich und wechselnd belastet, sich ungleich ausarbeiteten und von denen deshalb mindestens immer eines ein Heißläufer war, von Rädergerumpel nicht zu reden. Bei kleinem Wasserstand wurde einfach eine Turbine außer Eingriff gehoben.

Schneller laufende Turbinen brachten die Anordnung nach Fig. 351, bei der wenigstens nur die Kraft einer Turbine durch Stirnräder geleitet werden mußte und wo dann in der Zeit knapper Wassers diese Turbine durch

Verschieben des einen Stirnrades ausgerückt und so die Zahnreibungsarbeit der Stirnräder gespart werden konnte.

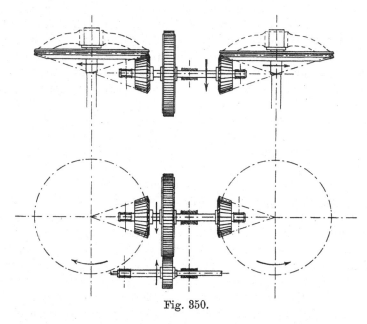

Fig. 350.

Niederes Gefälle im Verein mit großen Wassermengen hat hier und da die Anordnung nach Fig. 352 als entsprechend gezeigt, wenn trotz etwaiger scharfer Übersetzung in den konischen Rädern die erforderliche Umdrehungs-

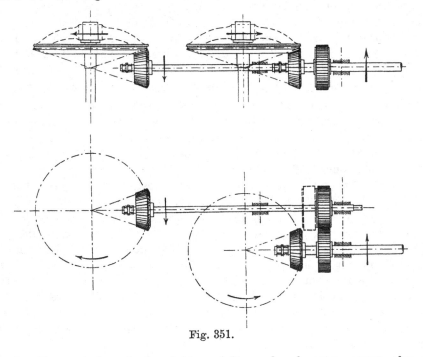

Fig. 351.

zahl der Transmission doch nicht erzielt werden konnte, wenn also eine zweite Räderübersetzung nötig war. Der Stirntrieb auf der Haupttransmission ist dabei in übler Lage. Wären beide Turbinen genau gleich stark, so würden seine Lager überhaupt keine rechnungsmäßige Belastung aus Zahndrücken erhalten, weil diese sich aufheben. Da die Zahndrücke aber doch nicht so ganz gleich sein werden, (die eine Turbine ist auch zeitweise mehr geschlossen als die andere), so wechselt der Lagerdruck aus Zahn-

betrieb beim Stirntriebe, bald wird der Zahndruck die Wirkung des Eigengewichtes von Trieb und Welle unterstützen, bald ihr entgegenwirken, sie vielleicht aufheben, kurz die Lagerung bei dem Stirntriebe hat die mannigfachst wechselnde Beanspruchung, ein Auslaufen nach allen Seiten hin ist die Folge, ebenso ein geräuschvoller Gang der Räder. Wo man nicht muß, sollte die Anordnung nach Fig. 352 besser unterlassen werden.

Die Verwendung des Untergriffes hilft über manche größere Schwierigkeit weg, wenn ja auch kleine Unannehmlichkeiten dafür eintreten können.

Rüsten wir eine der beiden Turbinen mit Untergriff aus, so entsteht nach Fig. 353 sofort die

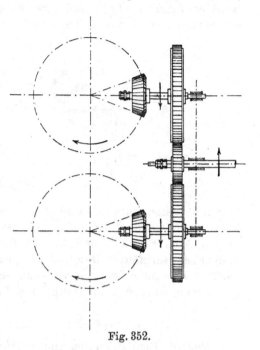

Fig. 352.

Möglichkeit, die gemeinschaftliche Hauptwelle über diese Turbine weg zu verlängern, dafür aber haben die beiden Turbinen entgegengesetzte Drehrichtung, denn wir werden die Räder so anordnen, daß der Achsialschub bei beiden Trieben nach derselben Richtung geht, einfach deshalb, weil nur auf diese Weise eine sichere Führung der konischen Triebe in achsialer

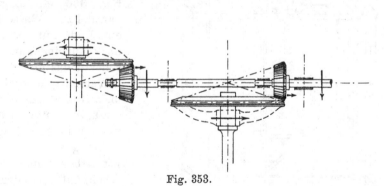

Fig. 353.

Richtung möglich ist. Gehen die Achsialschübe gegeneinander, so wird die Hauptwelle je nach Umständen bald nach rechts, bald nach links geschoben und ein richtiges Einarbeiten der Holzzähne ist unmöglich (vergl. Fig. 350, in der dieser Fehler nicht vermieden ist).

Die verschiedene Drehrichtung bedingt verschiedene Leit- und Laufräder, also besondere Reserveteile für jede Turbine, und der verschiedene

Eingriff verlangt meist zweierlei Naben für die Räder, also auch zwei
Reserveholzkammräder.

Diese Übelstände sind durch den Untergriff beider Turbinen beseitigt (Fig. 354), der schon lange in Ausführung gewesen, eine Zeitlang
weniger benutzt wurde und jetzt wieder mehr in Aufnahme kommt. Das
Ausrücken der einzelnen Turbinen aus dem Transmissionseingriff geschieht

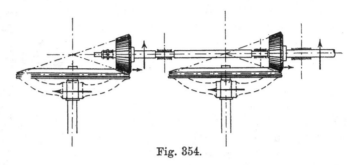

Fig. 354.

hier am besten durch Absenken der betreffenden Turbine, hier können also
keine Schleifränder nach Fig. 163 usw. angewendet werden. Der Hängezapfen nach Fig. 338 und 349 ist alsdann die gegebene Konstruktion, es
muß aber sorgfältig darauf acht gegeben werden, daß der Zapfen bei
darüber liegender Transmission ohne Demontierung derselben bequem herausgenommen werden kann (vergl. Fig. 338).

3. Offene Turbinenkammer, die Lagerung auf Balken.

Für die Disposition des Einzeltriebes nach Fig. 342 (liegende Welle senkrecht zum Wasserzulauf) sind dem Prinzip nach zweierlei Lagerungskonstruk-
tionen möglich, entweder nach Fig. 355 zwei Balken quer zum Wasser-

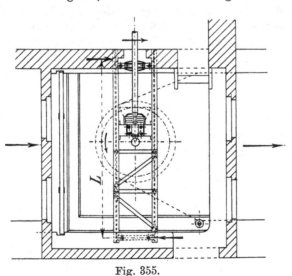

Fig. 355.

zulauf, die beiden Längs-
mauern fassend mit mittlerem
Lagerrahmen, oder nach der
Fig. 356 ein Lagerbalken
parallel zum Wasserlauf, das
eine Ende auf der Stirnwand
der Turbinenkammer auf-
ruhend, das andere getragen
von einem quer zu den Längs-
mauern liegenden, den Wasserzulauf überbrückenden,
zweiten Balken. Mag die Anordnung sein wie sie wolle,
wir haben immer darauf zu
sehen, daß sie gedrungen sei,
besonders auch der Höhe
nach derart, daß die Mitte
der liegenden Welle etwa in
Höhe der Lagerbalkenmitten zu liegen komme, also nach Fig. 357 und nicht
nach Fig. 358. Die letztere stellt nicht etwa eine Übertreibung dar, sondern
ist einem ernstgemeint gewesenen Projekt entnommen, das dem Verf. vor
Jahren zufällig in die Hände kam.

Die Wiedergabe dieser Anordnung kann als ein nach allen Richtungen abschreckendes Beispiel nur Gutes wirken. Es ist nicht nur zu befürchten, daß die Seitenschwingungen der stehenden Welle, wie sie durch Stöße im Zahnbetrieb usw. möglich sind, das Lagergebälk vermöge des großen Hebelarmes H viel leichter zu recht unangenehmen Erzitterungen veranlassen können, als dies bei der Anordnung nach Fig. 357 möglich ist, sondern die Turbinenwelle ist kräftig auf Biegung beansprucht, ebenso die liegende Hauptwelle. Die Achsialschübe der Zahnräder würden in Bälde eine Lockerung der ganz isoliert stehenden Lager herbeiführen.

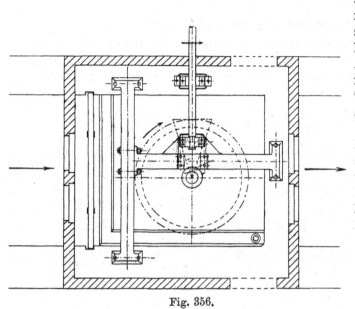

Fig. 356.

Fig. 357.

Das Material der Lagerbalken ist bei der Anordnung zweier Balken nach Fig. 355 meist Walzeisen, bei derjenigen nach Fig. 356 fast ebenso ausnahmslos Gußeisen. Die letztere Disposition faßt das umgebende Mauerwerk ausgiebiger (3 Seitenmauern), ist deshalb steifer und massiger, während die

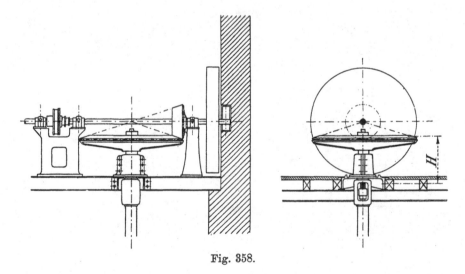

Fig. 358.

erstere nur zwei Wände umgreift und in bezug auf seitliche Steifigkeit besondere Maßnahmen verlangt.

Die arbeitenden Zahndrücke und deren Lagerreaktionsdrücke liegen fast ausnahmslos in parallelen, wagrechten Ebenen. Die Vermeidung der

33*

möglichen Erschütterungen des Zahnbetriebes bildet ein Hauptaugenmerk
für den konstruierenden Ingenieur und dieser wird deshalb der Festigkeit
der Lagerbalken gegen seitliches Ausbiegen mindestens die gleiche Aufmerksamkeit zu widmen haben, als den Belastungen durch Eigengewicht
in der Vertikalen.

I. Lagerbalken aus Walzeisen.

Die vorgenannte Rücksicht führt auf die Anwendung von je zwei Doppelbalken, häufig auch für kleinere Kräfte von einfachen breitflanschigen
Trägern der Differdinger Profile (Fig. 359, Ausführung Briegleb, Hansen & Co.).

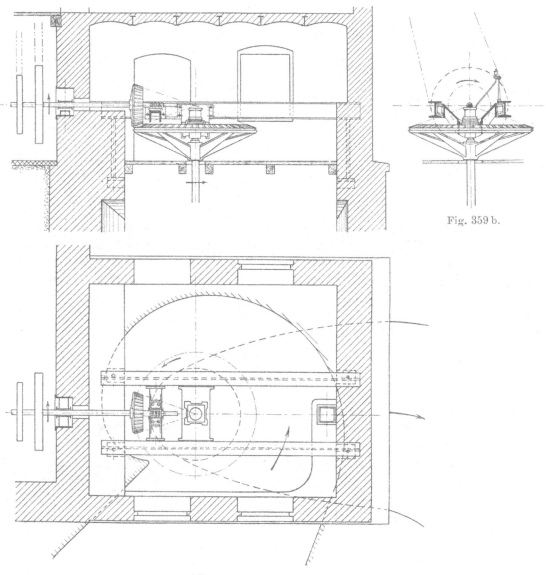

Fig. 359 b.

Fig. 359 a.

Bei Verwendung der Doppelbalken ist darauf zu sehen, daß diese so
verbunden werden, daß sie gegen seitliche Ausbiegung nicht nur die Summe

der Trägheitsmomente beider Querschnitte zur Verfügung stellen, sondern daß das weit größere Trägheitsmoment des Gesamtquerschnittes zur Wirkung kommt. Das kann geschehen durch feste Verbindung beider Balken, also z. B. durch Aufnieten von Blechstreifen oben und unten auf die Profilgurtungen, was aber manchmal das Aufpassen der Lagertraversen umständlicher macht. Fabriken, die nicht über Kesselschmiede verfügen, können durch Einpassen von Gußzwischenlagen in Kastenform von reichlicher Länge, anderthalbfache bis doppelte Profilhöhe, in Abständen von 2—3 m und durch gute, seitliche Verschraubung mit den Balken, Fig. 360, auch Taf. 33, das gleiche erzielen. Solchè Zwischenlagen sind besonders an den Auflagestellen der Träger auf den Mauern sowohl als auch da zu empfehlen, wo die Lagerrahmen auf den Balken aufruhen.

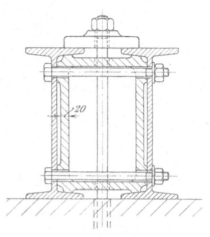

Fig. 360.

Die Horizontalkräfte, die ein solches Lagergebälk aufzunehmen hat, können bei Ausführung nach Art der Fig. 355 rechnerisch bestimmt werden, während die Vertikalkräfte ohnedem keine Schwierigkeit bieten. An dem durch die Balken und Lagerungen gebildeten Ganzen greift das von der Turbine an der stehenden Welle ausgeübte Drehmoment M an. Denken wir uns die liegende Welle auf dem Rahmen in ihren Lagern ruhend, aber sonst außer Zusammenhang mit dem Gebäude, so wird das Drehmoment M nur dann voll auf die liegende Welle übergehen, wenn der Lagerrahmen fest gehalten ist; würde dieser freigegeben und dagegen die liegende Welle gegen Drehung um ihre Achse festgehalten, so würde er sich samt der liegenden Welle

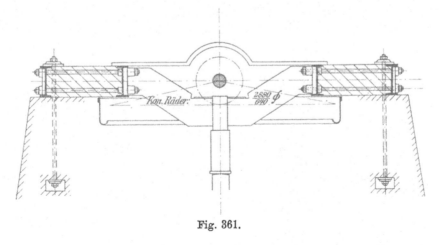

Fig. 361.

mit der vertikalen Turbinenachse herumdrehen. Aus diesem Grunde muß das Gebälk an seinen Auflagerstellen durch Horizontalkräfte gehalten werden, die nach der Bezeichnung der Fig. 355 sich einfach berechnen als $\frac{M}{L}$ und

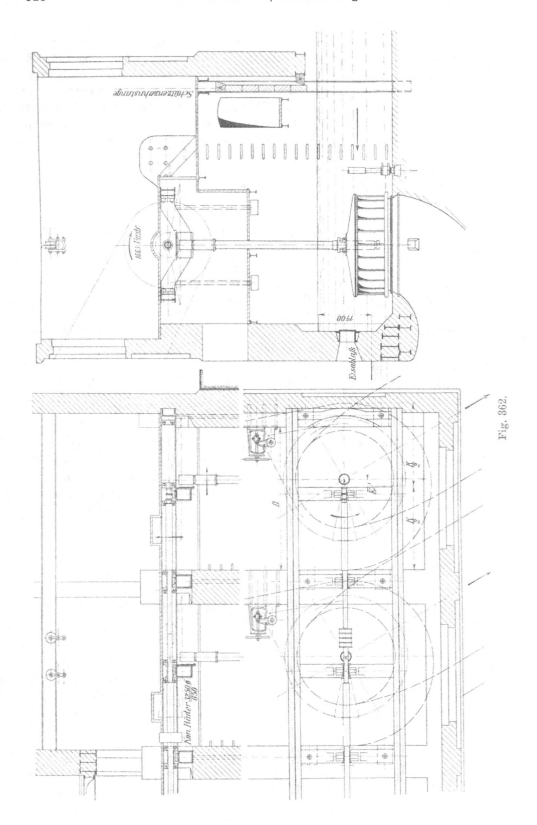

Fig. 362.

die von den Fundamenten zu leisten sind. Diese Kräfte beanspruchen die Lagerbalken auf seitliche Ausbiegung. Das Lagergebälk wird aber stets viel stärker auszuführen sein, als diese Rechnungen ergeben. Hier hat eine gewisse Empirie einzusetzen, deren Regeln eigentlich meist nur im Gefühl des Konstrukteurs begründet sind.

Um gegen die seitliche Durchbiegung der Walzträger besondere Sicherheit zu schaffen und zugleich schon im Lagerrahmen selbst billig zu beschaffende Massen unterzubringen, wendet Voith-Heidenheim in neuerer Zeit eine Anordnung an, wie sie in Fig. 361 skizziert ist. Die Balkenpaare sind auf Entfernungen von 80 bis 100 cm und mehr auseinandergerückt und der Zwischenraum jedes Paares wird sorgfältig mit Stampfbeton ausgefüllt, wobei die Balken in Abständen von 1 bis $1^1/_2$ m durch kräftige Schrauben, paarweise, je oben und unten sitzend, verbunden sind. Der Beton, der sich mit der nicht angestrichenen Eisenoberfläche gut verbindet, ist eine sehr wirksame, massige Versteifung und bewirkt oft eine gute Dämpfung der Schwingungen.

Es wäre auf die Dauer nicht zulässig, die obgenannten wagrechten Widerlagerkräfte einfach durch die Reibung abzufangen, die durch die Verankerung zwischen Lagerbalken und Fundamentmauerwerk bewirkt wird.

Aus diesem Grunde werden die Lagerbalken zweckmäßig entweder ganz in Beton gelegt (Taf. 5 u. Fig. 363, 365) oder, wenn dies nicht tunlich wäre, erhalten sie wenigstens starke Rippen, die etwa 5 cm in den Fundamentbeton eingreifen und die sorgfältig mit Zement vergossen werden müssen.

Daß bei Mehrfachbetrieb die Walzträger in durchlaufenden Stücken über die Turbinen wegzuführen sind, ist so selbstverständlich, daß es kaum der Erwähnung bedarf. Außer den zwischen den Balken freihängenden gemeinschaftlichen Lagertraversen der stehenden und liegenden Wellen finden auf den Mauerpfeilern gleiche oder ähnliche Gußtraversen Verwendung, die gleichzeitig zur Versteifung und Befestigung der Walzträger und zum Aufsetzen der weiter erforderlichen Transmissionslager Fig. 362 (Voith, Anl. Gemrigheim) dienen. Die achsiale Führung der Haupttransmission erfolgt selbstverständlich nur an einem der Lager, weil die Längsbalken den nötigen Zusammenhang ergeben.

Für die Ausbildung der gemeinschaftlichen Lagerplatte bei den konischen Rädern ist natürlich die Art der Spurzapfenanordnung entscheidend, im Verein mit der Verwendung von Ober- oder Untergriff usw. Unter allen Umständen aber müssen die Lager zwischen Knaggen gehalten sein, weil deren Befestigungsschrauben, der Gefahr des Lockerwerdens wegen (Zahnbetrieb) nicht genügende Sicherheit gegen die seitliche Verschiebung der Lager bilden.

II. Lagerbalken aus Gußeisen.

Die Ausführung in Gußeisen bringt für den Konstrukteur natürlich wesentliche Vereinfachungen und für die Festigkeit des ganzen Lagerrahmens auch bessere Verhältnisse, sie stellt sich aber meist teurer als die aus Walzeisen.

Ein Lagerrahmen aus einem Gußstück, wie ihn Fig. 363 (Ganz, Anl. Lilienfeld) zeigt, bietet in seiner ganzen Formgebung eine große Gewähr gegen seitliche Schwankungen und erfüllt besonders die Bedingung zuverlässiger gegenseitiger Befestigung der Lager aufs beste.

Es ist bei Einzelbetrieb selten, daß die Hauptwelle parallel zum Wasserlauf liegt, wie schon gesagt, dagegen ist bei Anordnung von mehreren Turbinen nebeneinander, von denen jede für sich einen angekuppelten Generator
betreibt, diese Wellenlage fast die Regel. Hier bildet der Lagerbalken aus
Gußeisen die einzig befriedigende Ausführung, sofern der gegen oben offene
Schacht der Anordnung zugrunde gelegt werden soll.

Der Lagerbalken nach Taf. 6, auch Fig. 364 (Voith), Wandstärken je
nach Umständen 30 bis 50 mm wird eine gute Lagerung bringen, sei nun
Ober- oder Untergriff dabei in Anwendung. Hier reihen sich gedrungen
aneinander: stehende Welle, Balkenquerschnitt, Lager der Vorgelegwelle, Trieb.

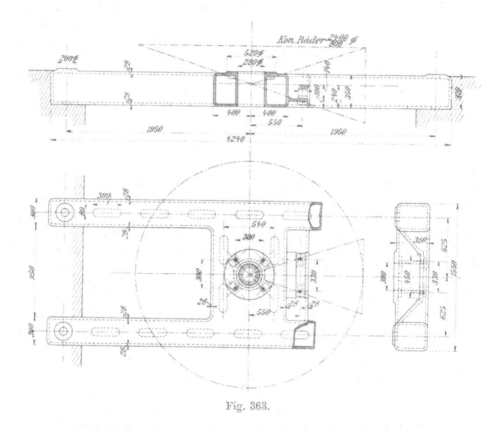

Fig. 363.

Für größere Kräfte, bei denen die Raddurchmesser beträchtlicher ausfallen, genügt dann ein Balkenquerschnitt nicht, um das Halslager der
stehenden Welle kurz zu fassen und mit kurzer Konsole das Kammlager
der liegenden Welle zu tragen; dieser eine Balken würde auch im ganzen
keine hinreichende Steifigkeit gegen die verschiedenen Biegungsmomente,
auch gegen das Drehmoment besitzen, welches aus der Wirkung der kleinen
Seitenkomponenten der arbeitenden Zahndrücke entsteht, und so greift man
für solche Fälle beim oben offenen Schacht zu Doppellagerbalken nach
Fig. 365 (Voith, Anl. Marbach), die dem Lagerrahmen der Fig. 363 ähnlich sind.
Die eine Rahmenseite unterstützt das Kammlager der liegenden Welle und
verläuft geradlinig, die andere Rahmenseite aber zieht sich unter den glockenförmigen Armen des Holzkammrades hoch und gestattet auf diese Weise
die Anwendung eines niedergebauten Halslagers für die Turbinenwelle.

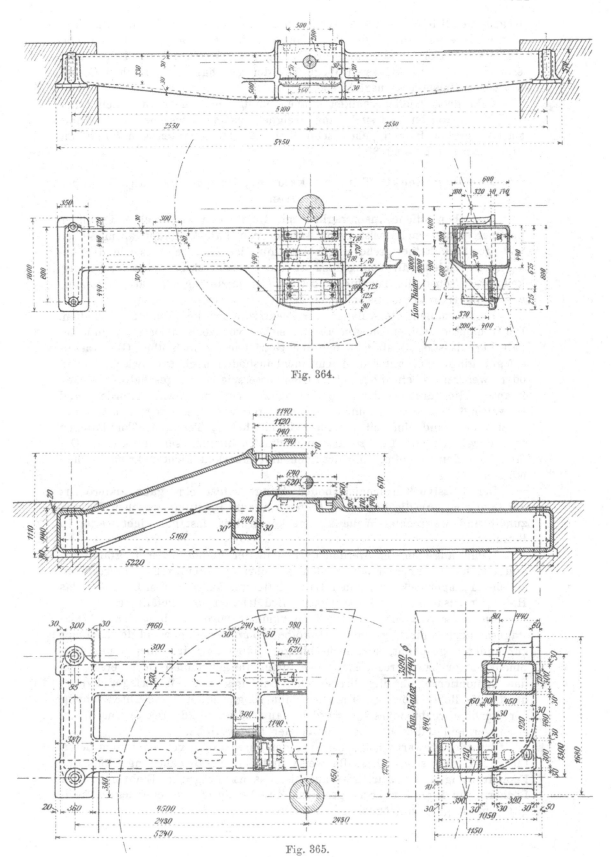

Fig. 364.

Fig. 365.

Gegen die Mittelebene beider Wellen hin sind dann die Rahmenseiten durch starke Stege verbunden, die dem Ganzen Steifigkeit verleihen, die aber besonders den Horizontalschub, den die liegende Welle durch den Zahnbetrieb erfährt, auf dem kürzesten Wege mit der gleichgroßen seitlichen Gegenkraft des Halslagers ausgleichen.

Sehr große Gußlagerbalken können häufig nicht mehr aus einem Stück angefertigt werden, sie sind dann geeignet zusammenzusetzen. Die Wandstärken großer Balken gehen schließlich bei Querschnitten von 50 : 80 cm und mehr auf 60 und 80 mm.

4. Massiv gedeckte Turbinenkammer, Lagerböcke und Lagerplatten.

Die oben offene, nachträglich mit Holzbohlen abgedeckte Turbinenkammer findet sich meist beim Antrieb von Fabrik-Haupttransmissionen und gewährt keine große Möglichkeit für das saubere Aussehen der Anlage. In vielen Fällen allerdings ist die Holzabdeckung eine Notwendigkeit, weil sonst die Turbine selbst nahezu unzugänglich wäre, besonders wenn die Haupttransmission nahe dem Oberwasserspiegel liegt.

Hierin haben die Anlagen für Elektrizitätswerke Wandel geschaffen. Die Dynamomaschinen müssen absolut sicher vor Hochwasser sein, und dies gab Veranlassung, daß man mit den Getrieben so hoch über Oberwasserspiegel ging, daß unter dem Turbinenhausboden noch ein Zwischenboden oder wenigstens ein Steg über Oberwasserspiegel eingeschaltet werden konnte. Hierdurch ist der freie Zugang zur Turbine gewahrt worden, und es war möglich, den Turbinenhausboden statt aus Holz aus festem Material herzustellen und ihn mit nettem Fußbodenbelag, Terrazzo, Tonplättchen oder dergl., zu versehen, so daß auch die Turbinenhäuser der kleinen Gefälle jetzt den Dampfmaschinenräumen an Sauberkeit nicht mehr nachstehen müssen.

Der massive Turbinenhausboden bringt sofort eine ganz andere Art der Lagerung für die konischen Räder, und die Richtung zwischen Wasserzulauf und wagrechter Welle kommt konstruktiv fast gar nicht weiter in Betracht.

Wenn angenommen werden darf, daß der Boden sicher tragfähig ist, und das kann immer erzielt werden, so schrumpft der große Lagerrahmen zu einem Lagerbock oder einer Lagerplatte mit aufgesetztem Bock für das Halslager zusammen, und das Ganze wird leichter und gefälliger.

Die massive Decke der Turbinenkammer wird am besten aus Walzträgern, ausbetoniert, gebildet. Gewölbe, von einer Seitenwand der Kammer zur anderen gespannt, sind nicht billiger, dabei aber im Inneren der Turbinenkammer häufig recht hinderlich, denn die gekrümmte Decke erschwert das Anmontieren der Reguliergetriebe, und gegen die Widerlager hin ist häufig die lichte Höhe der Kammer dann so gering, daß die Untersuchung der Turbine recht mühselig werden kann. Die gerade Decke aus Walzeisen vermeidet dies bei gleichbleibender lichter Höhe.

Ernstlich gewarnt möge hier vor der Verwendung von armiertem Beton für die Decke sein. Diese Bauweise bietet keine Gewähr angesichts der Erschütterungen des Betriebes; auch ist das nachträgliche Einbringen von Löchern für irgend unvorhergesehene Zwecke durch das eingelegte Eisengitter meist ganz unmöglich gemacht.

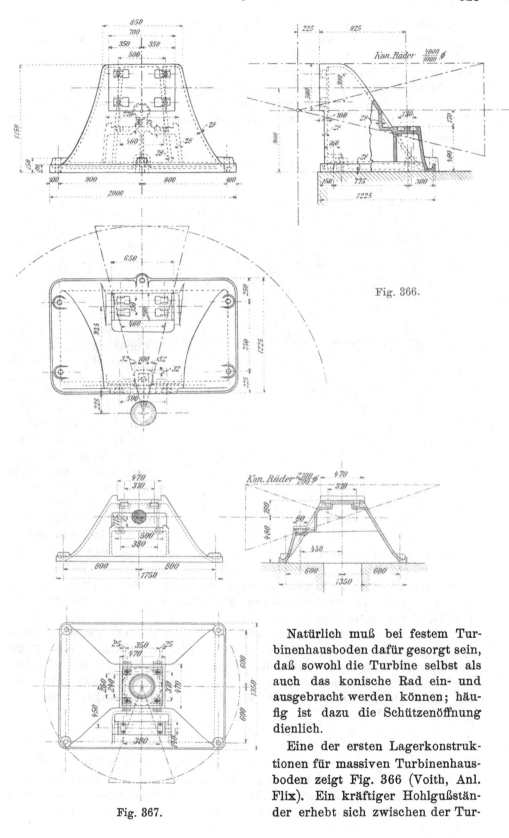

Fig. 366.

Fig. 367.

Natürlich muß bei festem Turbinenhausboden dafür gesorgt sein,
daß sowohl die Turbine selbst als
auch das konische Rad ein- und
ausgebracht werden können; häufig ist dazu die Schützenöffnung
dienlich.

Eine der ersten Lagerkonstruk-
tionen für massiven Turbinenhausboden zeigt Fig. 366 (Voith, Anl.
Flix). Ein kräftiger Hohlgußstän-
der erhebt sich zwischen der Tur-

binenwelle und dem Kammlager der wagrechten Welle, an den das Halslager der Turbine seitlich angeschraubt ist; die Turbinenwelle kann seitlich
der Lagerung bequem eingebracht werden, was bei beschränkter Lokalhöhe
und langer Turbinenwelle von Wert ist.

Dieser Form am nächsten, aber breitbasiger, steht der in Fig. 367
(Voith, Anl. Niefern) dargestellte Bock für kleinere Turbinen, mit zentral
durchgesteckter Welle und dem aus zwei symmetrischen Hälften bestehenden
Halslager.

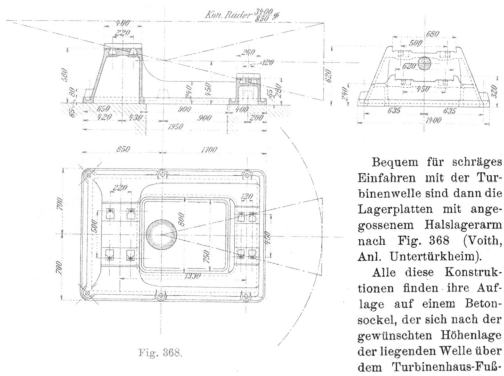

Fig. 368.

Bequem für schräges
Einfahren mit der Tur-
binenwelle sind dann die
Lagerplatten mit ange-
gossenem Halslagerarm
nach Fig. 368 (Voith,
Anl. Untertürkheim).

Alle diese Konstruk-
tionen finden ihre Auf-
lage auf einem Beton-
sockel, der sich nach der
gewünschten Höhenlage
der liegenden Welle über
dem Turbinenhaus-Fuß-

boden richtet, die Anker aber gehen zwischen den am besten paarweise
angeordneten Walzträgern durch, so daß die Lagerung auf diese Weise das
ganze Massiv der Turbinenkammerdecke mit faßt. Für halbwegs größere
Kräfte ist natürlich die Verankerung der Walzträger in den Seitenmauern
des Turbinenschachtes notwendig.

Der Arm für das Halslager wird am besten mit der Platte in einem
Stück gegossen, wie dies Fig. 368 zeigt, und das Halslager, niedrig gehalten, oben aufgesetzt. Auf diese Weise sind die Befestigungsschrauben
viel weniger beansprucht, als z. B. bei der Ausführung nach Fig. 345,
bei der Halslager und Arm als ein Stück auf dem Lagerrahmen auf-
geschraubt sind.

5. Halslager, Wellende, Kammlager.

Die Halslager der stehenden Wellen, bei den konischen Rädern, können
in ihrer Länge meist viel kleiner gehalten werden, als dies sonst für Lager
üblich ist, weil die Umdrehungszahl der Turbinenwelle noch weitaus kein
Warmlaufen befürchten läßt. Wir haben auch alle Ursache, diese Lager

kurz zu halten, damit die Höhe der Glockenform des Holzkammrades so klein als möglich wird. Die Glockenform der Radarme ermöglicht, daß das Moment des arbeitenden Zahndruckes die Turbinenwelle nicht als äußeres Biegungsmoment beansprucht, aber natürlich erhält die Welle durch den einseitigen Nabensitz ein von der Lagermitte aus mit Null anfangendes nach oben stetig wachsendes inneres Biegungsmoment, und dieses erhalten wir möglichst klein, wenn wir die Kammradnabe so dicht als tunlich der Lagermitte nähern, was eben durch kurze Lagerlänge begünstigt wird. Die Verhältnisse liegen, wie folgt:

Die Turbinenwelle bildet oberhalb des in Zahnmitte sitzenden Halslagers mit der Radnabe und dem Radarm gewissermaßen einen Bügel, wie wie in Fig. 369 übertrieben angedeutet.

Die Kraft P (der widerstehende Zahndruck des Triebes) biegt den Bügel in seinem äußeren Schenkel gegen die Drehrichtung zurück und bringt dadurch dem oberen, wagrechten Teil eine Verdrehung. Dieses

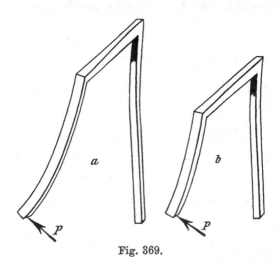

Fig. 369.

Drehmoment mag in der Wirklichkeit durch die Radarme abgefangen sein, stets wird die senkrechte Welle dadurch in der Drehrichtung vorwärts gebogen werden, aber nur das nach oben freigehende Stück der Welle. Je tiefer der verbindende wagrechte Teil zu sitzen kommt, um so weniger beträgt das auf ihn treffende Drehmoment, also auch das die Welle erfassende innere Biegungsmoment, wie dies die Form b gegenüber a zeigt. Unterhalb des Halslagers kommt bei Obergriff kein Biegungsmoment durch den arbeitenden Zahndruck zur Wirkung.

Für Untergriff ist die Sachlage einfach umgekehrt, hier entfällt auf die Welle über der Radnabe das betreffende Biegungsmoment, unterhalb der Nabe ist die Welle momentfrei.

Die Schmierung der Halslager erfolgt bei Obergriff aus besonderem, feststehendem Schmiergefäß, bei Untergriff und Hängezapfen, wie schon erwähnt, aus dem Aböl der Zapfenschmierung oder auch aus eigenem Öler.

Die liegende Hauptwelle ist gegen die schrägliegende Resultierende aus Zahndruck und Eigengewicht zu stützen, ferner in achsialer Richtung gegen den Schub der Zahnräder. Die erstgenannte Beanspruchung verteilt sich auf zwei Lager, und die Welle ist zwischen diesen beiden Lagern zweckmäßig überstark gegenüber den Rechnungswerten auszuführen. Die Wellstärke ist ja rechnungsmäßig aus Biegung und Drehung bestimmbar, aber hier wird vielfach noch ein derber Zuschlag gegeben, um Erzitterungen vorzubeugen. Das am gemeinschaftlichen Lagerrahmen sitzende innere Lager werden wir dicht an den konischen Trieb setzen, das äußere Lager je nach Bedarf.

Für die achsiale Führung der liegenden Welle kann immer durch Eindrehen derselben im inneren Lager gesorgt werden, wobei sich mühelos ein Kammlager mit einem oder zwei Kämmen schaffen läßt. Die Kämme liegen den Schmierringen des Lagers näher als die äußeren Anlaufflächen der eingedrehten Lagerstelle und sie halten auch die Schmiere viel besser, weil rundum eingeschlossen. Auf Kugelstützung der Schalen wird hier meist verzichtet, weil des Zahnbetriebes wegen die festeingelegte Lagerschale solider ist. Die oben gegen Kammlager geäußerten Bedenken kommen hier nicht in Betracht, weil die Achsialschübe verhältnismäßig unbedeutend sind gegenüber der verfügbaren Auflagefläche der Kämme.

20. Offene Turbinen.

Nunmehr sollen die äußeren Radialturbinen nach der Art ihrer Aufstellung und Wasserzuführung eingehend und an Hand der Tafeln betrachtet werden, wobei die S. 435 u. f. getroffenen Unterscheidungen die äußere Reihenfolge bestimmen.

A. Stehende Welle.

Zahnbetriebe suchen wir, wenn irgend angängig, zu vermeiden, aber die stehende Welle bedarf für Fabrikbetrieb, überhaupt für liegende Hauptwelle der konischen Zahnradübersetzung.

Die Gründe für den Antrieb einer liegenden Hauptwelle durch stehende Turbinenwelle sind also besonderer Art, sie werden am einfachsten dadurch ausgesprochen, daß wir sagen, die stehende Welle wird da angewendet, wo die liegende Welle nicht angängig ist oder, wo bei dieser notwendig auch eine Zahnradübersetzung zwischengeschaltet werden müßte, um die gewünschten Umdrehungszahlen auf der liegenden Hauptwelle zu erzielen.

Allerdings sind die letztgenannten Verhältnisse in einer Unzahl von Fällen gegeben.

Die liegende Welle ist im allgemeinen unmöglich, wenn das Gefälle nicht wenigstens doppelt so groß ist, als der äußere Leitraddurchmesser, sonst wäre die Turbine kaum richtig unterzubringen. Dazu kommt in den allermeisten Fällen die Rücksicht auf einen, wenn auch vorübergehenden, hohen Unterwasserstand bei Hochwasser, denn die Getriebe müssen doch hochwasserfrei angeordnet sein. Bei ausnahmsweise hohem Hochwasser kann immer eher noch die ganze liegende Hauptwelle von Wasser bedroht werden (alte Anlagen), als daß eine Dynamomaschine diesem ausgesetzt werden dürfte. Eine liegende Turbinenwelle mit Stirnräderbetrieb der Haupttransmission ist meist verfehlt.

Und so finden wir den Ausweg aus all diesen Unannehmlichkeiten durch Anwendung der stehenden Welle, sei es für einfache oder mehrfache Turbinen, Taf. 5 bis 14, Fig. 286 bis 296 u. a.

Nachdem bis jetzt schon vieles besprochen ist, was sich sinngemäß auf die verschiedenen Aufstellungsarten im allgemeinen anwenden läßt, sind nur noch die speziellen Aufstellungsverhältnisse, die Zuleitung des Betriebswassers und etwaige konstruktive Besonderheiten zu erledigen.

1. Einfache Turbinen mit stehender Welle.

I. Die Auflagerung der einfachen Turbine.

Je nach dem Material, aus dem das Saugrohr hergestellt wird, kommen mancherlei Arten von Auflagerung des Leitapparates in Betracht.

Das Blechsaugrohr schwebt mit seinem unteren Rande frei über der Unterkanalsohle, jede Stütze wäre der freien, vielfach auch kreisenden Bewegung des Wassers hinderlich. Das Blechsaugrohr kann deshalb im allgemeinen nicht zur Unterstützung der Turbine benutzt werden, sondern bedarf selbst eines tragenden Haltes.

So kommt es, daß bei freihängendem Blechsaugrohr der Boden der Turbinenkammer seine Eigenlast, die Last der ganzen Turbine, die des Wasserinhaltes der Kammer und noch die des Wasserinhaltes des Saugrohres bis herunter zum Unterwasserspiegel zu tragen hat und daß er dementsprechend tragfähig einzurichten ist.

Ein starkes Gewölbe ist dazu befähigt, oder aber es werden Walzträger von Seitenmauer zu Seitenmauer gelegt, deren Zwischenräume ausbetoniert sind. Eine Vereinigung beider Bodenkonstruktionen zeigt Taf. 6, bei der die beiden Walzträger hauptsächlich dazu dienen, die auf dem Gewölbescheitel ruhende Last der Turbine mehr gegen die Widerlager und die Seitenpfeiler hinüberzuleiten.

Zwischen der natürlich runden Auflageflansche der Turbine und den unterstützenden Walzträgern ist fast immer ein Zwischenring, der sog. Tragring, am Platze, der zweierlei Funktionen hat. Er muß den Anschluß an den Betonboden vermitteln und soll gleichzeitig der Turbine eine breitere Auflage schaffen. Die Walzträger können nicht dicht an das Saugrohr hingeschoben werden, Taf. 5, weil sonst die Schrauben des Saugrohranschlusses unzugänglich wären. Ohne den Tragring müßte die Auflageflansche des Leitapparates deshalb ganz wesentlich vergrößert werden, damit die Turbine zu gutem Sitz auf den Walzträgern kommt, und das würde unpraktische Formen für die Gießerei ergeben. Bequemer ist deshalb die Bildung des besonderen Tragringes, der sehr einfach herzustellen ist und der vermöge seiner Form den Betonanschluß erleichtert. Die Sitzfläche zwischen Turbine und Tragring ist gedreht, häufig auch die untere Sitzfläche des Ringes. Dieser kann dann sehr bequem montiert werden, und die Turbine wird nachher eingehängt, wie der Topf in den Herd, schließlich mit einigen wenigen (4 bis 6) Schrauben an den Ring geheftet, der seinerseits durch ebensoviele mit den Trägern verbunden wurde.

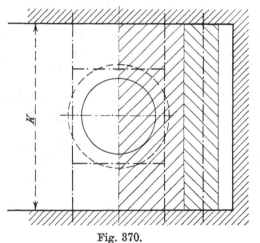

Fig. 370.

Ist der Kammerboden nur aus ausbetonierten Walzeisen gebildet, so müssen die Träger entsprechend gerechnet werden, und dabei ist besonders die Verteilung der Belastung auf die verschiedenen Träger genau in Rechnung zu stellen; die beiden Träger, auf denen die Turbine aufruht, werden viel stärker ausfallen müssen, als die anderen Tragbalken des Kammerbodens. Das erhellt aus der Fig. 370, in der die Balkenmitten angegeben und durch die schraffierten Flächen die Eigengewichts- und Wasserbelastungsgrößen für den Kammerboden dargestellt sind.

Das Gewicht der Turbinenteile selbst nebst dem Gewicht des Wassers im Saugrohr belastet dazu noch die beiden Hauptbalken. Vielfach läßt sich deren Beanspruchung etwas vermindern dadurch, daß zwei Querbalken eingeschoben werden, die ebenfalls unter den Tragring fassen und so einen Teil des Turbinen- usw. -gewichts von der Mitte wegnehmen und erst an ihren Auflagepunkten auf die Hauptträger übermitteln (Fig. 370). Liegt beispielsweise der Tragring auf acht annähernd gleichmäßig verteilten Stellen auf den Trägern, so fallen die Biegungsmomente für die Hauptträger wesentlich besser aus, als bei Abwesenheit der Querbalken.

Ungemein einfach dagegen werden die Verhältnisse der Auflagerung, sowie das Saugrohr aus Beton erstellt wird. Dann sitzt die untere Flansche des gußeisernen Saugrohranfanges, der mit dem Leitrad ein Stück bildet, direkt im Beton eingelassen, und Tragbalken, Tragring usw. bleiben weg, vergl. Taf. 18 usw., wo die Verhältnisse denen der einfachen Turbine ganz entsprechen.

Das Betreten der Turbinenkammer soll so bequem als möglich gemacht werden, gute und sichere Einsteigegelegenheit, eiserne Leiter oder Treppe (Holz kann leicht faulen), dann womöglich Zuleitung von Tageslicht (durch Fenster von der Unterwasserseite her meist möglich), dazu aber auch stabile ausgiebige Beleuchtungseinrichtungen, damit nicht die Handlaterne die einzige trübe Lichtquelle bilde. Weiter gehört hierher, daß bei geschlossener Einlaßschütze das Wasser vom Kammerboden vollständig abläuft, daß der Boden wirklich trocken werden kann. Wir erzielen dies durch die Neigung des Bodens gegen den Einlaß hin, damit auch die letzten Tropfen sich nach dorthin verlaufen. Hier ist eine kräftige Querrinne, 10 bis 20 cm tief angeordnet, Taf. 6, 10, Fig. 286, 287 usw., häufig im rechten Winkel noch weitergeführt, Taf. 18, 19 usw., in der ein einfaches Ablaßventil sitzt, etwa 150 mm im Durchmesser, einem großen Badewannenventil nicht unähnlich, das zum Abführen des Wassers dient. In dieser Rinne sammelt sich auch das durch Undichtheiten der Schütze hereinrinnende Wasser, um meistens durch das betonierte Saugrohr dem Unterwasser zuzufließen. Die Mauerwerkskante gegen die Schütze hin ist kräftig abzurunden, der guten Wasserführung im Betriebe wegen (Taf. 17, 18), aber auch zur Vermeidung des Spritzens beim hereinrinnenden Wasser; dieses rieselt dann einfach der großen Abrundung entlang.

Die Turbine selber setzen wir um 150 bis 250 mm mit der Unterkante der Einlaufbreite b_0 höher als den Boden in der Kammer, Taf. 5. Dies ist ein gewisser Schutz gegen Steine u. dergl., die das Wasser mitbringt. Auch die Querrinne wird solche Dinge schon auffangen, besonders wenn die Wand gegen aufwärts schräg anläuft, Taf. 10.

Bei abgeschützter Turbine bleibt die Kammer mit Wasser bis zur Einlaufkante der Turbine gefüllt, was für gewöhnlich ohne Belang ist. Das unter Unterwasser tauchende Saugrohr bildet einen Abschluß, der jeden Luftdurchzug von unten gegen oben unmöglich macht, was besonders für die Frostzeit sehr wertvoll ist.

II. Die Wasserzuleitung.

Man ist im allgemeinen gewohnt, eine Turbine in die Mitte der jetzt fast immer aus Beton hergestellten Kammer zu setzen und stellt auch meist keine besonderen Betrachtungen oder Berechnungen darüber an, wie das mit etwa 0,6 bis 0,9 m/sek durch die Schützenöffnung eintretende Wasser den Anfängen der Leitkanäle rundum zufließt. Dies ist auch vielfach nicht erforderlich, denn wenn die Kammer reichlich weit ist, so werden überall kleine Geschwindigkeiten vorhanden sein, besonders bei Gefällen von 3 bis 4 m an und bei verhältnismäßig kleinen Wassermengen.

Hier ist dann meist nur darauf zu sehen, daß rund um das Leitrad herum der Raum für das Beikommen zum Nachsehen der Turbine nicht zu knapp bemessen wird. Bei stehender Welle 30 bis 50 cm, wenn tunlich mehr.

Liegt aber ein kleines Gefälle vor, 1 bis 2 m, und dazu, wie fast immer, reichlich große Wassermengen, so zeigen sich Schwierigkeiten. Die Turbine erhält große Breiten b_o für die Leitschaufeln, baut sich deshalb hoch auf und nimmt mit dem großen Außendurchmesser der Leitschaufelspitzen, D_S, einen wesentlichen Teil der Breite ein, sofern die Kammer um die Turbine herum nur die Breite B besitzt wie der Einlauf bei der Schütze (Fig. 371 punktiert) auch Fig. 372.

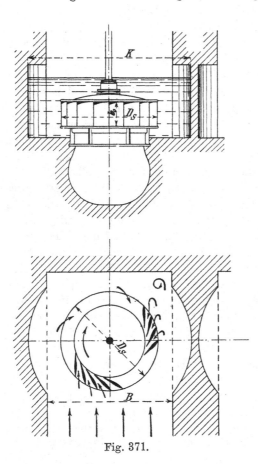

Fig. 371.

Unter solchen Verhältnissen sinkt wegen des mangelhaften Nachflusses der Wasserspiegel hinter der Turbine ab, das herbeiströmende Wasser wird sich ungleich beschleunigen, es entwickelt sich ein stürmischer Wasserzufluß, Wirbelungen entstehen, die sich als Luftwirbel leicht bis in die Leitzellen und durch diese bis ins Saugrohr hinein fortsetzen.

Ein Mittel zur Vergrößerung des Querschnittes über der Turbine, wenn die lichte Kammerbreite, also die Entfernung der Pfeiler nicht größer werden darf, wäre ja das Tieferlegen der ganzen Turbine, die schließlich völlig unter dem Unterwasserspiegel liegen dürfte, ohne an ihrer Leistungsfähigkeit Schaden zu nehmen, allein dadurch wäre die Turbine unzugänglich geworden, was auch vermieden bleiben muß.

Vielfach helfen hier Aussparungen im Mauerwerk der Seitenpfeiler, wie dies Fig. 371 u. 372, ausgezogene Linien, zeigen. Diese Nischen von kreisförmigem Grundriß sind ein Stück weit über Oberwasserspiegel fortgesetzt so hoch, daß ein Mann der auf dem Kammerboden neben der Turbine steht noch bequem vorüberkann ($\sim$ 1,9 m Lichthöhe).

Zur Sicherheit in diesen Verhältnissen kommen wir aber nur, wenn wir den Lauf des Wassers zum Turbinenumfang hin überhaupt genauer ansehen und daraus die nötigen Folgerungen ziehen.

Wir haben in Fig. 136a gesehen, in welcher Weise das Wasser gegen die Laufschaufeln strömen sollte und auch strömen wird, wenn richtig zugeleitet, wie dies auch in Fig. 211 u. a. entsprechend zum Ausdruck gekommen ist.

Wenn wir uns diese erwünschte Zuströmungsrichtung rundum an einem Leitrade aufzeichnen, wie dies Fig. 371 zeigt, so finden wir, daß das durch die Einlaßschütze kommende Wasser eigentlich nur auf der einen Seite des Leitapparates glatt in die erwünschte Zuströmungsrichtung einlenken kann, nämlich auf der Seite, bei der die Drehrichtung des Laufrades entsprechend ist, in Fig. 371 also auf der linken Seite. Auf der rechten Seite der Turbine dagegen müssen die Wasserfäden eine sehr scharfe Schwenkung um nahezu 180⁰ ausführen, um in die Leitschaufeln einzutreten.

Ist der Kammerquerschnitt reichlich an dieser Stelle, ist besonders auch über dem Turbinendeckel noch eine ziemliche Wasserhöhe vorhanden, so werden sich diese Schwenkungen ohne wesentliche Anstände vollziehen. Wirbel sind zwar in dem betreffenden Oberwasserspiegel fast stets bemerkbar, wenn auch nicht in großem Umfange.

Bei knappem Kammerquerschnitt über der Turbine, also bei Verhältnissen nach Fig. 371, ergibt sich aber, wie schon angedeutet, eine schlechte Speisung der hinteren Turbinenhälfte im Verein mit Wirbeln, die die Umstände noch verschlimmern. Richtige Abhilfe bringt hier nur die Zuleitung des Wassers unter Vermeidung der raschen Bewegungsumkehr in der Zuströmung, also eine Zuleitungsweise, bei der das Wasser den Leitapparat in der Drehrichtung der Turbine umkreist und dabei veranlaßt wird, stetig Wasser in schräger Richtung an die Leitzellen abzugeben.

Dementsprechend ist die Fig. 372 gezeichnet. Die Turbine sitzt nicht mehr in der Mitte der Kammer, sondern seitlich verschoben. Der größere Querschnitt (links) wird besonders durch Nischenaussparung befähigt, das Wasser auch für die hinteren Partien der Leitschaufeln zuzuführen, denen es durch die gekrümmte Kammerwand mit nach und nach entsprechend abnehmendem Querschnitt, also mit ziemlich gleichbleibender Geschwindigkeit zugeleitet wird. Die ganz rechts ankommenden Wasserteilchen können nach Befinden durch einen spornartigen Vorsprung gleich vor der Turbine schon in die entsprechende Richtung gewiesen werden. Die

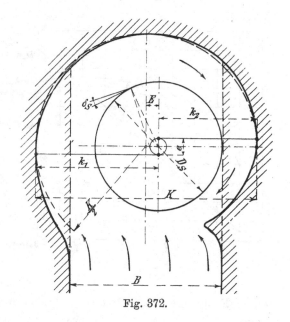

Fig. 372.

Form dieser gekrümmten Kammerwandung sollte zweifellos die Evolvente sein, und wir haben nur den Grundkreisdurchmesser festzustellen, um die Kammerwand aufzeichnen zu können.

Aus Fig. 372 entnehmen wir, daß die beiden Breiten k_1 und k_2 zu-

34*

sammen gleich der Gesamtkammerbreite K sind. Andererseits gilt, wenn E das Maß der exzentrischen Verschiebung ist,

$$k_1 - E = k_2 + E = \frac{K}{2}$$

oder $$k_1 - k_2 = 2\,E.$$

Da nun die Geraden k_1 und k_2 zwei um 180^0 gegeneinander versetzte Evolventenerzeugende darstellen, so muß deren Längenunterschied gleich dem halben Umfang des Grundkreises vom Durchmesser e sein, und wir erhalten deshalb

$$k_1 - k_2 = 2\,E = \frac{1}{2}\,e\,\pi$$

oder

$$e = \frac{4\,E}{\pi} \qquad . \quad . \quad \textbf{663.}$$

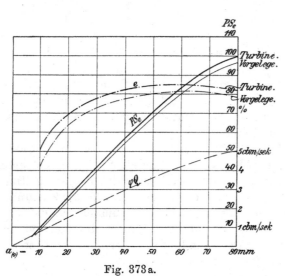

Fig. 373 a.

Der Winkel δ_S, unter dem die in der Evolvente geführten Wasserteilchen gegen die Leitschaufelspitzen, Durchmesser D_S, strömen, findet sich unter Bezugnahme auf Gl. 356 zu

$$\sin \delta_S = \frac{e}{D_S} = \frac{4\,E}{D_S \cdot \pi} \quad \textbf{664.}$$

Da es sich der Natur der Dinge nach im allgemeinen nur um Verschiebungen E von 300 bis etwa 600 mm handeln wird, so stellt sich δ_S, wie die Rechnung ergeben wird, in den meisten Fällen ziemlich kleiner ein, als der Leitschaufelanfang es wünschenswert erscheinen läßt (vgl. Fig. 211 u. a.). Dies ist aber nicht von großem Belang, und die Zuleitungsverhältnisse sind doch gegenüber der zentrischen Stellung der Turbine ganz wesentlich gebessert.

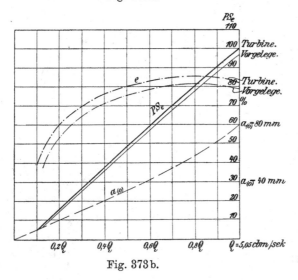

Fig. 373 b.

In der Praxis kann die Evolvente für die hintere Kammerhälfte immer durch einen Kreisbogen vom Radius $\frac{K}{2}$ ersetzt werden, wie Fig. 372 auch (punktiert) erkennen läßt. Für den Anschluß an die Einlaufbreite B aber sollte beiderseits der Evolventencharakter gewahrt bleiben. Ganz besonders gilt dies für die eigentliche Einströmseite (in Fig. 372 für die linke Seite).

Der Turbineneinbau nach Taf. 6 zeigt eine Holzabdeckung der Kammer, die aber so geführt ist, daß man, wenn auch mühselig, während des Betriebes zum Kammlager beim konischen Triebe beikommen kann. Im übrigen sei auf die Ausnutzung des Raumes zwischen dem Transmissionsboden und dem Unterwasserspiegel hingewiesen, die sehr oft möglich ist, aber trotz der Billigkeit der Herstellung sehr oft unterbleibt. Derartige Räume sind als Akkumulatorenräume, Reparaturwerkstätte, Ölkammer und dergl. oft recht wertvoll. Auch auf die beiden Fälze am Auslauf sei aufmerksam gemacht, die zum Einsetzen von Holzwänden dienen; der Zwischenraum wird mit Letten oder dergl. ausgestampft, wenn im Unterwasser bei der Turbine irgend welche Revision das Auspumpen des Raumes unter der Turbine erfordert.

Die Figuren 373a und 373b zeigen die Bremsergebnisse einer einfachen Turbine mit stehender Welle die von Voith-Heidenheim für 1,8 m Gefälle (Anl. Oberriexingen) ausgeführt wurde. Fig. 373a enthält die PSe, φQ und e nach Leitschaufelweiten $a_{(0)}$, Fig. 373b die PSe, e und $a_{(0)}$ nach φQ geordnet.

2. Die Doppelturbine mit stehender Welle.

Die Doppelturbinen mit stehender Welle dienen fast ausschließlich dem unmittelbaren Dynamoantrieb, wie dies u. a. die Taf. 8 bis 11 zeigen.

Doppelturbinen mit konischen Rädern zu vereinigen, ist im allgemeinen nicht üblich, denn die Doppelturbine mit stehender Welle ist in ihrem Wasserbau und als Maschine an sich teurer als die Doppelturbine mit liegender Welle, von der aus die liegende Haupttransmission durch Riemen- oder Seilbetrieb, unter Wegfall der Räder, erreicht werden könnte.

Wir können zwei Turbinen, parallel geschaltet, in vier verschiedenen Stellungen zueinander ausführen, wie dies die schematischen Fig. 287 bis 290, Seite 436 und 437, ersehen lassen.

Wir finden in Fig. 287 zwei übereinandergesetzte einfache Turbinen, Wasserausfluß gegen abwärts, wobei natürlich für die obere eine seitliche Ablenkung des Saugrohres nötig wurde. Der Deckel über dem unteren Laufrade hat den Zweck, die Belastung abzufangen, welche durch die Umlenkung des oberen Saugrohrwassers aus der vertikalen in die horizontale Richtung gegen abwärts erzeugt wird.

Die Nabe des Armkreuzes im unteren Saugrohr soll als Führungslager für die Welle dienen, die aber auch in dem Deckel der unteren Turbine gelagert werden kann derart, daß das Armkreuz entbehrlich würde. Für den Zapfenwechsel kann der oberste Schleifrand als Auflage dienen.

Eine Aufstellung solcher Doppelturbinen aus der Praxis zeigt Taf. 11, welche außerdem die Eigentümlichkeit aufweist, daß zwei im übrigen ganz voneinander unabhängige Doppelturbinen in einer gemeinschaftlichen Kammer eingebaut sind. Dies ist eine Anordnung, die man sich aber nur gestatten darf, wenn es die örtlichen Umstände gebieterisch verlangen und besonders, wenn, wie hier auch, außer den beiden Doppelturbinen noch weitere Turbinen vorhanden sind, damit nicht eine Betriebsstörung an einer der Doppelturbinen das ganze Werk zum Stillstande verurteilt. Hier sind keine besonderen Tragringe angeordnet.

In Fig. 288 ist die Anordnung umgedreht, wir finden die Ausflüsse gegen aufwärts gerichtet, damit die hier undurchbrochenen Laufradböden vom Oberwasser her durch die durchbrochenen Tragstücke Druckwasser erhalten können. Auf diese Weise kann, abgesehen von den Widerstandshöhen der Saugrohre, das ganze Gefälle auf die Laufradböden, Durchmesser $d_1{}^a$, gegen aufwärts wirksam eintreten und den Spurzapfen sehr kräftig entlasten. Beispielsweise kommt bei 5 m Gefälle und 1,5 m äußerem Laufraddurchmesser ein Druck nach oben von rund

$$2 \cdot 1{,}5^2 \frac{\pi}{4} \cdot 5 \cdot 1000 = \sim 17\,000 \text{ kg}$$

zustande.

Nicht außer acht darf bei der Ausnutzung einer derartigen Entlastungseinrichtung aber bleiben, daß sie nur funktioniert, solange die Kammer und die Saugrohre mit Wasser voll angefüllt sind. Sitzen große Schwungmassen für Regulierungszwecke auf der Turbinenwelle, so kommt die Turbine nicht sofort nach dem Abschützen zum Stillstand, sondern das Arbeitsvermögen der Schwungmassen ist, besonders bei sehr guten Spurlagerverhältnissen, imstande, eine solche transmissionslose Turbine noch viertelstundenlang und mehr in langsam abnehmender freier Drehung zu erhalten. Soll der Zapfen durch die beim Fehlen der Entlastung vergrößerte Reibung nicht gefährdet sein, so muß entweder die Zapfenfläche entsprechend bemessen werden, oder aber es müssen die beiden Entlastungsräume gegen die Kammer abgeschlossen und durch ein weites Rohr von außerhalb der Einlaßschütze mit Druckwasser gespeist werden. Und selbst dann kann die volle Entlastung nicht erhalten bleiben, weil sich die Saugrohre alsbald entleeren, sowie der absinkende Wasserspiegel die Oberkante der Lichtweite b_0 beim oberen Leitapparat erreicht hat, weil also dann nur Druck-, aber keine Saugwirkungen zur Verfügung sind.

Die Anordnung ist nicht billig und bedarf größerer Höhe als die nach Fig. 287; außerdem läßt die Zugänglichkeit zu wünschen übrig, und es steht leicht zu erwarten, daß die Entleerung des oberen der beiden Saugrohranschlüsse von Luft sehr lange Zeit beansprucht, was für eine glatte Ingangsetzung hinderlich ist. Letzterem Übelstande ließe sich durch Anbringen einer Wasserstrahlluftpumpe oben am Rohre abhelfen. Betriebsgefälle ist ja hierfür stets vorhanden.

Für den Spurzapfenwechsel ist im unteren Halslager eine besondere Stützplatte eingelegt, auf die sich die Welle absenken kann.

Die Doppelturbine nach Fig. 289 kann nur mit einer Druckfläche für Zapfenentlastung ausgestattet werden und kommt dafür mit einer einfacheren Saugrohrführung aus. Die ganze Anordnung ist billiger als die nach Fig. 288. Damit sich hier die einander entgegenstrebenden Wasserströme der beiden Austritte nicht beengen, findet sich hier und da ein Ableitungsschirm eingebaut, nach der Seite wirkend, wie — — — — eingezeichnet.

Wie eine solche Anordnung in der Praxis aussieht, zeigt die Taf. 10 im Verein mit den Taf. 8 und 9.

Die beiden Leiträder sind von oben und unten her an ein stark erweitertes „T-Stück" aus Blech angesetzt, welches einfach gegen das in der Mauer fest einbetonierte und verankerte Saugrohr geschraubt ist und dazu auf der Innenseite auf einem breitbasigen Walzträger aufruht. Das Blechsaugrohr mündet in schräger Richtung gegen das Unterwasser aus. Im Betriebe preßt der ganze Gefälledruck das T-Stück gegen das Saugrohr hin.

Wie die ausführende Fabrik, Briegleb Hansen & Co., Gotha, dem Verfasser mitteilte, mußten die Turbinen unter Schonung alter Fundamentmauern (Pfahlrost) eingebaut werden, was aber durch die geschilderte Anordnung sehr gut gelöst wurde. Das „T-Stück" ist reichlich weit gehalten, um das Gegeneinanderprallen der beiden Abwasserströme mehr auszugleichen und um noch Gelegenheit zur Anbringung eines soliden Führungslagers für die massive Turbinenwelle zu schaffen, das in zwei wagrechten Armen gehalten (Grundriß, Taf. 8) und außerdem noch mit zwei Spannstangen gegen vertikale Verschiebung (Aufriß) gesichert ist. Stopfbüchsen sollen das von außen her geschmierte Lager vor den Verunreinigungen des Betriebswassers schützen. Ein Mannloch in der wagrechten Rohrachse ermöglicht das Zukommen.

Die sonstige Anordnung dieser Turbinen bietet manches Interessante. Der äußere Radkranz (Taf. 8, oben) schließt sich mit einem von unten her kommenden Schleifrand an den Leitkranz an und hat dazu eine rippenförmige Verstärkung, weil der Kranz selbst nicht sehr hoch ist. Wegen der Konstruktion der Drehschaufeln siehe auch S. 379, 386 u. f. Für Regulierungszwecke war die Anbringung eines Schwungrades nötig, das ziemlich dicht über dem Oberwasserspiegel untergebracht ist. Das Schwungrad ist einteilig, aber mit gespaltener Nabe ausgeführt. Oberhalb des Schwungrades findet durch kleine konische Räder der Regulatorantrieb seine Erledigung, und darüber folgt über einem Halslager der Mittelzapfen für Turbine und Schwungrad, während die Dynamowelle, nur durch eine nachgiebige Kuppelung mit der Schwungradwelle verbunden, ihren besonderen Zapfen am oberen Ende besitzt. Das Gewicht der rotierenden Teile ist hier also auf zwei Spurlager verteilt, und zwar, der nachgiebigen Kuppelung wegen, in ganz bestimmter Weise.

Der Mittelzapfen der Turbine ist in Taf. 9 im Schnitt dargestellt. Er enthält, wie schon erwähnt, 23 Rollkugeln von $1\frac{1}{4}''$ engl. Durchmesser für eine Belastung von 9000 kg bei 175 Umdrehungen.

Da beide Leiträder mit dichtschließenden Deckeln versehen sind, so ist hier auf die Entlastung verzichtet. Dagegen sei auf den großen Durchmesser hingewiesen, den der oberste Leitradkranz besitzt. Nach Angabe der Fabrik ist die Absicht bei dieser Vergrößerung, der Wirbelbildung beim Eintritt in die Leitschaufeln entgegenzuwirken, die allenfalls durch die relativ hohe Lage des oberen Leitapparates und die Nähe des Oberwasserspiegels sich einstellen könnte.

Die Grube unter dem unteren Laufrade dient auch als Kiesfang und liegt mit ihrer Sohle unterhalb des Unterwasserspiegels. Damit sie von hineingeratenem Ge-

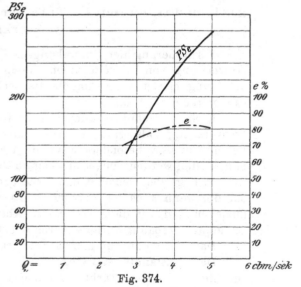

Fig. 374.

rölle, Sand usw. auf einfache Weise gereinigt werden kann, ist statt des sonst üblichen Leerventils ein einfacher Schieber von 500 mm Durchlaßöffnung eingebaut, der bei gefüllter Turbinenkammer, also während des

Betriebes, vom Zwischenboden aus betätigt werden kann (Taf. 9). Eine besondere Anpreßvorrichtung, schrägliegender Hebel, dient dazu, den Gegendruck des Unterwassers abzufangen, wenn die Kammer, der Untersuchung der unteren Turbine wegen, ganz ausgepumpt werden soll. Die Turbinen ergaben bei Bremsversuchen die aus Fig. 374 ersichtlichen mechanischen Nutzeffekte, deren Höhe zu einem Teil sicher der Verwendung des Rollkugelzapfens zuzuschreiben ist.

In Fig. 290 ist die vierte Anordnung der Doppelturbinen dargestellt, die Laufräder stehen Rücken an Rücken, wodurch eine verhältnismäßig kleine Bauhöhe erzielt werden kann, dagegen ist das Auseinandernehmen der Turbine wie bei Fig. 288 nicht einfach.

Bei den Anordnungen nach den schematischen Fig. 287 bis 290 ist ein Aufruhen auf der Sohle der Turbinenkammer vorausgesetzt. Hier würden die Schaufelbolzen nach Fig. 216 u. a. bei der unteren Turbine außer den Bolzendrücken und der ruhigen Deckellast durch Wasserdruck noch das ganze Gewicht der ruhenden Turbinenteile aufzunehmen haben, dazu sollte noch eine gewisse Seitensteifigkeit kommen, der Stabilität des Ganzen wegen.

Können die Schaufeln und Schaufelbolzen nicht entsprechend kräftig gehalten werden, so haben hier die schon erwähnten sonstigen Versteifungen zwischen den Leitkränzen einzutreten, sofern nicht Konstruktionen mit starken Stangen, wie in Taf. 8 und 9, angewendet werden, oder es empfiehlt sich die Bellsche Schaufelanordnung mit ihrer ausgiebigen Kranzversteifung durch die feststehenden Leitschaufelwände (Fig. 283).

Der Einbau nach Taf. 8, 9 und 10 zeigt beide Leitapparate freischwebend, den mittleren Blechkessel solide gehalten. Hier hätten die Schaufelbolzen nach Fig. 216 u. a. abgesehen von den Bolzendrücken der Schaufeln selbst, auch nur die ruhige Deckelbelastung durch Wasserdruck auszuhalten und hätten deshalb auch angewendet werden können.

2a. Hochwasserreserve. Turbinen mit Normalwasser- und Hochwasserkranz.

Vergrößerung der Umdrehungszahl ist fast immer die Absicht bei der Anwendung von Doppelturbinen. Doch liegt hier und da eine andere Veranlassung hierzu vor, nämlich die Schaffung einer Hochwasserreserve für die betreffende Anlage.

Kleinere Gefälle werden durch Hochwasser verhältnismäßig viel mehr beeinträchtigt als größere. Die Turbinen unter kleinen Gefällen gehen bei Hochwasser, besonders wenn die Umdrehungszahl des normalen Gefälles eingehalten werden muß, sehr rasch in ihren Leistungen zurück (Gl. 597 u. a.), und so liegt der Gedanke nahe, die großen Wassermengen der Hochwasserstände, wenn auch mit verringertem Gefälle, mit zur Arbeitsleistung heranzuziehen und auf diese Weise den Abgang zu ersetzen, den die für Normalgefälle gebaute Turbine durch die Gefälleverminderung erleidet.

Das kann nun auf mancherlei Art und Weise gemacht werden.

Der umständlichste Weg ist die Aufstellung besonderer Hochwasserturbinen in eigenen Turbinenkammern oder wenigstens mit eigenem Transmissionsanschluß, eine Ausführung, die kaum irgendwo einmal sich vorfinden wird, schon der hohen Anlagekosten wegen, die sich in der doch immer kurzen Hochwasserzeit nicht bezahlt machen können.

Der wesentlich einfachere Weg ist die Verwendung einer Doppelturbine mit einem Leit- und Laufrad für normales Gefälle und einem solchen für Hochwassergefälle an Stelle einer einfachen Turbine, wobei in Hochwasserzeiten meist beide Laufräder gleichzeitig zu arbeiten haben.

Die Doppelturbinen nach Fig. 287 bis 290 können ohne weiteres für einen derartigen Betrieb eingerichtet werden, wobei folgendes zu beachten ist:

Das, kurz gesagt, Hochwasserlaufrad muß in den Zeiten der normalen Gefälleverhältnisse sehr sorgfältig gegen Wasserzutritt von außen her geschützt werden, denn würden die Leitschaufeln Wasser durchrinnen lassen, so wäre dies genau in der Weise zu beurteilen, wie S. 292 schon erwähnt, Arbeitsverluste von beträchtlicher Höhe könnten die Folgen sein. Der Abschluß sollte durch eine Ringschütze im Schaufelspalt erfolgen, die den Leitapparat ganz dicht absperrt. Es ist weiter zu beachten, daß sich das vom Außenwasser dicht abgeschlossene Hochwasserlaufrad von rückwärts aus dem Saugrohr mit Wasser füllen und schließlich zwischen dem Eintritt und Austritt einen Druckhöhenunterschied im Betrage $\dfrac{u_1{}^2 - u_2{}^2}{2\,g}$ schaffen kann, unter welchem nach oben und unten Wasser durch den Spalt zwischen Laufrad und Ringschütze aus dem Radinnern gegen außen entweichen wird. Das Hochwasserlaufrad hat also die Tendenz, in normalen Zeiten als Zentrifugalpumpe zu wirken und einen Wasserumlauf aus dem Kranzspalt heraus über den Radboden hinweg und zurück zu den Entlastungslöchern einzuleiten, der nach Möglichkeit hintangehalten werden muß, weil er eben auch Betriebskraft, wenn auch in geringerem Grade, beansprucht. Enger Spalt zwischen der sauber auszudrehenden Ringschütze und dem Außendurchmesser der Kränze am Hochwasserlaufrad ist das Mittel, das ganz wesentlich unterstützt wird, wenn wir der Entwickelung des Rotationsparaboloids nichts in den Weg legen.

Darüber, welchen Arbeitsbetrag das im Wasser umlaufende Hochwasserlaufrad verzehrt, sind dem Verfasser genaue Angaben nicht bekannt.

Das Hochwasserleitrad enthält meist feststehende Leitschaufeln von großem Betrage der a_0. Eine rationell wirkende Wassermengenregulierung ist dabei unnötig, und die erwähnte Ringschütze genügt für die sonstige Einstellung vollständig.

Für die Größenbemessung des Hochwasserlaufrades werden die Verhältnisse im allgemeinen annähernd so liegen, wie folgendes Zahlenbeispiel erkennen lassen mag:

Das Normalwasserlaufrad besitze bei einem Gefälle von $H = 3$ m und einer Wassermenge von 4 cbm/sek ein normales Leistungsvermögen von $\dfrac{3 \cdot 4 \cdot 1000}{75} \cdot 0{,}80 = 128$ PSe bei einem mechanischen Nutzeffekt von $e = 0{,}80$, einem hydraulischen von etwa $\varepsilon = 0{,}82$ entsprechend.

Es soll ein Hochwasserlaufrad beigefügt werden, das zu bewirken hat, daß bei einem Rückgang des Gefälles auf $h = 2$ m und unter Einhaltung der normalen Geschwindigkeit noch die volle Leistung von 128 PSe gesichert ist.

Liegen Bremsergebnisse eines gleichgebauten Normalwasserlaufrades vor, so kann die Leistung des hier in Betracht kommenden Normalwasserlaufrades bei verkleinertem Gefälle (2 m) etwa nach Gl. 593 gerechnet werden. Sind keine solche Daten erhältlich, so kann nach der in Gl. 597 niedergelegten Faustformel gerechnet werden. Diese gäbe hier für $h = 2$ m

$$N_h = 128 \left(1 - 1{,}5 \cdot \frac{3-2}{3}\right) = 64 \text{ PSe.}$$

Das Hochwasserlaufrad hat also bei 2 m Gefälle 128 — 64 = 64 PSe zu entwickeln. Bei nur $75\,^0/_0$ Nutzeffekt würde dies verlangen, daß demselben eine sekundliche Wassermenge von

$$Q = \frac{64 \cdot 75}{2 \cdot 1000 \cdot 0,75} = 3,2 \text{ cbm/sek}$$

zuzuführen ist.

Für die Saugrohrverhältnisse gilt dann folgendes:

Die Austrittsfläche des Normalwasserlaufrades hat eine durch den zugelassenen Austrittsverlust α_2 für 3 m gegebene Größe (Gl. 358, S. 136 usw.), und diese Größe bleibt an sich natürlich unverändert. Aber auch, wenn die verarbeitete Wassermenge kleiner wird, ermäßigt sich der Bedarf an Austrittsfläche nicht, wie schon S. 320 dargelegt, und die Abnahme des Gefälles bleibt auf diesen Bedarf deshalb ohne Einfluß. Dementsprechend ist in dem, beiden Laufrädern gemeinschaftlichen, Saugrohr ein entsprechender Anteil am Gesamtquerschnitt für das Normalwasserlaufrad zu reservieren, und dieser Anteil bleibt sich unter allen Gefälleverhältnissen ganz gleich, weil eben die Austrittsfläche ganz unabhängig vom Wasserverbrauch stets voll ausgenutzt wird.

Neben diesem Anteil am Saugrohrquerschnitt ist dann noch der für das Hochwasserlaufrad zu beschaffen, wobei hier meist ein größerer Austrittsverlust zugrunde gelegt wird, etwa $10\,^0/_0$, damit der erforderliche Saugrohrquerschnitt nicht zu groß ausfalle. Daher auch die Annahme geringeren Nutzeffektes bei der Berechnung der betreffenden Wassermenge.

Mit den vorgenannten Zahlen würde sich bei $6\,^0/_0$ Austrittsverlust für das Normalrad und $10\,^0/_0$ für das Hochwasserlaufrad ergeben:

Normalwasserlaufrad	Hochwasserlaufrad
$H = 3$ m	$h = 2$ m
$\alpha_2 = 0,06$	$\alpha_2 = 0,10$
$w_2 = \sqrt{2g \cdot 0,06 \cdot 3} = 1,88$ m/sek	$w_2 = \sqrt{2g \cdot 0,10 \cdot 2} = 1,98$ m/sek

$$\delta_2 = 90^0; \quad \frac{a_2 + s_2}{a_2} = 1,1$$

$F_2 = \dfrac{4}{1,88} \cdot 1,1 = 2,34$ qm	$F_2 = \dfrac{3,2}{1,98} \cdot 1,1 = 1,78$ qm

Mithin erforderlich ein gesamter Saugrohrquerschnitt von 4,12 qm.

Der kleiner erforderliche Saugrohrquerschnitt des Hochwasserlaufrades ist an sich auch deshalb erwünscht, weil er gestattet, das Laufrad im Eintrittsdurchmesser (Fig. 289 z. B.) kleiner zu halten, was der Winkelverhältnisse am Eintritt wegen willkommen ist.

Haben beide Laufräder gleichen Außendurchmesser, so wird der Eintrittswinkel β_1 beim Hochwasserlaufrad ziemlich größer genommen werden müssen, da zwar die Winkelgeschwindigkeit für beide Räder gleich, also die Umfangsgeschwindigkeiten u_1 ungefähr gleich sind, aber für das Normalrad ist das Gefälle H zugrunde gelegt, während das stoßfreie Nachfüllen der Reaktionsgefäße für das Hochwasserlaufrad bei dem verkleinerten Gefälle h einzutreten hat (Gl. 350).

Hat beispielsweise das Normalrad $\beta_1 = 90^0$, so ist für dieses

$$u_1 = \sqrt{g \varepsilon H} = \sqrt{9,81 \cdot 0,82 \cdot 3} = 4,91 \text{ m/sek}$$

und wenn der Eintrittsdurchmesser D_1 des Hochwasserlaufrades zu 0,9 des

Durchmessers D_1 des Normalwasserlaufrades geschätzt wird (vergl. S. 225 u. f.), so verlangt dies für das Hochwasserlaufrad einen Betrag von

$$u_1 = 4{,}91 \cdot 0{,}9 = 4{,}419 \text{ m/sek} = \sqrt{g \, \varepsilon \, h \left(1 - \frac{\operatorname{tg} \delta_1}{\operatorname{tg} \beta_1}\right)}$$

Wenn für $\operatorname{tg} \delta_1$ einfach 0,5 angenommen wird, was $\delta = \sim 26\,{}^1/_2{}^0$ entspricht, so findet sich hieraus mit $h = 2$ m und $\varepsilon = 0{,}75$

$$\operatorname{tg} \beta_1 = -1{,}529; \qquad \beta_1 = 180^0 - 56^0\,50' = 123^0\,10'.$$

Nun gestattet die kleinere Austrittsfläche des Hochwasserlaufrades, 1,78 qm gegenüber 2,34 qm, den Eintrittsdurchmesser D_1 desselben vielleicht noch kleiner anzunehmen, z. B. 0,85 von dem des Normalwasserlaufrades. In diesem Falle ist u_1 für das erstere Laufrad nur $4{,}91 \cdot 0{,}85 = 4{,}173$ m/sek, und hieraus ergibt sich

$$\operatorname{tg} \beta_1 = -2{,}718; \qquad \beta_1 = 180^0 - 69^0\,50' = 110^0\,10'.$$

Die Schaufelformen werden also für kleineren Eintrittsdurchmesser des Hochwasserlaufrades besser ausführbar.

Die meisten Turbinen, die Hochwasserkränze als besondere Ausstattung erhalten haben, sind aber nicht als Doppelturbinen im seitherigen Sinne ausgebildet worden, sondern sie enthalten fast immer die beiden Laufräder unmittelbar übereinandersitzend als zwei Etagen desselben Laufrades, also konzentrisch in das gemeinschaftliche Saugrohr ausgießend, wie dies Fig. 375 zeigt.

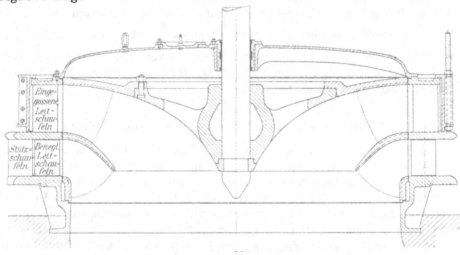

Fig. 375.

Die Berechnung dieser sog. „Etagenturbinen" ist genau dem seitherigen Gange entsprechend; wir werden uns vorzustellen haben, daß, beispielsweise bei obenliegendem Hochwasserkranz, dessen Abwasser die mittleren Partien des Saugrohres, dessen Kern, durchströmt wird, während das Abwasser der Normaletage einen äußeren, den Kern umschließenden Ringquerschnitt in Beschlag nimmt. Es kommt dabei gar nicht darauf an, daß sich der Konstrukteur ernstlich abmüht, in den zwei konzentrischen Saugrohrquer-

schnitten etwa gleiche Geschwindigkeiten herbeiführen zu wollen, der Betrieb ist ganz gut denkbar in der Weise, daß z. B. von der Hochwasseretage ein mittlerer Wasserkern mit größerer Geschwindigkeit durch den
umgebenden Ring des Abwassers von der Normaletage durchschießt.

Nach den vorher genannten Zahlen würde sich der Saugrohrquerschnitt
zusammensetzen aus einem inneren Kreisquerschnitt von 1,78 qm oder rund
1,5 m Durchmesser, umschlossen von einem Ringquerschnitt von rund 2,3 m
Außendurchmesser, dieser dem Gesamtquerschnitt von 4,12 qm entsprechend.

Ein Nachteil dieser letztgenannten Anordnung ist die verhältnismäßig
kleine Umdrehungszahl der Turbine, weil der Saugrohrdurchmesser eben
für die beiden Wasserquanten gerichtet werden muß, und weil deshalb die
D_1 groß ausfallen.

Da die Ringschütze im Spalt des Hochwasserlaufrades sich konstruktiv
besser einordnet, wenn sie nach oben gezogen werden kann (Fig. 375), so
ergibt sich daraus die Anordnung der Hochwasseretage über derjenigen
für den Normalbetrieb.

Vielfach kann eine Hochwasserreserve in kleinerem Umfang für die
einfache Turbine aber auch auf folgendem Wege beschafft werden:

Die meisten Bremsversuche von Turbinen mit Spaltdruckregulierung
zeigen, daß die Nutzeffektziffern e, von voller Füllung ausgehend, zuerst
noch ansteigen, wenn die Wassermenge vermindert wird, was sich der
Hauptsache nach aus der anfänglichen Abnahme der w_2 (Fig. 193 und 194 usw.)
erklärt. Wenn nun die Turbine so bemessen wird, daß die für normales
Gefälle H vorhandene Wassermenge Q_H gar nicht als größte Wassermenge
der Rechnung zugrunde gelegt, daß diese als ein Bruchteil der größten
Wassermenge Q angesehen wird, meist $Q_H = \sim \frac{3}{4} Q$, besser gesagt $Q = \frac{4}{3} Q_H$,
so wird die Normalwassermenge mit besserem Nutzeffekt verarbeitet werden
und die Schluckfähigkeit der Turbine bei Hochwasser durch Vollöffnen der
Leitschaufeln noch steigerungsfähig sein.

3. Die Dreifachturbinen mit stehender Welle.

Wir könnten der Doppelturbine der Fig. 287 einfach oben noch eine
dritte, gegen unten ausgießende Turbine aufsetzen und deren Saugrohr
auch seitwärts ableiten; diese Anordnung würde aber eine sehr große Höhe
beanspruchen, also für kleinere Gefälle, bei denen gerade die Mehrfachturbinen in Frage kommen, eine wesentliche Verteuerung der baulichen
und auch der maschinellen Anlage im Gefolge haben. Wir verzichten auf
diese Art der Disposition und erhalten dann die vier in den Fig. 291 bis 294,
S. 438 und 439, schematisch dargestellten Anordnungen, bei denen jedesmal
ein Paar Laufräder Rücken an Rücken sitzend vorkommt.

Freie Laufräder als Entlastungsflächen sind ohne weitere Veranstaltung
in den Anordnungen Fig. 293 und 294 zur Verfügung. Da aber bei beiden
die oberen Saugrohranschlüsse sehr nahe dem Oberwasserspiegel liegen, so
werden diese Anordnungen, wenn möglich, vermieden. Auch die Anordnung
nach Fig. 291 hat diesen Übelstand; so kommt es, daß diejenige nach
Fig. 292 mit dem tieferliegenden Saugrohranschluß die bessere Gewähr für
den Betrieb bildet, und diese ist auch von Gebr. Bell & Co., Kriens bei Luzern,

der Anlage Beznau an der Aare zugrunde gelegt worden, Taf. 12. Dabei hat der Konstrukteur die beiden unteren Laufräder so weit auseinander gerückt, daß zwischen beiden ein Halslager für die Turbinenwelle auf einem gegen unten dicht abschließenden Deckel angebracht werden konnte. Auf diese Weise durfte nicht nur das Führungskreuz im unteren Saugrohr wegfallen, sondern die untere Fläche des mittleren, gegen oben ausgießenden, Laufrades von 2300 Außendurchmesser steht unter Wasserdruck, dient also mit dem ganzen Gefälledruck als Entlastungsfläche, während der Deckel den Wasserdruck in üblicher Weise vom untersten Laufrade fernhält. Der

Entlastungsdruck stellt sich bei 4,4 m Gefälle auf $2,3^2 \frac{\pi}{4} \cdot 4,4 \cdot 1000 = \sim 18\,300$ kg.

Von oben her sind die beiden im Wasser liegenden Halslager durch Stopfbüchsen gegen das Eindringen von Unreinlichkeiten aus dem Betriebswasser abgedeckt, die natürlich nur ganz wenig angezogen sein sollten, weil sie nicht gegen irgend welche Druckdifferenz standzuhalten haben. Von unten her sind die Lager gewissermaßen offen.

Sämtliche sich drehenden Teile ruhen auf einem Ringzapfen, der als Mittelzapfen auf der Welle der Dynamomaschine unterhalb derselben eingebaut ist. Er sitzt so hoch, daß er gerade noch den höchsten Oberwasserspiegel überragt. Derselbe wird von einem entsprechend hochgezogenen kegelförmigen, mit Armen versteiften und auf einem einbetonierten Ring zentrisch verschraubten Deckel der Turbinenkammer getragen, welcher zum Abschluß des Hausinnern gegen die hohen Oberwasserstände dient. Ein halbmeterweites Standrohr auf diesem Deckel vermittelt den Luftausgleich für das Innere der Turbinenkammer.

Für die Schmierung und Entlastung des Ringzapfens von etwa 600 mm äußeren und 400 mm inneren Durchmesser kommt Preßöl von $p_0 = 25$ bis 30 kg/qcm Druck zur Anwendung. Nach Angabe der Firma Bell & Co. beträgt der Entlastungsdruck durch Preßöl bis zu $P_0 = 30\,000$ kg. Aus diesen Daten würde im Anschluß an Fig. 336 und Gl. 638 die erforderliche Ausdrehungsbreite zu etwa 60 mm folgen und demgemäß gegen außen und innen eine Sitzfläche von je ungefähr 20 mm übrig bleiben.

Beim Zapfenwechsel stützt sich die massive Turbinenwelle auf einen eigens zu diesem Zwecke im unteren Saugrohrkrümmer montierten Tragbock, der mit verstellbarer Schraubenspindel für das Aufruhen des Wellendes versehen ist. Die Saugrohre erbreitern sich natürlich gegen die Mündungen hin ganz wesentlich.

Für die Leitapparate sind ausgedrehte Tragringe angeordnet, an welche der Beton der Turbinenkammer seitlich anschließt, und diese Tragringe sind untereinander durch je vier Gußsäulen verbunden. Auf diese Weise ist nicht nur in der Werkstätte ein präzises Zusammenbauen des Ganzen gewährleistet, sondern es ist auch Sicherheit gegeben, daß kleinere Senkungen oder Verschiebungen im Mauerwerk der Turbinenkammer noch fast gar keinen Einfluß auf die Turbine selbst auszuüben vermögen.

Die Regulierringe führen sich in Kugelrollbahnen, wie schon früher beschrieben, Fig. 283, dagegen ist der Anschluß an die drehbaren Schaufelzungen nicht wie in genannter Figur mit Zahngetriebe, sondern durch kurze Lenkstängchen bewerkstelligt, die sich für „ganz zu" in der Nähe der Strecklage befinden.

Eine gemeinschaftliche Regulierwelle bedient die drei Leitkränze gleichzeitig durch jeweils zwei Lenkstangen nach dem Schema der Fig. 256, Ausgleicher sind, der Kugelrollenlagerung wegen, nicht erforderlich.

Durch sogenannten stehenden Riemenbetrieb ist die senkrechte Regulatorwelle von der Turbinenwelle angetrieben.

Auch hier sind am Saugrohrauslauf doppelte Fälze angebracht, zum Abdämmen des Kammerraumes gegen das Unterwasser. Ein auf den unteren Pfeilerköpfen entlang führender Laufsteg im Verein mit einem I-Trägergeleise für eine Laufkatze, das mittelst Konsolen an der Hauswand solid angehängt ist, erleichtern das Abdämmen ganz wesentlich.

Für das erforderliche Auspumpen ist eine wagrechte, gemeinschaftliche Rohrleitung von 400 mm Durchmesser über sämtliche Turbinenkammern entlang gelegt, von der in jede Kammer ein senkrechtes Saugrohr abzweigt, durch ein unter Wasser liegendes Absperrventil verschlossen, dessen Spindel im Rohre senkrecht nach oben geführt ist, damit das Ventil vom Gang über den Saugrohren aus gehandhabt werden kann. Das Ventil selbst muß unter dem Unterwasserspiegel liegen, damit sich für gewöhnlich unter demselben keine Luft ansammeln kann, denn beim Einschalten der betreffenden Kammer an die Saugleitung würde die aufsteigende Luft die Tätigkeit der Entleerungszentrifugalpumpe stören. Das Ventil wird zweckmäßig als selbstschließendes Fußventil eingerichtet, das durch die Spindel nur niedergehalten ist.

Besonders soll auch noch auf die Anbringung von Steigleitern und Treppen hingewiesen sein, die das Besteigen der Kammern sehr erleichtern.

All diese Einrichtungen zeigen, daß sich die ausführende Fabrik darüber klar gewesen, daß es mit der guten Ausführung der Turbinen allein nicht getan ist, sondern daß die ganze Anlage ein organisches Ganze zu bilden hat, bei dem für alle Vorkommnisse Vorsorge zu treffen ist.

Die Taf. 12 zeigt in ihrer oberen linken Ecke ein Stück vom Grundriß der Anlage im Maßstab 1 : 400, woraus die Gesamtanordnung ersehen werden kann. Die Erregerturbinen, 85 Umdr./Min. von 450 PSe. sind am einen Ende der Halle angeordnet und betreiben außer den Erregerdynamos auch noch durch konische Räder je eine dreizylindrige Öldruckpumpe, welche das Preßöl von 25 bis 30 Atm. in die Speiseleitungen fördert, die zu den Zapfenentlastungen, den Öldruckregulatoren und den mit Preßkolben betriebenen Einlaufschützen führen. Je ein Windkessel dient der betreffenden Leitung als Akkumulator und ist mit Luftkompressionspumpe für den Ersatz der verbrauchten Luft versehen. Die Leitungen können selbstverständlich untereinander verbunden werden, damit die Preßöllieferung und der Preßölverbrauch sich besser ausgleichen können. Auch die Handregulierung der Turbinen, die bei etwa ausgeschaltetem Regulator benötigt wird, erfolgt unter Zuhilfenahme von Preßöl durch einfache Ventileinstellung mit Rückführung.

Das Gefälle dieser Anlage ist, wie meistens, sehr schwankend, es ändert sich in den Grenzen zwischen 3,3 m (große Wasserstände) bis 5,7 m bei Kleinwasser, und deshalb sind die Laufräder derart bemessen, daß sie auch noch bei 3,9 m 1000 PSe entwickeln können. Sie müssen also bei hohem Gefälle ziemlich weit geschlossen sein. Als Normalgefälle gilt 4,4 m.

Die Garantieziffern lauteten dabei für durchweg $66^2/_3$ Umdrehungen in der Minute:

Nettogefälle, m	3,3	3,9	4,4	4,9	5,7 m
Wassermenge, cbm/sek	23,6	26	22,5	20,5	18,3
Leistung PSe	750	1000	1000	1000	1000
Nutzeffekte (mech.) e	0,72	0,74	0,76	0,74	0,72.

Die dem Verf. von Bell & Co. übergebenen Bremsergebnisse bei 4,4 m Gefälle sind aus Fig. 376, nach Schaufelöffnungen, ferner nach Wassermengen, bezw. Füllungen φ geordnet, ersichtlich. Für 4,4 m Gefälle tritt die vertragsmäßige Leistung von 1000 PSe bei einem Wasserverbrauch von etwa 21 cbm/sek und einer Leitradöffnung $a_{(0)} = 126$ mm ein. Die größte Leitradöffnung beträgt $a_0 = 180$ und soll einer Wassermenge von 24 cbm/sek entsprechen.

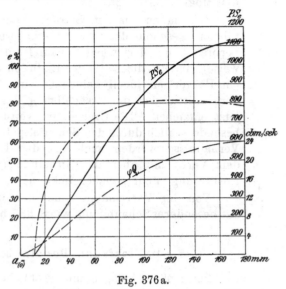
Fig. 376 a.

Die Bremsergebnisse zeigten, daß die Turbine bei 140 mm Leitradöffnung eine Leistung von 1050 PSe aufwies, bei einem Wasserverbrauch von 22,2 cbm/sek. Die Bremsversuche wurden unter fast ganz gleichbleibendem Gefälle angestellt (das Gefälle wechselte nur zwischen 4,4 und 4,5 m) und dabei war die Umdrehungszahl konstant gehalten. In vorliegendem Falle kann für das Nachrechnen der Leistung bei anderen Gefällen die Gl. 593 nicht verwendet werden, weil es an Werten für die Größen M_b, n_b usw. fehlt, es sind gewissermaßen nur die Werte M_a usw. bekannt.

Die in Gl. 597 angegebene Faustregel kann uns einen Anhalt darüber geben, auf welchen Leistungsbetrag etwa bei $h = 3,9$ m statt $H = 4,4$ m Gefälle unter Einhalten der normalen Umdrehungszahl von $66\,^2/_3$ pro Min. gerechnet werden kann. Wir finden für 140 mm Leitschaufelweite und 1050 PSe $= N_H$ nach Gl. 597

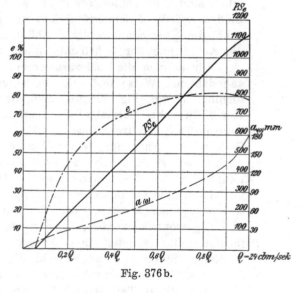
Fig. 376 b.

$$N_h = 1050 \left(1 - 1,5 \cdot \frac{4,4 - 3,9}{4,4}\right) = 1050 \cdot 0,83 = \sim 872 \text{ PSe.}$$

Die Reserve von $1000 - 872 = 128$ PSe muß also darin gesucht werden, daß die Leitschaufeln noch bis 180 mm geöffnet werden können und daß die Verhältnisse am Laufradeintritt derart beschaffen sind, daß dieses Weiteröffnen überhaupt noch eine Vermehrung des Wasserkonsums mit sich bringt.

Die den Verhältnissen nach plausible Verlängerung der Leistungskurve
für $66^2/_3$ Umdr. in der Darstellung der Bremsergebnisse deutet darauf hin,
daß für 180 mm Leitschaufelöffnung bei 4,4 m Gefälle eine Leistung von
etwa 1120 PSe in Aussicht steht. Legen wir diese angenommene größte
Leistung der Umrechung nach Gl. 597 auf 3,9 m Gefälle zugrunde, so ergeben sich ungefähr $1120 \cdot 0,83 = 930$ PSe, so daß das Erreichen der vollen
Leistung von 1000 PSe bei dem auf 3,9 m verringerten Gefälle im Bereiche
der Möglichkeit liegt.

Wir haben aus den Betrachtungen, die zu den Fig. 188 bis 191, S. 313
führten, gesehen, daß für Fink'sche Drehschaufeln ideell der größte Wasserverbrauch bei derjenigen Schaufelstellung (Winkel $\delta_0 = \delta_1 = 20^0$ beispielsweise) eintritt, die stoßfreies Einfüllen der Reaktionsgefäße herbeiführt, daß
ein Überöffnen ideell keinen Gewinn bringt. Wir haben uns aber auch
vorgehalten, daß die tatsächlichen Verhältnisse sich scharfer Rechnung bis
jetzt entziehen. Die Grenze, wo von Überöffnen die Rede sein kann, wird
besonders auch durch den Schaufelspalt verschwommener gemacht. Ähnliche
Verhältnisse werden auch bei den Bellschen Regulierschaufeln eintreten,
dem Verf. sind aber die Umstände am Laufradeintritt der vorliegenden
Ausführung nicht genauer bekannt.

Von der Verwendung eines der drei Laufräder als Hochwasserturbine
mit besonderer Schaufelung, wie S. 537 beschrieben, ist hier abgesehen worden.

4. Vierfache Turbinen mit stehender Welle.

Bei großen Anlagen mit reichlichen Wassermengen und mittleren Gefällen sind die Gefälleschwankungen, wie schon erwähnt, von bedeutendem
Einfluß auf die Leistungsfähigkeit der einzelnen Turbinen, und da liegt es
nahe, die Überlegungen die S. 536 u. f. angestellt wurden, sinngemäß auf
die Anordnung der Mehrfachturbinen zu übertragen.

Wir können die Hochwasserreserve hier in der für die Zweifachturbine
angedeuteten Weise dadurch beschaffen, daß wir beispielsweise Vierfachturbinen (vergl. Fig. 295 und 296, Seite 441) anordnen, dabei einen der
vier Kränze bei Normalgefälle überhaupt geschlossen halten und ihn nur
dann in Tätigkeit treten lassen, wenn das verringerte Gefälle dazu zwingt.
Es kann bei Anordnung einer Vierfachturbine aber noch weiter gegangen
werden derart, daß für das große Gefälle der Kleinwasserszeit nur zwei
Laufräder, für das mittlere Gefälle deren drei und für Hochwasser alle
vier Laufräder im Betriebe sind. Bei solcher Disposition ist die Vierfachturbine, genau besehen, nicht deshalb vierfach, damit hohe Umdrehungszahlen gewonnen werden, sondern sie ist eine Zweifach- oder Dreifach-
turbine mit zwei oder einem Reservelaufrad für verminderte Gefälle, und
in diesem Sinne sind auch wohl die Mehrzahl der Vierfachturbinen mit
stehenden Wellen entworfen und ausgeführt.

Auch die in Taf. 13 und 14 dargestellte Turbine der Anlage Hagneck
am Bieler See, Ausführung von Bell & Co., Kriens bei Luzern, zeigt eine
vierfache Turbine, diese aber ist nach der zuletzt angedeuteten Art in Verwendung: drei Laufräder Nr. I, II und IV für mittleres, zwei davon, nämlich Nr. I und II für hohes Gefälle, vier für Hochwasserszeit. Als Hochwasserlaufrad dient das dritte von unten her gezählt.

Unter diesem Hochwasserlaufrad (Nr. III) ist ganz wie in Taf. 12 ein dichtschließender Deckel eingebaut, welcher den Boden des Laufrades III als Entlastungsfläche wirken läßt, dazu geht das unterste Laufrad, I, ebenfalls mit freiem Boden, so daß hier zwei Entlastungsflächen von zusammen $2 \cdot 1,8^2 \frac{\pi}{4} = \sim 5$ qm in Verwendung sind.

Hier führt sich die Turbinenwelle unterhalb des untersten Laufrades I in einem durch Stopfbüchse abgedeckten Halslager, welches auf der Sohlplatte des Ganzen steht und gegen unten eine Stützplatte von 175 mm Durchmesser besitzt, die zum Aufruhen der Turbine beim Zapfenwechsel dient.

Auf der Sohlplatte stehen kurze Säulen, die den Leitapparat I tragen. Das gemeinschaftliche Abflußrohr der Räder I und II verbindet auch die beiden Leitapparate, die außerdem durch vier zwischengestellte Säulen gegenseitig gehalten sind. In gleicher Weise sind die Leitapparate III und IV miteinander verbunden. Die schon mehrfach erwähnten festen Teile der Bell'schen Leitschaufeln bilden genügende Versteifungen zwischen den beiden Kränzen jedes einzelnen Leitapparates und so ist auch zwischen den Leiträdern II und III keine anderweitige Versteifung mehr erforderlich. Die einbetonierten und gehörig verankerten Saugrohranschlüsse geben dem ganzen Aufbau die nötige Stabilität, besonders auch gegen seitliche Schwankungen, die als Folge unzureichender Ausgleichung der Lauf räder entstehen könnten.

Das Halslager auf dem Deckel des Laufrades IV ist ebenfalls mit oberer Stopfbüchse versehen, dasjenige zwischen II und III dagegen nicht, der geringen Zugänglichkeit wegen.

Hier ist die Höhenentwicklung des ganzen Aufbaues ausgiebiger als in Taf. 12. Das den Ringzapfen tragende Armkreuz mußte nicht wie dort wasserdicht an der Decke der Turbinenkammer anschließen, um das Durchtreten des Hochwassers zu verhindern, und unter demselben findet der Antrieb für Regulator usw. seine Stelle.

Die Ausführung des Ringzapfens ist aus Taf. 13 ersichtlich. Das Tragkreuz schließt unmittelbar unter dem Ringzapfen das vierte Führungslager für die Turbinenwelle ein. Eine Preßölentlastung für den Zapfen ist nicht vorhanden, dagegen wird dem Ölinhalt des Spurtopfes, ca. 25 l, seine überschüssige Wärme durch eine mit einem Heber versehene, aus dem Oberwasser gespeiste Kühlschlange ständig entzogen.

Die Turbinen sind gebaut für:

Nettogefälle 5,8 bis 9 m,
Wassermenge 23 bis 16 cbm/sek,
Leistung 1350 PSe normal und bis 1500 PSe im Höchstfalle,
Umdrehungszahl 100 pro Min.

Demgemäß steht bei 5 qm Entlastungsfläche ein hydraulischer Entlastungsdruck von 29000 bis 45000 kg für den Spurzapfen zu Gebote.

Die Stützung der Regulierringe mittelst Rollkugeln findet sich auch hier wieder.

Entsprechend der zeitlich verschiedenen Verwendung der Teilturbinen sind drei getrennte Regulierbetriebe vorhanden, vergl. Taf. 14.

Die Leiträder I und II haben gemeinschaftlichen Regulierbetrieb, III und IV sind je gesondert mit stehenden Regulierwellen versehen.

Der hydraulische Regulator mit Differentialkolben, entlastetem Regulierventil und der Möglichkeit, auch von Hand zu regulieren, ist ständig mit der Welle für die Laufräder I und II verbunden, die durch Handrad und Schraubengetriebe betätigte Welle für Turbine IV kann während des Betriebes ebenfalls mit dem Regulator gekuppelt werden, während die Welle für das Laufrad III nur Handregulierung besitzt.

Eine durch das ganze Gebäude laufende Transmission dient zum Betriebe der Einlaßdrehschützen mittelst Riemenbetrieb, der Wasserdruckpumpen für die Regulatoren, der Luftpumpe für den Windkessel usw. Diese Transmission wird durch besondere kleine Turbinen in Bewegung gesetzt. Auch eine Zentrifugalpumpe für die Entleerung der Turbinenkammern erhält durch diese ihren Antrieb.

Besonders sei auch noch auf die stabil um die Turbinen herumführenden Podien aus Eisenkonstruktion hingewiesen, die das Nachsehen ganz wesentlich erleichtern.

Die Bremsung ergab bei 7,85 m Gefälle für drei offene Laufräder (I, II und IV) 1450 PSe, bei einem Wasserverbrauch von 17,25 cbm/sek, einem mechanischen Nutzeffekte von $e = 0,804$ entsprechend.

5. Saugrohrausläufe mit beschränkter Größe in achsialer Richtung.

Bei beschränkter Höhe für die Entwicklung des Austrittes, wo, wie z. B. in der Anlage Hagneck ein eigentlicher Saugrohrkrümmer für das unterste Laufrad nicht möglich ist, muß in bestimmtem Maße Vorsorge getroffen werden, daß das Wasser nach dem Verlassen der Turbine in ungehinderter Weise abfließen kann. Hier genügt dann nicht allein das Vorhandensein rechnungsmäßiger Querschnitte gegen das Ende der Wasserführung hin, sondern wir sollten auch wenigstens halbwegs begründete Sicherheit darüber haben, daß die gebotenen Querschnitte auch unmittelbar bei der Turbine in Größe und Richtung dem ungehinderten Abfluß entsprechen.

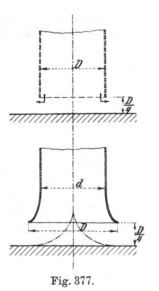

Fig. 377.

Auf was es dabei ankommt, ersehen wir am besten aus einer Darstellung ideeller Ableitungsverhältnisse für beschränkte achsiale Entwicklung.

Wir denken uns zuerst ein zylindrisches Rohr, von dessen unterem Ende das Wasser in radialer Richtung gegen außen allseitig frei entweichen kann. Bekanntlich hat eine Zylindermantelfläche von einer Höhe gleich $^1/_4$ des Durchmessers gleichen Inhalt mit dem Zylinderquerschnitt. Wenn die Wasserteilchen keine Masse, kein Beharrungsvermögen hätten, so würde es also für die ungehinderte Abführung einer Wassermenge durch ein zylindrisches Rohr mit Austritt in radialer Richtung gegen außen hin genügen, wenn das rundum freistehende gerade Rohr vom Durchmesser D mindestens um $\dfrac{D}{4}$ von der Unterkanalsohle abstünde, Fig. 377 oben; die Geschwindigkeiten im Rohrquerschnitt und in dem Austrittsmantelquerschnitt wären dabei ganz gleich.

Nun haben wir es aber mit der Masse, mit dem Beharrungsvermögen der Wasserteilchen zu tun und müssen deshalb schon dafür sorgen, daß der in Fig. 377 angedeutete scharfe Richtungswechsel bei den Wasserteilchen nicht vorausgesetzt wird, weil sie denselben gar nicht mitmachen können.

Es handelt sich also stets, auch beim rundum freistehenden Saugrohrende, um eine gute Abrundung, die das Umschwenken in die wagrechte Richtung sich stetig vollziehen läßt, z. B. wie Fig. 377 unten zeigt. Diese Abrundung des Saugrohrendes aber entspricht, genau betrachtet, einer entsprechenden Erweiterung des horizontalen Rohrquerschnittes ungefähr auf den Durchmesser D und wir hätten also an dieser Stelle den lichten Abstand zwischen der Unterkante des abgerundeten Saugrohres und der Sohle auf ideell $\frac{D}{4}$ anzusetzen. Eine innere Ablenkungsfläche, wie — · — · — angedeutet, ist im allgemeinen nicht nötig. (Vergl. Bach, Versuche über Ventilwiderstand dazu auch das auf S. 166 u. f. Gesagte.)

In fast allen Fällen muß nun eine stetige Umleitung aus den im Durchmesser D rundum radial stehenden horizontalen Austrittsrichtungen des Wassers in die Richtung des Unterkanals bewerkstelligt werden und es ist zu untersuchen, wie die Umgebung des Saugrohrendes gestaltet sein muß, um diese Umlenkung mit möglichst wenig Gefällebedarf, d. h. mit geringstem Rückstau gegen das Laufrad hin zu bewerkstelligen. Voraussetzung sei dabei einstweilen, daß auch außerhalb des Rohres nur die Wasserhöhe $\frac{D}{4}$ zur Verfügung stehe und daß die Austrittsgeschwindigkeit konstant erhalten werden soll.

Die Fig. 378 zeigt, wie vorzugehen sein wird, wenn z. B. die Decke des Unterkanals auch weiter hinaus nur um $\frac{D}{4}$ von der Sohle entfernt angeordnet sein kann. Wir können uns den zylindrischen Austrittsquerschnitt $D \cdot \pi \cdot \frac{D}{4}$ in eine größere Anzahl aufrechtstehender Teilquerschnitte zerlegt denken, die durch senkrechte Linien getrennt, gewissermaßen jeder für sich, einen besonderen Austrittsquerschnitt von rechteckiger Form, Höhe $\frac{D}{4}$, aufweisen. Wenn wir uns dann die Aufgabe stellen, die sämtlichen aus diesen Teilquerschnitten

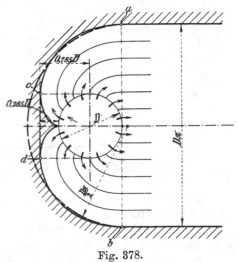

Fig. 378.

radial austretenden Wasserbänder in stetiger Krümmung und ohne Geschwindigkeits-, d. h. ohne Querschnittsänderung in die Unterkanalrichtung umzulenken, so muß sich ohne einen Zwischenraum Band an Band legen, wie dies in Fig. 378 gezeichnet ist. Die so erhaltenen Parallelkurven sind Evolventen vom Grundkreisdurchmesser D und die Breite ab des ganzen Kurvenbündels in Flucht der Abflußrichtung muß deshalb gleich dem Umfang der Austrittsstelle, gleich $D\pi$ sein, Fig. 378.

Die Entfernung des am meisten gegen rückwärts liegenden Punktes der Begrenzungswand vom Rohrmittel ist gleich der Länge für $\frac{1}{4}$ Abwicklung der Erzeugenden, also gleich $\frac{D\pi}{4} = 0,785\,D$.

35*

Soll schon in der Linie *ab* die volle Unterkanalbreite ansetzen, so muß diese auch den Betrag $D\pi$ haben.

Es sei ausdrücklich bemerkt, daß wegen der an sich immer kleinen Austrittsgeschwindigkeiten hier von den Wirkungen des kreisenden Wassers abgesehen werden soll.

Es wird im allgemeinen genügen, wenn die rückwärtige Wand durch die Tangente *cd* oder auch durch eine überleitende Kurve unter Wegfall der Spitze gebildet ist. Ein Kreis vom Radius $\frac{D\pi}{2}$ ist hierzu geeignet, Fig. 378, punktiert. Hier mag sich auch statt der Spitze ein ruhender Wasserteil bilden, wie ihn Bach in obengenannter Abhandlung schildert. Auf jeden Fall aber zeigt die Fig. 378, daß bei beschränkter Höhe des Auslaufes nicht auch noch die Rückwand des Ablaufkanals den Kreis D berühren sollte, da sonst der Austritt gegen rückwärts unmöglich gemacht ist.

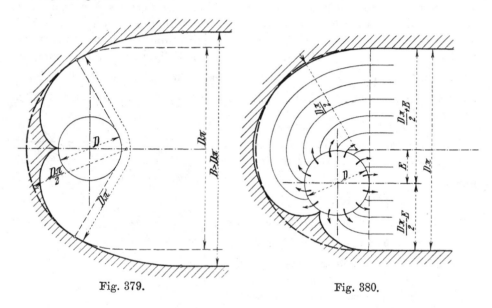

Fig. 379.   Fig. 380.

Bei einer Unterkanalbreite B, die größer ist als $D\pi$, Fig. 379, wird an der äußersten Evolvente mit einer entsprechenden Übergangskurve anzuschließen sein. An die Stelle der ablenkenden Spitze kann auch hier eine kreisförmige Ausrundung treten.

Für exzentrische Stellung der Turbine (vergl. S. 531) sind die Verhältnisse auch einfacher Natur (Fig. 380). Es wird eben auf der schmäleren Seite nur die Strecke $\frac{D\pi}{2} - E$ zur Abwicklung, also auch nur für den Wasseraustritt in Frage kommen, die anderen Wasserbahnen liegen auf der breiten Seite $\frac{D\pi}{2} + E$. Und auch in diesem Falle ist eine Halbkreisform (punktiert) für die Ausführung geeignet.

Für $B > D\pi$ treten entsprechende Übergangskurven ein, wie vorher auch.

Ein vorsichtiger Konstrukteur wird sich aber nicht mit der ideellen Austrittshöhe $\frac{D}{4}$ begnügen, sondern auf $0,4\,D$ und event. noch mehr gehen, vergl. S. 166 u. f.

Natürlich beziehen sich diese Erörterungen gegebenenfalls in gleicher Weise auch auf Doppelturbinen usw.

Die Ausläufe der Turbinen Hagneck (Taf. 14) sind ungefähr den vorgenannten Gesichtspunkten entsprechend ausgebildet, wobei jedesmal zwei solcher Wasserführungen vereinigt sind.

B. Liegende Welle.

Wir haben früher gesehen, S. 40 u. a., daß die Lage der Reaktionsgefäße zu Ober- und Unterwasserspiegel ohne Einfluß auf die Entwicklung der arbeitleistenden Drücke gegen die Gefäßwände ist. Aus dieser Erkenntnis folgte die Berechtigung zur beliebigen Wahl der Aufstellungshöhen für die Turbinen mit stehender Welle. Nicht minder ergibt sich daraus auch, daß die wechselnde Höhenlage der Reaktionsgefäße, wie sie bei Anwendung der liegenden Welle für Reaktionsturbinen eintritt, ohne Einwirkung auf die Nutzleistung der betreffenden Turbinen sein wird. Bei der Drehung um die wagrechte Welle werden sich zwar die hydraulischen Druckverhältnisse in den einzelnen Reaktionsgefäßen der jeweiligen Stellung gemäß ändern, aber deren Erzeugnisse, die arbeitenden Drücke der Reaktionskräfte werden ganz gleich bleiben.

Die Annehmlichkeiten der Anordnung mit liegender Welle sind schon früher berührt worden. Außer dem Wegfall von Zahngetrieben ist noch besonders zu betonen, daß die Abwesenheit schwer belasteter Spurzapfen einen weiteren Vorzug bietet und ebenso die Möglichkeit, etwa vorhandene beträchtliche rotierende Massen, Dynamoanker, Schwungräder usw., in besonderen, zugänglichen Lagerungen zu stützen und zu führen.

Was die Wirtschaftlichkeit des Betriebes der einfachen Turbine mit liegender Welle gegenüber der stehenden betrifft, so dürfte der Vergleich eher zugunsten der liegenden Welle ausfallen, besonders wenn es sich um den unmittelbaren Antrieb einer liegenden Hauptwelle, Dynamo oder dergl. handelt. Wir verlieren in jeder Zahnradübersetzung etwa 0,04 der tatsächlichen Turbinenleistung und dieser Verlust ist ohne weiteres durch das Ankuppeln der liegenden Turbinenwelle erspart. Allerdings bringt der Saugrohrkrümmer der liegenden Welle einen gewissen Gefälleverlust, der aber gegenüber der Zahnreibung nicht in Betracht kommt (vergl. weiter hinten S. 593). Auch die Lagerreibungsverluste der liegenden Welle, die jedenfalls etwas größer sind als die der stehenden Welle mit Stirnzapfenstützung, bedingen für die liegende gegenüber der stehenden Welle mit konischen Rädern noch keinen wesentlich kleineren mechanischen Nutzeffekt, und wenn die stehende Welle Ringmittelzapfen erhalten müßte, so ist die Zapfenreibung des letzteren zweifellos größer als die Lagerreibung der liegenden Welle. Man kann für die Anwendung der liegenden Welle eigentlich die schon S. 527 enthaltene Regel aufstellen, daß sie überall da erfolgen sollte, wo es die Verhältnisse irgend gestatten. Da gegen die hohen Gefälle hin keine Grenze für die Verwendung der liegenden Welle besteht, so wird der Anwendungsbereich derselben, unter Anschluß an S. 527, am besten durch das Aufzählen der sonstigen Umstände bezeichnet, unter denen bei kleinen Gefällen die liegende Welle nicht mehr möglich ist.

In der Kleinheit des Gefälles einer Anlage aber liegt an sich noch keine ausschlaggebende Grenze bezüglich der Anwendung der liegenden

Wellen, denn es gibt solche bis herunter auf etwa $2\,^1/_2$ m Gefälle, sondern es sind die Hochwasserverhältnisse sowie die Größe der Turbine an sich, also deren sekundliche Wassermenge, welche die Entscheidung an erster Stelle bedingen.

Unser Getriebe, bei liegender Welle also die angekuppelte Hauptwelle oder die auf der Turbinenwelle sitzende Riemen- oder Seilscheibe, muß hochwasserfrei sein. Solange diese Bedingung bei liegender Welle nicht eingehalten werden kann, ist die stehende Welle unumgänglich notwendig.

Aber auch wenn eine Wasserkraftanlage vom Unterwasser her ganz hochwasserfrei ist, z. B. da, wo mehrere Anlagen am gleichen Kanal untereinander folgen, kann im allgemeinen erst dann von einer liegenden Turbinenwelle die Rede sein, wenn der Leitraddurchmesser ziemlich kleiner ist als das vorhandene Gefälle.

Die eigentliche Turbine soll in allen ihren Teilen zugänglich sein, d. h. sie muß über Unterwasser liegen, natürlich aber auch unter Oberwasser. Bei großem Leitraddurchmesser und kleinen Gefällen bleibt deshalb leicht zu wenig Wasserstand über den obersten Leitzellen, so daß deren regelmäßige Speisung in Frage gestellt sein kann.

Es war früher, S. 353 u. f. für die stehenden Wellen die Ansicht ausgesprochen worden, daß es empfehlenswert sei, die Turbine mindestens so tief unter Oberwasser zu stellen, als der Höhe $1,1\,\dfrac{w_0^{\,2}}{2g}$ entspricht. Der Grund dafür war dort die Rücksicht auf gutes und rasches Entlüften des Saugrohres beim Anlassen der Turbine.

Der gleichen Rücksicht werden wir hier Rechnung tragen, wenn wir die Turbinenmitte ungefähr in diese Höhe legen. Was den oberen Leitzellen beim Anlassen der Turbine und bei noch lufterfülltem Saugrohr an Leistungsfähigkeit fehlt, das ungefähr werden die unteren Zellen mehr leisten.

Die sichere Speisung der oberen Zellen bei kleinen Gefällen verlangt dann bei gut angelegter Zuleitung verhältnismäßig kleine Wasserdruckhöhen über dem Leitradscheitel, häufig nur 30 bis 50 cm. Die zweckmäßige Zuleitung hat sich, wenn der Zufluß nicht parallel zur Turbinenwelle, also nicht nach Fig. 297 usw. erfolgt, nach der Drehrichtung der Turbine zu richten und ist nach den gleichen Gesichtspunkten zu beurteilen, wie sie S. 529 für die Zuleitung zur stehenden Welle aufgestellt wurden. Der Wasserzulauf sollte hier das Leitrad in der Drehrichtung der Turbine umkreisen, damit die oberen Wasserteilchen ohne kurze Wendung in die Richtung der Leitschaufelanfänge gelangen können. Also eine Zuleitung nach Fig. 381 und nicht nach Fig. 382, dazu eine große Kammerbreite, damit nicht alles Wasser gezwungen ist, über den Leitapparat wegzufließen, sondern daß es auch neben der Turbine reichliche Gelegenheit hat, zu den unteren Schaufeln hinzufinden.

Ist die Drehrichtung entgegen der Zulaufrichtung des Wassers unabänderlich, der Fig. 382 entsprechend, gegeben, so empfiehlt es sich, die Kammer nach Art der Fig. 383 auszubilden, d. h. den Zulauf der Hauptsache nach unter der Turbine herumzuleiten, um das Wasser in die Schluckrichtung der Leitzellen zu führen. Hier kann sogar eine gegenüber der Zulaufrichtung rückläufige Bewegung über den oberen Leitzellen nichts schaden.

Im allgemeinen be-
ginnt der Verwendungs-
bereich der liegenden
Welle bei Gefällen von
3 bis 5 m und offene
Turbinen finden sich
bis etwa 10 m Gefälle
hin. Wir werden die
offenen Turbinen der
einfachen Bauart und
der besseren Zugäng-
lichkeit wegen so lange
verwenden, als es die
örtlichen Verhältnisse
der Zuleitung, die Mög-
lichkeit solide Schächte
zu fertigen usw. gestat-
ten, und da liegt die
Grenze eben bei obgenann-
ten etwa 10 m Gefälle. Von
da ab beginnt der Bereich
der geschlossenen Turbi-
nen, der Rohrzuleitung.

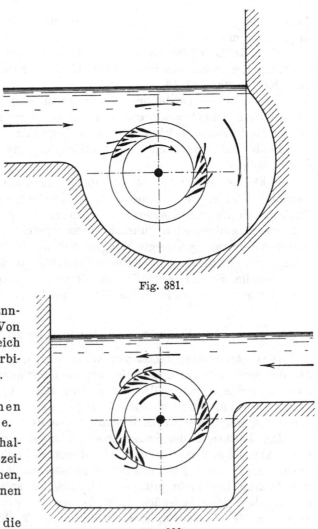

Fig. 381.

1. Einfache Turbinen
mit liegender Welle.

Die auf S. 442 enthal-
tenen Fig. 297 u. 298 zeigen die beiden möglichen,
voneinander verschiedenen
Anordnungen.

Die Fig. 297 gibt die
Aufstellung „Krümmer im
Haus", wie sie auch in Taf. 15
abgebildet ist.

Die Anordnung „Krümmer
im Schacht" nach Fig. 298 findet sich auf Taf. 16 näher ausgeführt. Beide Anordnungen
haben gewisse Vorzüge, die im
einen und anderen Falle für ihre
Verwendung entscheidend sind.

Das Nachsehen und etwaige
Auswechseln der Leitschaufeln
wird stets von der Deckelseite
der Turbine aus zu erfolgen
haben. Da wir wünschen müssen, daß das ganze Reguliergetriebe auch bei geöffneter
Turbine betriebsfähig bleibt, so

Fig. 382.

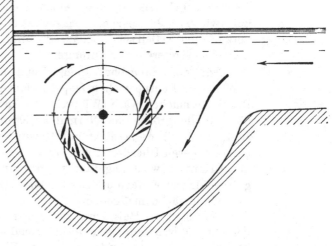

Fig. 383.

folgt daraus, daß der Regulierring auf der Krümmerseite anzubringen ist, damit er nicht mit dem Deckel zugleich abgehoben wird.

Bei „Krümmer im Haus" schließt das Schachtmauerwerk an den Leitradkranz der Saugrohrseite an, Taf. 15, bei „Krümmer im Schacht" an den der Deckelseite, Taf. 16.

Aus diesem Grunde muß im ersteren Falle der Regulierring in den Leitradkranz eingelassen werden, während er im zweiten Falle billiger und besser als Teil des Leitkranzes selbst ausgeführt wird.

Beide Male vermittelt ein Tragring den Anschluß an die Betonwände des Schachtes.

Der Saugrohrkrümmer bietet gute Gelegenheit zur Lagerung der Reguliergetriebe, und so werden diese im allgemeinen auf die Saugrohrseite der Turbine zu liegen kommen. Bei „Krümmer im Schacht" bedeutet dies, daß das Reguliergetriebe durchs Wasser geführt werden muß. Soweit es sich dabei um wenig bewegte, langsamgehende Teile handelt, ist dies ebensowenig bedenklich als bei der stehenden Welle, und bevor die raschlaufenden Getriebeteile, Schraubenspindel und dergl., zur Anwendung kommen, findet der Übertritt des Getriebes ins Trockene durch eine Stopfbüchse statt.

I. Krümmer im Haus (hierzu Taf. 15).

Diese Anordnung bietet vor allem eine sichere zugängliche Lagerung für das Ende der Turbinenwelle, das die Kraft abzugeben hat. Nach Bedarf kann hier gleich neben das Lager eine schwere Seil- oder Riemenscheibe gesetzt werden, ohne daß die Zugänglichkeit des Lagers und der Turbine, sowie des Reguliergetriebes irgendwie gestört wäre.

Der Leitkranz der Saugrohrseite setzt sich gegen außen kegelförmig fort. Auf diese Weise ist das Leitrad von der Schachtwand abgerückt und besser zugänglich. Auch das Betriebswasser kann besser zutreten, als wenn das Leitrad in Flucht mit der Schachtwand anfinge. Der Laufraddeckel ist mit dem anschließenden Leitradkranz als ein Stück ausgeführt. Die Stützung dieses Deckels erfolgt für kleinere Turbinen nur durch die Leitschaufelbolzen, während bei größeren Turbinen entweder besondere Verbindungen AA mit dem Leitradkranz nach Art der Gehäuseversteifungen bei Spiralturbinen, Fig. 384, einzutreten haben oder Unterstützungen, ähnlich wie Taf. 22 sie zeigt. Erstere sind für einfache Turbinen entschieden vorzuziehen. Bell'sche Schaufeln und ähnliche Konstruktionen bedürfen keiner besonderen Versteifungen.

Für den Saugrohrkrümmer sind als mittlere Krümmungsradien die Größen der Rohrnormalien $D + 100$ mm zweckmäßig, ohne daß daraus eine Regel zu machen wäre (Widerstandshöhen siehe S. 594), während im übrigen die Tabellengrößen der Normalflanschrohre hier nicht unbedingt angezeigt sind, weil wir es ja nicht mit Innenpressungen von 10 Atm., sondern mit einem äußeren Überdruck von etwa $^1/_2$ Atm. zu tun haben. Die Wandstärke der Krümmer wird ungefähr so genommen, als es die Normaltabellen angeben, hier ist einfach die Leistungsfähigkeit der Gießerei für die Ausführung der Wandstärke maßgebend.

Durch einen Hals am Krümmer tritt die Turbinenwelle ins Freie, abgedichtet durch eine sehr leicht gehaltene Stopfbüchse (vergl. S. 179), am besten mit Überwurfmutter versehen, Fig. 385. Zweckmäßig wird die Licht-

weite des Halsansatzes größer genommen als dem inneren Flanschdurchmesser entspricht, vergl. auch Taf. 15.

Die beiden Lager der Turbinenwelle sind ganz verschieden untergebracht und stellen deshalb auch ganz verschiedene Anforderungen an
den Konstrukteur.

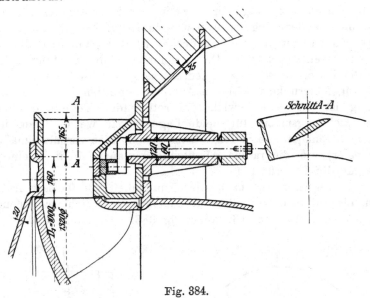

Fig. 384.

Zugänglich während des Betriebes ist nur das Innenlager. Es ist deshalb geraten, diesem auch die achsiale Führung der Welle zu übertragen,
denn das Außenlager im Turbinendeckel, das nur bei Stillständen, und da
nur in umständlicher Weise kontrollierbar ist, sollte möglichst wenig beansprucht werden. Des-
halb ist das Innenlager
als Kammlager ausgebil-
det, zweckmäßig die
Schale in Kugelflächen,
die rund um die beiden
Schalenhälften laufen,
gestützt. Achsiale Siche-
rung des Lagerdeckels ist
unerläßlich. Bei fest eingelegten Schalen oder bei
einfachem Weißmetall-
ausguß (Ringschmierung
allemal selbstverständ-
lich) wird das Einfahren
mit dem Kammlager nur
möglich bei Verwendung
einer besonderen Platte
zwischen Lagerkörper

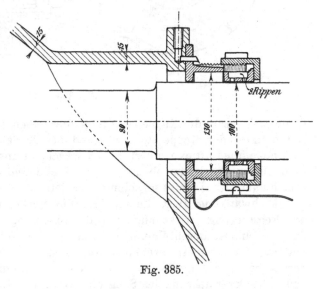

Fig. 385.

und Lagerbock, die, wenn herausgenommen, gestattet, das Lager so weit
abzusenken, daß unter den Wellenbunden eingefahren werden kann (Taf. 15).
Der Stopfbüchsendurchmesser richtet sich nach dem Bunddurchmesser. Die

achsiale Belastung der Bunde ergibt sich aus den Betrachtungen S. 456 u. f. und speziell aus Fig. 309.

Die Tragfläche für das Innenlager wird fast immer in zweckmäßiger Weise auf einem konsolartigen, mit dem Krümmer in einem Stück gegossenen Bock angebracht, der auch den größten Teil des Saugrohrgewichtes nebst Wasserinhalt zu tragen hat, wenn das Saugrohr aus Blech gefertigt ist und nicht anderweitig gestützt werden kann, Taf. 15, auch Taf. 28.

Das Außenlager am Turbinendeckel ist der ganz besonderen Sorgfalt des Konstrukteurs bedürftig. Da es keine achsiale Belastung erfahren soll, so muß der Lagerhals so lang angedreht sein, daß auch bei zufällig großen Ausführungsfehlern kein seitliches Anlaufen eintreten kann. Die senkrechte Belastung ist aus dem Gewicht der rotierenden Teile und dem Wassergewicht rechnungsmäßig für beide Lager. Wir werden dem im Wasser isolierten Außenlager lange Tragflächen geben, dazu verhältnismäßig kleinen Durchmesser, um die rasche Abnützung hintanzuhalten. Kleine Einheitsdrücke für die Lagerfläche!

Das Außenlager muß nach aller Tunlichkeit von Wasser frei gehalten werden, also sollte es vor allem durch eine wasserdicht schließende Kappe abgedeckt sein, Taf. 15, 16, auch Fig. 386. Trotzdem findet sich beim

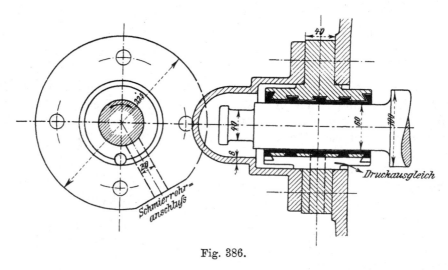

Fig. 386.

Öffnen Wasser in der Kappe, was folgendermaßen erklärt werden kann. Der Raum unter der Kappe steht während des Betriebes unter dem Einfluß der Saughöhe, die Luft expandiert dementsprechend und strömt durch den anfangs ganz feinen Spielraum oben zwischen Welle und Lagerbüchse in das Saugrohr hinaus. Dies bleibt so, solange der Betrieb gleichmäßig weitergeht. Jede Druckschwankung aber, die im Saugrohr vorkommt, z. B. durch Verstellen der Regulierung, wirkt auch auf die Spannung der eingeschlossenen Luft ein und ändert deren Volumen. Nun ist die Welle zwischen dem Laufrad und der Lagerbüchse zweifellos von Wasser benetzt und in der Ecke bei der Kante der Lagerbüchse wird sich ein kleiner Wasserwulst befinden. Jede Druckvermehrung im Saugrohr preßt die Luft in der Kappe stärker zusammen und der Druckausgleich erfolgt durch den oberen Spielraum im Lager. Es muß dabei Wasser durch diesen Spielraum über den laufenden Wellzapfen weg ins Innere der Kappe treten. Dort sammelt sich das Wasser

unten in der Kappe, so daß eine etwaige Druckverminderung im Saugrohr
auf das einmal eingetretene Wasser keinen Einfluß mehr hat. Auf solche
Weise kann durch den Wechsel der Druckverhältnisse im Saugrohr (Regulatorbetrieb) die Kappe nach und nach einfach mit Wasser vollgepumpt
werden und durch das Annetzen der laufenden Welle muß das Lager Not
leiden. Abhilfe bringt hier ohne weiteres ein Loch von reichlicher Weite,
15 bis 20 mm, welches den Luftraum der Kappe unter dem Lager durch
mit dem Deckelraum beim Laufrad verbindet, wie dies Fig. 386 zeigt. Auf
diese Weise vollzieht sich der unvermeidliche Druckausgleich durch diese
Öffnung so rasch, daß oben kein Wasser mehr durch die Lagerfläche eingesogen werden wird.

Die Schmierung der fast immer einteiligen, mit Weißmetallausguß versehenen zentrisch im Deckel geführten Lagerbüchse erfolgt durch Preßfett
vom Hausinnern aus. Das Schmierrohr sollte reichlich weit, nicht unter
20 bis 25 mm Lichtweite genommen werden, weil sonst ein sehr großer
Kraftaufwand zum Drehen der Staufferbüchse nötig ist, außerdem ist zwischen
dieser und dem Rohranfang ein Absperrhahn empfehlenswert, damit die
Büchse während des Betriebes nachgefüllt werden kann. Das Schmierrohr
schließt am besten an der eigens dazu verdickten Flansche der Lagerbüchse
an, wie Fig. 386 zeigt; der Anschluß hat möglichst von unten her zu erfolgen, damit das Preßfett tatsächlich zwischen die Laufflächen gepreßt
wird und nicht in den oberen Spielraum gerät. Dabei ist zu bedenken,
daß bei z. B. 10 kg/qcm Lagerbelastung an der Staufferbüchse ein Drehmoment erforderlich ist, welches 10 Atm. Gegendruck entspricht, weshalb
häufig noch besondere Handgriffe am Büchsendeckel angebracht werden.

Der am Hals des Außenlagers angedrehte Zapfen mit kleinem Bund
soll nur dazu dienen, eine Stelle zu schaffen, an der die Welle mit dem
Flaschenzug gut gepackt werden kann, so daß etwaige Eindrücke durch
den Haken oder die Kette vom Lagerhalse selbst mit Sicherheit ferngehalten sind.

Im Interesse der Sauberkeit liegt es, dem Fußboden im Hause unmittelbar bei der Turbine einen kleinen Ablauf (50 mm Durchmesser genügen) zu geben, damit das durch etwaige Undichtheiten hereinrinnende
Wasser sofort gegen das Unterwasser ablaufen kann. Ganz besonders ist
diese Wasserabführung auch für den Sommer zweckmäßig, wo häufig ein
Schwitzen der vom kühleren Betriebswasser berührten Teile eintritt. Das
Einführen der oben offenen Schwitzwasserableitung in das betonierte Saugrohr ist zulässig, sofern der Anschluß unterhalb des Unterwasserspiegels
erfolgt.

Eingehendere Besprechung verdient noch das Reguliergetriebe. Der
Regulierring liegt im Wasser und wird bei der Turbine nach Taf. 15 durch
zwei schräg einander gegenüberliegende Kurbeln mit Ausgleicher nach dem
Schema der Fig. 253 betätigt. Der Konstrukteur hat die Aufgabe, die
Kurbelwellen gegen den Wasserdruck abzudichten und zugleich dafür zu
sorgen, daß die Kurbelwelle möglichst nahe bei dem Sitz des Hebels (bc der
Fig. 253), d. h. möglichst nahe der Mittelebene des Ausgleichers und der
Lenkstangen im Lager geführt ist. Die Kurbelwellen haben (Taf. 15) gegen
den Regulierring zu Kippmomente aufzunehmen, weil eben der Kurbeldruck
beim Ringangriff nicht in der Flucht der Wellenlagerung liegen kann. Die
Richtschnur für den Konstrukteur ist also gegeben: Tunlichst kleine Aus-

ladung der Kurbelwelle gegen den Ring hin und gegen den Innenhebel bc, Taf. 15, tunlichst große Entfernung bb der beiden Kurbelwellenlager, also auch ausgesprochene Lagerstellen, kein glatt durchbohrtes langes Lagerauge, sondern Ausdrehung im mittleren Teile, sei es im Auge, sei es an der Welle.

Bei schweren Betrieben ist natürlich ein Außenlager besser als der fliegend sitzende Hebel bc. Noch einfacher ist die glockenförmige Ausbildung der Hebelnabe (Taf. 28), durch die die Mittelebene der Lenkstangen mit der Lagermitte zusammenfallend gemacht und das betreffende Kippungsmoment zum Verschwinden gebracht wird.

Die erwünschte kleine Ausladung der Kurbelwelle gegen den Regulierring hin wird dadurch erzielt, daß der Kurbelzapfen und die Welle aus einem Stück gefertigt werden, weil dann fast die ganze Nabenlänge der Kurbel erspart wird.

Die tunlichst kleine Ausladung zwischen dem Innenhebel bc und dem Lagerauge, zugleich auch die größte Lagerentfernung bb ist nur zu erreichen, wenn auf eine ausgedehnte Stopfbüchse an dieser Stelle verzichtet wird.

Es ist zu bedenken, daß die Kurbelwellen den größten Teil der Betriebszeit stillstehen, daß sie im übrigen nur ganz kleine Drehbewegungen ausführen, daß deshalb auch eine Abdichtungsweise zulässig ist, bei der der Ersatz des Dichtungsmaterials sogar eine kleine Demontierung erforderlich macht, weil dieser Ersatz doch erst nach Jahren notwendig wird.

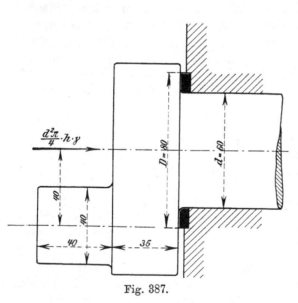

Fig. 387.

Aus diesen Gründen wird meist die altbekannte Abdichtung durch einen unter die Kurbelscheibe gelegten Lederring ausgeführt, wie sie die Taf. 15. 28 erkennen lassen und wie sie in Fig. 387 in größerem Maßstabe skizziert ist.

Es handelt sich dabei darum, daß die Pressung in den Sitzflächen des Ledermaterials mindestens gleich sein muß der Pressung durch die auf der Kurbelseite stehende Wasserdruckhöhe, die einfach mit h bezeichnet sein soll. In Richtung der Kurbelwelle gegen den Innenhebel zu ist ein freier Wasserdruck im Betrage $d^2 \frac{\pi}{4} \cdot h\gamma$

(Fig. 387) vorhanden und dieser erzeugt in der Ledersitzfläche, Durchmesser D und d eine Pressung p vom Betrage

$$ p = \frac{d^2 \frac{\pi}{4} \cdot h \cdot \gamma}{D^2 \frac{\pi}{4} - d^2 \frac{\pi}{4}} $$

Soll sich ohne Zuhilfenehmen weiterer Anpreßvorrichtungen der Dichtungsdruck h in den Sitzflächen von selbst einstellen, so muß einfach sein

$$p = \frac{d^2 \frac{\pi}{4} \cdot h \cdot \gamma}{D^2 \frac{\pi}{4} - d^2 \frac{\pi}{4}} \gtreqless h\gamma,$$

woraus sich schließlich ergibt, unabhängig von der Druckhöhe h

$$D \gtreqless d\sqrt{2} \quad \ldots \ldots \ldots \quad \textbf{665.}$$

Eine Kurbelwelle von beispielsweise 60 mm Durchmesser darf also, sofern sie sicher selbst abdichtend sein soll, nur eine Ledersitzfläche von höchstens $60 \cdot 1,414 = 84,8$, besser nur 80 mm Durchmesser erhalten. Das ist für den guten Zusammenhalt des Ledermaterials etwas wenig Breite für den Dichtungsring und so findet sich häufig noch zur Unterstützung des Wasserdruckes bei größerer Sitzbreite eine elastische Zwischenlage zwischen dem Lagerauge und dem Regulierhebel, eine federnde Unterlegscheibe oder dergl., die dann durch eine Schraube im Stirnende der Welle angespannt wird, Fig. 384, auch Taf. 15 u. a.

Daß dieses natürlich nicht die einzig brauchbare Konstruktion ist, wird u. a. durch die Anwendung einer Lederstulpendichtung, Taf. 32, gezeigt.

Die Einzelheiten des sonstigen Reguliergetriebes sind schon früher besprochen oder ohne weiteres aus Taf. 15 ersichtlich.

II. Krümmer im Schacht (hierzu Taf. 16).

Diese Anordnung, Fig. 298 und Taf. 16, erweist sich als praktisch, wenn beispielsweise ein altes Wasserrad von 5 bis 6 m Gefälle, das dicht an einer Hauswand lief, ersetzt werden soll.

Die Wasserräder zeigen fast ohne Ausnahme den Ober- und Unterkanal in gleicher Richtung dem Hause entlang liegend, dazu naturgemäß die vorhandene Hauptwelle senkrecht zur Hauswand. Unter solchen Verhältnissen müßte bei „Krümmer im Haus" das Ausschachten im vorhandenen Gebäude selbst vorgenommen werden, was häufig ganz untunlich ist, während der Krümmer im Schacht sich zwanglos in den vorhandenen Wasserlauf einfügt.

Die Verhältnisse der Lagerung sind hier umgedreht, das geschlossene, schwer zugängliche Außenlager sitzt am Krümmer, Taf. 16, und obwohl es hier weitaus weniger belastet ist als vorher, wird doch auch hier alle Sorgfalt empfehlenswert sein. Eine Abdeckungsstopfbüchse nach Art derjenigen bei den stehenden Wellen würde noch sehr zur Schonung des Lagers beitragen; sie wäre aber recht schwer zugänglich.

Das Innenlager ist hier auf einer Konsole getragen, die durch den Deckel gehalten wird, also ist es im allgemeinen nicht ohne weiteres imstande, große Belastungen aufzunehmen. Das ist auch für gewöhnlich nicht zu erwarten, denn jede Riem- oder Seilscheibe sollte mindestens so weit von der Wand, also auch vom Lager abstehen, daß der Zugang zu diesem während des Betriebes gefahrlos bleibt. In neuerer Zeit findet sich vielfach das Lagerunterteil mit der Konsole zu einem Gußstück vereinigt, sodaß nur die Schale einzulegen ist. (Vergl. Fig. 389, S. 561.)

Die Bemerkung auf Taf. 16, „achsiale Führung" mit dem Pfeil nach links, besagt, daß die erforderliche Führung der Welle ausnahmsweise nicht an der Turbine selbst, sondern am nächstkommenden Wellenlager ausgeführt wurde. Das ist nicht immer zu empfehlen, aber bequem für das Wegnehmen

des Deckels nach dem Hausinnern zu, weil sich das Lager, den Deckel
mittragend, einfach auf der Welle schieben läßt.

Hier setzt sich der Krümmer auf ein Tragrohr auf, das in dem be-
tonierten Kammerboden eingebettet ist.

Der Turbinentragring faßt in Taf. 16 den Turbinendeckel und enthält
auch gleich ein Auge, durch welches die Regulierwelle d des Schemas
Fig. 256, mit Ausgleicher nach Fig. 257 und 258, durch eine Stopfbüchse
ins Hausinnere tritt.

Da hier der obere Teil des Krümmers durch die Lagerung der Regulierwelle in Anspruch genommen ist, so liegt das Schauloch des Krümmers
seitlich.

Nur für kleinere Turbinen bis 700 bis 800 mm Laufraddurchmesser
mögen die Schaufelbolzen als alleinige Verbindung zwischen dem Saugrohr
einerseits und dem Tragring andererseits den Zusammenhalt des Ganzen
übernehmen. Für größere Durchmesser haben auch hier die in Fig. 384
skizzierten Versteifungen einzutreten, sofern es sich nicht um sehr starke
Schaufelbolzen handelt oder um Konstruktionen, ähnlich den Bell'schen
Schaufeln.

2. Doppelturbinen mit liegender Welle.

Die Gründe, welche für Doppelturbinen mit stehender Welle angeführt
wurden, sind für die liegende Welle noch von größerem Gewicht, und so sehen
wir eine Fülle solcher Ausführungen, die sämtlich durch die Anwendung
des sog. T-Stückes als Verbindung der beiden Saugrohranfänge gekennzeichnet sind, Fig. 299 S. 443, Taf. 17 bis 21.

Die symmetrische Anordnung der Lauftäder bringt die Annehmlichkeit,
daß sich die Achsialschübe der beiden Räder in der Welle ideell ganz
aufheben und in Wirklichkeit kaum nennenswert vorhanden sind, außerdem
ist diese Anordnung für die Herstellung in der Werkstatt, für die Lagerung
der Reguliergetriebe usw. sehr bequem.

Der Anschluß des einen Leitapparates ans Mauerwerk des Schachtes
vollzieht sich unter denselben Erwägungen, wie beim „Krümmer im Schacht"
der einfachen Turbine (S. 557) und der zweite Leitapparat hat auf seinem
Deckel das geschlossene Wellenlager, wie wir es bei der einfachen Turbine
mit „Krümmer im Haus" (S. 554) kennen gelernt.

Die Ausführung des T-Stückes ist ziemlich verschiedenartig zu finden.
Während früher fast durchgängig die beiden Kreisquerschnitte der Laufrad-
austritte in ein gemeinschaftliches rundes Saugrohr übergeleitet wurden
(Taf. 17), was auch heute noch für Blechsaugrohr erforderlich ist, sehen
wir in neueren Ausführungen mehr die Tendenz, schon im T-Stück den
Übergang ins rechteckige betonierte Saugrohr einzuleiten, wie dies Taf. 19
und Fig. 390 zeigen. Der Zweck bei der Formgebung nach letztgenannter
Tafel ist besonders auch das gute Umlenken der beiden aus den Laufrädern
achsial gegeneinandertretenden Wasserströme in die gemeinschaftliche dazu
senkrechte Richtung. Tiefes Herunterführen des Sattels zwischen beiden Leit-
radflanschen im Verein mit kräftiger Erbreiterung des T-Stückes quer zur
Welle, von etwa $D_s = 850$ auf die Breite 1650 am Saugrohranfang soll
dies bewirken. Hier sind ganz die gleichen Erwägungen am Platze wie
S. 546 u. f. für die stehende Welle, denn auch hier ist die Auslaufweite in

achsialer Richtung beschränkt, weil wir alles Interesse daran haben, daß die Turbinenwelle nicht größere Lagerentfernung bekommt als irgend tunlich. Zu gleicher Zeit sei auf das aus Blech gefertigte T-Stück auf Taf. 8 und 10 verwiesen, das ohne weiteres auch für wagrechte Welle Verwendung findet, Fig. 388.

Es ist bei all diesen Ausführungen großer Wert darauf zu legen, daß das Wasser, wenn es das Laufrad verlassen hat und mit dem von gegenüber kommenden Strom zusammentrifft, auch nach der Seite ausweichen kann. Dem Prinzip nach sind also Anordnungen zu treffen, die den auf S. 546 u. f. enthaltenen Betrachtungen entsprechen.

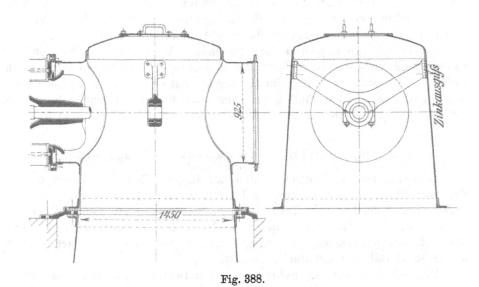

Fig. 388.

Ganz besonders muß sich der Verlauf der Anschlüsse beiderseits auch nach der Form der b_2-Kurve und derjenigen der äußeren Kränze der Laufräder richten, damit der Wasseraustritt aus dem Laufrade nicht gehemmt wird. Charakteristisch ist hierfür der Anschluß zwischen Leitrad und T-Stück auf Taf. 22 und 23. Hier mußte eine weite Ausbauchung eintreten, um den schräg-radialen Austritt des Wassers gegen außen nicht zu hindern und in diesem Sinne sind die Anschlußlichtweiten sehr zu prüfen. Vergl. hierüber auch Taf. 8, 18 usw.

Die Formen der Taf. 18 und 19 setzen natürlich eine geschickte Formereimannschaft voraus, während diejenigen nach Taf. 20 und 21 mit geraden Wänden nicht wohl als sehr zweckentsprechend für die Wasserführung gelten können; für die Gießerei sind sie dagegen sehr bequem. Rippenversteifungen sind für die geraden Wände unumgänglich. Hier sei gleich darauf aufmerksam gemacht, daß in Taf. 20 das äußere Turbinenwellenlager in sehr geschickter Weise dadurch ins Trockene gebracht ist, daß ein vollständiger, wasserdichter Gang unter dem Oberwasserkanal durchgeführt wurde. Wenn dies auch in der Anlage nicht billig ist, so ist angesichts der großen Turbinen die Gewährleistung der Betriebssicherheit an dieser Stelle von hohem Werte.

Eine durch die Anordnung gegebene Sache ist die für beide Leitapparate gemeinschaftliche Regulierwelle parallel zur Turbinenwelle, die zweckmäßig natürlich an dem T-Stück gelagert wird, sei es, daß sie obenauf liegt, Taf. 18 und 19, sei es neben, Taf. 21; auch Taf. 17 zeigt die Welle seitlich, aber nicht in Verbindung mit dem Saugrohrstück.

Die Verbindung zur Regulatorwelle ist in Taf. 18 durch eine im Hause liegende Lenkstange vermittelt, die an letzterer mit einem verstellbaren Kurbelhebel angreift, vergl. Fig. 254 b.

Die Kammern oder Schächte der offenen Turbinen mit liegender Welle sind wohl ausnahmslos unter freiem Himmel disponiert, nur mit verschraubten Bohlen auf herausnehmbaren I-Balken solid überdeckt, wie dies die sämtlichen Tafeln erkennen lassen, Einsteiglöcher mit Schloß. Zuwölben wäre zweckwidrig, weil dadurch das Schachtinnere vom Tageslicht abgesperrt würde. Sehr zweckmäßig ist bei der Anlage Gersthofen der Laufkran, der sämtliche Turbinenkammern bestreicht, Taf. 20 und 21.

Sowie mehrere Doppelturbinen nebeneinander liegen, ergibt sich von selber die Anordnung derart, daß der Wasserablauf unter dem Haus durchgeführt wird, wobei vielfältig der Hausboden mit besonderer Sorgfalt wasserdicht gemacht werden muß gegen den Rückstau bei Hochwasser, vergl. Taf. 23 und 24. Daher z. B. auch die große Anzahl I-Balken in Taf. 20.

2a. Doppelturbinen mit getrennten Saugrohren.

Es kann der Fall eintreten, daß auf längere Zeit die Wasserführung des betr. Flusses so weit herunter geht, daß es mit Rücksicht auf den rasch abfallenden Nutzeffekt bei Teilfüllung geraten erscheint, lieber eines der beiden Leiträder ganz zu schließen und nur das andere der verfügbaren Wassermenge anzupassen, Erwägungen umgekehrter Art wie diejenigen bei kleineren Gefällen, Etagenturbinen usw.

Die geschlossenen Drehschaufeln irgendwelcher Konstruktion halten nicht dicht und so sind wir hier in ähnlicher Lage wie oben S. 537 für die Hochwasseretage geschildert, nur daß die liegende Welle ermöglicht, das abgestellte Leit- und Laufrad auch wirklich in bequemer Weise vollständig auszuschalten (Fig. 300, S. 443).

Eine Ringschütze um das Leitrad übernimmt den Abschluß gegen das Oberwasser, und getrennt geführte Saugrohre gestatten, die Turbinen ganz unabhängig voneinander zu betreiben. Eine Kuppelung wird gelöst und auf diese Weise auch die Leergangsarbeit des nicht arbeitenden Laufrades erspart. Der Einsteigschacht ist der Taf. 24 entnommen.

3. Dreifachturbinen mit liegender Welle.

Dem Verfasser ist außer der in Taf. 22 und 23 dargestellten Anlage, Ganz & Co., Budapest, keine weitere bekannt. Die Anordnung bietet nicht sehr viel anderes gegenüber den seither besprochenen, natürlich vereinigen sich die beiden Saugrohre zu gemeinschaftlichem Austritt. Die obenliegende gemeinschaftliche Regulierwelle ist hier nicht direkt durch die Mauer geführt, sondern die Bewegung erfolgt ähnlich Taf. 18 durch eine tieferliegende Welle, die direkt mit dem Regulator zusammengebaut ist, die erforderliche Lenkstange liegt aber hier im Wasser. Der freie Achsialschub des äußersten Turbinenrades ist natürlich in der Lagerung der Welle berücksichtigt.

Das Gefälle der Anlage schwankt zwischen 2,5 m und 4,4 m, und als mittleres Gefälle sind 3,5 m der Berechnung zugrunde gelegt.

Der hohe Stand des Unterwassers gegenüber den Fundamentkanälen bei den Dynamos usw. machte auch hier die wasserdichte Ausführung des ganzen Unterbaues zur Pflicht, vergl. auch den Hochwasserstand.

Die schon oben erwähnte Ausführung des Innenlagers in einem Gußstück mit der Konsole zeigt Fig. 389.

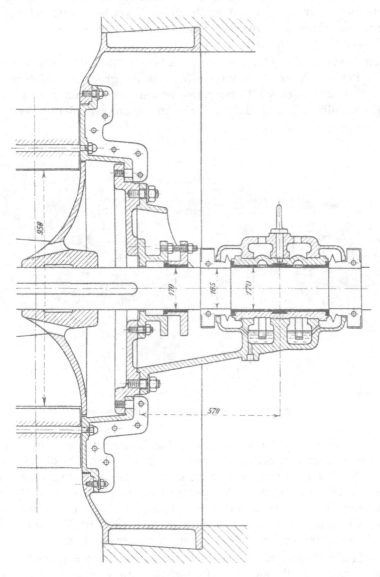

Fig. 389.

4. Vierfachturbinen mit liegender Welle.

Diese sind die einfache Verdoppelung der Doppelturbinen, irgend andere Kombinationen von Laufradstellungen werden wohl nirgends verwendet.

Die in Taf. 24, 25, 26 dargestellte Anlage, Voith, ist in verschiedenen

Richtungen beachtenswert. Ein sehr kleines Gefälle, 2,9 m, sowie der Wunsch den Räderbetrieb zu vermeiden, ist natürlich die Veranlassung zu der ganzen Anordnung, und selbst die Vierfachturbine erreicht dabei auch weitaus nicht so viele Umdrehungen, daß von einem Ankuppeln der Dynamos gesprochen werden könnte, sondern eine Riemenübersetzung 3,1 : 1 ist noch erforderlich.

Damit nun diese Riemen nicht senkrecht laufen müssen, hat man mitten zwischen die vier Turbinenkammern den Leerlauf gesetzt, in zwei Hälften geteilt. Die beiden inneren Dynamos konnten auf diese Weise gegen die Gebäudemitte über die Leerlaufkanäle gesetzt werden, während die äußeren Dynamos um ebensoviel aus der Kammermitte rückten und auf diese Art war die erwünschte Riemenschräge erzielt.

Von besonderem Interesse ist die Zusammenführung der beiden Saugrohre in Beton. Während natürlich für das Saugrohr der hinteren Doppelturbine, Taf. 24, reichlich Gelegenheit ist, in der langen Strecke zwischen den Querschnitten Ia, II, III und IV zu entsprechender Erweiterung zu

Fig. 390.   (Ausführung Voith-Heidenheim.)

kommen, muß das vordere Doppelturbinensaugrohr sehr rasch aus 2140 lichter Breite über den Schnitt Ib von 3360 Breite in die obere Hälfte des Schnittes V, 5080 Breite überleiten, dessen untere Hälfte dem Übergang aus Schnitt IV der hinteren Doppelturbine entspricht. Das Gewicht der Gebäudemauern, der Dynamos usw. verlangte dann das Einsetzen einer senkrechten Zunge von 800 mm Stärke, die (Schnitt VI und VII) unter dem Gebäude hindurch die Decke usw. mitzutragen hat.

Die große Riemscheibe schneidet in die Decke des gemeinschaftlichen Saugrohres, so daß die hierfür erforderliche Grube wasserdicht auszuführen war und die tiefste Lage der Saugrohrdecke mitbestimmte. Dem Grundsatz der möglichst wirbelfreien Wasserabführung würde der Verlauf der Saugrohrdecke, wie in Taf. 24 punktiert, noch besser entsprochen haben.

Was in Taf. 20 durch den unter Oberwasser durchgeführten Gang erzielt wurde, die Zugänglichkeit der Außenlager während des Betriebes, das wird hier durch Einsteigschächte aus Blech erreicht, die abgedichtet frei im Oberwasser stehen und durch Abläufe, die unterhalb des Unterwasserspiegels an die Saugrohre anschließen, ständig entwässert werden.

Seitlich stellen kegelförmige Stutzen den Anschluß an die Laufraddeckel her. Jeder Stutzen enthält ein Wellenlager, zwischen denselben liegt beim Mittelschacht eine Kuppelung. Da die Blechschächte bis zum Boden der Turbinenkammer geradlinig durchgeführt sind, so stehen nur die konischen Anschlußstutzen unter der Wirkung des Auftriebes.

Die oben längsgehende Regulierwelle ist in dem vorderen Blechschacht durch Büchsen geführt. Ein entsprechend weites sog. Schutzrohr, welches wasserdicht an die Blechwände anschließt, hält das Wasser vom Schacht fern, ohne daß Stopfbüchsen nötig wären. Von der Regulierwelle führt eine Lenkstange senkrecht nach oben, Taf. 24 und 26, um im Dynamoraum an das hydraulische Reguliergetriebe anzuschließen. Der Regulator und die dafür erforderliche Preßpumpe werden von der Turbinenwelle durch Riemen betrieben.

Natürlich bietet die Vierfachturbine auch die Möglichkeit, bei Kleinwasser das eine Paar Laufräder abzukuppeln usw., wie dies S. 560 für die Doppelturbine mit getrennten Saugrohren geschildert wurde. Die äußere Gestaltung der Vierfachturbinen für Einsteigschacht zeigt Fig. 390, worin die leere Maßlinie die lichte Weite des Schachtes angibt.

Die schon erwähnte Anordnung des Leerlaufes unter der Gebäudemitte ermöglicht häufig eine gute Aufstellung der Dynamos, auch unter anderen Antriebsverhältnissen, z. B. Taf. 26, rechts.

21. Die Zuleitung des Betriebswassers durch Röhren.

Bei Gefällen über 8 bis 10 m hinaus stellen sich meist Schwierigkeiten ein, sowohl was die solide Herstellung der Turbinenkammern, als auch die bequeme Zuleitung des Wassers von der Berglehne herüber zu diesen offenen Kammern betrifft, und deshalb beginnt bei vorgenannten Gefällhöhen der Bereich der Turbinen mit Wasserzuleitung in geschlossenen Röhren, der „geschlossenen Turbinen".

Große Gefälle gestatten Saughöhen bis 5 und 6 m hin; bei den hier in Betracht kommenden Gefällen pflegt deshalb im allgemeinen jede Hochwassergefahr für die Anschlußgetriebe, Dynamos usw. bei Anwendung liegender Wellen mit entsprechender Saughöhe ausgeschlossen zu sein und so finden sich hier fast ausnahmslos liegende Turbinenwellen, weil die geschlossenen Turbinen mit liegender Welle an Zugänglichkeit den geschlossenen mit stehender Welle außerordentlich überlegen sind.

Als Wassergeschwindigkeiten im Rohr kommen Größen von 1 bis gegen 3 m/sek hin in Betracht, die größeren Werte nur bei größeren Durchmessern (bis 3 m Durchm.).

Ein sehr wichtiger Punkt ist hier vor allem klarzustellen. Sowie nämlich die geschlossene Rohrleitung in Verwendung tritt, ist kein freier Oberwasserspiegel mehr unmittelbar bei der Turbine vorhanden, der das verfügbare Gefälle in unzweifelhafter Weise zum Ausdruck bringen könnte.

Auf jeden Fall sind die Gefälleverluste durch Rohrreibung, Krümmerwiderstand usw. von dem äußerlich meßbaren Höhenunterschied zwischen Ober- und Unterwasserspiegel in Abzug zu bringen, so daß der auf S. 185 und in der dortigen Fig. 134 als Nettogefälle, H_n, gekennzeichnete Höhenunterschied hier nicht mehr das der Turbine tatsächlich zur Verfügung stehende, arbeitende Gefälle darstellt.

Wenn wir nun ja auch allgemeine Anhalte haben, um die Größe der Reibungsverluste in den Zuleitungsröhren rechnungsmäßig festzustellen, so sind doch diese Daten für große Zuleitungen noch verhältnismäßig unsicher. Zum Glück zeigt es sich, daß die Unsicherheit der älteren Angaben mehr nach der schlechten Seite hin zu bestehen scheint, die Verluste sind häufig kleiner als die Rechnung mit den für kleinere Rohrdurchmesser ermittelten Erfahrungszahlen annehmen läßt.

Trotzdem muß der Turbineningenieur hier vorsichtig sein nicht nur im Entwerfen der Turbine, sondern auch besonders im Festsetzen der Nutzeffektsgarantie, bei der hier ausdrücklich betont werden sollte, auf welches Gefälle die Garantie zu beziehen ist; häufig bleibt dieser Punkt im Unklaren und es entstehen dann Differenzen in der Auslegung der eingegangenen Verpflichtungen.

Wir wollen hier, wie früher auch, erst die Verhältnisse des ideellen Betriebes ansehen, um nachher auf diejenigen des tatsächlichen Betriebes überzugehen. Dabei sind die Verhältnisse ideell schon ganz anderer Art, wenn der Beharrungszustand des Durchflusses ins Auge gefaßt wird oder wenn die Vorgänge untersucht werden sollen, wie sie sich beim Verengern oder Erweitern der Leitradquerschnitte als Druck- und Geschwindigkeitsänderungen in der Zuleitung abspielen.

A. Der Beharrungszustand im Zuleitungsrohr, ideeller Betrieb.

Die Fig. 391 stellt schematisch die in Betracht kommenden Verhältnisse dar. Wenn das Zuleitungsrohr an einer geraden Strecke nahe bei der Turbine angebohrt und mit einem Standrohr versehen werden kann, so

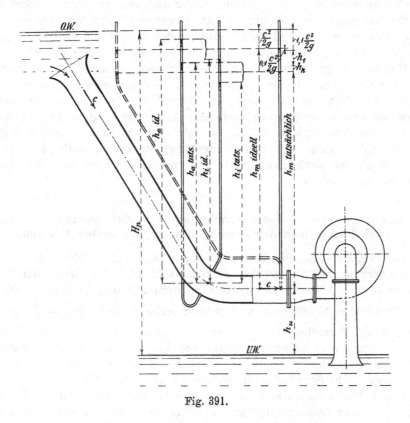

Fig. 391.

wird das Wasser in diesem Rohr nicht bis zur Höhe des freien Wasserspiegels im Oberkanal aufsteigen, sondern um einen gewissen Betrag unterhalb desselben bleiben. Dieser besteht bei ideellem Betrieb und für volle Wassermenge nur aus der für die Erzeugung der Wassergeschwindigkeit c an dieser Stelle des Rohres erforderlich gewesenen Druckhöhe von $\dfrac{c^2}{2g}$, so daß als manometrische Druckhöhe an der betreffenden Stelle nur die Höhe h_m ideell übrig bleibt. Zu dieser tritt dann noch als verfügbares Gefällstück der Höhenunterschied h_u zwischen der Anbohrstelle und dem freien Unterwasserspiegel in der Nähe der Turbine und deshalb ist das der Turbine zustehende potentielle Arbeitsvermögen durch $Q\gamma \cdot (h_m + h_u)$ gegeben.

Zu diesem potentiellen kommt dann noch das kinetische Arbeitsvermögen, welches dem Wasser vermöge der Zuflußgeschwindigkeit c im Rohre an der Anbohrstelle innewohnt im Betrage $Q\gamma \cdot \frac{c^2}{2g}$, so daß das gesamte, der Turbine zur Verfügung stehende ideelle Arbeitsvermögen natürlich wieder beträgt:

$$A_1 = Q\gamma \cdot \left(h_m + h_u + \frac{c^2}{2g}\right) = Q\gamma \cdot H_n \quad \ldots \quad \textbf{666.}$$

aus dem, wie früher, je nach Umständen die Abflußgeschwindigkeit c_U im Untergraben schon mitbestritten wird oder von dem die Höhe ideell $\frac{c_U{}^2}{2g}$ noch in Abzug kommt, wenn kein Saugrohrkrümmer vorhanden (S. 181 u. f.).

Es war vorher betont worden, daß die Anbohrung an einer geraden Strecke stattfinden solle. Würde das Standrohr an einer gekrümmten Strecke angeschlossen, so wäre die Druckmessung auch im ideellen Betrieb unzuverlässig, weil dort die Erscheinungen des kreisenden Wassers eintreten.

Die Figur 68, Seite 83, illustriert in drastischer Weise durch h_i und h_a die Möglichkeit grundverschiedener Ablesungen, je nachdem das Standrohr bei einer Krümmung in der Horizontalebene innen oder außen angeschlossen würde. Verläuft die Krümmung in einer Vertikalebene, (s. Fig. 391), so geben die Anbohrstellen oben und unten ganz verschiedene Druckhöhen an; der seitliche Anschluß in Rohrachsenhöhe ist natürlich weniger ungenau, weil bei halbwegs großen Krümmungsradien r_1 und r_m nahezu zusammenfallen, doch ist auch dann noch der Anschluß an gerader Strecke vorzuziehen, weil sicherer.

B. Änderungen der Zulaufgeschwindigkeit in Zuleitungsröhren infolge des Verstellens der Leitradöffnungen, ideeller Betrieb.

Das Verkleinern der Leitradöffnungen aus voller Füllung verändert die Wassermenge (Füllung) der Turbine, also auch die Größe der Wassergeschwindigkeit c im Zuleitungsrohr, letztere auf den Betrag v. Da nach Fig. 391 für die Anbohrung an gerader Strecke $h_m + h_u + \frac{c^2}{2g} = H_n$ gewesen ist (Gl. 666), so bedingt jede engere Leitschaufelweite wegen der Verringerung von c auf v einen andern Betrag von h_m. Für den Beharrungszustand bietet die Berechnung von h_m aus den Querschnittsmaßen der Wasserführung ideell keine Schwierigkeit, anders ist die Sache für die Zeit, während der die Leitschaufelöffnung in eine andere umgestellt wird. Der Übergang von einer Geschwindigkeit im Rohre zu einer anderen bringt notwendig mit sich, daß die, gerade im Rohre enthaltene, Wassermasse zu beschleunigen oder zu verzögern ist und dies kann nur durch entsprechende Druckkräfte, also auch Druckhöhen, ausgeführt werden.

Die Änderung der Turbinenfüllung bringt folglich Schwankungen in der Größe von h_m und zwar nicht nur solche dauernde, die der geänderten Geschwindigkeit v entsprechen, sondern auch noch vorübergehende größere Schwankungen als Folge der Verzögerungs- oder Beschleunigungsvorgänge im Zuleitungsrohr selbst.

Im Nachstehenden soll für ideelle Verhältnisse der zeitliche Verlauf dieser Druckänderungen rechnungsmäßig verfolgt werden, wobei neben den Reibungswiderständen sowohl die Elastizität der Rohrwandungen, als auch die Volumelastizität des Wassers vernachlässigt wird. Wir gehen aus von folgendem:

Im Beharrungszustand, vor Beginn des Verstellens der Leitöffnung, durchfließt eine bestimmte sekundliche Wassermenge das Rohr, bei voller Leitschaufelöffnung beträgt sie Q, bei Teilfüllung von der Größe $\varphi = a$, ist die Menge aQ. Diese Wassermengen stellen beim Gesamtgefälle H_n ein sekundliches Arbeitsvermögen $A_1 = Q\gamma \cdot H_n$ bezw. $aA_1 = aQ\gamma \cdot H_n$ dar.

Vermöge seiner Fließgeschwindigkeit v im Rohre besitzt das im Rohr enthaltene Wasser, Querschnitt F, Länge L, als Rohrinhalt ein absolutes Arbeitsvermögen $A_r = F \cdot L \cdot \gamma \cdot \dfrac{v^2}{2g}$. Dies absolute Arbeitsvermögen des Rohrinhaltes, A_r, ändert sich nicht solange der Beharrungszustand dauert, während das Arbeitsvermögen A_1 pro Sekunde gilt und gewissermaßen nur durch das Rohr durchgeleitet wird, ohne im Beharrungszustand auf dasjenige des Rohrinhaltes, A_r, Einfluß üben zu können.

Die Änderung des Leitschaufelquerschnittes ist die Veranlassung zu den Druckschwankungen im Zuleitungsrohre. Wir wissen, daß die Geschwindigkeit in der Leitschaufelmündung, w_0, für Spaltdruckregulierungen nicht konstant ist, sondern mit abnehmender Schaufelweite $a_{(0)}$ wächst und daß uns bis jetzt für die Berechnung dieser Veränderung nur annähernde Verfahren zu Gebote stehen. Der Grund für diese Änderung ist bekannt, es ist der bei verschiedener Wasserzuführung verschiedene Bedarf an Druckhöhe, um das Wasser durch die Reaktionsgefäße zu pressen. (S. 295 u. f.) Die Berechnung der Wassergeschwindigkeiten im Zuleitungsrohr während des Schließ- oder Öffnungsvorganges müßte, Spaltdruckregulierung vorausgesetzt, auf diese Änderungen im Druckhöhenbedarf des Laufrades Rücksicht nehmen, was die Darstellung wesentlich weniger übersichtlich machen würde.

Aus diesem Grunde soll im Nachstehenden vorausgesetzt werden, daß im Beharrungszustande die Leitschaufelgeschwindigkeit w_0 für alle Größen der Leitschaufelöffnung konstant bleibe, was ja durchaus nicht ausschließt, daß w_0 während des Schließ- oder Öffnungsvorganges andere Größen, w, aufweisen kann.

Da die Druckschwankungen in der Zuleitung der Hauptsache nach nur für die Hochgefälle, also meist für Strahlturbinen von Wichtigkeit werden, so soll den Verhältnissen der letzteren entsprechend der konstante Wert der Leitschaufelgeschwindigkeit zu ideell

$$w_0 = \sqrt{2g\,H}$$

angesetzt werden, worin H die Druckhöhe vom unveränderlich gedachten Oberwasserspiegel an bis Mitte Leitschaufelmündung bedeutet. (Fig. 392.)

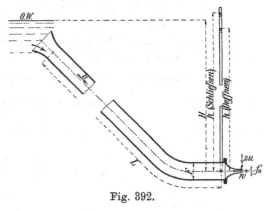

Fig. 392.

Die Rechnung bedarf weiter noch einer Festlegung über die Art und Weise, in welcher sich die Verkleinerung oder Vergrößerung des Leitschaufelquerschnittes vollzieht. Wir wollen der Einfachheit wegen annehmen, daß die Änderungen der Leitschaufelweite zeitlich ganz gleichmäßig verlaufen sollen, daß also, einerlei von welcher Turbinenfüllung ausgegangen wird, die Ab- oder Zunahme derselben stetig, der Zeit proportional, stattfinde.

Die für die Rechnung einzuführenden Bezeichnungen sind die nachstehenden:

H (m) Druckhöhe (Höhenunterschied) zwischen dem Oberwasserspiegel und Leitschaufelmitte. (Fig. 392).

Q (cbm/sek) größte Wassermenge.

φQ Wassermenge, allgemein bei Teilfüllung; speziell für $\varphi = a$ und $\varphi = b$:

aQ Wassermenge des Beharrungszustandes zu Anfang der Verstellung.

bQ desgl. zu Ende des völlig erledigten Verstellungsvorganges.

$F = D^2 \dfrac{\pi}{4}$ (qm) Rohrquerschnitt.

$c = \dfrac{Q}{F}$ (m/sek) größte Rohrgeschwindigkeit (volle Füllung).

$\varphi c = \dfrac{\varphi Q}{F}$ Rohrgeschwindigkeit bei Teilfüllung.

ac Rohrgeschwindigkeit (Beharrungszustand) zu Anfang der Verstellung.

bc Rohrgeschwindigkeit zu Ende des ganz erledigten Verstellungsvorganges.

L (m) Länge der (überall gleichweiten) Rohrleitung, die bis dicht an den Leitapparat geführt ist.

f_0 (qm) größter Querschnitt des Leitapparates.

$\varphi f_0,\ af_0,\ bf_0$ Leitapparat-Querschnitte bei Teilfüllung.

$w_0 = \dfrac{Q}{f_0} = \dfrac{aQ}{af_0}$ usw. Normale Austrittsgeschwindigkeit (Beharrungszustand) aus dem Leitapparat (für alle Beaufschlagungen gleich groß angenommen, Strahlturbine).

T_s (sek) die Zeit, welche vergeht, bis der ganz geöffnet gewesene Leitapparat in stetiger Weise gerade ganz geschlossen sein würde, „Schlußzeit".

T_0 (sek) die Zeit für den umgekehrten Vorgang zwischen den gleichen Grenzen von „Zu" bis „Auf", „Öffnungszeit".

f veränderlicher Leitapparat-Querschnitt während des Schließ- oder Öffnungsvorganges.

q veränderliche Wassermenge während desgl.

$w = \dfrac{q}{f}$ „   Leitschaufelgeschwindigkeit während desgl.

$v = \dfrac{q}{F}$ „   Rohrgeschwindigkeit während desgl.

h „   Druckhöhe am unteren Rohrende, Querschnitt F, unmittelbar vor der Verengung gegen den Leitapparat hin. (Fig. 392.)

$H - \dfrac{c^2}{2g},\quad H - \dfrac{(ac)^2}{2g}$ usw. die manometrischen Druckhöhen an gleicher Stelle während des Beharrungszustandes.

1. **Die ideelle Druckänderung während des Schließvorganges.**

Die Turbine sei auf af_0 eingestellt gewesen und werde von da auf beliebige Beaufschlagung geschlossen.

In jedem Augenblick des Vorganges muß sein, weil die Elastizität der Wandungen und des Wassers außer acht bleibt,

$$q = F \cdot v = f \cdot w \quad \ldots \ldots \quad \textbf{667.}$$

Das gleichmäßige Verkleinern der Leitöffnung von af_0 ausgehend auf $f = \varphi f_0$ in der Zeit t wird ausgedrückt durch

$$f = af_0 - \frac{f_0}{T_s} \cdot t = f_0 \cdot \frac{aT_s - t}{T_s} \quad \ldots \ldots \quad \textbf{668.}$$

In jedem Augenblick des Schließvorganges muß ferner sein:

$$h + \frac{v^2}{2g} = \frac{w^2}{2g} \quad \ldots \ldots \quad \textbf{669.}$$

Nach Gl. 667 und 668 ist

$$v = w \cdot \frac{f}{F} = w \cdot \frac{f_0}{F} \cdot \frac{aT_s - t}{T_s} \quad \ldots \ldots \quad \textbf{670.}$$

ebenso nach Gl. 667 und 669

$$h = \frac{w^2}{2g} - \frac{v^2}{2g} = \frac{w^2}{2g}\left[1 - \left(\frac{f}{F}\right)^2\right] \quad \ldots \ldots \quad \textbf{671.}$$

Ist f_0 klein gegenüber F, was bei hohen Gefällen meist zutrifft, so kann für jede Größe f der Leitöffnung in erlaubter Annäherung gesetzt werden:

$$h = \frac{w^2}{2g} \quad \ldots \ldots \quad \textbf{671a.}$$

Durch den Schließvorgang wird zweifellos die seitherige Rohrgeschwindigkeit ac vermindert, auf v, und demgemäß auch das Arbeitsvermögen des Rohrinhalts, A_r. Der Verminderungsbetrag geht an die aus dem Leitquerschnitt f austretende Wassermenge über und vermehrt deren Arbeitsvermögen vorübergehend. Während des Schließvorganges findet also ein Austausch von Arbeitsvermögen zwischen dem Rohrinhalt an sich und der ausfließenden Wassermenge statt.

Das Arbeitsvermögen (in der Zeiteinheit) des dem Rohre vom Oberwasser aus zufließenden Wassers beträgt an einem beliebigen Zeitpunkt des Schließvorganges

$$A_1 = q\gamma \cdot H = F \cdot v \cdot \gamma \cdot H \quad \ldots \ldots \quad \textbf{672.}$$

Das Arbeitsvermögen des aus dem Leitapparat ausfließenden Wassers (auf die Zeiteinheit bezogen) stellt sich auf

$$A = q\gamma \cdot \frac{w^2}{2g} = F \cdot v \cdot \gamma \cdot \frac{w^2}{2g} \quad \ldots \ldots \quad \textbf{673.}$$

oder wegen Gl. 667 auch auf

$$A = F \cdot v \cdot \gamma \cdot \frac{v^2}{2g} \cdot \frac{F^2}{f^2}.$$

Wird f nach Gl. 668 ersetzt, so folgt für den Schließvorgang

$$A = F \cdot v \cdot \gamma \cdot \frac{v^2}{2g} \cdot \frac{F^2}{f_0^2} \cdot \frac{T_s^2}{(aT_s - t)^2} \quad \ldots \ldots \quad \textbf{674.}$$

Nun ändert sich die Rohrgeschwindigkeit v mit jedem Augenblick, und so ändern sich auch die Arbeitsvermögen stetig, sie müssen deshalb für den unendlich kleinen Zeitabschnitt dt angesetzt werden. Für diesen gilt:

$$A_1\,dt = F \cdot v \cdot \gamma \cdot H\,dt \quad \ldots \ldots \quad \textbf{675.}$$

$$A\,dt = F \cdot v \cdot \gamma \cdot \frac{v^2}{2g} \cdot \frac{F^2}{f_0{}^2} \cdot \frac{T_s{}^2}{(aT_s - t)^2} \cdot dt \quad \ldots \quad \textbf{676.}$$

Durch die Verzögerung von v auf $v - dv$ nimmt in der Zeit dt das Arbeitsvermögen des Rohrinhaltes, A_r, vergl. S. 567, ab um

$$dA_r = -F \cdot L \cdot \gamma \cdot \frac{v^2 - (v - dv)^2}{2g}$$

oder um den Betrag

$$dA_r = -F \cdot v \cdot \gamma \cdot \frac{L}{g} \cdot dv \quad \ldots \ldots \quad \textbf{677.}$$

(Das —-Zeichen, weil dv gegenüber dt negativ ist.)

Die Verhältnisse sind nun so aufzufassen, daß allgemein

$$A_1\,dt + dA_r = A\,dt \quad \ldots \ldots \quad \textbf{678.}$$

d. h. die Abnahme an Arbeitsvermögen, welche die Masse des Rohrinhalts erfährt, muß sich als Zunahme des in der Zeit dt aus dem Zuflußrohr ausgeleiteten Arbeitsvermögens $A\,dt$ gegenüber dem eingeleiteten $A_1\,dt$ vorfinden. Setzen wir die Beträge nach Gl. 675, 676 und 677 ein, so ergibt sich sofort

$$H\,dt - \frac{L}{g} \cdot dv = \frac{v^2}{2g} \cdot \frac{F^2}{f_0{}^2} \cdot T_s{}^2 \cdot \frac{dt}{(aT_s - t)^2} \quad \ldots \quad \textbf{679.}$$

Wir können für dt auch setzen

$$dt = -d(aT_s - t)$$

und erhalten dann aus Gl. 679

$$dv = \frac{1}{2}\frac{F^2}{f_0{}^2} \cdot \frac{T_s{}^2}{L} \cdot v^2 \cdot \frac{d(aT_s - t)}{(aT_s - t)^2} - \frac{gH}{L} \cdot d(aT_s - t) \quad \ldots \quad \textbf{680.}$$

Zur Vereinfachung der Gleichung (Integration) setzen wir

$$v = (aT_s - t)\,u; \qquad u = \frac{v}{aT_s - t} \quad \ldots \ldots \quad \textbf{681.}$$

und erhalten also

$$dv = (aT_s - t)\,du + u\,d(aT_s - t) \quad \ldots \ldots \quad \textbf{682.}$$

Beides in Gl. 680 eingesetzt, ergibt dann

$$(aT_s - t)\,du = \left[\frac{1}{2}\frac{F^2}{f_0{}^2} \cdot \frac{T_s{}^2}{L} \cdot u^2 - u - \frac{gH}{L}\right] d(aT_s - t) \quad \ldots \quad \textbf{683.}$$

Der einfacheren Schreibweise wegen setzen wir

$$\frac{1}{2}\frac{F^2}{f_0{}^2} \cdot \frac{T_s{}^2}{L} = m \quad \ldots \ldots \ldots \quad \textbf{684.}$$

sowie

$$\frac{gH}{L} = n \quad \ldots \ldots \ldots \quad \textbf{685.}$$

und erhalten damit aus Gl. 683

$$\frac{du}{mu^2 - u - n} = \frac{d(aT_s - t)}{aT_s - t} \quad \ldots \ldots \quad \textbf{686.}$$

Die linke Seite läßt sich auch schreiben als

$$\frac{m\,du}{m^2u^2 - mu + \frac{1}{4} - \frac{1}{4} - mn} = \frac{m\,du}{(mu - \frac{1}{2})^2 - (mn + \frac{1}{4})}$$

oder auch

$$\frac{-m\,du}{(mn+\frac{1}{4})-(mu-\frac{1}{2})^2}=\frac{d(aT_s-t)}{aT_s-t} \quad . \quad . \quad . \quad \textbf{687.}$$

Die Integration vorstehender Gleichung liefert

$$-\frac{1}{2\sqrt{mn+\frac{1}{4}}}\left[ln\frac{\sqrt{mn+\frac{1}{4}}+mu-\frac{1}{2}}{\sqrt{mn+\frac{1}{4}}-(mu-\frac{1}{2})}\right]_{v=ac}^{v=v}=\left[ln(aT_s-t)\right]_{t=0}^{t=t} \quad \textbf{688.}$$

was wir auch schreiben können

$$\frac{1}{\sqrt{4mn+1}}\left[ln\frac{\sqrt{4mn+1}+2mu-1}{\sqrt{4mn+1}-(2mu-1)}\right]_{v=v}^{v=ac}=ln\left(\frac{aT_s-t}{aT_s}\right) \quad . \quad \textbf{689.}$$

Um diese Gleichung zu vereinfachen, bilden wir gemäß Gl. 681 und 684

$$2mu=2\cdot\frac{1}{2}\frac{F^2}{f_0^2}\cdot\frac{T_s^2}{L}\cdot\frac{v}{aT_s-t} \quad . \quad . \quad . \quad . \quad \textbf{690.}$$

und mit v nach Gl. 670 ergibt sich wenn $2mu-1=p$ gesetzt wird

$$p=2mu-1=w\cdot\frac{F}{f_0}\cdot\frac{T_s}{L}-1 \quad . \quad . \quad . \quad \textbf{691.}$$

Wir bilden ferner gemäß Gl. 684 und 685

$$\sqrt{4mn+1}=\sqrt{4\cdot\frac{1}{2}\cdot\frac{F^2}{f_0^2}\cdot\frac{T_s^2}{L}\cdot\frac{gH}{L}+1}=k \quad . \quad . \quad \textbf{692.}$$

oder

$$k=\sqrt{2gH\cdot\frac{F^2}{f_0^2}\cdot\frac{T_s^2}{L^2}+1} \quad . \quad . \quad . \quad . \quad \textbf{693.}$$

und können mit diesen Vereinfachungen dann die Gl. 689 schreiben als

$$\left[ln\frac{k+p}{k-p}\right]_{w=w}^{w=w_0}=k\cdot ln\left(\frac{aT_s-t}{aT_s}\right) \quad . \quad . \quad . \quad \textbf{694.}$$

oder auch, wenn wir mit p_0 den w_0, also $t=0$, entsprechenden Wert von p nach Gl. 691 bezeichnen, einfach

$$\frac{k+p_0}{k-p_0}\cdot\frac{k-p}{k+p}=\left(\frac{aT_s-t}{aT_s}\right)^k \quad . \quad . \quad . \quad . \quad \textbf{695.}$$

Wir finden hieraus die Größe

$$p=k\cdot\frac{\frac{k+p_0}{k-p_0}-\left(\frac{aT_s-t}{aT_s}\right)^k}{\frac{k+p_0}{k-p_0}+\left(\frac{aT_s-t}{aT_s}\right)^k}=w\cdot\frac{F}{f_0}\cdot\frac{T_s}{L}-1 \quad . \quad . \quad \textbf{696.}$$

Nun läßt sich schreiben gemäß unserer Voraussetzung

$$\frac{F}{f_0}=\frac{w_0}{c}\cdot\frac{w_0}{w_0}=\frac{2gH}{c\cdot w_0}$$

und mit diesem Wert erhalten wir schließlich aus Gl. 696 allgemein für jeden beliebigen Zeitpunkt t, zwischen dem Beginn des Schließens und dem Erreichen von $f=bf_0$:

$$w=w_0\cdot\frac{c}{2gH}\cdot\frac{L}{T_s}\left[k\cdot\frac{\frac{k+p_0}{k-p_0}-\left(\frac{aT_s-t}{aT_s}\right)^k}{\frac{k+p_0}{k-p_0}+\left(\frac{aT_s-t}{aT_s}\right)^k}+1\right] \quad . \quad . \quad \textbf{697.}$$

als nicht gerade einfache Beziehung für die ideelle Austrittsgeschwindig-

keit w, mit der das Wasser nach Ablauf der Zeit t (von Beginn des Schließvorganges an gerechnet) den aus af_0 auf f nach Gl. 668 verkleinerten
Leitschaufelquerschnitt durchfließen wird.

Die Zeit t_b, welche vergeht, bis der Leitapparat von af_0 bis auf bf_0
geschlossen ist, berechnet sich wie folgt

$$t_b = (af_0 - bf_0) \cdot \frac{T_s}{f_0} = (a - b) T_s \quad \ldots \ldots \quad \textbf{698.}$$

also wird, wenn die Leitöffnung auf die Größe bf_0 verkleinert ist, die
Wassergeschwindigkeit w_b im Leitapparat nach Gl. 697 sein:

$$w_b = w_0 \cdot \frac{c}{2gH} \cdot \frac{L}{T_s} \left[k \cdot \frac{\frac{k+p_0}{k-p_0} - \left(\frac{b}{a}\right)^k}{\frac{k+p_0}{k-p_0} + \left(\frac{b}{a}\right)^k} + 1 \right] \quad \ldots \quad \textbf{699.}$$

Zur einfachen Berechnung von p_0 und k, welche sich beide aus den
gleichen Größen bilden, dient

$$p_0 = w_0 \cdot \frac{F}{f_0} \cdot \frac{T_s}{L} - 1 \quad \ldots \ldots \ldots \quad \textbf{(691.)}$$

was mit $\frac{F}{f_0} = \frac{w_0}{c}$ übergeht in

$$p_0 = \frac{w_0^2}{c} \cdot \frac{T_s}{L} - 1 = \frac{2gH}{c} \cdot \frac{T_s}{L} - 1 \quad \ldots \ldots \quad \textbf{700.}$$

und in gleicher Weise stellt sich nach Gl. 693

$$k = \sqrt{\left(\frac{2gH}{c} \cdot \frac{T_s}{L}\right)^2 + 1} \quad \ldots \ldots \ldots \quad \textbf{701.}$$

so daß für die Rechnung eigentlich nur ein Zahlenwert, eben

$$\frac{2gH}{c} \cdot \frac{T_s}{L}$$

aus den Daten der Anlage zu bestimmen ist. Der gleiche Wert steht als
Divisor vor der Klammer der Gl. 697 und 699.

Aus den Gleichungen für w und für w_b sind also F und f_0 verschwunden;
diese Geschwindigkeiten sind demnach unabhängig von den Rohrdurch-
messern und den Leitschaufelweiten.

Wir finden schließlich die geänderte Druckhöhe h am Ende des weiten
Teils der Rohrleitung am einfachsten, indem wir den nach Gl. 697 ausge-
rechneten Wert von w einführen in

$$h = \frac{w^2}{2g} \left(1 - \left(\frac{f}{F}\right)^2\right) \quad \ldots \ldots \ldots \quad \textbf{(671.)}$$

da ja f nach Gl. 668 für gegebene Zeit t leicht zu berechnen ist.

Die Gl. 699 läßt erkennen, daß beim Schließvorgang w_b stets größer
als w_0 ist, daß w_b mit abnehmendem Maß von b zunimmt, daß also, je
mehr die Leitschaufelöffnung geschlossen wird, um so höher auch h ausfallen muß.

Da gegebenenfalls $b = 0$ sein kann, so folgt aus Gl. 699 ohne weiteres
für $b = 0$

$$w_{max} = w_0 \cdot \frac{c}{2gH} \cdot \frac{L}{T_s} (k + 1) \quad \ldots \ldots \quad \textbf{702.}$$

und dabei ist nach Gl. 671 wegen $f = 0$

$$h_{max} = \frac{w^2_{max}}{2g} \quad \cdots \cdots \cdots \quad \textbf{703.}$$

Aus den Gl. 702 und 703 ist die anfängliche Füllungsgröße a, von der aus die Verstellung des Leitquerschnittes begann, verschwunden, mithin ist es bei vollständigem Abschließen des Leitquerschnittes f_0 ganz gleichgültig, aus welcher Teilfüllung a heraus, der Gl. 668 gemäß, ausgegangen wird, die Beträge w_{max} und h_{max} ändern sich nicht.

Mithin wachsen die w und h beim Abschließen aus Teilfüllung rascher an als beim Abschließen aus voller Füllung.

2. Die ideelle Druckänderung während des Öffnens der Leitschaufeln.

Wir gehen auch hier von der Teilöffnung af_0 aus und nehmen für diese den Beharrungszustand an. Zu beliebigem Zeitpunkte, $t = 0$ werde dann die Leitschaufelöffnung gemäß der Öffnungszeit T_0 vergrößert auf gegebene Weite bf_0.

Die Gleichung

$$q = F \cdot v = f \cdot w \quad \cdots \cdots \quad \textbf{(667.)}$$

wird auch hier ihre Gültigkeit behalten.

Das gleichmäßige Vergrößern von af_0 auf f dagegen bringt, im Gegensatz zu Gl. 668,

$$f = a \cdot f_0 + \frac{f_0}{T_0} \cdot t = f_0 \cdot \frac{aT_0 + t}{T_0} \quad \cdots \cdots \quad \textbf{704.}$$

Unverändert bleibt

$$h + \frac{v^2}{2g} = \frac{w^2}{2g} \quad \cdots \cdots \cdots \quad \textbf{(669.)}$$

Andererseits ist hier (vergl. Gl. 670)

$$v = w \cdot \frac{f}{F} = w \cdot \frac{f_0}{F} \cdot \frac{aT_0 + t}{T_0} \quad \cdots \cdots \quad \textbf{705.}$$

aber es bleibt der äußeren Form nach

$$h = \frac{w^2}{2g} - \frac{v^2}{2g} = \frac{w^2}{2g}\left(1 - \left(\frac{f}{F}\right)^2\right) \quad \cdots \cdots \quad \textbf{(671.)}$$

Hier liegen die Verhältnisse nun folgendermaßen:

Durch das Öffnen wird die Wassermenge vermehrt, also auch die Rohrgeschwindigkeit gesteigert, von ac auf v, also wird das absolute Arbeitsvermögen A_r des Rohrinhalts mit wachsendem Leitschaufelquerschnitt zunehmen müssen. Diese Zunahme von A_r muß notwendig aus $A_1 = q\gamma \cdot H$, dem sekundlich von oben zugeleiteten Arbeitsvermögen (Gl. 672) bestritten werden derart, daß das sekundlich durch den Leitapparat ausgeleitete Arbeitsvermögen A, welches während des Beharrungszustandes gleich $aQ\gamma \cdot H$ war, während des Öffnens entsprechend kleiner ausfallen wird.

Da wir auch hier einen unendlich kleinen Zeitabschnitt dt zu betrachten haben, so drückt sich Vorstehendes aus durch

$$A_1\,dt - dA_r = A\,dt \quad \cdots \cdots \cdots \quad \textbf{706.}$$

Wir haben hierin A_1 nach Gl. 672, dA_r nach Gl. 677, aber der gleichzeitigen Zunahme von v mit t wegen, jetzt mit positivem Vorzeichen als

$$d A_r = F \cdot v \cdot \gamma \cdot \frac{L}{g} \cdot dv \quad \cdot \quad \cdot \quad \cdot \quad \cdot \quad \cdot \quad \cdot \quad \textbf{707.}$$

einzusetzen, A ergibt sich aus Gl. 673, worin aber, entsprechend Gl. 705, w durch v zu ersetzen ist derart, daß für Öffnen folgt (vergl. Gl. 674 usw.)

$$A = F \cdot v \cdot \gamma \cdot \frac{v^2}{2g} \cdot \frac{F^2}{f_0^2} \cdot \frac{T_0^2}{(aT_0 + t)^2} \quad \cdot \quad \cdot \quad \cdot \quad \textbf{708.}$$

Nach Einführen dieser Werte in Gl. 706 ergibt sich

$$H dt - \frac{L}{g} \cdot dv = \frac{v^2}{2g} \cdot \frac{F^2}{f_0^2} \cdot T_0^2 \cdot \frac{dt}{(aT_0 + t)^2} \quad \cdot \quad \cdot \quad \textbf{709.}$$

woraus folgt

$$dv = \frac{gH}{L} \cdot dt - \frac{1}{2} \cdot \frac{F^2}{f_0^2} \cdot \frac{T_0^2}{L} \cdot v^2 \cdot \frac{dt}{(aT_0 + t)^2} \quad \cdot \quad \cdot \quad \textbf{710.}$$

Zur Vereinfachung (Integration) wird hier gesetzt

$$v = (aT_0 + t)u; \qquad u = \frac{v}{aT_0 + t} \quad \cdot \quad \cdot \quad \cdot \quad \textbf{711.}$$

also

$$dv = (aT_0 + t)\, du + u\, dt \quad \cdot \quad \cdot \quad \cdot \quad \cdot \quad \textbf{712.}$$

woraus folgt:

$$(aT_0 + t)\, du = \left[\frac{gH}{L} - u - \frac{1}{2} \cdot \frac{F^2}{f_0^2} \cdot \frac{T_0^2}{L} \cdot u^2 \right] dt \quad \cdot \quad \cdot \quad \textbf{713.}$$

Wir setzen auch hier wieder

$$\frac{gH}{L} = n \quad \cdot \quad \cdot \quad \cdot \quad \cdot \quad \cdot \quad \cdot \quad \cdot \quad \textbf{(685.)}$$

und mit T_0 statt T_s

$$\frac{1}{2} \cdot \frac{F^2}{f_0^2} \cdot \frac{T_0^2}{L} = m \quad \cdot \quad \cdot \quad \cdot \quad \cdot \quad \cdot \quad \cdot \quad \textbf{(684.)}$$

und erhalten dadurch aus Gl. 713

$$\frac{du}{n - u - mu^2} = \frac{dt}{aT_0 + t} \quad \cdot \quad \cdot \quad \cdot \quad \cdot \quad \textbf{714.}$$

Die linke Seite wird geändert in

$$\frac{m\, du}{mn + \frac{1}{4} - (mu + \frac{1}{2})^2} = \frac{dt}{aT_0 + t} \quad \cdot \quad \cdot \quad \cdot \quad \textbf{715.}$$

und die Integration liefert

$$\frac{1}{2\sqrt{mn + \frac{1}{4}}} \left[ln \frac{\sqrt{mn + \frac{1}{4}} + mu + \frac{1}{2}}{\sqrt{mn + \frac{1}{4}} - (mu + \frac{1}{2})} \right]_{v = ac}^{v = v} = \left[ln\, (aT_0 + t) \right]_{t = o}^{t = t} \quad \textbf{716.}$$

oder auch

$$\frac{1}{\sqrt{4mn + 1}} \left[ln \frac{\sqrt{4mn + 1} + 2mu + 1}{\sqrt{4mn + 1} - (2mu + 1)} \right]_{v = ac}^{v = v} = ln \left(\frac{aT_0 + t}{aT_0} \right) \quad \cdot \quad \textbf{717.}$$

Wir entwickeln hier nach Gl. 684 und 711

$$2mu = 2 \cdot \frac{1}{2} \cdot \frac{F^2}{f_0^2} \cdot \frac{T_0^2}{L} \cdot \frac{v}{aT_0 + t} \quad \cdot \quad \cdot \quad \cdot \quad \textbf{718.}$$

und mit v nach Gl. 705 finden wir für $2mu + 1 = p$

$$p = 2mu + 1 = w \cdot \frac{F}{f_0} \cdot \frac{T_0}{L} + 1 \quad \cdot \quad \cdot \quad \cdot \quad \textbf{719.}$$

im Gegensatz zu Gl. 691.

Wir bilden weiter, gemäß Gl. 684 und 685, also genau wie früher beim Schließvorgang auch, und mit T_0 statt T_s

$$k = \sqrt{4\,m\,n + 1} = \sqrt{2\,g\,H \cdot \frac{F^2}{f_0{}^2} \cdot \frac{T_0{}^2}{L^2} + 1} \quad \ldots \quad \textbf{(693.)}$$

und können jetzt mit diesen Ausdrücken die Gl. 717 schreiben als

$$\left[ln\,\frac{k + p}{k - p} \right]_{w = w_0}^{w = w} = k \cdot ln\left(\frac{a\,T_0 + t}{a\,T_0} \right) \quad \ldots \quad \textbf{720.}$$

oder auch, wenn p_0 den Wert von p nach Gl. 719 für $w = w_0$ bedeutet und nach Umkehren zweier Vorzeichen (p_0 ist hier größer als k)

$$\frac{p_0 - k}{p_0 + k} \cdot \frac{p + k}{p - k} = \left(\frac{a\,T_0 + t}{a\,T_0} \right)^k \quad \ldots \quad \textbf{721.}$$

eine Gleichung, die sich durch die Vorzeichen von Gl. 695 unterscheidet.

Wir finden hieraus

$$p = k \cdot \frac{\left(\dfrac{a\,T_0 + t}{a\,T_0} \right)^k + \dfrac{p_0 - k}{p_0 + k}}{\left(\dfrac{a\,T_0 + t}{a\,T_0} \right)^k - \dfrac{p_0 - k}{p_0 + k}} = w \cdot \frac{F}{f_0} \cdot \frac{T_0}{L} + 1 \quad : \quad \ldots \quad \textbf{722.}$$

Führen wir hier auch wieder ein:

$$\frac{F}{f_0} = \frac{w_0}{c} \cdot \frac{w_0}{w_0} = \frac{2\,g\,H}{c \cdot w_0}$$

so folgt allgemein (vergl. Gl. 697)

$$w = w_0 \cdot \frac{c}{2\,g\,H} \cdot \frac{L}{T_0} \cdot \left[k \cdot \frac{\left(\dfrac{a\,T_0 + t}{a\,T_0} \right)^k + \dfrac{p_0 - k}{p_0 + k}}{\left(\dfrac{a\,T_0 + t}{a\,T_0} \right)^k - \dfrac{p_0 - k}{p_0 + k}} - 1 \right] \quad \ldots \quad \textbf{723.}$$

als die Beziehung für die Größe der ideellen Austrittsgeschwindigkeit w mit der das Wasser nach Ablauf von t Sekunden, vom Beginn des Mehröffnens an, den Leitapparat verläßt.

Für die Zeit zum Erreichen der größeren Öffnung $b f_0$ gilt hier

$$t = (b - a)\,T_0 \quad \ldots \quad \ldots \quad \textbf{724.}$$

und wenn dies in Gl. 723 eingesetzt wird, so findet sich (vergl. Gl. 699)

$$w_b = w_0 \cdot \frac{c}{2\,g\,H} \cdot \frac{L}{T_0} \cdot \left[k \cdot \frac{\left(\dfrac{b}{a} \right)^k + \dfrac{p_0 - k}{p_0 + k}}{\left(\dfrac{b}{a} \right)^k - \dfrac{p_0 - k}{p_0 + k}} - 1 \right] \quad \ldots \quad \textbf{725.}$$

Für die Berechnung von p_0 dient hier Gl. 719 mit $\frac{F}{f_0} = \frac{w_0}{c}$, so daß folgt:

$$p_0 = \frac{w_0{}^2}{c} \cdot \frac{T_0}{L} + 1 = \frac{2\,g\,H}{c} \cdot \frac{T_0}{L} + 1 \quad \ldots \quad \textbf{726.}$$

k bleibt wie beim Schließvorgang:

$$k = \sqrt{\left(\frac{2\,g\,H}{c} \cdot \frac{T_0}{L} \right)^2 + 1} \quad \ldots \quad \ldots \quad \textbf{(701.)}$$

und, sofern $T_s = T_0$ ist, auch ziffermäßig gleich wie dort, so daß beim Öffnungsvorgang der gleiche Zahlenwert $\frac{2\,g\,H}{c} \cdot \frac{T_s}{L}$ für die Bildung von p_0 und k dient, wie beim Schließvorgang auch.

Auch als Divisor von w_0 erscheint der Ausdruck wieder. Nach Gl. 671 finden wir' ebenfalls

$$h = \frac{w^2}{2g}\left(1 - \left(\frac{f}{F}\right)^2\right) \quad . \quad . \quad . \quad . \quad . \quad \textbf{(671.)}$$

worin f aber hier nach Gl. 704 einzusetzen ist.

Die Gl. 725 zeigt, daß w_b mit zunehmder Größe von b immer mehr abnehmen wird. Da b höchstens gleich 1 sein kann, so tritt w_{min} für $b = 1$ ein, das heißt für Aufmachen von af_0 aus auf volle Leitschaufelöffnung f_0, als

$$w_{min(a)} = w_0 \cdot \frac{c}{2gH} \cdot \frac{L}{T_0} \cdot \left[k \cdot \frac{\left(\frac{1}{a}\right)^k + \frac{p_0 - k}{p_0 + k}}{\left(\frac{1}{a}\right)^k - \frac{p_0 - k}{p_0 + k}} - 1\right] \quad . \quad . \quad \textbf{727.}$$

für $b = 1$ ist $f = f_0$ und dadurch ergibt sich

$$h_{min(a)} = \frac{w^2_{min(a)}}{2g}\left(1 - \left(\frac{f_0}{F}\right)^2\right) = \frac{w^2_{min(a)}}{2g}\left(1 - \frac{c^2}{2gH}\right) \quad . \quad . \quad \textbf{728.}$$

Für das Öffnen hat also die Füllungsgröße a, von der aus der Vorgang beginnt, einen Einfluß auf die Kleinstwerte von w und h. Beim Schließvorgang blieben die Beträge von w_{max} und h_{max} unverändert, einerlei von welcher Füllungsgröße aus das Schließen einsetzte.

Besondere Besprechung verdient deshalb noch das Öffnen aus vollständigem Schluß, aus $a = 0$ heraus.

In Gl. 727 für $w_{min(a)}$ nähern mit abnehmender Größe von a sowohl der Zähler als der Nenner des Bruches im Betrage sich gegenseitig immer mehr, da $\frac{p_0 - k}{p_0 + k}$ gegenüber $\left(\frac{1}{a}\right)^k$ sehr klein ist, und für $a = 0$ erhält der Bruch den Wert 1. Für $a = 0$ geht also die Geschwindigkeit $w_{min(a)}$ über in

$$w_{min(a=o)} = w_0 \cdot \frac{c}{2gH} \cdot \frac{L}{T_0}(k - 1) \quad . \quad . \quad . \quad . \quad \textbf{729.}$$

während sich für $a = 0$ ergibt

$$h_{min(a=o)} = H \cdot \left(\frac{c}{2gH} \cdot \frac{L}{T_0}\right)^2 (k - 1)^2 \quad . \quad . \quad . \quad \textbf{730.}$$

Die Gl. 723 liefert für $a = 0$ bei direktem Einsetzen unbestimmte Werte für w. Formen wir aber den Bruch in der Klammer etwas um, so liefert er für $a = 0$

$$\frac{(aT_0 + t)^k + \frac{p_0 - k}{p_0 + k}(aT_0)^k}{(aT_0 + t)^k - \frac{p_0 - k}{p_0 + k}(aT_0)^k} = \frac{t^k}{t^k} = 1 \quad . \quad . \quad . \quad \textbf{731.}$$

und t verschwindet aus der Rechnung.

Wir erhalten also allgemein für Öffnen aus $a = 0$ heraus sofort und in jedem Zeitabschnitt, einerlei auf welche Größe von b geöffnet wird, die Geschwindigkeit w als $w_{min(a=o)}$ nach Gl. 729.

Auch hier kann wieder, sofern f_0 gegenüber F klein ist, in Anlehnung an Früheres geschrieben werden

$$h = \frac{w^2}{2g} \quad . \quad . \quad . \quad . \quad . \quad . \quad . \quad . \quad \textbf{(671a.)}$$

3. Die Nachwirkungen des Schließens und Öffnens. (Ideell.)

Mit dem Erreichen der neuen Füllungsgröße b, sei nun $b = 1$ oder anders, hat die Verstellung am Leitapparat ihr Ende erreicht. Die Gleichungen für w_{max} und w_{min} aber zeigen, daß die Leitschaufelgeschwindigkeit w nach Aufhören der Querschnittsänderung nicht den normalen Wert $w_0 = \sqrt{2gH}$ besitzt; da aber andererseits der Beharrungszustand nur mit dem letzteren Wert eintreten kann, so wird w nach Aufhören des Verstellens diesem Werte zustreben. Dies ist dann der zweite Teil des Schließ- oder Öffnungsvorganges, bei dem indessen nur noch Kräftewirkungen in Betracht kommen, der Einfluß des Reguliergetriebes hat aufgehört.

Im Anschluß an das unmittelbar Vorausgehende wollen wir

I. Die Nachwirkung des Öffnungsvorganges

betrachten. Auch hier gilt

$$A_1\, dt - dA_r = A\, dt \quad \ldots \ldots \quad \text{(706.)}$$

an sich, aber mit anderer Größe von A.

Es bleibt sich gleich

$$A_1\, dt = F \cdot v \cdot \gamma \cdot H\, dt \quad \ldots \ldots \quad \text{(675.)}$$

ebenso

$$dA_r = F \cdot v \cdot \gamma \cdot \frac{L}{g}\, dv \quad \ldots \ldots \quad \text{(707.)}$$

denn es handelt sich um eine Beschleunigung, um Zunahme von v und A_r.

Es ist auch der Form nach

$$A = q\gamma \cdot \frac{w^2}{2g} = F \cdot v \cdot \gamma \cdot \frac{w^2}{2g} \quad \ldots \ldots \quad \text{(673.)}$$

aber, da nunmehr $f = bf_0$ konstant bleibt, gilt einfach wegen $F \cdot v = f \cdot w = bf_0 \cdot w$

$$A\, dt = F \cdot v \cdot \gamma \cdot \frac{F^2}{b^2 f_0^2} \cdot \frac{v^2}{2g} \cdot dt$$

ohne daß darin (abgesehen von v) eine ausgesprochene Funktion von t oder von T_0 wäre, wie dies in Gl. 708 der Fall gewesen.

Wir schreiben nunmehr nach Gl. 706

$$F \cdot v \cdot \gamma \cdot H\, dt - F \cdot v \cdot \gamma \cdot \frac{L}{g} \cdot dv = F \cdot v \cdot \gamma \cdot \frac{F^2}{b^2 f_0^2} \cdot \frac{v^2}{2g} \cdot dt \quad \ldots \quad \textbf{732.}$$

und hieraus folgt durch einfaches Umstellen

$$\frac{dv}{\dfrac{gH}{L} - \dfrac{1}{2} \cdot \dfrac{F^2}{b^2 f_0^2} \cdot \dfrac{1}{L} \cdot v^2} = dt$$

Einfacherer Schreibweise wegen setzen wir vorübergehend

$$\frac{1}{2} \cdot \frac{F^2}{b^2 f_0^2} \cdot \frac{1}{L} = r \quad \ldots \ldots \quad \textbf{733.}$$

$$\frac{gH}{L} = n \quad \ldots \ldots \quad \text{(685.)}$$

und erhalten durch Integration

$$\frac{1}{2\sqrt{n \cdot r}}\left[ln\, \frac{\sqrt{n \cdot r} + rv}{\sqrt{n \cdot r} - rv} \right]_{v_b}^{v = v} = t \quad \ldots \ldots \quad \textbf{734.}$$

sofern t vom Ende des Weiteröffnens, also von dem Erreichen von bf_0 neu-gezählt wird und v_b, entsprechend w_b, die Rohrgeschwindigkeit bezeichnet, welche im Zeitpunkt des Erreichens der Öffnung bf_0 vorhanden war.

Es stellt sich nun

$$\sqrt{n \cdot r} = \sqrt{\frac{1}{2} \cdot \frac{F^2}{b^2 f_0^2} \cdot \frac{1}{L} \cdot \frac{gH}{L}} = \frac{1}{2} \cdot \frac{F}{bf_0 \cdot L} \sqrt{2gH} \quad . \quad . \quad \textbf{735.}$$

mithin

$$\left[ln \frac{\sqrt{n \cdot r} + r \cdot v}{\sqrt{n \cdot r} - r \cdot v} \right]_{v_b}^{v=v} = \frac{F}{bf_0 \cdot L} \sqrt{2gH} \cdot t \quad . \quad . \quad . \quad \textbf{736.}$$

und nach dem Einsetzen des Wertes für $\sqrt{n \cdot r}$ in die linke Seite erhalten wir einfach schließlich wegen $\dfrac{F}{bf_0} = \dfrac{w_0}{bc} = \dfrac{\sqrt{2gH}}{bc}$

$$ln \left[\frac{bc + v}{bc - v} \cdot \frac{bc - v_b}{bc + v_b} \right] = \frac{2gH}{bc \cdot L} \cdot t = B \cdot t \quad . \quad . \quad . \quad \textbf{737.}$$

oder auch

$$\frac{bc + v}{bc - v} = \frac{bc + v_b}{bc - v_b} \cdot e^{B \cdot t} \quad . \quad . \quad . \quad . \quad . \quad \textbf{738.}$$

woraus folgt

$$v = bc \cdot \frac{\dfrac{bc + v_b}{bc - v_b} \cdot e^{B \cdot t} - 1}{\dfrac{bc + v_b}{bc - v_b} \cdot e^{B \cdot t} + 1} = bc \cdot \frac{(bc + v_b) e^{B \cdot t} - (bc - v_b)}{(bc + v_b) e^{B \cdot t} + (bc - v_b)} \quad . \quad \textbf{739.}$$

Zur weiteren Vereinfachung der Berechnung ist zu bedenken, daß nach der Einstellung auf bf_0 allgemein $F \cdot v = bf_0 w$ oder auch

$$v = w \cdot b \cdot \frac{f_0}{F} = w \cdot b \cdot \frac{c}{w_0} \quad . \quad . \quad . \quad . \quad . \quad \textbf{740.}$$

sein muß. Im speziellen ist im Augenblick $t = 0$, d. h. zu dem Zeitpunkt, an dem das Weiteröffnen aufhörte

$$v_b = w_b \cdot b \cdot \frac{c}{w_0}$$

so daß Gl. 739 für v schließlich übergeht in

$$v = bc \cdot \frac{(w_0 + w_b) e^{B \cdot t} - (w_0 - w_b)}{(w_0 + w_b) e^{B \cdot t} + (w_0 - w_b)} \quad . \quad . \quad . \quad . \quad \textbf{741.}$$

Führen wir jetzt für die Ermittlung von w noch v aus Gl. 740 ein, so folgt w für die Nachwirkungszeit des an sich beendigten Öffnungsvor-ganges als

$$w = w_0 \cdot \frac{(w_0 + w_b) e^{B \cdot t} - (w_0 - w_b)}{(w_0 + w_b) e^{B \cdot t} + (w_0 - w_b)} \quad . \quad . \quad . \quad \textbf{742.}$$

II. Die Nachwirkung des Schließvorganges.

Der mit bf_0 zum Stillstand gekommene Schließvorgang ergibt aus

$$A_1 dt + dA_r = A dt \quad . \quad . \quad . \quad . \quad . \quad \textbf{(678.)}$$

entsprechend

$$v = bc \cdot \frac{(w_b + w_0) e^{B \cdot t} + (w_b - w_0)}{(w_b + w_0) e^{B \cdot t} - (w_b - w_0)} \quad . \quad . \quad . \quad \textbf{743.}$$

Führen wir jetzt noch v nach Gl. 740 ein, so folgt w einfach für die Nachwirkungszeit des mit bf_0 beendigten Schließvorganges als

$$w = w_0 \cdot \frac{(w_b + w_0)\, e^{B \cdot t} + (w_b - w_0)}{(w_b + w_0)\, e^{B \cdot t} - (w_b - w_0)} \qquad \ldots \quad \textbf{744.}$$

Diese Gleichung ist identisch mit Gl. 742, nur ist hier die Gruppierung dem Umstande angepaßt, daß beim Schließen $w_b > w_0$ ist.

4. Der Wechsel im Arbeitsvermögen infolge des Verstellungsvorganges. (Ideeller Betrieb.)

Von besonderem Interesse ist der Einfluß, den die Schließ- und Öffnungsvorgänge auf das Arbeitsvermögen äußern, welches in den betreffenden Zeiten durch den Leitapparat ausgeleitet wird, und zwar sowohl während der Zeit des Schließens und Öffnens selbst, als auch in der Nachwirkungszeit.

I. Das Arbeitsvermögen beim Schließvorgang.

Die durch die Leitöffnung austretende, wechselnde Wassermenge kann unter allen Verhältnissen geschrieben werden als $q = f \cdot w$ (cbm/sek) und deren Arbeitsvermögen nach Gl. 673 und 668 als

$$A = q \cdot \gamma \cdot \frac{w^2}{2g} = f \cdot \gamma \cdot \frac{w^3}{2g} = \left(a - \frac{t}{T_s}\right) f_0 \cdot \gamma \cdot \frac{w^3}{2g} \quad . \quad \textbf{745.}$$

Zu Beginn einer Verstellung beträgt das Arbeitsvermögen

$$A = a\,A_1 = a\,Q \cdot \gamma \cdot H = a f_0 \cdot w_0 \cdot \gamma \cdot \frac{w_0^2}{2g}$$

oder

$$a\,A_1 = a f_0 \cdot \gamma \cdot \frac{w_0^3}{2g}$$

und zu Ende des gesamten Verstellungsvorganges muß schließlich ein neuer Beharrungszustand eintreten mit dem Arbeitsvermögen

$$b\,A_1 = b f_0 \cdot \gamma \cdot \frac{w_0^3}{2g}$$

Wenn nun auch die Verstellung der Leitschaufelöffnung f stetig erfolgt, so findet doch der Übergang des Arbeitsvermögens, welches durch den Leitapparat ausgeleitet wird, von $a\,A_1$ auf $b\,A_1$ nicht gleichmäßig statt. Wir haben gesehen, daß die Leitschaufelgeschwindigkeiten w wachsen müssen, wenn der Leitschaufelquerschnitt f verkleinert wird und umgekehrt. Ein abnehmender Wert von f wird also in seiner Wirkung auf A (Gl. 745) zuerst abgeschwächt und dieser Einfluß, wie die Rechnung zeigen wird, sogar im Anfang überboten durch den Einfluß der Größe w^3. Hier tritt tatsächlich trotz der Schließbewegung des Leitapparates eine vorübergehende Erhöhung des aus dem Leitquerschnitt ausgeleiteten Arbeitsvermögens A ein.

Und selbst wenn schon die Öffnung $f = b f_0$ erreicht ist, so ist das Arbeitsvermögen $b\,A_1$ doch noch nicht vorhanden, weil ja in diesem Zeitpunkt w noch nicht wieder gleich w_0 geworden ist (Gl. 699, 725, 727).

Einen guten Überblick über den Verlauf aller der Erscheinungen, die durch einen Schließ- oder Öffnungsvorgang eingeleitet werden, können wir nur an Hand eines Zahlenbeispiels erlangen, wobei wir die wechselnden Größen von w, von h und die der Wassermenge q, sowie des Arbeitsvermögens A der Reihe nach verfolgen wollen.

Rechnungsbeispiel. (Ideeller Betrieb.)

$H = 100$ m (Oberwasserspiegel bis Mitte Leitapparat).

$Q = 2$ cbm/sek.

$L = 200$ m (Rohrlänge).

$c = 2$ m (Wassergeschwindigkeit im Rohre für 2 cbm/sek).

$T_s = T_0 = 2$ sek (Schlußzeit = Öffnungszeit).

I. Der Schließvorgang.

Wir berechnen (vergl. S. 572) den Ausdruck

$$\frac{2gH}{c} \cdot \frac{T_s}{L} = \frac{19,62 \cdot 100}{2} \cdot \frac{2}{200} = 9,81$$

und finden damit

$$p_0 = 9,81 - 1 = 8,81 \quad . \quad . \quad . \quad . \quad . \quad \textbf{(700.)}$$

sowie

$$k = \sqrt{9,81^2 + 1} = 9,861 \quad . \quad . \quad . \quad . \quad \textbf{(701.)}$$

auch

$$\frac{k + p_0}{k - p_0} = \frac{9,861 + 8,81}{9,861 - 8,81} = 17,765.$$

Ferner findet sich

$$w_0 = \sqrt{19,62 \cdot 100} = 44,3 \text{ m/sek}$$

und damit

$$f_0 = \frac{Q}{w_0} = \frac{2}{44,3} = 0,0452 \text{ qm}.$$

Wenn wir annehmen, es werde der Leitapparat von voller Füllung aus, also von $a = 1$ aus, geschlossen so ergibt sich mit dem Vorstehenden

$$w = \frac{44,3}{9,81} \left[9,861 \cdot \frac{17,765 - \left(\frac{2-t}{2}\right)^{9,861}}{17,765 + \left(\frac{2-t}{2}\right)^{9,861}} + 1 \right] \quad . \quad . \quad \textbf{(697.)}$$

Bei der an sich kleinen Schlußzeit von 2 Sekunden (Regulatorbetrieb) ist es nötig, die Zeiträume für t besonders klein zu wählen. Für $t = 0,1$ sek findet sich beispielsweise

$$w = \frac{44,3}{9,81} \left[9,861 \cdot \frac{17,765 - 0,95^{9,861}}{17,765 + 0,95^{9,861}} + 1 \right] = 46,12 \text{ m/sek}$$

gegenüber $w = 44,3$ zu Anfang des Verstellens.

Nach Ablauf von 0,2 sek ergibt sich $w = 47,30$ m/sek, nach 0,3 sek folgt $w = 47,94$, nach 0,4 sek $w = 48,49$, nach 0,5 sek $w = 48,75$ m/sek usw.

Bis jetzt war noch nicht ausgesprochen, bei welcher Füllung b der Schließvorgang Halt machen solle. Wenn dies z. B. nach 0,4 sek der Fall sein soll, so bedeutet dies, daß

$$t_b = 0,4 = (a - b) T_s = (1 - b) \cdot 2 \quad . \quad . \quad . \quad \textbf{(698.)}$$

woraus folgt

$$b = 0,8.$$

Die betreffende Geschwindigkeitsgröße $w_b = 48,49$ m/sek hätte sich für $b = 0,8$ natürlich, ebenso wie oben, auch aus Gl. 699 ergeben.

Wird aber der Schließvorgang unter $b = 0,8$ herunter fortgesetzt, so wird w immer noch zunehmen und im Momente, in dem $b = 0$ eintritt, den Wert erreicht haben

$$w_{max} = \frac{44,3}{9,81} (9,861 + 1) = 49,05 \text{ m/sek} \quad . \quad . \quad . \quad \textbf{(702)}$$

Die Fig. 393 enthält u. a. den Verlauf der w zeichnerisch aufgetragen. In der Horizontalen ist eine Strecke, der Schlußzeit von $T_s = 2$ sek entsprechend angenommen und teilweise auch in 0,1 sek abgeteilt.

Im Nullpunkte wurde eine Strecke, A_1, senkrecht aufgetragen, die dem Arbeitsvermögen des Beharrungszustandes bei voller Füllung, hier also $A_1 = 2 \cdot 1000 \cdot 100 = 200\,000$ mkg/sek entspricht. Die gerade Verbindungslinie zwischen dem oberen Ende von A_1 und dem rechten Ende der Sekundenstrecke (Schlußlinie) stellt dar, wie das Arbeitsvermögen der Turbine linear

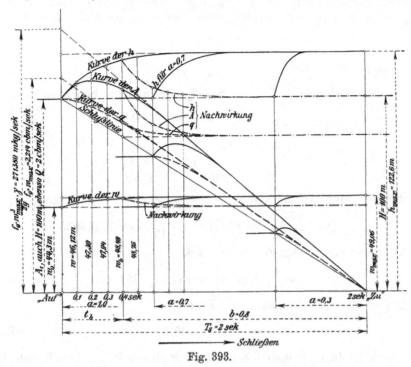

Fig. 393.

abnehmen würde, wenn eben das linear vor sich gehende Schließen des Leitapparates ohne Einfluß auf die Leitschaufelgeschwindigkeit w wäre. Durch die Ordinaten dieser Geraden ist also auch das Bild der linear abnehmenden Leitschaufelquerschnittte von f_0 an bis auf Null (Schlußzeit) gegeben.

Die Horizontale kann auch als eine Darstellung der Schließwege bei der Leitschaufel aufgefaßt werden.

In der Vertikalen A_1 ist nun auch die normale Leitschaufelgeschwindigkeit $w_0 = 44,3$ m/sek aufgetragen, ebenso in Abständen von 0,1 zu 0,1 sek die errechneten Größen der w in den bezüglichen Ordinaten, und diese sind durch eine Kurve verbunden.

Die Rechnung zeigt, daß nach Ablauf einer halben Sekunde die Größe von w mit 48,75 schon fast den Maximalwert von 49,05 erreicht hat, daß also für das Schließen von $a = 1$ aus die Kurve der w schon hier annähernd in die Horizontale von w_{max} übergeht.

In der Figur sind auch noch zwei andere w-Kurven eingetragen, die den Schließvorgängen aus $a = 0,7$ und 0,3 anfangend entsprechen. Daß auch für diese Schließvorgänge der gleiche Wert von w_{max} eintritt, sofern sie bis auf $b = 0$ fortgesetzt werden, wurde vorher schon entwickelt (Gl. 702), die Figur zeigt außerdem, daß sich der Übergang von w_0 nach w_{max} um so rascher vollzieht, je kleiner die Leitöffnung af_0 ist, von der aus das gleichmäßige Schließen beginnt.

Gehen wir nun zu der Berechnung der Druckhöhen h über, wie sie sich nach Gl. 671, 703 und auch 671a ergeben.

Damit die Gl. 671 benützt werden kann, ist vorher der Quotient $\frac{f}{F}$ genauer festzustellen.

Ganz unabhängig vom Betrag der Wassermenge an sich gilt ideell $f_0 \cdot w_0 = F \cdot c$ und mit den Zahlengrößen des Beispiels findet sich daraus

$$\frac{f_0}{F} = \frac{c}{w_0} = \frac{2}{44,3}$$

oder auch

$$F = 22,15 \, f_0.$$

Nach Gl. 668 folgt bei $a = 1$ und $T_s = 2$, und für beliebige Größe von t

$$f = f_0 \cdot \frac{2-t}{2} = f_0 \left(1 - \frac{t}{2}\right)$$

also ist hier

$$\frac{f}{F} = \frac{f_0 \left(1 - \dfrac{t}{2}\right)}{22,15 \, f_0} = \frac{1 - \dfrac{t}{2}}{22,15}$$

und deshalb nach Ablauf von 0,1 sek

$$\frac{f}{F} = \frac{0,95}{22,15} = 0,04289; \qquad \left(\frac{f}{F}\right)^2 = 0,0018395.$$

Nunmehr ergibt sich für $t = 0,1$ sek

$$h = \frac{46,12^2}{19,62} (1 - 0,00184) = 108,20 \text{ m} \quad . \quad . \quad . \quad \textbf{(671.)}$$

Die annähernde Rechnung für h gäbe

$$h = \frac{46,12^2}{19,62} = 108,39 \text{ m} \quad . \quad . \quad . \quad . \quad . \quad \textbf{(671a.)}$$

Mithin ist in dem ersten Zehntel einer Sekunde der Druck von 100 m vor dem Leitapparat schon um mehr als 8 m gestiegen.

Durch Einsetzen von $t = 0,2$ usw. können die verschiedenen Quotienten $\frac{f}{F}$ usw. bestimmt werden, wodurch der Betrag von h für die betreffenden Zeitpunkte ermittelt werden kann.

Die Gl. 703 liefert für Schließen auf $b = 0$, unabhäng von a,

$$h_{max} = \frac{w_{max}^2}{2g} = \frac{49,05^2}{19,62} = 122,6 \text{ m}.$$

Bei entsprechend gewähltem Maßstab kann die Vertikale A_1 auch als Normaldruckhöhe H angesehen werden. Dementsprechend sind die Kurven der h aufgetragen. Für Schließen aus $a = 1$ heraus beginnt die Kurve mit $H = 100$ m, um sich schon bald nach dem Überschreiten von $\varphi = 0,7$, also nach 0,6 sek, dem Höchstwert 122,6 m so zu nähern, daß der Unterschied in der Zeichnung verschwindet. Für die Schließvorgänge aus $a = 0,7$ und 0,3 sind die h-Kurven ebenfalls eingetragen, sie beginnen natürlich auch jeweils in den entsprechenden Vertikalen für $a = 0,7$ usw. und schwenken, ganz ähnlich den w-Kurven, um so rascher in die Linie von h_{max} ein, je kleiner a ist.

Wir kommen nunmehr zu der Größe des Arbeitsvermögens, wie es in jedem Augenblick des Schließvorganges aus dem Leitapparat heraus der Turbine zuströmen wird.

In jedem Augenblick wechseln f und w, also auch die Wassermenge $q = f \cdot w$, die aus dem Leitapparat austritt, und das Arbeitsvermögen könnte einfach nach Gl. 745 bestimmt werden.

Mit $a = 1$ und $T_s = 2$ folgt nach Gl. 745 für beliebige Werte von t

$$A = \left(1 - \frac{t}{2}\right) f_0 \cdot \gamma \cdot \frac{w^3}{2g}.$$

Zur besseren Übersicht wird es aber beitragen, wenn wir zuerst q für sich allein aus f und w rechnen, um die Änderungen der Wassermenge an sich zu verfolgen. Nachher mögen die Größen von A in ihrer zeitlichen Entwicklung betrachtet werden.

Die Wassermengen folgen beim Schließen von $a = 1$ aus einer Kurve, die in Fig. 393 als Kurve der q bezeichnet ist, sie nehmen sofort ab mit dem Beginne des Schließens, aber die Abnahme von q vollzieht sich weniger rasch als die linear erfolgende Abnahme der Leitquerschnitte f (Schluß-linie). Nach etwa 0,6 sek ist die q-Kurve kaum mehr von einer Geraden zu unterscheiden, die aber oberhalb der Schlußlinie bleibt und erst für $f = 0$ mit derselben zusammentrifft. Diese Berührungsgerade schneidet die senkrechte Achse ($t = 0$) in einer Höhe entsprechend einer Wasser-menge $q = f_0 \cdot w_{max}$.

Der Kurvenmaßstab ist so gewählt, daß die Länge A_1 auch der Wasser-menge $Q = 2$ cbm/sek entspricht. Die q-Kurve setzt hier wagrecht an, es fließt alsbald beim Beginn des Schließvorganges trotz der sofortigen Druck-anschwellung auf h doch weniger Wasser als vorher.

Dies Weniger an Wasser aber besitzt vermöge der vermehrten Ge-schwindigkeit w ein ziemlich größeres Arbeitsvermögen als vorher die volle Wassermenge bei normaler Geschwindigkeit w_0 hatte. Die zeichnerische Darstellung der nach der vorentwickelten Gleichung berechneten Größen des jeweiligen sekundlichen Arbeitsvermögens A ergibt deshalb ein von der q-Kurve abweichendes Bild. Diese begann bei $a = 1$ wagrecht, um sofort, wenn auch verzögert, zu fallen, wogegen die A-Kurve trotz des Schließ-vorganges noch ansteigt, ein Maximum überschreitet und erst nach einiger Zeit wieder die durch A gezogene Horizontale trifft, also erst dann wieder den anfänglichen Wert A aufweist. Die ganze bis dahin verlaufene Zeit, etwa 0,5 sek, ist für den Verstellungsvorgang gewissermaßen mehr als ver-loren, denn der Zweck des Schließens, die Verminderung des Arbeits-vermögens der Turbine, wird in dieser Zeit ins Gegenteil verkehrt und erst von jetzt ab beginnt die gewünschte Verkleinerung. Die A-Kurve kann ebenfalls nach kurzem Verlauf nicht von einer Geraden unterschieden werden, die dem Endpunkte „Zu" zueilt. Dieser Berührungsgeraden streben auch die A-Kurven, die von Zwischenstellungen, $a = 0,7$ u. a. ausgehen, zu, wie die Fig. 393 ersehen läßt; sie geht für $t = 0$ durch einen um $f_0 \cdot \frac{w^3_{max}}{2g} \cdot \gamma$ aufwärts gelegenen Punkt der Achse.

Der Höchstwert von A findet sich aus $\frac{dA}{dt} = 0$ für den Ablauf einer Zeit von

$$t_{max} = aT_s \left[1 - \sqrt[k]{\frac{k + p_0}{k - p_0} \cdot \frac{1}{k - 1} \left(k \sqrt{9k^2 - 5} - (3k^2 - 1)\right)}\right]. \quad \textbf{746.}$$

Die Gleichung für A_{max} wäre noch wesentlich umständlicher, weshalb

A_{max} besser aus Gl. 745 nach Einsetzen von t_{max} gerechnet wird. Es finden sich hier $t_{max} = 0,1964$ sek und $A_{max} = 219\,110$ mkg/sek.

Bis jetzt ist nur betrachtet worden, was geschieht, wenn von beliebigen Werten von a aus bis auf $b = 0$ geschlossen wird, es bleibt nun noch der Verlauf festzustellen, den die w, h, q und A nehmen, wenn bei einem frei anzunehmenden Werte von $b > 0$ der Schließvorgang, mechanisch genommen, sein Ende erreicht hat, mit anderen Worten, es ist noch die Nachwirkung des Schließens (Abschn. 3, II, S. 578) zu erledigen.

Wir berechnen nunmehr die w nach Gl. 744, indem t von dem Erreichen von b ab neu gezählt wird. Für die Bestimmung von h aus w dient nach wie vor Gl. 671 bezw. 671a, die Größen von q finden sich bei nunmehr konstantem Leitquerschnitt bf_0 zu

$$q = bf_0 \cdot w$$

und das jeweilige Arbeitsvermögen als

$$A = q \cdot \gamma \cdot \frac{w^2}{2g} = bf_0 \cdot \gamma \cdot \frac{w^3}{2g}.$$

Wir nehmen beispielsweise $a = 1$, $b = 0,8$ an und finden (Gl. 737)

$$B = \frac{2g \cdot H}{b \cdot c \cdot L} = \frac{19,62 \cdot 100}{0,8 \cdot 2 \cdot 200} = 6,13125.$$

Es war (S. 580) $w_b = 48,49$ m/sek, also folgt für die Nachwirkungszeit t

$$w = 44,3 \cdot \frac{(48,49 + 44,3)\, e^{6,13125 \cdot t} + (48,49 - 44,3)}{(48,49 + 44,3)\, e^{6,13125 \cdot t} - (48,49 - 44,3)} \quad . \quad . \quad \textbf{(744.)}$$

oder

$$w = 44,3 \cdot \frac{92,79 \cdot e^{6,13125 \cdot t} + 4,19}{92,79 \cdot e^{6,13125 \cdot t} - 4,19}.$$

Hier wird zweckmäßig auch wieder nach Zehnteln von Sekunden vorgegangen und daraus ergibt sich für die Entwicklung der w die mit „Nachwirkung" bezeichnete, bei $b = 0,8$ von der w-Kurve scharf abfallende —·—·—·—Kurve als Bild. Die Gl. 744, besser aber die für w in Zahlenwerten angesetzte vorstehende Gleichung, läßt erkennen, daß die „Nachwirkungs"-Kurve mathematisch erst mit $t = \infty$ in die Linie von w_0 übergeht (Asymptote), doch ist schon einige (sieben) Sekundenzehntel nach Beendigung des Schließens kaum mehr ein Unterschied zwischen w und w_0 vorhanden.

Für den Fall, daß von kleineren a aus geschlossen wird, ist aus der Rechnung ersichtlich, daß die Annäherung an w_0 sich noch rascher vollzieht.

Der Übergang der h, q und deshalb auch der A ist von $b = 0,8$ aus ebenfalls eingezeichnet.

II. Der Öffnungsvorgang.

Hier sind die Verhältnisse sinngemäß gegen seither umzukehren und dem Abschnitt „2" anzupassen.

Es bleibt wegen $T_0 = T_s$ die Größe

$$\frac{2g \cdot H}{c} \cdot \frac{T_0}{L} = 9,81,$$

dagegen wird hier $\qquad p_0 = 9,81 + 1 = 10,81 \quad . \quad . \quad . \quad . \quad . \quad \textbf{(726.)}$

aber es bleibt $\qquad k = \sqrt{9,81^2 + 1} = 9,861 \quad . \quad . \quad . \quad . \quad \textbf{(701.)}$

Wir haben hier zu rechnen

$$\frac{p_0 - k}{p_0 + k} = \frac{10,81 - 9,861}{10,81 + 9,861} = 0,04591.$$

Das Öffnen kann von ganz geschlossenem Leitapparat aus, $a = 0$, beginnen und dies soll zuerst der Rechnung zugrunde gelegt werden.

Da der ganze Rohrinhalt bei $a = 0$ in Ruhe war und sich erst entsprechend in Bewegung setzen muß, so wird hierfür so viel Arbeit aufgebracht, daß die w im Leitapparat alsbald auf w_{min} fallen, wie Gl. 729 schon zeigte. (S. 576.)

Wir erhalten für Öffnen aus $a = 0$ sofort

$$w_{min\,(a\,=\,o)} = \frac{44,3}{9,81}\,(9,861 - 1) = 40,01 \text{ m/sek} \quad . \quad . \quad (729.)$$

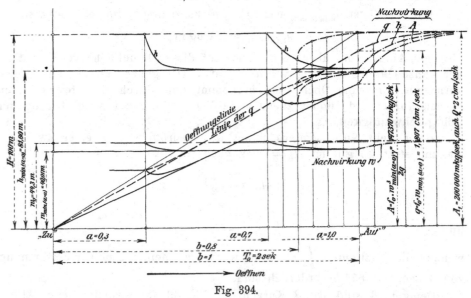

Fig. 394.

Als zeichnerische Darstellung dient Fig. 394, in der die Basis $T_0 = 2$ sek im gleichen Maßstab wie T_s in Fig. 393 aufgetragen ist. Natürlich ist hier die Vertikale A_1 auch am Punkte „Auf" angetragen, dieser aber liegt hier nicht im Nullpunkt, sondern am rechten Ende der Strecke T_0, weil die Vorgänge in Richtung von links nach rechts dargestellt werden sollen. Hier geht die „Öffnungslinie" vom Nullpunkt aus gegen das Ende von A_1 nach rechts aufwärts und stellt in ihren Ordinaten die Zunahme der Leitschaufelöffnung, zugleich auch diejenige des Arbeitsvermögens dar, die sich ergeben würde, wenn keine Beschleunigungsarbeit für den Rohrinhalt verbraucht würde.

Die Darstellung der w für Öffnen aus $a = 0$ wird durch eine Gerade gegeben, die im Abstand $w_{min\,(a\,=\,o)} = 40,01$ m von der Achse der Sekunden absteht und wenn das Aufmachen bis zu $b = 1$, bis auf den vollen Leitquerschnitt fortgesetzt wird, so dauert $w_{min\,(a\,=\,o)}$ über die ganze Öffnungszeit.

Wird das Öffnen aus Zwischenstellungen des Leitapparates vorgenommen, so sinkt w nicht augenblicklich auf einen Minimalwert, doch nehmen die w um so rascher ab, je näher die Anfangsfüllung bei $a = 0$ gelegen war, wie die Kurven der w für $a = 0,3$ und $0,7$ zeigen. Die Minimalwerte für diese Öffnungsvorgänge treten erst für $b = 1$ ein, sie sind nicht gleich $w_{min\,(a=o)}$, sondern größer. Wir finden nach Gl. 727 speziell für $b = 1$

$$a = 0{,}3; \qquad w_{min} = 40{,}02 \text{ m/sek}$$
$$a = 0{,}7; \qquad w_{min} = 40{,}14 \quad \text{„}$$
$$a = 0{,}9; \qquad w_{min} = 41{,}48 \quad \text{„}$$

also für das Öffnen von kleineren Füllungen aus noch fast gleich $w_{min\,(a=o)}$, so daß diese w-Kurven an ihrem Ende bei $b = 1$ von der Geraden der $w_{min\,(a=o)}$ in Fig. 394 nicht zu unterscheiden sind, wogegen diejenige aus $a = 0{,}9$ für $b = 1$ ziemlich oberhalb der $w_{min\,(a=o)}$-Linie endigen wird.

Nun zu den Druckhöhen h, wie sie sich beim Öffnen ergeben. Es dient uns auch hier die Gl. 671, dazu Gl. 728, 730 und 671a, wobei wir zuerst auch wieder von $a = 0$ ausgehen.

Für $a = 0$ ist $h_{min\,(a=o)}$ nach Gl. 730 zu rechnen und es ergibt sich

$$h_{min\,(a=o)} = 81{,}60 \text{ m},$$

also ein Abfall von über 18 m, und auf dieser Druckhöhe verläuft dann der ganze Öffnungsvorgang von $a = 0$ aus. Der ganze Zuwachs an Arbeitsvermögen, der vom Oberwasser herkommt und durch das stetige Öffnen herbeigeführt wird, findet zuerst seine Verwendung zur Vergrößerung der Rohrgeschwindigkeit v.

Ist a nicht Null, sondern findet das Mehröffnen aus einer Zwischenstellung statt, so gilt mit $T_0 = 2$ sek nach Gl. 704

$$f = f_0 \left(a + \frac{t}{2} \right)$$

und
$$\frac{f}{F} = \frac{a + \dfrac{t}{2}}{22{,}15},$$

wonach die Quotienten $\dfrac{f}{F}$ gerechnet werden können, wie sie zur Bestimmung von h nach Gl. 671 erforderlich sind.

Demgemäß sind die h-Kurven der Fig. 394 aufgestellt, deren Abfall gegen die Linie von $h_{min\,(a=o)} = 81{,}60$ m um so langsamer erfolgt, je größer die anfängliche Öffnung a ist. Daß die h bei $b = 1$ auch noch nicht ganz scharf mit $h_{min\,(a=o)}$ zusammenfallen, ist natürlich, doch ist der Unterschied für Öffnen von $a = 0{,}7$ aus noch für die Zeichnung verschwindend.

Wir kommen zur Entwicklung der Wassermengen q. Geht das Öffnen von $a = 0$ aus, so ist $w_{min\,(a=o)}$ mit 40,01 m/sek vorhanden, und da die f linear zunehmen, so wird die jeweilige Wassermenge dargestellt durch

$$q = f \cdot w = f_0 \cdot \frac{t}{2} \cdot w_{min\,(a=o)},$$

also in der Fig. 394 durch eine -----Gerade, von $a = 0$ ausgehend und nach $T_0 = 2$ sek in der Höhe $q = f_0 \cdot w_{min\,(a=o)} = 1{,}807$ cbm/sek ankommend. Die Wassermenge bleibt also weit unter derjenigen ($Q = 2$ cbm/sek usw.) zurück, die durch die Öffnungslinie bezeichnet wird.

Beginnt das Weiteröffnen aus Zwischenstellungen, so nimmt die Wassermenge zwar sofort zu, die q-Kurven bleiben aber auch unter der Öffnungslinie, und sie schwenken schließlich auch in die Gerade der q ein, die dem Öffnen aus $a = 0$ entspricht, wie die Figur erkennen läßt.

Die Änderungen im Arbeitsvermögen, wie sie in dem Verlaufe des

Vorganges dem durch den Leitapparat austretenden Wasser entsprechen, berechnen sich für $a = 0$ und $T_0 = 2$ sek nach der Beziehung

$$A = q \cdot \gamma \cdot \frac{w^2}{2g} = f \cdot w \cdot \gamma \cdot \frac{w^2}{2g} = \frac{t}{2} \cdot f_0 \cdot \gamma \cdot \frac{w^3_{min\,(a=o)}}{2g}$$

und hier zeigt es sich, weil für $a = 0$ die w durchweg gleich sind, daß die A nach einer Geraden, entsprechend t, zunehmen werden, die nach $t = T_0 = 2$ sek mit dem Betrag $f_0 \cdot \gamma \cdot \frac{w^3_{min\,(a=o)}}{2g}$ endigt (Fig. 394), so daß A für $b = 1$ erst nach Schluß des Vorganges nach und nach auf A_1 übergehen kann.

Gegenüber $A_1 = 2 \cdot 1000 \cdot 100 = 200\,000$ mkg/sek zeigt sich am Ende des Öffnungsvorganges ein Arbeitsvermögen von ideell nur

$$A = 1{,}807 \cdot 1000 \cdot \frac{40{,}01^2}{19{,}62} = 147\,370 \text{ mkg/sek.}$$

Das Mehröffnen aus Zwischenstellungen verursacht in den ersten Zeitabschnitten einen Abfall im Arbeitsvermögen statt des durch das Öffnen erstrebten Anwachsens. Für unser Beispiel bedeutet dies, daß für $a = 0{,}7$ erst nach Durchschreiten von

$$A_{min} = 127\,700 \text{ mkg/sek}$$

ein Anwachsen beginnt, das nach und nach wieder den Anfangswert aA_1 erreicht und allmählich in die Gerade einschwenkt, die der Entwicklung aus $a = 0$ entspricht. Nur beim Öffnen aus großen a, z. B. $a = 0{,}9$, bleibt die A-Kurve für $b = 1$ um ein Geringes über $A = f_0 \cdot \gamma \cdot \frac{w^3_{min\,(a=o)}}{2g}$.

Der Kleinstwert von A wird in der Zeit von t_{min} erreicht, die sich aus $\frac{dA}{dt} = 0$ findet zu

$$t_{min} = aT_0 \left[\sqrt[k]{\frac{p_0 - k}{p_0 + k} \cdot \frac{1}{k-1} \left(k\sqrt{9k^2 - 5} + (3k^2 - 1) \right)} - 1 \right]. \quad \textbf{747.}$$

Unter Benutzung der Größe $t_{min} = 0{,}1659$ sek für $a = 0{,}7$ ergibt sich alsdann $A_{min} = 127\,700$ mkg/sek.

Wir kommen zur Nachwirkung des zum Stillstand gekommenen Öffnungsvorganges.

Der Übergang von w, h, q und A für diesen neuen Zeitabschnitt ist durch die Entwicklungen unter 3, I, S. 577 festgestellt.

Die w werden sich nach Gl. 742, die h nach Gl. 671 bezw. 671a, die Wassermengen q bei nunmehr gleichbleibendem Leitquerschnitt bf_0 aus

$$q = bf_0 \cdot w$$

berechnen lassen, während das jeweilige Arbeitsvermögen sich als

$$A = q\gamma \cdot \frac{w^2}{2g} = bf_0 \cdot \gamma \cdot \frac{w^3}{2g}$$

ergibt.

Wir gehen zuerst von $a = 0$ aus. Für volles Öffnen, also für $b = 1$ findet sich (Gl. 737)

$$B = \frac{2g \cdot H}{b \cdot c \cdot L} = \frac{19{,}62 \cdot 100}{1 \cdot 2 \cdot 200} = 4{,}905$$

und für $a = 0$ die Geschwindigkeit w durchweg $w_{min\,(a=o)} = 40{,}01 = w_b$, so folgt

$$w = 44,3 \cdot \frac{(44,3 + 40,01)\, e^{4,905 \cdot t} - (44,3 - 40,01)}{(44,3 + 40,01)\, e^{4,905 \cdot t} + (44,3 - 40,01)} \quad \cdot \quad \cdot \quad \textbf{(742.)}$$

oder
$$w = 44,3 \cdot \frac{84,31 \cdot e^{4,905 \cdot t} - 4,29}{84,31 \cdot e^{4,905 \cdot t} + 4,29}.$$

Die w entwickeln sich hiernach wie aus der —·—·—·—Kurve der
Fig. 394, mit „Nachwirkung" bezeichnet, ersichtlich ist und erreichen
asymptotisch den Wert $w_0 = 44,3$. In ähnlicher Weise werden sich die q
dem Werte $Q = 2$ cbm/sek nähern und die Größen von h und A ebenfalls
den Endwerten zustreben, wie dies die Fig. 394 in —·—·—·—Linien
erkennen läßt.

Die Figur enthält auch den Verlauf der Nachwirkung auf w, q, h und
A, wenn der Öffnungsvorgang, aus $a = 0,7$ anfangend, bei $b = 0,8$ sein
Ende erreicht hat. Diese Kurven verlaufen in ganz gleicher Weise nach den
zugehörigen Endwerten.

C. Der Beharrungszustand, tatsächlicher Betrieb.

1. Die Reibungsverlusthöhe h_ϱ.

In Ergänzung der auf S. 568 gegebenen Bezeichnungen sollen sein:

U (m)   der vom Wasser benetzte Umfang des Querschnittes. (Bei
offenen Wasserführungen, Kanälen, ein Teil des Gesamt-
umfanges, bei geschlossenen Leitungen der ganze Umfang.)

L (m)   wie vorher die Länge der Leitung von gleichgroß bleibendem
Querschnitt, mit der weiteren Voraussetzung, daß auch U auf
die Länge L unverändert bleibe,

R (kg)   der Betrag der Reibungskräfte, welche das strömende Wasser
auf die einfassenden Wandungen der Wasserführung, Umfang U, ausübt.

ψ Erfahrungskoeffizient, mit den Größen von F, U, c, wechselnd.

Nach den allgemeinen Anschauungen kann gesagt werden, daß die
Größe R der Reibungskraft zwischen Flüssigkeiten und festen Wandungen
unabhängig ist von dem Drucke zwischen Flüssigkeit und Wandung, daß sie
dagegen der Größe der reibenden (benetzten) Flächen, hier also $U \cdot L$ proportional ist, ebenso auch der zwei-
ten Potenz der Strömungsgeschwin-
digkeit c.[1]

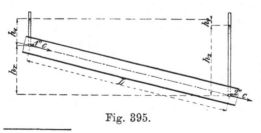

Fig. 395.

In Fig. 395 ist eine gerade, unter
Druck stehende Röhre von gleich-
bleibendem, im übrigen beliebigen,
Querschnitt dargestellt, welche zu
Anfang, „1", und zu Ende, „2",

---

[1] Der Verfasser will hierdurch nicht etwa Stellung nehmen zu der überaus komplizierten Frage der Widerstandshöhen und der Wasserbewegung an sich, sondern nur
eine im Rahmen der allgemeinen Anschauungen bleibende mechanisch und rechnerisch
für den Lernenden greifbare Vorstellung zugrunde legen. Die so überaus mannig-
faltigen Versuche zur Lösung des Problems der Wasserbewegung in Röhren und Kanälen
finden sich u. a. in dem wertvollen Buche „Das Gesetz der Translation des Wassers usw."
von T. Christen in trefflicher Weise zusammengestellt.

der Strecke L mit Standrohren versehen ist. Der Höhenunterschied beider Punkte sei h_r.

Die Röhre wird von Wasser durchflossen, Geschwindigkeit c, deren Erzeugung hier außer Acht bleibt. In den Standröhren werden sich Druckhöhen h_1 und h_2 einstellen, da vorausgesetzt ist, daß der Auslauf unter Druck erfolgt.

Der vorstehend ausgesprochenen Anschauung gemäß ist die Kraft R, welche durch die Reibung des Wassers an den Rohrwandungen hervorgerufen wird, und die einerseits dem Strömen des Wassers entgegenwirkt und andererseits bestrebt ist die Rohrstrecke L in Richtung der Längsachse mitzureißen:

$$R = \psi \cdot U \cdot L \cdot c^2 \quad \ldots \ldots \ldots \quad \textbf{748.}$$

Damit sich das Wasser, die Reibung R überwindend, fortbewegen kann, ist die Aufwendung eines Arbeitsvermögens erforderlich, welches nur aus demjenigen des strömenden Wassers selbst entnommen werden kann. Um diesen Betrag muß das Arbeitsvermögen des Wassers in „2" kleiner sein als es in „1" war. Die zur Überwindung des Reibungswiderstandes R in der Zeiteinheit benötigte Arbeitsleistung stellt sich, da der Weg der reibenden Wasserteilchen in dieser Zeit gleich c ist, dar als (Gl. 748)

$$R \cdot c = \psi \cdot U \cdot L \cdot c^3 \quad \ldots \ldots \ldots \quad \textbf{749.}$$

An der Stelle „1" besitzt die sekundliche Wassermenge $Q = F \cdot c$ das Arbeitsvermögen von insgesamt

$$A_1 = Q \cdot \gamma \cdot \left(\frac{c^2}{2g} + h_1 \right).$$

Da der Querschnitt F der Röhre unverändert bleibt, so muß an der Stelle „2" ebenfalls die Geschwindigkeit c zu finden sein, weil die Röhre unter Druck steht, weil also sämtliche Querschnitte vom Wasser voll ausgefüllt sind. Aus diesem Grunde ist das Arbeitsvermögen der sekundlich die Röhre passierenden Wassermenge Q an der Stelle „2" anzusetzen als

$$A_2 = Q \cdot \gamma \cdot \left(\frac{c^2}{2g} + h_2 \right).$$

Unterwegs zwischen „1" und „2" tritt noch das Arbeitsvermögen $Q \cdot \gamma \cdot h_r$ zu dem Wasser zu, so daß schließlich zu schreiben sein wird

$$A_1 + Q \cdot \gamma \cdot h_r - R \cdot c = A_2 \quad \ldots \ldots \quad \textbf{750.}$$

Nach Einsetzen der Größen von A_1 und A_2, auch von $R \cdot c$ nach Gl. 749 ergibt sich daraus

$$Q \cdot \gamma \cdot (h_1 + h_r - h_2) = \psi \cdot U \cdot L \cdot c^3 = Q \gamma h_\varrho$$

weil $h_1 + h_r - h_2 = h_\varrho$ (Fig. 395). Wir können auch schreiben

$$h_\varrho = \frac{\psi}{\gamma} \cdot \frac{U \cdot L \cdot c^3}{Q} \quad \ldots \ldots \ldots \quad \textbf{751.}$$

als Beziehung für die Einbuße an Druckhöhe, welche das Wasser durch die Überwindung der Reibungsarbeit auf der geraden Strecke L erleidet. Das heißt:

Die Reibungsverlusthöhe h_ϱ ist für eine bestimmt gegebene Wassermenge Q, bei unveränderlichen Größen von U und L und abgesehen von dem etwaigen Einfluß von c auf ψ, der dritten Potenz der Geschwindigkeit proportional.

So wie man Q durch $F \cdot c$ ersetzt, geht die Gl. 751 über in die sonst fast immer angewendete Form

$$h_\varrho = \frac{\psi}{\gamma} \cdot \frac{U}{F} \cdot L \cdot c^2 \quad \ldots \ldots \quad \textbf{752.}$$

die aber sehr leicht irreführend wird, weil hierin c anscheinend nur in der zweiten Potenz enthalten ist.

Wir verwenden nun fast immer für die Wasserführung Röhren von rundem Querschnitt und da ist, wie bei allen sogenannten regelmäßigen Figuren, dem Quadrat usw., die durch die Regelmäßigkeit gegebene feste Beziehung zwischen dem Querschnitt F und dem Umfang U nicht außer acht zu lassen. Diese muß noch in der Gl. 751 zum Ausdruck gebracht werden, denn für den Kreisquerschnitt usw. bedingt eine Änderung von c bei gegebener Wassermenge ohne weiteres auch eine Änderung von U, weil sich F mit c ändert.

Der Kreis vom Durchmesser D hat $F = D^2 \frac{\pi}{4}$ und $U = D \cdot \pi$. Aus $Q = F \cdot c = D^2 \frac{\pi}{4} \cdot c$ ergibt sich dann zuerst

$$D = \frac{2}{\sqrt{\pi}} \sqrt{\frac{Q}{c}}$$

und hiermit folgt

$$U = D \cdot \pi = 2 \sqrt{\pi} \sqrt{\frac{Q}{c}}.$$

Mit diesem Wert von U lautet dann Gl. 751 für den kreisförmigen Querschnitt

$$h_\varrho = \frac{2 \sqrt{\pi} \cdot \psi}{\gamma} \cdot L \cdot \frac{c^{2,5}}{\sqrt{Q}} = k \cdot L \cdot \frac{c^{2,5}}{\sqrt{Q}} \quad \ldots \ldots \quad \textbf{753.}$$

Das Quadrat von der Seitenlänge D besitzt die Größe $F = D^2$ und $U = 4 D$. Hieraus folgt in gleichem Rechnungsgang wie vorher $D = \sqrt{\frac{Q}{c}}$, $U = 4 \sqrt{\frac{Q}{c}}$ und die Gl. 751 geht damit für den quadratischen Querschnitt über in

$$h_\varrho = \frac{4 \psi}{\gamma} \cdot L \cdot \frac{c^{2,5}}{\sqrt{Q}} \quad \ldots \ldots \quad \textbf{754.}$$

Für diese regelmäßigen Querschnitte ist demnach die Reibungsverlusthöhe h_ϱ bei gegebener Wassermenge auch nicht proportional der zweiten Potenz von c, sondern der 2,5ten.

Der Einfluß von c auf die Reibungsverluste ist also immer größer als es die unklare Gl. 752 auf den ersten Blick erkennen läßt.

Wir haben deshalb alle Veranlassung, im Verlaufe einer Wasserführung die Geschwindigkeiten, solange es irgend geht, niedrig zu halten und den notwendigen Übergang nach einer höheren Geschwindigkeit auf einer möglichst kurzen Strecke zur Entwicklung zu bringen, so dicht vor dem verengten Querschnitt, als es ohne schädliche Kontraktionserscheinungen möglich ist. Ein Prinzip, welches für alle Wasserführungen, auch für die Schaufelungen der Leit- und Lauf räder wohl zu beachten ist (vergl. S. 218 u. A.).

Es empfiehlt sich, die Gl. 751 auch noch in einer anderen Weise umzuformen, damit der Einfluß des Rohrdurchmessers D direkt vor Augen tritt.

Setzen wir für den Kreisquerschnitt die Werte $U = D \cdot \pi$ und $c = \frac{Q}{D^2} \cdot \frac{4}{\pi}$ in Gl. 751 ein, so ergibt sich

$$h_\varrho = \frac{64\,\psi}{\pi^2 \cdot \gamma} \cdot L \cdot \frac{Q^2}{D^5} \quad \ldots \ldots \ldots \quad \textbf{755.}$$

Hieraus ist ersichtlich, welch großen Einfluß die Wahl des Rohrdurchmessers an sich auf die Reibungsverlusthöhe ausübt.

Die manometrische Höhe h_m des tatsächlichen Betriebes bildet sich also auf folgende Weise:

Von der Höhe $H_n - h_n$, Fig. 391, S. 565, geht zuerst die für die tatsächliche Erzeugung von c erforderliche Höhe $\sim 1,1\frac{c^2}{2g}$ ab, dann kommt die Reibungshöhe der Rohrleitung, h_ϱ, nach den vorentwickelten Beziehungen in Abzug, schließlich noch die Widerstandshöhen h_k, welche durch etwaige Krümmungen in der Rohrleitung hervorgerufen werden.

Mithin stellt sich h_m für den tatsächlichen Betrieb, wie in Fig. 391 rechts übertrieben angedeutet, ein und die beiden Druckhöhen h_i und h_a werden sich dementsprechend auch ermäßigen müssen.

2. Die Koeffizientengrößen, h_ϱ betreffend.

Die vorher entwickelten Gleichungen enthalten den Erfahrungskoeffizienten ψ in Verbindung mit konstanten Faktoren. Das Produkt

$$k = \frac{2\sqrt{\pi} \cdot \psi}{\gamma} \quad \ldots \ldots \ldots \quad \textbf{756.}$$

welches der Gl. 753 entspricht, erfordert unsere erste Aufmerksamkeit, weil es sich auf den meist angewandten Fall, den kreisförmigen Querschnitt, bezieht. Um diesen Wert an Hand der Zahlen festzulegen, welche von der hydraulischen Forschung ermittelt sind, bedarf es eines kleinen Umweges.

Wenn wir in die, wie schon erwähnt, meist vorkommende Form der Beziehung für h_ϱ, in die wenig scharfe Gl. 752, die Verhältnisse des kreisförmigen Querschnittes einführen, so lautet sie

$$h_\varrho = \frac{4\,\psi}{\gamma} \cdot \frac{L}{D} \cdot c^2.$$

Dies kann auch geschrieben werden

$$h_\varrho = \frac{4\,\psi \cdot 2g}{\gamma} \cdot \frac{L}{D} \cdot \frac{c^2}{2g} = k_1 \frac{L}{D} \cdot \frac{c^2}{2g} \quad \ldots \ldots \quad \textbf{757.}$$

worin

$$k_1 = \frac{8\,\psi \cdot g}{\gamma} \quad \ldots \ldots \ldots \quad \textbf{758.}$$

Die Gl. 757 ist natürlich für gegebene Wassermenge, und um solche handelt es sich stets für den Turbineningenieur, ebenso undurchsichtig wie Gl. 752, aber das den rein mathematischen Standpunkt viel zu sehr hervorhebende Streben, h_ϱ als ein Vielfaches von $\frac{c^2}{2g}$ hinzustellen, hat diese Form derart eingebürgert, daß wir gezwungen sind, unsere Koeffizienten k auf dem Umwege der k_1 zu berechnen, weil die Zahlenwerte der Forschungsarbeiten ohne Ausnahme sich bis jetzt auf die k_1 beziehen.

Fast übereinstimmend bestimmten Weisbach und Zeuner k_1 abhängig von c als

$$k_1 = 0,01439 + \frac{0,00947}{\sqrt{c}}.$$

Wenn wir hierin die Grenzwerte von c einsetzen, wie sie im Turbinen-bau vorkommen, 1 bis 3 m/sek, so ergibt sich

$$k_1 = 0,02386 \text{ bis } 0,01985.$$

Im Gegensatz hierzu bestimmte Darcy den gleichen Koeffizienten ab-hängig von D als

$$k_1 = 0,01989 + \frac{0,0005}{D}$$

und zwar für Rohrgeschwindigkeiten $c > 0,2$ m, was für unsere normalen Verhältnisse immer zutrifft.

Setzen wir hierin D in den Grenzen 1 m und 3 m ein, so ergibt sich

$$k_1 = 0,02039 \text{ bis } 0,02006.$$

Im Taschenbuch „Hütte" ist nach Angaben und Versuchen von Lang zu finden k_1 abhängig von c und D als

$$k_1 = 0,020 + \frac{0,0018}{\sqrt{c \cdot D}}.$$

Führen wir hierin die vorgenannten Grenzwerte der Geschwindigkeiten ein, so zeigt sich für 1 m Rohrdurchmesser

$$k_1 = 0,0218 \text{ bis } 0,02104$$

und für 3 m Rohrdurchmesser

$$k_1 = 0,02104 \text{ bis } 0,0206.$$

Die Beziehung, die Christen für den Durchfluß des Wassers durch Röhren aufstellt, lautet nach Einsetzen unserer Bezeichnungen

$$c = m_r \sqrt{\frac{D}{2} \cdot \frac{h_\varrho}{L}} \sqrt[8]{\frac{D}{2}} \quad \cdot \quad \cdot \quad \cdot \quad \cdot \quad \textbf{759.}$$

worin m_r der von ihm ermittelte Koeffizient für Rohre. Die Gleichung läßt sich ohne weiteres auf die Form der Gl. 757 bringen und lautet dann

$$h_\varrho = \frac{4\,g}{m_r{}^2} \sqrt[4]{\frac{2}{D}} \cdot \frac{L}{D} \cdot \frac{c^2}{2g} \quad \cdot \quad \cdot \quad \cdot \quad \cdot \quad \textbf{760.}$$

derart, daß hier

$$k_1 = \frac{4\,g}{m_r{}^2} \sqrt[4]{\frac{2}{D}}$$

gilt, daß also k_1 auch hier abhängig von D erscheint. Christen gibt m_r zu rund 50 an, so daß hiermit folgt

$$k_1 = \frac{0,01867}{\sqrt[4]{D}}.$$

In den Grenzen zwischen $D = 1$ m und 3 m liegen dann nach Christen die Werte

$$k_1 = 0,01867 \text{ bis } 0,01418;$$

hier erscheint k_1 kleiner als seither.

Wie ersichtlich, liegen alle diese Werte nahe beieinander, und so dürfen wir für die Vorausberechnung der Größe h_ϱ von einem Durchschnittswert ausgehen, der mit $k_1 = 0,021$ nicht weit vom Richtigen, jedenfalls aber nicht zu niedrig sein wird. Dieser Wert ist auch durch die Versuche von Marx, Wing und Hoskins an einer 1350 m langen Blechrohrleitung von 1,8 m Durchm. in Ogden, Utah, bestätigt worden. (Génie civil, 1900.)

Kehren wir nun zu unseren Gleichungen, 751 usw. zurück.

Aus Gl. 758 folgt als Durchschnittswert

$$\psi = \frac{k_1 \gamma}{8g} = \frac{0{,}021 \cdot 1000}{8 \cdot 9{,}81} = 0{,}2676$$

so daß wir Gl. 751 nunmehr vollständig schreiben können als rund

$$h_\varrho = \frac{0{,}268 \cdot U \cdot L \cdot c^3}{\gamma \cdot Q} \quad \ldots \ldots \ldots \quad \textbf{761.}$$

Es folgt als Koeffizient k in Gl. 753 für den Kreisquerschnitt, rund

$$k = \frac{2\sqrt{\pi \cdot \psi}}{\gamma} = 0{,}00095$$

also Gl. 753 selber als

$$h_\varrho = 0{,}00095 \cdot L \cdot \frac{c^{2{,}5}}{\sqrt{Q}} \quad \ldots \ldots \quad \textbf{762.}$$

und die Gl. 755 kann nunmehr für den Kreisquerschnitt geschrieben werden

$$h_\varrho = 0{,}00175 \cdot L \cdot \frac{Q^2}{D^5} \quad \ldots \ldots \quad \textbf{763.}$$

Für den quadratischen Querschnitt ergibt sich (Gl. 754)

$$h_\varrho = 0{,}00107 \cdot L \cdot \frac{c^{2{,}5}}{\sqrt{Q}} \quad \ldots \ldots \quad \textbf{764.}$$

also der $\frac{107}{95} = \sim 1{,}125$ fache Betrag der Höhe, die der kreisförmige Querschnitt erfordert (Gl. 762).

3. Die Widerstandshöhe h_k von Krümmern.

Für die Berechnung dieser Höhe sind auch heute noch die Weisbach'-schen Angaben in Gebrauch. Sie stellen den Zuschlag dar, welcher zu h_ϱ zu machen ist für gekrümmte Stellen der Leitungen; die Länge der Krümmer an sich zählt bei der Zusammenstellung von L für die Bestimmung von h_ϱ mit, und der Krümmung wegen kommen die betreffenden Extrazuschläge als Vermehrung von h_ϱ in Ansatz.

Die empirisch bestimmten Weisbach'schen Angaben lauten, wenn r der mittlere Krümmungsradius und α der Zentriwinkel des Krümmers in Graden ist, wie folgt:

Für Krümmer von kreisförmigem Querschnitt, Durchmesser D (Fig. 396), ist die zusätzliche Widerstandshöhe

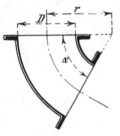

Fig. 396.

$$h_k = \frac{\alpha}{90^0} \left[0{,}131 + 0{,}1635 \left(\frac{D}{r} \right)^{3{,}5} \right] \cdot \frac{c^2}{2g} \quad \ldots \quad \textbf{765.}$$

Da wir kein Interesse daran haben, h_k als Vielfaches von $\frac{c^2}{2g}$ zu erhalten, so schreiben wir besser

$$h_k = \frac{\alpha}{90^0} \left[0{,}00668 + 0{,}00833 \left(\frac{D}{r} \right)^{3{,}5} \right] \cdot c^2 \quad \ldots \quad \textbf{765 a.}$$

Die Werte dieser Gleichung ordnen sich sehr einfach, wenn wir für verschiedene Größen von r, als Vielfaches von D, bestimmte Zahlenwerte einführen. Wir nehmen dazu auch noch $\alpha = 90^0$ und erhalten damit fast genau für die Größen $c = 1$, sowie 2 und 3 m/sek folgende Widerstandshöhen h_k als Zuschlagswerte zu h_ϱ, ganz unabhängig von der absoluten Größe des Durchmessers D:

Widerstandshöhen h_k für kreisförmige Querschnitte, Krümmer von 90⁰.

	$c = 1$ m	$c = 2$ m	$c = 3$ m
$r = 1,00\ D$	$h_k = 0,015$ m	$0,060$ m	$0,135$ m
„ 1,05 „	„ 0,014 „	0,056 „	0,126 „
„ 1,10 „	„ 0,013 „	0,052 „	0,117 „
„ 1,15 „	„ 0,012 „	0,048 „	0,108 „
„ 1,20 „	„ 0,011 „	0,044 „	0,099 „
„ 1,25 „	„ 0,010 „	0,040 „	0,090 „
„ 1,50 „	„ 0,009 „	0,036 „	0,081 „
„ 2,00 „	„ 0,008 „	0,032 „	0,072 „
„ 5,00 „	„ 0,007 „	0,028 „	0,063 „

Die oberen Werte der vorstehenden Tabelle bewegen sich im Bereich der Beziehung $r = D + 100$ mm, wie sie den Normalien für Röhren entsprechen, z. B. ist für

$$D = 500 \text{ mm} \qquad r = 500 + 100 = 600 \text{ mm} = 1,2\ D$$
$$D = 750 \text{ mm} \qquad r = 750 + 100 = 850 \text{ mm} = 1,13\ D$$
$$D = 1000 \text{ mm} \qquad r = 1000 + 100 = 1100 \text{ mm} = 1,10\ D$$

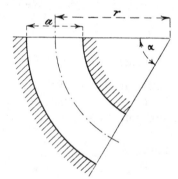

Fig. 397.

Für Krümmer mit rechteckigem Querschnitt, die Weite in Richtung des mittleren Krümmungsradius r mit a bezeichnet (Fig. 397) ermittelte Weißbach

$$h_k = \frac{\alpha}{90^0}\left[0,124 + 0,2744\left(\frac{a}{r}\right)^{3,5}\right]\cdot\frac{c^2}{2g} \qquad \textbf{766.}$$

was wir auch wieder besser schreiben als

$$h_k = \frac{\alpha}{90^0}\left[0,00632 + 0,01398\left(\frac{a}{r}\right)^{3,5}\right]\cdot c^2$$
$$\textbf{766a.}$$

Für gleiche Werte von r wie vorher als Vielfaches von a ergibt sich die folgende Tabelle:

Widerstandshöhen h_k für rechteckige Querschnitte, Krümmer von 90⁰.

	$c = 1$ m	$c = 2$ m	$c = 3$ m
$r = 1,00\ a$	$h_k = 0,020$ m	$0,080$ m	$0,180$ m
„ 1,05 „	„ 0,018 „	0,072 „	0,162 „
„ 1,10 „	„ 0,016 „	0,064 „	0,144 „
„ 1,15 „	„ 0,015 „	0,060 „	0,135 „
„ 1,20 „	„ 0,014 „	0,056 „	0,126 „
„ 1,25 „	„ 0,012 „	0,048 „	0,108 „
„ 1,50 „	„ 0,010 „	0,040 „	0,090 „
„ 2,00 „	„ 0,008 „	0,032 „	0,072 „
„ 5,00 „	„ 0,006 „	0,024 „	0,054 „

4. Die Anbringung der Standrohre und Manometer.

Nachdem wir jetzt gesehen haben, wie in annähernder Weise die Gefälleeinbußen für Rohrreibungsverluste und die Widerstandshöhen von

Krümmern usw. vorausberechnet werden können, ist es noch erforderlich, die Einrichtungen kurz zu besprechen, die zur sicheren, experimentellen Bestimmung der Druckhöhe h_m unmittelbar bei der Turbine, Fig. 391 (S. 565) rechts, nötig sind.

In der Praxis wird selten die Möglichkeit gegeben sein, ein Standrohr für die Höhe h_m senkrecht aufsteigend und gleichzeitig für den Beobachter geeignet anzubringen. Dagegen dürfte es fast stets tunlich sein, das Standrohr schräg aufwärts an der Rohrleitung entlang zu führen wie in Fig. 391 punktiert. Stetiges Ansteigen mit Vermeiden horizontaler oder gar abfallender Strecken ist zu empfehlen, weil sonst durch Luftblasen wesentliche Fehler für die Höhenlage des freien Wasserspiegels im Standrohre zu gewärtigen sind. Nur der oberste Teil des Rohres (Glasröhre) sollte senkrecht geführt sein. Rohrdurchmesser nicht unter $^3/_4''$, besser mehr, der Luftblasen wegen.

Für die Anschlußstelle am Turbinenrohr ist zu beachten, daß durch ausgiebige Abrundung von innen her nach Möglichkeit weder saugende noch drückende Wirkungen durch das vorbeifließende Betriebswasser entstehen können.

Ist das Standrohr für Wasser nicht ausführbar, so kann unter Umständen ein Quecksilbermanometer an dessen Stelle treten, schließlich auch ein Federmanometer, das aber sorgfältig nachkontrolliert sein sollte, wenigstens in dem Skalabereich, in den die zu erwartenden Drucke fallen. Dabei ist darauf zu achten, daß das Manometer am besten unmittelbar am angebohrten Punkt des Rohres sitzt. Befindet sich das Manometer z. B. um 2 m höher als der Anschlußpunkt, so wird es bei ganz gefüllter Anschlußleitung 2 m weniger Druck anzeigen, als im Turbinenrohre an der Anbohrstelle vorhanden ist. Kann die Anschlußleitung mit Sicherheit ganz gefüllt erhalten werden (Ausblasehahn am Manometer, stetiges Ansteigen, häufiges Ausblasen), so zählen h_m und h_u von Manometermitte ab.

Über die Wahl des Ortes der Anbohrung ist auch noch einiges zu sagen.

Zweckmäßig ist allemal seitliches Anbohren in Höhe der Rohrachse. Am Rohrscheitel stören häufig Luftblasen, Blätter und sonstige Schwimmkörper, unten am Rohr dagegen Sand und andere feste Teile das sichere Funktionieren des Standrohres oder Manometers.

Wenn irgend tunlich, sollte das Anbohren an einer geraden zylindrischen Strecke der Rohrführung erfolgen, wie in Fig. 391 gezeigt, also nicht an einem Krümmungsstück und auch nicht an einer Übergangsstelle zwischen verschiedenen Rohrquerschnitten, wo der tatsächliche Querschnitt nur sehr schwer festgestellt werden kann.

Es sollte eben nur da angebohrt werden, wo die Verhältnisse des fließenden Wassers ganz klar liegen.

Ob das Arbeitsgefälle $H_A = h_m + h_u + \dfrac{v^2}{2g}$ der Turbine dann unverkürzt zugute kommt, das hängt von der Zuleitung des Wassers zu den Leitschaufeln ab, für die der Konstrukteur verantwortlich ist, für die er also auch mit seiner Nutzeffektsgarantie einzustehen hat.

Für die Bestimmung des Nutzeffektes der Turbine bei der Bremsung ist mithin der Gl. 666, S. 566, der Arbeitsgefällewert H_A zugrunde zu legen und zur Bestimmung von N_a in Gl. 422a, S. 185, statt H_n einzusetzen.

D. Die Verhältnisse beim Öffnen und Schließen im tatsächlichen Betrieb.

Der ganze Verlauf der analytischen Entwicklungen und des Zahlenbeispiels liefert uns für den ideellen Betrieb folgende Aufklärungen:

Die ideellen Leitschaufelgeschwindigkeiten w (Gl. 697 für Schließen und Gl. 723 für Öffnen) werden um so mehr von der normalen Geschwindigkeit w_0 abweichen, je größer die Rohrgeschwindigkeit c bemessen ist, je länger die Rohrleitung, je kürzer die Schluß- bezw. Öffnungszeit. Daß w_{max} mit wachsendem Gefälle, absolut genommen, zunimmt, und umgekehrt, ist an sich begreiflich, ist aber auch aus einer entsprechenden Umformung der Gl. 702 ersichtlich. Wir können diese durch Einfügen von $w_0 = \sqrt{2gH}$ und von k nach Gl. 701 nämlich schreiben als

$$w_{max} = \frac{c}{\sqrt{2g}} \cdot \frac{L}{T_s} \left[\sqrt{\left(\frac{2g\,T_s}{c \cdot L}\right)^2 \cdot H + \frac{1}{H}} + \frac{1}{\sqrt{H}} \right] \quad . \quad . \quad \textbf{767.}$$

und daraus ersehen, daß der Klammerwert, der allein H enthält, mit zunehmendem H ebenfalls wächst, wogegen durch die Form

$$w_{max} = w_0 \cdot \frac{c}{2g} \cdot \frac{L}{T_s} \left[\sqrt{\left(\frac{2g\,T_s}{c \cdot L}\right)^2 + \frac{1}{H^2}} + \frac{1}{H} \right] \quad . \quad . \quad \textbf{768.}$$

erwiesen wird, daß der prozentuale Mehrbetrag von w_{max} über w_0 mit wachsendem Gefälle kleiner werden muß.

Da die Druckhöhen h mit w^2 wachsen, so gilt das Vorstehende in höherem Grade noch für diese und demgemäß auch für die Verhältnisse der q und des Arbeitsvermögens.

Im tatsächlichen Betrieb gewinnen nun verschiedene seither außer Betracht gebliebene Umstände einen bestimmten Einfluß, nämlich

die Elastizität der Rohrwandungen,
die Volumelastizität des Betriebswassers,
die Reibungs- und Krümmerwiderstände h_ϱ und h_k.

Es existieren verschiedene Berechnungsweisen für die teilweise oder vollständige Berücksichtigung dieser Einflüsse.[1]

Beide unten genannte Autoren kommen zu dem Ergebnis, daß durch das Hinzutreten der Elastizitäten Schwingungen in den Druck- und Geschwindigkeitsgrößen entstehen müssen, was ja auch sehr einleuchtend ist.

Für die Praxis erscheint von besonderer Wichtigkeit die erste Kuppe dieser der Zeit nach wellenförmig verlaufenden Schwingungen und wir können uns den Einfluß der verschiedenen Umstände auf die Druck- und Geschwindigkeitsgrößen an Hand unserer ideellen Entwicklungen vergegenwärtigen.

Schließvorgang. Die Elastizitäten werden verhindern, daß die am unteren Rohrende sich entwickelnde Vergrößerungsdruckhöhe h so rasch ansteigt, als es ideell sich ergeben hatte. Die Verzögerung wird sich über einen längeren Zeitraum ausdehnen und deshalb werden die h_{max} des ideellen Betriebes überhaupt nicht erreicht werden. Die Reibungswiderstände usw.

---

[1] Budau, Druckschwankungen in Turbinenzuleitungsrohren (Wien 1905, R. Spies & Co.); Alliévi, Théorie générale du mouvement varié de l'eau dans les tuyaux de conduite (Revue de Mécanique 1904), u. a.

wirken im gleichen Sinne, also ebenfalls mäßigend auf h ein, die drei Umstände mildern die Verhältnisse des ideellen Betriebes.

Öffnungsvorgang. Beim Nachlassen des Druckes zu Beginn des Öffnungsvorganges wird das Sichzusammenziehen der Rohrwände im Verein mit dem Expandieren des Wassers den Druckabfall verzögern, also ausgleichend wirken, während die Rohrwiderstände der erwünschten Beschleunigung des Rohrinhaltes entgegenarbeiten, also die Wirkung der Elastizitäten mehr oder weniger paralysieren. Beim Öffnen wird also das Wesen des ideellen Betriebes auch den tatsächlichen Verhältnissen eher entsprechen, unter Umständen sogar denselben sehr nahe sein.

Wir dürfen uns also beim Turbinenregulatorbetrieb im allgemeinen mit den ideellen Feststellungen begnügen und danach unsere Maßregeln treffen.

22. Geschlossene Turbinen. Liegende Welle.

A. Die einfache Spiralturbine. (Fig. 301, Taf. 27—30, 32.)

Ein Hauptvorzug der Anordnung ist, neben den schon bei den offenen Turbinen mit liegender Welle genannten, daß bei der Spiralturbine beide Wellenlager freiliegen. Daß dies durch eine zweite Stopfbüchse erkauft wird, ändert nichts an dem großen Gewinn an Betriebssicherheit, den die Spiralturbine bietet.

Wir werden aus Ersparnisrücksichten die Zuleitungsrohre so enge halten, als es ohne zu große Reibungsverluste in denselben erzielt werden kann, d. h. wir haben es im allgemeinen, wie schon oben angegeben, mit Rohrgeschwindigkeiten im Bereiche zwischen 1 m bis gegen 3 m hin zu tun. In diesen Geschwindigkeiten liegt ein Arbeitsvermögen begründet, das bei den in Frage kommenden Gefällegrößen einen meist ziemlich kleinen Prozentsatz vom Gesamtarbeitsvermögen bedeutet, das aber jedenfalls wo tunlich geschont und der Turbine in rationeller Weise zugeführt werden sollte.

Wir haben hier von den gleichen Erwägungen auszugehen, wie sie bei der Zuleitung des Wassers für die offenen Turbinen gepflogen wurden (vergl. S. 531 Fig. 372 und S. 551 Fig. 381 usw.). Das Wasser sollte, der hier größeren Zuflußgeschwindigkeit wegen, in ganz geregelter Weise den Leitschaufelanfängen zugeführt werden. Dabei sind Schwankungen in der Größe der durchschnittlichen Wassergeschwindigkeit zu vermeiden, das Wasser soll stetig von der Rohrgeschwindigkeit c übergehen in die Leitschaufelgeschwindigkeit w_0, stetig nach Größe und Richtung.

Bei dieser Überführung ist immerhin zu bedenken, was oben S. 590 ausgesprochen wurde, daß nämlich die niedere Geschwindigkeit der geringeren Reibungsverluste wegen möglichst lange beibehalten werden soll.

Demgemäß werden wir den Übergang nach w_0 möglichst nahe an f_0 hinverlegen, und wir werden rund um den Leitapparat herum überall die gleiche Wassergeschwindigkeit anzustreben haben, die erst in den Leitschaufelräumen selbst schließlich auf w_0 anwächst.

Das geschlossene Gehäuse, welches den Leitapparat umgibt, muß also einen nach der Umlaufrichtung der Turbine stetig abnehmenden Querschnitt aufweisen, denn ein gleichbleibender Querschnitt würde eine in der Drehrichtung der Turbine abnehmende Zuflußgeschwindigkeit bedingen, also wegen der wirbelnden Rückübersetzung von Geschwindigkeit in Druckhöhe Verluste bringen.

Da die äußere Form der Gehäuse mit abnehmendem Querschnitt eine spiralähnliche Gestalt aufweist (Taf. 29, 30, 32 usw.), so wurde die ganze Turbinenanordnung bei der ersten Ausführung kurzweg als Spiralturbine bezeichnet und dieser Name ist ihr geblieben.

Nun würden die Spiralgehäuse sehr große Dimensionen annehmen, wenn wir sie den Wassergeschwindigkeiten entsprechend ausführen wollten, die im allgemeinen in den langen Zuleitungsröhren herrschen. Wir dürfen, da die im Umfang gemessene Länge der Spiralgehäuse im allgemeinen kleine Beträge von L für die nach den Gleichungen 748 usw. zu berechnenden Reibungshöhen der Spiralgehäuse ergeben werden, die durchschnittlichen Geschwindigkeiten im Spiralgehäuse c_S reichlicher nehmen als die oben genannten Größen der Rohrgeschwindigkeit c im Betrage von 1 bis 3 m/sek.

Wir nehmen als durch Erfahrung erprobte durchschnittliche Geschwindigkeiten im Spiralgehäuse

$$c_S = \sqrt{2\,g\,(0{,}03 \div 0{,}05 \div 0{,}07)\,H} \quad . \quad . \quad . \quad . \quad \textbf{769.}$$

also Werte, die ungefähr den w_2 mit $a_2 = 0{,}03$ bis 0,07 direkt entsprechen. So sind eigentlich die durchschnittlichen Geschwindigkeiten im Gehäuse und im Saugrohr annähernd gleich groß, nur besteht der Unterschied, daß es sich empfiehlt, für die kleineren Gefälle die kleineren c_S anzuwenden, während bei Hochgefällen häufig die kleineren w_2 erwünscht sind.

Einfacher für die Rechnung ist Gl. 769 in der nachstehenden Form

$$c_S = (0{,}8 \div 1{,}0 \div 1{,}2)\,\sqrt{H} \quad . \quad . \quad . \quad . \quad . \quad \textbf{770.}$$

worin die Ziffern 0,8 usw. abgerundet sind gegenüber den aus Gl. 769 folgenden Werten.

Der Gehäusequerschnitt ist entweder rechteckig von gleichbleibender Breite b und abnehmender Weite a (Ausführungen in Gußeisen oder Blech für mittelhohe Gefälle, Guß bis 20 m hin) oder er ist rund von abnehmendem lichten Durchmesser d. (Gußeisen oder Stahlguß.)

1. Das rechteckige Spiralgehäuse.

Bei gleichbleibender Breite b ist die äußere Begrenzung des Gehäuses, wenn der Querschnitt gleichmäßig abnehmen soll, durch eine Evolvente gegeben.

Fast immer ist die Stutzenweite a der Ausgangspunkt für die Formgebung. Nachdem der Stutzenquerschnitt $f = a \cdot b$ aus $\dfrac{Q}{c_S}$ festgelegt ist, wird die Stutzenbreite und Stutzenweite ermittelt. Das Quadrat bietet bei gleichem Flächeninhalt gegenüber sonstigen Rechtecksformen den kleinsten benetzten Umfang. Das rechteckige Spiralgehäuse wird deshalb zweckmäßig mit einem hochkantigen Querschnitt beginnen, $a > b$, stetig über den quadratischen Querschnitt heruntergehen und mit kleinem flachem Querschnitt endigen. Wir nehmen ungefähr

$$b = (0{,}75 \div 0{,}6)\,a.$$

Hierdurch ergibt sich a aus $a \cdot (0{,}75 \div 0{,}6)\,a = \dfrac{Q}{c_S}$ zu

$$a = 1{,}15 \div 1{,}3\,\sqrt{\dfrac{Q}{c_S}} \quad . \quad . \quad . \quad . \quad . \quad . \quad \textbf{771.}$$

Da die Gehäuseweite von der Stutzenweite a anfangend sich stetig vermindern soll, der stetigen Querschnittsabnahme wegen, so muß die äußere Begrenzungslinie vom äußeren Ende der Stutzenweite, A, Fig. 398, anfangend sich rund um das Leitrad herum ziehen bis zum inneren Ende, A bis J. Eine ganz stetige Abnahme der Gehäuseweite von a aus erhalten wir durch eine Evolvente vom Grundkreisumfang

$$e\,\pi = a$$

so daß der Grundkreisdurchmesser

$$e = \frac{a}{\pi} \quad . \quad . \quad . \quad . \quad . \quad . \quad . \quad . \quad \textbf{772.}$$

beträgt. Für das Aufzeichnen ist dann die Stutzenweite a auf der betreffenden Erzeugenden anzutragen, genau genommen von dem Schnitt·punkt dieser Erzeugenden mit dem angenommenen Außenumfang des Leitrades, Durchmesser D_L.

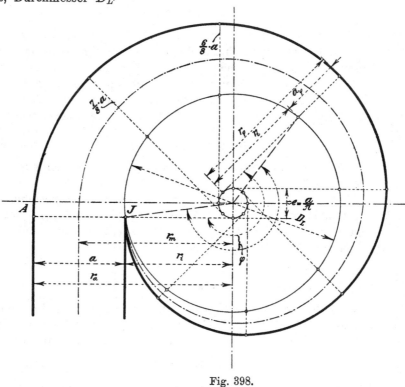

Fig. 398.

Dabei kann die Strecke r_i, Fig. 398, aus

$$\left(\frac{D_L}{2}\right)^2 = \left(\frac{e}{2}\right)^2 + r_i^2$$

zu

$$r_i = \frac{1}{2}\sqrt{D_L{}^2 - e^2} \quad . \quad . \quad . \quad . \quad . \quad . \quad \textbf{773.}$$

gerechnet werden. Stets aber wird r_i zweckmäßig auf eine glatte Zahl abgerundet, weil a auch glatt angenommen wird und einfache Dispositionsmaße erwünscht sind. D_L ist ohnedem kein ganz scharf bestimmbares Maß.

Für die Längen der einzelnen Erzeugenden außerhalb des Leitrades ist maßgebend, daß die Weite a auf eine Umdrehung aufgebraucht wird, mithin stellen sich jene nach je $^1/_8$ Umdrehung $= 45^0$ auf $^7/_8\,a$, $^6/_8\,a$ usw.

Der Winkel δ_S, unter dem mit einiger Wahrscheinlichkeit die Wasserfäden des Spiralgehäuses der Evolvente gemäß gegen den Umkreis treffen, in dem die Schaufelspitzen liegen, Durchmesser D_S (vergl. oben S. 531) rechnet sich hier im Anschluß an Früheres aus

$$\sin \delta_S = \frac{e}{D_S} = \frac{a}{D_S \cdot \pi} \quad . \quad . \quad . \quad . \quad . \quad . \quad \mathbf{774.}$$

und es ist der guten Wasserführung wegen sehr erwünscht, wenn die Spitzen der Leitschaufelanfänge auch ungefähr diese Richtung besitzen. Dies ist die eine Anforderung, die an die Gestalt der Leitschaufelanfänge zu stellen

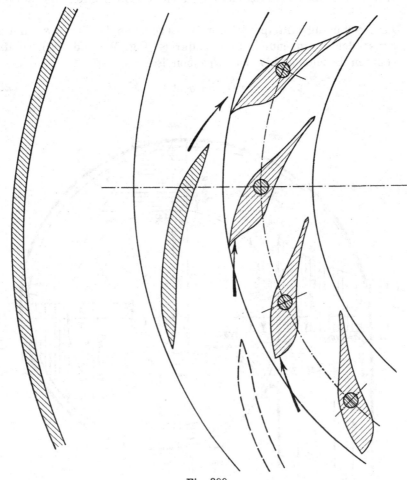

Fig. 399.

ist, die zweite, aber nicht minder wichtige, die besonders bei Hochgefällen nicht ungestraft außer acht gelassen wird, ist, daß die Leitschaufelkörper über die ganze Breite b_0 in gleichem Querschnitt ausgeführt werden müssen, vergl. S. 373 u. a., damit die dort schon erwähnten Beschädigungen und außerdem eine unter Umständen gar nicht unbeträchtliche Gefälleeinbuße im Gefolge der Wirbelungen vermieden werden.

Aus diesen Erwägungen heraus entstehen dann Leitschaufelformen mit schlanken Spitzen, wie sie in Fig. 399 oben angegeben sind. Wie wenig die sonst üblichen keulenförmigen Schaufeln in ein Spiralgehäuse passen, ist aus den unten eingezeichneten Schaufeln dieser Art in Fig. 399 zu ersehen.

Die seither gemachte Annahme, die für die Gehäuseform bestimmend ist, nämlich daß c_S über die jeweilige ganze Gehäuseweite a, $^7/_8\,a$ usw. gleich groß sei, ist in Wirklichkeit aber nicht zutreffend, weil das Wasser im Spiralgehäuse in gekrümmter Bahn geführt wird und weil sich deshalb die Erscheinungen des kreisenden Wassers einstellen müssen (S. 77 u. f.). Inwieweit in Wirklichkeit die nachstehenden Betrachtungen zutreffen, das ist noch durch Versuche nachzuweisen, die aber sehr schwieriger Natur werden, so wie es sich um genaue Ergebnisse handeln soll. Immerhin werden wir durch das Nachstehende zu einer erklärenden Anschauung gelangen.

Der Krümmungsmittelpunkt der Wasserbahnen ist der jeweilige Berührungspunkt der Erzeugenden am Grundkreis (Fig. 398 und 400), so daß mit den früheren Bezeichnungen zu schreiben ist

$$v \cdot r = \text{Konst.} \quad \dots \dots \dots \quad (237.)$$

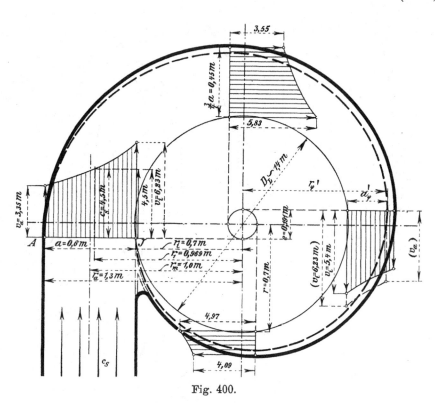

Fig. 400.

Wir werden also durchweg gegen die Leitschaufelspitzen herein Geschwindigkeiten v haben größer als c_S und gegen den äußeren Umfang des Gehäuses kleinere Geschwindigkeiten, bis ganz außen v_a im Verein mit höherem Druck h_a eintritt. Infolge davon zeigen auch in Wirklichkeit die Standröhren und Manometer ganz verschiedene Druckhöhen im Spiralgehäuse selbst an, je nach ihrer Anschlußstelle, und diese Differenzen wachsen natürlich mit wachsender Füllung der Turbine.

Betrachten wir zuerst die Verhältnisse an der Eintrittsstelle des Stutzens genauer, wie sie in Fig. 400 gezeichnet sind. Setzen wir auch hier $a = \mu\,r_i$ (S. 81), so gilt für den neutralen Radius

$$r_1 = \frac{a}{ln\,(1+\mu)} = \frac{a}{ln\left(\frac{r_a}{r_i}\right)} \quad \cdots \cdots \quad \textbf{(239.)}$$

weil $r_a = r_i + a = r_i\,(1+\mu)$. In r_1 findet sich die Stutzengeschwindigkeit c_S.

Ein Zahlenbeispiel wird die Betrachtungen deutlicher machen.

Gegeben sei $H = 20$ m. $Q = 1{,}2$ cbm/sek.

Wir nehmen $c_S = \sim \sqrt{2\,g \cdot 0{,}05 \cdot 20} = \sim 4{,}5$ m/sek.

Nach Gl. 771 ergibt sich

$$a = 1{,}15\,\sqrt{\frac{1{,}2}{4{,}5}} = 0{,}594\ \text{m}$$

was wir auf 0,6 m abrunden. Hieraus folgt

$$b = \frac{1{,}2}{4{,}5 \cdot 0{,}6} = 0{,}444,\ \text{rund }0{,}45\ \text{m.}$$

Aus $a = 0{,}6$ findet sich der Grundkreisdurchmesser für das Spiralgehäuse

$$e = \frac{600}{\pi} = 191\ \text{mm} \quad \cdots \cdots \quad \textbf{(772.)}$$

und unter der Annahme, daß $D_L = 1{,}4$ m sei, ergibt sich

$$r_i = \frac{1}{2}\sqrt{1{,}4^2 - 0{,}191^2} = 0{,}693\ \text{m} \quad \cdots \cdots \quad \textbf{(773.)}$$

Wir runden r_i auf 0,7 m auf und finden weiter für die Annahme von $D_S = 1{,}1$ m

$$\sin \delta_S = \frac{0{,}6}{1{,}1\,\pi} = 0{,}1736 \quad \cdots \cdots \quad \textbf{(774.)}$$

woraus $\delta_S = \sim 10^0$, also ist der schlanke Anschluß der Leitschaufelspitzen nach Fig. 399 oben sehr angezeigt.

Wir erhalten weiter aus $a = \mu\,r_i$, hier den Wert $\mu = 0{,}857$, ferner $r_a = r_i + a = 0{,}7 + 0{,}6 = 1{,}3$ m und dadurch

$$r_1 = \frac{0{,}6}{ln\left(\dfrac{1{,}3}{0{,}7}\right)} = 0{,}969\ \text{m} \quad \cdots \cdots \quad \textbf{(239.)}$$

während $r_m = 0{,}7 + \dfrac{0{,}6}{2} = 1{,}0$ m gegeben ist.

Für die Größen der v gilt nunmehr, wenn c_S trotz der kleinen Aufrundungen bei a und b beibehalten wird

$$v \cdot r = c_S \cdot r_1 = \text{Konst.}$$

oder $\qquad v = \dfrac{c_S \cdot r_1}{r} = \dfrac{4{,}5 \cdot 0{,}969}{r} = \dfrac{4{,}3605}{r}$

und wir erhalten an der Eintrittsstelle $A\,J$ die Werte

für $r_i = 0{,}7$ m: $v_i = 6{,}23$ m/sek
$r = 0{,}8$ „ $v = 5{,}45$ „
$r = 0{,}9$ „ $v = 4{,}85$ „
$r_1 = 0{,}969$ „ $c_S = 4{,}50$ „
$r_m = 1{,}0$ „ $v = 4{,}36$ „
$r = 1{,}1$ „ $v = 3{,}96$ „
$r = 1{,}2$ „ $v = 3{,}63$ „
$r_a = 1{,}3$ „ $v_a = 3{,}35$ „

die sich in Fig. 400 eingetragen finden.

Ob durch diese doch recht verschiedenen Größen von v nicht allenfalls eine Störung der normalen Kontinuität herbeigeführt werden würde, ist nach den Betrachtungen der S. 86 u. f. zu beurteilen. Die dort vorkommenden Druckhöhen h_0 und h_2 unterscheiden sich beim Spiralgehäuse nur um den Betrag der Reibungs- und Widerstandshöhen des gekrümmten Gehäuses selbst. Dabei ist klar, daß für $\mu = 0,857$ eine Störung noch nicht entfernt in Aussicht steht und für die engeren Gehäusequerschnitte ist μ noch kleiner.

Die ganz schlanken Leitschaufelformen, wie sie in Fig. 212, S. 350 und 245b, S. 395 dargestellt sind, können nur unter ganz besonderen Umständen als geeignet angesehen werden, denn bei diesen muß die Geschwindigkeit w_0 schon an der Leitschaufelspitze, Durchmesser D_S, vorhanden sein, weil der Anfangsquerschnitt der Leitzelle schon gleich f_0 ist. Dieser Umstand verlangt also ganz besondere, eigens zu bestimmende Querschnittsgrößen für das Gehäuse.

An der um 90^0 weiter im Umkreis herum gelegenen Stelle des Spiralgehäuses handelt es sich um den Durchfluß von $^3/_4$ der ganzen Wassermenge. Da der betr. Querschnitt $^3/_4$ des anfänglichen beträgt, so wird die durchschnittliche Geschwindigkeit von 4,5 m auch hier eingehalten sein, natürlich aber müssen sich die Geschwindigkeiten innerhalb des Querschnittes auch wieder nach der Beziehung $v \cdot r = \text{Konst.}$ einstellen.

Um diese Verhältnisse allgemein zu berechnen, bezeichnen wir mit φ den Winkel der von der Evolventenerzeugenden noch zu durchstreichen ist, bis sie die Anfangsstellung aufs neue erreicht (vergl. Fig. 398). Dies würde für die obengenannte Stelle einem Werte von $\varphi = 360^0 - 90^0 = 270^0$ entsprechen.

Allgemein ist an der um φ vom Ende entfernten Stelle die Gehäuseweite

$$a_\varphi = a \cdot \frac{\varphi}{360^0}$$

und die durchfließende Wassermenge

$$q_\varphi = Q \cdot \frac{\varphi}{360^0},$$

ferner ist der Außenradius an jener Stelle

$$r_\varphi = r_i + a_\varphi = r_i + a \cdot \frac{\varphi}{360^0} \quad \ldots \quad \textbf{775.}$$

Der zugehörige neutrale Radius $r_{1,\varphi}$ stellt sich, dann natürlich von kleinerem Betrage, auf

$$r_{1,\varphi} = \frac{a \cdot \dfrac{\varphi}{360^0}}{ln\left(1 + \dfrac{a}{r_i} \cdot \dfrac{\varphi}{360^0}\right)} \quad \ldots \quad \textbf{776.}$$

wonach mit dem bekannten Werte von c_S die Verteilung der Geschwindigkeiten in dem betr. Querschnitt nach $v \cdot r = c_S \cdot r_{1,\varphi}$ gerechnet werden kann.

Diese Rechnung zeigt nun, daß die v_i mit abnehmendem Winkel φ auch abnehmen, daß v_i beispielsweise für je um 90^0 kleinere Winkel von 6,23 über 5,83 und 5,4 fällt bis auf 4,97 m/sek für $\varphi = 90^0$, Fig. 400. Je kleiner φ wird, um so kleiner wird natürlich auch der neutrale Radius $r_{1,\varphi}$. Aus diesem Grunde wird für $\varphi = 0$, also dann, wenn der Punkt J von den letzten das Gehäuse durchlaufenden Wasserteilchen erreicht ist, $r_{1,\varphi} = r_i$, also auch $v_i = c_S = 4,5$ m/sek geworden sein.

Daß die Evolventenform keinen gleichbleibenden Wert von v_i bringen kann, ergibt sich ja schon aus einer einfachen Betrachtung: Die Weite a nimmt bei Anwendung der Evolvente stetig mit φ ab, und da die zwischen v_i und v_a eingeschlossene Fläche eine Darstellung der Wassermenge bildet, so würde bei gleichbleibendem v_i die Wassermenge mit gleichmäßig abnehmendem a_φ nicht auch gleichmäßig abnehmen können, weil die äußeren, nach und nach wegfallenden Strecken von a_φ die kleineren Geschwindigkeiten aufweisen. Die Fläche der v kann nur dann proportional φ abnehmen, wenn v_i entsprechend mit abnimmt.

Andererseits werden die v_a mit abnehmendem Winkel φ wachsen, d. h. die an der Außenwand des Gehäuses hinströmenden Wasserteilchen nehmen auf ihrem Wege, von v_a im Eintritt A ausgehend (Fig. 400), nach und nach immer größere Geschwindigkeiten an und erreichen nach einem vollen Umlauf in J als unmittelbare Nachbarn der neu eintretenden Wasserteilchen die Geschwindigkeit $v_a = c_S = v_i$, weil für diese Teilchen $r_a = r_1 = r_i$ geworden ist.

Für unser Beispiel kommt also ein Anwachsen von $v_a = 3,35$ auf $v_a = 4,5$ m/sek $= c_S = v_i$ an dieser Stelle in Betracht.

Im Punkte J werden demgemäß Wasserteilchen mit den ideellen Geschwindigkeiten von 4,5 und 6,23 m/sek unmittelbar nebeneinander in strömender Bewegung sein. (Fig. 400). An dieser Stelle werden Unregelmäßigkeiten zu erwarten sein, die besonders darin bestehen, daß Wasser aus dem Ende der Spirale in den Stutzenanfang herübertritt, weil dort die größere Geschwindigkeit, also die kleinere Druckhöhe herrscht. Infolge dessen werden die letzten Leitzellen gegen $\varphi = 0$ hin schlecht gespeist werden.

Wollten wir auf den ganzen Umfang des Leitrades durchweg gleiche Größe der v_i erzielen, so wäre dies durch eine nicht gleichmäßige Abnahme der a_φ nach einem anderen einfach zu bestimmenden Gesetze zu erreichen. Bezeichnen wir diese neuen Werte der Gehäuseweite mit $a_\varphi' = \mu r_i$ (Fig. 400), die Außenradien mit r_φ', so muß die unverändert gleichmäßig abnehmende Wassermenge $q_\varphi = Q \cdot \dfrac{\varphi}{360^0}$ sich auch ergeben gemäß Gl. 240b, S. 83 aus

$$q_\varphi = b\,r_i\,v_i\,ln\left(\frac{r_\varphi'}{r_i}\right) = Q \cdot \frac{\varphi}{360^0}$$

denn r_φ' bleibt wie vorher auch $= r_i + a_\varphi' = r_i(1 + \mu)$, und wir finden hieraus einfach

$$r_\varphi' = r_i \cdot e^{\left(\frac{Q}{b\,r_i \cdot v_i} \cdot \frac{\varphi}{360^0}\right)} \quad \ldots \ldots \quad \mathbf{777.}$$

Die r_φ', mittelst deren der konstante Wert von v_i eingehalten werden könnte, verändern sich also nach einer logarithmischen Kurve. Die Rechnung zeigt, daß diese Art von logarithmischer Spirale innerhalb der Evolvente verläuft, Fig. 400, punktiert, daß sie sich gegen $\varphi = 180^0$ hin am meisten von der Evolvente entfernt. Für $\varphi = 180^0$ ist auch die Entwicklung der v angedeutet, wie sie sich mit durchweg $v_i = 6,23$ dort einstellen würde.

Wir werden aber die Evolvente trotz der etwas verschiedenen v_i beibehalten, weil die v_i einerseits doch wenig von denjenigen der logarithmischen Kurve abweichen und weil andererseits bei der Evolvente die Reibungsverlust bringenden Geschwindigkeiten v_a an der äußeren Gehäusewand ziemlich kleiner ausfallen als bei der logarithmischen Kurve, schließlich auch noch aus Einfachheitsgründen.

Daß die Verschiedenheit der v_i in Wirklichkeit von geringer Wichtigkeit ist, das soll sofort ermittelt werden. Es handelt sich dabei um die Untersuchung, ob durch die wechselnden Werte von v_i Unzuträglichkeiten beim Eintritt des Wassers in den Bereich der Schaufelspitzen zu erwarten sind, ob dort eine rundum ganz gleich große Wassergeschwindigkeit durch die überall gleiche Lage der Leitschaufelspitzen notwendig wird, damit Stoßverluste vermieden würden. Es wird sich zeigen, daß dies nicht notwendig ist.

Von besonderer Bedeutung ist dabei der Umstand, daß die Gehäusebreite b und die lichte Breite der Leitschaufeln, b_0, verschieden sind. Vergl. Taf. 27, 38, 39, auch Fig. 245 a.

Zwischen beiden Breiten muß ein Übergang durchgeführt werden, der fast immer ein doppeltschräges Profil mit Abrundungen zeigt. Auf diese Art entstehen zwei Kegelmäntel, die zweckmäßig durch die schon mehrfach erwähnten Stützschaufeln verbunden werden (vergl. vorgenannte Tafeln und Figur).

Aus den Spiralgehäusequerschnitten ist nun ersichtlich, daß an der Eintrittsstelle J die Geschwindigkeit v_i (in der Breite b des Gehäuses), Durchmesser D_L, daß eine andere, v_S in der Breite b_0 des Leitapparates im Umkreis der Schaufelspitzen, Durchmesser D_S, vorhanden sein muß.

Was aber Bedenken erregen kann, das ist folgendes: In Fig. 400 stellt, wie schon gesagt, die von v_i und v_a eingeschlossene Hyperbelfläche zwischen A und J die ganze, den Einlaufstutzenquerschnitt passierende Wassermenge Q dar. Wenn sich nun noch näher gegen einwärts, in dem kegelförmigen Übergangsstück zwischen b und b_0 freie Wasserbahnen vorfinden, so sieht die Sache auf den ersten Blick aus, als ob das eintretende Wasser unmittelbar hinter dem Stutzen plötzlich einen größeren Querschnitt gleich der Stutzenweite zuzüglich der Trapezfläche des Übergangsstückes vorfinde derart, daß alsbald nach dem Verlassen des Stutzens die ganze Geschwindigkeitsverteilung sich völlig ändern müsse. Das ist aber nicht zutreffend.

Es war oben gezeigt worden, daß die bei A, Fig. 400, mit v_a eintretenden Teilchen erst nach einem vollen Umlauf den Kreis vom Durchmesser D_L in J treffen werden. Die innerhalb liegenden Wasserteilchen stammen also aus den Partien zwischen A und J, und deshalb ist der Übergangsquerschnitt zwischen D_L und D_S mit strömendem Wasser erfüllt, welches ebenso unter dem Einfluß der kreisenden Bewegung steht wie das eben durch den Stutzen neu hinzukommende. Die Wasserteilchen des Übergangsraumes müssen also auch der Beziehung $v \cdot r =$ Konst. genügen.

Welchen Wert aber die Konstante für den Übergangsraum besitzen wird, das ist sehr schwierig festzustellen, wenn wir bedenken, was vorher schon über die v in J gesagt worden ist. Jedenfalls gestalten sich die Verhältnisse an den Schaufelspitzen um so kritischer, je größer die Geschwindigkeit v_S des zuströmenden Wassers im Durchmesser D_S ist, und je breiter die Zwischenzone zwischen dem Spiralquerschnitt und dem Umkreis der Schaufelspitzen, Durchmesser D_S, gehalten wird.

Wir erhalten ein möglichst ungünstiges Bild für die Entwicklung der Geschwindigkeiten im Durchmesser D_S, wenn wir die sehr freie Annahme machen, daß die Konstante der $v \cdot r$ im Übergangsraume gleich derjenigen sei, die im Gehäuseraum in der betreffenden Erzeugenden vorhanden ist. Unter dieser Annahme wird sich im Durchmesser $D_S = 1,1$ m, aber an der Schaufelspitze in der Flucht AJ, eine Geschwindigkeit

$$v_S = \frac{4,3605}{0,55} = 7,93 \text{ m/sek}$$

vorfinden.

Da die Leitzellen sich von außen her gegen innen auf a_0 verengen, so ist natürlich bei geregeltem Zulauf des Wassers die Geschwindigkeit, mit der dasselbe in den Anfang des Leitzellenraumes eintritt, kleiner als w_0 und, streng genommen, sollte sie nach Größe und Richtung dem eben errechneten ideellen Werte von v_S gleich sein.

Auf keinen Fall sollte diese Eintrittsgeschwindigkeit kleiner sein müssen als v_S, damit nicht eine sehr verlustreiche Rückbildung von v_S in die erforderliche kleinere Eintrittsgeschwindigkeit des Leitschaufelraumes erfolgt.

Nehmen wir, um ein Bild der Sache zu bekommen, an, es sei bei der einzubauenden Turbine $\beta_1 = 90^0$, so würde mit $\varepsilon = 0,8$ sich ergeben

$$u_1 = \sqrt{9,81 \cdot 0,8 \cdot 20} = \sim 12,5 \text{ m/sek} \quad . \quad . \quad . \quad \textbf{(349 a.)}$$

und aus angenommener Größe $\delta_1 = 24^0$ würde folgen

$$w_1 = \frac{u_1}{\cos \delta_1} = \sim 13,7 \text{ m/sek} = \sim w_0 \quad . \quad . \quad . \quad \textbf{(350 a.)}$$

so daß für die Überleitung von v_S nach obigem Werte auf w_0 immerhin noch eine Querschnittsverengung im Verhältnis von etwa $\frac{13,7}{7,93} = \frac{1,73}{1}$ innerhalb der Leitzelle auszuführen wäre.

In den allermeisten Fällen hat v_S gar nicht die Lage gegenüber den Schaufelspitzen derart, daß das Wasser ohne weiteres die gewünschte Einströmungsrichtung in den Leitzellenraum besitzen würde. Der Winkel δ_S fällt fast immer unerwünscht klein aus, er wächst mit zunehmender Stutzenweite a und abnehmendem Durchmesser D_S (Gl. 774), und wir bemühen uns, durch die schlanken Schaufelspitzen, wie in Fig. 399 angegeben, diesem Übelstande nach Möglichkeit abzuhelfen.

Daß unter solchen Umständen der Wechsel in der Größe der v_i keine Rolle spielt, ist begreiflich. Da die v_i gegen hinten zu im Gehäuse der Evolventenform abnehmen, so genügt die Untersuchung beim Punkte J vollständig, denn weiter gegen des Ende hin bessern sich die Verhältnisse, eben weil v_i im Evolventengehäuse kleiner wird.

Aus dem Vorstehenden aber geht zur Genüge hervor, daß wir uns zu bestreben haben, die Übergangszone, welche zu den angeführten Unklarheiten in der Wasserführung Veranlassung gibt, möglichst schmal zu halten. Das kreisförmige Spiralgehäuse vermeidet die Übergangszone fast ganz.

Vielfältig wird die scharfe Spitze, in der die Flucht der Gehäusewand im Punkte J den Einlaufstutzen trifft (Fig. 398) durch eine Abrundung, wie in Fig. 400 angedeutet, ersetzt. Dies geschieht besonders auch aus gießereitechnischen Gründen. Über den Einfluß dieses Abrundens fehlen noch genauere Untersuchungen. Fast scheint es, als ob mit diesem Abrunden, der Wasserführung wegen, nur sehr vorsichtig vorgegangen werden dürfe.

Jedes Spiralgehäuse sollte mit einem nicht zu engen Ablaßhahn (1″ mindestens) an der tiefsten Stelle versehen sein und an der höchsten eine Entlüftungsvorrichtung besitzen, die beim Abstellen der Turbine selbsttätig Luft rückwärts treten läßt, damit sich das Gehäuse auch wirklich entleeren kann (Schnüffelventil). Die Entlüftung braucht nicht selbsttätig zu sein, aber sie ist nötig, damit der Querschnitt der Spirale im oberen Gehäuseteil nicht durch eingeschlossene Luft gedrosselt wird.

2. Das Spiralgehäuse mit rundem Querschnitt.

Das gleichmäßige Abnehmen der Gehäusequerschnitte gibt hier keine Veranlassung zur Aufstellung einer besonderen äußeren Begrenzungskurve für das Gehäuse, denn diese richtet sich nach dem jeweiligen Durchmesser des Spiralquerschnitts.

Der Übergang zur Leitschaufelbreite b_0 vollzieht sich hier zwangloser als vorher, weil von der Kreisform des Spiralquerschnitts einfach so viel als Sehne ausgeschnitten wird, als für die Breite b_0 und eine gute Abrundung des Überganges erforderlich ist. Der Kreisquerschnitt besitzt an sich schon die geeignete Übergangsform, und so fallen hier D_L und D_S nahezu zusammen. Die Stützschaufeln sitzen schon im Kreisquerschnitt und müssen selbstverständlich der Laufrichtung des Wassers tunlichst angepaßt sein. Taf. 28, 29, 32.

Daß die Wasserteilchen im allgemeinen dem Gesetz des kreisenden Wassers auch hier folgen müssen, ist klar. Wir werden zur Orientierung über die Verteilung der Geschwindigkeiten nicht zu weit fehl gehen, wenn wir r_1 als jeweils mit r_m zusammenfallend annehmen. (Vergl. die Tabelle S. 603.)

Der in das Gehäuse eingesetzte Leitapparat muß natürlich beiderseits mit ebenen, kreisförmigen Flanschen an dasselbe anschließen. Hieraus und aus der Form des Übergangs vom größten Spiralquerschnitt auf die Breite b ergibt sich im Einzelfalle eine gewisse achsiale Baulänge zwischen den Leitapparatflanschen, z. B. in Taf. 28 das Maß 300 mm. Bei fortschreitender Abnahme des Spiralquerschnitts würde dieser, wenn durchweg kreisförmig, schließlich kleiner im Außendurchmesser werden, als der Baulänge (300 mm, Taf. 28) entspricht. Hier ist es besser, dann nach und nach von der Kreisform abzugehen und einen mehr elliptischen Querschnitt anzuordnen, wie dies Taf. 28 unten erkennen läßt, damit der Übergang zu der Flansche des Leitradanschlusses noch sachgemäß ausfällt.

Für die Leitschaufelanschlüsse gelten die beim rechteckigen Gehäuse gemachten Bemerkungen.

3. Konstruktive Einzelheiten der Gehäuse.

Wir haben es, wie schon angedeutet, zu tun mit Gehäusen

> rechteckig aus Gußeisen,
> rund   „   „   oder Stahlguß,
> rechteckig   „   Blech.

I. Gußeiserne Spiralgehäuse.

Diese Gußgehäuse werden teils mit der Ziehschablone, teils nach Modellen geformt. Da wo der Oberkasten auf dem Unterteil der Form aufsitzt, wird zweckmäßig eine Rippe von etwa quadratischem Querschnitt (Flachmeiselbreite) auf die äußere Gehäusewand gesetzt, um etwaige kleine Verschiebungen des Oberkastens zu verdecken (Taf. 28, auch Fig. 401), also nicht aus Festigkeitsrücksichten. Bei dem mit Ziehschablone hergestellten Gehäuse vom rechteckigen Querschnitt werden daraus zwei Rippen je an dem Beginn der Abrundung (Fig. 401).

Für die Festigkeit der Gehäuse von beliebigem Querschnitt gegen inneren Druck ist zu beachten, daß die Seitenflächen nur am Außenumfang der Spirale, dann durch die Leitschaufelbolzen und eventuell durch die Stützschaufeln gegenseitig gehalten sind.

Die Seitenwände des rechteckigen Gehäuses unterliegen Biegungsbeanspruchungen durch den Innendruck, die rechnungsmäßig festgestellt werden können. Unter der besonders zu prüfenden Voraussetzung, daß die Leitschaufelbolzen oder die Stützschaufeln den Zusammenhang beider Gehäuseseitenwände sicher gewährleisten, ist die Rechnung für einen schmalen Sektor am weitesten Teile des Gehäuses (Stutzenanschluß) aufzustellen (Fig. 401). Die trapezförmige Fläche ist gleichmäßig belastet und kann in beiden Auflagestellen als eingespannt angesehen werden. Diese Auflagestellen sind: gegen außen der Beginn der Abrundung, gegen innen die Kante der Flanschverbindung, also freiliegend ist die Strecke l.

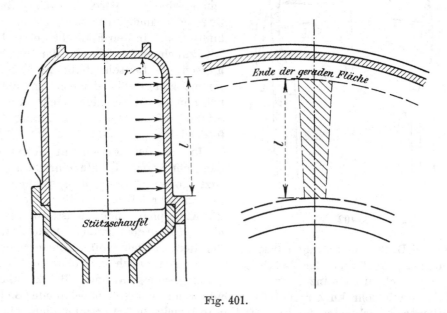

Fig. 401.

Ergeben sich zu hohe k_b, so kann durch Vergrößerung der Wandstärke nachgeholfen werden, die im allgemeinen 15—20 mm beträgt. Die Vergrößerung des Abrundungsradius r ist aber ein geeigneteres Mittel.

Von außen auf die Seitenwände des rechteckigen Spiralgehäuses aufgesetzte Rippen (Fig. 401 punktiert) sind als Versteifung wertlos, weil die gespannte Faser ganz außen in der relativ immer schwachen Rippe liegt.

Bis gegen 20 m Gefälle hin sind gußeiserne rechteckige Spiralgehäuse von mäßigen Abmessungen verwendbar, darüber hinaus kann noch durch entsprechendes Wölben der Seitenflächen nachgeholfen werden (Fig. 402), schließlich ist es aber besser, zum kreisförmigen Querschnitt überzugehen.

Außer der eben berührten Festigkeit der Seitenwände handelt es sich aber in hervorragendem Maße um die Widerstandsfähigkeit des ganzen Gehäuses gegen den Innendruck. Das Gehäuse hat zwar röhrenförmigen Querschnitt, aber diese Rohrwandung ist gegen den Leitapparat zu nach einwärts durchbrochen, und dadurch sind ganz andere Verhältnisse geschaffen, als sie für die Berechnung von rundum geschlossenen Röhren bestehen.

Die Festigkeit der Spiralgehäuse ist eine Lebensfrage der betr. Anlage, denn das etwaige Platzen eines solchen Gehäuses ist geeignet, Menschenleben in Gefahr zu bringen und die ganze Anlage der Vernichtung durch das unter Gefälledruck ausströmende Wasser auszuliefern.

Für Hochgefälle sollte deshalb jedes Spiralgehäuse in der Maschinenfabrik mit dem etwa Anderthalbfachen des Betriebsdruckes geprüft werden, und die Berechnung der Festigkeit muß auf breitester Basis vorgenommen sein.

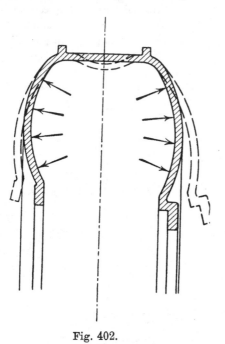

Fig. 402.

Das Spiralgehäuse hat nur bei kleineren Gefällen und kleineren Abmessungen in sich allein die nötige Widerstandsfähigkeit gegen den inneren Druck, der bestrebt ist, die Wandungen auseinander zu biegen, wie in Fig. 402 punktiert übertrieben angedeutet. Das Auseinanderbiegen wird teilweise durch Zug- oder auch Druckspannungen verhindert, die in den Flanschen entstehen. Mit zunehmender Größe der Gehäuse müssen die Leitschaufelbolzen den Zusammenhalt gewährleisten helfen, schließlich genügen diese nicht mehr, und die Stützschaufeln werden unbedingt erforderlich.

In all den Fällen, in denen das Saugrohr keine Abschlußeinrichtung besitzt („offenes" Saugrohr), solange also im Saugrohr selbst kein Überdruck über die Atmosphäre möglich ist, solange ist als größtvorkommender hydrostatischer Druck im Spiralgehäuse nur der dem ganzen Gefälle entsprechende möglich, abzüglich der Saughöhe. Dieser kann auch nur eintreten, wenn die Leitschaufeln ganz oder nahezu ganz geschlossen sind. Bei Regulatorbetrieb mit sehr kurzer Schlußzeit sind, wenn kein Nebenauslaß oder Sicherheitsventil vorhanden ist, hydraulische Drucksteigerungen möglich, wie sie vorher S. 569 u. f. erörtert wurden. Ein vorsichtiger Konstrukteur wird mit der Möglichkeit rechnen, daß die vorgenannten Sicherheitsapparate auch einmal versagen könnten und seine Berechnungen danach zu prüfen haben.

Bei „offenem" Saugrohr kommt demnach der Gefälledruck abzüglich der Saughöhe als

$$h_e = H - h_a$$

nach früherer Bezeichnung in Betracht, wobei h_e und h_a einfach bis Wellmitte gezählt sind. Als gepreßte Fläche ist für die achsialen Drucke annähernd die ganze achsiale Projektion des Gehäuses abzüglich $d_1{}^2 \frac{\pi}{4}$ in Rechnung zu stellen. Fig. 403.

Vorläufig seien noch keine Stützschaufeln vorhanden. Unsere Rechnung hat dann wie folgt vorzugehen: Aus den Schraubenabmessungen der Leitschaufelbolzen folgt, welche Kraft P in kg von jedem Schaufelbolzen auf Zug aufgenommen werden kann. Sofern keine Versteifungen durch Stützschaufeln bestehen, sind, wie gesagt, die Leitschaufelbolzen der einzige Zusammenhalt für das Spiralgehäuse, abgesehen von dessen Außenwand bei A, Fig. 403, und wir sind nicht berechtigt, die Seitenwände als derart steif anzusehen, daß nur der Gehäuseumfang A auf Zug zu berechnen wäre.

Greifen wir nun an irgend einer Stelle einen Sektor der Gehäuseprojektion, Fig. 403, heraus, welcher einer Leitschaufelteilung entspricht (derjenige zunächst beim Einlaufstutzen ist der gefährdetste), so finden wir bei z_0 Leitschaufelbolzen dessen Zentriwinkel zu $\frac{360^0}{z_0}$ und können uns danach die Druckfläche des Sektors an Hand der aufgezeichneten Gehäuseform bestimmen, Fig. 403 schraffiert, auch deren Schwerpunkt und den auf den Sektor entfallenden Gesamtdruck. Hieraus folgen die Größen der erforderlichen Gegenkräfte an den Auflagestellen des Sektors, nämlich in der Gehäusewand bei A und im Schaufelbolzen.

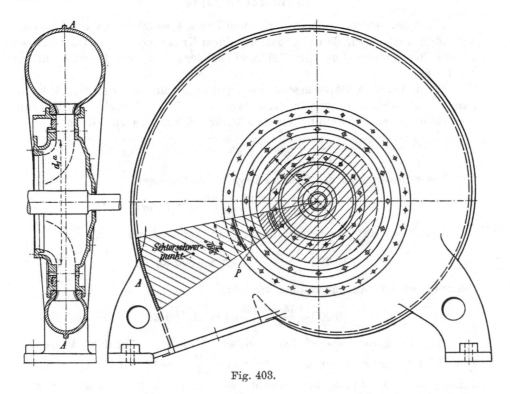

Fig. 403.

Der Gehäusequerschnitt bei A wird fast immer ohne weiteres imstande sein, die nötige Gegenkraft auf Zug zu leisten, wenn nicht, so ist die Wandstärke entsprechend zu vergrößern. Fast stets aber wird der oben ermittelte zulässige Schraubenzug P am Schaufelbolzenende außerstande sein, den auf ihn treffenden Teil der Drucklast des Sektors zu tragen. Hier müssen dann eben die Stützschaufeln dem zu kleinen Querschnitt der Schaufelbolzengewinde aufhelfen, wenn nicht in dem Umfang A ganz eminente Biegungsbeanspruchungen auftreten sollen.

Daß die Stützschaufeln mit ganz besonderer Sorgfalt der vermutlichen Richtung des Wasserlaufs gemäß und mit scharfen Kanten vorn und hinten anzuordnen sind, ist sicher. Die Rücksicht auf möglichst geringe Behinderung des Wasserlaufs durch die Stützschaufeln legt auch nahe, die Zahl derselben soweit zu beschränken, als es in Ansehung der sicheren gegenseitigen Stützung der Gehäuseseitenwände tunlich erscheint, 4 bis 6 bis 8 Stück.

39*

Die Flanschverbindungen zwischen Gehäuse und Leitraddeckel, besonders die Hochkantflächen der Ringdeckel usw., bilden meist ganz geeignete Versteifungen hierfür. Die Stützschaufeln müssen mit großen Hohlkehlen an die Seitenwände anschließen, damit sie bei der Zugübertragung nicht einreißen. Liegt die Notwendigkeit vor, dieselben sehr kräftig zu machen, so empfiehlt es sich, sie mit durchgehenden Kernen zu gießen, damit die Unterschiede in den Wandstärken zwischen Stützschaufel und Gehäuse verschwinden. Die Stützschaufeln sollen nicht mitten vor einem Leitschaufeleintritt, sondern mitten vor der ganz geöffneten Leitschaufel selbst zu sitzen kommen, damit sie möglichst wenig Wirbel verursachen (Fig. 399).

Rechnungsbeispiel.

Ein Spiralgehäuse steht unter einem Druck $h_e = 50^{\mathrm{m}}$. Es sind 20 Leitschaufeln vorhanden, deren Bolzen in einem Kreise von 1,1 m Durchmesser sitzen; der Außenradius des Gehäuses in der Nähe des Eintrittsstutzens sei 1,6 m.

Wenn wir den Durchmesser, bis zu dem herein sich der Druck h_e bei ganz geschlossenen Schaufeln erstreckt, zu 1,05 m schätzen, so trifft auf den einer Leitschaufelteilung entsprechenden Sektor ein Druck von

$$\frac{1}{20} \cdot \left(3,2^2 \cdot \frac{\pi}{4} - 1,05^2 \cdot \frac{\pi}{4}\right) \cdot 50 \cdot 1000 = \sim 18\,000 \text{ kg.}$$

Der Schwerpunkt des Sektors liegt im Halbmesser

$$38,2 \cdot \frac{1,6^3 - 0,525^3}{1,6^2 - 0,525^2} \cdot \frac{\sin 9^0}{9^0} = 1,15 \text{ m.}$$

Also käme auf den Schaufelbolzen ein Auflagedruck von

$$18\,000 \cdot \frac{1,6 - 1,15}{1,6 - 0,525} = \sim 7600 \text{ kg,}$$

während auf die Außenwandung treffen:

$$18\,000 \cdot \frac{1,15 - 0,525}{1,6 - 0,525} = \sim 10\,500 \text{ kg.}$$

Für Ausführung der Schaufelbolzen in bestem Flußstahl käme mit $k_z = 800$ kg/qcm ein Kernquerschnitt von $\frac{7600}{800} = \sim 10$ qcm oder ein Kerndurchmesser von 36 mm in Betracht, welcher einen für die gute Gestalt der Leitschaufelkörper viel zu großen Bolzendurchmesser verlangen würde. Haben die Schaufelbolzen Gewinde von 1″ oder von 21 mm Kerndurchmesser, so können sie nur höchstens etwa 2750 kg auf Zug aufnehmen, der Unterschied von $7600 - 2750 = 4850$ kg pro Schaufelbolzen in der Nähe des Einlaufstutzens muß dann von Stützschaufeln aufgenommen werden.

Außen trifft wegen $\frac{320 \cdot \pi}{20} = 50$ cm Länge des Sektors und bei 20 mm Gehäusewandstärke die Zugbeanspruchung von $\frac{10\,500}{50 \cdot 2} = 105$ kg/qcm auf die Flächeneinheit, was für Gußeisen noch keinerlei Bedenken hat.

Mit dem abnehmenden Spiralquerschnitt nehmen natürlich auch die Bolzenbeanspruchungen und die der Gehäusewand ab.

Bei Turbinen, die kein „offenes" Saugrohr haben, oder z. B. bei der ersten Turbine einer Verbundreihe muß natürlich die ganze Projektionsfläche bis zur Welle hin als dem Druck h_e ausgesetzt angesehen werden, denn wenn zufällig das Saugrohr, bezw. der Leitapparat der zweiten Turbine ganz geschlossen wird, so stehen auch die Leitraddeckel der ersten Turbine unter der Druckhöhe h_e.

Auf die Gegenwirkung von Saugdruck im Deckelraum der Turbine und auf der Krümmer-Seite kann nicht sicher gerechnet werden.

Wir werden gegossene Gehäuse bis zu solchen Größen verwenden, daß deren Herstellung von der Gießerei noch geleistet werden kann, also Gehäuse bis zu etwa schließlich $3\frac{1}{2}$—4 m Durchmesser. In den größeren Abmessungen zweiteilig, des Transportes oder der Anfertigung halber Taf. 33—37. Das Spalten des Gehäuses durch die Wellmitte, Taf. 33—35, bringt den Vorteil, daß die obere Gehäusehälfte leicht abgenommen werden kann zum Montieren, Nachsehen des Laufrades, Auswechseln usw.

Natürlich werden nicht alle Flanschen der Einsätze ins Spiralgehäuse, der Deckel usw. ausgeführt, als handle es sich um Rohrverbindungen von solch großem Durchmesser und für hohe Drucke. Nur die Ringdeckel der Leiträder haben Hochdruck auszuhalten, dagegen stehen die Laufraddeckel bei offenen gefüllten Saugrohren überhaupt unter Minderdruck. Es handelt sich für diese um Flanschstärken von 15 bis 20 bis allerhöchstens 30 mm (Hochgefälle) und Schrauben im allgemeinen bis 1″ engl. hinauf. Schraubenteilungen 120 bis 150 bis 200 mm. Losdrückschrauben. Nicht dringend genug ist die gegenseitige zentrische Führung der verschiedenen gedrehten Teile in zweckmäßigen Versatzungen zu empfehlen, aller der Teile, die zur Turbinenwelle in genaue Lage kommen müssen, vergl. hierüber Taf. 27, 28 usw.

Da es sich für diese Teile auch um ganz genaue gegenseitige Lagen in achsialer Erstreckung handelt, so können zwischen den Flanschen keine Dichtungsplatten irgendwelchen Materials verwendet werden, die Dichtflächen werden etwas rauh gelassen, mit eingedrehten Riefen versehen und einfach mit heißem Talg oder Mennige bestrichen. Das Zuviel an Dichtmaterial preßt sich seitwärts aus.

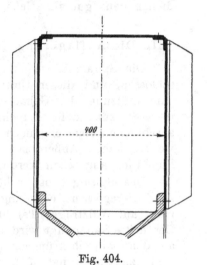

Fig. 404.

II. Spiralgehäuse aus Blech.

Es gibt Verhältnisse, in denen die Gehäuse so umfangreich werden, daß deren Herstellung aus Blech weniger Mühe macht als durch Gießen. Die Entscheidung hierüber hängt neben anderem auch von der Leistungsfähigkeit der betr. Werkstätten ab.

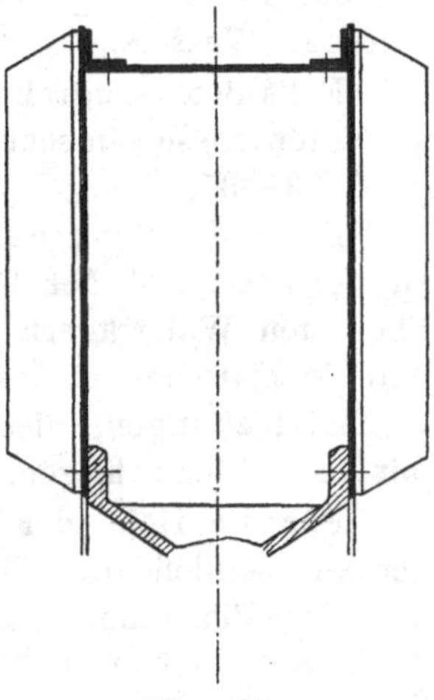

Für die Blechgehäuse ist ein Übergangsstück mit Stützschaufeln allemal am Platze. Wenn beim rechteckigen Gußgehäuse die beiden Außenflanschen dieses Stückes des

Fig. 405.

Einfahrens wegen von verschiedenem Durchmesser gemacht wurden (Fig. 401 und 402), so kommt dies bei Blechgehäusen natürlich in Wegfall.

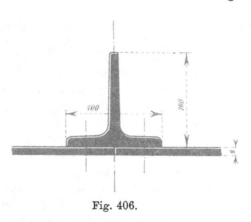

Fig. 406.

Ist das Gehäuse so weit, daß die Nieten von innen eingesteckt werden können, etwa 400 mm, so ist die Konstruktion nach Fig. 404, auch Taf. 39, natürlich die beste. Für kleinere lichte Breiten ist dann nach Fig. 405, auch Fig. 408, zu verfahren.

In beiden Fällen müssen die Seitenwände nach Bedürfnis durch T-Eisen versteift werden. Das Innere der Blechgehäuse sollte von Unebenheiten frei sein der hohen Geschwindigkeiten wegen, also versenkte Nieten, stumpfe Stöße für die Bleche mit äußerer Lasche; die T-Eisen dienen ganz gut als solche, Fig. 406.

III. Die Auflagerung der Gehäuse, Wasser-Zu- und Ableitung.

Die Spiralgehäuse sind an die Zuleitung natürlich wasserdicht angeschlossen, und dieser Umstand könnte bis zu einem gewissen Grade als eine Stützung des Gehäuses betrachtet werden. Es empfiehlt sich aber, diese Stützung außer Berechnung zu lassen, schon weil der definitive Rohranschluß meistens erst nach beendigter Montierung der Turbinen ausgeführt werden kann. Außerdem können die Zuleitungsrohre nicht als zuverlässige Fundation angesehen werden.

Das Spiralgehäuse ruht im allgemeinen auf drei Stützpunkten auf. Zwei angegossene oder angenietete Füße am Gehäuse selbst stützen sich meist auf Walzträger, Taf. 28, 29, 30, oder teilweise auf Mauerwerk, Taf. 32. Der dritte Stützpunkt wird fast immer durch die Konsole gebildet, die sich an den Saugrohrkrümmer anschließt und das Hauptlager der Turbinenwelle zu tragen hat, Taf. 27, 28, 32, auch Taf. 15. Nicht zu vergessen bei der Berechnung der Stützkräfte ist das Gewicht des im Saugrohr enthaltenen Wassers.

Falls Betonsaugrohre zur Anwendung kommen, was ziemlich selten ist, so bilden diese ein sehr erwünschtes allgemeines Fundament für die Turbine. (Taf. 33—35.)

Bei Aufstellung auf Walzträgern ist von vornherein darauf Rücksicht zu nehmen, daß der Fußboden in netter Weise ausgeführt werden kann, über den Walzträgern sind etwa 50 mm zur Verfügung für Zementlage und Tonplättchen zu lassen, ferner die erforderlichen Anschlüsse für Riffelblechabdeckungen, diese unter Umständen gleich beim Guß des Gehäuses mit zu berücksichtigen.

Für die Höhe der Welle über dem Fußboden ist fast immer diejenige der anzuschließenden Dynamomaschine maßgebend, doch darf die Wellenhöhe der Turbine über dem Fußboden nicht so klein werden, daß das Abnehmen der Gehäusedeckel dadurch behindert würde. Aus diesem Grunde kommen hier und da Absätze im Fußboden oder versenkte Stellen

vor der Turbine vor, die aber, wenn irgend tunlich, vermieden werden
sollten. Schwitzwasserableitung nicht zu übersehen.

Die Wasserzuleitung geschieht stets am zweckmäßigsten von unten her,
weil das Rohr den Maschinenraum beengen und verunzieren würde, es
sollten auch womöglich alle unter Hochdruck stehenden Dichtungen unterhalb des Maschinenhausbodens bleiben (Taf. 30, 32).

Wenn nur eine Spiralturbine von der Rohrleitung gespeist wird, so ist
man mit der Wahl der Entfernung zwischen Gehäusemitte und Hauptlager
(z. B. in Taf. 32 das Maß 1500) ziemlich frei und kann den Saugrohrkrümmer
kurz halten, damit die Lagerentfernung der Welle klein
bleibt. Sowie aber zwei oder mehr Turbinen von der Zuleitung gespeist werden, Taf. 30, auch 35 rechts oben, so ist
es wünschenswert, daß der Saugrohrkrümmer derartig aus-
ladet, daß das Saugrohr vom Krümmerende ab in senkrechter Richtung noch an dem gemeinschaftlichen Zuleitungsrohr
vorbeifindet. Hier wäre ein Betonsaugrohr kaum möglich,
und daher kommt die verhältnismäßig geringe Anwendung
betonierter Saugrohre für Spiralturbinen. Sie würden auch
sehr umständliche Anschlüsse im Unterkanal bringen, der
sich bei Anwendung von Blechsaugrohren sehr einfach gestalten läßt, weil die hohen Gefälle immer mit relativ kleinen
Wassermengen verbunden sind.

Um hier die Einzelheiten der Blechsaugrohre kurz zu
erledigen, sei bemerkt, daß diese ausnahmslos nach Art der
Fig. 407 ausgeführt werden sollten, derart, daß die Schüsse
sich, der Fließrichtung nach, immer außen ansetzen, nie innen,
um dem Wasser keine Verengung und keine Stoßkante zu
bieten. Auf diese Weise kommt schon bei zylindrischen
Schüssen eine gewisse Saugrohrerweiterung zustande; für
konische Schüsse ist natürlich die gleiche Rücksicht maßgebend. Versenkte Nieten, Wandstärken von 6 mm anfangend, des guten Verstemmens wegen.

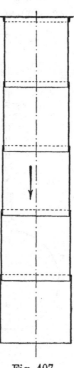

Fig. 407.

Lange Saugrohre werden zweckmäßig in dem unteren
Teile durch Konsolen oder Pratzen gehalten, weniger der
senkrechten Last wegen, als um sie gegen seitliche Schwankungen beim
Betrieb zu sichern (Taf. 32).

Druckrohranschlüsse.

Diese sollten nicht rechtwinklig, sondern unter stumpfen Winkeln ausgeführt werden, weil die schroffe Umlenkung um 90^{0} aus der achsialen
Fließrichtung im Rohr Arbeitsverluste mit sich bringt, Taf. 29, 30. Sofern
nur eine Turbine vom Rohr gespeist wird, geht die Überleitung ziemlich
schlank vor sich, Taf. 30 die letzte Turbine, Taf. 32, auch 33.

Werden mehrere Turbinen vom gleichen Rohr gespeist, so kann die Frage
entstehen, ob es rätlich erscheint, das Rohr jedesmal nach dem Abzweigen
einer Turbine zu verengen, so wie dies Taf. 30 ersehen läßt. Gründe für
die Verkleinerung sind das Einhalten gleichmäßiger Wassergeschwindigkeit
auch unter Umständen der billigere Preis der stark verengten Rohre. Für
gleichbleibende Rohrdurchmesser sprechen die Einfachheit der Rohrleitung
und Gleichartigkeit der Anschlußstutzen, sowie auch der Umstand, daß sich

in dem zu weiten Teil gegen das Ende hin Kies, Sand u. dergl. ablagern
und durch einen Ablaßschieber ausgeblasen werden können, die sonst
allenfalls in die Turbinen geraten würden. Dieser Ablaßschieber gehört
an den tiefst gelegenen Punkt der Leitung, der aber gerade der Sandablagerungen wegen am besten mit dem Ende derselben zusammenfallen
sollte, was auch für gleichweite Rohre spricht.

Die kleineren Gefälle gestatten rechteckige Gehäuse und auch rechteckige Rohranschlüsse, die dann aus Gußeisen oder Stahlguß gefertigt
werden. Bei den Hochgefällen dagegen ist es der Sicherheit der Anlage
halber gerade so nötig, runde Rohranschlüsse als auch runde Spiralgehäuse
zu verwenden.

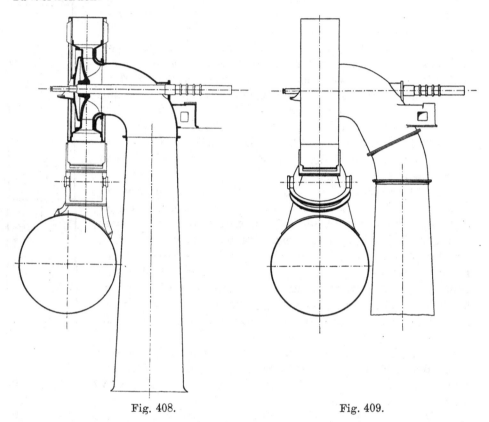

Fig. 408.   Fig. 409.

Bei den kleineren Gefällen finden sich, besonders für große Zuleitungsröhren, die Anschlußstutzen hier und da neben der Rohrmitte (Fig. 408),
was natürlich für rechteckigen Anschluß ganz gut paßt. Dabei ist aber
mehr noch als bei zentrischem Anschluß Vorsicht geboten, weil der innere
Druck das durch den Anschluß durchbrochene Rohr gegen außen aufzu-
biegen versucht; der anzunietende rechteckige Anschlußstutzen, ob seitlich
oder zentrisch sitzend, muß in seinen Flanschen Versteifungen besitzen, die
gegen den Normaldruck des Wassers Sicherheit bieten. Vergl. Fig. 408.

Dieser seitliche Anschluß drängt sich eben auf, wenn bei zentrischem
Anschließen und geradem Saugrohr die Lagerentfernung bei der Turbine
übergroß wird. Dem kann aber auch entgegengewirkt werden durch seitliches Ausweichen mit dem Saugrohr, welches ohne Anstand eine schrägliegende
Strecke erhalten kann, Fig. 409, in ähnlicher Weise wie Taf. 34.

Bei kurzen Anschlüssen, und das ist die Mehrzahl, ist das Anschlußstück häufig zugleich Übergangsstück in der Querschnittsform und allenfalls auch in der Querschnittsgröße für den gegenüber dem Rohr stets verengten Spiralquerschnitt. Diese Übergangsstücke können in Guß von geschickten Formern ohne Modell leicht hergestellt werden, speziell auch dann noch, wenn die Endflanschen nicht parallel, sondern irgendwie schräg oder windschief zueinander zu sitzen kommen oder wenn der Übergang vom Kreis zum Rechteck führt, während deren Ausführung in Blech häufig recht mühselig wird. Im letzteren Falle kann vom Kesselschmied kaum eine ganz saubere Arbeit verlangt werden.

Paßstücke.

Es ist zu bedenken, daß die Anschlußflansche des Spiralgehäuses unveränderlich zur Achse der Turbine festliegt, so wie diese sich eben durch die Bearbeitung der Gehäuseflanschen, die Zentrierungen usw. ergeben hat. Die Achse der Turbine ist die Richtschnur für die Montierung überhaupt, und dadurch ist die Lage der Anschlußflansche des Gehäuses unabänderlich gegeben. Die Rohrleitung kann als rohe Blecharbeit in den meisten Fällen gar nicht so genau angefertigt und verlegt werden, daß deren Anschlußflanschen (Übergangsstücke) absolut zuverlässig nach der Zeichnung zu liegen kommen, und so ist eigentlich mit vollster Sicherheit vorauszusehen, daß die Flanschen vom Übergangsstück und vom Spiralgehäuse beim Montieren nicht aufeinander passen werden.

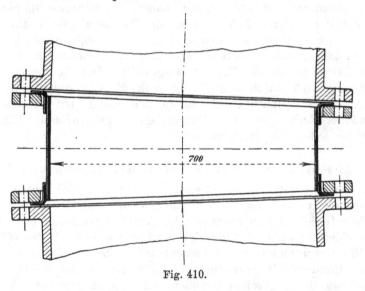

Fig. 410.

Damit ärgerliche Abänderungen an diesen Flanschen vermieden werden, ist es besser, von vornherein zwischen beiden Flanschen eine ganz freie Strecke zu lassen, etwa 150—200 mm lang, und diese, nachdem beide Flanschen ihre definitive Lage erhalten haben, durch ein am Orte herzurichtendes sog. Paßstück auszufüllen, vergl. z. B. Taf. 30, Aufriß, wo die Paßstücke zwischen den Übergangsstutzen und dem Beginn der Drosselklappengehäuse sitzen. Damit beim Zwischensetzen des Paßstückes die Packungen nicht zu sehr verschoben werden, empfiehlt es sich, die Paßstücke keilförmig vorzusehen.

Diese Paßstücke werden zweckmäßig aus nachgiebigem Material, Kupfer, gefertigt, weil sich dieses leicht mit dem Hammer in die richtige, oft recht windschiefe Form bringen läßt. Die Flanschringe und Bortflanschen zum Annieten an das Rohrstück können von der Fabrik aus fertig mitgeliefert werden, sie werden aber erst mit dem Kupferstück vereinigt, nachdem dieses ohne sie zwischen die beiden Anschlußflanschen zwischengepaßt ist. (Fig. 410.) Befinden sich Absperrvorrichtungen in Anwendung, so sitzen diese zwischen Paßstück und Spiralgehäuse.

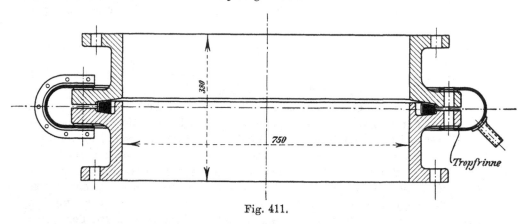

Fig. 411.

Die Rohrleitung ist in unmittelbarster Nähe der Turbinenanschlüsse fest zu verankern und abzustützen, damit die unvermeidlichen Längenänderungen der äußeren Rohre infolge der Temperaturschwankungen ohne Einfluß auf die Stellung und genaue Lage der Spiralgehäuse bleiben.

Eine Ausgleichskonstruktion für kleine Verschiebung während des späteren Betriebes ist in Fig. 411 dargestellt. Der keilförmig elastische Packungsring wird durch den Wasserdruck dicht angepreßt, die Flanschschrauben haben Spielraum. Natürlich muß dann der Achsialdruck des Durchflußquerschnittes durch die Rohrauflage, bezw. durch das Eigengewicht der Turbine aufgenommen werden.

IV. Die Abschlußvorrichtungen. (Drosselklappen und Schieber.)

Bei niederen Gefällen mit offenen Turbinen liegt die Einlaßschütze mit ihrem Getriebe unmittelbar dem Turbinenwärter zur Hand.

Höhere Gefälle haben natürlich die Einlaßschützen am Rohranfang, zu Ende des Oberkanals, und dadurch sind diese dem Bereich des Wärters entrückt. Ein elektromotorischer Schützenbetrieb würde nicht immer imstande sein, den Handbetrieb ganz entbehrlich zu machen (Kurzschluß). Es ist aber auch aus mannigfachen Gründen, selbst wenn nur eine Turbine angeschlossen ist, untunlich, die Rohrleitung jedesmal beim Abstellen der Turbine durch Schließen der Einlaufschütze am Oberkanalende von Wasser zu entleeren. Deshalb sollte jede geschlossene Turbine unmittelbar vor dem Wassereintritt ins Gehäuse ihre besondere Absperrvorrichtung haben, die im Turbinenhaus selbst ohne Mühe gehandhabt werden kann.

Hier sind zweierlei prinzipiell verschiedene Anordnungen möglich, nämlich Drosselklappen und Absperrschieber. Welche Rücksichten für die Ausführung der einen oder der anderen Vorrichtung sprechen, das soll nachstehend erörtert werden.

Als Vorzüge der Drosselklappe sind zu nennen ihre einfache Konstruktion und leichte Handhabung, billige Ausführung, dagegen hat sie den Übelstand, daß sie nicht dicht schließen kann und daß sie, wenn ganz geöffnet, dem Wasser stets doch einen gewissen Widerstand bietet, also ein Stück Gefällhöhe verbraucht.

Der Absperrschieber bietet, wenn ganz offen und gut durchgebildet, für das Betriebswasser keinen besonderen Widerstand und schließt andererseits dicht ab. Seine Nachteile sind die umständlichere Handhabung bei Handbetrieb und größere Anschaffungskosten gegenüber der Drosselklappe.

Drosselklappen.

Aus jener Gegenüberstellung ergibt sich, daß Drosselklappen nicht in Anwendung kommen dürfen, wenn mehrere Turbinen an der gleichen Rohrleitung angeschlossen sind und wenn die schwankende Betriebswassermenge verlangt, daß zeitweise Turbinen wegen Wassermangels stillgestellt werden müssen, weil die Drosselklappen in diesem Fall Wasserverschwender sind.

Ebenso folgt, daß, wenn Drosselklappen zum Absperren von Turbinen verwendet werden, sie, um das Gefälle zu schonen, von möglichst großem Durchmesser sein sollten, damit die von der Drosselklappe verursachten Wirbelverluste gering bleiben. Die Drosselklappen sollen deshalb immer auf der Zuströmseite die Lichtweite des Rohranschlusses haben (Taf. 29, 30, 32, 39, 40, 41) und nie mit den hohen Spiralgehäusegeschwindigkeiten durchflossen werden.

Die Drosselklappen für Wasser stehen im geschlossenen Zustande senkrecht zur Rohrachse, im Gegensatz zu denjenigen für Dampf, und wenn geöffnet, in der Rohrachse, sie haben also eine Drehung von 90° auszuführen (Fig. 412). Die Gehäuseform der Drosselklappe entwickelt sich wie folgt. Gegeben ist der Durchmesser des Druckrohranschlusses, entsprechend Durchtrittsgeschwindigkeiten gleich denen im Druckrohr selbst, besser etwas kleiner. Hieraus folgt, unter Berücksichtigung von beiderseitig 5 mm für rundumlaufende Arbeitsflächen im Drosselquerschnitt, dessen lichter Durchmesser und damit auch die Größe der Klappe selbst. Als Druck kommt auf die Klappe das ganze Gefälle in Ansatz, vom Ober- bis Unterwasser, denn die Saughöhe wirkt durch die stillstehende Turbine durch und das Saugrohr kann gefüllt sein.

Aus dieser Druckbelastung der Drosselklappe findet sich deren Wellstärke (Anlagefläche der Zapfen mit 50—100 kg/qcm) und dadurch die Nabenstärke. Der Rohrquerschnitt in Drosselklappenmitte ist um das durch die Nabenstärke bedingte Stück verkleinert, Fig. 412, und hierdurch wird die Wassergeschwindigkeit erhöht unter Aufwand eines entsprechenden Gefällebruchteils. Da doch die Geschwindigkeit beim Spiralgehäuseeintritt größer sein wird, als sie vor der Drosselklappe war und außerdem die Rückführung auf kleinere Geschwindigkeit hinter der Klappe verlustreich wäre, so wäre es sinnlos, das Gehäuse hinter der Drosselklappe im Durchmesser ebenso groß zu halten als vor der Klappe. Wir ziehen das Gehäuse so weit zusammen, daß der kleinere Gehäusedurchmesser am Ende der geöffneten Klappe den gleichen Querschnitt ergibt als der große an der Abdichtfläche abzüglich der Klappennabe. Da der Klappenkörper zweckmäßig aus Hohlguß ausgeführt wird, ohne durchlaufende Nabe (Fig. 412)

(auch Gußeisen einseitig, mit starker Blechverkleidung auf der Gegenseite
kommt vor), so bedarf er keiner Versteifungsrippen, die nur Wasserreibungs-
verluste bringen würden, und wir können dieser glatten Form der Klappe
dann die Übergangsdurchmesser des Gehäuses, soweit es die Kontur der
offenen, längsstehenden Klappe erlaubt, so anpassen, daß auch unterwegs
ein größerer Geschwindigkeitsabfall vermieden wird.

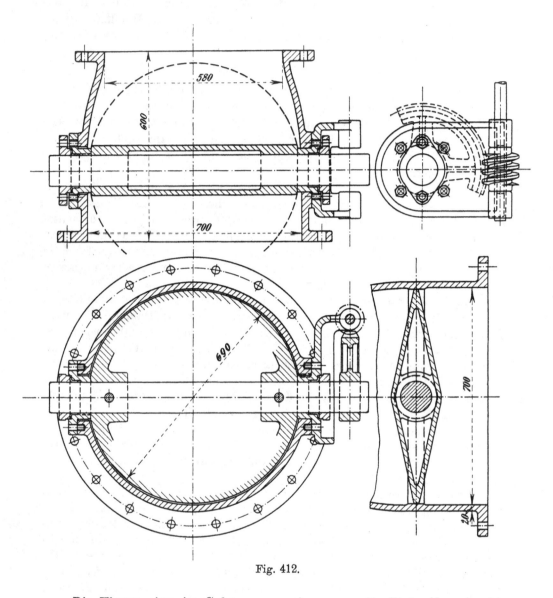

Fig. 412.

Die Klappe sitzt im Gehäuse so nahe gegen die Einlaufflansche hin,
als es die Abmessungen der Welle und Stopfbüchse gestatten, damit der
Drehstahl beim Bearbeiten der Dichtungsfläche im Gehäuse nicht zu weit
freitragen muß.

Wo die Welle der Drosselklappe ins Freie tritt, ist eine Stopfbüchse
erforderlich, und da liegt ein Fall vor, wo die Lagerung und Stopfbüchse
vereinigt sein darf. Hier handelt es sich nicht um hundert oder mehr

minutliche Umdrehungen einer Welle, sondern um eine Welle, die höchstens einigemal täglich eine Viertelsdrehung hin oder her auszuführen hat, so daß die Abnützung in Lager und Stopfbüchse einfach vernachlässigt werden darf. Für solche Verhältnisse ist eine Lederstulpendichtung ganz am Platze, nur muß dafür gesorgt sein, daß deren allfällige Erneuerung nach Jahr und Tag nicht zu viel Umstände macht.

Bei einigermaßen hohen Drucken empfiehlt es sich, die Klappenwelle beiderseits ins Freie zu führen, um einseitige Drücke auf letztere zu vermeiden. Beispiel: Ein Welldurchmesser von 100 mm gibt bei 50 m Druckhöhe und einseitig durchgehender Welle einen Seitenschub von $\sim$ 400 kg gegen außen, der natürlich die Klappe einseitig gegen die Dichtungsfläche drückt und auf diese Weise zu Klemmungen führen muß. Einzelheiten der Stopfbüchse usw. s. Fig. 412.

Wir werden hier wie bei den Reguliergetrieben vermeiden, daß wir langsamgehende schwere Wellen und Betriebe weit hinaus fortsetzen. Aus diesem Grunde wird die Drosselklappenwelle kurz gehalten und ein Schneckenradbetrieb angeordnet, wie Fig. 412 zeigt, der dann nach Bedarf schräg oder auch um Ecken fortgeführt werden kann. Häufig würde ein Hebel für das Drehen der Klappe genügen, aber wir wenden absichtlich die Schnecke an, um dem Turbinenwärter eine größere Schlußzeit aufzuzwingen und dadurch gefährliche Druckanschwellungen im Zuleitungsrohre zu vermeiden.

Im allgemeinen wird die Welle der Drosselklappe liegend angeordnet, weil sich der Betrieb derselben besser anschließen läßt als bei stehender Welle. Nicht zu vergessen ist ein einfaches Zeigerwerk, aus dem die Stellung der Klappe deutlich hervorgehen muß.

Die Drosselklappe hat die Querschnittsform des Spiralgehäuses, sie ist also je nachdem rund oder rechteckig.

Absperrschieber.

Auch diese kommen in den beiden ebengenannten Formen vor.

Unsere Anforderungen an Absperrschieber für Turbinen sind anderer Art als an die käuflichen, in Massen hergestellten Wasserschieber für städtische Leitungen usw. Diese sollen im allgemeinen gegen Druck dicht halten, der von der einen oder anderen Seite kommen kann, daher der keilförmige Schieberkörper; wir dagegen haben eine ganz ausgesprochene Druckseite für die Schieber (Oberwasser) und verwenden deshalb vielfach prismatische Schieberkörper. Die Wasserleitungsschieber werden verhältnismäßig sehr selten bewegt, die Turbinenschieber vielleicht täglich mehrmals. Die Auskleidung der Gleitflächen mit Bronze ist im allgemeinen für Turbinenbetrieb nicht notwendig, da Rostspuren hier belanglos sind und eben der häufigen Bewegung wegen an ein Festrosten überhaupt nicht zu denken ist. Die Sitzflächen der Turbinenschieber und deren Umgebung sollen bei ganz gezogenem Schieber bei rasch durchströmendem Wasser keinen irgend erheblichen Widerstand entgegensetzen.

Von einem mechanisch betriebenen Absperrschieber für Turbinen verlangen wir speziell noch, daß die Schraubenspindel ganz außer Berührung mit Wasser bleiben (Kalkansatz) und dazu freiliegen soll, damit sie jederzeit gut gangbar erhalten werden kann. Außerdem aber darf die freiliegende Schieberspindel beim Öffnen oder Schließen nicht „wandern", das Handrad oder das konische, die Bewegung übertragende Rad müssen auf der gleichen Stelle bleiben, einerlei ob der Schieber offen oder geschlossen ist.

Das Spindelgetriebe hat nach zwei Seiten hin Kräfte auszuhalten. Wir haben einmal die Kraft in Rechnung zu stellen, deren es bedarf, um den mit der vollen Gefällhöhe belasteten Schieber (gefülltes Saugrohr), Reibungskoeffizient 0,3, zu öffnen. Anderseits aber muß die Schieberspindel auch imstande sein, die Knickbeanspruchung ohne Schaden aufzunehmen die entsteht, wenn der schon geschlossene Schieber durch kräftiges Drehen am Handrad $(2 \times 15\ \text{kg})$ aus Unverstand des Wärters noch „fest angepreßt" werden soll, wie das bei Dampfventilen ja Brauch ist. Hieraus folgt, daß am Spindeldurchmesser nicht gespart werden darf und daß die freie Spindellänge (Knicklänge) so kurz als möglich zu halten ist. Gute, nicht klemmende Anschläge für den Schieber selbst in beiden Endstellungen.

Da für das anfängliche Öffnen aus völligem Schluß eine ziemlich größere Kraft erforderlich ist als später, so findet sich hier und da eine ausschaltbare Räderübersetzung für den Spindelbetrieb angeordnet, damit das völlige Öffnen nicht übermäßig viel Zeit beansprucht. Vorheriges Schließen des Leitapparates im Verein mit einer Umgehungsleitung ist ein Hilfsmittel zum Vermeiden des Schwergehens, doch ist dies bei Regulatorbetrieb nur von Nutzen, wenn das Tachometer des Regulators beim Abstellen der Turbine dauernd in die höchste Muffenstellung gehoben werden kann, weil sonst gerade das Abstellen der Turbine das Tachometer veranlassen wird, die Leitzellen ganz zu öffnen. Oder ein weiteres Hilfsmittel: Man öffnet den Schieber, wenn auch vielleicht mühselig, um einiges und hält die Leitschaufeln geschlossen, wodurch bei kurzem Warten derselbe Druckausgleich eintritt wie mit Hilfe einer Umgehungsleitung, alsdann beansprucht das Weiteröffnen wenig Kraft.

Mehr und mehr führen sich hydraulisch bewegte Absperrschieber ein, was begreiflich ist, denn trotz höheren Anschaffungspreises sprechen manche praktischen Gründe für dieselben. Vor allem ist ja in der ganzen Anlage begründet, daß ein natürlicher Druck zur Verfügung steht, und dies macht den Betrieb ganz ungemein einfach. Doch ist nicht zu vergessen, daß die Schieber nur bewegt werden können, wenn das Zuleitungsrohr gefüllt ist. Anderseits aber ist nur ein Steuerhahn zu drehen, um den Schieber zu öffnen, zu schließen oder auch in einer Zwischenstellung festzuhalten, und dies kann vom Schaltbrett aus geschehen, während das Anlassen und Abstellen durch Handbetrieb der Schieber vom gleichen Platze meist recht umständlich sein wird. Außerdem wird das Druckrohr fast immer gefüllt, der Schieber also fast immer betriebsfähig sein, und bei leerem Druckrohr bedarf es ohnedem keiner Turbinenabstellung.

Daß auch schon bei relativ kleineren Gefällen der hydraulische Schieberbetrieb durch den Gefälledruck selbst möglich ist, lehrt folgende kurze Rechnung:

Annahme: Gefälle 25 m. Wassermenge 2 cbm/sek.

Um für den Schieberbetrieb ungünstig zu rechnen, nehmen wir diese relativ große Wassermenge, dazu nur $c_S = 0.8\sqrt{H} = 0.8 \cdot 5 = 4$ m/sek, um einen großen Durchgangsquerschnitt zu erhalten. Der Einlauf des Spiralgehäuses hat dann $\frac{2}{4} = 0.5$ qm Querschnitt entsprechend 0,8 m Durchmesser.

Wenn jetzt die Schiebersitzfläche mit 0,87 m Durchmesser angenommen

wird, so ist der Schieberdruck bei gefülltem Saugrohr $0,87^2 \cdot \frac{\pi}{4} \cdot 25 \cdot 1000$
$= 15\,000$ kg, und mit 0,3 Reibungskoeffizient erfordert dieser eine Ver-
schiebungskraft von 4500 kg.

Wenn ferner angenommen wird, daß nur 0,8 der Kraft eines hydraulischen Kolbens, der auch nur unter einem Gefälle von $0,8\,H$ arbeitet, zur
Überwindung der 4500 kg zur Verfügung steht, so rechnet sich der Durchmesser D dieses Kolbens für die Schieberbewegung aus

$$0,8 \cdot D^2 \frac{\pi}{4} \cdot 0,8 \cdot 25 \cdot 1000 = 4500$$

zu rund 0,60 m, und dies unter recht ungünstigen Annahmen.

Schieber von rechteckigem Querschnitt führen sich bei ihrer Bewegung
gut und mit hinreichender Auflagefläche auf den Gleiträndern ab, der
beiden Langseiten der Durchgangsöffnung, Fig. 413, während runde Schieber

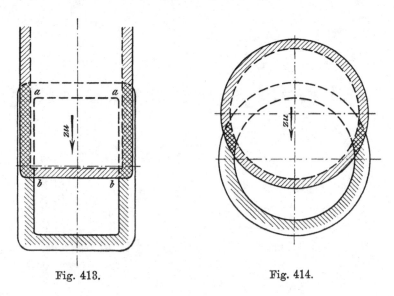

Fig. 413.   Fig. 414.

von sonst üblicher Form des Abschlußstückes nur wenige qcm haben
können, Fig. 414, und auch durch den Wasserstoß leicht ecken, was bei
rechteckigen ausgeschlossen ist.

Da der leerbleibende Raum zwischen den gegenüberliegenden Sitzflächen des Gehäuses dem glatten Wasserdurchgang durch Wirbelerzeugung
hinderlich sein kann, so werden für bessere Ausführungen die Schieberkörper nach Fig. 415 als längliche, an den Enden halbrunde Platten ausgebildet, von einer kreisrunden Durchgangsöffnung durchbrochen, die bei
geöffnetem Schieber den Wasserstrom zwischen den Dichtungsflächen vor
seitlichem Ausweichen und Wirbeln schützt. (Siehe auch Taf. 34 rechts
oben.)

Sehr zu beachten ist die Widerstandsfähigkeit der häufig flachgeformten
Schiebergehäuse gegen den inneren Druck. Vor dem sinnlosen Aufsetzen
äußerer Rippen ist hier ebenso zu warnen, wie dies bei den gußeisernen
rechteckigen Spiralgehäusen geschah. Hier helfen nur gewölbte Außen-
flächen und schließlich bei Hochgefällen dazu noch innere Rippen, wie
dies in hervorragend zweckmäßiger Weise von den v. Rollschen Eisenwerken,

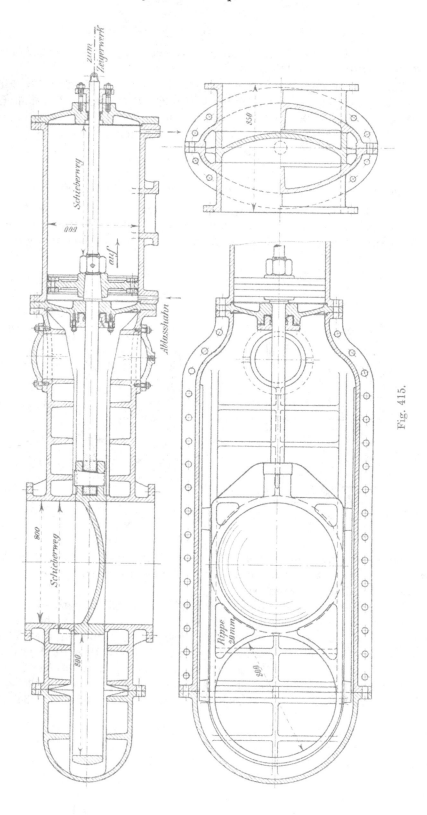

Fig. 415.

Clus bei Solothurn, in den Schiebern von 1200 Durchmesser für 80 m
Druckhöhe, Taf. 34, auch Fig. 416 zur Ausführung gekommen ist.

Diese letztgenannten Schieber, am Niagara in Verwendung, zeigen
gegenüber Fig. 415 eine etwas andere Bewegungseinrichtung, hier ist nämlich der Druckzylinder für die
Schieberbewegung im Schieberkörper selbst untergebracht und
die Kolbenstange am Schiebergehäuse festgehalten. Eine sehr
kompendiöse Anordnung ist dadurch gewonnen, die allerdings
die Verwendung von Preßflüssigkeit zur Voraussetzung hat. Der
Schieberkörper gestattet eben
nur die Unterbringung eines verhältnismäßig kleinen Arbeitskolbens (hier 240 Durchmesser),
und der geschlossene Schieber
wird für seine Bewegung unter
einseitigem Druck eine weitaus
größere Pressung auf den kleinen Arbeitskolben erfordern,
als das vorhandene Gefälle zu
erzeugen vermag.

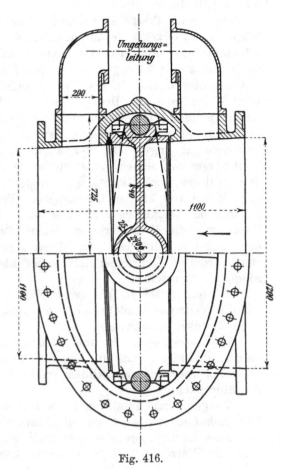

Fig. 416.

Das Gleiten auf den hier
mit Bronze gefütterten Dichtungsflächen unter Druck würde
diese ohnedem sehr stark in
Mitleidenschaft ziehen und so
ist eine 200 mm weite durch
ein Ventil verschließbare Umgehungsleitung für den Druckausgleich zu beiden Seiten angebracht, Fig. 416. Damit diese
Umgehungsleitung ihren Zweck erfüllen kann, ist es aber erforderlich, daß
die Drehschaufeln der Turbine möglichst dicht geschlossen sind, weil sich
sonst der nötige Gegendruck nicht einstellen kann.

Auf die in den Einzelheiten sehr durchdachte Konstruktion des ganzen
Schiebers, der Zu- und Ableitung des hier zur Anwendung gebrachten
Drucköls durch die feststehende hohle Kolbenstange mit eingesetztem inneren
Rohr sei hier besonders hingewiesen, ebenso auf die Schieberführung selbst,
den Zeigerapparat usw.

4. Konstruktive Einzelheiten der Spiralturbinen.

Die meisten hier in Betracht kommenden Teile sind vorher schon bei
anderen Gelegenheiten besprochen worden, und so möge, um Wiederholungen
zu vermeiden, auf solches hingewiesen sein, mag es sich dabei um Leit-
schaufelkonstruktionen, Anordnung der Regulierringe, Regulierkurbeln und
deren Lagerung und Abdichtung, um Ausgleicher, Wellenstopfbüchsen usw.
handeln; nur noch einiges sei kurz erwähnt.

Die Leitschaufelbolzen werden des Abdichtens wegen besser beiderseitig mit· gedeckten Muttern nach Fig. 235 ausgeführt, Bleiblech zwischen Mutter und angefrästem Gußsitz oder einfacher etwas Mennige.

Die achsiale Führung der Wellen kann auf der Deckel- oder Krümmerseite stattfinden.

Die erste älteste Ausführung einer regulierbaren Spiralturbine überhaupt (Taf. 27) zeigt sie auf der Deckelseite. (Die dort gezeichnete Unterstützungssäule unter dem Kammlager erwies sich als unnötig und ist in den späteren Ausführungen durchweg verschwunden.) Wäre hier der Deckel von der Stopfbüchse an bis zum Spiralgehäuse in einem Stück, so müßte beim Wegnehmen des Deckels, wenn die Leitschaufeln nachgesehen werden sollen, jedesmal das Kammlager losgeschraubt werden, was zu Unzuträglichkeiten führt. Aus diesem Grunde ist ein sog. Ringdeckel über den Leitschaufeln angebracht, der abgenommen werden kann, ohne daß das Wellenlager auf seinem Sitze alteriert wird und der beim Wiederaufsetzen den mittleren Deckel samt Lager wieder zentriert; das Kammlager war auf diese Weise von kleinem Durchmesser. Bequemer zum raschen Wegnehmen ist aber der Deckel ganz in einem Stück und so wurde später die achsiale Führung in das Krümmerlager verlegt, Taf. 28, und für kleinere Turbinen der Deckel einteilig gemacht. Doch kehrt man jetzt wieder hier und da zum vorderen Kammlager mit seiner kleineren Reibungsarbeit und dem Ringdeckel zurück.

Wiederholt sei auf die gegenseitige Zentrierung der rund bearbeiteten auf die Wellmitte bezüglichen Teile, Gehäuse, Leitraddeckel, Lagerkonsole, Saugrohr usw. hingewiesen.

Selbstverständlich ist auch, daß die Stopfbüchsen tunlichst kurze Ausladung aufweisen, daß die Lager nahe an denselben anschließen sollen, immerhin aber mit genügendem Spielraum für das Ausziehen und Verpacken der Stopfbüchse.

Knaggen zum seitlichen Festhalten der Lager sind hier unnötig, weil kein Zahnbetrieb da ist, der die Schrauben lockern könnte.

Eine nachgiebige Kupplung zwischen Turbinen- und Dynamowelle ist stets am Platze. Die beiden Wellen haben so sehr verschiedene Lagerbelastungen und deshalb auch Lagerabnützungen, daß schon aus diesem Grunde die starre Kupplung beider Wellen vermieden wird, ganz abgesehen von der Freiheit von den Folgen ungenauer Montierung der Lager.

Auch wenn der Dynamoanker als Schwungmasse bei der Tätigkeit des Regulators mitzuwirken hat, ist die nachgiebige Kupplung zwischen Turbine und Dynamo im Gegensatz zur Dampfdynamo nicht verfehlt. Bei letzterer liegt den Schwungmassen neben der ausgleichenden Wirkung für den Regulator auch noch ganz besonders ob, die Unterschiede in den Winkelgeschwindigkeiten jeder Umdrehung zu vermindern, und diese sind ja bei Turbinen gar nicht vorhanden.

Mit zunehmendem Gefälle nehmen die Spaltverluste an sich prozentual nicht zu, die Gl. 471, S. 261, läßt dies deutlich erkennen, denn für eine gegebene Turbine wächst die Arbeitswassermenge mit $\sqrt{H}$ und ebenso auch q_s, weil die w_1 usw. auch mit $\sqrt{H}$ zunehmen.

Im Anfang des Betriebes wird deshalb der Einfluß des Spaltverlustes für hohe Gefälle nicht besonders hervortreten. Bei größeren Gefällen, also auch größeren Druckdifferenzen, nimmt aber der Verschleiß in den Spalt-

kanten, Fig. 165, S. 263 usw., zeitlich viel rascher zu als beim Niedergefälle und hier ist dann alle Sorgfalt für die Ausstattung der Spaltkanten
am Platze. Auswechselbare Ausfütterungen (S. 265), auch nach Befinden
nicht nur der einfache Schleifrand der Fig. 167, sondern mehrere derart, daß
das Wasser möglichst viel Widerstand gegen das Durchfließen des Spaltes findet.

5. Bremsergebnisse.

Wie sich bei einer Spiralturbine die Leistungsverhältnisse gestalten,
das mag aus den nachfolgenden Fig. 417 bis 422 ersehen werden. Diese
zeigen die Ergebnisse der Bremsversuche an der von Voith-Heidenheim
gelieferten Spiralturbine des Maschinenbaulaboratoriums III, Techn. Hochschule, Darmstadt, und mögen dazu dienen, überhaupt einen Überblick über
die Ausdehnung zu geben, in der solche Versuche möglich sind.

Damit die Ergebnisse untereinander verglichen werden konnten, wurden
sie, wie natürlich, auf gleiches (Normal-)Gefälle, hier 6,0 m, umgerechnet.
Dies erfolgte unter Bezugnahme auf die Darlegungen S. 447 und die Gl. 585 usw.
Ist H ein beobachtetes, beliebiges Gefälle, H_n das zugrunde zu legende
Normalgefälle, so gilt, wenn n_n, Q_n, M_n, N_n die auf Normalgefälle um-
gerechneten Größen sind, einfach

$$n_n = n \sqrt{\frac{H_n}{H}}; \quad Q_n = Q \sqrt{\frac{H_n}{H}}; \quad M_n = M \sqrt{\frac{H_n}{H}}; \quad N_n = N \sqrt{\frac{H_n^3}{H}}.$$

Wir finden in Fig. 417 die Darstellung der auf Normalgefälle umgerechneten Bremsmomente nach Umdrehungszahlen geordnet. Das Ein-
schreiben der drei Zahlenwerte in Abszissen und Ordinaten hat keine spezielle
Bedeutung, es soll nur zur allgemeinen Erläuterung dienen. Auf die dreierlei
Ordinaten in den Abständen $0,9\,n_n$ usw. wird später zurückzukommen sein.
Jede Kurve gehört einer bestimmten Leitschaufelöffnung $a_{(0)}$ an. Die Umdrehungszahlen des Freilaufs nehmen bei abnehmenden $a_{(0)}$ ganz wesentlich
ab, weil natürlich die Lagerreibung bei allen Öffnungen gleichbleibt und
sich deshalb bei kleineren Öffnungen als zu leistende Arbeit in höherem
Grade bemerklich macht.

In Fig. 418 sind die (umgerechneten) Leistungen in PSe, nach Umdrehungszahlen geordnet, aufgetragen. Hier sei besonders darauf hingewiesen, daß die Geschwindigkeit der Höchstleistung bei abnehmenden
Leitschaufelweiten immer mehr nach den kleineren Umdrehungszahlen hinrückt.

Die Fig. 419 enthält die beobachteten Wassermengen bei verschiedenen
Leitschaufelweiten, nach Umdrehungszahlen geordnet, natürlich ebenso auf
Normalgefälle umgerechnet. Sie sind mittelst Hansen'schen Überfalles,
ohne Seitenkontraktion, bestimmt.

Die Fig. 420 enthält die Nutzeffektsziffern e in gleicher graphischer Anordnung. Diese bedürfen keiner Umrechnung auf anderes (Normal-) Gefälle.

Die an sich angängige Vereinigung der drei genannten Figuren mit
Fig. 420 zu einer einzigen, würde die Übersichtlichkeit bedeutend gemindert
haben.

Schließlich zeigen die Fig. 421 und 422 die zu einer bestimmten Umdrehungszahl gehörigen Größen der Momente M, Leistungen PSe, Wassermengen φQ, Ziffern des mechanischen Nutzeffekts e und der Leitschaufelweiten $a_{(0)}$. Diese Werte sind einfach aus den Fig. 417 bis 420 entnommen.
Die Normalumdrehungszahl der Turbine beträgt für das vorliegende Normal-

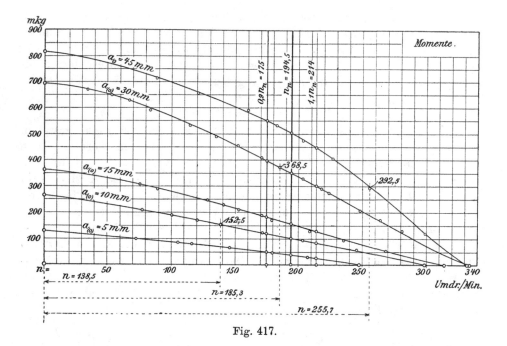

Fig. 417.

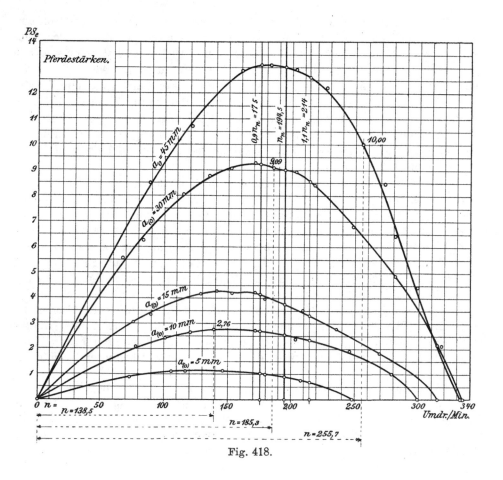

Fig. 418.

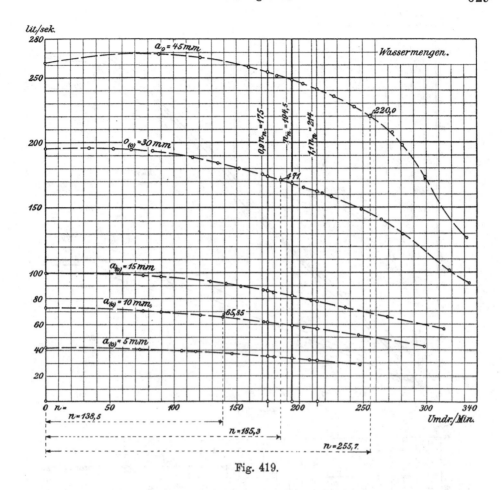

Fig. 419.

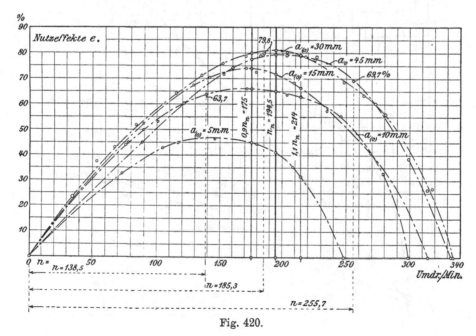

Fig. 420.

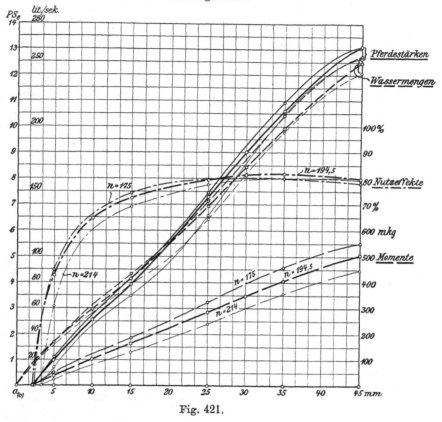

Fig. 421.

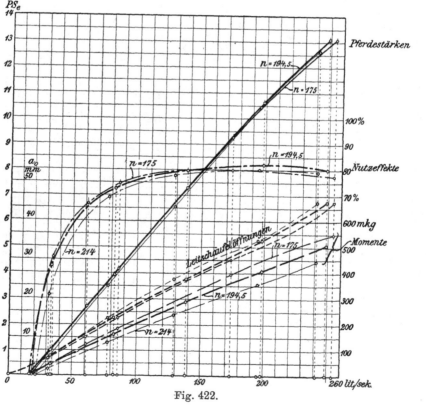

Fig. 422.

gefälle von 6 m minutlich 194,5 und die stark ausgezogenen Linien der
Fig. 421 und 422 entsprechen den Größen von M usw. bei dieser Umdrehungszahl, die betreffenden Ordinaten sind aus den Fig. 417 usw. durch
die Schnittpunkte der in $n = 194,5$ stark gezogenen Senkrechten mit den
einzelnen Kurven erhalten.

Die mittelstark ausgezogenen Kurven der Fig. 421 und 422 entsprechen einer Umdrehungszahl der Turbine von $0,9 \cdot 194,5 = 175$ in der
Minute, Schnittpunkte mit der mittelstark gezogenen Senkrechten; die
schwach gezeichneten Kurven endlich sind das Ergebnis der im Abstande
$1,1 \cdot 194,5 = 214$ Umdrehungen schwach gezogenen Senkrechten.

Deutlich ist in beiden Figuren ersichtlich, daß kleinere Leitschaufelweiten oder Wassermengen für ermäßigte Umdrehungszahl bessere Nutzeffektziffern zeigen als für erhöhte.

B. Spiralturbinen mit Doppelsaugrohr.

Die einfachen Turbinen mit liegender Welle, offene oder auch Spiralturbinen, erfahren einen einseitigen Achsialschub der Welle als Resultierende
der Kräfte, wie sie in Fig. 312, S. 461 usw. erläutert sind, und die Taf. 15,
27 und 28 lassen ersehen, wie der Konstrukteur diesen Achsialschub berücksichtigt hat.

Für schnell laufende Turbinen kann der resultierende Achsialschub
(Rotationsparaboloid) nicht nur einen ziemlichen Arbeitsverbrauch im Kammlager bringen, sondern durch diesen Arbeitsaufwand zu lästigem Warmgehen
des Führungslagers, also zu unguter Beeinträchtigung der Betriebssicherheit
Veranlassung geben.

Die Parallelschaltung zweier Turbinen im Verein mit symmetrischer
Anordnung von Zu- und Ableitung des Betriebswassers führte schon bei
den offenen Turbinen zum gegenseitigen Ausgleich der auf die einzelnen
Laufräder wirkenden Achsialschübe und dasselbe gilt natürlich auch für
die geschlossenen Turbinen. Hier sind für den gleichen Zweck zweierlei
Anordnungen möglich und die erste, Spiralturbinen mit Doppelsaugrohr,
ist in den Taf. 33 bis 37 dargestellt.

Wir finden dort ein einfaches Spiralgehäuse, also die Speisung der
Reaktionsgefäße ganz wie bei der einfachen Turbine auch, dagegen spalten
sich diese Gefäße, die Laufradzellen, symmetrisch und lassen das Wasser
nach beiden Seiten austreten, also eigentlich dem Prinzip nach die Anordnung der Rücken an Rücken sitzenden Laufräder der Fig. 290, S. 437,
jedoch unter Weglassen des Zwischenkranzes im Leitrad und im Laufrad-
anfang.

Der Ausgleich der Achsialschübe ist damit ideell vollständig und in
Wirklichkeit mit hinreichender Sicherheit erzielt, dagegen müssen andere
Umstände mit in den Kauf genommen werden, nämlich eine beträchtliche
Entfernung der beiden Lager, die durch relativ große Wellstärken ausge-
glichen werden muß, damit das Laufrad sicher im Spalt gehalten ist. Außer-
dem aber wird sich beim Entwerfen als manchmal sehr unerwünschte Folge
der symmetrischen Anordnung mit Parallelschaltung der Laufradhälften eine
Vermehrung der Umdrehungszahl einstellen, hervorgerufen durch die in der
Anordnung liegende Verkleinerung des Laufraddurchmessers. Dieser bei
kleinen Gefällen erwünscht gewesene Umstand kann dann hier Veranlassung

geben, daß zur Verminderung der Umdrehungszahl zu Eintrittswinkeln am
Laufrad unter 90° gegriffen werden muß. Jedenfalls aber müssen die
Schaufeln der Laufräder solcher Turbinen mit den Kränzen aus einem
Stück gegossen werden, weil eingegossene Schaufeln aus Blech an dem
sehr spitzig zulaufenden Nabenteil des Laufrades keinen richtigen Halt
hätten für die Kraftübertragung, Taf. 34 und 37. Der Haltbarkeit wegen
empfiehlt es sich, auch derartige Laufräder nicht aus Gußeisen, sondern
aus Stahlguß oder Bronze zu fertigen und des leichteren Gießens wegen
die Nabe extra in den Schaufelkranz einzusetzen, wie dies die genannten
Tafeln zeigen.

Die auf Taf. 33 bis 35 dargestellten Turbinen (Voith-Heidenheim) sind
in der Zeitschr. des V. D. I., Jahrg. 1905, S. 209 u. f. beschrieben, so daß
hier nur auf einige besondere Anordnungen hingewiesen sein soll. Die aus
Stahlguß hergestellten Drehschaufeln bilden mit ihren Drehbolzen ein Stück
und werden durch den seitlich ganz außen liegenden Regulierring aus
Stahlguß mittelst kurzer, tangentialer Lenkstängchen, dem Schema der
Fig. 232, S. 380 entsprechend, bewegt.

Die Bewegung erfolgt durch einen Öldruckzylinder, der auf dem einen
Saugrohrkrümmer montiert ist. Die Stange des Preßkolbens endigt nach
beiden Seiten in einem Kreuzkopf; von diesen Kreuzköpfen aus führen
Lenkstangen nach rechts und links zu stehenden Hebeln, Taf. 33 und 35,
auf deren Wellen kürzere wagrechte Hebel sitzen, die mit Lenkstangen an
dem Regulierring angreifen. Es ist kein Ausgleicher vorhanden, aber der
Spielraum, den der Regulierring radial nach allen Seiten, also senkrecht
zur Turbinenwelle hat, ersetzt diesen im Verein mit der Beweglichkeit
durch die Lenkstängchen. Das Gewicht des Regulierringes ist durch die
Aufhängung getragen und äußert sich nicht gegen den Regulierkolben, da
beide an den Kreuzköpfen angreifende Lenkstangen infolge des Ring-
gewichts gegeneinander drücken, die Kräfte heben sich also auf. Das
Spiralgehäuse ist ebenso wie die Saugrohrkrümmer in Höhe der Wellmitte geteilt, damit durch Abheben dieser Teile die ganze Turbine frei-
gelegt werden kann. Auch die Ringdeckel und der Regulierring sind
zweiteilig.

In Taf. 36 und 37 findet sich eine Ausführung von Bell & Co., Kriens,
von Spiralturbinen mit Doppelsaugrohr. Diese Turbinen sind weniger groß
als die vorher beschriebenen und unterscheiden sich von denselben durch
die Eigentümlichkeiten und die Konstruktionsfreiheit, wie sie die Bell'sche
Schaufelregulierung mit sich bringt.

Die Bell'schen Regulierschaufeln versteifen in ihren festen Teilen das
gegen innen offene Spiralgehäuse in sehr erwünschtem Maße, so daß die
anderwärts erforderlichen Stützschaufeln ganz fortfallen, und die Führung
des innen liegenden Regulierrings mittelst Rollkugeln ermöglicht die Anwendung nur einer Regulierkurbel für den Antrieb des Ringes. Dabei
werden trotz der sorgfältigen Wahl in der Stellung und Lage der Kurbel-
arme zu den Lenkstangen kleine Unterschiede in den Wegen eintreten, die
durch die beiderseitigen Lenkstangenenden am Ring zurückgelegt werden.
Zweifellos wird fast immer nur eine Lenkstange wirklich unter Spannung
stehen und die andere ihrem Spielraum in den Gelenken entsprechend leer
mitgehen, was hier allerdings der Rollkugelführung wegen nichts auf sich
hat. Das Bronzelaufrad ist durch Schmiedeisenringe gebunden. Hier ist

nur das Spiralgehäuse in der Achsmitte geteilt, aber auf diese Weise doch ein Einlegen des Laufrades ermöglicht.

Bei den beiden Ausfüh-
rungen, Voith und Bell, hat
das Doppelsaugrohr erwünschte
Gelegenheit zur Entwicklung
eines vollständigen Fundament-
rahmens gegeben, der auf eine
kurze Strecke selber das Saugrohr bildet und für den Krümmer eine gute Lage sichert
gegenüber den Lagern der Turbinenwelle.

Wenn mehrere Spiraltur-
binen mit Doppelsaugrohr von
der gleichen Rohrleitung aus
gespeist werden sollen, ist unter Umständen eine Aufstellung
zweckmäßig, in der die Turbinen, mit ihren Wellen senkrecht zum Druckrohr, gewissermaßen rittlings über diesem
disponiert sind, wie Fig. 423
zeigt.

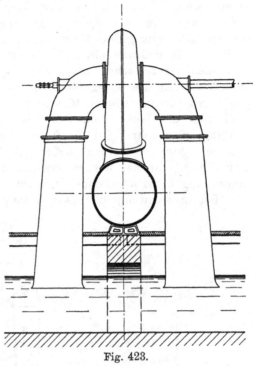

Fig. 423.

C. Doppel-Spiralturbinen.

Eine zweite Form der symmetrischen Anordnung zur Vermeidung des äußeren Achsialschubes sind die Doppel-Spiralturbinen, von denen eine in Taf. 38 dargestellt ist.

Diese entsprechen im allgemeinen den offenen Doppelturbinen und bieten deshalb für die Besprechung wenig Neues mehr.

Von Interesse ist in der dargestellten Turbine (Ausführung der Braunschw.-Hann. Maschinenfabriken Alfeld) die Einrichtung für die Ein-wirkung des Geschwindigkeitsregulators. Derselbe wirkt hier nicht auf die Leitschaufeln, sondern er beherrscht eine Vorrichtung, die dazu dient, Luft zum Saugrohr der Turbine zuzulassen. Auf diese Weise kann das arbeitende Gefälle dem jeweiligen Überschuß der Betriebskraft entsprechend verkleinert werden, und die Einrichtung soll nach Angabe der Fabrik für nicht zu strenge Ansprüche an Genauigkeit der Regulierung, also für viele Fabrik-betriebe, Sägemühlen usw. gut arbeiten.

Eine Bedingung aber besteht für die richtige Anwendung der Anord-nung, sie wird durch Bezugnahme auf die Gl. 595, S. 451 ausgesprochen. Soll nämlich die derart ausgestattete Turbine bei ganz geringer Belastung, also angenähert Leerlauf, die Normalumdrehungszahl auch noch einhalten, so kann dies nur erreicht werden, wenn für diesen Fall durch das völlige Ausschalten des Sauggefälles das der Turbine übrig bleibende Druckgefälle gerade zum Leerlauf noch genügt, d. h. wenn die Turbine mit ihrer Wellmitte etwa in $h = \sim 0,3 H$ unter dem Oberwasserspiegel disponiert ist, wenn sie also mit etwa $^1/_3$ Druck- und $^2/_3$ Sauggefälle arbeitet. Dies wird sich aller-

dings nicht immer mit den örtlichen Verhältnissen, mit der Höhenlage der
Haupttransmission usw. in Einklang bringen lassen, die Einrichtung verdient
aber doch als einfache und billige Reguliervorrichtung der Erwähnnng. Es
ist ja, wenn vorübergehend oder dauernd ein Kraftüberschuß vorhanden
ist, an sich ganz gleichgültig, wie dieser vernichtet wird, ob an dem Produkt $Q \cdot \gamma \cdot H$ dadurch die Ermäßigung gesucht wird, daß Q allein durch
Schließen der Leitschaufeln oder daß Q und H gemeinschaftlich durch Beeinträchtigung des Sauggefälles reduziert werden. Im ersteren Falle geht
das sämtliche unverbrauchte Wasser übers Wehr, im zweiten Falle zum
Teil über das Wehr, zum Teil mit vermindertem Nutzeffekt durch das
belüftete Saugrohr. Der Kraftüberschuß muß in solchen Fällen ja stets
verloren gegeben werden, außer das Wasser könnte im Oberkanal eine
Zeitlang angesammelt werden, was meist unstatthaft ist. Natürlich ist diese
Anordnung nicht auf Doppel-Spiralturbinen beschränkt.

Bei Anwendung der Doppel-Spiralturbinen wird der Anschluß des
Zuleitungsrohres umständ-
licher als seither.

Wird nur eine Turbine
von dem Rohr gespeist,
so ist der beste Anschluß
für die Wasserführung
gegeben, wenn die Tur-
binenwelle senkrecht zur
Rohrachse gelegt werden
kann, Fig. 424, und da-
bei wird durch ein sog.
Hosenrohr die Abzwei-
gung zu beiden Gehäu-
sen symmetrisch durch-
geführt.

Handelt es sich um meh-
rere Turbinen am glei-
chen Hauptrohr, so emp-
fiehlt sich die einmalige
Gabelung dieses letzteren
für sämtliche Turbinen,
Fig. 425, derart, daß im
Turbinenhaus zwei pa-
rallellaufende Teilstränge

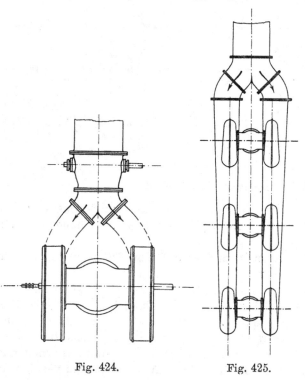

Fig. 424.   Fig. 425.

vorhanden sind, je einer für die rechts- und die linksliegenden Gehäuse.
Die Anschlüsse sehen in der Seitenansicht dann der Anordnung der Taf. 30
völlig gleich. Allerdings muß dabei jedes Gehäuse seine besondere Ab-
schlußvorrichtung erhalten, die mit der zugehörigen der anderen Seite zu
einem gemeinschaftlichen Antrieb zu vereinigen ist. Einfacher ist aber
doch die Anordnung von Spiralturbinen mit Doppelsaugrohr.

23. Geschlossene Turbinen, stehende Welle.

Daß selbst bei Gefällen gegen 20 m hin die Hochwasserverhältnisse derart beschaffen sein können, daß liegende Wellen unmöglich sind, ist die Ursache, daß auch heute noch in solchen Fällen stehende Wellen angeordnet werden müssen. Derartige Umstände kommen natürlich nur ausnahmsweise vor, einer dieser Ausnahmefälle aber ist die in der Zeitschr. des V. D. I., Jahrgang 1904, S. 581 u. f. von Kinbach beschriebene Turbinenanlage des Elektrizitätswerkes Kykkelsrud in Norwegen.

Unter Bezugnahme auf diese Beschreibung und die in den Taf. 39, 40 und 41 gegebenen Darstellungen kann die Erläuterung verhältnismäßig kurz gehalten werden, denn eine Ausnahmekonstruktion wird die dortige Anordnung immer bleiben.

Von Interesse sind die Unterschiede in den Gehäuseformen usw. der beiden großen Turbinen, deren eine von Voith-Heidenheim, die andere von Escher-Zürich gebaut ist.

Aus je 3 m weiten Zuleitungsröhren wird das Wasser bei der einen Turbine einem Spiralgehäuse, bei der anderen einem zylindrischen Blechgehäuse zentrisch zugeführt, während die kleineren Erregerturbinen (Voith) zylindrische Gehäuse mit exzentrisch sitzenden Stutzen aufweisen, letzteres, um das zuströmende Wasser wenigstens in Annäherung an Spiralführung den Leiträdern nach der Umlaufsrichtung zuzuweisen.

Grundverschieden sind die Regulierungseinrichtungen beider großer Turbinen, die Spiralturbine besitzt Drehschaufeln, die Kesselturbine eine Ringschütze im Spalt.

Die Drehschaufeln sind der großen Höhe wegen, $b_0 = 740$ mm, durch einen in der Gehäusemitte liegenden Regulierring gefaßt, der von zwei in gleicher Höhe im Spiralgehäuse befindlichen Lenkstangen und Kurbeln seinen Antrieb erhält. Der hydraulische Ausgleicher, der hier Verwendung gefunden hat, ist schon oben in Fig. 265 geschildert worden, die Zapfenverhältnisse finden sich bei Fig. 336 geschildert.

Die Erregerturbinen besitzen, ganz getrennt von den eigentlichen Spurzapfen, Entlastungsscheiben von 600 Durchm. auf der Turbinenwelle befestigt, die in einem ausgebohrten Aufsatz auf dem Kesseldeckel rotieren und von unten her Wasserdruck erhalten.

Auf dem Deckel des Spiralgehäuses ist ein Lager aufgesetzt und zwischen der Lagerunterkante und der ausgebüchsten Deckelbohrung ein abstellbares Rohr angeschlossen, Taf. 39, welches zur Wasserzufuhr dienen dienen soll an Stelle einer Stopfbüchse.

Hier ist die Drosselklappenwelle senkrecht angeordnet ohne Durchführung nach unten. Bei dem großen Gewicht der Klappe ist der gegen oben gerichtete Achsialdruck eine willkommene Entlastung; der Schneckenbetrieb befindet sich erst in der zweiten Übersetzung an der Wandlagerplatte.

Die Ringschütze der Escher'schen Turbine, Taf. 40, wird durch drei Kolben von 200 Durchm. gehoben und gesenkt, die unter Öldruck stehen, den der Regulatur regiert. Eine Winkelhebelanordnung mit langer Schubstange vermittelt die Nach- oder Rückführung beim Regulator.

Zweifellos wurde die immerhin etwas schwerfällige Ringschützenregulierung mit Rücksicht auf die Eisverhältnisse angewendet, weil sie da doch weniger Störungen ausgesetzt scheint als die Fink'schen Drehschaufeln. Dem Verfasser ist aber auch hinsichtlich des Verhaltens der letzteren bei Eiszeit nichts Nachteiliges bekannt geworden.

Von besonderem Interesse ist die Ausbildung der feststehenden Leitschaufeln an der Escher'schen Turbine. Die Ringschütze im Spalt ist mit Beziehung auf den Nutzeffekt bei kleineren Füllungen keine Wasserregulierung im Sinne der Erklärungen S. 286 u. f., aber sie wirkt wie eine Spaltdruckregulierung. Dies ist leicht einzusehen, wenn wir bedenken, daß die zur Hälfte herabgelassene Ringschütze den Leitschaufelquerschnitt ebenso auf den halben Betrag verkleinert als die auf $\frac{a_0}{2}$ zugedrehten Fink'schen Schaufeln. Mithin treten bei teilweisem Schließen der Ringschütze in einer den Drehschaufeln entsprechenden Weise größere Beträge von w_0 auf gegenüber der ganz offenen Schütze. Wenn nun die festen Leitschaufeln über die ganze Breite b_0 gleich weit sind, so wird ein verhältnismäßig geringer Betrag des Absenkens der Schütze (z. B. hier 100 mm) noch fast gar keinen Einfluß auf die verbrauchte Wassermenge haben, das Absenken wird durch die im Laufrad auftretenden Wirbel nur zu etwas schlechterem Nutzeffekt Veranlassung geben.

Der Konstrukteur hat nun die Leitschaufelweiten a_0 oben, also am Anfang des Schließweges der Ringschütze weiter ausgeführt als gegen unten, gegen das Ende hin (D.R.P.). Dadurch wird die Wassermenge nicht mehr über die ganze Breite b_0 gleichmäßig verteilt sein, sondern die oberen Partien von b_0 sollen mehr Wasser führen als die gegen abwärts gelegenen. Dadurch wird auf die ersten 100 mm Schließweg der Ringschütze auch schon eine kräftigere Verminderung der Wassermenge erzielt werden, und auf diese Weise sind die einzelnen Teile des gesamten Regulierweges der Ringschütze gleichwertiger in bezug auf die Verminderung der Leistung, als wenn die Leitschaufelweite durchweg gleichgroß gemacht worden wäre.

Die Verschiedenheit der Leitschaufelweiten a_0 der Höhe nach bedingt natürlich verschiedene δ_0 und δ_1 und für stoßfreien Eintritt auch verschiedene w_0 und w_1, sowie auch andere Werte für β_1. Je größer a_0, um so größer sollte β_1 sein und umgekehrt, d. h. die Gefälleaufteilung muß in den verschiedenen Höhen ganz verschieden ausgeführt sein. Welcher Art die Einflüsse dieses Umstandes auf die Leistung und den Nutzeffekt der Turbine an sich sind, ist dem Verf. nicht bekannt. Die Verhältnisse ähneln dabei in etwas denjenigen der Achsialturbine.

24. Strahlturbinen.

Solange die Regulierungsverhältnisse der Reaktionsturbinen noch nicht geklärt waren, verwandte man für stark veränderliche Wassermengen Strahlturbinen, weil bei diesen das Anpassen an die Wassermenge durch Zellenregulierung anstandslos möglich war. Im Gegensatz zu den Verhältnissen bei Reaktionsturbinen, Fig. 171, S. 289, gibt es bei Strahlturbinen keine „toten" Radschaufeln, denn die Räume der Ablenkungsflächen sind ja stets teilweise mit Luft gefüllt, sie stehen auch mit der äußeren Luft in Verbindung und können so jedesmal stoßfrei leer laufen, wenn sie unter eine geschlossene Leitzelle kamen. Auch der Wiedereintritt in den Bereich der tätigen Leitzellen bringt keine Stöße, vom ersteintretenden Wasserteilchen an durchlaufen alle andern den regelrechten Ablenkungsweg, sofern nur bei der Zellenregulierung auch der Grundsatz der Leitschaufelabsperrung nach I, Fig. 171, eingehalten wird.

Als Übelstand wurde seitens der Turbinenbesitzer, bewußt oder unbewußt, der Arbeitsverlust empfunden, der durch das sog. Freihängen der Strahlturbine bedingt ist.

Die aus einfachen Ablenkungsflächen gebildete Strahlturbine kann nur den vollen Betrag der X-Komponenten usw. entwickeln, wenn die Wasserteilchen ihren Weg entlang den Ablenkungsflächen ungestört zurücklegen können, und dies ist nur möglich, solange die Ablenkungsflächen oberhalb des Unterwasserspiegels liegen. Da nun der Unterwasserspiegel durchaus keine bleibende Höhenlage besitzt, sondern je nach den Wassermengen des betreffenden Flußlaufes ziemlich beträchtlichen Schwankungen unterliegen kann, so mußten die Strahlturbinen um ein entsprechendes oberhalb der durchschnittlichen Höhe des Unterwassers aufgestellt werden, damit nicht jede kleine Anstauung im Unterkanal alsbald eine empfindliche Einbuße an Arbeitsleistung verursachen konnte. Die Höhe h_a der Fig. 80, S. 101, ist beispielsweise für die Strahlturbine direkt verloren, und der Turbinenbesitzer mußte sich jahrzehntelang mit der Ansicht des Turbinenkonstrukteurs einverstanden erklären, die dahin ging, daß die Größe h_a der Fig. 80 oder ähnlicher Anordnungen überhaupt gar nicht zum disponiblen Gefälle gerechnet werden dürfe.

Die Befreiung der Strahlturbinen aus der Abhängigkeit von der Lage des Unterwassers suchte zuerst Hänel in Magdeburg auf rationelle Weise durch seine Rückschaufeln zu erreichen, vergl. S. 256 u. a. die Grenzturbinen usw. betreffend. Doch wurde diese Konstruktion bald wieder verlassen, weil sie in den stark gekrümmten Radkanälen zwischen Ablenkungsfläche und Rückschaufel ziemliche Reibungsverluste aufwies und weil sich die engen Kanäle auch sehr leicht, schon mit Laub u. dergl., zulegten. Die

von Girard ausgeführte sog. Pneumatisierung mag hier nur genannt sein,
sie verschwand sehr rasch wieder.

Die „Knop-Turbine" der Firma Briegleb, Hansen & Co., Gotha, half
den geschilderten Übelständen ab. Diese Turbine hatte den Spaltdruck
Null, Druckschwankungen waren bei teilweiser Beaufschlagung deshalb
für die Leitradöffnungen vermieden. sie war aber keine Strahlturbine,
sondern aus den zu Anfang, S. 24 u. f. geschilderten, drucklos nachgefüllten
Reaktionsgefäßen gebildet, die Zellenräume dieser Turbine waren schon
bei normalem Betrieb mit Wasser vollständig angefüllt, und deshalb konnten
sie natürlich das Eintauchen ins Unterwasser vertragen, abgesehen natürlich
davon, daß durch das Ansteigen des Unterwassers an sich eine Gefälleverminderung eintreten mußte. Diese Turbinen wurden als Achsialturbinen ungefähr
auf oder etwas unter den mittleren Unterwasserspiegel gelegt, sie nützten
auf diese Weise das ganze verfügbare Gefälle aus, und nur das Absinken
des Unterwassers unter die Radunterkannte konnte keinen weiteren Zuwachs an Gefälle bringen. Aber auch diese Turbinengattung wurde durch
die äußere Radialturbine mit Spaltdruckregulierung völlig verdrängt.

Heutzutage kommen Strahlturbinen nur noch für höhere Gefälle in
Betracht, da wo die Reaktionsturbinen zu hohe Umdrehungszahlen aufweisen
würden, besonders aber auch bei kleineren Gefällen für relativ sehr kleine
Wassermengen. Nur die innere Radialturbine mit äußerem Austritt und
die als Peltonrad, Löffelturbine usw. bezeichnete Strahlturbine mit äußerem
sog. tangentialem Eintritt, (weil derselbe kaum mehr als radial bezeichnet
werden kann), und mit achsialem Austritt sind dafür in Verwendung; die
innere Radialturbine ist aber heute schon fast ganz durch das Peltonrad oder
die Spiralturbine verdrängt worden.

Weil die Strahlturbine die Übelstände der toten Laufzellen in der
früher S. 288 u. f. geschilderten Weise nicht hat, kann sie als Partialturbine
(S. 102) angewendet werden, was bei der Reaktionsturbine ausgeschlossen
ist, und diese Anordnung als Partialturbine gestattet die völlig freie Wahl
des Eintrittsdurchmessers D_1, also auch die freie Bestimmung der Umdrehungszahlen im Gegensatz zu den Vollturbinen.

Alle diese Erwägungen treten auf, wenn die Entscheidung der Frage,
ob Reaktions-, ob Strahlturbine, zu treffen ist. Fast immer wird die zu
hohe Umdrehungszahl der Reaktionsturbine aber die Grenze für deren Anwendung bilden, unabhängig vom Gefälle an sich. Es läßt sich deshalb
keine Gefällegrenze angeben für den Wechsel im System der Turbinen.
Bei kleinen Wassermengen kann beispielsweise schon für 15 oder 20 m
Gefälle eine Strahlturbine sehr angezeigt sein, während andererseits Reaktionsturbinen auch bei Gefällen über 50 m hinaus durchaus normal angewendet
sein können. Die Verbundturbinen werden die Grenze für die Anwendung
der Strahlturbinen noch höher rücken.

Ein wichtiger Punkt für die Berechnung der Strahlturbinen bleibt
natürlich auch die anzunehmende Größe der absoluten Austrittsgeschwindigkeit w_2, die Annahme von α_2, wobei hier von α_4 oder dergl. naturgemäß keine
Rede sein kann. Was aber die Berechnung wesentlich von derjenigen der
Reaktionsturbinen unterscheidet, das ist die bei gegebenem Gefälle ohne
weiteres festliegende Größe von w_0 und w_1.

Im tatsächlichen Betrieb entsteht w_0 aus der manometrischen Druckhöhe h_m, Fig. 426, zuzüglich der Höhe, die zur Erzeugung der Rohrge-

schwindigkeit c tatsächlich aufgewendet wurde, so daß mit φ_g als Geschwindigkeitskoeffizient zu schreiben ist

$$w_0 = \varphi_g \sqrt{2g\left(h_m + \frac{c^2}{2g\varphi_g{}^2}\right)} \quad \cdots \cdots \quad \textbf{778.}$$

Mit dem schon mehrerwähnten Mittelwert von $\varphi_g = 0{,}95$ ergibt sich dann

$$w_0 = 0{,}95 \sqrt{2g\left(h_m + 1{,}1\frac{c^2}{2g}\right)} = 0{,}95\sqrt{2gh_m + 1{,}1\,c^2}. \quad \textbf{779.}$$

Vielfach verschwindet $1{,}1\frac{c^2}{2g}$ gegenüber h_m vollständig, und so darf,

besonders auch angesichts der Unsicherheit des Koeffizienten φ_g fast immer einfach geschrieben werden

$$w_0 = 0{,}95\sqrt{2gh_m} \quad \cdots \quad \textbf{779\,a.}$$

Wie schon früher auseinandergesetzt, handelt es sich nun darum, dem Wasser die Schaufel, die Ablenkungsfläche so darzubieten und sie derart fortschreiten zu lassen, daß die gewünschte Arbeitsentziehung erzielt wird.

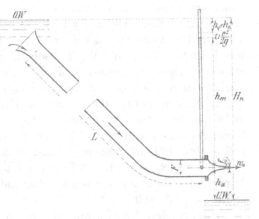

Fig. 426.

Da die Radhöhen h_r, die Unterschiede in der Höhenlage zwischen Eintrittsstelle „1" und Austrittsstelle „2" im Verhältnis zur Gefällhöhe in dem jetzigen Verwendungsbereich der Strahlturbinen vollständig verschwinden, so darf die Rücksicht auf h_r ganz außer acht bleiben, und wir können in Wirklichkeit immer annehmen, daß die Erdbeschleunigung auf den Bewegungsvorgang entlang der Ablenkungsfläche ohne merkbaren Einfluß bleibt.

Auf diese Weise wird, sofern Gl. 779a als gültig angesehen wird und ohne Hinzuziehung der anderen Teile des Nettogefälles H_n, die Größe h_m zum arbeitenden Gefälle (Fig. 426).

Ist in Anlehnung an die Berechnung der Reaktionsturbinen $\varrho_0 \cdot h_m$ der Gefällebruchteil, der durch Reibungswiderstände bei der Bildung von w_0 verloren geht, so ist zu schreiben (Gl. 779a)

$$\frac{w_0{}^2}{2g} = \varphi_g{}^2 h_m = (1 - \varrho_0)h_m$$

und wir erhalten hiermit für $\varphi_g = 0{,}95$

$$\varrho_0 = \sim 0{,}1.$$

Der Übergang von w_0 nach w_1 vollzieht sich hier unter anderen Umständen als bei den Reaktionsturbinen. Da das ganze Arbeitsvermögen des Wassers in w_0 aufgespeichert ist, so haben wir dafür zu sorgen, daß auf dem Wege zum Laufrad an keiner Stelle des freien Leitschaufelstrahls eine Beeinträchtigung von w_0 nach Größe und Richtung erfolgen kann. Die Wasserteilchen sollen die Leitzelle sämtlich in ganz parallelen Bahnen verlassen, denn wenn dies nicht stattfindet, so zerstreut sich der Strahl, ehe er ins Laufrad gelangt, und eine geordnete Wasserführung ins Laufrad hinein, ein geordnetes Entlangströmen an den Ablenkungsflächen und eine richtige Arbeitsabgabe ist von vornherein schon unmöglich gemacht.

Die Formgebung der Leitschaufel steht also in gewissem Gegensatz zu derjenigen bei den Reaktionsturbinen. Wir haben hier alles Interesse daran, daß der die Leitöffnung verlassende Strahl gut geschlossen bleibt, denn jeder Tropfen, der Seitenwege einschlägt, ist nicht nur verloren für das Arbeitsvermögen, sondern er kann durch Schaufelschlag selbst arbeitverzehrend auftreten. Auf die gute Ausführung der Leitschaufelmündung ist deshalb der größte Nachdruck zu legen. Scharf abgeschnittenes Ende hilft erfahrungsgemäß neben sehr sauber bearbeiteten Innenwänden den Zweck erreichen. Dabei ist nicht nur die allernächste Umgebung der Leitöffnung ins Auge zu fassen, sondern die ganze Strecke, auf der die Rohrgeschwindigkeit c in die Leitschaufelgeschwindigkeit überleitet, muß in guten, stetigen, möglichst schlanken Richtungs- und Querschnittsübergängen verlaufen; die Wände dürfen keine Erhöhungen oder Vertiefungen aufweisen, damit auch dadurch keine inneren Wirbelbewegungen im Strahl hervorgerufen werden, die den Zusammenhalt desselben auf dem Wege zum Laufrad beeinträchtigen könnten. Eine kurze Strecke mit genau parallelen Wänden sollte den Schluß machen, damit alle Teilchen des Strahls auch wirklich parallel gerichtet sind. Daß der letztgenannte Umstand bei den regulierbaren Leitzellen nicht allemal eingehalten werden kann, ändert nichts an seiner Wichtigkeit.

Die großen Geschwindigkeiten im Leitapparat greifen Gußeisen usw. sehr rasch an. Deshalb sollten die Leitzellen stets aus bester Bronze gefertigt werden und als in sich geschlossenes Mundstück leicht ausgewechselt werden können. Jeder Leitapparat ist in der Fabrik auf gute Strahlform zu probieren, die sich besonders auch dadurch zu erkennen gibt, daß der geschlossene Strahl, wenn wirbelfrei, klar ist wie ein Glasstab.

Zwischen der Stelle „0" und dem Laufradeintritt „1" liegt der Weg des Strahls durch die atmosphärische Luft. Die Reibung des Strahls an der umgebenden Luft äußert sich durch das Mitreißen von Luft entlang der Strahloberfläche, und die Arbeit, welche zur Beschleunigung der Luftteilchen geleistet werden muß, bedeutet eine Einbuße an Arbeitsvermögen für den Strahl, also eine Verringerung von w_0. Beim Auftreffen auf die Radschaufelanfänge wird der Strahl eine weitere Einbuße an Geschwindigkeit erleiden, die um so kleiner sein wird, je schlanker die Schaufeln zugeschärft sind. Den stumpf abgeschnittenen Leitzellenwandungen stehen bei den Strahlturbinen scharfe Radschaufelkanten gegenüber. Stumpfe oder nicht sehr schlank zulaufende Radschaufelkanten geben, abgesehen von den Geschwindigkeitsverlusten, auch Gelegenheit zum Versprühen des Strahls derart, daß unter Umständen nicht unerhebliche Wassermengen an der Eintrittsstelle „1" seitwärts geschleudert werden und gar nicht ins Laufrad gelangen können.

So sehen wir, daß auch hier die Geschwindigkeit w_1 kleiner ausfallen wird als w_0, wenn auch aus ganz anderen Ursachen als bei den Reaktionsturbinen. Die Einbuße an Gefälle, welche in der Erniedrigung von w_0 auf w_1 begründet ist, bezeichnen wir in Anlehnung an früheres mit $\varrho_1 h_m$. Die Größe ϱ_1 mag mit 0,02 geschätzt werden.

Wir können also in Anlehnung an Gl. 779a schreiben

$$w_0 = \sqrt{2\,g\,(1 - \varrho_0)\,h_m} \quad \cdot \ \cdot \ \cdot \ \cdot \ \cdot \ \cdot \ \cdot \quad \mathbf{780.}$$

$$w_1 = \sqrt{2\,g\,(1 - \varrho_0 - \varrho_1)\,h_m} \quad \cdot \ \cdot \ \cdot \ \cdot \ \cdot \quad \mathbf{781.}$$

Neben den im Einzelfalle fest gegebenen Geschwindigkeiten w_0 und w_1 kommt die Wahl der Umfangsgeschwindigkeit u_1 in Betracht. Wir haben die Verhältnisse, die bei der Wahl von u_1 zu berücksichtigen sind, auf S. 22 u. f. ideell betrachtet und müssen jetzt für den tatsächlichen Betrieb die nötigen Schlüsse daraus ziehen. Es zeigte sich dort, daß eine Fülle von Größen für u_1 bei gegebenem Austrittsverlust zu Gebote steht. Daß wir aber die kleineren Relativgeschwindigkeiten vorziehen werden, ist begreiflich, denn diese sind für die Reibungsverluste entlang der Schaufelfläche maßgebend, und weil die u und v sehr nahe einander gleich sind, so halten wir uns in der Praxis an die kleinen u, also an die Werte von ungefähr $u = \dfrac{w_1}{2}$.

Daraus folgt als erster Anhalt für den Entwurf, wenn $\varrho_0 = 0{,}1$, $\varrho_1 = 0{,}02$ angenommen wird, nach Gl. 781 die ungefähr anzustrebende Umfangsgeschwindigkeit

$$u_1 = \sim \frac{w_1}{2} = \frac{1}{2} \sqrt{2\,g \cdot 0{,}88\,h_m} = \sim 0{,}47 \sqrt{2\,g\,h_m}. \quad \cdot \ \cdot \quad \mathbf{782.}$$

A. Innere radiale Strahlturbinen (Schwamkrug-Turbinen).

Aus dem annähernden Wert für u_1 nach Gl. 782 ergibt sich für den ersten Entwurf, mit der meist gegebenen oder erwünschten Größe der Umdrehungszahl n, der vorläufige Durchmesser D_1 für den Laufradeintritt, und bei angenommener radialer Erstreckung des Laufrades wäre damit auch der Austrittsdurchmesser D_2 festgelegt.

Diese radiale Erstreckung des Laufrades variiert aber je nach den zu erwartenden Strahlstärken a im Laufrade, denn die Ablenkungsflächen sind ganz ähnlich dem auf S. 90 u. f. behandelten Krümmer mit rechteckigem Querschnitt anzusehen, dessen Innenwand ganz weggenommen ist. Dort war (S. 92) entwickelt, daß äußere Krümmungsradien r_a kleiner als $2{,}718\,a_1$ für den Betrieb unverwendbar sind, und so werden wir die radiale Ausdehnung zwischen „1“ und „2“, die Größe $\dfrac{D_2 - D_1}{2}$, derart anzunehmen haben, daß der Krümmungsradius r_a der meist kreisförmigen Ablenkungsflächen größer wird als der obengenannte Wert.

Bei der Festlegung des äußeren Laufraddurchmessers D_2 spielt also die Eintritts-Strahlstärke a_1 eine entscheidende Rolle, und deshalb kann D_2 erst nach der Ermittlung von a_1 festgelegt werden. Im Gegensatz zu den Reaktionsturbinen haben wir uns hier zuerst mit den Verhältnissen des Eintritts zu beschäftigen, der Gang der Rechnung ist dabei folgender:

Für den jetzigen Verwendungsbereich der Strahlturbinen handelt es sich ausnahmslos um Partialturbinen. Aus der gegebenen Wassermenge Q findet sich mit w_0 nach Gl. 779 oder 779a der gesamte Leitschaufelquerschnitt F_0 zu

$$F_0 = \frac{Q}{w_0} = z_0 \cdot f_0 \quad \cdot \ \cdot \ \cdot \ \cdot \ \cdot \ \cdot \quad \mathbf{783.}$$

worin hier z_0 die Zahl der tatsächlich vorhandenen Leitschaufeln ist, also nicht die Zahl, welche dem ganzen Umfang $D_1\,\pi$ entsprechen würde.

Wie viele Leitschaufeln anzuwenden sind, das kann nur in angenäherter Weise ausgesprochen werden, ein gewisses Probieren beim Entwerfen wird hier nicht zu vermeiden sein. Wenn ausführbar, ist eine Leitschaufel am zweckmäßigsten, und dies wird im allgemeinen bis gegen den Betrag von etwa $F_0 = \frac{1}{2}$ qdcm $= 0{,}005$ qm angängig sein. Darüber hinaus werden besser zwei und mehr Leitschaufeln genommen, der sicheren Wasserführung wegen.

Vielfach wird F_0 gegenüber dem Ergebnis der Gl. 783 etwas reichlicher genommen, als Reserve, sei es daß bei einer Leitschaufel a_0 oder b_0 reichlicher bemessen wird, sei es daß bei mehreren Schaufeln noch eine weitere Schaufel zu z_0 zugegeben wird. Die Zellenregulierung gestattet dies an sich ja ohne weiteres.

Für die ganze Behandlung des Wassers in der Schaufelung der Strahlturbinen ist wohl zu beachten, daß eine Rückumsetzung von Geschwindigkeit in Druckhöhe im allgemeinen gar nicht möglich ist, weil der freie Strahl jeder Beeinträchtigung des Fließens sofort versprühend ausweicht. An der Ablenkungsfläche mit der Druckhöhe h_a (S. 83 u. a.) tritt nur deshalb kein Versprühen ein, weil die Zentrifugalkräfte der an der Fläche entlang strömenden Wasserteilchen zwischen dieser und der Fläche den „Schluß" herstellen und weil die Ablenkung stetig erfolgt.

Wir wollen die Rechnung zuerst für die Anwendung von nur einer Leitschaufel aufstellen und werden sehen, daß sich für mehrere Leitzellen die Verhältnisse denen der einzelnen Leitzelle vollständig anschließen.

1. Strahlturbinen mit einer Leitzelle.

I. Allgemeines.

Der Eintrittswinkel δ_1 durfte bei den äußeren radialen Reaktionsturbinen an jeder Stelle des Umfangs gleich angenommen werden (Einflüsse der Leitschaufelstärken s_0 vernachlässigt), weil die Wasserstrahlen gegenseitig zwangläufig geführt, einer durch den anderen abgelenkt und gestützt, in Evolventenbahnen gegen einwärts treten.

Für die innere radiale Strahlturbine kann man wohl durch gekrümmte Leitflächen geometrisch die gleichen Verhältnisse unterstellen, aber es ist dabei zu bedenken, daß sie sich in Wirklichkeit nicht ebenso vorfinden werden. Das Wasser wird nach dem Durchtritt durch den Mündungsquerschnitt der gekrümmten Leitzelle nicht in gekrümmter Bahn weiterströmen, sondern in freiem Strahl geradeaus gehen, sämtliche Wasserbahnen sind unter sich parallel. (Von der Wirkung der Erdanziehung auf den freien Strahl darf dabei, wie gesagt, ganz abgesehen werden.) Der mittlere Wasserfaden eines solchen geraden Strahls besitzt gegenüber dem Laufradumfang den Winkel $\delta_1{}^m$ Fig. 427 und 428; die an der Strahlkante gegen innen und außen liegenden Wasserfäden aber schneiden den Laufradumfang unter den Winkeln $\delta_1{}^i$ und $\delta_1{}^a$, die von $\delta_1{}^m$ abweichen. Je größer a_0 im Verhältnis zu $d_1{}^i$ ist, um so größer werden die Abweichungen. Aus diesem Grunde bleiben die Ausführungen mit a_0 gegenüber $d_1{}^i$ in sehr engen Grenzen, a_0 höchstens $0{,}025$ bis $0{,}05\ d_1{}^i$. Wenn a_0 diesen Betrag überschreiten müßte, werden eben dann mehrere Leitschaufeln erforderlich, von denen jede wieder die Richtungen $\delta_1{}^i$, $\delta_1{}^m$, und $\delta_1{}^a$ aufweist.

Aus den verschiedenen δ_1 ergeben sich im Verein mit den überall gleichen u_1 und w_1 nach Richtung und Größe ganz verschiedene v_1, wie sie aus den Geschwindigkeitsparallelogrammen der Fig. 428 ersichtlich sind.

Die Rechnung kann sich aber nur auf die Annahme einer einzigen Strahlrichtung, hier wohl der mittleren, $\delta_1{}^m$ gründen und wir haben auch, wie oben betont, in der Ausführung der Leitöffnung dafür zu sorgen, daß $\delta_1{}^m$ gut eingehalten wird, dazu der parallele Lauf aller Wasserfäden aus der Leitöffnung heraus.

Aus w_1 und der definitiv erst noch zu bestimmenden Umfangsgeschwindigkeit u_1 findet sich bei der mittleren Richtung $\delta_1{}^m$ die relative Geschwindigkeit $v_1{}^m$, die für die Bestimmung von a_1 erforderlich ist, nach Größe und Richtung $(\beta_1{}^m)$ aus dem Geschwindigkeitsparallelogramm, Fig. 428, deshalb ist jetzt zuerst u_1 mit Rücksicht auf w_2 genau festzulegen. Wir bedenken dabei folgendes:

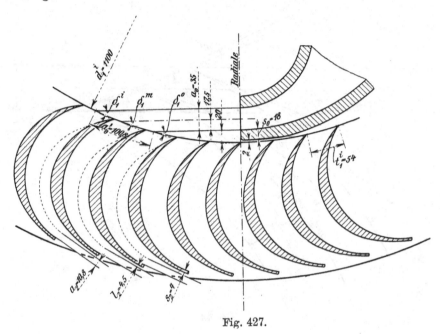

Fig. 427.

Aus $v_1{}^m$ am Laufradeintritt entsteht nach und nach $v_2{}^m$ am Austritt und hier ist dann $v_2{}^m$ und u_2 mit Hilfe von β_2 so zu kombinieren, daß der angenommene Betrag von w_2 zustande kommt, unabhängig von der Größe von δ_2.

Die Größe von α_2 wird bei hohen Gefällen sehr mäßig gehalten, damit im Unterwasser keine zu großen Wirbelungen und dergl. vorkommen. Beträge von $w_2 = 5$ m/sek können für die Grabenverhältnisse unter Umständen schon etwas beunruhigend sein und doch entspricht $w_2 = 5$ m/sek eine Höhe $\frac{w_2{}^2}{2\,g} = \sim 1,3$ m, die bei 100 m Gefälle nur $\alpha_2 = 0,013$ ausmacht. Sind hohe w_2 nicht zu umgehen, so muß eben der Unterkanal entsprechend weit hinaus gut befestigt sein.

Der Übergang von $v_1{}^m$ nach $v_2{}^m$ wird sich aber nicht einfach nach den ideellen Betrachtungen S. 106 u. f. vollziehen können, weil die Fließwiderstände entlang der Ablenkungsfläche überwunden werden müssen. Die

41*

relative Austrittsgeschwindigkeit $v_2{}^m$ wird aus diesem Grunde kleiner ausfallen müssen als durch die Gl. 284 und 291 ausgesprochen ist.

Wenn wir diese Fließwiderstände in Anlehnung an die Reaktions-
turbinen auch wieder als einen Gefällebruchteil $\varrho_2\, h_m$ auffassen, so geht hiermit die Gl. 291, S. 109, über in

$$v_2{}^{m\,2} = v_1{}^{m\,2} + u_2{}^2 - u_1{}^2 - 2\,g\,\varrho_2\,h_m \quad \ldots \quad \textbf{784.}$$

Sofern wir hier $\delta_2 = 90^{\circ}$ annehmen, so geschieht dies wie früher auch
nur der daraus folgenden Vereinfachung in der Rechnung wegen. Für
$\delta_2 = 90^{\circ}$ kann die vorstehende Gleichung nämlich geschrieben werden

$$v_2{}^{m\,2} - u_2{}^2 = w_2{}^2 = v_1{}^{m\,2} - u_1{}^2 - 2\,g\,\varrho_2\,h_m.$$

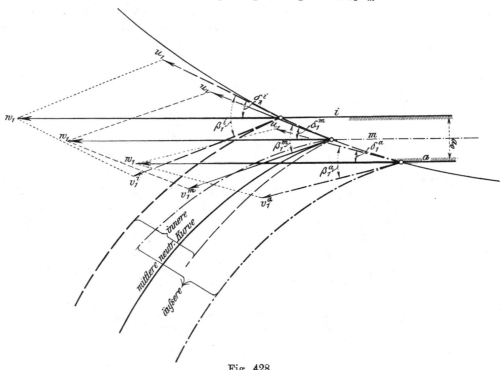

Fig. 428.

Aus dem Geschwindigkeitsparallelogramm des Eintrittes entnehmen wir

$$v_1{}^{m\,2} = w_1{}^2 + u_1{}^2 - 2\,w_1\,u_1\,\cos\delta_1{}^m$$

und setzen

$$v_1{}^{m\,2} - u_1{}^2 = w_1{}^2 - 2\,w_1\,u_1\,\cos\delta_1{}^m$$

in die vorhergehende Gleichung ein, indem wir zugleich w_1 nach Gl. 781
und $w_2 = \sqrt{2\,g\,\alpha_2\,h_m}$ einführen.

Wir erhalten dadurch eine Beziehung in der nur noch u_1, $\delta_1{}^m$ und h_m
neben den verschiedenen ϱ und neben α_2 vorkommt und finden daraus,
sofern $\varrho_0 + \varrho_1 + \varrho_2 = \varrho$ bekannt, den genauen Betrag der Umfangsgeschwindigkeit zur Erzielung von α_2 als

$$u_1 = \frac{g\,(1 - \varrho - \alpha_2)\,h_m}{\cos\delta_1{}^m\,\sqrt{2\,g\,(1 - \varrho_0 - \varrho_1)\,h_m}} = \frac{\varepsilon}{\cos\delta_1{}^m}\,\sqrt{\frac{g\,h_m}{2\,(1 - \varrho_0 - \varrho_1)}} \quad \textbf{785.}$$

gegenüber dem, für ersten Entwurf, angenäherten u_1 nach Gl. 782. Rechnerisch oder zeichnerisch findet sich dann v_1 in bekannter Weise.

Aus der Gl. 785 für u_1 ist u_2 verschwunden, der Wert von u_1 gilt, gleichbleibende Größen von ϱ_2 vorausgesetzt, für jeden Durchmesser D_2, also können hiernach die Verhältnisse am Eintritt schon definitiv bearbeitet werden, ohne Rücksicht auf die Bemessung von D_2. Die Größe von w_2 ist durch die Gl. 785 gewährleistet und die ϱ_2 werden sich im allgemeinen in den angegebenen Grenzen halten.

Die nachfolgenden Betrachtungen werden verständlicher sein, wenn wir sie durch ein Zahlenbeispiel schrittweise begleiten lassen.

Zahlenbeispiel.

Es sei gegeben $h_m = 100$ m, $Q = 0{,}120$ cbm/sek, dazu $n = 350$ pro Min. Wir nehmen an:

$$\alpha_2 = 0{,}02, \quad \text{ferner} \quad \left.\begin{array}{l} \varrho_0 = 0{,}1 \\ \varrho_1 = 0{,}02 \\ \varrho_2 = 0{,}05 \end{array}\right\} \text{ nieder gerechnet}$$

$$\text{zusammen:} \quad \varrho = 0{,}17$$

also $\varepsilon = 1 - 0{,}17 - 0{,}02 = 0{,}81$ wodurch ein mechanischer Nutzeffekt von etwa 0,78 erzielt werden dürfte.

Wir finden

$$w_0 = \sqrt{2\,g\,(1 - 0{,}1)\,100} = 42{,}02 \text{ m/sek} \quad . \quad . \quad . \textbf{(780.)}$$

$$w_1 = \sqrt{2\,g\,(1 - 0{,}12) \cdot 100} = 41{,}55 \text{ „} \quad . \quad . \quad . \quad \textbf{(781.)}$$

Die ungefähre Umfangsgeschwindigkeit stellt sich auf

$$u_1 = \frac{w_1}{2} = \frac{41{,}55}{2} = \sim 20{,}78 \text{ m} \quad . \quad . \quad . \quad . \quad \textbf{(782.)}$$

und der ungefähre Durchmesser auf

$$D_1 = \frac{60 \cdot 28{,}78}{\pi \cdot 350} = \sim 1{,}130 \text{ m}.$$

Aus Q und w_0 finden wir

$$F_0 = \frac{0{,}120}{42{,}02} = 0{,}002856 \text{ qm} = 0{,}2856 \text{ qdcm} \quad . \quad . \quad \textbf{(783.)}$$

und haben hierfür nur eine Leitschaufel vorzusehen.

Wir nehmen a_0 an zu ungefähr $0{,}03 \cdot 1{,}13 = 35$ mm und erhalten damit $b_0 = 81{,}6$ mm, was wir auf 90 mm aufrunden. Hierdurch wird Q auf $0{,}12 \cdot \dfrac{90}{81{,}6} = 0{,}132$ cbm/sek vergrößert.

In unserem Belieben steht die Größe des Winkels $\delta_1{}^m$. Die Gl. 785 lehrt, daß u_1 mit $\delta_1{}^m$ abnimmt, da aber D_1 in ganz annehmbarer Größe für den vorliegenden Fall auftritt, so können wir $\delta_1{}^m$ rein nach konstruktiven Gesichtspunkten wählen. Hier ist vor allem s_0 von Wichtigkeit, denn die Leitschaufelwandung muß je nach der Art der Reguliereinrichtung meist auch einmal den vollen Gefälledruck ertragen können. Wir lassen den Leitkanal in einer Radialen aufhören und nehmen die Leitschaufelwandung zu 18 mm an, dazu 2 mm Zwischenraum bis zu den Radschaufelspitzen. Die Außenkante des Leitstrahles berührt also (Fig. 427) einen Kreis der um $18 + 2 = 20$ mm im Radius kleiner ist als $d_1{}^i$, und die Strahlmitte liegt noch um weitere $\dfrac{35}{2} = 17{,}5$ mm weiter einwärts. Auf Grund des Wertes von $D_1 = 1{,}13$ m ist $d_1{}^i = 1,1$ m rund angenommen. Da sich zeigen wird, daß D_1 und $d_1{}^i$ nur verhältnismäßig wenig differieren, so beziehen wir jetzt schon u_1, $\delta_1{}^m$ und v_1 auf $d_1{}^i$, der Bequemlichkeit im Entwerfen halber.

Der 35 mm starke Leitschaufelstrahl schneidet nun den Kreis vom Durchmesser $d_1{}^i = 1,1$ m in verschiedenen Winkeln (Fig. 427 und 428). Die Mittellinie des nach vorstehender Annahme eingezeichneten Strahls zeigt, aus der Zeichnug abgemessen, $\cos \delta_1{}^m = \dfrac{186,5}{200} = 0,9325$ und daraus folgt $\delta_1{}^m = 21^0\,10'$. In gleicher Weise ermittelt sich die Lage der beiden anderen Strahlrichtungen zu dem Umfang an der Stelle ihres Eintrittes zu $\delta_1{}^a = \sim 16^0$ und $\delta_1{}^i = \sim 26^0$. Trotz der kleinen Strahlstärke a_0 bestehen hier also doch schon ziemliche Differenzen in den δ_1, und die Fig. 427 läßt erkennen, welch lange Strecke der Strahl freigeht bis er den Radumfang überhaupt trifft. Deswegen ist ein gut geschlossener Strahl absolut notwendig.

Für den Wert von $\delta_1{}^m$ (Strahlmitte) erhalten wir mit Gl. 785

$$u_1 = \frac{0,81}{0,9325} \sqrt{\frac{9,81 \cdot 100}{2 \cdot 0,88}} = 20,51 \text{ m/sek (gegenüber 20,78)}.$$

Hieraus folgt $D_1 = \dfrac{20,51 \cdot 60}{\pi \cdot 350} = 1,12$ m und wir setzen definitiv $d_1{}^i = 1,1$ m an. Wenn wir zur Erleichterung des Zeichnens u_1 am Durchmesser $d_1{}^i$ vorhanden annehmen, so begehen wir damit eine Ungenauigkeit von nicht ganz 2 $^0/_0$, die erlaubt ist, besonders wenn wir in den Aufzeichnungen von Bremsergebnissen den Verlauf der Kuppe ins Auge fassen, die die PSe-Kurve, nach Umdrehungen geordnet, zeigt. (Fig. 418 u. a.).

Wir haben andererseits sogar eine gewisse Nötigung anzuerkennen, daß wir nunmehr die Schaufelspitze und nicht die Strahlmitte $\left(\dfrac{a_1}{2}\right)$ als maßgebend für die Geschwindigkeiten ansehen, denn die freien Wassertropfen werden von der körperlichen Schaufelspitze getroffen, diese muß also möglichst zweckmäßig den Tropfen gegenüber gerichtet sein, damit sie nicht durch Anprall versprühen.

Zeichnerisch oder rechneriseh folgt $v_1{}^m = 23,62$ m/sek und dadurch auch der Winkel $\beta_1{}^m$ für den Schaufelanfang. Bei angenommener Teilung t_1 könnte dann a_1 ohne viel Umstände gerechnet werden, doch sind die Verhältnisse des Wassereintritts am Radschaufelanfang an den verschiedenen Punkten des Strahls verschieden, weshalb die sichere Bestimmung von a_1 auf anderem Wege erfolgen muß. Da die Strahlen und jeder einzelne Wassertropfen frei beweglich sind, so sind deren Bewegungsverhältnisse für den Eintritt näher zu erörtern.

II. Der Eintritt des Wassers bei **einer** Leitzelle, Turbinenstange, ideeller Betrieb.

Um für die Betrachtung einfache Verhältnisse zu bekommen, nehmen wir statt des gekrümmten Laufrades, für das Zahlenbeispiel, die geradlinige Turbinenstange, und setzen vorerst voraus, daß an den Ablenkungsflächen keine Reibungsverluste auftreten; ebenso sollen innere Wirbelverluste und auch die Erscheinungen des kreisenden Wassers entlang der Ablenkungsfläche vorläufig vernachlässigt werden. Des weiteren sei auch einstweilen vorausgesetzt, daß die Zellenbreite durchweg gleich $b_1 = b_0$ sei.

Die Verhältnisse der $v_1{}^m = 23{,}62$, w_1, u_1, $\delta_1{}^m$ usw. werden vom tatsächlichen Betrieb, wie vorher berechnet, übernommen, dazu aber $s_1 = 0$ vorausgesetzt.

Der unter $\delta_1 = 21^0\,10'$ den Anfang der Radschaufeln treffende Leitschaufelstrahl von $a_0 = 35$ mm Stärke bedeckt, parallel u_1 gemessen, eine Länge $a_0{}'$, im Betrage von ~ 97 mm, auf der Turbinenstange, Fig. 429a, vergleiche auch Fig. 427. Zweifellos sollte die Radschaufelteilung kleiner sein als das Maß $a_0{}'$, denn sonst erhält die einzelne Ablenkungsfläche, weil nur eine Leitzelle da ist, an der Eintrittsstelle nie einen richtigen vollen Eintritt für das Wasser. Mithin ist als erste Bedingung aufzustellen:

$$t_1 < a_0{}'.$$

Dieser Forderung gemäß ist beim Turbinenlaufrad mit $d_1{}^i = 1100$ mm, bei $z_1 = 64$, eine Radschaufelteilung von $t_1{}^i = \dfrac{1100\,\pi}{64} = 54$ mm zugrunde gelegt, und dementsprechend nehmen wir auch für die Turbinenstange die gleiche Schaufelteilung an, die hier einfach mit t_1 bezeichnet sei.

Nun betrachten wir den Verlauf des Durchstreichens einer bestimmten Ablenkungsfläche unter dem Leitschaufelstrahl hin, denn trotz der bei der Turbinenstange gleich großen Winkel δ_1 befinden sich doch nicht alle Wasserteilchen, welche den Schaufelraum durcheilen, unter den gleichen Umständen.

Unsere Betrachtung beginnt mit dem Augenblick, in dem die Spitze S der Ablenkungsfläche die Unterkante des Schaufelstrahls trifft, also mit der Lage des Leitstrahls in Stellung 0, Fig. 429a, in der die Ablenkungsfläche noch gar nicht vom Wasser berührt ist. Im nächsten Augenblick spaltet die Schaufelkante S den Strahl und die Wasserteilchen treten mit v_1 nach Größe und Richtung in die Zelle ein. Das unmittelbar vor der Kante S der Radschaufel befindlich gewesene erst eintretende Teilchen wird sofort der Schaufelkrümmung entsprechend abgelenkt, geht an der Krümmung entlang weiter, und so gehen alle die Teilchen des Leitschaufelstrahls, die unmittelbar hinter der Radschaufelspitze S zum Eintritt kommen.

Wir stellen die Sachlage jeweils nach Ablauf eines oder mehrerer bestimmt angenommener Zeitabschnitte τ dar, die sehr klein sein müssen angesichts der vorliegenden Gefällsverhältnisse mit ihren großen Geschwindigkeiten. Wir nehmen diese Zeiträume $\tau = \dfrac{1}{2000}$ sek an und finden den von der Turbinenstange in jedem solchen einzelnen Zeitabschnitt zurückgelegten Weg zu $\tau u_1 = \dfrac{20{,}51}{2000} = 0{,}01025$ m.

Bei der Beurteilung der Verhältnisse spielt die jeweilige Lage der nächstfolgenden Schaufelspitze, also die Teilung t_1, eine sehr wichtige Rolle und da bildet es eine Vereinfachung der Zeichnung, wenn wir in Fig. 429a und b gleich eine ganze Folge von Ablenkungsflächen im Abstand von je t_1 hintereinander und so gleichzeitig die Schaufelräume mit zeichnen. In der Fig. 429a und b ist dann aber angenommen, daß die mit I, II usw. bezeichneten Ablenkungsflächen auch gleichzeitig verschiedene Zustände in der Beaufschlagung einer und derselben speziell betrachteten Fläche darstellen sollen, wie dies die mit gleichen Nummern versehenen jeweils zugehörigen Lagen des Leitstrahles gegenüber der einzelnen Ablenkungsfläche erkennen lassen. In der Zeichnung bewegt sich gewissermaßen nicht die Ablenkungsfläche unter dem Leitstrahl durch, sondern dieser rückt von links nach rechts über die stillstehend gedachte Turbinenstange hin. Dabei liegen aber durchaus nicht etwa zwischen den Stellungen 0, I, II usw. gleich große Zeitabschnitte, sie sind, wie gesagt, nur der Einfachheit der Zeichnung wegen in gleiche Teilung t_1 voneinander gesetzt.

Stellung I. Nach $\tau = \dfrac{1}{2000}$ sek ist das erst eingetretene Teilchen im Punkt 1 an der Ablenkungsfläche eingetroffen, hat entlang derselben einen Weg vom Betrage $\dfrac{v_1}{2000} = \dfrac{23{,}62}{2000} = 0{,}01181$ m zurückgelegt und gleichzeitig ist die Ablenkungsfläche selber in die Stellung I, Fig. 429a, vorgerückt, indem sie den Weg $\tau u_1 = 0{,}01025$ m durchlaufen hat. Auf diesem ganzen Weg sind stetig Wasserteilchen aus dem Leitschaufelstrahl in den Bereich des

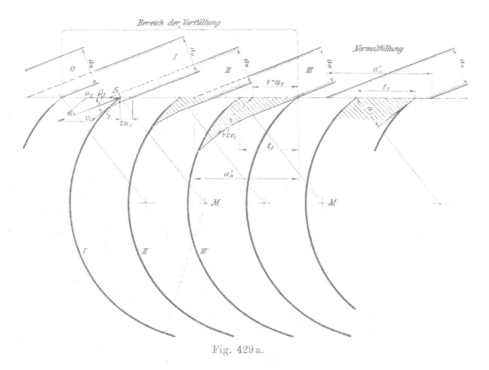

Fig. 429 a.

Laufrades eingetreten, sämtlich in der Relativrichtung β_1 und um so tiefer eindringend je früher sie eintraten. Die Teilchen werden so weit in gerader Linie, Relativrichtung β_1, weitergehen, bis sie in den wirklichen Bereich der Ablenkungsfläche geraten, d. h. bis sie den Krümmungsradius SM am Beginn der Ablenkungsfläche erreicht haben. Von da bewegen sie sich im Kreise weiter, von den Teilchen dazu gezwungen, die noch näher an der Ablenkungsfläche fließen.

Die eben erwähnten geraden Strecken, Richtung β_1, sind Teile der neutralen Kurve (vergl. S. 118), die für die Turbinenstange als Gerade erscheint, unter β_1 geneigt, wie leicht einzusehen. Sämtliche auch im weiteren Verlauf in den Bereich des Laufrades eintretenden Wasserteilchen zeigen diesen auf der neutralen Linie liegenden Weg so lange, bis sie im Radius SM der Wirkung der Ablenkungsfläche anheim fallen und dann in konzentrischen Kreisen (um M) mit v_1 weiterfließen.

Nachdem so die Eintrittsbahnen der Teilchen bestimmt sind, ist es von Interesse, die Form des eingetretenen Wasserstrahls in der Schaufelzelle zu verfolgen. Die verschiedenen Stellungen der Ablenkungsfläche gegenüber dem

Leitschaufelstrahl, wie sie in Fig. 429 a und b gezeichnet sind, zeigen jeweils in den schraffierten Flächen die aus den Längen der einzelnen Wasserbahnen folgende Gestalt des bis dahin eingedrungenen Wasserkörpers. Jede Begrenzungslinie des Wasserkörpers entwickelt sich aus der vorhergehenden, indem von den betreffenden Teilchen so viele Wegstrecken $\tau v_1 = 0{,}01181$ m zurückgelegt werden, als dem zwischen beiden Stellungen verflossenen Zeitraum entsprechen, wobei der plötzliche Übergang von der β_1-Richtung in den betreffenden Ablenkungskreis als stoßfrei angenommen ist.

In der Stellung 0 begann der Wasserzutritt zur Ablenkungsfläche, der sich bis zur Stellung III stetig vergrößert. In dieser Stellung berührt die

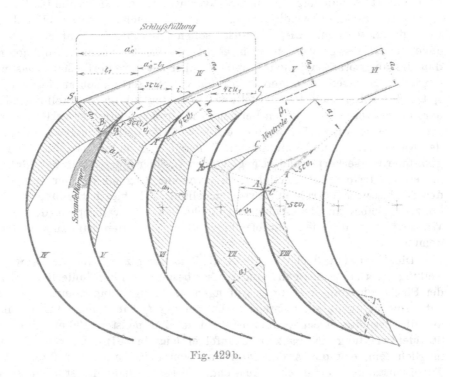

Fig. 429 b.

nächstfolgende Schaufelspitze die Strahlunterkante und von hier an wird eine Zeitlang die ganze Teilung t_1 von eintretenden Wasserteilchen getroffen.

Von 0 bis III geht der Bereich der „Vorfüllung", in der Stellung III beginnt die „Normalfüllung". Letztere dauert so lange als sich die Teilungsstrecke t_1 innerhalb der Strecke a_0' befindet, wie beispielsweise die mit „Normalfüllung" bezeichnete Stellung in 429 a, rechts, erkennen läßt; sie endigt in dem Augenblick, in dem die Schaufelspitze S die obere Leitstrahlkante durchschneidet, Fig. 429 b, Stellung IV. Hier beginnt die „Schlußfüllung", die bis zur Schaufelstellung VI währt. Die Stellungen VII und VIII zeigen Verhältnisse, die eintreten, nachdem die Schaufelspitze den Bereich des Leitstrahles schon verlassen hat.

Die Wegstrecken der Vor- und Schlußfüllung betragen demgemäß je t_1, die Strecke, innerhalb deren die Normalfüllung stattfindet, ist $a_0' - t_1$ lang.

Bis zum Beginn der Schlußfüllung war das Zutreten des Wassers regelrecht zu nennen, es waren stets Teilchen unmittelbar am Anfang der Ablenkungsfläche, in S, vorhanden, die selbst mit eintraten und gegen die sich die mehr gegen M hin liegenden Teilchen stützen konnten. Dies hört mit der Stellung IV auf. Wir sehen in V beispielsweise, daß die Wasserteilchen von der Kante „i" des Strahls zwar natürlich auch noch im neutralen Weg unter β_1 und mit v_1 ins Laufrad eintreten, aber die Spitze S der Ablenkungsfläche ist aus dem Bereich derselben gerückt und die Teilchen gehen in ihrer Neutralen einfach so lange weiter, bis sie gegen die Ablenkungsfläche selbst anstoßen. Die Schaufelstrecke von der Spitze S bis A, bis zum Auftreffen der Wasserteilchen aus der Strahlkante „i" erhält überhaupt kein Wasser mehr und die Auftreffstelle A verlegt sich stetig gegen abwärts, Stellungen V bis VIII. Aus der jeweiligen Richtung der Ablenkungsfläche an der Auftreffstelle ergeben sich Stoßverluste für die auftreffenden Teilchen (vergl. die Stoßgeschwindigkeit in VIII), die nachher unter Wirbelungen weiterfließen werden. Diese Verluste sollen hier aber der Einfachheit wegen auch vernachlässigt werden, d. h. es ist für das Aufzeichnen angenommen, daß die aufgeprallten Teilchen auch nachher mit v_1 weiterfließen. Das nachträgliche, gewissermaßen leere, Eintreten von Wasserteilchen an der Nachbarspitze S vorüber dauert von Stellung IV anfangend bis zu Stellung VI, wo der Zellenraum überhaupt den Bereich des Leitschaufelstrahles verläßt, aber es sind in diesem Augenblick noch eine Anzahl Teilchen leer unterwegs zwischen der Nachbarspitze und den inneren Teilen der Ablenkungsfläche. Der eingetretene Wasserkörper endigt gegen oben in einer Spitze C, in der Linie der hintereinanderfolgenden Teilchen, die von der Gegend bei der Innenkante des Strahls noch herrühren, Zwischenstellung VII, bis in Stellung VIII die Spitze C selbst an der Ablenkungsfläche als letzter Tropfen der ganzen Wasserfüllung, die die Schaufelzelle überhaupt erhalten hat, zum Auftreffen kommt.

Die Ablenkungsfläche war, wie die Zeichnung zeigt, bei der gewählten Teilung überhaupt nie ganz vom Wasser bespült, ein kontinuierlicher Strahl, der Fläche entlang, wie in den Anfangsbetrachtungen angenommen gewesen, hat keinen Augenblick existiert. Die Teilung t_1 hat dabei einigen Einfluß auf die bespülte Strecke, aber es wird in den meisten Fällen eine volle Strahlentwicklung der ganzen Schaufel entlang für eine Leitschaufel nicht möglich sein, erst das Aneinanderreihen von Leitschaufeln eröffnet bei der Turbinenstange hierfür eine Aussicht. Diese Möglichkeit ist aber speziell für innere Radialturbinen wieder nicht mehr vorhanden, wie später zu zeigen sein wird.

Die in einen Schaufelraum kommende Wassermenge, absolut genommen, kann auf folgende Weise ermittelt werden. An der Leitschaufel, die sekundlich Q cbm Wasser ausfließen läßt, streicht in der Sekunde ein Radumfang von der Länge u_1 (Geschwindigkeit gleich Weg in der Zeiteinheit) vorüber. Mithin trifft auf den Radumfang von der Länge 1 die Wassermenge, absolut, von $\frac{Q}{u_1}$ und also auf die Schaufelzelle von der Umfangslänge t_1 die Wassermenge, absolut, von $\frac{Q}{u_1} \cdot t_1$.

Bei den vorliegenden Verhältnissen wird also jede Radschaufel von einer Gesamtwassermenge von (absolut)

$$\frac{0{,}132}{20{,}51} \cdot 0{,}054 = 0{,}000348 \text{ cbm}$$

durchflossen, ein Wasserkörper von $\sim 0{,}35$ Liter durchfließt die Zelle.

Aus den Formen dieses Wasserkörpers, wie sie in Fig. 429a und b für den ideellen Betrieb niedergelegt sind, ziehen wir nun die nachstehenden Folgerungen:

1. Die Strahldicke a_1 am Eintritt in die Schaufelzelle ist einfach durch den Verlauf der neutralen Bahn gegeben, die der letzte Wassertropfen beschreibt, der noch eben vor dem Anfang der nächstfolgenden Schaufelspitze S eintritt, also durch die Linie BS. Deren Abstand von der Schaufelspitze S ist der Raum, der notwendig für das Eintreten der Wasserteilchen frei gelassen werden muß, also bildet dieser Abstand BS die Stärke a_1. Was hier für die Turbinenstange und die neutrale Linie gefunden wurde, gilt genau so für das Turbinenrad und dessen neutrale Kurve. Ablenkungsfläche und neutrale Linie beginnen beide mit dem Winkel β_1; zwischen beiden Richtungen und Linienzügen ist Raum für den Körper der Ablenkungsfläche, derselbe darf also nie bis in die neutrale Kurve vortreten, weil sonst der freie Eintritt gehindert ist (vergl. Fig. 429b, Stellung IV), wenn tunlich hat der Schaufelrücken sich von S ausgehend von der neutralen Kurve zu entfernen. Die Schaufelanfänge sollten scharf sein, zum allermindesten sehr schlank zulaufen.

2. Der Anfang des Vorüberwegs einer Ablenkungsfläche vor dem Leitschaufelstrahl (Vorfüllung, Wegstrecke t_1) bietet keinen Anlaß zu Störungen im Wasserlauf entlang der Fläche; auch die Strecke, innerhalb deren das Wasser in voller Strahlbreite a_1 in den Zellenraum eintritt (Normalfüllung, Wegstrecke $a_0{}' - t_1$), zeigt geordnete Verhältnisse an der Ablenkungsfläche; sowie aber diese Strecke beendet ist, stellen sich Unzuträglichkeiten ein. Die tatsächliche Strahlstärke nimmt wieder ab (Schlußfüllung, Wegstrecke t_1), aber von der Ablenkungsfläche her, es beginnen die Stöße der Nachzügler im Gefolge der Wasserstrahlen gegen die Schaufelwand, wie sie die Stellungen V bis VIII zeigen, bis eben die Strahlstärke Null geworden ist. Diese Strecke der abnehmenden Schaufelfüllung muß im tatsächlichen Betrieb für die in dieser Zeit eintretenden Wasserteilchen eine schlechte Arbeitsabgabe mit sich bringen und es ist darauf zu sehen, daß diese schlechte Strecke im Verhältnis zur ganzen Arbeitsstrecke der Schaufel möglichst klein wird. Genauer treffen wir die Umstände, wenn wir sagen, daß von der der Ablenkungsfläche zukommenden absoluten Wassermenge $\frac{Q}{u_1} \cdot t_1$ möglichst viel in der Normal- auch Vorfüllung, möglichst wenig auf die Schlußfüllung kommen soll. Die Fig. 429a und b zeigen, daß dies durch abnehmendes t_1 am ausgiebigsten erzielt wird, doch darf hierin nicht zu weit gegangen werden, weil sonst die Fließwiderstände entlang der Schaufelfläche zu sehr ins Gewicht fallen.

3. Gegen den Austritt „2" hin trifft die Oberfläche des ideellen Wasserkörpers von gleichbleibender Breite den Rücken der Nachbarschaufel (Stellung VIII), der geordnete Austritt wäre also für diese Form des Wasserkörpers überhaupt unmöglich, und auch im wirklichen Betrieb kämen Schwierigkeiten, weil natürlich die Kleinheit des Winkels β_2 erzielt werden soll, die dem gewünschten Werte von w_2 entspricht. Aus diesem Grunde sind wir gezwungen, von der Annahme $b_2 = b_1$ abzugehen und b_2 größer zu nehmen, um die Dicke des Wasserkörpers gegen den Austritt hin zu ermäßigen. Da wir es aber mit freien Wasserteilchen zu tun haben, die wir nicht in beliebige Querschnitte zwängen können, so ist der Konstrukteur einfach auf die Er-

fahrung verwiesen, die uns lehren muß, um wieviel ein solcher freier Wasserkörper sich gegen „2" hin zu verbreitern vermag.

4. Für den tatsächlichen Betrieb ergibt sich folgendes: Die Wasserteilchen treten zwar sämtlich mit v_1 nach Größe und Richtung gegen die
Laufzellen hin, sie werden aber entlang der Ablenkungsfläche den Erscheinungen des kreisenden Wassers folgen, also an der Fläche selbst viel langsamer entlang fließen, v_a (S. 90 u. f.), und nur auf der Innenfläche des
Wasserkörpers wird v_1 ungefähr bleiben. Die Fließwiderstände verzögern
dann die v noch mehr. Der Wasserkörper wird deshalb anders aussehen.
Die voreilende Spitze der Vorfüllung wird weniger schlank sein, weil die
inneren Teilchen mit größerer Geschwindigkeit die äußeren einholen, vielleicht sogar überholen werden. Die Teilchen der Schlußfüllung fließen der
Auftreffstöße wegen langsamer. Beide Umstände werden wahrscheinlich
dazu beitragen, daß sich der Wasserkörper der Länge nach gleichmäßiger
ausbildet, daß die Stärke a_1 der Normalfüllung sich auch ohne Zunahme
von b schon nach „1" und „2" hin ausgleicht. Versuche über diese Ge-
staltungen wären sehr erwünscht.

Die Wahl der Krümmungsradien hat, wie schon auf S. 90 erwähnt,
mit Rücksicht auf $r_a < 2,718\,a_1$ zu erfolgen. Wenn wir aber aus dem genauen Studium der Verhältnisse im Einzelfall und bei Berücksichtigung der
Erbreiterung der Schaufelflächen von b_1 nach b_2 zu der Einsicht kommen
können, daß die Strahlstärke a_1 eigentlich gar nicht tatsächlich zustande
kommt, daß a_1 nur als verfügbare Eintrittsweite da sein muß, so kann
mit r_a ziemlich nahe an $2,718\,a_1$ oder etwas darunter gegangen werden,
weil eben die tatsächliche Stärke des Wasserkörpers kleiner ausfallen wird.

Mit zunehmender Verbreiterung des Wasserkörpers nimmt dessen Dicke
ab und die Krümmungsverhältnisse werden dabei gegen „2" hin immer
weniger kritisch, sofern der Krümmungsradius konstant bleibt.

Aus dem Krümmungsradius der Ablenkungsfläche folgt schließlich die
Entfernung zwischen „1" und „2", die wir beim Turbinenrad als $\dfrac{D_2 - D_1}{2}$
bezeichnen, also schließlich D_2 selbst.

Das Maß $\dfrac{D_2 - D_1}{2}$ liegt in den Ausführungen zwischen 50 mm und
gegen 200 mm, je nach den Strahlstärken usw. Für den ersten Entwurf
ist $D_2 = \triangle D_1 = 1,2 \div 1,4\,D_1$ ungefähr passend, ohne daß daraus eine
Regel gemacht werden dürfte.

III. Die Fließwiderstände entlang der Ablenkungsfläche.

Diese Widerstände sind zweierlei Art: ein Reibungswiderstand h_ϱ, der
benetzten Fläche des Schaufelbleches und der etwa benetzten Kranzfläche
entsprechend, ferner ein Widerstand h_k, den der Strahl durch die Krümmung
der Ablenkungsfläche erfährt; also Widerstände denen ähnlich, wie sie für
geschlossene Leitungen auf S. 588 u. f. besprochen wurden.

Hinsichtlich dieser Widerstände herrscht noch ziemliche Unsicherheit
in den veröffentlichten Daten, sie werden zu 0,06 bis $0,1 \dfrac{v_2^2}{2\,g}$ angegeben
oder geschätzt. Daß dies allgemein ungefähr zutreffen kann, erhellt aus
folgendem. Wir erbremsen aus Strahlturbinen, die mit kleinem Austrittsverlust angelegt sind, mechanische Nutzeffekte von 0,75 bis 0,78. Diesen

entsprechen hydraulische Nutzeffekte von, hoch gerechnet, 0,79 bis 0,82. Ziehen wir für α_2 den für große Gefälle hohen Betrag von 0,04 in Rechnung, so bleibt für ϱ der Betrag von 0,17 bis 0,14 übrig. Die v_2 sind bei $\delta_2 = 90^0$ wenig größer wie die u_2. Nehmen wir in $D_2 = \varDelta D_1$ für innere Beaufschlagung den Faktor $\varDelta = 1,2 \div 1,4$ an, was ungefähr den Ausführungen entspricht, so wird annähernd

$$u_2 = (1,2 \div 1,4) \cdot 0,47 \sqrt{2 g h_m} = (0,56 \div 0,66) \sqrt{2 g h_m} = \sim v_2$$

sein oder auch $\dfrac{v_2{}^2}{2g} = (0,56^2 \div 0,66^2) h_m = (0,314 \div 0,45) h_m,$

mithin stellt sich die Verlusthöhe $\varrho_2 h_m$ auf

$$(0,06 \div 0,1) \frac{v_2{}^2}{2g} = \sim (0,02 \div 0,045) h_m$$

oder auch $\varrho_2 = 0,02$ bis gegen $0,05.$

Nun wird an Widerstandshöhen verbraucht:

für die Erzeugung von $w_0 = 0,95 \sqrt{2 g H}$ . . . $\varrho_0 = 0,1$
  „   den Übergang ins Laufrad schätzungsweise $\varrho_1 = 0,02$
  „   „   Radschaufelwiderstand bis gegen . . $\underline{\varrho_2 = 0,05}$
also Summe $\varrho = 0,17.$

Hierin ist aber der Verlust durch die Krümmung des Strahles noch nicht berücksichtigt.

Daß der Radschaufelwiderstand rasch größer wird, wenn wir die Schaufelkrümmung verkleinern, haben Versuche gelehrt, und ähnliches zeigt auch die Tabelle der h_k für Krümmer S. 594. Wir würden gut tun, die Krümmungsradien der Schaufelwände nicht unter dem 3—5fachen der Strahlstärke a auszuführen, doch gilt dies meist als untunlich, weil sonst $\varrho_2 h$ wegen der größeren benetzten Fläche stark wachsen würde. Auch hierüber fehlen bis jetzt eingehende, genaue Versuche.

Die Berechnung der Schaufelwiderstände direkt aus der Wasserreibung und aus dem zusätzlichen Krümmerwiderstand gibt Verluste, die, soweit es den ersteren betrifft, mit den vorgenannten Werten von $\varrho_2 = \sim 0,02 \div 0,05$ im Einklang stehen.

Für die ungefähre Berechnung von h_ϱ nehmen wir der Einfachheit halber eine Ablenkung um 180^0 an (Fig. 11, S. 11) und lassen die Erscheinungen des kreisenden Wassers außer acht, so daß wir die Geschwindigkeit der an der Ablenkungsfläche reibenden Teilchen mit v_1 statt v_a vorerst wesentlich zu groß in Rechnung stellen. Die Größe U der Gl. 761 ergibt sich, wenn von der Reibfläche seitlich am Radkranz abgesehen wird, bei konstanter Breite zu b_1, die Länge L ist $r_a \cdot \pi$, mithin ist nach Gl. 761 für die Schaufelwassermenge q und die durchschnittliche relative Geschwindigkeit $v = \dfrac{v_1 + v_2}{2}$ zu rechnen:

$$h_\varrho = \frac{0,268 \, U \cdot L \cdot c^3}{q \cdot \gamma} = \frac{0,268 \cdot b_1 \cdot r_a \pi}{q \cdot \gamma} \left(\frac{v_1 + v_2}{2} \right)^3.$$

Setzen wir hierin $r_a = (3 \div 5) a_1$, so folgt

$$h_\varrho = \frac{(0,8 \div 1,34) \cdot a_1 b_1 \pi}{q \cdot 1000} \left(\frac{v_1 + v_2}{2} \right)^3.$$

Nun ist $\frac{q}{a_1 b_1} = v_1$, mithin folgt

$$h_\varrho = \frac{0,0008 \div 0,00134)\,\pi}{v_1}\left(\frac{v_1 + v_2}{2}\right)^3$$

und mit $v_1 = \sim \frac{5}{6} v_2$ kommt schließlich daraus

$$h_\varrho = \sim (0,045 \div 0,075)\frac{v_2{}^2}{2g} \quad . \quad . \quad . \quad . \quad \textbf{786.}$$

Unter Berücksichtigung des kreisenden Wassers würde die Geschwindigkeit v_a, mit der das Wasser an der Ablenkungsfläche entlang reibt, bei $r_a = (3 \div 5)\,a_1$ annähernd $\frac{2}{3} \div \frac{4}{5}$ der inneren Geschwindigkeit v_1, also auch von v_2 sein und dadurch wird h_ϱ reduziert auf

$$h_\varrho = \sim (0,02 \div 0,048)\frac{v_2{}^2}{2g} \quad . \quad . \quad . \quad . \quad \textbf{787.}$$

Hieraus ist ersichtlich, welch große Rolle der Krümmungsradius r_a rechnungsmäßig bei der Reibung des Wassers an der Ablenkungsfläche spielt. Die Verlusthöhe h_ϱ wächst annähernd mit dem Quadrat von r_a, weil nicht nur die benetzte Länge L, sondern auch die Außengeschwindigkeit v_a mit r_a zunimmt. Ob diese Rechnung mit der Wirklichkeit übereinstimmt ist, wie gesagt, erst durch Versuche nachzuweisen.

Für den Krümmerwiderstand der offenen Ablenkungsfläche fehlt uns bis jetzt jeder Rechnungsanhalt, denn es ist nicht tunlich, dafür die Weisbach'schen Widerstandshöhen h_k für geschlossene Krümmer (S. 594) heranzuziehen. Diese geben viel zu hohe Beträge, was auch erklärlich ist, weil eben bei der Ablenkungsfläche die innere Krümmungswand fehlt. An der inneren Wand des geschlossenen Krümmers entwickeln sich hohe Werte von v_i gegenüber v_1 (S. 80 u. f.), die natürlich an dessen Innenwand starke Reibungsverluste bringen, während die gegen innen offene Ablenkungsfläche im Laufrade $v_i = v_1$ aufweist; dabei wird das Wasser von keiner feststehenden Innenwand durch Reibung in seinem Fließen beeinträchtigt. Aus diesem Grunde ist die Annahme wesentlich geringerer Widerstände für den innen offenen Krümmer gerechtfertigt.

IV. Die Schaufelform für den tatsächlichen Betrieb.

Im Anschluß an die vorhergehenden Erörterungen ist für die innere Radialturbine folgendes zu sagen:

Bei dem Eintritt in die Schaufelzellen machen sich die verschiedenen Größen der Winkel δ_1 in unerwünschter Weise geltend, weil natürlich die Radschaufel nur eine Richtung β_1 haben kann. Um diese Einflüsse zu erkennen, verfolgen wir den kreisförmigen Weg der Radschaufelspitze S unter dem Leitschaufelstrahl hinweg.

Eine Stütze für die Anschauung bieten uns die neutralen Kurven, wie sie den Winkeln $\delta_1{}^a$, $\delta_1{}^m$ und $\delta_1{}^i$ entsprechen. Die Fig. 428 enthält die Geschwindigkeitsparallelogramme, wie sie bei gleich großen w_1 und u_1 den verschiedenen δ_1 entsprechen, wobei natürlich verschiedene β_1 als wünschenswert erscheinen. Die neutrale Kurve muß der ganzen Art ihrer Entstehung nach die Anfangsrichtung der Radschaufel tangieren, und deshalb ergeben sich den drei Winkeln $\beta_1{}^a$, $\beta_1{}^m$ und $\beta_1{}^i$ entsprechend drei verschiedene neutrale Kurven gegenüber der einzigen neutralen Linie bei der Turbinen-

stange, vergl. Fig. 428, wo sie der besseren Übersicht halber auch an
der mittleren vereinigt sind. Die neutralen Kurven für $\delta_1{}^a$ sind — · — · — · —,
die für $\delta_1{}^m$ ausgezogen, diejenigen für $\delta_1{}^i$ — — — — gezeichnet. Zwischen
der äußeren und inneren Neutralen liegen diejenigen der zwischenliegenden
Winkel δ_1 und β_1.

Wenn wir nun annehmen, es sei in der tatsächlichen Ausführung der
Winkel $\beta_1{}^m$ der Schaufelrichtung zugrunde gelegt, so haben wir zu prüfen,
welchen Einfluß einerseits die Ablenkungsfläche in ihrer Anfangsstrecke
auf das unter den verschiedenen Winkeln $\beta_1{}^a$ bis $\beta_1{}^i$ eintretende Wasser
ausübt, andererseits ist die Wirkung des Schaufelrückens auf die eintretenden
Wasserteilchen zu verfolgen.

Bei der Turbinenstange hatten wir gesehen, daß das Material des
Schaufelkörpers zwischen der Ablenkungsfläche und der dortigen neutralen
Linie Platz finden konnte (Fig. 429b, Stellung IV—V, schraffiert).

Beim Turbinenlaufrad ist die Sache grundsätzlich gleich, doch verlangen
hier drei neutrale Kurven (besser die Schar der zwischen „a" und „i"
liegenden) Berücksichtigung.

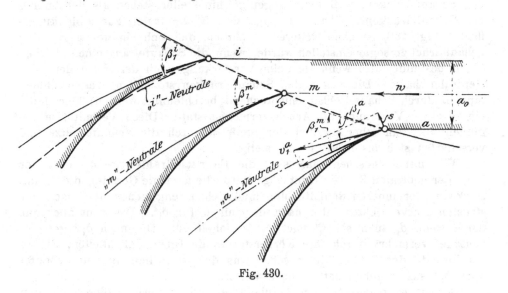

Fig. 430.

Die Fig. 430, welche sich eng an die Fig. 428 anschließt, soll zur
Erläuterung dienen.

Die Schaufelspitze stehe in der Flucht „a", in der Strahlkante. Der
Verlauf der eingezeichneten „a"-Neutralen zeigt, daß die erst eintretenden
Wasserteilchen, die durch die Schaufelspitze vom Leitstrahl abgespalten
werden, einen kleinen Anprall an der Spitze der Ablenkungsfläche erleiden.
Die Anprall- (Stoß-) Geschwindigkeit s ist in Fig. 430 durch die Zerlegung
von $v_1{}^a$ (Winkel $\beta_1{}^a$) in die Richtung des Schaufelanfangs, $\beta_1{}^m$, und senk-
recht dazu ermittelt. Die Stoßkomponente s leistet dabei eine gewisse
Arbeit.

Je mehr sich die Schaufelspitze der Strahlmitte nähert, um so geringer
wird der Anprall der Wasserteilchen gegen die Ablenkungsfläche; in „m"
ist der Anprall verschwunden.

Für die Wegstrecke vom „m" nach „i" kommen die Neutralen in wachsendem Maße vor die Ablenkungsfläche zu liegen, weil die jeweiligen β_1 größer sind als $\beta_1{}^m$, vergl. auch Fig. 428. Die neueintretenden Tropfen müssen also noch eine gewisse Strecke, bis zum Schnitt der betreffenden Neutralen mit der Ablenkungsfläche, leer gehen, ohne Arbeitsabgabe (ähnlich wie in Fig. 429 die Tropfen in den Stellungen V, VI usw.). Am Auftreffpunkt entsteht ein Stoß, der zwar an sich Arbeitsverluste bringt, der aber wie der in der Strecke „a" bis „m" in der Bewegungsrichtung wirkt, also wenigstens keine hindernde Wirkung ausübt. Was über die „Nachfüllung" bei der Turbinenstange gesagt war, trifft hier ebenso zu.

Durch die Krümmung des Laufrades kommt aber im Gegensatz zur Turbinenstange auch der Schaufelrücken zu einigem Einfluß auf die eintretenden Wasserteilchen, wie folgt:

Der Schaufelrücken sei nach der „m"-Neutralen gebildet, dann bleiben die auf der Strecke „a" bis gegen „m" zutretenden Wasserteilchen außer Berührung mit demselben und in „m" selbst gehen die Teilchen noch ohne Stoß am Schaufelrücken entlang; sowie aber die Schaufelspitze den Punkt „m" passiert hat, kommen Stöße der eintretenden Wasserteilchen gegen den Schaufelrücken, weil die v_1 gegen „i" hin steiler stehen als der Anfang des Schaufelrückens. Aus der Lage der „i"-Neutralen zur Ablenkungsfläche, Fig. 430, ist ohne weiteres ersichtlich, daß sich ein Stoß gegen den Schaufelrücken sogar einstellen würde, wenn die Schaufel aus einem dünnen Blech bestünde, also wenn sie keine Verstärkung nach der Form der „m"-Neutralen hätte. Die gegen den Schaufelrücken stoßenden Wasserteilchen müssen durch Schaufelschlag entsprechend beschleunigt werden; hier findet ein direkter Verbrauch an Arbeitsvermögen statt. Diese Verhältnisse beginnen mit dem Überschreiten der Stelle m durch die Schaufelspitze und verschärfen sich bis nach „i" hin stetig.

Wir haben gesehen, daß sich die Eintritts-Strahlstärke a_1 nach der Lage der neutralen Kurve richtet (Fig. 429b, die neutrale Gerade), die Strahlstärke a_1 der inneren Radialturbine muß sich, streng genommen, nach der steilsten Kurve richten, also nach derjenigen für $\delta_1{}^i$. Das geht aber nur dann, wenn β_1 auch als $\beta_1{}^i$ nach $\delta_1{}^i$ gerichtet ist. Die nach $\delta_1{}^m$ gebaute Schaufel vermehrt durch ihre Körperstärke die Unzuträglichkeiten, die in der Periode der Schlußfüllung schon aus der unendlich dünnen Schaufel nach $\delta_1{}^m$ sich ergeben hatten, noch weiter.

So hat es eigentlich den Anschein, als ob es zweckmäßiger sei, den Winkel β_1 eher nach $\delta_1{}^i$ zu richten als nach $\delta_1{}^m$, weil dann die Schaufelschläge gegen i hin (Schlußfüllung) vermieden sind, jedenfalls aber ist eine möglichst schlanke Zuschärfung der Schaufelanfänge zweckmäßig.

Es ist dem Verf. nicht bekannt, ob durch erschöpfende Versuche dargetan ist, wie die beste Leistung erzielt wird, ob mit $\beta_1{}^m$, dem $\delta_1{}^m$ entsprechend und deshalb mit Schaufelschlag in den i-Teilen der Schlußfüllung, oder ob $\beta_1{}^i$, dem $\delta_1{}^i$ entsprechend, mit natürlich vermehrten Anprallverlusten bei der Vorfüllung, aber unter Wegfall des Schaufelschlages, die besten Ergebnisse bringt.

Wir kommen nunmehr zu den Verhältnissen von b_1 und b_2.

Bei den Reaktionsturbinen war betont worden, daß es sich empfehle, $b_0 = b_1$ auszuführen und höchstens den Rand des Laufradkranzes abzurunden (Fig. 165, II, S. 263). Dort war die ungute Expansion der unter Druck stehenden Wasserstrahlen von b_0 auf etwa vergrößertes b_1 zu fürchten.

Die freien Strahlen haben keine Expansionsfähigkeit, aber sie können durch eine in ihre Bahn hineinragende Kante des Laufradkranzes in ihrem Weg empfindlich gestört werden. Deshalb führen wir hier die Breite b_1 um einiges größer aus als b_0, um zu vermeiden, daß den mit v_1 eintretenden Strahlen infolge ungenauen Rundlaufens der Laufradkränze Störungen erwachsen könnten. Auf diese Weise fangen wir auch mit einiger Sicherheit die Wasserteilchen ab, die der Radschaufelkante seitlich ausweichen wollen.

Wir werden deshalb b_1 bei kleinen Rädern um $10 \div 20$, bei breiteren Rädern um $20 \div 40$ mm größer nehmen als b_0. Häufig sind dann auch noch die Kränze beidseitig gegen innen schräg fortgesetzt (vergl. Fig. 435, S. 669), um so eine Art Fangtrichter für seitlich ausweichende Tropfen zu bilden.

Die Verbreiterung des Strahles soll angeblich in den Grenzen $b_2 = 2\,b_1$ bis $2,5\,b_1$ vor sich gehen können, vielfach aber finden sich Räder mit $b_2 = 3\,b_1$; es muß gewarnt werden, diese große Verbreiterung in die Rechnung zur Ermittelung von a_2 einzuführen. Vorsichtig ist, $b_2 = 2\,b_1$ bis höchstens $2,5\,b_1$ in den Rechnungen einzusetzen, wobei die radiale Erstreckung $\frac{D_2 - D_1}{2}$ ebenfalls mit ungefähr b_1 angenommen ist. Ist in der Ausführung $b_2 = 3\,b_1$ oder noch mehr, so schadet dies ja der Wirkung des Wassers im Laufrad nicht weiter.

Für die Bestimmung der Strahlstärke a_2 müssen wir, nachdem einmal D_2 bestimmt sein wird, nun doch wieder zur Rechnung greifen, da es für die Praxis unmöglich ist, dieses Maß auf kurzem Wege zeichnerisch zu ermitteln. Die a_1 fallen, wie wir gesehen, ganz verschieden aus, je nachdem wir $\delta_1{}^a$, $\delta_1{}^m$ oder $\delta_1{}^i$ zugrunde legen, also bieten diese Größen keinen direkten Anhalt.

Wir dürfen nun ohne großen Fehler voraussetzen, daß die v_2 am Radschaufelaustritt über die ganze Stärke a_2 gleich groß sind, daß sie die Größe haben werden, wie sie aus Gl. 784 hervorgeht. Mit der früher schon angewandten Bezeichnung $D_2 = \varDelta D_1$ läßt sich diese Gleichung auch schreiben

$$v_2{}^{m\,2} = v_1{}^{m\,2} + (\varDelta^2 - 1)\,u_1{}^2 - 2\,g\,\varrho_2\,h_m,$$

woraus ersichtlich ist, daß $v_2{}^m$ mit wachsendem $\varDelta$ ebenfalls zunimmt, ϱ_2 als konstant vorausgesetzt.

Da $v_2{}^m$ andererseits mit wachsender Größe von ϱ_2 abnimmt, so kann die Frage gestellt werden, bei welcher ungefähren Größe von $\varDelta$ gerade $v_2{}^m = v_1{}^m$ ausfallen würde. Mit $v_2{}^m = v_1{}^m$ liefert die vorstehende Gleichung unter Einsetzen von u_1 nach Gl. 785 schließlich

$$\varDelta = \sqrt{1 + \left(\frac{2\cos\delta_1{}^m}{\varepsilon}\right)^2 \cdot \varrho_2\,(1 - \varrho_0 - \varrho_2)}.$$

Da die ϱ_0 usw. klein sind, so kann hierin ohne großen Fehler $\varrho_0 \cdot \varrho_2$ und $\varrho_2{}^2$ gegenüber ϱ_2 vernachlässigt werden, und es ergibt sich damit

$$\varDelta = \sqrt{1 + \left(\frac{2\cos\delta_1{}^m}{\varepsilon}\right)^2 \cdot \varrho_2} \quad \ldots \ldots \quad \textbf{788.}$$

Mit den Werten des Zahlenbeispiels S. 645 würde daraus folgen

$$\varDelta = \sqrt{1 + \left(\frac{2 \cdot 0,9325}{0,81}\right)^2 \cdot 0,05} = 1,125.$$

Pfarr, Turbinen.   42

Da nun $\varDelta = \sim 1{,}2$ und mehr sich vielfach vorfindet, so folgt, daß bei derart bemessenen Turbinen $v_2{}^m$ größer sein wird als $v_1{}^m$.

Um nun aus $v_2{}^m$ und b_2 auf die Größe von a_2 zu kommen, ist es noch erforderlich, die Wassermenge q zu kennen, die in der Sekunde durch die Schaufelzelle fließen würde, sofern die Zelle nicht nur einen Augenblick, sondern dauernd gespeist würde. Die erforderliche Strahlstärke a_2 ändert sich ja prinzipiell dann nicht, wenn die Speisung der Zelle Unterbrechungen erleidet.

Jede Schaufelzelle erhält am Eintritt „1“ ihre volle Speisung (Füllung) so lange, als sich die Strecke $t_1{}^i$ innerhalb der Strecke $a_0{}'$, Fig. 427, befindet. Während dieser Zeit tritt in die Zelle, abgesehen von den Schwankungen, die durch die verschiedenen δ_1 bedingt sind, eine sekundliche Wassermenge q ein, die einfach im Verhältnis von $t_1{}^i$ zu $a_0{}'$ kleiner ist als die die Strecke $a_0{}'$ durcheilende Menge Q, mithin ist die Schaufelwassermenge, nach der die Stärke a_2 zu rechnen ist, einfach

$$q = Q \cdot \frac{t_1{}^i}{a_0{}'} \quad \cdots \cdots \cdots \quad \textbf{789.}$$

Bei $z_1 = 64$ Laufradschaufeln, ergibt sich für unser Beispiel $t_1{}^i = \dfrac{1100\,\pi}{64}$ $= 54$ mm, wie oben schon angenommen gewesen. Aus Fig. 427 messen wir $a_0{}' = 100{,}8$ mm und erhalten hiermit

$$q = 0{,}132 \cdot \frac{54}{100{,}8} = 0{,}071 \text{ cbm/sek.}$$

Wenn wir die Verhältnisse der Fig. 427 zu Rate ziehen, so zeigt sich, daß der wegen a_1 erwünschte große Krümmungsradius der Ablenkungsfläche nur dann beschafft werden kann, wenn die radiale Erstreckung des Laufrades etwa das Drei- bis Vierfache der Teilung $t_1{}^i$ ist. Je enger die Ablenkungsflächen aufeinander folgen, desto kleiner darf $\dfrac{D_2 - D_1}{2}$ werden.

Aus $t_1{}^i = 54$ folgt $\dfrac{D_2 - D_1}{2} = 4 \cdot 54 = \sim 216$ und wir setzen D_2 definitiv auf $1100 + 2 \cdot 210 = 1520$ mm an und finden

$$u_2 = 20{,}51 \cdot \frac{1520}{1100} = 28{,}34 \text{ m/sek,}$$

also $\quad v_2{}^m = \sqrt{23{,}62^2 + 28{,}34^2 - 20{,}51^2 - 2g \cdot 0{,}05 \cdot 100} = 29{,}02 \quad$ (**784.**)

Mit $b_2 = 2\,b_1 = 2 \cdot 0{,}09 = 0{,}18$ m findet sich dann

$$a_2 = \frac{q}{b_2 \cdot v_2} = \frac{0{,}071}{0{,}18 \cdot 29{,}02} = 0{,}0135 \text{ m.}$$

Für $b_2 = 2{,}5\,b_1 = 2{,}5 \cdot 0{,}09 = 0{,}225$ m ergibt sich

$$a_2 = 0{,}0108 \text{ m.}$$

Bei $s_2 = 4$ mm würde mit $a_2 = 13{,}5$ mm (entsprechend $b_2 = 2\,b_1$) ein Luftspielraum l_2 von $2{,}5$ mm bleiben, während sich ein solcher von etwa $4{,}5$ mm ergibt, sofern die Verbreiterung auf $b_2 = 2{,}5\,b_1$ tatsächlich erfolgt. (Fig. 427.)

Das bis jetzt betrachtete Laufrad ist in der radialen Breite reichlich genommen worden, weil sich dabei die Verhältnisse recht deutlich zeigen, es war nahezu $D_2 = 1{,}4\,D_1$. Sowie wir mit dieser Breite zurückgehen, muß auch die Schaufelteilung $t_1{}^i$ verkleinert werden; es müssen mehr Schaufeln zur Anwendung kommen, damit eben die Strahlstärken den kleiner werdenden Krümmungsradien entsprechend auch kleiner werden.

Je kleiner der Krümmungsradius der Schaufel, um so mehr verschwinden die Unregelmäßigkeiten, die durch den Schaufelschlag bei der Schlußfüllung auftreten, wie ein Blick auf Fig. 430, Schaufelstellung in „i" erkennen läßt, denn die schärfer gekrümmte Ablenkungsfläche wird schon früher von der neutralen „i"-Kurve getroffen.

Daß am Radaustritt „2" keine Evolventen anzuordnen sind, sondern daß die Schaufelfläche mit einem kurzen geraden, scharf abgeschnittenen Stück (5—10 mm) endigen soll, Fig. 427 und 429a und b, das in einem Kreisbogen von „1" her erreicht wird, ist ohne weiteres klar. Das gerade Endstück hat den Zweck, die Richtung β_2 sicherzustellen; bei unmittelbarem Aufhören des Kreises in der Flucht von β_2 könnten Ausführungsfehler eher zu Ungenauigkeiten führen.

Eine Zuschärfung am Radschaufelende wäre für Strahlturbinen gerade so sinnlos, wie sie es am Leitzellenende gewesen, denn dadurch würde β_2 ganz in Frage gestellt. Dagegen haben wir, wie aus dem Vorstehenden zur Genüge hervorgeht, die größte Veranlassung, die Radschaufelkanten am Eintritt „1" sehr schlank zulaufen zu lassen, damit der freie Leitstrahl recht scharf gespalten wird und möglichst wenig Wasser durch Versprühen verloren geht.

Für die Formgebung der Radschaufel kommen noch die schon mehrfach erwähnten Erscheinungen des kreisenden Wassers in Betracht, speziell die Verhältnisse, wie sie S. 90 in Fig. 74 dargestellt sind. Was uns dabei interessiert, ist das Anschwellen des Strahls zwischen Ein- und Austritt und die Rücksichten, die wir bei der Formgebung der Schaufel darauf zu nehmen haben.

Die Anschwellung des abgelenkten Strahls wird beim Anfang der Ablenkung schon vorhanden sein. Beginnt diese mit der Schaufelspitze, so besteht hier schon die relative Geschwindigkeit v_a, dazu die Druckhöhe h_a, beides dicht an der Ablenkungsfläche, während die Geschwindigkeiten gegen innen zunehmen und in der innersten Schicht v_1 unverkürzt aufweisen.

Die Reduktion von v_1 auf v und v_a ist unvermeidlich, es sollte also dafür gesorgt werden, daß sie nicht plötzlich erfolgt, sondern allmählich, und daß sie an einer Stelle vor sich geht, wo dem Wasser nicht durch h_a ein Gegendruck beim Eintreten entgegensteht. Mit anderen Worten, die Schaufelfläche sollte eigentlich mit einer möglichst geraden Strecke beginnen (neutrale Kurve statt der Ablenkungsfläche), damit die mit v_1 ankommenden Wasserteilchen erst nach Zurücklegen einer gewissen Strecke der Ablenkung anheimfallen, wo sie dann nicht mehr ausweichen können. Diese Forderung ist aber mit den vorher entwickelten Gesichtspunkten schwer vereinbar, denn wenn die Schaufelfläche mit der neutralen Kurve beginnen soll, so bliebe, da auch der Schaufelrücken von dieser eingeschlossen ist, keine Wandstärke s_1 übrig.

Am Austritt ist darauf zu achten, daß die abfallende Anschwellung des Strahls den Rücken der nachkommenden Schaufel nicht streift. Dabei ist aber zu bedenken, daß die Strahlstärken a auch bei durchweg gefüllter Schaufel wegen der zunehmenden Verbreiterung zwischen den Kränzen gegen „2" hin ganz bedeutend abnehmen werden.

Der Rechnungsweg für die Stärken unterwegs ist kurz der folgende:

In den Bereich der Ablenkungsfläche tritt die sekundliche Schaufelwassermenge $q = a_1 b_0 v_1$ ein. Unterwegs, der Fläche entlang, würde bei gleichbleibender Breite b_0 sich einfach nach Gl. 263, S. 91 aus bekannten a_1 und r_a finden

$$\frac{1+\mu}{ln\,(1+\mu)} = \frac{r_a}{a_1},$$

wonach der zugehörige Wert von μ aus der graphischen Tabelle, Fig. 75, S. 92 entnommen werden kann. Mit diesem Wert von μ würde sich die Strahlstärke a in der Anschwellung nach Gl. 264, S. 92 ohne weiteres rechnen lassen.

Nun ändert sich die Breite b des Wasserkörpers in jedem Augenblick zwischen b_0 und b_2. Das Gesetz der Änderung für seitlich freie Strahlen ist noch nicht sicher festgestellt. Wir nehmen für die Rechnung etwas frei an, daß die b entlang der Schaufelfläche stetig von b_0 nach $b_2 = 2 b_0$ bis $2,5 b_0$ übergehen.

Für jede dazwischen liegende Breite b' können wir nun annehmen, daß das Wasser, welches gerade diese Breite b' passiert, einem innen offenen Krümmer von konstanter Breite b' angehöre, dessen geraden Anfang es mit $v_1{}^m$ betreten hat. Die Anfangsstrahlstärke dieses Krümmers von der Breite b' ist aber natürlich nicht a, sondern sie würde sich finden aus

$$q = a_1 b_0 v_1{}^m = a_1' b' v_1{}^m$$

zu

$$a_1' = a_1 \cdot \frac{b_0}{b'}$$

wobei, des Schaufelwiderstandes wegen, die sich ergebende Größe von a_1' aufgerundet werden sollte. Für die Breite b', Krümmungsradius konstant gleich r_a, lautet zur Bestimmung von μ' die Gl. 263

$$\frac{1+\mu'}{ln\,(1+\mu')} = \frac{r_a}{a_1'} = \frac{r_a}{a_1} \cdot \frac{b'}{b_0}.$$

Aus μ' findet sich dann die Stärke a' des angeschwollenen Strahles in der Breite b' nach Gl. 264 zu

$$a' = r_a \cdot \frac{\mu'}{1+\mu'}.$$

Hat die Ablenkungsfläche an der Stelle b' einen anderen Krümmungsradius z. B., r_a' so findet sich μ' mit Hilfe der Tabelle aus

$$\frac{1+\mu'}{ln\,(1+\mu')} = \frac{r_a'}{a_1'} = \frac{r_a'}{a_1} \cdot \frac{b'}{b_0}$$

und a' nach Gl. 264 aus

$$a' = r_a' \cdot \frac{\mu'}{1+\mu'}.$$

Am Austritt von der Schaufelfläche weg ist die Sache der Druckhöhe h_a wegen anders als am Eintritt, dort wird sich, der kurzen geraden Strecke folgend, h_a alsbald wieder in Geschwindigkeit umgesetzt haben, so daß alle Wasserteilchen mit v_2 austreten.

Die schon genannte Fig. 427 zeigt die sonstigen Verhältnisse am Ein und Austritt. Wir haben es im allgemeinen mit Zylinderflächen als Schaufelflächen zu tun; eine Veranlassung, die Ablenkungsflächen von der geraden Eintrittskante ausgehend, in der Querrichtung nach und nach zu krümmen, um mit gekrümmter b_2-Kurve zu endigen, liegt aus hydraulischen Gründen

eigentlich nicht vor, doch passen sich Schaufeln mit gekrümmter b_2-Kurve
dem schräg erbreiterten Kranzprofil besser an (Fig. 436, 437, 451) als rein
zylindrische. Das Aufzeichnen solch zweifach gewölbter Schaufeln wird in
Anlehnung an die seitherigen Methoden (für die Schichtenteilung vergleiche
das Radprofil Fig. 158, S. 243) keine Mühe machen.

Die Ventilation der Radschaufeln muß auch kurz berührt werden.
Wir dürfen nicht außer acht lassen, daß rasch strömendes Wasser die umgebende Luft mit sich fortreißt, daß wir also der in die Laufradzellen mit
hineingerissenen Luft Gelegenheit zum Entweichen geben müssen, gleichzeitig mit dem Wasser. Dies geschieht an erster Stelle durch die Luft-
spielräume l_2, die schon erwähnt wurden. Es ist hier, ebenso auch in der
Breite $b_2 (= 3 b_0)$, einiger Überschuß ganz am Platze. Seitliche Ventilations-
löcher in den Schaufelkränzen sind dann entbehrlich, denn zu diesen kann
der Zentrifugalwirkung wegen eher Luft eintreten und an der Stelle „2"
ausströmen. Wir müssen aber die Strahlturbine nicht zum Ventilator machen,
denn das kostet Betriebskraft.

Die Schaufelkränze werden mit den Schaufeln in einem Stück aus
Bronze gegossen, seltener aus zähem Gußeisen, das aber dann ebenso wie
Bronze nach Bedarf mit Schrumpfringen gegen die Zentrifugalkräfte ge-
halten wird. Das Gießen gibt uns erwünschte Gelegenheit, die Schaufel-
stärken s_1 und s_2 klein zu halten, dagegen werden wir nach der Mitte der
Ablenkungsfläche zu auf größere Wandstärken gehen, was schon aus
Gießereigründen, aber auch aus Festigkeitsrücksichten geboten erscheint.

Aus dem Drehmoment der Turbine können wir zuverlässig rechnen,
welche Kraft (X-Komponente) die Radschaufel auszuhalten hat, die gerade
fast allein arbeitet. Schwieriger ist es, die Art der Übertragung dieser
Kraft vom Schaufelkörper nach der Nabe durch den mit dieser verbundenen
Kranz festzustellen.

Wäre die Schaufelfläche nur einseitig gehalten, so müßte deren Biegungsfestigkeit an der Anschlußstelle am Kranz einfach für die Kraftübertragung
herhalten. So aber sind durch den zweiten Kranz alle Schaufeln gegenseitig gestützt und auf diese Weise wird die Biegungsfestigkeit sämtlicher
Schaufelkörper mit herangezogen. Die jeweils arbeitende Schaufel darf
deshalb wohl als eine beidseitig eingespannte, gekrümmte, auf Biegung
beanspruchte Platte angesehen werden.

Ganz besondere Aufmerk-
samkeit ist dem Abfangen
verirrter Wassertropfen zuzuwenden.

Die Strahlturbinen sind
natürlich mit Schutzhauben umgeben. Im Laufrade tritt das
meiste Wasser regelrecht nach
zurückgelegtem absolutem Wasserweg (Fig. 91, S. 118) aus,
doch haften selbstverständlich
einzelne Tropfen am Rade noch
an und spritzen später in der

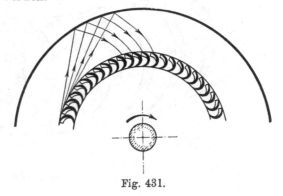

Fig. 431.

Tangente zum Radumfang nach außen weg (Fig. 431), Teile derselben prallen
an der Haube ab und geraten zum Teil aufs neue aufs Laufrad, von dem

sie, natürlich unter Arbeitsaufwand wieder weggeschleudert werden. Hier empfehlen sich Schutzbleche und dergl. zum Abfangen des von der Haube zurückgeworfenen Spritzwassers, die das Laufrad mit Ausnahme der eigentlichen Austrittsgegend umschließen und die verirrten Tropfen seitlich ableiten. (Vergl. Taf. 42, Löffelrad, Rüsch-Dornbirn.)

2. Innere Strahlturbinen mit mehreren Leitzellen.

Jede einzelne Leitschaufel soll den gleichen Winkel $\delta_1{}^m$ für ihre Strahlmitte aufweisen; das spricht aus, daß die einzelnen Leitstrahlmitten stark divergieren müssen wie in Fig. 432 angedeutet, daß also die benachbarten

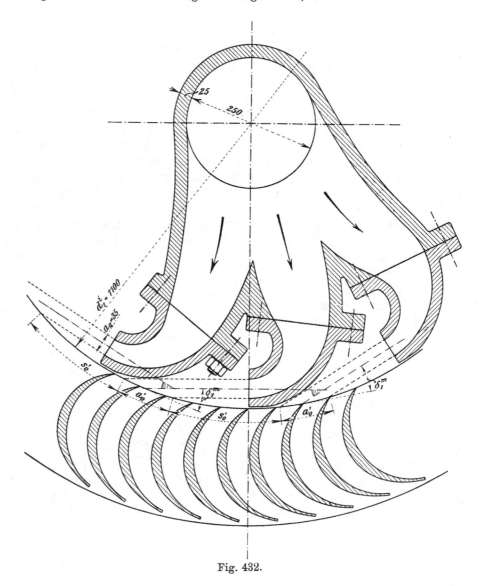

Fig. 432.

Außenbegrenzungen je zweier Leitstrahlen, auch um den gleichen Betrag, divergieren. Es ergibt sich weiter daraus, daß es materiell unmöglich ist, die Leitstrahlen auf dem Laufradumfang so nahe aneinander hinzuschieben, daß zwischen den Strecken von je a_0'-Länge nur geringe Spielräume bleiben. Wir werden im Gegenteil, selbst wenn wir die Leitschaufeln tunlichst nahe aneinanderrücken, immer eine große Strecke s_0' von der Leitschaufelwandung verdeckt erhalten, die, was die Wasserführung betrifft, in ihrer Länge gegenüber a_0' nicht vernachlässigt werden kann. Wenn aber eine relativ so große Strecke des Laufradumfangs zwischen den Leitstrahlen ohne Wasser bleibt, so muß sich für die einzelne vorbeipassierende Radschaufel der Vorgang des schlechten Wassereintritts bei jedem Leitstrahl wiederholen, wie er oben S. 649 u. f. für das letzte Stück Weg vor der einen Leitschaufel (Schlußfüllung) geschildert worden (Fig. 429b).

Diese Erkenntnis drängt darauf hin, daß wir, soweit es irgend möglich ist, mit einer Leitschaufel sollen auszukommen suchen, daß es aber, wenn dies nicht mehr tunlich ist, für die Leistung der Turbine ganz gleichgültig bleibt, ob die mehrfachen Leitschaufeln dicht beieinander oder ob sie etwa im Umkreise des Laufrades gleichmäßig verteilt oder sonstwie angeordnet werden.

Allerdings wird die tiefer liegende Leitöffnung eine etwas größere Geschwindigkeit w_0 aufweisen als eine höher liegende, die letztere wird also auch das gegebene Gefälle nicht so vollständig ausnützen als die erstere, aber die Unterschiede in den w_0 sind bei hohen Gefällen tatsächlich verschwindend.

So kommt es, daß wir die Einteilung und Stellung der mehrfachen Leitschaufeln nach rein konstruktiven Bedürfnissen einrichten können derart, daß sich die Wasserzuführung zu den einzelnen Leitöffnungen mit den Reguliereinrichtungen zu einem brauchbaren Ganzen verbindet.

3. Die Zentrifugalspannungen in Laufradkränzen usw.

Mit zunehmendem Gefälle steigen die Umfangsgeschwindigkeiten der Laufräder und sie nähern sich bei Hochgefälle schließlich solch hohen Beträgen, daß die Festigkeit der Laufräder durch Zentrifugalkräfte in Frage gestellt werden kann. Es ist deshalb nötig, hierüber einige Klarheit zu schaffen.

I. Der glatte Schwungring.

Wir gehen zu besserer Anschauung von den einfachsten Verhältnissen aus und denken uns einen Ring von mittlerem Durchmesser D, Radius r, einer radialen Stärke s, die im Verhältnis zu D klein sein soll. Die Breite des Ringes in achsialer Richtung sei b. Der Ring rotiere mit der Winkelgeschwindigkeit ω frei um seine Achse, er ist also ohne Unterstützung gedacht, Fig. 433.

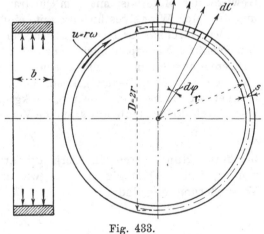

Fig. 433.

Ein Stück dieses Ringes, dem Zentriwinkel $d\varphi$ angehörend, entwickelt bei der Rotation eine Zentrifugalkraft im Betrage

$$dC = dm \cdot r \cdot \omega^2.$$

Die Masse dm findet sich, mit γ als Gewicht der Volumeinheit (kg/cbm) zu

$$dm = r\, d\varphi \cdot s \cdot b \cdot \frac{\gamma}{g}$$

so daß sich ergibt

$$dC = \frac{\gamma}{g} \cdot b \cdot s \cdot r^2\, \omega^2 \cdot d\varphi.$$

Jedes Stück des Ringes von der Länge $r\, d\varphi$ entwickelt die gleiche Zentrifugalkraft und so wird der Ring durch die rundum vorhandenen Zentrifugalkräfte dC in ganz gleicher Weise beansprucht, wie eine Röhre durch den inneren Druck p (kg/qm) einer Flüssigkeit. Dieser Druck wäre hier

$$p = \frac{dC}{r\, d\varphi \cdot b} = \frac{\gamma}{g} \cdot s \cdot r \cdot \omega^2 \text{ (kg/qm)} \quad . \quad . \quad . \quad . \quad \textbf{790.}$$

Die Stärke s soll voraussetzungsgemäß klein sein gegenüber D, mithin darf die dem Zentrifugaldruck widerstehende Umfangsspannung σ_u in kg/qm im Ringquerschnitt als gleichmäßig verteilt angesehen werden und wir können schreiben, wie für eine dünnwandige Röhre mit innerem Druck

$$D \cdot b \cdot p = 2\, r\, b \cdot p = 2\, r\, b \cdot \frac{\gamma}{g} \cdot s \cdot r \cdot \omega^2 = 2\, s \cdot b \cdot \sigma_u$$

oder

$$\sigma_u = \frac{\gamma}{g} \cdot r^2\, \omega^2 = \frac{\gamma}{g} \cdot u^2 \text{ (kg/qm)} \quad . \quad . \quad . \quad . \quad . \quad \textbf{791.}$$

Da wir gewohnt sind, σ_u in kg/qcm und γ als kg/cbdcm (spez. Gewicht) anzusetzen, so ist, wenn σ_u und γ diese Bedeutung haben sollen, zu schreiben

$$10000\ \sigma_u = 1000\, \frac{\gamma}{g} \cdot r^2\, \omega^2$$

oder

$$\sigma_u = \frac{\gamma}{10 \cdot g}\, r^2\, \omega^2 = \frac{\gamma}{10 \cdot g} \cdot u^2 \text{ (kg/qcm)} \quad . \quad . \quad . \quad \textbf{792.}$$

wobei aber r in m, sowie ω und u in m/sek. beibehalten ist.

Die Spannung in dem rotierenden Ring wächst also mit dem spezifischen Gewicht des Materials, mit dem Quadrat des Halb- oder Durchmessers und mit dem der Winkelgeschwindigkeit, einfacher gesagt mit u^2.

Der Durchmesser $D = 2\, r$ gilt als im Ruhezustand gemessen, wobei der Querschnitt $s \cdot b$ als spannungslos anzusehen ist. Infolge der bei der Rotation auftretenden Spanung σ_u findet eine Vergrößerung des Umfanges $2\, r\, \pi$ statt, die sich mit dem Dehnungskoeffizienten α des betreffenden Materials berechnet zu $2\, r\, \pi \cdot \sigma_u \cdot \alpha$, worin σ_u in kg/qcm (Gl. 792). Der Radius r hat also durch die Zentrifugalkräfte eine Vergrößerung δr erfahren, die sich auf

$$\delta r = r \cdot \sigma_u \cdot \alpha \quad . \quad . \quad . \quad . \quad . \quad . \quad \textbf{793.}$$

beziffert. Nun müssen wir hierin σ_u durch den Wert nach Gl. 792 ersetzen, weil σ_u von r abhängig ist und wir erhalten einfach für die elastische Vergrößerung des Radius

$$\delta r = \frac{\gamma}{10\, g} \cdot r^3\, \omega^2 \cdot \alpha \quad . \quad . \quad . \quad . \quad . \quad . \quad \textbf{794.}$$

Das heißt, die elastische Vergrößerung wächst mit dem spezifischen Gewicht und dem Dehnungskoeffizienten in der ersten, mit der Winkelgeschwindigkeit in der zweiten und mit dem Radius oder dem Durchmesser in der dritten Potenz.

Daraus folgt, daß bei einem rotierenden Ring von großer Stärke s die äußeren Partien bestrebt sein werden, eine wesentlich größere radiale Dehnung anzunehmen, als die inneren.

Beispielsweise: Ein Ring aus Gußeisen von 2 m äußerem und 1 m innerem Durchmesser rotiert mit 300 Umdrehungen in der Minute. Mit $\gamma = 7,3$ kg/cbdcm, $\alpha = \sim \dfrac{1}{2\,000\,000}$ und $\omega = \dfrac{2\,\pi \cdot 300}{60} = 31,4$ m/sek würden wir bei freier Ausdehnungsfähigkeit der Schichten erhalten (Gl. 792 und 794)

außen: $r = 1$ m; $\sigma_u = \dfrac{7,3}{10 \cdot 9,81} \cdot 1^2 \cdot 31,4^2 = 73,44$ kg/qcm; $\delta r = 0,000037$ m,

innen: $r = 0,5$ m; $\sigma_u = \dfrac{7,3}{10 \cdot 9,81} \cdot 0,5^2 \cdot 31,4^2 = 18,36$ kg/qcm; $\delta r = 0,000009$ m.

Da der Innenradius durch seine eigene Zentrifugalspannung nur um knapp 0,01 mm, der nur doppelt so große Außenradius aber um nahezu 0,04 mm größer zu werden bestrebt ist, so werden des radialen Zusammenhanges wegen die Innenschichten einen Teil der äußeren Zentrifugalspannung aufnehmen müssen und die Folge ist die zuerst nicht recht einleuchtende Tatsache, daß die innerste Schicht eines zusammenhängenden Ringes von beliebiger Breite tatsächlich eine größere Spannung durch Zentrifugalkräfte auszuhalten hat als die äußerste, in der doch die Zentrifugalwirkung an sich wesentlich höher ist. In der Außenschicht kann eben die Spannung nach Gl. 792 gar nicht zur Entwicklung kommen, weil die ihr anhängenden Schichten die radiale Dehnung nicht so weit mitmachen können, als sie in der Außenschicht eintreten müßte, bis außen σ_u nach Gl. 792 überhaupt zustande kommt. Jede Schicht ladet also einen Teil ihrer Zentrifugalspannungen auf die innerhalb liegenden Schichten ab derart, daß die innerste Schicht schließlich am meisten zu tragen hat, weil alle äußeren Schichten des radialen Zusammenhangs wegen auf die innerste Einfluß nehmen.

Nach den Entwicklungen von Grübler, Zeitschr. d. V. D. Ing., Jahrgang 1897, S. 860 u. f. lauten die Ausdrücke für die größte und die kleinste Spannung, indem wir die dortige Größe ε durch $\dfrac{\gamma}{10 \cdot g}$ ersetzen,

$$\text{außen: } \sigma_{min} = \frac{1}{4}\,\frac{\gamma}{10 \cdot g} \cdot \omega^2 \left(3\,r_1{}^2 + r_2{}^2\right) = \sigma_a \quad \ldots \quad \textbf{795.}$$

$$\text{innen: } \sigma_{max} = \frac{1}{4}\,\frac{\gamma}{10 \cdot g} \cdot \omega^2 \left(r_1{}^2 + 3\,r_2{}^2\right) = \sigma_i \quad \ldots \quad \textbf{796.}$$

Hierin ist r_1 der kleinere, r_2 der größere Radius des Ringes. Die Spannungen sind unabhängig vom Dehnungskoeffizienten. Bezeichnen wir mit u_a und u_i die Umfangsgeschwindigkeiten am Außen- und Innenumfang des Ringes, so ist $r_2\,\omega = u_a$ und $r_1\,\omega = u_i$ und wir können damit die Beziehungen schreiben als

$$\sigma_a = \frac{\gamma}{10 \cdot g}\left(\frac{1}{4}\,u_a{}^2 + \frac{3}{4}\,u_i{}^2\right) \quad \ldots \ldots \quad \textbf{797.}$$

$$\sigma_i = \frac{\gamma}{10 \cdot g}\left(\frac{3}{4}\,u_a{}^2 + \frac{1}{4}\,u_i{}^2\right) \quad \ldots \ldots \quad \textbf{798.}$$

Beide Gleichungen gehen für einen sehr schmalen Ring $(u_a = u_i)$ über in

$$\sigma_u = \frac{\gamma}{10 \cdot g}\,u^2 \quad \ldots \quad \ldots \quad \textbf{(792).}$$

Die Gl. 797 zeigt, daß die Außenspannung σ_a des rotierenden breiten Ringes tatsächlich kleiner ist, als dem sehr schmalen Ringe nach Gl. 792

mit u_a entsprechen würde, dagegen läßt Gl. 798 erkennen, daß die Innenspannung des Ringes zwar ziemlich größer wird, als sie in einem sehr schmalen Ringe von der Umfangsgeschwindigkeit u_i auftreten würde, daß sie aber doch auch hier kleiner bleibt als u_a entspricht; mit anderen Worten, daß σ_u nach Gl. 792 doch immer größer sein wird, als σ_i nach Gl. 798.

Wenn wir für unsere Kontrollrechnungen, die Festigkeit der Laufradkränze und dergl. betreffend, der Einfachheit halber nur die äußere Umfangsgeschwindigkeit berücksichtigen und die Spannung nach Gl. 792 berechnen, so wird darin eine kleine besondere Sicherheit liegen, die sich erkennen läßt, wenn wir z. B. den Innendurchmesser $d_i = 0,9\,d_a$ annehmen. Wir erhalten dafür aus Gl. 798

$$\sigma_i = \frac{\gamma}{10 \cdot g}\left(\frac{3}{4} + \frac{1}{4} \cdot 0,81\right)u_a^2 = \sim \frac{\gamma}{10 \cdot g} \cdot 0,95\,u_a^2$$

gegenüber

$$\sigma_u = \frac{\gamma}{10 \cdot g} \cdot u_a^2 \quad\cdot\quad\cdot\quad\cdot\quad\cdot\quad\cdot\quad (\mathbf{792.})$$

Auf Grund des Vorstehenden können wir für die beiden hauptsächlich in Frage kommenden Konstruktionsmaterialien der Laufräder, Eisen und Bronze, eine einfache Beziehung zwischen der Umfangsgeschwindigkeit u und der freien Umfangsspannung σ_u aufstellen.

Es findet sich für Eisenmaterial mit $\gamma = 7,3$ nach Gl. 792

$$\sigma_u = \frac{7,3}{10 \cdot 9,81} \cdot u^2 = 0,0744\,u^2 \quad\cdot\quad\cdot\quad\cdot\quad\cdot\quad \mathbf{799.}$$

oder

$$u = 3,666\sqrt{\sigma_u}. \quad\cdot\quad\cdot\quad\cdot\quad\cdot\quad\cdot\quad \mathbf{799\,a.}$$

Für Bronze gilt mit $\gamma = 9$

$$\sigma_u = \frac{9}{10 \cdot 9,81} \cdot u^2 = 0,0917\,u^2 \quad\cdot\quad\cdot\quad\cdot\quad\cdot\quad \mathbf{800.}$$

oder

$$u = 3,3\sqrt{\sigma_u} \quad\cdot\quad\cdot\quad\cdot\quad\cdot\quad\cdot\quad\cdot\quad \mathbf{800\,a.}$$

Da die Zugspannung σ_u die zulässigen Werte von k_z nicht überschreiten darf, so besteht für jedes Material eine durch sein spezifisches Gewicht γ und den Wert von k_z bedingte größtzulässige Umfangsgeschwindigkeit, die der Turbinenkonstrukteur nicht außer acht lassen darf. Da ferner die Umfangsgeschwindigkeiten mit dem Gefälle h_m wachsen, so folgt daraus, daß für jedes Material ein bestimmtes Höchstgefälle vorhanden ist, das eben noch die Anwendung des betreffenden Materials gestattet, während bei Gefällen von noch höherem Betrage dessen Verwendung im allgemeinen ausgeschlossen ist. (Vergl. unter „Binderinge", S. 669.)

Nun ist aber eines zu bedenken. Die Umfangsgeschwindigkeit des zulässigen $\sigma_u = k_z$ darf nicht schon im normalen Betriebe erreicht sein, denn sonst fehlt beim Durchgehen des Motors die erwünschte Sicherheit.

Wir sind nun bei Turbinen gegenüber den Kolbendampfmaschinen in der angenehmen Lage, daß die Turbine ein Durchgehen nur bis zum Freilauf kennt, während bei der Kolbendampfmaschine, wenn der Regulator versagt, die Geschwindigkeiten ideell bis unendlich, in Wirklichkeit so weit anwachsen werden, bis irgendwo ein Bruch eintritt, sei es, daß die Massendrücke an Kurbel oder Kreuzkopf die Zerstörung bringen oder daß das Schwungrad explodiert.

Die unüberschreitbare Grenze der u für jede Turbine liegt in der Freilauf-Umdrehungszahl, die wir S. 14 ideell zu dem doppelten der normalen Geschwindigkeit fanden, die aber in der Wirklichkeit nie erreicht wird, weil die Lager-, Luftreibung u. a. als Hindernis auftreten.

Wir werden absolut sicher gehen, wenn wir die Umdrehungszahl des Freilaufs zu ungefähr dem 1,8 fachen der normalen Umdrehungszahl annehmen und wenn wir deshalb so rechnen, daß bei

$$u_{max} = 1,8\,u$$

der zulässige Wert von k_z für die äußere freie Umfangsspannung σ_u erreicht wird.

Demnach schreiben wir für Eisenmaterial ($\gamma = 7,3$) nach Gl. 799a

$$u_{max} = 3,666 \sqrt{k_z} = 1,8\,u$$

und erhalten daraus als höchstzulässige Umfangsgeschwindigkeit des normalen Betriebes für den glatten Ring (Schwungradkränze)

$$u = \sim 2 \sqrt{k_z} \quad . \quad . \quad . \quad . \quad . \quad . \quad . \quad \mathbf{801.}$$

Die verschiedenen Eisensorten ergeben, dem jeweiligen k_z entsprechend, die nachstehenden, für den normalen Betrieb zulässigen Umfangsgeschwindigkeiten:

Gußeisen	$k_z = 250 \div 300$ kg/qcm;	$u = 31 \div 35$ m/sek
Schmiedeeisen	$k_z = 600 \div 800$ „	$u = 49 \div 56$ „
Stahlguß	k_z bis 1200 „	u bis 69 „

Für Gußeisen folgt, wenn wir u_1 nach Gl. 782 zu $0,47 \sqrt{2g h_m}$ annehmen

$$u = 31 \div 35 = 0,47 \sqrt{2 g h_m},$$

woraus sich das für die Verwendung von Gußeisen in glatten Schwungkränzen, Durchmesser gleich dem Laufraddurchmesser D_1, höchstzulässige manometrische Gefälle h_m ergibt zu

$$h_m = 220 \div 280 \text{ m}.$$

Die Höchstgefälle für Schmiedeeisen und Stahlguß liegen entsprechend höher, Stahlguß speziell bei ungefähr 1000 m Gefälle.

Bronze kommt für glatte Schwungkränze nicht in Betracht.

II. Der mit Schaufeln besetzte Laufradkranz.

Die zwischen den Kränzen einer Strahlturbine sitzenden Körper der Ablenkungs-(Schaufel-)Flächen entwickeln bei der Rotation Zentrifugalkräfte, welche durch die Kränze aufgenommen werden müssen und die eine Vermehrung derjenigen Umfangsspannung bewirken, die die Kränze aus eigener Zentrifugalkraft schon besitzen.

Die Schaufelkörper sitzen auf dem Kranz in regelmäßigen Abständen verteilt, sind auch alle von gleichem Gewicht, so daß wir berechtigt sind, anzunehmen, daß sich deren Gesamtgewicht gleichmäßig auf die Kränze verteilt.

Wir wissen aus $C = m r \omega^2$, daß die Zentrifugalkraft bei gleicher Winkelgeschwindigkeit mit dem Radius wächst. Ist nun r_K der Schwerpunktsradius

des Radkranzes, r_S der Schwerpunktsradius der Schaufelkörper, der bei
Peltonrädern größer als r_K, Fig. 434, bei inneren Radialturbinen dem r_K
ungefähr gleich ist (vergl. Fig. 435), bezeichnen wir ferner mit K das Gewicht
des Radkranzes, mit S dasjenige der Schaufelkörper, so setzt sich der Betrag
der resultierenden Zentrifugalkraft aus Kranz- und Schaufelgewichten für den
Sektor $d\varphi$, zusammen als

$$dC = \frac{\omega^2}{g}\left(\frac{K}{2\pi}\cdot r_K + \frac{S}{2\pi}\cdot r_S\right)\cdot d\varphi.$$

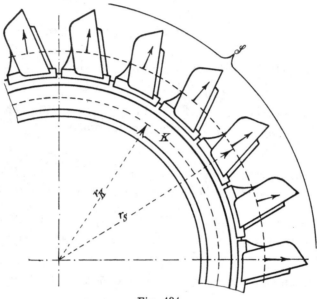

Fig. 434.

Der glatte Kranz ohne Schaufeln würde ein dC von $\frac{\omega^2}{g}\cdot\frac{K}{2\pi}\cdot r_K\cdot d\varphi$ besitzen, mithin erhöhen die Schaufelkörper den Betrag der dC durch ihr
Gewicht auf das

$$\frac{K\cdot r_K + S\cdot r_S}{K\cdot r_K} = \left(1 + \frac{S}{K}\cdot\frac{r}{r_K}\right) \text{fache} \quad . \quad . \quad . \quad \textbf{802.}$$

des Betrages, der den Rechnungen des vorhergehenden Abschnittes zugrunde lag.

Daraus folgt ohne weiteres, daß auch die Zentrifugalspannungen σ_u in
diesem Verhältnis größer werden müssen, und wir dürfen ohne weiteres
die Gl. 792 für den mit Schaufeln besetzten Laufradring schreiben als

$$\sigma_u = \frac{\gamma}{10\cdot g}\left(1 + \frac{S}{K}\cdot\frac{r_S}{r_K}\right)\cdot u^2 \quad . \quad . \quad . \quad . \quad . \quad \textbf{803.}$$

Es ist, als ob das spezif. Gewicht des tragenden Kranzes auf das
$\left(1 + \frac{S}{K}\cdot\frac{r_S}{r_K}\right)$ fache vermehrt sei.

Der gleiche Faktor kehrt dann auch für die Berechnung der zulässigen
Umfangsgeschwindigkeiten und der größtzulässigen Gefällhöhen wieder, wir
erhalten dadurch

für Eisenmaterial ($\gamma = 7{,}3$) anstelle von Gl. 799 nunmehr

$$\sigma_u = 0{,}0744 \left(1 + \frac{S}{K} \cdot \frac{r_S}{r_K}\right) u^2 \quad \ldots \ldots \quad \textbf{804.}$$

oder auch

$$u = 3{,}666 \sqrt{\frac{\sigma_u}{1 + \frac{S}{K}\frac{r_S}{r_K}}} \quad \ldots \ldots \quad \textbf{804a.}$$

und die höchstzulässige Umfangsgeschwindigkeit des normalen Betriebes stellt sich auf

$$u = \sim 2 \sqrt{\frac{k_z}{1 + \frac{S}{K} \cdot \frac{r_S}{r_K}}} \quad \ldots \ldots \quad \textbf{805.}$$

während diese für Bronze folgt (Gl. 800a, 801) zu

$$u = \sim 1{,}83 \sqrt{\frac{k_z}{1 + \frac{S}{K}\frac{r_S}{r_K}}} \quad \ldots \ldots \quad \textbf{806.}$$

Für den glatten Schwungring hätte eine Verstärkung des Querschnittes keinen Einfluß auf σ_u usw., weil dort der wachsende Querschnitt im gleichen Verhältnis wachsende dC erzeugt. Der Schaufelkranz aber muß so stark sein, daß er den vereinigten Zentrifugalkräften aus K und S widersteht. Dies kann aber natürlich nur dadurch erreicht werden, daß u entsprechend niederer bleibt, wie dies die Gl. 805 und 806 gegenüber Gl. 801 erkennen lassen. Je größer S, um so kleiner muß u gehalten werden, je größer K, um so mehr nähert sich das zulässige u dem Wert nach Gl. 801.

Die Gefällegrenzen für die Anwendung der Schaufelkränze rücken den Gl. 805 und 806 gemäß dann auch gegen abwärts.

III. Binderinge für die Laufradkränze.

Gußeiserne oder Bronzelaufräder können durch schmiedeeiserne Binde-ringe gegen eine Spannung von $\sigma_u > k_z$ bis zu gewissen Grenzen gesichert werden, wie dies z. B. Fig. 435 zeigt. Zu beurtei-len ist die Sachlage wie folgt:

Der Bindering hat von sich aus die durch seine eigene Zentrifugalkraft entstehende tangen-tiale Spannung σ_u nach Gl. 792, die das für ihn zulässige k_z natürlich noch nicht erreichen darf, wenn er für seinen Bindezweck noch eine Span-nungsfähigkeit übrig haben soll.

Binderinge werden nötig bei einer Umfangs-spannung im Kranz von

$$\sigma_K = \frac{\gamma}{10 \cdot g} \cdot u^2 > k_{zK},$$

worin γ unter Beachtung des Faktors, Gl. 802, anzusetzen ist.

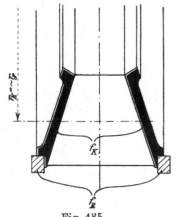

Fig. 435.

Ist f_K (qcm) der gesamte tragende Mate-rialquerschnitt der Schaufelkränze, so würde die Gesamtspannung im Kranz-querschnitt betragen

$$f_K \cdot \sigma_K = f_K \frac{\gamma}{10 \cdot g} \cdot u^2.$$

Aufnehmen kann der Schaufelkranz nur den Bruchteil $f_K \cdot k_{zK}$, mithin hat der Bindering dem Kranze abzunehmen eine Teilspannung im Betrage

$$f_K \cdot \sigma_K - f_K \cdot k_{zK} = f_K (\sigma_K - k_{zK}) \; (\text{kg}).$$

Der Bindering hat f_R qcm Querschnitt und kann mit k_{zR} eine Gesamt-spannung von $f_R \cdot k_{zR}$ aufnehmen. Durch seine eigenen Zentrifugalkräfte ist er bei einem Wert von u, der seinem Durchmesser entspricht, mit der Spannung σ_R (kg/qcm) belastet, mithin steht für das Zusammenhalten des Kranzes nur der Überschuß von k_{zR} über σ_R zur Verfügung. Also muß sein

$$f_R (k_{zR} - \sigma_R) \geqq f_K (\sigma_K - k_{zK})$$

oder

$$f_R \geqq f_K \cdot \frac{\sigma_K - k_{zK}}{k_{zR} - \sigma_R} \qquad \ldots \ldots \quad \textbf{807.}$$

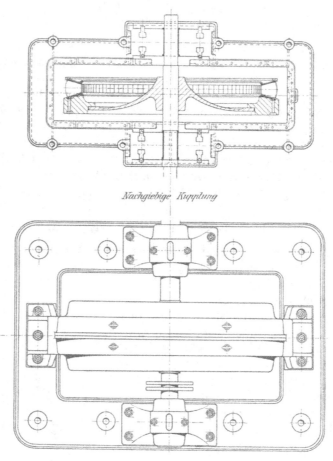

Nachgiebige Kupplung

Fig. 436.

als der für den Zusammenhalt des Ganzen erforderliche Querschnitt des Binderinges.

Je nach den Dehnungskoeffizienten der beiden Materialien ist der lichte Durchmesser der warm aufzuziehenden Binderinge zu berechnen.

IV. Freistehende Einzelkörper (Peltonschaufeln usw.).

Diese sind an ihrer dünnsten Stelle in radialer Richtung auf Zug mit $C = \dfrac{G\,r_S\,n^2}{900}$ (kg) [Gl. 603, S. 457] zu rechnen, worin G das Gewicht einer einzelnen Schaufel, r_S der Schwerpunktsradius in m (Fig. 434). Hinzu kommt noch die Biegungsbeanspruchung durch den auf die Schaufel treffenden Arbeitsdruck (X-Komponente).

4. Anordnung, konstruktive Einzelheiten.

Der gleichmäßigen Beanspruchung und des geringeren Luftwiderstandes wegen werden für die Strahlturbinen fast ohne Ausnahme volle (gewölbte) Nabenböden ohne jede Aussparung ausgeführt.

Die Turbinenwelle bedarf zweier Lager und soll keine drei Lager erhalten, was angesichts der hohen Umdrehungszahlen ohne weiteres klar ist. Die beiden Lager sind auf gemeinschaftlichem Rahmen anzubringen, damit sie von Hause aus gegenseitig sicher festgelegt sind.

Je nach Umständen kann dieser Lagerrahmen der Turbine selbst oder der Dynamomaschine angehören.

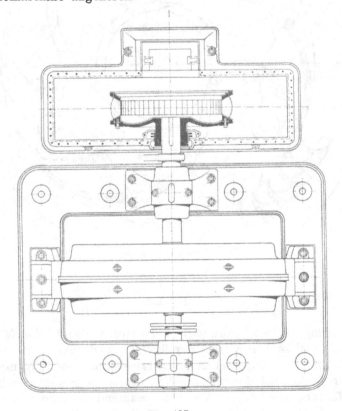

Fig. 437.

Im ersteren Falle bildet er die abdichtende Auflage für die Schutzhaube des Laufrades, er nimmt den Druckrohranschluß auf und sichert die gegenseitige Stellung von Leitapparat und Laufrad. Eine nachgiebige Kupplung zwischen der Turbinen- und der Dynamowelle ist erforderlich. Fig. 436.

Für die zweite Anordnung kann das Laufrad einfach auf das vorstehende Ende der Dynamowelle aufgesetzt werden, wodurch die Anordnung
wesentlich billiger wird. Fig. 437. Die Schutzhaube bleibt dann mit dem
Druckrohranschluß und dem Leitapparat vereint, und diese sind natürlich
um so sorgfältiger auf der Fundation zu lagern.

So wie mehr als e i n e Leitschaufel angewendet wird, empfiehlt sich zur
Entlastung der Turbinenwelle und von deren Lagern eine regelmäßige
Verteilung der Leitschaufeln auf den Laufradumfang, wie es Fig. 438 zeigt.

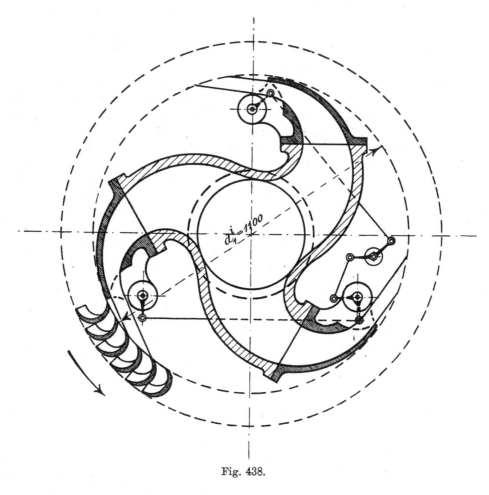

Fig. 438.

Die Anordnung ist wohl zuerst von Piccard & Pictet, Genf, ausgeführt
worden. Auf diese Weise wird der Turbinenwelle ein reines Drehmoment
zugeleitet und die Lagerreibung entspricht nur dem Eigengewicht der
rotierenden Teile. Bei den inneren Radialturbinen gestaltet sich dabei die
Wasserzuführung in sehr einfacher Weise, während die äußere Beaufschlagung
gerade hierin umständlicher ist (vergl. auch Fig. 450).

Besonderer Sorgfalt des Konstrukteurs bedarf die Abdichtung der
Schutzhaube an der Stelle, an der die Turbinenwelle gegen außen tritt.

Wir können nicht ganz verhindern, daß die Turbinenwelle innerhalb
der Schutzhaube von verirrten Wassertropfen getroffen wird. Das auf die
Turbinenwelle spritzende Wasser wird sich, durch seine Adhäsion unter-

stützt, an der Welle entlang ziehen, schließlich, wenn keine Abdichtung
da ist, die Wellenlager erreichen und dort Schaden anrichten.

Im allgemeinen sind hier Stopfbüchsen nicht angezeigt, schon weil sie
Wartung verlangen und weil sie durch kräftiges Anziehen der Schrauben
einen ziemlichen Kraftaufwand verursachen könnten. Es liegt auch bei
näherer Prüfung der Verhältnisse gar kein Anlaß zur Anwendung von Stopfbüchsen vor, denn zwischen dem Innern der Haube und außerhalb derselben
besteht eigentlich kein Druckunterschied.

Das Wasser wird sich an der Welle über Erhöhungen und durch Vertiefungen nach außen weiter ziehen so lange, bis es an eine Stelle kommt,
deren Umfangsgeschwindigkeit so groß ist, daß die Zentrifugalkraft des
einzelnen Wassertropfens sein Eigengewicht übertrifft, also an eine Stelle,
deren Radius der Gl. 604, S. 457 genügt:

$$r \gtrless \frac{900}{n^2}$$

oder auch an der

$$d_{min} \gtrless \frac{1800}{n^2} \quad \cdot \quad \cdot \quad \cdot \quad \cdot \quad \cdot \quad \cdot \quad \cdot \quad \textbf{808.}$$

Ist die betreffende Stelle breit, etwa ein Bund, eine Nabe oder dergl.,
so kann die Adhäsion der Wassertropfen verhindern, daß diese der Zentrifugalkraft folgend abgeschleudert werden. Bilden wir die Stelle aber als
scharfe Kante aus, so ist das Abfliegen der Wassertropfen für einigermaßen größeren Durchmesser, als oben genannt, absolut sicher. Und diese
Durchmessergrößen sind gar nicht so bedeutend. Für $n = 100$ sollte sein
$d_{min} \gtrless \frac{1800}{10000} \gtrless 0,18$ m und für $n = 200$ ist d_{min} schon auf 0,045 m gesunken.
Diese Verhältnisse zeigen uns, wie vorzugehen ist: Abspritzringe auf der Welle

mit scharfen Kanten, dazu diese in einem
Raum sitzend, der schon von dem Strom
der verirrten Wassertropfen nicht mehr
erreicht werden kann, absoluter Schutz
der außerhalb des Abspritzringes liegenden Wellenoberfläche vor verirrten Wassertropfen.

Das meiste Sprühwasser läuft an den
Seitenwänden der Haube gegen abwärts,
es ist über der Welle abzufangen durch
einen rund um die Welle gehenden Schutz-
ring, etwa wie Fig. 439 zeigt, und seitlich
zwischen Rippen gegen abwärts zu führen,
aus der Nachbarschaft der Welle weg.
Ein erster Abspritzring wird das Wasser,
das vom Inneren her an der Welle entlang kommt, entfernen und ein zweiter,
in besonderem Raum rotierend, die wenigen verirrten Tropfen abfangen, die beim
Abspritzen vom ersten Ring wieder auf

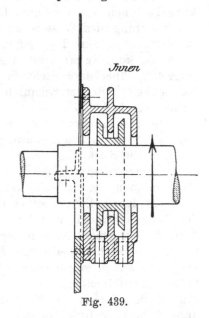

Fig. 439.

die Ringkörper zurück gekehrt sind. Entwässerung der Abspritzgehäuse
gegen abwärts durch nicht zu kurze Rohre. Diese Abspritzgehäuse sind
am besten zweiteilig durch die Wellmitte, sie müssen aber gut dicht auf-

einander passen, ohne andere Verschraubung als die der Haubenfuge, die ja auch durch die Wellmitte geht.

Die Haube selbst muß in ihrer Fuge gut dicht halten, denn wenn auch im Inneren kein Überdruck vorhanden ist, so prallen doch die Wasserstrahlen unter Umständen sehr lebhaft gegen die Fuge.

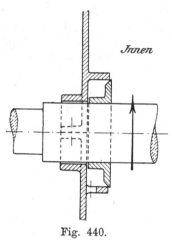

Bei hohen Umdrehungszahlen und reichlich weiten Hauben (letzteres ist stets zu empfehlen) genügen Spritzringe nach Fig. 440 (Rüsch-Dornbirn) vollkommen. Hier wäre für $n = 500$ der Minimaldurchmesser

$$\frac{1800}{250\,000} = 0,007 \text{ m}$$

und deshalb genügt ein Spritzring mit schräger Kante, abgedeckt wie gezeichnet, vollständig, denn schon von der Welle selbst wird jeder Tropfen sofort wieder abfliegen.

Fig. 440.

B. Die äußeren (tangentialen) Strahlturbinen (Peltonräder, Löffelräder).

Je größer der Eintrittsdurchmesser bei der radialen Strahlturbine mit der seither besprochenen Radschaufelanordnung ist, um so mehr verringern sich bei gleichbleibender Strahlstärke a_0 die unerwünschten Differenzen der Eintrittswinkel $\delta_1{}^i$ und $\delta_1{}^a$ gegenüber $\delta_1{}^m$. Die früher für hohe Gefälle angewandten äußeren radialen Strahlturbinen mit stehender Welle, die sogen. Tangentialräder, zeigten solche Verhältnisse. Diese Turbinen hatten für den Entwerfenden noch einige andere Vorzüge gegenüber den Schwamkrug-Turbinen, die aber eben für die Ausführung nicht viel Gutes bewirkten. Die Zuleitung des Wassers zu den Leitschaufeln machte sich weniger umständlich, die aus den Leitöffnungen austretenden Strahlen divergierten nicht, sie konvergierten und veranlaßten auf diese Weise, daß die Strecke $s_0{}'$ (Fig. 432) überhaupt nicht in Frage kam. Außerdem war man vor der Möglichkeit, mit der Schaufelform der neutralen Kurve nahe zu kommen, sicher (vergl. S. 117).

Die Tangentialräder waren fast durchweg mit zwei einander diametral gegenüberliegenden Leitapparaten ausgerüstet, die gleichzeitig verstellt wurden, so daß die Ausübung des Drehmomentes den Verhältnissen der Fig. 306 (Kräftepaar) entsprach. All diese Umstände waren gut und richtig erkannt. Daß trotzdem heute wohl kaum noch ein Tangentialrad im Betriebe sein wird, ist durch die schlechten Betriebsergebnisse, die mangelhafte Leistung der Tangentialräder veranlaßt. Die Leitschaufelstrahlen versprühten zum Teil an den Eintrittskanten der Laufräder, zum Teil war der Widerstand der Wasserteilchen gegen die notwendig erfolgende Verzögerung auf dem Weg von außen gegen innen (S. 105 u. f.) und auch die aus der Schaufelkrümmung folgende Gegendruckhöhe (kreisendes Wasser) dem geregelten Eintritt des Wassers in die Laufradzellen hinderlich derart, daß ein nicht unbeträchtlicher Bruchteil des Betriebswassers überhaupt nicht zur Arbeitsabgabe in das Laufrad gelangen konnte.

Mißlich waren auch die Verhältnisse am Laufradaustritt, der fast genau radial gegen innen erfolgte. Für die Ablenkung in die achsiale Abflußrichtung konnte nur die Wirkung der Erdanziehung in Anspruch genommen werden, und diese vermochte nicht, die bei einigermaßen höheren Gefällen mit großen w_2 austretenden Wasserteilchen so rasch in parabolischer Bahn gegen abwärts zu ziehen, daß die Teilchen überhaupt ohne Kollision mit der Turbinenwelle bezw. mit den diametral gegenüber austretenden Wasserteilchen zum Wegfließen kamen. Die durch solchen Anprall versprühten Wassertropfen gelangten teilweise wieder gegen die Radzellen, mußten ähnlich denen der Fig. 431 den Beschleunigungsschlag erhalten und wurden unter weiterer Arbeitsvergeudung durch die Radschaufeln gegen außen geschleudert.

Diesen Übelständen wurde durch die „Pelton"-Schaufelung endgültig abgeholfen. Die besondere Eigentümlichkeit dieser Wasserführung ist:

Das von außen her nach seitheriger Bezeichnung radial ($w_1 \sin \delta_1$), nach der aber für diese Anordnung von Strahlturbinen allgemein üblichen Ausdrucksweise „tangential" ($w_1 \cos \delta_1$) zugeleitete Betriebswasser (vergl. auch Tafel 44, sowie Fig. 444 und 446) wird entlang der Ablenkungsfläche so geführt, daß es nicht radial, sondern in achsialer Richtung zum Austreten kommt.

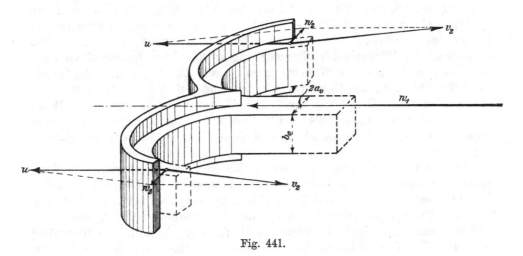

Fig. 441.

Der freie gerade Strahl an der Ablenkungsfläche, wie ihn Fig. 7 u. a. zeigen, läßt sich aber in der Wirklichkeit gar nicht richtig parallel der dortigen Anfangsstrecke ef und zugleich diese Strecke dicht berührend zuführen. Ein kleinerer oder größerer Teil des Wassers wird am Anfang e der Fläche seitlich versprühen und auf diese Weise verloren gehen müssen.

Eine zweite Besonderheit der Peltonschaufelung ist nun darin begründet, daß der aus der Leitschaufel kommende Strahl nicht einseitig an eine Ablenkungsfläche herantritt (Fig. 7 und 13), sondern daß der Strahlmitte ein Paar von Ablenkungsflächen gegenüber steht (Fig. 441, ideelles Bild).

Auf diese Weise ist das Versprühen am Schaufelanfang auf ein Minimum reduziert, und gerade durch die achsiale Ablenkung gegenüber dem radialen Eintritt ist die Erzielung kleiner w_2 beim Verlassen der Ablenkungsfläche ganz ungemein erleichtert.

Das Pelton-(Löffel- usw.)Rad wird durch einen Radkörper gebildet, der meist als voller Boden ausgeführt und am äußeren Umfang mit den charakteristischen Doppel-Ablenkungsflächen besetzt ist; dazu kommt eine

43*

oder auch mehrere Leitöffnungen (Düsen), aus denen die Leitstrahlen frei in ungefähr tangentialer Richtung gegen das Laufrad treten, Taf. 44.

Bei der Drehung des Rades nähert sich die Rückseite der Ablenkungsflächen dem Düsenstrahl zuerst, doch ist die Begrenzung des Schaufelkörpers derart auszubilden, daß der „Ballen" der Schaufelrückseite doch nicht mit dem Strahl in Berührung kommt, sondern daß zuerst die Schneide der Doppel-Ablenkungsfläche rücklings in den Strahl eintritt. Auf diese Weise wird schon der erste diese Schneide berührende Tropfen in gewünschter Weise gespalten und so entlang der Fläche gehen müssen.

Der weiteren Drehung folgend tritt die Schneidenspitze nach und nach durch den Düsenstrahl hindurch gegen außen und zieht sich im ferneren Verlauf ihrer Bewegung schließlich wieder aus der Flucht des Düsenstrahles zurück.

In der Mittelebene des Rades, der „Radebene", liegen die Schneiden der Ablenkungsflächen und auch die Mittellinien der einzelnen Leit-Düsenstrahlen. Da die allgemeinen Verhältnisse sich nicht ändern, einerlei, ob eine oder mehrere Düsen in Anwendung sind, so soll von jetzt ab nur noch von der Anordnung mit einer Düse die Rede sein, deren Mittellinie horizontal liegt, natürlich rechtwinklig zu der ebenfalls horizontal angenommenen Radachse. Hier darf, wie bei der inneren Strahlturbine schon geschehen, die Wirkung der Erdanziehung sowohl beim Leitstrahl als auch während des Weges der Wasserteilchen durch das Laufrad völlig außer Beachtung bleiben; die Geschwindigkeiten sind bei den einzig in Betracht kommenden hohen Gefällen so groß und die Zeiträume, in denen die Wege vom Austritt aus der Düse bis zum Verlassen der Ablenkungsfläche zurückgelegt werden, so überaus klein, daß diese Vernachlässigung absolut begründet ist.

Der Kreis in der Radebene, der die Mittellinie des Leitstrahles berührt, besitzt als mittlerer Eintrittskreis den Durchmesser D_1 (vergl. $D_1 = 1100$, Taf. 44, sowie $D_1 = 770$ und $D_1 = 1140$, Fig. 444) und auf diesen beziehen sich die Umfangsgeschwindigkeit u_1, die Radschaufelteilung t_1 usw. Ein bestimmt ausgesprochener Durchmesser D_2 für den Austritt liegt hier nicht vor, da die Wasserteilchen je nach dem Ort ihres Auftreffens an der Schneide und nach deren augenblicklicher Lage und Neigung in verschiedenen Durchmessern zum Austritt kommen, die aber alle nicht sehr weit von D_1 abweichen.

Die Grundform der einzelnen Seite jedes Ablenkungsflächen-Paares ist die Kreiszylinderfläche, und beide Zylinderflächen treffen sich in der Schneide (Fig. 441). Der Winkel, den beide Flächen an der Schneide zwischen sich einschließen, wird durch die Radebene in zwei gleich große Winkel β_S geteilt (vergl. Fig. 442). Die Achsen der kreiszylindrischen Ablenkungsflächen sind nicht radial gerichtet, die Stellung derselben wird häufig so gewählt, daß die Schneide, solange sie vom Düsenstrahl getroffen wird, tunlichst senkrecht zur Strahlachse steht, wie später zu zeigen ist. Auf diese Weise liegt zwischen Schneidenrichtung und Strahlachse zuerst ein stumpfer Winkel, der während des Fortschreitens der Schaufel durch 90° in einen spitzen Winkel übergeht (Taf. 44 und Fig. 444).

Ideell könnte der Schneidenwinkel $2\beta_S$ Null gemacht werden, wodurch die Wasserteilchen von dem Strahl aus ganz ohne Stoß auf die Ablenkungsflächen übergehen würden. In Wirklichkeit aber würde eine solch rasiermesserartige Schneide in aller Kürze abgenützt sein, ganz abgesehen von der Wirkung etwa vom Wasser mitgeführter kleiner Steinchen usw., und so ist es zweckmäßiger, den Ablenkungsflächen gleich von Hause aus einen gewissen endlich großen Schneidenwinkel zu geben, d. h. die Zylinderflächen in diesen Richtungen eine kurze Strecke geradlinig gegeneinander auslaufen zu lassen.

Theoretisch führt dies zu einem Stoßverlust s an der Eintrittsstelle, Fig 442, also zu einer Verkleinerung von w_1 auf w_1'. Dieser Stoßverlust ist aber an sich klein bei kleinen Winkeln der Schneide, und außerdem dürfte anzunehmen sein, daß auch hier, ähnlich wie früher schon erwähnt, der Stoß durch vorzeitige Ablenkung gemildert wird (Bach'sche Ventilversuche).

Nur so läßt sich erklären, daß die vom Verf. bei verschiedenen Ausführungen guter Firmen konstatierten Winkelgrößen $\beta_S = 12^0$ bis 15^0 nicht so wesentlich ins Gewicht fallen als es den Anschein haben könnte.

Der Wert der Wasserablenkung nach achsialer Richtung aus dem radialen (tangentialen) Eintritt erhellt aus folgendem:

Würde der Eintritt und die Ablenkung ganz in der Radebene selbst erfolgen, wie dies z. B.

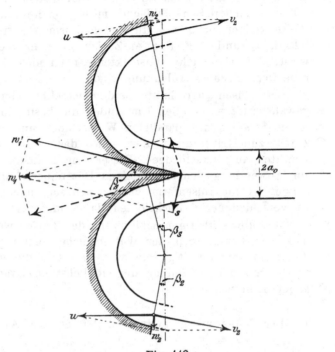

Fig. 442.

Fig. 89 S. 114 zeigt, würde also auch der Austritt der mittleren Wasserfäden in der Radebene stattfinden, so wäre eine gewisse Steilstellung der Schaufelenden an der Stelle „2", eine gewisse Größe von β_2 unumgänglich, damit der abgelenkte Strahl, auf dessen Dicke a_2 wir bei im übrigen festliegenden Verhältnissen keinen sehr ausschlaggebenden Einfluß haben, am Rücken der Nachbarschaufel vorbeifindet.

Da aber die Ebenen, in denen sich die Ablenkung hauptsächlich abspielt, bei der Pelton-Schaufel ungefähr senkrecht zur Radebene stehen und den Eintrittskreis, Durchmesser D_1, annähernd berühren, so divergieren diese Ebenen für die aufeinander folgenden Schaufeln und deshalb auch die aus den verschiedenen Schaufeln mit v_2 austretenden Strahlen von Hause aus. Die austretenden Wasserteilchen sind je nach der Größe von D_1 auch bei ganz kleinen Winkeln β_2 oft gar nicht in der Lage, daß sie dem Rücken der Nachbarschaufel zu nahe kommen könnten.

Diese in der Anordnung liegende Freiheit der Anwendung kleiner β_2 gestattet also die Erzielung kleiner w_2 (Fig. 442), kleiner Austrittsverluste, ohne daß die Strahlstärke a_2 dabei direkt hindernd im Wege steht.

Die Winkelgrößen β_2 und δ_2 entsprechen sinngemäß den früheren Bezeichnungen mit dem Unterschiede, daß hier die Ebene des Geschwindigkeitsparallelogramms im großen und ganzen ungefähr parallel zur Radachse
liegt, aber doch für jeden Wassertropfen je nach dem Ort seines Ein- und
Austrittes mehr oder weniger große Abweichungen von jener Richtung aufweisen wird. Daß die Doppel-Zylinderflächen der Radschaufeln in der
Wirklichkeit gegen die Radachse oder den äußeren Radumfang hin nicht
geradlinig abgeschnitten, sondern häufig muschelförmig umgebogen sind,
ist in dem Bestreben begründet, den der Ablenkungsfläche entlang eilenden
Strahl soviel als tunlich für den achsialen Austritt zusammenzuhalten. Auch
soll die benetzte Schaufelfläche, mithin der Reibungsverlust $\varrho_2 h_m$, auf diese
Weise kleiner ausfallen. In diesen Formen herrscht eine große Mannig-
faltigkeit, und Prof. Escher-Zürich hat ganz recht, wenn er darauf hin-
weist, daß sich viele Konstrukteure noch nicht klar über den Nutzen gerade der achsialen Ablenkung sind.

Die Düsen-Querschnitte sind rechteckig oder rund. Die runde Form
gewährleistet unter allen Umständen die beste Entwicklung eines geschlossenen Strahles mit parallelen Wasserfäden und dadurch einen geordneten
Zutritt zum Laufrad. Früher schien das Einstellen des runden Düsenquer-
schnittes auf verschiedene Wassermengen kaum möglich und dies führte
zur Anwendung von rechteckigen Düsenquerschnitten. Auch heute ist die
Frage, welche Düsenform vorzuziehen sei, noch nicht ganz abgeschlossen,
da verschiedenerlei Rücksichten dabei mitsprechen.

Aus der seitherigen Schilderung der Betriebsweise ist schon zu erkennen,
daß die Bewegungen der Wasserteilchen entlang den Ablenkungsflächen
ungemein mannigfalt sein werden. Aus diesem Grunde soll auch hier
wieder mit der Darstellung der möglichst vereinfachten Bewegungsvorgänge
angefangen werden.

1. Der Wasserweg zwischen Düse und Austrittsstelle „2“, Tur-
binenstange.

Die Verhältnisse des ideellen Betriebes sind, einer Hälfte des Ablenkungsflächen-Paares entsprechend, auf S. 8 u. f. eingehend entwickelt,
auch die Folgen verschiedener Größen der Fortschreitegeschwindigkeit u.

Für den tatsächlichen Betrieb einer Turbinenstange gilt die ganze Reihe
der Betrachtungen von S. 638 anfangend bis zur Gl. 782.

Da es sich hier gewissermaßen um zwei zu einem Strahl vereinigte
Düsenstrahlen (je einer Ablenkungsfläche entsprechend) handelt, so soll die
Düsenstrahlstärke, wagrecht gemessen, als $2 a_0$ bezeichnet sein (Fig. 441 usw.).
An der Schneide spaltet sich der Strahl in zwei Hälften von $a_1 = a_0$ Stärke
für den Weg entlang den Ablenkungsflächen.

Die ganz symmetrisch verlaufende Ablenkung hat zur Folge, daß sich
die beidseitigen X-Komponenten (Fig. 7 u. a.) in ihrer Wirkung addieren,
und daß die Y-Komponenten sich gegenseitig aufheben; die Welle bleibt
ohne Achsialschub, sofern in der Ausführung wirklich alle Schneiden den
Strahl halbieren.

Auch hier stellen sich Fließwiderstände entlang den Ablenkungsflächen
ein, in gleicher Weise wie auf S. 657 u. f. für die innere radiale Strahlturbine
besprochen, doch ist gegenüber dort ein Unterschied darin begründet, daß

die Fortschreitegeschwindigkeit der Ein- und Austrittsstellen hier gleich groß ist. Infolgedessen rechnet sich die zur Erzielung eines bestimmten Austrittsverlustes anzuwendende Fortschreitegeschwindigkeit u wie folgt:

Vernachlässigen wir die Wirkung der Stoßkomponente s am Eintritt der Ablenkungsflächen (Fig. 442), so fallen für die Turbinenstange die Geschwindigkeiten w_1, u und v_1 in eine Gerade und es ist

$$v_1 = w_1 - u.$$

Infolge der Fließwiderstände $\varrho_2 h_m$ entlang der Schaufelfläche gilt, weil u überall gleich groß ist,

$$v_2{}^2 = v_1{}^2 - 2 g \varrho_2 h_m.$$

Nehmen wir der bequemeren Rechnung halber $\delta_2 = 90^0$ an, so ist

$$v_2{}^2 = u^2 + w_2{}^2 = u^2 + 2 g \alpha_2 h_m.$$

Aus diesen drei Beziehungen folgt mit $w_1 = \sqrt{2 g (1 - \varrho_0 - \varrho_1) h_m}$ (Gl. 781) nach kurzer Umformung

$$u = \varepsilon \sqrt{\frac{g h_m}{2 (1 - \varrho_0 - \varrho_1)}} \quad \ldots \ldots \quad \textbf{809.}$$

(Vergl. Gl. 785.)

Nunmehr ist, sofern die ϱ bekannt sind, $v_1 = w_1 - u$ festgestellt und danach können die Verhältnisse an der Ablenkungsfläche selbst etwas näher beleuchtet werden.

Unter Hinweis auf S. 90 u. f. haben wir dafür zu sorgen, daß der Krümmungsradius der Schaufelfläche, r_a, größer als 2,718 a_1 ausgeführt wird. Der Durchmesser der kreiszylindrischen Schaufelfläche ($2 r_a$), der sich als $k \cdot a_1$, als Vielfaches von a_1 ausdrücken läßt, sollte also die Größe mindestens zu $k = 5,5 \div 6$ aufweisen. Die dicht an der Ablenkungsfläche entlang laufenden Wasserteilchen hätten an derselben bei voller Ablenkung um 180^0 den Weg von der Länge $\frac{k \cdot a_1 \cdot \pi}{2}$ zurückzulegen, und wenn ein solches Teilchen wirklich die Geschwindigkeit v_1 während des ganzen Weges behalten würde, so benötigte es zu dessen Zurücklegung die Zeit

$$t_A = \frac{k a_1 \pi}{2} \cdot \frac{1}{v_1} \quad \ldots \ldots \ldots \quad \textbf{810.}$$

Während dieser Zeit t_A hat die Ablenkungsfläche selbst eine Strecke $t_A \cdot u$ im Fortschreiten durchmessen und das Teilchen, das bei „1“, Fig. 443, mit der Schneide in Berührung kam, wird die Ablenkungsfläche im Punkte „2“ verlassen haben, es hat, absolut genommen, einen Weg „1—2“ zurückgelegt, der unter Hinweis auf Fig. 91 S. 118 leicht aufzuzeichnen ist.[1]) Mit $k = 6$ ergibt sich speziell

$$t_A = 3 \pi \frac{a_1}{v_1} \quad \ldots \ldots \ldots \quad \textbf{810a.}$$

Durch die unvermeidlichen Fließwiderstände verringert sich v_1 im tatsächlichen Betrieb unterwegs nach und nach auf v_2 und die Austrittsstelle „2“ verlegt sich weiter in der Richtung von u, weil eben das Teilchen später zum Austritt gelangt, doch soll dies hier der kürzeren Darstellung halber nicht weiter verfolgt werden.

---

[1]) Die Fig. 443 zeigt absichtlich keine volle Ablenkung um 180^0, damit die verschiedenen Richtungen von w_2 zum Ausdruck kommen.

Wenn wir annehmen, daß die Ablenkungsfläche rundum mit Wasser-teilchen besetzt ist, daß also im Gegensatz zur inneren Radialturbine die ganze Fläche gleichzeitig bespült werde, so sind die Verhältnisse des kreisen-den Wassers noch näher in Betracht zu ziehen. Wir kennen bei der vor-liegenden Schaufelfläche den Außenradius $r_a = \dfrac{k a_1}{2}$ und können deshalb die Gl. 263, S. 91, hier anschreiben als

$$\frac{1+\mu}{ln\,(1+\mu)} = \frac{r_a}{a_1} = \frac{k}{2}.$$

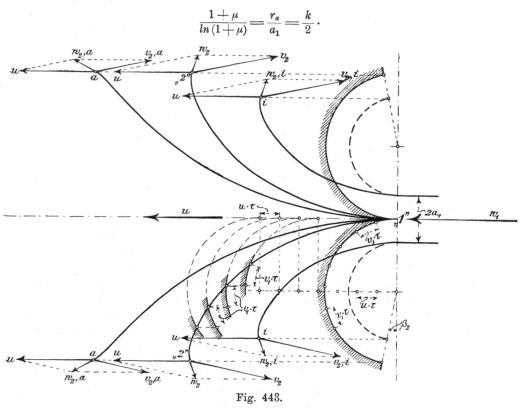

Fig. 443.

Für $k = 6$, also für $\dfrac{r_a}{a_1} = 3{,}0$ liefert die Tabelle S. 92 den Wert $\mu = 0{,}86$. Gemäß Gl. 264 ist dann die Strahlstärke a in der Anschwellung

$$a = r_a \cdot \frac{\mu}{1+\mu} = 3\,a_1 \cdot \frac{0{,}86}{1{,}86} = 1{,}39\,a_1,$$

also (Gl. 265)

$$r_i = r_a - a = 1{,}61\,a_1$$

und deshalb

$$v_a = v_1 \cdot \frac{r_i}{r_a} = v_1 \cdot \frac{1{,}61}{3{,}0} = 0{,}537\,v_1.$$

Der ganz außen, unmittelbar an der Ablenkungsfläche hinstreichende Tropfen braucht also, abgesehen von Reibungshindernissen, für das Durch-laufen der Ablenkung um volle 180^0 gegenüber Gl. 810a eine Zeit

$$t_{A,a} = 3\,\pi \cdot \frac{a_1}{0{,}537\,v_1} = 5{,}59\,\pi \cdot \frac{a_1}{v_1} \quad \ldots \ldots \quad \textbf{811.}$$

Nun ist aber der Strahl entlang der Ablenkungsfläche im Gegensatz zu Fig. 74, S. 90 nicht seitlich zwischen Wänden geführt, sondern er kann sich frei ausbreiten. Wir werden deshalb den tatsächlichen Verhältnissen näher sein mit der Annahme, daß die Anschwellung durch die selbsttätige Verbreiterung des Strahles mindestens aufgehoben werde derart, daß die Strahlstärke an der Fläche etwa mit $a = a_1$ erhalten bleibe. Auf Grund dieser Annahme erhalten wir einfach aus a_1 und $r_a = \dfrac{k a_1}{2}$ den Innenradius $r_i = \left(\dfrac{k}{2} - 1\right) a_1$ und damit bei $v_i = v_1$ die Außengeschwindigkeit

$$v_a = v_1 \frac{r_i}{r_a} = \frac{k-2}{k} \cdot v_1 \quad \ldots \ldots \quad \textbf{812.}$$

Hieraus ergeben sich dann die Zeiten für die Zurücklegung des Ablenkungsweges.

Außen:

$$t_{A,a} = \frac{k a_1 \pi}{2} \cdot \frac{1}{v_a} = \frac{k^2}{k-2} \cdot \frac{\pi}{2} \cdot \frac{a_1}{v_1} \quad \ldots \ldots \quad \textbf{813.}$$

und für den Innenumlauf:

$$t_{A,i} = \frac{k-2}{2} \cdot \pi \cdot \frac{a_1}{v_1} \quad \ldots \ldots \ldots \quad \textbf{814.}$$

Mit $k = 6$ ergeben sich daraus

$$t_{A,a} = 4{,}5\,\pi \cdot \frac{a_1}{v_1} \quad \ldots \ldots \ldots \quad \textbf{813 a.}$$

und

$$t_{A,i} = 2{,}0\,\pi \cdot \frac{a_1}{v_1} \quad \ldots \ldots \ldots \quad \textbf{814 a.}$$

woraus ersichtlich, daß auch jetzt noch ganz erhebliche Unterschiede in den Ablenkungszeiten vorhanden sind, so daß die absoluten Wege, dazu die Richtungen der w_2, sich, auch wenn die Ablenkung weniger als 180^0 beträgt (Fig. 443), wie mit „a" und „i" bezeichnet unterscheiden. Es liegt in den Umständen, daß die Strecken von „1" bis „i", bis „2" und bis „a" auch die Wege der Ablenkungsfläche selbst darstellen und es geht hieraus hervor, daß die Annahme nach Gl. 810 bezw. 810a, die die ganze Umständlichkeit der Berücksichtigung des kreisenden Wassers umgeht, doch ungefähr den mittleren Verhältnissen entsprechen wird. In Ansehung dessen stützt sich die weitere Betrachtung dann auf Gl. 810. Aus allem aber geht die Kompliziertheit der ganzen Verhältnisse deutlich hervor.

Bei der Turbinenstange brauchte eigentlich von der Zeit t_A weiter gar nicht geredet zu werden, da sie auf die Anordnung, auch auf die Ausnutzung des Arbeitsvermögens sämtlicher Wassertropfen, keinen Einfluß hat. Sowie aber die Ablenkungsflächen-Paare nicht mehr in der Richtung von w_1 geradlinig fortschreiten, erlangt gerade die Ablenkungszeit t_A eine besondere Bedeutung.

2. Der Wasserweg zwischen Düse und Austrittsstelle „2", geradlinig fortschreitende, im Kreisumfang hochgehende Ablenkungsflächen.

Um der Bewegungsart der rundlaufenden Radschaufeln näher zu kommen, jedoch ohne jetzt schon die wechselnden Schräglagen der Schaufelschneiden in Betracht ziehen zu müssen, stellen wir uns folgendes vor:

Die Ablenkungsflächen sind mit dem Radboden in kraftübertragender Verbindung, die aber derart beweglich beschaffen ist, daß ihre Schneiden, also auch die Achsen der Zylinderflächen, in jeder Drehstellung des Rades und soweit die Beaufschlagung reicht, senkrecht zu w_1 stehen (ähnlich den Schaufeln der Raddampfer), und daß das untere äußere Schneidenende stets in einem Kreise vom Durchmesser D_a geführt ist (Fig. 444). Daß niemand ein solches Rad bauen wird, ist klar, aber es stellt eine hinsichtlich des Wasserdurchganges vereinfachte, übersichtlichere Form gegenüber dem tatsächlichen Laufrade dar. Die Ablenkungsflächen seien in Höhe der unteren Schneidenspitze wagrecht abgeschnitten, sie zeigen deshalb eine stets vom Kreise D_a aus gegen links verlaufende wagrechte Begrenzungslinie.

Selbstverständlich ist, daß jeder Tropfen, der die Düse verläßt, zur vollen Abgabe seines Arbeitsvermögens gebracht werden muß, abgesehen von $\alpha_2 h_m$, und für diesen Zweck ist bei gegebenem Durchmesser D_1 eine bestimmte Kleinstzahl von Schaufeln nötig. Hat das Rad zu wenig Schaufeln, d. h. ist die Teilung t_1 im Kreise D_1 oder t_a im Kreise D_a zu groß, so werden nicht alle Wasserteilchen auf Ablenkungsflächen treffen, was sich ja drastisch zeigt, wenn wir überhaupt nur zwei oder drei Schaufeln auf dem Umfang des Rades Fig. 444 anbringen würden.

Um diese Verhältnisse nun richtig beurteilen zu können, gehen wir von der vorher bestimmten Zeit t_A (nach Gl. 810) aus, die ein Tropfen braucht, um die Ablenkungsstrecke entlang der Schaufelfläche zurückzulegen. Hier heben sich nach dem Durchgang durch die tiefste Stellung die unteren Ränder der Ablenkungsflächen, dem Kreise D_a entsprechend, wieder hoch und schließlich so weit, daß sie über die Flucht der Leitstrahlunterkante heraufkommen, Punkt A, Fig. 444 oben. Die untersten Tropfen des Düsenstrahles laufen in der Strahlunterkante, die Strahlverbreiterung in der Schaufel werde einstweilen vernachlässigt. In dem Augenblick, in dem sich der untere Schaufelrand über jene Unterkante erhebt, muß also die untere Partie der Ablenkungsfläche schon ganz leer von arbeitenden Tropfen sein, denn sonst erhielten die Tropfen der unteren Strahlschichten Gelegenheit, nach außen zu entwischen, ehe sie die volle Ablenkung bis zur normalen Austrittsstelle „2" durchgemacht, ehe sie ihr volles Arbeitsvermögen abgegeben haben.

Der letzte Wassertropfen, der die hochgehende Ablenkungsfläche mit vollem Umlauf (180°) in „2" verlassen hat, muß notwendig um t_A vorher an der Schneide eingetreten sein.

In der Zeit t_A legte die Schaufelspitze auf ihrem Umkreis, Durchmesser D_a, einen Weg zurück im Betrag von $t_A \cdot u_1 \cdot \dfrac{D_a}{D_1} = t_A \cdot u_a$ und daraus läßt sich der Ort bestimmen, an dem die Schneide stand, als sie von jenem letzten Wassertropfen gerade erreicht wurde; wir tragen (Fig. 444 oben) den Weg $t_A \cdot u_a$ vom Schnitt A des Kreises D_a mit der Strahlunterkante rückwärts auf diesem Kreise an und gelangen an den Punkt B, mit der senkrechten Schneidenstellung BC.

Das Zusammentreffen des letzten Leitstrahltropfens mit der Schneide vollzog sich nun in der Weise, daß die Schneidenspitze in ihrer gegebenen Umfangsgeschwindigkeit u_a von der Düse her gegen die Stelle BC hinrückte, während der letzte Tropfen sie mit seiner Düsen-Geschwindigkeit w_1, die ja größer ist als u_a, in C einholte.

Zweifellos muß dieser letzte Tropfen in dem gleichen Augenblick nach der betrachteten Ablenkungsfläche abgelassen worden sein, in dem die Schneidenspitze der nächstfolgenden Ablenkungsfläche in D die Strahlunterkante

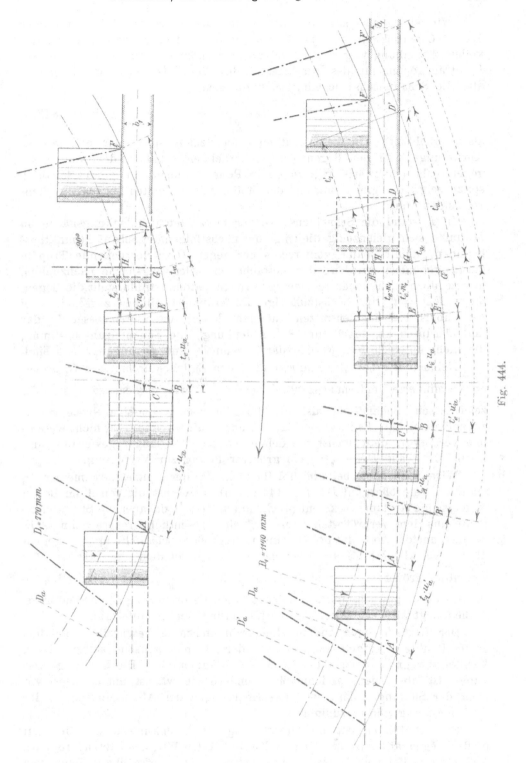

Fig. 444.

durchschnitt (in Fig. 444 punktiert), denn die noch später kommenden Tropfen der Leitstrahlunterkante werden von dieser nächstfolgenden Schaufel abgefangen.

Wir wissen also jetzt, daß der letzte Leitstrahltropfen den geradlinigen Weg DC zurücklegt und in C eben noch rechtzeitig ankommt, um den vollen Ablenkungsweg CA durchlaufen zu können. Die Zeit t_e, die der Leitstrahltropfen für das Durchmessen des Weges DC brauchte, in der er also die Schaufelschneide einholte, findet sich aus

$$t_e = \frac{DC}{w_1} \qquad \text{. . . . . . . } \textbf{815.}$$

als „Einhol-Zeit". In dieser Zeit muß die Schaufelspitze der betrachteten Ablenkungsfläche den Bogenweg $t_e u_a$ zurückgelegt haben, der, von B aus gegen rechts (rückwärts) angetragen, im Punkt E diejenige Lage der Schaufelspitze zeigt, die gleichzeitig mit der Stellung D des letzten Leitstrahltropfens vorhanden war.

In E stand die Schneidenspitze der betrachteten Ablenkungsfläche, in D mußte sich gleichzeitig diejenige der nächstfolgenden Schaufel (punktiert) befinden, damit später von rechts her gegen D zu vorrückende Tropfen daran gehindert wurden, der betrachteten Ablenkungsfläche nachzueilen, die sie doch nicht mehr rechtzeitig erreicht hätten. Mithin stellt die Bogenlänge $ED = t_a$ die höchstzulässige Entfernung (Teilung) zwischen zwei benachbarten Schneidenspitzen auf dem Kreis vom Durchmesser D_a dar und hierdurch ist, ideell für 180^0 Ablenkung, die Schaufelzahl bestimmt, die nicht unterschritten werden darf, wenn D_1 und D_a angenommen sind.

Nehmen wir bei gleichem w_1 und u_1 den Eintrittsdurchmesser D_1 größer an (verminderte Umdrehungszahl), dabei $\frac{D_a - D_1}{2}$ wie vorher, so ergibt die zeichnerische Behandlung alsbald, daß die höchst zulässige Größe von t_a zugenommen hat. Es ist eben (Fig. 444 unten) die Strecke $t_A \cdot u_a$ nicht wesentlich verändert, dagegen ist die Sehne AD ziemlich länger geworden, also bleibt für t_a aus $DB - t_e \cdot u_a$ ein größerer Betrag zur Verfügung.

Wird schließlich bei gleichbleibendem D_1 der Spitzendurchmesser D_a um etwas vergrößert auf D_a' (Fig. 444 unten), so wächst die von A' im Bogen zu messende Auslaufstrecke entsprechend auf $t_A \cdot u_a'$; da aber die Strahlunterkante aus dem vergrößerten Kreise D_a' eine wesentlich größere Sehne $A'D'$ herausschneidet, so bleibt bei D_a' eine noch größere Schaufelteilung t_a' gegenüber dem kleineren Betrag bei D_a zulässig, trotzdem die Strecke $D'C'$ wesentlich größer ausfällt und die Einhol-Zeit $t_e' = \frac{D'C'}{w_1}$, also auch die Bogenstrecke $t_e' u_a'$, gewachsen ist. In der radialen Verbreiterung der Ablenkungsflächen liegt also ein Mittel zur Verkleinerung der Schaufelzahl.

Der letzte Tropfen aus der Leitstrahlunterkante beschreibt, nachdem er im Punkte C eingetroffen ist, auf der Ablenkungsfläche selbst, deren Vertikalbewegung entsprechend, eine Schraubenlinie. Die Steigung derselben ist aber nicht gleichmäßig, sondern sie wächst um ein Geringes nach der Stellung A hin, weil das Hochsteigen der Ablenkungsfläche der Kreisbewegung gemäß zunimmt.

Die Fig. 445 enthält die Abwickelung der Ablenkungsfläche. Sie zeigt in der gegen abwärts verlaufenden Kurve CA den Weg des letzten Tropfens. Außer dieser Bahn sind zwei weitere Tropfenwege eingezeichnet, beide von der Schneidenspitze ausgehend und gegen aufwärts gerichtet. Die mit O bezeichnete obere Kurve entspricht dem Weg des ersten Tropfens aus der Düsenstrahl-Oberkante, also dem Tropfen, der überhaupt als erster die Ab-

lenkungsfläche betritt. Der mit U bezeichnete Weg gehört dem Tropfen
aus der Strahlunterkante an, der im Punkte D, Fig. 444, die Schneidenspitze trifft. Schließlich zeigt die mittlere, nur schwach geneigte Kurve
auf der abgewickelten Fläche den Weg eines Tropfens aus der Strahlunterkante, dessen Ablenkungszeit t_A sich symmetrisch zur tiefsten Schaufelstellung abspielte, bei dem die Bogenstrecke $t_A \cdot u_a$ von der vertikalen Achse
der Fig. 444 halbiert wird.

Die Wassertropfen fahren also in einer Fülle sich überkreuzender Bahnen
über die Ablenkungsfläche hin.

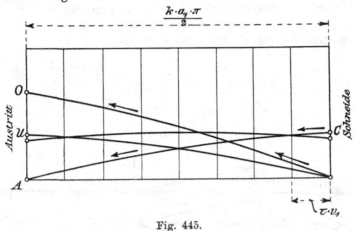

Fig. 445.

Ideell wäre es nur erforderlich, die Ablenkungsfläche gegen abwärts
horizontal mit der Schneidenspitze aufhören zu lassen, wie Fig. 444 zeigt,
weil auch die Bahn CA des letzten Tropfens in dieser Höhe endigt. Da
aber in Wirklichkeit eine nicht unwesentliche Verbreiterung des Strahles
an der Ablenkungsfläche eintritt, so sollte die Auslaufecke A gegenüber der
Schneidenspitze um ein Stück nach abwärts gezogen werden, wie dies auch
die meisten Ausführungen zeigen.

Im tatsächlichen Betrieb (Ablenkung kleiner als 180^0) wird die Zeit
t_A kaum geändert sein, weil die Abnahme von v (Reibungswiderstände) den
Einfluß der kürzeren Ablenkungsfläche ungefähr aufheben wird.

3. Die fest mit dem Kranz verbundene Doppelablenkungsfläche.

Die Fig. 444 stellt in angenäherter Weise auch die wesentlich ver-
wickelteren Vorgänge an den tatsächlich zur Verwendung kommenden
Schaufeln dar, sie gibt schließlich auch einen Anhalt über die wünschenswerte Schrägstellung der Schaufelschneide gegenüber der Radmitte.

Anfangend vom Punkte F in der Strahloberkante und bis zur Stellung BC hin strömen die Wasserteilchen des Düsenstrahles gegen die
Schaufelschneide. Wir werden nach Möglichkeit gute Eintrittsverhältnisse
und gleichmäßige Wasserwege in der Ablenkung erhalten, wenn die nunmehr fest mit dem Radkörper zu verbindende Schneide etwa in der Mitte
des Bogens FB, im Punkte G, senkrecht gestellt wird, Fig. 444 oben
und unten mit — · — · — · — · — bezeichnet.[1]

---

[1] Manche Ausführungen zeigen auch schon im Punkte D eine senkrechte Stellung
der Schneide (vergl. Taf. 44, auch Fig. 453).

Auf diesem Wege durchläuft dann die Schneide verschiedene Schräglagen zur Strahlachse (Fig. 444 —·—·—·—) und die sämtlich mit w_1 zutretenden Wasserteilchen des Düsenstrahles treffen entlang der Schneide
mit Punkten von verschiedenen Umfangsgeschwindigkeiten zusammen.

Der Wechsel in der Schräglage der nunmehr mitrotierenden Schneiden
verändert natürlich die von den einzelnen Tropfen auf den Ablenkungsflächen zurückgelegten Wege und die Fig. 445 wird hier nicht mehr zutreffen. Die durch die Ablenkung hervorgerufenen Zentrifugalkräfte dC
(Fig. 7, S. 8) konnten auf den beweglichen Schaufeln des vorhergehenden
Abschnitts noch als jeweils senkrecht zu dem betreffenden Flächenteilchen
stehend angesehen werden. Hier hat dies aufgehört, und nicht einmal im
Augenblick der Stellung G (Fig. 444) trifft dies noch zu.

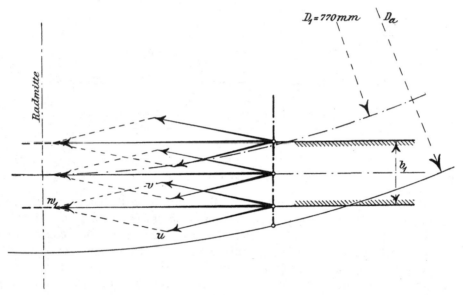

Fig. 446.

Für die Stelle G mit senkrechter Schneide liegen die Verhältnisse wie
folgt: Der Punkt H der Schneide liegt im Eintrittskreis, hat also die Umfangsgeschwindigkeit u_1. Hier fallen u und w_1 aber nicht mehr zusammen,
wie dies im vorigen Abschnitt noch angenähert angenommen werden durfte,
sondern hier entsteht (Fig. 446) ein ausgesprochenes Geschwindigkeitsparallelogramm von allerdings kleinen Winkeln. Genau genommen dürfte ja gar nicht
w_1 hier angesetzt werden, sondern w_1' aus Fig. 442, welches in Richtung des
Schneidenwinkels β_S übrig geblieben ist. Auch müßte für u_1 folgerichtig
die Gl. 785 zur Verwendung kommen. Ferner differieren die u natürlich über
die ganze Strahlbreite b_1 hin, so daß sich dem überall gleichen Wert von
w_1 an jeder anderen Stelle der Schneide eine andere Größe und Richtung
von u zugesellt, wodurch das Geschwindigkeitsparallelogramm, also auch
die Richtung und Größe von v_1 über die Länge der Schneide hin verändert wird, wie aus Fig. 446 ersichtlich.

Jedenfalls sind die δ_1 klein, so daß der $\cos \delta_1$ praktisch noch gleich 1
gesetzt werden darf und so mag es mit u nach Gl. 809 auch für die in
ihrer Schneide festgestellten Schaufeln sein Bewenden haben.

Die muschelförmig ausgebildeten Enden der Ablenkungsflächen, Fig. 447

a und b (Briegleb, Hansen & Co., Gotha), und auch die gegen innen und außen gewölbten, eiförmigen Ablenkungsflächen amerikanischer Konstruktionen, Fig. 449 (Abner Doble Co., San Francisco), sollen dazu helfen, daß die Wasserteilchen in den Anfangs- und Endlagen der Beaufschlagungsstrecke sich nicht zu weit aus der normalen wagrechten Ablenkungsbahn entfernen.

Bei der ganzen Formgebung der Peltonschaufeln spielt die Erfahrung und das persönliche Gefühl des Ausführenden eine sehr große Rolle, und die Bewegungsverhältnisse der einzelnen Wasserteilchen sind ja auch derart verwickelt, daß es aussichtslos erscheint, denselben in analytischer Weise noch näher beikommen zu wollen.[1])

Zahlenbeispiel.

Gegeben $h_m = 100$ m; es sei $\varrho_0 = 0,06$ mit Rücksicht auf sehr glatte Mündung der Düse angenommen, ferner $\varrho_1 = 0,01$ und $\varrho_2 = 0,04$, schließlich $\alpha_2 = 0,01$ und somit $\varepsilon = 1 - 0,01 - 0,11 = 0,88$.

Es folgt

$$w_0 = \sqrt{19,62\,(1 - 0,06)\,100} = 42,95 \text{ m/sek} \quad . \quad . \quad . \textbf{(780.)}$$

$$w_1 = \sqrt{19,62\,(1 - 0,07)\,100} = 42,72 \text{ m/sek} \quad . \quad . \quad . \textbf{(781.)}$$

$$u = 0,88 \sqrt{\frac{9,81 \cdot 100}{2\,(1 - 0,07)}} = 20,21 \text{ m/sek} \quad . \quad . \quad . \textbf{(809.)}$$

weiter ergibt sich (S. 679)

$$v_1 = w_1 - u = 42,72 - 20,21 = 22,51 \text{ m/sek}.$$

Die Düsenstrahlstärke $2\,a_0$ sei 25 mm (rechteckig oder rund), also ist $a_1 = 12,5$ mm und unter der Annahme, daß k in Gl. 810 die Größe 6 erhalte, findet sich dann

$$t_A = 3\,\pi \cdot \frac{0,0125}{22,51} = 0,00523 \text{ sek} \quad . \quad . \quad . \quad . \textbf{(810a.)}$$

Für eine angenommene Umdrehungszahl von $n = 500$ ergibt sich mit dem obigen Wert von $u = 20,21$ ein Durchmesser $D_1 = 0,772$ mm, den wir auf 770 mm abrunden.

Unter Zugrundelegung der senkrecht bleibenden Schneiden (vorhergehender Abschnitt) findet sich mit $D_a = 770 + 2 \cdot 30 = 830$ mm die äußere Umfangsgeschwindigkeit $u_a = u_1 \cdot \dfrac{D_a}{D_1} = 21,78$ und dadurch die Auslauf-Bogenstrecke

$$t_A \cdot u_a = 0,114 \text{ m}.$$

Aus der nach diesen Verhältnissen gezeichneten Fig. 444 oben ergibt sich die Länge der Einhol-Strecke $DC = 0,126$ m $= t_e\,w_1$ und hieraus die Einhol-Zeit

$$t_e = \frac{0,126}{42,72} = 0,00295 \text{ sek}.$$

Es folgt weiter $t_e\,u_a = 0,0643$ m und nach Antragen dieser Strecke von B aus die betreffende, zeitlich zu D gehörige, Stelle E der Schneidenspitze. Der Bogenabstand DE ist dann die gesuchte äußere Teilung $t_a = 0,0648$ m.

---

[1]) Vergl. im übrigen noch Prof. Escher-Zürich, Über die Schaufelung des Löffelrades. Schweiz. Bauzeitung 1905. L. Hartwagner, Theoretische Untersuchungen am Peltonrad. Zeitschrift f. d. gesamte Turbinenwesen 1905.

Würden statt 500 Umdrehungen beispielsweise nur 340 verlangt, so ergäbe sich $D_1 = 1,135$ m (auf 1,14 aufzurunden). Bei gleicher radialer Erstreckung $\frac{D_a - D_1}{2} = 0,03$ m findet sich schließlich $t_a = 0,094$ m, Fig. 444 unten. Wenn mit $\frac{D_a - D_1}{2}$ auf 0,05 m gegangen wird, so vergrößert sich die zulässige Teilung t_a der unteren Schaufelfolge auf $t_a' = 0,160$ m.

4. Konstruktive Notizen.

Für die Anordnung der Peltonräder gelten die gleichen Gesichtspunkte wie sie S. 671 für die inneren radialen Strahlturbinen erörtert wurden.

Die Verbindung der Schaufelflächen mit dem vollen Radboden findet sich in zweierlei Weise ausgeführt, die Schaufeln sind entweder gleich mit den äußeren Partien des Radkranzes in einem Stück gegossen, Taf. 42 und 43, wobei vielfach die Nabe für sich eingesetzt ist, oder sie werden als einzelne für sich genau bearbeitete Stücke auf den Kranzumfang aufgesetzt und durch Schrauben mit demselben verbunden, Fig. 447a und b, 448, 449, Taf. 44.

Die Anfertigung der Schaufelräder aus einem Gußstück bedingt eine ungemein sorgfältige Arbeit und ist stets ein Risiko für die Gießerei, doch findet man zuweilen wahre Meisterstücke der Formerei.

Bei Anfertigung in einem Gußstück kommen bronzene und gußeiserne Radkränze vor, schließlich auch solche von Stahlguß, alle mit eingesetzten gußeisernen (auch Stahlguß-) Nabenböden. Sicherer und genauer wird die Ausführung mit besonders auf den Kranz aufgesetzten Schaufeln, wobei letztere vielfach aus Bronze gefertigt und auf Spezialmaschinen bearbeitet werden. Für die Wahl des Materials sind besonders auch die Rücksichten auf das Gefälle zu beachten, wie sie S. 667 u. f. besprochen wurden.

Für die Verbindung zwischen Schaufeln und Kranz kommen verschiedene Konstruktionen in Betracht:

Fig. 447a und b (vergl. auch Taf. 44) zeigt ein Schaufelrad von Briegleb, Hansen & Co., Gotha, bei dem die Einzelschaufeln mit breiten Füßen beidseitig den Rand der Nabenscheibe übergreifen und auf diese Weise in achsialer Richtung gesichert sind. Die vier radial stehenden Schrauben jeder Schaufel nehmen die Zentrifugalkräfte auf, ebenso das Kippmoment, welches die doppelte X-Komponente beim jedesmaligen Vorbeiweg vor der Düse ausübt.

Eine andere Art der Schaufelbefestigung findet für kleinere Räder zweckmäßige Verwendung, sie ist in Fig. 448 dargestellt, einer Ausführung von Breuer & Co., Höchst a. M., entsprechend. Die Schaufeln haben gegen die Radmitte hin Fortsätze, welche beidseitig kreisförmig ausgefräst sind. Zwischen dem entsprechend angedrehten Seitenrand der Nabenscheibe und einem gut an letzterem zentrierten Beilagering werden diese Fortsätze schraubstockartig gehalten unter Mithilfe einer Anzahl Schraubenbolzen quer durch Ring- und Nabenscheibe.

Amerikanische Konstrukteure verwenden vielfach eine etwas andere Befestigungsweise, die in Fig. 449 dargestellt ist (Abner Doble Co., San Francisco). Die Schaufelkörper sitzen mittelst zweier Lappen rittlings auf dem Rand der Nabenscheibe und durch die beiden Lappen und den Kranz gehen je zwei Schrauben. Diese Konstruktion verlangt entschieden die ge-

Fig. 447 a.

naueste Bearbeitung, peinlich genaues Ausfräsen der Zwischenräume zwischen den Lappen. Denn diese müssen von sich aus schon mit etwas Spannung am Kranz anliegen, damit die Schraubenspannung vollständig für die Erzeugung von Reibung zwischen Lappen und Kranz zur Geltung kommt.

Fig. 447 b.

Diese letztere Befestigungsweise hat manche Vorzüge, besonders für die Ausführung großer Räder. Die Lappen bilden nämlich die Fortsetzung von Rippen, die mitten hinter jeder Ablenkungsfläche sitzen, also da, wo der größte Teil der resultierenden X-Komponenten angreift. Die Schneide hat ja den geringsten Druck auszuhalten, diese kann also unbedenklich hohl liegen. Wenn die Lappen von sich aus schon etwas klemmend auf dem Kranz sitzen, so ist bei gut durchgeriebenen Schraubenlöchern und stramm sitzenden Schraubenbolzen auch keine große Gefahr vorhan-

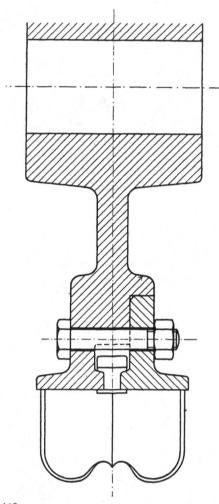

den, wenn sich einmal eine Muttter etwas lockern würde, während die von außen auf den Kranz gesetzten, mit radialen Schrauben gehaltenen Schaufeln beim Lockerwerden einer Schraube sich leichter auch selbst locker schlagen können. Die achsial liegenden Schrauben haben keine Tendenz zum Lockerwerden durch Zentrifugalkräfte oder durch das bald eintretende und rasch wieder aufhörende Kippmoment durch den Arbeitsdruck des Wasserstrahles.

Fig. 448.

Die Peltonräder werden, ebenso wie die inneren Radialturbinen, nach Bedarf mit mehreren Düsen ausgestattet. Die Taf. 44 zeigt, daß die Rohranschlüsse für mehrere Düsen etwas umständlich werden. In neuerer Zeit sind deshalb manche Konstrukteure dazu übergegangen, im Falle der Notwendigkeit mehrerer Düsen, diese nicht auf ein und dasselbe Rad zu leiten, sondern jeder Düse ein besonderes Rad zu geben. Diese parallel geschalteten Räder sitzen natürlich auf der gleichen Welle, und zwar so weit voneinander entfernt, als eben für die bequeme Anordnung der Einzeldüsen erforderlich ist.

Die Turbinen des Kubelwerkes, Ausführung Escher, Wyß & Cie.
(Zeitschr. d. Ver. D. Ing., Jahrgang 1901, Seite 1244 u. f.) besitzen zwei Räder,

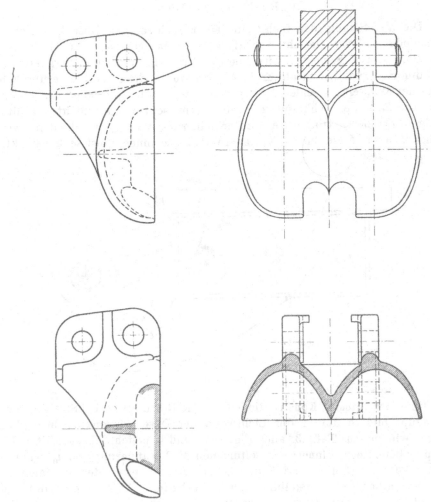

Fig. 449.

aber jedes mit drei Düsen. Derartige Anordnungen werden durch die Umdrehungszahlen erzwungen. In solchen Fällen dürften Verbundturbinen in
Erwägung zu ziehen sein.

C. Die Leitapparate (Düsen) für Strahlturbinen und deren Regulierungseinrichtungen.

Die sämtlichen Strahlturbinen sind regulierbar, deshalb bilden die
Leitapparate bezw. die Düsen ein konstruktives Ganzes mit der Reguliereinrichtung und müssen gleichzeitig mit diesen besprochen werden. Mag
im übrigen die Konstruktion sein wie sie wolle, einer Bedingung hat sie
unter allen Umständen zu genügen: die Düse mit der Regulierung, sei diese
durch einen Schieber, Stift oder dergl. bewerkstelligt, muß jederzeit leicht
und rasch ausgewechselt werden können, ohne daß dabei die eigentliche

44*

Wasserzuleitung oder das sonstige Reguliergetriebe demontiert werden müßte,
denn diese Öffnungen sind je nach der Art des Betriebswassers sehr großem
Verschleiß ausgesetzt.

1. Rechteckige Düsen.

Die Verstellung der Lichtweite einer rechteckigen Düse läßt sich auf
verschiedene Weise einrichten. Wir können das Maß a_0 oder die Breite b_0
verstellen. Im allgemeinen wird aber die Verkleinerung an a_0 vorgenommen.
Bei inneren radialen Strahlturbinen wird durch diese Verkleinerung aller-
dings der Winkelunterschied $\delta_1{}^a$ gegen $\delta_1{}^i$ (siehe S. 642) vermindert, dagegen
aber die Zeit der Schlußfüllung mit ihrem schlechten Eintritt verhältnis-
mäßig vergrößert. Hier wäre die Verkleinerung von b_0 entschieden zweckmäßiger, aber diese bietet für innere Radialturbinen gewisse konstruktive
Schwierigkeiten.

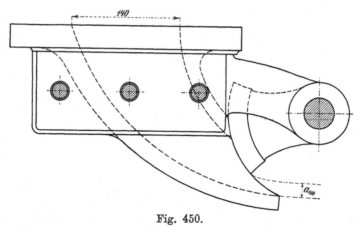

Fig. 450.

Eine der ältesten Konstruktionen für die Regulierung bei Strahlturbinen
überhaupt bildete die in der Lichtweite der Düse schwenkbar bewegliche
Zunge, wie sie aus Taf. 43, auch Fig. 491a und b, ersichtlich ist. Diese Einrichtung bedeutet bei inneren Strahlturbinen die Veränderung von a_0, während
sie bei äußeren (Löffel- und Peltonrädern, Taf. 43 usw.) der achsialen Ablenkung halber eine Verstellung von b_0 herbeiführt. Die Düse ist dort seitlich mit Bronze verkleidet und zwischen dieser Verkleidung bewegt sich, dicht
eingeschliffen, die um einen Zapfen drehbare Zunge. Damit durch den Spalt
zwischen dem Charnierende der Zunge und der festen Wand kein Wasser
entweicht, wird häufig am festen Teil der Düsenwand ein Lederstreifen befestigt, der in der Stromrichtung des Wassers liegend, das Charnierende der
Zunge überdeckt, oder das gut zylindrisch bearbeitete Charnierende läuft in
einem Weißmetallfutter, gegen welches es durch den inneren Wasserdruck
angepreßt wird.

Zu empfehlen bei dieser Anordnung ist, daß die Zunge unmittelbar durch
eine Lenkstange gehalten wird (Taf. 43). Der Drehzapfen müßte viel zu
dick ausgeführt werden, um in seiner Torsionsfestigkeit dem auf die Zunge
wirkenden Druck widerstehen zu können, auch ist das Aufkeilen der
Zunge auf den Zapfen mißlich.

Bei geschlossener Düse liegt der volle Druck $H_n - h_a$ (Fig. 426) auf
der Zunge und zwar gleichmäßig auf der ganzen Fläche. Je mehr die
Düse geöffnet wird, um so mehr nimmt der resultierende Druck auf die

Zunge ab. Die Berechnung dieser Druckverhältnisse vollzieht sich ganz entsprechend derjenigen, die auf S. 348 u. f. für drehbare Leitschaufeln durchgeführt wurde mit dem einzigen Unterschiede, daß hier w_0 als konstant eingesetzt wird. Genau genommen, ist dies nicht zutreffend, denn die Druckhöhe h_m, aus der sich w_0 nach Gl. 780 berechnet, wird bei ganz kleinen $a_{(0)}$ fast gleich $H_n - h_a$ sein und mit zunehmendem $a_{(0)}$ abnehmen, weil die Reibungsverluste der Zuleitung mit Q^2 wachsen. (Gl. 763, S. 593.)

Wir rechnen aber vorsichtig und zugleich bequem, wenn wir für alle Öffnungen

$$w_0 = 0{,}95 \sqrt{2\,g\,(H_n - h_a)}$$

annehmen. Wohl zu berücksichtigen ist auch die Möglichkeit von Druckanschwellungen (S. 569 u. f.).

Ein Umstand kann gerade bei der geschilderten Ausführung recht lästig werden. Die Zunge, auch wenn sie von Anfang an noch so sorgfältig zwischen den Düsenseitenwänden eingeschliffen war, wird nach und nach an dieser Stelle etwas Luft bekommen, das Druckwasser dringt durch den Spielraum ins Freie, wertvolles Betriebswasser wird entweichen, das, besonders bei inneren Strahlturbinen, nicht nur einfach für die Arbeitsfähigkeit der Anlage verloren ist, sondern das auch durch Einspritzen ins Laufrad in ungeeigneter Richtung noch außerdem der nützlichen Arbeit anderer Wasserteilchen Eintrag tut (Beschleunigungsschlag usw.).

Die Erkennung der eben geschilderten Übelstände für innere Strahlturbinen, zugleich auch wohl der Wunsch nach bequemerem Bearbeiten

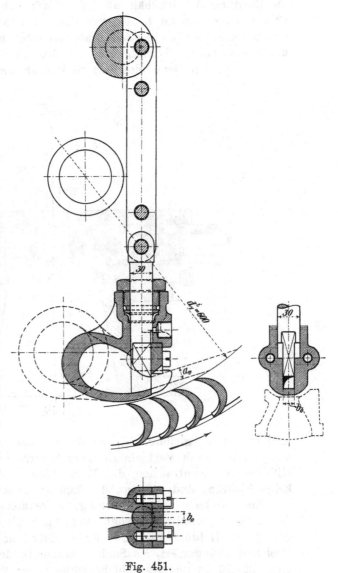

Fig. 451.

und Anpassen der Dichtungsflächen führte zu der Anordnung nach Fig. 450 für innere Strahlturbinen (vergl. auch Fig. 438).

Statt der Zunge, die seitlich und am Charnier dicht halten müßte, ist hier das Abdichten einzig auf die Rundschieberflächen übertragen; der Drehpunkt des Schiebersektors liegt nicht im Wasserdruckraum. Etwa verlorenes Wasser spritzt der Hauptsache nach in achsialer Richtung aus und kann unschädlich gemacht werden. Der Drehschieber steht unter weniger großen Drehkräften als die vorher beschriebene Regulierzunge, das Reguliergetriebe baut sich deshalb leichter.

Zu beachten ist, daß an der Absperrkante des Sektors zweifellos Kontraktionserscheinungen eintreten werden. Allerdings könnten diese durch eine entsprechende Abrundung der Absperrkante gemildert werden. Eine solche Abrundung hätte zur Folge, daß bei kleinen $a_{(0)}$ der Strahl eher noch die Richtung $\delta_1{}^m$ innehält als bei scharfer Absperrkante. Daß sich kleine Fremdkörper leichter in der sich nach und nach verjüngenden Öffnung festsetzen können als in einer scharf abgeschnittenen, ist nicht zu bestreiten, aber kaum von großer Wichtigkeit. Die Kontraktionserscheinungen selbst sind nur insoweit von Bedeutung, als sie Wirbelverluste herbeiführen können, im

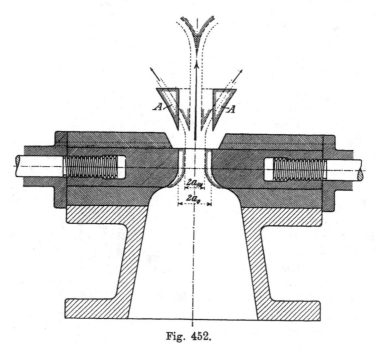

Fig. 452.

übrigen ist es gleichgültig, ob die gewünschte Verringerung der Wassermenge nur durch Verkleinern einer kontraktionsfreien Öffnung oder unter Mithilfe von Kontraktion der Wasserfäden erfolgt, solange diese dadurch keine Richtungsänderung an der Eintrittsstelle „1“ erleiden.

Eine andere Art der Verengung rechteckiger Düsen besteht in der Anwendung geradlinig bewegter Schieber nach Art der Fig. 451, Ausführung von Voith-Heidenheim. Das Ende einer runden Bronzestange wird auf zwei Seiten angefräst, als Schieberkörper in der Lichtweite b_0 eingeschliffen und die Rückseite des Schieberkörpers zur Vermeidung von Kontraktion gut abgerundet. Das Schieberende ist außen durch ein zwischen rechteckigen Knaggen liegendes, angeschraubtes Querstück gestützt, und die Bronzestange tritt durch einen Lederstulp ins Freie.

Eine Verdoppelung dieser Einrichtung zeigt die Düsenregulierung des Peltonrades der Taf. 44, größer dargestellt in Fig. 452. Die Strahlstärke $2 a_0$ wird von beiden Seiten her gleichzeitig eingeengt; die Schieberkörper werden von außen her durch Spindeln mit rechtem und linkem Gewinde von geringer Steigung symmetrisch zur Strahlachse bewegt. Zur Verbindung beider Spindeln dient eine seitlich der Düse gelagerte Welle, die mit je einem Stirnräderpaar die Spindeln in Bewegung setzt. Die Abdichtung wird hier von den Spindelbunden geleistet, dazu von den eingeschliffenen Führungsflächen der Schieberklötze.

In den Fig. 447a und b werden die Schieberklötze durch Hebel von der Stange des hydraulischen Regulatorkolbens aus bewegt.

Auf die weiter in Fig. 452 enthaltenen, außerhalb der Düse sitzenden Teile AA, die in Taf. 44 durch steilgängige Schrauben bewegt werden, ist später zurückzukommen (vergl. S. 697 unten).

2. Runde Düsen (Nadeldüsen).

Die runden Düsen machen wesentlich weniger Mühe in der Herstellung, der Strahl bleibt dabei gut geschlossen derart, daß auch nicht ein einziger Tropfen zur Seite geht, wie dies sehr leicht an den Kanten der rechteckigen Strahlen eintritt. Durch die Einrichtung der sogenannten Reguliernadel, einer Spitze, die von hinten her in die Düsenöffnung eingeführt wird und diese mehr oder weniger verengt, ist eine Einrichtung geschaffen, die weitgehenden Ansprüchen an Regulierfähigkeit genügt.

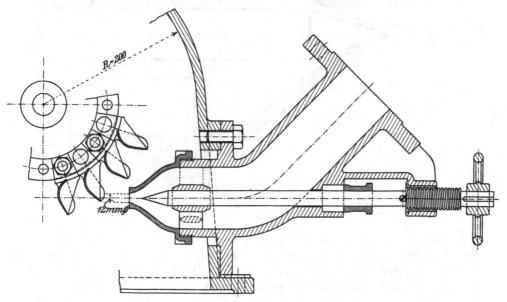

Fig. 453 (Düse ganz offen).

Die Reguliernadel wird entweder geradlinig (konisch) zulaufend ausgeführt, Fig. 453 und 454, Ausführung Briegleb, Hansen & Co., Gotha, oder kolbenförmig ausgebildet, Fig. 455 bis 457, Ausführungen der Abner Doble Co., San Francisco. Die genannten Figuren lassen erkennen, in welcher Weise die Verengung von f_0 erfolgt. Bei gut gewähltem Profil der Düsenwandung werden sich die Wasserteilchen nach dem Verlassen des ringförmigen Austrittsquerschnitts, weil ihre Bahnen dort nicht unter sich parallel, sondern rundum im Winkel gegen die Strahlachse liegen, ohne weiteres infolge des Beharrungsvermögens zu einem geschlossenen Strahl

von vollem, entsprechend kleinerem Querschnitt vereinigen müssen. Die
Bildung des massiven Strahles aus dem Ringquerschnitt beruht auf einem
ganz ähnlichen Vorgang, wie die Bildung eines Strahles, der mit starker
Kontraktion eine Öffnung verläßt. Auch dessen Wasserfäden müssen sich
zusammenschließen, weil das Beharrungsvermögen der äußeren Strahlteile
dazu zwingt; die äußeren Strahlteile bewegen sich eben beide Male in einer
Schrägrichtung zur Strahlachse (Fig. 454 und 456).

Damit diese oft stark verjüngten Strahlen noch gut geschlossen bleiben,
ist es nötig, daß das Wasser in schlankem Bogen der Nadeldüse zugeführt
wird, damit schon die ankommenden Wasserteilchen nach Möglichkeit geordnet zur Düse strömen, und stets ist eben ein Krümmer vor der Düse

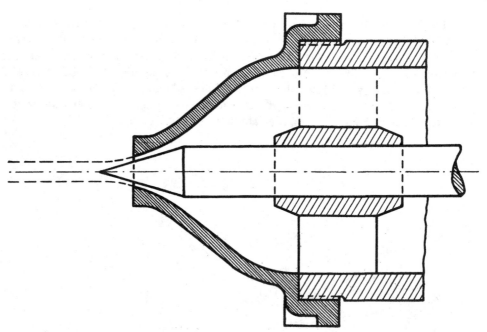

Fig. 454 (Düse teilweise geschlossen.)

erforderlich, damit die Reguliernadel in einfacher Weise gegen rückwärts
aus der Wasserführung heraustreten kann (Fig. 453). Die Krümmer mit
Radien nach der deutschen Normaltabelle ($D + 100$) sind für den vorliegenden
Zweck auch bei einigermaßen weiten Röhren nicht schlank genug.

Die kolbenförmige Reguliernadel ermöglicht einen geschmeidigen Übergang der Wasserteilchen in die Richtung der Strahlachse, doch ist auch die
kegelförmige Nadel für kleinere Verhältnisse ganz am Platze. Empfehlenswert mit Rücksicht auf das Reguliergetriebe wird es immer sein, wenn der
Durchmesser, mit dem die Reguliernadel nach rückwärts durch eine Stopfbüchse austritt, höchstens ungefähr dem Sitzdurchmesser der Nadel in der
ganz geschlossenen Düse entspricht, weil auf diese Weise der Leitungsdruck
bei geschlossener Düse keinen Achsialschub auf die Nadel ausüben kann.
Je mehr die Düse geöffnet wird, um so mehr wird die Nadel einen Druck
gegen rückwärts erfahren, so daß der Durchmesser in der rückwärtigen
Stopfbüchse, genau genommen, besser kleiner gehalten wird, eben so klein

als es die Festigkeit der Anordnung gestattet. Auf eine sehr gute, saubere
Ausführung der Stege an der Nadelführung vor der Düse ist besonderer
Wert zu legen, damit Wirbelungen tunlichst vermieden bleiben.

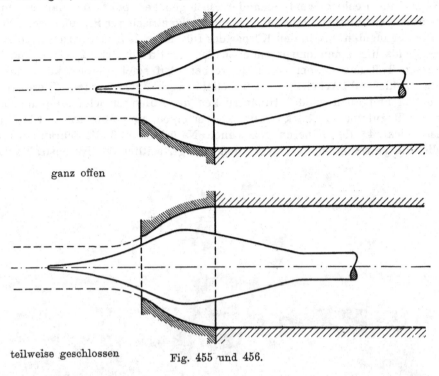

ganz offen

teilweise geschlossen   Fig. 455 und 456.

3. Ablenker.

Es wird zweckmäßig sein, hier die Erwähnung von Einrichtungen anzuschließen, die in manchen Fällen dem Betrieb unentbehrlich sind und zu
den Reguliervorrichtungen zählen, trotzdem ihre Anwendung an sich eine
Vergeudung von Arbeitsvermögen darstellt.

Für eine zuverlässige Geschwindigkeitsregulierung (siehe weiter unten)
werden Schlußzeiten der Leitapparate bis herunter auf 2 bis 3 Sekunden
erforderlich. Welche Drucksteigerungen in längeren Rohrleitungen durch
derartig rasches Schließen entstehen können, ist S. 569 u. f. ausführlich dargelegt worden.

Hohe Gefälle haben naturgemäß lange Rohrleitungen und sind deshalb
bei kräftig eingreifenden Regulatoren den genannten Druckschwankungen
in besonderem Maße ausgesetzt, unter Umständen können diese für die
Festigkeit der Rohrwandungen kritisch werden. Dazu kommt der schon
besprochene Umstand, daß zu Anfang des Schließvorganges aus der Düse
sogar mehr Arbeitsvermögen ausgeleitet wird, als vorher. Beiden Übelständen wird durch die „Ablenker" abgeholfen, Vorrichtungen, welche bei
unveränderter Düsenöffnung, also bei ganz gleichbleibenden Wassergeschwindigkeiten im Zuleitungsrohre den freien Düsenstrahl um so viel neben den
Schaufeln wirkungslos vorbeilenken, als gerade dem Überschuß an Arbeitsvermögen entspricht.

Hier ist an erster Stelle eine von Briegleb, Hansen & Co., Gotha,
ausgeführte, in Taf. 44 und Fig. 452 dargestellte Einrichtung zu erwähnen.

Zu beiden Seiten des auf beliebige Stärke $2a_{(0)}$ von Hand mittelst der vorherbeschriebenen Einrichtung eingestellten Strahls befinden sich zwei Schneidenkörper (Fig. 452, AA); diese können durch eine steilgängige Spindel mit Links- und Rechtsgewinde einander rasch genähert oder voneinander entfernt werden, sie bleiben dabei aber immer symmetrisch zur Strahlachse. Werden diese Schneiden bis in den Körper des Düsenstrahls hereingerückt, so spalten sie beidseitig einen entsprechenden Teil der Strahlstärke $2a_{(0)}$ ab und leiten diesen Teil neben dem Laufrade vorbei. Auf solche Weise kann das dem Rad zufließende Arbeitsvermögen beliebig verkleinert werden. Dieses Hereinrücken und auch wieder Hinausrücken der Ablenker-Schneiden darf durch einen Regulator in allerkürzester Zeit erfolgen, und eine solche Einrichtung ist in Taf. 44 des näheren gezeichnet. Natürlich muß die Schraubenspindel, die die Verschiebung der Schneiden besorgt, seitlich des Düsenstrahls liegen,

Fig. 457.

ebenso auch die sonstigen Führungsteile, und hierdurch erklärt sich die etwas einseitige Anbringung der betreffenden Stücke in den Schnitten CC, DD usw.

Die steilgängigen Spindeln der Ablenker an den drei Düsen, Taf. 44, tragen außerhalb des Troges je ein Zahnrad mit 38 Zähnen, 114 Durchmesser, und zwischen diesen stellen die großen Räder von 190 Zähnen, 570 Durchmesser, als Zwischenräder die Verbindung her, so daß sich alle drei Spindeln gleichzeitig und im gleichen Sinne drehen. Die Ablenker der drei Düsenstrahlen sind also gleichzeitig in Tätigkeit. Die Weiten $2a_{(0)}$ der drei Düsen können dabei einzeln ganz beliebig von Hand eingestellt sein.

Natürlich muß die Haube gut wasserdicht und fest ausgeführt sein, damit sie den Anprall der unter hohem Gefälle austretenden, abgelenkten Wasserstrahlen auch sicher auszuhalten vermag.

Die Schneidenablenker sind nur für rechteckige Düsenstrahlen gut verwendbar.

Eine zweite Einrichtung, aber für runde Düsen, zeigt Fig. 457. Hier wird nach Ausführungen der Abner Doble Co., San Francisco, einfach die ganze Nadeldüse samt einem Stück der Rohrleitung um eine wagrechte Achse gegen unten geschwenkt und der Düsenstrahl auf solche Weise nach Bedarf aus dem Bereich des Laufrades abgelenkt. (Vergl. auch Zeitschr. des V. D. Ing. 1904, S. 1901, wobei besonders auf die überaus schlanken Zulaufkrümmer hingewiesen sein möge.) Über die Art der Abdichtung an der nachgiebigen Stelle konnte Verf. bis jetzt keine genaue Auskunft erhalten. Natürlich muß die Bewegungsvorrichtung für die Reguliernadel in geeigneter Weise an dem schwenkbaren Teil der Konstruktion angeordnet sein (vergl. Figur).

25. Die selbsttätigen Reguliereinrichtungen überhaupt.

A. Einleitung.

Ehe wir zu der Hauptsache, den Geschwindigkeitsregulatoren für Turbinen übergehen, sollen die allgemeinen Verhältnisse kurz gestreift werden, wie sie überhaupt für Regulierungen und Regulatoren bei Kraftmaschinen in Betracht kommen.

Abgesehen von den sogen. belebten Motoren stehen uns Arbeitsquellen verschiedenster Art zu Gebote, welche sich aber im großen und ganzen allesamt in zwei Richtungen unterscheiden lassen, nämlich in — mit Rücksicht auf den Willen des Menschen — Abhängig- und Unabhängig-Veränderliche.

Abhängig-Veränderliche sind die Dampf-, Gas-, kurz alle sogen. Wärmemotoren, denn es liegt im einzelnen Falle in unserer Hand, beliebig viel Wärme, beliebig viel Arbeitsvermögen zu erzeugen. Überschuß an Arbeitsvermögen ist nicht vorhanden, man erzeugt nur so viel Wärme, als zur Arbeit nötig ist.

Unabhängig-Veränderliche sind für uns die sogen. Elementarkraftanlagen, Wasserkräfte, Windmotorenanlagen u. dergl., weil es nicht in unserer Macht steht, die Ergiebigkeit dieser Arbeitsquellen über das augenblicklich gerade vorhandene, aber stets selbständig wechselnde Maximum zu steigern.

Diejenigen Wasserkraftanlagen, welche nicht vollständig ausgenutzt sind, in denen auch bei kleinstem Wasserstande die Turbine noch ausreichend Wasserzufluß erhält, wo also auch dann noch verfügbare Arbeit übrig bleibt, zählen im Grunde genommen auch zu den Unabhängig-Veränderlichen. Ein Überschuß an Arbeit ist hier kostenlos vorhanden, seine Ausnützung würde meist eine größere Produktion und damit einen größeren Geschäftsgewinn in Aussicht stellen. Er wird aber hier, weil kein Bedarf, durch Überlaufenlassen des Wehrs, Drosselung des Gefälles oder sonstwie vernichtet. Diese Wasserkraftanlagen sind der Übersichtlichkeit wegen doch auch unter den Unabhängig-Veränderlichen besprochen.

Als Vertreter der Abhängig-Veränderlichen mag uns der Dampfbetrieb, und für die Unabhängig-Veränderlichen der Wasserkraftbetrieb gelten. Wir wollen nun die Verhältnisse durch einige schematische Gleichungen in kurzer Weise erläutern.

Die Hauptwelle irgendwelcher Motorenanlage hat durch ihre Drehung die Arbeitsmaschinen, seien es Werkzeugmaschinen, seien es Webstühle, Dynamomaschinen usw. in Betrieb zu erhalten. Der Widerstand, welchen diese Maschinen der Drehung entgegensetzen, ist das Drehmoment, M mkg. Die Umdrehungszahl der Hauptwelle pro Minute sei n, allgemein ist dann die für die Drehung erforderliche Arbeit A (mkg/sek) $= \frac{2\pi M \cdot n}{60} = k \cdot M \cdot n$. Der Betrag von M wechselt in unseren industriellen Betrieben fortwährend.

In der Zeiteinheit leiste nun eine Dampfmaschine die Arbeit D (mkg/sek), in der Zeiteinheit verarbeite eine Turbine die wechselnde Wassermenge φQ (cbm/sek) bei einem nutzbaren Gefälle von H (m).

Aus der Verwendung dieser Größen ergeben sich nun die nachstehend angeführten schematischen Anordnungen und Gleichungen.

Diese typischen Gleichungen müssen immer befriedigt sein; jede Änderung an einer der Arbeitsgrößen, einerlei, ob an der vom Motor erzeugten oder an der von den Maschinen verbrauchten Arbeit, hat die sofortige Änderung von n zur Folge, falls nicht durch irgendwelches Eingreifen von dritter Seite das Gleichgewicht wieder hergestellt wird. Dieses Eingreifen ist, was wir ganz allgemein regulieren nennen. Der Zweck des Regulierens ist fast ausnahmslos bei allen Arbeitsquellen und bei den Motoren, welche dieselben nutzbar machen, die Erhaltung einer möglichst gleichmäßigen Umdrehungszahl n für wechselndes M an der Hauptwelle bei möglichster Ausnützung der Arbeitsquelle, denn dies möglichst konstante n ist in fast allen Fällen die Grundbedingung für einen nutzbringenden Betrieb.

Aus diesem Grunde wird das Regulieren auch selbsttätig verlangt, weil selbsttätige Regulierungen fast immer dazu gebracht werden können, daß sie genauer und besser arbeiten als es mit der Handregulierung möglich ist.

Die verschiedenen Betriebe stellen nun ganz verschiedene Anforderungen, bezw. geben ganz verschiedene Grundlagen für den Eingriff der Reguliertätigkeit, die im Nachstehenden kurz betrachtet werden sollen.

B. Betriebe mit Abhängig-Veränderlichen. (Dampfbetrieb für sich allein.)

Hier ist zu setzen

$$D = \frac{2\pi \cdot M \cdot n}{60} = k \cdot M \cdot n \quad \ldots \ldots \quad \textbf{816.}$$

vorausgesetzt, daß M, das von der Hauptwelle verbrauchte Drehmoment, sich mit der Umdrehungszahl derselben nicht ändert.

Diese Betriebe gehören nicht weiter in den Kreis unserer Betrachtungen. Es sei nur die bekannte Tatsache erwähnt, daß der direktwirkende Dampfmaschinenregulator befähigt ist, die Größe D in der Gl. 816 auch bei größeren Änderungen von M rasch und sicher derart einzustellen, daß die Schwankungen der Umdrehungszahlen n sich innerhalb eines sehr kleinen Bereiches abspielen.

C. Betriebe mit Unabhängig-Veränderlichen. (Wasserkraftbetrieb allein.)

Hier ist zu schreiben

$$e \cdot \varphi Q \cdot \gamma \cdot H = k \cdot M \cdot n \quad \ldots \ldots \ldots \quad \textbf{817.}$$

worin φQ der wechselnden Füllung der Turbine entspricht, und e die Nutzeffektziffer bedeutet, die hier für alle Größen von φ gleich groß angenommen sein mag.

Es sind zu unterscheiden:

1. Wasserkraft allein, mit Überschuß an Arbeitsvermögen.

Hier liegen die Verhältnisse, wie vorher schon bemerkt, grundsätzlich gleich wie beim Dampfbetrieb.

Wechselt M aus irgend einem Grunde, so ist, wie vorher bei D, so jetzt auch auf der linken Seite der Gleichung zu ändern, damit n nach Tunlichkeit konstant bleibt. Diese Änderung wird fast immer an φQ allein vorgenommen unter Belassung von H, sie kann aber auch H betreffen (Drosseln) und dadurch φQ gleichzeitig mit verändern.

Die selbsttätige, genaue Regulierung für Turbinen bietet nun einige Schwierigkeiten. Die Arbeit für das Verstellen der Regulierorgane einer Turbine ist immer ganz außer allem Verhältnis größer als diejenige, die der Dampfmaschinenregulator zu leisten hat. Aus diesem Grunde sind direkt wirkende Regulatoren nur für ganz kleine Turbinen verwendbar und wir sind gezwungen, fast ohne Ausnahme zu indirekt wirkenden Turbinenregulatoren zu greifen, wobei dem Rotationstachometer nur noch die Aufgabe bleiben soll, die Umdrehungszahl n zu kontrollieren und bei Änderungen derselben den Eingriff des sogen. Relais, Servomotors usw. zu veranlassen und zu überwachen.

Dieser Geschwindigkeitsregulator für Turbinen ist der Hauptgegenstand unserer späteren Betrachtungen.

2. Wasserkraft allein, ohne Arbeitsüberschuß bei der Turbine,

deshalb mit möglichster Anpassung von M an das jeweils durch die wechselnden Wassermengen φQ gegebene Arbeitsvermögen der Turbine. Geschwindigkeitsregulator und Wasserstandsschwimmer.

Die selbsttätige Regulierung hat hier je nach den zeitlich wechselnden Betriebsumständen verschiedene Wege einzuschlagen, denn es gibt willkürliche Schwankungen in der Größe von M und in dem Betrage von φQ.

Betriebszeiten „a". Das verbrauchte Drehmoment M in der Gl. 817 bleibt zeitweise kleiner als die linke Seite herzugeben vermag.

In diesem Zeitraum herrscht der Betrieb nach „1", der Geschwindigkeitsregulator öffnet und schließt nach Bedarf.

Betriebszeiten „b". Das verbrauchte Drehmoment M wird zeitweilig größer als aus φQ zu erzeugen möglich ist.

In seiner Tätigkeit richtet sich der Geschwindigkeitsregulator seiner Natur nach nur nach der Umdrehungszahl, er wird bei vorübergehender Überlastung der Turbine diese weiter öffnen als für das Durchlassen der gerade vorhandenen Wassermenge φQ erforderlich, was an sich noch nicht sofort schädlich ist. Wenn aber dieses Zuweitöffnen längere Zeit anhält, so wird sich der Oberkanal in unzulässiger Weise entleeren, H nimmt ab, dadurch M und n, der Regulator öffnet deshalb noch weiter, die Verhältnisse verschlechtern sich stetig.

Hier ist eine Einrichtung am Platze, die zu überwachen hat, daß der Geschwindigkeitsregulator die Turbine nicht weiter öffnen kann als der jeweils vorhandenen Wassermenge φQ entspricht. Nun muß dem Geschwindigkeitsregulator für die Betriebszeiten „a" das Verstellen der Füllung übertragen werden und damit hier keine Kollisionen entstehen, kann diese

Einrichtung einfach nur die Rolle des Vormundes erhalten. Ein kräftiger Schwimmer („Wasserstandsschwimmer") in einem Behälter, der mit dem Oberwasser in Verbindung steht, bildet diese Einrichtung, wie in Fig. 458 schematisch dargestellt.

Der Geschwindigkeitsregulator öffnet und schließt, wie es der Wechsel in dem verbrauchten Drehmoment M erfordert, er wird aber durch den Wasserstandsschwimmer daran gehindert, weiter zu öffnen, mehr Wasser zu verbrauchen, als der Wasserstand gestattet. Die Freiheit zu schließen, bleibt dem Geschwindigkeitsregulator, da der Schwimmer das Tachometer nur am Absinken, nicht aber beim Hochgehen hindern kann.

Das dauernde Überschreiten des Wertes von M, wie er der gerade vorhandenen Wassermenge entspricht, muß durch Ausschalten der zuviel angehängten Maschinen usw. verhindert, bezw. ausgeglichen werden.

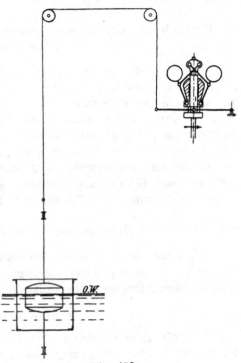

Fig. 458.

3. Betriebsumstände wie unter „2", Bremsregulator, Wasserstandsregulator.

Die Verhältnisse des Betriebes unter „2" können auch in anderer Weise selbsttätig reguliert werden:

Die Turbine werde für φQ irgendwie eingestellt, ein Geschwindigkeitsregulator ist nicht vorhanden, aber die Hauptwelle ist mit einer selbsttätigen Bremseinrichtung verbunden, in der für die Betriebszeiten „a" der Überschuß an produziertem Drehmoment gegenüber dem verbrauchten M vernichtet, wo das Zuviel an Arbeitsvermögen irgendwie in Wärme umgesetzt wird (Reibung, Wasserschlag, Wirbelströme). Diese Einrichtung ist als Bremsregulator bekannt (hydraul. Bremsreg. J. Jg. Rüsch, Dornbirn, Vorarlberg) und für viele kleinere Betriebe wertvoll. Die Bremseinrichtung ist dabei meist nicht befähigt, die volle Turbinenleistung aufzunehmen.

Der Bremsregulator läßt die Wasserregulierung der Turbine unberührt. Hier liegt deshalb die Möglichkeit vor, das Reguliergetriebe der Turbine durch das Sinken oder Steigen eines Wasserstandsschwimmers zu Schließ- oder Öffungsbewegungen zu veranlassen, Wasserstandsregulator.

Dieser Schwimmer ist so wenig wie ein Tachometer imstande, die Arbeit des Verstellens der Regulierorgane selbst zu übernehmen, er hat in gleicher Weise wie das Tachometer unter „1" indirekt zu arbeiten, er hat das Eingreifen eines Relais zu veranlassen und zu überwachen derart, daß die Schwankungen des Oberwasserspiegels in engen Grenzen bleiben. Da sich aber die Schwankungen in der Wasserführung stets in längeren Zeiträumen abspielen, so erhält der Wasserstandsregulator Schlußzeiten von 10 bis 15 Minuten im Gegensatz zum Geschwindigkeitsregulator, bei dem mit einzelnen Sekunden gerechnet werden muß.

4. Betriebsumstände wie unter „2", Arbeitsregulator, Wasserstandsregulator.

Es gibt Betriebe, in denen die Arbeitsmaschinen durch ihren beliebig einstellbaren Kraftbedarf selber als Bremsregulatoren dienen können, z. B. die mechanische Holzschleiferei. In diesem Falle wird der gesamte Betrag von M durch einen Arbeitsregulator dem jeweils vorhandenen Arbeitsvermögen $e \cdot \varphi Q \cdot \gamma \cdot H$ unter kleinen Änderungen von n selbsttätig angepaßt.

Wenn hier ein Wasserstandsregulator das Einstellen der Turbine für die wechselnde Wassermenge φQ übernimmt, so bildet die Vereinigung von Arbeits- und Wasserstandsregulator die beste Einrichtung für die selbsttätige Ausnutzung einer Wasserkraftanlage an sich.

5. Nebenauslässe und Wechseldurchlässe.

Besondere Anlage- oder Betriebsverhältnisse können zu den bis jetzt genannten selbsttätigen Regulierungen noch zwei andere, untereinander verwandte Einrichtungen wünschenswert machen.

I. Der Nebenauslaß.

Wie die Entwicklungen über die Veränderungen des Druckes in Rohrleitungen, S. 569 u. f. gezeigt, kann unter Umständen eine ziemlich große Erhöhung des Druckes H (h, Gl. 671) eintreten und diese könnte bei langen Leitungen für die Festigkeit der Rohrwände in den tieferen Lagen verhängnisvoll werden.

Hier ist eine Einrichtung erwünscht, welche bei rasch verlaufenden Schließvorgängen eine Nebenöffnung um gerade so viel freigibt, als der Leitapparat geschlossen wird, weil auf diese Weise keine Verzögerung des Rohrinhaltes, also auch keine Druckerhöhung in der Leitung zustande kommen kann, der mechanische Nebenauslaß.

Muß an Betriebswasser nicht gespart werden und ist stets die volle Wassermenge zur Verfügung, so kann dieser Nebenauslaß, der unmittelbar ins Unterwasser führt, in fester Verbindung mit dem Reguliergetriebe stehen, die Betriebswassermenge wird sich dann je nach der Stellung von Leitapparat und Nebenauslaß auf diese beiden Austrittsöffnungen ganz nach Erfordernis verteilen, aber die Summe der aus beiden Öffnungen austretenden Wassermenge bleibt ebenso wie die Druckhöhe H konstant. (Vergl. unter „Wechseldurchlaß", ebenso „Ablenker", S. 697).

Ein Bremsregulator statt eines Geschwindigkeitsregulators würde hier von besonderem Werte sein.

In der großen Mehrzahl der in Betracht kommenden Betriebe herrscht aber kein Wasserüberfluß und so wird die Einrichtung derart abgeändert, daß der Nebenauslaß für gewöhnlich ganz geschlossen bleibt, daß er naturgemäß von Öffnungsvorgängen überhaupt nicht berührt wird, daß er bei Schließvorgängen zwar sofort in entsprechende Tätigkeit tritt, aber nach vollendetem Schließvorgang nach und nach, also mit sehr großer Schlußzeit selbsttätig wieder abschließt. Diese große Schlußzeit T_s des Nebenauslasses ermäßigt dann (vergl. Gl. 703 bezw. 702 und 693) die Druckanschwellungen so bedeutend, daß jede Gefahr ausgeschlossen ist. Auf diese Weise ist das dauernde Arbeiten mit Teilfüllungen ohne Wasserverluste ermöglicht.

Zu diesem Zwecke bedarf es einer einseitig wirkenden und zugleich langsam nachgebenden Kupplung zwischen dem Reguliergetriebe und demjenigen des Nebenauslasses, die meist durch einen Kataraktkolben mit besonderem freispielenden Ventil, letzteres für die Öffnungsbewegungen, gebildet ist (vergl. auch S. 805 u. f.).

Eine minder zuverlässige Art von Nebenauslässen bilden die Sicherheitsventile. Diese öffnen sich erst dann, wenn der normale Druck im Zuleitungsrohr um eine gewisse zusätzliche Höhe überschritten ist, während der mechanische Nebenauslaß gleichzeitig mit dem Schließvorgang einsetzt.

Trotzdem sind vielfach Sicherheitsventile in Anwendung, weil sie billiger und einfacher sind. Diese können auch zuverlässiger dicht erhalten werden als die mechanischen Nebenauslässe, die stets Wasserverluste aufweisen.

Sicherheitsventile sollen zur Vermeidung von Stößen möglichst wenig Masse besitzen, also sind solche mit direkter Federbelastung anzuwenden. Das ganz geöffnete Ventil darf, mit w_{max} nach Gl. 702, S. 572, gerechnet, nicht mehr Wasser durchlassen als der ganz geöffneten Turbine bei normalem Drucke entspricht. Ein größerer Ventilquerschnitt würde zu gefährlicher Steigerung der Rohrgeschwindigkeit über c hinaus führen.

Der Federdruck bewirkt auch bei gleichzeitiger Anwendung eines Kataraktkolbens ein einigermaßen langsames Schließen des Sicherheitsventiles, natürlich muß die Kataraktwirkung für das Öffnen auch wieder durch ein freispielendes Ventil aufgehoben sein.

II. Der Wechseldurchlaß.

Wenn zwei Wasserkraftanlagen unmittelbar untereinander liegen, ohne daß sich zwischen beiden ein Kanal oder Wehrteich von nennenswertem Oberflächengehalt als Ausgleichbehälter befindet, so ist der Unterlieger darauf angewiesen, daß der Oberlieger das Betriebswasser sehr gleichmäßig entläßt, denn sonst ist ein regelrechter Betrieb ohne große Schwankungen in Gefälle und Wassermenge für den Unterlieger nicht möglich.

Hat nun der Oberlieger in seinem Betrieb große Änderungen im Betrage der M, die er durch einen Geschwindigkeitsregulator ausgleichen läßt, so wird der Unterlieger bei all diesen Unregelmäßigkeiten in Mitleidenschaft gezogen. Abgesehen von diesen ungewollten Betriebsschwankungen liegt aber auch immer bis zu einem gewissen Grade die Möglichkeit vor, daß der Oberlieger durch absichtlich unregelmäßiges Öffnen oder Schließen von Schützen den Unterlieger in seinem Recht auf regelmäßigen Wasserzufluß beeinträchtigen kann.

Die Verhältnisse zeigen sich am meisten zugespitzt, wenn der Unterkanal des Oberliegers zugleich Oberkanal des Unterliegers ist, wenn also das Wasser gar nicht wieder in den freien Fluß zurücktritt, nachdem es den Motor des Oberliegers verlassen hat (Reihenbetrieb); dann kann ja auch die Kontrolle seitens des Unterliegers, besonders bei kurzem Kanal, schärfer gehandhabt werden.

Hier will sehr häufig eine Einrichtung empfohlen werden, die in früherer Zeit bei Wasserrädern bestand und dort unter gewissen Verhält-

nissen, speziell bei Betrieben nach „1", Kraftüberschuß, zweckmäßig war,
die sogen. Wechselfalle oder der Wechseldurchlaß.

Dieser ist ein Nebenauslaß der unveränderlich mit dem Reguliergetriebe
gekuppelt ist, wie vorher schon kurz geschildert, der also im Verein mit
dem Motor zusammen immer die gleiche Wassermenge dem Unterkanal
zuführt, und wenn das Betriebswasser ganz konstant oder im Überschuß vorhanden ist, so wäre gegen die Einrichtung nichts einzuwenden.

Sowie aber Q auf φQ sinkt, sowie die Wasserregulierung der Turbine
in Tätigkeit treten muß, ist der Wechseldurchlaß ein Unding, weil sich
dieser schon (teilweise) öffnet, sowie die Turbine auch nur um weniges
geschlossen wird und weil er dann kostbares Betriebswasser nutzlos nach
dem Unterkanal entläßt.

Der Wechseldurchlaß macht eine rationelle Regulierung bei intensiven
Betrieben, und das sind nahezu alle, einfach unmöglich.

Eine Aushilfe bietet in manchen Fällen der Ersatz des Geschwindigkeitsregulators beim Oberlieger durch einen Bremsregulator im Verein mit
der Verpflichtung, den Oberwasserspiegel bei der Turbine stets genau auf
gleicher Höhe zu halten (Wasserstandsregulator).

D. Betriebe mit Verbindung von Abhängig- und Unabhängig-Veränderlichen.

Es sei Dampf- und Wasserkraft fest gekuppelt an der gleichen Welle
tätig, die Wasserkraft reiche zum Betriebe im allgemeinen nicht aus.

Hier gilt dann

$$D + e \cdot \varphi Q \cdot \gamma \cdot H = k \cdot M \cdot n \quad \ldots \ldots \quad \textbf{818.}$$

Die Arbeit des Dampfes, D, kostet Kohlen, mithin ist hier als erste
Forderung aufzustellen, daß φQ immer der augenblicklichen Wasserführung des Flusses voll entsprechen muß. Für selbsttätige Regulierung von φ dient der Wasserstandsregulator.

Die Schwankungen von φQ müssen durch D ausgeglichen werden,
der Dampfmaschinenregulator übernimmt hier die Kontrolle der n dadurch,
daß D den wechselnden Werten von φQ und von M angepaßt wird. Die
Turbine ist meist ohne Geschwindigkeitsregulator, damit stets φQ so groß,
D so klein als möglich gehalten werden kann.

Bremsregulatoren kommen hier gar nicht, Arbeitsregulatoren selten zur
Verwendung.

Ist zu erwarten, daß M im Betriebe soviel sinken kann, daß $k \cdot M \cdot n$
kleiner wird als $e \cdot \varphi Q \cdot \gamma \cdot H$, so kann ein Geschwindigkeitsregulator für die
Turbine kaum entbehrt werden. Derselbe ist dann durch einen Wasser-
standsschwimmer zu kontrollieren. Der Turbinenregulator muß auf eine
gegenüber dem Dampfmaschinenregulator etwas niederere Umdrehungszahl
eingestellt werden, damit sein Tachometer erst zu spielen beginnt, wenn
dasjenige der Dampfmaschine die Dampffüllung des Leerganges der Maschine
eingestellt hat.

26. Die Geschwindigkeitsregulierung der Turbinen.

Man ist geneigt, gewohnheitsmäßig die Anschauungen, die den Vorgängen bei der Geschwindigkeitsregulierung von Dampfmaschinen entsprechen, ohne weiteres auch auf diejenige der Turbinen zu übertragen; es möge deshalb der grundsätzliche Unterschied beider Motorenarten in bezug auf die Einhaltung der sogenannten normalen Umdrehungszahl kurz hervorgehoben werden.

Die Kolbendampfmaschine durchläuft innerhalb jeder einzelnen Umdrehung gewisse Unterschiede in der Winkelgeschwindigkeit, auch bei völlig gleichbleibender Belastung, und bedarf zu deren Verminderung, also ganz abgesehen von Regulierzwecken, der Anwendung von Schwungmassen; die Turbine hat von Hause aus gleichbleibende Winkelgeschwindigkeit, ist also ohne Schwungmassen an sich betriebsfähig.

Die Dampfmaschine besitzt überhaupt keine durch innere Verhältnisse bedingte normale Umdrehungszahl (im Sinne der Turbine), es sind mehr äußerliche Rücksichten, welche die Wahl der Umdrehungszahl für sie bestimmen.

Eine Dampfmaschine ohne Regulator erfährt bei Belastungsverminderung eine stetig wachsende Geschwindigkeitszunahme, deren sehr hoch liegende obere Grenze, abgesehen von Bruchgefahren, nur durch die Querschnitte der Dampfzu- und -ableitungen, den Luftwiderstand usw. bedingt wird. Die Turbine stellt sich im gleichen Falle bei entsprechend höherer Geschwindigkeit von selbst auf einen neuen Gleichgewichts- und Beharrungszustand ein.

Da die Kenntnis der Verhältnisse bei dieser Selbsteinstellung von regulatorlosen Turbinen zur allgemeinen Übersicht mit beiträgt, so mögen diese Umstände hier zuerst betrachtet werden.

A. Die regulatorlose Turbine bei wechselnder Belastung.

Wir machen hier die allerdings nicht ohne Ausnahme zutreffende Voraussetzung, daß durch die Änderung der Umdrehungszahl die Druckhöhenverhältnisse im Wasserzu- und -ablauf nicht beeinflußt werden, daß also der Turbine das Betriebswasser in der erforderlichen Menge und unter gleichbleibenden Gefällverhältnissen auch bei Änderung der Umdrehungszahl zur Verfügung steht.

Es soll ferner für den ganzen Verlauf der Betrachtungen, wie schon erwähnt, angenommen werden, daß die Drehmomente, welche die getriebenen Arbeitsmaschinen der Turbine entgegensetzen, auch die Lagerreibung

45*

usw. unabhängig von der jeweiligen Umdrehungszahl seien. Dies trifft für
die meisten Arbeitsmaschinen annähernd zu, wogegen Dynamomaschinen,
Kreiselpumpen usw. ein mit der Umdrehungszahl steigendes Drehmoment
erfordern.

Überläßt man eine unbelastete Turbine sich selbst (Freilauf), so nimmt
sie eine Geschwindigkeit an, welche durchschnittlich etwa dem 1,8 fachen
der rechnungsmäßigen, sogen. normalen Umdrehungszahl entspricht; eine
Steigerung darüber hinaus ist ausgeschlossen. Setzt man der Turbine einen
Widerstand, z. B. das Reibungsmoment einer Bremsvorrichtung, entgegen,
so vermindert sich ihre Umdrehungszahl auf einen diesem Widerstand entsprechenden Betrag. Je größer der
Widerstand, desto kleiner die zugehörige Umdrehungszahl, bis
schließlich die Turbine bei einer
ihren Verhältnissen entsprechenden
Widerstandsgröße zum Stillstande
kommt.

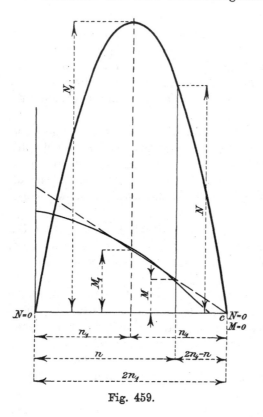

Fig. 459.

Tragen wir die so ermittelten Umdrehungszahlen als Abszissen, die zugehörigen widerstehenden Drehmomente als Ordinaten auf, so ergibt sich, wie schon
früher geschildert, die Folge von
Punkten, welche in einer flach gekrümmten Kurve liegen, wie dies
die Fig. 417 u. a. ersehen lassen.

Die von der Turbine ent-
wickelten treibenden Drehmomente
sind, sowie der Beharrungszustand
eingetreten ist, den widerstehenden Drehmomenten jeweils gleich,
die aufgetragenen Punkte einer
solchen Versuchsreihe sind deshalb auch eine Darstellung der
treibenden Momente, in der Folge
auch mit M bezeichnet, welche
die Turbine bei den verschiedenen Umdrehungszahlen an ihrer Welle
ausübt.

Es würde, weil diese Momentkurven von sehr wechselnder Gestalt sind
und weil sie nicht rechnungsmäßig in Zusammenhang mit den Umdrehungszahlen gebracht werden können (vergl. auch S. 127 u. f.), unmöglich sein,
ohne erleichternde Annahmen eine halbwegs einfache Rechnung aufzustellen
für die Selbsteinstellung der regulatorlosen Turbinen. Wir denken uns
deshalb eine Ausgleichslinie an die Momentkurve gezogen, Fig. 459, und
nehmen an, daß die Momente nicht nach der Momentenkurve, sondern in
dieser Linie verlaufen. (Vergl. auch S. 448 u. f.). Die Ausgleichslinie wird
die Achse der n ungefähr in dem Abstand $2n_1$, in c, schneiden und dies soll
fest angenommen sein. Das Stück der Linie rechts und links in der Nähe
von n_1 entspricht dann der Strecke zwischen n_a^1 und n_b^1 der Fig. 303,
S. 448. Für diese Strecke kann dann ähnlich wie früher geschrieben werden

$$\frac{M}{M_1} = \frac{2n_1 - n}{n_1}$$

oder

$$M = M_1\left(2 - \frac{n}{n_1}\right) \quad . \quad . \quad . \quad . \quad . \quad . \quad \textbf{819.}$$

wodurch bei bekannten Werten von M_1 und n_1 die Größe von M für die angenommene gerade Strecke der M-Linie rechnungsmäßig festlegt.

Nun ist

$$N = \frac{2\pi \cdot M \cdot n}{75 \cdot 60} = \frac{M \cdot n}{716,2}$$

und mit M (mkg) nach vorstehender Gl. 819 ergibt sich

$$N = \frac{M_1}{716,2}\left(2n - \frac{n^2}{n_1}\right) \quad . \quad . \quad . \quad . \quad . \quad \textbf{820.}$$

als Beziehung für die Leistung der Turbine in PSe bei gleichbleibendem Gefälle, die sich prinzipiell mit der Gl. 591, S. 448 deckt und für die N eine Parabel mit senkrechter Achse in n_1 als zeichnerische Darstellung ergibt. (Vergl. auch Fig. 418 u. a.)

Die Gl. 819 läßt sich auch noch schreiben

$$n = n_1\left(2 - \frac{M}{M_1}\right) \cdot \quad . \quad . \quad . \quad . \quad . \quad \textbf{821.}$$

Wenn ja auch in Wirklichkeit diese Verhältnisse bei den meisten Turbinen nicht ganz den Bremsergebnissen entsprechen, so daß aus den entwickelten Beziehungen keine Schlüsse auf die innere Konstruktion der Turbinen statthaft sind, so sind es eben doch annähernd richtige und dabei gut greifbare Beziehungen, welche eine übersichtliche Verfolgung der Vorgänge gestatten. Es lassen sich damit M und n ohne weiteres in den zusammenhängenden Werten bestimmen, wenn das normale Drehmoment M_1 und die normale Umdrehungszahl n_1 bekannt sind.

Kann bei der betreffenden Turbine der Leitschaufelquerschnitt und damit der Wasserverbrauch von Hand auf verschiedene Größe eingestellt werden (Handregulierung), so lassen sich die obigen Beziehungen noch erweitern. Die Größe der Einstellung bezeichnen wir wie früher auch als Füllung φ der Turbine. Verarbeitet die Turbine, wenn ganz offen, Q cbm/sek bei normaler Umdrehungszahl, so wird sie bei Füllung φ nur φQ cbm/sek durchlassen und auch nur φN_1 PSe leisten, bei einem Drehmoment von φM_1. Wenn auch nicht bei allen Turbinensystemen der Nutzeffekt oder das Güteverhältnis bei abnehmender Füllung unverändert bleibt, so darf dies doch für unsere Rechnungen mit einiger Berechtigung bei Füllungen bis herunter gegen $\frac{1}{3}$ angenommen werden. Die Beanspruchungen fast aller Turbinen liegen ja doch meist bei Füllungen von $\frac{1}{2}$ bis voll.

Der Versuch zeigt, daß die Freilaufgeschwindigkeiten von Turbinen mit nicht zu kleiner Teilfüllung nur wenig kleiner sind als bei voller Füllung.[1] Die Linie der Drehmomente wird deshalb in der zeichnerischen Darstellung für die nicht ganz offene Turbine ebenfalls in c, Fig. 460, beginnen dürfen. Sie wird, entsprechend dem vorhandenen Füllungskoeffizienten in den Zwischenpunkten mit gleicher Berechtigung wie vorher als gerade Linie angenommen werden können, Fig. 460. Hieraus folgen, wie auch

---

[1] Vergl. Fig. 418, S. 628.

vorher, die Beziehungen für M allgemein, N usw., welche für die Füllung φ lauten:

$$M = \varphi M_1 \left(2 - \frac{n}{n_1}\right) \ . \ . \ . \ . \ . \ . \ . \ \textbf{822.}$$

$$N = \frac{\varphi M_1}{716,2} \left(2\,n - \frac{n^2}{n_1}\right) \ . \ . \ . \ . \ . \ . \ \textbf{823.}$$

$$n = n_1 \left(2 - \frac{M}{\varphi M_1}\right) \ . \ . \ . \ . \ . \ . \ \textbf{824.}$$

Die Leistungen der Turbine bei gleichbleibender Füllung φ und verschiedenen Umdrehungszahlen liegen also auch in einer Parabel, welche durch $n = 0$ und $n = 2n_1$ geht, deren Scheitel ebenfalls um n_1 von Null absteht, deren Scheitelhöhe aber naturgemäß nur φN_1 beträgt.[1])

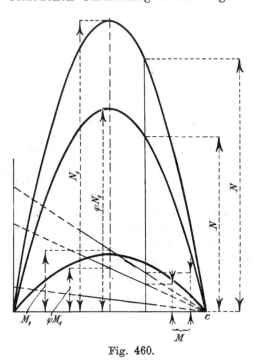

Den verschiedenen Füllungsgraden entspricht mithin für die Darstellung der M bei verschiedenen Geschwindigkeiten eine Schar von Geraden, sämtlich durch Punkt c, $n = 2n_1$ gehend, und für die Darstellung der Leistungen ein Parabelbündel, dessen Fußpunkte in $n = 0$ und in $n = 2n_1$ liegen, Fig. 460.

Ein Zahlenbeispiel mag das bis jetzt Entwickelte erläutern und erweitern helfen.

Eine Turbine leistet bei voller Füllung 300 PSe $= N_1$ und hat dabei die normale Umdrehungszahl $n_1 = 200$ in der Minute. Hieraus ergibt sich das normale Drehmoment $M_1 = 1074,3$ mkg. Diese Turbine

Fig. 460.

sei so belastet und ihre Füllung von Hand entsprechend eingestellt, daß sie mit normaler Umdrehungszahl nur 210 SPe abzugeben hat, der entsprechende Füllungskoeffizient φ ist also $= \frac{210}{300} = 0,7$; es herrsche Beharrungszustand.

Nach beliebiger Zeit erfolgt eine plötzliche Entlastung der Turbine in der Weise, daß nur noch 120 PSe für den Betrieb bei normaler Umdrehungszahl gebraucht werden, während die Füllung der Turbine unverändert bleibt. Welche Umdrehungszahl ist zu erwarten?

Setzen wir den Füllungskoeffizienten φ, wie er dem Zustande vor der Belastungsänderung entspricht, allgemein $= a$, denjenigen, welcher der geänderten Belastung entsprechen würde, $= b$, so bezeichnet $a M_1$ die Größe des zuerst bestehenden, $b M_1$ die Größe des nach der Störung vorhandenen widerstehenden Momentes der Arbeitsmaschinen.

---

[1]) In Wirklichkeit liegen die Scheitel der Leistungskurven für Teilfüllung nicht immer in der Senkrechten, sondern sie rücken mit abnehmender Füllung bei manchen Regulierungskonstruktionen nach den kleineren n-Werten hin; vergl. Fig. 418, S. 628.

Zur Bestimmung der dem Moment bM_1 entsprechenden Umdrehungszahl der mit Füllung a (weil regulatorlos) weiterlaufenden Turbine dient Gl. 824. Dort ist statt φM_1 der Wert aM_1 und an die Stelle von M die Größe bM_1 zu setzen, wodurch die Gleichung übergeht in

$$n = n_1 \left(2 - \frac{b}{a} \right) \quad \ldots \ldots \quad \textbf{825.}$$

Mit den betreffenden Zahlenwerten ergibt sich dann

$$b = \frac{120}{300} = 0,4; \quad n = 200 \left(2 - \frac{0,4}{0,7} \right) = 200 \cdot 1,429 = 285,8 \text{ i. d. Min.}$$

Wenn also die auf $a = 0,7$ eingestellte Turbine statt des Drehmomentes aM_1 nur noch ein solches bM_1 mit $b = 0,4$ zu überwinden hat, so wird unter den angeführten Voraussetzungen die Zunahme der Umdrehungszahl nach einer Steigerung auf das $\sim 1,43$ fache ihr Ende erreicht haben.

Bei Vergrößerung der Belastung berechnet sich die entstehende Verzögerung in ganz gleicher Weise.

Für die Beurteilung und Übersicht der Verhältnisse genügt aber die Berechnung der schließlich eintretenden Umdrehungszahl nicht, sondern es ist auch erforderlich, kennen zu lernen, wie sich der Beschleunigungs- oder Verzögerungsvorgang zeitlich genommen abspielt.

Auf die zeitliche Entwicklung des Vorganges haben vorhandene Schwungmassen unmittelbaren Einfluß. Obgleich nicht schlechthin selbstverständlich, möge doch der einfacheren Rechnung halber angenommen werden, daß sämtliche Schwungmassen auf der Turbinenwelle vereinigt seien und ein Gesamtträgheitsmoment J besitzen. Darunter sind inbegriffen die Trägheitsmomente von Laufrad, Riemenscheiben oder Rädern, Dynamoankern, oder auch von absichtlich angebrachten Schwungrädern usw., sämtlich auf gleiche Umdrehungszahl n_1 berechnet gedacht. Die Schwungmassen seien alle in fester Verbindung mit der Turbine, die ein- und auszurückenden Maschinen sollen keine irgend in Betracht kommenden Massen besitzen.

Wir gehen nun in der Entwicklung der angegebenen Verhältnisse weiter, die Budau, jetzt Prof. in Wien, vor Jahren zuerst schilderte.

Während vor der Entlastung auf bM_1 das von der Turbine entwickelte Drehmoment aM_1 durch die Arbeitsmaschinen vollständig verbraucht wurde, ist sofort nach vollzogener, plötzlich erfolgter Entlastung ein Überschuß an treibendem Moment vorhanden, der die Größe hat:

$$aM_1 - bM_1 = (a - b) M_1 \quad \ldots \ldots \quad \textbf{826.}$$

Dieser Überschuß an Triebkraft hat keine andere Möglichkeit sich zu betätigen, als durch Beschleunigung des ganzen sich drehenden Systems, der Turbine mit Zubehör. Infolge der Geschwindigkeitszunahme verringert sich aber nach dem Früheren das treibende Moment aM_1 mit dieser Zunahme; es hat, wenn die Umdrehungszahl von n_1 auf n gestiegen ist, nur noch den Wert entsprechend Gl. 822

$$M = aM_1 \left(2 - \frac{n}{n_1} \right) \quad \ldots \ldots \quad \textbf{827.}$$

während die Arbeitsmaschinen nach Voraussetzung unabhängig von n das Moment bM_1 verbrauchen.

Der gesteigerten Umdrehungszahl n entspricht also nur noch ein Drehmomentüberschuß von

$$a M_1 \left(2 - \frac{n}{n_1} \right) - b M_1 = M_1 \left(2a - b - a \cdot \frac{n}{n_1} \right) \quad . \quad . \quad . \quad \textbf{828.}$$

Der Drehmomentüberschuß beschleunigt wie gesagt die rotierenden Massen, deren gesamtes Trägheitsmoment J auch geschrieben werden kann

$$J = \frac{G}{g} \cdot r^2 = \frac{G D^2}{4 g} \quad . \quad . \quad . \quad . \quad . \quad \textbf{829.}$$

worin G das Gesamtgewicht der Schwungmassen bedeutet. Für einen glatten Schwungring von regelmäßigem Querschnitt, Rechteck, Kreis oder dergl. kann ohne wesentlichen Fehler r bezw. D auf den Schwerpunkt des Querschnittes bezogen werden.[1]

Bezeichnen wir mit ω bezw. ω_1 die Winkelgeschwindigkeiten, welche den Umdrehungszahlen n und n_1 angehören, so kann geschrieben werden:

$$\frac{d\omega}{dt} = \frac{M_1}{J} \left(2a - b - a \cdot \frac{\omega}{\omega_1} \right)$$

woraus nach Integration und Umformung folgt:

$$t = \frac{J \omega_1}{a M_1} \cdot ln \frac{(a - b) \omega_1}{(2a - b) \omega_1 - a \omega}.$$

Mit $\omega = \frac{2 \pi n}{60}$ usw. ergibt sich

$$t = \frac{2 \pi J n_1}{60 a M_1} \cdot ln \frac{(a - b) n_1}{(2a - b) n_1 - a n} \quad . \quad . \quad . \quad . \quad \textbf{830.}$$

als Ausdruck für die Anzahl Sekunden vom Zeitpunkt der Entlastung ab bis zur Erreichung der minutlichen Umdrehungszahl n in der Voraussetzung, daß die Entlastung plötzlich, nicht allmählich erfolgte.

Nun wissen wir aus Gl. 825, welche höchste Umdrehungszahl schließlich erreicht werden wird. Setzt man den Wert von n aus Gl. 825 in Gl. 830

---

[1] Das genaue Trägheitsmoment ist $J' = \int\limits_{r_i}^{r_a} dm \cdot r^2$ und für den Zentriwinkel 2π, mit

$dm = 2\pi \cdot r \cdot b \cdot dr \cdot \frac{\gamma}{g}$, worin b die Rechtecksbreite, γ das Volumgewicht, folgt

$$J' = 2 \pi b \cdot \frac{\gamma}{g} \cdot \frac{r_a^4 - r_i^4}{4}.$$

Für das angenäherte Trägheitsmoment gilt $J = m r_m^2 = \frac{G}{g} \cdot r_m^2 = \frac{G D_m^2}{4 g}$, worin $\frac{G}{g}$ für den Zentriwinkel 2π lautet:

$$\frac{G}{g} = 2 \pi r_m (r_a - r_i) b \cdot \frac{\gamma}{g}.$$

Mit $r_m = \frac{r_a + r_i}{2}$ ergibt sich dann das angenäherte Moment

$$J = 2 \pi b \frac{\gamma}{g} \cdot \frac{(r_a^2 - r_i^2)(r_a + r_i)^2}{8}$$

und das genaue Trägheitsmoment J' ist gegenüber J größer im Verhältnis

$$J' = \frac{r_a^4 - r_i^4}{4} \cdot \frac{8}{(r_a^2 - r_i^2)(r_a + r_i)^2} \cdot J = 2 \cdot \frac{r_a^2 + r_i^2}{(r_a + r_i)^2} \cdot J.$$

Der zusätzliche Faktor übertrifft nur für ganz bedeutende Unterschiede zwischen r_a und r_i einigermaßen erheblich den Wert eins.

ein, so folgt $t=\infty$, d. h. die Annäherung an die höchst erreichbare Umdrehungszahl vollzieht sich in asymptotischer Weise.

Von Interesse ist deshalb für uns, zu erfahren, wie groß n nach Ablauf von t sek ist. Setzen wir den, außer a lauter unveränderliche Werte enthaltenden, Faktor des ln in der Gl. 830 $\dfrac{2\pi J n_1}{60\,a\,M_1}=\dfrac{1}{a\cdot m}$, indem wir noch $J=\dfrac{G\,D^2}{4g}$,

dazu $M_1=\dfrac{75\cdot 60\;N_1}{2\pi n_1}$ einführen, so beträgt der Wert m

$$m=\frac{60\,M_1}{2\pi J n_1}=\frac{270\,000}{G\,D^2}\cdot\frac{N_1}{n_1^{\,2}}\quad\textbf{831.}$$

und es folgt aus Gl. 830

$$n=\frac{n_1}{a}\left(2\,a-b-\frac{a-b}{e^{t.a.m}}\right)\quad\textbf{832.}$$

als Beziehung für n bei gegebener Zeit t.

Nun nehmen wir wieder die Turbine des Zahlenbeispieles vor und rechnen mit $a=0{,}7$, $b=0{,}4$. Die Schwungmassen mögen insgesamt durch ein Schwungrad von $G=1050$ kg Kranzgewicht und vom Durchmesser $D=2{,}77$ m, $G\,D^2=8056$ dargestellt sein; ferner seien dann noch die Verhältnisse für ein Schwungrad von $G=3000$ kg Kranzgewicht, von gleichem Durchmesser, also $G\,D^2=23\,019$ im folgenden mit angegeben. Es findet sich für:

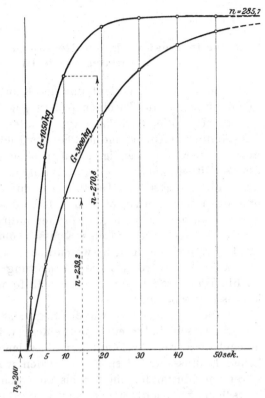

Fig. 461.

	$G=1050$			$G=3000$	
$t=$ 0 sek.	$n=$ 200	$=1{,}000\cdot n_1$		$n=200$	$=1{,}000\cdot n_1$
$=1$ „	$=213{,}8$	$=1{,}069\cdot n_1$		$=205{,}1$	$=1{,}025\cdot n_1$
$=5$ „	$=250{,}0$	$=1{,}250\cdot n_1$		$=222{,}6$	$=1{,}130\cdot n_1$
$=10$ „	$=270{,}8$	$=1{,}354\cdot n_1$		$=239{,}2$	$=1{,}196\cdot n_1$
$=20$ „	$=283{,}1$	$=1{,}416\cdot n_1$		$=260{,}5$	$=1{,}303\cdot n_1$
$=30$ „	$=285{,}3$	$=1{,}426\cdot n_1$		$=272{,}0$	$=1{,}360\cdot n_1$
$=40$ „	$=\sim 285{,}6$	$=\sim 1{,}428\cdot n_1$		$=278{,}3$	$=1{,}392\cdot n_1$
$=50$ „	$=\sim 285{,}7$	$=\sim 1{,}428\cdot n_1$		$=281{,}7$	$=1{,}405\cdot n_1$
$=\infty$ „	$=\sim 285{,}7$	$=\sim 1{,}429\cdot n_1$		$=285{,}7$	$=1{,}429\cdot n_1$

Diese Werte von n für die eine wie die andere Schwungmasse finden sich als Teilordinaten, von $n=200$ ab, in Fig. 461 eingetragen; Abszissen sind die Sekundenzahlen (1 mm = 1 Sek.), die Zeiten vom Eintritt der Entlastung ab. Wie ersichtlich und auch naturgemäß, ist die Steigerung der Umdrehungszahlen in den ersten Sekunden viel beträchtlicher als später. Wir schöpfen daraus die wichtige Erkenntnis, daß auch bei Turbinen, trotz der dargelegten Selbstverringerung des Drehmomentes, der Reguliereingriff so bald als nur irgend möglich eintreten muß, wenn er überhaupt Erfolg haben, d. h. die Umdrehungszahl in engen Grenzen halten soll.

In ganz gleicher Weise ist der Gang der Rechnung einzuhalten, wenn es sich statt um Entlastung um eine Mehrbelastung der Turbine handelt; stets ist aM_1 die Belastung des gegebenen Beharrungszustandes, bM_1 die des neuen.

B. Der indirekt wirkende Regulator, ideeller Betrieb; der Reguliervorgang für teilweise Entlastung.

Wenn wir den Verlauf und den Einfluß des Eingreifens indirekt wirkender Regulatoren auf Turbinen rechnungsmäßig erschöpfend klarlegen wollten, so erfordert die Berücksichtigung aller die Wirkung beeinträchtigenden Umstände, wie Unempfindlichkeit des Tachometers, toter Gang im Reguliergetriebe usw., notwendig einen breiten Raum in der Rechnung. Durch dieses Mithereinnehmen der Unvollkommenheiten und sonstigen Nebenumstände (Wechsel der Gefälleverhältnisse infolge des Verstellens der Leitöffnungen usw.) wird aber das Bild des eigentlichen Reguliervorganges, wie er sich bei einem möglichst guten indirekt wirkenden Regulator abspielen würde, verschleiert und das Erfassen der Verhältnisse besonders für den Anfänger, den Lernenden, wesentlich erschwert.

Auch hier wird uns die Betrachtung des ideellen Betriebes das Mittel an die Hand geben, durch dessen Hilfe wir einen Überblick über die Verhältnisse gewinnen.

Haben wir erkannt, wie der Reguliervorgang sein sollte, welche Grenzen für die Geschwindigkeiten mit einem vollkommenen Regulator überhaupt innegehalten werden könnten und welches die maßgebenden, unabänderlichen Einflüsse dabei sind, so werden wir um so mehr imstande sein, die störenden Umstände, die wir bis zu einem gewissen Grade konstruktiv beherrschen, zu ermitteln und einzuschränken.

Es ist, wie schon erwähnt, hier nur die Anwendung indirekt wirkender Regulatoren unter Zuhilfenahme irgend einer Art von mechanischem oder hydraulischem Relais möglich, wobei das Tachometer kontrollierend und befehlend tätig ist. Wir bezeichnen von jetzt ab als „Regulator" die Vereinigung von Tachometer und Relais, also nicht nur das Tachometer. Die Kenntnis der allgemeinen Einrichtung solcher Regulatoren wird im folgenden vorausgesetzt. Einzelbeschreibungen siehe später, vergl. auch Taf. 45, 46.

Im Wesen des indirekt wirkenden Regulators liegt es, daß er eine gewisse Zeit, wenn auch nur Sekunden, braucht, um bei Belastungsänderung die Turbinenfüllung umzustellen. Bei der mit indirekt wirkendem Regulator versehenen Turbine — und nur von solchen soll hier die Rede sein — entsteht also sofort nach der Belastungsänderung ein Übergangszustand, der im Anfange seines Verlaufes demjenigen ähnelt, den wir bei regulatorlosen Turbinen betrachtet haben, der sich aber doch sehr rasch in anderer Weise entwickelt.

Für die Rechnung ist die Zeit, welche der Regulator bezw. das Relais braucht, um die ganz offene Turbine vollständig zu schließen oder die ganz geschlossene vollständig zu öffnen, die sogen. Schlußzeit T_s, die Öffnungszeit T_0, von Wichtigkeit. Beide Zeiten sind meist gleichgroß (vergl. auch S. 568).

Die für den ideellen Betrieb eines indirekt wirkenden Regulators erforderlichen Voraussetzungen betreffen sowohl die Turbine als auch den Regulator mit seinem Tachometer.

Wir haben gesehen, daß die Leistung einer Turbine bei einer bestimmten Umdrehungszahl einen Höchstwert aufweist, daß sie bei verminderter oder vermehrter Umdrehungszahl abnimmt. Die Kurve der Leistungen, nach Umdrehungszahlen geordnet, geht in der Nähe des Höchstwertes eine Strecke weit ziemlich wagrecht, während die Kurve der zugehörigen Drehmomente von den größeren gegen die kleineren Umdrehungszahlen hin ansteigt.

Wenn wir nun für unsere Betrachtungen voraussetzen, daß der Regulator die Geschwindigkeitsänderungen in engen Grenzen hält, und das ist ja das Ziel unseres Strebens, so dürfen wir auch ohne wesentlichen Fehler annehmen, daß das an der Turbinenwelle verfügbare Drehmoment innerhalb dieser Grenzen durch die wechselnde Umdrehungszahl nicht beeinflußt werde. Wir dürfen dies um so mehr tun, als wir durch diese Vereinfachung zu ungunsten der Regulatortätigkeit rechnen derart, daß in Wirklichkeit die Verhältnisse besser liegen als die Rechnung voraussetzte, was aus folgendem hervorgeht: Bei Entlastung steigt im tatsächlichen Betrieb die Umdrehungszahl unter Abnahme des Drehmomentes; wenn wir also diese Abnahme nicht in Rechnung stellen, so wird sich rechnungsmäßig eine größere Überschreitung der Umdrehungszahl ergeben als der Wirklichkeit zufolge möglich ist. Bei Mehrbelastung gilt das Umgekehrte, denn zur Überwindung des größer gewordenen Drehmomentes der Arbeitsmaschinen steht in Wirklichkeit ein größer werdendes Drehmoment der verlangsamten Turbine zur Verfügung, statt des in der Rechnung vorausgesetzten gleichbleibenden (vergl. S. 722).

Was den Regulator, bezw. dessen Tachometer angeht, so ist für den ideellen Betrieb folgendes vorauszusetzen:

1. Das Tachometer sei reibungslos und bedarf zum Einschalten des Relais auch nur einer solch geringfügigen Verstellkraft, daß es als absolut empfindlich angenommen werden darf (sachlich erlaubt wegen nicht periodisch wechselnder Winkelgeschwindigkeit der Turbine, konstruktiv annähernd erreichbar durch Schneidenlagerung oder Aufhängung an biegsamen Bändern).

2. Der vom Tachometer ausgehende Impuls für das Relais erfolge sofort mit Eintritt der Belastungsänderung bezw. Geschwindigkeitsschwankung, so daß sich das Reguliergetriebe gleichzeitig mit der Tachometermuffe in Bewegung setzt und auch gleichzeitig mit ihr zur Ruhe kommt. (Die in Wirklichkeit erforderliche Zeit bis zur Ingangsetzung des Relais, die Spielraumzeit, kann sehr gering bemessen, toter Gang nach Möglichkeit vermieden werden.)

Wir setzen ferner voraus:

3. Stetigkeit des Tachometers derart, daß gleichen Geschwindigkeitsunterschieden gleiche Wege der Tachometermuffe entsprechen (trifft bei den meisten Tachometern fast genau zu).

4. Stetigkeit der Regulierung derart, daß beispielsweise dem halb zugedrehten Reguliergetriebe auch die halbe Turbinenleistung, der auf 0,3 geschlossenen Turbine noch 0,3 der Leistung bei normaler Umlaufzahl entspricht; daß dies in Wirklichkeit bei Spaltdruckregulierungen nicht immer zutrifft, haben wir früher gesehen.

5. Stetigkeit der Verbindung zwischen Tachometermuffe und Regulierorgan derart, daß jeder Stellung der ersteren eine ganz bestimmte Füllung,

also auch Leistungsfähigkeit der Turbine entspricht. (Rückführung, besser Nachführung, siehe weiter unten). Die Füllung ist proportional dem Abstande der Muffe von ihrer höchsten Stellung und der mechanische Zusammenhang zwischen Muffe und Regulierung ist derart ausgebildet, daß die Proportionalität in jedem Augenblick, also dauernd, gewahrt ist. Die Muffe kann bei größerer Geschwindigkeitsschwankung nicht etwa dem Regulierorgan vorauseilen, sie braucht also auch T_s sek, um beispielsweise von der untersten Lage aus die oberste zu erreichen und umgekehrt. (Dies ist einer der wichtigsten Umstände für die erfolgreiche Anwendung indirekt wirkender Regulatoren.)[1]

6. Um die Rechnung und Zeichnung einfach zu halten, wird die Umdrehungszahl von Turbine und Tachometer gleichgroß angesetzt (an den Ergebnissen wird dadurch nichts geändert).

Auch für diese Betrachtung gelten die beiden Annahmen, die vorher (regulatorlose Turbine) in Hinsicht auf gleichbleibendes Gefälle und den von n unabhängigen Bedarf an Drehmoment für den Betrieb der Arbeitsmaschinen aufgestellt worden sind.

Den vorstehenden Voraussetzungen gemäß läßt sich aus der jeweiligen, einer bestimmten Umdrehungszahl angehörigen, Muffenstellung des Tachometers, das dieser Muffenstellung entsprechende, an der Turbinenwelle verfügbare Drehmoment M in mkg ermitteln, Fig. 462.

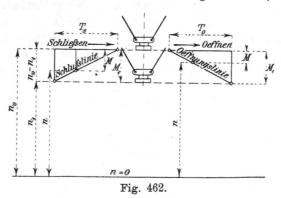

Fig. 462.

Die Umdrehungszahl der tiefsten Stellung der Tachometermuffe, welcher notwendig volle Füllung $\varphi = 1$, dazu das volle Arbeitsvermögen A_1 und das volle Drehmoment M_1 entspricht, sei mit n_1, diejenige der höchsten Stellung, in der die Füllung, das Arbeitsvermögen und das Drehmoment Null sind, mit n_0 bezeichnet. Bei entsprechend gewähltem Maßstab für die Umdrehungszahlen können wir die Hubhöhe der Tachometermuffe als zeichnerische Darstellung des Unterschiedes der Umdrehungszahlen, $n_0 - n_1$, ansehen und demgemäß die Nullinie der Umdrehungszahlen abwärts der Muffe einzeichnen, wie in der schematischen Fig. 462 geschehen, bei der natürlich $n_0 - n_1$ gegenüber der Größe von n_1 an sich absichtlich übertrieben dargestellt ist.

Eine andere Maßstabsannahme berechtigt uns dazu, die jeweilige Muffenstellung auch als die zeichnerische Darstellung des verfügbaren Drehmomentes M anzusehen. Der ganze Muffenweg entspricht dabei dem vollen Drehmoment M_1, und weil der obersten Muffenstellung das Drehmoment Null zukommt, so entspricht dem Abstand der Muffe von der obersten Stellung n_0 jedesmal das in dieser Zwischenstellung vorhandene verfügbare Drehmoment $M = \varphi M_1$ der Turbine.

[1] Prof. A. Budau in Wien war der erste, der zu diesem Zwecke die sog. Tachometer-Hemmwerke statt der Ölbremse ausführte.

Wir können also schreiben, Fig. 462,

$$\frac{M}{M_1} = \frac{n_0 - n}{n_0 - n_1} = \frac{\varphi M_1}{M_1} = \varphi \quad \ldots \ldots \quad \textbf{833.}$$

Nun ist n_0 um einen Bruchteil von n_1, β, größer als n_1 und wir bezeichnen diesen Bruchfaktor β schlechtweg als die Beweglichkeit des Tachometers. Ein Tachometer, dessen oberste Stellung einer Umdrehungszahl n_0 entspricht, die, beispielsweise, um $6\,^0/_0$ größer ist als n_1, besitzt eine Beweglichkeit von $\beta = 0,06$. Wir können deshalb setzen

$$n_0 = n_1 + \beta n_1 = n_1 (1 + \beta) \quad \ldots \ldots \quad \textbf{834.}$$

und wenn dieser Betrag in Gl. 833 eingeführt wird, so ergibt sich

$$M = M_1 \left(1 + \frac{n_1 - n}{\beta n_1} \right) = \varphi M_1{}^1) \quad \ldots \ldots \quad \textbf{835.}$$

Andererseits lautet diese Gleichung nach n aufgelöst

$$n = n_1 \left[1 + \beta (1 - \varphi) \right] \quad \ldots \ldots \quad \textbf{836.}$$

weil wir vorausgesetzt, daß die Leistung, das Drehmoment, der Füllung φ proportional sei, also weil $\dfrac{M}{M_1} = \varphi$.

Diese Gleichung gibt die einer beliebigen Füllung oder einem beliebigen Drehmoment entsprechende Umdrehungszahl des Tachometers (Gleichgewicht), also auch der Turbine an.

Die wagrechte Entfernung zwischen den Endpunkten der Ordinaten n_1 und n_0 in Fig. 462 war ganz beliebig. Nehmen wir sie zu T_s, also gleich der Schlußzeit an, so stellt die als „Schlußlinie" bezeichnete Gerade in ihren von oben nach abwärts gemessenen Ordinaten den zeitlichen Verlauf des Schließvorganges dar. Die Schlußlinie der Fig. 393 ging abwärts, weil die dortige Darstellung dadurch übersichtlicher war, während sie hier aus dem gleichen Grunde aufwärts führen muß, bei sonst ganz gleicher Bedeutung.

In entsprechender Weise verläuft hier die „Öffnungslinie" gegen abwärts, wie in Fig. 462 auch eingezeichnet.

Nach diesen allgemeinen Festsetzungen kommen wir zur speziellen Betrachtung.

Eine mit dem ideellen Regulator nach Voraussetzung 1 bis 6 versehene Turbine (volles Drehmoment M_1, volle Leistungsfähigkeit N_1 PSe, zugehörige Umdrehungszahl n_1) sei mit einer Belastung $a M_1$, der entsprechend der Regulator die Füllung $\varphi = a$ eingestellt hat, in richtigem Betriebe; es herrsche Beharrungszustand. Nach einiger Zeit wird das widerstehende Drehmoment der Arbeitsmaschinen plötzlich von $a M_1$ auf $b M_1$ geändert,

---

$^1)$ Die Beziehung zwischen der Beweglichkeit β und dem sog. Ungleichförmigkeitsgrade δ des Tachometers (nach sonst üblicher Bezeichnung) lautet wie folgt:

$$\delta = \frac{n_0 - n_1}{\frac{1}{2}(n_0 + n_1)} \quad \text{woraus} \quad n_0 = n_1 \frac{2 + \delta}{1 - \delta} = n_1 (1 + \beta)$$

und schließlich

$$\delta = 2 \frac{\beta}{2 + \beta}.$$

Wenn z. B. $\beta = 0,06$ angenommen wird, so folgt $\delta = 0,0583$.

die Umdrehungszahl wechselt, der Regulator greift ein. Der Verlauf dieses Eingreifens soll verfolgt werden.

Vor der Belastungsänderung (Beharrungszustand) hatte der Regulator die Füllung $\varphi = a$ eingestellt, die Tachometermuffe befand sich also in einem Abstande von der obersten Stellung, der sich nach Gl. 833 berechnen läßt und dieser Stellung bezw. Füllung a entspricht die Umdrehungszahl des anfänglichen Beharrungszustandes als

$$n_a = n_1 \left[1 + \beta (1 - a)\right] \quad . \quad . \quad . \quad . \quad . \quad (836.)$$

Nun tritt eine teilweise Entlastung ein. Der neue Gleichgewichtszustand, dem der Regulator zustreben soll, besteht darin, daß nicht nur erzeugtes und verbrauchtes Drehmoment einander gleich sind, sondern daß dies auch bei einer Umdrehungszahl eintritt, welche den Regulator zur Ruhe bringt und ein weiteres Verstellen der Füllung dadurch verhindert. Diese wünschenswerte Umdrehungszahl folgt ebenfalls aus Gl. 836, indem wir dort $\varphi = b$ einsetzen, mit

$$n_b = n_1 \left[1 + \beta (1 - b)\right] \quad . \quad . \quad . \quad . \quad . \quad (836.)$$

denn in der n_b entsprechenden Muffenlage ist das treibende Moment dem widerstehenden gleich und das Tachometer hätte an sich weder Neigung zum Steigen noch zum Sinken.

Zur besseren Auseinandersetzung ist es dienlich, der allgemeinen Erörterung ein Zahlenbeispiel schrittweise folgen zu lassen.

Es liege wie vorher auch eine Turbine vor von folgenden Daten:

Größte Leistung $N_1 = 300$ PSe.

Umdrehungszahl bei voller Belastung $n_1 = 200$ i. d. Min.

Hieraus findet sich

$$M_1 = 716{,}2 \cdot \frac{300}{200} = 1074{,}3 \text{ mkg.}$$

Die Umdrehungszahl n_0 der höchsten Tachometerstellung sei um $5\,^0/_0$ größer als die der vollen Leistung, d. h. es sei $\beta = 0{,}05$, also $n_0 = n_1 (1 + \beta)$ $= 200 \cdot 1{,}05 = 210$.

Es sei ferner von $a = 0{,}7$ auf $b = 0{,}4$ entlastet worden, dies bedeutet eine Verringerung des verbrauchten Drehmomentes

$$\text{von } a M_1 = 0{,}7 \cdot 1074{,}3 = 752{,}01 \text{ mkg}$$
$$\text{auf } \ b M_1 = 0{,}4 \cdot 1074{,}3 = 429{,}72 \quad „$$

Die Umdrehungszahl des anfänglichen Beharrungszustandes ist nach Gl. 836

$$n_a = 200 \left[1 + 0{,}05 (1 - 0{,}7)\right] = 203 \text{ i. d. Min.}$$

und die für den neuen Beharrungszustand anzustrebende Umdrehungszahl beläuft sich auf

$$n_b = 200 \left[1 + 0{,}05 (1 - 0{,}4)\right] = 206 \text{ i. d. Min.}$$

Der Weg, auf dem die Umdrehungszahl n_b erreicht wird, stellt den eigentlichen Reguliervorgang dar und die Betrachtung wird zeigen, daß im allgemeinen das Ziel nicht durch einfache Zunahme von n_a auf n_b erreicht wird, sondern daß eine wellenförmige Entwicklung der Werte n stattfindet, von der aber in Ausnahmefällen abgewichen wird.

1. Der Überschuß an Drehmoment.

(Schließen durch den Regulator.)

Bei der regulatorlosen Turbine wurde das durch Belastungsverminderung freigewordene Drehmoment durch die Turbine selbst, d. h. durch die wachsende Umdrehungszahl vermindert und dadurch schließlich ein neuer Beharrungszustand bei ziemlich viel höherer Umdrehungszahl erreicht. Hier hat der Regulator das überschüssige Drehmoment zu verkleinern, und wir sehen uns zuerst an, wie er seine Aufgabe ausführt.

Es sind genau die gleichen Verhältnisse, wie sie schon bei der Betrachtung über Druckschwankungen in Zuleitungsrohren erwähnt wurden und wie sie in den Gl. 668 und 698 für den Schließvorgang, in Gl. 704 und 724 für das Weiteröffnen ihren Ausdruck gefunden haben, denn voraussetzungsgemäß entsprechen sich jeweils Füllung und Drehmoment.

In jeder Sekunde ändert sich das verfügbare Drehmoment infolge des Regulatoreingriffs beim Schließen um $\dfrac{M_1}{T_s}$, in t Sekunden also um $\dfrac{M_1}{T_s} \cdot t$ und beim Öffnen um $\dfrac{M_1}{T_0} \cdot t$.

Im Augenblick der Entlastung war der Drehmomentüberschuß der Turbine $a M_1 - b M_1 = (a - b) M_1$; nach t sek ist er nur noch

$$(a - b) M_1 - \frac{M_1}{T_s} \cdot t = M_1 \left(a - b - \frac{t}{T_s} \right) \quad . \quad . \quad . \quad \textbf{837.}$$

und nach einer bestimmten Zeit hat der Regulator so weit geschlossen, daß der Überschuß Null geworden ist.

Hier wie früher muß sich die Wirkung des überschüssigen Drehmomentes durch Beschleunigung der sich drehenden Massen äußern, und da nach einer gewissen Zeit kein überschüssiges Moment mehr vorhanden ist, so wird die Umdrehungszahl der Turbine zu diesem Zeitpunkt einen Höchstwert (bei Mehrbelastung Kleinstwert) erreicht haben. Hierbei ist die Turbine auf richtige Füllung $b M$ durch den Regulator eingestellt und alles wäre in Ordnung, wenn die erreichte Umdrehungszahl die Größe n_b hätte.

Letzteres ist aber nicht ohne weiteres der Fall, wie wir aus der Betrachtung des Verlaufes sehen werden, den die Umdrehungszahlen in diesem Zeitabschnitt aufweisen.

Die Beschleunigung der Massen, also die Steigerung der Umdrehungszahl der Turbine und des Tachometers erfolgt in jedem Augenblick. Wenn die variable Winkelgeschwindigkeit mit ω bezeichnet wird, so gilt die Beziehung

$$d\omega = \frac{M_1}{J} \left[a - b - \frac{t}{T_s} \right] dt$$

oder nach Integration

$$\omega = \frac{M_1}{J} \left[(a - b)\, t - \frac{t^2}{2\, T_s} \right] + \text{Konst.}$$

Wenn wir die Zeit t vom Augenblick der Entlastung ab zählen, so ist in diesem Zeitpunkt $t = 0$ und die Turbine besitzt dort die Winkelgeschwindigkeit ω_a, wie sie der Umdrehungszahl n_a zukommt. Also ist die Konst. $= \omega_a$ und die Gleichung geht über in

$$\omega = \omega_a + \frac{M_1}{J} \left[(a - b)\, t - \frac{t^2}{2\, T_s} \right] \quad . \quad . \quad . \quad . \quad \textbf{838.}$$

Um auf Umdrehungszahlen zu kommen, führen wir $\omega = \dfrac{2\pi n}{60}$ ein und erhalten damit

$$n = n_a + \frac{60\,M_1}{2\,\pi J}\left[(a-b)\,t - \frac{t^2}{2\,T_s}\right] \quad \ldots \ldots \textbf{839.}$$

als allgemeine Beziehung für die minutliche Umdrehungszahl nach Ablauf der Zeit t, von der plötzlich erfolgten Entlastung an gerechnet.

Die Zeit, nach deren Ablauf der Drehmoment-Überschuß Null geworden, in der also die Füllung b vorhanden ist, findet sich aus Gl. 837 für den Klammerwert gleich Null. Im gleichen Augenblick wird der Höchstwert der Umdrehungszahl erreicht, weshalb wir diese Zeit t_b auch als t_{max} bezeichnen und sie aus Gl. 837 finden zu

$$t_b = t_{max} = (a - b)\,T_s \quad \ldots \ldots \textbf{840.}$$

(vergl. Gl. 698).

Der eintretende Höchstwert der Umdrehungszahl selbst ergibt sich, wenn wir den Wert von t_{max} in die Gl. 839 einsetzen zu

$$n_{max} = n_a + \frac{60\,M_1}{2\,\pi J}\,(a-b)^2\,\frac{T_s}{2} \quad \ldots \ldots \textbf{841.}$$

Hieraus ist zu ersehen, daß die Vermehrung der Umdrehungszahl von n_a auf n_{max} proportional ist dem Gesamtmoment der Turbine, der Schlußzeit T_s, dem Quadrat der Größe der Belastungsänderung $(a - b)$, und umgekehrt proportional dem Trägheitsmoment J der Schwungmassen.

Die Gl. 839 und 841 können auch noch etwas anders geschrieben werden. Setzen wir nämlich $M_1 = \dfrac{75\,N_1\,60}{2\,\pi n}$, worin N_1 in PSe die Arbeitsfähigkeit der Turbine, ferner J nach Gl. 829, sowie n_a nach Gl. 836 ein, so ergibt sich ($\pi^2 = g$ gesetzt)

$$n = n_a + \frac{270\,000}{G\,D^2}\cdot\frac{N_1}{n_1}\left[(a-b)\,t - \frac{t^2}{2\,T_s}\right] \quad \ldots \ldots \textbf{839a.}$$

sowie

$$n_{max} = n_a + \frac{270\,000}{G\,D^2}\cdot\frac{N_1}{n_1}\,(a-b)^2\,\frac{T_s}{2} \quad \ldots \ldots \textbf{841a.}$$

Mit den oben angenommenen Größen von a und b erhalten wir für das Zahlenbeispiel bei einer Schlußzeit $T_s = 4\,\text{sek}$

$$t_{max} = (0,7 - 0,4)\cdot 4 = 1,2\,\text{sek} \quad \ldots \ldots \textbf{(840.)}$$

d. h. 1,2 Sekunden nach dem Eintreten der plötzlichen Entlastung ist schon die höchste Umdrehungszahl erreicht. Um diese zahlenmäßig zu bestimmen, benötigen wir nun noch der Annahme des Trägheitsmomentes J oder des Schwungmomentes $G\,D^2$.

Die Schwungmassen sind der Speicher für die aus dem überschüssigen Drehmoment folgende überschüssige Arbeitsleistung der Turbine.

Das Gewicht G des Schwungkranzes belastet die Lager der liegenden oder den Zapfen der stehenden Welle und verursacht Lagerreibungsverluste. Wir haben deshalb alle Veranlassung, dafür zu sorgen, daß der Faktor D im Schwungmoment $G\,D^2$ tunlichst ausgenutzt werde. Wo hierfür die Grenzen liegen, das ist vorher auf S. 663 u. f. auseinandergesetzt worden, es soll eben der Zentrifugalspannungen halber die Umfangsgeschwindigkeit u bei gegebener Umdrehungszahl n_1 die dort genannten Werte nicht übersteigen.

Angenommen, es sei D demgemäß für Gußeisen festgelegt.

Nach Gl. 841a wird die Vermehrung der Umdrehungszahl bei gleicher verhältnismäßiger Entlastung $(a-b)$ und gleichem Gewicht G der Schwungmassen um so größer ausfallen, je größer die Turbinenleistung N_1 ist. Da wir aber für alle Regulatorbetriebe eigentlich doch nur ungefähr die gleichen Geschwindigkeitsschwankungen werden zulassen wollen, so folgt daraus, daß wir für normale Betriebe die Größe $\frac{N_1}{G}$, besser $\frac{G}{N_1}$, ziemlich gleichgroß halten werden, oder daß die Größe $\frac{G}{N_1}$, die Anzahl der Kilogramme Schwungmasse pro tatsächlicher Pferdestärke bei ~ 30 m Umfangsgeschwindigkeit des Querschnittsschwerpunktes (Gußeisen), meist eine bestimmte Größe besitzen wird.

Aber auch die Schlußzeit T_s hat auf das Zuschlagsglied der Gl. 841a Einfluß und zwar geht dieser parallel mit demjenigen von N_1.

Wir haben deshalb im Grunde genommen auszusprechen, daß bei verschiedenen Turbinen mit ideellem Regulator gleiche Beschleunigungsverhältnisse dann auftreten werden, wenn der Bruch $\frac{N_1 T_s}{G}$, besser $\frac{G}{N_1 T_s} = G_S$, für diese verschiedenen Turbinen einen gleichbleibenden Wert darstellt, d. h. für die Wirksamkeit der Regulatoreinrichtung ist das pro Pferdestärke und für jede Sekunde Schlußzeit zur Verwendung gebrachte Gewicht G_S der Schwungmasse von $u = \sim 30$ m maßgebend. Der Zufall will, daß die Erfahrung ergeben hat, daß dies Gewicht G_S, die Einheitsschwungmasse, für den tatsächlichen Betrieb bei den heute zulässigen Geschwindigkeitsschwankungen rund ein Kilogramm beträgt, das heißt, daß als bequeme Faustregel gilt

$$G_S = \frac{G}{N_1 T_s} = \sim 1 \text{ kg} \quad \text{oder} \quad G_S \cdot T_s = \frac{G}{N_1} = T_s \text{ (kg)} \quad . \quad . \quad \textbf{842.}$$

Bei Schlußzeiten von mehr als 1 sek ist dann für jede Sekunde größerer Schlußzeit je ein weiteres Kilogramm ungefähr in Rechnung zu nehmen, also beispielsweise sind für 10 sek Schlußzeit rund $G_S T_s = 10$ kg pro PSe erforderlich.

Sehr genau arbeitende Regulatoren ermäßigen den Bedarf, hohe Ansprüche an Regulierfähigkeit oder ungenau einsetzende Regulatoren verlangen höhere Beträge an Einheitsschwungmasse.

Nach diesen Vorbemerkungen wenden wir uns zur Festsetzung der Schwungmassen des Zahlenbeispiels.

Wir haben $T_s = 4$ sek angegeben und nehmen $G_S T_s = 3{,}5$, also pro PSe 3,5 kg Schwungmasse von ~ 30 m/sek Umfangsgeschwindigkeit an. Besondere Gründe (siehe Fußnote S. 727) veranlassen uns, den mittleren Durchmesser des Schwungkranzes in einem ungeraden Maß nämlich zu $D_m = 2{,}770$ m anzunehmen, wodurch eine Umfangsgeschwindigkeit von rund 29 m/sek erzielt wird. Es findet sich dabei das Schwungmoment

$$GD^2 = 300 \cdot 3{,}5 \cdot 2{,}77^2 = 8056 \text{ (kg m}^2\text{)}$$

wie S. 713 schon in Rechnung gestellt und wir erhalten aus Gl. 841a damit

$$n_{max} = 203 + \frac{270000}{8056} \cdot \frac{300}{200} (0{,}7 - 0{,}4)^2 \cdot \frac{4}{2} = 212 \text{ i. d. Min.}$$

Unter den obwaltenden Verhältnissen ist also die gleichzeitig mit dem Momentüberschuß Null, d. h. mit der erwünschten Turbinenfüllung $\varphi = b$

eintretende Umdrehungszahl n_{max} höher, als dieser Füllung und, weil stetig verbunden, auch der Muffenstellung des Tachometers entspricht, $n_{max} = 212$ gegenüber $n_b = 206$. Das Tachometer wird demgemäß mit Hochgehen der Muffe, d. h. mit Schließen, noch nicht aufhören können, sondern es muß weiter steigend die Füllung noch unter $\varphi = b$ verringern.

Verfolgen wir deshalb die Entwicklung der n in chronologisch-zeichnerischer Darstellung, wie sie Gl. 839a ermöglicht. Wir nehmen die t als Abszissen, die n als Ordinaten, und so ist leicht zu erkennen, daß die zeichnerische Darstellung das gleiche Bild geben wird, wie es das Papierband des Tachographen liefern würde. Der Verlauf der Geschwindigkeiten wird durch eine Parabel mit senkrechter Achse dargestellt, deren aufwärts gerichteter Scheitel um $t = t_{max}$ von $t = 0$ abliegt; vergl. Fig. 463 (25 mm = 1 sek), in welcher die Parabel, den Zahlenwerten entsprechend, eingezeichnet ist. Die n beginnen bei $n_a = 203$ und wachsen, der Parabel folgend, bis zu deren Scheitel auf $n_{max} = 212$.

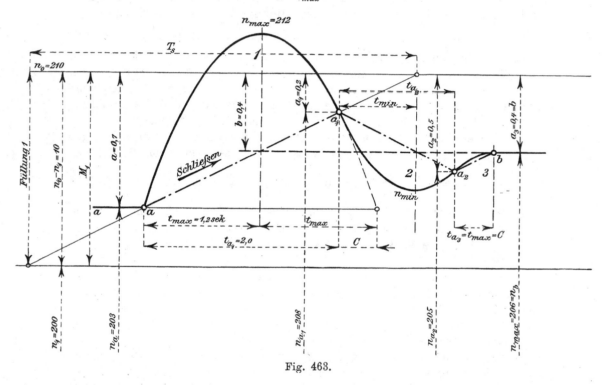

Fig. 463.

Hier geht die Entwicklung folgendermaßen weiter: Als Folge der Verminderung der Füllung auf weniger als $\varphi = b$ entsteht ein Mangel an treibendem Moment welcher sich notwendig durch eine alsbald beginnende Verlangsamung in den Umdrehungszahlen betätigen muß. Die Schwungmassen geben durch Verzögerung einen Teil des fehlenden Arbeitsvermögens her. Diese durch das sogenannte Überregulieren veranlaßte Abnahme der Geschwindigkeit ist aber, wie die angenommenen Verhältnisse einmal sind, auch erforderlich, denn mit $n = 212$, sollte der Betrieb nicht dauernd weitergehen.[1]

---

[1] Für die Nähe der normalen Umdrehungszahl, wo ja tatsächlich die Kurve der Arbeitsleistungen auf eine gewisse Strecke nahezu horizontal verläuft, wäre eigentlich

Die Verringerung der n kann natürlich im absteigenden Ast der Parabel nicht ins Unbestimmte weitergehen, ebensowenig das seither noch nicht unterbrochene Schließen der Turbine durch den Regulator. Irgendwann muß also eine Umdrehungszahl eintreten, welche der augenblicklichen Stellung der Muffe entspricht und dem Schließen ein Ende macht.

Dieses Zusammentreffen findet statt im Schnittpunkt der Geschwindigkeitsparabel mit der Schlußlinie (vergl. Fig. 462, S. 716), wenn wir diese letztere in der in Fig. 462 angegebenen Schräge vom Punkt a, Fig. 463, aus ansteigen lassen. Die Schlußlinie schneidet dabei unterwegs in einem Punkt senkrecht unter dem Parabelscheitel die Linie $n_b = 206$. Beim ideellen Regulator stellt der Verlauf der Schluß- und Öffnungslinien zeitlich auch den Weg dar, den die Tachometermuffe bei ihrem Auf- und Abwärtsgehen zurücklegt, die Folge dieser auf- und abwärtsziehenden Linien einschließlich der wagrecht verlaufenden Anfangs- und Endstellungen wollen wir deshalb unter der Bezeichnung Tachometerbahn zusammenfassen. Beim tatsächlichen Regulator trennen sich dann die Schluß- und Öffnungslinien von der Tachometerbahn.

Hier ist ein erläuternder Vorbehalt einzuschieben. Ein ideeller hydraulischer Regulator, dessen Schlußzeit nur durch die Ein- und Austrittsquerschnitte der Druckflüssigkeit im Betriebe bestimmt wird, bietet die Möglich-

---

die Annahme zutreffender, daß nicht die Momente, sondern die Leistungen der Turbine trotz wechselnder Umdrehungszahl konstant bleiben.

Nennen wir das Arbeitsvermögen des Schwungrades in dem Moment vor der Störung (Entlastung) A_{S_a}, seinen Betrag nach Ablauf einer Zeit t dagegen A_S, so kämen wir mit vorstehender Voraussetzung zu den Ausdrücken:

$$A_S - A_{S_a} = \left((a-b) \cdot A_1 - \frac{1}{2} \frac{A_1}{T_s} \cdot t \right) \cdot t,$$

worin A_1 die volle Turbinenleistung (mkg/sek); diese Gleichung kann auch lauten:

$$\frac{J \omega^2}{2} - \frac{J \omega_a^2}{2} = \left((a-b) \cdot t - \frac{1}{2} \frac{t^2}{T_s} \right) \cdot A_1,$$

oder

$$\omega^2 - \omega_a^2 = \frac{2}{J} \cdot \left((a-b) \cdot t - \frac{t^2}{2 T_s} \right) \cdot A_1; \quad \omega = \frac{2 \pi n}{60},$$

oder

$$n^2 = n_a^2 + \frac{3600 \cdot 2}{4 \cdot \pi^2 \cdot J} \cdot \left((a-b) \cdot t - \frac{t^2}{2 T_s} \right) \cdot A_1.$$

Das gibt mit $J = \frac{G D^2}{4g}$ und $A_1 = 75 N_1$

$$n^2 = n_a^2 + \frac{540\,000 \cdot N_1}{G D^2} \cdot \left((a-b) \cdot t - \frac{t^2}{2 T_s} \right).$$

Auf das Zahlenbeispiel angewendet, wird mit dieser Formel für eine Entlastung von $a = 0,7$ auf $b = 0,4$ und für $t_{max} = 1,2$ sek erhalten:

$$n_{max}^2 = 41\,209 + \frac{540\,000}{8056} \cdot 300 \cdot \left(0,3 \cdot 1,2 - \frac{1,44}{8} \right)$$

$$n_{max} = \sqrt{44\,824} = 211,7,$$

während unter der Voraussetzung gleichbleibender Momente die etwas zu hohe Umdrehungszahl von 212,0 erhalten wird (vergl. S. 715).

Für die übrigen Werte, t_{a_1} usw. gibt aber die Rechnung mit der Voraussetzung konstant bleibender Arbeit A_1 so wesentlich kompliziertere Ausdrücke als unter der Voraussetzung konstanter Momente, daß diese letztere Annahme der weiteren Rechnung zugrunde gelegt bleiben soll.

lichkeit für einen bei allen Umdrehungszahlen der Turbine gleichbleibenden Wert von T_s, während bei einem mechanischen Regulator, dessen Relais seinen Antrieb von der zu regulierenden Turbine selbst erhält, die Schlußzeit in ihrer Größe proportional der Umdrehungszahl wechselt. Die schrägen Teile der Tachometerbahn sind also, streng genommen, nur für entsprechende hydraulische Regulatoren ideal geradlinig;[1]) wir vernachlässigen aber die bei mechanischen Regulatoren auftretende, verhältnismäßig unbedeutende Krümmung auch für diese in der allgemeinen Betrachtung.

Aus den Eigenschaften der Geschwindigkeitsparabel und der Tachometerbahn folgt ohne weiteres, daß·für den Schnittpunkt beider Linien die Umdrehungszahl der Turbine der augenblicklichen Muffenlage entspricht, daß also in diesem Zeitpunkte der Regulator zur Ruhe kommen muß.

Wenden wir diese Erkenntnis auf das Beispiel an, wobei zuerst die Tachometerbahn den tatsächlichen Umständen gemäß einzuzeichnen ist. Vor der Entlastung auf $b M_1 = 0,4 M_1$ herrschte Beharrungszustand mit $a M_1 = 0,7 M_1$. Die Tachometerbahn stellt sich also vor der Störung als eine im Abstand $0,7 \cdot (210 - 200) = 7$ Umdr. von n_0 abwärtsliegende Wagrechte aa dar, mit der n-Linie zusammenfallend, Fig. 463.

Mit dem Augenblick der Belastungsänderung geht, der Hebung der Muffe entsprechend, die Tachometerbahn von a aus schräg aufwärts (Fig. 463 — · — · —), der Regulator schließt. Wir sehen, daß nach $t_{max} = 1,2$ sek die Muffenlage der Füllung $b = 0,4$ entspricht, aber weil die Umdrehungszahl höher ist, wird die Muffe trotz der jetzt beginnenden Abnahme der n noch höher steigen, der Regulator wird noch mehr schließen und dies geht so lange weiter, bis die Tachometerbahn in einem Punkt a_1 die Geschwindigkeitsparabel schneidet; hier entsprechen sich Geschwindigkeit und Muffenstellung und sofort hört das Zumachen auf. Da die Turbine aber jetzt weniger als 0,4 Füllung hat, so wird das Fehlen des erforderlichen Drehmomentes alsbald eine noch weitere Verlangsamung der Geschwindigkeit und damit nunmehr eine Abwärtsbewegung der Tachometermuffe, ein Öffnen seitens des Regulators hervorrufen. Ehe wir diesem neuen Abschnitt des Vorganges nähertreten, muß die Lage des Schnittpunktes a_1 der Tachometerbahn mit der Geschwindigkeitsparabel, der n-Linie, rechnungsmäßig bestimmt werden.

Bezeichnen wir mit n_{a_1} die Umdrehungszahl, welche dem Schnittpunkt a_1 entspricht und mit t_{a_1} die Zeit, welche von $t = 0$ an bis zum Zusammentreffen beider Linien vergeht, so läßt sich Gl. 839 a schreiben:

$$n_{a_1} = n_a + \frac{270\,000}{G D^2} \cdot \frac{N_1}{n_1} \left[(a - b) t_{a_1} - \frac{t_{a_1}^2}{2 T_s} \right].$$

Aus ähnlichen Dreiecken der Fig. 463 erhalten wir

$$\frac{n_{a_1} - n_a}{t_{a_1}} = \frac{n_0 - n_1}{T_s} = \frac{\beta n_1}{T_s},$$

woraus

$$n_{a_1} = n_a + \beta n_1 \cdot \frac{t_{a_1}}{T_s} \quad \cdot \quad \cdot \quad \cdot \quad \cdot \quad \cdot \quad \textbf{843.}$$

Aus dem Gleichsetzen beider Werte für n_{a_1} folgt für die Zeit bis zum Eintreten des Schnittes in a_1 nach kurzer Vereinfachung:

---

[1]) Vergleiche Dinglers Polytechn. Journal 1904, Schmoll v. Eisenwerth: Beitrag zur Theorie und Berechnung der hydraulischen Regulatoren für Wasserkraftmaschinen.

$$t_{a_1} = 2(a-b)T_s - 2 \cdot \frac{G D^2 \beta n_1^2}{270\,000 \cdot N_1}.$$

Das zweite Glied der rechten Seite, natürlich auch eine Zeit (sek), enthält lauter Größen, die für einen gegebenen Betrieb unveränderlich sind, wir können diesen Zeitraum gleich einer Konstanten C setzen und schreiben

$$2 \cdot \frac{G D^2 \beta n_1^2}{270\,000 \cdot N_1} = C \quad \ldots \quad \ldots \quad \textbf{844.}$$

Da $(a-b)T_s = t_{max}$ ist, Gl. 840, so kann t_{a_1} auch geschrieben werden als

$$t_{a_1} = 2\,t_{max} - C \quad \ldots \quad \ldots \quad \textbf{845.}$$

und nach dieser Schreibweise sehen wir aus Fig. 463 ohne weiteres die Bedeutung von C als Zeit an sich.[1])

Da nunmehr t_{a_1} bekannt, so muß sich n_{a_1} aus Gl. 839a ebenso wie aus Gl. 843 ergeben, was auch zutrifft.

Für die Bestimmung der Füllung im Schnittpunkt a_1, die wir auch mit a_1 bezeichnen wollen, dient, zu einfachster Rechnungsart, die Erwägung, daß die Füllung a sich nach t_{a_1} sek um $\frac{1}{T_s} \cdot t_{a_1}$ verkleinert hat, daß also sein muß:

$$a_1 = a - \frac{t_{a_1}}{T_s} \quad \ldots \quad \ldots \quad \textbf{846.}$$

In Zahlen ergibt sich für das Beispiel:

$$C = \frac{8056 \cdot 0{,}05 \cdot 200^2}{135\,000 \cdot 300} = 0{,}4 \text{ sek} \quad \ldots \quad \ldots \quad \textbf{(844.)}$$

$$t_{a_1} = 2 \cdot 1{,}2 - 0{,}4 = 2{,}0 \text{ sek} \quad \ldots \quad \ldots \quad \textbf{(845.)}$$

$$n_{a_1} = 203 + 0{,}05 \cdot 200 \cdot \frac{2}{4} = 208 \quad \ldots \quad \ldots \quad \textbf{(843.)}$$

$$a_1 = 0{,}7 - \frac{2{,}0}{4} = 0{,}2 \quad \ldots \quad \ldots \quad \textbf{(846.)}$$

Die Fig. 463 entspricht in ihren Verhältnissen diesen Zahlengrößen.

Mit dem Erreichen des Punktes a_1, mit dem Aufhören des Schließens durch den Regulator tritt die Turbine in einen anderen Abschnitt des Reguliervorganges. Es ist in diesem Punkt ein Zustand vorhanden, als ob die Turbine von einem, der geringeren Belastung $a_1 M_1$ entsprechenden, Beharrungszustande aus plötzlich eine Mehrbelastung $b M_1$ erfahre und es spielen sich für diesen zweiten Abschnitt die Vorgänge ganz ähnlich denjenigen des ersten ab, nur mit dem Unterschiede, daß die gegenüber $a_1 M_1$ vergrößerte Belastung $b M_1$ eben eine Abnahme der Geschwindigkeit, ein Aufmachen seitens des Regulators verursachen wird. Dadurch ändern sich die zuvor für die Belastungsabnahme entwickelten Beziehungen in einigen Vorzeichen.

2. Der Mangel an Drehmoment.

(Öffnen durch den Regulator.)

Weil hier die Turbine vermöge der augenblicklichen Muffenlage nur $\varphi = a_1$ besitzt, so fehlt zum geordneten Betriebe das Moment

$$b M_1 - a_1 M_1 = (b - a_1) M_1.$$

---

[1]) Die dynamische Bedeutung von C siehe S. 728.

Dasselbe ist also mit (—) in die Rechnungen einzuführen. Rechnen wir die Zeiten dieses zweiten Abschnittes vom Schnittpunkt a_1 ab neu beginnend, so öffnet der Regulator in einer sek um $\frac{M_1}{T_0}$. Das fehlende, d. h. verzögernde Moment ist t sek später durch das Öffnen vermindert auf

$$-(b-a_1)\,M_1 + \frac{M_1}{T_0}\cdot t = -M_1\left(b-a_1-\frac{t}{T_0}\right) \quad . \quad . \quad \textbf{847.}$$

und aus

folgt

$$d\omega = -\frac{M_1}{J}\left(b-a_1-\frac{t}{T_0}\right)dt$$

$$n = n_{a_1} - \frac{60\,M_1}{2\,\pi\,J}\left[(b-a_1)\,t - \frac{t^2}{2\,T_0}\right] \quad . \quad . \quad . \quad \textbf{848.}$$

Hier kommt schließlich ein Zeitpunkt, in dem nichts mehr zu dem erforderlichen Drehmoment $b\,M_1$ fehlt, wo also das Herausfließen des Arbeitsvermögens aus den Schwungmassen, die Verzögerung, ein Ende hat, die Umdrehungszahl hat alsdann einen Kleinstwert erreicht.

Dieser Kleinstwert der n wird nach Gl. 847 für

$$b-a_1-\frac{t}{T_0}=0$$

eintreten oder für

$$t_{min} = (b-a_1)\,T_0 \quad . \quad . \quad . \quad . \quad . \quad \textbf{849.}$$

und damit finden wir aus Gl. 848

$$n_{min} = n_{a_1} - \frac{60\,M_1}{2\,\pi\,J}(b-a_1)^2\frac{T_0}{2} \quad . \quad . \quad . \quad . \quad \textbf{850.}$$

Wir formen dann für bequemere Rechnung die Gl. 848 und 850 um, wie dies mit 839 und 841 auch geschah und können schreiben

$$n = n_{a_1} - \frac{270000}{G\,D^2}\cdot\frac{N_1}{n_1}\left[(b-a_1)\,t - \frac{t^2}{2\,T_0}\right] \quad . \quad . \quad \textbf{848a.}$$

und

$$n_{min} = n_{a_1} - \frac{270000}{G\,D^2}\cdot\frac{N_1}{n_1}(b-a_1)^2\frac{T_0}{2} \quad . \quad . \quad . \quad \textbf{850a.}$$

Den Werten des Zahlenbeispiels entsprechend finden wir bei $T_0 = 4$ sek $= T_s$

$$t_{min} = (0,4-0,2)\,0,4 = 0,8 \text{ sek}$$

$$n_{min} = 208 - \frac{270000}{8056}\cdot\frac{300}{200}(0,4-0,2)^2\cdot\frac{4}{2} = 204.$$

Die Füllung φ der Turbine ist, beim Erreichen des Minimums der Geschwindigkeit, auch wieder 0,4 geworden (s. Fig. 463); allein da n_{min} kleiner ist als der augenblicklichen Muffenstellung entspricht und deshalb dem Tachometer die Neigung zum Sinken beläßt, so wird dieses noch weiter öffnen und dadurch die Umdrehungszahlen wieder heben.

Daß die Gl. 848a für die Umdrehungszahlen des zweiten Abschnittes ebenfalls eine Parabel ergibt, ist ersichtlich. Die letztere hat für diesen Abschnitt einen nach abwärts gerichteten Scheitel, ist aber derjenigen des ersten Abschnittes insofern gleich, als der Wert des Parameters beide Male derselbe ist. Die Größe p in der Scheitelgleichung $y^2 = 2\,p\,x$ beträgt für die Parabeln, sofern auch wieder $\pi^2 = g$ gesetzt wird

$$p = \frac{G\,D^2}{270000}\cdot\frac{n_1}{N_1}\cdot T_s \quad . \quad . \quad . \quad . \quad . \quad . \quad \textbf{851.}$$

Im Punkt a_1 gehen die Parabeln, sich berührend, ineinander über.

Das Einzeichnen der Tachometerbahn wird weitere Aufklärung bringen; sie geht von a_1 schräg abwärts, der zunehmenden Füllung entsprechend und es ergibt sich in a_2 wiederum ein Schnittpunkt zwischen Tachometerbahn und n-Linie, d. h. die Reguliertätigkeit hört in a_2 sofort auf, da auch hier die augenblickliche Umdrehungszahl der Tachometerstellung entspricht.

Diesem Schnittpunkt a_2 gehören, ganz wie dem Schnittpunkt a_1, bestimmte Werte von t, n und φ, nämlich t_{a_2}, n_{a_2} und $\varphi = a_2$ an, welche sich in der Weise wie bei a_1 ermitteln lassen. Sie lauten:

$$t_{a_2} = 2(b - a_1)T_0 - C$$

oder auch
$$t_{a_2} = 2\,t_{min} - C \quad \ldots \ldots \ldots \quad \textbf{852.}$$

$$n_{a_2} = n_{a_1} - \beta\,n_1 \cdot \frac{t_{a_2}}{T_0} \quad \ldots \ldots \quad \textbf{853.}$$

$$a_2 = a_1 + \frac{t_{a_2}}{T_0} \quad \ldots \ldots \ldots \quad \textbf{854.}$$

und für die Werte des Zahlenbeispiels folgen mit $C = 0{,}4$ sek

$$t_{a_2} = 2 \cdot 0{,}8 - 0{,}4 = 1{,}2 \text{ sek} \quad \ldots \ldots \quad \textbf{(852.)}$$

$$n_{a_2} = 208 - 0{,}05 \cdot 200 \cdot \frac{1{,}2}{4} = 205 \quad \ldots \quad \textbf{(853.)}$$

$$a_2 = 0{,}2 + \frac{1{,}2}{4} = 0{,}5 \quad \ldots \ldots \ldots \quad \textbf{(854.)}$$

Vergl. hierüber Fig. 463.

3. Das Ende des ideellen Reguliervorganges.

Der Punkt a_2 bildet das Ende des zweiten Abschnittes, denn sobald er erreicht ist, setzt der Regulator mit Öffnen aus und beginnt im nächsten Augenblick wieder mit Schließen; es herrscht der Zustand, als ob die mit $\varphi = a_2 = 0{,}5$ im Betrieb gewesene Turbine plötzlich auf ein widerstehendes Moment von nur $b\,M_1 = 0{,}4\,M_1$ entlastet worden wäre. Die Umdrehungszahl steigt infolge dieser Entlastung, es wiederholt sich von a_2 ab der Vorgang wie er von a ausgehend besprochen worden, und es gelten alle dort gemachten Erörterungen, während in den Beziehungen anstelle von a nunmehr a_2, statt a_1 jetzt a_3 usw., einzusetzen ist.

Es gilt dann:
$$t_{max} = (a_2 - b)\,T_s \quad \ldots \ldots \ldots \quad \textbf{(840.)}$$

was hier in Ziffern lautet

$$t_{max} = (0{,}5 - 0{,}4) \cdot 4 = 0{,}4 \text{ sek}$$

ferner

$$n_{max} = n_{a_2} + \frac{270\,000}{G\,D^2} \cdot \frac{N_1}{n_1} (a_2 - b)^2 \frac{T_s}{2} \quad \ldots \quad \textbf{(841a.)}$$

oder in Ziffern

$$n_{max} = 205 + \frac{270\,000}{8056} \cdot \frac{300}{200} (0{,}5 - 0{,}4)^2 \cdot \frac{4}{2} = 206$$

was auch in Fig. 463 eingetragen ist.

Hier nun findet sich, daß in unserm besonderen Falle für den dritten Abschnitt des Reguliervorganges die größte Umdrehungszahl n_{max} ziffermäßig gleich der angestrebten Zahl n_b ist.[1] Wenn das Tachometer also in diesem

---

[1] Um dies Ergebnis zu bekommen, war im Zahlenbeispiel, S. 721, das Maß D in $G\,D^2$ unrund bemessen worden.

Augenblick die Muffenlage besitzt, wie sie für die Füllung $\varphi = b = 0{,}4$ erforderlich ist, so wird dauernde Ruhe im Reguliergetriebe eintreten. Da wir wissen, daß im Zeitpunkt des jeweiligen Maximums oder Minimums der n die Turbinenfüllung der Belastung $b M_1$ entspricht, so folgt daraus, im Verein mit $n_{max} = 206 = n_b$, daß mit Erreichung dieses Zusammentreffens der den gewählten Verhältnissen entsprechende Reguliervorgang sein tatsächliches Ende gefunden hat: treibendes und widerstehendes Moment sind gleich, die Umdrehungszahl entspricht der Tachometerstellung, die Turbine läuft mit n_b und dem treibenden Momente $b M_1$ in einem neuen Beharrungszustand weiter.

Natürlich zeigt der Verlauf der Tachometerbahn ebenfalls diese Verhältnisse an. Von a_2 aus schräg aufsteigend, schneidet die Tachometerbahn die Parabel im Punkte a_3, welcher diesmal zugleich der Parabelscheitel ist, die n-Linien fallen zusammen und der neue Beharrungszustand tritt ein.

Nicht jedesmal aber wird der Reguliervorgang in der eben vorgeführten glatten Weise sein Ende finden, denn es gehören ganz bestimmte, aus $G D^2$, N_1 usw. gegebene Umstände dazu, daß die Geschwindigkeitsparabel schließlich ohne weiteres in die gewünschte Linie n_b einschwenkt und wir haben diese Umstände aufzudecken.

Daraus, daß beim Ende des Reguliervorganges der Parabelscheitel von der n_b-Linie berührt wird, folgt, daß für diesen Punkt (sofern es sich in dem letzten Abschnitt um eine Entlastung handelt) $n_{max} = n_b$ sein muß. Dieser Bedingung gemäß ziehen wir also die Gl. 841 und 836 sinngemäß zusammen und erhalten, indem wir auch n_a nach Gl. 836 einsetzen, schließlich

$$\frac{60\,M_1}{2\,\pi\,J}(a - b)\frac{T_s}{2} = \beta\,n_1$$

oder unter Hinweis auf Gl. 840

$$(a - b)\,T_s = t_{max} = 2\,\frac{\beta\,n_1\,2\,\pi\,J}{60\,M_1} \quad \ldots \quad \textbf{855.}$$

Setzen wir hierin $J = \dfrac{G D^2}{4\,g}$ und $M_1 = \dfrac{75\,N_1\,60}{2\,\pi\,n}$, so ergibt sich als Bedingung für einen glatten Ausgang des ideellen Reguliervorganges

$$(a - b)\,T_s = t_{max} = 2\,\frac{G D^2\,\beta\,n_1{}^2}{270\,000\,N_1} = C \quad \ldots \quad \textbf{855a.}$$

Die Gl. 855a besagt also, daß die Zeit zur Erreichung des Maximums der Geschwindigkeit $t_{max} = (a - b)\,T_s$, gleich sein muß jener konstanten Zeit C nach Gl. 844, wenn der Übergang aus der Belastung und Füllung a in den Zustand b ohne Auf- und Abwärtsschwankungen erfolgen soll. Was dies zeichnerisch bedeutet, das ist aus Fig. 463 zu ersehen, die Tachometerbahn trifft den Parabelscheitel für den betreffenden Abschnitt des Reguliervorganges, in dem $t_{max} = C$ ist.

Da der Abschnitt „3" mit seiner Belastungsschwankung $(a_2 - b)$ sich rechnungsmäßig aus „2", dieser sich aus „1" entwickelt, so kann auch die Bedingung aufgesucht werden, unter der sich aus einer gegebenen Anfangsschwankung in der Belastung ein Schlußabschnitt ergibt, der richtig nach n_b überleitet.

Am raschesten kommen wir zu einer Übersicht, wenn wir den Verlauf der a, a_1, a_2 usw. verfolgen und dann zusehen, in welcher Weise sich diese Füllungsgrößen nach und nach der Füllung b nähern.

Aus den vorstehenden Entwicklungen kennen wir für die betrachteten drei Abschnitte des Reguliervorganges:

$$1. \quad a_1 = a - \frac{t_{a_1}}{T_s}; \qquad t_{a_1} = 2\,t_{max} - C; \qquad t_{max} = (a - b)\,T_s$$

$$2. \quad a_2 = a_1 + \frac{t_{a_2}}{T_0}; \qquad t_{a_2} = 2\,t_{min} - C; \qquad t_{min} = (b - a_1)\,T_0$$

$$3. \quad a_3 = a_2 - \frac{t_{a_3}}{T_s}; \qquad t_{a_3} = 2\,t_{max} - C; \qquad t_{max} = (a_2 - b)\,T_s$$

Die unter „3" angeführten Beziehungen ergeben sich sinngemäß denen von „1" entsprechend und sie liefern, wie eben die Werte des Zahlenbeispiels gewählt sind, $a_3 = b$, $t_{a_3} = t_{max} = C$. Bei anderen entsprechenden Annahmen von a und b könnten sich ebensogut auch mehr oder weniger als drei Abschnitte für den Reguliervorgang ergeben, wo dann z. B. die Beziehungen für „4" denjenigen für „2" gleich lauten würden, mit entsprechend anderen Indizes.

Lassen die t_{a_1} usw. schon eine gewisse Regelmäßigkeit erkennen, so tritt diese noch deutlicher hervor, wenn wir unter Zuhilfenahme der Gleichungen für t_{a_1} und t_{max} aus den Werten der a_1, a_2 usw. die anderen veränderlichen Größen eliminieren und a_1 usw. nur durch a, b, C und $T_s = T_0$ ausdrücken. Wir erhalten dann einfach

$$1. \quad a_1 = 2\,b - a + \frac{C}{T_s} \quad \text{oder} \quad b - a_1 = (a - b) - \frac{C}{T_s}$$

$$2. \quad a_2 = a - 2\,\frac{C}{T_s} \qquad \text{\„} \qquad a_2 - b = (a - b) - 2\,\frac{C}{T_s}$$

$$3. \quad a_3 = 2\,b - a + 3\,\frac{C}{T_s} \qquad \text{\„} \qquad b - a_3 = (a - b) - 3\,\frac{C}{T_s}$$

und zwar ohne Rücksicht darauf, ob am Ende von 3 ein Einschwenken der Parabel in die Linie n_b zu erwarten ist oder nicht.

Die Größen $b - a_1$, $a_2 - b$ usw. sind die jeweiligen Unterschiede zwischen der angestrebten Endfüllung b und den Zwischenfüllungen an denjenigen Zeitpunkten, in denen jedesmal die Umschaltung des Regulatorgetriebes stattfindet. Es ist ersichtlich daß, einerlei wie der Reguliervorgang schließlich ausgeht, diese Unterschiede jedesmal um den gleichen Betrag, nämlich um $1 \cdot \frac{C}{T_s}$ kleiner werden. Die Füllungen a_1, a_2 usw. rücken der Füllung b jedesmal um $1 \cdot \frac{C}{T_s}$ näher (Tachometerbahn Fig. 463).

Wenn also für den ideellen Regulator der Reguliervorgang glatt aufgehen soll, so muß einfach die Größe $(a - b)$ ein ganzes Vielfaches von $\frac{C}{T_s}$ sein, also

$$a - b = x \cdot \frac{C}{T_s} \quad \cdot \quad \cdot \quad \cdot \quad \cdot \quad \cdot \quad \textbf{856.}$$

worin x die Anzahl der Abschnitte des Reguliervorganges. Ist $x = 1$, d. h., soll die Füllung a ohne Schwingungen nach b übergeleitet werden, so ist dies für den ideellen Regulator nur tunlich für eine Belastungsschwankung im Betrage

$$a - b = \frac{C}{T_s} \quad \cdot \quad \cdot \quad \cdot \quad \cdot \quad \cdot \quad \cdot \quad \textbf{857.}$$

das heißt, bei gegebener Schlußzeit kann nur eine ganz bestimmte Schwankungsgröße ideell in einem Abschnitt erledigt werden.

Ein Mittel, die Erledigung anderer Schwankungsgrößen ohne Überregulieren zu ermöglichen, kann nur in der Veränderung von T_s gesucht werden, denn C ist eben im Einzelfall unveränderlich. Je größer $(a-b)$, um so kleiner sollte nach Gl. 857 die Schlußzeit T_s sein, eine Anforderung, der die hydraulischen Regulatoren verhältnismäßig leicht, die mechanischen fast gar nicht zu entsprechen vermögen.

Wenn auch in der Praxis noch eine Menge anderer Einflüsse mitwirken, so erkennen wir hier schon den genannten Umstand als ganz bedeutenden Vorzug des hydraulischen Regulators gegenüber dem mechanischen.

Wie beispielsweise der Verlauf der Reguliervorgänge von $a = 0,7$ ohne Überregulieren nach $b = 0,25$, $b = 0,4$ und $0,5$ zu geschehen hätte, das erhellt aus Gl. 857, wenn wir diese Größen dort einsetzen. Es müßte sein

$$T_s = \frac{C}{a-b} \quad \text{. . . . . 858}$$

$$\text{also für } b = 0,25 \quad T_s = \frac{0,4}{0,7-0,25} = 0,8 \quad \text{sek}$$

$$b = 0,4 \quad T_s = \frac{0,4}{0,7-0,4} = 1,33 \quad \text{„}$$

$$b = 0,5 \quad T_s = \frac{0,4}{0,7-0,5} = 2,0 \quad \text{„}$$

statt 4 sek.

Die Fig. 464 ($25 \cdot \text{mm} = 1$ sek) zeigt diese Verhältnisse, die allerdings für den Betrieb ideal wären. Für Mehrbelastung, $b = 0,9$ aus $a = 0,7$ wäre die erforderliche Öffnungszeit

$$T_0 = \frac{C}{b-a} = \frac{0,4}{0,9-0,7} = 2 \text{ sek (statt 4 sek)}$$

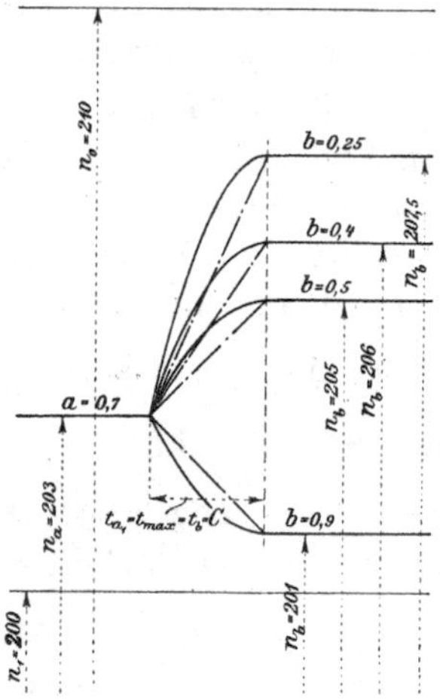

Fig. 464.

und auch für diese Verhältnisse sind Tachometerbahn und n-Kurve in Fig. 464 enthalten.

Daß die Übergänge der einzelnen Parabeln in die Wagrechte sämtlich in einer Senkrechten liegen müssen, ist klar, wenn wir bedenken, daß stets $t_{max} = (a-b) T_s$ ist und daß andererseits für einfachen Übergang $t_{max} = t_{a_1} = t_b$ sein muß. Wenn wir aber T_s stets nach Gl. 858 richten könnten, so ergibt sich einfach

$$t_b = t_{a_1} = t_{max} = (a-b) \frac{C}{a-b} = C$$

unabhängig von $(a-b)$, wie dies auch schon aus dem letzten Abschnitt von Fig. 463 ersichtlich ist.

Wir müssen nun noch zusehen, welche Umstände eintreten, wenn $(a-b)$ nicht gleich einem Vielfachen von $\frac{C}{T_s}$ ist und wenn dabei die Schlußzeit T_s unveränderlich festliegt.

In dem Augenblick, in dem die n-Linie eine Parabelachse durchläuft, ist nach Früherem der Überschuß oder Mangel an treibendem Moment Null. Hat, wie in a_3, Fig. 463, die Tachometerbahn den Scheitel getroffen, so hat auch das von a_2 ab stetig verringerte Moment, wie rechnungsmäßig leicht ersichtlich, gerade ausgereicht, um die sich drehenden Massen von n_{a_2} auf $n_{a_3} = n_b$ zu beschleunigen, worauf der Regulator zur Ruhe kommt.

Liegt der letzte Schnittpunkt a_2, Fig. 465 (25 mm = 1 sek), näher gegen den Parabelscheitel bezw. gegen n_b zu, als es mit a_2 in Fig. 463 der Fall ist, so reicht das nach Maßgabe der Tachometerbahn noch verfügbare, überschüssige Drehmoment nicht mehr aus, um die sich drehenden Massen in der durch die Schräge der aufsteigenden Tachometerbahn bedingten Zeit von n_{a_2} auf $n_{a_3} = n_b$ zu beschleunigen; sie werden nur eine kleinere Umdrehungszahl annehmen können. Wird die Umdrehungszahl n in dem verfügbaren Zeitraum nicht erreicht, so kann aber auch die Tachometerbahn nicht in normaler Schräge nach n_b verlaufen, weil es an der erforderlichen Muffenhebung wegen mangelnder Geschwindigkeit fehlt. Andererseits kann sich aus kinematischen Gründen (Voraussetzung 2 und 5, Seite 715) die Veränderung der Muffenstellung zeitlich gar nicht anders als in der genau gegebenen Schräglage der Tachometerbahn vollziehen.

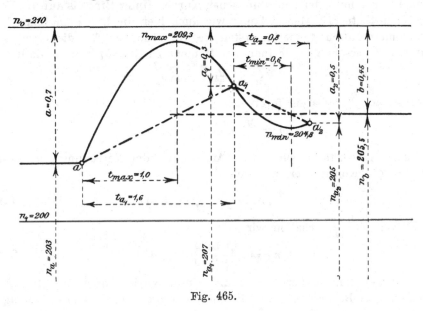

Fig. 465.

Entspricht also der Regulator den Voraussetzungen 2 und 5 in vollem Maße, so wird bei nicht „glatten" Werten von $(a - b)$ einer der eben geschilderten Umstände gegen das Ende des Reguliervorganges zum Nachgeben gezwungen und das ist in erster Linie der kinematische Zusammenhang zwischen Tachometermuffe und Reguliergetriebe. Dort werden im besten Fall elastische Verbiegungen, stoßweises Schließen, oder aber auch Brüche eintreten: die kinematische Voraussetzung 5 wird durch dynamische Gründe umgestoßen.

Der Reguliervorgang bei Mehrbelastung der Turbine, $b > a$, beginnt einfach mit dem zweiten der betrachteten Abschnitte, mit einem Mangel an Drehmoment. In den bezüglichen Gleichungen gilt dann a_1 als Anfangsfüllung (statt a), b bleibt die Füllung des neuen Gleichgewichts, wie es bei der teilweisen Entlastung, $b < a$, der Fall gewesen.

C. Der indirekt wirkende Regulator, tatsächlicher Betrieb.

Wir haben keine streng nach Voraussetzung 2 und 5, S. 715, arbeitenden Regulatoren; die unvermeidlichen Mängel der praktischen Ausführung: Unempfindlichkeit des Tachometers, toter Gang, Spielraum in den Getrieben usw., verursachen, daß die Schließbewegung unmittelbar im Leitapparat nicht augenblicklich mit der Änderung der Umdrehungszahl einsetzt, sondern ihr nacheilt.

1. Die Spielraumzeit, konvergierende Schwankungen.

I. Der Überschuß an Drehmoment.

Die Turbine ist für den Zeitraum zwischen der plötzlichen Entlastung und dem Beginn der tatsächlichen Schließbewegung im Leitapparat als regulatorlos anzusehen und folgt in dieser Zeit genau genommen den Entwicklungen, wie sie Fig. 461 zum Ausdruck bringt: Steigerung oder Abnahme der n nach der logarithmischen Kurve. Unter Hinweis auf die Voraussetzungen Seite 715 aber nehmen wir auch hier die M als unabhängig von n an und erhalten damit im ersten Regulierabschnitt für die regulatorlose Zeit den Überschuß an treibendem Moment zu $(a-b)M_1$ und dadurch

$$d\omega = \frac{M_1}{J}(a-b)\,dt$$

woraus nach Integration folgt

$$\omega = \frac{M_1}{J}(a-b)\,t + \text{Konst.}$$

Auch hier zählen wir t vom Augenblick der Entlastung ab, erhalten dadurch die Konst. $= \omega_a$ und schreiben also

$$\omega = \omega_a + \frac{M_1}{J}(a-b)\,t \quad \ldots \ldots \quad \textbf{859.}$$

Mit $\omega = \frac{2\pi n}{60}$ erhalten wir

$$n = n_a + \frac{60\,M_1}{2\pi J}(a-b)\,t \quad \ldots \ldots \quad \textbf{860.}$$

Für den kurz dauernden regulatorlosen Betrieb findet eine gleichförmig beschleunigte Bewegung statt, die n-Linie zeigt sich als schräg ansteigende Gerade.

Bezeichnen wir die Zeit, welche, von der Entlastung ab gerechnet, vergeht, bis der Spielraum in den Getrieben durchlaufen ist und die Regulierbewegung im Leitapparat tatsächlich beginnt, als Spielraumzeit mit s, so folgt die dann eingetretene Umdrehungszahl n_s (allgemein)

$$n_s = n_a + \frac{60\,M_1}{2\pi J}(a-b)\,s \quad \ldots \ldots \quad \textbf{861.}$$

Fig. 466 (25 mm $= 1$ sek) zeigt die Verhältnisse, welche aus der Annahme von $s = \frac{1}{6}$ sek für das Zahlenbeispiel folgen. Vom Augenblick der Entlastung an geht im ersten Regulierabschnitt die n-Linie von der Wagrechten $n_a = 203$ ab als Gerade schräg aufwärts und erreicht nach $\frac{1}{6}$ sek die Umdrehungszahl $n_s = 205,5$; die Tachometerbahn geht dabei noch wagrecht weiter. Vom Zeitpunkt s ab gelten dann die Gl. 839, 840 und 841, wenn

t in diesen nach dem Ablauf von s neu und nicht vom Anfang an gerechnet wird; natürlich tritt dabei n_s in sinngemäßer Weise an die Stelle von n_a. Dadurch rückt die Parabel nach oben, d. h. das jetzt folgende n_{max} ist größer als vorher beim ideellen Regulator. Es ist leicht einzusehen, daß das erste gerade Stück der n-Linie die Parabel tangiert. Nach $s = \frac{1}{6}$ geht nun auch die Tachometerbahn aufwärts in ungeänderter Schräge, aber die veränderte Lage zur Parabel läßt sie erst später zum Schnittpunkt a_1 kommen, die Füllung a_1 fällt kleiner aus: 0,15 gegen vorher 0,2; n_{a_1} ist größer geworden: 208,5 gegenüber 208,0, ebenso n_{max}: 214,5 gegen vorher 212. (Vergl. Fig. 463.)

Es ist angenommen, daß der Spielraum in den Getrieben das Aufhören der Schließ- oder Öffnungsbewegung nicht beeinflußt, sondern sich nur beim Beginn bemerklich macht, was den tatsächlichen Verhältnissen auch meist entsprechen wird. Macht sich s auch am Schlusse jedes Regulierabschnittes geltend, so wäre dies entsprechend zu berücksichtigen.

Die Unempfindlichkeit des Tachometers veranlaßt, daß die Tachometerbahn nicht sofort bei der Entlastung aufwärts geht. Die Zeit, die vergeht, bis die Beschleunigung der rotierenden Schwungmassen so weit gediehen ist, daß die Unempfindlichkeit des Tachometers überwunden ist und sich die Muffe in Bewegung setzt, bildet den ersten Abschnitt der Spielraumzeit, das Durchlaufen der eigentlichen Spielräume dann den zweiten.

Auf diese Weise trennt sich die Tachometerbahn in zwei selbständige Linienzüge: die eigentliche Tachometerbahn, die hochgeht, sowie die Unempfindlichkeit überwunden ist und die Füllungslinie, die erst nach Ablauf der Spielraumzeit zu steigen anfängt. Diese Trennung soll aber vorläufig im Interesse der einfacheren Darstellung außer acht bleiben.

II. Der Mangel an Drehmoment.

Von a_1 ab geht die n-Linie, für die dann wieder eintretende Zeit s, als Gerade, die Parabel tangierend, schräg abwärts, um der nächsten Parabel nach $\frac{1}{6}$ sek tangierenden Anschluß zu geben; die Tachometerbahn geht erst $\frac{1}{6}$ sek wagrecht, dann schräg nach unten zum Schnittpunkt a_2 usw.

Die Berechnung der in jedem Abschnitt des Reguliervorganges auftretenden Größen geschieht durch nachstehende Beziehungen, welche in einfacher Weise aus früherem folgen:

I. Abschnitt (überschüssiges Drehmoment):

$$n_{s_1} = n_a + \frac{270\,000}{GD^2} \cdot \frac{N_1}{n_1}(a-b)\,s \quad \ldots \ldots \quad \textbf{861a.}$$

$$t_{max} = (a-b)\,T_s \quad \ldots \ldots \ldots \ldots \quad \textbf{(840.)}$$

$$n_{max} = n_{s_1} + \frac{270\,000}{GD^2} \cdot \frac{N_1}{n_1}(a-b)^2 \frac{T_s}{2} \quad \ldots \ldots \quad \textbf{862.}$$

oder, indem n_{s_1} nach Gl. 861a eingesetzt wird

$$n_{max} = n_a + \frac{270\,000}{GD^2} \cdot \frac{N_1}{n_1}\left[(a-b)\,s + (a-b)^2 \frac{T_s}{2}\right] \quad \ldots \quad \textbf{862a.}$$

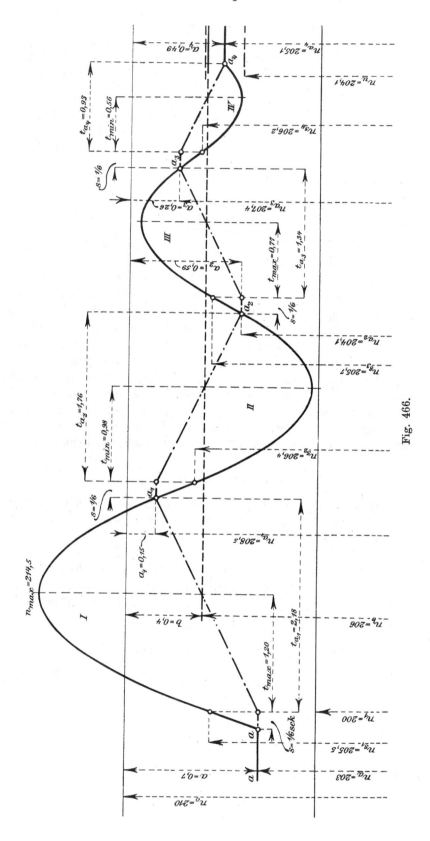

Fig. 466.

Für die Umdrehungszahl n in t sek nach erfolgtem Ablauf der Spielraumzeit findet sich entsprechend Gl. 839a, aber mit n_{s_1} als Ausgangspunkt

$$n = n_{s_1} + \frac{270\,000}{GD^2} \cdot \frac{N_1}{n_1}\left[(a-b)\,t - \frac{t^2}{2\,T_s}\right]$$

oder besser, wenn n_{s_1} nach Gl. 861a ersetzt wird

$$n = n_a + \frac{270\,000}{GD^2} \cdot \frac{N_1}{n_1}\left[(a-b)(s+t) - \frac{t^2}{2\,T_s}\right] \quad . \quad . \quad \textbf{863.}$$

Es folgt weiter

$$t_{a_1} = \frac{2(a-b)\,T_s - C}{2} + \sqrt{\left(\frac{2(a-b)\,T_s - C}{2}\right)^2 + 2\,(a-b)\,T_s \cdot s}$$

oder einfacher

$$t_{a_1} = \frac{2\,t_{max} - C}{2} + \sqrt{\left(\frac{2\,t_{max} - C}{2}\right)^2 + 2\,t_{max} \cdot s} \quad . \quad . \quad \textbf{864.}$$

schließlich gilt von vorher auch

$$n_{a_1} = n_a + \beta\,n_1 \cdot \frac{t_{a_1}}{T_s} \quad . \quad . \quad . \quad . \quad . \quad . \quad \textbf{(843.)}$$

und

$$a_1 = a - \frac{t_{a_1}}{T_s} \quad . \quad . \quad . \quad . \quad . \quad . \quad \textbf{(846.)}$$

II. Abschnitt (zu kleines Drehmoment):

$$n_{s_2} = n_{a_1} - \frac{270\,000}{GD^2} \cdot \frac{N_1}{n_1}(b-a_1)\,s \quad . \quad . \quad . \quad . \quad \textbf{865.}$$

$$t_{min} = (b-a_1)\,T_0 \quad . \quad . \quad . \quad . \quad . \quad . \quad . \quad \textbf{(849.)}$$

$$n_{min} = n_{s_2} - \frac{270\,000}{GD^2} \cdot \frac{N_1}{n_1}(b-a_1)^2\,\frac{T_0}{2} \quad . \quad . \quad . \quad \textbf{866.}$$

$$n = n_{a_1} - \frac{270\,000}{GD^2} \cdot \frac{N_1}{n_1}\left[(b-a_1)(s+t) - \frac{t^2}{2\,T_0}\right] \quad . \quad \textbf{867.}$$

und gleich einfach

$$t_{a_2} = \frac{2\,t_{min} - C}{2} + \sqrt{\left(\frac{2\,t_{min} - C}{2}\right)^2 + 2\,t_{min} \cdot s} \quad . \quad . \quad \textbf{868.}$$

schließlich

$$n_{a_2} = n_{a_1} - \beta\,n_1 \cdot \frac{t_{a_2}}{T_0} \quad . \quad . \quad . \quad . \quad . \quad . \quad \textbf{(853.)}$$

und

$$a_2 = a_1 + \frac{t_{a_2}}{T_0} \quad . \quad . \quad . \quad . \quad . \quad . \quad . \quad \textbf{(854.)}$$

Eine Zurückführung aller Beziehungen auf solche, in denen nur die von Hause aus gegebenen Größen a, b, s usw. vertreten sind, mag wegen zu großer Umständlichkeit der Ausdrücke unterbleiben. Für jeden weiteren Abschnitt rücken in den hier gegebenen Beziehungen die Indizes von a eben um „2" vor.

Hier kann auch die Frage aufgeworfen werden, unter welcher Bedingung der Reguliervorgang mit Spielraumzeit in einem Abschnitt zu Ende gehen würde (Einschwenken der ersten n-Parabel in die n_b-Linie).

Wir kommen am raschesten zum Ziele, wenn wir bedenken, daß, wie früher auch, in solchem Falle $n_{max} = n_b$ sein müßte. Wir setzen also die rechte Seite der Gl. 836 mit $\varphi = b$ und diejenige der Gl. 862a einander

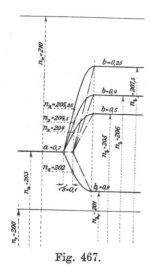

Fig. 467.

gleich, indem gleichzeitig für n_a in Gl. 862a der Wert nach Gl. 836 mit $\varphi = a$ eingeführt wird.

Wir erhalten daraus unter Hinweis auf Gl. 855a wegen der Größe C

$$T_s = \frac{C - 2s}{a - b} \quad \ldots \quad \textbf{869.}$$

(vergl. dagegen Gl. 858). Die Fig. 467 (25 mm = 1 sek) zeigt die Entwicklung der n-Kurven mit Spielraumzeit $s = 0{,}1$ sek im Gegensatz zu Fig. 464, die die Verhältnisse beim ideellen Regulator behandelt. Beide Male sind die gleichen Größen von a und b vorausgesetzt. Der Spielraumzeit wegen sind aber die im Einzelfalle erforderlichen Schluß-zeiten T_s (Fig. 467), bei denen das Überregulieren vermieden ist, wesentlich kleiner als sie in Fig. 464 sein mußten. Bei den angenommenen Werten $C = 0{,}4$ sek, $s = 0{,}1$ sek fallen die zulässigen Werte von T_s gerade halb so groß aus als früher; der Wert $s = \frac{1}{6}$ sek hätte noch kleinere Werte für T_s, also noch steilere Tachometerbahnen, verlangt.

III. Das unbestimmte Ende des Reguliervorganges.

Aus Fig. 466 gegenüber 463 und den eingeschriebenen Werten ist ersicht-lich, daß das Bestehen einer Spielraumzeit $s = \frac{1}{6}$ sek den Reguliervorgang noch nicht nach vier verlängerten Abschnitten, gegenüber vorher in drei kurzen, richtig zu Ende kommen läßt, und daß die Schwankungen der n-Linie ganz wesentlich größer ausfallen als früher; es liegt also im Interesse guter Re-gulierung, s recht klein zu halten.

Andererseits ist die Spielraumzeit geeignet, die oben S. 731 geschilderten Widersprüche auszugleichen, es wird infolge des Spielraums bei nicht „glatten" Werten von $(a - b)$ das letzte mangelhafte Stück der n-Linie dem erstrebten n_b nur annähernd zugeführt und so einigermaßen Ruhe im Reguliergetriebe geschaffen, trotzdem z. B. a_4 nach Fig. 466 größer ist als b. Die letzten kleinen Unterschiede zwischen a_4 usw. und b kommen wegen der Unempfind-lichkeit des Tachometers überhaupt nicht mehr zu augenblicklichem Einfluß auf den Regulator. Der nicht ausgeglichene Drehmomentrest $(a_4 - b)$ wird aber, wenn auch noch so klein, eine stetige langsame Steigerung oder Ab-nahme der n bringen und den Regulator über kurz oder lang wieder zum Eingreifen zwingen, wie dies weiter unten noch verfolgt werden soll.

Auf jeden Fall aber genügt für den Ausgleich eine sehr kleine Spiel-raumzeit s. Nimmt s infolge Abnutzung der Getriebeteile größere Werte an, so kann dieser Umstand die Wirkung des Regulators, der vielleicht von Anfang an recht gut arbeitete, in höchstem Maße beeinträchtigen.

––––––––––

Für die meisten Betriebe steht an erster Stelle die Bedingung, daß die Steigerung der Umdrehungszahlen bei gegebener Entlastungsgröße $(a - b)$ ein gewisses, meist prozentual angegebenes Maximum (oder Minimum) nicht überschreiten soll.[1]) Es kommt für alle diese Betriebe also lediglich auf die Scheitelhöhe der Parabel im ersten Regulierabschnitt an und man erwartet, daß im übrigen der neue Beharrungszustand sobald als nur tunlich eintrete und derart auch Ruhe ins Reguliergetriebe bringe. Den Einfluß, welchen die Konstruktionsdaten von Turbine und Regulator auf diesen ersten Parabelscheitel ausüben, sehen wir aus Gl. 862a.

Der Zuwachs zur Anfangsgeschwindigkeit n_a, die Höhe der Welle in der n-Linie, ist vor allen Dingen umgekehrt proportional dem Schwungmoment GD^2. Also kleines n_{max} kann durch großes GD^2, durch schwere Schwungräder, erzielt werden. Da dies aber ein in Anlage und Betrieb nicht gerade billiges Mittel ist, so ist vom Konstrukteur dafür zu sorgen, daß der Klammerfaktor in der Gl. 862a tunlichst klein ausfällt für gegebene bezw. angenommene Größe von $(a-b)$, d. h. die Spielraumzeit s und die Schlußzeit T_s müssen so klein als möglich gehalten werden.

Ein großes s hat für kleinere Werte von $(a-b)$ naturgemäß überwiegenden Einfluß, während der Einfluß bei größeren Beträgen mehr und mehr zurücktritt; so z. B. wird mit $s=\frac{1}{6}$ und $T_s=4$ sek der Klammerwert der Gl. 862a

$$\text{für } a-b=0,1; \quad 0,1\cdot\frac{1}{6}+0,1^2\cdot\frac{4}{2}=0,0167+0,02$$

und

$$\text{für } a-b=0,5; \quad 0,5\cdot\frac{1}{6}+0,5^2\cdot\frac{4}{2}=0,0833+0,5.$$

Das zweite Glied in der Klammer, die eigentliche Scheitelhöhe der Parabel, steigt eben mit $(a-b)^2$.

2. Das Pendeln des Regulators, gleichbleibende und divergierende Schwankungen.

Es liegt in der Natur der Verhältnisse, daß beim ideellen Regulator die Füllungsgrößen von a über a_1, a_2 usw. nach der neuen Füllung b konvergieren.

Der Vergleich der Figuren 463 und 466 zeigt, daß das Vorhandensein der Spielraumzeit nicht nur die Größe der Geschwindigkeitsschwankungen unliebsam beeinflußt, sondern daß sich auch die Anzahl der Schwankungen vermehrt hat, wie schon oben erwähnt. Die Konvergenz der Füllungen in den einzelnen Abschnitten ist wegen der Spielraumzeit beim nicht ideellen Regulator des Zahlenbeispiels weniger stark ausgeprägt als beim ideellen, und sie nimmt immer mehr ab, je größer die Spielraumzeit wird, der Reguliervorgang wird sich also zeitlich immer mehr ausdehnen.

Es kann die Frage gestellt werden, unter welchen Umständen diese Konvergenz der Füllungen ganz aufhört, wobei die Füllung b dauernd über-

---

[1]) Aus den vorhergehenden Entwicklungen ist ersichtlich, daß es bei Garantieverträgen zweckmäßig ist, wenn die Belastungsänderungen in Prozenten der vollen Turbinenleistung, dazu die einzuhaltenden Geschwindigkeitsgrenzen in Prozenten der jeweils vor der Belastungsänderung bestehenden Geschwindigkeit ausgedrückt sind. Für die Einhaltung der Geschwindigkeitsgrenzen wird häufig die Garantie abgelehnt, sofern es sich um Werte von a oder b kleiner als $\frac{1}{3}$ bis $\frac{1}{4}$ handelt, weil dann s von zu einschneidendem Einfluß wird (vergl. die auf der gleichen Seite folgenden Rechnungen für $a-b=0,1$ und $0,5$).

haupt erst in unendlich großer Zeit erreicht wird, mit anderen Worten, was die Bedingungen sind, bei denen die Füllungen des aus dem Beharrungszustande a gebrachten Regulators stetig zwischen einer Füllung a_1 kleiner als b und einer Füllung größer als b wechseln, ohne b je dauernd zu erreichen. Natürlich werden dann die Geschwindigkeiten ebenso zwischen einem n_{max} und einem n_{min}, durch n_b hindurch, hin und her pendeln, ohne in die dazwischen liegende Umdrehungszahl n_b einschwenken zu können (Fig. 468). (25 mm = 1 sek.)

Wir setzen im Anschluß an das Vorhergehende auch hier voraus, daß die Spielraumzeit s nur jeweils für den Beginn, nicht aber für das Ende eines Abschnittes in Frage kommt.

Das Pendeln nimmt aus a (Fig. 468) seinen Anfang und die Füllung a_2 muß dann naturgemäß wieder gleich a sein. Wir können, weil die Füllung b die Symmetrielage darstellt, schreiben (siehe Fig.)

$$a - b = b - a_1,$$

woraus sich für den pendelnden Regulator die kleinere Füllung a_1 ergibt als

$$a_1 = 2b - a.$$

Nun ist nach Gl. 846 die Größe a_1 ganz allgemein durch t_{a_1}, ausgedrückt, wir sind also berechtigt, zu schreiben

$$a_1 = 2b - a = a - \frac{t_{a_1}}{T_s}$$

und hieraus folgt für den pendelnden Regulator

$$t_{a_1} = 2(a - b)T_s \quad \text{oder} \quad t_{a_1} = 2t_{max} \quad \cdots \quad \textbf{870.}$$

gemäß Gl. 840. Also müssen wir für den pendelnden Regulator die Größe $2t_{max}$ in Gl. 864 durch t_{a_1} ersetzen. Sowie dies geschieht, schwindet diese Gleichung zusammen auf

$$s = C = 2 \cdot \frac{GD^2\beta n_1^2}{270000 N_1} \quad \cdots \quad \cdots \quad \textbf{871.}$$

das heißt:

Das Pendeln eines Regulators tritt bei der vorausgesetzten Art und Lage der Spielraumzeit ein, ganz unabhängig von der Schwankungsgröße an sich, sowie diese Spielraumzeit s gleich geworden ist der konstanten Zeit C, welche beim ideellen Regulator zuerst bei der Bestimmung von t_{a_1} (Gl. 844 und 845) auftrat und die auch bei der Betrachtung über das glatte Ausgehen des Reguliervorganges (Gl. 856 und 857) eine Rolle spielte.

Hier hat $s = C$ die nachstehende Bedeutung:

Die Größe s stellt die Zeit dar, während der die Turbine regulatorlos ist. Wenn nun diese regulatorlose Zeit $s = C$ so lange währt, daß n_s gleich groß ist mit n_{a_1}, wenn also die Einwirkung des Regulators erst beginnt, wenn schon die Geschwindigkeit erreicht ist, die dem Wiederaufhören der Regulatortätigkeit entspricht, so wird das Pendeln eintreten. Die ganze, in der Zeit $s + t_{a_1}$ zwischen dem erwünschten Beginn und dem tatsächlichen Schluß der Regulatortätigkeit von der Turbine zuviel geleistete Arbeit wird in dem nächsten Abschnitt $s + t_{a_2}$ wieder aus den Schwungmassen herausfließen, im dritten Abschnitt wieder eingeleitet werden müssen usw.

Wenden wir das Gefundene auf das Zahlenbeispiel an. Es war $C = 0,4$ sek gefunden worden, mithin wird der Regulator pendeln, wenn die Spielraumzeit 0,4 sek beträgt.

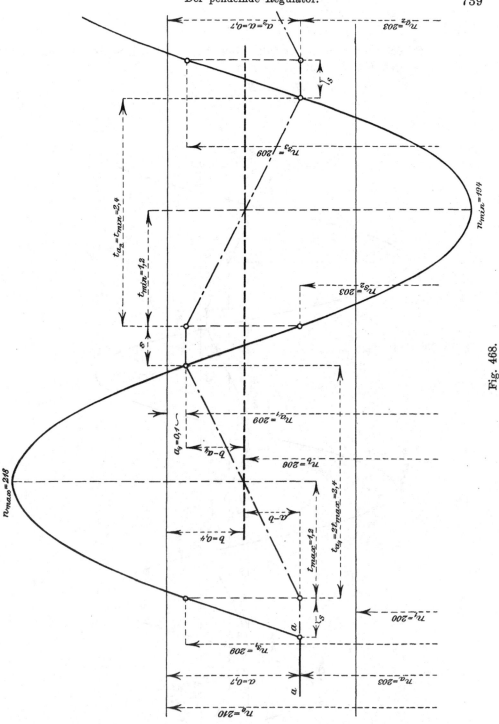

Fig. 468.

Beim Entlasten aus dem irgendwie hergestellt gewesenen Beharrungszustand, Füllung $a = 0,7$ auf den Kraftbedarf $b = 0,4$, bleibt im ersten
Abschnitt wie früher

$$t_{max} = (0,7 - 0,4) \cdot 4 = 1,2 \text{ sek} \quad . \quad . \quad . \quad . \quad . \quad . \textbf{(840.)}$$

Es findet sich, sofern $s = C$,

$$t_{a_1} = 2 t_{max} = 2,4 \text{ sek} \quad . \quad . \quad . \quad . \quad . \quad . \quad . \textbf{(870.)}$$

47*

ferner ist $\qquad a_1 = 2b - a = 2 \cdot 0{,}4 - 0{,}7 = 0{,}1.$

Die Berechnung von n_{s_1} gestaltet sich hier nach Gl. 861a sehr einfach, weil wir wegen Gl. 871 setzen können

$$\frac{270000}{GD^2} \cdot \frac{N_1}{n_1} \cdot s = 2\beta n_1$$

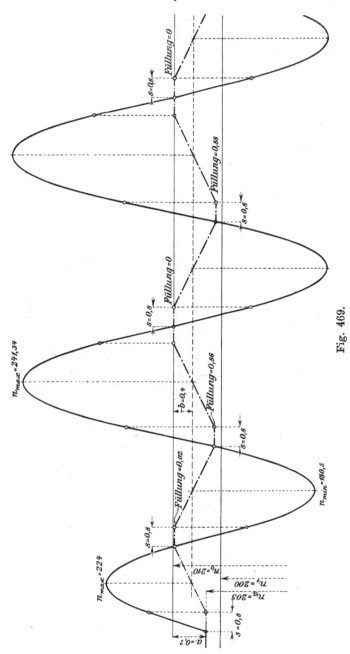

Fig. 469.

so daß hier aus Gl. 861a entsteht

$$n_{s_1} = n_a + 2\beta n_1 (a - b) \quad . \quad . \quad . \quad . \quad . \quad . \quad \textbf{872.}$$

also in Zahlen

$$n_{s_1} = 203 + 2 \cdot 0{,}05 \cdot 200\,(0{,}7 - 0{,}4) = 209.$$

Es findet sich weiter nach Gl. 862

$$n_{max} = 209 + \frac{270\,000}{8056} \cdot \frac{300}{200} (0,7 - 0,4)^2 \frac{4}{2} = 218,$$

schließlich dient zur Kontrolle aus Gl. 863 mit $t_{a_1} = 2,4$ sek und $s = 0,4$ sek

$$n_{a_1} = 203 + \frac{270\,000}{8056} \cdot \frac{300}{200} \left[(0,7 - 0,4)(0,4 + 2,4) - \frac{2,4^2}{2 \cdot 4} \right] = 209 = n_{s_1}.$$

Die Fig. 468 entspricht diesen Verhältnissen, in derselben sind auch die Zahlenwerte des zweiten Abschnittes eingetragen.

Für s kleiner als C, trat Konvergenz der Füllungen ein (Fig. 466), ist s größer als C, Fig. 469 ($^1/_4$ der Größe von Fig. 468), so werden die Füllungsunterschiede so lange divergieren, bis das Tachometer dauernd zwischen einem der Anschläge, dem oberen oder dem unteren und einer Gegenlage, hin und her wandert und auf diese Weise ein Pendeln mit den größten Ausschlägen der Geschwindigkeiten eintritt. Wir erhalten mit $s = 0,8$ sek gegenüber $C = 0,4$ sek

I. Abschnitt.

$n_{s_1} = 215;$ $\qquad t_{max} = 1,2$ sek; $\qquad n_{max} = 224,$

$t_{a_1} = 2,71$ sek; $\qquad n_{a_1} = 209,8;$ $\qquad a_1 = \sim 0,02.$

II. Abschnitt.

$n_{s_2} = 194,7;$ $\qquad t_{min} = 1,51$ sek; $\qquad n_{min} = 180,5,$

$t_{a_2} = 3,36$ sek; $\qquad n_{a_2} = 201,4;$ $\qquad a_2 = 0,86.$

Im dritten Abschnitt wird die Füllung 0 erreicht, ehe die Zeit t_{a_3} abgelaufen ist. Von da ab beginnt das Pendeln zwischen $a = 0$ und $a = \sim 0,88$, unsymmetrisch zu $b = 0,4$.

3. Der Einfluß der Beweglichkeit β.

Die Wahl der Größe β in $n_0 - n_1 = \beta\,n_1$ erfordert auch noch Besprechung, da hier andere Betriebsrücksichten als bei der Dampfmaschine vorliegen.

Kolbendampfmaschinen können vorübergehend oder dauernd über die wirtschaftlich beste Leistung hinaus noch durch übertriebene Vergrößerung der Füllung bei tiefen Tachometerstellungen überlastet werden, und deshalb kann bei Kolbendampfmaschinen von einer „mittleren Umdrehungszahl" geredet werden. Dies ist für den Reguliervorgang an sich bei Kolbendampfmaschinen sehr erwünscht, denn beim Eintreten einer vorübergehenden bedeutenden Mehrbelastung (b unter Umständen größer als 1) steht dadurch ein gegenüber der Normalleistung N_1 wesentlich größeres Drehmoment zu Gebote, welches, wenn nötig, zeitweilig zur Beschleunigung der rotierenden Massen mit herangezogen werden kann.

Bei den Turbinen sind die Übersetzungen der Maschinenantriebe fast ohne Ausnahme unter Zugrundelegung von n_1 als normaler Umdrehungszahl bemessen, weil in den meisten Betrieben die Turbinen naturgemäß mit großen Füllungen arbeiten, eine Reserve für vorübergehende oder dauernde Überbelastung existiert dabei nicht. Findet für längere Zeit ein Betrieb mit ziemlich kleiner Füllung a statt, so ist man, falls die ihm entsprechende erhöhte Umdrehungszahl n_a (Gl. 836) zu hoch erscheint, durch Entlasten der Tachometermuffe oder ähnliches stets in der Lage, die Umdrehungszahl auch für die Füllung a auf n_1 zu ermäßigen.

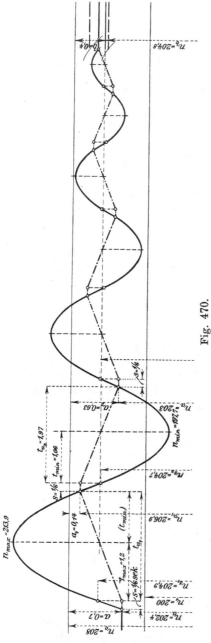

Fig. 470.

Die Größe von β hat auf den Parameter der n-Parabeln unmittelbar keinen Einfluß (Gl. 851), auch nicht auf die tatsächlichen Scheitelhöhen, wohl aber mittelbar auf n_s und n_{max}, weil n_a gegenüber n_1 mit β wächst (Gl. 836). Dies wäre also ein Grund, β klein zu halten.

Andererseits zeigen Rechnung und Zeichnung, daß, je kleiner β wird, die Anzahl der einzelnen Regulierabschnitte, also die Größe x in Gl. 856 zunimmt; vergl. Fig. 470, in welcher mit $a = 0,7$, $b = 0,4$ und unter Einhaltung sämtlicher sonstigen Verhältnisse der Reguliervorgang für $\beta = 0,04$ statt seither 0,05 durchgeführt ist. Die Figur ist des Platzes wegen gegenüber der Fig. 466 auf die Hälfte verkleinert.[1]

Kleine Werte von β verursachen also kleineres n_{max}, aber eine Vergrößerung der Zeitdauer des Reguliervorganges und eine wesentliche Vermehrung der Einzelabschnitte, d. h. wesentlich häufigeres Auf- und Zumachen, was gleichbedeutend mit starker Abnutzung des ganzen Reguliermechanismus ist. Je kleiner β, desto mehr Unruhe im Reguliergetriebe.

Ein weiterer Umstand spricht dafür, die Beweglichkeit β nicht zu klein zu nehmen, d. h. stabilere Tachometer zu verwenden. Die Größe β ist nämlich einer der Faktoren von C (Gl. 845 und 871) und je kleiner C ausfällt, um so näher rückt die Gefahr, daß $s = C$ eintritt und daß das Pendeln einsetzt.

Man wählt deshalb, besonders für mechanische Regulatoren, β ziemlich groß, bis 0,08, während hydraulische Regulatoren mit kleinerem β, s und T_s, d. h. auch kleinerem GD^2, leichteren Schwungmassen, also überhaupt unter besseren Bedingungen gebaut werden können.

Daß trotzdem auch heute noch viele mechanische Regulatoren im Betriebe sind, ist durch ihre einfachere Betriebsart begründet, denn bei mittleren und niedrigen Gefällen verlangt der hydraulische Regulator die Aufstellung besonderer Pumpwerke zur Beschaffung der Druckflüssigkeit und damit eine wesentliche Vergrößerung der Anlage- und Betriebskosten, die nur für größere Anlagen lohnend sein werden.

----

[1] Mittels Kurvenlineals, der gegebenen Parabel entsprechend, kann der ganze Verlauf des Reguliervorganges mit ziemlicher Genauigkeit einfach ohne weiteres Rechnen aufgezeichnet werden, wobei eine wesentliche Förderung in dem Umstande liegt, daß t_{max} oder t_{min} eines Abschnittes stets gleich $t_a - t_{max}$ des vorhergehenden ist, die benachbarten Parabeläste zweier Abschnitte stets kongruent. Fig. 470 ist in der geschilderten Weise, natürlich in größerem Maßstab, rein zeichnerisch entstanden. Daß die unvermeidlichen Ungenauigkeiten der Regulierorgane der Regelmäßigkeit in der Entwicklung des Vorganges Abbruch tun, also das Bild der Fig. 470 in der Praxis nicht so scharf zur Erscheinung gelangen lassen, ist selbstverständlich.

4. Der Regulatorbetrieb und die Druckschwankungen im Zuleitungsrohr.

Die auf S. 566 u. f. dargelegten Druckschwankungen in Zuleitungsröhren für geschlossene Turbinen werden, wie schon gesagt, durch den Regulatorbetrieb hervorgerufen. Die dort berührte Gefahr für das Zuleitungsrohr ist aber nicht der einzige Übelstand, welcher sich einstellt, sondern es
kommen hier noch die Änderungen des aus dem Leitapparat ausgeleiteten
Arbeitsvermögens in Betracht, die sich, wie schon S. 579 u. f. gezeigt,
am Anfang jedes Verstellungsvorganges gerade entgegengesetzt dem angestrebten Zwecke entwickeln, um dann nach kürzerer oder längerer Zeit
(Sekunden) in die gewollte Ab- und Zunahme überzugehen.

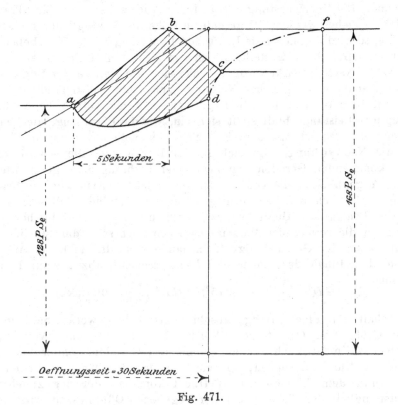

Fig. 471.

Gegen die unerwünschte Mehrabgabe von Arbeitsvermögen zu Beginn
des Schließvorganges (Druckerhöhung) wird der schon erwähnte Nebenauslaß
gute Abhilfe bringen und den augenblicklichen Überschuß seitwärts entweichen lassen (vergl. z. B. Taf. 43, auch Fig. 491a und b).

Dagegen steht es nicht in unserer Hand, den ebenso unerwünschten
augenblicklichen Mangel an Arbeitsvermögen, wie er sich zu Beginn des
Öffnungsvorganges (Druckabfall) einstellt, Fig. 394, irgendwie zu verhindern.
Die Leitung kann tatsächlich in den ersten kleinen Zeitabschnitten nur ein
vermindertes Arbeitsvermögen hergeben. Soll dies Weniger nicht zu un-
statthafter, weiterer Abnahme der Umdrehungszahlen führen, so muß das
Fehlende, neben dem durch den Reguliervorgang an sich Bedingten, aus

den als Kraftspeicher dienenden Schwungmassen hergegeben werden, wie im Nachfolgenden an einem Beispiele auseinandergesetzt sein soll.

In Fig. 471 ist in der Weise der Fig. 394 die Öffnungslinie und die Gerade eingezeichnet, in welche, von beliebiger Leistung des Beharrungszustandes ausgehend, die Arbeitskurve nach ihrem anfänglichen Abfall einschwenkt und hochgeht. Die größte Leistung der Turbine ist im vorliegenden Beispiel 168 PSe und es ist zu untersuchen, wie groß die Aufnahmefähigkeit der Schwungmassen $\frac{J\omega^2}{2} = \frac{GD^2 n^2}{7200}$ sein muß, damit bei der sehr großen Öffnungszeit von 30 sek eine Mehrbelastung von 128 auf 168 PSe, also um 40 PSe keine größere Geschwindigkeitsabnahme als insgesamt $2\,^1/_2\,^0/_0$ hervorrufen kann. Dabei soll noch angenommen sein, daß diese Mehrbelastung nur vorübergehend eintrete, daß sie stetig anwachse und sofort ebenso wieder abnehme. Die Mehrbelastung von 40 PSe werde in 5 sek erreicht (Trambahnbetrieb). Ziehen wir eine Wagrechte in Höhe des anfänglichen Bedarfes von 128 PSe, so wird der steigende Kraftbedarf vom Beginn der Mehrbelastung an durch eine Gerade dargestellt, die sich in 5 sek um 40 PSe erhebt (Linie ab Fig. 471). Nach Erreichen von b senkt sich die Gerade der Voraussetzung gemäß alsbald unter gleicher Neigung nach c hin. Mittlerweile hat, Spielraumzeit ist $= 0$ gedacht, der Regulator in a mit Öffnen begonnen, der anfängliche Leistungsabfall stellt sich ein, wie die Figur zeigt, der Öffnungsvorgang an sich ist mit dem Erreichen der vollen Öffnung in d beendet und die Nachwirkung zeigt sich in der Kurve dcf; diese wird von der aus b kommenden Geraden von gegebener Richtung in c geschnitten. In diesem Augenblick ist die von der Turbine geleistete Arbeit der verbrauchten gleich, vorher fehlte Arbeitsvermögen bei der Turbine. Soll nun in dieser Zeit des Fehlens die Umdrehungszahl nur um $2\,^1/_2\,^0/_0$ herabgehen dürfen, so müssen die rotierenden Massen derart bemessen sein, daß sie bei solcher Verringerung der Geschwindigkeit imstande sind das fehlende Arbeitsvermögen, dem Inhalt der Fläche $abcd$ entsprechend, abzugeben. Das heißt, hier muß

$$GD^2 \cdot \frac{n^2}{7200} (1 - 0{,}975^2) = GD^2 \cdot \frac{n^2}{7200} \cdot 0{,}95 \ (\text{mkg})$$

dem Inhalt der Fläche (mkg, absolut) entsprechen, woraus bei gegebenem n die Größe von GD^2 folgt. Würde sich die Zu- und Abnahme des Kraftbedarfs nicht nach der angenommenen Geraden, sondern nach einer beliebigen Kurve abspielen, so würde eben die Fläche zwischen dieser Kurve und dem Linienzug in Betracht kommen, der der zunehmenden Arbeitsfähigkeit der Turbine bei der gegebenen Öffnungszeit entspricht.[1]

D. Die Unempfindlichkeit des Tachometers und die Spielraumzeit des Reguliergetriebes, s_R, im engeren Sinne.

Wie schon oben S. 733 bemerkt, zerfällt die sogen. Spielraumzeit s, d. h. diejenige Zeit, in welcher von der plötzlichen Entlastung ab die Turbine als regulatorlos anzusehen ist, in zwei Abschnitte von ganz verschiedenen Eigenschaften; diese sollen mit s_u und s_R bezeichnet sein.

---

[1] Die geschilderten Verhältnisse entsprechen der Peltonradanlage, welche, von Briegleb, Hansen & Co., Gotha, geliefert, die Wasserkraft der 11 km langen Rohrleitung ausnutzt, die das Wasserwerk der Stadt Nordhausen am Harz speist (Bruttogefälle $= \sim 192$ m).

1. Der Einfluß der Unempfindlichkeit des Tachometers, β_u und s_u.

Die Reibungswiderstände in den Bewegungsstellen des Tachometers bewirken, daß dasselbe sich erst dann in Bewegung setzt, wenn die Umdrehungszahl des seitherigen Beharrungszustandes um ein Entsprechendes gestiegen oder gesunken ist, vorher kann von einem Impuls auf das Relais überhaupt noch keine Rede sein.

Wie schon erwähnt, fallen wegen der an sich konstanten Winkelgeschwindigkeit der Turbine hier die Erwägungen fort, die bei der Kolbendampfmaschine dazu führen, daß ein Tachometer notwendig eine gewisse Unempfindlichkeit haben müsse; hier ist das empfindlichste Tachometer (nicht zu verwechseln mit überkleinen Werten von β oder mit Astasie) gerade gut genug, damit der durch die Unempfindlichkeit des Tachometers verursachte Teil der Verspätung im Regulatoreingriff und die darauf fallende Steigerung in der Umdrehungszahl so klein als möglich bleiben.[1] Der Regulator muß zudem derart disponiert sein, daß das Einschalten des Relais dem Tachometer selbst keine besondere Kraftaufwendung zumutet, also sollte das Verstellen leergehender Anschläge oder das Bewegen ausgeglichener reibungsfreier Steuerventile (keine Stopfbüchsen!) hierfür in Verwendung kommen, kurz, es muß die Unempfindlichkeit durch Eigenreibung des Tachometers und die durch den Widerstand des Stellzeuges hervorgerufene so klein als immer möglich gehalten werden.

Wir bezeichnen diese gesamte Unempfindlichkeit mit β_u, d. h. es bedarf wegen der durch Reibungswiderstände verursachten Unempfindlichkeit des Tachometers und des Stellzeuges einer Zu- oder Abnahme der jeweiligen Umdrehungszahl n um einen Bruchteil $\beta_u n$, bis die Tachometermuffe von der Ruhelage aus in Bewegung kommt. Als Ruhelage gilt jede Stellung des Tachometers, die genau der augenblicklichen Umdrehungszahl entspricht, die also das Tachometer einnehmen würde, wenn keine die Bewegung hindernden Reibungswiderstände vorhanden wären. Stöße und Erzitterungen im Betriebe machen, wie die Erfahrung vielfältig zeigt, die Reibungswiderstände vorübergehend wirkungslos. Aus diesem Grunde begibt sich jedes halbwegs empfindliche Tachometer nach vollführter Bewegung ebenfalls bald in eine Ruhelage.

Die Unempfindlichkeit β_u ist stets eine sehr kleine Größe, ein sehr kleiner Bruch. Deshalb dürfen wir ohne wesentlichen Fehler die für das Überwinden der Unempfindlichkeit erforderliche Steigerung der Umdrehungszahlen für alle Tachometerlagen nicht nur verhältnismäßig, sondern auch absolut genommen, gleich groß annehmen, weil eben n_0 von n_1 relativ auch nur wenig verschieden ist.

Um welche Fehler es sich dabei handeln kann, zeigt z. B. folgende Rechnung. Es sei $\beta_u = 0{,}005$, hochgerechnet. Für unser Zahlenbeispiel würde sich ergeben eine notwendige Steigerung der Umdrehungszahl:

a) wenn die Muffe ganz unten, von $n_1 = 200$ auf $n_1 + \beta_u n_1 = 200 + 0{,}005 \cdot 200$, also auf 201 Umdrehungen, Unterschied 1 Umdrehung;

b) wenn die Muffe ganz oben, eine Abnahme von $n_0 = 210$ auf

---

[1] Der sog. Ungleichförmigkeitsgrad hat bei Dampfturbinen natürlich auch keinen richtigen Sinn mehr; diese Betrachtungen gelten sinngemäß ohne weiteres auch für Dampfturbinen.

$n_0 - \beta_u\,n_0 = 210 - 0{,}005 \cdot 210 = 208{,}95$ Umdrehungen, Unterschied $1{,}05$ Umdrehung.

Der Fehler darf also vernachlässigt werden, der entsteht, wenn wir die erforderliche Zu- oder Abnahme der n aus irgend einer Ruhelage überall gleich $\beta_u\,n_1$ setzen.

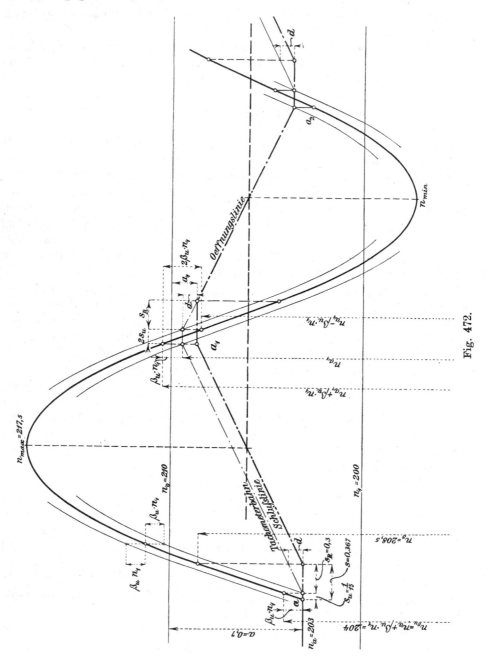

Fig. 472.

Wir können deshalb die n-Linie der Fig. 472 (25 mm = 1 sek) durch zwei Linien begleiten lassen, die in jedem Punkt derselben senkrecht nach oben und unten um $\beta_u\,n_1$, in unserem Beispiel bei $\beta_u = 0{,}005$, um eine Umdrehung abstehen.

Dies gilt innerhalb des Bereiches $n_0 - n_1$ fast ganz genau und zwar unabhängig von der jeweiligen Schräglage der n-Linie oder deren Krümmung.

Solange sich die Tachometerstellungen seitlich innerhalb dieser, durch die beiden Begleitlinien gegebenen Fläche befinden, ist eine Bewegung der Muffe unmöglich.

Wir bezeichnen die Umdrehungszahl, bei der gerade das Tachometer seine Ruhelage verlassen wird, nun allgemein als $n_a + \beta_u n_1$ und sind nach Gl. 861 berechtigt zu schreiben

$$ n_{s_u} = n_a + \beta_u n_1 = n_a + \frac{60\, M_1}{2\,\pi\, J}\,(a - b)\, s_u \quad \cdots \quad \textbf{873.} $$

worin s_u der Teil der Spielraumzeit ist, der auf die Unempfindlichkeit des Tachometers entfällt (Fig. 472). Es findet sich daraus

$$ s_u = \beta_u n_1 \cdot \frac{2\,\pi\, J}{60\, M_1} \cdot \frac{1}{a - b} \quad \cdots \quad \textbf{874.} $$

oder auch

$$ s_u = \beta_u n_1 \cdot \frac{G D^2}{270000} \cdot \frac{n_1}{(a - b)\, N_1} \quad \cdots \quad \textbf{874a.} $$

Die Gleichungen zeigen, daß s_u für ein bestimmtes Tachometer, für eine bekannte Unempfindlichkeit von der Größe β_u, bei jeder anderen Schwankungsgröße $(a - b)$ einen anderen Betrag aufweist, daß also dieser Teil der Spielraumzeit in seiner Größe veränderlich ist. Auf die Entwicklung der Geschwindigkeitsverhältnisse ist dieser Umstand aber ohne Einwirkung, denn die Umdrehungszahlen steigen oder sinken einfach so lange, bis die Zu- oder Abnahme um $\beta_u n_1$ erreicht ist, ehe die Muffe in Bewegung kommt.

Dieser Teil s_u der Spielraumzeit wächst mit $G D^2$. Auch dieses ist unbedenklich und es wäre verfehlt, wollte man daraus den Schluß ziehen, daß $G D^2$ auch einmal zu groß genommen werden könnte. Denn worauf es allein ankommt, das ist hier nicht sowohl die Länge der Spielraumzeit an sich, sondern es sind die Folgen dieser regulatorlosen Zeit, die sich durch Beschleunigung oder Verzögerung äußern; und diese Folgen bleiben sich, soweit es die Zeit s_u angeht, ganz gleich, ob s_u nur $^1/_{10}$ sek oder 1 min lang dauert, weil die Zunahme der Geschwindigkeit, die erforderlich ist, damit sich das Tachometer in Bewegung setzt, sich in allen Fällen als $\beta_u n_1$ erweist.

Solange die ganze Spielraumzeit s dauert, steigen die n in einer schrägliegenden Geraden an, deren Neigung durch die Gl. 861, also durch $(a - b)$ gegeben ist; mag dabei $(a - b)$ irgendwelchen Betrag haben, stets wird (Fig. 472) das Ansteigen der n-Linie um $\beta_u n_1$ den Punkt bestimmen, der für die Größe von s_u maßgebend ist.

Nach vollzogener Steigerung (oder Abnahme) um $\beta_u n_1$ setzt sich alsdann die Muffe in Bewegung, der Schlußzeit gemäß, was in Fig. 472 durch die mit „Tachometerbahn" bezeichnete Gerade ausgedrückt wird. Die Turbinenfüllung dagegen bleibt noch unverändert in der Größe a, bis auch der zweite Teil der Spielraumzeit s_R, von den eigentlichen Spielräumen im Reguliergetriebe herrührend, abgelaufen ist. Hier trennt sich zeichnerisch die frühere Tachometerbahn in die wirkliche Tachometerbahn und die sogen. Füllungsbahn (Schlußlinie oder Öffnungslinie), die erst am Ende von s_R den Aufstieg beginnt und die nachher betrachtet werden wird.

Die Unempfindlichkeit des Tachometers macht sich, nach dem bis jetzt Gesagten, in anderer Weise geltend, je nachdem das Tachometer seinen Weg aus einer Ruhelage beginnt oder wenn es einen der Punkte durchschreitet, die in Fig. 466 mit a_1, a_2 usw. bezeichnet sind, in deren Nähe das Umschalten der Schluß- in die Öffnungsbewegung oder umgekehrt erfolgt.

Für das Verlassen der Ruhelage a ist die einfache Steigerung um $\beta_u\, n_1$ erforderlich. In der Nähe von a_1 dagegen herrschen andere Verhältnisse. Solange, von s_u ab, die Umdrehungszahlen höher bleiben als $n_a + \beta_u\, n_1$ (I. Abschnitt des Reguliervorganges), wird die Muffe, der Schlußzeit gemäß, hochgehen müssen und zwar auch über den Zeitpunkt von n_{max} hinaus für den absteigenden Ast der Parabel, Fig. 472, bis die Umdrehungszahl auf $n_{a_1} + \beta_u\, n_1$ gesunken ist. Von diesem Augenblick an steht die Muffe still. Mit weiter abnehmender Umdrehungszahl werden die Reibungswiderstände, die dem Hochgehen entgegenstanden, kleiner und sie werden bei der Umdrehungszahl n_{a_1} dem Hochgehen gegenüber Null geworden sein (Ruhelage, Aufhören mit Schließen). Damit das Tachometer aber der noch weiter absinkenden Umdrehungzahl folgen kann, ist alsdann noch eine Verringerung derselben um $\beta_u\, n_1$ erforderlich, sonst können die Reibungswiderstände, die der Bewegung gegen abwärts entgegenstehen, nicht überwunden werden. An einer Umschaltestelle ist also, weil keine Zeit zum Erreichen der Ruhelage (vergl. S. 745), ein Unterschied in den Umdrehungszahlen von $2\,\beta_u\, n_1$ nötig, um die im Steigen begriffen gewesene Muffe zur Umkehr zu bringen.

Die Tachometerbahn wird auf die Strecke $2\,s_u$ wagrecht gehen (Fig. 472), wobei an der Stelle a_1 die Länge s_u einen etwas anderen Betrag aufweisen muß als an der Stelle a.

2. Die Spielraumzeit des Reguliergetriebes, s_R. Der Impuls für das Ein- und Ausrücken erfolgt gleichzeitig mit Tachometer-Bewegung und -Stillstand. (Hydraulischer Regulator.)

Das Reguliergetriebe hat Spielräume mancherlei Art. Die Drehbolzen haben etwas Luft in den Lagerstellen, die Spindeln weisen toten Gang auf usw. Aber nicht nur diese ohne weiteres sichtbaren Spielräume sind es, aus deren Durchlaufen sich die Zeit s_R zusammensetzt, es kommen auch manche andere Umstände dafür in Betracht.

Eine Regulierwelle, die eine Drehung zu übertragen hat, kann diesem Drehmoment, was Festigkeit betrifft, ganz wohl gewachsen sein, wenn sie aber aus Anordnungsgründen reichlich lang ausgeführt werden mußte (die Regulierwellen bei Dreifach- und Vierfachturbinen und dergl.), so kann die Zeit, die vergeht, bis diese lange Welle den Verdrehungswinkel angenommen hat, der sie befähigt, das betr. Drehmoment auch tatsächlich weiterzugeben, ein relativ großes Stück von s_R bilden.

Eine weitere Veranlassung zur Entstehung eines Stückes Spielraumzeit kann durch das Regulierorgan selbst gegeben sein. Es braucht nur an die Beschreibung des Ringschiebers für Zellenregulierung S. 290 und 291, auch Fig. 171 erinnert zu werden, um dies zu erläutern.[1])

Das Herüberschieben eines Riemens bei einem Wendegetriebe (vergl. Taf. 45) braucht Zeit und vermehrt s_R.

Die Trägheit der Reguliergetriebeteile trägt hie und da ganz wesentlich zur Vermehrung der Spielraumzeit s_R bei. Sei es, daß es sich dabei um das Inbewegungsetzen der Riemscheiben eines Wendegetriebes handelt, wie

---

[1]) Hier liegt einer der Hauptgründe dafür, daß Zellenregulierungseinrichtungen bei Reaktionsturbinen für genaue Geschwindigkeitsregulierung unverwendbar sind.

sie der Regulator, Taf. 45, zeigt, seien es die umlaufenden Räder eines sogen. Differentialgetriebes nach Taf. 46, sei es schließlich der Inhalt von reichlich langen Druckrohrverbindungen zwischen den einzelnen Teilen des hydraulischen Regulators, dem Steuerventil, dem Arbeitszylinder, dem Akkumulator, wie dies in der schon erwähnten v. Schmoll'schen Arbeit treffend hervorgehoben ist.

Diese Trägheitserscheinungen stellen sich aber nicht nur beim Beginn einer Verstellung hindernd in den Weg, sondern sie beeinträchtigen auch das Aufhören des Verstellungsvorganges manchmal in recht unerwünschter Weise, beispielsweise hört das Schließen dann eben nicht sofort auf, wenn der Punkt a_1 (Fig. 466) erreicht ist, sondern es dauert noch so lange weiter, als es das Arbeitsvermögen der betreffenden in Bewegung gewesenen Teile hergibt, die Füllung a_1 wird dadurch unguterweise noch mehr verkleinert.

Ein weiterer Umstand, der die gesamte Spielraumzeit noch mehr vergrößern kann, soll weiter unten ausgiebiger besprochen werden, jetzt aber wollen wir die Entwicklung der Füllungsbahn in Fig. 472 verfolgen. (Hydraulischer Regulator.)

Die Zeit s_R ist, unabhängig von $(a - b)$, durch die Ausführungsweise des Reguliergetriebes bestimmt. Während also für den ersten Teil der Spielraumzeit in der zeitlichen Darstellung die Ordinate $\beta_u n_1$ gegeben ist, findet sich die Umdrehungszahl für das Aufhören der geraden n-Linie, für den Beginn der Parabel am Ende des zweiten Teiles aus der Abszisse s_R, und wir können deshalb schreiben, mit Bezug auf Gl. 861

$$n_s = n_{s_u} + \frac{60\,M_1}{2\pi J}(a - b) \cdot s_R = n_a + \beta_u n_1 + \frac{60\,M_1}{2\pi J}(a - b)\,s_R$$

oder auch im Anschluß an früheres

$$n_s = n_a + \frac{60\,M_1}{2\pi J}(a - b)(s_u + s_R) \quad . \quad . \quad . \quad . \quad \textbf{875.}$$

Je nach dem Ausgang des im Betriebe vorher erfolgten Reguliervorganges kommt die Spielraumzeit s_R in Ansatz oder nicht. War die Füllung a durch Öffnen erreicht worden, so müssen beim Schließen alle Spielräume durchlaufen werden. War dagegen a das Ende eines Schließvorganges aus größerer Füllung, so fällt s_R zu Anfang ganz oder teilweise aus. Wir nehmen an, daß a durch Öffnen erreicht worden sei.

Nach Ablauf der Zeit $s = s_u + s_R$ beginnt das Verstellen der Füllung, die Füllungsbahn geht als Schlußlinie, Fig. 472, schräg aufwärts, parallel zur Tachometerbahn in einem Füllungsabstande d, senkrecht gemessen, der sich aus ähnlichen Dreiecken der Fig. 463 und 472 einfach ergibt. Es ist nämlich die Schräge der beiden Bahnen gleich, mithin

$$\frac{d}{s_R} = \frac{1}{T_s},$$

oder

$$d = \frac{s_R}{T_s} \quad . \quad . \quad . \quad . \quad . \quad . \quad \textbf{876.}$$

Die Füllungsgröße bleibt um diesen Betrag gegenüber der Tachometerstellung zurück, die Voraussetzungen 2 und 5, S. 715, sind also, letztere in ihrem Anfangssatze, nicht mehr erfüllt.

Solange das Tachometer im Ansteigen begriffen ist, geht die Füllungsbahn als Schlußlinie aufwärts. Das Schließen hört auf, sowie die Umdrehungszahl $n_{a_1} + \beta_u n_1$ erreicht ist, weil hier das Tachometer zur Ruhe kommt (Nebenumstände bei der Nachführung, Trägheit im Reguliergetriebe usw. vernachlässigt), die Füllungsbahn geht wagrecht weiter.

Nach der Zeit $2s_u$ wird sich zwar das Tachometer nach abwärts in Bewegung setzen und den Impuls für das Öffnen geben, aber es bedarf noch des Ablaufes der Zeit s_R, bis das Öffnen der Turbine tatsächlich beginnt. So lange wird die n-Linie als Gerade schräg abwärts gehen und die Füllungsbahn wagrecht bleiben, dann aber lenken die n in die Parabel, die Füllungsbahn in die Öffnungslinie über, die nun hier mit der Tachometerbahn zusammenfällt. Dies ist leicht einzusehen, wenn wir uns vergegenwärtigen, daß die Tachometerbahn nach Ablauf von $2s_u$ schräg abwärts geht und daß sie nach Absinken um d in dem Punkt angekommen ist, der um s_R nach rechts liegt, in dem also gerade die Füllungsbahn ebenfalls die gleiche Richtung nach abwärts einschlägt.

Wenn wir die Entwicklung der Dinge weiter verfolgen, so zeigt sich, daß nach dem Erreichen des Punktes a_2 das Zusammenfallen beider Bahnen aufhört. Von hier laufen die beiden wieder im Abstande d nach aufwärts, um im vierten Abschnitt wieder zusammenzukommen. So finden wir, daß, einerlei ob es sich um Entlastung oder Mehrbelastung handelt, die Abschnitte I, III usw. getrennte, die Abschnitte II, IV usw. vereinigte Bahnen aufweisen.

3. Die Zeiten für das Ein- oder Ausschalten des mechanischen Relais. (Schlagdaumen oder Klinkenschaltung.)

Betrachten wir uns die Wirkungsweise des mechanischen Regulators auf Taf. 45 genauer, so finden wir folgendes:

Nachdem die Unempfindlichkeit des Tachometers überwunden ist, nach Ablauf der Zeit s_u, setzt sich bei Entlastung das Tachometer nach oben in Bewegung und rückt den mit 100 Umdr./Min. rotierenden Schlagdaumen nach abwärts. Sobald dieser in den Bereich des großen Anschlagrollendurchmessers gekommen ist, erfolgt die Verschiebung des Riemchens nach der Scheibe „Zu". Das Riemchen wird diese aber nicht sofort bei der ersten Berührung in Bewegung setzen können, es wird gleiten, bis so viel Riembreite auf der Scheibe „Zu" aufgelaufen ist, daß der Riemen durchzuziehen vermag, die Scheibe setzt sich in Bewegung, und vermittelt solche durch das Wendegetriebe nach den Regulierschaufeln, wobei auch noch weitere Spielräume auftreten können. Von dem mittleren Rad des Wendegetriebes ist der Antrieb der Nachführung (Rückführung) abgeleitet, welche den Anschlagrollenträger im Sinne der Verrückung des Schlagdaumens nachstellt und so schließlich wieder die Ausschaltung des Reguliergetriebes herbeiführt.

Diese Vorgänge sind an sich längst bekannt und vielfach beschrieben.[1]) Wir ersehen aus dem Verlauf derselben, daß sich hier eine ganze Reihe von Einzelabschnitten der Spielraumzeit entwickelt, die, jeder in seiner Art, vom Konstrukteur eingehendst berücksichtigt werden müssen, um sie so klein als nur immer möglich zu gestalten.

Für die chronologisch-zeichnerische Betrachtung dürfen wir jeweils verschiedene dieser Zeiten zusammenfassen und bezeichnen.

Wir nennen s_s (Fig. 473, 25 mm $=$ 1 sek) die Zeit, die sich unmittel-

---

[1]) Siehe Lincke, Das mechanische Relais, 1878.

bar an s_u anschließt und die vergeht, bis der Schlagdaumen die Kante der Anschlagwelle erreicht hat und tatsächlich faßt.

Es schließt sich die Zeit s_r an, die abläuft, bis sich das Riemchen so weit herüber auf die Vollscheibe begeben hat, daß es gerade durchzieht und die Vollscheibe ihre Bewegung beginnt. Wir vernachlässigen die Spielräume im Nachführgetriebe und nehmen an, daß die Nachführung ebenfalls nach Ablauf der Zeit s_r sich in Bewegung setze.

Endlich kommt die Zeit s_g für das Durchlaufen der Spielräume im Getriebe zwischen Regulator und Leitschaufel.

Hier setzt sich also s_R zusammen als

$$s_R = s_s + s_r + s_g \quad \ldots \ldots \ldots \quad \textbf{877.}$$

Diesen drei Zeitunterschieden entsprechend finden wir in Fig. 473 die Strecken aufgetragen. Mit dem Ablauf von s_u erhebt sich die Tachometerbahn, $s_s + s_r$ Sekunden später die Nachführungsbahn, die anzeigt, wo sich der von der Nachführung stetig nachgeschobene Punkt für das Wiederausrücken befindet; am Ende von s_g folgt die Füllungsbahn.[1])

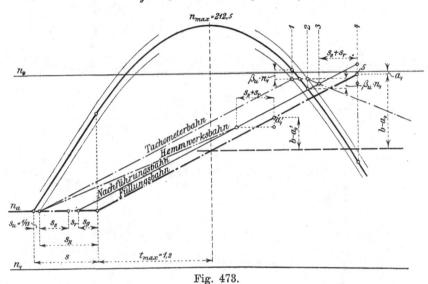

Fig. 473.

Sehen wir kurz, wie sich die Verhältnisse gegen a_1 zu gestalten. Die n-Linie beginnt nach Ablauf von s_g als Parabel, die um $\beta_u n_1$ entfernte innere Begleitlinie wird beim Niedergang von der Tachometerbahn in der Fluchtlinie „1" getroffen, die Hebung der Tachometermuffe ist beendet, die Tachometerbahn geht wagrecht weiter, die Nachführungs- und die Füllungsbahn aber steigen noch weiter an. In Fluchtlinie „2" schneidet die Tachometerbahn die äußere Begleitlinie der n-Linie, das Tachometer beginnt zu sinken. In Fluchtlinie „3" trifft die Nachführungsbahn mit der Tachometerbahn, also mit der Tachometerstellung zusammen, die das Ausschalten einleitet, aber erst in „4" nach Ablauf von $s_s + s_r$ erfolgt dies tatsächlich; mithin ist die bis dahin eingetretene Füllung durch Punkt „5" gegeben. Die n-Linie war bis hierher parabolisch weiter gesunken, unterhalb „5" wird sie bis zum Wiederöffnen geradlinig weitergehen.

---

[1]) Für die Berechnung der n in Fig. 473 ist bei sonst gleichen Turbinendaten das Schwungmoment GD^2 doppelt so groß angenommen als seither, der hier vorausgesetzten großen Gesamt-Spielraumzeit wegen.

Es ist leicht einzusehen, daß durch die geschilderte Verspätung im Ausschalten die Füllungsverkleinerung viel weiter fortschreitet als erwünscht wäre, daß der Regulator sich in einem stetigen Überregulieren befinden wird, das mit dem Pendeln nahe verwandt ist.

Gegen diese Übelstände wurden mit Erfolg die Tachometer-Hemmwerke angewandt.

4. Nachführung und Tachometerhemmwerk.

Nach Nr. 5 der Voraussetzungen beim ideellen Regulator (S. 715) soll jeder Stellung der Tachometermuffe eine ganz bestimmte Füllung der Turbine entsprechen. Ohne diese Einrichtung ist ein Regulator erfahrungsgemäß im allgemeinen wertlos, und deshalb besitzen alle brauchbaren Geschwindigkeitsregulatoren diese Eigenschaft, die auf mancherlei Weise erzielt werden kann.

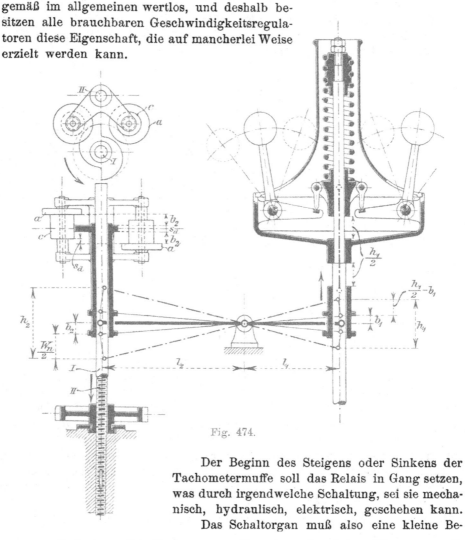

Fig. 474.

Der Beginn des Steigens oder Sinkens der Tachometermuffe soll das Relais in Gang setzen, was durch irgendwelche Schaltung, sei sie mechanisch, hydraulisch, elektrisch, geschehen kann.

Das Schaltorgan muß also eine kleine Bewegung, derjenigen der Tachometermuffe entsprechend, ausführen so weit, daß der Impuls auf das Relais zum Ausdruck kommt.

Gehen wir, zeitweilig, von der Tachometerstellung aus, in der der Hebel zwischen Muffe und Schaltorgan wagrecht steht, Fig. 474, und nehmen wir

dazu an, daß diese Stellung eine Ruhelage sei so wird der Schaltdaumen aus dieser Mittelstellung einen Weg b_2 nach oben oder nach unten
zurückzulegen haben, ehe seine Kante mit dem großen Durchmesser einer Anschlagrolle in Berührung kommen kann. Diese Strecke ist in Fig. 474 der Deutlichkeit wegen übertrieben groß gezeichnet, in Wirklichkeit ist der Teil der
Anschlagrollen mit dem kleinen Durchmesser weit weniger hoch, vergl.
Taf. 45. Dem Weg $\pm b_2$ des Schaltdaumens entspricht, dem Hebelverhält-
nis l_2 und l_1 gemäß, ein Weg der Tachometermuffe $\pm b_1$, den dieselbe leer
zurücklegen muß, ohne einschalten zu können und innerhalb dieses Weges $\pm b_1$
ruht die Voraussetzung 5 vollständig. In dieser Weise kommt von dem
gesamten Hub h_1 der Tachometermuffe nur die Strecke $h_1 - 2b_1$ für die
Verstellung der Füllung in Betracht. Aber nicht nur die Ruhelage mit wag-
rechtem Hebel ist durch die leeren Strecken $\pm b_1$ eingeschlossen, sondern
jede Ruhelage in den mittleren Tachometerstellungen. Die oberste und
unterste Muffenlage zeigt natürlich nur eine leere Strecke b_1 jeweils gegen
die Mittelstellungen hin, weil dort nur ein Einschalten nach einer Richtung
in Frage kommt. Bei der Ausführung ist als tätiger Tachometerweg nur
die Strecke $2\left(\dfrac{h_1}{2} - b_1\right) = h_1 - 2b_1$ in Rechnung zu stellen.

Jede beliebige Turbinenbelastung kann während kürzerer oder längerer
Zeit unveränderlich sein und deshalb dem Betriebe einen Beharrungszustand
bringen. Wenn aber jede Muffenstellung, abgesehen von der eben erwähnten
Einschränkung, einer bestimmten Turbinenbelastung (Füllung) entsprechen
soll, so muß in jeder Tachometerlage ein Ausschalten des Relais, des Reguliergetriebes, erfolgen können.

Sehen wir uns den Regulator, Taf. 45 und Fig. 474, daraufhin als Beispiel an.

Würden die Anschlagrollen in unveränderlicher Höhe sitzen, so könnte
das Ausrücken des Reguliergetriebes nur in zwei Höhenstellungen des
Daumens, nämlich jeweils an den Enden der Gesamtstrecke $2b_2 + s_d$ erfolgen
(s_d hier im übrigen nebensächlich) und die obgenannte Anforderung könnte
nicht erfüllt werden. Diesem Übelstand hilft die Nachführung ab.[1]

Diese besteht hier (Taf. 45) darin, daß von dem Mittelrad des Wendegetriebes (24/48 Zähne) durch ein Stirnräderpaar (20/48 Zähne) eine stehende
Schraubenspindel in Bewegung gesetzt wird, deren Steigung so verläuft,
daß der Rollenträger mit den Anschlagrollen dem Heben oder Senken des
Daumens nachrückt, bis die Rollenkante (kleiner Durchmesser) über kurz
oder lang in den Rotationsbereich des Daumens gerät, sodaß auf diese
Weise das Stillsetzen des Reguliergetriebes in jeder beliebigen
Tachometerlage ermöglicht ist. Von der gleichen Tachometerlage aus
ist dann, je nach der Richtung der neuen Geschwindigkeitsschwankung,
das Einschalten des Reguliergetriebes sofort oder erst nach dem Durchlaufen des Weges $2b_2$ bezw. $2b_1$ (Fig. 474) gewährleistet.

Die Nachführung hat also die Aufgabe, die Schalteinrichtung derart

---

[1] Der hierfür meist benutzte Name „Rückführung" trifft die Sache nicht richtig und
führt zu Undeutlichkeiten; er soll ausdrücken, daß die betreffende Einrichtung das
Reguliergetriebe immer wieder in die zugehörige Ruhestellung zurückführt; dies wird
vielfach irrtümlich als „Zurückführung des Tachometers in seine Mittelstellung" aufgefaßt. Die Bezeichnung „Nachführung" erscheint besser dem Sinn der Einrichtung
angepaßt.

der Tachometerbewegung nachführend anzupassen, daß in jeder Muffenlage
das Ausrücken, ebenso auch das Wiedereinrücken möglich ist. Der von
der Nachführung zu durchmessende Weg ist hier $W_n = 2\left(\dfrac{h_2}{2} - b_2\right) = h_2 - 2b_2$
(Fig. 474) $= (h_1 - 2b_1)\dfrac{l_2}{l_1}$.

Der Regulator nach Taf. 45 war aber trotz der Nachführung unbrauchbar ohne eine weitere Einrichtung. Das Tachometer war bei den anfänglichen Regulatorausführungen frei beweglich derart, daß es sich, abgesehen von innerer Reibung (Unempfindlichkeit) jederzeit der augenblicklichen Umdrehungszahl entsprechend in der Höhe, natürlich innerhalb der
Hubgrenzen, einstellen konnte.

Die Tachometermuffe beschrieb eine Tachometerbahn, die sich, solange
die Geschwindigkeit zunahm, mit der unteren, wenn sie abnahm mit der
oberen Begleiterin der n-Linie deckte (Fig. 473). Diese freie Beweglichkeit
verhinderte, daß das Tachometer, den Anschlagrollen folgend, ebenfalls T_s
Sekunden brauchte, um seinen Hub zurückzulegen, der Daumen verließ
alsbald den Bereich derselben, die Möglichkeit rechtzeitigen Auslösens wäre
zwar ideell gegeben gewesen, aber die Unempfindlichkeit des Tachometers
verhinderte dies.

Es wäre an sich leicht, das Tachometer in eine Bahn parallel zur Nach-
führungs- und Füllungsbahn zu zwingen: Anschläge am Rollenträger (Taf. 45)
könnten den zwischen Tachometer und Daumen befindlichen Hebel zwischen
engen Grenzen $(\pm b_2)$ festhalten, so daß der Daumen der Bewegung des
Rollenträgers, der Nachführung, folgen müßte. Durch einen derartigen Anschlag würde erreicht, daß die Tachometerbahn mit der Nachführungsbahn
und Füllungsbahn parallel verläuft und die Folgen dieses Parallelseins sind
im vorhergehenden Abschnitt, Fig. 473, eingehend geschildert worden.

Das Tachometerhemmwerk hat die Aufgabe, nicht das Parallellaufen
des Daumens mit der Nachführung, sondern ein Überholen des Daumens durch die Nachführung herbeizuführen, was sich in Fig. 473 dadurch ausdrückt, daß sich die durch das Hemmwerk erzwungene Tachometerbahn, —··—··—, dort kurzweg als Hemmwerksbahn bezeichnet,
flacher legt als die Nachführungsbahn, also mit dieser zum Schnitt kommt.

Wir hatten vorher angenommen, daß beim Zusammentreffen von Tacho-
meter- und Nachführungsbahn der Impuls zum Abstellen des Reguliergetriebes eintreten wird, daß aber noch die Zeiten $s_s + s_r$ vergehen müßten,
ehe der gegebene Impuls befolgt, ehe das Riemchen die betreffende Scheibe
verlassen haben wird. Wir sehen jetzt, daß sich bei mechanischer Schaltung zwischen s_u und s_s noch die Zeit einschiebt, die für das Durchmessen
der Strecke b_1 oder auch $2b_1$ erforderlich ist. Der Einfachheit der Darstellung wegen ist diese aber in Fig. 473 nicht berücksichtigt. In ganz
gleicher Weise setzt sich am Ende von $\beta_u n_1$ jedesmal noch die Geschwindigkeitszunahme an, die erforderlich ist, damit das Tachometer die Strecke b_1
zurücklegen kann. Auch diese ist in Fig. 473 absichtlich vernachlässigt.

Geht das Tachometer dem Hemmwerk gemäß vor, so wird das Schließen
schon im Punkte a_1' aufhören, statt erst im Punkte „5", es ist dann nur
noch ein Mangel an Drehmoment im Betrage $(b - a_1')M_1$ auszugleichen statt
des weit höheren Betrages $(b - a_1)M_1$ der gleichen Figur. Der Zweck der
Tachometerhemmwerke ist also einfach: Die Nachführungsbahn soll so bald
zum Schnitt mit der „Hemmwerksbahn" des Tachometers gebracht werden,

daß die alsdann noch auszugleichende Differenz der Drehmomente bei einer nahe bei n_b liegenden Tachometerstellung dem anzustrebenden Moment bM_1 tunlichst nahekommt.

Das Tachometerhemmwerk soll der Bewegung der Tachometermuffe nur eine zeitliche Hemmung bereiten, nicht aber eine solche durch Vermehrung der Unempfindlichkeit verursachen, es soll einen Anschlag bilden für das Spiel der Muffe, der dieser stets mit gegebener Geschwindigkeit aus dem Wege geht, der aber der Empfindlichkeit des Tachometers keinen oder nur ganz unbedeutenden Eintrag tut.

Aus diesem Grunde sind Ölbremsen als Hemmwerke nicht gut brauchbar, hier kann es sich nicht um rein kraftschlüssige Mechanismen handeln, sondern nur um solche, die in ihrer Bewegung keinen oder höchstens einen sehr geringen, vom Tachometer zu überwindenden Widerstand erfordern.

Das Hemmwerk auf Taf. 45 verhindert durch eine Rolle (95 mm Durchm.), die mit kleinen Spielraum zwischen zwei am Hülsengewicht des Tachometers angebrachten mitrotierenden Reibflächen steht, die großen Ausschläge der Muffe nach oben oder unten. Die Rollenachse ruht in Rollkugellagern, die mit dem Gehäuse des Hemmwerksgetriebes achsial verschiebbar verschraubt sind, um die Übersetzung zwischen Reibfläche und Rolle beliebig einstellen zu können. Das Gehäuse selbst wird von zwei Führungsspindeln gehalten. Strebt das Tachometer aufwärts, so liegt die untere Reibfläche an, setzt die Rolle durch Reibung in Bewegung und bewirkt durch die Räder 20/60 und 12/60 Zähne eine langsame Drehung der beiden Spindelmuttern aus Bronze, die achsial gehalten sind, die also nur der in den Rädern und den Reibstellen-Durchmessern enthaltenen Übersetzung gemäß das Gehäuse mit der Rollenachse nach oben rücken lassen und das Tachometer auf diese Weise zwingen, in der Hemmwerksbahn zu laufen. Gegen abwärts tritt ohne weiteres die andere Drehrichtung der Spindelmuttern ein, weil dann die obere Reibfläche berührt.

Wenn auch das Hemmwerkseigengewicht durch ein Gegengewicht ausgeglichen ist und auch sonst auf möglichst geringe Reibung gesehen wurde, so ist doch eine gewisse, wenn auch kleine, Vermehrung der Unempfindlichkeit für das Tachometer gegeben, weil ein, wenn auch sehr kleiner, Druck seitens der Reibfläche erforderlich ist, um die Rolle in Bewegung zu setzen.

Diesem Umstande soll die Hemmwerkskonstruktion D.R.P. No. 140560 (Steinhäußer) abhelfen, bei der der Hemmwerksbetrieb nicht durch den Verstellungsdruck des Tachometers erfolgt, sondern durch ein Daumenschaltwerk mit Wendegetriebe im kleinen ganz entsprechend dem großen für das Reguliergetriebe selbst verwendeten.

5. Der Ort für den Angriff der Nachführnng.

Nicht alle Tachometer bedürfen eines Hemmwerkes, das hängt von der Art der Anordnung für das Schaltorgan ab.

Fast ausnahmslos befindet sich zwischen der Tachometermuffe und dem Schaltorgan ein Hebel, der durch seine Armlängen erwünschte Gelegenheit zu beliebiger Übersetzung zwischen den beiderlei Bewegungen bietet.

Drei Punkte an diesem Hebel können für die Nachführung in Betracht kommen, die beiden Angriffspunkte, dazu der Drehpunkt.

Bei dem Regulator nach Taf. 45 durchmißt das Tachometer einen bestimmten Weg h_1 zwischen seinen Endlagen, Fig. 474; das Schaltorgan, der Daumen, legt den der gesamten Füllungsverstellung angepaßten Weg h_2 zurück, und der Hebeldrehpunkt ist fest mit dem Regulatorgestell verbunden. Die Nachführung muß deshalb bei den Anschlagrollen angreifen.

Hier ist ein Hemmwerk, abgesehen sogar von der erwünschten Konvergenz der beiden Bahnen, nötig.

Sind die Aufhängepunkte der Schwungkugeln des Tachometers in ihrer Höhenlage unveränderlich gehalten, wie in Fig. 474, so muß bei festliegendem Hebeldrehpunkt das Schaltorgan den Hub $h_2 = h_1 \cdot \dfrac{l_2}{l_1}$, die Nachführung den Weg $W_n = 2\left(\dfrac{h_2}{2} - b_2\right) = h_2 - 2\,b_2$ durchlaufen, wie schon gezeigt.

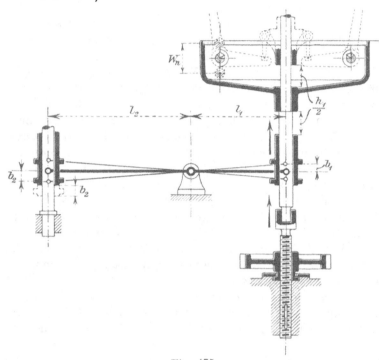

Fig. 475.

Zu einer anderen Anordnung aber kann man gelangen, wenn die Nachführung bei festem Hebeldrehpunkt an den Aufhängepunkten der Tachometerkugeln angreift (Fig. 475).

Stets sind die Hubstrecken $\pm b_1$ und $\pm b_2$ erforderlich für das Einschalten und bis hierher entspricht die Fig. 475 der Fig. 474.

Wenn dann die Tachometermuffe noch höher steigt, so läßt sich die Möglichkeit des Ausschaltens auch dadurch erzielen, daß das Nachführungsgetriebe die Aufhängepunkte der Schwungkugeln samt der mit diesen fest verbundenen Tachometerwelle der steigenden Muffe nachführt. Auf diese Weise bleibt der Tachometerhebel dauernd innerhalb der Lagen $\pm b_1$, der Schaltdaumen innerhalb $\pm b_2$ und hier stellt sich der Nachführungsweg auf $W_n = h_1 - 2\,b_1$.[1]

[1] Das Heben und Senken der Regulatorwelle wurde erstmals von F. J. Weiß, Basel, D. R. P. 58 518, ausgeführt, allerdings zu anderen Zwecken, es wird aber neuerdings auch für den indirekten Geschwindigkeitsregulator verwendet (Voith, D. R. P. 160 157).

Schließlich kann die Nachführung am dritten Hebelpunkte, dem seither als fest angenommenen Drehpunkte, angreifen (Fig. 476).

Auch hier sind die leeren Wege $\pm b_1$ und $\pm b_2$ zurückzulegen, ehe das Einschalten erfolgen kann und die Tachometermuffe durchläuft den vollen Hub h_1, von dem auch hier wieder nur $h_1 - 2 b_1$ für die Verstellung der Regulierung in Frage kommen. Wie sich der Nachführungsweg W_n berechnet, das zeigt die genannte Figur in ihrem unteren Teil. Nehmen wir an, das Tachometer war zuerst in der Mittelstellung (Ruhelage). Beim Ansteigen wurde b_1 durchlaufen und es muß dann noch bis zu Füllung Null die Strecke $\frac{h_1}{2} - b_1$ zurückgelegt werden. Der Hebeldrehpunkt muß in die Linie e—f nachgerückt werden, damit beim Stillstehen der Muffe sofort die

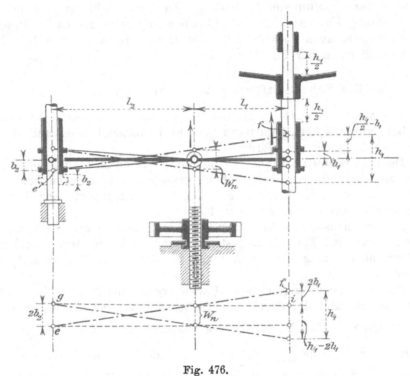

Fig. 476.

Auslösung erfolgt. Sinkt die Muffe wieder herunter, so kommt das Einschalten des Relais erst nach Zurücklegen der Strecke $2 b_1$ oder beim Schaltdaumen $2 b_2$, d. h. der Tachometerhebel muß die Lage g—i einnehmen, ehe das Wiedereinschalten vor sich gehen kann. Von da ab bis zur untersten Muffenstellung am Ende des Hubes h_1 findet das Wiederöffnen statt. Damit nach geschehener voller Öffnung der Turbine der nächste Augenblick das Ausschalten des Reguliergetriebes bringt, muß der Weg W_n vom Hebeldrehpunkt zurückgelegt werden. Diese Strecke beträgt nach Fig. 476 einfach $W_n = (h_1 - 2 b_1) \dfrac{l_2}{l_1 + l_2}$, wobei die Kreisbogenbewegungen außer acht gelassen werden dürfen, weil die Ausschläge b_1 und b_2 im Vergleich zu l_1 und l_2 sehr klein sind.

Ganz die gleichen Erwägungen greifen Platz bei der hydraulischen Schaltung der Reguliergetriebe, nur daß dort die Art der Steuerung fast immer die Nachführung am Hebeldrehpunkt, Taf. 43, 46, oder an der Tachometerwelle, Taf. 34, 39, als wünschenswert erscheinen läßt.

Die hydraulischen Schaltorgane sind eben an sich im allgemeinen nicht für Nachführbewegung geeignet, schon der Rohranschlüsse wegen.

Wie trotzdem bei hohen Arbeitsdrucken des hydraulischen Kolbens und verhältnismäßig kleiner Regulierarbeit auch einmal die Nachführung in sehr kompendiöser Weise am Schaltorgan (also dem Prinzip nach gleich mit Taf. 45) angebracht sein kann, das zeigt Taf. 44, bei welcher sich statt der Kolbenstange der hydraulische Arbeitszylinder selbst bewegt und durch seine Verschiebung die fest mit ihm verbundenen Steuerkanäle dem Kolbenschieber des Schaltorgans nachführt. Der Kolbenschieber hat bei einer Überdeckung Null an den Steuerkanälen nur eine minimale Strecke b_2 zurückzulegen, dann aber durchläuft er je nach Bedarf seinen Hub h_2 wie der Schaltdaumen der Fig. 474 auch.

6. Die Schaltstufen bei mechanischen Regulatoren.

Für viele mechanische Regulatoren kommt ein Umstand in Betracht, der bei hydraulischen Regulatoren gar nicht vorhanden ist und der eine besondere Besprechung erfordert.

Die Steuerkolben hydraulischer Regulatoren sind imstande, jeden Augenblick ohne weiteres eine Verschiebung auszuführen und geben dadurch die Möglichkeit, daß die Regulierbewegung ideell zu jedem ganz beliebigen Zeitpunkt einsetzen oder aufhören kann.

Bei den meisten mechanischen Regulatoren aber liegen die Verhältnisse anders. Der auf Taf. 45 dargestellte, der in viel hundert Ausführungen im Betriebe ist, mag dies im Anschluß an den vorhergehenden Abschnitt erläutern.

Die von oben angetriebene Daumenwelle macht 100 Umdrehungen in der Minute und der durch das Tachometer verstellte Daumen (Grundriß) ist doppelt. Mithin werden die Daumenschläge nach je $\frac{1}{100} \cdot \frac{1}{2} = \frac{1}{200}$ Minute oder nach je $\frac{60}{200} = 0,3$ sek aufeinander folgen. Die untere Welle, welche mit dem Reguliergetriebe gekuppelt ist, hat eine minutliche Umdrehungszahl von 540 und eine „Regulierumdrehungszahl" n_r von 115, d. h. sie hat $n_r = 115$ Umdrehungen (absolut) zu machen, um die ganz geschlossene Turbine vollständig zu öffnen oder umgekehrt. Dieser Zahl n_r entspricht in der Nachführung der gegebene Tachometerhub von 50 mm ohne Rücksicht auf $\pm b_1$ usw. Die Schlußzeit, wie sie in dem Getriebe und der Nachführung begründet ist, findet sich zu

$$T_s = \frac{60}{n} \cdot n_r = \frac{60}{540} \cdot 115 = \sim 13 \text{ sek.}$$

Da nun die Umschaltschläge des Daumens für die Riemführung nur in Zwischenräumen von 0,3 sek nach obiger Rechnung einsetzen können, so verlaufen jedesmal schon diese 0,3 sek als ein Teil der Spielraumzeit s_s, ganz abgesehen von der Zeit, die vergeht bis vom Beginn des Anschlages der Daumenscheibe an die betreffende Rolle das Riemchen so weit herübergeleitet ist, daß es tatsächlich „zieht".

Die Zeit zwischen zwei Schaltungsmöglichkeiten mit Riemen- oder Klinkenschaltwerken irgendwelcher Art, die sich im vorliegenden Beispiel zu 0,3 sek ergeben hat, bezeichnet aber auch als Bruchteil der Schlußzeit den Füllungsbereich, innerhalb dessen ein Ein- oder Ausschalten gar nicht möglich ist: Wenn 13 sek als Schlußzeit gegeben sind und wenn nur alle 0,3 sek das Ein- oder Ausschalten einsetzen kann, so bedeutet dies, daß das Schalten nur in Abstufungen von $\frac{0,3}{T_s} = \frac{0,3}{13} = 0,025$ der größten Füllung erfolgen kann, daß also beim Schließen aus voller Öffnung, $\varphi = 1$, ideell hier nur die Stufen $\varphi = 0,975$, $\varphi = 0,950$ usw. eingestellt werden können, nicht aber beispielsweise $\varphi = 0,960$. Wenn, um bei diesen Zahlen zu bleiben, nun $b = 0,960$ durch Belastungsschwankung eintritt, so wird, mag nun der Regulator auf 0,950 oder 0,975 eingestellt haben, immer ein Füllungsrest entweder fehlen oder zu viel da sein, der, weil sehr klein, eine ganz allmähliche Ab- oder Zunahme der Umdrehungszahlen veranlaßt. Solange diese innerhalb der Grenzen der Unempfindlichkeit des Tachometers bleibt, solange wird Ruhe herrschen, bis schließlich das Tachometer durch die kleinen Stöße des Betriebes befähigt wird, sich weiter zu bewegen. Geht die Geschwindigkeitsänderung nur etwas über die Ruhelage hinaus, so wird der Regulator, solange $b = 0,96$ bleibt, stetig aber langsam ideell zwischen den Füllungen 0,975 und 0,95 wechseln müssen, in Wirklichkeit tritt ein langsames Pendeln um etwas größere Werte ein.

Die ideelle Einstellungsmöglichkeit liegt für den betrachteten Regulator in Abstufungen von 2,5 zu 2,5 Prozent; es gab früher Schaltklinkenregulatoren, die 16 Zähne für die ganze Schaltung von „Auf" bis „Zu" hatten, diese konnten also nur die Turbinenleistung in Abschnitten von $\varphi = \frac{1}{16}$ $= 6^2/_3 \, ^0/_0$ einstellen und hatten infolgedessen eine unaufhörliche Unruhe im Reguliergetriebe.

Ins Zeichnerische übertragen bedeutet dies, daß zwar die Tachometerbahn an jedem ihrer Punkte einen Richtungswechsel ausführen kann, daß aber für die Füllungsbahn (Fig. 472) bei 16 Schaltzähnen nur in Abschnitten, die je $\frac{1}{16}$ der Schlußzeit entsprechen, ein Knick möglich ist.

Es ist ein großer Vorzug der hydraulischen Regulatoren, daß diese Schaltstufen für sie gar nicht in Frage kommen, wenn auch wunderlicherweise schon hydraulische Regulatoren existierten, deren Steuerventile in gänzlicher Verkennung dieser Verhältnisse nicht durch das Tachometer, sondern durch einen Schaltklinkenmechanismus eingestellt wurden.

Das Vorhandensein dieser Schaltstufen hat aber auch noch einen anderen Nachteil im Gefolge. Es müssen nämlich die Teile, an denen der Schaltdaumen angreift, durch diesen Angriff aus der Ruhestellung in Bewegung gesetzt, beschleunigt werden und diese Beschleunigung muß um so rascher erfolgen, je mehr Schaltstufen in der gegebenen Schlußzeit enthalten sind. Wir müssen wünschen, daß der Regulator viele kleine Schaltstufen besitzt, und dazu eine möglichst kleine Schlußzeit. Diese beiden Forderungen verkleinern gleichzeitig die für eine Schaltstufe verfügbare Zeit ganz außerordentlich. Wenn aber die zu bewegenden Teile, z. B. die Anschlagrollen in Taf. 45 nebst Rollenträger und Riemenführer in sehr kurzer Zeit beschleunigt werden sollen, so erfordert dies trotz möglichst kleiner Massen verhältnismäßig große Beschleunigungsdrucke.

Hierin liegt überhaupt die Grenze für die Erniedrigung der Schlußzeit bei mechanischen Regulatoren mit irgendwelcher Schaltdaumen-Einrückung, denn wenn die Beschleunigungsdrucke so groß werden, daß sie beispielsweise die Kanten der Anschlagrollen zu rasch abnutzen, so ist der Regulator unbrauchbar.

Um welche Beschleunigungsdrucke es sich handeln kann, zeigt eine kurze Rechnung. Nehmen wir die Schaltstufenzeit des Regulators Taf. 45 mit 0,3 sek, so ist zu bedenken, daß für die eigentliche Verschiebung der Anschlagrolle mit Zubehör nur die Hälfte, also nur 0,15 sek zur Verfügung stehen kann, ganz wie bei hin- und hergehenden Schaltklinken auch. Aus der ganz allgemeinen Gl. 77, S. 25, für Beschleunigungsvorgänge finden wir einfach, mit $v_0 = 0$

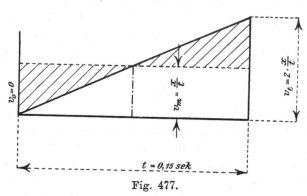

Fig. 477.

$$P = m \cdot \frac{v_t}{t}.$$

Nun sei der Weg x einer solchen Anschlagrolle 20 mm und dieser werde in der vorgenannten Zeit $t = 0,15$ sek zurückgelegt. Die mittlere Geschwindigkeit v_m der Masse der Anschlagrolle usw. ist dann, wegen $x = v_m \cdot t$ (Fig. 477), $v_m = \frac{x}{t}$, die Endgeschwindigkeit v_t aber stellt sich bei gleichmäßiger Beschleunigung (P konstant) natürlich auf $2 \cdot \frac{x}{t}$, weil eben $v_0 = 0$ ist. Der Inhalt des Dreiecks, Fig. 477, $\frac{1}{2} \cdot v_t \cdot t$ stellt den Weg x dar, ebenso auch derjenige des mit $v_m = \frac{x}{t}$ als Ausgleichslinie gezogenen Rechteckes.

Daraus folgt

$$P = m \cdot \frac{2x}{t^2} \quad \ldots \ldots \ldots \quad \textbf{878.}$$

und mit den genannten Zahlenwerten

$$P = m \cdot 2 \cdot \frac{0,02}{0,15^2} = \sim 2\,m = 2\,\frac{G}{g} = \sim \frac{1}{5}\,G,$$

das heißt, bei Schaltstufen von 0,3 sek Länge ist der erforderliche Beschleunigungsdruck an der Mitnehmkante der Anschlagrolle ungefähr $^1/_5$ des zu beschleunigenden Gewichts und dieser Druck nimmt umgekehrt mit dem Quadrat der verfügbaren Beschleunigungszeit zu.

Wollten wir die Schlußzeit von 13 sek unter Beibehaltung der Anzahl der Schaltstufen auf die Hälfte ermäßigen, so würde der erforderliche Beschleunigungsdruck schon das Vierfache von vorher betragen, und für solch hohe Drucke fehlt es bei den Anschlagskanten an der nötigen Auflagefläche, das Material ist auf die Dauer nicht widerstandsfähig genug.

7. Mechanische Regulatoren ohne Schaltstufen.

In Erkenntnis dieser beiden Übelstände, der Schaltstufen an sich und der Nötigung zu verhältnismäßig großen Schlußzeiten, sind mechanische Regulatoren entstanden, die diese Nachteile vermeiden. Die Konstruktionen beruhen auf der Verwendung sogen. Differentialgetriebe, die bekanntlich gestatten, die Umdrehungszahlen zweier Wellen auf einer dritten als Summe oder Differenz zu vereinigen. Diese Vereinigung erfolgt durch Bremsen oder Festhalten eines der Räder. Da dies in jeder Stellung derselben möglich ist, so sind hierdurch die Schaltstufen vermieden. Das Festhalten kann mechanisch oder hydraulisch geschehen.

Ein Beispiel, der auf Taf. 46 abgebildete Differentialregulator von Bell-Kriens, D. R. P. 118733, wird die Sache erläutern.

Zwei im allgemeinen gleiche Wellen, die Antriebswelle mit der Riemscheibe R und die Arbeitswelle mit dem vorstehenden Stück zum Ankuppeln des Reguliergetriebes (vergl. auch Taf. 37), sind in einem Kastengestell gelagert. Jede der beiden Wellen trägt lose auf ihr laufend, symmetrisch angeordnet, je zwei Hülsen, die gegen die Kastenwand zu in ein Stirnrad, gegen die Mitte zu in ein konisches Rad übergehen. Die außen symmetrisch liegenden Stirnräder beider Wellen sind jeweils in Eingriff miteinander, diejenigen auf der Antriebsseite, Schnitt CC, direkt, diejenigen auf der Gegenseite, Schnitt BB, bei entsprechend verkleinerten Durchmessern durch Vermittlung eines Zwischenrades. Auf diese Weise ist auch das konische Rad auf der einen Welle mit dem gleichliegenden auf der anderen Welle jeweils zwangläufig und dauernd verbunden. Die konischen Räder der Antriebsseite haben des direkten Stirnrädereingriffs wegen entgegengesetzte, die der Gegenseite des Zwischenrades wegen gleiche Drehrichtung.

Sowohl die Antriebs- als die Arbeitswelle tragen in ihrer Mitte, fest mit derselben verbunden, Mitnehmstifte, die als Drehachsen für die umlaufenden Mitnehm-Zwischenräder M dienen, durch die schließlich das Differentialgetriebe gebildet wird.

Nehmen wir vorübergehend an, daß die beiden Hülsen der Antriebswelle mit dieser fest verbunden seien, so entsprechen die Drehrichtungen der Hülsen und Räder auf der Antriebswelle den im Schnitt EE eingezeichneten Pfeilen. Dabei werden die Stirnräder der Arbeitswelle die ebenfalls aus Schnitt EE ersichtlichen, entgegengesetzten Drehrichtungen haben, die sich aber in den Mitnehmrädern der Arbeitswelle ausgleichen derart, daß in diesem Falle die Arbeitswelle stillstehen bleibt. An die Stelle der zuerst angenommenen festen Verbindung treten nun die eben erwähnten Mitnehmräder M; die Mitnehmräder der Antriebswelle stützen sich mit ihren Zähnen gegen diejenigen der konischen Räder. Die letzteren beiden können also nur dann von der Antriebswelle gleichmäßig mitgenommen werden, wenn die widerstehenden Momente an den Hülsen bezw. den Stirnrädern beiderseits gleich groß sind.

Denken wir uns nun ein Stirnrad, beispielsweise das auf Antriebsseite, festgehalten, so werden die Mitnehmräder der Antriebswelle, weil durch den Antrieb zum Umlauf gezwungen, das konische Rad der Gegenseite nebst zugehörigem Stirnrad mitnehmen und diese letzteren werden sich mit der doppelten Umdrehungszahl der Antriebswelle und in deren Sinne drehen.

Dieser Drehung folgt natürlich das zwangläufig verbundene Stirnrad auf der
Arbeitswelle und das dazu gehörige konische Rad, das seinerseits die Mitnehmräder der Arbeitswelle ebenfalls mitdrehen will. Diese stützen sich mit
ihren Zähnen gegen diejenigen des festgehaltenen konischen Rades der
Antriebseite und drehen deshalb die Arbeitswelle an ihren Mitnehmstiften
in ihrem Sinne mit der halben Umdrehungzahl des konischen Rades, also
mit der gleichen Umdrehungzahl, wie die Antriebriemscheibe, also wie die
Pfeile im Schnitt BB zeigen, mit.

Werden die Stirnräder der Antriebseite freigegeben und ein Rad der
Gegenseite festgehalten, so wechselt die Arbeitswelle ihre Drehrichtung,
wie leicht einzusehen, während die Arbeitswelle stillsteht, wenn die Stirnräder beider Seiten freigegeben sind.

Hierdurch ist für die Arbeitswelle ein Wendegetriebe geschaffen. Etwaige
Reibungswiderstände der Hülsen auf den beiden Wellen usw. stören die
Ruhelage der Arbeitswelle nur dann, wenn ihr Unterschied größer wird
als dem von der Arbeitswelle auszuübenden Drehmoment entspricht. In
der Ruhelage der Arbeitswelle drehen sich deren Mitnehmräder auf ihren
Stiften leer, die Mitnehmräder der Antriebswelle stehen relativ zu den Mitnehmstiften still, sie rotieren mit der Welle (keine Deckung zwischen An-
triebshülsen und Welle). An sich wäre für jede Welle ideell nur ein Mitnehmrad erforderlich, das zweite dient aber in erwünschter Weise zuerst
als Gewichtsausgleich und, wenn einmal die Mitnehmbolzen eingelaufen
sind, auch als Ausgleich für die Druckübertragung (Kräftepaar).

Das Anhalten der Stirnräder auf der Antriebs- oder der Gegenseite geschieht nun in eigenartiger Weise. Wie der Aufriß in Taf. 46, Schnitt AA,
erkennen läßt, sind beide Stirngetriebe seitlich zwischen Gußwänden eingeschlossen, die von unten her offen sind, sie bilden also je ein sogen.
Kapselrädergetriebe. Der Kastenständer ist bis gegen die Wellenunterkanten
hin mit Öl angefüllt, so daß die unteren Zutrittsöffnungen stets in Öl tauchen,
und so ist jedes der beiden Stirngetriebe für sich als Kapselpumpe mit Öl-
füllung in Betrieb. Das von den Pumpen geförderte Öl tritt durch die
zugehörigen nach oben führenden Kanäle hoch in zwei getrennte Kammern
(im Schnitt AA teils in Ansicht, teils im Schnitt gezeichnet), die einen gitter-
förmig durchbrochenen zylindrischen Steuerschieber umschließen. Jede Pumpe
hat ihre besondere Kammer und der Steuerschieber läßt in Mittelstellung
das den beiden Kammern zugeförderte Öl gleichzeitig nach innen durch
und in den Kastenständer zurückströmen. In diesem Fall sind beide Kapsel-
pumpen ideell gleich belastet, also auch die Momente an den Hülsen-Stirn-
rädern der Antriebswelle gleich groß, beide Drehmomente halten sich an
den Mitnehmrädern das Gleichgewicht.

Dadurch, daß die ganzen Getriebe in Öl laufen, ist auch für den tatsächlichen Betrieb die möglichste Gleichheit der Drehmomente dauernd
gesichert. Der Konstrukteur hat sich aber damit nicht begnügt, sondern
seine Aufmerksamkeit auf den Ausgleich auch noch in der Weise betätigt,
daß die Fördermenge der Stirnräder von verschiedenem Durchmesser durch
verschiedene Stirnradbreiten gleich groß gemacht und daß der etwas mehr
Kraft brauchenden Kapselpumpe mit dem Zwischenrad die geringere maßstäbliche Förderhöhe (untere Kammer) zugeteilt wurde.

Nun sind, wie schon erwähnt, die Schieberschlitze derart angebracht,
daß die Schlitze des feststehenden Mantels in der Mittelläge je zur Hälfte

freigegeben sind, beim Verstellen des Schiebers nach oben oder unten werden deshalb die Schlitze der einen Kammer schließlich ganz geöffnet, die der anderen aber vollständig abgeschlossen.

Auf diese Weise wird die eine Kapselpumpe durch eine Änderung in der Muffenstellung des Tachometers in ihrer Förderung ganz frei gegeben, dagegen die zweite einfach durch das Abschließen des Druckrohres stillgestellt und die Arbeitswelle dreht sich in dem erforderlichen Sinne so lange, als die Abschließung dauert.

Es ist aber, genauer besehen, gar nicht erforderlich, daß die eine Kammer ganz abgeschlossen wird, weil ja schon eine Differenz der Drehmomente an den Hülsen der Antriebswelle genügt, wenn sie nur größer ist als das widerstehende Moment des Turbinenreguliergetriebes.

Aus Taf. 46 ist ohne weiteres ersichtlich, wie der Steuerschieber vom Tachometer aus betätigt wird; die Nachführung greift hier am Hebeldrehpunkt an, sie wird durch ein Schraubenrädergetriebe und eine Schraube, von den Mitnehmstiften der Arbeitswelle aus betätigt.

Den Angaben der Firma Bell & Co. verdankt Verf. die im nachstehenden enthaltenen Zahlengrößen.

Die Verstellkraft des Tachometers an der Hülse beträgt für $2\,^0/_0$ Zu- oder Abnahme der Umdrehungszahlen ($n = 500$) 11 kg. Der Hub der Tachometermuffe beziffert sich auf 25 mm und der größtvorkommende Hub des Gitterschiebers auf $\pm\,1\,^1/_2$ bis 2 mm aus Mittelstellung.

Da die Antriebswelle 120 Umdr. in der Min. macht, so ist dies auch die auf die Minute bezogene Umdrehungszahl der Arbeitswelle, sofern das eine Kapselwerk wirklich ganz festgehalten ist. Wenn wegen Abwesenheit der Schaltstufen die Schlußzeit auf 3 bis 6 Sekunden angesetzt wird, so entspricht diesen Zeiten ein Betrag von $n_r = \dfrac{120}{60}\,(3 \div 6) = 6 \div 12$ Umdrehungen der Arbeitswelle, absolut genommen.

Im jeweils abgesperrten Druckraum stellen sich Drücke von 6 bis 8 Atm. ein.

Durch die Spalte seitlich an den Kapselrädern wird Preßöl entweichen, auch der zylindrische Gitterschieber kann der Natur der Dinge nach nicht absolut dicht absperren. Aus diesen Gründen wird es unmöglich, daß das betr. Kapselräderwerk tatsächlich ganz zum Stillstande kommt und hierdurch wird die Schlußzeit etwas verlängert, der Kraftverbrauch für den Betrieb des Regulators erhöht, auch das an der Arbeitswelle verfügbare Drehmoment gegenüber dem in die Antriebswelle eingeleiteten vermindert. Dadurch und durch die Reibungswiderstände erklärt sich ohne weiteres, daß das an der Arbeitswelle verfügbare Arbeitsvermögen nur die Hälfte oder auch weniger betragen wird als das durch den Riemen eingeleitete (Angabe der Fabrik).

Es ist sehr zweckmäßig, daß das Tachometer seinen Antrieb für sich hat, weil es sonst in seiner Feinfühligkeit beeinträchtigt wäre.[1]

---

[1] Bei mechanischen Regulatoren, die für das Tachometer und die Arbeitswelle nur einen Antriebsriemen besitzen (Taf. 45), muß dieser überbreit gemacht werden.

Geschieht dies nicht, so wird die Änderung in der Länge des ziehenden Riementrums, die sich beim Ein- und Ausschalten des Reguliergetriebes notwendig einstellt, für das Tachometer eine Änderung der Winkelgeschwindigkeit und also eine Störung in der Übertragung der Umdrehungszahl zwischen Turbine und Tachometerwelle herbeiführen.

Aus letzterem Grunde ist es überhaupt empfehlenswert, das Tachometer, auch wenn getrennt angetrieben, mit einem verhältnismäßig kräftigen Riemen zu versehen, denn es handelt sich vor allem darum, den Schwungkugeln des Tachometers das für

Für die Bewegungsübertragung zwischen Tachometermuffe und Gitterschieber sind alle Spielräume tunlichst vermieden und das rasche Folgen des Gitterschiebers wird auch durch die Spiralfeder noch unterstützt.

Das mit dem mechanischen Regulator verbundene Reguliergetriebe der Turbine sollte im allgemeinen so wenig zum Abstellen der Turbine verwendet werden, als die Expansionssteuerung einer Dampfmaschine. Indessen ist es angenehm, wenn die Möglichkeit vorhanden ist, daß man auch einmal mit sogen. Handregulierung arbeiten kann, wobei natürlich jedes Eingreifen des Tachometers unmöglich gemacht sein muß. Letzteres wird für den vorliegenden Regulator durch Öffnen des Ventils (Schnitt DD) erzielt, denn dadurch treten die Druckräume der beiden Kapselgetriebe in Verbindung und das Anhalten eines Kapselwerkes für sich durch den Gitterschieber ist unmöglich geworden. Das Griffrad für Handregulierung (Taf. 37) kann dann durch achsiale Verschiebung in Klaueneingriff mit der Regulierwelle gebracht werden. Solange der Regulator im Betrieb ist, wird man natürlich die Schwungmasse des Griffrades vom Reguliergetriebe losgekuppelt halten, sie würde ja nur Verschiebungen in der Spielraumzeit herbeiführen, zu spätes Einsetzen und zu spätes Aufhören des Verstellens verursachen.

An Stelle der vorstehend geschilderten hydraulischen Einschaltvorrichtung besitzt der Regulator von Thomann D.R.P. 141713 eine mechanische. Denken wir uns ein konisches Differentialgetriebe Fig. 478 so in Bewegung gesetzt, daß der Mitnehmstift mit dem Mitnehmrad ständig umläuft, so wird dieses die beiden konischen Räder, sofern sie ganz gleichen Widerstand gegen Drehung besitzen, zu gleichsinnigem Rotieren veranlassen, wie die Pfeile der Figur zeigen. Natürlich sind die Räder achsial geführt; auf die gemeinschaftliche achsial frei bewegliche und in den Lagern drehbare Welle beider konischen Räder ist Flachgewinde geschnitten und eines derselben als Mutter ausgebildet, die Welle kann sich frei in dieser Mutter drehen. Das andere konische Rad ist glatt ausgebohrt und durch Nut und Feder mit der Welle auf Drehung zwangläufig verbunden, diese kann sich aber in achsialer Richtung leicht gegenüber dem Rade verschieben. Solange den Rädern gleiche Drehmomente entgegenstehen, drehen sie sich, durch das Mitnehmrad veranlaßt, gleich schnell, d. h. die Schraube (Welle) und Mutter (konisches Rad) drehen sich auch gleich schnell, es besteht deshalb keine Veranlassung zu gegenseitiger achsialer Verschiebung, die Welle bleibt achsial in ihrer augenblicklichen Lage.

So wie nun das durch Nut und Feder mit der Welle verbundene Rad und dadurch auch die Welle (Schraube) durch eine mechanische Bremse irgendwelcher Art fest gehalten wird, dreht sich das andere Rad (Mutter) mit doppelter Geschwindigkeit im Sinne des Mitnehmrades, und dadurch erfolgt eine achsiale Verschiebung der an der Drehung gehinderten Welle, die für das Reguliergetriebe ohne weiteres nutzbar gemacht werden kann. Die umgekehrte achsiale Verschiebung der Welle tritt ein, wenn das als Mutter ausgebildete konische Rad festgehalten wird. Da natürlich das mechanische Festhalten ebenso zu jedem beliebigen Zeitpunkt einsetzen und jedem Wechsel in der Bewegungsrichtung des Tachometers fast ohne Spiel-

---

ihre eigene Beschleunigung bei Erhöhung der Umdrehungszahlen erforderliche Arbeitsvermögen schleunigst und sicher zuzuführen und umgekehrt.

Wo tunlich, ist hier Räderbetrieb anzuwenden, Schrauben- bezw. hyperbolische Räder ermöglichen meist eine einfachere Aufstellung des Tachometers als konische Räder.

raum folgen kann, wie das vorher beschriebene hydraulische Festhalten, so sind die Schaltstufen auch hier vermieden.

Für die tatsächliche Ausführung des letztbeschriebenen Regulators ist wie für alle ähnlichen Konstruktionen eine gewisse Gefahr darin begründet, daß die Drehwiderstände an beiden konischen Rädern verschieden groß ausfallen und daß dadurch eine Tendenz zu Relativbewegungen zwischen

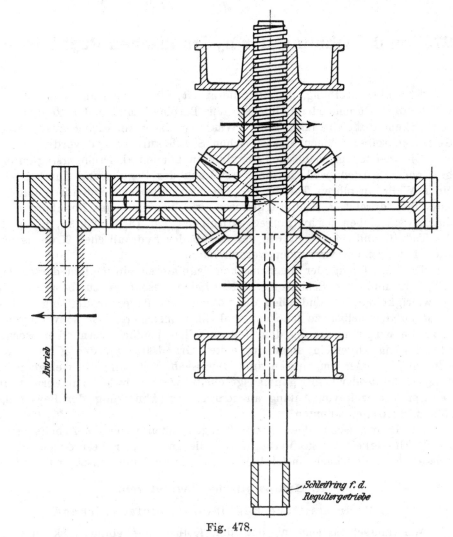

Fig. 478.

den rotierenden Teilen (Mutter und Schraube) eintritt. Der Konstrukteur hat auf das Vermeiden von einseitigen Reibungen, Klemmungen usw., auch kleine Massen, den größten Nachdruck gelegt.

Schließlich sind solche Verstellungstendenzen auch bei dem vorher beschriebenen Regulator (Bell) möglich (ungleiche Reibungen in den Kapselrädern). In beiden Fällen wird der entgegenstehende Regulierwiderstand, bei Bell das Drehmoment, bei Thomann der Achsialschub, über diese Klippe teilweise weghelfen, im übrigen muß eben das Tachometer von Zeit zu Zeit die Regulierung um so viel wieder zurückstellen, als die unerwünschte Verstellungstendenz nach der einen oder anderen Seite nach und nach verursachte.

27. Die Berechnung der hydraulischen Regulatoren.

Für die Ausübung der Regulierarbeit, den Arbeitsaufwand für das vollständige Öffnen oder Schließen der Turbine, muß jeder Regulator in reichlichem Maße befähigt sein. Was wir dafür an Sicherheiten in den Getrieben selbst nehmen, das ist schon S. 428 kurz gesagt worden.

Die meisten mechanischen Regulatoren können als Drehungsregulatoren bezeichnet werden, weil sie die Verstellung der Regulierung durch Drehen einer Welle ausführen, Taf. 45, 46. Die hydraulischen Regulatoren dagegen sind fast durchweg Schubregulatoren, sie bewegen das Reguliergetriebe durch Verschieben des hydraulischen Kolbens, Taf. 18, 19, 23, 32, 33, 40, 43; die Taf. 10 und 44 zeigen wie der Schub des hydraulischen Kolbens aber auch für Drehung verwendet werden kann.

Die Berechnung der mechanischen Regulatoren hinsichtlich der Arbeitsfähigkeit und der Schlußzeit bietet keine besonders zu besprechenden Schwierigkeiten, es sind eben die nötigen Zuschläge für Reibungsverluste im Regulator selbst zu machen, und im Konstruieren ist so vorzugehen, daß alle Kippmomente in den Getriebeteilen peinlich vermieden werden, wie dies ja allgemein einer der ersten Grundsätze für den Konstrukteur sein muß. Außerdem müssen aufs Gewissenhafteste alle die Gelegenheiten eingeschränkt oder besser ganz ausgeschaltet werden, welche zur Vermehrung der Spielraumzeit von Anfang an oder später (Abnützung der Bewegungsstellen) beitragen könnten.

Die hydraulischen Regulatoren dagegen bieten wegen der Arbeitsleistung durch Flüssigkeitsdrucke Verhältnisse, die hier näher besprochen werden müssen, besonders auch hinsichtlich des Einhaltens der erwünschten Schlußzeit.

A. Hydrostatische Regulatoren.

1. Hydrostatische Regulatoren, einfachwirkend.

Wir müssen annehmen, daß der Kolben des einfachwirkenden Regulators, einerlei ob derselbe sich gegen außen oder nach innen (Rücklauf) bewegt, durch eine von außen kommende Druckkraft P belastet sein muß, die ständig bestrebt ist, den Kolben nach einwärts zu schieben, Fig. 479, denn für andere Verhältnisse kann der einfachwirkende Regulator gar nicht in Betracht kommen. Daß solche Verhältnisse auch in denjenigen des Reguliergetriebes begründet sein können, folgt beispielsweise aus der Kurve I der Fig. 214, S. 357. Die gleiche Figur zeigt aber auch, daß die Kraftäußerung für Öffnen und für Schließen von der gleichen Schaufelstellung aus im tatsächlichen Betrieb verschieden sein wird und demgemäß führen wir hier statt der einfachen Bezeichnung P für den Kolbendruck eine Doppelbezeichnung ein:

P_a der gesamte Widerstand des Reguliergetriebes, welchen der Kolben auf dem Wege gegen auswärts zu überwinden hat,

P_e die auf den Kolben durch das rücklaufende Reguliergetriebe (einwärts) geäußerte Kraft.

Diesem entsprechen auch die in der schematischen Fig. 479 eingetragenen Bezeichnungen. Außerdem soll sein

f_1 der engste Querschnitt der Wasserzuführung, im geöffneten Steuerorgan

w_1 die Wassergeschwindigkeit in f_1

h_a die tatsächliche Druckhöhe im Zylinderraum (Querschnitt f_2 geschlossen)

v_a die Kolbengeschwindigkeit

} beim Auswärtsgehen des Kolbens.

f_2 der engste Querschnitt der Wasserabführung

w_2 die Wassergeschwindigkeit in f_2

h_e die tatsächliche Druckhöhe im Zylinder (Querschnitt f_1 geschlossen)

v_e die Kolbengeschwindigkeit

} beim Kolbenrückgang (einwärts).

Wir nennen ferner:

R den Betrag der Kolbenreibung, wie er sich der Kolbenbewegung entgegenstellt,

h_1 und h_2 die maßstäblichen Druckhöhen über der liegend angenommenen Zylinderachse,

F die Druckfläche des Arbeitskolbens,

S den Regulierweg (Hub) des Arbeitskolbens von „Auf" bis „Zu" oder umgekehrt.

Das aus w_1 folgende Arbeitsvermögen des zugeführten Druckwassers werde im Zylinderraum durch Wirbel vernichtet, trage also nicht zur Erhöhung von h_a bei.

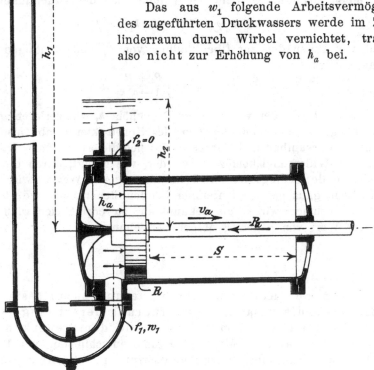

Fig. 479.

Unter dieser Voraussetzung bezeichnen wir mit $k_1 \dfrac{w_1^2}{2g} = \alpha h_1$, mit dem k_1 fachen der Geschwindigkeitshöhe $\dfrac{w_1^2}{2g}$, den für die Erzeugung von w_1 und für das Durchströmen der Steuerkanäle insgesamt aufzuwendenden Bruchteil von h_1, einschließlich aller Reibungsververluste; k_1 ist wesentlich größer als 1, des Widerstandes der eckig abgesetzten, gewundenen Wasserwege halber.

Ferner ist $k_2 \dfrac{w_2^2}{2g}$ die zur Erzeugung von w_2 und zur Überwindung der Widerstände in den Steuerkanälen insgesamt erforderliche Druckhöhe, wobei k_2 auch wesentlich größer als 1 auftreten wird.

Von Interesse ist für uns, festzustellen, wie die Geschwindigkeiten v_a und v_e zustande kommen, denn durch diese und den Kolbenweg wird die Schlußzeit dynamisch bedingt im Gegensatz zu den mechanischen Regulatoren, bei denen die Schlußzeit einfach durch die Räder- und Hebelübersetzungen erzwungen wird.

Wir betrachten zunächst:

I. Das Auswärtsgehen des Kolbens.

Zweifellos ist vor allem (Fig. 479)

$$h_a = h_1 - k_1 \frac{w_1^2}{2g} = h_1 - \alpha h_1 = (1 - \alpha) h_1 \quad \ldots \quad \textbf{879.}$$

Die Druckhöhe h_a wirkt auf die Kolbenfläche F und soll die äußere Gegenkraft P_a überwinden, dazu die Kolbenreibung R. Mithin ist zu schreiben mit γ als Gewicht der Volumeinheit der Druckflüssigkeit

$$F \cdot h_a \gamma = F(1 - \alpha) h_1 \gamma = P_a + R$$

und wir finden den zur Überwindung von P_a und R nötigen Kolbenquerschnitt F zu

$$F = \frac{P_a + R}{\gamma (1 - \alpha) h_1} \cdot \quad \ldots \quad \ldots \quad \textbf{880.}$$

Wieviel von der vorhandenen Druckhöhe h_1 wir verloren geben wollen, das hängt vorerst vom Belieben des Konstrukteurs ab, also α ist einstweilen frei wählbar und daraus ergibt sich die erforderliche Kolbenfläche F.

Der Widerstandskoeffizient k_1, der, wie gesagt, durch die Formen der Steuerkanäle bedingt ist, wird im allgemeinen Werte zwischen 2 und 4 aufweisen, ganz ähnlich denjenigen bei den Steuerungen hydraulischer Hebezeuge. Nehmen wir k_1 als bekannt an, so ergibt sich w_1 mit angenommenem Wert von α gemäß obiger Bezeichnung zu

$$w_1 = \sqrt{2g \frac{\alpha h_1}{k_1}} \quad \ldots \quad \ldots \quad \ldots \quad \textbf{881.}$$

Wenn der Kolben seiner Steuerung zuverlässig gehorchen soll, so muß die gesamte Wasserführung derart eingerichtet sein, daß alle Luft aus dem Zylinder und den Steuerkanälen sofort entweichen kann, damit diese Räume ausschließlich von Preßflüssigkeit erfüllt sind. Nur unter dieser Voraussetzung gilt die Kontinuitätsgleichung

$$f_1 w_1 = F \cdot v_a.$$

Andererseits ist bei gegebener Schlußzeit $(T_s = T_0)$ zu setzen

$$S = v_a \cdot T_s \quad \ldots \ldots \ldots \quad \textbf{882.}$$

so daß auch zu schreiben ist

$$f_1 = F \cdot \frac{v_a}{w_1} = F \cdot \frac{S}{T_s} \cdot \frac{1}{w_1}$$

und mit w_1 nach Gl. 881 findet sich

$$f_1 = F \cdot \frac{S}{T_s} \sqrt{\frac{k_1}{2\,g\,\alpha\,h_1}} \quad \ldots \ldots \quad \textbf{883.}$$

als erforderliche Größe des Steuerquerschnittes an der engsten Stelle für das Einhalten der Schlußzeit T_s.

Wird F noch nach Gl. 880 eingesetzt, so folgt

$$f_1 = \frac{P_a + R}{\gamma\,(1-\alpha)\,h_1} \cdot \frac{S}{T_s} \sqrt{\frac{k_1}{2\,g\,\alpha\,h_1}} \quad \ldots \ldots \quad \textbf{883a.}$$

II. Der Kolbenrückgang (einwärts).

Hier sind die Umstände von denen der Bewegungsrichtung nach auswärts grundsätzlich verschieden. Während unter „I" eine beliebig zugelassene Druckhöhe $h_a = (1-\alpha)\,h_1$ die Bewegung des entsprechend bemessenen Kolbens zu erzwingen vermochte, erzeugen nunmehr, umgekehrt, gegebene Kräfte die Druckhöhe h_e.

Von dem Augenblick an, in dem f_1 (Fig. 479) geschlossen wird, drückt auf den Kolben einwärts treibend die Kraft P_e, und da die Reibung R der Kolbenbewegung entgegenwirkt, so steht die innere Kolbenseite unter dem resultierenden Gesamtdruck $P_e - R$.

Die Pressung h_e in m Wassersäule im Zylinderinneren berechnet sich also, wenn f_1 geschlossen ist, aus

$$P_e - R = F \cdot h_e\,\gamma$$

zu

$$h_e = \frac{P_e - R}{F \cdot \gamma} \quad \ldots \ldots \ldots \quad \textbf{884.}$$

Der Druckhöhe $h_e - h_2$ entsprechend wird das Wasser durch jeden etwa geöffneten Austrittsquerschnitt durchtreten, unabhängig von dessen Größe und nur behindert durch die Reibungswiderstände der Steuerkanäle. Demgemäß setzen wir der oben angeführten Bezeichnung entsprechend

$$k_2 \frac{w_2^2}{2\,g} = h_e - h_2$$

und finden

$$w_2 = \sqrt{2\,g\,\frac{h_e - h_2}{k_2}} \quad \ldots \ldots \quad \textbf{885.}$$

Daß k_2 wie k_1 etwa zwischen den Werten 2 bis 4 liegt, sei kurz bemerkt.

Für den Einwärtsgang des Kolbens ist ebenfalls die Schlußzeit $T_s = T_0$ einzuhalten und so gilt hier

$$S = v_e \cdot T_s \quad \ldots \ldots \ldots \quad \textbf{886.}$$

wodurch mit der Kontinuitätsgleichung sich ergibt

$$f_2 = F \cdot \frac{v_e}{w_2} = F \cdot \frac{S}{T_s} \cdot \frac{1}{w_2} = F \cdot \frac{S}{T_s} \sqrt{\frac{k_2}{2\,g\,(h_e - h_2)}} \quad \ldots \quad \textbf{887.}$$

als Steuerquerschnittsgröße des Rücklaufes für die Einhaltung der Schlußzeit T_s.

Wenn hier h_e nach Gl. 884 ersetzt wird, dazu F nach Gl. 880, so ergibt sich die ziemlich umständliche Beziehung

$$f_2 = \frac{P_a + R}{\gamma\,(1 - \alpha)\,h_1} \cdot \frac{S}{T_s} \sqrt{\frac{k_2\,(P_a + R)}{2\,g\,[(P_e - R)\,(1 - \alpha)\,h_1 - (P_a + R)\,h_2]}} \qquad \textbf{887 a.}$$

Daß h_e nie dem Wert h_2 gleich sein darf, lehrt der Augenschein, der
Kolben würde sich nicht rückwärts bewegen können und auch geringe
Unterschiede zwischen h_e und h_2 verlangen sehr große Steuerquerschnitte f_2
(Gl. 887).

Fast immer ist es aus Ausführungsgründen wünschenswert, daß die
Steuerquerschnitte f_1 und f_2 gleich groß sind. Was dies für die Berechnung
besagen will, ersehen wir aus der Vereinigung von Gl. 883 und 887. Diese
ergibt einfach

$$k_1\,(h_e - h_2) = k_2\,\alpha\,h_1$$

und wenn wir auch $k_1 = k_2$ annehmen

$$h_e - h_2 = \alpha\,h_1 \quad . \quad . \quad . \quad . \quad . \quad . \quad \textbf{888.}$$

Das heißt, wie natürlich, daß bei gleichen Steuerquerschnitten für den
Kolbenvor- und -rückgang die aufgewandte Druckhöhe für das Durchfließen
der Steuerkanäle gleich groß sein muß. Führen wir h_e aus Gl. 884 ein,
nachdem darin F nach Gl. 880 ersetzt worden, so ergibt sich, daß der
aufzuwendende Bruchteil α des Betriebsdruckes h_1 für $T_s = T_0$ nicht mehr
frei wählbar ist, sondern, sofern R fest gegeben, als

$$\alpha = \frac{P_e - R}{P_a + P_e} - \frac{P_a + R}{P_a + P_e} \cdot \frac{h_2}{h_1} \quad . \quad . \quad . \quad . \quad \textbf{889.}$$

rechnungsmäßig feststeht.

Nun wird kein verständiger Konstrukteur so disponieren, daß von Hause
aus eine wesentliche Gegendruckhöhe h_2 unabänderlich vorhanden ist.
Da aber die Größen der Kräfte P_a und P_e, mehr noch R und k, besonders bei neuem Entwurf, etwas unsicher sind, so empfiehlt es sich, nicht
den vollen Betrag von h_1 als verfügbar in Rechnung zu stellen, sondern
je nach Umständen wesentlich weniger, und in gleicher Weise auch eine
Gegendruckhöhe h_2 als vorhanden anzunehmen. Durch von Hand einstellbare Drosselventile lassen sich dann die für die gewünschte Schlußzeit erforderlichen Größen von h_1 und h_2 angemessen einregulieren.

2. Hydrostatische Regulatoren mit Differentialkolben; P_a und P_e gleichgerichtet.

Wenn P_e so weit heruntersinkt, daß es gleich oder kleiner ist
als R, was hier und da zu erwarten sein mag, so würde der Kolben
nicht von selber zurückgehen. Der einfachwirkende Regulator kann in
seinen Steuerorganen sehr einfach gehalten werden, er belastet also das
Tachometer mit sehr geringen Einstellungswiderständen. Derselbe ist hier
aber nur dann möglich, wenn eine weitere Kraft zu P_e hinzutritt, um den
Rücklauf des Kolbens zu erzwingen. Diese Kraft kann durch entsprechend an-
geordnetes Gestängegewicht, durch Gegengewichte und dergl. geleistet werden

oder auch durch hydraulischen Gegendruck mittelst des sogen. Differentialkolbens. Auch in anderen Fällen findet der Differentialkolben der Einfachheit seiner Steuerung wegen vielfach Verwen-
dung. Die Bewegung nach beiden Seiten des
Kolbenweges ist eben durch diesen besser gesichert, während beim einfachwirkenden Kolben
doch eher ein Versagen beim Rücklauf eintreten
kann.

Die ringförmige Kolbenfläche werde als
Bruchteil von F mit βF bezeichnet, Fig. 480,
sie steht ständig unter der vollen Druckhöhe h_1
(reichlicher Querschnitt der Zuleitung) und die
Verhältnisse werden dabei ausgedrückt durch

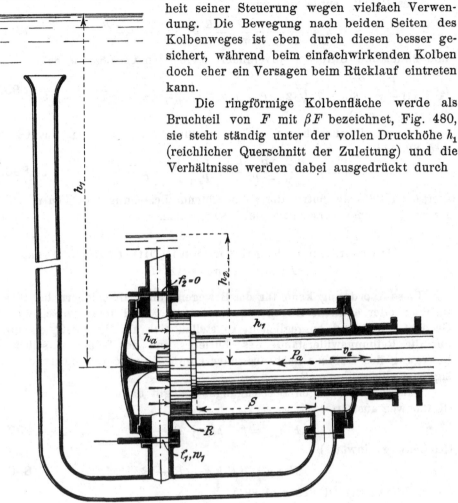

Fig. 480.

(Kolbenweg auswärts) $\quad F \cdot h_a\, \gamma = \beta\, F \cdot h_1\, \gamma + P_a + R$ . . . . . . **890.**

(Kolbenweg einwärts) $\quad F \cdot h_e\, \gamma = \beta\, F \cdot h_1\, \gamma + P_e - R$ . . . . . . **891.**

Zu den gleichgerichteten Kräften P_a und P_e tritt eben jedesmal der
auf die Ringfläche βF entfallende Druck hinzu.

Wir erhalten daraus die nachstehenden Beziehungen:

I. Das Auswärtsgehen des Kolbens.

$$F = \frac{P_a + R}{\gamma\,(h_a - \beta h_1)} = \frac{P_a + R}{\gamma\,(1 - \alpha - \beta)\,h_1} \quad . \; . \; . \; . \quad \textbf{892.}$$

(vergl. Gl. 880). Die Gl. 881 für w_1 ebenso Gl. 883 für f_1 bleiben ungeändert,
dagegen ergibt sich nach Einsetzen von F nach Gl. 892 in Gl. 883

$$f_1 = \frac{P_a + R}{|\gamma\,(1 - \alpha - \beta)\,h_1} \cdot \frac{S}{T_s} \sqrt{\frac{k_1}{2\,g\,\alpha\,h_1}} \quad . \; . \; . \; . \quad \textbf{893.}$$

(Vergl. Gl. 883 a.)

II. Der Kolbenrückgang (einwärts).

Aus Gl. 891 entnehmen wir

$$h_e = \frac{\beta F \cdot h_1 \gamma + P_e - R}{F \cdot \gamma} = \beta h_1 + \frac{P_e - R}{F \cdot \gamma} \quad . \quad . \quad . \quad \textbf{894.}$$

und finden mit Hilfe der unverändert bleibenden Gl. 885 bis 887

$$f_2 = \frac{P_a + R}{\gamma(1 - \alpha - \beta)h_1} \cdot \frac{S}{T_s} \sqrt{\frac{k_2(P_a + R)}{2g[(P_a + R)(\beta h_1 - h_2) + (P_e - R)(1 - \alpha - \beta)h_1]}} \quad \textbf{895.}$$

(vergl. Gl. 887 a).

Setzen wir auch hier $f_1 = f_2$ als erwünscht an, so folgt aus Gl. 893 und 895 mit $k_1 = k_2$

$$\alpha = \beta \cdot \frac{P_a + 2R - P_e}{P_a + P_e} + \frac{P_e - R}{P_a + P_e} - \frac{P_a + R}{P_a + P_e} \cdot \frac{h_2}{h_1} \quad . \quad . \quad . \quad \textbf{896.}$$

(vergl. Gl. 889) als notwendig zu beachtende Beziehung zwischen α und β, sofern die Steuerquerschnitte gleich sein sollen.

3. Hydrostatische Regulatoren mit Differentialkolben; P_a entgegengesetzt P_e.

Diese Anordnung kann für das Bewegen von Spaltschiebern bei Strahlturbinen oder ähnliche Zwecke erwünscht sein. Sind derartige Schieber im Gewicht annähernd ausgeglichen, so stellen sich als P_a und P_e eigentlich nur die Reibungswiderstände des Getriebes und des Schiebers selbst der Bewegung des Kolbens nach aus- oder einwärts entgegen, dazu noch die eigene Kolbenreibung R.

Nach der seitherigen Bezeichnungsweise gilt dann
(Kolbenweg auswärts)

$$F \cdot h_a \gamma = \beta F \cdot h_1 \gamma + P_a + R \quad . \quad . \quad . \quad . \quad \textbf{897.}$$

(Kolbenweg einwärts)

$$F \cdot h_e \gamma = \beta F \cdot h_1 \gamma - P_e - R \quad . \quad . \quad . \quad . \quad \textbf{898.}$$

(vergl. hierzu die Gl. 890 und 891).

Aus diesem ergeben sich die nachstehenden Beziehungen:

I. Das Auswärtsgehen des Kolbens.

$$F = \frac{P_a + R}{\gamma(h_a - \beta h_1)} = \frac{P_a + R}{\gamma(1 - \alpha - \beta)h_1} \quad . \quad . \quad . \quad \textbf{(892.)}$$

wie vorher auch, also bleibt auch von vorher

$$f_1 = \frac{P_a + R}{\gamma(1 - \alpha - \beta)h_1} \cdot \frac{S}{T_s} \sqrt{\frac{k_1}{2g\,\alpha h_1}} \quad . \quad . \quad . \quad \textbf{(893.)}$$

II. Kolben einwärtsgehend.

Aus Gl. 898 ergibt sich im Gegensatz zu Gl. 894

$$h_e = \frac{\beta F h_1 \gamma - (P_e + R)}{F \cdot \gamma} = \beta h_1 - \frac{P_e + R}{F \cdot \gamma} \quad . \quad . \quad \textbf{899.}$$

Andererseits bleibt Gl. 885 für w_2 bestehen, ebenso Gl. 886 als $S = v_e T_s$ und Gl. 887 für f_2. Nach Einsetzen von h_e nach Gl. 899 in Gl. 887, dazu von F nach Gl. 892 folgt

$$f_2 = \frac{P_a + R}{\gamma \, (1 - \alpha - \beta) \, h_1} \cdot \frac{S}{T_s} \sqrt{\frac{k_2 \, (P_a + R)}{2 g \, [(P_a + R) \, (\beta \, h_1 - h_2) - (P_e + R) \, (1 - \alpha - \beta) \, h_1]}} \quad \textbf{900.}$$

Wird auch hier $f_1 = f_2$, dazu $k_1 = k_2$ angenommen, so ergibt sich aus der Vereinigung von Gl. 893 und 900:

$$\alpha = \beta \cdot \frac{P_a + 2 R + P_e}{P_a - P_e} - \frac{P_e + R}{P_a - P_e} - \frac{P_a + R}{P_a - P_e} \cdot \frac{h_2}{h_1} \quad . \quad \textbf{901.}$$

im Gegensatz zu Gl. 896.

Natürlich ergeben sich die Gl. 899, 900 und 901 auch direkt aus den Gl. 894, 895 und 896, wenn dort $- P_e$ statt P_e gesetzt wird.

Da es sich, bei gegebenen Kräften um die richtige Wahl von β und α handelt, so ist der Bereich festzustellen, innerhalb dessen eine freie Wahl möglich ist.

Die Größen α und β finden sich in Gl. 892 mit negativem Vorzeichen. Da F nie negativ werden kann, so ist zuerst eine Bedingung dadurch gegeben, daß stets

$$\alpha + \beta < 1$$

sein muß. Setzen wir den Grenzwert $\alpha = 1 - \beta$ (der aber nie erreicht werden darf, denn dann wäre $F = \infty$) in die Gl. 896 und 901 ein, so ergibt sich aus beiden Gleichungen übereinstimmend der Höchstwert für β als

$$\beta_{max \, (F)} = \frac{1}{2} \left(1 + \frac{h_2}{h_1} \right) \quad . \quad . \quad . \quad . \quad . \quad \textbf{902.}$$

und die Ausführung hat stets unter diesem Wert zu bleiben.

Andererseits zeigen die Gl. 896 und 901 für α, außer dem positiven Gliede mit β als Faktor, auch negative Glieder. Da α nur im Grenzwert die Größe Null erreichen dürfte, so ergeben die genannten Gleichungen für $\alpha = 0$ die Minimalwerte von β, über denen notwendig die Ausführung bleiben muß. Wir erhalten

für „2“: P_a und P_e gleichgerichtet (Gl. 896):

$$\beta_{min \, (a)} = \frac{P_a + R}{P_a + 2 R - P_e} \cdot \frac{h_2}{h_1} - \frac{P_e - R}{P_a + 2 R - P_e} \quad . \quad . \quad \textbf{903.}$$

und für „3“: P_a entgegengesetzt P_e (Gl. 901):

$$\beta_{min \, (a)} = \frac{P_a + R}{P_a + 2 R + P_e} \cdot \frac{h_2}{h_1} + \frac{P_e + R}{P_a + 2 R + P_e} \quad . \quad \textbf{904.}$$

Ist β innerhalb der genannten Grenzen angenommen, so folgt α nach Gl. 896 oder 901, je nach der Richtung von P_e.

Ein Rechnungsbeispiel soll das bisher Gesagte erläutern. Es sei gegeben eine verfügbare Druckhöhe von 60 m bis Zylindermitte, von der wir aber vorsichtig nur 40 m in Rechnung stellen. Die gesamten Daten mögen lauten:

$$P_a = 200 \text{ kg} \qquad P_e = 160 \text{ kg} \qquad R = 20 \text{ kg}$$

$$h_1 = 40 \text{ m} \qquad h_2 = 4 \text{ m} \qquad k = 4$$

$$S = 0{,}3 \text{ m} \qquad T_s = 3 \text{ sek.}$$

Nach Gl. 902 findet sich für „2" sowohl als „3":

$$\beta_{max(F)} = \frac{1}{2}\left(1 + \frac{4}{40}\right) = 0,55 \quad \ldots \ldots \quad \textbf{(902.)}$$

Zu „2", Differentialkolben, P_a und P_e gleichgerichtet (vergl. S. 770).

Die untere Grenze für β folgt mit den gegebenen Größen der Kräfte zu

$$\beta_{min(a)} = \frac{200 + 20}{200 + 40 - 160} \cdot \frac{4}{40} - \frac{160 - 20}{200 + 40 - 160} = -1,475 \quad \textbf{(903.)}$$

Demnach ist, wie hier die Umstände liegen, für β jeder positive Wert unterhalb von 0,55 gestattet.

In welcher Weise Vorsicht in der Wahl von β erforderlich ist, geht aus dem Nachrechnen folgender Annahmen hervor:

$\underline{\beta = 0,5.}$ Hier wird nach Gl. 896 (für $f_1 = f_2$)

$$\alpha = 0,5 \cdot \frac{200 + 40 - 160}{200 + 160} + \frac{160 - 20}{200 + 160} - \frac{200 + 20}{200 + 160} \cdot \frac{4}{40} = 0,439.$$

Ferner nach Gl. 892

$$F = \frac{200 + 20}{1000\,(1 - 0,439 - 0,5) \cdot 40} = 0,0902 \text{ qm},$$

was einem Kolbendurchmesser von ~ 340 mm entspricht, eine Abmessung, die noch recht groß' ist. Wir ermäßigen β auf:

$\underline{\beta = 0,4.}$ Hiermit findet sich nach Gl. 896 (für $f_1 = f_2$)

$$\alpha = 0,4 \cdot \frac{80}{360} + \frac{140}{360} - \frac{22}{360} = 0,417$$

und der erforderliche Kolbenquerschnitt

$$F = \frac{220}{1000\,(1 - 0,417 - 0,4) \cdot 40} = 0,0301 \text{ qm}$$

entsprechend einem Kolbendurchmesser von ~ 196 mm. Dies sind brauchbare Verhältnisse und wir rechnen dann auch den Steuerquerschnitt aus, der sich ergibt (Gl. 893) zu

$$f_1 = f_2 = \frac{200 + 20}{1000 \cdot 0,183 \cdot 40} \cdot \frac{0,3}{3} \sqrt{\frac{4}{19,62 \cdot 0,417 \cdot 40}} = 0,00033 \text{ qm}$$

oder 3,3 qcm. Wir ermäßigen β nochmals:

$\underline{\beta = 0,3.}$ Es findet sich

$\alpha = 0,394$; $\quad F = 0,0179$ qm entsprechend einem Durchm. von ~ 150 mm.

$f_1 = f_2 = 0,000204$ qm $= 2,04$ qcm.

Für $P_a = P_e = P$ (Anheben einer unausgeglichenen Ringschütze und dergl.) gehen die Gl. 896 und 903 über in

$$\alpha = \beta \cdot \frac{2R}{2P} + \frac{P - R}{2P} - \frac{P + R}{2P} \cdot \frac{h_2}{h_1} \quad \ldots \quad \textbf{896a.}$$

und

$$\beta_{min(a)} = \frac{P + R}{2R} \cdot \frac{h_2}{h_1} - \frac{P - R}{2R} \quad \ldots \ldots \quad \textbf{903a.}$$

Zu „3“, Differentialkolben, P_a entgegengesetzt P_e (vergl. S. 772).

Es bleibt $\beta_{max(F)} = 0,55$ (Gl. 902). Dagegen findet sich

$$\beta_{min\,(a)} = \frac{200 + 20}{200 + 40 + 160} \cdot \frac{4}{40} + \frac{160 + 20}{200 + 40 + 160} = 0,505 \qquad (904.)$$

und es ist deshalb hier nur ein ganz kleiner Bereich für die Bemessung von β offen gelassen.

Wir nehmen $\beta = 0,525$ an und erhalten damit

$$\alpha = 0,525 \cdot \frac{200 + 40 + 160}{200 - 160} - \frac{160 + 20}{200 - 160} - \frac{200 + 20}{200 - 160} \cdot \frac{4}{40} = 0,2 \quad (901.)$$

Es ergeben sich weiter

$$F = \frac{200 + 20}{1000\,(1 - 0,2 - 0,525) \cdot 40} = 0,02 \text{ qm} \ . \ . \ . \quad (892.)$$

entsprechend einem Kolbendurchmesser von ~ 160 mm, während der kleinere Kolbendurchmesser ~ 110 betragen muß, ferner

$$f_1 = 0,02 \cdot \frac{0,3}{3} \sqrt{\frac{4}{19,62 \cdot 0,2 \cdot 40}} = \sim 0,00032 \text{ qm} \ . \ . \ (893.)$$

oder $\sim 3,2$ qcm.[1]

Die Rechnung gibt ein Bild davon, daß die Verhältnisse mit P_a entgegengesetzt P_e sich für den hydrostatischen Differentialkolben und mit $f_1 = f_2$ nicht gut eignen, besonders wenn noch die Unsicherheit in den Beträgen der P usw. berücksichtigt wird. Hier findet der hydrodynamische Differentialkolben (S. 787 u. f.) zweckmäßige Anwendung.

4. Hydrostatische Regulatoren mit doppeltwirkenden Kolben.

Für Reguliergetriebe, bei denen P_a und P_e innerhalb des Kolbenweges S ihre Richtung wechseln, z. B. wie Fig. 214, S. 357, u. a., muß an die Stelle des Differentialkolbens der doppeltwirkende Kolben treten.

Die Fig. 481 zeigt diesen schematisch aufgezeichnet mit den Bezeichnungen in ähnlicher Weise wie seither. Hier ist aber die Druckhöhe h_a nicht allein vorhanden, sondern auf der anderen Kolbenseite findet sich h_e gleichzeitig. Deshalb sind beide in einer Gleichung zu vereinigen.

Ist P_a der äußere Widerstand, den die Kolbenstange in der Bewegungsrichtung v_a zu überwinden hat, so hat der aus h_a folgende Druck gegen die linke Kolbenseite außer P_a die Reibung R und dazu noch den aus h_e auf die rechte Kolbenseite folgenden Gegendruck zu überwinden. Wenn wir den Querschnitt der Kolbenstange vernachlässigen, so gilt:

$$F \cdot h_a\,\gamma = F \cdot h_e\,\gamma + P_a + R,$$

[1] Wollten wir hier so disponieren, daß die Kraft 200 kg als P_e beim Einwärtsgehen des Kolbens zu überwinden wäre, also $P_a = 160$ kg, so würde sich ergeben

$$\beta_{min\,(a)} = \frac{160 + 20}{400} \cdot \frac{4}{40} + \frac{200 + 20}{400} = 0,595 \quad . \ . \ (904.)$$

Für $P_e > P_a$ fällt $\beta_{min\,(a)}$ hier größer aus als $\beta_{max(F)} = 0,55$, mithin ist diese umgekehrte Anordnung der Kraftausübung unmöglich für entgegengesetzt gerichtete Kräfte, wenn die Steuerquerschnitte f_1 und f_2 gleich groß ausgeführt werden sollen.

woraus

$$F = \frac{P_a + R}{\gamma (h_a - h_e)} \quad . \quad . \quad . \quad . \quad . \quad . \quad \textbf{905.}$$

Wir haben uns h_a wie vorher auch aus h_1 abzüglich $k_1 \frac{w_1{}^2}{2g} = \alpha h_1$ entstanden zu denken, also gilt wie vorher $h_a = (1 - \alpha) h_1$.

Die Druckhöhe h_e muß, abzüglich der Gegendruckhöhe h_2, für die Erzeugung von w_2 dienen. Hier kann aus konstruktiven Gründen jetzt schon vorausgesetzt werden, daß die Steuerquerschnitte zu beiden Seiten des Kolbens gleich groß sein werden, daß also $f_1 = f_2 = f$, also auch $k_1 = k_2 = k$, und weil dann notwendig auch $w_1 = w_2 = w$ sein muß, so stellt sich ohne weiteres die Druckhöhe h_e dar als

$$h_e = h_2 + k \frac{w^2}{2g} = h_2 + \alpha h_1 \quad . \quad \textbf{906.}$$

Hiermit ergibt sich aus Gl. 905 die erforderliche Kolbenfläche

$$F = \frac{P_a + R}{\gamma \left[(1 - 2\alpha) h_1 - h_2 \right]} \quad . \quad . \quad \textbf{907.}$$

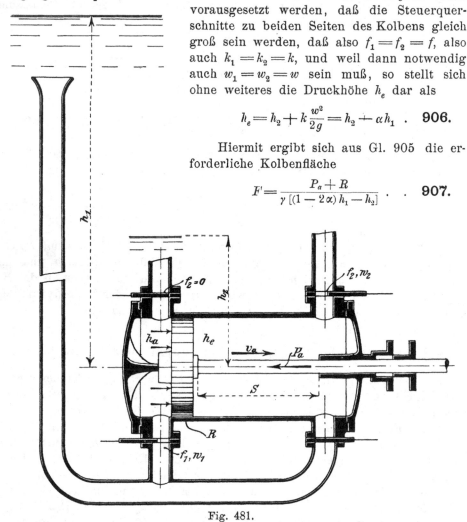

Fig. 481.

Für die Steuerquerschnitte bleibt die Gl. 883 auch hier gültig, und wenn F nach Gl. 907 eingesetzt wird, so lautet jene

$$f = \frac{P_a + R}{\gamma \left[(1 - 2\alpha) h_1 - h_2 \right]} \cdot \frac{S}{T_s} \sqrt{\frac{k}{2g\alpha h_1}} \quad . \quad . \quad . \quad \textbf{908.}$$

Eine besondere Veranlassung zur Wahl zahlenmäßig bestimmter Werte von α kommt hier nicht in Frage.

Es könnte sich auf den ersten Blick empfehlen, α klein zu halten, damit F nicht zu groß erforderlich wird, doch ist dabei ein besonderer Umstand wohl zu beachten. Von der Ruhelage aus muß nämlich der Kolben nebst Gestänge und auch der Flüssigkeitsinhalt der Leitung und des Zylinders entsprechend der Arbeitsgeschwindigkeit $v_a = v_e = v$ beschleunigt werden. In dem Augenblick der Eröffnung beider Ventile f_1 und f_2 sind noch keine Geschwindigkeiten v und w vorhanden, deshalb kommt im ersten Augenblick die volle Druckhöhe h_1 auf die Kolbenfläche F zur Wirkung. Mit zunehmender Kolbengeschwindigkeit wachsen die Widerstandshöhen $k \frac{w^2}{2g}$ und die auf den Kolben wirksame Druckhöhe wird kleiner.

Zur Durchführung der Arbeitsgeschwindigkeit v_a (Schlußzeit) ist die arbeitende Druckhöhe h_a erforderlich; ist α groß, so steht zu Beginn des Kolbenweges eine zu h_a hinzutretende Beschleunigungsdruckhöhe αh_1 usw. zur Verfügung, die den Kolben rascher auf die richtige Arbeitsgeschwindigkeit v bringt, als wenn α klein, wenn h_a nur wenig kleiner ist als h_1.[1]

Für den Kolbenrückgang, bei dem die Kraft P_e der Bewegung entgegensteht, sind die Verhältnisse an sich ganz gleichartig wie vorher, nur ist auch hier noch eine Bemerkung anzuschließen.

Setzt man in Gl. 908 statt P_a allgemein die Kraft P, so kann die Gleichung auch geschrieben werden

$$T_s = \frac{P+R}{\gamma\,[(1-2\alpha)\,h_1 - h_2]} \cdot \frac{S}{f} \sqrt{\frac{k}{2\,g\,\alpha\,h_1}} \quad \ldots \quad \textbf{909.}$$

Die Schlußzeit hängt eben in der ersichtlichen Weise von der Größe von P ab und wenn P_e kleiner wäre als P_a, so würde sich beim Kolbenrückgang eine kleinere Schlußzeit einstellen als beim Weg nach auswärts, weil der kleinere Widerstand der Außenkraft P_e einen größeren Bruchteil des aus h_a herrührenden Druckes für die Erzeugung von h_e, für das Hinaustreiben des Wassers auf der hinteren Kolbenseite zur Verfügung stellt als beim Auswärtsgehen.

Hieraus folgt, wie natürlich, daß mit Rücksicht auf die zu erzielende Schlußzeit die Querschnitte F und f immer für den größeren der beiden Werte, P_a oder P_e, zu nehmen sind. Auch hier ist reichliche Reserve geboten bezw. die Einführung eines kleineren Betrages von h_1 als tatsächlich vorhanden, rätlich.

Zahlenbeispiel (Größen wie vorher).

$P_a = 200\,\text{kg}$	$P_e = 160\,\text{kg}$	$R = 20\,\text{kg}$
$h_1 = 40\,\text{m}$	$h_2 = 4\,\text{m}$	$k = 4$
$S = 0,3\,\text{m}$	$T = 3\,\text{sek.}$	

Von Interesse ist hier gerade der Einfluß von α.

$$\alpha = 0,1.$$

Es findet sich nach Gl. 907

$$F = \frac{200 + 20}{1000\,[(1 - 2 \cdot 0,1)\,40 - 4]} = 0,00786\,\text{qm}$$

entsprechend einem Kolbendurchmesser von $\sim 100\,\text{mm}$.

Ferner liefert Gl. 883

$$f = 0,00786 \cdot \frac{0,3}{3} \sqrt{\frac{4}{19,62 \cdot 0,1 \cdot 40}} = 0,000177\,\text{qm}$$

oder 1,77 qcm.

---

[1] Gerade diese Verhältnisse sind in der v. Schmoll'schen Arbeit ausgiebig behandelt.

Schließlich ist einfach

$$w = \frac{F}{f} \cdot \frac{S}{T_s} = \frac{0,00786}{0,000177} \cdot \frac{0,3}{3} = 4,44 \text{ m/sek.}$$

$$\underline{\alpha = 0,4.}$$

Hier ergibt sich

$$F = \frac{200 + 20}{1000\,[(1 - 2 \cdot 0,4)\,40 - 4]} = 0,055 \text{ qm}$$

entsprechend einem Kolbendurchmesser von ~ 265 mm, und die Gl. 883 liefert

$$f = 0,055 \cdot \frac{0,3}{3} \sqrt{\frac{4}{19,62 \cdot 0,4 \cdot 40}} = 0,00062 \text{ qm}$$

oder 6,2 qcm.

Ferner findet sich

$$w = \frac{0,055}{0,00062} \cdot \frac{0,3}{3} = 8,87 \text{ m/sek.}$$

Im ersten Fall ist nur $\alpha h_1 = 0,1 \cdot 40 = 4$ m, im zweiten dagegen $\alpha h_1 = 0,4 \cdot 40 = 16$ m als Druckhöhe für die Anfangsbeschleunigung zur Verfügung; diese letztere Druckhöhe bedeutet, was die Beschleunigung des Gestänges angeht, durch den größeren Kolben eine noch extra vergrößerte Beschleunigungskraft gegenüber 4 m.

Wenn P_a und P_e ihre Richtungen innerhalb des Kolbenweges wechseln, so wechseln auch die Druckverhältnisse, die mit h_a und h_e bezeichnet wurden. In diesem Falle kann auf der „a"-Seite ein Minderdruck und auf der „e"-Seite ein Überdruck entstehen. Das Eingehen auf diese Verhältnisse soll aber hier unterbleiben, der Anschluß an das Vorhergesagte ist verhältnismäßig einfach dadurch zu erlangen, daß eben von der betreffenden Kolbenstellung ab P_a und P_e in sinngemäßer Weise mit entgegengesetzten Vorzeichen eingeführt werden.

B. Hydrodynamische (Durchfluß-)Regulatoren.

Bei den seither behandelten hydrostatischen Anordnungen befindet sich die Preßflüssigkeit, solange der Regulator in der Ruhelage ist, ebenfalls in Ruhe, erst das Öffnen der Steuerkanäle bringt Bewegung, Druckänderung.

Neben dieser mehr hydrostatischen Herstellung der Kolbendruckhöhen h_a und h_e kann aber auch noch eine andere Anordnung getroffen werden, bei der die Druckhöhen nur durch hydrodynamische Einflüsse entstehen und geändert werden, eine Anordnung, welche sich nach Wissen des Verf. erstmals in dem D.R.P. 68319 (Furiakovics) beschrieben findet.

Außer den arbeitenden Regulator-Kolben, die in der betreffenden Weise in Betrieb sind, Taf. 43 u. a., befinden sich auch die sogen. indirekt gesteuerten Ventile vieler hydrostatischer Regulatoren unter ganz gleichen oder ähnlichen Betriebsverhältnissen.

1. Die Aufteilung der verfügbaren Druckhöhe.

Um was es sich handelt, das zeigt die schematische Fig. 482. Ein oben offener zylindrischer Behälter ist mit 2 Rohranschlüssen versehen. Das Rohr vom engsten Querschnitt f_1 erhält Wasser unter der Druckhöhe h_1, das Rohr „2" mündet gegen die Druckhöhe h_2 aus. Die beiden Wasserspiegel liegen um $h_1 - h_2$ senkrecht voneinander entfernt und so wird durch die Rohranschlüsse und den Behälter ein stetiger Wasserstrom von „1" nach „2" gehen.

In dem Behälter wird sich eine bestimmte Druckhöhe h über der wagrecht angenommenen Mittellinie der Rohranschlüsse einstellen.

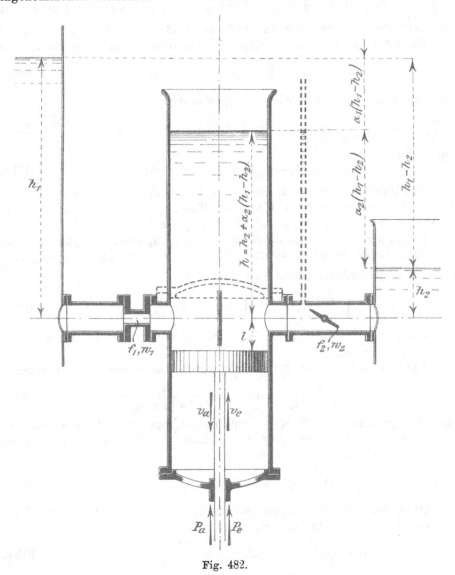

Fig. 482.

Die Abmessungen der Querschnitte f_1 und f_2 sind von Einfluß auf die Durchflußhöhe h, und die Änderung eines der beiden Querschnitte, f_1 oder f_2, führt alsbald eine Zu- oder Abnahme von h mit sich. Es ist deshalb der Zusammenhang zwischen den Größen der Durchflußquerschnitte und der Durchflußhöhe h festzustellen.

Wir machen hierfür Voraussetzungen dahingehend, daß die Geschwindigkeiten w_1 und w_2 durch Wirbelung in den betreffenden Räumen vollständig verloren gehen, daß weder die Geschwindigkeit w_1 zur Vermehrung von h beiträgt, noch daß die Geschwindigkeit w_2 sich in h_2 wieder finden solle, ferner, daß w_1 in keinem Falle, auch nicht teilweise, zur Erzeugung von w_2 mithelfe. Letzteres sei durch die Zwischenwand, Fig. 482, angedeutet.

Bezeichnen wir im Anschluß an das Vorhergehende mit $k_1 \frac{w_1^2}{2g}$ und $k_2 \frac{w_2^2}{2g}$ die für die Erzeugung von w_1, bezw. w_2 und für das Durchströmen der betr. Querschnitte insgesamt aufzuwendenden Druckhöhen, so muß, weil das Durchflußwasser keine sonstigen Widerstände vorfindet, notwendig sein

$$k_1 \frac{w_1^2}{2g} + k_2 \frac{w_2^2}{2g} = h_1 - h_2 \quad \ldots \ldots \quad \textbf{910.}$$

und wir können, ähnlich wie vorher, schreiben

$$k_1 \frac{w_1^2}{2g} = h_1 - h = \alpha_1 (h_1 - h_2) \quad \text{und} \quad k_2 \frac{w_2^2}{2g} = h - h_2 = \alpha_2 (h_1 - h_2) . \quad \textbf{911.}$$

oder auch

$$h = h_1 - \alpha_1 (h_1 - h_2) = h_2 + \alpha_2 (h_1 - h_2) \quad \ldots \ldots \quad \textbf{911a.}$$

Die Höhenlage des Wasserspiegels im Durchflußgefäß teilt eben den Vertikalabstand $(h_1 - h_2)$ der äußeren Wasserspiegel in die beiden Teile $\alpha_1 (h_1 - h_2)$ und $\alpha_2 (h_1 - h_2)$, also ist stets $\alpha_1 + \alpha_2 = 1$.

Setzen wir, weil hier f_2 durch ein Steuerventil, Drosselklappe oder dergl. verstellbar gemacht ist, $f_2 = n f_1$, also im Gegensatz zu früherem, so ist $w_2 = \frac{w_1}{n}$ und hierdurch findet sich aus Gl. 910

$$w_1 = n \sqrt{\frac{2 g (h_1 - h_2)}{n^2 k_1 + k_2}} \quad \text{und} \quad w_2 = \sqrt{\frac{2 g (h_1 - h_2)}{n^2 k_1 + k_2}} \quad \ldots \quad \textbf{912.}$$

Die Durchfluß-Wassermenge q findet sich für den Beharrungszustand aus $q = f_1 w_1 = f_2 w_2$.

Aus den Gl. 911a und 912 erhalten wir die Aufteilungsfaktoren allgemein

$$\alpha_1 = \frac{n^2 k_1}{n^2 k_1 + k_2} \quad \text{und} \quad \alpha_2 = \frac{k_2}{n^2 k_1 + k_2} \quad \ldots \ldots \quad \textbf{913.}$$

unabhängig von der Größe $h_1 - h_2$ und nur bedingt durch die Widerstände k_1 und k_2 sowie durch den Querschnittsfaktor n. Mit diesen Werten liefert uns die Gl. 911 die Durchflußhöhe h selbst als

$$h = h_1 - \frac{n^2 k_1}{n^2 k_1 + k_2} \cdot (h_1 - h_2) \quad \text{und} \quad h = h_2 + \frac{k_2}{n^2 k_1 + k_2} \cdot (h_1 - h_2) \quad \textbf{914.}$$

Wenn wir auch hier wieder annehmen, daß $k_1 = k_2$ sei, so vereinfachen sich die Beziehungen für α_1 und α_2 auf

$$\alpha_1 = \frac{n^2}{n^2 + 1} \quad \text{und} \quad \alpha_2 = \frac{1}{n^2 + 1} \quad \ldots \ldots \quad \textbf{913a.}$$

und diejenigen für h auf

$$h = h_1 - \frac{n^2 (h_1 - h_2)}{n^2 + 1} \quad \text{und} \quad h = h_2 + \frac{h_1 - h_2}{n^2 + 1} \quad \ldots \ldots \quad \textbf{914a.}$$

wodurch der Einfluß des Querschnittsfaktors n auf die Faktoren der Gefälleaufteilung α_1 und α_2 und auf die Höhenlage h des Durchfluß-Wasserspiegels deutlich hervortritt.

Wir übersehen diesen Einfluß noch besser, wenn wir die Gefälleaufteilung für verschiedene Werte von n aufzeichnen und die Teilpunkte durch eine Kurve verbinden, Fig. 483. Hier sind als Abszissen die Werte von n, mit $n = 0$ beginnend, nach beliebigem Maßstab angetragen, die Höhen h_1 und h_2 zeigen sich durch zwei Parallelen zur Achse der n; deren Entfernung in senkrechter Richtung ist $h_1 - h_2$. An der einem bestimmten Wert von n entsprechenden Stelle ist dann von der h_1-Linie aus gegen abwärts der zugehörige Wert $\alpha_1 (h_1 - h_2)$ für $k_1 = k_2$ angetragen, der durch den Wert von $\alpha_2 (h_1 - h_2)$ jeweils bis zur h_2-Linie auf zusammen $h_1 - h_2$ ergänzt wird. Die Höhenlage $\alpha_2 (h_1 - h_2)$ dieser Teilstelle über dem Wasserspiegel h_2 bedeutet jedesmal auch diejenige des Wasserspiegels im Durch-

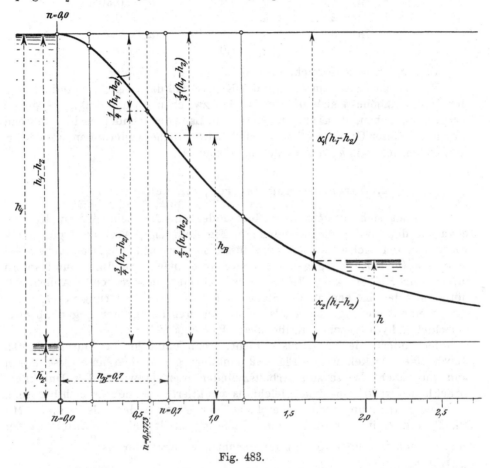

Fig. 483.

flußgefäß für den betreffenden Wert von n, und so stellt die Verbindungskurve aller Teilpunkte den Verlauf der h dar, den wechselnden Werten von n entsprechend; mit einem anderen Maßstab für die Höhen auch ohne weiteres die Größenverteilung von α_1 und α_2 an sich zwischen den Linien h_1 und h_2.

Die Kurve beginnt bei $n = 0$, bei ganz geschlossenem Querschnitt f_2 mit $h = h_1$ oder mit $\alpha_1 = 0$, $\alpha_2 = 1$. Beim Öffnen von f_2 fällt sie erst langsam, dann rascher ab. Beispielsweise ist für $n = 0{,}5$ der Wert $\alpha_1 = \dfrac{0{,}5^2}{0{,}5^2 + 1}$ $= 0{,}2$, während sich $\alpha_2 = 0{,}8$ ergibt. Ein Wendepunkt liegt ganz allgemein, d. h. bei beliebigem Verhältnis von k_1 zu k_2 bei der Größe von $n = \dfrac{1}{\sqrt{3}} \sqrt{\dfrac{k_2}{k_1}}$, und für den der Fig. 483 zugrunde liegenden speziellen Fall mit $k_1 = k_2$, im Werte von $n = \dfrac{1}{\sqrt{3}} = 0{,}5773$. Für diesen Wendepunkt ist, ganz unabhängig davon, ob $k_1 = k_2$ ist oder nicht, immer $\alpha_1 = \dfrac{1}{4}$ und $\alpha_2 = \dfrac{3}{4}$ wie die Gl. 913 ergeben (Fig. 483).

Für andere Werte von n ergeben sich beispielsweise $(k_1 = k_2)$

$n = 1$	$\alpha_1 = 0{,}5$	$\alpha_2 = 0{,}5$
$n = 1{,}5$	$\alpha_1 = 0{,}692$	$\alpha_2 = 0{,}308$
$n = 2$	$\alpha_1 = 0{,}8$	$\alpha_2 = 0{,}2$
$n = 3$	$\alpha_1 = 0{,}9$	$\alpha_2 = 0{,}1$
$n = \infty$	$\alpha_1 = 1{,}0$	$\alpha_2 = 0{,}0$.

Erst mit $n = \infty$ erreicht also die Kurve die h_2-Linie.

Wir ersehen aus dem Verlauf der Kurve, daß die raschesten Änderungen der Durchflußhöhe h sich in dem Bereich zwischen etwa $n = 0{,}2$ bis gegen $n = 1{,}2$ vollziehen, etwas unsymmetrisch zur Lage des Wendepunktes, während außerhalb dieser Grenzen schon ziemlich beträchtliche Änderungen an n erforderlich werden, um h stark variieren zu machen.

2. Durchfluß-Regulatoren, einfachwirkend.

Befindet sich in dem Durchflußzyinder ein dichtschließender Kolben, etwa an der Stelle, die denselben in Fig. 482 zeigt, Abstand l gegen abwärts von der Achse der Rohranschlüsse, so wird sich die Druckhöhe $h + l = h_2 + \alpha_2 (h_1 - h_2) + l$ gegen die obere Kolbenfläche betätigen, und sofern unter dem Kolben kein Wasser steht, ist eine entsprechende Außenkraft nötig, um den Kolben an der Stelle zu halten. Jede Änderung von $f_2 = n f_1$ bringt eine Änderung von h, also einen anderen Betrag der gegen abwärts gerichteten hydraulischen Kolbenkraft $P = F \cdot (h + l) \cdot \gamma$.

Es ändert die Verhältnisse nicht, wenn nunmehr das Durchflußgefäß durch einen Deckel, wie in Fig. 482 punktiert, gegen oben hin abgeschlossen und auf solche Weise zum Arbeitszylinder gemacht wird. Die Durchfluß-Druckhöhe würde in dem gleichfalls punktierten Standrohr sichtbar sein.

Die Berechnung von F geschieht hier etwas anders als seither. Mit P_a, P_e und R in der seitherigen Bedeutung stellt sich der Mittelwert der vom einfachwirkenden Kolben aufzunehmenden Kraft dar als $\dfrac{P_a + R + P_e - R}{2} = \dfrac{P_a + P_e}{2}$ und wenn die Fläche F diesem Betrag entsprechend bemessen wird, so gehört die gleiche Veränderung von h dazu, um bei Steigerung den Kolben gegen auswärts oder bei Verminderung nach einwärts treten zu lassen. Die der Berechnung von F zugrunde gelegte Höhe entspricht also dem mittleren Beharrungszustand des Kolbens und des Wasserdurchflusses und wird deswegen mit h_B bezeichnet.

Um den Wechsel von f_2 möglichst ausgiebig zum Einfluß auf die Durchflußhöhe kommen zu lassen, wird der Wert von n, der dem mittleren Beharrungszustand, Druckhöhe h_B, entspricht, als n_B zwischen den obgenannten Grenzen $0{,}2$ und $1{,}2$ anzunehmen sein, beispielsweise $n_B = 0{,}7$. Dieser Wert ergibt mit $k_1 = k_2$ fast genau (Gl. 913 a)

$$\alpha_1 = \frac{1}{3} \quad \text{und} \quad \alpha_2 = \frac{2}{3} \cdot \text{(Vergl. Fig. 483.)}$$

Dementsprechend haben wir für den Beharrungszustand mit $n_B = 0{,}7$:

$$h_B = h_2 + \alpha_2 (h_1 - h_2) = \frac{2}{3} h_1 + \frac{1}{3} h_2 \quad \cdots \cdots \quad \textbf{915.}$$

und

$$F = \frac{P_a + P_e}{2 (h_B + l) \gamma} \quad \cdots \cdots \cdots \quad \textbf{916.}$$

Für das weitere Verfolgen dieser Verhältnisse ist eine Erleichterung gegeben in der Annahme, daß bei der Bewegung des Kolbens die widerstehenden Kräfte P_a und P_e in allen Kolbenlagen konstant bleiben; für starke Veränderungen der P_a und P_e sind die Durchfluß-Betriebe nicht gut verwendbar. In diesem Fall sollte auch $h_B + l$ konstant sein, was allerdings nur bei liegender Anordnung zutrifft oder dann, wenn l gegenüber h_B vernachlässigt werden darf, zwei Fälle, die ohne weiteres denkbar sind, und in beiden gilt dann h_B als konstant für jede Kolbenstellung.

Dabei stellt sich mit $l = 0$

$$F = \frac{P_a + P_e}{2 h_B \cdot \gamma} \quad \cdots \cdots \cdots \quad \textbf{916a.}$$

I. Der Kolbenweg gegen auswärts.

Die Beziehungen für die Geschwindigkeit des Kolbens gegen außen, v_a, und die Schlußzeit T_s entwickeln sich hier, ebenfalls unter der Voraussetzung der Abwesenheit von Luftsäcken innerhalb der Anschlüsse, wie folgt:

Den Maßstab für das Auswärtsgehen des Kolbens bildet der Zuwachs des Wasservolumens im Zylinderraum, d. h., es muß dieser Zuwachs auf die Sekunde bezogen, ganz allgemein, betragen, wenn „a“ auch bei w_1 usw. als zweiter Index für „auswärts" zugefügt wird:

$$F \cdot v_a = f_1 w_{1,a} - f_2 w_{2,a} \quad \cdots \cdots \quad \textbf{917.}$$

Nun verlangt der nach Gl. 916a für $\dfrac{P_a + P_e}{2}$ und h_B berechnete Kolbenquerschnitt F für die Überwindung von $P_a + R$ eine Druckhöhe größer als h_B, nämlich die Druckhöhe h_a, die sich auf

$$h_a = h_B \cdot (P_a + R) \cdot \frac{2}{P_a + P_e} \quad \cdots \cdots \quad \textbf{918.}$$

stellt und einen Querschnittsfaktor n_a benötigt, der zweifellos kleiner sein muß als der normale mit $n_B = 0{,}7$. Er findet sich bei $k_1 = k_2$ aus Gl. 914a, indem dort h und n durch h_a und n_a ersetzt werden als

$$n_a = \sqrt{\frac{h_1 - h_a}{h_a - h_2}} \quad \cdots \cdots \cdots \quad \textbf{919.}$$

Der Druckhöhe h_a entsprechend sind w_1 und w_2 als $w_{1,a}$ und $w_{2,a}$ in die Gl. 917 eingestellt worden, um die richtige Beziehung für v_a zu erhalten.

Der Druckhöhe h_a halten die Kräfte $P_a + R$ gerade noch das Gleichgewicht; ist der Kolben in Bewegung, so genügt aber h_a auch, um diesen in Bewegung zu erhalten.

Währenddem sich der Kolben nach auswärts bewegt, nimmt der Wasserinhalt des Zylinders zu, es muß also durch f_2 weniger Wasser abfließen als durch f_1 zugeführt wird, denn sonst kann der Kolben nicht nach außen gehen. Ist aber bei der Kolbenbewegung die Höhe h_a vom Wert nach Gl. 918 konstant, so muß, da $h_1 - h_a$ konstant, auch $w_{1,a}$ konstant bleiben, einerlei, ob sich der Kolben bewegt oder nicht. Das heißt, es wird beim Kolbenausgang mit gleichbleibendem $P_a + R$ durch den unveränderlichen Querschnitt f_1 ganz die gleiche Wassermenge strömen als beim Kolbenstillstand, wo schon h_a durch das Einstellen auf n_a satt vorher n_B, also auf $f_2 = n_a f_1$ eingetreten war. Die Zunahme des Wasservolumens im Zylinder, das heißt das Auswärtsgehen des Kolbens, kommt also ausschließlich durch eine noch über $f_2 = n_a f_1$ hinausgehende Verkleinerung von f_2 zustande.

Nun ist die Durchflußwassermenge des Ruhezustandes bei der Druckhöhe h_a, bei $f_2 = n_a \cdot f_1$ anzusetzen als

$$q_a = f_1 w_{1,a} = f_2 w_{2,a} = n_a f_1 w_{2,a} \quad \ldots \quad \textbf{920.}$$

Die geringste Verkleinerung von f_2 unter $n_a f_1$ herunter, die geringste Steigerung von h_a wird den Kolben in Bewegung setzen und zwar so lange, bis die Druckhöhe wieder den Wert h_a um ein ganz Geringes unterschreitet, wodurch der Kolben zum Stillstand kommt. Die Zurückführung auf die Druckhöhe h_a kann, falls l nicht vernachlässigbar ist, teils durch das Steigen des Kolbens, teils durch eine entsprechende Nachführung des Drosselventils geschehen. Bei liegendem Zylinder kommt natürlich nur letzteres in Betracht.

Diese nochmalige Verkleinerung des Querschnittes f_2, von $n_B f_1$ ausgehend über $n_a f_1$ auf $n f_1$, (ohne Index für n) verändert nach dem Vorausgegangenen die durch f_1 zutretende Wassermenge q_a nach Gl. 920 nicht, wir können deshalb die Gl. 917 jetzt unter Hinweis auf Gl. 920 schreiben

$$F \cdot v_a = f_1 w_{1,a} - n f_1 w_{2,a} = n_a f_1 w_{2,a} - n f_1 w_{2,a} \quad \ldots \quad \textbf{921.}$$

und weil $v_a = \dfrac{S}{T_s}$, so findet sich hieraus die für die Erzielung von v_a erforderliche Verengung des Querschnittes f_2 in dem Faktor

$$n = n_a - \frac{F \cdot v_a}{f_1 w_{2,a}} = n_a - \frac{F}{f_1} \cdot \frac{S}{T_s} \cdot \frac{1}{w_{2,1}} \quad \ldots \quad \textbf{922.}$$

In dieser Gleichung ist n_a nach Gl. 919 und F nach Gl. 917 einzuführen, schließlich noch $w_{2,a}$ einfach aus

$$k_2 \frac{w_{2,a}^2}{2g} = h_a - h_2$$

als

$$w_{2,a} = \sqrt{2g \cdot \frac{h_a - h_2}{k_2}} \quad \ldots \quad \textbf{923.}$$

worin h_a nach Gl. 918.

Ein Zahlenbeispiel wird die Umstände erläutern, wir nehmen dazu die schon bekannten Werte

$$P_a = 200 \text{ kg} \qquad P_e = 160 \text{ kg} \qquad R = 20 \text{ kg}$$
$$h_1 = 40 \text{ m} \qquad h_2 = 4 \text{ m} \qquad k = 4$$
$$S = 0,3 \text{ m} \qquad T = 3 \text{ sek.}$$

Hiermit ergibt sich bei $n_B = 0,7$

$$h_B = \frac{2}{3} \cdot 40 + \frac{1}{3} \cdot 4 = 28 \text{ m} \quad \ldots \quad \textbf{(915.)}$$

$$F = \frac{200 + 160}{2 \cdot 28 \cdot 1000} = 0,00643 \text{ qm} \quad \ldots \quad \textbf{(916a.)}$$

oder 64,3 qcm, entsprechend etwa 90 mm Durchmesser.

Es folgt für den Beharrungszustand

$$w_{2,B} = \sqrt{\frac{19{,}62 \cdot 36}{(0{,}7^2 + 1) \cdot 4}} = 10{,}88 \text{ m/sek} \quad \ldots \quad \textbf{(912.)}$$

ferner

$$h_a = 28 \cdot \frac{200 + 20}{200 + 160} \cdot 2 = 34{,}2 \text{ m} \quad \ldots \ldots \quad \textbf{(918.)}$$

$$n_a = \sqrt{\frac{40 - 34{,}2}{34{,}2 - 4}} = 0{,}438 \quad \ldots \ldots \quad \textbf{(919.)}$$

$$w_{2,a} = \sqrt{19{,}62 \cdot \frac{34{,}2 - 4}{4}} = 12{,}17 \text{ m/sek} \quad \ldots \quad \textbf{(923.)}$$

Wird schließlich der Eintrittsquerschnitt $f_1 = 0{,}0002$ qm (2 qcm) angenommen, so folgt

$$n = 0{,}438 - \frac{0{,}00643}{0{,}0002} \cdot \frac{0{,}3}{3} \cdot \frac{1}{12{,}17} = 0{,}174 \quad \ldots \quad \textbf{(922.)}$$

oder es ist für die Auswärtsbewegung des Kolbens $f_2 = 0{,}174 \cdot 2 = 0{,}348$ qcm erforderlich.

Der kleine Wert für n zeigt, daß n unter Umständen rechnungsmäßig einmal Null oder negativ werden kann. Letzteres würde aussprechen, daß durch den Steuerquerschnitt f_2 nicht nur kein Wasser austreten dürfte, sondern daß es zur Erzielung der gewünschten Kolbengeschwindigkeit v_a gemäß der Schlußzeit T_s sogar nötig wäre, daß Druckwasser durch f_2 eintritt. Worauf es dabei ankommt, zeigt Gl. 922, es muß stets bleiben

$$f_1 \gtrless \frac{F}{n_a} \cdot \frac{v_a}{w_{2,a}} \quad \ldots \ldots \ldots \quad \textbf{924.}$$

Das Mittel zum Einhalten geordneter Verhältnisse liegt also in der Größe von f_1, denn die anderen Werte sind mehr oder weniger fest gegeben.

II. Der Kolbenrückgang.

Das Einwärtsgehen des Kolbens bedingt, daß das Wasservolumen des Zylinders abnimmt. Durch den Querschnitt „2" muß nicht nur das in „1" neu hinzutretende Wasser, sondern auch das durch den Kolbenrückgang verdrängte Wasser abfließen. An Stelle von Gl. 917 tritt hier nunmehr allgemein

$$F \cdot v_e + f_1 w_{1,e} = f_2 w_{2,e}.$$

Damit $P_e - R$ gerade dem der Einwärtsbewegung widerstehenden Durchflußdruck gleichwertig ist, muß die Durchfluß-Druckhöhe h_e erniedrigt werden auf

$$h_e = h_B (P_e - R) \cdot \frac{2}{P_a + P_e} \quad \ldots \ldots \quad \textbf{925.}$$

(vergl. Gl. 918) und es stellt sich dafür eine erste Erweiterung von f_2 auf den Betrag $n_e f_1$ als nötig dar. Der Wert n_e findet sich aus Gl. 914a, indem dort h und n durch h_e und n_e ersetzt werden, als

$$n_e = \sqrt{\frac{h_1 - h_e}{h_e - h_2}} \quad \ldots \ldots \quad \textbf{926.}$$

(vergl. Gl. 919).

Die Geschwindigkeiten w_1 und w_2 sind jetzt im speziellen als $w_{1,e}$ und $w_{2,e}$ einzuführen und diese behalten bei gleichbleibendem P_e auch die gleichen

Werte, einerlei, ob der Kolben unter h_e noch stillsteht oder schon zurückgeht, das Zurückgehen selbst aber wird nur durch eine nochmalige Vergrößerung von f_2, auf $n f_1$, bewirkt.

Im Anschluß an Gl. 920 schreiben wir jetzt für den Ruhezustand des Kolbens vor dem Einwärtsgehen

$$q_e = f_1 w_{1,e} = f_2 w_{2,e} = n_e f_1 w_{2,e} \quad \cdots \cdots \quad \textbf{927.}$$

Die nochmalige Erweiterung von $n_e f_1$ auf $f_2 = n f_1$ ändert q_e nicht und deshalb kann die Gl. 921 unter Beachtung von Gl. 927 geschrieben werden

$$F \cdot v_e = n f_1 w_{2,e} - n_e f_1 w_{2,e}$$

und mit $v_e = \dfrac{S}{T_s}$ ergibt sich für die notwendige Erweiterung von f_2 der Faktor

$$n = n_e + \frac{F \cdot v_e}{f_1 w_{2,e}} = n_e + \frac{F}{f_1} \cdot \frac{S}{T_s} \cdot \frac{1}{w_{2,e}} \quad \cdots \cdots \quad \textbf{928.}$$

(vergl. Gl. 922).

Für das Zahlenbeispiel sind die Größen $h_B = 28$ m und $F = 0,00643$ qm schon bekannt und wir finden die den Kolbenrückgang eben noch verhindernde Durchfluß-Druckhöhe zu

$$h_e = 28 \cdot \frac{160 - 20}{200 + 160} \cdot 2 = 21,8 \text{ m} \quad \cdots \cdots \quad \textbf{(925.)}$$

gegenüber $h_a = 34,2$ m und $h_B = 28$ m.

Es folgt weiter

$$n_e = \sqrt{\frac{40 - 21,8}{21,8 - 4}} = 1,02 \quad \cdots \cdots \quad \textbf{(926.)}$$

dann mit h_e statt h_a

$$w_{2,e} = \sqrt{19,62 \cdot \frac{21,8 - 4}{4}} = 9,34 \text{ m/sek} \quad \cdots \quad \textbf{(923.)}$$

Schließlich mit $f_1 = 0,0002$ qm (2 qcm)

$$n = 1,01 + \frac{0,00643}{0,0002} \cdot \frac{0,3}{3} \cdot \frac{1}{9,34} = 1,354 \quad \cdots \quad \textbf{(928.)}$$

oder $f_2 = 1,354 \cdot 2 = 2,71$ qcm für die Einwärtsbewegung.

Beim Einwärtsgehen des Kolbens kann sich nie ein negativer Wert von n als nötig zeigen, weil die Gl. 928 nur positive Posten enthält.

Der Betriebswasserbedarf schwankt zwischen

$$q_a = 0,438 \cdot 0,0002 \cdot 12,17 = 0,00107 \text{ cbm/sek oder } 1,07 \text{ lit/sek} \quad \textbf{(920.)}$$
und
$$q_e = 1,01 \cdot 0,0002 \cdot 9,34 = 0,00189 \text{ cbm/sek} \qquad \text{oder } 1,89 \text{ lit/sek.} \quad \textbf{(927.)}$$

Im Beharrungszustand ist bei $n_B = 0,7$

$$q_B = 0,7 \cdot 0,0002 \cdot 10,85 = 0,00152 \text{ cbm/sek} \qquad \text{oder } 1,52 \text{ lit/sek.}$$

Der Vorzug des Durchfluß-Prinzips liegt in der absoluten Abwesenheit toten Ganges in dem Steuerorgan selbst. Hier gibt es keine Überdeckungen, wie etwa bei Schiebern, die dicht schließen sollten; diese entsprechen im Prinzip der Zellenregulierung nach Fig. 171, die Durchfluß-Steuerungen dagegen den Spaltdruckregulierungen, bei denen auch jede kleinste Bewegung der Drehschaufel sofort ihre Wirkung auf die Wassermenge ausübt und wo selbst die Abnutzung an den Wandungen der Regulierquerschnitte ohne Einfluß bleibt.

Ein gewisser Übelstand kann der ständige Verbrauch von Betriebswasser werden, der unter Umständen bei hohen Drücken recht fühlbar sein würde.

Aus dem Umstande, daß die Durchflußkolben kraftschlüssig bewegt werden, folgt ohne weiteres, daß sie nur da anwendbar sind, wo P_a und P_e innerhalb des Kolbenweges S ihr Vorzeichen nicht wechseln, es mögen dabei P_a und P_e an sich gleich- oder entgegengesetzt gerichtet sein. Wegen letzteren Falles siehe unter „4“.

3. Durchfluß-Regulatoren mit Differentialkolben, P_a und P_e gleichgerichtet.

Die gleichen Gründe, welche bei hydrostatischem Betriebe für die Anwendung von Differentialkolben sprachen, sind auch für den hydrodynamischen Regulator vorhanden und auch die Berechnung wird sich sinngemäß aus der Vereinigung derjenigen des hydrostatischen Regulators mit dem Durchflußprinzip ergeben. Wir denken uns den Differentialkolben nach Fig. 484 angeordnet, also dabei die Richtungen von P_a und P_e gegenüber Fig. 482 umgedreht, die Bezeichnungen im engen Anschluß an die seitherigen, speziell βF die Ringfläche als Bruchteil der vollen Kreisfläche F.

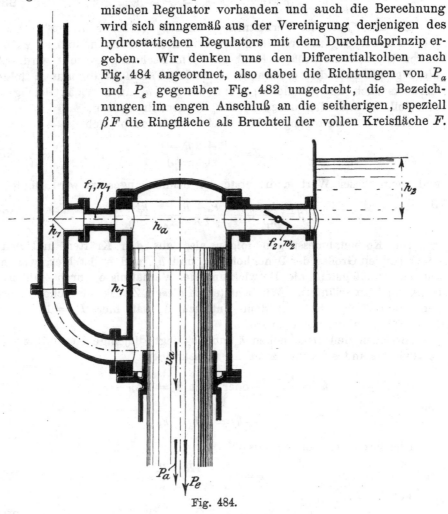

Fig. 484.

Wir nehmen die Zuleitungen der Druckhöhe h_1 zu der Differential Ringfläche des Kolbens, βF, im Querschnitt auch wieder so reichlich weit an, daß selbst während der Kolbenbewegung die Druckhöhe der Ringfläche mit h_1 bestehen bleibt.

An den Beziehungen über die Aufteilung der verfügbaren Druckhöhe ändert sich nichts.

Mithin bleiben die Gl. 910 bis einschließlich 915, die Gefälleaufteilung betreffend, unverändert.

Wir setzen ferner voraus, daß die Größe l, der Höhenunterschied zwischen den Durchflußquerschnitten und der Kolbenfläche gegenüber der Durchfluß-Druckhöhe h vernachlässigt werden darf.

Vor allem ist hier ersichtlich, daß wie vorher zweierlei Druckhöhen im Durchflußraum als Grenzen der Gleichgewichtslage in Betracht kommen.

Für den Kolbenweg nach auswärts muß sein

$$\beta F \cdot h_1 \gamma = F \cdot h_a \gamma + P_a - R \quad \dots \dots \quad \textbf{929.}$$

und für den Einwärtsweg

$$\beta F \cdot h_1 \gamma = F \cdot h_e \gamma + P_e + R \quad \dots \dots \quad \textbf{930.}$$

Da der Natur der Verhältnisse gemäß h_a größer sein muß als h_e, so folgt aus der Gegenüberstellung der beiden Beziehungen, daß so zu disponieren ist, daß die größere Kraft als P_e in Rechnung gestellt wird. Auch die Fig. 484 läßt dies erkennen: In beiden Fällen ist der aus h_1 folgende Einwärtsdruck auf βF gleich; wenn bei $h_e < h_a$ auch noch Gleichgewicht sein soll, so muß dies durch $P_e > P_a$ hergestellt werden.

Aus der Vereinigung beider Gleichungen ergibt sich

$$F = \frac{P_e + 2R - P_a}{\gamma (h_a - h_e)} \quad \dots \dots \dots \quad \textbf{931.}$$

und wenn dieser Wert in die erste der beiden eingesetzt wird, findet sich

$$\beta = \frac{h_a}{h_1} + \frac{P_a - R}{P_e + 2R - P_a} \cdot \frac{h_a - h_e}{h_1} \quad \dots \dots \quad \textbf{932.}$$

Die Kolbenabmessungen folgen also aus den Kräften und den anzunehmenden Größen der Druckhöhen h_a und h_e, und es ist hier, wie meist, am zweckmäßigsten, die Entwicklung der Verhältnisse durch Zahlenwerte fortlaufend zu erläutern. Wir behalten zu diesem Zweck die schon mehrfach genannten Werte bei mit dem Unterschied, daß hier $P_a = 160$ kg und $P_e = 200$ kg angenommen wird.

Zwischen den Druckhöhen h_a und h_e liegt diejenige des mittleren Beharrungszustandes h_B und zwar ist zu schreiben

$$h_B = \frac{h_a + h_e}{2} \quad \text{oder auch} \quad h_e = 2 h_B - h_a$$

und

$$h_a - h_e = 2 (h_a - h_B).$$

Hierdurch erhalten wir aus Gl. 931

$$F = \frac{P_e + 2R - P_a}{\gamma \cdot 2 (h_a - h_B)} \quad \dots \dots \dots \quad \textbf{933.}$$

und aus Gl. 932

$$\beta = \frac{h_a}{h_1} + \frac{P_a - R}{P_e + 2R - P_a} \cdot \frac{2 (h_a - h_B)}{h_1} \quad \dots \dots \quad \textbf{934.}$$

Wir gehen aus gleichen Gründen wie vorher von $n_B = 0{,}7$ aus, also von $h_B = \dfrac{2}{3} h_1 + \dfrac{1}{3} h_2$, und erhalten mit $h_1 = 40$ m und $h_2 = 4$ m wieder $h_B = 28$ m.

Wir nehmen weiter an, daß eine Druckerhöhung um 1,5 m beispielsweise genügen solle, um gerade noch $P_a - R$ das Gleichgewicht zu halten; das heißt, daß $h_a - h_B = 1,5$ m, daß $h_a = 1,5 + 28 = 29,5$ m sein solle. Hierfür erhalten wir den erforderlichen Kolbenquerschnitt als

$$F = \frac{200 + 40 - 160}{1000 \cdot 2 \cdot 1,5} = 0,0267 \text{ qm} \quad \dots \dots \quad \textbf{(933.)}$$

entsprechend einem Durchmesser von ~ 185 mm. Es folgt hierfür

$$\beta = \frac{29,5}{40} + \frac{160 - 20}{200 + 40 - 160} \cdot \frac{2 \cdot 1,5}{40} = 0,869 \quad \dots \quad \textbf{(934.)}$$

woraus sich der Durchmesser des kleinen Kolbens schließlich mit etwa 67 mm ergibt.

Der Annahme nach ist $h_e = h_B - 1,5$, hier also $h_e = 28 - 1,5 = 26,5$ m und die Kontrollrechnung zeigt auch, daß $F \cdot h_a \gamma$ im Verein mit $P_a - R$ gleich groß ist mit $F \cdot h_e \gamma$ zuzüglich $P_e + R$, beide gleich $\beta F \cdot h_1 \gamma$.

Nun handelt es sich um die erforderlichen Größen von n_a und n_e, die nach den Gl. 919 und 926, gegenüber $n_B = 0,7$, folgen als

$$n_a = \sqrt{\frac{40 - 29,5}{29,5 - 4}} = 0,642 \quad \dots \dots \quad \textbf{(919.)}$$

und

$$n_e = \sqrt{\frac{40 - 26,5}{26,5 - 4}} = 0,775 \quad \dots \dots \quad \textbf{(926.)}$$

Beim Einstellen von $f_2 = n_a f_1 = 0,642 f_1$ wird der Kolben eben noch nicht imstande sein, dem Zuge von $P_a - R$ gegenüber $\beta F \cdot h_1 \gamma$ nachgeben zu können, die geringste weitere Verkleinerung von f_2 aber setzt den Kolben in Bewegung. Bei Überschreiten von $f_2 = n_e f_1 = 0,775 f_1$ wird, wegen der Ermäßigung des Druckes auf F, der Druck auf die Differentialfläche $\beta F \cdot h_1 \gamma$ den Kolben entgegen dem Widerstande der Kraft $P_e + R$ ins Innere des Zylinders hineinziehen.

Den Druckhöhen h_a und h_e entsprechend werden sich die Geschwindigkeiten $w_{2,a}$ und $w_{2,e}$ nach Gl. 923 einstellen mit $k = 4$ zu

$$w_{2,a} = \sqrt{19,62 \cdot \frac{29,5 - 4}{4}} = 11,18 \text{ m}$$

und

$$w_{2,e} = \sqrt{19,62 \cdot \frac{26,5 - 4}{4}} = 10,51 \text{ m},$$

während sich

$$w_{2,B} = \sqrt{19,62 \cdot \frac{28 - 4}{4}} = 10,85 \text{ m}$$

ergibt.

Da der Gegendruck des Kreisringkolbens βF auf die Durchfluß-Wassermenge ohne Einwirkung ist, so bleiben die Gl. 920 für q_a und 922 für n äußerlich unverändert. Für F ist natürlich der Wert nach Gl. 933 einzusetzen. Für den Einwärtsgang des Kolbens kommen in gleicher Weise Gl. 927 für q_e und 928 für n zur Anwendung.

Der kleinst zulässige Betrag für f_1 folgt, wie vorher auch, aus Gl. 924. Mit den Zahlenwerten ergibt sich bei $v_a = 0,1$ m/sek

$$f_1 \gtrless \frac{0,0267}{0,642} \cdot \frac{0,1}{11,18} = 0,000372 \text{ qm} \quad \ldots \quad \textbf{(924.)}$$

Nehmen wir f_1 definitiv zu 5 qcm = 0,0005 qm an, so ergibt sich für Auswärtsgang des Kolbens:

$$n = 0,642 - \frac{0,0267}{0,0005} \cdot \frac{0,3}{3} \cdot \frac{1}{11,18} = 0,164 \quad \ldots \quad \textbf{(922.)}$$

für Einwärtsgang:

$$n = 0,775 + \frac{0,0267}{0,0005} \cdot \frac{0,3}{3} \cdot \frac{1}{10,5} = 1,284 \quad \ldots \quad \textbf{(927.)}$$

Durch Vergrößerung von f_1 über den angenommenen Wert hinaus, auch durch Verkleinern von F (größere Unterschiede zwischen h_a und h_e) können die Beträge von n, vom Querschnittsfaktor für den Regulierbetrieb, nach Belieben ermäßigt werden.

Als Betriebswassermengen kommen bei $f_1 = 5$ qcm für die Kolbenseite F in Ansatz:

$$q_a = n_a f_1 w_{2,a} = 0,642 \cdot 0,0005 \cdot 11,18 = 0,00359 \text{ cbm/sek} \quad (3,6 \text{ lit})$$
$$q_e = n_e f_1 w_{2,e} = 0,775 \cdot 0,0005 \cdot 10,51 = 0,00407 \text{ cbm/sek} \quad (4,1 \text{ lit})$$
$$q_B = n_B f_1 w_{2,B} = 0,7 \cdot 0,0005 \cdot 10,85 = 0,00380 \text{ cbm/sek} \quad (3,8 \text{ lit}).$$

Auf der Kolbenseite βF findet kein Wasserverbrauch statt, nur ein Wechsel mit Aus- und Einströmen je nach Kolbenaus- oder -einwärtsgang.

4. Durchflußregulatoren mit Differentialkolben, P_a entgegengesetzt P_e.

Die Kräfte sind hier so zu denken, daß, wie seither auch, P_a der Kolbenbewegung gegen außen, P_e derselben gegen einwärts widersteht.

Für den Kolbenweg gegen außen gilt dann (Richtung von P_a entgegengesetzt Fig. 484)

$$F \cdot h_a \gamma = P_a + R + \beta F \cdot h_1 \gamma$$

oder

$$\beta F \cdot h_1 \gamma = F \cdot h_a \gamma - (P_a + R) \quad \ldots \ldots \quad \textbf{935.}$$

Für die Bewegung einwärts (P_e in Richtung wie Fig. 484)

$$\beta F \cdot h_1 \gamma = F \cdot h_e \gamma + P_e + R \quad \ldots \ldots \quad \textbf{936.}$$

Aus der Vereinigung beider Gleichungen folgt

$$F = \frac{P_e + 2R + P_a}{\gamma (h_a - h_e)} \quad \ldots \ldots \ldots \quad \textbf{937.}$$

und nach Einsetzen von F in die Gl. 935 ergibt sich

$$\beta = \frac{h_a}{h_1} - \frac{P_a + R}{P_e + 2R + P_a} \cdot \frac{h_a - h_e}{h_1} \quad \ldots \ldots \quad \textbf{938.}$$

(vergl. die Gl. 931 und 932).

Da hier P_a und P_e in den Gleichungen mit gleichen Vorzeichen auftreten, ist es gleichgültig, ob P_a oder P_e den größeren Betrag aufweist, natürlich hat β in jedem Fall seinen von P_a abhängigen Wert nach Gl. 938.

Legen wir der Rechnung auch hier $n_B = 0,7$, also $h_B = 28$ m zugrunde, dazu wieder $h_a = 1,5 + h_B = 29,5$ m, $h_e = h_B — 1,5 = 26,5$ m, so ergeben sich mit $P_a = 200$ kg, $P_e = 160$ kg und wegen $h_a — h_e = 2 \cdot (h_a — h_B)$

$$F = \frac{160 + 40 + 200}{1000 \cdot 2 \cdot 1,5} = 0,1333 \text{ qm} \quad \ldots \quad \textbf{(937.)}$$

also ein Kolbendurchmesser von ~ 410 mm, ferner

$$\beta = \frac{29,5}{40} — \frac{200 + 20}{160 + 40 + 200} \cdot \frac{3}{40} = 0,696 \quad \ldots \quad \textbf{(938.)}$$

so daß der kleinere Kolbendurchmesser sich auf etwa 225 mm belaufen sollte.

Die Größen von n_a und n_e bleiben wie vorher als 0,642 und 0,775, da sich h_a und h_e nicht änderten, mithin bleiben auch $w_{2,a}$ usw. unverändert wie vorher.

Für q_a, für n usw. kommen die vorher schon benützten Gleichungen zur Verwendung mit den hier gefundenen Werten von F. Wir erhalten hier für $v_a = 0,1$ m/sek

$$f_1 > \frac{0,1333}{0,642} \cdot \frac{0,1}{11,18} = 0,00186 \text{ qm} \quad \ldots \quad \textbf{(924.)}$$

Mit f_1 definitiv 25 qcm ergibt sich für den Kolbenweg auswärts:

$$n = 0,642 — \frac{0,1333}{0,0025} \cdot \frac{0,3}{3} \cdot \frac{1}{11,18} = 0,165 \quad \ldots \quad \textbf{(922.)}$$

und für den Weg einwärts:

$$n = 0,774 + \frac{0,1333}{0,0025} \cdot \frac{0,3}{3} \cdot \frac{1}{10,5} = 1,282 \quad \ldots \quad \textbf{(927.)}$$

Die n-Werte stimmen fast genau mit denen des vorhergehenden Abschnittes überein, weil zufällig $\frac{F}{f_1}$ annähernd gleich groß angenommen wurde.

Dem wesentlich größeren Eintrittsquerschnitt f_1 entsprechen dann die etwa fünffachen Durchflußwassermengen gegenüber „3".

Hieraus ist ersichtlich, daß die Anordnung mit P_a entgegengesetzt P_e nur für verhältnismäßig kleine Beträge von P_a und P_e empfehlenswert ist, daß sie aber dann gute Dienste leistet. (Spaltschieber bei Strahlturbinen, Taf. 42, Fig. 489 und 490.)

5. Durchfluß-Regulatoren mit doppeltwirkenden Kolben.

Der Betrieb dieser doppeltwirkenden Kolben erfolgt natürlich in der Weise, daß (Fig. 485) die Ausflußquerschnittte gleichzeitig geändert werden, auf der Kolbenseite I wird z. B. mehr geschlossen, die andere Seite II weiter geöffnet, wie dies die Pfeile der Drosselklappen erkennen lassen, und der wechselnde Unterschied der beiden Druckhöhen $h_{a,I}$ und $h_{a,II}$ auf die von beiden Seiten her gleichgroße Kolbenfläche F wirkend, dient zur Kraftäußerung.

Die Änderungen der Gefälleaufteilung zu beiden Seiten des Kolbens vollziehen sich bei wechselnden Werten des Querschnittsfaktors n natürlich auch hier nach der Kurve der Fig. 483.

Wollten wir diese Änderungen von α_2 in $h = h_2 + \alpha_2 (h_1 — h_2)$ (Gl. 911a) auf beiden Kolbenseiten streng kurvenmäßig ansetzen, so würde die Rechnung sehr umständlich. Da aber die α-Kurve in dem benützbaren Teil, vor und hinter $n = 0,7$, noch verhältnismäßig geradlinig verläuft, so begehen wir keinen zu großen Fehler, wenn wir diesen Verlauf wirklich als gerad-

linig annehmen und die Durchflußdruckhöhen beiderseits des Kolbens demgemäß in Rechnung stellen.

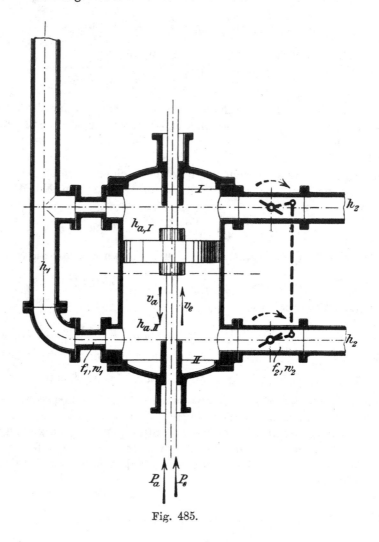

Fig. 485.

Die im Punkte $n = 0,7$, Fig. 486, gezogene Ausgleich-Gerade schneidet fast
genau für $n = 0,4$ den Wert $\alpha_1 = \frac{1}{6}$ und für $n = 1,0$ den Betrag $\alpha_1 = \alpha_2 = \frac{1}{2}$
$= \frac{3}{6}$ ab, während von früher her bei $n = 0,7$ die Größe $\alpha_1 = \frac{1}{3} = \frac{2}{6}$
bekannt ist. Innerhalb der genannten Grenzen gilt also einfach in erlaubter
Annäherung

$$\frac{1,0 - n}{\alpha_2 - {}^3/_6} = \frac{1,0 - 0,4}{{}^5/_6 - {}^3/_6},$$

woraus

$$\alpha_2 = \frac{1,9 - n}{1,8} \quad . \quad . \quad . \quad . \quad . \quad . \quad . \quad \textbf{939.}$$

also allgemein nach Gl. 911a

$$h = h_2 + \frac{1,9 - n}{1,8}(h_1 - h_2) \quad . \quad . \quad . \quad . \quad . \quad \textbf{940.}$$

I. P_a und P_e gleichgerichtet.

Was beim Differentialkolben durch die verschiedenen Kolbenflächen erzielt wurde, das muß hier durch verschiedene Druckhöhen auf beiden Kolbenseiten herbeigeführt werden.

Die mittlere Belastung des Kolbens der Fig. 485 stellt sich wie früher auf

$$\frac{P_a + R + P_e - R}{2} = \frac{P_a + P_e}{2}$$

und im mittleren Beharrungszustand „B" muß dann sein

$$\frac{P_a + P_e}{2} = F\,(h_{B,\,I} - h_{B,\,II})\,\gamma,$$

woraus

$$F = \frac{P_a + P_e}{2\,\gamma\,(h_{B,\,I} - h_{B,\,II})} \quad \textbf{941.}$$

Diesen beiden Durchfluß-Druckhöhen entsprechen die Querschnittsfaktoren $n_{B,\,I}$ und $n_{B,\,II}$ und ihr Unterschied stellt sich mit Hilfe von Gl. 940 auf

$$h_{B,\,I} - h_{B,\,II} = (n_{B,\,II} - n_{B,\,I})\,\frac{h_1 - h_2}{1,8}$$

$$\textbf{942.}$$

Es wird sich empfehlen, diese beiden Werte von n um ein gleiches Stück, m_B, von $n_B = 0,7$ nach unten und oben abweichen zu lassen, derart, daß (Fig. 487)

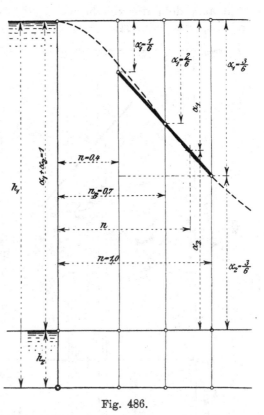

Fig. 486.

$$n_{B,\,I} = 0,7 - m_B \quad \text{und} \quad n_{B,\,II} = 0,7 + m_B.$$

So stellt sich dann $n_{B,\,II} - n_{B,\,I}$ auf $2\,m_B$ und die Gl. 942 und 941 gehen dadurch über in

$$h_{B,\,I} - h_{B,\,II} = m_B \cdot \frac{h_1 - h_2}{0,9} \quad \ldots \ldots \quad \textbf{942 a.}$$

und

$$F = 0,45\,\frac{P_a + P_e}{\gamma \cdot m_B\,(h_1 - h_2)} \quad \ldots \ldots \quad \textbf{941 a.}$$

Da die beiden Steuerorgane zwangläufig verbunden sind derart, daß die Zunahmen und Abnahmen der f_2 jeweils gleich ausfallen, so ist mit der Annahme von m_B nicht allein F gegeben, sondern die Änderungen der Größe m bilden auch für den weiteren Verlauf der Rechnung einen direkten Anhalt.

Für die Wahl der Größe m_B ist maßgebend, daß $n_{B,\,I}$ und $n_{B,\,II}$ nicht zu weit von $n_B = 0,7$ abliegen, damit der nach beiden Seiten noch übrig bleibende Bereich für die Veränderung der Steuerquerschnitte nicht zu sehr eingeengt wird.

Wir nehmen z. B. $m_B = 0,1$ an, wodurch $n_{B,I} = 0,7 - 0,1 = 0,6$ und $n_{B,II} = 0,8$ wird.

Der Wert von $m_B = 0,1$ bestimmt dann

$$F = 4,5 \, \frac{P_a + P_e}{\gamma \, (h_1 - h_2)} \quad \cdots \cdots \cdots \quad \textbf{941\,b.}$$

und außerdem die zugehörigen „B"-Werte von α_2 aus Gl. 939 für Seite I: $\alpha_2 = 0,722$; Seite II: $\alpha_2 = 0,611$.

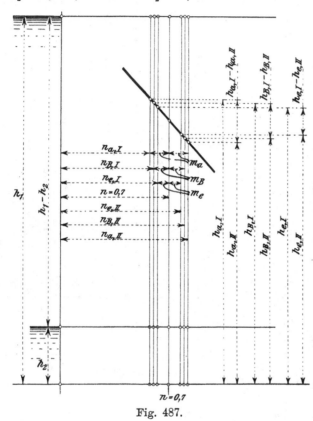

Fig. 487.

Ehe die Bewegung nach auswärts, v_a, Fig. 485, beginnen kann, muß der resultierende Kolbendruck gerade gleich $P_a + R$ geworden sein, also

$$P_a + R = F(h_{a,I} - h_{a,II}) \, \gamma,$$

d. h., es müssen die Querschnitte f_2 um ein Entsprechendes verändert werden, damit die Druckhöhe in I von $h_{B,I}$ auf $h_{a,I}$ wächst, umgekehrt bei II.

War vorher im mittleren Beharrungszustand die Differenz m_B gegenüber 0,7 notwendig, so muß sich diese jetzt, des angenommenen linearen Zusammenhanges zwischen m und h wegen, im Verhältnis von $P_a + R$ zu $\dfrac{P_a + P_e}{2}$ geändert haben, damit das Gleichgewicht noch gerade erhalten bleibt. Diese auf jeder Kolbenseite erforderliche Differenz, des Auswärtsgehens halber mit m_a bezeichnet, muß also einfach sein

$$m_a = m_B \cdot 2 \, \frac{P_a + R}{P_a + P_e} \quad \cdots \cdots \quad \textbf{943.}$$

und mit $m_B = 0,1$ kommt dann

$$m_a = 0,2 \, \frac{P_a + R}{P_a + P_e} \quad \cdots \cdots \quad \textbf{943\,a.}$$

Es folgen die n-Werte als (Fig. 487)

$$n_{a,I} = 0,7 - m_a \quad \text{und} \quad n_{a,II} = 0,7 + m_a$$

und unter Zuhilfenahme von Gl. 940 finden sich die Durchfluß-Druckhöhen, wenn eben noch Gleichgewicht mit $P_a + R$, zu

$$h_{a,I} = h_2 + \frac{1,2 + m_a}{1,8} (h_1 - h_2) \quad \cdots \cdots \quad \textbf{944.}$$

und

$$h_{a,II} = h_2 + \frac{1,2 - m_a}{1,8} (h_1 - h_2) \quad \cdots \cdots \quad \textbf{945.}$$

Wenn sich der Kolben dann mit v_a gleichmäßig bewegen soll, so müßten $h_{a,I}$ und $h_{a,II}$ die vorstehenden Werte auch während der Bewegung beibehalten. Demnach würden sich die Geschwindigkeiten w_1 und w_2 in den Steuerquerschnitten hierbei ebensowenig ändern können, als dies bei den einfachwirkenden Kolben der Fall gewesen, also auch die Wassermengen $q_{a,I}$ und $q_{a,II}$ nicht, die durch die Querschnitte f_1 in die Räume I und II eintreten. Und was die Volumvermehrung in I und die Volumverminderung in II verlangt, das müßte durch die Verstellung der f_2 erzielt werden.

Nun sind aber in Anlehnung an Früheres die Durchfluß-Wassermengen des Ruhezustandes bei $P_a + R$, bei $h_{a,I}$, bei $f_2 = n_{a,I} f_1$ usw.

$$q_{a,I} = f_1 w_{1,a,I} = f_2 w_{2,a,I} = n_{a,I} f_1 w_{2,a,I} \quad \ldots \quad \textbf{(920.)}$$

und

$$q_{a,II} = n_{a,II} f_1 w_{2,a,II} \quad \ldots \ldots \ldots \ldots \quad \textbf{(920.)}$$

Für die Bewegung mit v_a ist dann der Querschnittsfaktor als n_I bezw. n_{II} anzusetzen und wie früher auch (S. 784 und 786) zu schreiben, für

Kolbenseite I: $F \cdot v_a = f_1 w_{1,a,I} - n_I f_1 w_{2,a,I} = n_{a,I} f_1 w_{2,a,I} - n_I f_1 w_{2,a,I}$

und, weil es sich beiderseits um „a" handelt, für

Kolbenseite II: $F \cdot v_a = n_{II} f_1 w_{2,a,II} - n_{a,II} f_1 w_{2,a,II}$.

Diese beiden Beträge müßten während der Bewegung des Kolbens gleich sein, also müßte sein

$$f_1 w_{2,a,I} (n_{a,I} - n_I) = f_1 w_{2,a,II} (n_{II} - n_{a,II}).$$

Da voraussetzungsgemäß $n_{a,I} - n_I = n_{II} - n_{a,II}$ ist, so müßten, bei gleichen Eintritts-Steuerquerschnitten f_1 auf beiden Seiten des Kolbens, die Austrittsgeschwindigkeiten $w_{2,a}$ (Gl. 923) gleich groß sein, was aber im allgemeinen nicht ohne weiteres zutrifft, weil eben die Größen $h_{a,I}$ und $h_{a,II}$ nach Gl. 944 und 945 verschieden sind und verschieden sein müssen, damit der Druck $P_a + R$ zur Entfaltung kommt. Der Kolben wird also nicht mit gleichmäßigem v_a fortschreiten können, sondern mit wechselndem v_a, mit leichten Stößen und Erzitterungen seinen Weg zurücklegen.

Das Mittel, diesen Verhältnissen unter Umständen eine betriebsfähige und betriebssichere Lösung abzugewinnen, liegt entweder in einem Ungleichmachen der Eintrittsquerschnitte f_1 zu beiden Seiten des Kolbens oder darin, daß die Gegendruckhöhen h_2 des Austrittes auf beiden Kolbenseiten verschieden groß (Drosselventile, Standrohre) eingestellt würden. Da aber die Größen von P_a und P_e sowie von R, auch natürlich diejenigen von k nie ganz präzis vorher zu bestimmen sind, auch unkontrollierbaren Änderungen während des Betriebes unterliegen können, so ist die Anwendung doppeltwirkender Durchflußkolben mit ihren sehr heikeln Betriebsverhältnissen als Arbeitskolben bis jetzt für gleichgerichtete Kräfte wohl noch ganz unterblieben. (Die Verwendung als Steuerkolben siehe weiter unten.)

Für den Einwärtsgang des Kolbens ist schließlich noch anzuschreiben

$$P_e - R + F \cdot h_{e,II} \cdot \gamma = F \cdot h_{e,I} \gamma \quad \ldots \ldots \quad \textbf{946.}$$

und es wird

$$m_e = m_B \cdot 2 \frac{P_e - R}{P_a + P_e} \quad \ldots \ldots \ldots \quad \textbf{947.}$$

so daß mit $m_B = 0,1$

$$m_e = 0,2 \frac{P_e - R}{P_a + P_e} \quad \ldots \ldots \ldots \quad \textbf{947a.}$$

Es folgen die n-Werte (Fig. 487) als

$$n_{e,\,I} = n_{B,\,I} + (m_B - m_e) = 0{,}7 - m_e \quad \text{und} \quad n_{e,\,II} = n_{B,\,II} - (m_B - m_e) = 0{,}7 + m_e.$$

Die Durchfluß-Druckhöhen finden sich mit Hilfe von Gl. 940 für die $n_{e,\,I}$ usw. entsprechenden Verhältnisse, in denen der resultierende Druck auf F eben noch der Kraft $P_e - R$ das Gleichgewicht hält, als

$$h_{e,\,I} = h_2 + \frac{1{,}2 + m_e}{1{,}8}(h_1 - h_2) \quad \ldots \ldots \quad \textbf{948.}$$

$$h_{e,\,II} = h_2 + \frac{1{,}2 - m_e}{1{,}8}(h_1 - h_2) \quad \ldots \ldots \quad \textbf{949.}$$

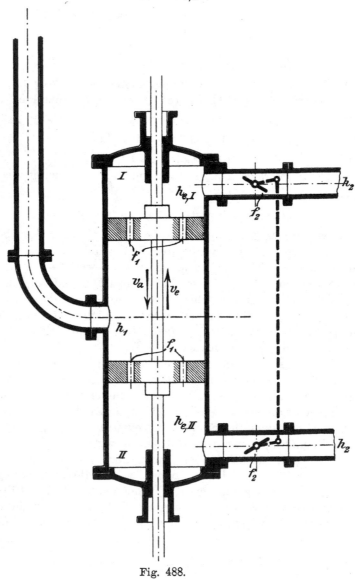

Fig. 488.

II. P_a entgegengesetzt P_e.

Als Mittelwert der durch den Kolben auszuübenden Kräfte ergibt sich hier, für $P_a > P_e$,

$$\frac{(P_a + R) + (P_e + R)}{2} = \frac{P_a + 2R + P_e}{2} = F(h_{B,I} - h_{B,II})\gamma$$

und wenn P_a und P_e der Größe nach nicht sehr voneinander verschieden sind, so wird dies auch für die Beharrungsdruckhöhen $h_{B,I}$ und $h_{B,II}$ zutreffen. Der erforderliche Kolbenquerschnitt stellt sich auf

$$F = \frac{P_a + 2R + P_e}{2 \cdot \gamma (h_{B,I} - h_{B,II})} \quad \ldots \quad \ldots \quad 950.$$

Daß hier ähnliche Betrachtungen über $h_{B,I}$ und $h_{B,II}$, wie oben S. 793 usw., am Platze sind, ist sicher, sie sollen aber hier nicht weiter verfolgt werden.

In ganz ähnlicher Weise wie vorher werden die Werte m_B und n_B, schließlich n_I und n_{II} festgelegt sein, es tritt eben $- P_e$ an die Stelle von $+ P_e$.

Sind P_a und P_e nur wenig voneinander verschieden, so wird m_B sehr klein, was weiter nichts auf sich hat; bei $P_a = \sim P_e$ wird auf beiden Seiten m_B zweckmäßig mit Null angenommen, d. h. $n_B = 0{,}7$ für beide Seiten festgelegt und F so groß gewählt, daß keine große Änderung m_a zu beiden Seiten erforderlich ist, um P_a oder P_e samt R zu überwinden.

Hier ist dann, bei $P_a = P_e = P$ einfach

$$h_{a,I} - h_{a,II} = \frac{P + R}{F \cdot \gamma} \quad \ldots \quad \ldots \quad 951.$$

und deshalb (entsprechend Gl. 942a, worin aber der Index a statt B zu setzen) auch

$$h_{a,I} - h_{a,II} = \frac{m_a}{0{,}9}(h_1 - h_2) = \frac{P + R}{F \cdot \gamma},$$

also allgemein

$$m_a = 0{,}9 \cdot \frac{P + R}{F(h_1 - h_2)\gamma} \quad \ldots \quad \ldots \quad 952.$$

Auch hier gilt, was auf S. 795 unten über das Einhalten der Schließgeschwindigkeiten v_a und v_e gesagt ist, ohne daß hier die Verhältnisse derart zugespitzt erscheinen als vorher und die Anwendung der doppeltwirkenden Durchflußkolben für entgegengesetzte Richtungen der ungefähr gleichgroßen P_a und P_e wird häufig ganz zweckmäßig sein, sei es, daß sie nach Fig. 485 oder als Doppelkolben nach Fig. 488 mit mittlerer Zuleitung und den f_1 in den Kolbenkörpern selbst angeordnet sind.

28. Die Steuerungen der hydraulischen Regulatoren.

Der Arbeitskolben der hydrostatischen Regulatoren erhält die nötige Preßflüssigkeit durch Ventile, entlastete Kolbenschieber oder dergl. zugeteilt, welche durch das Tachometer betätigt werden. Hier ist zwischen Steuerungen zu unterscheiden, deren Organe unmittelbar durch das Tachometer oder den Tachometerhebel (direkt) bewegt werden (Taf. 44) und zwischen solchen, bei denen die Steuerorgane durch Vermittlung eines (zweiten) Relais, also vom Tachometer aus indirekt, ihre Impulse empfangen. Mag im übrigen die Betätigung des Steuerventiles erfolgen wie sie wolle, wir werden als Grundsatz aufzustellen haben, daß die Achsen der Steuerkolben-Schieber senkrecht anzuordnen sind, weil nur auf diese Weise die Reibungswiderstände wegfallen, die aus dem Eigengewicht der Schieberkörper folgen und die die exakte Ausführung der Steuerbewegung beinträchtigen würden. (Taf. 40, 43, 44, Fig. 489 u. a.)

Wir haben gesehen, daß zur Bewegung des Arbeitskolbens durch die Druckflüssigkeit eine ganz bestimmte Größe der Ein- und Austrittsquerschnitte am Arbeitszylinder gehört, sofern eine gegebene Schlußzeit einzuhalten ist (Gl. 883 usw.).

Für die Steuerventile des Arbeitskolbens will dies besagen, daß eine ganz bestimmte, unter Umständen nicht kleine, Änderung der Muffenstellung des Tachometers, also auch eine entsprechende Geschwindigkeitsänderung der Turbine dazu gehört, um die Steuerquerschnitte vollständig zu öffnen, es ist ebenfalls das Zurücklegen einer Strecke $\pm b_1$ (Fig. 474 und folg.) hierfür erforderlich.

Haben wir es mit reichlichem Drucke in der Preßflüssigkeit und kleiner Regulierarbeit zu tun, so ist der vorgenannte Umstand kein Nachteil. Die jeweilige Größe der Öffnung eines Steuerquerschnittes f bestimmt, wie z. B. auch Gl. 909 erkennen läßt, die eintretende Schlußzeit ganz wesentlich mit, so daß unter solchen Umständen, Pressungsüberschuß usw. bei der direkten Steuerung, innerhalb der Strecke $\pm b_1$ ganz wohl die Verhältnisse der Fig. 464 und 467 auftreten können, weil der Ausschlag des Tachometers, also auch die Eröffnung der Steuerkanäle mit wachsendem Betrag von $(a - b) M_1$ zunimmt.

Steht nur ein geringerer Druck in der Preßflüssigkeit zur Verfügung, so empfiehlt sich die Anwendung indirekt gesteuerter Ventile, weil in diesem Falle die Steuerorgane schwerfälliger sind und deshalb stets ein sehr verstellungskräftiges Tachometer verlangen, damit die Steuerung von Zufälligkeiten, Klemmungen usw. mit aller Sicherheit unabhängig bleibt.

A. Direkte Steuerungen.

1. Direkte Steuerung hydrostatischer Regulatoren.

Der Anordnung mit direkt gesteuerten Ventilen würde etwa ein mechanischer Regulator mit Riemenwendegetriebe (Taf. 45) entsprechen, bei dem aber die Verschiebung des Riemchens nicht indirekt durch einen Schaltdaumen, sondern direkt durch einen entsprechenden Weg der Tachometermuffe, aus eigener Kraft des Tachometers erfolgen müßte.

Die schon erwähnte Ausführung von Briegleb, Hansen & Co., Gotha, Taf. 44, ist unter Verhältnissen erfolgt, die die direkte Steuerung noch als gut angebracht erscheinen lassen und sie soll hier nochmals besprochen sein.

Auf dem an der Kolbenstange schwingend aufgehängten Kolben gleitet der Zylinder auf und ab, gewissermaßen mit ersterem zusammen eine Pleuelstange von veränderlicher Länge bildend, die an einer Kurbel (Hauptansicht punktiert) angreift. Die Regulierarbeit besteht in dem Verstellen der weiter vorn schon beschriebenen Strahlablenker, die keine übermäßige Triebkraft beanspruchen. Die Einrichtung ist an sich aus der Zeichnung gut ersichtlich, siehe auch Taf. 40 Mitte, nur die Art der Druckwasserzuführung verdient noch besondere Erwähnung. Zwischen dem Filter, welches das Druckwasser unmittelbar aus der Turbinenleitung empfängt (der Anschluß seitlich am Rohr wäre wohl zweckmäßiger gewesen) und dem mit dem Zylinder aus einem Stück gefertigten Steuergehäuse muß ein biegsamer Schlauch die Verbindung herstellen, weil sich das Steuergehäuse in der Nachführung mitbewegt, also ein starrer Rohranschluß untunlich ist. Auch der Auslauf des verbrauchten Druckwassers kann nicht fest angeschlossen werden, das freie Ende des Auslaufkrümmers taucht einfach mit seitlichem Spielraum in die zylindrische Erweiterung eines Standrohres.

Hauptsächlich zu erwähnen ist aber die Abwesenheit einer Stopfbüchse für die Stange des Steuerschiebers. Daß ein direkt gesteuerter Schieber mit Druckausgleich ausgestattet sein muß, ist selbstverständlich, er ist als Rundschieber auszuführen. Damit nun die Empfindlichkeit des Tachometers nicht durch die ganz unberechenbaren Reibungsverhältnisse einer Stopfbüchse leidet, ist das Druckwasser einfach zwischen die beiden Steuerkolben geführt. Auf diese Weise besteht außerhalb der letzteren, weil Abflußraum, überhaupt kein nennenswerter Druck, besonders wenn die Abflußquerschnitte aus diesen beiden Endräumen heraus reichlich groß bemessen sind, ein Schutz gegen Spritzwasser ist nach oben hin genügend und von dem Raum am unteren Ende der Schieberstange ist ein kleiner Schlauch abgezweigt, der für die Wasserabführung an dieser Stelle zu sorgen hat.

Eine Verbesserung an direkt gesteuerten Ventilen ist in dem D. R. P. 158 297, Steinle & Hartung, enthalten. Es wird dort auseinandergesetzt, daß etwaige Reibungen zwischen dem Steuerkolben und den umgebenden Wandungen nicht nur die Empfindlichkeit des Tachometers beeinträchtigen können, sondern daß auch während der Nachführungszeit unliebsame Klemmungen zu Verschiebungen der Tachometermuffe führen könnten. Wenn stets ein minimaler Spalt zwischen den Gleitflächen des Kolbenschiebers erhalten werden könnte, so wären diese Bedenken kaum vorhanden; ist dies

aber nicht ausführbar, so sind die Übelstände der genannten Art nicht ausgeschlossen.

Dadurch, daß der Rundschieber vom D. R. P. 158297 schraubenförmig
angeordnete Absperrkanten nach Art des bekannten Rider-Schiebers hat,
im Gegensatz zu den in einer Ebene senkrecht zur Schieberachse verlaufenden, bei Taf. 44, ist die Nachführbewegung von der eigentlichen Steuerbewegung getrennt, die letztere erfolgt durch Drehen des schraubenförmigen
Schiebers, die Nachführung durch dessen achsiale Verschiebung. Auf diese
Weise ist eine gegenseitige Behinderung beider Vorgänge ausgeschlossen
und es dürfte eher noch nach den Ausführungen von Camerer, Zeitschr.
des V. D. I. 1899, S. 1449, eine Begünstigung der freien Beweglichkeit des
Schiebers zu erwarten sein.[1])

2. Direkte Steuerung für Durchfluß-Regulatoren.

In den theoretischen Figuren waren als Einrichtung zur Veränderung
des Querschnittsfaktors der einfacheren Darstellung wegen Drosselklappen
gezeichnet. In Wirklichkeit wird man diese nicht verwenden, sondern einfache Ventile, entlastet oder nicht entlastet.

Da die Bewegung dieser an sich kleinen Organe nur sehr wenig Ver-
stellungskraft seitens des Tachometers beansprucht, da auch Klemmungen
durch Fremdkörper weit weniger möglich erscheinen, als bei den größeren
hydrostatischen Steuerkolben, so wird hier die direkte Steuerung mit Recht
ausschließlich verwendet.

Die Fig. 489 zeigt die direkte Steuerung eines Durchfluß-Regulators
nach einer Ausführung von J. Jg. Rüsch, Dornbirn-Vorarlberg, während
Fig. 490 die allgemeine Anordnung des Regulators enthält.

Der Durchfluß-Differentialkolben bewegt die früher schon erwähnte
Rundschütze der Löffelradturbine der Taf. 42, eine doppelte Lenkstange
bildet die Verbindung zwischen beiden.

Der Differentialkolben ist wie in der Fig. 484 angeordnet. Die Steuerquerschnitte f_1 und f_2 finden sich in dem zylindrischen Bronzefutter a untergebracht, das durch seitliche Aussparungen mit dem Durchflußraum über
dem Kolben in Verbindung steht.

Durch den unteren Anschlußstutzen wird die Preßflüssigkeit, Druckhöhe h_1, zugeleitet, sie tritt nach rechts zu der Differentialfläche βF und
gegen aufwärts nach dem Querschnitt f_1, der zu genauer Justierung von
Hand einstellbar ist.

Als Steuerventil im Querschnitt f_2 dient die etwas hohl ausgedrehte
untere Stirnfläche des Stängchens b, das, wie Fig. 490 zeigt, am Tachometerhebel angehängt ist. Das aus f_2 austretende Durchflußwasser wird
aus dem weiten umschließenden Raum oberhalb f_2 seitlich durch einen reichlich großen Stutzen abgeleitet derart, daß $h_2 = 0$. Das Steuerstängchen
tritt ohne Stopfbüche in diesen drucklosen Raum, die lange Führung, im
Verein mit Ausdrehungen in derselben, verhindert das Entweichen etwaigen
Spritzwassers gegen oben hin.

---

[1]) Zu bemerken dürfte noch sein, daß die Gewindesteigung bei den Absperrkanten
des Drehschiebers ganz ungemein steil ausfallen wird, wie sich aus dem Nachrechnen
der Nachführungswege W_n ergibt.

Dadurch, daß zwischen der Tachometermuffe und dem Steuerstängchen eine kräftige Hebelübersetzung $\left(\frac{1}{4}\right)$ angeordnet ist, wird die Einstellung von f_2 während des Betriebes ungemein feinfühlig, und es kann auch f_1 von Hause aus sehr klein gehalten werden.

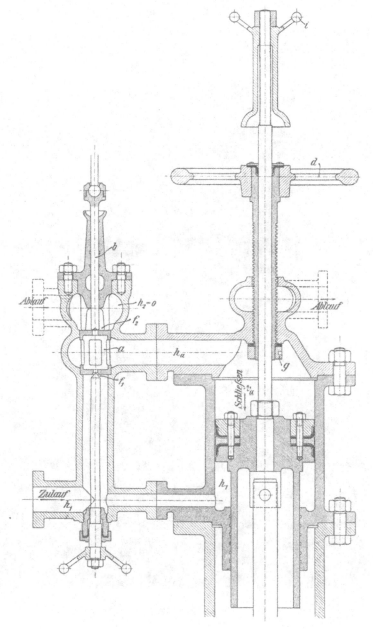

Fig. 489.

Wie die Fig. 490 zeigt, wirkt hier die Nachführung auf den Drehpunkt des Tachometerhebels; zwischen dem Arbeitskolben und diesem Drehpunkt ist ein zweiarmiger Hebel c eingeschaltet, um der Nachführung die richtige Richtung und Größe zu geben.

Durch den überaus kleinen Ventilhub am Steuerquerschnitt f_2 sind nicht nur die früher erwähnten Strecken $\pm b_2$ und $\pm b_1$ praktisch Null geworden, sondern auch der Bedarf an Betriebswasser ist sehr gering. Auch für wesentliche Verstellungen von f_2 sind nur verhältnismäßig sehr kleine Bewegungen der Tachometermuffe erforderlich.

Fig. 490.

Bei allen hydraulischen Regulatoren, welche die Leitschaufelquerschnitte der Turbinen beherrschen, besteht ein Bedürfnis nach Handregulierung, wenn der Regulator aus irgendwelchem Grunde ausgeschaltet sein soll, und dieses kann meistens durch einfache Konstruktionen befriedigt werden. Im vorliegenden Falle dient hierzu das große Handrad d auf der nach

oben durchgeführten Stange des Durchflußkolbens mit seiner langen Hohlnabe, die die Kolbenstange umschließt und oben mittelst Lederstulpe abgedichtet ist. Auf diese Hohlnabe ist Gewinde geschnitten, zu dem der
Zylinderdeckel die Mutter enthält derart, daß die Nabe durch Drehen am
Handrad d mehr oder weniger weit, der Kolbenstange entlang, ins Innere
des Zylinders eingeführt wird. Das Wasser, welches den Gewindegängen
entlang nach oben durchfindet, wird durch die Erweiterung des Deckel-
auges (Fig. 489) abgefangen und seitlich abgeführt. Das untere Ende der
Hohlwelle bildet einen in jede beliebige Lage einstellbaren Anschlag für
die Bewegung des Durchflußkolbens nach oben, also für die Richtung „e“,
die hier „Öffnen“ bedeutet. Durch Drehen am Handrad kann also der
Kolben gegen die Wirkung des Wasserdruckes $\beta F \cdot h_1 \gamma$ jederzeit nach abwärts gedrückt und dadurch entweder die Turbine geschlossen oder der
Regulator am weiteren Öffnen gehindert werden. Ein Gewindestellring g
am unteren Hohlnabenende verhindert das unerwünschte vollständige Heraus-
schrauben der Hohlnabe bei montierter Maschine. Das kleine Griffrad i,
oben auf dem mit Gewinde versehenen Ende der Kolbenstange, bildet mit
seinem unteren, ausgeweiteten Nabenende einen verstellbaren Anschlag
gegen das Tiefgehen des Kolbens, also für die Richtung „a“, die hier
„Schließen“ entspricht. Das ausgeweitete Ende kommt früher oder später
zum Aufsitzen auf der Nabe von d. Das Griffrad kann nach Erfordernis
auch dazu dienen, die Turbine von Hand zu öffnen, falls vorübergehend
kein Wasserdruck eingeschaltet wäre.

Ein mechanisch betriebenes Filter k sorgt dafür, daß der Regulator
stets reines Betriebswasser erhält.

Eine weitere Anordnung des Durchflußkolbens zeigt der auf Taf. 43
abgebildete Regulator von Bell & Cie., Kriens. Auch hier ist ein Differentialkolben verwendet, wenn auch in einer Form, die von der sonst üblichen
Art abweicht.

In einem mit Bronze ausgefütterten Zylinder von 230 mm Durchmesser,
der am Lagerrahmen der Turbine befestigt ist, bewegt sich ein Hohlkolben
mit einer inneren Lichtweite von 205 mm. Der Durchmesser 230 mm bildet
die Durchfluß-Druckfläche F, derjenige von 205 bildet βF. Der Hohlkolben
ist durch eine Lenkstange mit Kugelköpfen (siehe auch Seitenansicht Taf. 43)
mit der Regulierzunge a der Strahldüse verbunden, die durch den inneren
Druck der Hauptleitung je nach ihrer Schlußstellung mehr oder weniger
gegen oben gepreßt wird. Ein Handrad d mit Gewindehülse kann, ganz
wie vorher auch, zum Schließen der Düse oder als Anschlag gegen zu
weites Öffnen durch den Regulator benutzt werden.

Der Raum vom Querschnitt βF steht unter einem Volldruck h_1 und
der ihn gegen unten abschließende Kolben von 205 Durchmesser hat für
den Regulatorbetrieb nur die Rolle eines Zylinderdeckels. Er ist allerdings
durch eine Spiralfeder gegen das Einlaufstück elastisch abgestützt und hat
nebenbei mittelst zweier seitlicher Lenkstangen und Winkelhebel den Nebenauslaß zu betätigen.

Der Durchflußdruck im oberen Deckelraum des Zylinders hat im Beharrungszustand dem Volldruck $\beta F \cdot h_1 \gamma$ im Hohlkolben zuzüglich des auf-
wärtsgerichteten von der Regulierzunge herrührenden Schubstangendruckes
das Gleichgewicht zu halten.

Ein ganz entlastetes Steuerventil, in Taf. 43 rechts oben vergrößert gezeichnet, enthält gleichzeitig die beiden Steuerquerschnitte, die in der Mittellage des Ventils nur ganz minimale Abmessungen zeigen.

Das Ventilgehäuse b hat zwei achsial einander gegenüberliegende Ausbohrungen, durch welche sich ein Vollzylinder z als Steuerkolben mit minimalem Spiel achsial verschieben läßt. Durch die untere Ausbohrung tritt Wasser unter vollem Druck zu, die obere bildet den Auslauf.

Die Absperrkanten der beiden Durchbohrungen bilden mit denjenigen des Steuerkolbens die Durchflußquerschnitte f_1 und f_2. Der Raum unmittelbar um den Vollzylinder herum ist der Durchflußraum und von diesem führt eine reichlich weite Rohrleitung zum oberen Deckelraum des Regulierzylinders, wodurch auch in diesem der Durchflußdruck h hergestellt ist.

Hätten die genannten Absperrkanten des Vollzylinders in dessen Mittelstellung eine kleine Überdeckung, so wäre ideell f_1 und f_2 Null und der Kolben von 230 mm Durchmesser stände unter hydrostatischem Druck. Da aber der Steuerkolben trotz etwaiger Überdeckung in Wirklichkeit nicht ganz dicht abschließen kann, so wird eben, unterstützt auch durch das nicht völlige Dichthalten des arbeitenden Differentialkolbens (230 Durchmesser) ein Durchflußdruck um den Steuerkolben herum zustande kommen.

Die Veränderung des gegenseitigen Verhältnisses der Steuerquerschnitte f_1 und f_2 geschieht hier auf besondere Weise. Durch Hochgehen des Vollzylinders (Steuerkolben) ändert sich f_2 nicht, sondern es wird der Eintrittsquerschnitt f_1 vergrößert, also n relativ verkleinert und der Durchflußdruck gesteigert. Wird der Steuerkolben aus seiner Mittellage abgesenkt, so bleibt f_1 unveränderlich klein und f_2 wird vergrößert, der Durchflußdruck nimmt ab. Dem Wachsen oder Abnehmen des Durchflußdruckes entspricht die Schließ- und Öffnungsbewegung des Differential-Hohlkolbens mit der Leitschaufelzunge.

Finden nur kleine Änderungen in f_1 oder f_2 statt (kleine Belastungsschwankungen), so wird der Hohlkolben seinen Weg auch nur langsam zurücklegen und das Schließen der Leitschaufel wird auch nur um ein kleines Stück und so langsam geschehen, daß keine große Druckanschwellung im Hauptrohr zu gewärtigen ist (vergl. S. 596). In diesem Falle kann das im Hohlkolbenraum unter festem Druck h_1 stehende Wasser rasch genug durch den Anschlußschlauch nach rückwärts gegen das Hauptrohr entweichen und auf solche Weise dem Hohlkolben den Weg nach abwärts freigeben, ohne daß die Feder nachgeben muß.

Tritt aber eine größere Belastungs- also auch Umdrehungsschwankung auf, so wird, sofern es sich um eine Entlastung handelt, f_1 rasch durch das Tachometer vergrößert, der arbeitende Differentialkolben senkt sich schnell und verkleinert rasch die Leitschaufelweite. Unter solchen Verhältnissen kann das Wasser im Hohlkolbenraum nicht schnell genug entweichen, der stark angewachsene Durchflußdruck im oberen Deckelraum überträgt sich zum Teil auf den Kolben von 205 Durchmesser und erzeugt hier, weil der enggestellte Querschnitt der Schlauchleitung unverändert bleibt, vorübergehend eine Pressung größer als h_1, diese Pressung schiebt den Kolben von 205 mm Durchmesser, indem die Spiralfeder zusammengerückt wird, gegen abwärts und öffnet mittelst der Lenkstangen und Winkelhebel den Nebenauslaß entsprechend. Sowie aber die Raschheit der Schließbewegung nachläßt oder diese ihr Ende erreicht hat, nimmt der Druck im Hohlkolbenraum wieder allmählich auf den Volldruck h_1 ab, die Spiralfeder überwindet den Kolbendruck langsam und schließt den Nebenauslaß allmählich wieder ab, den Kolben von 205 Durchmesser wieder in seine normale Höhenstellung hebend.

Besonders zu erwähnen ist hier noch die Schmierungs- und Entlastungseinrichtung für den Steuerkolben.

Dieser kann sich nicht in den Steuerquerschnitten selbst führen, er muß der Natur der Verhältnisse nach eine satte zylindrische Führung unmittelbar oberhalb des Wasserablaufes erhalten. Diese Führung muß geschmiert und nach aller Möglichkeit müssen die Unreinheiten des Betriebswassers von derselben ferngehalten werden. Beides wird dadurch erreicht, daß in einen Hohlraum e des Führungsauges Öl unter entsprechendem Druck eingeführt wird. Das gepreßte Öl entweicht entlang der zylindrischen Führung, dabei schmiert es diese und spült etwaige kleine Schlamm- und Sandteilchen nach unten in den Ablauf des Durchflußwassers, in dem des großen Auslaufstutzens wegen ein nur ganz geringer oder gar kein Druck herrscht. Nur auf diese Weise ist, nach Mitteilung der Firma Bell, bei hohen Gefällen (Gletschermilch) der geregelte Betrieb aufrecht zu halten.

Der Steuerkolben z empfängt auf seiner unteren Stirnfläche den vollen Druck des Preßwassers; dieser kann mehr betragen als dem Gewicht des Steuerkolbens entspricht und auf diese Weise auf das Tachometer unliebsamen Einfluß nehmen. Durch die Differenz der beiden Durchmesser im oberen Teil der Kolbenführung wird dann eine kleine Differentialwirkung herbeigeführt, deren Außenkraft abwärts gerichtet ist und dem Wasserdruck gegen die untere Stirnfläche entgegenwirkt. Der Hohlraum e ist dann auch ein Durchflußraum. Das zur Schmierung nötige Preßöl wird mit natürlichem Wasserdruck (Gefälle) aus dem geschlossenen Öltopf nach oben zur Steuerkolbenführung gepreßt.

In letzter Stunde sandte die Firma dem Verf. die Zeichnung einer gegenüber Taf. 43 verbesserten Konstruktion für die Betätigung des Nebenauslasses, deren Beschreibung, gerade neben derjenigen der Taf. 43 von Interesse sein dürfte. Fig. 491a und b zeigen die Einrichtung in etwas kleinerem Maßstabe als Taf. 43 gezeichnet; Fig. 491c zeigt den in Fig. 491b nur im Umriß punktierten Ventilkörper V in vergrößertem Maßstab.

Die Schließbewegung des Nebenauslasses wird hier nicht mehr durch die Ausdehnung einer vorher zusammengepreßten Spiralfeder veranlaßt, sondern durch einen in den Durchfluß-Hohlkolben eingebauten Differentialkolben.

In dem feststehenden ausgebüchsten Zylinder bewegt sich ein Hohlkolben A, gerade wie vorher auch, der aber nunmehr gegen unten geschlossen ist, während sein Innenraum durch im eingesetzten Deckel befindliche Löcher mit dem oberen Deckelraum D in freier Verbindung steht. Der Hohlkolben A ist auch hier durch eine Lenkstange mit Kugelköpfen mit der Regulierzunge verbunden. Seine Aufwärtsbewegung wird aber, im Gegensatz zu vorher, nur durch den von unten her gegen die Zunge wirkenden Wasserdruck veranlaßt; eine Wirkung des Volldruckes auf die Kolbenunterseite, wie sie in Taf. 43 dargestellt war, ist hier nicht vorhanden.

In dem Hohlkolben A bewegt sich ein Differentialkolben B, der mittelst zweier in Stopfbüchsen durch den Boden des Kolbens A geführter Stangen EE (Fig. 491b) den Nebenauslaß in ähnlicher Weise wie vorher betätigt (Winkelhebel usw.).

Der Raum C zwischen der Unterseite des Differentialkolbens B und dem Boden des Hohlkolbens A steht durch ein federndes Rohr an der Stelle

b mit dem Ventilkörper V in Verbindung, der seinerseits durch den Anschluß a mit dem Deckel- (Durchfluß-) Raum D kommuniziert. Der einstellbare kleine Durchlaßquerschnitt f (Fig. 491c) vermittelt den Druckausgleich zwischen den Räumen C und D derart, daß sich im Ruhezustand in beiden Räumen stets der gleiche Druck einstellen wird.

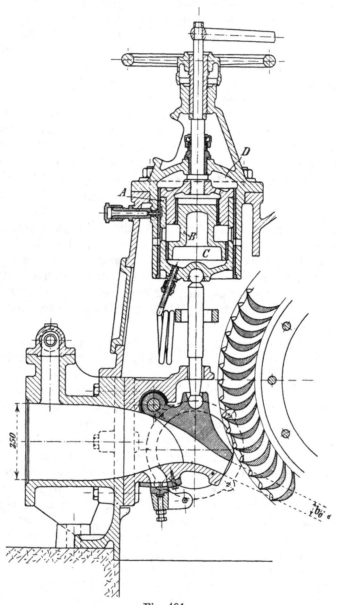

Fig. 491a.

Erfolgt nun durch die Einwirkung des Geschwindigkeitsregulators eine rasche Bewegung des Hohlkolbens A in schließendem Sinne (nach abwärts), so wird der Differentialkolben B mitgenommen, weil die Flüssigkeit im Raum C nur·ganz langsam, so, wie es die feste Einstellung von f erlaubt, zunehmen kann, der Nebenauslaß wird geöffnet; der Kolben B ist also durch die enge Verbindung f gewissermaßen mit A gekuppelt, aber nachgiebig, je nach der Einstellung von *f*. In *C* herrscht in diesem Augenblick ein Minderdruck, durch *f* findet aber allmählich ein Druckausgleich statt.

Verlangsamt sich die Bewegung des Hohlkolbens *A* wieder, oder kommt dieser zum Stillstand, so wird der Druckausgleich zwischen den Räumen *C* und *D*, nach Maßgabe des Querschnittes *f* weiter gehen, der Minderdruck

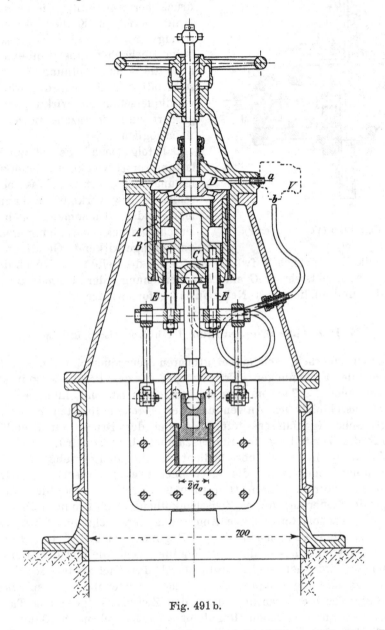

Fig. 491 b.

in *C* wird nach und nach verschwinden, und der Differentialkolben *B* durch den steigenden Druck in seine höchste Stellung zurückgeführt werden. Dadurch wird der Nebenauslaß langsam wieder geschlossen.

Erfolgt eine Mehrbelastung der Turbine im Anschluß an einen Beharrungszustand (Nebenauslaß geschlossen), so wird der Hohlkolben *A* nach aufwärts gehen wollen und in *C* eine Drucksteigerung hervorrufen, die, wenn die Mehrbelastung rasch eintritt, soweit anwachsen könnte, daß die rasche Aufwärtsbewegung von *A* beeinträchtigt wird. Diesem Übelstand wird durch das von einem kleinen Kolben *R* betätigte Rückschlagventil im Ventilkörper (Fig. 491c) abgeholfen. Je nachdem in *C* oder *D* ein Überdruck herrscht, öffnet dieser durch den Druck auf den Kolben *R* das Rückschlagventil oder hält er es geschlossen. Beim Hochgehen des Kolbens *A* wird also die kleine Öffnung *f* durch das selbsttätige Freigeben des Rückschlagventilquerschnittes wirkungsvoll vergrößert und die rasche Bewegung von *A* ermöglicht.

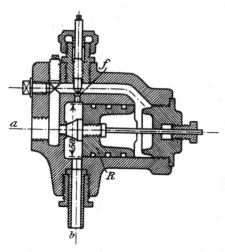

Fig. 491c (Ventilkörper *V*).

Erfolgt nach einer plötzlichen Entlastung sofort wieder eine plötzliche Belastung der Turbine, was bei Kurzschlüssen usw. vorkommen kann, so ermäßigt das Tachometer alsbald den Durchflußdruck in *D*, der gegen die Regulierzunge wirkende Gefälledruck hebt den Hohlkolben *A* nach aufwärts und öffnet die Leitdüse. Durch das Hochgehen von *A* entsteht in *C* eine Druckerhöhung, der Kolben *B* hebt sich ebenfalls und schließt den Nebenauslaß sofort wieder ab.

B. Indirekte Steuerungen (für hydrostatische Regulatoren).

Die Unsicherheit, welche bei größeren Steuerquerschnitten durch unvorherzusehende Klemmungen (Fremdkörper in der Preßflüssigkeit usw.) für das freie Spiel des Tachometers zu befürchten ist, hat in neuerer Zeit zu der fast ausschließlichen Anwendung der sogen. indirekten Steuerung für hydrostatische Regulatoren geführt, wobei der Druck der Preßflüssigkeit auch für die Verstellung des Steuerschiebers benützt wird.

Ein (Haupt-)Arbeitskolben bedient das Reguliergetriebe. Der Zylinder desselben hat Steuerventile, die durch einen zweiten (Zwischen-)Arbeitskolben verschoben (indirekt gesteuert) werden und erst die wesentlich leichter zu betätigende Steuerung dieses Zwischenkolbens erfolgt unmittelbar (direkt) durch das Tachometer. Diese Anordnung entspricht im Prinzip ziemlich genau derjenigen beim mechanischen Regulator nach Taf. 45. Der Riemen des Wendegetriebes leistet dort die Regulierarbeit wie hier der Hauptkolben, der Riemen wird auch nicht direkt durch das Tachometer, sondern durch den Antrieb und die Drehung des Daumens verschoben, entsprechend der Verstellung der Steuerventile durch den Zwischenkolben; das Tachometer verstellt beim mechanischen Regulator den leergehenden Daumen, beim hydraulischen das ganz entlastete kleine Steuerventil für den Zwischenkolben und dies erfolgt in beiden Fällen schon für sehr kleine Ausschläge der Tachometermuffe.

Wir haben es also hier mit zweierlei Arbeitskolben und mit zweierlei Steuerungen und Nachführungen zu tun.

Auf den ersten Blick hat es den Anschein, als ob durch dieses Weitergeben des Impulses von Kolben zu Kolben viel Zeit verloren gehe, als ob die Spielraumzeit beim hydrostatischen Regulator mit indirekter Steuerung gerade solch große Beträge aufweisen werde, als beim mechanischen mit Schaltdaumen. Wenn aber die Anordnung so durchgeführt ist, daß, wie schon mehrfach erwähnt, Luftsäcke in der Flüssigkeitsführung ausgeschlossen sind, so vollzieht sich die Weitergabe des Impulses mit genügender Raschheit, besonders wenn darauf gesehen wird, daß die zu beschleunigenden Massen recht klein, die verfügbaren Beschleunigungskräfte reichlich groß sind; leichte Kolben, kurze Anschlußleitungen, hohe Pressungen.

Eine weitere Förderung erhält die Raschheit, mit der die indirekten Steuerungen arbeiten, dadurch, daß die Zwischenkolben, also diejenigen, welche mit der Verstellung des Steuerorganes für den Hauptkolben betraut sind, durchweg als reibungslose Durchflußkolben ausgeführt werden, bei denen jeder tote Gang wegfällt.

Die Zwischenkolben haben ohne Ausnahme senkrechte Achse, sie sind ohne irgendwelche Liderung leicht gehend in ihre Zylinder eingeschliffen und nur durch ihr Eigengewicht und das des angehängten Steuerorganes für den Hauptkolben belastet.

Zur Verwendung kommen für diese Zwischenkolben die Anordnungen als Differentialkolben und als doppeltwirkender Kolben und es wird zweckmäßig sein, die rechnungsmäßigen Betriebsbedingungen hierfür, die gegenüber den früher entwickelten allgemeinen Bedingungen wesentlich vereinfacht, andererseits aber auch genauer umschrieben sind, jeweils zuerst zu betrachten.

1. Der Differential-Zwischenkolben (Durchfluß-Betrieb).

Dieser erweist sich als Spezialfall des Differential-Durchflußkolbens nach Fig. 484 (P_a und P_e gleichgerichtet), wobei durch das leichte Einschleifen $R = 0$ gemacht ist; außerdem ist $P_a = P_e = G$ gleich dem Gewicht des Kolbens samt den angehängten Hauptsteuerungs-Teilen zu setzen.

Durch diese Einschränkungen verändern sich die Verhältnisse in nachstehender Weise:

Aus Gl. 929 und 930 geht hervor, daß für $R = 0$ und $P_a = P_e$ die Druckhöhen $h_a = h_e = h_B$ sein müssen, was ja auch sonst selbstverständlich ist. Die Gl. 931 ergibt $F = \dfrac{0}{0}$ und aus Gl. 932 folgt β ebenso unbestimmt.

Wir erkennen hier die Umstände am einfachsten durch die direkte Betrachtung der vorliegenden Verhältnisse.

Auf den Differential-Durchflußkolben, wie er in Fig. 484 dargestellt ist, wirkt im Beharrungszustande nur das Gewicht desselben G (einschließlich Hauptsteuerungs-Teilen), R ist Null. Mithin kann jetzt gegenüber den Gl. 929 und 930 mit $h_a = h_e = h_B$ geschrieben werden

$$\beta F \cdot h_1 \gamma = F \cdot h_B \gamma + G \quad \ldots \ldots \quad \textbf{953.}$$

woraus

$$h_B = \beta h_1 - \frac{G}{F \cdot \gamma} \quad \ldots \ldots \ldots \quad \textbf{954.}$$

Im Interesse des raschen Funktionierens der Steuerung liegt es, die Abflußverhältnisse für die verbrauchte Preßflüssigkeit, also außerhalb f_2, möglichst zu vereinfachen, was durch weite Ablauf-Querschnitte und $h_2 = 0$ erzielt wird.

Weiter ist zu bedenken, daß aus gleichen Gründen der Wert von n_B derart gewählt werden sollte, daß schon eine kleine Veränderung von n_B eine möglichst große Veränderung in der Durchfluß-Druckhöhe h verursacht. Die größte Veränderlichkeit der h in bezug auf wechselndes n und für minimalen Verstellungsbereich findet natürlich am Wendepunkt der α-Kurve oder in dessen unmittelbarer Nähe statt. Wir haben deshalb zweckmäßig so zu disponieren, daß in tunlichster Annäherung $n_B = 0,5773$ wird (Fig. 483), wobei $\alpha_2 = \frac{3}{4}$, $\alpha_1 = \frac{1}{4}$ ist.

Für $h_2 = 0$ bedeutet dies den Betrag $h_B = \frac{3}{4} h_1$, und wenn wir diesen in die Gl. 954 einsetzen, so ergibt sich einfach

$$\beta = \frac{3}{4} + \frac{G}{F \cdot h_1 \gamma} \quad \cdots \cdots \quad \textbf{955.}$$

als Beziehung für den reibungsfreien Differential-Durchflußkolben. Hier ändern sich die Durchfluß-Druckhöhen h, von $n_B = 0,5773$, rund $n_B = 0,6$, ausgehend, am raschesten und deshalb kommen die größten Beschleunigungsdrucke auf den Kolben zur Entwicklung.

Ein Rechnungsbeispiel mag die Sache erläutern. Es sei gegeben $h_1 = 40$ m, $G = 0,5$ kg und ein Durchmesser der Kolbenfläche F mit 50 mm, also $F = 0,001964$ qm.

Die Gl. 955 liefert alsdann

$$\beta = \frac{3}{4} + \frac{0,5}{0,001964 \cdot 40 \cdot 1000} = 0,7564.$$

Mithin ist $\beta F = 0,001485$ qm $= 14,85$ qcm und es bleibt ein mittlerer Kern für die Aufnahme der Haupt-Steuerkanäle von $19,64 - 14,85 = 4,79$ qcm oder rund 25 mm Durchmesser übrig.

Sollen aus konstruktiven Gründen etwa statt 25 mm deren 35 als Kerndurchmesser übrig bleiben, so muß eben einfach gerechnet werden:

$$0,035^2 \frac{\pi}{4} = (1 - \beta) F = 0,2436 \, F$$

oder es muß sein

$$F = \frac{0,00096}{0,2436} = 0,00394 \text{ qm}$$

entsprechend einem Durchmesser von ~ 71 mm.

Abweichungen von der Größe von β (Gl. 955) führen zu Änderungen von n_B, die wie nachstehend verfolgt werden können:

Aus Gl. 954 findet sich für einen abweichenden Wert von β die erforderliche Durchfluß-Druckhöhe h_B allgemein, und aus Gl. 914a ergibt sich mit $h_2 = 0$

$$h_B = \frac{h_1}{n_B^2 + 1}.$$

Aus dem Gleichsetzen beider Werte von h_B kann dann das erforderliche n_B bestimmt werden, also der Punkt in der α-Kurve (Fig. 483), der den Verhältnissen entspricht und der eine Beurteilung gestattet über die Raschheit der Veränderungen von h. Große Abweichungen von $n_B = 0,5773$ erscheinen nicht rätlich, $n_B = 0,6$ wird als abgerundeter Wert angemessen sein.

Die einfachwirkenden hydrostatischen Arbeitskolben werden, wie schon gesagt, fast immer mit künstlich hergestellter einseitiger Belastung angeordnet, sei es Gewichts- oder Federdruck, sei es hydrostatischer Druck auf einen Differentialkolben. Stets aber ist dabei nur e i n e Kolbenseite mit Steuerung zu versehen und dadurch fällt die ganze Steuerungsanordnung einfacher aus als beim doppeltwirkenden Arbeitskolben. Freilich lassen sich die einfachwirkenden Kolben eben nicht überall anwenden, wie schon ausgeführt.

Die Druckseite des einfachwirkenden hydrostatischen Arbeitskolbens muß durch die Mittellage der Steuerung, durch Überdeckung des Steuerkanales, hydraulisch verriegelt sein, die Bewegung des Steuerschiebers nach einer Seite hat die Druckleitung, nach der anderen Seite den Ablauf an

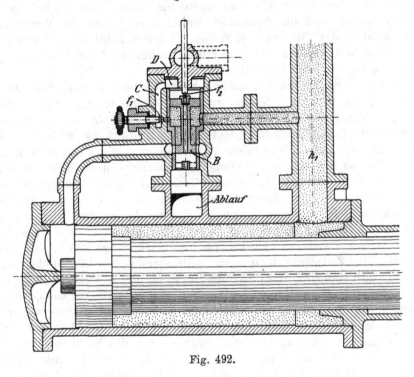

Fig. 492.

den Zylinderraum anzuschließen. Das Heben und Senken des hier auch ausnahmslos als entlasteter Kolbenschieber mit senkrechter Achse ausgebildeten Steuerorganes kann indirekt sehr einfach gestaltet werden; Fig. 492 zeigt eine Ausführung.

Wir sehen den Steuerkanal des Hauptkolbens, von dem (wie immer) gleichmäßig rundum, oder mindestens symmetrisch, abschließenden Steuerkolben B in der Mittellage überdeckt. Das Absenken des Steuerkolbens läßt den Druck h_1 zum Hauptkolben treten (Kolbenweg auswärts) und das Anheben gibt für den Kolbenweg einwärts den Ablauf frei.

Der Steuerkolben setzt sich gegen oben in einem kräftigen Schaft fort, der schließlich in eine Scheibe (den Zwischenkolben) von größerem Durchmesser übergeht, beide Kolben sind leichtgehend eingeschliffen und stellen in ihren verschiedenen Durchmessern den Differential-Zwischenkolben dar.

In Fig. 492 wird die Preßflüssigkeit (punktierte Räume, Druckhöhe h_1) durch einen reichlich weiten Stutzen unter den Zwischenkolben geführt, der Druck auf die Ringfläche βF, die sich als Differenz zwischen dem gesamten Zwischenkolben-Querschnitt und dem des Steuerkolbens ergibt, ist stets bestrebt, die beiden zusammen ein Stück bildenden Kolben hochzuheben. Durch einen seitlich verlaufenden Kanal C mit von Hand dauernd einstellbarem engsten Querschnitt (f_1) wird Druckflüssigkeit nach dem Durchflußraum, obere Seite D des Zwischenkolbens, durchgelassen; zu f_1 zählt genau genommen auch der minimale Spalt zwischen dem eingeschliffenen Zwischenkolben und dem Zylinderfutter. In D wird sich ein Durchflußdruck einstellen, weil dieser Raum durch eine zentrische Durchbohrung des Zwischenkolbens mit dem Ablauf in Verbindung steht. Der Eintrittsquerschnitt kann durch ein von oben her durch den Deckel geführtes Ventilstängchen beliebig verändert werden, er bildet im Ventilsitz den Querschnitt f_2 der Fig. 484 von früher, natürlich zählt auch der enge Spalt zwischen dem Stängchen und dem Führungsauge im Deckel mit zu f_2, weil er Preßflüssigkeit nach oben entweichen läßt.

Der Zwischenkolben mit anhängendem Kolbenschieber wird durch geeignete Einrichtung der Nachführung seiner Steuerung zum „Schwebekolben", sobald der Durchflußdruck im Deckelraum D zusammen mit dem Eigengewicht G des Kolbens, dem von unten auf βF wirkenden vollen Preßdrucke h_1, das Gleichgewicht hält. Nehmen wir an, das Ventilstängchen stehe so weit ab vom Anfang der Bohrung im Schwebekolben, daß deren an sich reichlich bemessener Querschnitt ganz freigegeben sei für das Ausfließen aus dem Raum D nach abwärts; die Handstellschraube des Seitenkanals C sei fast geschlossen. In diesem Augenblick wird der Durchflußdruck in D sehr nieder sein (n ist groß) und der volle Preßdruck h_1 unterhalb des Zwischenkolbens hebt diesen so lange hoch, bis sich der Ventilsitz im Zwischenkolben dem stillstehenden Ventilstängchen so weit genähert und dadurch den Durchfluß-Querschnitt f_2 so weit verengt hat, daß der Durchflußdruck im Raume D die erforderliche Größe für das „Schweben" angenommen hat. Wird das Ventilstängchen eine Strecke weiter hoch gezogen, so wiederholt sich der Vorgang, bis der Schwebekolben schließlich den oberen Anschlag erreicht. Drücken wir das Stängchen gegen den Ventilsitz im Schwebekolben herunter, so steigt der Durchflußdruck im Deckelraum D und der Kolben geht so weit abwärts, bis f_2 wieder groß genug geworden.

Die Nachführung für den Schwebekolben gegenüber der Bewegung des Ventilstängchens vollzieht sich also ganz von selbst, der Durchfluß-(Schwebe-)Kolben folgt stets den Bewegungen des Stängchens und stellt selber die normale Größe von f_2 wieder ein.

Das Ventilstängchen hängt am Tachometerhebel, der Zwischenkolben mit anhängendem Steuerkolben folgt also auch aufs schärfste den Bewegungen des Tachometers. Im Querschnitt f_2 kommt keine Überdeckung in Frage, Strecken b_1 und b_2 bestehen hier nicht, wenn die Durchflußquerschnitte richtig gewählt sind und dazu bietet die Fig. 483 mit den vorhergehenden Erläuterungen Anhalt.

Auf diese Weise kommen die Verstellungen der Regulierung zustande. Hier gibt es bei kleinem Ausschlag der Tachometermuffe (kleine Belastungsänderung) kleine Eröffnungen des Steuerkanals und große Schlußzeit; bei großem Ausschlag dagegen entsprechend andere Einstellung und kleine Schlußzeit.

Aber auch der doppeltwirkende Haupt-Arbeitskolben kann durch einen Differential-Schwebekolben indirekt gesteuert werden, wie dies Fig. 493 erkennen läßt.

Sehen wir uns erst die Steuerung des Hauptkolbens an. Selbstverständlich werden die 4 Steuerquerschnitte der beiden Kolbenseiten, die in Fig. 481 getrennt gezeichnet waren, in der Ausführung vereinigt derart, daß nur ein einziges Steuerorgan indirekt zu verstellen ist. Wir finden dieses letztere durch die beiden unteren Scheiben a und b des mittleren, beweglichen Teils (Fig. 493) und den zwischen beiden liegenden Schaft gebildet.

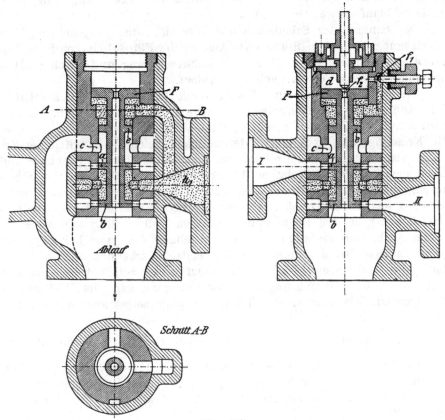

Fig. 493.

Der Steuerzylinder sollte stets mit auswechselbarem Bronzefutter versehen sein, weil die eingeschliffenen Kolben durch das stetige Durchsickern der Preßflüssigkeit und die häufigen Bewegungen nach und nach undicht werden. In mancherlei Windungen muß die Preßflüssigkeit für die zwei Steuerorgane, die Steuerung des Hauptkolbens und diejenige des Differential-Schwebekolbens zu- und abgeführt werden. Die hierfür nötigen Kanäle lassen sich besser als gegen außen offene Aussparungen in einem dickwandigen fest eingeschlagenen Bronzefutter anbringen, als in dem umgebenden Steuergehäuse eingießen.

Auf solche Weise ist die Gestalt des Bronzefutters der Fig. 493 entstanden, die der Voith'schen Ausführung in Fig. 495 entnommen ist.

Das innen ausgebohrte Gußgehäuse hat drei seitliche Anschlußstutzen, dazu eine gegen unten gerichtete Ablauföffnung mit Flanschanschluß. Die mit I und II bezeichneten seitlichen Stutzen stehen in unmittelbarer Verbindung mit je einer Seite des doppeltwirkenden Hauptkolbens. Im rechten Winkel zur Ebene der Stutzen I und II liegt, der Höhe nach zwischen beiden, der dritte Anschlußstutzen, dem die Preßflüssigkeit unter der Druckhöhe h_1 zuströmt und von dem aus sie die punktierten Hohlräume erfüllt (Fig. 493, Aufriß). Zwischen den beiden Scheiben a und b herrscht demnach Volldruck h_1 und bei Anheben derselben wird dieser durch den Stutzen I auf die eine Seite des Arbeitskolbens geleitet, während gleichzeitig die verbrauchte Preßflüssigkeit der anderen Kolbenseite aus dem Stutzen II durch die frei werdenden seitlichen Durchbohrungen des Futters in den Ablauf entweichen wird.

Das Senken der Scheiben a und b bewirkt das Umgekehrte, Druckübertragung nach dem Stutzen II, Austritt der Flüssigkeit von Seite I her, zuerst gegen innen, dann über die Scheibe a hinweg und durch die Durchbrechungen c des Futters nach dem Ablauf.

Die Steuerscheiben a und b sind durch den durchlaufenden Schaft mit dem Differential-Zwischenkolben zu einem Stück verbunden. Letzterer wird durch die Scheiben e und F gebildet, als Differentialfläche βF kommt die Kreisringfläche in Betracht, deren Inhalt gleich F abzüglich der Kreisfläche von e ist. Die Eindrehung auf Schaftdurchmesser zwischen e und F dient der besseren Zirkulation der Preßflüssigkeit. Wie aus der Fig. 493 hervorgeht, steht der Druckraum unter βF direkt unter dem Druck h_1, während aus diesem Druckraum auch noch ein Kanal mit fest einstellbarem Querschnitt f_1 in den Deckelraum über dem Kolben führt. Dieser ist, wie vorher auch, Durchflußraum und die Einstellung des Querschnittes f_2 erfolgt gerade so wie bei der Steuerung des einfach wirkenden Arbeitszylinders. Auch die Nachführung für den Durchflußkolben vollzieht sich genau wie vorher und die Nachführung der Hauptsteuerung kann im Drehpunkt des Tachometerhebels oder an der Tachometerwelle selbst angebracht sein.

2. Der doppeltwirkende Zwischenkolben (Durchfluß-Betrieb).

Bei Anwendnng dieses Kolbens sind die Gl. 941 usw. sinngemäß heranzuziehen, indem dort auch wieder $P_a = P = P_e$ und $R = 0$ gesetzt wird.

Wir erhalten dadurch aus Gl. 941 mit „I" als oberer Kolbenseite und für $P = G$

$$F = \frac{G}{\gamma\,(h_{B,\,II} - h_{B,\,I})} \quad \cdots \quad \textbf{956.}$$

oder auch

$$h_{B,\,II} - h_{B,\,I} = \frac{G}{F\cdot\gamma} \quad \cdots \quad \textbf{957.}$$

Es gehört eben eine ganz bestimmte Druckdifferenz dazu, um den Kolben schwebend zu halten (Schwebekolben).

An sich wäre es gleichgültig, an welchen Stellen die Querschnittsfaktoren $n_{B,\,II}$ und $n_{B,\,I}$ in Fig. 483 zu suchen sind, es muß eben aus ihrer Einwirkung die Differenz $h_{B,\,II} - h_{B,\,I}$ hervorgehen. Wie unter „1", so wird aber auch in diesem Falle die Lage der n in unmittelbarer Nähe des Wendepunktes der α-Kurve (Fig. 483) veranlassen, daß der Wechsel in den Durchflußdruckhöhen und deshalb auch die Beschleunigung des Zwischenkolbens möglichst intensiv vor sich geht. Die $n_{B,I}$ und $n_{B,II}$ werden also zweckmäßig Punkten der α-Kurve ganz nahe zu beiden Seiten des Wendepunktes zu entsprechen haben.

Die Schräglage der Tangente an die α-Kurve findet sich für $k_1 = k_2$ mit Gl. 913a allgemein aus

$$\frac{d\alpha_2}{dn} = -\frac{2n}{(n^2 + 1)^2} = \operatorname{tg} \varphi$$

(Fig. 494) und am Wendepunkt ist deshalb und wegen $n = \dfrac{1}{\sqrt{3}}$

$$\operatorname{tg} \varphi = -\frac{3\sqrt{3}}{8}.$$

Das Gewicht G des Zwischenkolbens nebst angehängtem Steuerorgan des Hauptkolbens ist stets sehr klein gegenüber den auf den Kolbenflächen zur Verfügung stehenden Betriebsdruckkräften; und wenn wir zur Vereinfachung annehmen, daß der Verlauf der α-Kurve in der Nähe des Wendepunktes mit der Tangente in diesem Punkte zusammenfällt, so verschwindet der begangene Fehler vollständig aus der Rechnung.

Im Wendepunkt ist $\alpha_2 = 0{,}75$ und so können wir nach Fig. 494 die n zu beiden Seiten desselben, wie nachstehend, ermitteln:

Es ist

$$\frac{0{,}75 - \alpha_{2,I}}{n_{B,I} - \dfrac{1}{\sqrt{3}}} = \operatorname{tg}(180 - \varphi) = \frac{3\sqrt{3}}{8}$$

woraus

$$\alpha_{2,I} = 1{,}125 - \frac{3\sqrt{3}}{8} \cdot n_{B,I}.$$

Ebenso ergibt sich

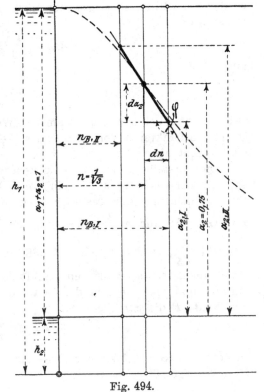

Fig. 494.

$$\alpha_{2,II} = 1{,}125 - \frac{3\sqrt{3}}{8} \cdot n_{B,II}.$$

Wegen $h_2 = 0$ (weiter Ablaufstutzen) findet sich nach Gl. 911a allgemein $h = \alpha_2 h_1$ und deshalb die in Gl. 957 angeführte Differenz nunmehr als

$$h_{B,II} - h_{B,I} = (\alpha_{2,II} - \alpha_{2,I}) h_1 = \frac{G}{F \cdot \gamma}$$

und mit den vorstehenden Werten für die α_2 ergibt sich daraus einfach

$$n_{B,I} - n_{B,II} = \frac{8}{3\sqrt{3}} \cdot \frac{G}{F \cdot h_1 \gamma} \quad \cdots \cdots \quad \textbf{958.}$$

Ohne weiteres erlaubt ist die Annahme, daß die $n_{B,I}$ und $n_{B,II}$ symmetrisch zu der Abszisse des Wendepunktes, zu $n = \dfrac{1}{\sqrt{3}}$ liegen, d. h., daß (Fig. 494)

$$\frac{n_{B,I} + n_{B,II}}{2} = \frac{1}{\sqrt{3}}.$$

Aus der Vereinigung der beiden letzten Gleichungen ergibt sich schließlich

$$n_{B,I} = \frac{1}{\sqrt{3}}\left(1 + \frac{4}{3}\cdot\frac{G}{F\cdot h_1\gamma}\right) \quad\cdots\quad \textbf{959.}$$

und

$$n_{B,II} = \frac{1}{\sqrt{3}}\left(1 - \frac{4}{3}\cdot\frac{G}{F\cdot h_1\gamma}\right) \quad\cdots\quad \textbf{960.}$$

Von Interesse sind die zahlenmäßigen Beträge der n_B im speziellen Falle. Nehmen wir einen Zwischenkolbendurchmesser von 50 mm an, dazu wieder $h_1 = 40$ m, so ergibt sich nach dem Vorstehenden für ein Gewicht $G = 0,5$ kg

$$n_{B,I} = \frac{1}{\sqrt{3}}\cdot 1,0085 \quad\cdots\quad \textbf{(959.)}$$

und

$$n_{B,II} = \frac{1}{\sqrt{3}}\cdot 0,9915 \quad\cdots\quad \textbf{(960.)}$$

also weichen bei den angenommenen Werten die für das Schweben nötigen Querschnittsfaktoren von dem n des Wendepunktes nur je um weniger als ein Prozent ab.

Die Verstellung der Durchflußsteuerung aus diesen beiden Größen heraus auf eine Abweichung um je ein volles Prozent, statt $0,85^0/_0$, bringt sofort eine Vermehrung der resultierenden Kolbenkraft P, die sich als $G = P$ aus Gl. 958 für $n_{B,I} - n_{B,II} = 0,02\cdot\frac{1}{\sqrt{3}}$, gegenüber vorher $n_{B,I} - n_{B,II} = 0,017\cdot\frac{1}{\sqrt{3}}$, zu $P = 0,5\cdot\frac{20}{17} = 0,588$ kg berechnet. Für die Beschleunigung des Kolbenkörpers ist also eine Kraft $P_b = 0,588 - 0,5 = 0,088$ kg zur Verfügung, und jener legt in der Zeit t unter dem Einfluß der beschleunigenden Kraft P die Strecke

$$s = \frac{P_b}{G}\cdot\frac{g}{2}\cdot t^2$$

zurück. Für $G = 0,5$ kg berechnet sich die nach verschiedenen Zeiträumen zurückgelegte Strecke wie folgt:

$t = 0,01$ sek;	$s = 0,00009$ m $= 0,09$ mm
$t = 0,05$ sek;	$s = 0,00216$ m $= 2,16$ mm
$t = 0,10$ sek;	$s = 0,00863$ m $= 8,63$ mm.

Diese ungemein geringfügige Änderung der Durchflußquerschnitte würde also nach weniger als $^1/_{10}$ Sekunde schon die vollen Haupt-Steuerquerschnitte der Fig. 495 freigegeben haben.

Eine Vermehrung der Abweichung auf je $5^0/_0$, also auf $n_{B,I} = 1,05\cdot\frac{1}{\sqrt{3}}$ und $n_{B,II} = 0,95\,\frac{1}{\sqrt{3}}$ bringt P auf $0,5\cdot\frac{0,100}{0,017} = 2,94$ kg und stellt $P_b = 2,94 - 0,5 = 2,44$ kg als beschleunigende Kraft für die Verstellung des Zwischenkolbens mit angehängter Hauptsteuerung zur Verfügung und diese immer noch kleine Verstellung, die das Tachometer fast momentan ausführt, ergibt die Steuerkolbenwege:

$$t = 0,01 \text{ sek;} \qquad s = 0,0024 \text{ m} = 2,4 \text{ mm}$$
$$t = 0,05 \text{ sek;} \qquad s = 0,060 \text{ m} = 60 \text{ mm,}$$

bewirkt also praktisch ein momentanes Freigeben der Haupt-Steuerquerschnitte und damit eine Ermäßigung dieses Teiles der Spielraumzeit auf Null.

Der Differential-Schwebekolben wird gegenüber diesen Werten immer insofern etwas im Nachteil sein, als die Herstellung gleicher Beschleunigungskräfte entweder eine doppelt so große Verstellung des Durchflußquerschnittes oder eine entsprechende Vergrößerung der Druckflächen F und βF bedingt, die unter Umständen in konstruktiver Richtung mehr Schwierigkeiten macht.

Selbstverständliche Voraussetzung dieser Rechnungen ist natürlich, daß die Zuführung der Preßflüssigkeit einen derartig großen Querschnitt besitzt, daß der durch die Beschleunigung des Rohrinhaltes verursachte Druckabfall vernachlässigt werden darf; die im stetigen Strömen befindliche Flüssigkeit des Durchflußbetriebes folgt Beschleunigungskräften natürlich leichter als der stillstehende Rohrinhalt der hydrostatischen Kolben.

Die Fig. 495 zeigt den doppeltwirkenden Zwischenkolben mit Steuerung für den doppeltwirkenden Hauptkolben nach einer Ausführung von Voith-Heidenheim.

Der Zylinder für den Zwischenkolben sitzt als Bronzeauskleidung A des Gehäuses, durch vier rundum laufende, dicht ansetzende Rippen gehalten, fest eingeschlagen im Gehäuse. Er ist an beiden Enden durch Deckel C und D abgeschlossen, die durch Gewinderinge fest eingepreßt werden. Der Zwischenkolben B hat keine Kolbenstange oder dergl., er besteht nur aus dem Kolbenkörper, der schon der guten Führung wegen ziemlich langgestreckt ist, seine Endflächen sind den Deckeln C und D zugekehrt und schließen mit diesen die beiden Deckelräume ein, die auch als C und D bezeichnet werden mögen. Die drei Aussparungen auf der Außenseite des Zwischenkolbens werden je nach Erfordernis besprochen werden.

Das Steuerorgan des Zwischenkolbens befindet sich zentrisch im Kolbenkörper und wird durch die mittlere Verdickung des dünnen Stängchens gebildet, die als Rundschieber F (Fig. 495 rund schraffiert) in der Durchbohrung des Kolbenkörpers leichtgehend eingeschliffen ist. Der Rundschieber F überdeckt vier Querbohrungen der Kolbenwandung, die zu der mittleren Aussparung E der Kolbenaußenseite führen (Fig. 495, Auf- und Grundriß). Nach oben und unten führt sich das Stängchen, ebenfalls leichtgehend eingeschliffen, in den Zylinderdeckeln C und D. Am oberen Ende des Stängchens greift die Zugstange des Tachometerhebels an.

Nun kommuniziert die mittlere Aussparung E der Kolbenaußenseite durch vier reichlich große Durchbrechungen des Zylinderfutters (Fig. 495, Auf- und Grundriß) mit der mittleren Aussparung des letzteren und diese durch den mittleren der drei seitlichen Anschlußstutzen unmittelbar mit der Druckleitung der Preßflüssigkeit (Preßöl). Der Raum E steht also unter dem vollen Druck h_1, der aber, abgesehen vom Eigengewicht der Flüssigkeit im Raume E selbst, keinen Einfluß auf die Kolbenbewegung äußern kann, der gleich großen Begrenzungsdurchmesser wegen. Eine entsprechende achsiale Verschiebung des kleinen Rundschiebers F wird die vorgenannten Querbohrungen freigeben und je nach der Schieberstellung das Preßöl auf die untere oder obere Schwebekolbenseite in die Räume C und D treten lassen.

Da der Rundschieber F, weil leichtgehend eingeschliffen, nicht vollständig dicht halten kann, so wird stetig nach C und nach D hin Preßöl in ganz geringer Menge entweichen. Hätten diese Deckelräume keinerlei Abfluß, so würde sich schließlich in ihnen eine Druckhöhe h_1 gleich der im Raume E einstellen. Nun führt durch jeden der beiden Deckel das Schieberstängchen leichtgehend ohne Stopfbüchse, hier ist also der Flüssigkeit schon

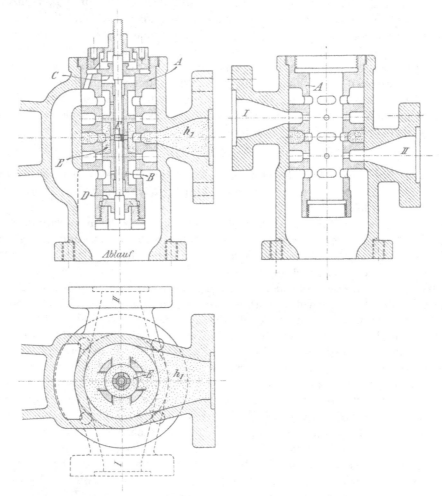

Fig. 495.

eine Gelegenheit zum Entweichen gegeben, außerdem zeigt die Zeichnung oben und unten je eine kleine Durchbohrung des Kolbenkörpers nach der oberen und unteren Aussparung führend, und da diese Aussparungen durch reichlich große Durchbrechungen des Zylinderfutters mit dem freien Ablauf in Verbindung stehen, so kann auf den beiden beschriebenen Wegen das Preßöl entweichen, das sich im Spalt des Rundschiebers F durchfindet.

Die drei Aussparungen des Kolbenkörpers sind in achsialer Richtung so lang bemessen, daß sie auch noch in den Endstellungen des Kolbens die Querschnitte der Durchbrechungen im Zylinderfutter vollständig frei lassen, mithin steht in jeder Kolbenlage dem Rundschieber F der volle

Preßöldruck h_1, und den Aussparungen an den Enden der freie Ablauf zur Verfügung.

Der Zwischenkolben soll für gewöhnlich (Ruhelage) in der Mitte zwischen den beiden Deckeln C und D stehen. Dies ist nur möglich, der Zwischenkolben kann nur in dieser Lage schwebend erhalten bleiben (Schwebekolben), wenn das Eigengewicht des Kolbens getragen wird von einem Drucke im unteren Deckelraum D bezw. wenn im Raume D ein dem Eigengewicht des Schwebekolbens entsprechend größerer Druck herrscht als im oberen Deckelraum C.

Daß die Räume bis zum Rundschieber F hin von Flüssigkeit erfüllt sind, haben wir bereits gesehen, sie sind aber auch „Durchfluß"-Räume, deren Druckverhältnisse wir auf S. 778 u. f. behandelt haben. Die kleinen Spalten bei F entsprechen den Einlaufquerschnitten f_1, die Durchbohrungen der Schwebekolbennabe gegen außen, dazu die Spielräume des Schieberstängchens in den Deckeln sind gleichwertig mit f_2.

Nehmen wir an, die Durchflußdruckhöhe in D sei nicht so groß, daß sie derjenigen in C zusätzlich des Eigengewichts vom Schwebekolben das Gleichgewicht halten kann, so wird der Schwebekolben gegen abwärts gleiten. Denken wir dabei das Stängchen des Rundschiebers F durch das Tachometer festgehalten, so werden durch das Niedergehen des Schwebekolbens die vier Querbohrungen teilweise von der Überdeckung durch den Rundschieber F frei kommen und es kann Druckflüssigkeit ungehindert dem Stängchen entlang nach dem Raum D strömen, f_1 ist vergrößert worden, es steigt die Durchflußdruckhöhe im Raum D. Zu gleicher Zeit nimmt f_1 für den oberen Deckelraum C ab, die obere Durchflußdruckhöhe sinkt. Das Absenken des Schwebekolbens wird so lange weitergehen, bis Gleichgewicht zwischen dem Durchflußdruck in D und zwischen dem Eigengewicht des Schwebekolbens zuzüglich des Durchflußdruckes in C eingetreten ist.

Würde nunmehr das Tachometer den Rundschieber F hochziehen, so treten ganz die gleichen Erscheinungen auf, f_1 für den Raum D wird vergrößert, der Durchflußdruck in D steigt, der Schwebekolben folgt so lange aufwärts, bis die Druckverhältnisse in C und D wieder den Gleichgewichtszustand bringen. Beim Abwärtsbewegen von F treten die Verhältnisse umgekehrt auf und so zeigt sich, daß ein derart eingerichteter, direkt gesteuerter, doppeltwirkender Zwischenkolben gerade so der Bewegung seines Steuerschiebers F folgt wie der Differentialschwebekolben derjenigen des Steuerstängchens. Dieses Nachfolgen des Zwischenkolbens bildet wie beim Differentialkolben auch die Nachführung für dessen Steuerung.

Um welch geringe Druckunterschiede in C und D es sich handelt, das zeigte die Rechnung schon oben.

Wir kommen nunmehr zur Steuerung des Hauptkolbens selbst. Der obere der drei seitlichen Gehäusestutzen (I) hat wie vorher auch Anschluß an die eine, der untere der drei seitlichen Stutzen (II) an die andere Kolbenseite des Arbeitszylinders und diese Stutzen stehen auch mit den entsprechenden Aussparungen des Zylinderfutters in Verbindung, Fig. 495, Schnitt rechts. Von diesen Aussparungen gehen symmetrische Durchbohrungen gegen das Innere des Zwischenzylinders, die in der Mittellage des Schwebekolbens von den beiden mittleren Kolbenscheiben überdeckt sind. Die mittleren Scheiben des Zwischenkolbens bilden hier also die Steuerschieber für den Hauptkolben. Durch das Heben des Zwischenkolbens wird der Druck-

flüssigkeit aus dem Raume *E* die Verbindung nach dem oberen Anschlußstutzen und der zugehörigen Hauptkolbenseite freigegeben, während gleich-

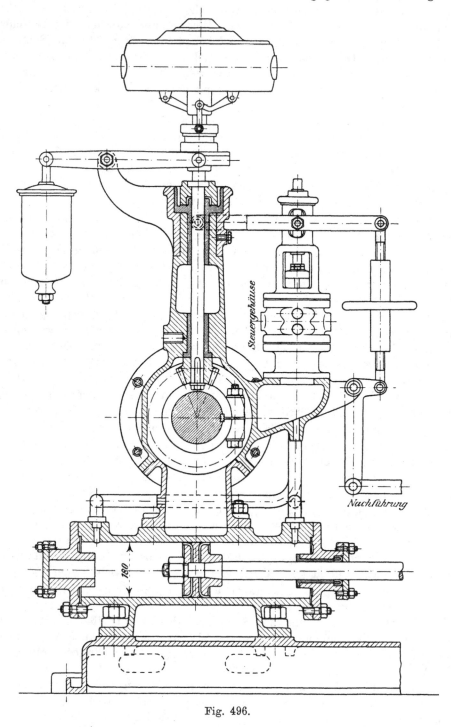

Fig. 496.

zeitig die andere Hauptkolbenseite mit dem Ablauf in Verbindung tritt.
Beim Absenken des Zwischenkolbens sind die Zylinderanschlüsse dann umgekehrt geschaltet.

Es sei noch darauf hingewiesen, daß auch hier jegliche Stopfbüchse vermieden ist. Die Deckelräume C und D haben an sich keinen hohen Druck, das aus den beiden Deckelbohrungen entweichende Öl tritt in den drucklosen Ablaufraum aus und der auf dem Schieberstängchen aufgeschraubte Spritzschirm mit den übergreifenden Kanten verhindert jegliches Austreten etwaiger verirrter Tropfen gegen außen.

Soll der Schwebekolben mit größter Schnelligkeit der Verschiebung seiner direkten Steuerung folgen, so muß aber $f_2 = 0,5773\,f_1 = \sim 0,6\,f_1$ sein, d. h. der kleine Steuerkolben darf die vier Querbohrungen nicht ganz überdecken, denn f_2 muß kleiner sein als f_1.

Die gegenseitige Lage zwischen dem Haupt- (Arbeits-) Zylinder und dem Zylinder des Zwischenkolbens mit den Steuerungsteilen (Steuergehäuse) wird durch die örtliche Anordnung der ganzen Turbine mit bedingt. Der Arbeitszylinder sollte tunlichst nahe dem Leitapparat, das Tachometer, wenn durch Räder angetrieben, bei der liegenden Hauptwelle angeordnet sein. Aus diesem Grunde wird der Arbeitszylinder manchmal vom Steuergehäuse getrennt aufgestellt (Taf. 34, 35, 39, 40) und letzteres allein mit dem Tachometer auf einem gemeinschaftlichen Ständer vereinigt (Taf. 40 rechts). Natürlich sollten in diesem Falle die Verbindungsrohrleitungen möglichst kurz und dabei reichlich weit sein, damit die Beschleunigungsdrucke für den Rohrinhalt klein werden (Luftsäcke absolut vermeiden). Der Voith'-sche Tachometerständer (Taf. 40 rechts) zeigt auch die Nachführung für den Tachometerhebel, die unmittelbar von der Regulier- (Kurbel-) welle der Turbine aus erfolgt. Dabei ist noch eine Einrichtung für die Veränderung der Umdrehungszahl der Turbine von Hand angebracht, nämlich die auf S. 756 schon besprochene Verstellung der Regulatorspindel in senkrechter Richtung mittelst Handrad und Winkelhebel, letzterer die Spurpfanne der Regulatorspindel tragend.

Die indirekt gesteuerten Ventile in den Ausführungen anderer Firmen ähneln der beschriebenen Anordnung sehr, der Schwebekolben ist dafür typisch, der in seiner Mittellage die Steuerkanäle des Arbeitskolbens überdeckt und auf diese Weise die schon früher als notwendig erkannte Sperrung im Reguliergetriebe bewerkstelligt. Kleine Veränderungen in der Höhenlage des Rundschiebers F durch das Tachometer öffnen die Steuerkanäle des Arbeitskolbens wenig, verursachen große Schlußzeit, während größere Ausschläge des Tachometers die gesamten Steuerkanäle freigeben und kurze Schlußzeiten bringen, wie beim direkt gesteuerten Ventil auch.

Die Fig. 496 zeigt eine Ausführung von Ganz & Co., Budapest, bei der die drei Teile, Tachometer, Steuergehäuse und Arbeitszylinder an einem gemeinschaftlichen Ständer in kompendiöser Weise vereinigt sind (vergl. auch Taf. 23).

Verlag von Julius Springer in Berlin.

Hilfsbuch für den Maschinenbau. Für Maschinentechniker sowie für den Unterricht an technischen Lehranstalten. Von Fr. Freytag, Professor, Lehrer an den technischen Staatslehranstalten in Chemnitz. Zweite, vermehrte und verbesserte Auflage. 1164 Seiten Oktav-Format. Mit 1004 Textfiguren und 8 Tafeln. In Leinwand gebunden Preis M. 10,—. In Ganzleder gebunden Preis M. 12,—.

Das Entwerfen und Berechnen der Verbrennungsmotoren. Handbuch für Konstrukteure und Erbauer von Gas- und Ölkraftmaschinen. Von Hugo Güldner, Oberingenieur, Direktor der Güldner-Motoren-Gesellschaft in München. Zweite, bedeutend erweiterte Auflage. Mit 800 Textfiguren und 30 Konstruktionstafeln. In Leinwand gebunden Preis M. 24,—.

Zwangläufige Regelung der Verbrennung bei Verbrennungs-Maschinen. Von Dipl.-Ing. Karl Weidmann, Assistent an der technischen Hochschule zu Aachen. Mit 35 Textfiguren und 5 Tafeln. Preis M. 4,—.

Kondensation. Ein Lehr- und Handbuch über Kondensation und alle damit zusammenhängenden Fragen, einschließlich der Wasserrückkühlung. Für Studierende des Maschinenbaues, Ingenieure, Leiter größerer Dampfbetriebe, Chemiker und Zuckertechniker. Von F. J. Weiß, Zivilingenieur in Basel. Mit 96 Textfiguren. In Leinwand gebunden Preis M. 10,—.

Die Steuerungen der Dampfmaschinen. Von Karl Leist, Professor an der Kgl. Technischen Hochschule zu Berlin. Zweite, sehr vermehrte und umgearbeitete Auflage, zugleich als fünfte Auflage des gleichnamigen Werkes von Emil Blaha. Mit 553 Textfiguren. In Leinwand gebunden Preis M. 20,—.

Hilfsbuch für Dampfmaschinen-Techniker. Unter Mitwirkung von Professor A. Kás verfaßt und herausgegeben von Josef Hrabák, k. u. k. Hofrat, emer. Professor an der k. k. Bergakademie zu Přibram. Vierte Auflage. In 3 Teilen. Mit Textfiguren. In 3 Leinwandbände gebunden Preis M. 20,—.

Entwerfen und Berechnen der Dampfmaschinen. Ein Lehr- und Handbuch für Studierende und Konstrukteure. Von Heinrich Dubbel, Ingenieur. Mit 388 Textfiguren. In Leinwand gebunden Preis M. 10,—.

Die Regelung der Kraftmaschinen. Berechnung und Konstruktion der Schwungräder, des Massenausgleichs und der Kraftmaschinenregler in elementarer Behandlung. Von Max Tolle, Professor und Maschinenbauschuldirektor. Mit 372 Textfiguren und 9 Tafeln. In Leinwand gebunden Preis M. 14,—.

Technische Messungen, insbesondere bei Maschinen-Untersuchungen. Zum Gebrauch in Maschinenlaboratorien und für die Praxis. Von Anton Gramberg, Diplom-Ingenieur, Dozent an der Technischen Hochschule zu Danzig. Mit 181 Textfiguren. In Leinwand gebunden Preis M. 6,—.

Technische Untersuchungsmethoden zur Betriebskontrolle, insbesondere zur Kontrolle des Dampfbetriebes. Zugleich ein Leitfaden für die Arbeiten in den Maschinenbaulaboratorien technischer Lehranstalten. Von Julius Brand, Ingenieur, Oberlehrer der Königlichen vereinigten Maschinenbauschulen zu Elberfeld. Mit 168 Textfiguren, 2 Tafeln und mehreren Tabellen. In Leinwand gebunden Preis M. 6,—.

Zu beziehen durch jede Buchhandlung.

Verlag von Julius Springer in Berlin.

Turbinen und Turbinenanlagen. Von Viktor Gelpke. Mit 52 Textfiguren und 31 lithographierten Tafeln. In Leinwand gebunden Preis M. 15,—.

Neuere Turbinenanlagen. Auf Veranlassung von Professor E. Reichel und unter Benutzung seines Berichtes „Der Turbinenbau auf der Weltausstellung in Paris 1900" bearbeitet von Wilhelm Wagenbach, Konstruktionsingenieur an der Kgl. Techn. Hochschule Berlin. Mit 48 Textfiguren und 54 Tafeln. In Leinwand gebunden Preis M. 15,—.

Die automatische Regulierung der Turbinen. Von Dr.-Ing. W. Bauersfeld. Mit 126 Textfiguren. Preis M. 6,—.

Die Dampfturbinen, mit einem Anhang über die Aussichten der Wärmekraftmaschinen und über die Gasturbine. Von Dr. A. Stodola, Professor am Eidgenössischen Polytechnikum in Zürich. Dritte, bedeutend erweiterte Auflage. Mit 434 Textfiguren und 3 lithographierten Tafeln. In Leinwand gebunden Preis M. 20,—.

Die Pumpen. Berechnung und Ausführung der für die Förderung von Flüssigkeiten gebräuchlichen Maschinen. Von K. Hartmann und J. O. Knoke. Dritte, vermehrte und verbesserte Auflage, neubearbeitet von H. Berg, Professor an der Kgl. Techn. Hochschule in Stuttgart. In Leinwand gebunden Preis M. 18,—.

Die Zentrifugalpumpen mit besonderer Berücksichtigung der Schaufelschnitte. Von Dipl.-Ing. Fritz Neumann. Mit 135 Figuren und 7 Tafeln. In Leinwand gebunden Preis M. 8,—.

Zur Theorie der Zentrifugalpumpen. Von Dr. techn. Egon R. von Grünebaum. Mit 89 Textfiguren und 3 Tafeln. Preis M. 3,—.

Die Gebläse. Bau und Berechnung der Maschinen zur Bewegung, Verdichtung und Verdünnung der Luft. Von Albrecht von Ihering, Kaiserl. Regierungsrat, Mitglied des Kaiserl. Patentamtes, Dozent an der Königl. Friedrich-Wilhelms-Universität zu Berlin. Zweite, umgearbeitete und vermehrte Auflage. Mit 522 Textfiguren und 11 Tafeln. In Leinwand gebunden Preis M. 20,—.

Die Hebezeuge. Theorie und Kritik ausgeführter Konstruktionen mit besonderer Berücksichtigung der elektrischen Anlagen. Ein Handbuch für Ingenieure, Techniker und Studierende. Von Ad. Ernst, Professor des Maschinen-Ingenieurwesens an der Kgl. Techn. Hochschule in Stuttgart. Vierte, neubearbeitete Auflage. Drei Bände. Mit 1486 Textfiguren und 97 lithographierten Tafeln. In 3 Leinwandbände gebunden Preis M. 60,—.

Die Werkzeugmaschinen. Von Hermann Fischer, Geh. Regierungsrat und Professor an der Königl. Techn. Hochschule zu Hannover. I. Die Metallbearbeitungsmaschinen. Zweite, vermehrte und verbesserte Auflage. Mit 1545 Textfiguren und 50 lithograph. Tafeln. In zwei Leinwandbände geb. Preis M. 45,—. II. Die Holzbearbeitungsmaschinen. Mit 421 Textfiguren. In Leinwand geb. Preis M. 15,—.

Elastizität und Festigkeit. Die für die Technik wichtigsten Sätze und deren erfahrungsmäßige Grundlage. Von Dr.-Ing. C. Bach, Kgl. Württ. Baudirektor, Prof. des Maschinen-Ingenieurwesens an der Kgl. Techn. Hochschule Stuttgart. Fünfte, vermehrte Auflage. Mit zahlreichen Textfiguren und 20 Lichtdrucktafeln. In Leinwand gebunden Preis M. 18,—.

Zu beziehen durch jede Buchhandlung.

Printed in the United States
By Bookmasters